Chemie der Pflanzenschutz- und Schädlingsbekämpfungsmittel

Herausgegeben von R. Wegler · Band 5

# Chemie der Pflanzenschutz- und Schädlingsbekämpfungsmittel

## Band 5

Herbizide

Herausgegeben von R. Wegler

Springer-Verlag Berlin Heidelberg New York 1977

Professor Dr. Richard Wegler
Auf dem Forst 2, D-5090 Leverkusen 1

Dr. L. Eue
Farbenfabriken Bayer AG, D-5090 Leverkusen-Bayerwerk

ISBN-13:978-3-642-66617-9 e-ISBN-13:978-3-642-66616-2
DOI:10.1007/978-3-642-66616-2

Library of Congress Cataloging in Publication Data (Revised). Wegler, Richard. Chemie der Pflanzenschutz- und Schädlingsbekämpfungsmittel. Includes bibliographies. Contents: Bd. 1. Einführung, Insektizide, Chemosterilantien, Repellents, Lockstoffe, Akarizide, Nematizide, Vogel- bzw. Säugetierabschreckungsmittel, Rodentizide. — Bd. 2. Fungizide, Herbizide, natürliche Pflanzenwuchsstoffe, Rückstandsprobleme. — Bd. 3. Geschichte, Ökologie, Forschung, Tropenkrankheiten, Textilschutz, Insektizid-Resistenz, Materialschutz. — Bd. 4. Pflanzenwachstumsregulatoren, Fungizide, Holzschutz. 1. Pest control — Collected works. 2. Pesticides — Collected works. SB 950.W 44. 632'9. 75-78286


Softcover reprint of the hardcover 1st edition 1977



2152/3140–543210

# Vorwort zu Band 4 und 5

Die chemische Schädlingsbekämpfung ist eine verhältnismäßig junge, vornehmlich anwendungstechnische, Wissenschaft. Die weiter steigende Anwendung chemischer Schädlingsbekämpfungsmittel macht es nicht verwunderlich, daß schon ein halbes Jahrzehnt nach dem Erscheinen der Bände 1 und 2, eine Fülle von neuem Material vorliegt. Trotz oft wenig sachlicher Einwendungen gegen einen chemischen Pflanzenschutz hat sich doch die Erkenntnis durchgesetzt, daß heute wie auch in überschaubarer Zukunft chemischer Pflanzenschutz unentbehrlich ist.

Das *Fungizidgebiet* hat durch die schon in Band 2 erwähnten systemisch wirksamen Verbindungen einen neuen Aufschwung erhalten, ist aber durch eine früher nicht bekannte Resistenz auch problematisch geworden. Dies und die zahlreichen neuen Versuchs- und Handelsprodukte zwangen zu einer Neufassung des Abschnittes Fungizide. Die systemischen Fungizide werden besonders herausgestellt und separat von einem erfahrenen Autor behandelt. Ein weiterer Autor befaßt sich mit speziellen Wirkungsweisen. Die Patentzitierung für ältere Produkte wurde ergänzt, vornehmlich durch Patente in deutscher und englischer Sprache. Das Auftreten neuer Verbindungsklassen in Form von Versuchs- und Handelsprodukten machte eine Ausweitung des Einteilungssystems notwendig.

Das mit der Anwendung systemischer Fungizide rasch aktuell gewordene Problem der *Fungizid-Resistenz* wird in seinen theoretischen Grundlagen gesondert behandelt und von dritter Seite in seiner praktischen Bedeutung ausführlich beleuchtet.

Nachdem der Materialschutz und technische Konservierungsmittel in Band 3 schon ausführlich behandelt worden sind, konnte in Band 4 als Ergänzung noch ein Beitrag über *Holzschutzmittel* eingefügt werden.

Das Streben nach größter Sicherheit bei der Anwendung von Pflanzenschutzmitteln erfordert eine stete Suche nach neuen Wirkstoffen. Arbeitssparende landwirtschaftliche Anbaumethoden und der Zwang, mehr Nahrungsmittel billig und in guter Qualität zu produzieren, haben ebenfalls wesentlichen Einfluß auf die weitere Entwicklung des chemischen Pflanzenschutzes genommen. Diese Tendenzen finden nicht zuletzt in einer stärkeren Zunahme der Herbizid-Anwendung ihren Ausdruck. Heute umfaßt allein das Gebiet der Herbizide mengen- und wertmäßig in den meisten wichtigen Ländern, mit Ausnahme von Japan, über die Hälfte der gesamten Pflanzenschutzmittel.

*Die Herbizide* erlebten in den letzten 5 bis 6 Jahren eine besonders starke Erweiterung durch Versuchs- und Handelsprodukte, ohne daß dieser Ausweitung eine entsprechend breite Entdeckung neuer wirksamer Verbindungsklassen gegenübersteht. Ziel ist nach wie vor weniger das Auffinden und die Entwicklung von Total-Herbiziden, als von selektiven Produkten. Selektivität in wichtigen Kulturen, wie Getreide, Mais, Reis, Sojabohnen, Baumwolle, Zuckerrohr, Zuckerrüben, Kartoffeln usw., ist von besonderem Interesse. Dabei ist ein breites Wirkungsspektrum gegen Ungräser und Unkräuter erwünscht, was aber nicht selten auch durch Kombination von zwei Herbiziden mit ergänzendem Wirkungsspektrum erreicht werden kann. Möglichst vollständig aber auch nicht zu rasch abbaubare Herbizide werden nach wie vor gesucht. Forderungen des Umweltschutzes, in zunehmendem Maße berücksichtigt, treten immer stärker in den Vordergrund. Die Verträglichkeit von Herbiziden mit anderen Schädlingsbekämpfungsmitteln wird intensiv untersucht. Fragen der Toxikologie werden jetzt im Abschnitt Herbizide in einigen Fällen eingehend erörtert. Bei der 2,4,5-Trichlorphenoxyessigsäure zum Beispiel haben sich durch Beimengung eines hochtoxischen Nebenproduktes einige Zeit ernsthafte Probleme bei der Anwendung ergeben. Etwa 200 neue Versuchs- und Handelsprodukte sind neu aufgenommen worden.

Das schon in Band 2 behandelte Gebiet „Natürliche und synthetische Wuchs- und Hemmstoffe" erforderte eine grundlegende Neubearbeitung, da dieser Zweig des Pflanzenschutzes im weitesten Sinne eine sehr starke Ausweitung erfahren hat. Zwar ist die praktische Anwendung von Wuchs- und Hemmstoffen, verglichen mit den Herbiziden, immer noch verhältnismäßig gering. Es haben sich aber doch erfolgreiche neue Anwendungen ergeben, und es ist berechtigte Hoffnung auf weitere Anwendungsmöglichkeiten vorhanden. Die Suche nach neuen Wuchs- und Hemmstoffen ist von vielen Firmen in ihr Forschungsprogramm aufgenommen worden, was die Zahl neuer Patente und Veröffentlichungen erklärt. Ein seit langer Zeit auf diesem Gebiet forschend tätiger Kollege, welcher schon in Band 2 den entsprechenden Abschnitt bearbeitet hatte, gibt jetzt einen sehr umfassenden Überblick über alles Neue, wobei auch die Patente möglichst vollständig erfaßt worden sind. Besonders hervorzuheben sind die vielen schon aufgeklärten Wirkungsmechanismen für Wuchs- und Hemmstoffe.

In den Abschnitten Fungizide und Herbizide hätte es bequem erscheinen können, lediglich neue Versuchs- und Handelsprodukte anzuführen und neue wissenschaftliche Erkenntnisse einzufügen ohne das Ältere, Grundlegende zu wiederholen. Der Benutzer hätte dann jeweils zuerst die entsprechenden Abschnitte in Band 2 lesen müssen. Um rasch eine optimale Übersicht der Gebiete zu geben, wurde das Grundlegende in die neuen Abschnitte wieder aufgenommen. Verlassene Handelsprodukte oder Versuchsprodukte werden dabei nur noch kurz angeführt. Hier ist auf den Band 2 zurückzugreifen.

Größte Sorgfalt wurde neben der Anführung neuer wissenschaftlicher Literatur der Patentsituation gewidmet. So wurde allein im Abschnitt Herbizide für die Versuchs- und Handelsprodukte etwa 750 Patente neu aufgenommen.

War bis 1969 der chemische Pflanzenschutz patentmäßig noch einigermaßen überschaubar und so auch im Text eines Buches, subjektiv ausgewählt, darstellbar, hat sich die Situation seither wesentlich geändert. Allein auf dem Gebiet der *Herbizide* sind mehr als 2100 neue Patente (ohne die Herbizid-Kombinationen) erschienen. Selbst in einer Auslese konnten sie unmöglich mit einem Formelbeispiel in den allgemeinen Text aufgenommen werden, ohne die Übersicht über das Wichtige zu beeinträchtigen. Andererseits ist die Kenntnis von Patenten für jedes forschungstreibende Unternehmen und jeden in der Forschung Tätigen wichtiger denn je geworden. Bei stark gestiegenen Forschungskosten, wobei sich die

Personalkosten besonders erhöht haben, ist heute (1976) mit mehr als 40 Millionen DM je Handelsprodukt an Forschungs- und Entwicklungskosten zu rechnen. Nur eine umfassende Kenntnis der Patentsituation erlaubt rasche Entscheidungen über weitere Entwicklungskosten, toxikologische Langzeitversuche und Investitionen für eine Herstellung. Selbst die forschungsintensivsten Unternehmen rechnen heute damit, daß etwa 40% der eigenen Erfindungen am Ende der Entwicklung mehr oder weniger von Patenten anderer Firmen abhängig sind. Im Abschnitt Herbizide ist eine derartige Situation am Beispiel heterocyklisch-aliphatische Harnstoffe (1,3,4-Thiadiazol) besonders herausgestellt.

Unseres Wissens erstmalig ist bei den Herbiziden der Versuch unternommen worden, in einem getrennten Anhang eine *vollständige Übersicht über alle Patente aus den Jahren 1969 bis September 1976* zu geben. Patente über Kombinationen von Wirkstoffen wurden nicht angeführt. Jedes Patent ist mit einem Formelbeispiel belegt. Diese Darstellung kann natürlich keine vollständige Dokumentation ersetzen, aber sie bietet dem Forschungschemiker die Möglichkeit, sich rasch und zu jeder Zeit übersichtlich zu informieren. Der Patentanhang zeigt auch für jedes Teilgebiet, wie intensiv dieses durch verschiedene Firmen bearbeitet worden ist. Bevorzugt wurden Patente in deutscher und englischer Sprache, soweit möglich wurden auch französische Patente und solche anderer Länder erfaßt. Diese kostenspielige Dokumentation — alle Formeln mußten gezeichnet werden — scheint die Möglichkeit zu bieten, sich rasch auf dem sonst kaum noch überschaubarem Gebiet der Herbizide zurechtzufinden. Es wird von der Resonanz der Benutzer abhängen, ob diese Zusammenstellung fortgesetzt und ergänzt werden soll.

Einige Wünsche bleiben offen, so die Besprechung neuer Akarizide. Auch konnte leider nicht den zahlreichen Anregungen nach Aufnahme analytischer Daten oder vermehrter Berücksichtigung von Abbaumechanismen der Pestizide entsprochen werden, da dies nur auf Kosten der festgelegten Schwerpunkte hätte geschehen können, und hier ohnehin zahlreiche Spezialwerke vorhanden sind. Eine ausführliche Behandlung biochemischer Insektizide mußte wegen Erkrankung des Autorenteams vorerst entfallen.

Allen Autoren gebührt Dank und Anerkennung. Besonderen Dank schuldet der Herausgeber auch den vielen Firmen, die neueste technische Informationen zur Verfügung stellten. Besonders herausgestellt sei die Firma Bayer AG, stellt sie doch die Vielzahl der Sachbearbeiter. Ohne die hervorragende Dokumentation von Patenten und Literatur, Tagungsberichten usw. wäre eine umfassende Darstellung der verschiedenen Gebiete nicht möglich gewesen. Der Leitung der Sparte Pflanzenschutz gilt mein Dank für ihre verständnisvolle Bereitschaft zur Hilfe und Mitarbeit. Frau Dr. von Eiken aus der Literaturabteilung hat durch ihre vollständige Dokumentation wesentlich zur Abfassung der Arbeiten beigetragen. Das Entgegenkommen des Springer-Verlages bei der Gestaltung des Buches verpflichtet mich zu großem Dank. Die für den Herbizid-Band gewählte Form der Wiedergabe — photomechanisch nach Schreibmaschinenmanuskript — erreicht zwar nicht das schöne Bild des ausgewogenen Druckes früherer Bände, erlaubte aber, den Verkaufspreis niedrig zu halten. Außerdem war es möglich, bis zuletzt Nachträge einzufügen, insbesondere die Patentergänzungen bis September 1976 fortzuführen, was die Aktualität wesentlich erhöht. Es ist zu hoffen, daß diese Vorteile besonders willkommen sind.

R. Wegler

# Inhaltsverzeichnis Band 5

## Herbizide

*R. Wegler und L. Eue*

**Patentergänzung 1969 bis September 1976**

# Inhalt Band 1

# Inhalt Band 2



# Inhalt Band 3

# Inhalt Band 4

# Herbizide

*Von R. Wegler und L. Eue*

# Einleitung

Die Notwendigkeit des Pflanzenschutzes begann für den Menschen mit dem systematischen Anbau von Kulturpflanzen. Während die Bekämpfung von Insekten und Pilzerkrankungen erst mit Hilfe chemischer Mittel in neuerer Zeit möglich wurde, ist eine rein mechanische Beseitigung von Unkräutern bereits seit Jahrtausenden üblich. Ein Wechsel von Kulturen mit nachfolgender Bodenbearbeitung, seit Jahrhunderten, z.B. in Deutschland geübt, ferner die Saatgutreinigung, trugen wesentlich zur Niederhaltung von Schäden durch Unkräuter bei.

Das Spezialproblem örtlicher totaler Pflanzenvernichtung wurde mit fortschreitender Zivilisation immer größer und schwieriger lösbar, ich denke hier an die Beseitigung von Pflanzenwuchs auf Industriegelände, Eisenbahnanlagen, Sportplätzen, Parkwegen usw. Erst recht spät, d. h. Ende des 19. Jahrhunderts, begann man, sich der pflanzenschädigenden Wirkung einiger anorganischer Chemikalien, wie Kupfer- oder Eisen(II)-sulfat, zur Totalvernichtung von Pflanzen zu bedienen. Eine restlose Unkrautvernichtung, d. h. in speziellen Fällen die völlige Vernichtung allen Pflanzenwachstums, konnte mit anorganischen Chemikalien in der Folgezeit - vorwiegend zwischen dem 1. und 2. Weltkrieg - nachdem einige besonders wirksame Verbindungen, wie z. B. Natriumchlorat und Natriumarsenit, aufgefunden worden waren, befriedigend gelöst werden. Aber die Anwendung anorganischer Verbindungen brachte einige Nachteile mit sich. Die wasserlöslichen Salze des Natriumchlorats sind in ihrer Wirkung zu sehr abhängig vom Klima bzw. Wetter. Auch ist Natriumchlorat zusammen mit organischem Material feuergefährlich, und selbst die mit ihm behandelten Flächen können feuergefährlich werden. Natriumarsenit andererseits ist giftig und gibt Anlaß zu unerwünschten Arsen-Rückständen im Boden. Davon abgesehen sind die Aufwandmengen meist hoch, die Mittel folglich unrentabel. Nach 1948 nahmen zunehmend organische Totalherbizide die Stelle der anorganischen Totalherbizide ein.

Die Entdeckung selektiv wirkender, organischer Verbindungen zur Vernichtung von Unkräutern (selektive Herbizide) eroberte diesen Bereich des Pflanzenschutzes endgültig der Chemie. Die Rationalisierung der Erzeugung landwirtschaftlicher Produkte hatte zu großen Monokulturen geführt, und hier nun waren die Vorbedingungen zur Anwendung von selektiven, d. h. die Kulturpflanzen schonenden Herbiziden gegeben. Die in der landwirtschaftlichen Großerzeugung am weitesten fortgeschrittenen USA waren der Einführung selektiver Herbizide besonders aufgeschlossen. Die starke Konkurrenz in der landwirtschaftlichen Erzeugung mit Zwang zur Ertragssteigerung, Einsparung von Pflanzgut und Samen, förderte folgerichtig die Niederhaltung von Unkräutern, um Ernteausfälle zu vermeiden. Die Verteuerung der menschlichen Arbeitskraft, zum Teil auch die Verknappung der Arbeitskräfte (besonders in zivilisierten Ländern), waren kräftige Promotoren für die Einführung von vorwiegend selektiven Herbiziden unter Ausschaltung einer manuellen oder rein mechanischen Unkrautbeseitigung.

Im Zuge der Rationalisierung des Anbaues von großen Monokulturen mußten viele Arbeitsvorgänge maschinell durchgeführt werden. Kartoffeln, Baumwolle oder auch Getreide können nur noch mit Erntemaschinen wirtschaftlich geerntet werden. Eine maschinelle Ernte, z.B. von Baumwolle oder Kartoffeln, bedingt aber die Vorbehandlung der Kulturpflanzen. Die Baumwolle muß mit sog. Entblätterungsmitteln, die Kartoffelpflanze mit sog. Krautabtötungs- und Austrocknungsmitteln vorbehandelt werden. Erst dann können Maschinen relativ einfach die Baumwollkapseln pflücken oder die Kartoffelknollen ernten. Die Kartoffelkrautabtötung und

-austrocknung unterdrückt außerdem eine Pilzinfektion durch faulendes Gewebe. Krautabtötungsmittel und Entblätterungsmittel sind Sonderformen der Herbizide, und zwar fast stets sog. Kontaktherbizide, also Verbindungen, welche im Kontakt mit den Blättern ihre spezielle Wirkung entfalten.

Große Monokulturen fördern die Entwicklung bestimmter Unkräuter. So wurde die Bekämpfung von Unkräutern z. B. in Getreidekulturen immer dringlicher. Da das Ernten des Getreides mit Mähdreschern erst relativ spät geschehen kann - das Getreide muß vollreif sein -, führt dies zur Aussaat einiger früh reifender und samender Unkräuter. Der Mähdrusch begünstigt aber nicht nur die Verbreitung der frühreifen Unkräuter, sondern der Unkräuter allgemein, da Spreu und Unkrautsamen auf dem Feld bleiben und nicht wie früher mit dem Erntegut abtransportiert werden. Das hat zwangsläufig eine weitere Steigerung der Anwendung von selektiven Herbiziden im Getreidebau zur Folge.

Die fortschreitende Entwicklung gestattet es, schon mit der Aussaat wirksame, selektive Herbizide in einem Arbeitsgang in oder auf den Boden zu bringen (Vorauflauf- und Voraussaat-Herbizide) oder vor dem Auflaufen der Kulturpflanzen schon aufgelaufene Unkräuter zu beseitigen (Vorauflauf- und Kontakt-Herbizide). Selektiv wirkende Herbizide erlauben auch die nachträgliche Anwendung von Herbiziden bei schon im fortgeschrittenen Wachstum befindlichen Kulturpflanzen. Große Garten- und Gewächshaus-Kulturen förderten in den letzten Jahrzehnten die Entwicklung kurzwirksamer Totalherbizide, welche nach einer Ernte und vor der Neubenutzung des wertvollen Garten- oder Gewächshausbodens angewandt werden.

Höhere Anforderungen an Wiesen bzw. Viehweiden oder auch Gartenrasen waren der Einführung selektiver Herbizide, welche die Gräser schonen, in gleicher Weise förderlich. So können auch giftige Unkräuter in Weideland durch selektive Herbizide entfernt werden. Verbindungen mit wachstumshemmender Wirkung gestatten es u. a., das unerwünschte, rasche Wachstum von Rasen und Hecken niederzuhalten.

Die künstliche Bewässerung großer Landstriche erfordert die Niederhaltung von Wasserpflanzen. Gleichartige Probleme treten in Entwässerungsgräben und Schifffahrtsstraßen, besonders Kanälen mit stehendem Wasser, auf und verlangen speziell wirksame Mittel gegen Wasserpflanzen. Ein Spezialgebiet ist die Beseitigung von Algen, vorwiegend an Schiffsrümpfen.

War in den Jahren bis 1960 das Gebiet der Insektizide - zum Teil auch das der Fungizide - besonders eindrucksvoll in seiner Entwicklung, und war der Weltumsatz an Insektiziden wesentlich größer als der der Herbizide, änderte sich dieses Bild allmählich, aber stetig zugunsten der Herbizide. Schon 1966 hatten die Herbizide in einigen nordischen Ländern die Insektizide wertmäßig übertroffen. Der Anstieg des Herbizid-Verbrauchs ist in fast allen Ländern stärker als der von Fungiziden und selbst von Insektiziden. 1968 sind in den USA wertmäßig mehr Herbizide verkauft worden als Insektizide und Fungizide zusammen.

Auf dem Gebiet der Insektizide wird die Forschung sehr stark beeinflußt durch die Suche nach neuen Substanzen, die gegen Insekten, welche Resistenzerscheinungen zeigen, wirken. Die Forschung hat aber in den letzten Jahren wenig prinzipiell neuartige Insektizide aufgefunden. Ganz anders liegen die Verhältnisse bei der Forschung nach Herbiziden. Zwar gibt es bis heute noch nicht ernsthaft das Problem resistent gewordener Unkräuter, wohl aber eine Vermehrung schwer bekämpfbarer, bisher vielleicht weniger wichtiger Unkräuter. Das zwingt die Forschung zur Suche nach neuen Herbiziden mit einem anderen Wirkungsspektrum und zur Anwendung von Herbizid-Kombinationen mit einem breiteren Wirkungsspektrum. Zudem machen sich neue Unkräuter in früher nicht befallenen Ländern und Gebieten breit. In einem Falle glaubt man auch schon, innerhalb einer Gattung (Hahnenfuß) Resistenzerscheinungen feststellen zu können. Wenngleich die Resistenzentwicklung nur sehr langsam fortschreitet, könnte sie doch mit der Zeit zusätzliche Probleme aufwerfen. Die Suche nach neuen Herbiziden stellt an den Chemiker und Biologen immer größere Anforderungen. Die durch natürliche Auslese übrig gebliebenen Unkräuter sind durchweg biologisch viel vitaler als die hochgezüchteten Kulturpflanzen.

Forderungen nach extrem niedrigen Pflanzenschutzmittelrückständen erschweren heute in nennenswerter Weise die Forschung bzw. die Neueinführung von Insektiziden und zum Teil auch von Fungiziden, da besonders erstere meist relativ giftig sind und das Erntegut mitunter noch wenige Wochen vor der Ernte behandelt werden muß. Bei Herbiziden tritt dieses Problem zwar auch, aber nicht im gleichen Maß hindernd auf. Einmal sind fast ausnahmslos die praktisch herbizid wirkenden Verbindungen (Natriumarsenit ausgenommen) für Warmblüter sehr wenig toxisch, zum anderen geschieht die Anwendung der Herbizide vorwiegend vor oder kurz nach der Aussaat sowie im ersten Entwicklungsstadium einer Kulturpflanze, kaum aber später.

Trotzdem müssen auch für Herbizide Rückstandsbestimmungen vorgelegt werden, und auch für Herbizide sind Höchstmengen im Erntegut festgelegt (in der Bundesrepublik: Höchstmengen-Verordnung - Pflanzenschutz ab 1.1.1968).

Wird eine Pflanze von einem Herbizid nicht geschädigt, so kann die Ursache dafür recht verschiedenartig sein. Meist nimmt die nicht geschädigte Pflanze das Herbizid weder durch die Wurzel noch durch die Blätter auf. Es liegt also größtenteils eine physikalisch-chemische Selektivität vor. Andererseits kann die Pflanze in der Lage sein, das aufgenommene Herbizid besonders rasch abzubauen, so daß sie nicht geschädigt wird. In beiden Fällen treten ernsthafte Rückstandsprobleme als Folge der Anwendung selektiver Herbizide nicht auf. Dies ist vielfach ein Vorteil der Herbizid-Forschung gegenüber der Insektizid- oder Fungizid-Forschung.

Allerdings bilden die Rückstände von Herbiziden im Boden mitunter ein ernsthaftes Problem. Man versucht, dieser Schwierigkeit zu begegnen, indem man schwer abbaubare Wirkstoffe in möglichst geringen Aufwandmengen benutzt und sie dafür mit weniger persistenten Wirkstoffen kombiniert. Außerdem empfiehlt sich nach einiger Zeit ein Wechsel der Herbizide sowie der Kulturen.

Der größte Ansporn zur Forschung auf dem Herbizidgebiet liegt aber ohne Zweifel in dem noch verhältnismäßig geringen Prozentsatz an mit Herbiziden behandelten Anbauflächen und in den dadurch noch bedingten großen Ertragsminderungen durch Unkräuter begründet. Selbst in den großen Monokulturen zivilisierter Länder werden immer noch nennenswerte Anteile der Nutzflächen nicht gegen Unkräuter behandelt. Gerade die zivilisierten Länder aber werden sich in naher Zukunft einer noch größeren Vermeidung von Ernteverlusten befleißigen müssen, um der weltweiten Ernährungsunterbilanz begegnen zu können.

In den USA wurden bis 1965 nur 40-50% aller Anbauflächen (ohne Wald und Weiden) mit Herbiziden behandelt. Nur einzelne Kulturen weisen einen wesentlich höheren Anteil an mit Herbiziden behandelter Fläche auf, z.B. die Zuckerrohrplantagen. 1969 wurden in den USA allerdings einige Monokulturen schon zu über 80% mit selektiven Herbiziden behandelt. Die Schäden durch Unkräuter in den USA werden auf 2,4 Mrd. Dollar geschätzt. Die Ertragsverluste schwanken von 8% für Baumwolle bis 10% für Mais und bis 12% für Leguminosen und 25% für Erdbeeren. Die Schäden durch Unkräuter in der übrigen Welt sind prozentual erheblich größer und werden für Baumwolle im gesamten amerikanischen Kontinent auf 250 Mill. Dollar geschätzt. In unterentwickelten Ländern entstehen im Baumwollbau durch Unkräuter Verluste von 30-50%. Der Weltverlust durch Unkräuter an der Baumwollerzeugung wurde auf 0,975 Mill. t = 590 Mill. Dollar angesetzt. Die Weizenernteverluste nur durch Unkräuter sollen in der Welt einen Betrag von 2,4 Mrd. Dollar erreichen. Für Mais werden durch Unkraut bedingte Verluste auf über 2,2 Mrd. und für Zuckerrohr auf 1,47 Mrd. Dollar geschätzt. Zur Beseitigung dieser großen Verluste sind eine weitere Steigerung der Herbizid-Herstellung und die Entwicklung neuer selektiver Herbizide notwendig. 1967 betrug der Verkaufsverwert an Herbiziden in den USA 450 Mill. $, der für Insektizide 301 Mill.$ und für Fungizide 56 Mill. $.

Für 1968 betragen die noch nicht genau vorliegenden Verkaufswerte 505 Mill. S für Herbizide, 335 Mill. $ für Insektizide und 60 Mill. $ für Fungizide.

Die Schätzungswerte für 1969 betragen 575 Mill. $ für Herbizide, 375 Mill. $ für Insektizide und 65 Mill. $ für Fungizide.

Umgekehrt können neue Selektiv- und Totalherbizide die ganze Landwirtschaft beeinflussen, indem sie alte, erprobte Verfahren des Ackerbaus ändern oder überflüssig machen. Die Bearbeitung der Kartoffeln durch wiederholtes Häufeln und Abschleppen erübrigt sich durch selektive Herbizide, da solche Arbeiten im wesentlichen der Unkrautbekämpfung dienen. Im modernen Kartoffelbau werden die Kartoffeln nach dem Legen angehäufelt und kurz vor dem Durchbruch mit einem Herbizid behandelt. Auch im Rübenbau glaubt man, durch den Einsatz von Herbiziden auf das Hacken verzichten zu können, wenngleich diese Anbaumethode noch nicht so breit Eingang in die Praxis gefunden hat wie beim Kartoffelbau. Das Wechselspiel zwischen Herbiziden und Ackerbaumethoden wird auch in Zukunft noch viele Anregungen zur Neugestaltung der Feldbearbeitung und zur Änderung alter Anbaumethoden ergeben.

Die Herbizid-Entwicklung hat einen wesentlichen Anstoß von seiten des natürlichen Pflanzenwuchsstoffes 3-Indolylessigsäure und daran anschließend durch verwandte synthetische Verbindungen mit Wuchsstoff- und in höheren Konzentrationen Herbizid-Eigenschaften (wie 2,4-Dichlorphenoxyessigsäure) erhalten. Die weitere Forschung auf dem Gebiet der natürlichen, pflanzlichen Wuchsstoffe zeigte aber, daß recht unterschiedliche Verbindungsklassen als Pflanzenhormone vorkommen und daß diese Verbindungen recht verschiedenartige Funktionen im Rahmen des Pflanzenwachstums erfüllen. Eine Vielzahl von natürlichen Vorgängen wie Blüte, Reife der Früchte, Abfall der Früchte und Blüten, Ruheperiode der Pflanzen usw. werden durch natürliche Pflanzenhormonsysteme gesteuert. Einige derartige Wirkstoffe sind nicht nur isoliert, sondern wie bei den Gibberellinen und Cytokininen sowie dem Dormin in ihrer Konstitution aufgeklärt worden. Wenn auch diese Forschungsrichtung zur Entdeckung natürlicher Pflanzenhormone noch am Anfang steht, öffnen sich doch dem Chemiker schon heute Wege, um diese Verbindungen zu synthetisieren oder ähnliche Verbindungen aufzubauen. Ein Ziel dieser Forschungsrichtung ist es, Einfluß auf das biochemische Geschehen der Pflanze zu nehmen und bestimmte Vorgänge in ihrem Ausmaß oder in ihrem Zeitablauf zu steuern.

Offensichtlich ist es aber nicht nur durch echte Pflanzenhormone möglich, hier Eingriffe vorzunehmen, sondern, wie einige Anhaltspunkte zeigen, vermögen auch ganz andersartige Verbindungen das biochemisch-physiologische Geschehen in der Pflanze zu beeinflussen. Synthetische Verbindungen ohne Verwandtschaft zu Phytohormonen sind in der Lage, den Zucker-, Stärke- oder den Eiweißgehalt einzelner Pflanzen zu verändern. Die Anwendungsgebiete für Wachstumsregulatoren breiten sich rasch aus, und schon 1969 wurden in Amerika für 20 Mill. Dollar Wachstumsregulatoren verkauft. Der Hauptanteil, 13 Mill. Dollar, entfällt dabei auf Maleinsäurehydrazid. Doch sind zahlreiche andere Verbindungen ebenfalls schon Handelsprodukte oder befinden sich im aussichtsreichen Versuchsstadium. Neben der Halmverkürzung bei Getreide wird bei Sojabohnen das Längenwachstum gedrosselt. Auch bei Reis versucht man, das Längenwachstum zu beeinflussen. Bei Sojabohnen wird unter Kürzung des Längenwachstums eine stärkere Verzweigung angestrebt. Im Tabakbau ist Maleinsäurehydrazid zur Verhinderung von unerwünschten Seitentrieben schon in großer Anwendung.

Einige Herbizide zeigen, in geringen Mengen angewandt, ebenfalls wachstumsregulierende Eigenschaften, z. B. bei Zuckerrohr reduzieren sie das Blühen und bewirken einen erhöhten Zuckergehalt. Andere Wuchsstoffe werden schon zur Frucht ausdünnung herangezogen.

Die Anwendung einfacher synthetischer Verbindungen zur Hemmung des Stengelwachstums beim Getreide, das zur Verdickung der Stengel führt und eine erhöhte Düngemittelgabe ermöglicht, ist in Europa schon eine klassische Methode geworden.

Es ist zu erwarten, daß ein neuer Zweig des "Pflanzenschutzes" von vielleicht großer, praktischer Bedeutung entsteht: die "Pflanzenbeeinflussung".

Zahlreiche neue Versuchs- und Handelsprodukte machten, um aktuell zu bleiben, eine verbesserte und ergänzte Auflage des Abschnittes Herbizide notwendig. Am Grundprinzip der Einteilung hat sich nichts geändert (siehe unter Einteilung). Mehr Gewicht erhielten Fragen des Umweltschutzes und der Toxikologie. Auch beginnenden Neuentwicklungen, wie Herbizid-Schutzsubstanzen, wurde Raum gegeben. Neuere Erkenntnisse gegenseitiger Beeinflussung von Herbiziden durch Insektizide oder umgekehrt wurden besonders beachtet.

# 1. Einteilung der Herbizide*

Der neu bearbeitete Abschnitt Herbizide beinhaltet nochmals den wichtigsten Stoff bis 1969, wobei Versuchs- und Handelsprodukte in ihren oft noch lückenhaften Literatur- und Patentangaben ergänzt wurden. Auf die Bedeutung wichtiger Herbizide wird besonders hingewiesen. Ältere Versuchsprodukte werden, soweit sie nicht zu Handelsprodukten geführt haben, nur noch stark gekürzt erwähnt. Neu aufgenommen wurden alle bis gegen Ende 1976 bekannt gewordenen Handels- und Versuchsprodukte - fast 200 - mit Literatur- und Patentangeben, sowie Wirkungsweise usw. Hier wurde auf Vollständigkeit größter Wert gelegt. Mehr als 700 neue Patent- und Literaturzitate werden angeführt. Dabei wurde kritisch nur die wichtigste Literatur über neue wissenschaftliche Arbeiten ausgewertet und im Text erwähnt. Die Anführung von neuen Patenten (die sich noch nicht in Versuchs- und Handelsprodukten niedergeschlagen haben) mußte, um eine zu große Textausweitung zu vermeiden, auf wenige grundlegende neue Verbindungsklassen beschränkt werden. Die Aufnahme einiger neuer Verbindungsklassen von Herbiziden zwang zur Ausweitung des chemischen Einteilungsprinzips. Um nicht die erprobte Einteilung (Band 2) umzustoßen, mußten neue Untergruppen eingefügt werden. Fragen des Umweltschutzes, verbunden mit neuen toxikologischen Erkenntnissen, wurden bei den entsprechenden Verbindungen besondere Aufmerksamkeit geschenkt. In diesem Zusammenhang wurden auch für viele ältere und neuere Herbizide Fischtoxizitäten aufgenommen. Die Werte entstammen technischen Informationen der Firmen oder einer zusammenfassenden Publikation von T.E. Tobby, P.A. Hursey und I.S. Alabaster (Chemistry and Industrie, Juni 1975).

Der Text über Herbizide wurde ergänzt durch eine getrennt angeführte Literatur- und Patentübersicht 1969-1976. Mehr als 2 200 neue Patente wurden registriert. Auch hier wurde die im Text verwendete Einteilung übernommen, mußte aber aus Gründen der Übersichtlichkeit, stark erweitert werden. Es wurden möglichst alle Deutschen Patente (BRD) angeführt, sowie entsprechende Patente aus den USA und Großbritannien. Häufig sind auch französische Patente aufgenommen. worden. Patente über Wirkstoffkombinationen wurden nicht registriert. Falls wichtige Arbeitsgebiete von mehreren Firmen breit patentiert wurden, erschien es zweckmäßig, die Patente und ihre Anmeldungen, alphabetisch nach Firmennamen zu ordnen, um möglichst rasch Überschneidungen feststellen zu können.

Um eine Patentübersicht über eine einzelne Verbindung oder eine Verbindungsklasse zu erhalten, ist es notwendig, zuerst den Text mit seinen entsprechenden Versuchs- und Handelsprodukten zu beachten, wobei dort die zugehörigen Patente und einige Literatur angeführt sind. Anschließend muß zur Vervollständigung die Patentübersicht 1969-1976 herangezogen werden. Gelegentlich finden sich hier, um den Zusammenhang und eine Übersicht zu gewährleisten, nochmals Patente angeführt, die schon im Text erwähnt sind, jetzt aber mit einer erweiterten Konstitutionsformel. Ein derartiges Formelbeispiel umfaßt natürlich bei weitem nicht alle beanspruchten Variationen und dient nur als Hinweis, welches Patent im Original nachgesehen werden muß. Schwierigkeiten der Einstufung in bestimmte Verbindungsklassen bereiten die oft sehr umfassenden Patentansprüche, die sich über

* s.a. Band 2 dieses Werkes

viele Verbindungsklassen erstrecken. Hier mußte subjektiv nach jener Verbindungsklasse registriert werden, welche die wirksamsten Herbizide aufwies oder der Handelsprodukte entstammen. Hinweise auf andere Verbindungsklassen wurden möglichst oft eingefügt.

Sinn und Zweck der Patentübersicht ist es, dem Forschungschemiker eine rasche Übersicht zu geben, ob und von wem eine bestimmte Verbindung patentiert ist und zu welchem Zeitpunkt. Eine Computerinformation kann und soll nicht ersetzt werden, und das genaue Studium der Originalpatente bleibt unvermeidlich. Der Vorteil unserer Patentübersicht ist die rasche zu jeder Zeit vorzunehmende Orientierungsmöglichkeit.

Literaturzitate finden sich in dieser Ergänzung und Übersicht nur in beschränktem Ausmaße.

Text und Patentübersicht wurden in photomechanischer Wiedergabe herausgegeben. Diese Änderung dient einmal der besseren Preiswürdigkeit zum anderen erlaubt diese Form bis zuletzt die Einfügung neuer Produkte, Literatur und Patente, erhöht also ganz wesentlich die Aktualität.

# 2. Unterscheidung der Herbizide nach ihrer Wirkungsweise und Anwendung

Anfangs hat man versucht, die Herbizide nach ihrer Wirkung zu ordnen. Der geschichtlichen Entwicklung entsprechend lag nichts näher, als zunächst zwischen selektiv und total wirkenden Herbiziden zu unterscheiden, was zu den Gruppenbezeichnungen "Totalherbizide" und "Selektive Herbizide" führte. Diese Gruppierung kann aber für eine ausreichende Einteilung der Wirkstoffe nicht verwendet werden, da sich bei der Weiterentwicklung der Herbizide sehr bald zeigte, daß bestimmte Chemikalien sowohl als Totalherbizide wirken als auch zur selektiven Unkrautbekämpfung dienen können. Die unterschiedlichen Möglichkeiten sind im wesentlichen oft nur eine Frage der aufzuwendenden Wirkstoffmenge pro Flächeneinheit und des Anwendungszeitpunktes.

Auf der Suche nach einer sinnvollen Unterteilung der Herbizide war der nächste Schritt, sich am Wirkungsmechanismus zu orientieren. Es kann in diesem Rahmen nicht näher auf die Biochemie der Herbizide eingegangen werden. Wir geben nur eine vereinfachte Darstellung, zumal die Primärvorgänge nicht immer bekannt sind und wir praktisch nur die Sekundäreffekte beobachten. Nähere Einzelheiten finden sich bei AUDUS (1946) 7) und Ashton and Crafts (1973) 11). Für die Herbizide kann nach ihren Angriffspunkten im Stoffwechsel der Pflanzen eine Einteilung vorgenommen werden.

1) Photosynthesehemmer

Unter Photosynthese verstehen wir die Fähigkeit der Pflanzen, aus Kohlendioxid der Luft und Wasser unter Zuhilfenahme von Sonnenenergie Kohlehydrate aufzubauen. Dieser komplizierte Ablauf wird im Laboratorium in dem Abschnitt der Ferricyanidreduktion (Hill-Reaktion) durch bestimmte Herbizide gehemmt und führt zum Absterben der Pflanzen. Zu den bekanntesten Photosynthesehemmern gehören: Uracile, Harnstoffe, Triazine, Triazinone, Triazindione.

2) Atmungshemmer

Die Atmung dient zur Energiegewinnung durch entsprechende Oxidation der energiereichen Kohlehydrate. Die bekannten Atmungshemmer hindern den Elektronentransport und damit die Energieübertragung. Zu den Atmungshemmern zählen die substituierten Dinitrophenole, Pentachlorphenol, substituierte Benzonitrile, Aniline.

3) Wuchsstoffe

Es handelt sich um Stoffe, die in der Wirkung dem Auxin ähnlich oder gleich sind. Ihre Primärwirkung ist nicht völlig geklärt. Durch ein Überangebot stören sie das pflanzliche Wachstum nachhaltig. Erhöhung des Proteingehaltes und des Zuckergehaltes sind mit der Wirkung dieser Stoffgruppe verbunden. Hierhin gehören die Phenoxyalkylcarbonsäuren.

4) Mitosehemmer

Die Mitose ist die Zellkernteilung, die der Zellteilung bei allen Lebewesen vorausgeht. Sie ist die Grundlage jeden Wachstums. Unter der Einwirkung von Mitosehemmern kommt es zu starker Hemmung oder zum Stillstand des Spross- und Wurzelwachstums. Zu den Mitosehemmern gehören Carbamate, Chloracylamide, Aniline.

5) Keimhemmer

Unter Keimhemmern verstehen wir Verbindungen, die die Keimung vom Samen von vornherein verhindern. Hierbei kann eine Hemmung der RNS-Synthese, Proteinsynthese, Atmung oder Mitose beteiligt sein. Es handelt sich also um Substanzen, die bei 2-4 schon erwähnt sind. Wir haben die Keimhemmer noch besonders aufgeführt, da es sich hier um ein besonderes Erscheinungsbild handelt.

Eine weitere Möglichkeit der Unterscheidung von Herbiziden bietet der Ort des Eindringens in die Pflanzen. Hierbei wurde unterschieden zwischen solchen Herbiziden, die über die Wurzeln die Vernichtung der Pflanzen herbeiführen, und solchen, die auf die grünen, oberirdischen Teile der Pflanzen wirken, wobei die oberirdischen Pflanzenteile den Wirkstoff aufnehmen. Man unterscheidet so zwischen Bodenherbiziden, die meist über einen längeren Zeitraum ihre Wirksamkeit im Boden behalten, und Blattherbiziden. Aber auch diese Einteilung ergibt Schwierigkeiten, da sich bei der genaueren Untersuchung herausstellte, daß es eine Reihe Wirkstoffe gibt, die sowohl über den Boden als auch über die Blätter ihre Wirkung entfalten können.

Bei den Blattherbiziden ging man sehr früh zu einer weiteren Unterteilung über, die im Wirkungsmechanismus begründet liegt. Es gibt eine Reihe von Wirkstoffen, welche diejenigen Pflanzenteile vernichten, die direkt mit den Wirkstoffen in Berührung können. Für diese Gruppe von Herbiziden wurde die Bezeichnung "Kontaktherbizide" geprägt. Im Gegensatz zu dieser Gruppe stehen Chemikalien, die von den grünen Teilen der Pflanzen, vornehmlich den Blättern, aufgenommen und in die Pflanze transportiert werden, ohne zunächst lokale Schäden zu verursachen. Da die chemische Unkrautbekämpfung in Forschung und Technik im wesentlichen im angloamerikanischen Sprachraum vorangetrieben wurde, bezeichnet man die in den Pflanzen beweglichen Herbizide als "translocated herbicides".

Im deutschen Sprachgebrauch sollte man sie als "systemische" Herbizide bezeichnen. Hier stellen die Wuchsstoffe die größte Gruppe dar. Mit der Entwicklung der Dipyridylium-Abkömmlinge wurde auch das Ordnungsprinzip "Kontakt- und systemische Herbizide" durchbrochen, da diese Wirkstoffe sowohl eine starke Kontaktwirkung besitzen als auch in der Pflanze transportiert werden.

Um diese Schwierigkeiten aus dem Wege zu gehen, haben wir uns entschlossen, die Einteilung der Herbizide nach rein chemischen Gesichtspunkten vorzunehmen und die biologische Wirkungsart nur zusätzlich anzugeben.

Bei der Besprechung der Herbizide werden Bezeichnungen (über die Anwendung) verwendet, die einiger Erklärungen bedürfen. Hierbei soll wie ursprünglich zwischen den beiden großen Anwendungsgebieten der Totalherbizide und der selektiven Herbizide unterschieden werden.

## Totalherbizide

Wir unterscheiden eine Behandlung des unkrautfreien Bodens und eine Behandlung eines vorhandenen Pflanzenbestandes. Bei Anwendung von Totalherbiziden sollte in jedem Fall erreicht werden, daß die z.B. im Frühjahr behandelte Fläche unkrautfrei bleibt oder bei späterer Behandlung der vorhandene Unkrautbestand abstirbt. Für die Behandlung des unkrautfreien Bodens werden Bodenherbizide eingesetzt. Für die Beseitigung eines vorhandenen Pflanzenbestandes benutzt man entweder Kontaktherbizide oder systemische Herbizide, wobei bestimmte Wirkstoffe beider Herbizidgruppen auch eine Bodenwirkung auf Dauer entfalten können.

Bei der Unkrautbekämpfung in Gewässern ist das Ziel die Vernichtung der Überwasserpflanzen, der Schwimmpflanzen und der Unterwasserpflanzen. Die Applikation erfolgt in diesem Falle meist ins Wasser. Die Anwendung der Totalherbizide zeigt Schema I.

| | | |
|---|---|---|
| | Wasser | Blatt- und/oder Bodenherbizid |
| Totalherbizidanwendung auf | Boden | Bodenherbizid |
| | Pflanzenbestand | Blattherbizid und/oder Bodenherbizid |

Schema I

Meist werden in der Praxis als Totalherbizide Mischungen von Herbiziden mit unterschiedlichem Wirkungsmechanismus benutzt, wobei die Zusammensetzung je nach Art des Pflanzenbestandes schwankt.

## Selektive Herbizide

Beim Gebrauch von selektiven Herbiziden ist der Zeitpunkt der Anwendung von großer Bedeutung. Bei sehr vielen Herbiziden, die zur selektiven Unkrautbekämpfung benutzt werden, liegt keine echte Selektivität vor und bei unsachgemäßer Anwendung können diese Herbizide erhebliche Schäden an der Kulturpflanze hervorrufen. So sind die Aufwandmenge pro Flächeneinheit und der Entwicklungszustand der Kulturpflanze entscheidend! Bezogen auf den Entwicklungszustand der Kulturpflanze unterscheiden wir drei Anwendungstermine:

A Vor der Aussaat
B Nach der Aussaat, aber vor dem Auflaufen der Kulturpflanze
C Nach dem Auflaufen

Da sich die im englischen Sprachgebrauch üblichen Bezeichnungen für diese drei Termine vielfach in der fremdsprachlichen Literatur, auch in der deutschen, finden, sollen sie hier angeführt werden:

A pre-sowing = Vorsaat
B pre-emergence = Vorauflauf
C post-emergence = Nachauflauf

Zu allen drei Terminen können Bodenherbizide, Kontaktherbizide oder systemische Herbizide eingesetzt werden, wobei die Wahl des Herbizides von dem Entwicklungszustand des Unkrautes abhängig ist. Im Schema II soll dies verdeutlicht werden.

| Termin | Entwicklung des Unkrautes | Entwicklung der Kultur | Herbizidtyp |
|---|---|---|---|
| A Vorsaat (pre sowing) | | | |
| 1. Präparat wird nach Applikation eingearbeitet | nicht gekeimt | nicht gesät | Bodenherbizid |
| 2. Präparat wird nicht eingearbeitet | nicht aufgelaufen | nicht gesät | Bodenherbizid |
| 3. Nach Anwendung Wartezeit | | nicht gesät | Bodenherbizid |
| 4. | aufgelaufen | nicht gesät | Blattherbizid und/oder Bodenherbizid |
| B Vorauflauf (pre-emergence) | nicht aufgelaufen | gesät, aber noch nicht aufgelaufen | Bodenherbizid |
| | aufgelaufen | gesät, aber noch nicht aufgelaufen | Blattherbizid und/oder Bodenherbizid |
| C Nachauflauf (post-emergence) | nicht aufgelaufen | aufgelaufen | Bodenherbizid |
| | aufgelaufen | aufgelaufen | Blattherbizid und/oder Bodenherbizid |

Schema II

Bei der Anwendung von Bodenherbiziden kann es aus unterschiedlichen Gründen erforderlich sein, daß das Herbizid nach der Ausbringung in den Boden eingearbeitet wird. Bei der Anwendung zum Zeitpunkt der Nachauflaufbehandlung unterscheiden wir noch zwischen einer allgemeinen Behandlung, d.h. auch die Kulturpflanze wird mitbehandelt, und einer Unterblattbehandlung, hierbei darf die Kulturpflanze nicht direkt mit dem Herbizid in Berührung kommen. In diesem Falle arbeitet man zwischen den Reihen der Kulturpflanzen mit abgedeckten Spritzdüsen.

Wie kommt die Selektivität zustande?

1) Eine echte, physiologisch bedingte Selektivität liegt dann vor, wenn die Kulturpflanze im Gegensatz zum Unkraut in der Lage ist, das eingesetzte Herbizid zu metabolisieren und damit das Wirkprinzip zu durchbrechen. Dieser Abbau des Herbizides muß so rasch erfolgen, daß das Präparat nach der Aufnahme den Wirkort nicht erreicht. Es ist z.B. von Photosynthesehemmern bekannt, daß sie an isolierten Chloroplasten einer bei normaler Anwendung resistenten Pflanzenart die Photosynthese hemmen. Außerdem kann die Selektivität vermindert sein, wenn die Planze unter "Stress-Bedingungen" steht, z.B. bei trockenem, warmen Wetter, bei gleichzeitig guter Wasserversorgung, ist die Transpirationsleistung der Pflanze stark erhöht. Hiermit läuft zwangsläufig eine erhöhte Aufnahme des Herbizids parallel. Die Pflanze nimmt in solchen Situationen mehr Herbizid auf, als sie in der Lage ist. zu metabolisieren und als Folge kommt es dann zu Schäden an der Kulturpflanze, die unter normalen Bedingungen resistent ist.

2) Die Selektivität ist rein physikalisch bedingt. Der Wirkstoff rinnt von den Pflanzen ab, während er auf den Unkräutern haften bleibt. Dies kann bedingt sein durch die Stellung oder die Oberflächenbeschaffenheit der Blätter. So verhindern z.B. Waehsschichten das Haften der Spritzflüssigkeit.

3) Die Selektivität ist bedingt durch das Entwicklungsstadium, d.h. im Laufe der Entwicklung zeigen die Pflanzen unterschiedliche Empfindlichkeit. Durch die geeignete Wahl des Spritztermins kann man die Selektivität bestimmen.

4) Bei Bodenherbiziden kann die Selektivität dadurch bedingt sein, daß Unkräuter und Kulturpflanzen in unterschiedlichen Bodentiefen keimen. Hierbei werden die flachkeimenden Unkräuter vom Herbizid erreicht, während die tiefer keimenden Samen der Kulturpflanzen zunächst durch das darüberliegende Erdfilter geschützt sind und dann mit den Wurzeln in tiefere Schichten gelangen, da das Herbizid dabei eingewaschen wird. Meist sind die Pflanzen dann bereits widerstandfähiger und/oder das Herbizid ist im Boden bereits teilweise abgebaut.

Allgemein sollte man noch anfügen, daß die Selektivität auch eine Frage der angewandten Dosis ist, d.h. es besteht ein gradueller Unterschied zwischen Unkraut und Kulturpflanze und durch die Wahl der geeigneten Dosis kann man die Unkräuter vernichten und die Kulturpflanzen erhalten. In solchen Fällen kann allerdings die Verdoppelung der Aufwandmenge unter Umständen zu einer erheblichen Schädigung der Kulturpflanze führen. Die Selektivität ist oft durch das Zusammenspiel der verschiedenen aufgezeigten Möglichkeiten bestimmt.

Wirkung und Selektivität derBodenherbizide wird beeinflußt durch die Bodenbeschaffenheit, den Gehalt an organischer Substanz im Boden und durch die Niederschlagsmenge. Wanderungsgeschwindigkeit und damit Eindringtiefe in den Boden werden von diesen Faktoren mitbestimmt. Alle Herbizide sind in Wirkung und Selektivität von den Witterungsbedingungen und der physiologischen Aktivität der Pflanzen abhängig. Dosisvorschriften und Anwendungszeitpunkt sind wegen ihres Einflusses auf Wirkung und Selektivität von ausschlaggebender Bedeutung.

Für die Ausbringung der Herbizide benötigt man in den meisten Fällen Trägerstoffe, um verhältnismäßig geringe Wirkstoffmengen auf großen Flächeneinheiten gleichmäßig zu verteilen. Diese Trägerstoffe können flüssig oder fest sein. Benutzt man feste Trägerstoffe, so wird man das Herbizid zunächst innig mit dem Trägerstoff vermischen, und je nach der Feinheit des Trägerstoffes erhält man Stäube oder Granulate, die entsprechend ausgebracht werden. Ausgesprochene Blattherbizide eignen sich nicht für die Ausbringung als Granulate. Bei den flüssigen Trägerstoffen kann es sich um organische Lösungsmittel handeln, in den meisten Fällen nimmt man aber Wasser. Meist genügt die Verwendung eines Trägerstoffes allein nicht, sondern es sind Zusätze von Emulgatoren oder Suspensionsmitteln, abhängig von den physikalischen Eigenschaften der Wirkstoffe, notwendig. Die verkaufsfertigen Herbizide werden in besonderen Zubereitungen gehandelt und lassen sich meist leicht lösen oder bilden mit Wasser gute Emulsionen oder Suspensionen (s. Sonderabschnitt: Handelsformen von Pflanzenschutz- und Schädlingsbekämpfungsmitteln, Bd. 1, S. 41).

# 3. Teste zur Prüfung von Herbiziden

Folgende Anwendungsweisen sind zu unterscheiden:

1. Einarbeitung in den Boden vor der Saat (pre-sowing)

2. Anwendung vor dem Auflaufen der Kulturpflanzen und der Unkräuter (pre-emergence)

3. Anwendung nach dem Auflaufen der Kulturpflanzen und der Unkräuter (post-emergence)

Die Präparate bei 1 und 2 müssen also eine Wirkung über die Wurzeln oder auf das keimende Saatgut haben, müssen Bodenherbizide sein. Bei Anwendung 3 werden die Präparate ihre Wirkung vornehmlich über die oberirdischen Teile der Unkräuter entfalten, man spricht von Blattherbiziden mit Kontakt- oder systemischer Wirkung.

Bei der Spritzung zur Nachauflaufbehandlung läßt sich nicht vermeiden, daß Wirkstoff auch über den Boden von den Pflanzen aufgenommen wird. Zeigt sich eine Wirkung nur in einem der drei Teste, dann können wir darauf schließen, daß bei ausschließlicher Wirkung in Test 1 (Vorsaat mit Einarbeitung) der Wirkstoff flüchtig ist, denn sonst müßte in Test 2 (Vorauflaufbehandlung) auch eine Wirkung eintreten. Verbindungen, die nur in Test 3 (Nachauflaufbehandlung) wirken, sind Blattherbizide mit Kontakt- oder systemischer Wirkung, sonst würde sich auch eine Wirkung in Test 2 (Vorauflaufbehandlung) zeigen. Die 3 Teste als Paralleltest erlauben also bereits Rückschlüsse auf das Verhalten der Prüfsubstanzen.

Gewächshaustest 1. Serie:

Gesucht werden Verbindungen, die die Keimung von Samen verhindern oder Keimlinge über die Wurzel zum Absterben bringen.

Hier bedient man sich zweier Methoden: Vorauflaufbehandlung (pre-emergence) und Vorsaat mit Einarbeitung (pre sowing).

Pre-emergence-Anwendung:

Saatschalen werden mit Erde gefüllt, eine Auswahl von Kulturpflanzen und Unkräutern wird eingesät und danach mit den zu testenden Verbindungen in verschiedenen Konzentrationen behandelt. Die Auswahl der Testpflanzen variiert bei den einzelnen Prüfstellen sehr stark.

Gebräuchlich sind: Kulturen für die Teste.

a) Monocotyledoneae:

| lateinische- | deutsche- | englische Bezeichnung |
|---|---|---|
| Allium cepa L. | Zwiebel | onion |
| Avena sativa L. | Hafer | oat |
| Hordeum vulgare L. | Gerste | barley |
| Oryza sativa L. | Reis | rice |
| Panicum miliaceum L. | Echte Hirse | common millet |
| Sorghum vulgare Pers. | Sorghumhirese | common sorghum |
| Triticum aestivum L. | Weizen | wheat |
| Zea mays L. | Mais | maize (England)<br>corn (USA) |

b) Dicotyledoneae:

| lateinische - | deutsche - | englische Bezeichnung |
|---|---|---|
| Beta vulgaris ssp. vulgaris<br>var. altissima Doell. | Zuckerrübe | sugar beet |
| Cucumis sativus L. | Gurke | cucumber |
| Daucus carota (L.)<br>ssp. sativus (Hoffm.) Hayek | Möhre | carrot |
| Fagopyron esculentus Moench | Buchweizen | buckwheat |
| Glycine max (L.) Merr. | Sojabohne | soybean |
| Gossypium hirsutum L. | Baumwolle | cotton |
| Lactuca sativa L. | Salat | lettuce |
| Linum usitatissimum L. | Lein / Flachs | flax |
| Phaseolus vulgaris L. | Bohne | bean |
| Pisum sativum L. | Erbse | pea |
| Raphanus sativus L. | Rettich | radish |
| Solanum lycopersicum L. | Tomate | tomato |
| Trifolium L. spec. | Klee | clover |

Unkrautpflanzen, die für die Teste benutzt werden:

a) Monocotyledoneae:

| lateinische- | deutsche- | englische Bezeichnung |
|---|---|---|
| Alopecurus myosuroides Huds. | Ackerfuchs-schwanzgras | blackgrass |
| Bromus tectorum L. | Dachtrespe | downy brome |
| Cyperus rotundus L. | Nussgras | purple nutgrass |
| Digitaria sanguinalis (L.) Scop. | Blutfingerhirse | large crabgrass |
| Echinochloa crus galli (L.) P.B., R. et S. | Hühnerhirse | barnyard grass |
| Eleocharis acicularis (L.) R. et Sch. | Nadelsumpfried | slender spikerush |
| Eleusine indica (L.) Gaertn. | - - - | goose grass |
| Festuca ovina (L.) Hack. | Schafschwingel | sheep fescue |
| Lolium perenne L. | Engl. Raygras | perennial ryegras |
| Phleum pratense L. | Wiesenlieschgras | common timothy |
| Poa annua L. | Einjähriges Rispengras | annual bluegrass |
| Setaria italica (L.) P.B. | Kolbenhirse | common foxtail millet |
| Setaria viridis (L.) P.B. | grüne Borsten-hirse | green foxtail |
| Sorghum halepense (L.) Pers. | Aleppo-Bartgras | johnsongrass |

b) Dicotyledoneae:

| lateinische- | deutsche- | englische Bezeichnung |
|---|---|---|
| Abutilon theophrasti Medic. | Chinesicher Hanf | velvet leaf |
| Amaranthus retroflexus L. | Zurückgekrümm-ter Fuchsschwanz | redrood pigweed |
| Anthemis arvensis L. | Stinkende Hundskamille | stinking mayweed |
| Chenopodium album L. | Weisser Gänsefuss | common lambsquarters |
| Chrysanthemum segetum L. | Saatwucherblume | corn marigold |
| Convolvulus arvensis L. | Ackerwinde | field bindweed |

| lateinische- | deutsche- | englische Bezeichnung |
|---|---|---|
| Galeopsis ladanum L. | Ackerholzzahn | red hempnettle |
| Galinsoga parviflora Cav. | Kleinblütiges Knopfkraut | small flowered galinsoga |
| Galium aparine L. | Klebkraut | cleavers |
| Helianthus annuus L. | Gemeine Sonnen-blume | wild sunflower |
| Ipomea L. spec. | Prachtwinde | morningglory |
| Lepidium sativum L. | Gartenkresse | gardencress |
| Matricaria chamomilla L. | Echte Kamille | wild chamomile |
| Matricaria inodora L. | Falsche Kamille | scentless chamomile |
| Papaver rhoeas L. | Klatschmohn | corn poppy |
| Polygonum aviculare L. | Vogelknöterich | prostate knotweed |
| Polygonum convolvulus L. | Windenknöterich | black bindweed |
| Polygnoum persicaria L. | Flohknöterich | lady's thump |
| Portulaca oleracea L. | Portulak | common purslane |
| Raphanus raphanistrum L. | Hederich | wild radish |
| Senecio vulgaris L. | Gemeines Kreuzkraut | common groundsel |
| Sinapis arvensis L. | Ackersenf | wild mustard |
| Stellaria media (L.) Vill. | Vogelsternmiere | common chickweed |
| Urtica urens L. | Kleine Brenn-essel | burning nettle |
| Veronica arvensis L. | Feldehrenpreis | corn speedwell |
| Vicia cracca L. | Vogelwicke | bird vetch |
| Vicia hirsuta (L.) S.F. | Rauhhaarige Wicke | hairing vetch |
| Viola arvensis Murr. | Acker-Stief-mütterchen | field violet |
| Xanthium pensylvanicum Walt. | - - - | common cocklebur |

Diese Kulturpflanzen und Unkräuter sind nur Beispiele, und gelegentlich mögen noch weitere Pflanzen in die Tests mit einbezogen werden. Die Zusammensetzung in den einzelnen Tests ist stark variabel. In den ersten Tests bedient man sich meist 4-10 Arten, wobei immer Vertreter der Dicotyledoneae und Monocotyledoneae berücksichtigt werden.

Nach der Behandlung werden die Saatschalen unter weitgehend konstanten Bedingungen gehalten und normal gegossen oder beregnet. Die Entwicklung der einzelnen Arten wird 3-5 Wochen beobachtet und in bestimmten Zeitabständen die Wirkung der Produkte auf die Entwicklung der Pflanzen, d.h. die Phytotoxizität, festgehalten. Die Feststellung der Schädigung wird meist in Prozenten im Vergleich zur unbehandelten Kontrolle ausgedrückt. Diese Beurteilung ist rein subjektiv, bietet aber bei geübtem Personal eine sichere Aussagemöglichkeit über die herbizide Wirkung der Präparate. Bei der Beurteilung geht man von zwei Gesichtspunkten aus:

a) Es wird die Anzahl der gekeimten Samen im Vergleich zur unbehandelten Kontrolle festgestellt und als prozentualer Schaden angegeben:

0 = alle Samen gekeimt, keine Schäden
100 = alle Samen nicht gekeimt, Totalschaden

b) Es wird visuell der Schaden an den einzelnen Pflanzenarten festgestellt und in Vergleich zur unbehandelten Kontrolle gesetzt. Auch hier wird der Schaden prozentual angegeben:

0 = kein Schaden
50 = einzelne Partien der Pflanzen sterben ab, nur noch mangelhafte Weiterentwicklung
100 = Pflanze abgestorben

Bei der Gesamtbeurteilung werden beide Auswertungen a) und b) berücksichtigt und das Ergebnis in einer Angabe zusammengefaßt. 100% Schaden kann dabei bedeuten, daß keine Samen gekeimt sind, oder daß nach einer normalen Keimung alle Pflanzen innerhalb des Beobachtungszeitraumes abgestorben sind.

Bei in ihrer Wirkung völlig unbekannten Verbindungen beginnt man mit einer oder zwei verschiedenen Aufwandmengen, z.B. 20 kg/ha oder 20 und 4 kg/ha. Zeigt sich eine Wirkung, so wird der Test erweitert wiederholt. Meist wird die Anzahl der zu berücksichtigenden Kulturen und Unkräuter vermehrt. Die Aufwandmenge wird stärker gestaffelt und bekannte Herbizide werden in die Prüfung einbezogen, um Vergleichsmöglichkeiten zu haben.

Für die Behandlung muß der zu prüfende Wirkstoff in eine geeignete Aufbereitung gebracht werden, um eine gleichmäßige Verteilung des Wirkstoffes auf der Erdoberfläche der Saatschale zu gewährleisten. Zur Herstellung einer zweckmäßigen Wirkstoffzubereitung löst man den Wirkstoff in einem (meist wassermischbaren) organischen Lösungsmittel (z.B. Aceton, Dimethylformamid), gibt einige Tropfen Emulgator zu (z.B. Tween 20) und verdünnt das Konzentrat mit Wasser auf eine gewünschte Konzentration. Die gewonnene Lösung, Emulsion oder Dispersion wird entweder mit einem Spritzgerät gleichmäßig auf die Saatschale ausgespritzt oder durch Gießen gleichmäßig verteilt. Die Aufwandmengen werden auf Kilogramm pro Hektar berechnet.

Läßt sich von einem Wirkstoff keine Lösung, Emulsion oder Dispersion auf dem vorbeschriebenen Weg herstellen, dann wird der Wirkstoff mit Kaolin, Dispergierhilfsmitteln und gegebenenfalls Netzmitteln gemischt und sehr fein gemahlen. Man erhält so ein sog. "Spritzpulver", das mit Wasser eine hinreichend stabile Suspension liefert, die dann in üblicher Weise auf die Saatschalen verteilt wird.

Vorsaat-Einarbeitung:

Wie bereits erwähnt, ermöglicht es die Vorsaateinarbeitung, auch solche Stoffe zu finden, die flüchtig sind. Die Wirkstoffzubereitung (Lösungsmittel + Emulgator + Wasser) wird wie beim preemergence-Test vorgenommen. Es werden auch hier eine oder zwei Aufwandmengen - bezogen auf kg/ha - verwendet. Die Konzentration der Wirkstoffzubereitung und die Menge wird so gewählt, daß sie sich gut in der Erdmenge verteilen läßt, die für die Füllung einer Saatschale erforderlich ist. Die gewünschte Wirkstoffmenge wird als Wirkstoffzubereitung mit der Erde gut vermischt und dann wird das Wirkstoff-Erd-Gemisch in Saatschalen gefüllt. Es wird dann die Aussaat der Samen der Testpflanzen vorgenommen und die Saatschalen zweckmäßig für einige Tage (3-5) abgedeckt, um so Wirkstoffverluste zu vermeiden. Sobald die ersten Keumlinge erscheinen, muß die Abdeckung beseitigt werden, um ein ungestörtes Wachstum zu ermöglichen.

Bei der Auswertung geht man so vor wie bei der Vorauflaufbehandlung und beurteilt Keimung und Schäden.

Gewächshaustest 2. Serie:

Gesucht werden Verbindungen, die junge Pflanzen vernichten, wenn die oberirdischen Teile (Blätter und Stengel) mit den Präparaten in Berührung kommen. Hierbei kann die Vernichtung durch Kontaktwirkung, Verbrennung der getroffenen Teile, oder durch Aufnahme in die Pflanze und Störung des Stoffwechselhaushaltes erfolgen. Auch in diesen Test werden Kulturpflanzen und Unkräuter, die unter Serie 1 genannt wurden, einbezogen. Da die verschiedenen Pflanzen unterschiedliche Keimungs- und Entwicklungszeiten haben, werden die einzelnen Arten oft getrennt angezogen, bevor sie zusammen gespritzt werden. Die Behandlung geschieht, wenn die Pflanzen die ersten echten Blätter entwickelt haben. Gelegentlich werden ältere Pflanzen, die meist widerstandsfähiger sind, gespritzt, um die zu prüfenden Substanzen erschwerten Bedingungen zu unterziehen. Bei erster Prüfung wird an 4-10 Arten getestet.

Zur Spritzung werden die Lösungen, Emulsionen bzw. Dispersionen in der unter Test 1 beschriebenen Weise zubereitet.

Bei der Behandlung berechnet man die auszubringende Menge nach der Fläche, auf der die Pflanzen zur Behandlung aufgestellt werden; dabei werden die Angaben in Kilogramm pro Hektar gemacht. Vielfach wird in den ersten Tests auch ohne genaue Angabe der Aufwandmenge pro Hektar gearbeitet. In diesen Fällen geht man stets von einer bestimmten Konzentration, der "Spritzlösung", aus und spritzt die Pflanzen "tropfnaß". Unter tropfnaß versteht man, daß alle Pflanzenteile so gut benetzt sind, daß die Spritzbrühe von den Blättern abtropft.

Die so behandelten Pflanzen werden über einen längeren Zeitraum, 3-5 Wochen, beobachtet. Die Schädigung durch die zu prüfenden Substanzen wird in Prozent zur nur mit Wasser gespritzten Kontrolle angegeben.

Die Schäden können durch Kontaktwirkung verursacht werden (Blattherbizid mit Kontaktwirkung):

Einzelne Verbrennungsflecken = 10%
Blattverbrennungsflecken und Blattrandschäden= 20%
Einzelne Blätter abgestorben = 60%
Blätter- und Stengelteile abgestorben = 80%
Pflanze total abgetorben = 100%

Starke Kontaktherbizide finden nicht nur als Unkrautmittel Verwendung, sondern können z.B. auch zur Vernichtung, d.h. Austrocknung von Kartoffelkraut zur Erleichterung der mechanischen Ernte von Bedeutung sein.

Ähnliche Schadbilder können auftreten, wenn eine Störung über den Stoffwechsel erfolgt (Blattherbizid mit systemischer Wirkung) z.B.:

Blattaufhellungen an Blattnerven oder Interkostalfeldern = 10%
Blattrandschäden und beginnende Vergilbung = 20%
Einzelne Blätter abgestorben = 60%
Blätter- und Stengelteile abgestorben = 80%
Pflanzen total abgestorben = 100%

Auch diese Beurteilung ist rein subjektiv. Das Personal lernt sehr schnell, den Schädigungsgrad zu beurteilen, und Vergleiche mit bekannten Herbiziden sind sehr gut möglich, zumal die unbehandelten Kontrollen und die mit bekannten Herbiziden behandelten Pflanzen zum Vergleich zur Verfügung stehen.

Ähnlich wie in Serie 1 beginnt man auch hier mit einer oder zwei Aufwandmengen, um dann in einem erweiterten Test zusätzliche Pflanzenarten einzubeziehen und die Aufwandmengen stärker zu variieren. Der beschriebene Test erlaubt nicht nur die Feststellung, ob die Substanzen phytotoxisch und damit möglicherweise Herbizide sind, sondern an der Reaktion der Pflanzen läßt sich leicht ablesen, ob die Substanzen wuchsstoffähnliche Eigenschaften besitzen. Wuchsstoffeigenschaften äußern sich z.B. bei Tomaten durch Blatteinrollen. Außerdem reagieren manche Pflanzen, z.B. Tomaten und Hohlzahnarten, mit Luftwurzelbildung (siehe Abb.6); Bohnen und Baumwolle bilden spitzausgezogene Blätter; Senf, Franzosenkraut und Brennesseln zeigen starke Stengelverdrehungen. Wenn man die behandelten Pflanzen lange genug beobachtet (mindestens 3 Wochen), erkennt man auch sehr gut Substanzen, die das Wachstum der Pflanzen hemmen, ohne sie zu vernichten. Besonders gute Indikatorpflanzen hierfür sind Bohnen. Wenn man vor der Behandlung den Haupttrieb zwischen den Primärblättern entfernt, treiben die Pflanzen normalerweise aus den Achseln der Primärblätter aus. Dieser Austrieb unterbleibt nach Behandlung mit stärkeren Hemmstoffen, z.B. Maleinsäurehydrazid. Die Verhinderung des Austriebes aus Blattachseln nach dem Ausgeizen des Tabaks ist ein Anwendungsgebiet für diese Substanzen. Auch Getreide oder Gräser zeigen Hemmstoffe an. Die Pflanzen bleiben praktisch in ihrem Längenwachstum stehen und färben sich oft dunkelgrün. Hemmstoffe spielen z.B. bei der Behandlung von Straßenrändern im Rahmen der Unkrautbekämpfung eine bedeutende Rolle (siehe Maleinsäurehydrazid).

Abb. 1. Ackerfuchsschwanz (Alopecurus myosuroides)

1 Pflanze etwa 1/3 nat. Größe
2 Ähre, nat. Größe
3 blühendes Ährchen
4 reifes Ährchen, von der Schmalseite und im Querschnitt betrachtet
5 Samenkorn, von den inneren Deckspelzen umgeben, etwa 3fach vergr.
6 dasselbe, nat. Größe Orig.-Zeichn.

[Aus: E. Korsmo: Unkräuter im Ackerbau der Neuzeit, Abb. 176, S. 188. Berlin: Springer 1930]

Abb. 2

1 Sauerampfer (Rumex sp.)
2 Hederich (Raphanus raphanistrum)
3 Löwenzahn (Taraxacum officinale)
4 Ackersenf (Sinapis arvensis)
5 Wegerich (Plantago major)

[Aus: Bayer-Pflanzenschutz-compendium 1954]

Abb. 3

1 Giersch (Aegopodium podagraria)
2 Duwock (Equisetum palustre)
3 Pestwurz (Petasites officinalis)
4 Klappertopf (Alectorolophus sp.)

[Aus: Bayer-Pflanzenschutz-compendium 1954]

Abb. 4

1 Hahnenfuß, kriechender (Ranunculus reprens)
2 Ackerschachtelhalm (Equisetum arvense)
3 Ampfer, krauser (Rumex crispus)
4 Kamille, falsche (Matricaria inodora)
5 Kamille, echte (Matricaria chamomilla)
6 Brennessel, kleine (Urtica urens)
7 Brennessel, große (Urtica dioica)

[Aus: Bayer-Pflanzenschutz-compendium 1954]

Abb. 5

1 Gänsedistel (Sonchus arvensis)
2 Vogelknöterich (Polygonum aviculare)
3 Kornrade (Agrostemma githago)
4 Ackerwinde (Convolvulus arvensis)
5 Ackerdistel (Cirsium arvense)

[Aus: Bayer-Pflanzenschutz-compendium 1954]

Abb. 6. Luftwurzelbildung am Ackerholzahn

Schließlich sei noch auf zwei besondere Beobachtungen hingewiesen. Gelegentlich reagieren Bohnen oder Baumwolle nach der Spritzung mit Blattabwurf. Verbindungen, die eine solche Reaktion bei den Pflanzen auslösen, müssen als Defoliantien (Entblätterungsmittel) bei Baumwolle unter Freilandbedingungen geprüft werden.

Kontaktherbizide verbrennen oft sehr schnell nur die Blätter, ohne daß die Pflanzen absterben. Die Pflanzen treiben dann nach einer gewissen Zeit neu aus. Wenn eine solche Blattaustrocknung sehr rasch nach der Behandlung eintritt, sind Verbindungen, die diese Eigenschaft haben, als Erntehilfsmittel geeignet. Diese sogenannten Desiccants (Austrocknungsmittel) sind erwünscht zur mechanischen Ernte von Leguminosensamen, z.B. Klee oder Luzerne.

3. Erste Freilandtests:

Die zuvor beschriebenen Teste gestatten es, im Gewächshaus Reihenuntersuchungen mit einer großen Anzahl von Verbindungen durchzuführen. Sie ermöglichen ferner einen sehr genauen Wirkungsvergleich chemisch verwandter Substanzen, so daß man für die aufwendigere Prüfung im Freiland eine Vorauswahl treffen kann. Es sei aber ausdrücklich darauf verwiesen, daß sich die im Gewächshaus gewonnenen Erkenntnisse, vor allem was die Aufwandmengen pro Hektar betrifft, nicht ohne weiteres auf die Freiland- und Feldbedingungen übertragen lassen. Die Aufwandmengen im Gewächshaus geben nur grobe Anhaltspunkte. Diese Erscheinung findet ihre Erklärung darin, daß die im Gewächshaus angezogenen Pflanzen sehr viel "weicher" sind als die in der Natur aufwachsenden Pflanzen und daher auf Kontaktherbizide viel stärker reagieren. Andererseits stehen die Pflanzen im Gewächshaus unter optimalen Bedingungen (gute Ernährung, beste Wasserversorgung, optimale Temperatur), so daß sie in der Lage sind, Störungen im Stoffwechsel besser zu überwinden.

Zur Freilandprüfung nimmt man die im Gewächshaus gewonnenen Erkenntnisse als Anhaltspunkte, zusammen mit Relationen, die man vom Verhalten bewährter Herbizide kennt. Geprüft wird an möglichst vielen Kulturen, die man in je 1-2 Reihen nebeneinander aussät. Es stehen dann auf einer Breite von 2 m bis 4 m 6-12 Kulturen. Zur Beurteilung der Unkrautwirkung benutzt man meist die vorhandene natürliche Verunkrautung. Wenn diese nicht ausreicht, kann man durch Aussäen von Unkrautsamen für ausreichenden Unkrautbesatz sorgen.

Um bei einer Behandlung möglichst viele Informationen über eine Substanz zu erlangen, bedient man sich logarithmischer Spritzgeräte[8 10]. Mit diesen Geräten kann man, von einer Anfangskonzentration der Spritzbrühe ausgehend, kontinuierlich zu einer Endkonzentration abfallend spritzen. Hierbei ergeben sich viele Variationsmöglichkeiten, die einmal von der Wahl des Gerätes abhängig sind und zum anderen von der Kombination der zu verwendenden Behälter.

Als Beispiel soll das rückentragbare Gerät von H.G. van der Weij dienen. Die Spritzbreite beträgt 1 bzw. 2 oder 4 m, die Länge der zu behandelnden Strecke ca. 25 m. Auf dieser Strecke ergeben sich nachstehende Relationen der Aufwandmenge:

z.B. 10 kg/ha abfallend auf 1 kg/ha
5 kg/ha abfallend auf 1 kg/ha
4 kg/ha abfallend auf 2 kg/ha

und andere mehr. Man kann von beliebigen Anfangskonzentrationen ausgehen und in den angegebenen Relationen verdünnen. Aus den Kurven, die den Geräten beigegeben sind, läßt sich für jeden Punkt der Strecke die Aufwandmenge bestimmen. Man kann auf diese Weise genau feststellen, welche Aufwandmenge einer Substanz man benötigt, um eine spezielle Unkrautart zu vernichten, und welche Kulturen diese Aufwandmenge, oder ein Mehrfaches davon, ohne Schaden überstehen.

Nach dieser Methode arbeiten z.B. das USDA (United States Department of Agriculture) in Beltsville und die amerikanischen Universitäten in Cornell (NY) und Davis (Kalifornien).

Die zweite Möglichkeit besteht darin, mit festen Aufwandmengen, wieder bei einer Vielzahl von Kulturen, zu arbeiten. Es empfiehlt sich hierbei, mindestens drei Aufwandmengen pro Substanz zu nehmen, die möglichst um jeweils 100% voneinander abweichen, jedoch keineswegs weniger als um 50% differieren, also 2-4-8 kg/ha oder 2-3-4,5 kg/ha.

Sowohl die logarithmische Spritzmethode wie auch das Arbeiten mit festen Aufwandmengen pro Flächeneinheit ermöglichen die Prüfung für alle 3 Anwendungsformen: Vorsaateinarbeitung, Vorauflauf- und Nachauflauf-Behandlung.

Erst wenn man sich aus diesen ersten Freilandversuchen darüber Klarheit verschafft hat, bei welchen Kulturpflanzenarten die Substanz möglicherweise als Herbizid verwendet werden kann, geht man zu speziellen Versuchen mit enger gestaffelten Aufwandmengen über. Hierbei muß dann für post-emergence anzuwendende Substanzen auch die Empfindlichkeit der Kulturpflanze in verschiedenen Entwicklungsstadien geprüft werden.

Bei pre-emergence anzuwendenden Substanzen kann die Bodenart, der Humusgehalt und die Witterung nach der Behandlung von entscheidender Bedeutung sein. Bei der weiteren Prüfung von Bodenherbiziden empfiehlt es sich daher, neben den enger gestaffelten Aufwandmengen auch unterschiedliche Böden in die Versuche einzubeziehen. Für die Wirkung der meisten pre-emergence-Herbizide ist Regen oder künstliche Bewässerung nach der Behandlung erforderlich. Um von diesen zufälligen Witterungsbedingungen unabhängig zu sein, sollten pre-emergence-Herbizide bei der weiteren Ausprüfung flach in der oberen Bodenschicht eingearbeitet werden. Weiterhin muß in diesen erweiterten Feldtests geprüft werden, welcher Termin zwischen Aussaat und Auflaufen der Kulturpflanzen für die Wirkung der zu prüfenden Herbizide der optimalste ist. Zusätzliche Versuche müssen sich über Gebiete mit verschiedenem Klima und unterschiedlicher Bodenbeschaffenheit erstrecken. Nach Beurteilung dieser erweiterten Feldversuche, wobei die Ernteergebnisse ein wichtiges Kriterium sind, können Großversuche begonnen werden, wobei letztere meist über mehrere Jahre durchgeführt werden müssen.

## Literatur

1. Einteilung der Herbizide - 2. Unterscheidung der Herbizide nach ihrer Anwendung und Wirkungsweise - 3. Teste für die Prüfung von Herbiziden


1. Beilstein: Handbuch der organischen Chemie. Berlin-Heidelberg-New York: Springer.
2. Martin, H.: Guide to the Chemicals Used in Crop Protection. Ottawa: Roger Duhamel, F. R. S. C. Queen's Printer and Controller of Stationery 1961.
3. Woodford, E.K. and Evans, S.A.: Weed Control Handbook. Oxford: Blackwell Scientific Publications 1965.
4. Edson, E.F., Sanderson, D.M. and Noakes, D.N.: World Review of Pest Control, Vol. 5, No. 3, Autumm 1966.
5. Herbicide Handbook of the Weed Society of America. Geneva-New York: W.F. Humphrey Press. Inc. 1967.
6. Pflücke, M. u. Hawelek, A.: Periodica Chimica. Berlin: Akademie-Verlag GmbH und Weinheim: Verlag Chemie.
7. Audus, L.J.: The Physiology and Biochemistry of Herbicides. London-New York: Academie Press. 1964.
8. Pfeiffer, R., Brunskill, R.T. and Hartley, G.S.: A variable dosage sprayer for agricultural experiments. Nature 176, 472 (1955).
9. Day, B.E.: A simplifield logarithmic plot sprayer. Weeds 6, 441 (1958).
10. Weij, H.G. van der: Gerät lieferbar durch Firma Stichting arbeidszorg, EDE-Holland.
11. Ashton, F.M. and Crafts, A.S.: Mode of action of herbicides. John Wiley u. Sons Inc., 1973.

## 3.1. In der Literatur, besonders in Patenten, oft angeführte Unkräuter und Ungräser

| Lateinischer Name | | Deutscher Name | Englischer Name |
|---|---|---|---|
| Abutilon | theophrasti | Chinesiche Jute | velvetleaf |
| Acalypha | caperonioides | Brennkraut | copperleaf |
| Acalypha | ostryaefolia | - | hophorn copperleaf |
| Acanthospermum | australe | - | Paraguay starbur |
| Acanthospermum | hispidum | - | bristly starbur |
| Achillea | millefolium | Gemeine Schafgarbe | common yarrow |
| Achillea | ptarmica | - | - |
| Acornus | calamus | Kalmus | sweetflag |
| Adonis | aestivalis | Sommer-Teufelsauge | summer adonis |
| Aegilops | cylindrica | - | jointed goatgrass |
| Aegopodium | podagraria | Gewöhnlicher Geißfuß | bishops goutweed |
| Aethusa | cynapium | Gemeine Hundspetersilie | fools parsley |
| Ageratum | conyzoides | - | tropic ageratum |
| Agrimonia | eupatoria | Gewöhnlicher Odermennig | common agrimony |
| Agropyron | repens | Gemeine Quecke | quackgrass, couch |
| Agrostemma | githago | Korn-Rade | corncockle |
| Agrostis | gigantea | Großes Straußgras | redtop |
| Agrostis | stolonifera | Weißes Straußgras | creeping bentgrass |
| Agrostis | tenuis | Rotes Straußgras | browntop |
| Ajuga | reptans | Kriechender Günsel | bugleweed |
| Alchemilla | vulgaris | Gemeiner Frauenmantel | lady's mantle |

| Lateinischer Name | | Deutscher Name | Englischer Name |
|---|---|---|---|
| Alisma | plantago-aquatica | Gemeiner Froschlöffel | common waterplantain |
| Alliaria | petiolata | Gemeine Knoblauchsrauke | garlic mustard |
| Allium | porrum | - | - |
| Allium | ursinum | Bären-Lauch | bear's garlic |
| Allium | vineale | Weinberg-Lauch | wild garlic |
| Alopecurus | aequalis | Gelbrotes Fuchsschwanzgras | orange foxtail |
| Alopecurus | myosuroides | Acker-Fuchsschwanzgras | blackgrass |
| Alopecurus | pratensis | Wiesen-Fuchsschwanzgras | meadow foxtail |
| Alternanthera | repens | - | khakiweed |
| Althaea | hirsuta | Rauher Eibisch | hispid mallow |
| Amaranthus | albus | Weißer Fuchsschwanz | tumble pigweed |
| Amaranthus | blitoides | Niederliegender Fuchsschwanz | prostate pigweed |
| Amaranthus | graecizans | Schmalblättriger Fuchsschwanz | spreading pigweed |
| Amaranthus | lividus | Grünlicher Fuchsschwanz | livid amaranth |
| Amaranthus | retroflexus | Zurückgekrümmter Fuchsschwanz | redroot pigweed |
| Amaranthus | spinosus | - | spiny amaranth |
| Amaranthus | viridis | - | slender amaranth |
| Ambrosia | elatior | Beifußblättrige Ambrosie | common ragweed |
| Ambrosia | trifida | Dreilappige Ambrosie | giant ragweed |
| Ammi | majus | Große Knorpelmöhre | greater ammi |
| Ammophila | arenaria | Gemeiner Strandhafer | European beachgrass |
| Ampelamus | albidus | - | honeyvine milkweed |
| Amsinckia | intermedia | - | coast fiddleneck |

| Lateinischer Name | | Deutscher Name | Englischer Name |
|---|---|---|---|
| Anagallis | arvensis | Roter Gauchheil | scarlet pimpernel |
| Anchusa | officinalis | Gemeine Ochsenzunge | common bugloss |
| Androsace | septentrionalis | Nordischer Mannsschild | nothern rockjasmine |
| Anoda | cristata | - | spurred anoda |
| Anthemis | arvensis | Acker-Hundskamille | corn chamomile |
| Anthemis | cotula | Stinkende Hundskamille | stinking mayweed |
| Anthemis | tinctoria | Färber-Hundskamille | yellow chamomile |
| Anthoxantum | odoratum | Wohlriechendes Ruchgras | sweet vernalgrass |
| Anthriscus | sylvestris | Wiesen-Kerbel | woodland beakchervil |
| Antirrhinum | orontium ssp. orontium | Acker-Löwenmaul | lesser snapdragon |
| Apera | spica-venti | Gemeiner Windhalm | windgrass |
| Aphanes | arvensis | Acker-Sinau | parsley piert |
| Arabidopsis | thaliana | Acker-Schmalwand | monseear cress |
| Arctium | lappa | Große Klette | great burdock |
| Arenaria | serpyllifolia | Quendelblättriges Sandkraut | thymeleaf sandwort |
| Aristida | oligantha | - | prairie threeawn |
| Arrhenatherum | elatius | Glatthafer | tall oatgrass |
| Artemisia | vulgaris | Gemeiner Beifuß | mugwort |
| Asclepias | syriaca | Seidenpflanze | common milkweed |
| Atriplex | hastata | Spießblättrige Melde | halberdleaf orach |
| Atriplex | patula | Gemeine Melde | spreading orach |
| Avena | fatua | Flug-Hafer | wild oat |

| Lateinischer Name | | Deutscher Name | Englischer Name |
|---|---|---|---|
| Axonopus | compressus | Teppichrasengras | tropical carpetgrass |
| Barbarea | vulgaris | Echtes Barbenkraut | yellow rocket |
| Bellis | perennis | Gänseblümchen | English daisy |
| Berteroa | incana | Gemeine Graukresse | hoary alyssum |
| Bidens | bipinnata | - | spanishneedles |
| Bidens | radiata | Strahlen-Zweizahn | hairy beggarticks |
| Boerhaavia | erecta | - | erect spiderling |
| Boerhaavia | repens | - | creeping spiderling |
| Borreria | laevis | - | button plant |
| Brachiaria | cilliatissima | - | fringed signalgrass |
| Brachiaria | plantaginea | - | alexandergrass |
| Brachypodium | pinnatum | Flieder-Zwenke | heath falsebromegrass |
| Brassica | nigra | Schwarzer Senf | black mustard |
| Bromus | carharticus | Ährengrasähnliche Trespe | resuegrass |
| Bromus | inermis | Unbegrannte Trespe | smooth brome |
| Bromus | secalinus | Roggen-Trespe | cheat |
| Bromus | tectorum | Dach-Trespe | downy brome |
| Bryonia | dioica | Zweihäusige Zaunrübe | redberry bryony |
| Bunias | orientalis | Morgenländisches Zackenschötchen | hill mustard |
| Calamagrostis | epigeios | Land-Reitgras | bushgrass |
| Callitriche | palustris | Sumpf-Wasserstern | water starwort |
| Caltha | palustris | Sumpf-Dotterblume | marsh marigold |
| Calystegia | sepium | Gemeine Zaunwinde | hedge bindweed |

| Lateinischer Name | | Deutscher Name | Englischer Name |
|---|---|---|---|
| Camelina | microcarpa | Kleinfrüchtiger Leindotter | smallseed falseflax |
| Campanula | rapunculoides | Acker-Glockenblume | creeping bellflour |
| Campsis | radicans | Kletter-Trompetenblume | trumpetcreeper |
| Capsella | bursa-pastoris | Gemeines Hirtentäschelkraut | shepherdspurse |
| Cardamine | hirsuta | Behaartes Schaumkraut | hairy bittercress |
| Cardamine | pratensis | Wiesen-Schaumkraut | cuckoo bittercress |
| Cardaria | draba | Gemeine Pfeilkresse | hoary cress |
| Carduus | nutans | Nickende Distel | musk thistle |
| Carex | brizoides | Zittergras-Segge | alpinegrass |
| Carex | gracilis | Scharfe Segge | tufted sedge |
| Cassia | tora | - | sicklepod |
| Caucalis | latifolia | Breitblättrige Haftdolde | great bur-parsley |
| Cenchrus | echinatus | - | southern sandbur |
| Centaurea | cyanus | Kornblume | cornflower |
| Centaurea | jacea | Gemeine Flockenblume | brown knapweed |
| Centella | asiatica | - | Asiatic pennywort |
| Cerastium | arvense | Acker-Hornkraut | field chickweed |
| Cerastium | vulgatum | Gewöhnliches Hornkraut | mousear chickweed |
| Chaerophyllum | temulum | Hecken-Kälberkropf | rough chervil |
| Chamaenerion | angustifolium | Schmalblättriges Feuerkraut | fireweed |
| Chenopodium | album | Weißer Gänsefuß | common lambsquarters |
| Chenopodium | hybridum | Bastard-Gänsefuß | mapleleaf goosefoot |
| Chenopodium | murale | Mauer-Gänsefuß | nettleleaf goosefoot |

| Lateinischer Name | | Deutscher Name | Englischer Name |
|---|---|---|---|
| Chenopodium | polyspermum | Vielsamiger Gänsefuß | manyseeded goosefoot |
| Chenopodium | rubrum | Roter Gänsefuß | red goosefoot |
| Chloris | gayana | - | rhodesgrass |
| Chloris | polydactyla | - | swollen fingergrass |
| Chondrilla | juncea | Binsen-Knorpellattich | rush skeletonweed |
| Chrysanthemum | leucanthemum | Wiesen-Wucherblume | oxeye daisy |
| Chrysanthemum | segetum | Saat-Wucherblume | corn marigold |
| Chrysanthemum | vulgare | Rainfarn | tansy |
| Cirsium | arvense | Acker-Kratzdistel | Canada thistle |
| Cirsium | vulgare | Gemeine Kratzdistel | bull thistle |
| Clematis | vitalba | Gemeine Waldrebe | travellers joy |
| Cleome | monophylla | - | spindlepod |
| Colchicum | autumnale | Herbst-Zeitlose | meadow saffron |
| Commelina | communis | - | common dayflower |
| Commelina | difusa | - | spreading dayflower |
| Conium | maculatum | Gefleckter Schierling | poison hemlock |
| Conringia | orientalis | Weißer Ackerkohl | haresear mustard |
| Convolvulus | arvensis | Acker-Winde | field bindweed |
| Coronilla | varia | Bunte Kronwinde | crownvetch |
| Coronopus | didymus | Zweiknotiger Krähenfuß | swinecress |
| Cotula | australis | - | southern brassbuttons |
| Crepis | biennis | Wiesen-Pippau | rough hawksbeard |
| Crotalaria | incania | - | fuzzy crotalaria |

| Lateinischer Name | | Deutscher Name | Englischer Name |
|---|---|---|---|
| Cuphea | carthagenensis | - | tarweed cuphea |
| Cuscuta | campestris | Nordamerikanische Seide | field dodder |
| Cynodon | dactylon | Hundszahngras | bermudagrass |
| Cynosurus | cristatus | Wiesen-Kammgras | crested dogtailgrass |
| Cyperus | difformis | - | smallflower umbrellaplant |
| Cyperus | esculentus | Erdmandelgras | yellow nutsedge |
| Cyperus | iria | - | rice flatsedge |
| Cyperus | rotundus | Nußgras | purple nutsedge |
| Dactylis | glomerata | Wiesen-Knäuelgras, Knaulgras | orchardgras |
| Dactyloctenium | aegyptium | - | crowfootgrass |
| Datura | stramonium | Stechapfel | jimsonweed |
| Daucus | carota | Wilde Möhre | wild carrot |
| Deschampsia | caespitosa | Rasen-Schmiele | tussockgrass |
| Descurainia | pinnata | - | tansymustard |
| Descurainia | sophia | Gemeine Besenrauke | flixweed |
| Desmodium | tortuosum | - | Florida beggarneed |
| Digitaria | ischaemum | Faden-Fingerhirse | smooth crabgrass |
| Digitaria | sanguinalis | Blut-Fingerhirse | large crabgrass |
| Diplotaxis | muralis | Mauer-Doppelsame | king wallrocket |
| Dipsacus | silvester | Wilde Karde | teasel |
| Drymaria | cordata | - | heartleaf drymary |
| Echinochloa | colonum | Dekkangras | junglerice |
| Echinochloa | crus-galli | Hühnerhirse | barnyardgrass |

| Lateinischer Name | | Deutscher Name | Englischer Name |
|---|---|---|---|
| Echium | vulgare | Natternkopf | blue thistle |
| Eclipta | alba | Mehlblume | eclipta |
| Eichhornia | crassipes | Wasserhyazinthe | waterhyacinth |
| Elatine | triandra | Dreimänniger Tännel | American waterwort |
| Eleocharis | acicularis | Nadel-Sumpfried | slender spikerush |
| Eleusine | indica | - | goosegrass |
| Elodea | canadensis | Kanadische Wasserpest | elodea |
| Elymus | caput-medusae | - | medusahead |
| Emex | australis | - | emex |
| Emex | spinosa | - | spiny emex |
| Emilia | sonchifolia | - | red tasselflower |
| Equisetum | arvense | Acker-Schachtelhalm | field horsetail |
| Equisetum | palustre | Sumpf-Schachtelhalm | marsh horsetail |
| Eragrostis | megastachya | Großjähriges Liebesgras | stinkgrass |
| Erechtites | hieracifolius | Afterkreuzkraut | American burnweed |
| Erigeron | annuus | Zweijähriger Feinstrahl | annual fleabane |
| Erigeron | canadensis | Kanadisches Berufskraut | horseweed |
| Erodium | cicutarium | Schierlings-Reiherschnabel | redstem filaree |
| Erucastrum | gallicum | Französische Hundsrauke | dog mustard |
| Erysium | cheiranthoides | Acker-Schöterich | wormseed mustard |
| Eupatorium | capillifolium | - | dog fennel |
| Euphorbia | cyparissias | Zypressen-Wolfsmilch | cypress spurge |
| Euphorbia | esula | Esels-Wolfsmilch | leafy spurge |

| Lateinischer Name | | Deutscher Name | Englischer Name |
|---|---|---|---|
| Euphorbia | helioscopia | Sonnen-Wolfsmilch | sun spurge |
| Euphorbia | maculata | Gefleckte Wolfsmilch | spotted spurge |
| Euphorbia | supina | - | prostrate spurge |
| Festuca | pratensis | Wiesen-Schwingel | meadow fescue |
| Filipendula | ulmaria | Echtes Mädesüß | meadow sweet |
| Franseria | strigulosa | - | false ragweed |
| Fumaria | officinalis | Gemeiner Erdrauch | fumitory |
| Galeopsis | tetrahit | Gemeiner Hohlzahn | hempnettle |
| Galinsoga | parviflora | Kleinblütiges Knopfkraut | smallflower galinsoga |
| Galium | aparine | Klebkraut, Kletten-Labkraut | catchweed bedstraw |
| Galium | asprellum | - | rough bedstraw |
| Galium | mollugo | Gemeines Labkraut<br>Wiesen-Labkraut | smooth bedstraw |
| Geranium | dissectum | Schlitzblättriger Storchschnabel | cutleaf geranium |
| Geranium | molle | Weicher Storchschnabel | dovefoot geranium |
| Geranium | pusillum | Kleiner Storchschnabel | small geranium |
| Glechoma | hederaceum | Gundermann | ground ivy |
| Glyceria | fluitans | Manna-Schwaden | mannagrass |
| Gnaphalium | uliginosum | Sumpf-Ruhrkraut | low cudweed |
| Gynandropsis | gynandra | - | African spiderflower |
| Helianthus | annuus | Gemeine Sonnenblume | sunflower |
| Heracleum | sphondrylium | Wiesen-Bärenklau | hogweed cowparsnip |
| Hibiscus | trionum | Stunden-Eibisch | Venice mallow |

| Lateinischer Name | | Deutscher Name | Englischer Name |
|---|---|---|---|
| Hieracium | pilosella | Langhaariges Habichtskraut | mousear hawkweed |
| Holcus | lanatus | Wolliges Honiggras | velvetgrass |
| Holcus | mollis | Weiches Honiggras | German velvetgrass |
| Hordeum | murinum | Mäuse-Gerste | wall barley |
| Hottonia | palustris | Wasserfeder | waterviolet |
| Hydrilla | lithuanica | Grundnessel | Florida elodea |
| Hydrocharis | morsus-ranae | Froschbiss | frogbit |
| Hydrocotyle | sibthorpioides | - | lawn pennywort |
| Hyoscyamus | niger | Bilsenkraut | black henbane |
| Hyparrhenia | rufa | - | jaraguagrass |
| Hypericum | perforatum | Tüpfel-Johanniskraut | St. Johnswort |
| Hypochoeris | glabra | Kahles Ferkelkraut | smooth catsear |
| Hypochoeris | radicata | Gemeines Ferkelkraut | spotted catsear |
| Impatiens | parviflora | Kleinblütiges Springkraut | small balsam |
| Imperata | cylindrica | Silberhaargras | cogongrass |
| Ipomoea | hederacea | Nilwinde | ivyleaf morningglory |
| Iris | pseudacorus | Sumpf-Schwertlilie | yellowflag iris |
| Isatis | tinctoria | Färber-Waid | dyers woad |
| Iva | cilliata | - | rough sumpweed |
| Iva | xanthifolia | Schlagkraut | marshelder |
| Juncus | bufonius | Kröten-Binse | toad rush |
| Juncus | efusus | Flatter-Binse | soft rush |
| Kickxia | elatine | Echtes Tännelkraut | sharppoint fluvellin |

| Lateinischer Name | | Deutscher Name | Englischer Name |
|---|---|---|---|
| Knautia | arvensis | Acker-Witwenblume | field scabious |
| Kochia | scoparia | Besen-Radmelde | kochia |
| Kyllinga | brevifolia | - | green kyllingia |
| Lactuca | serriola | Stachel-Lattich | prickly lettuce |
| Lamium | amplexicaule | Stengelumfassende Taubnessel | henbit |
| Lantana | camara | Wandelröschen | lantana |
| Lapsana | communis | Rainkohl | nipplewort |
| Lathyrus | tuberosus | Knollen-Platterbse | earthnut pea |
| Leersia | hexandra | - | southern cutgrass |
| Legousia | speculum-veneris | Gemeiner Frauenspiegel | Venus lookingglass |
| Lemna | minor | Kleine Wasserlinse | common duckweed |
| Leontodon | autumnalis | Herbst-Löwenzahn | fall hawkbit |
| Lepidium | campestre | Feld-Kresse | field pepperweed |
| Lepidium | perfoliatum | Durchwachsenblättrige Kresse | yellowflower pepperweed |
| Lepidium | virginicum | Virginische Kresse | Virginia pepperweed |
| Leptochloa | filiformis | - | red sprangletop |
| Linaria | vulgaris | Gemeines Leinkraut | yellow toadflax |
| Lithospermum | arvense | Acker-Steinsame | corn gromwell |
| Lolium | multiflorum | Italienisches Raygras | Italian ryegrass |
| Lolium | perenne | Englisches Raygras | perennial ryegrass |
| Lolium | temulentum | Taumel-Lolch | darnel |
| Lycopsis | arvensis | Wolfsauge | small bugloss |
| Lycopus | europaeus | Gemeiner Wolfstrapp | European bugleweed |

| Lateinischer Name | | Deutscher Name | Englischer Name |
|---|---|---|---|
| Lysimachia | nummularia | Pfennigkraut | moneywort |
| Lythrum | salicaria | Blut-Weiderich | puple loosestrife |
| Malva | neglecta | Weg-Malve | common mallow |
| Malva | pusilla | Kleinblütige Malve | dwarf mallow |
| Matricaria | chamomilla | Echte Kamille | wild chamomile |
| Matricaria | inodora | Duftlose Kamille | scentless chamomile |
| Matricaria | matricarioides | Strahlenlose Kamille | pineapple weed |
| Medicago | sativa | Luzerne | alfalfa |
| Melandrium | album | Weiße Nachtnelke | white cockle |
| Melandrium | noctiflorum | Acker-Nachtnelke | nightflowering catchfly |
| Melilotus | albus | Weißer Steinklee | white sweetclover |
| Melilotus | officinalis | Echter Steinklee | yellow sweetclover |
| Mentha | arvensis | Acker-Minze | field mint |
| Mercurialis | annua | Einjähriges Bingelkraut | annual mercury |
| Mikania | scandens | - | climbing hempweed |
| Mimosa | pudica | Mimose | sensitive plant |
| Molinia | coerulea | Pfeifengras | purple molinia |
| Mollugo | verticillata | - | carpetweed |
| Monochoria | vaginalis | - | monochoria |
| Morrenia | odorata | - | stranglervine |
| Muscari | racemosum | Weinbergs-Träubelhyazinthe | starch grapehyacinth |
| Myosotis | arvensis | Acker-Vergißmeinnicht | field forgetmenot |
| Myriophyllum | spicatum | Ähriges Tausendblatt | Eurasian watermilfoil |

| Lateinischer Name | | Deutscher Name | Englischer Name |
|---|---|---|---|
| Najas | guagalupensis | - | southern najad |
| Nardus | stricta | Borstgras | matgrass |
| Nasturtium | officinale | Echte Brunnenkresse | watercress |
| Neslia | paniculata | Rispen-Finkensame | ball mustard |
| Nicandra | physaloides | Giftbeere | apple-of-Peru |
| Oenanthe | aquatica | Wasserfenchel | waterhemlock |
| Oenanthe | biennis | Gemeine Nachtkerze | common eveningprimrose |
| Origanum | vulgare | Dost | wild majoram |
| Ornithogalum | umbellatum | Dolden-Milchstern | Star-of-Bethlehem |
| Orobanche | minor | Kleine Sommerwurz | clover broomrape |
| Oxalis | corniculata | Horn-Sauerklee | creeping woodsorrel |
| Oxalis | pes-caprae | - | Bermuda buttercup |
| Oxalis | stricta | Steifer Sauerklee | woodsorrel |
| Panicum | capillare | Haarstiel-Hirse | witchgrass |
| Panicum | dichotomiflorum | - | fall panicum |
| Panicum | maximum | Guinegras | Guineagrass |
| Panicum | milliaceum | Echte Hirse | proso millet |
| Panicum | repens | - | torpedograss |
| Panicum | texanum | - | Texas panicum |
| Papaver | dubium | Saat-Mohn | field poppy |
| Papaver | rhoeas | Klatsch-Mohn | corn poppy |
| Paspalum | conjugatum | - | sour paspalum |
| Paspalum | dilatatum | Brasilianische Futterhirse | dallisgrass |

| Lateinischer Name | | Deutscher Name | Englischer Name |
|---|---|---|---|
| Paspalum | distichum | - | knotgrass |
| Paspalum | urvillei | - | vaseygrass |
| Pastinaca | sativa | Gewöhnlicher Pastinak | wild parsnip |
| Pennisetum | clandestinum | - | kikuyugrass |
| Pennisetum | purpureum | Elefantengras | napiergrass |
| Petasites | hybridus | Gemeine Pestwurz | butter bur |
| Phalaris | canariensis | Kanariengras | canarygrass |
| Pharbitis | purpurea | Trichterwinde | tall morningglory |
| Phleum | pratense | Wiesen-Lieschgras | timothy |
| Phragmites | communis | Schilfrohr | common reed |
| Physalis | peruviana | Kapstachelbeere | Peruvian groundcherry |
| Phytolacca | americana | Amerikanische Kermesbeere | common pokeweed |
| Picris | echioides | Wurmlattich | bristly oxtonge |
| Picris | hieracioides | Gemeines Bitterkraut | hankweed oxtonge |
| Plantago | lanceolata | Spitz-Wegerich | buckhorn plantain |
| Plantago | major | Großer Wegerich | broadleaf plantain |
| Plantago | media | Mittlerer Wegerich | hoary plantain |
| Poa | annua | Einjähriges Rispengras | annual bluegrass |
| Poa | pratensis | Wiesen-Rispengras | Kentucky bluegrass |
| Polygonium | amphibium | Wasser-Knöterich | water smartweed |
| Polygonium | aviculare | Vogel-Knöterich | prostrate knotweed |
| Polygonium | convolvulus | Winden-Knöterich | wild buckwheat |
| Polygonium | hydropiper | Wasserpfeffer | marshpepper smartweed |

| Lateinischer Name | | Deutscher Name | Englischer Name |
|---|---|---|---|
| Polygonium | lapathifolium | Ampfer-Knöterich | pale smartweed |
| Polygonium | persicaria | Floh-Knöterich | ladysthumb, redshank |
| Portulaca | oleracea | Portulak | common purslane |
| Potamogeton | crispus | Krauses Laichkraut | curlyleaf pondweed |
| Potamogeton | filiformis | Fadenblättriges Laichkraut | fineleaf pondweed |
| Potamogeton | natans | Schwimmendes Laichkraut | floatingleaf pondweed |
| Potamogeton | pectinatus | Kamm-Laichkraut | sago pondweed |
| Potentilla | anserina | Gänse-Fingerkraut | silverweed cinquefoil |
| Potentilla | reptans | Kriechendes Fingerkraut | creeping cinquefoil |
| Prosopis | juliflora | Mesquitbaum | mesquite |
| Prunella | vulgaris | Gemeine Braunelle | healall |
| Pteridium | aquilinum | Adlerfarn | bracken |
| Ranunculus | acris | Scharfer Hahnenfuß | tall buttercup |
| Ranunculus | arvensis | Acker-Hahnenfuß | corn buttercup |
| Ranunculus | repens | Kriechender Hahnenfuß | creeping buttercup |
| Raphanus | raphanistrum | Hederich | wild radish |
| Reseda | lutea | Gelber Wau | yellow mignonette |
| Reynchelytrum | repens | - | natalgrass |
| Rorippa | islandica | Sumpfkresse | marshcress |
| Rottboellia | exaltata | - | itchgrass |
| Rubus | fructicosus | Echte Brombeere | European blackberry |
| Rubus | idaeus | Himbeere | red raspberry |
| Rudbeckia | hirta | Rauher Sonnenhut | hairy coneflower |

| Lateinischer Name | | Deutscher Name | Englischer Name |
|---|---|---|---|
| Rumex | acetosa | Großer Ampfer | sorrel |
| Rumex | acetosella | Kleiner Ampfer | red sorrel |
| Rumex | crispus | Krauser Ampfer | curly dock |
| Rumex | obtusifolius | Stumpfblättriger Ampfer | broadleaf dock |
| Sagina | procumbens | Niederliegendes Mastkraut | birdseye pearlwort |
| Sagittaria | latifolia | - | common arrowhead |
| Sagittaria | sagittifolia | Pfeilkraut | Chinese arrowhead |
| Salsola | kali ssp. ruthenica | - | Russian thistle |
| Sanguisorba | minor | Kleiner Wiesenknopf | small burnet |
| Saponaria | officinalis | Gemeines Seifenkraut | bouncingbet |
| Sarothamnus | scoparius | Gewöhnlicher Besenginster | Scotch broom |
| Scandix | pecten-veneris | Echter Venuskamm | shepherdsneedle |
| Scandix | pecten-veneris ssp. brachycarpa | - | - |
| Scirpus | mucronatus | Stachelspitzige Binse | roughseed bulrush |
| Scleranthus | annuus | Einjähriger Knäuel | knavel |
| Sedum | acre | Mauerpfeffer | mossy stonecrop |
| Senecio | jacobaea | Jakobs-Greiskraut | tansy ragwort |
| Senecio | vulgaris | Gemeines Greiskraut | common groundsel |
| Setaria | faberii | - | giant foxtail |
| Setaria | geniculata | - | knotroot foxtail |
| Setaria | italica | Kolbenhirse | foxtail millet |
| Setaria | lutescens | - | - |

| Lateinischer Name | | Deutscher Name | Englischer Name |
|---|---|---|---|
| Setaria | sphacelata | Niedrige Borstenhirse | yellow foxtail |
| Setaria | verticillata | Wirtel-Borstenhirse | bristly foxtail |
| Setaria | viridis | Grüne Borstenhirse | green foxtail |
| Sheradia | arvensis | Ackerröte | field madder |
| Sida | acuta | - | southern sida |
| Sida | spinosa | - | prickly sida |
| Silene | conica | Kegelfrüchtiges Leimkraut | conical catchfly |
| Silene | vulgaris | Taubenkropf-Leimkraut | bladder campion |
| Sinapis | alba | Weißer Senf | white mustard |
| Sinapis | arvensis | Acker-Senf | wild mustard |
| Sisymbrium | altissimum | Ungarische Rauke | tumble mustard |
| Sisymbrium | officinale | Weg-Ranke | hedge mustard |
| Sium | latifolium | Breitblättriger Merk | broadleaved waterparsnip |
| Solanum | carolinense | - | horsenettle |
| Solanum | dulcamara | Bittersüßer Nachtschatten | bitter nightshade |
| Solanum | nigrum | Schwarzer Nachtschatten | black nightshade |
| Solidago | canadensis | Kanadische Goldrute | Canada goldenrod |
| Sonchus | arvensis | Acker-Gänsedistel | perennial sowthistle |
| Sonchus | asper | Dornige Gänsedistel | spiny sowthistle |
| Sonchus | oleraceus | Kohl-Gänsedistel | annual sowthistle |
| Sorghum | halepense | Aleppohirse | johnsongrass |
| Sorghum | sudanense | Sudangras | sudangrass |
| Sparganium | angustifolium | Schmalblättriger Igelkolben | narrowleaf burreed |

| Lateinischer Name | | Deutscher Name | Englischer Name |
|---|---|---|---|
| Spergula | arvensis | Feld-Spark | corn spurry |
| Spergularia | rubra | Roter Spärkling | red sandspurry |
| Spirodela | polyrhiza | Teichlinse | giant duchweed |
| Sporobulus | poirettii | - | smutgrass |
| Stachys | annua | Einjähriger Ziest | hedgenettle betony |
| Stachys | arvensis | Acker-Ziest | fieldnettle betony |
| Stachys | palustris | Sumpf-Ziest | marsh-betony |
| Stellaria | media | Vogel-Sternmiere, Vogelmiere | chickweed |
| Stenotaphrum | secundatum | - | St. Augustinegrass |
| Striga | lutea | - | witchweed |
| Symphytum | officinale | Gemeiner Beinwell | common comfrey |
| Tagetes | minuta | - | wild marigold |
| Tanacetum | vulgare | Siehe Chrysanthemum vulgare | - |
| Taraxacum | officinale | Gemeine Kuhblume, Löwenzahn | common dandelion |
| Thlaspi | arvense | Acker-Hellerkraut | field pennycress |
| Torilis | japonica | Gemeiner Klettenkerbel | Japanese hedgeparsley |
| Trianthema | portulacastrum | - | horse purslane |
| Tribulus | terrestris | Bürzeldorn | puncturevine |
| Trichachne | insularis | - | sourgrass |
| Trifolium | arvense | Hasen-Klee | rabbitfoot clover |
| Trifolium | repens | Weiß-Klee | white clover |
| Trisetum | flavescens | Wiesen-Goldhafer | yellow oatgrass |
| Tussilago | farfara | Huflattich | coltsfoot |

| Lateinischer Name | | Deutscher Name | Englischer Name |
|---|---|---|---|
| Typha | latifolia | Breitblättriger Rohrkolben | common cattail |
| Typhoides | arundinacea | Rohrglanzgras | reed canarygrass |
| Urtica | dioica | Große Brennessel | stinging nettle |
| Urtica | urens | Kleine Brennessel | burning nettle |
| Urticularia | vulgaris | Gemeiner Wasserschlauch | common bladderwort |
| Verbascum | thapsus | Kleinblütige Königskerze | common mullein |
| Verbena | officinalis | Eisenkraut | European vervain |
| Vernonia | baldwinii | - | western ironweed |
| Veronica | agrestis | Acker-Ehrenpreis | field speedwell |
| Veronica | arvensis | Feld-Ehrenpreis | corn speedwell |
| Veronica | chamaedrys | Gamander-Ehrenpreis | germander speedwell |
| Veronica | filiformis | Faden-Ehrenpreis | creeping speedwell |
| Veronica | hederaefolia | Efeublättriger Ehrenpreis | ivyleaf speedwell |
| Veronica | serphyllifolia | Quendelblättriger Ehrenpreis | thymeleaf speedwell |
| Vicia | cracca | Vogel-Wicke | bird vetch |
| Vicia | tetrasperma | Viersamige Wicke | fourseed vetch |
| Viola | arvensis | Acker-Stiefmütterchen | field violet |
| Xanthium | orientale | Großfrüchtige Spitzklette | oriental cocklebur |
| Xanthium | pensylvanicum | - | common cocklebur |
| Xanthium | spinosa | Dornige Spitzklette | spiny cocklebur |
| Xanthium | strumarium | Gemeine Spitzklette | heartleaf cocklebur |

# 4. Anorganische Herbizide

Die anorganischen Herbizide seien nur kurz besprochen. Zwar werden noch beachtenswerte Mengen an anorganischen Chemikalien als Herbizide angewandt, doch gehen die Mengen, verglichen mit den organischen Herbiziden, laufend zurück. Anorganische Chemikalien eignen sich vorwiegend zur totalen Unkrautbekämpfung. (Es gibt nur wenige anorganische Herbizide, wie z.B. Kalkstickstoff oder Kaliumcyanat, welche Selektivität zeigen.)

Die Entwicklung der chemischen Unkrautbekämpfung setzte mit anorganischen Chemikalien um die Jahrhundertwende ein. Zu dieser Zeit stellte die chemische Industrie einige anorganische Verbindungen für die verschiedensten Zwecke in großen Mengen und daher billig her. Verschiedene Sulfate und Schwefelsäure waren schon 1895 als pflanzenschädigend erkannt worden. Kupfersulfat, in geringen Konzentrationen schon seit 1807 als Fungizid im Pflanzenschutz in Anwendung, war das erste Herbizid. (1895) Bald wurde auch Eisen(II)sulfat eingesetzt [1]. Erst 15 Jahre später folgten Schwefelsäure und Ammoniumsulfat [2] sowie Sulfamidsäure.

## 4.1. Schwefelsäure und andere Säuren

Die Schwefelsäure dient seit 1910 als Herbizid, doch gehen die ersten Beobachtungen ihrer herbiziden Wirkung auf das Jahr 1874 zurück [21]. Sie wird wegen ihres niedrigen Preises immer noch in einigen Ländern (USA, Holland, England) benutzt. Obwohl vorwiegend als Totalherbizid wirksam, ist bei niedrigen Konzentrationen auch eine selektive Anwendung in Zwiebeln und Kohl möglich. Infolge der Gefährlichkeit der konz. Säure und der hohen Korrosion durch verdünnte Säure wird die herbizide Verwendung laufend geringer.

Zahlreiche andere Säuren werden gleichfalls nur noch begrenzt angewendet.

## 4.2. Sulfamidsäure

$NH_2$-$SO_3H$ als Ammoniumsalz (Sulfamidsäure, Amidosulfonsäure)
Common name: AMS. Handelsname: Ammate X®, (Du Pont) 1945. $LD_{50}$: 3900 (4000-4400) mg/kg Ratte p.o. akut. Wasserlöslichkeit der freien Säure: 14,7 g/100 ml bei 0°C, von Ammoniumsulfamat: 60% bei 30°C. Wirkungsweise: Kontaktherbizid mit systemischer Wirkung. Anwendungsweise: Spritzung 10%ig in Wasser. Anwendungsgebiet: Gehölzbekämpfung, Verhinderung von Stockausschlag, speziell wirksam gegen giftigen Efeu.
Patente[3]. Literatur[19].

## 4.3. Sulfate

a) Eisen(II)-sulfat

$FeSO_4 \cdot 7\ H_2O$ als Abfallprodukt der eisenverarbeitenden Industrie seit langem leicht und billig zugänglich, ist von begrenzter selektiver Wirkung gegen breitblättrige Pflanzen. Die herbizide Wirkung ist mäßig. Auch hier liegt die erste Mitteilung über eine herbizide Wirkung schon aus dem Jahre 1851 vor[21].
$LD_{50}$: 5000 mg/kg Ratte. Wasserlöslichkeit: 15 g/100 ml bei 0°C. Anwendungsweise: 10%ig gießen oder mit Sand gemischt ausstreuen 100 kg/ha. Anwendungsgebiet: Moosbekämpfung in Zierrasen.

b) Ammoniumsulfat

$(NH_4)_2SO_4$ ist ebenfalls von mäßiger herbizider Wirkung. Anwendung hauptsächlich als Dünger.

c) Kainit, Kaliumchlorid-magnesiumsulfat

$KCl \cdot MgSO_4 \cdot 3\ H_2O$ wird heute vornehmlich als Düngemittel verwandt. Es wirkt als Blattherbizid gegen breitblättrige Unkräuter.

## 4.4. Rhodanide

a) Ammoniumrhodanid

$NH_4SCN$ ist als Herbizid von geringer Bedeutung. Die Mischung mit Aminotriazol verstärkt dessen Wirkung beträchtlich und findet als Weedazol TL® (Amchem Prod. Ltd.). Anwendung zur Bekämpfung von Gräsern, z.B. Quecke, Schilf u.a.

b) Natriumrhodanid = Natriumthiocyanat

NaSCN ist ähnlich wirksam wie das Ammoniumsalz. Rhodanverbindungen werden in der Pflanze transportiert.

## 4.5. Kaliumcyanat

KOCN wirkt selektiv gegen breitblättrige Pflanzen mit nicht wachsüberzogenen Blättern[4] und gegen Fingerhirse[5] sowie in Zwiebeln, wobei es rasch im Boden zerfällt[6]. Es kam zuerst durch die American Cyanamid Co. in den Handel. Als Bulpur® wird es gegen Unkräuter in Zwiebeln eingesetzt. $LD_{50}$: 850 mg/kg Maus p.o. akut. Wasserlöslichkeit: 65 g/100 ml bei 10°C. Nur noch geringe Anwendung.

## 4.6. Cyanamide

a) Calciumcyanamid

CaNCN ist seit etwa 1905 als sog. Kalkstickstoff als Dünger und Herbizid in Anwendung[7]. Es ist herbizid besonders wirksam gegen keimende Samen und als Blattherbizid. Aus diesen Gründen findet es vorwiegend im Herbst oder Frühjahr als Bodenherbizid zur Totalvernichtung aller Pflanzen Anwendung; ferner dient es, in geringerem Maße, zusammen mit $Na_2SiF_6$ als Entblätterungsmittel (Defoliant)[8]. Es zeichnet sich aus durch langsamen Zerfall im Boden zu Harnstoff, welcher als Stickstoffdünger wirksam ist. Eine post-emergence-Anwendung erfolgt im Getreide[9]; die Anwendung auf Weiden ist möglich[7]. Für die Wirkung als Herbizid benötigt $CaCN_2$ Feuchtigkeit. $LD_{50}$: 1400 mg/kg Ratte p.o. akut.

b) Natriumcyanamid[5, 6]

wird als Defoliant und als Herbizid nur begrenzt angewandt. Es ist dort von Vorteil, wo Feuchtigkeit fehlt, da es hygroskopisch ist.

## 4.7. Chlorate

a) Natriumchlorat

$NaClO_3$ gehört zu den wichtigen anorganischen Herbiziden. Auch andere Salze der Chlorsäure werden, wenn auch in wesentlich geringerem Maß, benutzt. Die erste Verwendung erfolgte etwa 1900 [10-12]. Es handelt sich um ein Totalherbizid und Defoliant. Es besitzt einen großen Nachteil: Bei Berührung mit organischem Material wird dieses leicht brennbar und explosiv. Ein Zusatz von Phosphaten, Boraten oder Carbonaten vermindert die Gefahr. Auch andere Zusätze werden gemacht[13, 14]. Die Wirkung geht über Blatt und Wurzel. Starke Niederschläge nach der Anwendung vermindern die Wirkungsdauer. $LD_{50}$: 1200 - 5000 mg/kg Ratte p.o. akut. Wasserlöslichkeit: 79 g/100 ml bei 0°C.

b) Magnesiumchlorat

$Mg(ClO_3)_2$, Margon®, Ortho MC®, wirkt als Defoliant für Baumwolle. $LD_{50}$: 5250 mg/kg Ratte p.o. akut.

## 4.8. Borate

Natriumborat ($Na_2B_4O_7 \cdot 10\ H_2O$). Common name: Borax. Handelsname: Borascu® (U.S. Borax Co.). $LD_{50}$: 2 000 - 5 000 mg/kg. Wasserlöslichkeit: 5,1 g/100 ml bei 20°C. (Auch einige Borate mit 4 und 8 $H_2O$ sind im Handel).

Anwendungsgebiet: Borate, wie Natriumborat, dienen als Totalherbizide auf Bahn- und Industrieanlagen. Vielfach werden Kombinationen mit araliphatischen Harnstoffen und mit Natriumchlorat benutzt, da die Borate hier flammhemmend wirken. Die Borate haben Dauerwirkung[15-17].
Patente über Borax enthaltende Herbizide[18]. Literatur[15-17].

## 4.9. Arsenverbindungen

a) Natriumarsenit

$NaAsO_2$ Arcadian® (Niagara Chemical Div.), 1901 eingeführt, ist in Deutschland und den meisten Ländern als Herbizid verboten. Es besitzt eine $LD_{50}$ von 10-50 mg/kg Ratte p.o. akut. Meist wird es im Gemisch mit Arsentrioxid benutzt. Natriumarsenit dient speziell als Baumwollentblätterungsmittel und nur zum Teil noch zur Krautabtötung bei Kartoffeln. Zur Bekämpfung submerser Wasserpflanzen benötigt man 4 ppm.

b) Arsentrioxid

$As_2O_3$ allein wird ebenfalls verwendet und als Totalherbizid pre- und post-emergence eingesetzt. Es wirkt selbst gegen Bäume; ferner als Entblätterungsmittel. In vielen Ländern als Herbizid untersagt.

c) Arsensäure

$H_3AsO_4 \cdot 1/2\ H_2O$ ist viel weniger wirksam als das Arsenit. In der Literatur finden sich über die Giftigkeit der Arsensäure außerordentlich widersprichende Angaben. Sie schwanken von 10 - 2 000 mg/kg Ratte p.o. akut, nach neuer Literatur zwischen 48 und 100 mg/kg. Anwendung zur Baumwollentblätterung. In den meisten Ländern als Herbizid verboten.

d) Calciumarsenat

ist ein schwer lösliches pre-emergence-Herbizid zur Bekämpfung von Digitaria sanguinalis (Bluthirse) in Zierrasen. In wenigen Ländern noch erlaubt. Hoch toxisch da schon durch Kohlensäure Arsensäure frei gesetzt wird.

Arsen in organischen Verbindungen s. organische Arsenverbindungen.

Hexaflurate $KAsF_6$ Handelsname: Nopalmate® (Pennwalt Corp. 1970). $LD_{50}$: 1 200 mg/kg Ratte p.o. akut. Leichtlöslich in Wasser. Selektives Herbizid. Aufnahme durch die Wurzeln und Transport in der Pflanze. Patente [22].

## 4.10. Schwermetall-Salze

Kupfersulfat

$CuSO_4 \cdot 5\ H_2O$ wirkt als Schwermetallgift und zusätzlich als Fungizid. 1896 wurde es als erstes Herbizid von dem Franzosen Bonard eingesetzt, ursprünglich zur Unkrautbekämpfung im Getreide. Es ist ein Blattherbizid gegen mono- und dikotyle Unkräuter; Aufwandmenge zur Algenbekämpfung 1 ppm. $LD_{50}$: 300 mg/kg Ratte p.o. akut. Wasserlöslichkeit: 31,6 g/100 ml bei 0°C. Fischtoxisch! Nur noch geringe Anwendung als Herbizid. Über die biologische Wirkungsweise, speziell der anorganischen Herbizide, orientiert die Zusammensetzung "The Physiology and Biochemistry of Herbicides" von L. J. Audus[20].

## Literatur und Patente

4. Anorganische Herbizide


1. Bolley, H. L.: Rept. N. Dakota Agr. Exp. Stat. 11, 48 (1911).
2. Blackman, G. E.: Ann. Appl. Biol. 19, 204 (1932).
3. US 2 277 744, 15.8.40/31.3.42, DuPont.
4. Beatty, R. H. and B. H. Davis: Proc. Northeast. States Weed Control Conf. 1951, p. 161.
5. Nutter, E. C. and J. F. Cornman: Experiments in Crabgrass Control with Potassium Cyanate. Proc. Northeastern States Weed Control Conf. 1950, p. 225.
6. Hedlin, W. A.: Chemical weed control in onions. Proc. Am. Soc. Hort. Sci. 57, 501 (1948).
7. Sturkie, D. G.: J. Am. Soc. Agronomy 29, 803 (1937).
8. Marcovitch, S.: J. Econ. Entomol. 38, 395 (1945).
9. Gould, C. S., Briggs, R. A. and Wolf, D. E.: Three Years Results with Calcium Cyanamid as a pre-emergence Treatment on Corn. Proc. Northeast. States Weed Control Conf. 1950, p. 205.
10. Robbins, W. W., Crafts, A. S. and Raynor, R. N.: Weed Control. New York: McGraw-Hill Book Co. 1942, ref. CA 37, 1222[5].
11. Hurd-Karrer, A. M.: US Dept. Agr. Techn. Bull. 1940, p. 648.
12. USP 2 733 982, 29.9.52/7.2.56, Western Electro Chemical Co.
13. DBP 694 450, 14.6.36/4.7.40, C. H. Boehringer.
14. DBP 764 609, 23.2.41/13.1.44, IG. Farbenindustrie AG.
15. Crafts, A. S. u. Raynor, R. N.: Hilgardia 10, 343 (1936).
16. Wang, L. H. u. Klotz, L. J.: Hilgardia 12, 1 (1938).
17. Crafts, A. S., Bruse, H. D. and Raynor, R. N.: Calif. Agr. Exp. Stat. Bull. 648, 13 (1941).
18. US 2 551 705, -/8.5.51, Union Oil Co. of California, ref. CA 45, 8194g.
19. Herbicide Handbook of the Weed Society of America, p. 16. Geneva - New York: W. F. Humphrey Press Inc. 1967.
20. Audus, L. J.: The Physiology and Biochemistry of Herbicides, London - New York: Academic Press 1964.
21. Schmitt, N.: Z. Pflanzenkrankh. Pflanzenschutz 76, 282 (1969).
22. US 3 189 428, 4.5.62/15.6.65, Dow Chem.

# 5. Organische Herbizide

Wenngleich fast unter allen Verbindungsklassen der organischen Chemie phytotoxische Vertreter bekannt geworden sind, nehmen die Kohlenwasserstoffe hinsichtlich ihrer Pflanzenverträglichkeit doch eine Sonderstellung ein. Nur in hohen Dosen zeigen sie pflanzenschädigende Wirkungen. Mineralöle mit einem Gehalt an aromatischen Kohlenwasserstoffen waren und sind in hohen Konzentrationen als Totalherbizide und z.T. als selektive Herbizide in Umbelliferen wie Möhren, Fenchel und Sellerie in begrenzter Anwendung. Die mangelnde Wirkung einfacher Kohlenwasserstoffe ist wahrscheinlich auf die fehlende Möglichkeit zurückzuführen, mit Enzymen zu reagieren oder als Antagonisten für lebensnotwenige Bausteine der Pflanzen aufzutreten.

## 5.1. Kohlenwasserstoffe, Sulfone sowie einige Ketone*

Unter den gesättigten aliphatischen Kohlenwasserstoffen wurden bisher kaum Herbizide gefunden. Wohl aber weist das Äthylen wachstumsregulierende Eigenschaften auf. Zahlreiche der weiter unten genannten Verbindungen sollen ihre Wirksamkeit einer Äthylen-Abspaltung verdanken.

In lagernden Kartoffeln wurde eine größere Anzahl flüchtiger aliphatischer und aromatischer Kohlenwasserstoffe nachgewiesen. Sie sollen für die Entwicklung der Kartoffel von Bedeutung sein. Aus der Vielzahl an nachgewiesenen Verbindungen seien genannt: Heptan, Oktan, Decan, Fluoren-Verbindungen, Dimethylbenzole besonders aber Mono- und Di-methyl-naphthaline sowie Benzthiazol[19]. Auch Anisol-Verbindungen (in 4-Stellung substituiert) wurden als natürliche Wuchsstoffe isoliert. Dies führte zur Untersuchung einer Anzahl von 4-Methoxy-diphenylmethan-Abkömmlingen. Dabei wurden bei derartigen Verbindungen phytotoxische Effekte für Wurzel und Blatt gefunden[21].

Chlorierte Kohlenwasserstoffe wirken sehr häufig auf das Pflanzenwachstum "narkotisch". 1967 kam ein chlorierter bicyclischer Kohlenwasserstoff als Herbizid in den Handel:

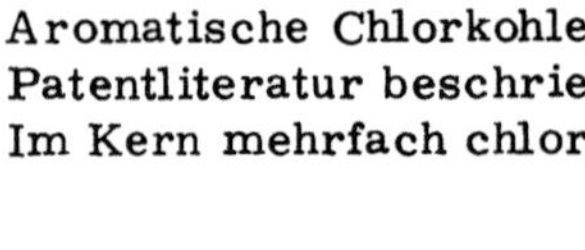


4, 5, 6, 7, 8, 8-Hexachlor-3$\alpha$, 4, 7, 7$\alpha$-tetrahydro-4, 7-methanoinden
Handelsname: Bandan®
(Velsicol Chemical Corp.) 1967

$LD_{50}$: 504-577 mg/kg Ratte p.o. akut. Wirkungsweise: Pre-emergence.
Anwendungsgebiet: Gegen Digitaria auf Weiden (heute bedeutungslos). Literatur:[16].

Aromatische Chlorkohlenwasserstoffe wurden einige Male als Herbizide in der Patentliteratur beschrieben[1], z.B. das 1,2,3-Trichlorbenzol.
Im Kern mehrfach chloriertes Benzylchlorid weist ausgesprochene phytotoxische

* Einige Ketone werden hier besprochen, da viele Patente Kohlenwasserstoffe und Ketone zugleich beanspruchen.

Eigenschaften auf[2]. Die Firma Monsanto hat im Randox T® im Kern 3fach chlorierte Benzylchloride in Kombination mit Chloressigsäure-diallylamid als Herbizid registrieren lassen (s. auch bei Randox T unter Carbonsäuren).
Commonname: TCBC
$LD_{50}$: 3075 mg/kg Ratte p.o. akut. Zur kontrolle keimender Saaten (Mais) Preemergence Anwendung[22].

Chlorierte oder nitrierte Benzalchloride[3]. Chlorierte Benzotrichloride[4].

Lediglich ein Versuchsherbizid ist bekannt geworden:

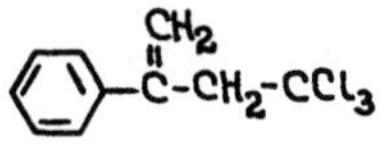


α-(2, 2, 2-Trichloräthyl)-styrol
Versuchsprodukt Dow 221
(Dow Chemical Co.)

Anwendungsgebiet: Selektiv in Reis gegen einjährige Gräser (Hirsearten).
Patente[14,17]. Literatur[15].

Nitrierte aromatische Kohlenwasserstoffe und Phenylmethylsulfone, speziell Methyl-2-nitro-4-chlorphenylsulfon[5], zeigen ebenfalls phytotoxische Eigenschaften.
Dinitro-phenyl-methylsulfon[6].

Eine Nitrogruppe im Phenyl und in der Seitenkette, z.B. in Styrolen, ist oft von positivem Einfluß auf die phytotoxische Wirkung, ebenso eine Anhäufung von Halogensubstitutionen[12,20].

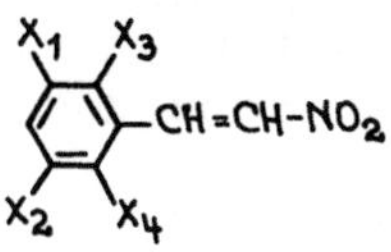


$X_1$, $X_2$ = H, Halogen
$X_3$, $X_4$ = Halogen

In ß-Stellung substituierte Äthylvinylsulfone vgl.[13].

Als Vertreter der aromatisch-cyclo-aliphatischen Kohlenwasserstoffe haben erst in jüngster Zeit einige Derivate des Hydrindans mit und ohne zusätzliche Keton- oder Nitrogruppen in der Literatur Beachtung als Herbizide gefunden.

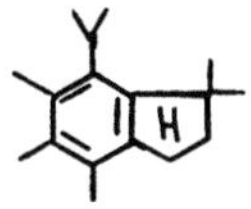


Ähnliche Verbindungen mit Äthylketo-Resten oder Nitrogruppen sind gleichfalls als herbizid wirksam patentiert worden[8-10].
Für Addukte von Styrolen, z.B. p-Chlormethylstyrol an Hexachlorocyclopentadien, wurde eine herbizide Wirksamkeit bekannt[11].
Auch substituierte Tetraline sind als Herbizide patentiert[18].

## Literatur und Patente

5. Organische Herbizide

5.1. Kohlenwasserstoffe, Sulfone sowie einige Ketone


1. US 3 285 729, 30.11.62/15.11.66, Hooker Chemical Corp.
2. Beobachtungen der Bayer AG.
3. JA 6826/67, 2.4.64/18.3.67, Jap. Prior. 2.4.64, Ihara Noyaku K.K.
4. SU 179 553, 4.4.63/Mai 66, Lobov, V.P. et al.
5. DAS 1 258 651, 30.9.63/11.1.68, Shell Internat. Research Maatschappij.
6. FR 1 442 292, 28.9.64/9.5.66, Dtsch. Prior. 30.9.63, Shell Internat. Research Maatschappij.
7. BE 670 183, 27.9.65/28.3.66, US Prior. 28.9.64, Givaudan, L.
8. BE 670 184, 27.9.65/28.3.66, US Prior. 28.9.64, Givaudan, L.
9. BE 670 185, 27.9.65/28.3.66, US Prior. 28.9.64, Givaudan, L., (Selekt. Pre-emergence-Herbizid).
10. BE 670 186, 27.9.65/28.3.66, US Prior. 28.9.64, Givaudan, L.
11. US 3 378 580, 18.3.65/16.4.68, US Prior. 26.11.62, Dow Chemical.
12. US 3 309 191, 26.11.63/14.3.67, US Prior. 25.5.61 u. 3.6.63, Hooker Chemical.
13. SU 196 813, 7.2.66/31.5.67, Organic Chem. Inst. Acad. Sciences USSR.
14. US 3 373 011, 10.10.63/12.3.68, US Prior. 14.5.62, Dow Chemical.
15. Datta, S.K., Bantilan, R.T. and Park, J.K.: Nature 221, 64 (1969).
16. Martin, H.: World Review of Pest Control, Vol. 8 (1), (1969), Suppl. Guide to new compounds.
17. US 3 425 821, 3.3.67/4.2.69, US Prior. 27.6.66, Dow Chemical.
18. US 3 442 640, 22.11.66/4.5.69, Givaudan.
19. Meigh, D.F. et al, Phytochem. 12, 987 (1973).
20. Vlasyuk, P.A. et al, CA 78 (1933) 15, 93511.
21. Osama Yamada et al. Agr. Biol. Chem. 38 (6) 1235 (1974).
22. Market Development Department. Monsanto Commercial Agricultural Division 800 - N - Lindberg Blad. St. Louis Missouri - 63166. USA. Techn. Information.


## 5.2. Alkohole und Äther

### 5.2.1 Aliphatische Alkohole

a) Monoalkohole

Alkohole sind zwar Zellgifte, doch sind sie in niedriger Konzentration meist zu wenig pflanzenschädigend, um als Herbizide in Frage zu kommen.

Nur Allylalkohol ist in der Literatur seit 1950 mehrmals als Herbizid genannt worden, ohne daß ihm bis heute ein durchschlagender Erfolg beschieden gewesen ist[1]. Er findet zur Bodensterilisation gegen Unkrautsamen in hohen Konzentrationen begrenzte Anwendung (Shell Chem. Co.). $LD_{50}$: 64 mg/kg Ratte. Halogenierte Alkohole sind fast durchweg phytotoxischer. Chlorderivate des Allylalkohols sind lang wirksame Herbizide. Trichloräthylalkohol[2].

b) Diole

Polyjod-diole sind in letzter Zeit als Defoliants bzw. Herbizide patentiert worden:

$HOCH_2-CJ=CJ-CH_2OH$[3] $HOCH_2-CJ=CJ-CJ=CH_2OH$[4]

Die biologisch oft aktive Trifluormethyl-Gruppe ist in einigen Versuchsprodukten enthalten.

90% 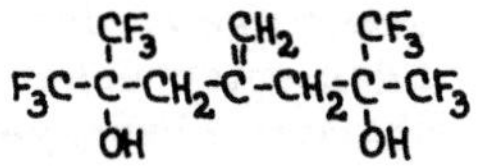

Versuchsprodukt
ACD-10614
(Allied Chem. Corp.) (1967)

und

10% 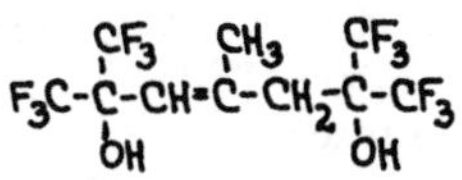

$LD_{50}$: 17,8 mg/kg Ratte p.o. akut
Anwendungsweise: Pre-emergence. Anwendungsgebiet: In Getreide. Postemergence in Mais, Sorghum und Sojabohnen. Patente[5-8]. Literatur[9].

Die Gruppierung $CF_3-\overset{|}{\underset{|}{C}}-CF_3$ kommt in einigen Versuchsherbiziden vor, z.B. im

2-Amino-hexafluor-propanol-2

Versuchsprodukt
ER 3757
(Esso Research u. Eng. Co.)

Patente[10,11]. Aliphatische Thioalkohole sind in Form ihrer Ester stärker herbizid wirksam als die entsprechenden Alkohole[12].

c) Cyclo-aliphatische Alkohole

Ein cyclisch-aliphatischer Alkohol soll in Rußland als Herbizid im Verkauf sein. Näheres ist nicht bekannt. Patente[47].

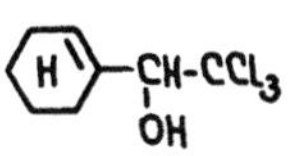

Efiram 518

Weitere Präparate sind:

R = H oder Acyl

Epoxide des Norbornens scheinen eine auch dem vielfach chlorierten Norbornen eigene herbizide Wirkung aufzuweisen.

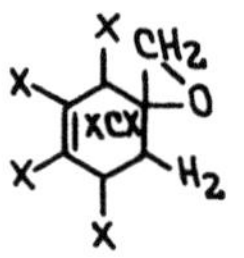

X = Cl, Br, F[45]

## 5.2.2. Aromatisch-aliphatische Alkohole

(Ätheralkohole, Äther, Alkoholsulfonate und Ester von Alkoholen)

### a) Benzylalkohole und Derivate

Unter den herbiziden Alkoholen sind in der Patentliteratur häufig Vertreter chlorierter Benzyläther und der Phenoxyäthanole als Herbizide bekanntgeworden. Möglicherweise werden erstere in der Pflanze oder im Boden zu den entsprechenden chlorierten Benzoesäuren (s. dort), letztere zu den entsprechenden Phenoxyessigsäuren abgebaut. Beide Abbauprodukte sind starke Herbizide.

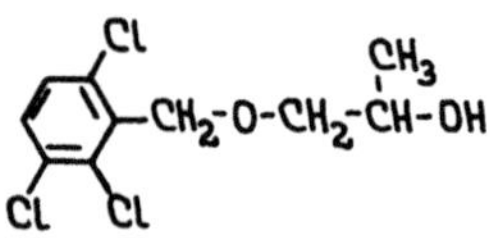

2,3,6-Trichlorbenzyl-oxyisopropanol
Common name: 2,3,6 TBP
Handelsname: Tritac®
(Hooker Chemicals Corp.) 1961

LD50: >3160 mg/kg Ratte p. o. akut. Wasserlöslichkeit: 0,0073 g/100 ml bei 25°C. Wirkungsweise: Systemisches Blattherbizid und Wurzelherbizid. Anwendungsweise: Post-emergence. Anwendungsgebiet: Gegen mehrjährige, tiefwurzelnde, breitblättrige Unkräuter in nicht bebautem Land.
Patente[13-15]. Literatur[16].

Auch die Schwefelsäureester entsprechender Alkohole sind Herbizide[13,23,54].

Verwandte Verbindungen sind:

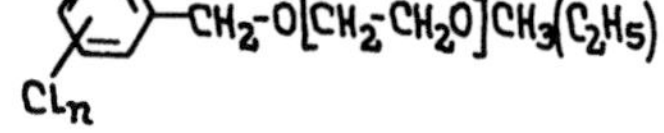

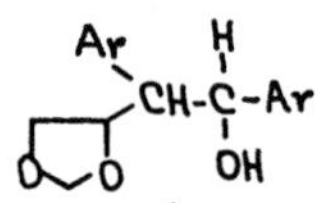

20)

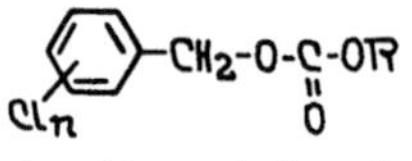

21,22)

17.18), ähnliche Verbindungen 19).

siehe nachfolgendes Versuchsherbizid

Betr. Polyhalogen-benzyloxyalkylsulfate vgl.[23].

2-Methoxy-3,6-dichlorbenzyl-acetat war ein Versuchsherbizid der Velsicol

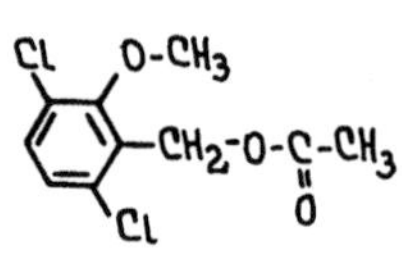

Totalherbizid.
Patente[56]. Literatur[5].

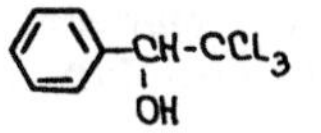

Efiran-99 wurde von russicher Seite als Herbizid bekannt[55, 58, 59].

Benzyläther des 2,6-Dichlorbenzylalkohols stehen in ihrer herbiziden Wirksamkeit vielleicht im Zusammenhang mit 2,6-Dichlorbenzaldehyd oder der 2,6-Dichlorbenzoesäure welche beide herbizid wirksam sind. Das nachfolgende Versuchsprodukt enthält außerdem eine cyclische Acetal-Gruppierung von der in den letzten Jahren ebenfalls einige Beispiele mit herbizider Wirkung bekannt geworden sind.

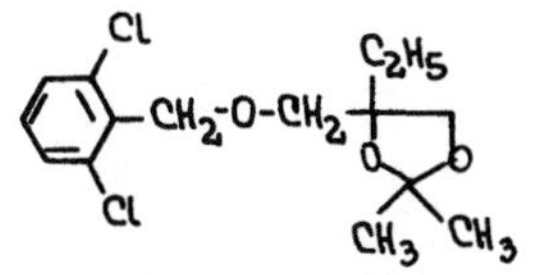

Common name
Vorschlag: Benzyglycereth
Versuchsprodukt: WL-29226
Shell Res. 1974

Selektiv in Winterweizen wobei die Wirkung gegen einjährige Gräser besonders zu beachten ist. Aber auch gegen Unkräuter ist die Verbindung wirksam wie z.B. gegen Stellaria, Veronica, Matricaria und Papaver ssp. Die Wirksamkeit gegen Veronica ist auffallend, da nur wenige Herbizide (z.B. Joxinyl) gegen dieses sich epidemisch ausbreitende Unkraut in Rasen eingesetzt werden können.
LD50: 3000-4000 mg/kg Ratte p.o. akut. Patente[61]. Literatur[62].

Auch von anderer Seite sind ähnliche Herbizide ohne herbizide Benzyl-Komponente bekanntgeworden.

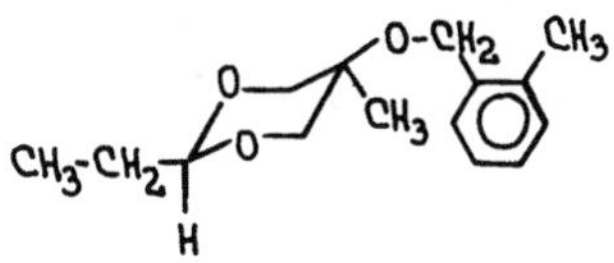

$n_D^{25} = 1,5075$

Versuchsprodukt: NIA-25213
FMC-Corp. 1975

$LD_{50}$: 3725 mg/kg Ratte p.o. Patente[63].
Anwendung: Pre emergence. Selektiv gegen Gräser und Unkräuter in Sojabohnen, Erdnüssen, Baumwolle, Kartoffeln, Weinbau.

Für die Zwecke der Kartoffelkeimhemmung beim Lagern, speziell bei Saatkartoffeln, wurde von der Bayer AG 1948 für einige Jahre der Wuchshemmstoff $\alpha$-Menaphthyl-methyläther in den Handel gebracht. Die Wirkung ist ähnlich der für den gleichen Zweck verwendeten $\alpha$-Naphthylessigsäure-methyl- oder -äthylester, aber besser reversibel.

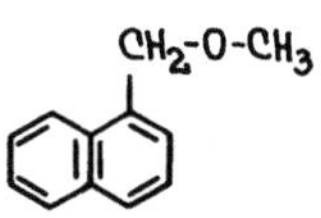

1-Methyl-naphthyl-methyläther
Common name: Meter
Handelsname: Belvitan K®
(Bayer AG) 1948

Wirkungsweise: Hemmt das Wachstum. Anwendung: Bestäuben von Kartoffeln zum Verhindern des Auskeimens von lagernden Kartoffeln.
Patente[24]. Literatur[49, 50].

Offensichtlich ist hier ein oxidativer Abbau zur α-Naphthoesäure nicht Ursache der Keimhemmung, sondern dem Molekül als Ganzes eigen. Belvitan K ist vorwiegend über die Dampfphase wirksam, und die Keimhemmung ist nach Belüftung der Kartoffeln reversibel.

b) Thiobenzylalkohol-Derivate

Thiobenzylalkoholderivate (s. auch bei Carbamidsäureester)[25], Pentachlorthiobenzyl-alkohol[26], An dieser Stelle sei auch ein anderes Thiol erwähnt: Phenylhydrazin-propanthiol[27].

c) Phenoxyäthanole, Äther und Ester

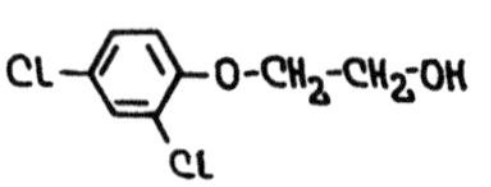


2,4-Dichlorphenoxyäthanol
Versuchsprodukt (1967), aufgegeben

Patente[28-30]. Literatur[31].

2-(2,4,5-Trichlophenoxy)-äthanol ist von ungarischer Seite als Herbizid im Versuch. -

Common name-Vorschlag:
Klorinol oder Fentricol
Versuchsname: TCPE und Klorinol®
Budapest Chemic. Works, 1974.

Näheres nicht bekannt.
Patente[60].

Phenoxyäthanolester haben eine spezielle Bedeutung als "latente" Herbizide. Möglicherweise wirken sie über eine Phenoxyessigsäure, die durch Oxidation entsteht.

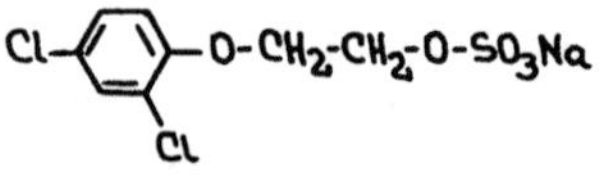


2,4-Dichlorphenoxyäthyl-sulfat
Common name: SES, Sesone, Disul-Natrium, 2,4-DES-Na
Handelsname: Sesone®, Crag-Sesone®
Amchem-Sesone® (Amchem),
Crag-Herbicide J® (Union Carbide Chem. Co.) 1951

$LD_{50}$: 1400 (700-1400) [1230] mg/kg Ratte p.o. akut. Wasserlöslichkeit: 26,5% bei 25°C. Wirkungsweise: Bodenherbizid. Anwendungsweise: Pre-emergence gegen keimende Unkräuter, Mono- und Dikotyledonen.

Anwendungsgebiet: Die Verbindung dringt - wohl infolge ihres stark anionoiden Charakters - nur sehr schwer in die Pflanze durch die Blätter ein. SES ist daher kein Blattherbizid wie 2,4-D. Im Boden wird aber SES durch Bakterien langsam in 2,4-D verwandelt. SES kann deshalb in stehenden Kulturen benutzt werden und schädigt nur die keimenden Unkräuter. Anwendung in Erdbeeren, besonders aber in Spargel, Blumenzwiebeln, Baumschulen und anderen tiefer wurzelnden Kulturen. Keine nennenswerte Anwendung mehr.
Patente[32-35]. Literatur[36,37].

Ein Dichlorpropionsäureester des 2,4,5-Trichlorphenoxyäthanols enthält zusätzlich eine herbizid wirksame Esterkomponente und ist so auch gegen Gräser wirksam (s. auch 2,2-Dichlorpropionsäure).

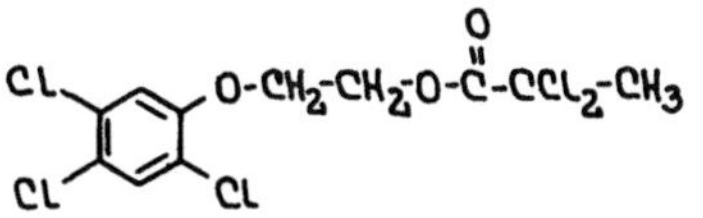

2,4,5-Trichlor-phenoxyäthanol-dichlorpropionat
Common name: Erbon, ASA
Handelsname: Baron®, Erbon R®
Dow (1955)

$LD_{50}$: ca. 1100 mg/kg Ratte. Wasserlöslichkeit: Unlöslich. Wirkungsweise: Kontaktherbizid mit systemischer Wirkung. Anwendungsgebiet: Gegen Mono- und Dikotyledonen (wie Sesone).
Patente[38, 39]. Literatur[51, 52].

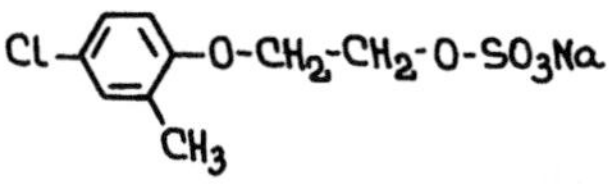

2-Methyl-4-chlorphenoxyäthanol-schwefelsäure-ester
Common name: MCPES

Anwendungsgebiet: Ähnliche Wirkung wie Sesone, aber geringere Bedeutung.
Patente[40]. Literatur[53].

Auch das Natriumsalz des 2-(2,4,5-Trichlorphenoxy)äthylsulfats wird als 2,4,5-TES-Natrium gelegentlich benutzt.

Es sind noch zahlreiche weitere Ester des 2,4-Dichlorphenoxyäthanols und ähnlicher Phenoxyäthanole bekanntgeworden, die aber nur ganz geringe Anwendung finden. Immer noch werden neuartige Ester, Acetale bzw. andere "Depot"-formen patentiert, ohne daß derartigen Produkten bisher größere Bedeutung zugekommen wäre. Z.B. sind der Benzoesäureester des 2,4-Dichlorphenoxyäthanols (2,4-DEB) wie auch entsprechende Verbindungen des 2,4,5-Trichlorphenoxyäthanols und einige andere Ester und Äther in geringem Maß in Anwendung.

Ungesättigte Säureester chlorierter Phenoxyäthanole:[41].

Auch höhere Glykoläther zeigen herbizide Wirkung[42]:

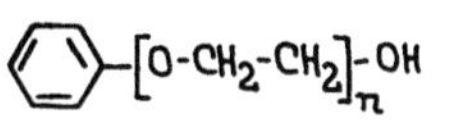

42)

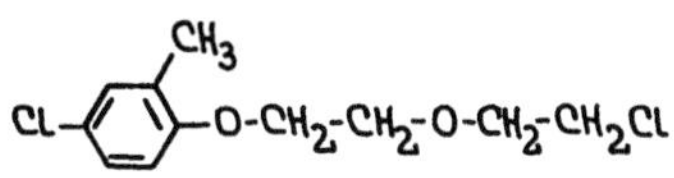

43)

$SO_3H$ im Acylrest: z.B.

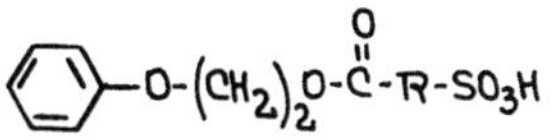

44)

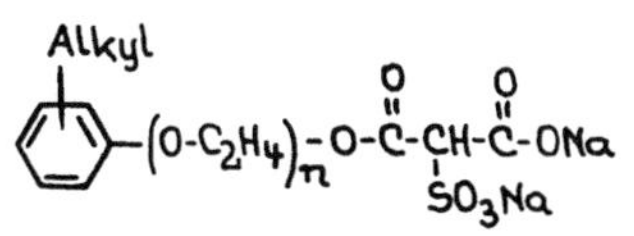

44)

2-(2,4-Dichlorphenoxy)äthyl-isothiuronium-chlorid soll selektiv in Tomaten wirksam sein und den Ascorbinsäuregehalt erhöhen [46].

Als Beispiel für Äther bzw. Thioäther heterocyclischer Thioalkohole diene der Thioäther des Mercaptobenzthiozols[46].

## Literatur und Patente

5. Organische Herbizide

5.2. Alkohole und Äther


1. Vorsatz, E.: Wiss. Z. Univ. Jena 15, Nr. 3, 445 (1966).
2. SU 184 561, 15.3.65/17.9.66, Shcheglov, Yu.V. u.a.
3. US 3 342 582, 8.1.64/19.9.67, Pennsalt Chem. Corp.
4. US 3 268 598, 21.8.63/23.8.66, Pennsalt Chem. Corp.
5. DAS 1 221 625, 4.12.62/28.7.66, US Prior. 5.12.61, Allied Chem.
6. FR 1 345 812, 29.11.62/4.11.63.
7. BE 625 425, 28.11.62/15.3.63.
8. GB 964 755, 23.11.62/22.7.64.
9. Research Report prepared for the 20. Ann. Meeting South. Weed Conf. 1967, p.30.
10. FR 1 506 174, 27.12.66/6.11.67, US Prior. 3.1.66, Esso Res.
11. NE 67 00 050, 3.1.67/4.7.67.
12. US 3 372 179, 15.7.65/5.3.68, Monsanto.
13. US 3 006 967, 4.2.59/31.10.61, Hooker Chem.
14. US 3 252 783, 2.3.64/24.5.66, Hooker Chem.
15. US 3 154 399, 4.8.61/27.10.64, US Prior. 4.2.59 u. 11.4.61, Hooker Chem.
16. 22. Annual Res. Report, North Central Weed Control Conf. 1965, p.11.
17. DAS 1 211 020, 19.11.62/17.2.66, US Prior. 24.11.61, Hooker Chem.
18. US 3 223 516, 5.10.64/14.12.65, US Prior. 16.7.58, Allied Chem.
19. US 3 338 703, 2.5.64/29.8.67, US Prior. 4.2.59 u. 19.7.61, Hooker Chem.
20. US 3 344 148, 29.10.65/26.9.67, Olin Mathieson Chem.
21. US 3 124 608, 22.11.60/10.3.64, Monsanto Chem. Co.
22. US 3 253 012, 11.6.62/24.5.66, US Prior. 13.12.58, Hooker Electrochem.
23. US 3 328 454, 12.8.63/27.6.67, Hooker Chem.
24. DBP 810 199, 4.12.48/31.5.51, Bayer AG.
25. US 2 990 265, 23.12.57/27.6.61, Monsanto Co.
26. US 3 258 325, 21.5.64/28.6.66, US Prior. 1.6.62, Pennsalt Chem.
27. US 3 397 235, 29.8.66/13.8.68, Dow Chem.
28. IT 553 902, 11.11.55/4.1.57, Montecatini ref. CA 53:639c.
29. JA 912/60, 12.12.56/18.2.60, Mitsui Kagaku Kogyo K.K.
30. US 2 958 595, 31.10.56/1.11.60, IT Prior. 11.11.55, Montecatini
31. Picco, D.: Atti della giornata del diserbo chimico Verona, 20.3.66. Notiziario sulle Malattie delle Pianta 1966, H. 74-75 (III Serie H. 1-2) S. 79.
32. US 2 573 769, 6.11.51, Union Carbide, ref. CA 46: P. 5087e.
33. US 2 852 548, 9.6.55/16.9.58, Dtsch.Prior. 14.6.54, Henkel u. Cie.

34. DBP 967 826, 15.6.54/5.12.57, Henkel u. Cie.
35. GB 798 476, 13.6.55/23.7.58, Dtsch. Prior. 14.6.54, Henkel u. Cie.
36. King, L.D. et al.: Contrib. Boyce Thompson Inst. 16, 191 (1950).
37. Finn, T.P.: Agr. Chem. 9, 53 (1951).
38. DAS 1 051 277, 5.4.54/26.2.59, Dow Chem.
39. US 2 754 324, 6.4.53/10.7.56.
40. US 2 708 675, 3.11.52/17.5.55, Dow Chem.
41. US 3 244 742, 30.12.60/5.4.66, Monsanto
42. DBP 873 174, 2.11.48/26.2.53, Henkel u. Cie.
43. JA 11 474/66, 6.5.64/25.6.66, Sankyo Co.
44. US 3 272 613, 4.9.62/13.9.66, Union Oil Co. of California
45. US 3 298 815, 8.7.64/17.1.67, US Prior. 8.7.64, Monsanto
46. Markin, B.T., CA 78 (1973) 21, 132604/5.
47. SU 169 356, 29.6.64/Juni 65, Mamedov, Sh. u.a.
48. US 3 321 291, 2.8.65/23.5.67, US Prior. 10.8.62, Hooker Chem.
49. Grewe, F.: Über die Wirkungsweise des Belvitan K unter besonderer Berücksichtigung seiner fungistatischen Wirksamkeit. Höfchen-Briefe 2, H. 1, 37 (1949).
50. Belvitan K als Keimhemmungsmittel bei Saatkartoffeln. De Pootaardappelhandel 13, 4 (1959).
51. Herbicide Handbook of the Weed Society of America, p. 276, Geneva - New York: Humphrey, W.F. Press Inc. 1967.
52. Fryer, J.D. and Evans, S.A.: Weed Control Handbook, p. 77 u. 370. Oxford-Edinburgh: Blackwell Scientific Publications 1968.
53. Kurth, H.: Chemische Unkrautbekämpfung, S. 80. 4.Aufl. Jena: VEB Gustav Fischer Verlag 1968.
54. US 3 429 687, 2.12.66/25.2.69, US Prior. 12.8.63, Hooker Chem.
55. Ref. Weed Abstr. 11 (1962), 1209 u. 1245.
56. DOS 1 518 432, 12.7.65/6.5.69, US Prior. 13.7.64, Velsicol Chem. US 3 334 125, GB 1 101 396, FR 1 457 376.
57. Ray, R. und Wilcox, M.: Weed Res. 9 (2) 86 (1969).
58. Weed Abstr. Res. 21 (5) Ref. 2534, S. 411 (1972).
59. CA 74, Ref. 125074 (1971).
60. DAS 1 793 470, 23.9.69. Bud. Chem. Works.
61. DOS 2 046 476, 21.9.70/15.4.71 u. GB 1 293 946, 23.9.69. Shell Res.
62. Brit. Weed Contr. Conf., Brigthon 11.74, Vol. 2, S. 817.
63. DOS 2 247 030, 26.9.72/19.4.73, FMC, US Prior. 12.10.71.

## 5.3. Aldehyde und Ketone

### 5.3.1. Aliphatische und cycloaliphatische Aldehyde und Ketone

Von den einfachen, aliphatischen Aldehyden weist nur das Acrolein herbizide Eigenschaften auf. Die Verbindung ist von der Shell als Herbizid gegen Wasserpflanzen empfohlen worden. Die Wirkung wird mit der Möglichkeit der Anlagerung von zellwichtigen SH-Gruppen an die Doppelbindung und an die Aldehydgruppen erklärt.

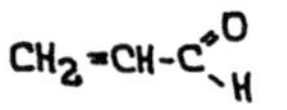

Acrylaldehyd
Common name: Acrolein
Handelsname: Aqualin-Herbicide®
(Shell)

$LD_{50}$: 46 mg/kg Ratten, 7 mg/kg Kaninchen! Reizwirkung auf die Augen. Wasserlöslichkeit: 25%. Anwendungsweise: Wasserhabizid. Anwendungsgebiet: Bekämpfung von submersen Wasserpflanzen. Algizid[20].
Patente[1,2]. Literatur[3].

Der Trichloracetaldehyd (Chloral) ergibt in Verbindung mit verschiedenen anlagerungsfähigen NH-Gruppen meist Produkte mit verbesserter oder variierter herbizider Wirksamkeit. Als Beispiel sei Acetamid, Chloracetamid[21] Harnstoff oder 1,1-Dimethylsulfamin[26] genannt.

Unter den hochchlorierten Ketonen befinden sich Herbizide mit sehr beschränkter Anwendung.

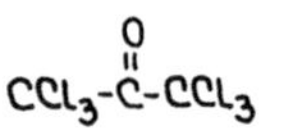

Hexachloraceton
Common name: HCA

$LD_{50}$: 1290 mg/kg Ratte p.o. akut. Wirkungsweise: Blattherbizid. Anwendungsweise: Post-emergence gegen Monokotyledonen. Anwendungsgebiet: Blattaustrocknungsmittel oder als Totalherbizid in Mischung mit phytotoxischen Erdölen. Das Präparat ist von geringer Bedeutung.
Patente[4,5]. Literatur[15,16].
Entsprechende Brom-chloracetone s. [6].

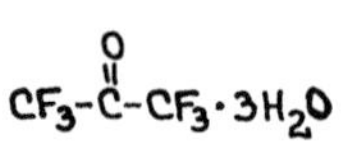

Hexafluoraceton
Common name: HFA
Handelsprodukt: GC-9887
(Allied Chem. Corp.)

$LD_{50}$: 190 mg/kg Ratte p.o. akut. Anwendungsgebiet: Totalherbizid besonders für tiefer wurzelnde Pflanzen.
Patente[7]. Literatur[17].

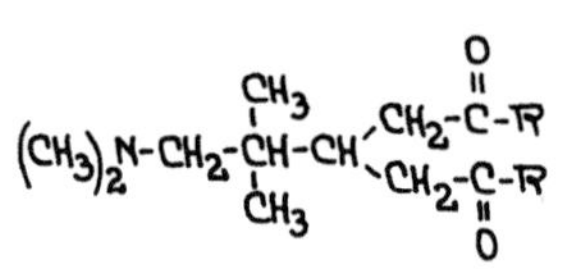

Zu dieser Verbindung vgl. [8].

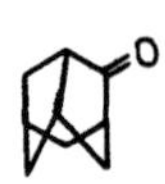

Adamanton ist von der Du Pont als Herbizid zum Patent angemeldet worden[9].

Vielleicht in Anlehnung an einen natürlich vorkommenden Wachstumsregulator "Abscisin" (siehe Bd. 2, S. 423, W. Draber) wurde 1976 ein cycloaliphatisches Diketon als Herbizid bekannt.

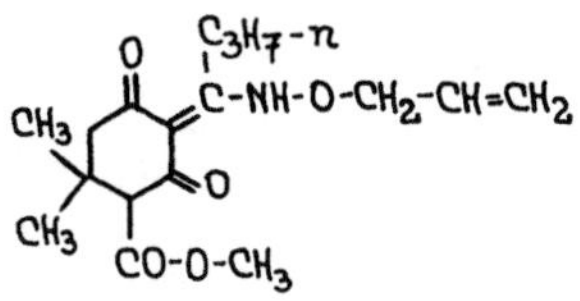

Versuchsprodukt der Nippon-Soda (1976) NP 48 gegen Gräser wirksam

Patente[30].

## 5.3.2. Aromatische Ketone und aromatisch-aliphatische Aldehyde und Ketone

Die aromatischen Aldehyde werden als Sonderabschnitt später getrennt behandelt. Sie sind höchstwahrscheinlich nur Vorstufen der herbizid wirksamen, aromatische Carbonsäuren oder wirken in Form der Oxime und Aldimine als leicht in die Nitrile übergehend, wobei letztere die Grundlage der Wirksamkeit darstellen. Nur ganz weniger Vertreter der aromatisch-aliphatischen Ketone oder Aldehyde weisen eine herbizide Potenz auf. Dabei dürfte die Wirksamkeit wesentlich durch andere Gruppierungen mitbestimmt sein.

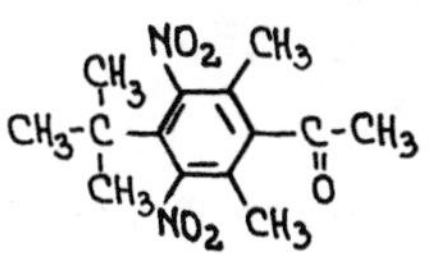

Versuchsprodukt: Castight° 1970

Die Verbindung wird von der Chia Mai Trading Co. in Taiwan zur Unkrautbekämpfung in Tomaten und Möhren empfohlen[22].

Andere Ketone enthalten Methoxygruppen:

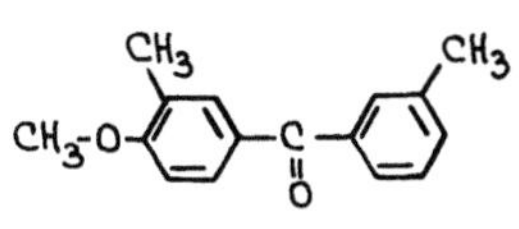

Methoxyphenone
Versuchsherbizid: NK-049
(Nippon Kokan, 1973)

$LD_{50}$ > 4000 mg/kg Ratte. TLm Karpfen 1-2, Goldfisch 5-10.

NK-049 soll ein besonders umweltfreundliches Herbizid darstellen, da es durch Bakterien und Sonnenlicht leicht abgebaut wird[23]. Pre-emergence Anwendung in Soja und Reis gegen einjährige Unkräuter, ferner post-emergence und im Boden wirksam[29]. NK-062 ist das analoge Keton ohne Methyl-Gruppe in o-Stellung zum Methoxy. Trotz guter Gewächshausteste als selektives Reisherbizid im Feldversuch nicht befriedigend wirksam[24].
Patente[25].

Beide Herbizide sind einem Naturprodukt "Anisomycin" mit Wuchs-regulierenden Eigenschaften nachgebaut[27, 28].

Als Ketone seien nocht angeführt:

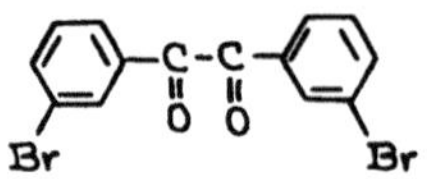

11

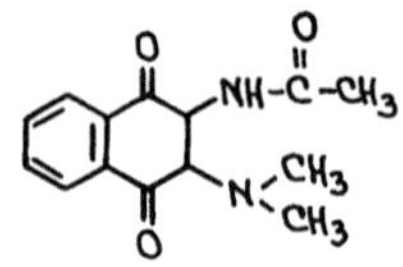

Herbizid im Reis[12]

Weitere bicyclische Ketone, einfach chloriert, sind als Herbizide gegen Digitaria patentiert, z. B.:

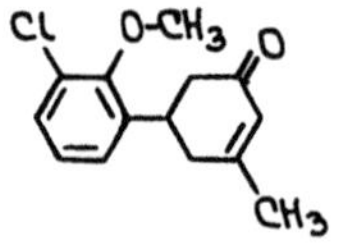

13

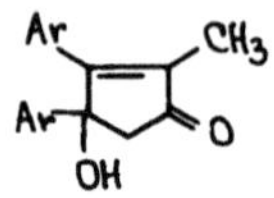

14

Chlorierte Chinone, speziell Naphthochinone sind vorwiegend als Fungizide bekannt. Einige Verbindungen zeigen aber auch herbizide Potenz.

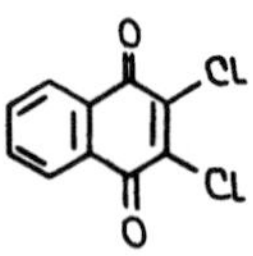

2, 3-Dichlor-1, 4-naphthochinon
Common name: Dichlone
Handelsname: Phygon XL-50®
(US Rubber Co.), 1946

$LD_{50}$: 1500 mg/kg Ratte p.o. akut. Anwendung: Herbizid gegen submerse Wasserpflanzen und Algen. Als Herbizid kaum angewandt.
Patente[10]. Literatur[18].

Tetrachlorchinon ist ein Photosynthese-Hemmstoff[19].

## Literatur und Patente

5. Organische Herbizide

5.3. Aldehyde und Ketone


1. GB 869 088, 8.1.60/31.5.61, Shell Res.
2. FR 1 206 869, 20.5.58/31.8.59, Shell Res. (N.V. Bataffsche Petroleum)
3. Austin, W.G.L.: Outlook Agr. 4 (1), 35 (1964).
4. US 2 635 117, 12.5.49/14.4.53, Allied Chem. u. Dye Corp. (Darstellungspatent).
5. US 2 764 497, 24.1.55/25.9.56, Shell Development Co. (Anwendung als Herbizid mit Pentachloraceton).
6. US 3 351 665, 12.5.64/7.11.67, Allied Chem. Corp./E.E. Gilbert u. B.S. Farah.
7. GB 1 026 036, 15.9.64/14.4.66, US Prior. 25.9.63, Allied Chem. Corp./ Cunningham.
8. US 2 969 359, 24.3.58/24.1.61, US Prior. 25.1.56, Rhom u. Haas / PlL. de Benneville.

9. US 3 257 456, 4.5.64/21.6.66, US Prior. 10.6.63 u. 22.12.59, Du Pont.
10. JA 18 520/66, 10.8.63/24.10.66, Jap. Prior. 10.8.63, Takeda Chem.
11. US 3 013 079, 18.1.57/12.12.61,
12. JA 19 360/66, 10.8.63/9.11.66, Takeda Chem. Ind. Ltd. (Herbizid in Reis).
13. US 3 273 992, 6.2.62/20.9.66, Food Machinery and Chem. Corp.
14. GB 1 052 951, 21.3.62/30.12.66, Imperial Chemical Industries Ltd.
15. Thomson, W.T.: Agricultural Chemicals - Book II Herbicides, p. 205. Davis (California): The Simmons Publishing Company 1964.
16. Agr. Chem. 13 (5), 42 u. 109 (1958).
17. Thomson, W.T.: Agricultural Chemicals - Book II Herbicides, p. 206. Davis (California): The Simmons Publishing Company 1964.
18. Fryer, J.D. and Evans, S.A.: Weed Control Handbook, pp. 94 u. 426. Oxford - Edinburgh: Blackwell Scientific Publications 1968.
19. Zweig, G., Hitt, J.E. and Cho, D.H.: J. Agr. Food Chem. 17,176 (1969).
20. US 2 042 220, 18.4.34/26.5.36, Shell Res.
US 2 959 476, 2.6.59/8.11.60, Shell Res.
21. Weed Abstr. 22 Ref. 1419 (1973), (Original russisch).
22. US 3 205 058, 16.3.62/7.9.65, Dow Chem. Co.
23. Japan Week 2.11.(1972).
24. Munakata, K. et al., 4. Conf of the Asian Pacif Weed Soc. S. 215.
25. DOS 2 241 560, 24.8.72/8.3.73, Nippon Kayaku.
26. CA 81, 17 Ref. 100558 (1974) Original russisch.
27. Munakata, K., Proceed 4. Asian - Pacific Weed Science Soc. Conf. Rotorna (1973), 215.
Weed Abstr. 23, 1477, 2340 (1974).
28. Osama Yamada et al. Agr. Biol. Chem. 38, (6) 1235 (1974).
29. Weed Res. Japan (1974) 18, 10-15. Weed Abstr. (1975) 24, 5, 1125.
30. DOS 2 439 104, 14.8.74/20.3.75, Nippon Soda. Jap. Prior. 15.8.73, 7.3.74. =BE 818 845.

## 5.4. Phenol-Derivate

In der Natur finden sich mannigfach einfachere und komplizierte Phenol-Derivate wie z.B. 3,4-Dihydro-3,4,8-trihydroxy-1(2H)-naphthalenon, ferner Salizylaldehyd-Derivate mit einer aliphatischen Seitenkette welche zwei Hydroxyl-Gruppen enthält. In Mikropilzen welche eine Reiskrankheit verursachen (Piricularia oryzae) finden sich derartige Phenole und sie sind für die pflanzenschädigende Wirkung dieser Pilze verantwortlich[102]. Über weitere natürlich-vorkommende Phenole s.[105]. Noch verbreiteter ist das Vorkommen von Phenolcarbonsäuren, Di- und Trioxyphenylcarbonsäuren und ihren Polymeren, den Depsiden. Einige Derivate zeigen schwächere pflanzenschädigende Wirkung, andere sind wenigstens für die Mutterpflanze ungiftig.

## 5.4.1. Phenole, Thiophenole sowie ihre Ester

Unter den synthetischen Phenolen finden sich die ältesten Herbizide. die zudem auch selektiv wirken. Fast alle Phenole sind Zellgifte. Herbizide auf Phenolbasis zeigen durchweg eine für Herbizide verhältnismäßig hohe Warmblüter-Toxizität.

Die Phytotoxizität wird durch Substituenten, welche den sauren Phenolcharakter verstärken, meist erhöht ($NO_2$, Cl). Alkylgruppen ergeben weiterhin eine Wirksamkeitssteigerung, die vermutlich auf einem besseren Eindringen in die Pflanzenzellen beruht. Die allgemeine Zellgiftigkeit derartiger Verbindungen macht sich auch in einer insektiziden, speziell akariziden sowie in einer starken fungiziden Wirkung bemerkbar[156]. Letztere Eigenschaften treten besonders nach Zurückdrängung einer herbiziden Wirkung durch Veresterung der OH-Gruppen mit längeren, meist ungesättigten Carbonsäuren hervor (s. bei Akariziden, Bd. 1, und Fungiziden).

2,4-Dinitro-6-methylphenol, auch 2,4-Dinitro-o-kresol genannt, ist wohl das älteste synthetische Insektizid: Antinonnin® der Bayer AG 1892! Es ist wirksam gegen Nonnenraupen im Forst und wurde später auch gegen zahlreiche andere Schadinsekten, speziell gegen deren überwinternde Stadien (Eier und Larven) als sog. DNOC angewandt. Infolge der pflanzenschädigenden Wirkung muß es fast ausschließlich im Winter und im Vorblütenstadium benutzt werden. Als Herbizid wurde es erst sehr viel später (1934) herangezogen.

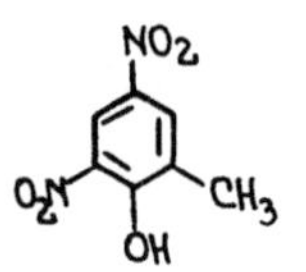


2,4-Dinitro-6-methylphenol bzw. Ammonium- und Aminsalze.
Common name: DNC, DNOC
Handelsname: Sinox®
(G. Truffaut et Cie.) 1934

$LD_{50}$: 25-40 mg/kg Ratte p.o. akut! Wirkungsweise: Blattherbizid mit Kontaktwirkung mit raschem Wirkungseintritt und geringer Wirkung als Bodenherbizid. Näheres s. im folgenden. Anwendungsweise: In Form von Ammonium- oder Aminsalzen. Anwendungsgebiet: Selektives Herbizid in Getreide und Lein. Gegen breitblättrige Unkräuter.
Patente[3].

DNOC ist das erste organische Herbizid und noch heute Verkaufsprodukt sehr vieler Firmen. Nach einer Zeit großer Bedeutung ging seine Verwendung als typisches Kontaktherbizid (Ätzmittel) wegen einiger Nachteile in der Anwendung stark zurück (Gelbfärbung mit Hautaffinität, zu hohe Giftigkeit für Mensch und Tier, spez. Bienen). In jüngerer Zeit gewinnt DNOC als Ergänzungsherbizid für einige durch Wuchsstoffherbizide schwer bekämpfbare Unkräuter, die sich stark vermehrt haben, wieder an Bedeutung. Das Ammoniumsalz des DNOC ist besonders wirksam[1, 2]. Ammoniumsalze nehmen bei vielen sauren Herbiziden eine Sonderstellung ein, da sie offenbar besonders gut von den Pflanzen aufgenommen werden. Ein geringer Zusatz an Ammoniumsulfat erhöht die herbizide Wirkung,

Spezielle Wirkung zeigen DNOC und ähnliche Produkte (z.B. Dinoseb (s. unten)) gegen breitblättrige Unkräuter. Wurzelunkräuter werden von DNOC nicht erfaßt. Wirkung: Gegen schwer bekämpfbare Samenunkräuter, wie Vogelmiere, Klettenlabkraut, Kamille, Knöterich, Ehrenpreis, Taubnessel und Saatwucherblume, selektiv im Getreide, Lein, Weinbau, Mais, oft in Kombination mit Wuchsstoffherbiziden. 2,4-Dinitro-o-kresol wird auch als Acetat angewandt und kann dann in organischen Lösungsmitteln gelöst werden.

Die herbizide Wirkung aller Dinitroalkylphenole scheint auf einer Entkoppelung der oxydativen Phosphorylierung zu beruhen. Auf diese Weise unterbleibt die Bildung energiereicher Phosphate in der Pflanze. Nach Wain[4] wirken auch andere Phenole (s. das im folgenden beschriebene 2,6-Dihalogen-4-cyanophenol) als Entkoppler der oxydativen Phosphorylierung. Da aber auch 2,6-Dichloranisol herbizid wirksam ist[5], könnte auch noch ein anderer Reaktionsmechanismus für die herbizide Wirkung von Phenolen in Frage kommen. Außerdem sind Phenole Fällungsmittel für Eiweiß, was wohl auch z. T. ihre akarizide Wirksamkeit erklärt.

Den Einfluß größerer Alkylgruppen in Dinitrophenolen untersuchte Crafts[6,63]. Dinitrophenole mit höheren Alkylresten wirken z. T. etwas schwächer herbizid, sind aber selektiver[7] und ergeben bessere Löslichkeiten (z.B. Aminsalze in Erdöl).

o- und p-Phenylphenole sind besonders eingehend untersucht worden. Die Wirkung der mono- und dinitrierten Verbindungen steht in Beziehung zu ihrem pK-Wert (4-7). Lediglich bei dreimal nitrierten o-Phenylphenolen fehlt eine entsprechende Übereinstimmung. Sie wird mit einer sterischen Behinderung der OH-Gruppe erklärt[8].

In fluorsulfonierten Phenolen hat sich ebenfalls gezeigt, daß die stärker saure Hydroxyl-gruppe zu erhöhter Phytotoxizität speziell als Desiccant führt[148]. Die entsprechenden Thiophenole zeigen aber eine geringere Wirkung, was mit einer leichten Disulfidbildung erklärt wird[149].

Von den vielen als Herbizide patentierten Phenolen (Nitro-, meist Dinitro- und Chlorphenole) werden im folgenden nur einige erwähnt, speziell solche, die praktisch wichtig sind.

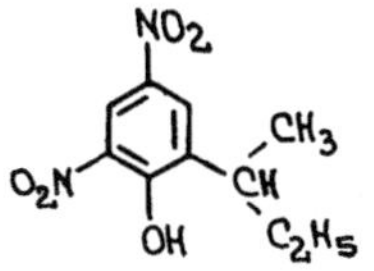


2,4-Dinitro-6-sec.-butylphenol
Common name: Dinoseb, DNBP
Handelsname: Premerge®, DN 389
(Dow Chemical Co.) 1945

$LC_{50} < 0{,}4$ mg/$<$ 24 Stdn. versch. Fischarten!

$LD_{50}$: 37-60 mg/kg Ratte p.o. akut, z. T. werden noch niedrigere Werte angegeben! Wasserlöslichkeit: 52 ppm. Wirkungsweise: Kontaktherbizid, geringe Wirkung als Bodenherbizid. Anwendungsweise: Post-emergence als freies Phenol, Aminsalze. Anwendungsgebiet: Selektiv in Getreide, Lein, Bohnen, Erbsen, Weinbau, Citrus. Ölformulierungen zur Krautabtötung bei Kartoffeln.
Patente[9]. Literatur[84].

In Form des Acetates ist die Verbindung unter dem Common name Dinoseb-Acetat in Gebrauch = Aretit® (Hoechst AG) 1958. Ivosit®, Phenotan®.
LD50: 55 mg/kg Ratte p.o. akut[10,11].

2,4-Dinitro-6-tert.-butylphenol
Common name: Dinoterb
(Pepro, 1967)

Ammonium Salz.

$LD_{50}$: 25 mg/kg Maus p.o. akut. Anwendung: Post-emergence in Getreide. Wirkung als Kontakthebizid ähnlich wie Dinoseb aber etwas selektiver. Oft in Kombination mit mecoprop angewandt.
Patente[100].

Auch das Acetat des 2,4-Dinitro-6-tert.butylphenols ist im Handel:

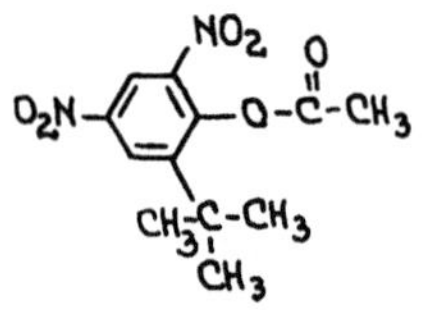

2,4-Dinitrophenol-6-tert.butylacetat
Common name: Dinoterb-acetat
Handelsprodukt: P 1108
(Murphy) 1965

$LD_{50}$: 62 mg/kg Ratte p.o. akut. $LC_{50}$: 0,039 mg/Ltr., 96 h Harlequin-Fisch. Wirkungsweise: Kontaktherbizid. Anwendungsweise: Pre-emergence. Anwendungsgebiet: In Baumwolle und Leguminosen.
Patente (Phenol)[9]. Literatur[13].

Ester des 2,4-Di-tert.-butyl-6-chlorphenols sind ebenfalls stark pflanzenschädigend und vernichten speziell Hirsearten in Zierrasen[14].

Der Methansulfonsäureester des 2,4-Dinitro-6-tert.butylphenols ist in Japan ein Versuchsherbizid. KH-166 (Dai/Nippon Ink. Kagaku, 1972). $LD_{50}$: 490 mg/kg Maus.
Patente[126]. Literatur[104].

Durch Veresterung zweier herbizid wirksamer Phenole mit Phosgen hat man ein neues Herbizid erhalten.

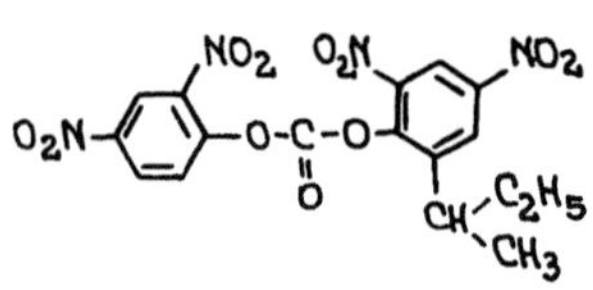

Common name: Dimofenate oder
Bonate
(Fabriek van Chem. Produkten Holl. und Pensalt Chem. Corp.)

Patente[108].

Erst spät wurde festgestellt, daß auch gemischte Kohlensäurester von o-Alkylphenolen und Thiobenzylalkoholen außer einer Spinnmilbenwirkung herbizide Eigenschaften aufweisen[157].

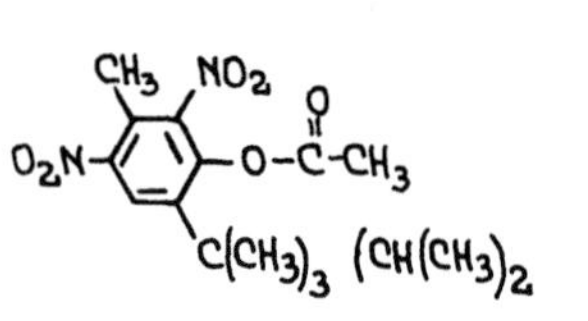

2,4-Dinitro-3-methyl-6-tert.-butylphenolacetat
Common name: Medinoterb-acetat
Handelsprodukt: MC-1488
(Murphy Chem. Co.) 1964

$LD_{50}$: 42 mg/kg Ratte p.o. akut. Wasserlöslichkeit: <10 ppm. Wirkungsweise: Kontaktherbizid. Anwendungsweise: Pre-emergence. Anwendungsgebiet: Selektiv in Zuckerrüben, Baumwolle und Leguminosen.
Patente[15,16]. Literatur[17], siehe auch Dinoterb-Acetat[9,13], Isopropyl statt tert. Butyl[137].

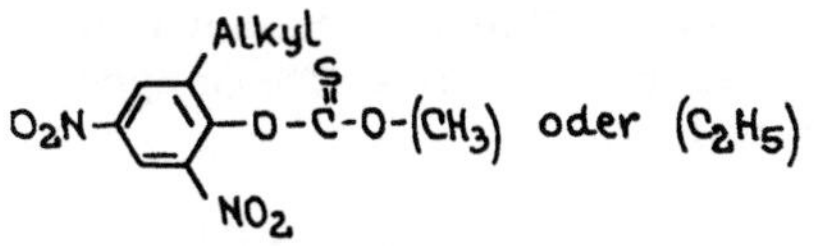

12

2, 4-Dinitro-6-sec.-amylphenol ist als DNAP im Handel. Wirkungsweise und Anwendung wie Dinoseb.

2, 4-Dinitro-6-phenylphenol ist ein Versuchsprodukt[8].

In jüngerer Zeit[18] wurden in der Gruppe der o-Nitro-o'-halogen-substituierten Phenole Herbizide gefunden. Das Halogen kann auch durch die Trifluormethylgruppe ersetzt werden[18]. Die Pflanzenphytotoxizität erhöht sich meist bei Einführung mehrerer Halogenatome.

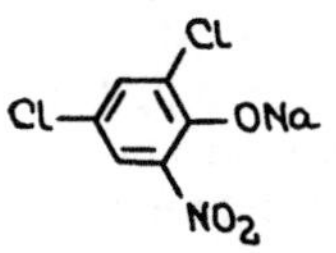

Versuchsprodukt
1966 in Japan und 1974 in der CSSR
Anwendung: Speziell gegen Galium
(Labkrautarten)

2-Alkoxymethyl-4-nitro-6-chlorphenole wurden 1968 als Herbizide patentiert[87].

Größere Bedeutung als Herbizid hat das Pentachlorphenol.

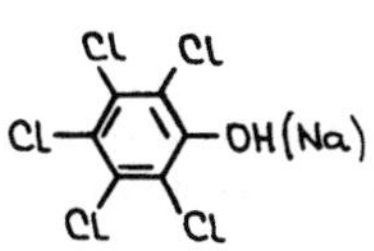

Pentachlorphenol
Common name: PCP
Dowcide° (Dow Chem. Co.)
Santophen° (Monsanto)

$LD_{50}$: 210 [27-80] mg/kg Ratte p.o. akut. Wasserlöslichkeit: 20-25 ppm bei 20°C. Wirkungsweise: Kontaktherbizid und Bodenherbizid gegen Mono- und Dikotyledonen. Anwendungsweise: Pre- und post-emergence. Anwendungsgebiet: Selektiv, als Granulat in Sojabohnen und in Wasserreis nach dem Verpflanzen. PCP ist fischgiftig und wird daher im Wasserreis-Anbau zunehmend durch andere Herbizide ersetzt. Es wird auch als Entblätterungsmittel im Baumwollbau eingesetzt. Anwendung zum Abtöten von Kartoffelkraut. Insektizid und fungizid wirksam. Giftige Beiprodukte sind bei 2, 4, 5-T. Patente[19]. Literatur[18].

p-Phenyl-phenol[20] wirkt gegen breitblättrige Unkräuter. Literatur über nitrierte Phenylphenole als Herbizide[8], über chlorierte Phenylphenole s. [87]. Entsprechende, in 2, 6 sowie in 4' chlorierte Verbindungen sind herbizid besonders wirksam[21] und z. T. Versuchsprodukte. Auch 4-Chlor-2-aminophenol soll herbizid wirksam sein[22].

Die herbide Wirkung der Chloressigsäure mit der eines Nitrochlorphenols wird kombiniert in einem Versuchsprodukt der Chemagro Corp. ausgenutzt. Es wirkt gegen Dikotyledonen im Post-emergence-Verfahren in Mais und Bohnen:

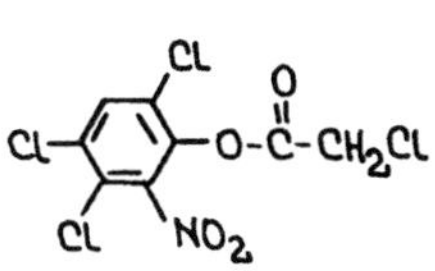

Versuchsprodukt, aufgegeben
6976
(Chemagro Corp.)

Nach 1960 ist wieder ein sehr bedeutendes Herbizid aus der Phenolreihe bekanntgeworden. Hier ist die Acidität verstärkende Nitrogruppe durch eine CN-Gruppe ersetzt, aber die Phenolgruppe ebenfalls orthosubstituiert.

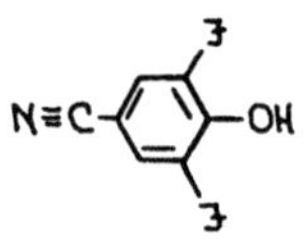


3,5-Dijodid-4-hydroxy-benzonitril
Common name: Ioxynil
Handelsname:
Certrol® (Amchem Prod. Ltd.)
Actril® (May and Baker) 1963
Totril®

$LD_{50}$: (110-118)mg/kg Ratte p.o. akut; Li-Salz 305 mg/kg Ratte p.o. $LC_{50}$: 3,3 mg Na-Salz/48 Stdn. Harlequin-Fisch. Wasserlöslichkeit: 50 ppm. Wirkungsweise: Blattherbizid mit Kontaktwirkung und geringer systemischer Wirkung sowie geringer Wirkung als Bodenherbizid. Gegen Dikotyledonen. Anwendungsweise: Post-emergence. Ester- und Salz-Formulierungen 0,25-1 kg/ha. Anwendungsgebiet: Hohe Potenz gegen breitblättrige Unkräuter und selektiv in Getreide. Auch Mischungen mit Phenoxycarbonsäuren. Ergänzt 2,4-D und bekämpft z. T. von 2,4-D nicht erfaßte Unkräuter wie Kamille und Ehrenpreis. Darstellung: Jodieren von 4-Hydroxy-benzaldehyd mit nachfolgender Wasserabspaltung aus dem entsprechenden Oxim.
Patente[23-27,35-39,132]. Literatur[4,28,29,33,34,83,101].

Ioxynil als Salz einer quartären Ammoniumbase[130].

Die entsprechende Bromverbindung ist ebenfalls ein starkes Herbizid.

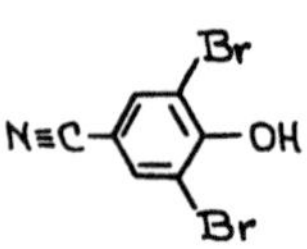


3,5-Dibrom-4-hydroxy-benzonitril
Anwendung als Alkali- oder Aminsalz
Common name: Bromoxynil
Handelsname: Brominil® (Amchem Products) 1963
Buctril® (May and Baker)

$LD_{50}$: 190-260 mg/kg Ratte. $LC_{50}$: 0,05 mg/L Regenbogen-Forelle. Wasserlöslichkeit: Weniger als 0,02% (130 ppm bei 25°C). Wirkungsweise: Blattherbizid mit Kontakt- und geringer systemischer Wirkung. Anwendungsweise: Post-emergence. Anwendungsgebiet: Bromoxynil ist teilweise wirksam gegen 2,4-D-resistente breitblättrige Unkräuter und selektiv in Getreide. Darstellung: Bromieren des 4-Oxybenzaldehyds, Umsetzung zum Oxim und anschließende Wasserabspaltung. Patente s. Ioxynil.

Über 3,5-Dichlor-4-hydroxy-benzonitril s.[36].

Über die herbizide Wirkung des 3,5-Dijodid-4-hydroxy-benzonitrils und der entsprechenden Dibromverbindung hat erstmals 1963 R. L. Wain an der Universität London berichtet[4,28,29]. Unabhängig von Wain hat man offensichtlich bei der Firma May und Baker[30,31] (hier zuerst als Molluskizid eingesetzt) und auch bei Amchem[32] die herbizide Wirkung dieser Verbindungen gefunden[33,34].

Die Hauptbedeutung des Ioxynils liegt in der Bekämpfung von gegen Phenoxyalkylcarbonsäuren resistenten breitblättrigen Unkräutern, welche sich stark vermehren (Kamille und Ehrenpreis). Es wird fast ausschließlich in Kombination mit 2,4-D, 2,4-DP, MCPP und MCPA angewandt. Die Wirkungsweise ist im Gegensatz zu 2,6-Dichlorbenzonitril (s. bei Nitrilen) post-emergence, speziell bei jüngeren Pflanzen. - Die Chlor- und Jodverbindungen weisen auch eine Wirkung gegen bestimmte Schneckenarten auf und wurden wohl zuerst für deren Bekämpfung dargestellt[86].

Ursache der herbiziden Wirkung ist eine Entkoppelung der oxydativen Phosphorylierung[40-42]. Im Licht ist die Wirkung von Ioxynil 10mal stärker als unter Lichtausschluß[43]. Die Hemmung der Photosynthese durch Ioxynil scheint ein komplexer Vorgang zu sein[43,44]. Radikalartige Zwischenstufen werden für die Hemmung verantwortlich gemacht. Diese Zwischenstufen sollten aber bei der 3,5-Dibromverbindung weitgehend entfallen[45], obwohl diese hochwirksam ist. Über die herbizide Wirkung des Ioxynils in Feldversuchen berichten zahlreiche zusammenfassende Arbeiten[4,33,42,45].

Über Zusammenhänge zwischen Konstitution und Wirkung substituierter 4-Cyanphenole sind mehrere größere Arbeiten erschienen[46-49]. 3,5-Dijodid-4-hydroxybenzonitril ist als Mol gerechnet wirksamer als die Dibromverbindung, aber in Gramm gerechnet nur wenig wirksamer. Halogen in 3-Stellung erhöht die Wirksamkeit gegenüber der in 2-Stellung. 2,5-Dihalogen-Verbindungen sind aber noch gut herbizid wirksam. Bei 3facher Halogen-Substitution ist das Optimum an herbizider Wirksamkeit erreicht, wenn eine 3,5-Substitution vorliegt. Die Cyangruppe kann (mit Wirkungsabfall) durch andere Elektronen abziehende Gruppen ersetzt werden, z.B. durch

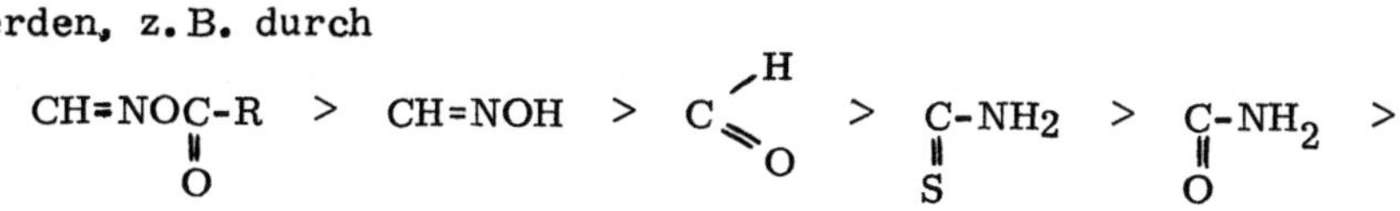

$$COOCH_3 > COOH > CH_2OH$$

$CH_2CN$ anstelle von CN gibt keine herbizide Wirkung.

CN und OH in 1,4-Stellung liefern ein Maximum an herbizider Wirkung. Die Hydroxylgruppe darf nicht fehlen: 3,5-Dichlorbenzonitril wirkt nur sehr schwach herbizid (s. aber 2,6-Dichlorbenzonitril bei Nitrilen). OH kann nicht durch $NH_2$ oder NH-Alkyl usw. ersetzt werden. 3-Hydroxy-benzonitril ist ein schwaches Herbizid[50].

Einige Ester des 3,6-Dijod-4-hydroxy-benzonitrils und der entsprechenden Dibrom-Verbindung sind im Handel. Bei der Anwendung hydrolysieren sie in die freien Phenole. Octancarbonsäureester des 3,5-Dijod-4-hydroxy-benzonitril.
Handelsname: Actril® und Totril® (May und Baker).
$LD_{50}$: 390 mg/kg Ratte p.o. akut, 2500 mg/kg Maus.
Patente[51,131].

Octancarbonsäureester des 3,5-Dibrom-4-hydroxy-benzonitril.
Common name: Bromoxynil-octanoat. Handelsname: Buctril®, früher MB-10731.
$LD_{50}$: 250 mg/kg Ratte p.o. akut. In Wasser praktisch unlöslich Kontaktherbizid.
Post emergence-Anwendung gegen breitblättrige Jahresunkräuter in Getreide.
Wirkungsdauer: < 70 Tage, rascher Abbau des Herbizids im Boden.
Patente[51,99,131]. Weitere Ester[133].

Mehrere gemischte Kohlensäureester des Jod- bzw. Brom-oxynils mit Alkoholen sind als Versuchsprodukte zu verzeichnen.

Allyl-(4-cyan-2,6-dijodphenyl)-carbonat

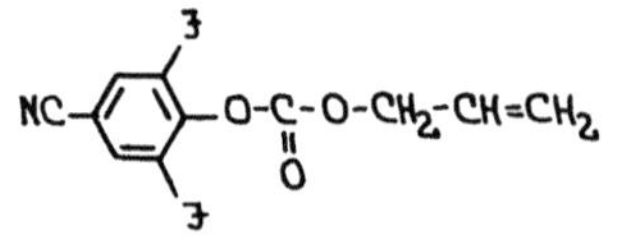

Common name Vorschlag:
Jodobenzocarb, Jodocarboflunitril
Versuchsprodukt der Böhringer Ingelheim (1970)

Patente[107,128,135,139].

4-Cyan-2,6-dibromphenyl-tetrahydrofurfuryl-carbonat

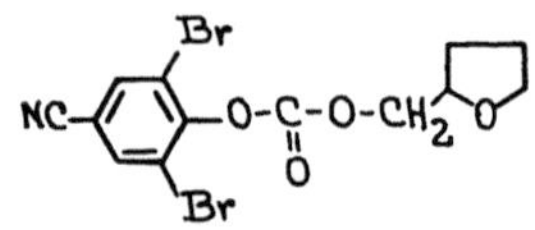

Common name Vorschlag:
Bromobenzocarb, Bromocarbofenitril
Versuchsprodukt der Böhringer Ingelheim (1970)

Patente[107,128,135,139!].

Eine interessante Variante ist der Kohlensäure-ester des Dijod-oxynils mit Ketonoximen.

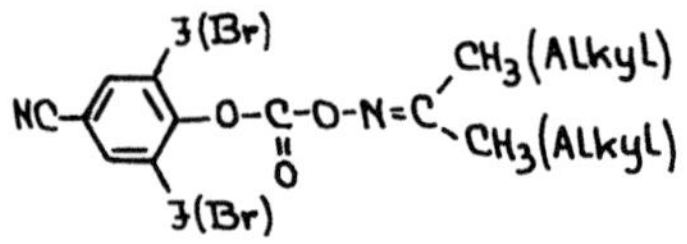

Selektiv in Reis gegen Hirsearten.
Patente[145].

Acetale des Ioxynils[52]. Carbamate[53].
4-Cyan-2,6-dijodphenyl-N-methylcarbamat ist als Versuchsprodukt bekanntgeworden[129]. (Ciba AG) C-10725.
Patente[55].

Die hohe herbizide Wirkung des Ioxynils regte vielfach an, Verbindungen herzustellen, die in der Pflanze in das wirksame Nitril zerfallen können. So zerfällt

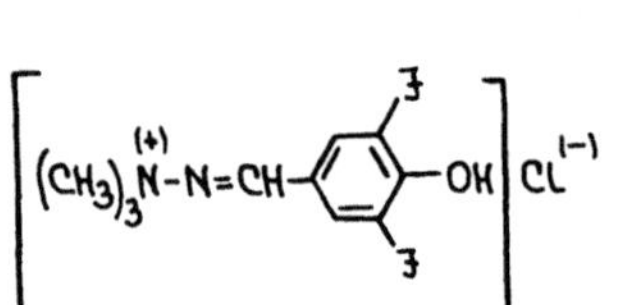

leicht in Dijod-oxybenzonitril und Trimethylaminohydrochlorid[56].

Auch das Oxim[136] des 4-Oxy-3,5-dijodbenzaldehyds, seine Ester[134] und Urethane liefern Ioxynil und entfalten eine dementsprechende herbizide Wirkung[57].

Aber auch Oximäther des 3,5-Dibrom-4-hydroxybenzaldehyds, die augenscheinlich nicht so leicht in das Nitril übergehen können, sind als Versuchsprodukte der

Ciba bekanntgeworden, z.B. das 3,5-Dibrom-4-hydroxy-O-2,4-dinitrophenylbenzaldoxim:

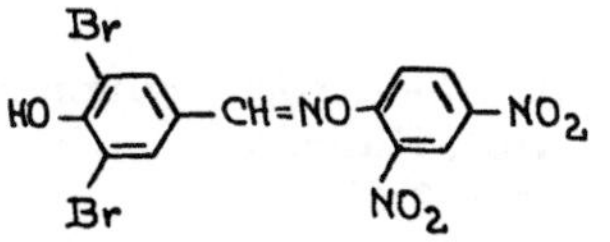


Common name: Bromophenoxim
Handelsname: Faneron® früher C-9122 (Ciba) 1969

$LD_{50}$: 1217 mg/kg Ratte p.o. akut. Wasserlöslichkeit: 3 ppm. Blattherbizid besonders gegen Dikotyledone. Post emergence. Systemisch in der Pflanze. Selektiv in Getreide.
Patente[58,59,106]. Literatur[98].
Auch ein Herbizid mit 1 x CN statt $NO_2$ ist beschrieben[127].

Es hat, wie schon erwähnt, nicht an Versuchen gefehlt, in Ioxynil die Elektronen abziehende Nitrilgruppe durch entsprechend wirkende andere Gruppen zu ersetzen, z.B. durch die Carbonsäureestergruppierung[60,61].

Die Firma Shell hat die Nitrilgruppe gegen Methylsulfon ausgetauscht und auch bei dieser Verbindung gute herbizide Wirkung gefunden.

Von anderer Seite wurde die $SO_2F$-Gruppe an Stelle der Nitrilgruppe in Phenole eingeführt. Patente[90,155]. Literatur[91,148,149]. Sowohl die Mono- als auch die Dichlorverbindungen weisen neben herbiziden auch austrocknende Eigenschaften auf.

Heterocyclische Oxyverbindungen s. bei Oxypyridinen.

## 5.4.2 Phenoläther

Phenoläther zeigen häufig eine deutlich herbizide Wirkung. Das einfache 2,6-Di chloranisol[5,62] ist seit längerer Zeit als schwaches Herbizid bekannt. Ab 1966 sind in Japan einige nitrierte Diphenyläther als selektive Reisherbizide wichtig geworden. Die herbizide Wirkung nitrierter Diphenyläther beruht auf einer Photosynthesehemmung.

Die hohe Fischtoxizität des zuerst als Herbizid im Wasserreis verwendeten Pentachlorphenols (PCP) zwang zur raschen Entwicklung neuer Herbizide mit selektiver Wirkung im Reisanbau. Die Mehrzahl der neuen Herbizide - z.T. noch im Versuchsstadium - entstammt der Klasse der chlorierten und nitrierten Phenoläther. Dabei ist eine Ähnlichkeit zu verzeichnen mit den herbizid hoch wirksamen chlorierten Phenoxyessigsäuren sowohl im Hinblick auf die Stellung des Halogens als auch auf die Austauschbarkeit von Chlor- durch Methyl-Substituenten.

Beim dritten Chlor-Substituenten ist aber nicht mehr die 5-Stellung begünstigt sondern die 6-Stellung, wie MO-338 zeigt.

Alle Phenoläther zeichen sich durch relativ niedrige Fischtoxizität aus.

Der Ersatz des elektronen-abziehenden 4'-Nitrophenyl-Teils durch Pyridin war naheliegend. Eine gute Wirksamkeit als Reisherbizid wurde aber erst erreicht als der Pyridin-Rest in 4-Stellung nitriert wurde. Unter den gemischten Äthern sind aber nur solche gut herbizid wirksam welche eine Anknüpfung des Pyridins in 2-Stellung aufweisen[124]. Eine umfangreiche Zusammenstellung von Phenyl-Pyridiläthern und ihrer herbiziden Wirksamkeit ist veröffentlicht worden[124].

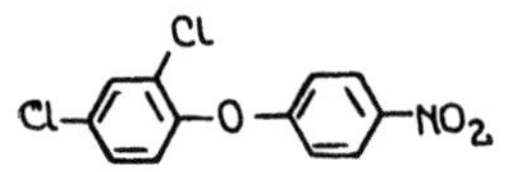

2, 4-Dichlorphenyl-4' -nitrophenyläther
Common name: Nip®, Nitrofen®
Handelsname: Tok E 25®
(Rohm u. Haas) 1964

$LD_{50}$: ca. 2600 mg/kg Ratte p.o. Wirkungsweise: Blattherbizid mit Kontaktwirkung und Bodenherbizid. Anwendungsweise: Post-emergence und pre-emergence als Emulsion oder Granulat. Anwendungsgebiet: Herbizid gegen keimende Unkräuter in Reis, Erbsen, Möhren, Kohlarten.
Patente[64, 65].

Eines der großen Reisherbizide besonders in Japan ist:

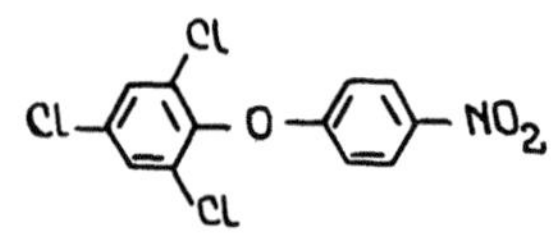

2, 4, 6-Trichlor-4'-nitrodiphenyläther
Common name: CNP und BHC-CNP
Handelsname: MO-338, MO-Granule
(Mitsui Toatsu Chem.) 1969

$LD_{50}$: 10800 mg/kg Maus p.o.akut. Sehr niedrige Fischtoxizität. In Wasser sehr wenig löslich. Nur im Licht wirksam. Aufnahme durch die Wurzeln. Anwendung gegen Barnyard-Gras im Reis. TLm Karpfen > 40.
Patente[66, 73, 88, 89, 125]. Literatur[74, 92, 93, 97, 98].

Der 2, 4-Dichlor-6-fluorphenyl-4' -nitrophenyläther ist 1968 von derselben Firma als MO 500 eingeführt worden und soll sich durch eine, verglichen mit NIP und MO 338, deutlich bessere Wirkung gegen Echinochloa crus galli (Hühnerhirse) und Eleocharis palustris (gemeine Sumpfsimse) - wichtige Unkräuter im Reis - auszeichnen. MO 338 und MO 500 sind in Japan wichtige Handelsprodukte[88, 89].

Weitere zahlreiche nitrierte Diphenyläther wurden in Patenten erwähnt und sind z. T. schon Handelsprodukte geworden, Rohm u. Haas schreiben dem 3-Methyl-4' -nitro-diphenyläther eine besonders gute herbizide Wirkung mit hoher Selektivität in Reis zu. Diese Verbindung (Versuchsprodukt H 314) wirkt nicht nur preemergence, sondern auch gegen bereits gekeimte Unkräuter und Gräser, während NIP speziell gegen keimende Unkräuter wirksam ist, weshalb Kombinationen angewandt werden.

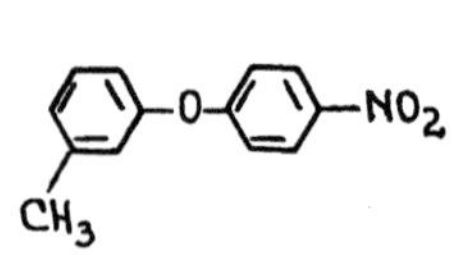

3-Methyl-4' -nitro-diphenyläther
Versuchsprodukt: H 314
(Rohm u. Haas) 1967

Anwendungsweise: Post-emergence. Anwendungsgebiet: Fischungiftiges Reisherbizid gegen bereits gekeimte Unkräuter und Gräser in Wasserreis.
Patente[67] s. auch andere Isomere[68].

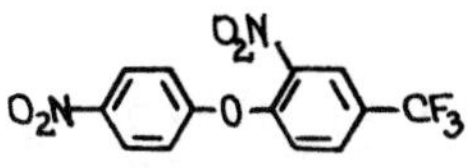

2,4'-Dinitro-4-trifluormethyl-diphenyläther
Common name: Fluorodifen
Handelsname: Preforan®, Sojex®
(Nor-Am USA) (Ciba-Corp.) 1968

$LD_{50}$: 10 000 mg/kg Ratte p.o. akut. Wasserlöslichkeit: 2 ppm. Tlm: 0,9 mg/L 4 Tage . Anwendungsweise: Pre- und post-emergence. Anwendungsgebiet: Unkrautbekämpfung in Baumwolle, Mais, Sojabohnen und Erdbeeren, sowie gedrilltem Reis.
Patente[69,70,94,141,142]. Literatur[71].

Die Zahl der nitrierten Diphenyläther die vorwiegend in Japan als Versuchsprodukte oder Handelsprodukte bekannt geworden sind, vermehrt sich immer noch.

2,4-Dichlorphenyl-3'-methoxy-4'-nitrophenyläther

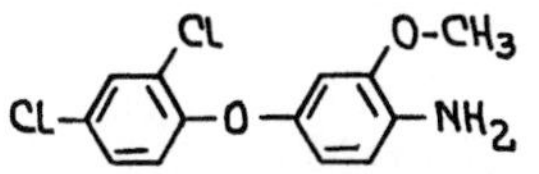

Handelsprodukt: X-52-
(Nihon Nohyaku) 1974

$LD_{50}$: 33000 Mg Kg/Maus p.o. akut. Wasserlöslichkeit 0,3 ppm.
Patente[111,143,152].

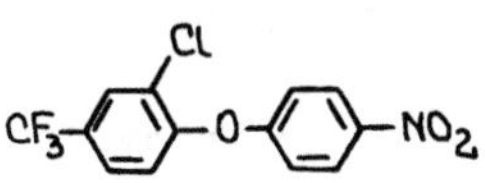

RH 2512
(Rohm u. Haas) 1974
(Sanyo Trading)

$LD_{50}$: 1000-2500 mg/kg Ratte. $LC_{50}$: 0,072 ppm/96 h Regenbogenforelle.
Literatur[165,166].

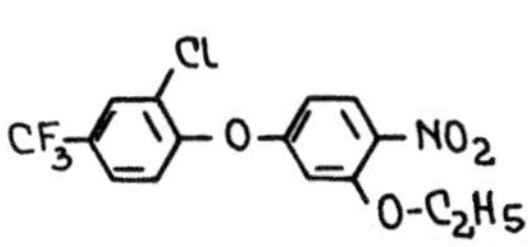

RH 2915
(Rohm u. Haas) 1975

$LD_{50}$: > 5000 mg/kg Ratte. $LC_{50}$: 0,26 mg/L/96 h Regenbogenforelle. Wasserlöslichkeit: 0,1 ppm (25°C). Pre- und Post-emergence gegen Ungräser und Unkräuter in Sojabohnen, Mais, Baumwolle.
Literatur[165].

Ob die von verschiedenen Seiten patentierten Diphenyläthercarbonsäuren ihre herbizide Wirksamkeit ihrer Diphenyläther-Struktur verdanken kann nicht entschieden werden, ist aber sehr wahrscheinlich. Weshalb die Verbindungen hier angeführt werden und bei den aromatischen Carbonsäuren sich nur Hinweise finden.

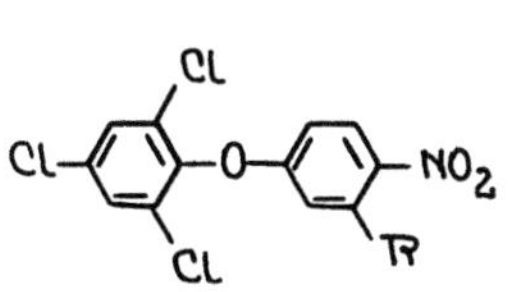

R = $COO\text{-}C_2H_5$, $C(=O)\text{-}N(Alkyl)_2$

Patente[159]. R = CN[96].

Ein Versuchsprodukt unterstreicht die Zugehörigkeit zu den Diphenyläthern besonders stark.

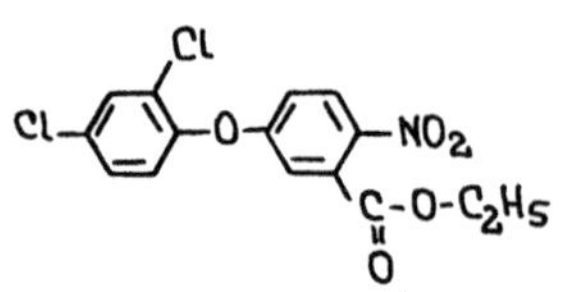

Common name Vorschlag: Bifenox
Versuchsprodukt: MC-4379, Modown®
(Mobil Oil Co.) 1974

$LD_{50}$: 6400 mg/kg Ratte. Anwendung pre emergence, und z.T. pose emergence gegen Unkräuter in Mais, Weizen, Sorghum, Sojabohnen[162].
Patente siehe zuvor. -COS-Alkyl[169]
‖
O

Ähnliche Verbindungen:

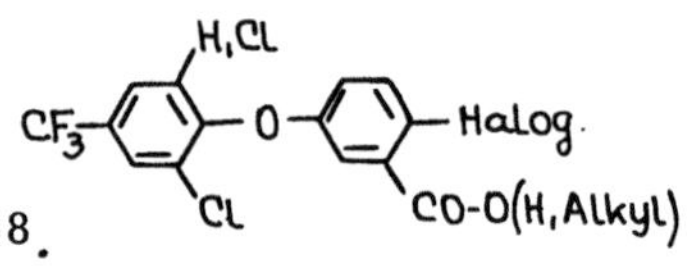

beansprucht ein neueres Patent[168].

Diphenyläther, z.B. mit der $SF_3$-Gruppe in beiden Phenylresten, nitriert und z.T. chloriert s.[72-75]. $CH_3$-S- in 4-Stellung[160].
(O)

Die entsprechenden Thiophenoläther sind ebenfalls als Herbizide bekannt[76].

Auch Verbindungen mit einer Keto-Gruppe als Bindeglied zwischen zwei Phenyl-Resten sind als Reisherbizide bekannt geworden. Sie enthalten durchweg eine Methoxy-Gruppe. Sie wurden schon bei den aromatisch-aliphatischen Ketonen besprochen.
Patente[103,158].
Über p-Phenoxy-phenoxy-essig und 1-propionsäuren siehe dort (5.7.3.b)

Von japanischer Seite wurden Untersuchungen über chemische Konstitution und Wirkung von nitrierten Diphenyläthern unter Lichteinfluß durchgeführt. Ist ein Phenylrest in o-Stellung substituiert, tritt eine herbizide Wirkung nur unter Lichteinfluß auf. Zahlreiche andere Diphenyläther entfalten ihre Wirkung auch im Dunkeln[95].

Über den Metabolismus substituierter Diphenyläther ist bekannt, daß die Äther in der Pflanze z.T. gespalten werden. Aus Erbsen-Pflanzen wurde eine Glutathion-S-transferase isoliert, welche die Äther-Spaltung beschleunigt[163]. Als Konjugat wurde nach Anwendung von RH-2915 S-(2-Nitro-4-trifluormethylphenyl)-glutathion gefunden[164].

Etwas aus dem Rahmen fallen Benzyl-phenyläther.

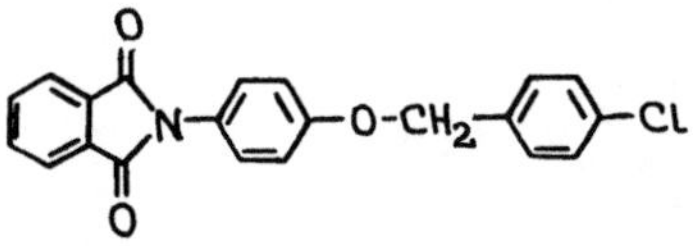


Versuchsprodukt: NK-129
(Mitsubishi Chem.) 1974

Selektive Anwendung im Reis durch Bodenbehandlung vor oder nach dem Verpflanzen der Reissämlinge; wirksam gegen einjährige Gräser und breitblättrige Unkräuter. Anwendung meist in Kombination mit anderen Herbiziden[146].
Patente[147].

Um eine Übersicht über die wichtigsten nach 1969 erschienenen Diphenyläther welche als selektive Reisherbizide geprüft oder schon angewandt werden zu ermöglichen, wurde eine tabellarische Zusammenfassung vorgenommen. (Siehe Tabelle).

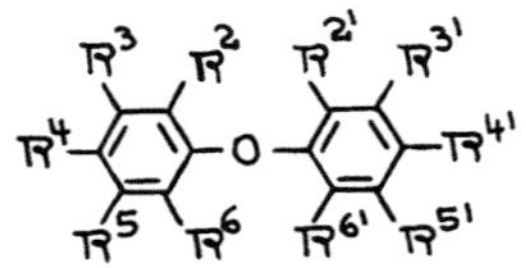


| $R^2$ | $R^3$ | $R^4$ | $R^5$ | $R^6$ | $R^{2'}$ | $R^{3'}$ | $R^{4'}$ | $R^{5'}$ | $R^{6'}$ | Name | Hersteller | Patente + Literatur |
|---|---|---|---|---|---|---|---|---|---|---|---|---|
| Cl | | Cl | | | | | $NO_2$ | | | Handelspr.<br>Nip®, Nitrofen®<br>TOKE-25, $LD_{50}$: 2630 mg/kg Ratte | Rohm u. Haas | 64, 65 |
| Cl | | Cl | | | | $C(=O)OCH_3$ | $NO_2$ | | | Versuchspr.<br>Bifenox® | Mobil Oil | 159, 162, 169 |
| Cl | | Cl | | | | $OCH_3$ | $NO_2$ | | | Handelspr.<br>X-52®<br>$LD_{50}$: 33000 mg/kg Maus | Nihon Noyaku | 111, 143, 152 |
| Cl | | F | | | | | $NO_2$ | | | Versuchspr.<br>MO-600® | Mitsui Chem. Co. | 112 |
| Cl | | Cl | | Cl | | | $NO_2$ | | | Handelspr.<br>CNP®,<br>BHC-CNP®,<br>MO-338®<br>$LC_{50}$: 2890 mg/L 96 Stdn. Harlequin Fisch | Mitsui Toatsu Chem. | 66, 73, 74, 88, 89, 92, 93, 97, 125 |
| Cl | | Cl | | F | | | $NO_2$ | | | Versuchspr.<br>MO-500®<br>$LD_{50}$: 2890 mg/kg Ratte | Mitsui Chem. | 154 |
| Cl | | Cl | | | | | Cl | | | Versuchspr.<br>TCPE® | Mikase Kogaku Kogyo | 113, 114 |

| $R^2$ | $R^3$ | $R^4$ | $R^5$ | $R^6$ | $R^{2'}$ | $R^{3'}$ | $R^{4'}$ | $R^{5'}$ | $R^{6'}$ | Name | Hersteller | Patente + Literatur |
|---|---|---|---|---|---|---|---|---|---|---|---|---|
| | $CH_3$ | | $CH_3$ | | | | $NO_2$ | | | Versuchspr. HE-306, HW-40187 | Rohm u. Haas | 114, 115 |
| $NO_2$ | | Cl | | | | | $NO_2$ | | | Versuchspr. KK-60 | Mitsui Chem. | 114, 116 |
| Cl | | Cl | | $CH_3$ | | | $NO_2$ | | | Versuchspr. MO-263® | Mitsui Chem. | 114, 116 |
| | Cl | | Cl | | | | $NO_2$ | | | Versuchspr. auch ohne Licht wirksam | Rohm u. Haas | 117, 118 |
| | $CH_3$ | | $CH_3$ | | | | $NO_2$ | | | Versuchspr. H-306, HW-40187 | Rohm u. Haas | 114, 120 |
| F | F | Cl | F | F | | | $NO_2$ | | | Versuchspr. HW-24 für Soyabohnen | Hodogaya Chem. 1973/74 | 150, 151 |
| Cl | | $CF_3$ | | | | $OC_2H_5$ | $NO_2$ | | | Handelspr. RH-2915,40 EC Soyabohnen, Mais, Reis | Rohm u. Haas<br>Sanyo Trading | 152, 153 |
| Cl | | Cl | | (Cl) | | | CN | | | S-5992 und S-80 | Sumitomo | 96 |
| Cl | | $CH_3SO$ | | | | | $NO_2$ | | | NK-15266 ohne Cl<br>NK-266 mit Cl | Nippon Kayaku | 110 |
| Cl | | $CF_3$ | | | | | $NO_2$ | | | Versuchsherbizid RH-2512 in Soyabohnen<br>$LD_{50}$: 1000-2500 mg/kg Ratte | Rohm u. Haas 1974<br>Sanyo Trading | 165, 166 |

| $R^2$ | $R^3$ | $R^4$ | $R^5$ | $R^6$ | $R^{2'}$ | $R^{3'}$ | $R^{4'}$ | $R^{5'}$ | $R^{6'}$ | Name | Hersteller | Patente + Literatur |
|---|---|---|---|---|---|---|---|---|---|---|---|---|
| | Cl | | Cl | Pyridin in 2-Stellung veräth. | | | $NO_2$ | | | Versuchspr. | Ishihare-Sangyo (1970) | 121, 122, 140 |

Über 3-Phenoxy-pyridazine siehe unter Pyridazinen, 3-Phenoxy-1,2-pyridazinole siehe bei Pyridazinolen. Weitere Phenoläther sind auch bei Phenoxypyrimidinen.

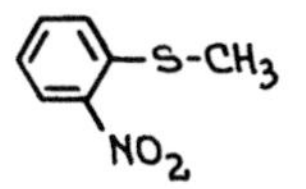

Versuchsprodukt
CP 13936
Monsanto Chem. Co.
1966 aufgegeben

Patente[77, 78]. Literatur[85].

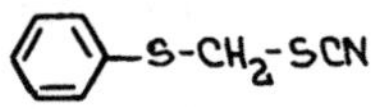

79

Penolacetale

Im Anschluß an die Phenoläther sei eine Verbindung erwähnt. deren Wirkung nicht durch das Entstehen von 2, 4-Dichlorphenoxyessigsäure erklärt werden kann, für die aber offensichtlich doch die 2, 4-Dichlorphenol-Struktur maßgeblich ist:

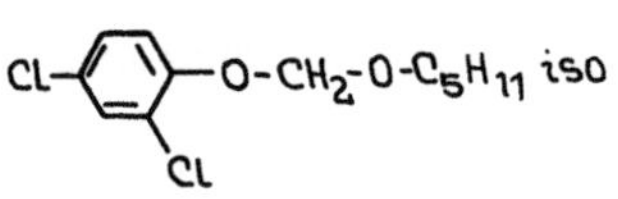

soll seit 1965 in Rußland als Herbizid unter dem Namen Efiram 193 in Erprobung sein[80].

5.4.3. Diphenole

Diphenole wurden in Form ihrer Ester mehrfach für eine herbizide Anwendung patentiert, z. B. Dioxydiphenylester[81, 82].

Über Heterocyclen mit einer Hydroxylgruppe siehe z. B. bei Chlorpyridinolen (6-Ring-Verbindungen mit 1 N).

# Literatur und Patente

5. Organische Herbizide

5.4. Phenolderivate


1. Crafts, A.S. u. Reiber, H.G., Hilgardia 16, 487 (1946).
2. Fugg, G.E., Ann. Appl. Biol. 35, 315 (1948).
3. GB 425 295, 29.5.33/28.2.35, FR Prior. 4.6.32, George Truffaut u. Cie.
4. Wain, R.L., Nature 200, 28 (1963), ref. CA 60, 1046 d.
5. US 2 777 762, 16.11.53/15.1.57, Dow Chemical Co./B.V. Toornman
6. Crafts, A.S., Science 101, 417 (1945).
7. Blackman, G.E., Ann. Appl. Biol. 19, 204 u. 443 (1932).
8. Cheng, H.M., Eto, M., Kuwatsuka, S. and Oshima, Y., Agr. Biol. Chem. (Tokyo) 32, Nr. 3, 345 (1968) (Weed Abstr. 17, 339 (1968).
9. US 2 192 197, 3.9.36/5.3.40, Dow Chemical Co.
10. DAS 1 088 757, 27.12.57/8.9.60, Hoechst AG., USP 3 130 037 (1964).
11. DAS 1 103 072, 14.10.59/23.3.61, Hoechst AG.
12. DAS 1 214 041, 25.5.61/7.4.66, GB Prior. 30.5.60, K. van den Boogart Fabriek van chemische Producten Vondelingenplaat N.V.
13. Emery, G.A., Smith, C.B.F. u. Bartlett, D.H., 2. E. W. R. C. Columa Conf. 1965, p. 141, 2. Symposium über neue Herbizide, Paris 1965, p. 141, Ed. Essor, Paris.
14. US 2 807 639, 11.5.55/24.9.57, Dow Chemical Co.
15. GB 1 080 282, 22.6.63/12.7.63 u. 20.11.63/23.8.67, Murphy Chemical Co. Ltd./M.Pianka u. J.Edward.
16. s. auch NLP Anm. 6 407 085, 22.6.64/23.12.64, GB Prior. 22.6.63, 20.11.63, 28.1.64.
17. Bartlett, D.H., et al., Journees Internationales d' Etudes sur le Désherbage Sélectif en Cultures de Betteraves, p. 341. Marly-Le-Roy, 9.-10.3.1967.
18. Wain, R.L. and Harper, D.B., Nature 213, 1155 (1967).
19. US 2 131 259, 28.4.37/29.9.38, Dow Chemical Co.
20. JA 3 916/66, 25.12.63/5.3.66, Toa Synthetic Chem. Ind. Ltd.
21. Cheng, H.M., Eto, M., Kuwatsuka, S. and Oshima, Y., Agr. Biol. Chem. (Tokyo) 32, Nr. 3, 353 (1968)(Weed Abstr. 17, 389 (1968).
22. SU 180 851, 5.2.65/Okt. 66, P.A. Novek-Khlebnikov u. I.D. Chernyshev, US Prior. 3 397 045 (1968).
23. DAS 1 266 563, 16.7.63/18.4.68, Scherico Ltd./R.D. Hart u. H.E. Harris. H.E. Harris.
24. FR 88 313, 24.9.64/12.12.66, GB Prior. 24.9.63 u. 17.12.63, May u. Baker Ltd., Zusatz zu FR 1 375 311, 24.9.63/7.9.64, GB Prior. 24.9.62, 9.1.63 u. 28.3.63, May and Baker Ltd./ref. CA 62, 3982 g.
25. BE 636 416, 21.8.63/21.2.64, US Prior. 30.8.62, Scherico Ltd./ref. CA 61, 11 939 f.
26. US 3 272 795, 24.5.65/13.9.66, GB Prior. 26.5.64, May and Baker Ltd.
27. BE 653 355, 21.9.64/22.3.65, GB Prior. 24.9.63, May and Baker Ltd.
28. Proc. Weed Control Conf. I, 2 (1964).
29. Wain, R.L., (Univ. London), Mededel. Landbouwhogeschool Opzoekingssta. Staat Gent 29 (3), 628 (1964).
30. Carpenter, K., Cottrell, H.J., Heywood, B.J. u. Leeds, W.G., Mededel. Landbouwhogeschool Opzoekingssta. Staat Gent 29 (3), 644 (1964).

31. - -, De Silva, W.H., Heywood, B.J., Leeds, W.G., Rivett, K.F. and Soundy, M.L., Weed Res. 4, 175 (1964).
32. Amchem Technical Data Sheet H-90 (1963).
33. Carpenter, K. and Heywood, B.J., Nature 200, 28 (1963), ref. CA 60, 1047 f.
34. Hart, R.D., Bishop, I.R. and Cooke, A.R., 7. Brit. Weed Control Conf. 1964, p. 3.
35. GB 1 067 031, 24.9.62, 9.1.63 u. 28.3.63/26.4.67, May and Baker Ltd.
36. GB 1 067 032, 24.9.62/26.4.67, May and Baker Ltd.
37. GB 1 067 033, 24.9.62 u. 28.3.63/26.4.67, May and Baker Ltd.
38. DDR 33 344, 20.9.63/25.10.64, GB Prior. 24.9.62, 9.1.63 u. 28.3.63.
39. BE 637 794, 24.9.63/24.3.64, GB Prior. 24.9.62, 4.1.63 u. 28.3.63.
40. Kerr, M.W. and Wain, L.R., Ann. Appl. Biol. 54, 441 (1964).
41. Techn. Serv. Data, Amchem Prod. Inc., H. 90, 24 (1964).
42. Terry, H.J. and Wilson, C.W., Weed Res. 4, 196 (1964), ref. CA 62, 5819 c.
43. Desmoras, J. and Jaquet, P., Proc. 16. Int. Symp. and Crop. Prot. (1964), Ghent 633.
44. Paton, D. and Smith, J.E., Weed Res. 5, 75 (1965).
45. Ugochukwu, E.N. and Wain, L.R., Chem. and Ind. 1, 35 (1965), ref. CA 62, 9705 b.
46. Heywood, B.J., Chem. and Ind. 2, 1946 (1966).
47. Linden, G., Z. Pflanzenkrankh. Pflanzenschutz 72, 289 (1965).
48. Holly, K., PANS (Pesticide Abstracts and News Summary) Weed Control Sect. C Herbicides 10 [4], 29 704 (1964).
49. Paton, D. and Smith, J.E., Nature 207, 1211 (1965).
50. GB 902 586, 1.1.60/1.8.62, Shell Research Ltd.
51. NE 6 610 042, 17.7.66/17.1.67, GB Prior. 16.7.65, May and Baker Ltd.
52. NE 6 411 390, 30.9.64/2.4.65, GB Prior. 1.10.63, May and Baker.
53. SA 66/5229 (1965) Ciba.
54. Ilnicki, R.D., Ischisaka, V. and Wilson, H.P., Preplant, Pre-emergence and Post-emergence Herbicides for Weed Control in Peas, Proc. Northeast. Weed Control Conf. 22, 54 (1968).
55. NE 6 613 504, 23.9.66/28.3.67, SZ Prior. 24.9.65, Ciba Ltd./O. Rohr.
56. BE 673 984, 17.12.65/17.6.66, SZ Prior. 18.12.64, Ciba S. A./E. Niklas.
57. NE 6 615 212, 27.10.66/2.5.67, GE Prior. 28.10.65, Bayer AG.
58. FR 1 494 078, 8.12.65/31.7.67, Ciba AG.
59. GB 1 096 037, 20.1.66/20.12.67, SZ Prior. 22.1.65 u. 9.7.65, Ciba Ltd.
60. JA 18 840/66, 18.1.64/31.10.66, Mitsubishi Chem. Ind. Co. Ltd.
61. JA 7 451/67, 6.11.63/27.3.67, Mitsubishi Chem. Ind. Co. Ltd.
62. JA 3 275/65, 29.12.62/20.2.65, Kanesho K.K.
63. Plant Physiol. 21, 345 (1946).
64. US 3 080 225, 13.4.60/5.3.63, Rohm u. Haas Co.
65. DAS 1 187 852, 7.4.61/25.2.65, US Prior. 13.4.60, Rohm u. Haas Co.
66. JA 6 353/66, 23.5.63/6.4.66, Mitsui Chem. Ind. Ltd.
67. US 3 231 358, 3.5.62/25.1.66, Rohm u. Haas Co.
68. NE 6 702 861, 23.2.67/4.9.67, JA Prior. 1.3.66, Rohm u. Haas.
69. FR 1 346 122, 31.1.63/4.11.63, SZ Prior. 8.2.62, Ciba Ltd.
70. US 3 322 525, 18.1.66/30.5.67.
71. Ebner, L., Green, D.H. and Pande, P., Proc. 9. Brit. Weed Control Conf., Vol. 2, p. 1026 (1968).
72. FR 1 502 538, 30.11.66/9.10.67, SZ Prior. 9.12.65, Ciba S. S.

73. BE 648 282, 22.5.64/16.9.64, JA Prior. 23.5.63, Mitsui Kagaku Kogyo Kabushiki Kaisha.
74. Jap. Chem. Quart. 2 [2], 42 (1966).
75. JA 19 840/66, 18.10.63/17.11.66, Ishihara Sangyo Kaisha Ltd.
76. JA 9 557/66, 4.5.64/21.5.66, Ihara Chem. Co. Ltd. u. Dainippon Inc. and Chem. Inc.
77. GB 1 023 791, 30.11.62/23.3.66, US Prior. 19.8.62, Monsanto Co.
78. JA 12 782/67, 2.6.65/20.7.67, Chugai Pharm. Co.
79. JA 12 789/67, 13.2.65/20.7.67, Ihara Noyaku K. K.
80. SU 161 731, 10.9.62, Sh. A. M. Mamedov u. Mitarb.
81. JA 1 880/66, 28.10.63/9.2.66, Hodogaya Kagaku Kogyo K. K.
82. US 3 268 573, 14.8.63/23.8.66, Monsanto Co./(Pre-emergence-Herbizid).
83. Herbicide Handbook of the Weed Society of America, p. 132. Geneva-New York, W.F. Humphrey Press Inc. 1967.
84. Crafts, A.S., Science, Ny, 101, 417 (1945).
85. Ilnicki, R.D., Proc. 17 Northeast. Weed Control Conf., 1963, p. 95.
86. GB 1 111 611, 1.8.63 u. 2.11.64/1.5.68, R.L. Wain.
87. DAS 1 285 248, 12.11.63/12.12.68, C. H. Boehringer Sohn.
88. JA 19 514/66, 30.3.66/17.10.68, Mitsui Chem. Ind. Ltd.
89. L'industrie Chimique 55 [616], 490 (1968).
90. US 3 453 099, 7.7.66/1.7.69, Pennsalt Chemicals Corp.
91 Popoff, I.C., Frank, J.R., Whitaker, R.L., Miller, H.J. and Demaree, K.D., J. Agr. Food Chem. 17 (4), 810 (1969).
92 Ivon Watkins Dow Ltd., Weed Abstr. 17, Referat 2097 (1968).
93. Mason, G.W. and Brooker, E.G., Weed Abstr. 18 (4) 308, Referat 1905 (1969).
94. DOS 1 493 512, 7.2.63/7.8.69, SZ Prior. 8.2.62, Ciba AG.
95. Matsunaka, S., J. Agr. Food Chem. 17, 171 (1969).
96. DOS 1 912 600, 12.3.69/18.9.69, JA Prior. 13.3.68, Sumitomo Chemical Co. Ltd.
97. Inoue, T., Weed Abstr. 18 (5) 390, Referat 2416 (1969).
98. Eveen, D.M., 3. Europ. Weed Res. Conf. 1969, S. 177.
99. GB 977 755, 30.8.63/16.12.64, Nippon Shok.
100. GB 1 126 658, FR 1 523 332, US 3 365 601.
101. Wain, R.L., Carpenter, K. u. Heywood, R., Nature, 200, 28 (1963) London.
102. Shihco Iwasvki et al., Tetrahedr. Letters 37, 3537 (1973).
103. Munakata, K. et al., 4. Conf. of the Asian Pacif. Weed Sci. Soc., S.215.
104. Nakayama, K., Jap. Pest. Int. 8, 29 (1971).
105. Takeshisassa et al., Agr. Biol. Chem. 37 (12) 2937 (1973).
106. GB 1 096 037, 20.1.66/20.12.67, Ciba.
FR 1 494 078, 8.12.65/31.7.67, Ciba.
107. DOS 1 919 571, 17.4.68/30.10.69, Boehringer/Sohn, Ingelheim.
GB 1 204 308, DDR 76 239.
108. DAS 1 299 925, 16.3.61/24.7.69, Fabrieken Chem. Prod.
US 3 198 824, 21.3.61/3.8.65, Fabrieken Chem. Prod., SZ 393 828.
109. US 3 702 862, 10.3.69/14.11.72, Sumitomo. GB 1 261 929.
110. DOS 2 130 919, 22.6.70/30.12.71, Nippon Kagaku, JA Prior. 22.6.70, US 3 813 444.
111. DOS 2 050 308, 13.10.70/3.6.71, JA Prior. 14.10.69, Ishihava Samgyo.
112. US 3 454 392, 28.3.67/8.7.69, JA Prior. 30.3.66, Mitsui.
113. JA 12 393/65, Prior. 6.4.63

114. Gorduan, G., Arch. Pharmazie, Ber. Dtsch. pharm. Ges. 40 (2) 39 (1970).
115. FR 1 518 059, 24.2.67/22.6.68, JA Prior. 1.3.66, Rohm u. Haas NE 67 02 861
116. JA 16 176/67, 31.5.65/4.9.67, Mitsui.
117. US 3 080 225, 14.9.60/5.3.63, Rohm u. Haas
118. Matzunaka, S., Residue Res. 1969 (25) 45.
119. JA 6 355/66, GB 1 016 648, Mitsui.
FR 1 395 407, 22.5.64/1.3.65, Mitsui.
120. NE 67 02 861, JA Prior. 1.3.66, Rohm u. Haas.
FR 1 518 059, 24.2.67/12.2.68, Rohm u. Haas.
121. NE 68 08 378, 14.6.63/16.12.68, JA Prior. 15.3.67, Ishihara Sangyo.
122. Kanichi Fujikawa et al., Agr. Biol. Chem. 34 (1) 68 (1970).
123. NE 65 01 589, JA P. 3518 - 1967, Ciba.
124. Fujikawa, K. et al., Agr. Biol. Chem. 34. 68/1970.
125. DOS 1 299 926, 16.3.65/24.5.69, Mitsui.
US 3 316 080, 19.5.64/25.4.67, JA 529 947, 26.10.68 Mitsui Kayaku, FR 1 395 407, 1.8.65.
126. DOS 1 941 896, 18.8.69/20.8.70, JA Prior. 18.3.68, Dainippon GB 1 226 458, 8.8.69/31.3.71, FR 2 031 455.
127. DOS 2 219 802, 22.4.72/31.10.73, BASF.
128. NE 69 05 845, 16.4.69/21.10.69, C.H.Boehringer u. Sohn.
129. DOS 1 542 853, 16.9.66/27.8.70, Ciba.
130. DOS 1 542 963, 26.5.65/19.5.70, GB Prior. 20.5.64, May u. Baker siehe auch DOS 1 542 964, May u. Baker.
131. US 3 592 626, 22.4.70/13.7.71, May u. Baker.
132. DOS 1 767 954, 16.7.63/18.11.71, US Prior. 18.11.71, Scherico, Schweiz.
133. DOS 1 592 740, 1.3.63/27.5.71, C.H.Boehringer u. Sohn.
DOS 1 793 282, 26.8.68/8.7.71, C.H.Boehringer u. Sohn.
DOS 1 919 571, 17.4.69/30.10.69, C.H.Boehringer u. Sohn.
US 3 671 556, 21.11.69/20.6.72, Amchem. Chem. Prod.
134. US 3 503 732, 30.11.67/31.3.70, Gulf Res. and Developm.
135. DOS 2 054 225, 4.11.70/22.6.72, C.H.Boehringer u. Sohn
136. NE 73 02 943, 2.3.72/4.9.73, Schering AG, BE 796 222.
DOS 2 210 540, 2.3.72/6.9.73, Schering AG.
137. DOS 2 249 564, 11.10.71/19.4.73, Murphy Chem. Co.
138. DOS 1 493 988, 22.6.54/29.7.71, Murphy Chem. Co.
139. DOS 2 060 825, 10.12.70/6.7.72, C.H.Boehringer u. Sohn.
140. DOS 1 770 650, 15.6.68/11.11.71, Ishihara Sangyo.
141. DOS 1 792 733, 7.2.63/11.1.73, SZ Prior. 8.2.62, Ciba.
DOS 2 304 006, 27.1.73/9.8.73, Ishihara Sangyo.
DOS 2 311 638, 9.3.73/27.9.73, US Prior. 14.3.72 u. 12.2.73, Rohm u. Haas.
142. NE 73 01 194, 27.1.72/31.7.73, Ishihara Sangyo.
143. DOS 2 050 308, 13.10.70/3.6.71, JA Prior. 14.10.69, Ishihara Sangyo.
144. DOS 1 642 301, 30.3.67/6.5.71, Mitsui.
145. DOS 2 210 540, 2.3.72/6.9.73, Schering.
146. Ozawa, K., Japan Pestiz. Inform. 20.7.21 (1974).
147. DOS 2 165 651, 30.12.71/19.4.73, JA Prior. 23.12.70, Mitsubishi Chem.
148. Popoff, J.C. et al., J. Agr. Food Chem. 17, 810 (1969).
149. Popoff, J.C. et al., J. Agr. Food Chem. 20, (1) 80 (1972).
150. US 3 811 864, 28.12.70/21.5.74, Hodogaya Chem.
JA 47 649/72, 28.12.70, 1.12.72, JA 827/74.

151. Nakayama, K., Jap. Pest. Inf. 20, 26-28 (1974).
152. DOS 2 304 006, 27.1.73/9.8.73, Rohm u. Haas.
NE 73 01 194, Ishihara Mining and Chem. Co.
153. Herbizide Annual Rep. 1974, Nihon Tokushi.
154. JA 2827/69, 21.4.66/5.2.69, Mitsui Chem. Ind.
155. US 3 453 099, 7.7.66/1.7.69, Pennsalt Chem. Co.
156. US 2 997 380, 6.6.57/22.8.61, Dow Chem.
Hong-Ming Cheng et al., Botya Kayaku Scientific Pest Contr. 34 (4) 176 (1969).
157. Shigeki Wakamovi et al., Agr. Biol. Chem. 33 (12) 1691 (1969).
158. DOS 2 241 560, 24.8.72/8.3.73, Nippon Kayaku Co.
159. DOS 2 408 432, 21.2.74/5.9.74, US Prior. 22.2./13.8., 12.9.73, Mobil Oil.
DOS 2 408 433, 21.2.74/19.9.74, US Prior. 22.2. u. 12.9.73, Mobil Oil.
JA 80 99 332, 7.4.72/15.12.73, Mitsui Tuatsu.
160. JA 80 87 048, 26.2.72/16.11.73, Ishihara Min.
161. DOS 2 407 915, 19.2.74/22.10.74, Ishihara Sangyo.
162. 12. Brit. Weed Contr., Brighton 11, 1974.
163. Weed Abstr. (1974) 23, Ref. 1946.
164. Weed Abstr. (1974) 23, Ref. 1947.
165. Weed Sci. Soc. USA Febr. 1975.
166. DOS 2 304 006, 21.1.73/9.8.73! JA Prior. 21.1.72, Ishihara Sangyo BE 794 517.
167. Helv. Chim. Acta 58, (1) 190 (1975).
168. FR 2 256 142, 27.00.74/29.8.75, Ishihara Ind.
169. DOS 2 501 797, 10.4.74/23.10.75, Fujisawa Pharm.
siehe auch US 3 784 635, 11.2.71/8.1.74, Mobil Oil.
siehe auch US 3 652 645, Mobil Oil.

## 5.5. Kohlensäure- und Thiokohlensäure-Derivate

### 5.5.1. Kohlensäure- und Thiokohlensäurediester (Kohlensäurephenolester siehe Phenole)

Von den Kohlensäurebisestern aliphatischer Alkohole ist nur vereinzelt eine herbizide Wirkung bekanntgeworden.

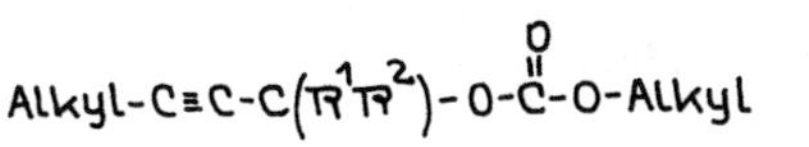

$R^1 = R^2 =$ Alkyl, Phenyl usw.[1]

Vorwiegend wurden Derivate von herbizid wirksamen - z.B. ungesättigten - Alkoholen, Dichlorbenzylalkoholen sowie Thiolen beschrieben.

Ein Kohlensäureester eines Thiophenols war eine Zeitlang Versuchsprodukt der Bayer AG[2]:

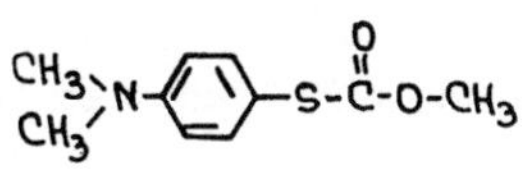

Kohlensäureester heterocyclischer Thiole sind zwar herbizid wirksam, doch ist schon das Mercaptobenzthiazol allein deutlich phytotoxisch[3].

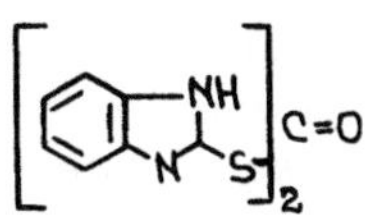

Thionokohlensäureester sind ebenfalls nur vereinzelt herbizid wirksam. Dithiokohlensäureester der Formel

$$RS-\overset{\overset{X}{\|}}{C}-SR$$

R = Alkyl
X = O, S oder $Cl_2$

mit Halogen in den Alkylresten wurden als Herbizide in der Patentliteratur erwähnt[4]. Ein entsprechendes Disulfid ist in geringer praktischer Anwendung:

$$CH_3-O-\overset{\overset{S}{\|}}{C}-S-S-\overset{\overset{S}{\|}}{C}-O-CH_3$$

Di(methoxythiocarbonyl)-disulfid
Common name: Dimexan, DMXD
Handelsname: Tri-Pe 40%®
(Vondelingenplaat N. V. Fabriek van Chemische Produkten) 1959

$LD_{50}$: 240 mg/kg Ratte p.o. akut. Wirkungsweise: Kontakt- und Bodenherbizid, dringt z.T. aber in der Dampfphase in den Boden ein. Anwendungsweise: Preemergence. Anwendungsgebiet: In Schwarzwurzeln, gegen Dikotyledonen. Es dient auch in Kombination mit anderen Herbiziden zur Unkrautbekämpfung in Zuckerrüben. Desiccant. Rasche Hydrolyse im Boden. Wirkt auch fungizid. Darstellung: Oxydation des Xanthogenats, mittels Hypochlorit.
Patente[5]. Literatur[7].

| | |
|---|---|
| Äthylxanthogendisulfid | Common name: EXD<br>Handelsname: Herbisan 5®<br>Sulfasan® |

LD50: (603) mg/kg Ratte p.o. akut. Anwendungsweise: Pre-emergence. Anwendungsgebiet: Bohnen, Zwiebeln, Defoliant. Ohne Bedeutung.
Patente[5].

## 5.5.2. Carbamidsäureester und entsprechende Thioverbindungen

Sehr viel größere Bedeutung als Herbizide haben Carbamidsäureester. Sie erweisen sich biochemisch recht vielfältig als Wirkungsgruppen. So zeigen schon einfache Urethane merkliche biochemische Effekte. Wahrscheinlich ist ihr großes Lösungsvermögen sowie die damit zusammenhängende Durchdringungsfähigkeit für Zellwände für eine Wirksamkeit vorteilhaft.

a) Carbamidsäureester aliphatischer Amine mit Alkoholen und Phenolen

Einfache, am Stickstoff nicht substituierte Carbamidsäureester aliphatischer Alkohole vorwiegend verzweigter Natur sind bis heute nur durch die Patentliteratur als wirksam bekanntgeworden[26].

Herbizid gut wirksame Vertreter der Carbamidsäureester aliphatischer Amine wurden erst nach 1965 entdeckt. Den Handels- und Versuchsprodukten liegen vorwiegend Ester von Phenolen zugrunde, doch sind in jüngster Zeit auch einige Carbamate von chlorierten Benzylalkoholen als herbizid gut wirksam erkannt worden.

Nur wenige Carbamidsäureester aliphatischer Amine mit aliphatischen bzw. cycloaliphatischen Alkoholen sind herbizid wirksam.

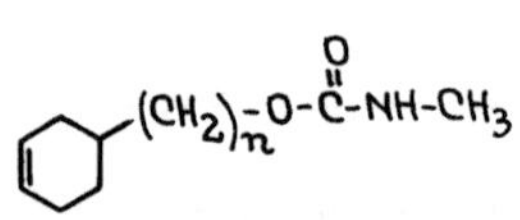


N-Methylcarbamidsäurephenylester besitzen sehr häufig gute insektizide Eigenschaften (s. Carbamate bei Insektiziden, Bd. 1); doch zeigen einige Vertreter auch verwertbare herbizide Wirksamkeit[8].

Erste Beobachtungen über eine herbizide Wirkung von N-Methylcarbamidsäurephenylester wurden 1953 bei der Fa. Geigy gemacht[9], anscheinend jedoch nicht weiter verfolgt. Erst 10 Jahre später wurden von anderer Seite gute Herbizide gefunden, und bis 1968 folgten weitere Herbizide mit speziellen Anwendungsgebieten. Das 4-Chlorphenyl-N-methyl-carbamat wurde 1968 als Versuchsprodukt der PPG Industries, Inc. (Garfield) bekannt (Anwendung im Voraussaatverfahren[10]. Verbindungen mit SCN statt Halogen sind gleichfalls herbizid wirksam[25].

Erst die Substitution des Benzolkerns durch z.B. zwei tertiäre Butylreste in 2,6-Stellung ergibt eine hohe herbizide Wirkung.

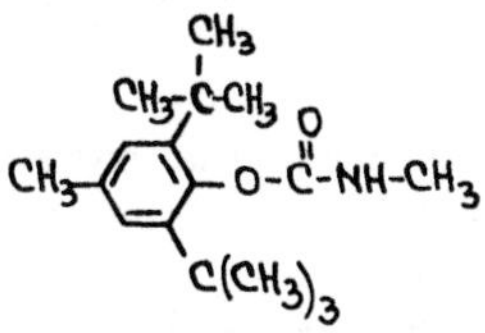

2,6-Di-tert.-butyl-4-methyl-phenyl-N-methyl-carbamat
Common name: Terbutol, Terbucarb
Handelsname: Azak®
(Hercules Powder) 1964

$LD_{50}$: > 34 000 [15 000] mg/kg Ratte p.o. akut. Wasserlöslichkeit: 6-7 ppm bei 20°C. Wirkungsweise: Vornehmlich Bodenherbizid. Anwendungsweise: Pre-emergence, auch post-emergence (gegen Gräser und Hirse). Anwendungsgebiet: Baumwolle, Mais, Tomaten, Sojabohnen.
Patente[11, 14, 27]. Literatur[12, 13].

Die Methylgruppe in 4-Stellung kann durch Cl, Br oder Methoxy ohne Wirkungseinbuße ersetzt werden. Größere Alkylreste in 4-Stellung führen zu einer Wirkungsabschwächung. Die Alkylreste können nicht vertauscht werden. Wohl aber führt, wenn in 2-Stellung tert. Butyl und in 6-Stellung Methyl steht, ein Isopropyl- oder ein Methylrest in 4-Stellung wie beim Azak zu sehr guter herbizider Wirkung[12]. Ein tertiärer Butylrest in 2- oder 6-Stellung kann gegen den Methallyl- oder iso-Butenylrest ausgewechselt werden[14].

N-Dimethylcarbamidsäureester sind, verglichen mit dem N-Methylester, unwirksam.

Als selektives Herbizid im Getreide gegen Flughafer wurde N-Isobutyl-carbamidsäure-2-chlor-phenylester[15] patentiert. Zu erwähnen bleiben:

Aryl-N-chloracetylcarbamidsäureester[16], z.B.

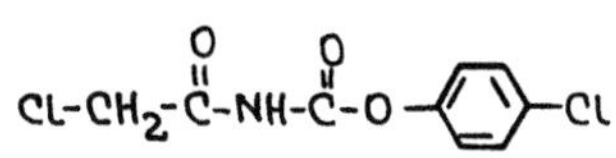

4-Chloraryl-N-4'-chlorbenzoylcarbamidsäureester[17]

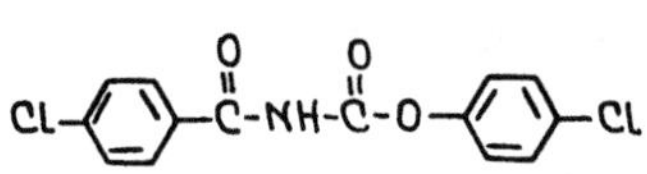

Die herbizide Wirksamkeit von Dimethylcarbamidsäureestern von Phenolen und Thiophenolen, die in 4-Stellung einen Sulfonsäurefluorid-Substituenten tragen, wurde breit untersucht[28] und einige Derivate auch unter Patentschutz gestellt[29].

Über N-Iso-alkylcarbamidsäure-ester eines Phenols mit anelliertem Hetero-5-Ring, z.B. Oxazolidin siehe bei 5-Ringe 2 N + 10.

Bei einem anderen Carbamidsäurephenolester beruht die Wirkung wohl auf der quartären Ammoniumstruktur.

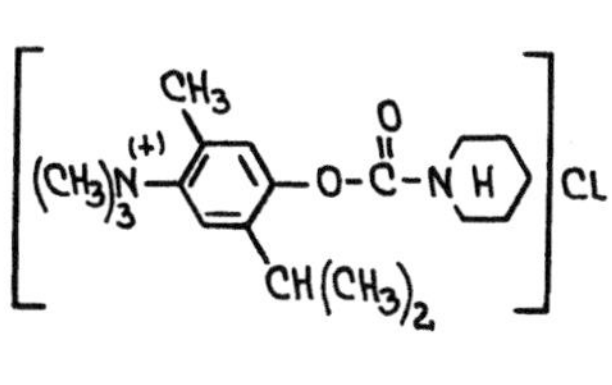

Carbamidsäureester araliphatischer Alkohole

Die Entdeckung einer herbiziden Wirkung dieser Verbindungsklasse ist gleichfalls jüngeren Datums.

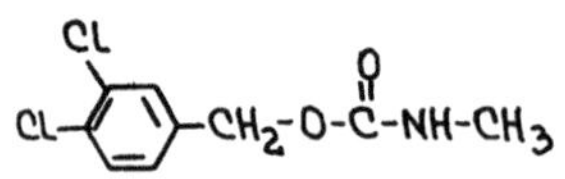

3, 4-Dichlorbenzyl-N-methylcarbamat
Common name: DMBC
Handelsname: Rowmate®
(Union Carbide Chemicals Co.) 1966

Rowmate enthält bis 20% 2, 3-Dichlorverbindung.

$LD_{50}$: 2000 mg/kg Ratte p.o. akut. Wasserlöslichkeit: 170 ppm bei 25°C. Wirkungsweise: Bodenherbizid. Die Verbindung verhindert die Chlorophyllsynthese. Anwendungsweise: Pre-emergence, z.T. post-emergence. Anwendungsgebiet: Gegen Gräser und breitblättrige Unkräuter in Sojabohnen, Kartoffeln, Bohnen, Erbsen und Baumwolle. Post-emergence in Reis. Nur noch geringe Anwendung. Patente[18-22]. Literatur[23].

Das N-Methylcarbamat des 2, 4-Dichlorbenzylalkohols ist post-emergence hoch wirksam, aber pre-emergence ohne Wirkung. Im Gegensatz zu den N-Arylcarbamidsäureestern (s. dort) gibt nicht nur eine 3, 4-Substitution des Benzylrestes, sondern auch eine 4-Substitution durch Chlor besonders wirksame Produkte. Über N-Methylcarbamidsäureester des 4-Cyan-2, 6-dijodphenols s. bei Ioxynil.

N-Dialkylcarbamidsäureester mehrfach chlorierter Benzylalkohole sind auffallenderweise auch herbizid wirksam[24].

Carbamidsäureenolester

Die Alkohol- oder Phenol-Komponente in Carbamidsäureestern kann anscheinend durch bestimmte Enole ersetzt werden[6].

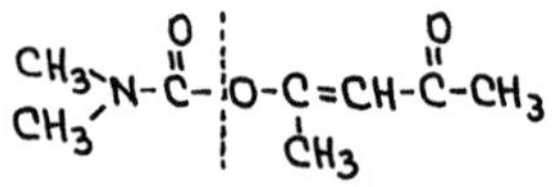

oder andere Diketone.

Carbamidsäureester von heterocyclischen Verbindungen werden in der neuen Literatur mehrfach erwähnt, so die N-Methyl-carbamidsäureester des 2-Oxy-tri- bzw. -tetrachlorpyridins sowie die Carbamidsäureester der entsprechenden 4-Oxypyridine. Es ist jedoch darauf hinzuweisen, daß hier die Grundsubstanz, das 2- bzw. 4-Oxytetrachlorpyridin, schon ein gutes Herbizid ist (s. bei Pyridinolen).

Sulfonylcarbamidsäure-ester siehe 5.5.2 e.

## Literatur und Patente

5. Organische Herbizide

5.5. Kohlensäure- u. Thiokohlensäure-Derivate - Carbamidsäureester aliphatischer Amine - Abschnitt 5.5.1. - 5.5.2.a


1. US 3 348 939, 18.5.64/24.10.67, Chemagro Corp.
2. DAS 1 211 434, 20.7.63/24.2.66, Bayer AG.
3. US 3 256 294, 16.10.64/14.6.66, Monsanto Co./J.J. D'Amico.
4. US 3 350 191, 9.6.64/31.10.67, Stauffer Chemical Co.
5. US 2 615 802, 28.10.52, Monsanto Chemical Co., ref. CA 47, 1326 g.
6. CA 741 824, 8.11.60/30.8.66, US Prior. 10.12.59, Shell.
7. Feekes, F.H. u. van Soest, W., 6. Internat. Pflanzenschutzkongreß, Wien. Abstracta, 448 (1967).
8. CA 727 044, 7.1.64/1.2.66, US Prior. 2,4.63, Union Carbide Chemicals Co.
9. US 2 776 196, 23.8.54/1.1.57, SZ Prior. 2.9.53, Geigy.
10. Wagner, W.E., Vero Beach Laboratories, Inc., personal communication: Gentner, W.A., An Evaluation of New Herbicides. Beltsville Weed Field Day, 9.7.1968.
11. US 3 140 167, 7.6.62/7.7.64, Hercules Powder Co.
12. Haubein, A.H. and Hansen, J.R., J. Agr. Food Chem. 13, 555 (1965).
13. Rigglemann, J.D., Agr. Chem. 19 [2], 120 (1964).
14. US 3 391 180, 23.6.64/2.7.68, Hercules Powder Co.
15. SU 186 434, 17.10.63/Sept. 67, Chem. Plants Protection Research Inst.
16. US 3 337 600, 13.5.65/22.8.67, US Prior. 4.9.62, Monsanto Co.
17. US 3 359 301, 13.5.65/19.12.67, US Prior. 4.9.62, Monsanto Co.
18. BE 645 752, 26.3.64/16.7.64, US Prior. 2.4.63, Union Carbide Corp.
19. FR 1 397 525, 31.3.64/22.3.65, US Prior. 2.4.63.
20. NE 64 03 519, 2.4.64/5.10.64, US Prior. 2.4.63.
21. GB 1 055 721, 16.3.64/18.1.67, US Prior. 2.4.63.
22. SZ 418 056, 2.4.64/31.7.66, US Prior. 2.4.63.
23. Herrett, R.A. and Berthold, R.V., Science 149, 191 (1965).
24. US 3 328 154, 10.3.64/27.6.67, US Prior. 12.9.60, Monsanto.
25. US 3 384 472, 1.11.65/21.5.68, Dow Chemical Co.
26. US 3 455 673, 8.12.67/15.7.69, US Prior. 30.12.64, Smith Kline and French Laboratories.
27. US 3 445 222, 8.11.67/20.5.69, US Prior. 23.6.64, Hercules Powder Co. Inc.
28. US 3 453 099, 7.7.66/1.7.69, Pennsalt.
29. Popoff, Jr.C., et al., Agr. Food Chem. 20 (1) 80, (1972).

b) Mono- und Dithiocarbamidsäureester sekundärer aliphatischer Amine

Bis 1976 finden sich unter den Mono- und Dithiocarbamidsäurestern im Gegensatz zu den Sauerstoffanalogen praktisch verwertbare Produkte nur unter den Vertretern aliphatischer Amine. Die Produkte sind außerdem auf Derivate sekundärer Amine beschränkt. Die mangelnde chemische Stabilität von Mono- und Dithiocarbamidsäureestern primärer Amine steht zum Teil einer Verwendung entgegen. Als von primären Aminen abgeleitetes Derivat findet lediglich der N-Methyl-dithiocarbamidsäureester Verwendung; hier wird aber gerade die Zersetzlichkeit in N-Methyl-isothiocyanat ausgenutzt.

N-Dialkyl-thiolcarbamidsäureester mit herbizider Wirkung sind durchweg jüngeren Datums[1, 2, 4], verglichen mit den N-Phenylcarbamidsäureestern (s. unten). Alle Thiolcarbamate sind Bodenherbizide.

Dialkyl-carbamidsäure-thiolester

$(C_2H_5)_2N-\underset{\underset{S}{\|}}{C}-S-C_2H_5$

N, N-Diäthyl-S-äthylcarbamat
Common name: Ethiolate
Handelsname: Prefox®
(Gulf Oil Corp., 1972)

$LD_{50}$: 400 mg/kg p.o. Ratte. Pre-emergence gegen Gräser in Mais. Einarbeitung in den Boden.
Patente[66, 68]. Literatur[67].

$(C_3H_7)_2N-\overset{\overset{O}{\|}}{C}-S-C_2H_5$

N, N-Dipropyl-thioläthylcarbamat
Common name: EPTC, Diprolam
Handelsname: Eptam®
(Stauffer Chem. Co.) 1954

$LD_{50}$: 1631 (1600-3160) mg/kg Ratte p.o. akut. $LC_{50}$: 19 mg/L 96 Std. Regenbogen-Forelle. Wasserlöslichkeit: 370 ppm bei 20°C. Wirkungsweise: Bodenherbizid. Anwendungsweise: Pre-emergence. Anwendungsgebiet: Bohnen, Kartoffeln, Citrus, Flachs, Zuckerrüben, Klee, Zierpflanzen und Tomaten. Wirksam gegen mono- und dikotyle Unkräuter speziell gegen Queckengräser. Bedeutendes Herbizid. Patente[2-4]. Literatur[49].

Über eine Schutzsubstanz welche durch Eptam verursachte Herbizidschäden verhindert siehe bei Dichloressigsäure-diallylamid und bei Naphthalsäureanhydrid. Eptam unter Zusatz von Dichloressigsäure-diallylamid als Schutzsubstanz wird unter dem Namen Eradicane® verkauft.

Der dem Eptam entsprechende Thiolpropylester ist als Vernam® im Handel:

$(C_3H_7)_2N-\overset{\overset{O}{\|}}{C}-S-C_3H_7$

N, N-Dipropyl-thiolpropylcarbamat
Common name: Vernolate
Handelsname: Vernam®, Stabam®
(Stauffer Chem. Co.) 1954

$LD_{50}$: 1780 mg/kg Ratte p.o. akut. Wasserlöslichkeit: 107 ppm bei 20°C. Wirkungsweise: Bodenherbizid. Anwendungsweise: Pre-emergence einarbeiten. Anwendungsgebiet: Gegen mono- und dikotyle Unkräuter in Mais, Bohnen, Erdnüssen, Tomaten, Sojabohnen, Süß-Kartoffel, Tabak.
Patente[2-4]. Literatur[49, 84].

$$(C_3H_7)_2N-\underset{\underset{O}{\|}}{C}-S-C(CH_3)_3$$

Versuchsherbizid: R-1856
(Stauffer) 1971

$LD_{50}$: > 5000 mg/kg Ratte p.o. akut. Selektiv in Gurken, Wassermelonen und Baumwolle[74].

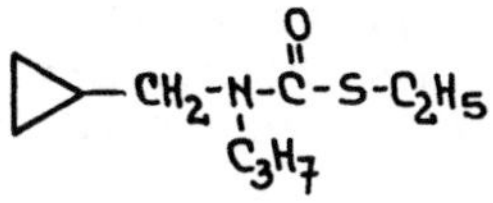

Versuchsprodukt CGA-17482
(Ciba-Geigy und Esso Res.) 1975

Patente[85]. Literatur[86].

Carbamidsäurethiolester unsymmetrischer Amine sollen eine besonders gute Selektivität zeigen.

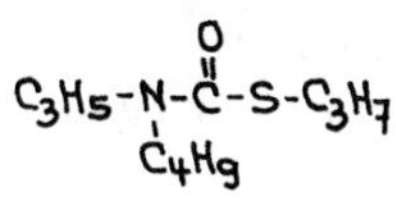

N-Äthyl-N-butylthiolpropylcarbamat
Common name: Ebulate
Handelsname: Tillam®
(Stauffer Chemical Co.) 1960

$LD_{50}$: 1120 mg/kg Ratte p.o. akut. Geringe Fischtoxizität. Wasserlöslichkeit: 60 ppm (92 ppm)[5]. Wirkungsweise: Bodenherbizid. Anwendungsweise: Pre-emergence einarbeiten. Anwendungsgebiet: Selektiv in Tomaten, Zuckerrüben, Tabak. Hauptsächlich gegen Jahres-Gräser, z.T. aber auch gegen dikotyle Unkräuter. Patente[6-8, 16]. Literatur[5, 84].

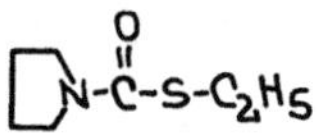

Versuchsprodukt Stauffer
Aufgegeben

Patente[9, 10].

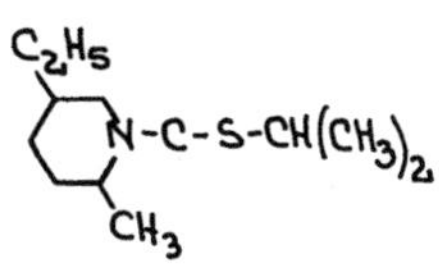

Versuchsprodukt: R-12001
(Stauffer Chem. Co.) 1971

$LD_{50}$: 3690 mg/kg Ratte p.o. akut. Wasserlöslichkeit: 38 ppm. Selektiv in Mais, Baumwolle, Kartoffel, Erdnuß, Zuckerrüben und Sonnenblumen[73].

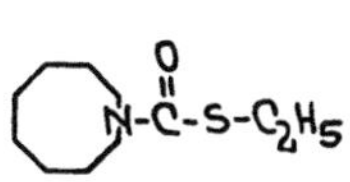

Hexahydro-1-H-azepin-1-carbamidsäure-thioläthylester
Common name: Molinate
Handelsname: Hydram®, Ordram®
(Stauffer Chem. Co.) 1965

$LD_{50}$: 720 (484-720) mg/kg Ratte p.o. akut. $LC_{50}$: 1,3 mg/L 96 Std. Regenbogen-Forelle f. Techn. Ordram. Wirkungsweise: Bodenherbizid. Anwendungsweise: Pre-emergence einarbeiten und post-emergence. Anwendungsgebiet: Speziell gegen Echinochloa crus galli (Hühnerhirse) und Dayflower in Reis.
Patente[11, 12]. Literatur[13, 84].

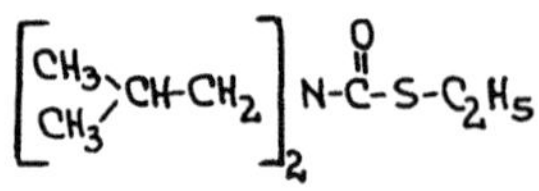

N, N-Diisobutyl-thioläthylcarbamat
Common name: Butylate
Handelsname: Sutan® = R 1910
(Stauffer Chem. Co.) 1962

$LD_{50}$: 3998 mg/kg Ratte p.o. akut. Wasserlöslichkeit: 45 ppm bei 20°C. Wirkungsweise: Bodenherbizid. Anwendungsweise: Pre-emergence einarbeiten. Anwendungsgebiet: Zuckerrüben, Mais. Besonders wirksam Digitaria sp. und andere Hirsearten. Auch in Kombination mit Atrazin.
Patente[2-4]. Literatur[49].

Sutan +® ist ein selektives Maisherbizid unter Zusatz eines "Antidote" (R-25788= Dichloressigsäure-diallylamid). $LD_{50}$: > 4690 mg/kg Ratte.

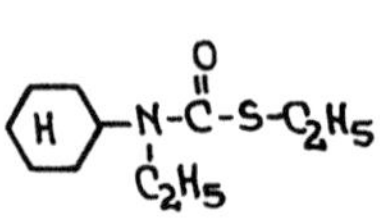

N-Äthyl-N-cyclohexyl-thiolcarbamat
Common name: Cycloate
Handelsname: RoNeet®
(Stauffer Chemical Co.) 1963

$LD_{50}$: 3160-4100 mg/kg Ratte p.o. akut. Wasserlöslichkeit: 100 ppm. Wirkungsweise: Bodenherbizid. Anwendungsweise: Pre-emergence einarbeiten. Anwendungsgebiet: Zuckerrüben, Spinat. Gegen mono- und dikotyle Unkräuter.
Patente[8, 16-18, 84]. Literatur[19].

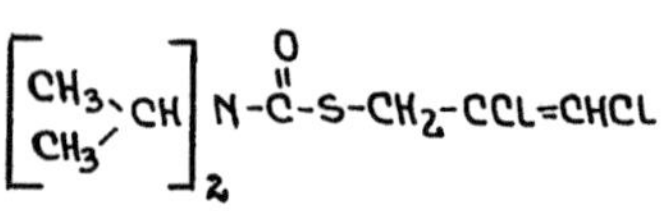

N, N-Diisopropyl-thiol-2, 3-dichlorallylcarbamat
Common name: Diallate, DATC, DDTC usw.
Handelsname: Avadex®
(Monsanto Chem. Co.) 1961

Isomeren Gemisch

$LD_{50}$: 395 mg/kg Ratte p.o. akut; 510 mg/kg Hund. $LC_{50}$: 7,9 mg/L 4 Tage Regenbogen-Forelle. Wasserlöslichkeit: 14 ppm bei 25°C. Wirkungsweise: Bodenherbizid. Anwendungsweise: Pre-emergence einarbeiten. Anwendungsgebiet: Gegen Monokotyledonen; von größerer Bedeutung, da speziell wirksam gegen schwer bekämpfbaren Flughafer und Ackerfuchsschwanz, selektiv in Mais, Flachs, Kartoffeln, Zuckerrüben, Gerste, Erbsen, Sojabohnen, Wurzelgemüse, Obstbäume und Ziergehölze.
Patente[20-22, 57]. Literatur[50].

Als verwandte Substanz sei genannt[20, 81].

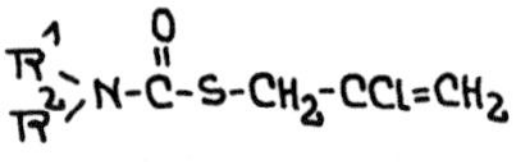

N, N-Diisopropyl-thiol-2, 3, 3-trichlorallylcarbamat
Common name: Triallate
Handelsname: Avadex BW®
(Monsanto Chem. Co.) 1961

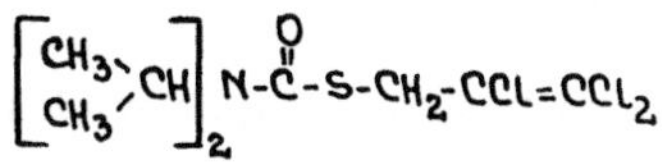

$LD_{50}$: 1675-2165 mg/kg Ratte p.o. akut. Wasserlöslichkeit: 4 ppm. Anwendung: Bodenherbizid, pre-emergence gegen Monokotyledonen, speziell gegen Flughafer in Rüben und Gerste. Selektiv in Erbsen, Winterweizen, Mais, Sojabohnen, Leguminosen, Ziergehölzen und Obstbäumen.

Verhindert die Zellteilung und beeinflußt eine Zellstreckung. Patente s. Diallate[20-22]. Literatur[50].

Ergänzend seien genannt:

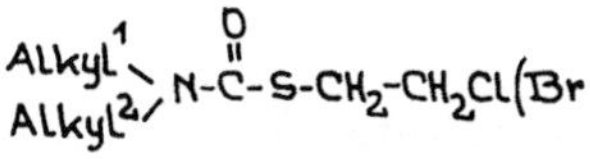 23

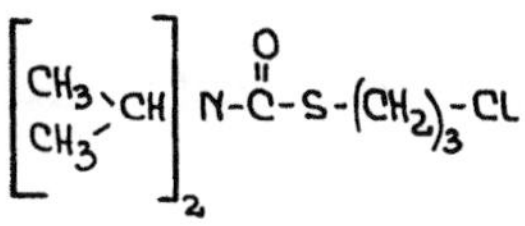 24

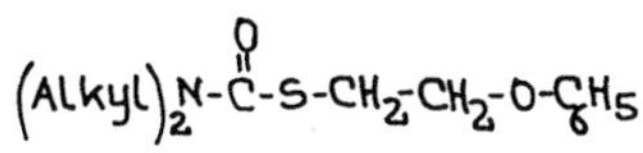 25

Carbamate von Thiolen mit einer Dreifachbindung im Amin- oder Thiolrest[55].

Die Einführung des Thiobenzylalkohols in die Thiolcarbamate, vorwiegend durch japanische Firmen (siehe ältere Monsanto-Patente[14, 15, 26, 27, 56]) erbrachte eine Anzahl neuer Versuchs- und auch Handelsprodukte.

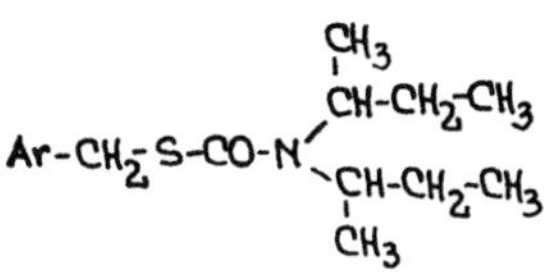

Drepamon
Versuchsherbizid M-3432
(Montecatini Edison) 1973

$LD_{50}$: 10 000 mg/kg Ratte. Pre- und post-emergence in Reis gegen Gräser. Patente[72]. Literatur[80].

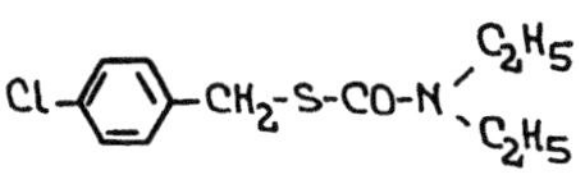

Common name: Benthiocarb
Handelsname: B-3015
Bolero® (USA), Saturn®
Ishihara Sangyo Co., Entwicklung durch Kumiai Chem Ind., Chevron Chem. 1971.

$LD_{50}$: 1300 mg/kg Ratte p.o. akut. 560 mg/kg Maus. $LC_{50}$: 6,1 mg/L 96 Std. bl. Sunfish. Wasserlöslichkeit: 30 ppm bei 20°C. Anwendung: Vor oder kurz nach der Aussaat von Reis im Wasser. Nur wirksam gegen Gräser.
Patente[26, 27, 60]. Literatur[75].

Um auch eine Wirksamkeit gegen breitblättrige Unkräuter zu erreichen, wird die Verbindung mit Simetrin kombiniert (Saturn-S®).

Benthiocarb und seine Kombinationen sind in Japan wichtige Reisherbizide; Anwendung als Granulat ins Wasser.

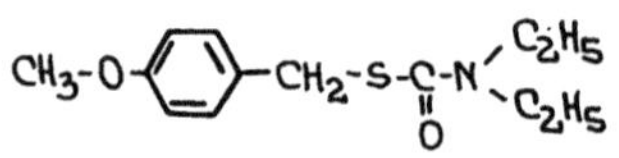

Versuchsherbizid: NTN-5810 (Nitokuno) 1974, Gegen Gräser.

Selektiv in gesähtem und verpflanzten Wasserreis ferner in Trockenreis, Bohnen und Mais gegen Gräser.

Die entsprechende 2-Chlorbenzyl-Verbindung ist ebenfalls ein Versuchsherbizid: B-3356 (Kumiai Chem. Co.).
Patente[61]. Literatur[62].

N, N-Dimethyl-S-(2, 5-dichlorbenzyl)-thiocarbanat.

Versuchsherbizid: F-1347 (Ishihara Sangyo Ko.). Selektiv in Reis.
Patente[63].

Thiocarbamat-sulfoxide

Der biologische Abbau der Thiocarbamate im Boden und in der Pflanze verläuft relativ rasch. Es tritt anscheinend zuerst Oxidation am Schwefel ein. Derartige Oxidationsprodukte lassen sich aus den Thiocarbamaten durch Oxidation mittels Wasserstoffperoxid und anderen Peroxiden synthetisch herstellen und sie erweisen sich als wirksame Herbizide. Aus diesen Erkenntnissen und Arbeiten[83] dürften bald neue Versuchsprodukte hervorgehen. Entsprechende Schutzanmeldungen sind schon bekannt[69, 70, 71, 82]. Nachteilig ist die mangelnde Stabilität der Sulfoxide, doch dürfte dies für Spezialzwecke auch vorteilhaft sein.

Dialkyl-carbamidsäure-thionoester

Ein Verkaufsprodukt aus dieser Gruppe ist bis jetzt nicht bekannt.

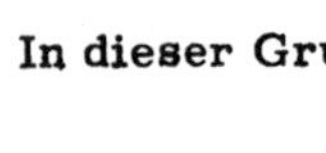

Allgemeine Patente[9, 28-32].

Carbamidsäure-dithioester

In dieser Gruppe befinden sich wieder einige wichtige Bodenherbizide.

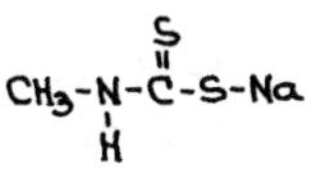

Natriumdithio-N-methyl-carbamat
Common name: Metham-Na
Handelsname: Vapam®
(Stauffer Chem. Co.) 1954
VPM® (Du Pont)

$LD_{50}$: 820 mg/kg Ratte p. o. akut; 285 mg/kg Maus. Wirkungsweise: Zerfall in $CH_3-N=C=S$. Bodenherbizid. Anwendungsgebiet: Kurzzeitig wirksames Herbizid zur Bodensterilisation gegen Mono- und Dikotyledonen. Benutzung des Bodens nach der Anwendung schon rasch wieder möglich. Die Verbindung ist auch gut fungizid und nematizid wirksam.
Patente[33]. Literatur[52].

Als ein cyclisches Kondensationsprodukt der N-Methyl-dithiocarbamidsäure mit Formaldehyd und Methylamin ist die folgende Verbindung aufzufassen. Sie wirkt auch nur nach Maßgabe ihres Zerfalls in die N-Methyl-dithiocarbamidsäure bzw. deren weiteren Zerfall in Methylsenföl.

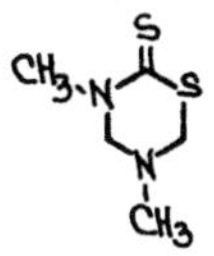

3, 5-Dimethyl-tetrahydro-1, 3, 5-thiadiazin-2-thion
Common name: Dazomet, DMTT
Handelsname: Mylone®
(Union Carbide Chem. Co.) 1952

$LD_{50}$: 500 mg/kg Ratte p. o. akut. Wasserlöslichkeit: 120 ppm. Wirkungsweise: Bodenherbizid. Zerfall in das wirksamere $CH_3-N=C=S$. Anwendungsgebiet: Gegen Mono- und Dikotyledonen. Darstellung: Methylamin + Schwefelkohlenstoff + Formaldehyd.
Patente[34]. Literatur[53, 54].

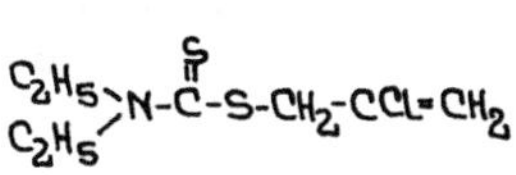

2-Chlorallyl-N, N-diäthyldithiocarbamat
Common name: CDEC, Calmate, Sulfallate
Handelsname: Vegadex®
(Monsanto Chem. Co.) 1954

$LD_{50}$: 850 mg/kg Ratte p. o. akut. Wasserlöslichkeit: 92 ppm/25°C. (Ungiftig für Fasanen). $TL_m$: 9,6 ppm Regenbogen-Forellen. Anwendung: Bodenherbizid, preemergence. Selektiv in Mais, Möhren, Erbsen, vielen Bohnensorten, Sellerie, Sojabohnen, Gurken, Tomaten und Gladiolen. Wirksam vornehmlich gegen Gräser aber auch gegen viele Dikotyledonen. Die Wirkung soll auf einer Chelatbindung des Kupfers und anderer Metalle beruhen. Hierdurch werden die Tyrosinanse und die Cytochrom-oxidase behindert[81].
Patente[35-38]. Literatur[51, 81].

$$(iso\text{-}C_3H_7)_2N\text{-}\underset{\underset{S}{\|}}{C}\text{-}S\text{-}CH_2\text{-}\underset{\underset{Cl}{|}}{C}{=}CH_2$$

Diese Verbindung war längere Zeit ein Versuchsherbizid der Monsanto (CP-7341) zur Unkrautbekämpfung in Mais. CP-7667 ist die **entsprechende** N, N-Di-n-propylverbindung[76].

$$(CH_2{=}CH\text{-}CH_2)_2N\text{-}\overset{\overset{S}{\|}}{C}\text{-}S\text{-}(Alkyl)$$ [39, 58]

Carbamidsäureester chlorhaltiger Amine s.[40].

Dithiocarbamate des chlorierten Piperidins mit Chlorallylthiol[40].

Hexamethylen-iminodithio-carbamidsäureester s. [59].

Auch bei den Dithio-carbamaten ist in jüngerer Zeit der Thiobenzylalkohol in einigen Versuchsprodukten zu verzeichnen. Hier sind Monsanto-Patente schon aus dem Jahre 1965 bekannt.

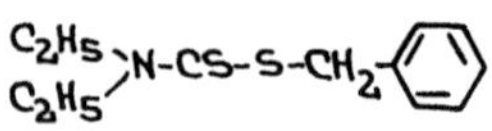

N, N-Diäthyl-dithio-benzylcarbamat
Handelsname: Caback 39®
(Kumiai Chem. Ind. Japan)

$LD_{50}$: 1000 mg/kg Maus. Wirksam pre-emergence gegen Ungräser im Reis. Patente[64] s.a.[28, 39]. Literatur[79].

N, N-Di-iso-propyl-dithiobenzylcarbamat. Caback 43 (Kumiai Chem. Ind.). Pre-emergence in Reis.
Patente[64]. Literatur[79].

Eine systematische Untersuchung der Dithiocarbamate des Thiobenzylalkohols ergab hohe herbizide Wirksamkeit gegen breitblättrige Unkräuter wenn der Arylrest in 4-Stellung durch eine Methoxygruppe oder durch Dimethylamino substituiert war. Gegen Graminaceen war nur die 4-CN-gruppierung wirksam. Der Amidostickstoff darf nur durch niedere aliphatische Alkyle substituiert sein, wobei nur sec. Amide Wirksamkeit ergaben[65].

Die Dithio-carbamidsäureester wirken offensichtlich durch Behinderung der oxydativen Phosphorylierung.

Einige weitere ältere Beispiele:

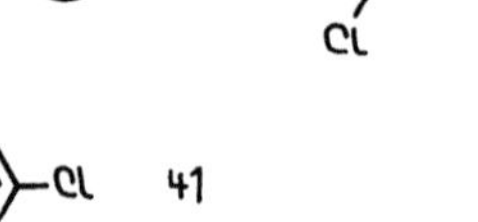

28, 39

41



39

Über eine Wuchsstoffwirkung von $(Alkyl)_2N-C(=S(O))-S(O)-CH_2-COOR$ s. bei aliphatischen Carbonsäuren.

Mn- oder Zn-Salze der Dimethyldithiocarbamidsäure sind speziell als Fungizide von Bedeutung (s. dort). Die As-Verbindungen sind Herbizide, doch beruht die Wirkung in der Hauptsache auf dem Arsengehalt. Die beste Wirkung soll

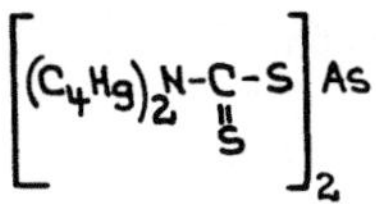

aufweisen[43].

Dithiocarbamidsäureester-acetale[42]:

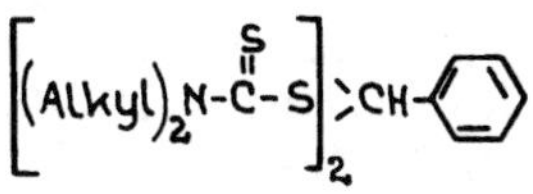

Dithiocarbazidsäureester[44-47].

Isothiocyanate

Isothiocyanate können als innere Anhydride von Thiocarbamidsäuren aufgefaßt werden und seien deshalb an dieser Stelle erwähnt. Aliphatische Isothiocyanate wurden als Entblätterungsmittel patentiert, z. B. das $C_{12}H_{25}NCS$[48].

## Literatur und Patente

5. Organische Herbizide

5.5.2. Carbamidsäureester und die entsprechenden Thioverbindungen - Abschnitt b


1. US 3 249 619, 24.7.64/3.5.66, Dow Chemical Co., H. Johnston.
2. DAS 1 031 571, 17.1.57/4.6.58, US Prior. 17.1.56, Stauffer Chemical Co., H. Tilles u. J. Antognini.
3. US 2 913 327, 17.1.56/17.11.59, US 2 913 327 (1958), 3 175 897 (1965), 3 185 720 (1965).
4. FR 1 171 404, 15.1.57/6.10.58, US Prior. 17.1.56.
5. Martin, H., Pesticide Manual, p. 339. British Crop Protection Council 1968.
6. US 2 977 209, 13.2.57/28.3.61, Stauffer Chemical Co., H. Tilles u. J. Antognini.
7. US 2 983 747, 28.7.58/9.5.61, Stauffer Chemical Co.
8. US 3 175 897, 21.8.62/30.3.65, US Prior. 11.1.57, Stauffer Chemical Co.
9. US 3 224 862, 2.4.62/21.12.65, US Prior. 22.5.58, 2.10.59 u. 5.10.59, Monsanto Co.
10. CA 721 766, 5.1.57/16.11.65, US Prior. 17.1.56, Stauffer Chemical Co.
11. US 3 198 786, 27.4.64/3.8.65, US Prior. 1.5.61, Stauffer Chemical Co.
12. FR 1 327 964, 28.4.62/16.4.63, US Prior. 1.5.61, Stauffer Chemical Co.
13. Chem. Ind. 19 (3), 136 (1967).

14. US 3 330 822, 18.1.67/11.7.67, US Prior. 19.5.61, 16.5.62, 19.7.65 u. 14.7.66, Monsanto Co.
15. US 3 357 815, 31.1.67/12.12.67, US Prior. 1.3.66, Monsanto Co.
16. US 3 185 720, 21.8.62/25.5.65, US Prior. 11.1.57, Stauffer Chemical Co.
17. GB 995 316, 13.12.64/16.6.65.
18. NE 64 00 713, 29.1.64/30.7.65, US Prior. 11.1.57 u. 21.8.62, Stauffer Chemical Co.
19. Riggleman, J.D., Agr. Chem. 19 [2], 120 (1964).
20. GB 1 010 741, 2.11.60/24.11.65, GB Prior. 28.2.58, Monsanto Co.
21. US 3 330 643, 25.6.65/11.7.67, US Prior. 28.2.57 u. 19.11.59, Monsanto Co.
22. US 3 330 821, 25.6.65/11.7.67, US Prior. 28.2.57 u. 19.11.59, Monsanto Co.
23. US 3 298 817, 16.4.59/17.1.67, US Prior. 8.8.58, Stauffer Chemical Co.
24. US 3 305 576, 13.11.62/21.2.67, US Prior. 10.7.59, Monsanto Co.
25. US 3 284 184, 7.8.63/8.11.66, US Prior. 5.10.59, Monsanto Co.
26. DAS 1 243 457, 3.7.62/29.6.67, US Prior. 3.7.61, Monsanto Co.
27. US 3 303 014, 22.4.66/7.2.67, US Prior. 3.7.61, Monsanto Co. (selektives Pre-emergence-Reisherbizid, besonders gegen "Echinocloa crus galli", Hirse).
28. US 3 224 861, 3.7.61/21.12.65, Monsanto Co.
29. US 3 224 863, 13.6.62/21.12.65, Monsanto Co.
30. US 3 224 864, 26.9.62/21.12.65, Monsanto Co.
31. US 3 230 243, 9.5.61/18.1.66, Monsanto Co.
32. US 3 297 680, 26.9.62/10.1.67, US Prior. 14.3.58, Monsanto Co.
33. US 2 766 554, 28.7.54/16.10.56, Stauffer Chemical Co. (Bodenfungizid).
34. US 2 838 389, 3.9.52/10.6.58, Union Carbide Corp.
35. US 2 744 898, 17.3.52/8.5.56, Monsanto Chemical Co.
36. US 2 854 467, 13.12.54/30.9.58, Monsanto Chemical Co.
37. DAS 1 039 303, 16.12.54/18.9.58, US Prior. 17.12.53 u. 23.11.54, Monsanto Chemical Co.
38. US 2 919 182, 23.11.54/29.12.59, Monsanto Chemical Co.
39. US 3 225 078, 26.9.62/21.12.65, US Prior. 7.10.59, Monsanto Co.
40. US 3 224 866, 31.5.63/21.12.65, US Prior. 12.10.59, Monsanto Co.
41. US 3 205 248, 26.9.62/7.9.65, US Prior. 7.10.59, Monsanto Co.
42. US 3 257 441, 13.3.62/21.1.66, Tenneco Chemicals Inc.
43. US 3 281 234, 23.6.64/25.10.66, Pennsalt Chemicals Corp.
44. US 3 244 501, 18.12.63/5.4.66, US Prior. 25.7.62, Monsanto Co.
45. US 3 261 858, 25.7.62/19.7.66, Monsanto Co.
46. US 3 287 099, 30.7.62/22.11.66, Monsanto Co.
47. US 3 284 482, 13.10.65/8.11.66, US Prior. 30.7.62, Monsanto Co.
48. US 3 352 661, 7.2.64/14.11.67, Pennsalt Chemicals Corp.
49. Herbicide Handbook of the Weed Society of America, p. 164. Geneva-New York: W.F. Humphrey Press Inc., 1967.
50. Friesen, G.: Res. Proc. National Weed Comit. Canada 1960.
Mannah, L.: Proc. N. C. Weed Control Conf. 1959.
51. Herbicide Handbook of the Weed Science Soc. of America. 3. edition S. 87.
52. Fryer, J.D. and Evans, S.A.: Weed Control Handbook, pp. 85 u. 394. Oxford-Edinburgh: Blackwell Scientific Publications 1968.
53. - pp. 92 u. 416.
54. Martin, H.: Pesticide Manual, p. 119. British Crop Protection Council 1968.
55. NE 68 03 170, 6.3.68/10.9.68, GE Prior. 9.3.67, BASF.
56. Binning: 25. Annual Research Rep. North Central Weed Control Conf. 1968, p. 164.

57. DB 1 142 464, 8.5.59/17.1.63, US Prior. 28.2.57, Monsanto Chem. Co.
58. US 3 133 810, 19.4.61/19.5.64, Monsanto Chemical Co.
59. FR 1 548 878, 12.12.67/28.10.68 u. 6.12.68, SZ Prior. 30.12.66. Ciba S.A.
60. JA 29 024/68, 7.12.65.
61. DOS 2 135 768, 16.7.71/20.1.72, Kumiai Chem. Ind., JA Prior. 16.7.70, US 3 746 532, 13.7.71/17.7.73.
62. Upland Herbicide chem. Tested in Japan s.o.
63. JA 29 024/68, 7.12.65.
64. DOS 1 642 350, 18.1.67/22.4.71, Toa Noyaku JA 27 347, 15.9.65/GB 1 171 342.
65. Shigeki Wakamori Agr. Biol. Chem. 37 (2) 307 (1973), ibid. 33 (10) 1367 (1969).
66. CA 870 024, US Prior. 13.8.69.
67. Weed Abstr. 22 Ref. 752 und 2763 (1973).
68. DOS 2 041 939, 24.8.70/11.3.71, Gulf Oil Co.
69. Stauffer Chem. Co., Science 184, 4136 (1974).
70. DOS 2 341 119, 14.8.73/28.5.74, US Prior. 14.8.72, Stauffer DOS 2 350 475, 8.10.73/25.10.74, Montecatini Edison.
71. DOS 2 340 517, 10.7.73/28.2.74, siehe auch 70.
72. DOS 2 144 700, 7.9.71/16.3.72, Montecatini Edison.
73. Weed Abstr. 20 (3) Ref. 1352 (1971).
74. Weed Abstr. 20 (4) Ref. 1808 (1971).
75. Weed Abstr. 20 (3) Ref. 1354 u. 1355 (1971), Monsanto.
76. US 3 133 810, 19.4.61/19.5.64.
77. -
78. North Central Weed Control. Co. 1968 S. 164.
79. Weed Abstr. 20 (3) Ref. 13, 56, 57 (1971).
80. Pesticide Res. in Europe Farm Chem. 136 (9) 28 (1973).
81. Agricultural Division Monsanto 800 - N - Lindberg Blod St. Louis,
82. Missouri 63 166 Tech. Inform.
82. DOS 2 413 574, 21.3.74/17.10.74, US Prior. 29.3.73, Stauffer.
83. Casida, J.E., Science 184, 4136, 573 (1974).
84. Techn. Inform Stauffer Chem. Co., Westport CT 06880.
85. DOS 2 061 051, 11.12.70/9.12.71, Esso Res. US 3 776 936, 19.5.70/4.12.73, Esso Res. SZ 524 955, 17.12.70/31.8.72, Ciba-Geigy.
86. Pillai, C.G. und Davis, D.E., Proc. South Weed Sci. Soc. 27, 360 (1974).
87. DOS 2 350 547, 10.9.73/25.4.74, US Prior. 13.10.72 u. 2.5.73, Stauffer DOS 2 350 800, 10.9.73/25.4.74, Stauffer.

c) Carbamidsäureester aromatischer Amine

Carbamidsäureester aromatischer Amine mit aliphatischen Alkoholen sowie deren Abwandlungen

G. Friesen[1] hat schon 1929 auf die pflanzenschädigende Wirkung von N-Phenylurethan hingewiesen. Die Bedeutung seiner Beobachtung für die Unkrautbekämpfung wurde aber damals nicht erkannt. 1941 haben Sexton und Templeman die wachstumshemmende Wirkung der N-Phenylurethane auf keimende Kartoffeln und die allgemeine herbizide Wirkung durch Patente offenbart[2,3]. Aber erst nach dem 2. Weltkrieg (1945) berichten Templeman und Sexton (ICI) in der Literatur über die beachtenswerte wachstumsbeeinflußende Eigenschaft des N-Phenylurethans[4]. Neben der allgemeinen herbiziden Wirkung beobachteten sie bereits, daß Hafer in seinem Wachstum stark geschädigt wird, nicht aber der Ackersenf. Eine breitere Untersuchungsreihe zeigte die überragende pflanzenschädigende Wirkung des N-Phenylcarbamidsäure-isopropylesters. Die Firma Henkel hat auch schon 1948 ein Carbamat des Anthranilsäureesters als Keimhemmungsmittel zum Patent angemeldet[5-7]. Praktisch verwertbare Produkte entstanden aber nicht aus dieser Beobachtung. Aus der Carbamidsäureester-Reihe aromatischer Amine sind rasch nacheinander zahlreiche bedeutende Herbizide hervorgegangen. Bis in die jüngste Zeit sogar werden immer wieder neue, selektiv wirksame Carbamidsäureester gefunden und in den Handel gebracht. Zusammenfassende Literatur[97].

Fast allen Carbamidsäureestern aromatischer Amine ist eine Wirkung über die Wurzel gemeinsam.

Der Wirkungsmechanismus der Carbamatherbizide ist vielfach untersucht worden. Einerseits stellen sie nach Moreland und Hill ähnlich wie die Harnstoffe oder die symmetrischen Triazinderivate Hemmstoffe der Photosynthese dar[99], andererseits wirken die Carbamate als Mitosegifte[100], eine Eigenschaft, die im Hinblick auf Rückstandsprobleme kritischer angesehen wird. Größere Konzentrationen aromatischer Amidokohlensäureester, z.B. des IPC, können die Zellteilung vollständig verhindern[101]. Von anderer Seite wird die Hemmwirkung auf die DNS zur Synthese von m-RNS hervorgehoben[102,103]. Die durch Gibberellin beeinflußte Synthese von Amylase wird ebenfalls durch Carbamate gehemmt[105]. Eine Zusammenfassung der Wirkungsmechanismen von Herbiziden, speziell auch Carbamaten, ist 1969 erschienen[104].

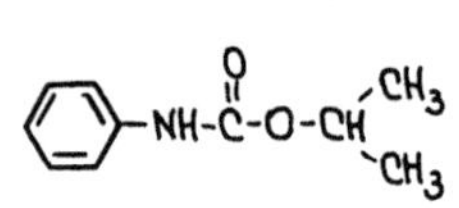

N-Phenyl-isopropyl-carbamat
Common name: IPC, Propham
Handelsname: CHEM-HOE®
(Pittsburgh Plate Glass Co.) 1946

$LD_{50}$: (1000-4420) (5000) mg/kg Ratte p.o. akut. Wasserlöslichkeit: 250 ppm bei 20°C (verschiedene Angaben). Wirkungsweise: Boden- und Blattherbizid, ferner Kartoffelkeimhemmer, Mitosegift. Anwendungsweise: Pre-emergence. Anwendungsgebiet: Vornehmlich gegen Gräser, weniger gegen breitblättrige Unkräuter. Unwirksam gegen Hirsearten. Einpudern von Lagerkartoffeln zur Keimhemmung. Patente[2,3]. Literatur[4,8,9].

Die Wirksamkeit der Alkoholkomponente in N-Phenylcarbamidsäureestern ist eingehend untersucht worden[10]. Der Isopropylrest ergibt eine sehr gute Wirkung gegen Monokotyledonen, aber weniger gegen Dikotyledonen. Gegen beide Pflanzenklassen gleich gut wirken der ß-Chloräthyl-, der Allyl- und der Butinyl-Rest[11,12], wobei das Optimum beim ß-Chloräthyl-Rest liegt. Der γ-Chlorbutyl-Rest wirkt gegen Dikotyledonen deutlich schwächer. Ein weiterer Abfall der Wirkung gegen breitblättrige Pflanzen findet beim Isobutyl-Rest statt. Ester des Äthanols und höherer n-Alkohole ergeben für beide Pflanzenklassen fallende Werte, desgleichen Ester des Benzylalkohols und Cyclohexanols. Ester des Propargylalkohols s.[11,12].

Auch beim Chlor-IPC (s. im folgenden) wurden gleichartige Gesetzmäßigkeiten hinsichtlich der Alkoholkomponente beobachtet[13]. Der Einfluß der Substituenten im Phenylrest ist mehrfach untersucht worden[10,13,14,19-21]. Höchste Wirksamkeit weisen die Carbamidsäureester des m-Chloranilins auf. Chlor kann durch Br, F und $CH_3$ ersetzt werden, die Jodverbindung wirkt aber schwächer. Schwächer wirksam sind auch Verbindungen mit F in 4-Stellung, noch schwächer solche mit Br und J oder gar $CH_3$ in 4-Stellung. Nitroaniline ergeben weder in der 3- noch in der 4-Stellung Herbizide. Chlor in 2-Stellung ist ebenso wie die Methoxy-Verbindung gut, aber schwächer wirksam als CIPC. Ist eine 3-Stellung durch Cl besetzt, kann in 6-Stellung bei sehr guter Wirksamkeit noch ein Cl, eine Methyl- oder eine Methoxy-Gruppe stehen. 3,4-Dichloranilin-Derivate sind nur mittelmäßig wirksam, aber ausgesprochen selektiv gegen Gräser, weshalb die entsprechende Verbindung verwendet wird. Die 3,5-Dichlor-Verbindung ist nur ein ganz schwaches Herbizid.

Infolge der besonderen Wirksamkeit der Carbamidsäureester des 3-Chloranilins sind viele wichtige Produkte auf 3-Chloranilin-Grundlage aufgebaut.

3-Chlorphenylcarbamate

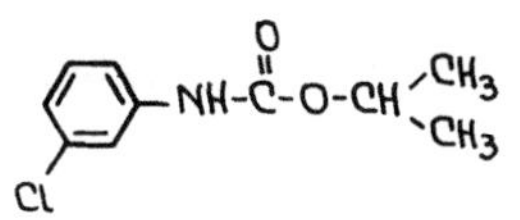


N-3-Chlorphenyl-isopropylcarbamat
Common-name: CIPC, Chlor-IPC, Chlorpropham
Handelsname: Nexoval®, Prevenol® (Columbia Southern Chem. Corp.)

$LD_{50}$: (3800-6000) mg/kg Ratte p.o. akut. Wasserlöslichkeit: 8,8 ppm bei 25°C, für Fische wenig giftig. Wirkungsweise: Bodenherbizid mit geringer Kontaktwirkung. Anwendungsweise: Pre- und post-emergence. Anwendungsgebiet: Sojabohnen, Zwiebeln, Möhren, Baumwolle. Speziell wirksam gegen Gräser, aber auch gegen breitblättrige Unkräuter. Zum Unterschied von IPC auch gegen Hirsearten wirksam. Eines der ältesten Herbizide aber noch immer von Bedeutung. Anwendung zur Keimhemmung von Kartoffeln.
Patente[15,16], s.a. IPC. Literatur[17,18-21].
Kombinationen mit anderen Herbiziden liegen vor:
Mit IPC als Aaservo®, mit Linuron als Profalon® (Hoechst).

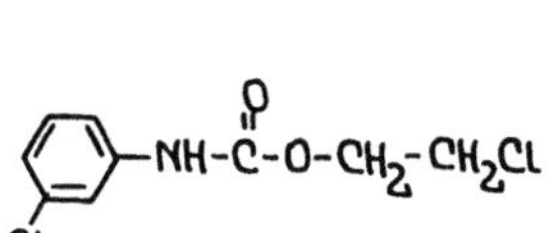


N-(3-Chlorphenyl)-carbamidsäure-2-chloräthylester
Common name: CEPC

Wirkungsweise: Bodenherbizid. Anwendungsweise: Pre-emergence. Anwendungsgebiet: Gegen mono- und dikotyle Unkräuter.
Patente[22]. Literatur[10].

Acetylen-Bindungen im Alkohol-Rest verstärken sehr häufig eine herbizide Wirkung.

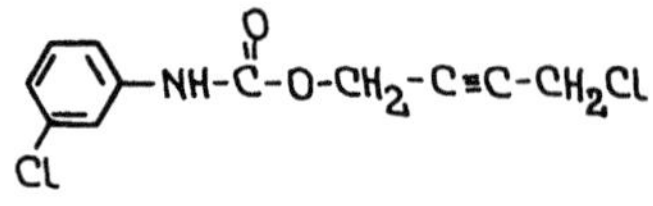

4-Chlor-2-butinyl-N-(3-chlorphenyl)-carbamat
Common name: Barban
Handelsname: Carbyne®
(Spencer Chem. Co., Gulf) 1958

$LD_{50}$: 1300 (600) mg/kg Ratte p.o. akut. $LC_{50}$: 1,3 mg/L 96 Stdn. Goldfisch. Wasserlöslichkeit: 11 ppm bei 25° C. Wirkungsweise: Blattherbizid mit systemischer Wirkung. Anwendungsweise: Post-emergence. Anwendungsgebiet: Gegen monokotyle Unkräuter. Spezielle Wirkung gegen Flughafer und Ackerfuchsschwanz in Getreide und Zuckerrüben.
Patente[26-28], s.a. (ohne Cl im Phenylrest)[29]. Literatur[30, 31].

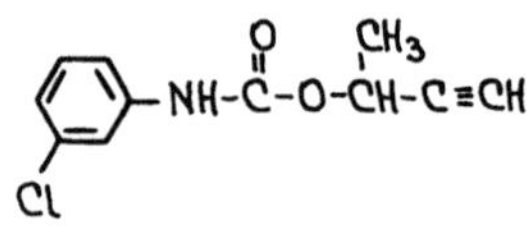

N-(3-Chlorphenyl)-1-methyl-2-propinyl-carbamat
Common name: Chlorbufam, BiPC
Zusammen mit Cyclooctyl-dimethylharnstoff als Alipur®
(BASF) 1960

$LD_{50}$: 2500 mg/kg Ratte p.o. akut. Wasserlöslichkeit: 540 ppm bei 20° C. Wirkungsweise: Bodenherbizid. Anwendungsweise: Pre-emergence. Anwendungsgebiet: Gegen mono- und dikotyle Unkräuter selektiv in Rüben und Spinat.
Patente[32-35]. Literatur[36].

Interessant ist, daß die p-Chlorverbindung (He-24108 der Hercules Inc. das Wachstum von Insekten hemmt[117]).

In geringer Anwendung ist: N-(3-Chlorphenyl)-carbamidsäure-sec.butylester, ein Bodenherbizid gegen mono- und dikotyle Unkräuter.

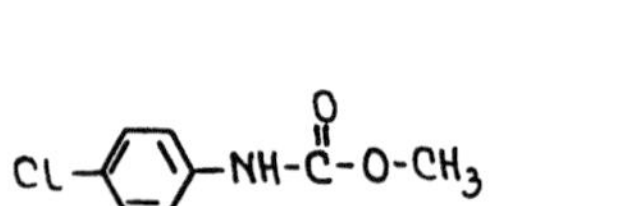
37

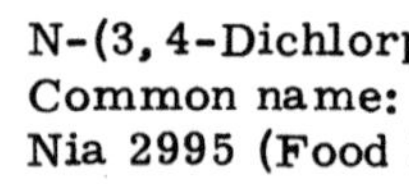
38

N-3, 4-Dichlorphenylcarbamate

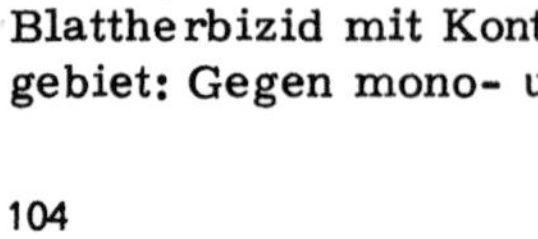

N-(3, 4-Dichlorphenyl)-methylcarbamat
Common name: Swep
Nia 2995 (Food Machinery and Chem. Corp., Niagara Chem. Div.)
etwa 1960

$LD_{50}$: 522 (552) mg/kg Ratte p.o. akut. Wasserlöslichkeit: Nur in organischen Lösungsmitteln löslich. Wirkungsweise: Bodenherbizid, mit geringer Wirkung als Blattherbizid mit Kontaktwirkung. Anwendungsweise: Pre-emergence. Anwendungsgebiet: Gegen mono- und dikotyle Unkräuter. In Reis (speziell in Wasserreis),

Sojabohnen, Erdnüssen gegen Gräser. Weniger wirksam als CIPC aber selektiver. Patente[39, 40]. Literatur[41, 42].

N-2, 4, 5-Trichlorphenyl-äthylcarbamat ist als Versuchsherbizid U-18 der Ube Industries und Ube Yamaguchi für Reis bekannt, Anwendung nach dem Umpflanzen der Reissämlinge[116].

Eine große Anzahl weiterer Patente befaßt sich mit herbiziden N-Phenyl-carbamidsäureestern. Eine Auswahl wird im folgenden mitgeteilt:

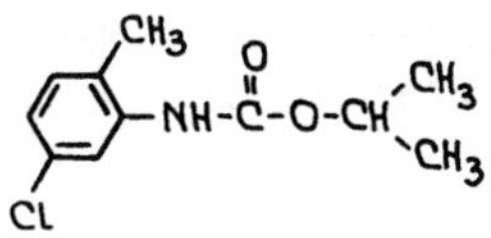
43

Die Hauptabwandlungen, die auch für die herbizide Potenz sowie für die Selektivität von Bedeutung sind, betreffen spezielle Alkohole und Substitutionen im Phenylkern.

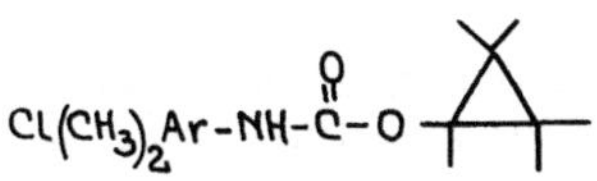
23

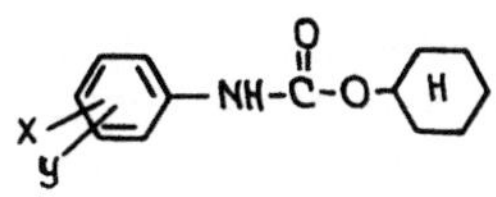
24

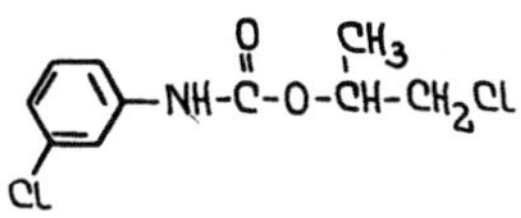
25

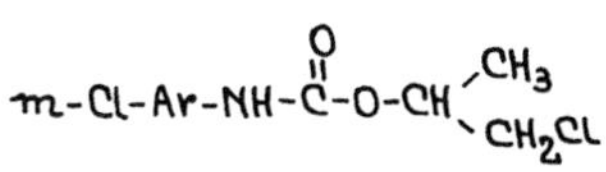
44

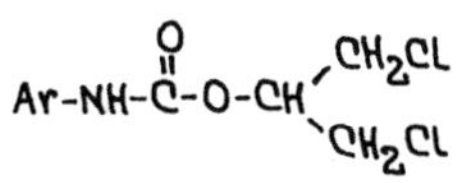
45

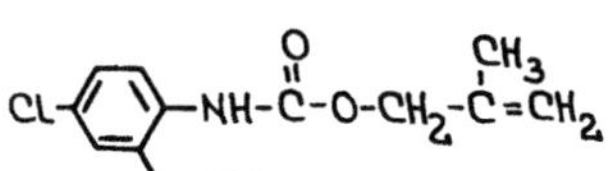
46

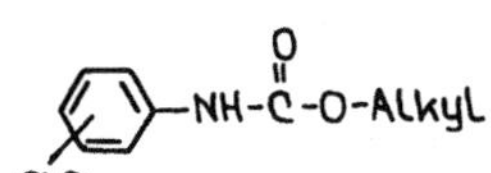
47

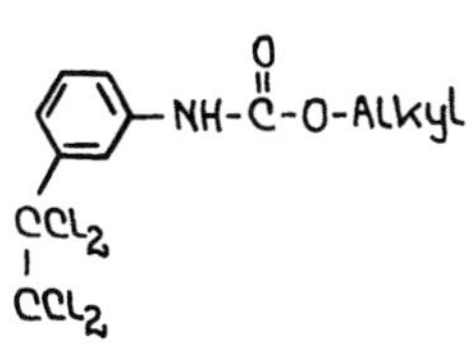
48, 49

50

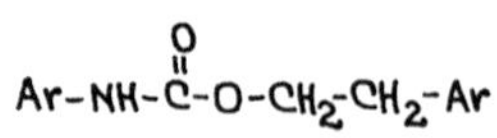

51, 52

Carbamidsäureester rhodansubstituierter Alkohole[53-57].

Carbamidsäure-Derivate des 4-Amino-benzolsulfonsäureamids wurden systematisch auf herbizide Wirksamkeit untersucht. Dabei ergab sich, daß die Verbindungen mit unsubstituierter Sulfonsäureamid-Gruppe durchweg wirksamer waren[118].

N-Phenylcarbamidsäureester von Alkoholen die im Esterteil zusätzlich eine Carbonsäureester- oder -amid-Gruppe enthalten[50], zeigen eine breite herbizide Wirksamkeit.

N-Äthyl-2-(phenylcarbamoyl)-oxypropionsäureamid

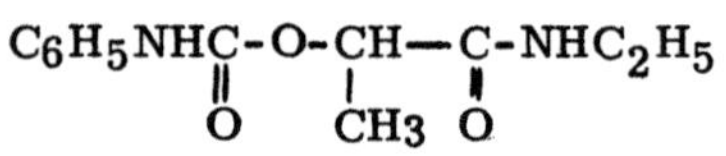

Common name: Carbamid, Carbetamide
Handelsname: Legurame® -, RP-11561 (Rhone Pulenc) 1966

$LD_{50}$: 11000 mg/kg Ratte p.o. akut, 1250 mg/kg Maus, 1000 mg/kg Hund. Wasserlöslichkeit: 350 ppm. Selektiv gegenGräser und einige breitblättrige Unkräuter in Luzerne, Klee, Endive usw.
Patente[113], s.a.[50].

Entsprechend der Synthese aus d-Milchsäure-äthylamid und Phenylisocyanat ist der Carbamidsäureester optisch aktiv.

Eine Untersuchung auf Wachstumsregulatoren mit herbizider Wirkung befaßt sich mit ähnlichen Verbindungen der Formel

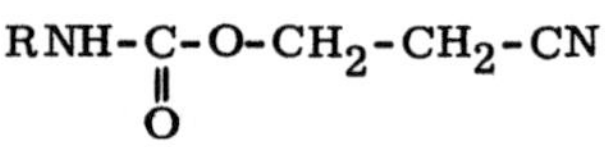

(statt CN auch COOH).

Hierbei kann R = Alkyl, Cycloalkyl oder ein substituierter Phenyl-Rest sein. Auch die analogen Thiolverbindungen wurden untersucht. Zahlreiche herbizide Verbindungen wurden gefunden[123].

N-acylierte Carbaminsäureester[58].

Die Wirkung N-acylierter Carbamidsäureester beruht wahrscheinlich auf einer Hydrolyse in die Phenylcarbamidsäureester.

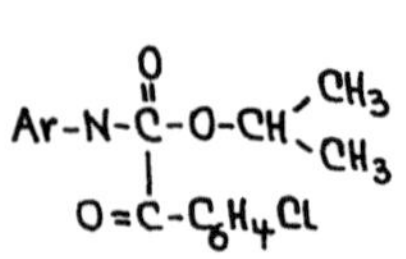

58

Carbamidsäureester aromatischer Amine mit Phenolen

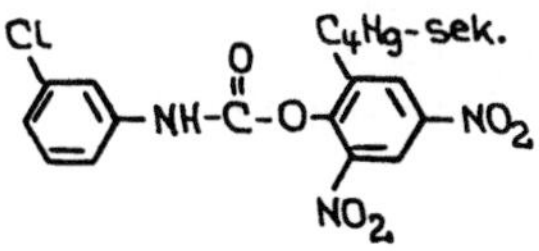

59,106

Kartoffelherbizid und Entblätterungsmittel. Der N-Phenyl-Rest kann durch N-Methyl ersetzt werden (s. auch Carbamidsäureester aliphatischer Amine).

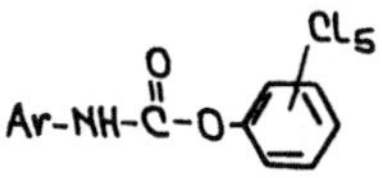

60

Oximcarbamate

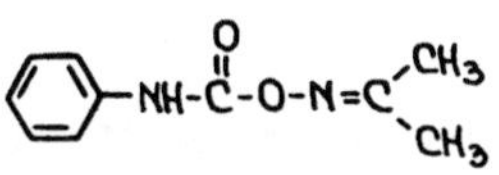

Common name: Proximpham
Versuchsprodukt
(Fahlberg List) 1966/1967

Kombiniert mit: Diuron u. IPC. Anwendungsgebiet: Selektiv in Rüben. Die Substanz wurde von der Bayer AG 1965 als Versuchsprodukt aufgegeben.
Patente[61, 62].

Carbamidsäureester mit zwei Urethangruppierungen oder einer Urethan- und einer Harnstoffgruppe

Als oft geltende Regel für eine biochemische Wirkung, speziell auch auf dem Gebiet des Pflanzenschutzes, gilt, daß die getrennte Einführung von zwei herbiziden Gruppen keine bessere Wirkung ergibt. Doch sind solche empirischen Gesetzmäßigkeiten nicht streng gültig, wie einige Dicarbamidsäureester zeigen:

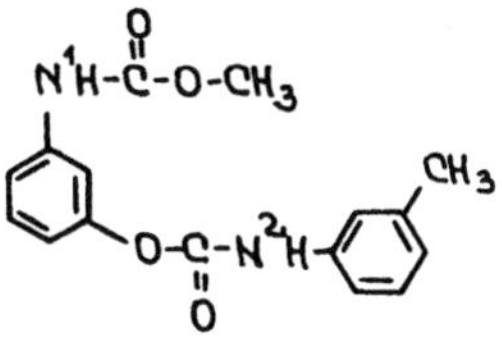

3-Methoxycarbonylaminophenyl-N-(3'-methyl-phenyl)-carbamat
Common name: Phenmedipham
Handelsname: Betanal®
Früher: Schering 4072, 4095, SN-38574
(Schering AG) 1968
Nor-Am® USA

$LD_{50}$: > 8000 mg/kg Ratte p.o. akut. $LC_{50}$: 16,5 mg/L 96 Stdn. Harlequin Fisch. Wasserlöslichkeit: < 1 ppm 20°C. Wirkungswiese: Blattherbizid mit Kontaktwirkung. Hemmt die Hill-Reaktion isolierter Chloroplasten von Zuckerrüben ebenso wie von anderen empfindlichen Pflanzenarten. Die Rübenselektivität ist biophysikalisch durch die intakte Rübenplfanze bedingt. Anwendungsweise: Im frühen Nachauflaufverfahren. Anwendungsgebiet: Selektiv in Rüben. Beschränkte Gräserwirkung. Wichtiges Herbizid.
Patente[63, 64], s.a. [65, 113, 115, 120]. Literatur[66].

Einige Jahre später wurde eine ähnliche Verbindung in den Handel gebracht:

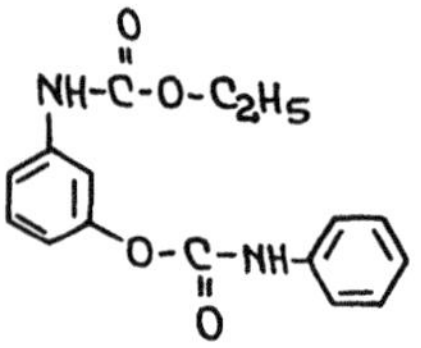


Common name Vorschlag: Desmedipham
Handelsname: Bethanol-475
Schering Deutschland, 1971
Versuchs-Nr. Schering 38107.
Betanal-AM

$LD_{50}$: 10250 mg/kg Ratte p.o. akut. LC50: 13,4 mg/L 96 Stdn. Blue-Gill Fisch, 3,8 mg/L 96 Stdn. Regenbogen-Forelle. Wasserlöslichkeit: 7 ppm bei 20°C. Anwendung: Post emergence, selektiv in Zuckerrüben. Wenig empfindlich gegen Trockenheit oder Feuchtigkeit bei der Anwendung.
Patente[63,115,120]. Literatur[121].
Siehe besonders die für diese Verbindungsklasse mit Formeln versehene Patentzusammenstellung[125-146], die Literatur und Patent-Übersicht 1969-1975; sowie bei den folgenden Formeln.

Einige Herbizide wurden sehr sorgfältig im Hinblick auf die Einwirkung der Mikroorganismen welche den Luftstickstoff zur Bildung von Nitraten ausnützen, untersucht. Dabei hat sich gezeigt, daß Phenmedipham in der 1,5X Anwendungskonzentration die Nitrogenaseaktivität etwas hemmt[148].

Ein Versuchsprodukt der BASF weist einen aliphatischen Amid-Rest statt des Toluidins auf.

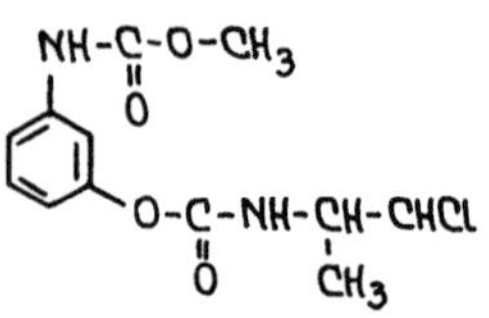


Common name: Carbochlor
BAS-3790-H, (BASF) 1969
wahrscheinlich aufgegeben

$LD_{50}$: 6400 mg/kg Ratte p.o. akut. Selektiv in Getreide, Mais, Sorghum. Wirksam gegen flachkeimende Unkräuter und Ungräser im pre emergence Verfahren. Wirkung über Boden und Blätter.
Literatur[119]. Patente: siehe Zusammenstellung[127,147].

Als zweite herbizide Gruppierung eine quartäre Ammonium-Gruppe siehe Amo® 5.13.2.

Von anderer Seite wird eine dem Phendipham ähnliche Verbindung mit Cyclohexyl statt Phenyl als Herbizid unter Schutz gestellt[111]. Weitere Verbindungen am NH alkyliert s.[67]; statt einer Urethangruppe eine Harnstoffgruppe s.[68]. Produkte, wobei der m-Toluidin-Rest durch einen aliphatischen Aminrest ausgetauscht ist, s. [69]. Das m-Aminophenol wurde noch in mannigfacher Weise abgewandelt, indem z.B. das Molekül 2 aliphat. Urethangruppen enthält oder 1 Urethan- und 1 Acylamidgruppe usw.[61,65,70,107-110].

Weitere Beispiele von Carbamaten aus der Patentliteratur zeigen ebenfalls eine herbizide Wirkung bei zwei Wirkungsgruppen im Molekül:

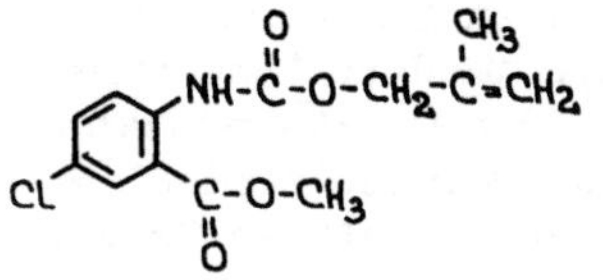

46

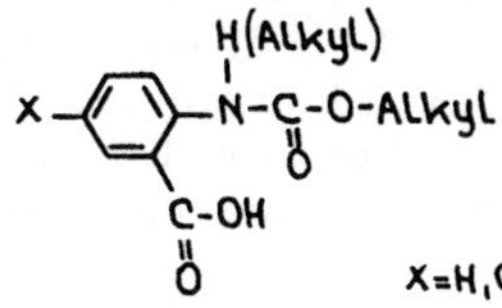

5

X=H,Cl u.s.w.

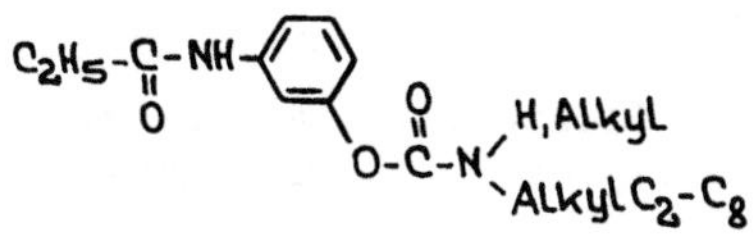

70

S.a. die aromatisch-aliphatischen Harnstoffe.

Zwei neue Carbamate sind 1975 als Versuchs-Herbizide bekannt geworden.

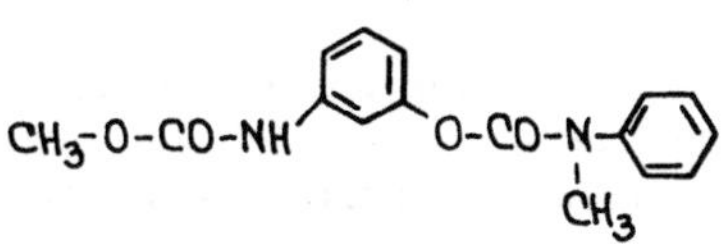

SN 40454 Schering Deutschland

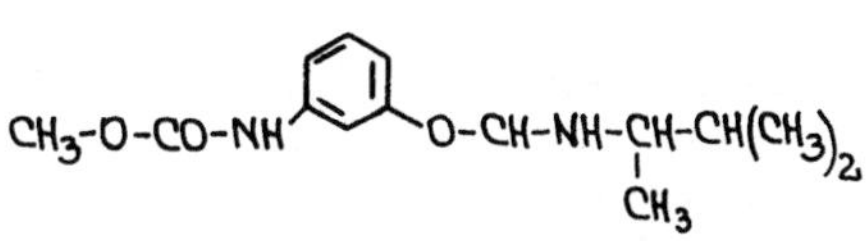

SN 45311 Schering Deutschland

Beide Verbindungen sind sehr wenig giftig ($LD_{50}$: 4000 mg/kg Ratte für SN-40454). Anwendung post emergence gegen breitblättrige Unkräuter.
Patente[149]. Literatur[150].

Über einen Carbamidsäureester eines heterocyclisch substituierten Phenols siehe bei 5 Ringe 2 N + 1 O.

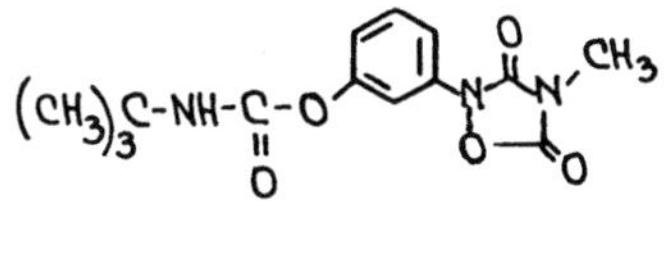

N-Phenylcarbamate sind im Gegensatz zu Phenylharnstoffen oder Acylaniliden nur schwache Hemmstoffe der Photosynthese, gemessen an der Hill-Reaktion isolierter Chloroplasten. Die Hauptgiftwirkung für Pflanzen wird in einer Hemmung der Zellteilung gesehen[71, 72]. Carbamate hemmen auch die durch Gibberelline aktivierte Amylasebildung in Gerstenkörnern[73]. Auffalenderweise zeigen nach Trebst und Mitarb.[74] die neuen 3-Alkoxycarbamyl-aminophenyl-N-aryl-(alkyl)carbamate wie auch das zuvor beschriebene Phenmedipham eine starke Hemmung der Hill-Reaktion.

Zusammenhänge zwischen Konstitution und Photosynthesehemmung: Als wichtigste Ergebnisse können herausgestellt werden: m-Stellung der beiden Carbamatgruppen gibt gute Wirksamkeit. $N^2$-Phenyl wirkt besser als $N^2$-Alkyl, niedere Alkylreste ($CH_3$ am besten) in der Alkylestergruppierung sind möglich. Am $N^1$-Phenyl kann ohne große Wirkungseinbuße ein Wasserstoff durch ein Methyl ersetzt werden. Methylierung am $N^2$ gibt einen starken Wirkungsabfall. Hinsichtlich weiterer Gesetzmäßigkeiten vgl. [74].

N-Oxy-N-phenyl-carbamidsäureester

Carbamidsäureester mit einem Alkylsubstituenten am Stickstoffatom sind meist nur wenig wirksam. N-Oxy-N-phenylcarbamidsäureester wurden aber als Herbizide patentiert[75].

Von russicher Seite wurde 1973 eine umfangreiche Veröffentlichung über Carbamidsäureester des Phenylhydroxylamins bekannt. Es wurden auch Äther und Ester des Phenylhydroxylamins in die Untersuchung einbezogen[122]. Bis 1975 wurden aber keine hieraus entstandenen Versuchsprodukte veröffentlicht.

## d) Mono- und Dithio-carbamidsäureester aromatischer Amine

### Thiolcarbamate

Carbamidsäurethiolester (Ar-N($C_2H_5$)-C(O)-S-Alkyl) sind vielfach untersucht und als herbizid wirksam befunden worden. Die Wirksamkeit ist aber deutlich geringer als die der aliphatischen Dialkylamin-Derivate. Dennoch gibt es zahlreiche Patente über entspr. Verbindungen.

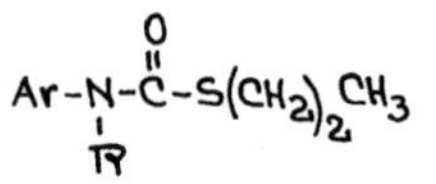
77-81

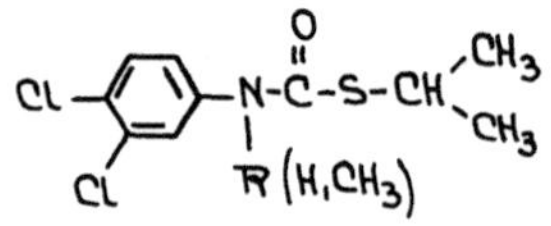
76

R = H, $CH_3$

3-Methyl-carbanilsäure-S-methylester ist unter der Bezeichnung T-137 ein neues Versuchsherbizid für Reis der Ishihara Sangyo/Japan. Die Verbindung soll aber weniger wirksam sein als der S-Benzylester.

### Thionocarbamate

Nur wenige Vertreter der Thionocarbamate aromatischer Amine sind als Herbizide bekanntgeworden, z.B. 3-Chlorthiocarbonylsäure-o-isopropylester s. [83, 84].

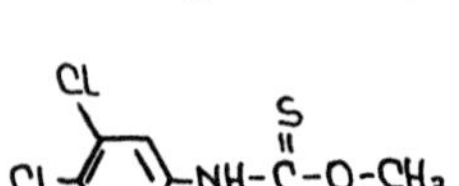

3, 4-Dichlorthiocarbanilsäure-O-methylester
Versuchsprodukt, aufgegeben
CP-43797
(Monsanto Chem. Co.)

Patente[77]. Literatur[82].

Dithiocarbamate

Unter den Dithiocarbamaten, speziell mit ungesättigten, chlorierten Alkyl-Resten sind herbizide Stoffe patentiert worden[85, 86].

Thiolcarbamidsäureester des Phenylhydroxylamins

Thiolcarbamidsäureester des Phenylhydroxylamins scheinen keine wesentlich herbizide Wirkung aufzuweisen[87]. siehe auch[122].

Den Firmen May und Baker sowie 3M-Company gelang 1961-63 bzw. 1973 die Auffindung neuartiger Carbamate mit herbizider Wirkung.

Trifluormethyl-sulfonyl- und Benzolsulfonyl-Carbamate erwiesen sich als herbizid wirksam nicht nur gegen Gräser wie die zuvor beschriebenen N-Phenylcarbamidsäureester, sondern auch gegen breitblättrige Pflanzen.

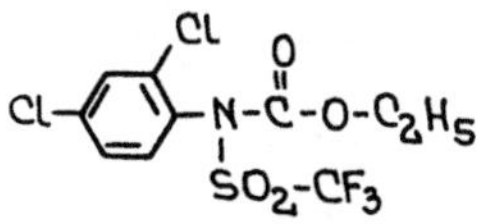

Äthyl-N-trifluormethylsulfonyl-2, 4-dichlor-carbanilat
Versuchsherbizid MBR-4400 Herb. (Minesota, Mining Manuf. USA) 1973

$LD_{50}$: 139 mg/kg Ratte p.o. akut. Selektiv in Sojabohnen und Baumwolle gegen Ungräser und breitblättrige Unkräuter. Pre-emergence Anwendung. Wirksam gegen Cyperusarten und andere perennierende Gräser.
Patente[126]. Literatur[124, 125].

Benzolsulfonylcarbamate

Vertreter aus dieser Verbindungsklasse scheinen anderen Wirkungsmechanismen zu gehorchen als die einfachen Carbamate.

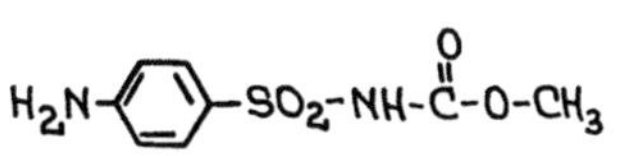

4-Aminobenzol-sulfonyl-carbamidsäure-methylester
Common name: Asulam®
Handelsprodukt: M-B 9057 Asulox®
(May and Baker) 1968

$LD_{50}$ des Natriumsalzes: 2000 mg/kg Ratte u. Maus p.o. akut. Wasserlöslichkeit: 0,1% von Ester als Na-Salz. Wirkungsweise: Blattherbizid mit Kontaktwirkung und Bodenherbizid. Systemische Eigenschaften. Anwendungsweise: Post- und pre-emergence. Anwendungsgebiet: Gegen Gräser und breitblättrige Pflanzen, spez. Ampfer und Adlerfarn, in Lein und Zuckerrohr. Asulam verursacht Chlorose. Es hat keinen Einfluß auf die Hill-Reaktion.
Patente[88, 89, 95]. Literatur[90].

Die Wirkung derartiger Benzolsulfonylcarbamate setzt langsam ein (5-10 Wochen) und ist stark von der Temperatur abhängig. Die Zusammenhänge zwischen chemischer Konstitution und Wirkung sind weitgehend aufgeklärt[96, 98]. Die Substitutions-Gesetzmäßigkeiten, wie sie bei den N-Phenylurethanen gefunden wurden, lassen sich nicht auf die Benzolsulfonylurethane übertragen. Besonders aktiv sind Verbindungen mit $NH_2$, $NHCH_3$, $CH_3$-C(O)-NH, $CH_3$ und $NO_2$ in 4-Stellung. In 4-Stellung nicht substituierte Verbindungen sind ebenso wie in 3-Stellung durch Halogen substituierte unwirksam. Wird $SO_2$ durch SO oder S ersetzt, fällt die herbizide Wirkung stark ab. Die Aminogruppe in 4-Stellung darf nicht Teil einer Harnstoffgruppierung sein. Ein Wasserstoff an der Sulfonsäure-amidgruppierung ist unerläßlich.

Die 4-Nitroverbindung ist als M-B 8882 bekanntgeworden. Die N-Acylverbindung ist als M-B 9555 im Versuchsstadium.

N, N' -Sulfonyl-biscarbaminate

N, N' -Sulfonyl-biscarbaminate, z. T. an $N^1$ durch $SCCl_3$ substituiert, sind als Fungizide und Herbizide bekanntgeworden[91].

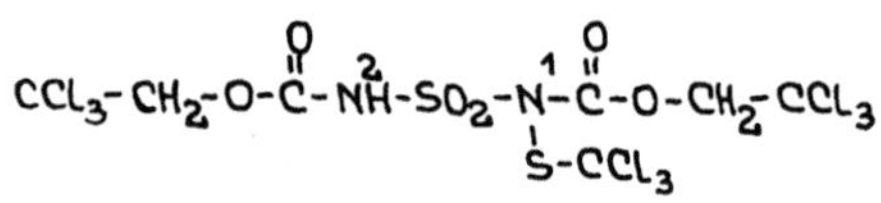

f) Carbamidsäureester heterocyclischer Amine

Carbamidsäureester heterocyclischer Amine sind z. T. vorwiegend fungizid wirksam, z. B.

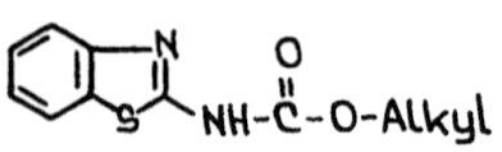

92-94 s. ferner 112

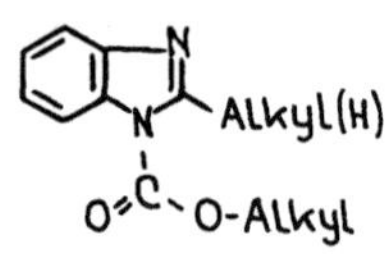

Erst die Einführung einer Dreifach-C≡C-Bindung in den Alkohol-Rest führt zu einer stärker herbiziden Wirkung[26].

Carbamidsäureester bei denen der Aminteil in einem Heterocyclus steht, sind verhältnismäßig selten. Und nur ein Versuchsprodukt ist zu verzeichnen.

Die Verbindung stellt aber einen heterocyclischen Carbonsäureester dar, siehe auch dort, und wird wegen des herbiziden Merkmals $(R)_2N\underset{\underset{O}{\|}}{C}OR^1$ hier erwähnt.

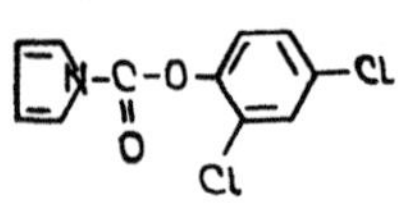

Pyrrol-carbonsäure-(2,4-dichlorphenylester
Versuchsprodukt: NH-6967
(Nihon Noyaku und I.R. Geigy)

Selektiv in Reis gegen Echinocloa und Eleocharis. Anwendung auch in Kombination mit Simetryn.

g) Darstellung der Carbamidsäureester

Die Darstellung aller Carbamidsäureester sek. Amine sowie der Thiol- bzw. Thionocarbamidsäureester geschieht nach ähnlichen Verfahren:

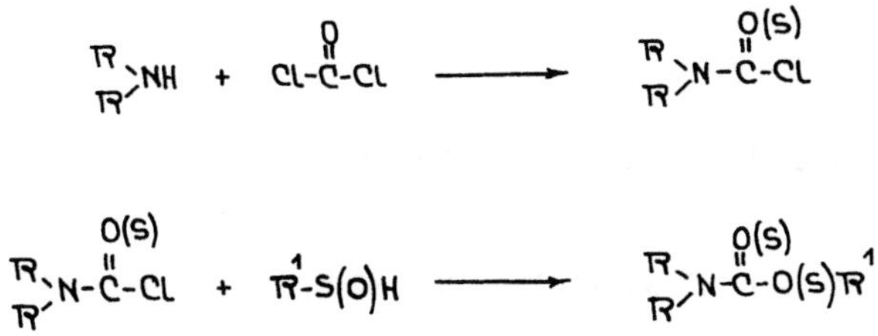

oder

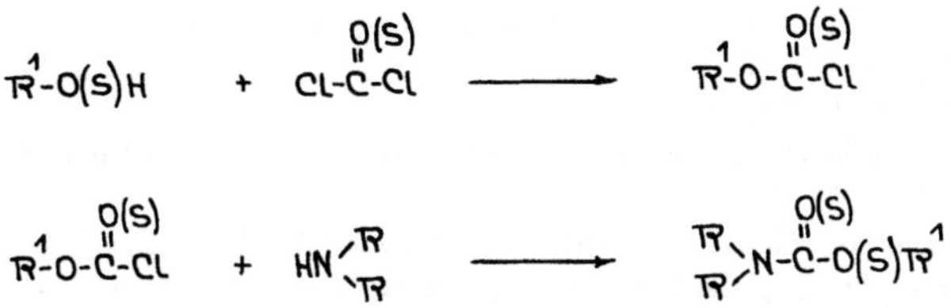

Zu den Mono- bzw. Dithiocarbamidsäureestern führen einige spezielle Verfahren:

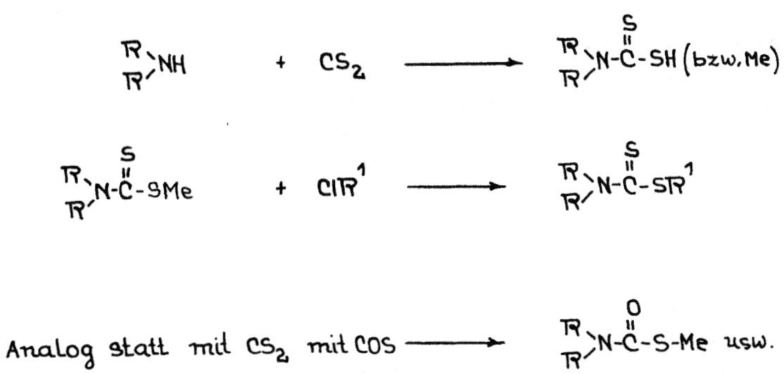


Für Carbamidsäureester primärer aromatischer Amine ist der Weg über die Isocyanate der wirtschaftlichste, doch sind auch die zuvor beschriebenen Darstellungsverfahren gangbar.

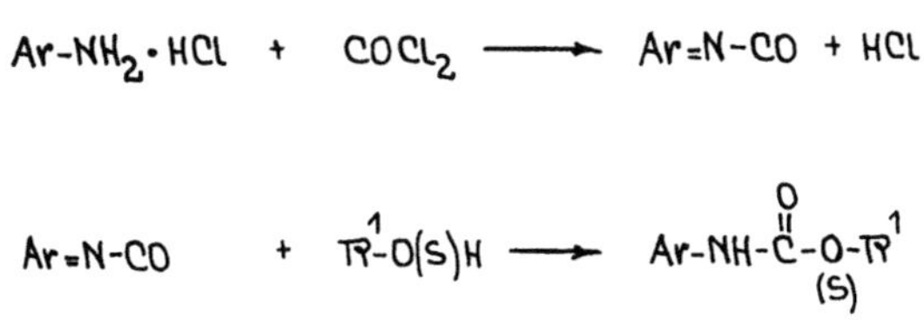

## Literatur und Patente

5. Organische Herbizide

5.5.2. Carbamidsäureester und entsprechende Thioverbindungen - Abschnitte c-g


1. Friesen, G.: Planta, Abt. E. Z. wiss. Biol. 8 (1929), ref. CA 24 (1930, 2) 3310.
2. DBP 833 274, 23.10.48/31.1.52, GB Prior. 12.5.41, I.C.I.
3. = GB 915 562, 6.10.45/22.7.46, GB 574 995.
4. Templeman, W.G., and Sexton, W.A.: Nature 156, 630 (1945).
5. Dtsch. P. Anm. p 18 323, 14.10.48/19.10.50, Henkel & Cie.
6. GB 633 970, 25.8.47/30.10.49, I.C.I.
7. GB 657 512, 13.1.49/19.9.51, I.C.I.
8. Templeman, W.G., and Sexton, W.A.: Proc. Roy. Soc. (London), Ser. B133, 300 (1946), ref. CA 40, 74 91[4].
9. Shaw, W.S., and Swanson, C.R.: Chem. Eng. News 31, Nr. 12, 1208 (1953).
10. George, D.K., Moore, D.H., Brian, W.P., and Garman, J.A.: J. Agr. Food Chem. 2, 356 (1954).
11. DAS 1 017 407, 16.3.56/10.10.57, US Prior. 17.3.55, Columbia Southern Chemical Corp.
12. US 2 788 268, 17.3.55/9.4.57.
13. Shaw, W.S., and Swanson, C.R.: Weeds 2 (1), 43 (1953).
14. Stefanye, D., and De Rose, H.R.: J. Agr. Food Chem. 7, 425 (1959).
15. US 2 695 225, 23.11.54, Columbia Southern Chemical Corp.
16. US 2 734 911, 7.8.52/14.2.56, Columbia Southern Chem. Corp.
17. Witman, E.D., and Newton, W.F.: Proc. Northeast. Weed Control Conf. 1951, p. 4.
18. De Rose, H.R.: Agron. J. 43, 139 (1951), ref. CA 45, 8185i.
19. Moore, D.H., George, D.K., Martin, V.O., and Garman, J.A.: J. Agr. Food Chem. 1, 1154 (1953).
20. Bucha, H.C., and Todd, C.W.: Science 114, 493 (1951).
21. Wilson, I.R.: Agr. Chem. 6, Nr. 2, 34 (1951).
22. US 2 860 166, 21.1.55/11.11.58, Hooker Chemical Corp.
23. US 3 333 947, 6.5.66/1.8.67, US Prior. 3.10.63, Gulf Oil Corp.
24. CA 740 811, 2.9.64/16.8.66, US Prior. 26.9.63, Du Pont.
25. US 3 245 774, 14.5.57/12.4.66, Pittsburgh Plate Glass Co.
26. DAS 1 137 255, 23.3.59/27.9.62, US Prior. 24.3.58, 29.10.58 u. 14.1.59, Spencer Chemical Co.
27. US 2 906 614, 24.3.58/29.9.59, Spencer Chemical Co.
28. FR 1 238 951, 28.8.59/11.7.60, Fisons Pest Control Ltd.
29. BE 577 003, 23.3.59/23.9.59, US Prior. 24.3.58, 29.10.58 u. 14.1.59, Spencer Chemical Co.
30. Hoffmann, O.L.: Weeds 10, 322 (1962).
31. Chem. Eng. News 37 (44), 60 (1959).
32. DBP 1 034 912, 24.7.58/8.1.59, BASF.
33. DAS 1 o77 477, 11.11.58/10.3.60, BASF.
34. DAS 1 062 482, 1.2.58/30.7.59, BASF.
35. = US 3 075 835, 28.1.59/29.1.63, GE Prior. 1.2.58
36. Fischer, A.: Z. Pflanzenkrankh. Pflanzenschutz 67, 577 (1960).
37. US 3 116 322, 24.8.60/31.12.63, US Prior. 14.1.59, Spencer Chemical Co.

38. NE 64 00 802, 31.1.64/3.8.64, CA Prior. 1.2.63, US Prior. 26.9.63 u. 1.11.63, Du Pont.
39. DAS 1 195 549, 11.1.62/24.6.65, US Prior. 24.1.61, Food Machinery and Chemical Corp.
40. US 3 116 995, 24.1.61/7.1.64, Food Machinery and Chemical Corp.
41. Siefken, W.: Liebigs Ann. Chem. 562, 76 (1949)(Darstellung beschrieben).
42. Hudgins, H. R.: Proc. Southern Weed Conf. 16, 118 (1963).
43. US 2 857 260, 23.9.52/21.10.58, Spencer Chemical Co.
44. GB 767 673, 25.3.54/6.2.57, Food Machinery and Chemical Corp.
45. US 2 784 072, 25.3.54/5.3.57, Food Machinery and Chemical Corp.
46. US 3 260 590, 21.12.62/12.7.66, Food Machinery and Chemical Corp.
47. DAS 1 101 046, 8.5.59/2.3.61, Farbwerke Hoechst AG.
48. DAS 1 220 194, 2.8.63/30.6.66, Farbwerke Hoechst AG.
49. DAS 1 225 165, 2.8.63/22.9.66, Farbwerke Hoechst AG.
50. DAS 1 016 057, 26.5.54/19.9.57, US Prior. 26.5.53 u. 29.3.54, Columbia Southern Chemical Corp.
51. US 2 789 128, 18.1.54/16.4.57, Columbia Southern Chemical Corp.
52. US 2 789 129, 19.1.54/16.4.57, Columbia Southern Chemical Corp.
53. US 2 617 818, 25.10.49/11.11.52, Monsanto Chemical Co.
54. US 3 123 463, 5.6.61/3.3.64, Spencer Chemical Co.
55. SZ 359 318, 16.3.56/15.2.62, Pittsburgh Plate Glass Co.
56. SZ 360 245, 15.3.56/30.3.62, US Prior. 17.3.55, Pittsburgh Plate Glass Co.
57. BE 618 052, 24.5.62/17.9.62, SZ Prior. 25.5.61, Ciba S.A.
58. GB 1 017 975, 11.6.64/25.6.63/26.1.66, Boots Pure Drug Co. Ltd.
59. GB 1 042 203, 13.3.64/14.9.66, R. J. Geary.
60. US 3 024 269, 18.3.57/6.3.62, Du Pont.
61. DAS 1 024 746, 21.1.57/20.2.58, Farbenfabriken Bayer AG.
62. BE 672 693, 22.11.65/16.3.66, VEB Fahlberg-List, = DOS 1 567 227, 27.9.66/16.4.70.
63. DOS 1 567 151, 9.4.65/3.7.69, Schering AG.
64. BE 679 283, 8.4.66/15.9.66, GE Prior. 9.4.65, Schering AG, US 3 404 975 (1970).
65. s. auch NE 67 09 361, 5.7.67/8.1.68, GE Prior. 6.7.66, BASF.
66. Arndt, F. u. Kötter, C.: 6. Intern. Pflanzenschutzkongreß, Wien, Abstracta, 433 (1967).
67. NE 67 12 205, 6.9.67/8.3.68, GE Prior. 7.9.66, Schering AG.
68. NE 67 12 096, 4.9.67/6.3.68, GE Prior. 5.9.66 u. 7.6.67, Schering AG.
69. FR 1 498 834, 7.11.66/11.9.67, US Prior. 15.11.65, Food Machinery and Chemical Corp.
70. NE 66 12 360, 1.9.66/2.3.67, US Prior. 1.9.65, Stauffer Co.
71. Audus, L. J.: The Physiology and Biochemistry of Herbicides. London-New York: Academic Press 1964.
72. Moreland, D. E.: Ann. Rev. Plant Physiol. 18, 365 (1967).
73. Yung, K. H., and Mann, J. D.: Plant Physiol. 42 (2), 195 (1967).
74. Trebst, A., Pistorius, E., Boroschewski, G. u. Schütz, H.: Z. Naturforsch. 23b, 342 (1968).
75. NE 67 00 253, 6.1.67/10.7.67, GE Prior. 7.1.66, BASF.
76. US 2 863 899, 20.2.56/9.12.58, G. H. Harris.
77. US 3 066 021, 29.12.55/27.11.62, Monsanto Chemical Co.
78. US 2 983 747, 28.7.58/9.5.61, Stauffer Chemical Co.

79. DAS 1 081 715, 6.8.57/12.5.60, Stauffer Chemical Co.
80. DAS 1 031 571, 17.1.57/4.6.58, Stauffer Chemical Co.
81. = BE 554 214, 16.1.57/-, US Prior. 17.1.56.
82. Research Report prepared for the 20. Ann. Meeting Southern Weed Conf. 1967, p. 9.
83. BE 600 558, 23.2.61/23.8.61, SZ Prior. 25.2.60, Ciba S.A.
84. BE 618 242, 29.5.62/17.9.62, SZ Prior. 30.5.61, Ciba S.A.
85. US 2 997 381, 1.4.58/22.8.61, Monsanto Chemical Co.
86. US 3 244 501, 18.12.63/5.4.66, US Prior. 25.7.62, Monsanto Chem. Co.
87. Baskakov, Yu. A. u. Rožkova, N. G.: Zh. Organ. Khim. 2, 1323 (1966).
88. BE 622 214, 6.9.62/6.3.63, Engl. Prior. 8.9.61, May and Baker Ltd.
89. GB 1 052 881, 7.9.62/30.12.66, May and Baker Ltd.
90. Cottrell, H. J., and Heywood, B. J.: Nature 207, 655 (1965).
91. US 3 326 967, 26.11.65/20.6.67, Olin Mathieson Chemical Corp.
92. US 2 833 689, 15.3.57/6.5.58, Du Pont.
93. US 2 919 278, 15.3.57/29.12.59, Du Pont.
94. DBP 1 060 656, 19.6.56/2.7.59, US Prior. 30.6.55, Du Pont.
95. GB 1 040 541, 8.9.61/1.9.66, May & Baker Ltd.
96. Heywood, B. J., and Leeds, W. G.: J. Sci. Food Agr. Symp. of Pest. Carbamates, Suppl. issue, p. 3 (1968).
97. Scheuerer, G.: Fortschr. Chem. Forsch., Bd. 9, (2) 254 (1967/68).
98. Heywood, B. J., and Leeds, W. G.: J. Sci. Food Agr. Symp. of Pest. Carbamates, Suppl. issue, p. 1 (1968).
99. Moreland, D. E., and Hill, K. L.: J. Agr. Food Chem. 7, 832 (1959).
100. Ivens, G. W., and Blackman, G. E.: Symp. Exp. Biol. III, 226 (1949).
101. Canvin, D. T., and Friesen, G.: Weeds 7, 153 (1959).
102. Keitt, jr., G. W.: Physiol. Plantarum 20, 1076 (1967).
103. Mann, J. D. u. Storey, W. B.: Cytologia (Tokyo) 31, 203 (1966).
104. Barth, A. u. Michell, H. J.: Pharmazie 24, (1) 11 (1969).
105. Mann, J. D. u. Mitarbeiter: Biochim. Biophys. Acta (Holland) 238, 133 (1967).
106. US 3 428 669, 11.3.65/18.2.69, Chemagro Corp.
107. DOS 1 567 163, 7.9.66/11.9.69, Schering AG.
108. US 3 404 975, 18.12.64 u. 15.11.65/8.10.68, Food Machinery and Chemical Corp.
109. NE 66 14 472, 14.10.66/17.4.67, US Prior. 14.10.65, Food Machinery and Chemical Corp.
110. DOS 1 518 815, 20.3.65/30.4.69, US Prior. 23.3.64 u. 16.2.65, Food Machinery and Chemical Corp.
111. FR 1 558 512, 5.1.68/20.1.69, GE Prior. 10.1.67, BASF.
112. DOS 1 803 728, 18.10.68/19.6.69, SZ Prior. 26.10.67, Ciba AG.
113. US 3 485 923, 13.7.67/23.12.69, Sherwin-Williams Co.
114. US 3 177 061, 4.10.62/6.4.68, Rhone Poulenc, BE 597 035.
115. GB 1 127 050, 1.4.66/11.9.68, Schering.
116. Tamkamura, S. u. Matsunaka, S.: Weed Res. Japan 14, 46 (1972), ref. Weed Abstr. 22, 11, ref. 2673 (1973).
117. Muller, M. S. et al.: J. econ. Entomol. 67 (3), 329 (1974).
118. Pitee, M. et al.: Arch. Pharm. 306, 702 (1973).
119. J. Sympos. nouv. herb. Paris 1969, Vol. 1, 237.
120. SZ 478 100, 1.4.66/31.10.69, Schering, FR 1475 241.
121. Laufersweiler, H.: 2. Int. Tag. select. Unkrautbek. im Rübenbau, Rotterdam, 12.3.70, ref. 1 S. 347.
122. Bascalov, Y. u. A.: Pest. Sci. 4, 289 (1973).
123. Skinner, Ch. G. u. Sargent, D. R.: J. Agr. Food Chem. 21, 1057 (1973).
124. Weed Abstr. 22 (1), 21 (1973).

125. Techn. Inf. d. Minnesota Mining and Manufacturing v. 15. 11. 69, Wilkinson, R. E. : J. Agr. Food Chem. 20, 996 (1972).
126. DOS 1 917 831, 8. 4. 69/6. 11. 69, MMM, FR 2007 412, GB 1 265 727.

Aromatische Carbamidsäureester mit 2 Carbamidsäureester-Gruppen - siehe bei Phendipham.

Verbindungen der Formel

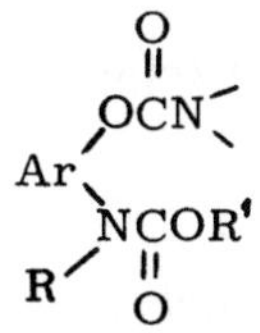

Die im folgenden aufgeführten DOS (nach Nr. geordnet) schließen sich an die schon im Text angegebenen Patente DOS 1 567 151 (63.), DOS 1 567 163 (107.) und DOS 1 518 815 (110.) an. Weitere ältere Angaben beziehen sich auf Belg., Franz. und Niederl. Patente, da zur Zeit der ersten Ausgabe des Buches die entsprechenden DOS noch nicht bekannt waren. Ein kleiner Teil der angegebenen DOS ist also inhaltlich mit schon angeführten Patenten identisch. Die Patente verschiedener Firmen sind z. T. so ähnlich und sich miteinander überschneidend, daß Einzelfragen nur an Hand der Patente geklärt werden können.

127. DOS 1 568 138, 6. 7. 66/8. 1. 70, BASF.

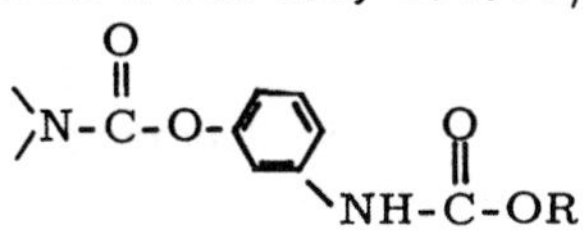

z. B.

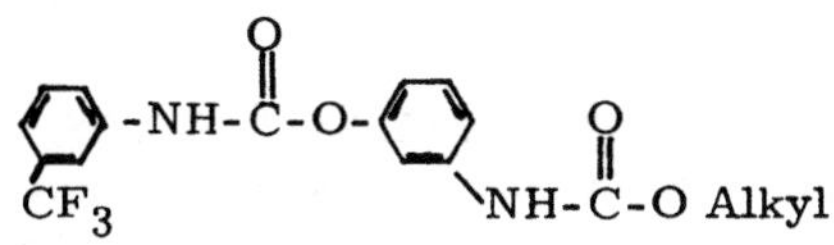

128. DOS 1 793 751, 1. 2. 66/30. 5. 73, Schering.
129. DOS 1 793 752, 11. 7. 66/30. 5. 73, Schering, Berlin.
130. DOS 1 794 753, 17. 8. 66/30. 5. 73, Schering, Berlin.
131. DOS 1 793 754, 21. 2. 67/30. 5. 73, Schering, Berlin.

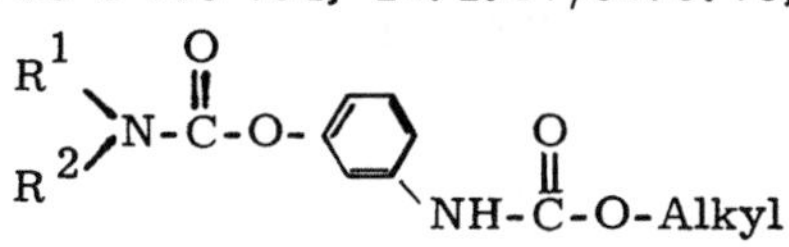

$R^1$ = Alkyl, $C_6H_{11}$, Ar

$R^2$ = H, Alkyl, Ar

132. DOS 1 793 755, 15. 3. 68/30. 5. 73, Schering - siehe 63.
133. DOS 1 793 756, 20. 6. 68/29. 5. 73, Schering,

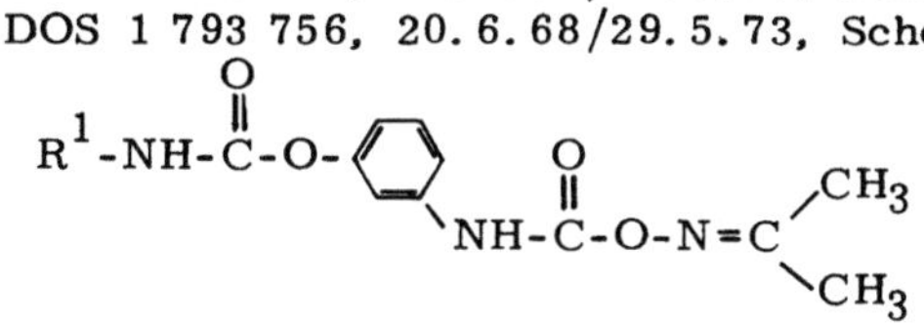

$R^1$ = Alkyl, Aryl

DOS 1 913 043, 11. 3. 69/17. 9. 70, Schering, = BE 679 283.
134. DOS 1 938 612, 30. 7. 69/11. 2. 71, BASF.
135. = BE 754 102, Anilinrest substituiert durch $CH_3$ oder $CF_3$.
136. DOS 2 042 110, 20. 7. 70/24. 2. 72, Schering.

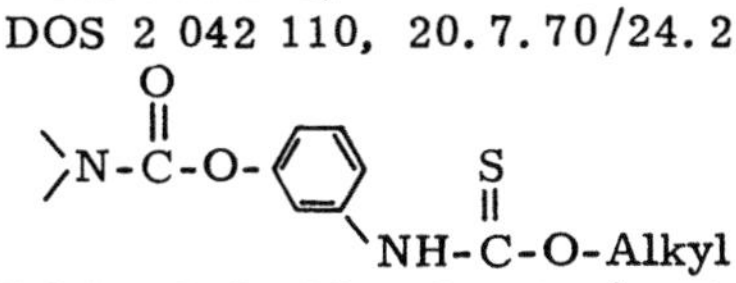

137. DOS 2 059 309, 16. 2. 71/16. 9. 72, Schering, = BE 775 754.

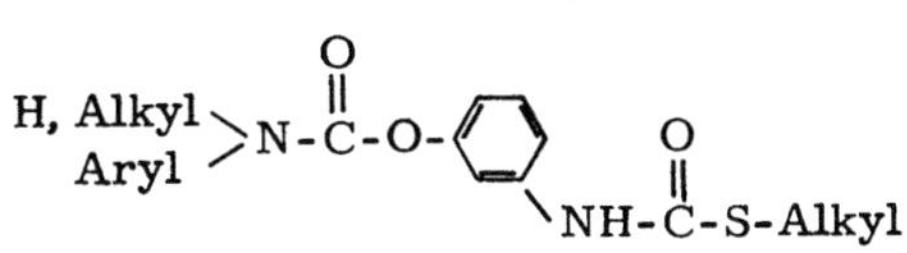

138. DOS 2 108 975, 16. 2. 71/24. 8. 72, Schering, = BE 779 443.

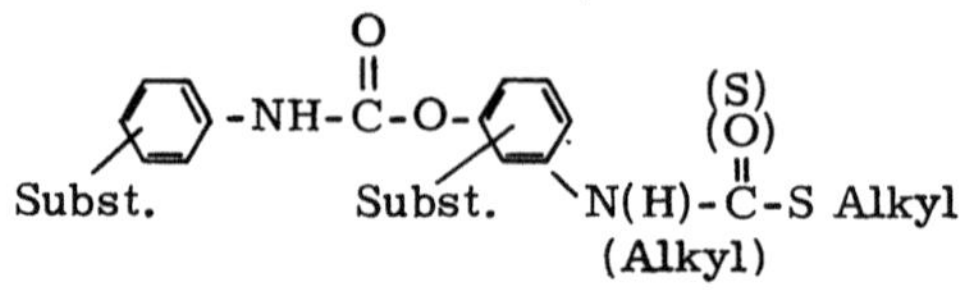

139. DOS 2 121 957, 27. 4. 71/16. 11. 72, Schering.

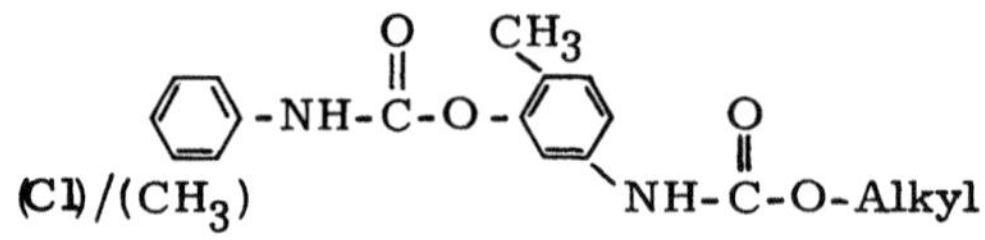

140. DOS 2 121 958, 27. 4. 71/16. 11. 72, Schering.

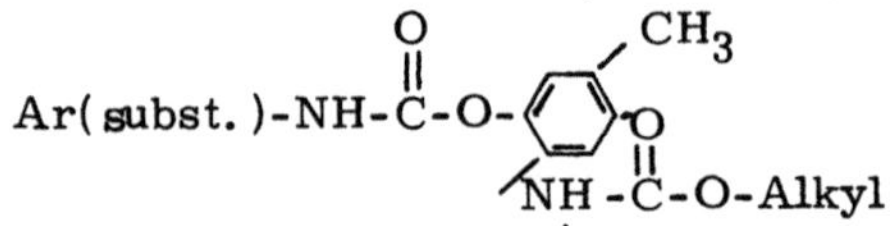

141. DOS 2 219 922, 2. 4. 72/31. 10. 73, BASF.

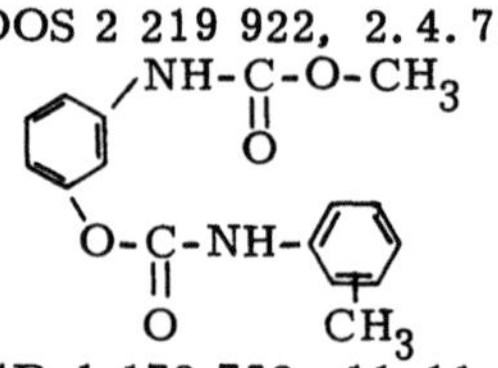

142. GB 1 173 753, 11. 11. 66/10. 12. 69, US Prior. 15. 11. 65, Schering. In diesem Patent sind Darstellungsverfahren beschrieben.
143. BE 772 617, 17. 9. 70/15. 3. 72, BASF.
144. US 3 701 646, 13. 8. 69/31. 10. 72, Gulf Res. Inhalt, siehe 134. -135.

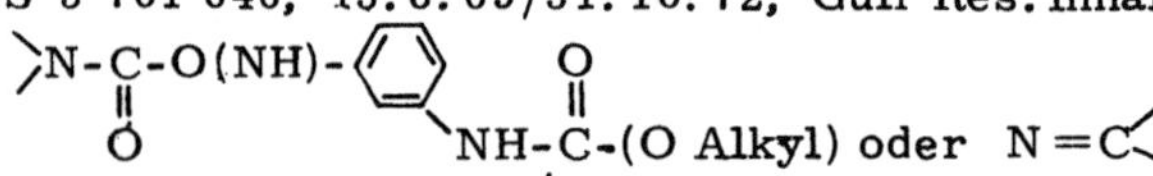

145. DOS 2 310 649, 1. 3. 73/12. 9. 74, Schering, = BE 811 783.

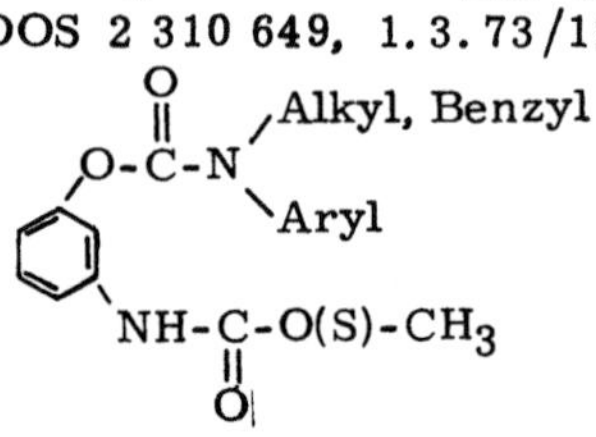

146. DOS BE 811 783, 1. 3. 73/2. 9. 74, Schering.
147. DDR 89 754, 6. 1. 71/5. 5. 72, A. Jummer.
148. The science of the total environment 3, 363 (1975).
149. DOS 2 108 975, 16. 2. 71/24. 8. 72, Schering, BE 779 443.
150. Arndt, F. u. Boroschewski, G.: VII. Intern. Plant Protection Congr., Moscow 1975, Reports and Informations, Sect. III, Chemical Contr., Part I, S. 42-49 (s. a. 94/70).

## 5.5.3. Harnstoffe

### a) Aliphatische Harnstoffe und Thioharnstoffe

Fast alle aliphatischen Harnstoffe, selbst der als Stickstoffdüngemittel angewandte einfache Harnstoff, zeigen in höherer Konzentration wachstumsschädigende Eigenschaften. Unter den rein aliphatischen Vertretern hat sich aber bis jetzt kein Herbizid gefunden. Lediglich eine Chloral-Additionsverbindung hat geringe Bedeutung erlangt:

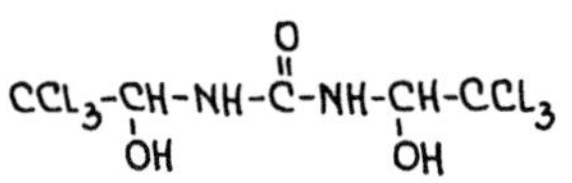

1,3-Bis-(1-hydroxy-2,2,2-trichloräthyl)-harnstoff
Common name: DCU
Handelsname: Crag Experimental Herbizid 2®
(Union Carbide Chemicals Co.) 1950

$LD_{50}$: 6680 mg/kg Ratte p.o. akut. Wasserlöslichkeit: Sehr schlecht. Wirkungsweise: Bodenherbizid. Anwendungsweise: Pre-emergence. Anwendungsgebiet: Wirksam gegen Mono- und Dikotyledonen. Die Wirkung, die jedoch nicht sehr bedeutend ist, ist wohl in erster Linie auf die Chloral-Anlagerung zurückzuführen. Chloral-Anlagerungsverbindungen zeigen immer eine Wirkung gegen Gräser. Patente[1]. Literatur[2].

Additionsprodukte des Hexafluoracetons an aliphatische Harnstoffe sind 1969 in Patente als Herbizide erwähnt[216].

Isothioharnstoffäther aliphatischer Natur sind in den letzten Jahren als Defoliants bekanntgeworden[3]. Die Alkyläthergruppe muß größere Alkylreste enthalten. Die nahe Verwandtschaft zu den Thiolcarbamidsäureestern ist offensichtlich.

An den rein aliphatischen 3-Propyl- oder 3-Butyl-1,1-dimethylharnstoffen hat Searle (Du Pont) 1954 zum ersten Mal eine wesentliche herbizide Wirksamkeit beobachtet, ohne daß diese jedoch zu einer praktischen Anwendbarkeit ausreichte[4]. Sie war aber sicher u. a. der Ausgangspunkt für eine weitere Bearbeitung des Harnstoffgebietes, besonders durch die Firma Du Pont.

Auffallend ist, daß fast alle stark herbiziden Harnstoffe die Gruppierung R-NH-C(O)-$N(CH_3)_2$ aufweisen (R ist ein Aromat oder im nachfolgenden Abschnitt ein Cyclo-aliphat). In wenigen Fällen ist auch R-NH-C(O)-NH-größeres Alkyl gut wirksam. Tetrasubstituierte Harnstoffe sind als Herbizide fast stets schwach wirksam. Einige Patente beanspruchen tetrasubstituierte Harnstoffe.

Die Gruppierung -$N(CH_3)_2$ kann in vielen Fällen ersetzt werden durch -$N(CH_3)OCH_3$. Alkylreste größer als $(CH_3)_2$ führen meist zu einer raschen Wirkungsabnahme. Ein höherer Alkylrest kann aber in Einzelfällen eine bessere Selektivität bedingen.

### b) Cyclo-aliphatische Harnstoffe

Diese Verbindungsklasse ist besonders durch die BASF eingehend untersucht worden. Neben Insektenrepellents finden sich unter den bicyclischen Harnstoffen gute selektive Herbizide, welche z. T. auch zu Handelsprodukten geführt haben. Selbst einfache cyclo-aliphatische Harnstoffe sind oft herbizid wirksam[5]. So ist der 3-Cyclooctyl-1,1-dimethylharnstoff Bestandteil des ersten selektiven Rübenherbizides der BASF, des Alipur®.

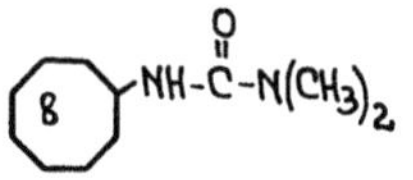

3-Cyclooctyl-1,1-dimethylharnstoff
Common name: Cycluron, OMU
Handelsname:des Gemisches: Alipur®
(BASF) 1960

Alipur enthält außerdem:

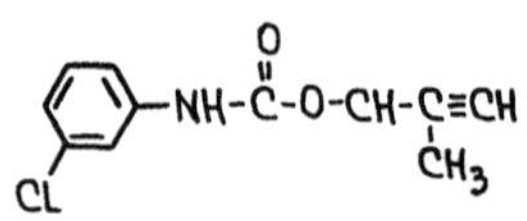

$LD_{50}$: 1500 (2600) mg/kg Ratte p.o.akut, 300 mg/kg Maus p.o. akut. Wasserlöslichkeit: 150 ppm bei 20°C. Wirkungsweise: Boden- und Blattherbizid. Anwendungsweise: Pre-emergence. Anwendungsgebiet: Zuckerrüben, Spinat. Gegen Mono- u. Dikotyledonen. Als Rübenherbizid später durch andere Produkte weitgehend verdrängt.
Patente[6-11]. Literatur[12,13].

Cycloalkenylharnstoffe sind wie die gesättigten Harnstoffe ebenfalls herbizid[207].

c) Bicyclo-aliphatische Harnstoffe

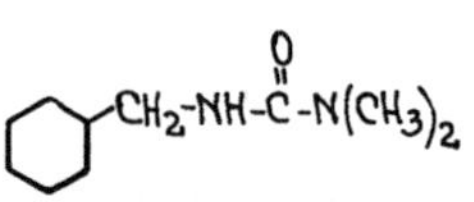

N-Bicycloheptylmethyl-N,N-dimethylharnstoff
Versuchsprodukt, aufgegeben
Bayer 1960-62

Patente[14,15].

Wie so oft, ist auch hier eine herbizide mit einer fungitoxischen Wirkung verbunden. Die Verbindung mit $-N(C_3H_7)_2$ statt $-N(CH_3)_2$ ist z. B. gegen Phytophthora infestans wirksam[16]. Auch ein Isomerengemisch von Norbornylharnstoffen wurde als Herbizid beschrieben:

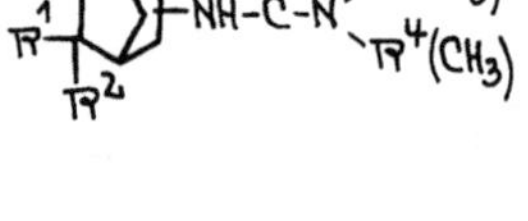

17

R, $R^1$, $R^2$ = H, Cl, Br, Chlormethyl oder Alkyl

1,1-Dimethyl-3-(5-nitro-5-alkylnorbornyl)harnstoff[18]:

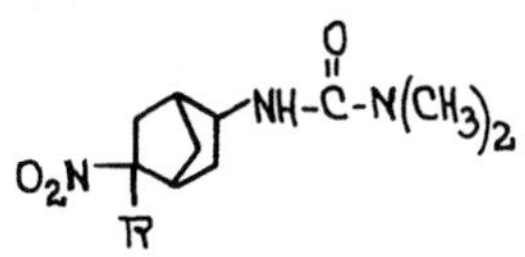

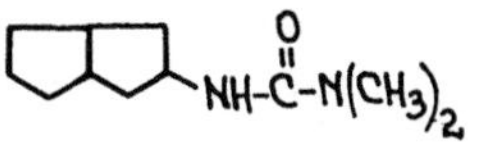

21

N-Bicyclo-(3,3,0)-octyl-N'-dimethylharnstoff
Versuchsprodukt, aufgegeben
BAS 3310 H (BASF) 1967

Patente[19, 20]. $CH_3$ kann auch gegen $OCH_3$ (1 X) ausgetauscht werden[19]. Literatur[21].

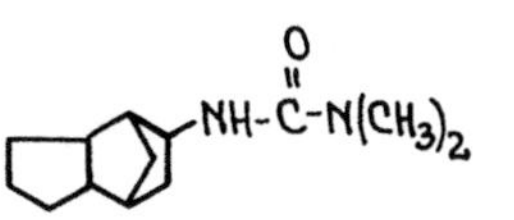

3-(Hexahydro-4,7-methanindan-5-yl)-1,1-dimethylharnstoff
Common name: Norea, Noruron
Handelsname: Herban®
(Hercules Powder) 1962

$LD_{50}$: 2000-4000 mg/kg Ratte p.o. akut. Wasserlöslichkeit: 150 ppm bei 25°C. Wirkungsweise: Bodenherbizid, Photosynthesehemmer. Anwendungsweise: Pre-emergence u. z. T. post-emergence. Anwendungsgebiet: In Baumwolle, Bohnen, Erdnüssen, Spinat, Zuckerrohr, vorwiegend in Kombination mit anderen Herbiziden zur post-emergence Anwendung. Heute (1976) von geringer Bedeutung. Patente[22]. Literatur[23].

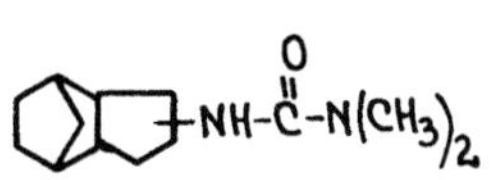

N-[1- oder 2-(3a,4,5,6,7,7a-Hexahydro)-4,7-methanoindanyl]-N'-dimethylharnstoff
Common name: Tricuron, Isonoruron
Handelsname: Basanor®
(BASF) 1967
In Kombination mit Brompyrazon (BAS 2430) siehe „Pyramin", ferner zusammen mit Buturon

$LD_{50}$: 500 mg/kg Ratte. $LC_{50}$: 12 mg/L 48 Stdn. Guppies-Fische. Anwendungsweise: Pre- und post-emergence. Anwendungsgebiet: Gegen Ungräser, spez. Ackerfuchsschwanz, selektiv in Wintergetreide, Mais und Baumwolle. Patente[24], s. auch [22, 25-29]. Literatur [21, 30].

Nach 1969 wurde über zwei neue cyclo-aliphatische Harnstoffe berichtet

N-(8-Bicyclo[5.1.0]-octyl-N,N-dimethylharnstoff

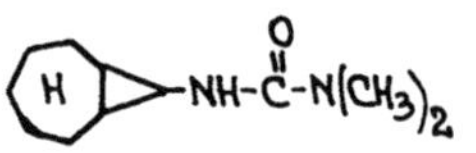

Versuchsprodukt: GS-31564
(Geigy) 1970

Patente[240]. Literatur[239].

N-(Oktahydro-1, 2, 4-metheno-pentalenyl-(5)-N, N-dimethylharnstoff

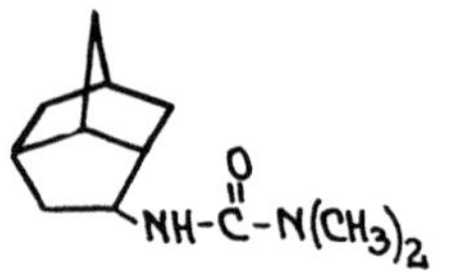

Versuchsprodukt: GS-21704
(Geigy) 1970
Offensichtlich nicht zur Einführung gelangt.

Patente[241]. Literatur[239].

d) Cyclo-aliphatische N-Oxy-methylharnstoffe

soweit nicht in vorangehenden Patenten erfaßt.

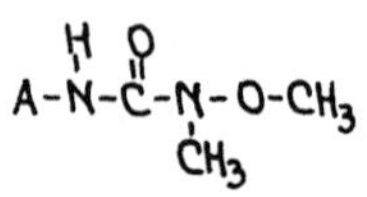

31

e) Aromatisch-aliphatische Harnstoffe und Thioharnstoffe

Die ausgezeichnete herbizide Wirkung der aromatisch-aliphatischen Harnstoffe

$$Ar\text{-}NH\text{-}\underset{\underset{O}{\|}}{C}\text{-}N(CH_3)_2$$

entdeckte man etwa zu der gleichen Zeit - oder weniger später - wie die entsprechende Wirkung der Carbamidsäureester. Die letzteren wurden vorwiegend in England (ICI) bearbeitet. Das Gebiet der Harnstoffe ist in den USA (Du Pont) erschlossen worden. Erst in späteren Jahren sind die selektiv herbiziden Eigenschaften einiger spezieller Derivate der Harnstoffe auch von anderer Seite, besonders in Europa, aufgefunden worden. Die USA, in der Entwicklung großer Monokulturen weit vorangeschritten, haben zuerst die große Bedeutung allgemeiner und selektiver Herbizide erkannt (s. auch bei Wuchsstoffherbiziden 2, 4-D), was sich in der ganzen Entwicklung der N-Phenylharnstoffe als Herbizide widerspiegelt. In der Gruppe der Harnstoffe finden sich neben den Phenoxyessigsäuren und den symmetrischen Triazinen die wirtschaftlich bedeutendsten Herbizide.

Fast alle aromatisch-aliphatischen Harnstoff-Herbizide sind Bodenherbizide, d.h. sie werden von den Wurzeln aufgenommen und wandern im Transpirationssystem. Ihre Wirkung beruht auf der Hemmung der Photosynthese, die in vitro durch die Messung der Hill-Reaktion kontrollierbar ist [32-37, 198]. Die Hill-Reaktion mißt die Photolyse des Wassers durch isolierte Chloroplasten. Das Wasser wird unter Bildung von Sauerstoff gespalten, der Wasserstoff wird über geeignete Akzeptoren wie Liponsäure auf Pyridin-Koenzyme übertragen und dient letzten Endes zur aufbauenden Hydrierung des Kohlendioxids zu Kohlenhydraten.

Registriert wird die im Licht stattfindende Umsetzung von $CO_2$ unter Freisetzung von Sauerstoff[38, 39]. - Ferner wurde durch N-Phenylharnstoffe eine Cytochromreduktions-Hemmung beobachtet[40]. Die gesamte Harnstoffgruppe wird im Hinblick auf selektive Herbizide noch immer stark bearbeitet.

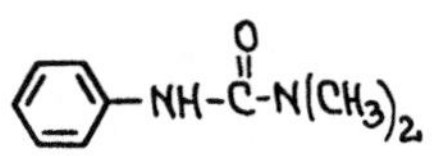

3-Phenyl-1,1-dimethylharnstoff
Common name: Fenuron, PDU
Handelsname: Dybar®
(Du Pont) 1957

$LD_{50}$: 6400 mg/kg Ratte p.o. akut. Ungiftig für Wild und Fische. Wasserlöslichkeit: 2400 ppm bei 24°C. Wirkungsweise: Bodenherbizid und geringe Wirkung als Blattherbizi mit Kontaktwirkung. Photosynthesehemmer. Anwendungsweise: Pre- und post-emergence. Anwendungsgebiet: Gegen Mono- und Dikotyledonen. Die relativ große Wasserlöslichkeit ergibt auch gegen tiefer wurzelnde Unkräuter eine Wirkung. Gehölzbekämpfung.
Patente[41-43]. Literatur[44, 45].

Fenuron wird in Kombination mit $CCl_3$-COOH als Urab® verkauft.

Common name: Fenuron + TCA
Handelsname: Urab®
(Allied Chem. Corp.) 1956

$LD_{50}$: 4000-5700 (6400-7400) mg/kg Ratte p.o. akut. Wirkungsweise: Blatt- und Bodenherbizid. Anwendungsweise: Pre- und post-emergence. Anwendungsgebiet: Totalherbizid. Der Zusatz von $CCl_3$-COOH bewirkt eine zusätzliche Wirkung gegen Gräser.
Patente[41, 42, 46-49]. Literatur[44].

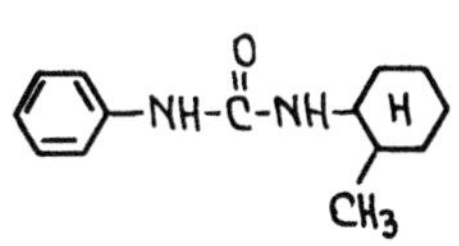

1-(2-Methyl-cyclohexyl)-3-phenylharnstoff
Common name: Siduron
Handelsname: Tupersan®
(Du Pont) 1965/66

$LD_{50}$: 7500 mg/kg Ratte p.o.akut. Wasserlöslichkeit: 18 ppm bei 25°C. Wirkungsweise: Bodenherbizid. Anwendungsweise: Pre-emergence. Anwendungsgebiet: Speziell wirksam gegenHirsearten und grasartige Unkräuter in Zierrasen.
Patente[238]. Literatur[201, 203].

Chemisch nahe verwandte, im Phenylkern alkylsubstituierte Verbindungen wurden schon sehr früh im Patent angemeldet[50]. und haben später zu Verkaufsprodukten geführt.

3-(4-Isopropyl-phenyl)-1,1-dimethylharnstoff

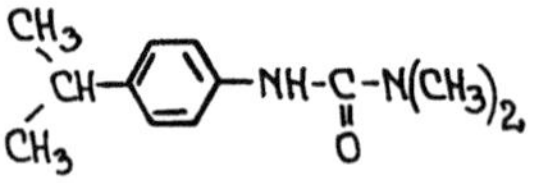

Common name: Vorschlag:
Isoproturon, Ipuron
Handelsname: Graminex® (Ciba-Geigy)
Melsan® (Du Pont)
Arelon® (Hoechst AG) Hoe 16410
Einführung 1972

$LD_{50}$: 3470, später 4600 mg/kg Ratte p.o. akut. 2800 mg/kg weibl. Ratten. Pre- und post-emergence Anwendung gegen Gräser, auch Flughafer, sowie einige breitblättrige Unkräuter. Selektiv in Wintergetreide und Sommerweizen sowie ev. in Reis.
Patente[257] Ciba. Literatur[296, 301, 315].

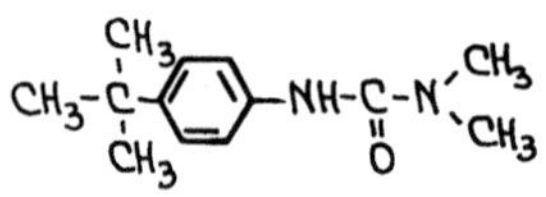

Versuchs-Herbizid
CRD 69-6292 und LS 67-520
(Pepro) 1975

Patente[326]. Literatur[327].

Der Cyclopropylrest an Stelle einer Iso-alkyls ergibt oft gleiche, minunter auch bessere herbizide Eigenschaften, und ist in älteren Patenten meist nicht erwähnt! Cyclopropyl als Substituent am Phenyl ist aber bis jetzt nicht wirtschaftlich genug einzuführen, weshalb entsprechende Versuchsprodukte für einen Verkauf meist wenig geeignet sind.

3-(4-Cyclopropylphenyl)-1,1-Dimethylharnstoff

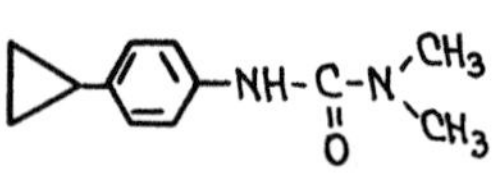

Versuchsprodukt der PH. Philips-Duphar (1970-71)

Post-emergence Anwendung, selektiv in Winterweizen.
Patente[243]. Literatur[244].

Eines der ältesten Herbizide aber heute nur noch von geringer Bedeutung:

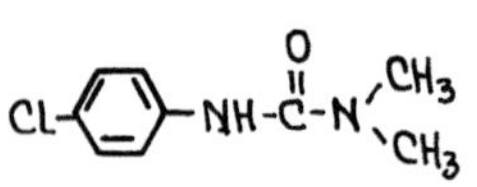

3-(4-Chlorphenyl)-1,1-dimethylharnstoff
Common name: Monuron, CMU
Handelsname: Telvar®
(Du Pont) 1951

$LD_{50}$: 3600 mg/kg männl. Ratte p.o. akut. 2500 mg/kg weibl. Ratte p.o. akut. Wasserlöslichkeit: 230 ppm bei 25°C. Wirkungsweise: Bodenherbizid, mittlere Wirkung als Wasserherbizid. Kontaktwirkung: Lange Wirkungsdauer. Anwendungs-

gebiet: Totalherbizid. In geringen Konzentrationen selektiv wirksam in Spargel, Ananas, Zuckerrohr.
Patente[41, 42, 51-54]. Literatur[55-58].

Monuron war das erste Harnstoff-Herbizid. In Kombination mit Trichloressigsäure ist die Substanz als Urox® im Handel.

Common name: Monuron + TCA
Handelsname: Urox®
(Allied Chem. Corp.) 1956

$LD_{50}$: 3700 mg/kg Ratte p.o. akut. Wirkungsweise: Bodenherbizid mit Blattherbizidwirkung. Anwendungsweise: Pre- und post-emergence. Anwendungsgebiet: Totalherbizid.
Patente[41, 42, 46-49, 51-54]. Literatur[55-58].

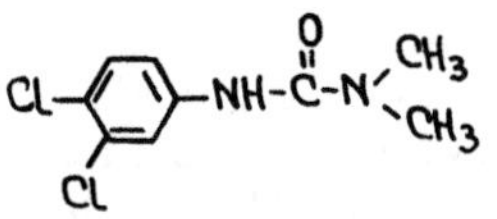

3-(3, 4-Dichlorphenyl)-1, 1-dimethylharnstoff
Common name: Diuron, DCMU
Handelsname: Karmex®, Krovar®
(Du Pont) 1955

$LD_{50}$: 3400 mg/kg Ratte p.o. akut. $LC_{50}$: 190 mg/L 48 Std. Harlequin Fisch. Wasserlöslichkeit: 42 ppm bei 25°C. Wirkungsweise: Bodenherbizid. Wird von den Blättern wenig aufgenommen, nach Aufnahme durch die Wurzeln nach oben transportiert. Anwendungsweise: Pre- und post-emergence. Anwendungsgebiet: Totalherbizid. Selektiv in niederen Konzentrationen in Baumwolle, Zuckerrohr, Citrus, Luzerne u.a. Diuron wird im Gegensatz zu Fenuron im Boden durch Bakterien nur langsam abgebaut. Es ist auch weniger wasserlöslich und daher auch bei starken Niederschlägen lange wirksam.

1974 ein bedeutendes Herbizid und in zahlreichen Kombinationsprodukten enthalten.
Patente[52]. Literatur[199].

N-(3, 4-Dichlorphenyl)-N-diäthylharnstoff ist im Versuch

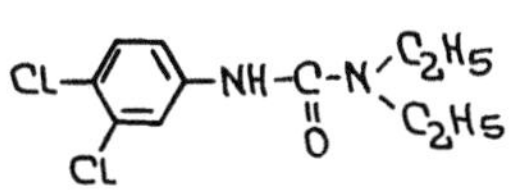

Eturon® (Du Pont) 1970
ohne Bedeutung

Selektiv in Luzerne,
Patente[254].

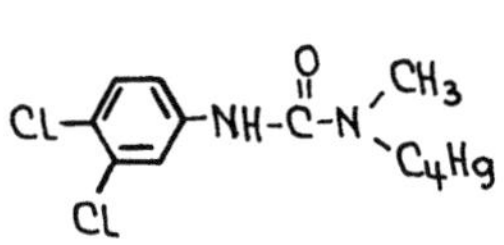

1-n-Butyl-1-methyl-3-(3, 4-dichlor)-phenylharnstoff
Common name: Neburon
Handelsname: Kloben®
(Du Pont) 1957

$LD_{50}$: 11 000 mg/kg Ratte p.o. akut. Wasserlöslichkeit: 4, 8 ppm bei 24°C. Wirkungsweise: Bodenherbizid und Kontaktherbizid. Anwendungsweise: Pre-emergence. Anwendungsgebiet: Gegen Mono- und Dikotyledonen in Baumschulen, Zier-

pflanzen, Gehölzen. Ackerfuchsschwanzbekämpfung in Getreide.
Patente[54]. Literatur[55].

Oft läßt sich bei biologisch wirksamen Verbindungen Cl gegen $CF_3$ ersetzen, und die Wirkung bleibt erhalten.

Ein Harnstoff mit einer Trifluormethyl-Gruppe im Phenyl-Rest ist als Herbizid in den Handel gekommen und rasch zu Bedeutung gelangt:

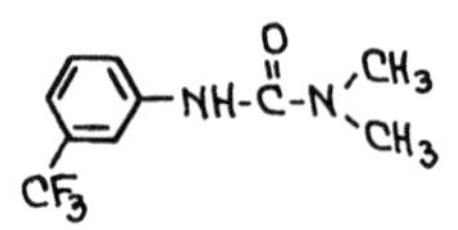

N-(3-Trifluormethylphenyl)-1,1-dimethyl-harnstoff
Common name: Fluometuron
Handelsname: Cotoran® (Ciba) 1960
Lanex® (Nor-Am, USA)

$LD_{50}$: 8900 mg/kg Ratte p.o. akut. Wasserlöslichkeit: 90 ppm. Wirkungsweise: Bodenherbizid und Wirkung als Blattherbizid mit Kontaktwirkung. Anwendungsweise: Pre-emergence. Post-emergence. Anwendungsgebiet: Pre-emergence selektiv in Baumwolle, Zwiebeln, Getreide, Mais, Citrus, Zuckerrohr und Spargel, gegen breitblättrige Unkräuter und Gräser. Post-emergence selektiv in Getreide. Verhältnismäßig schwer abbaubar! Halbwertzeit 70 Tage.
Patente[59,60] s. auch [61-65,217]. Literatur[200].

Eine ähnliche Verbindung mit zusätzlichem Chlor in p-Stellung ist ebenfalls als wirksam beschrieben worden[63]. Es werden auch Verbindungen beansprucht, bei denen eine Methylgruppe am Stickstoff gegen andere Reste ausgetauscht ist. Größerer Alkylrest am N:[61,62].

Die Einführung der stark elektronenabziehenden Trifluormethylgruppe in m-Stellung ist eine Maßnahme, die verhältnismäßig aufwendig ist.

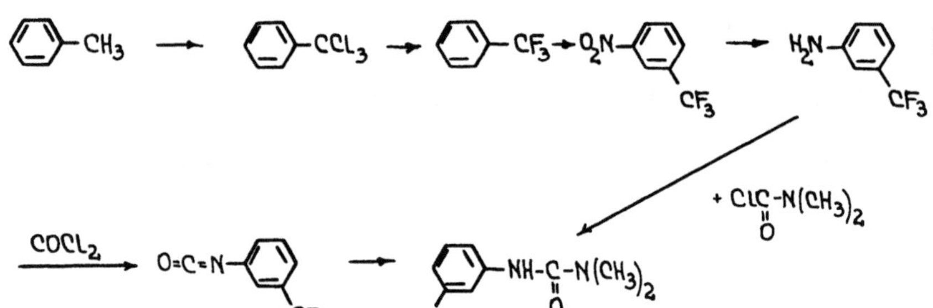

Leichter darstellbar sind die p-Trifluormethyl-Verbindungen, welche ebenfalls gute Herbizide sind[66,217,218].

Die entsprechende p-Trifluormethylverbindung ist ein Versuchsherbizid der Ciba. Common name Vorschlag: Parafluometuron (1969)[290].

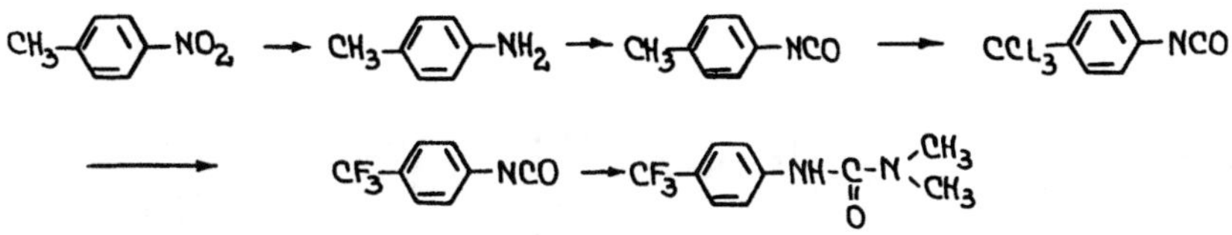

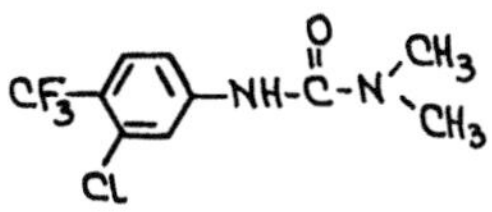

67

Über eine m-Difluorchlormethylgruppe im Dimethyl-phenylharnstoff s.[214].

Zu nennen ist in diesem Zusammenhang auch die Verbindung

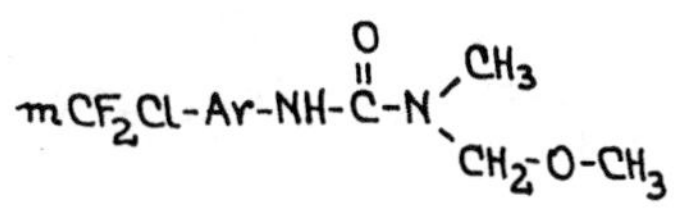

68

Variationsmöglichkeiten

Die Variationsmöglichkeiten von im Kern zweimal substituierten Harnstoffen mit weiterer Abwandlung am $N^1$ und evtl. $N^2$ sind natürlich sehr groß, und es können im folgenden neben Handelsherbiziden nur einige ausgewählte Patente angeführt werden. Zahlreiche weitere Patente siehe: Literatur und Patentübersicht 1969 bis 1976.
Genannt sei als Beispiel[69, 70]:

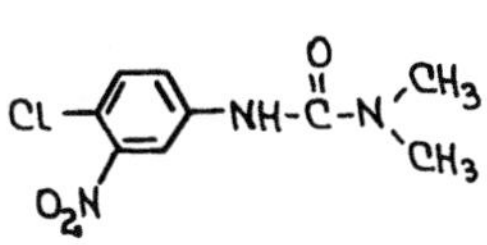

Eine ähnliche Verbindung mit Brom im Aryl-Rest ist bekannt[71-74], ferner Cl und Br oder Cl und Thiomethyl usw.[219]. Einige Beispiele für N, N' -Di- und Trialkyl-substituierte aromatisch-aliphatische Harnstoffe[75-96].

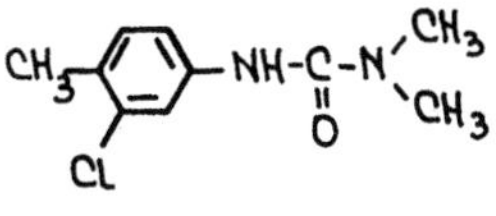

3-(3-Chlor-4-methylphenyl)-1,1-dimethylharnstoff
Common name: Chlortoluron
Handelsname: Dicuran®
(Ciba) 1969, früher C-2242

$LD_{50}$: 10 000 mg + kg Ratte p.o. akut. Wasserlöslichkeit: 10 ppm bei 20°C. Wirksam über den Boden und als Blattherbizid. Selektiv in Winter-Getreide nach der Einsaat. Größeres Herbizid. Patente[232]. Literatur[262].

Patentbeispiele für weitere Abwandlungen:

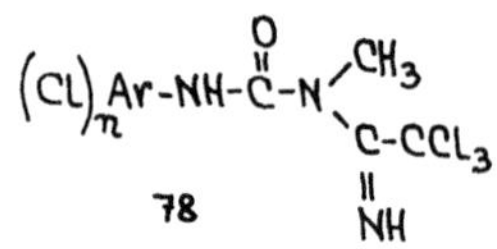
78

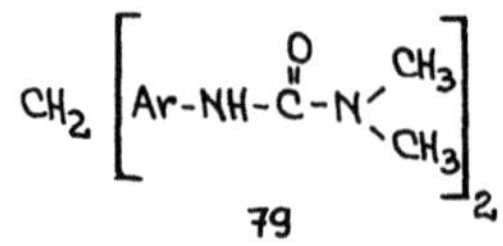
79

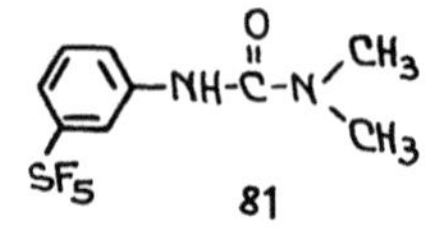
81

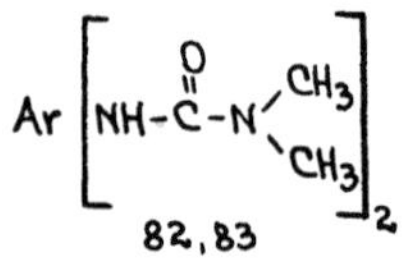
82, 83

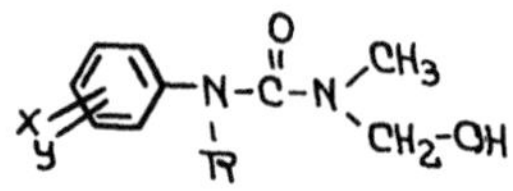
84

Entsprechende Methoxyäther[88, 89], Methoxyester[91, 92].

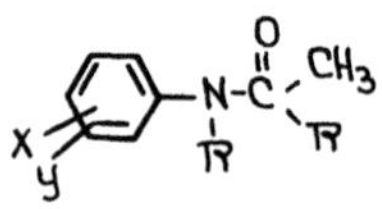
85

R=H oder CN

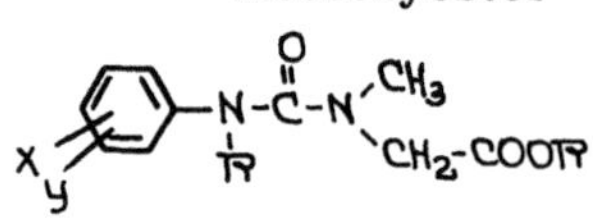
86

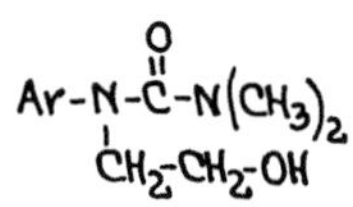
87, 95

Weitere aromatisch-aliphatische Harnstoffe mit Substitutionen am $N^1$ oder $N^2$ s. [88-97]. Siehe ferner 4-Dimethylamino-phenyl-harnstoffe[213, 214].

Die Acetylen-Bindung erhöht wie eine C=C-Doppelbindung häufig die herbizide Wirkung. Einige Patente[98, 99] beschreiben Substanzen mit einem Propin- bzw. Butin-Substituenten am $N^1$ bzw. $N^2$.

Es gibt auch Handelsprodukte mit einer Acetylenbindung im Alkylsubstituenten:

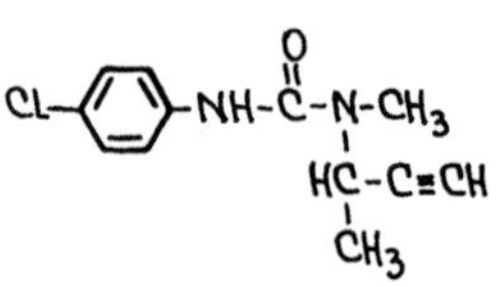

3-(4-Chlorphenyl)-1-methyl-1-(1-methyl-prop-2-ynyl)harnstoff
Common name: Buturon
Handelsname: Eptapur®
(BASF) 1965/66

$LD_{50}$: 3000 mg/kg Ratte p.o. akut. Wasserlöslichkeit: 0,003 g/100 ml bei 20°C. Wirkungsweise: Bodenherbizid und mittlere Wirkung als Blattherbizid. Anwendungsweise: Pre-emergence, vorwiegend aber post-emergence. Anwendungsgebiet: Getreide, gegen mono- und dikotyle Unkräuter.
Patente[100]. Literatur[205].

Während man lange Zeit auf Grund eines größeren experimentellen Versuchsmaterials glaubte, daß nur aromatisch-aliphatische Harnstoffe mit einem tertiären Stickstoff auf der aliphatischen Seite und einem sekundären Stickstoff am Aromaten optimal wirksam seien, ist in den letzten Jahren gefunden worden, daß diese Regel einige bemerkenswerte Ausnahmen aufweist, besonders wenn der aliphatische Rest am Stickstoff größer und verzweigt ist.

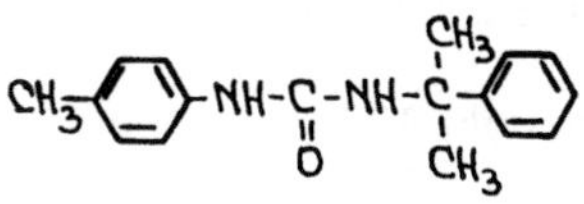

1-(α,α-Dimethylbenzyl)-3-(4-methyl-phenyl)-harnstoff
Versuchsprodukt: K-223
(Showa Denko Jap.) 1973

$LD_{50}$: 4000 mg/kg Ratte p.o. akut. 6500 mg/kg Maus. Wurzelwirksam. Selektiv gegen Gräser besonders Riedgras.
Patente[255, 294]. Literatur[256].

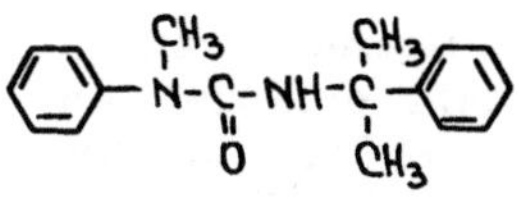

1-(α,α-Dimethylbenzyl)-3-methyl-3-phenylharnstoff
Versuchsprodukt: K-1441
(Showa Denko) 1973

$LD_{50}$: 1875 mg/kg p.o. akut Maus. Pre-emergence Anwendung, besser noch im Pre sowing Stadium. Wirksam gegen Cyperus sp.
Patente[255, 294]. Literatur[256].

Harnstoffe mit cyclo-aliphatischem oder einfachem heterocyclischem Rest am $N^1$

Die einfachste Abwandlung des di-alkylierten Stickstoffs im aliphatischen Teil des Harnstoffmoleküls ist ein Ersatz der beiden Alkylgruppen durch ein Ringsystem. Gerade in jüngerer Zeit wurden auf dieser Basis einige Versuchsprodukte bekannt, nachdem die Einbeziehung heterocyclischer Ringsysteme schon längere Zeit bekannt war.

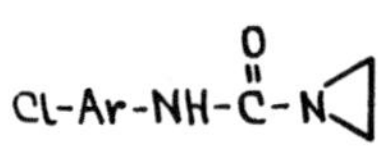

77

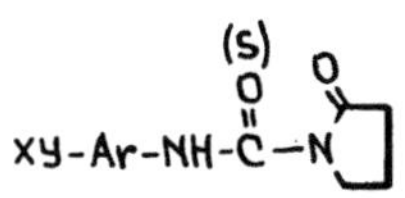

80

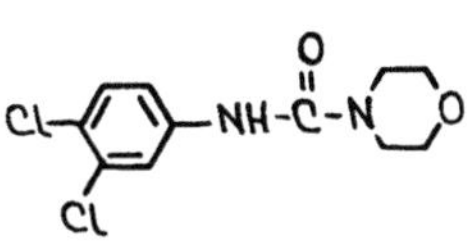

Versuchsprodukt
(Monsanto Chemical Co.)

Anwendungsgebiet: Selektiv in Baumwolle und Getreide. Der Morpholinorest soll kürzere Bodenrückstandszeiten geben.
Patente[101, 102].

2,5-Dimethylpyrolidincarbonsäure-anilid

Diese Verbindung könnte bei den Aniliden eingefügt werden. Der Zusammenhang mit den aromatisch-heterocyclischen Harnstoffen scheint aber doch enger.

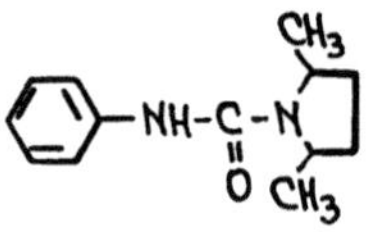

cis-Verbindung
Versuchsprodukt: DS-5328,
Rowtate®
(Diamond-Shamrock) 1972

LD50: 4100 mg/kg Ratte p.o. akut. Wasserlöslichkeit: 600 ppm bei 20°C. Pre-emergence Anwendung. Selektiv in Mais, Sorghum und Zuckerrohr. Besonders wirksam gegen breitblättrige Unkräuter; erst in höheren Konzentrationen auch gegen Gräser. Post-emergence Anwendung in Baumwolle.
Patente[242, 283]. Literatur[284, 309].

Daß unter den Aniliden heterocyclischer N-Carbonsäuren, die allgemein wenig bearbeitet sind, noch zahlreiche Herbizide verborgen liegen, zeigt eine breit angelegte Untersuchung von W. J. Pine et al aus der Diamond Shamrock Corp. und dem Boyce Thompson Institut[309]. Eine große Anzahl von Verbindungen des Typs

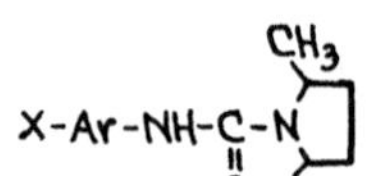

erwies sich als Herbizid gut wirksam sowohl pre als auch post emergence angewandt. Bei nicht substituiertem Phenyl ergab sich Wirksamkeit sowohl gegen Gräser als auch gegen breitblättrige Unkräuter. Fluor bedingte in allen Stellungen gute Wirksamkeit. Die höchste Wirksamkeit post emergence gegen Unkräuter ergab Jod in 4-Stellung bei totaler Unwirksamkeit gegen Gräser. Auffallend ist, daß nur die Cis-Verbindungen herbizid waren.

Einer der wenigen auch am aromatisch substituierten Stickstoff alkylierten Harnstoffe trägt auffallenderweise auch noch einen größeren Alkylrest. Dafür scheint der zweite Stickstoff mit einem mehr hydrophilen Rest substituiert.

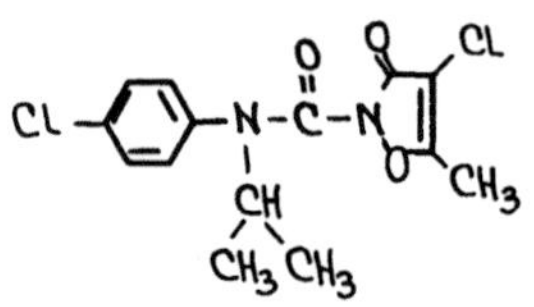

Versuchsherbizid: H-686
(Sankyo Co.) 1973/74

Anwendung meist in Kombination mit Simetryn in Wasserreis nach dem Verpflanzen.
Patente[287]. Literatur[288].

Harnstoffe, die sich von Anthranilsäureestern ableiten oder eine Carbonsäureestergruppe in anderer Stellung enthalten, s.[212].

Morpholinoharnstoffe mit einer Carbonsäureestergruppe in o-Stellung zur Harnstoffgruppierung - ausgehend von den Anthranilsäureestern - sind als Herbizide bekannt[103, 104, 220]. (Über die Ringschließungsprodukte s. bei 6-Ring-Verbindungen mit 2 N. Eine Methylgruppe in den aromatisch-aliphatischen Harnstoffen kann durch kleinere heterocyclische Reste, z. B. den Furfuryl- oder Tetrahydrofurfuryl-Rest ersetzt werden)[105]. Die herbizide Wirkung dieser Harnstoffderivate ist aber nicht hoch.

Einige Verbindungen enthalten zwei herbizid wirksame Gruppierungen. - Harnstoffe des Monoacyl-m-phenylendiamins sind als Herbizide in Patenten beansprucht[221].

Harnstoffe mit Äther-, Thioäther- und Sulfamidgruppen im Phenylkern

Die längere Zeit weniger beachteten, im Phenylkern Äthergruppen tragenden Harnstoffe haben später zu praktisch verwertbaren und zum Teil bedeutsamen Produkten geführt.

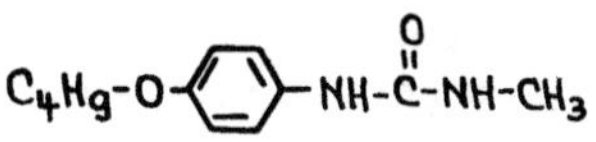


Patente[106, 107].

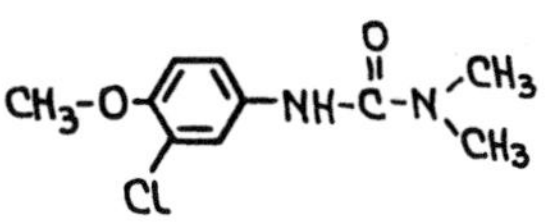


N' -(3-Chlor-4-methoxyphenyl)-N, N-dimethylharnstoff
Common name: Metoxuron
Handelsname: Dosanex®
(Sandoz) 1968
Versuchs Nr.: S H 6602, San 6602

$LD_{50}$: 32000 mg/kg Ratte p.o. akut. $LC_{50}$: 54 mg/L 48 Std. Harlequin Fisch. Anwendungsgebiet: Gegen mono- und dikotyle Unkräuter, selektiv in Winterweizen, Wintergerste, Karotten. Speziell gegen Ackerfuchsschwanz, Windhalm, Klettenlabkraut und Flughafer.
Patente[51, 108, 109, 223, 273]. Literatur[110].

Die entsprechende p-Äthoxyverbindung ist ein Versuchsherbizid der Hoechst AG. Common name Vorschlag: Chloreton.
Patente[316].

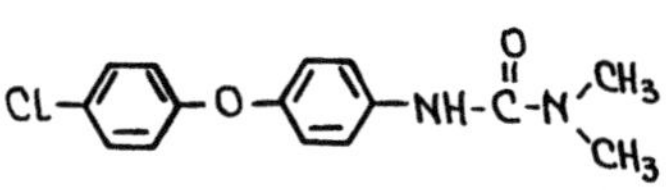


$N^2$-(4-Chlorphenoxy)-phenyl-N, N-dimethylharnstoff
Common name: Chloroxuron
Handelsname: Tenoran®
(Ciba) 1960

$LD_{50}$: 3700 mg/kg und 5400 mg weibl. Ratte p.o. akut; >1000 mg/kg Maus. $LC_{50}$: >15 mg/L 96 Std. Killifisch. Wasserlöslichkeit: 2,7 ppm. Wirkungsweise: Bodenherbizid und Blattherbizid. Anwendungsweise: Pre- und post-emergence. Anwendungsgebiet: Pre-emergence in Möhren; Erdbeeren nach Verpflanzen. Gegen Mono- und Dikotyledonen. Ferner in Sojabohnen und Zwiebeln.
Patente[111, 112]. Literatur[113].

Ein weiteres Patent der Ciba weist auf aromatisch-aliphatische Harnstoffe und Oxyharnstoffe mit einer Äthergruppe in p-Stellung und zusätzlich der $CF_3$-Gruppe in m-Stellung hin[224].

Die nachfolgende Substitution eines aromatischen Harnstoffes hat sich nach einem jüngsten Patent der BASF als herbizid wirksam erwiesen.
Patente[331].

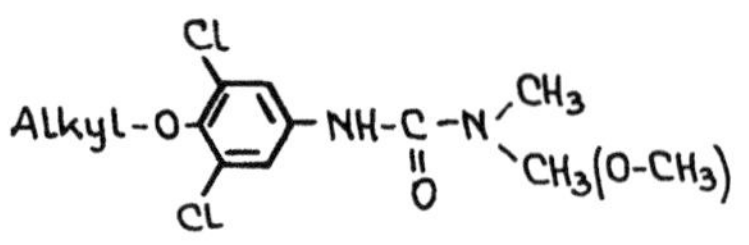

Selektiv in Getreide

Dieselbe Konstitution siehe bei Acylaniliden.

Eine sehr eingehende Untersuchung haben Harnstoffe mit Halogen, vorwiegend Fluor in einem m-Alkyl- oder einem Alkyläther-Substituenten gefunden. Die meisten Versuchsprodukte die aus diesen Untersuchungen hervorgingen, entstammen den Laboratorien der Hoechst AG. Bezeichnend ist, daß der Äthersubstituent oft in m-Stellung zur Harnstoffgruppe steht. Über einige weitere ähnliche mit Äther-Gruppen substituierte Harnstoffe siehe bei den N-Methoxy-harnstoffen.

3-[4-(1,2-Dichlorvinyloxy)phenyl]-1,1-dimethylharnstoff

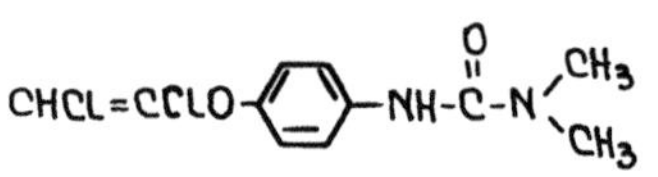

HOE-2932
(Hoechst AG) 1972

Selektiv in Baumwolle.
Patente[246]. Literatur[247].

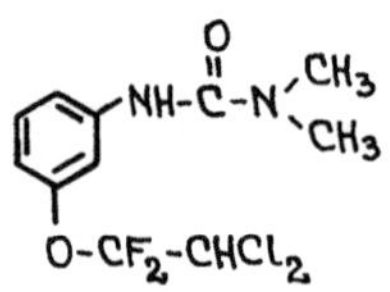

HOE-2937
(Hoechst AG) 1972-73

Patente[248]. Literatur[247].

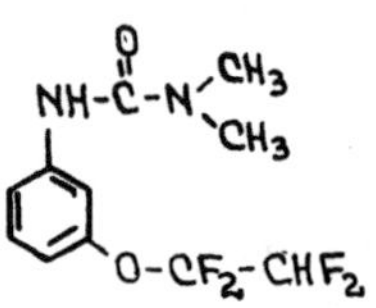

Common name: Fluoretoxuron
Handelsprodukt: Tetrafluoron®,
HOE-2991
(Hoechst AG) 1972

$LD_{50}$: 6750 mg/kg Ratte p.o. akut. Wasserlöslichkeit: 230 ppm bei 20°C. Herbizid gegen breitblättrige Unkräuter und Ungräser. Anwendung pre und post emergence. Aufnahme durch Blätter und Wurzeln. Selektiv in Baumwolle und in mehreren tief wurzelnden Kulturen wie Zuckerrohr, Luzerne, Wein und Obstbau. Patente[248, 249]. Literatur[247, 275].

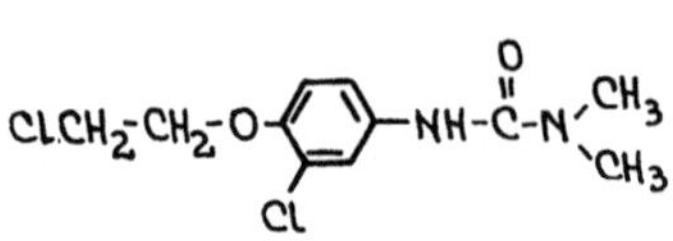

HOE-2995
(Hoechst AG) 1972

Patente[250]. Literatur[247]

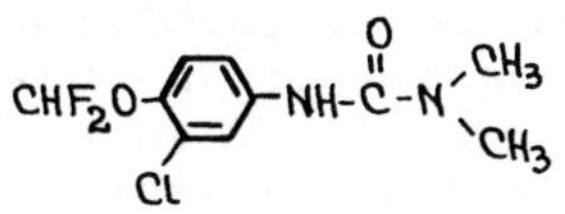

HOE-19341
(Hoechst AG) 1972

Patente[251]. Literatur[247].

Die Darstellung der zuvor beschriebenen Versuchsprodukte beschreibt G. Hörlein[247].

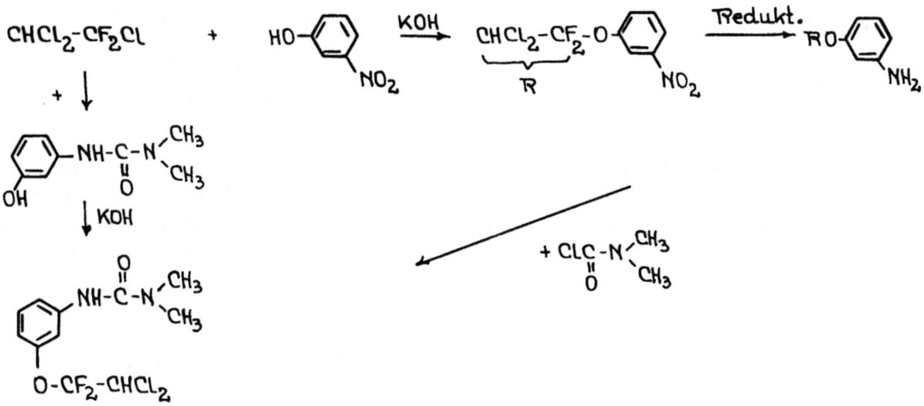

Halogenierte Vinyläther lassen sich direkt an Nitrophenole anlagern

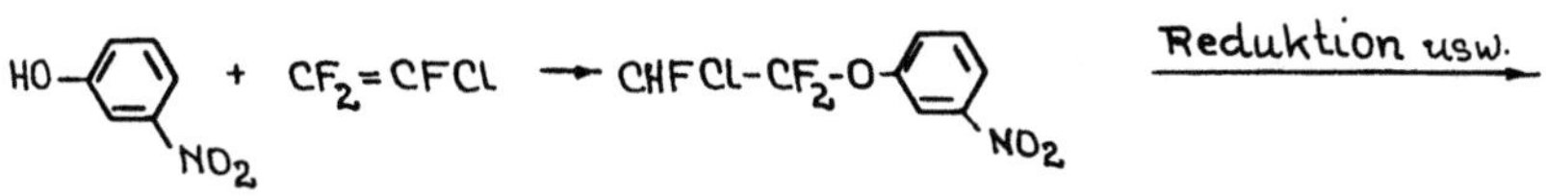

Arylsulfonsäureester ß-halogenierter Alkohole setzen sich glatt mit Alkaliphenolaten um

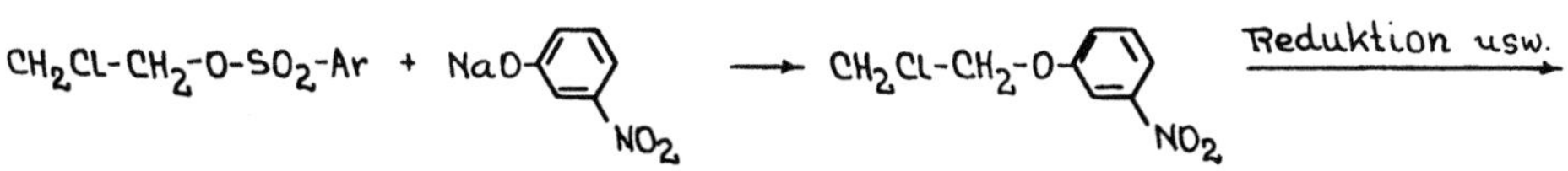

$CF_3O$- oder $ClCF_2O$-Substituenten tragende Aromaten lassen sich durch Halogenierung des m-Methoxybenzoylchlorids in der Äthergruppe herstellen. Das Säurechlorid wird über das Azid in das Amin oder direkt in das Isocyanat übergeführt. Difluormethoxy-phenyläther gewinnt man durch direkte Umsetzung

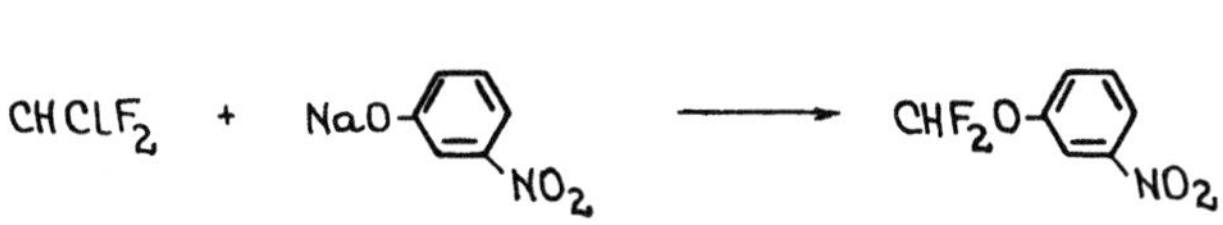

Eine Substitution des Phenyls durch die Dichlorvinyläther-gruppe gibt nur in 4-Stellung herbizid wirksame Verbindungen. Dagegen ergibt eine Halogenäthoxygruppe in 4-Stellung unwirksame Verbindungen, in m-Stellung aber gute Herbizide. Eine zusätzliche Substitution in 4-Stellung schwächt die herbizide Wirkung wieder ab. Difluormethoxy-Substituenten in 4-Stellung erbringen gute Wirksamkeit. Hier führt zusätzliche Substitution in 3-Stellung zu einer Wirkungsverbesserung. Difluormethoxy-Substituenten in 3-Stellung ergeben weniger wirksame Produkte als in 4-Stellung. Nähere Einzelheiten siehe 247.

Die Bayer AG hat sich vornehmlich mit halogenierten Thioäther-phenylharnstoffen befaßt. Auch hieraus hat sich ein neues Produkt ergeben.

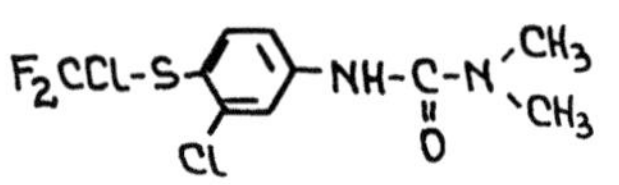

vorgeschlag. Common name: Thiochlormethyl
Handelsprod.: Clearcide® in Japan
(Bayer AG) 1946

LD50: 432 mg/kg Ratte p.o. akut. LC50: 2-4 mg/L Goldfische, 1-2 mg/L Karpfen bei 18° und 96 Std. Einwirkung. Herbizid für Reisanbau gegen Unkräuter und Algen. Anwendung als Granulat in gesätem Wasser-Reis im Nachauflauf-verfahren, im verpflanztem Wasser-Reis vor oder nach dem Verpflanzen. Mischpartner für Gräser-Herbizide.
Patente[286].

Einfache Thioäthergruppen enthaltende Harnstoffe sind als Herbizide lange bekannt[114]:

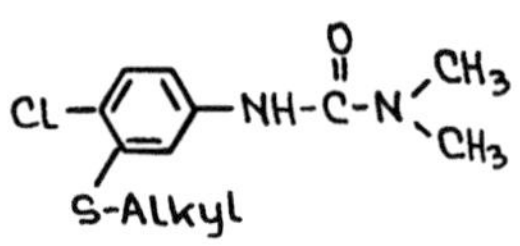

115

Auch Isomere sind beschrieben worden[115] und schließlich sind auch Isomere mit verschiedenen Substituenten im Phenylrest, Cl, $NO_2$, $NH_2$ neben S-Alkyl[116], zu nennen.

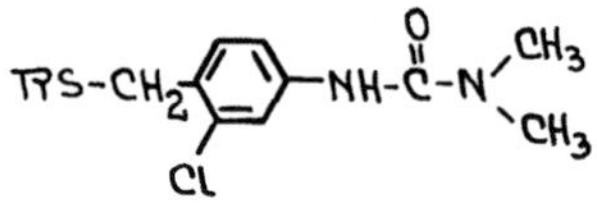

149

Die Versuche aus aromatisch-aliphatischen Harnstoffen mit einem Thioalkylsubstituenten in p-Stellung gute Herbizide zu gewinnen, werden immer noch fortgesetzt. Dabei hat sich ergeben daß die Methyl und die Butylgruppe die besten Wirksamkeiten ergeben[325].

Durch R' $SO_2$ im Phenylrest substituierte Harnstoffe mit herbizider Wirkung sind:

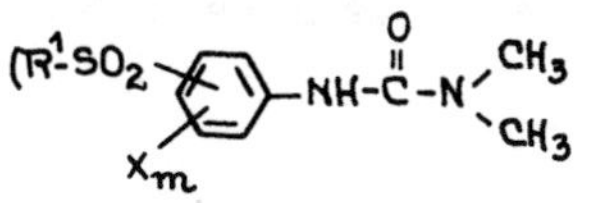 117

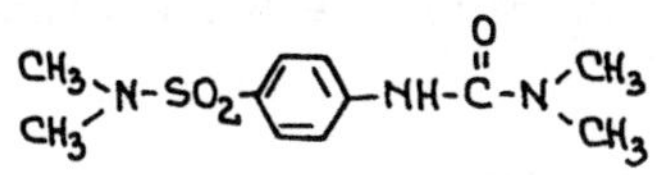 118, 119

R' = Alkyl; X = Hal, $NO_2$, $CF_3$; m = 0-2; n = 1-2

Harnstoffe mit Urethangruppierungen am Aryl-Rest

Als Beispiel einer Harnstoff- und m-Urethangruppierung (s. auch bei Carbamidsäureestern) ist zu nennen:

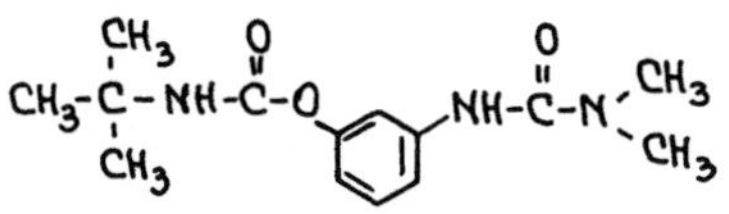

1,1-Dimethyl-3-(3-(N-tert.-butyl-carbamyloxy)-phenyl)-harnstoff
Common name: Karbutilate
Handelsname: Tandex®, früher
Nia-11092, FMC
(Niagara Chem. Div.)

$LD_{50}$: 3000 mg/kg Ratte p.o. akut. Wasserlöslichkeit: 325 ppm bei 20°C. Wirkungsweise: Blatt- und Bodenherbizid. Anwendungsweise: Post- und pre-emergence. Anwendungsgebiet: Breit wirksames Totalherbizid gegen einjährige Unkräuter und Gehölze.
Patente[120, 236, 237]. Literatur[121, 122, 215, 291].

Derartige innere Kombinationen sind von vielen Seiten in Bearbeitung.

In jüngster Zeit ist auch ein Versuchsherbizid der Firma Schering bekannt geworden welche derartige Herbizide mit zwei Wirkungsgruppen zuerst erfolgreich bearbeitet hat. Man beachte die tert. Carbamid-Gruppe!

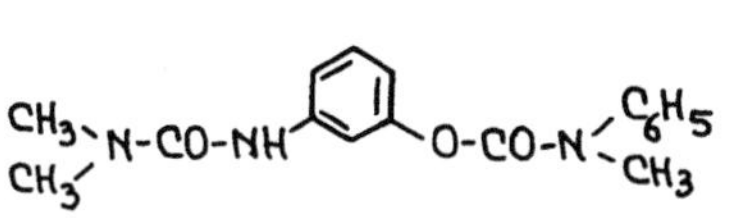

SN-40624
(Schering Deutschland) 1975

$LD_{50}$: 2800 mg/kg Ratte p.o. akut. Herbizid in Getreide spez. gegen Alopecurus, Apera, Lamium, Matricaria, Stellaria, Veronica. Post-emergence Anwendung in Winterweizen.
Patente[313]. Literatur[314].

Interessant ist eine Beziehung zur Insektenbekämpfung.

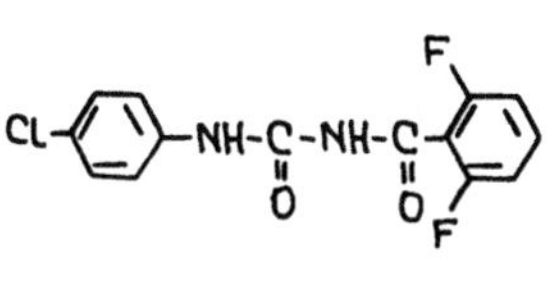

Der acylierte Harnstoff verhindert das Wachstum von Insekten indem es die Chitinbildung unterbindet[306].

Diese Beobachtung wurde und wird in zahlreichen Laboratorien ausgebaut. Neuere Untersuchungen aus den Laboratorien von Philips Duphar in den Niederlanden haben gezeigt, daß weitere den Herbiziden ähnliche Verbindungen insektizide Wirksamkeit aufweisen[317].

Als Beispiel dient die besonders wirksame Verbindung:

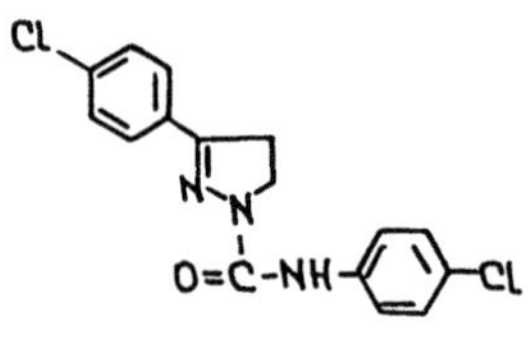

Die Tötung erfolgt verhältnismäßig rasch nach noch nicht geklärtem Wirkungsmechanismen.

Siehe auch [324] andere heterocyclische Carbonsäureamide.

Am $N^1$ acylierte Arylharnstoffe

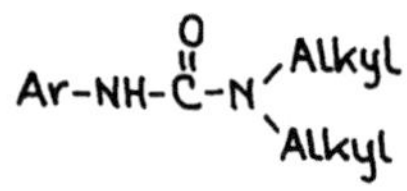

123

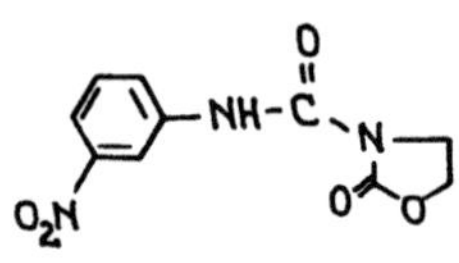

124

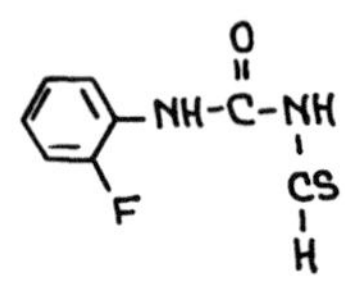

125

siehe auch 80

Am $N^2$ acylierte Arylharnstoffe

Sehr viele am $N^2$ acylierte Arylharnstoffe sind bearbeitet worden, aber erst 1963 wurden wirksame Produkte bekannt, die jetzt im Handel sind.

Die Wirkung entsprechender Verbindungen wird wohl erst nach Abspaltung der Acylgruppe eintreten. Die Acylharnstoffe dürften wegen eines sehr unterschiedlichen Eindringungsvermögens in die Pflanzen eine besondere Selektivität besitzen.

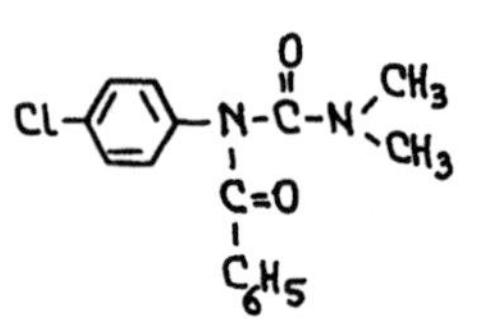

N-Benzoyl-N-(4-chlorphenyl)-N', N'-dimethylharnstoff
Common name: Monomarc
Versuchsprodukt
(Péchiney Progil)

Wasserlöslichkeit: 65 ppm. Wirkungsweise: Bodenherbizid. Anwendungsweise: Pre-emergence. Anwendungsgebiet: Selektiv in Weizen.
Patente[126,127]. Literatur[128].

Die entsprechende 3,4-Dichlorverbindung ist ein Handelsprodukt geworden. Handelsname: Benzomark (Pepro) 1963.
$LD_{50}$: 5000 mg/kg Ratte p.o. akut. Wasserlöslichkeit: 1 ppm Bodenherbizid gegen einjährige Unkräuter.

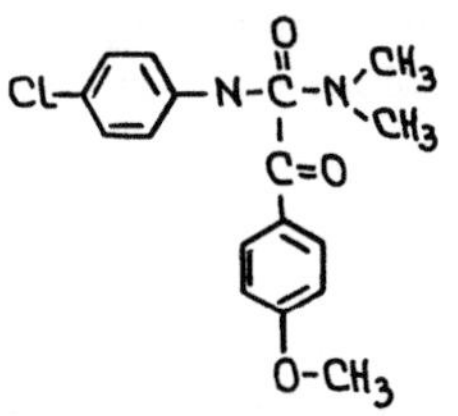

N-4-Methoxy-benzoyl-N-(4-chlorphenyl)-N, N'-dimethylharnstoff
Common name: Methoxymarc
Versuchsprodukt
(Péchiney Progil)

Anwendungsgebiet: Selektiv in Flachs.
Patente[126,127,129]. Literatur[128].

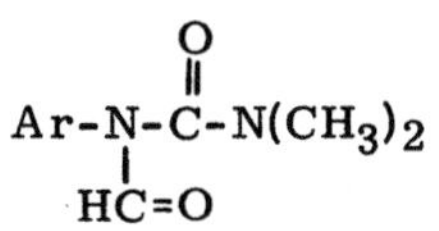

123, 130

N[2]-Sulfenamidharnstoffe

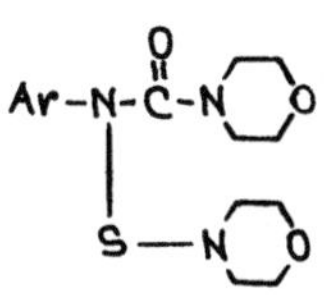

131

Ähnliche Verbindungen s.[225].

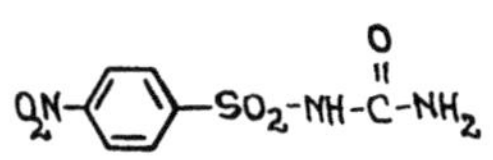

Versuchsprodukt der Monsanto
CP-49814

Soll herbizid wirksam sein; bes. Bedeutung ev. in Zuckerrohr durch Erhöhung der Zuckerausbeute.
Patente[328]. Literatur[330].

$N^1$-Methoxy-Harnstoffe

Eine besondere Bedeutung ergibt der Austausch einer $NH_2$-Gruppe gegen NH OH, bzw. von $CH_3$ gegen eine Methoxygruppe am $N^1$. Von Oxyharnstoffen sich ableitende Verbindungen sind meist nur wenig schwächer herbizid, bei oft erhöhter Selektivität.

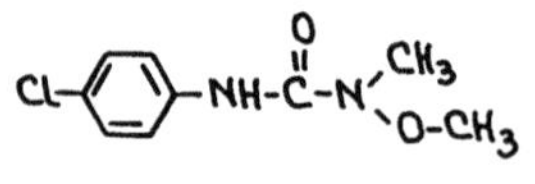

3-(4-Chlorphenyl)-1-methoxy-1-methylharnstoff
Common name: Monolinuron
Handelsname: Aresin®
(Hoechst) 1958

$LD_{50}$: 2250 mg/kg Ratte p.o. akut. Wasserlöslichkeit: 580 ppm bei 20°C. Wirkungsweise: Blatt- und Bodenherbizid. Anwendungsweise: Pre-emergence. Anwendungsgebiet: Selektiv in Kartoffeln, Bohnen, Mais, Spargel, Wein gegen Mono- und Dikotyledonen.
Patente[132, 133]. Literatur[134].

Die entsprechende p-Bromverbindung ist als Patoran® im Handel.

N-(4'-Bromphenyl)-N'-methyl-N-methoxyharnstoff
Common name: Metobromuron
Handelsname: Patoran® (Ciba) 1966

$LD_{50}$: (2700-3000) mg/kg Ratte p.o. akut. Wasserlöslichkeit: 330 ppm bei 20°C. Wirkungsweise: Bodenherbizid mit geringer Blattherbizidwirkung. Anwendungsweise: Pre-emergence. Anwendungsgebiet: Kartoffeln, Mais, Lein, Bohnen, Tabak.
Patente[73, 136]. Literatur[202, 204].

Auch die entsprechende 3,4-Dichlor-Verbindung wird vielfach benutzt:

N-(3,4-Dichlorphenyl)-N'-methoxy-N'-methyl-harnstoff
Common name: Linuron
Handelsname: Afalon® (Hoechst AG)
Lorox® (Du Pont) 1960

$LD_{50}$: 1500 (1500-3500) mg/kg Ratte p.o. akut. 4000 mg (Hoechst). Wasserlöslichkeit: 75 ppm. Wirkungsweise: Bodenherbizid und mittlere Wirkung als Blattherbizid. Anwendungsweise: Pre-emergence, post emergence. Anwendungsgebiet: Selektiv in Winter-Getreide, Sojabohnen, Möhren, Kartoffeln, Bohnen, Erbsen, Baumwolle, Mais.
Patente[132, 133]. Literatur[135].

Folgerichtig ist auch die 3-Chlor-4-bromphenyl-Verbindung ein Herbizid:

N-(3-Chlor-4-bromphenyl)-N'-methoxy-N'-methylharnstoff
Common name: Chlorbromuron
C 6313 (Ciba) 1966
Handelsname: Maloran® (Ciba-Geigy)
Bromex® (Nor-Am)

$LD_{50}$: 2150 mg/kg Ratte p.o. akut. $LC_{50}$: 11 mg/L 96 Stdn. Catfisch. Wasserlöslichkeit: 50 ppm. Wirkungsweise: Bodenherbizid. Anwendungsweise: Pre-emergence und post-emergence. Anwendungsgebiet: Möhren, Erbsen, Sojabohnen, Süßkartoffeln, Mais.
Patente[73, 235, 300]. Literatur[137].

3-(3-Chlor-4-methoxyphenyl)-1-methyl-1-methoxy-harnstoff.

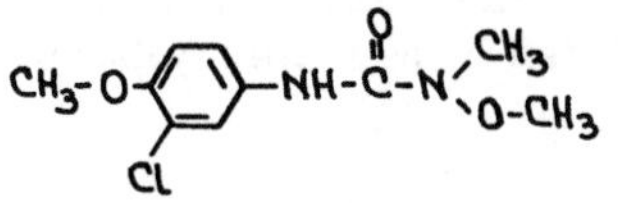

Versuchsprodukt: BAS-4420
(BASF) 1972

$LD_{50}$: 5000 mg/kg Ratte. Selektiv in Kartoffeln, Sojabohnen, Karotten. Ziemlich persistent im Boden.
Patente[245].

Das entsprechende Äthoxy-produkt ist ein Versuchsherbizid der Ciba-Geigy C-20482.
Patente[329]. Literatur[330].

Ein recht interessantes Versuchsherbizid vereinigt eine Harnstoffgruppierung mit einem Oxy-essigsäure-Rest.

1-(4'-Fluor-phenyl)-3-methyl-3-carboxy-methoxy-harnstoff

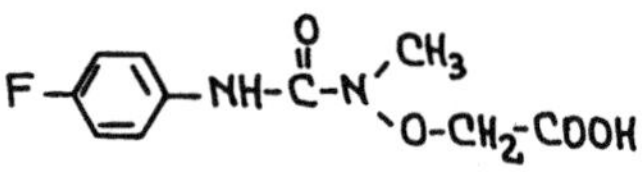

Versuchsherbizid: BAS-3740 H
(BASF) 1970. Offensichtlich nicht mehr im Versuch.

$LD_{50}$: 4000 mg/kg Ratte p.o. akut. Anwendung pre und besonders post-emergence gegen breitblättrige Unkräuter. Selektiv in Mais, Kombinationen mit BAS-3940 H und BAS-7390 H.
Patente[258]. Literatur[293].

Weitere allgemeine Patente über Alkoxyharnstoffe:[139-148].

An Abwandlungsprodukten wurden bekannt:

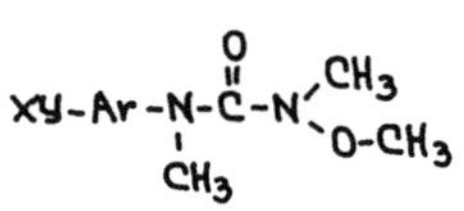
8, 137

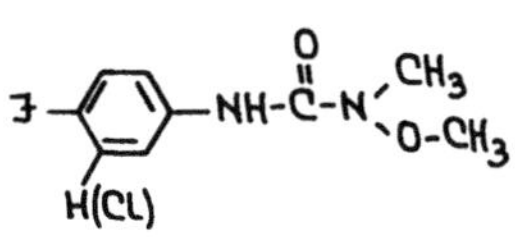
148

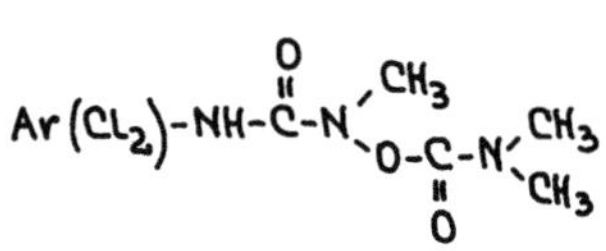
150

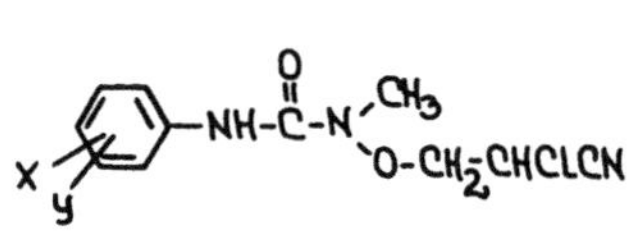
73, 151

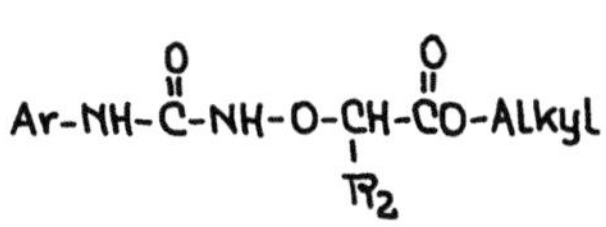
152

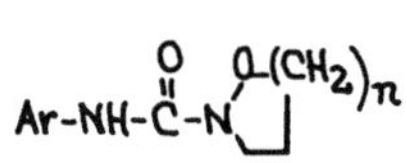
153

n=1 und 2

Ähnlich wie bei den N, N-Dimethylharnstoffen wurden auch bei den N-Methyl-N-methoxy-harnstoffen zahlreiche Variationen durch Halogeneinführung in einen Alkyl- oder einen Alkyl(en)-äther-Substituenten vorgenommen und haben zu einigen neueren Versuchsprodukten geführt. Darstellung und Zusammenhänge zwischen chem. Konstitution und herbizider Wirksamkeit siehe bei den N, N-Dimethylharnstoffen[247].

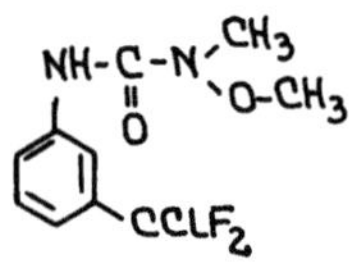

HOE-2933 (Hoechst AG) 1970

Pre-emergence Wirkung.
Patente[252]. Literatur[247].

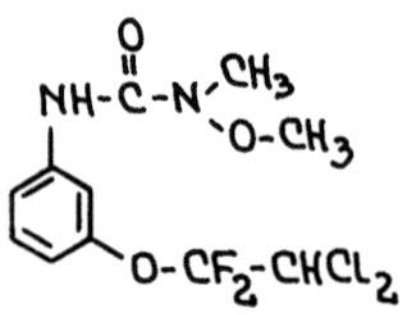

HOE-2938
(Hoechst AG) 1972

Selektiv in Baumwolle.
Patente[253]. Literatur[247].

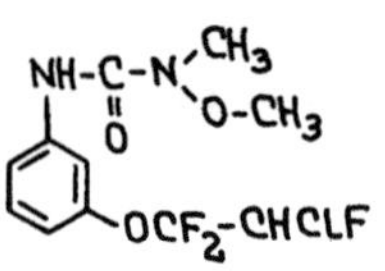

HOE-2994
(Hoechst AG) 1972

Pre-emergence Anwendung gegen Unkräuter in Kartoffeln und Sommergetreide, Flachs und Erbsen. Post emergence nur schwache Gräserwirkung.
Patente[274]. Literatur[263].

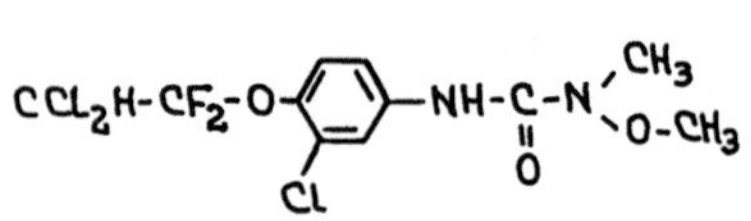

Versuchsprodukt HOE-2934

Patente[316].

$N^2$-Oxyharnstoffe

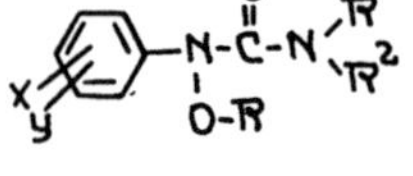

154

Ein entsprechendes Patent mit
R = Na wurde später von russischer
Seite entnommen[155,156].

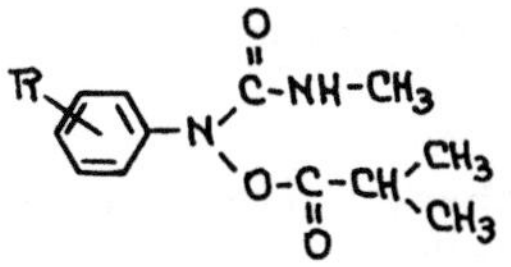

Selektiv wirksam in Baumwolle[157].

R = H, $CH_3$, Cl usw.

$N^2$-Phenyl-methyl- bzw. $N^2$-Phenyl-oxymethyl-$N^1$-methyl- bzw. -dimethyl-thioharnstoffe wurden in jüngerer Zeit als Herbizide patentiert[222].

Thioharnstoffe

Die Thioharnstoffe werden in der Mehrzahl in den entsprechenden Patenten der herbiziden Harnstoffe angeführt. Ihre Wirkung ist meist wesentlich schwächer als die der Harnstoffe. Bis heute ist nur ein Versuchsprodukt bekannt geworden:

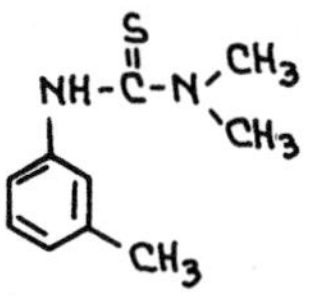

N-(3-Methyl-phenyl)-N, N'-dimethyl-Thioharnstoff
Common name: Thiuron, Methiuron
Versuchsprodukt. Offensichtlich aufgegeben!
MH 090
(Mirvale Chem. Co.)
(The Yorkshire Tar Distillers Ltd.)
1957

Patente[159,160]. Literatur[158].

Von aromatisch-aliphatischen Harnstoffen und Thioharnstoffen sich ableitende Verbindungen wie Biurete, Isoharnstoffäther, Isothioharnstoffäther, Harnstoffdichloride und Guanidine

Biurete (Zweifach-Harnstoffe)

Diese sehr breit untersuchte Verbindungsklasse zeigt durchweg gute, aber für eine praktische Anwendung doch nicht ausreichende herbizide Wirkung. Die Reindarstellung ist im großen Maßstab außerdem schwierig, was ohne Zweifel ihrer praktischen Einführung im Wege steht. Genannt werden:

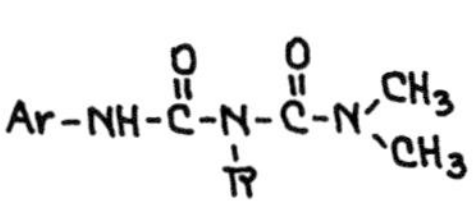

R = H[161]; R = Ar[162]

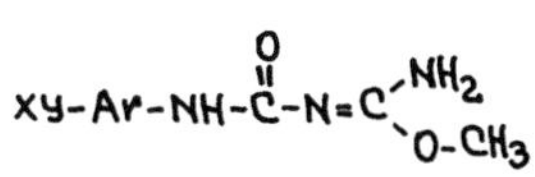

163

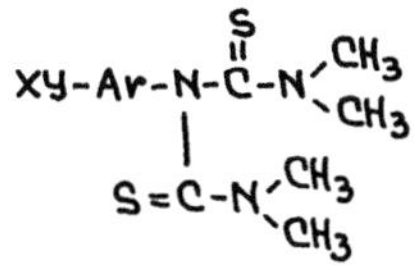

164

Isoharnstoffäther und Isothioharnstoffäther

Verbindungen dieser Reihe zeigen eine zwar noch gute, aber meist doch schwächer herbizide Wirkung als die entsprechenden Harnstoffe. Ihre Selektivität ist gegenüber jener der Harnstoffe meist unterschiedlich.

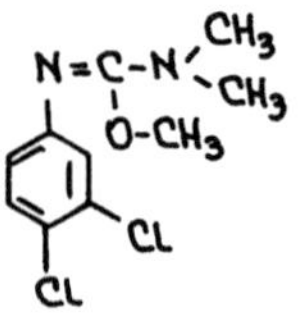

N-(3', 4'-Dichlorphenyl)-N-dimethyl-isoharnstoffmethyläther
Versuchsprodukt. Aufgegeben
(Bayer AG) 1965/66

Patente[165].

Der entsprechende Thiomethyläther ist in jüngster Zeit als Herbizid mit fungizider Nebenwirkung patentiert worden[166]. Hinsichtlich allgemeiner Patente über die herbizide Wirkung von Isoharnstoff- und Thioharnstoffäther s. [166, 167].

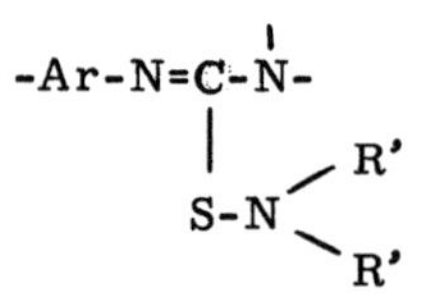

168, 169

Harnstoffdichloride, Guanidine und Biguanidine

Über die in letzter Zeit leicht zugänglichen sog. Isocyanid-dichloride[170,171] sind sowohl Isoharnstoffäther, Isothioharnstoffäther als auch Halogenformamidine und beliebig substituierte Guanidine besonders leicht herstellbar geworden. Sie alle zeigen eine gegenüber den aromatisch-aliphatischen Harnstoffen meist geringere herbizide Wirkung. Typische Beispiele sind:

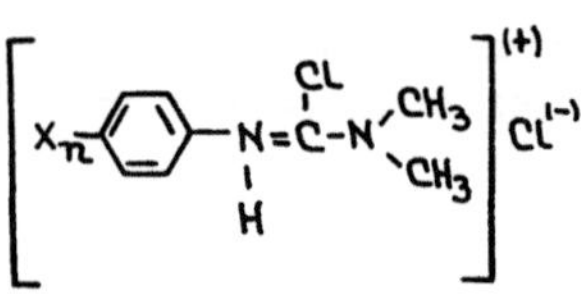

172, 173

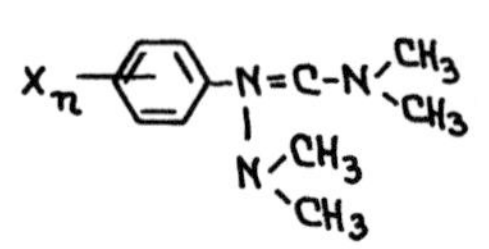

176, 179

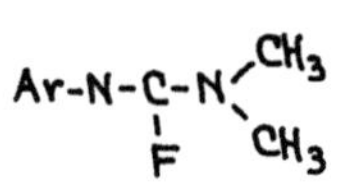

174, 175

1-(4-Chlorphenyl)-biguanid ist nach russischen Angaben ein gutes Algizid[260].

Biguanidine wurden als Vorauflaufherbizide im Reis patentiert[180]:

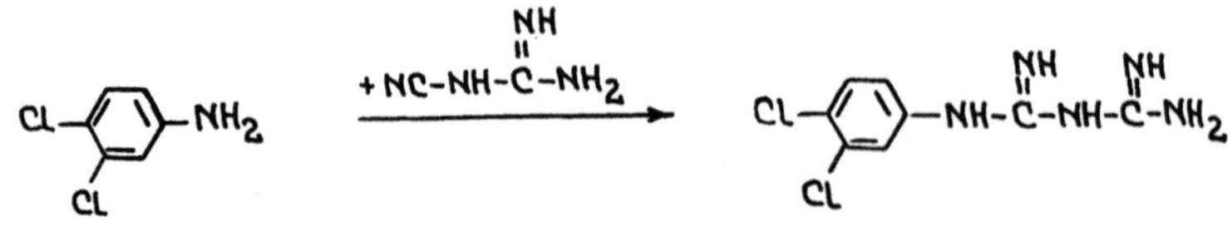

Einige aus aromatisch-aliphatischen Harnstoffen durch einfache chemische Umwandlung sich ableitende cyclische Verbindungen, denen die Struktur

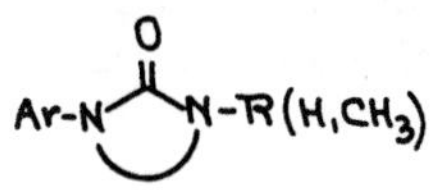

gemeinsam ist, finden sich unter den Heterocyclen (Perhydrotriazinone, Hydantoine bzw. Di- und Trioxo-imidazolidin usw.).

f) Semicarbazide

Derivate des N-Phenylsemicarbazids[181] sind erst in jüngerer Zeit als Herbizide entdeckt worden. Es ist anzunehmen, daß in der Klasse der Semicarbazide und Thiosemicarbazide[182], deren biologische Aktivität auf anderen Gebieten bekannt ist (Tuberkulostatika usw.), weitere Wirkstoffe gefunden werden.

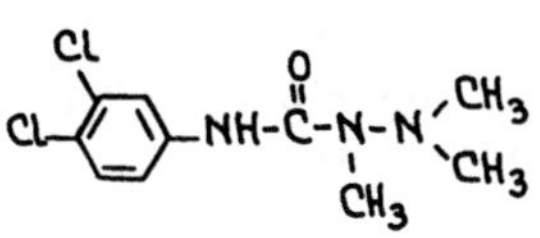

Das Semicarbazid hat sich als herbizid wirksam erwiesen und inhibiert auch die Hill-Reaktion[289].

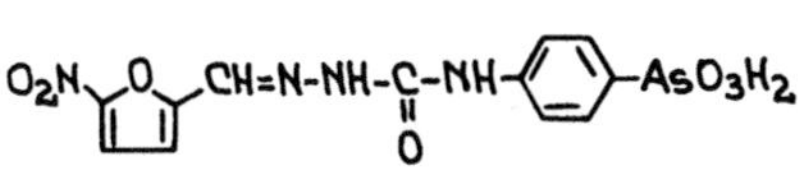

Eine vornehmlich gegen die Geflügel-Coccidiose empfohlene Verbindung NPA-Säure (Norwegen) soll auch gute herbizide Eigenschaften aufweisen, für die aber möglicherweise weniger die Harnstoffgruppierung als die Arsensäure verantwortlich ist[261].

Eine Schutzwirkung für Pflanzen gegen Ozonschäden wird Semicarbaziden folgender Formel zugeschrieben[302]

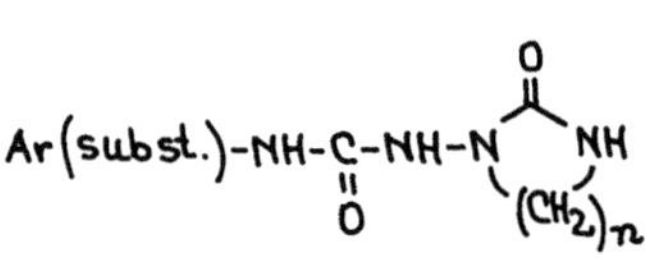

Über Semicarbazide als Insektizide siehe[319]

Als Kondensationsprodukte der Harnstoffe sind die sog. Triazin-3-carbamidsäureamide [183, 184] aufzufassen:

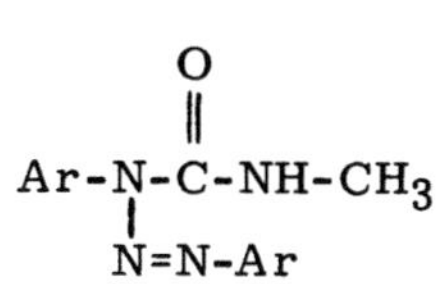

g) Benzylharnstoffe

Benzylharnstoffe, in der Patentliteratur erwähnt, haben bis jetzt im Gegensatz zu den entspr. Carbamidsäureestern keine Bedeutung erlangt. Am wirksamsten sind im Phenylkern in 3- und 4-Stellung chlorierte Verbindungen[185].

h) Aromatisch-aliphatische Harnstoffe mit einem heterocyclischen Substituenten am Aromaten

Aus dieser, meist nicht einfach herzustellenden, Verbindungsreihe, ist bis jetzt (1974-76) nur ein Versuchsprodukt bekannt geworden.

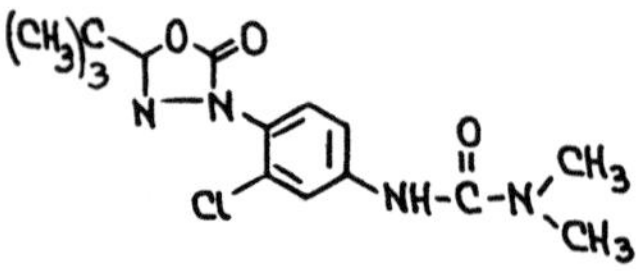

Common name: Dimefuron
RP-23465
(Rhone-Poulenc)

Pre- und post-emergence Anwendung in verschiedenen Kulturen gegen breitblättrige Unkräuter wie Galium aparine und Stellaria media ferner gegen alle Arten von Ungräsern. Totalherbizid bei größeren Aufwandmengen.
Patente[297]. Literatur[298, 308].

i) Heterocyclisch-aliphatische Harnstoffe

Da bei den im folgenden angeführten Verbindungen die Gruppierung

$$\text{Hetero-}\underset{\substack{|\\ \text{H (Alkyl)}}}{\text{N}}\text{-}\overset{\substack{\text{O}\\ \|}}{\text{C}}\text{-N}\begin{smallmatrix}\text{R'}\\ \text{R''}\end{smallmatrix}$$

R' = Alkyl
R'' = Alkyl, H, $OCH_3$

nicht oder höchstens durch etwas veränderte Gruppierungen ohne Verlust der Wirksamkeit ersetzbar ist, darf die herbizide Wirksamkeit als wesentlich durch die Harnstoff-Gruppierung bedingt angesehen werden. Aus diesem Grund werden die Verbindungen, obwohl sie einen heterocyclischen Bestandteil enthalten, bei den Harnstoffen angeführt.

Verbindungen der Struktur $\text{(N-}\underset{\substack{\|\\ \text{O}}}{\text{C}}\text{-N(R)}_2$ wobei N Teil eines heterocyclischen Rings ist, werden im Folgenden nicht besprochen, da sie streng genommen zu den heterocyclischen Carbonsäureamiden zu rechnen sind. Siehe daher bei den heterocyclischen Carbonsäuren. Verbindungen der Konstitution

$\text{ArNH}\underset{\substack{\|\\ \text{O}}}{\text{C}}\text{-N}\text{(CH}_2)_n$ wurden aber bei den aromatisch-aliphatischen Harnstoffen besprochen. Hier kann der Ring $\text{N(CH}_2)_n$ durch $N(CH_3)_2$ ersetzt werden ohne daß Wirkungsverlust eintritt.

Wohl keine Verbindungsklasse ist seit 1968 so intensiv bearbeitet worden wie die heterocyclisch-aliphatischen Harnstoffe. Nach der Entdeckung der selektiven Wirkung des 2-Benzthiozolyl-dimethylharnstoffs (Tribunil) durch Bayer und von Harnstoffen des Thiadiazols sowie des Isothiazols ebenfalls durch Bayer aber z. T. fast gleichzeitig durch die Mobil Oil in USA und Hokko in Japan erschienen von vielen Firmen zahlreiche fast nicht mehr überschaubare, sich oft überschneidende oder gar ausschließende Patentanmeldungen. Auch Erfolg versprechende Versuchsprodukte und auch schon Handelsprodukte sind mehrfach zu verzeichnen.

Um dem Leser eine Übersicht über das wichtigste Gebiet, die Isothiazolylharnstoffe zu geben, ist bei diesen eine tabellarische Übersicht gegeben. Eingehende Studien sind an Hand der Literatur und Patentübersicht 1969-76 möglich.

5-Ring-Verbindungen mit 1 N und 1 S mit Harnstoffgruppierung

Ein allgem. Patentanspruch für diese Produkte stammt bereits aus dem Jahre 1955.

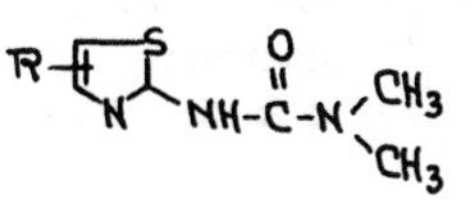

R = Cl, $CF_3$; 2 x R = Cl[304]

Die nebenstehende Substanz ist 1965/66 als Herbizid beansprucht worden[186]. Mit ihr verwandt ist die folgende Verbindung:

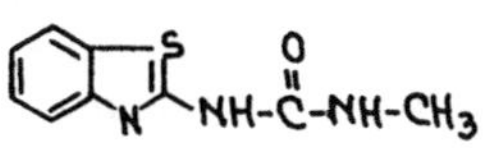

N-Methyl-N'-(2-benzthiazolyl)-harnstoff
Common name: Benzthiazuron
Handelsname: Gatnon®
(Bayer AG) 1966/67

LD50: 1280 mg/kg Ratte p.o. akut. LC50: 400 mg/L 96 Std. Harlequin Fisch. Wasserlöslichkeit: 12 ppm bei 20°C. Wirkungsweise: Bodenherbizid mit mäßiger Wirkung als Blattherbizid. Anwendungsweise: Pre-emergence. Anwendungsgebiet: Selektiv in Rüben und Spinat.
Patente[187, 188]. Literatur[206].

In Anwendung ist auch eine Kombination mit einem Uracil (Venzar® von Du Pont) unter dem Namen Merpelan® (Bayer AG).

Von viel größerer Bedeutung ist die Verbindung:

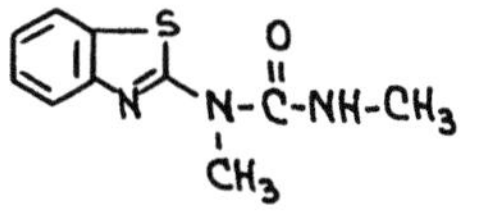

N-(2-Benzthiazolyl)-N,N'-dimethylharnstoff
Common name: Methabenzthiazuron
Handelsname: Tribunil®
(Bayer AG) 1968

LD50: 2500 mg/kg Ratte p.o. akut. Wasserlöslichkeit: 59 ppm bei 20°C. Wirkungsweise: Blatt- und Bodenherbizid. Anwendungsweise: Post- und pre-emergence. Anwendungsgebiet: Selektiv in Wintergetreide und Sommerweizen sowie Hafer, Kartoffel, Artischocken, Bohnen, Zwiebeln, Erbsen und Ackerbohnen. Wirkung gegen Unkräuter und Ungräser. Hervorzuheben ist seine gute Wirkung gegen Ackerfuchsschwanz und Windhalm.

Tribunil bewirkt im Weizen Ertragssteigerungen die über das hinaus gehen, was durch die Bekämpfung der Unkräuter erreicht werden kann. Tribunil greift in das Fermentsystem der Pflanzen ein, erniedrigt vorübergehend den Zuckergehalt, erhöht aber dafür den Eiweißgehalt[277, 311, 322, 323].

Die Erhöhung des Eiweißgehaltes von Weizen auf Kosten der Stärke durch Methabenzthiazuron in Dosierungen die für die Pflanze noch nicht schädlich sind, ist nicht auf diesen Harnstoff beschränkt. Zahlreiche Herbizide mit Photosynthesehemmung wie z. B. Triazine, Uracile, 1, 2, 4-Triazinone usw. zeigen den gleichen Effekt.

s-Triazin-Herbizide sind schon früh dafür bekannt geworden, daß sie den Stickstoff-Stoffwechsel der Kulturpflanze intensivieren und zu erhöhten Proteingehalten führen[320]. Erhöhungen bei der Nitrataufnahme, der Aktivität des Enzyms Nitratreduktase und der Proteinsynthese wurden als Ursache gefunden[321]. Inzwischen stellte sich heraus, daß alle Herbizide mit photosynthese-hemmender Wirkung in subletaler Dosierung die gleichen Stoffwechsel-Veränderungen auslösen. Die physiologische Basis hierfür besteht in einer Kompensationsreaktion der Pflanze auf erniedrigte Kohlenhydratversorgung, sei sie durch Herbizide in subletaler Dosierung oder durch Lichtmangel ausgelöst[322, 323]. Diese sog. "Schattenanpassungs-Reaktion" umfaßt Änderungen im Stickstoff-Stoffwechsel und in der Zusammensetzung der Chloroplasten.

Beim Tribunil scheint dieser Effekt aber besonders ausgeprägt, zum andern von Bedeutung da dieses Herbizid selektiv in Weizen angewandt wird. Weltweit könnte bei dem herrschenden Eiweißmangel durch Erhöhung des Eiweißgehaltes im Getreide die Eiweißbilanz verbessert werden. Man darf annehmen, daß es noch mehr Verbindungen gibt, welche derartige Umstimmungen in einer Nutzpflanze hervorrufen. Es wird eine Frage der Teste sein ob man hier neue, Erfolg versprechende Erkenntnisse sammeln kann oder bei zufälligen Beobachtungen der Untersuchung von Nebenwirkungen durch Herbizide stehen bleibt.
Patente[189-191, 279]. Literatur[192, 231, 311].

Im Tribunil wurde von Bayer erstmalig gezeigt, daß heterocyclische Harnstoffe mit einer Methylgruppe in 2-Stellung sehr hohe herbizide Wirksamkeit aufweisen. Bei aromatisch-aliphatischen Harnstoffen dagegen muß die $N^2$-Gruppe meist ein H tragen. Diese neuen Konstitutionsmerkmale für wirksame heterocyclisch-aliphatische Harnstoffe haben eine weitere intensive Forschung auf diesem Gebiet angeregt.

Wiederholt wurde darauf hingewiesen, daß zwischen Herbiziden und Fungiziden enge Beziehungen bestehen. Ein weiteres Beispiel soll diese Verwandtschaft belegen. Die Ciba-Geigy hat als neues Versuchsfungizid 1-(Benzthiazol-2yl)-3-isopropylharnstoff angemeldet. (common name Vorschlag: Bentaluron. Patente[310].

Von den Isothiazolen bzw. 1, 2-Thiazolverbindungen sei genannt[193, 208]:

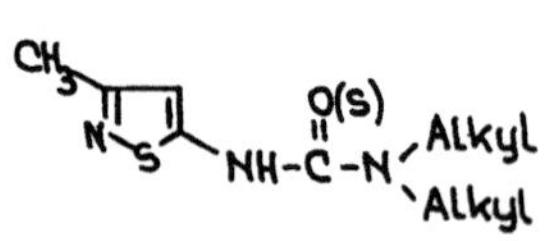

5-Ring-Verbindungen mit 2 N und 3 N

Unter den Benzimidazolen gibt es zahlreiche Verbindungen, die herbizid und noch mehr fungizid wirksam sind[226]. Siehe auch bei 5-Ringen mit 2 N. Echte Harnstoffe im Sinne der Definition Het. $\text{NH-}\overset{\overset{\displaystyle O}{\|}}{\text{C}}\text{-N (Alkyl)}_2$ sind aber als Herbizide nicht bekannt geworden, wohl aber Verbindungen der Struktur

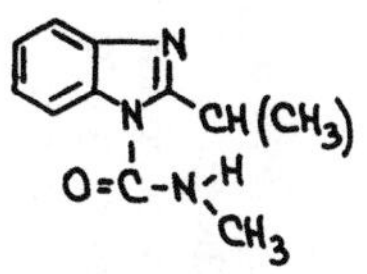

oder

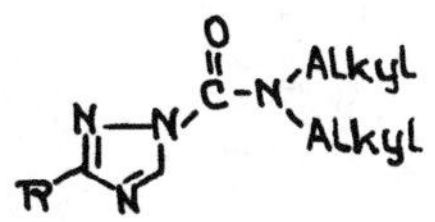

siehe bei heterocyclischen Carbonsäuren

5-Ring-Verbindungen mit 2 N und 1 S

Unter den Harnstoffen des Thiadiazols und des Isothiadiazols finden sich besonders wirksame Herbizide wie neuere Untersuchungen der Bayer AG, Ciba-Geigy, Hokko Japan, Air Prod., Gulf Res., Schering, Eli Lilly, Velsicol und anderer Firmen zeigen.

Isothiazol-derivate (1, 2, 4-Thiazolyl-2-Harnstoffe)

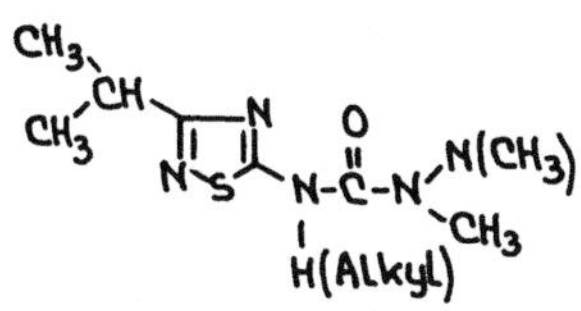

209, 211, 227, 230, 233

Allerdings sind auch die Carbamidsäureester und die N-Acyl-Verbindungen in beiden Fällen gute, wenn auch deutlich schwächere Herbizide.

Sehr viel größere Beachtung und auch Bedeutung haben Harnstoffe des 1, 3, 4-Thiadiazols erlangt, zumal diese Verbindungen auch leichter darstellbar sind. Im Wesentlichen sind es die zuvor benannten Firmen welche auf diesem Gebiet geforscht und Versuchs- bzw. Handelsprodukte herausgebracht haben.

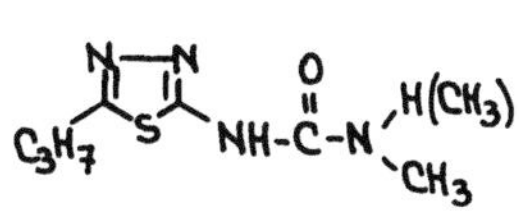

210, 233

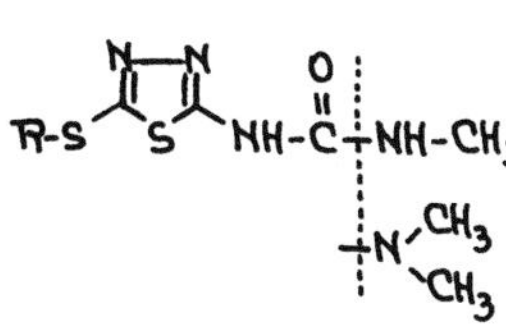

210

Analog mit $C_3H_7S$ statt $C_3H_7$.

Besonders wirksam sind Harnstoffe mit $CF_3$ statt Alkyl[227] und mit tert. Butyl[234].

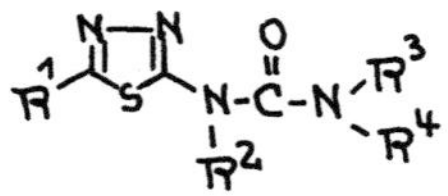

| $R^1$ | $R^2$ | $R^3$ | $R^4$ | Common name Vorschlag | Firma Handelsname | Allgemeine Eigenschaften | Pat. | Liter. |
|---|---|---|---|---|---|---|---|---|
| $C_2H_5SO_2$ | $CH_3$ | H | $CH_3$ | Sulfodiazol | Bayer Ustilan® 6579H (1972/73) | $LD_{50}$:>5000 mg/kg Ratte Totalherbizid gegen Unräuter u. Ungräser Aufnahme über Boden u. Blätter. Photosynthese Hemm. | 265, 268 285, 303 312 | 282 |
| $C_2H_5SO_2$ | $CH_3$ | $CH_3$ | $CH_3$ | | Schering | Totalherbizid $LD_{50}$: 1000 mg/kg Ratte | | |
| $(CH_3)_2NSO_2$ | $CH_3$ | H | $CH_3$ | Suthiazuron | Ciba-Geigy GS-37430 (1972) | | 280 | |
| $CF_3$ | $CH_3$ | H | $CH_3$ | Thiazfluron | Ciba-Geigy GS-29696, A-3789 Erbotan® (1969) | $LD_{50}$: 278 mg/kg Ratte Totalherbizid u. selektiv in Z Zuckerrohr gegen Gräser u. Unkräuter | 227 269 | 301 |

| $R^1$ | $R^2$ | $R^3$ | $R^4$ | Common name Vorschlag | Firma Handelsname | Allgemeine Eigenschaften | Pat. | Liter. |
|---|---|---|---|---|---|---|---|---|
| $(CH_3)_3C$ | $CH_3$ | H | $CH_3$ | Tebuthiuron oder Butathiuron | Eli Lilly Elanco USA EL-103®, Spike®, Perflan® (in BRD) Brulan®, (1972) Thiurolan® | $LD_{50}$: 644 mg/kg Ratte. Langzeit-Herbizid. Totalherbizid. Selektiv in Zuckerrohr gegen Gräser u. Unkräuter | 233<br>265<br>268 | 234<br>298<br>307 |
| $(CH_3)_3C$ | H | H | $CH_3$ | | Hokko Japan Mobil Oil, Me-5714® (1970) | $LD_{50}$: 2500 mg/kg Ratte Gegen Gräser u. Unkräuter | 233<br>265<br>266 | 234<br>267 |
| $CF_3$ | H | H | $CH_3$ | | Mobil Oil MP-2692 (1974) | Pre-emergence Anwend. Älteres aufgegebenes Versuchsprodukt der Bayer AG | 276 | |
| $CH_3$ | H | $CH_3$ | $CH_2-CH(OCH_3)_2$ | | Velsicol Chem. HCS-3438 (1972) | $LD_{50}$:>2100 mg/kg Ratte Pre u. post emergence Anwendung gegen Gräser u. Unkräuter | 270 | 271 |
| $(CH_3)_3C$ | H | $CH_3$ | $CH_2-CH(OCH_3)_2$ | | Velsicol Chem. HCS-3510 (1974) | $LD_{50}$:2744 mg/kg Ratte. Vor Saat od. pre emerg. in Gemüse wie Bohnen Erbsen, Sojab., Zuckerrüben, Flachs, Mais | 263 | 264 |

Die bei zahlreichen Harnstoffen mit zwei NH-Gruppen mögliche Addition von 1,2- bzw. 1,3-Dialdehyden oder Ketonen führt auch bei den 1,3,4-Thiadiazolylharnstoffen zu neuen wirksamen Verbindungen. In ähnlicher Weise können Kondensationsreaktionen mit z. B. Oxalsäureester, oder Chloressigsäureester zu neuen Heterocyclen führen. Entsprechende Verbindungen werden bei den heterocyclischen Verbindungen besprochen. Patente finden sich aber auch im Zusammenhang mit den Ausgangsharnstoffen in der Patent-Übersicht 1969-76 bei den heterocyclisch-aliphatischen Harnstoffen.

z.B. 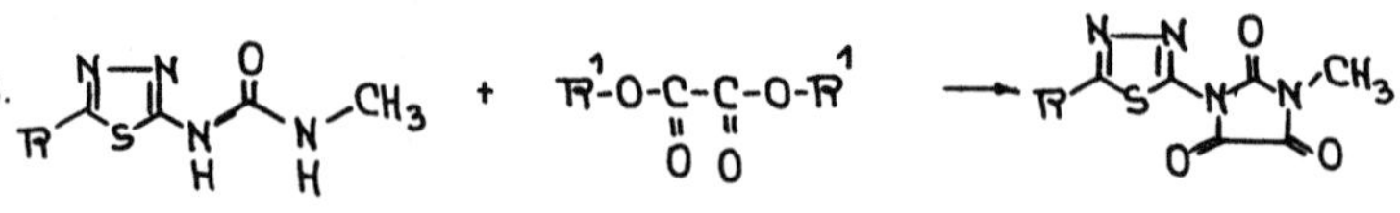

Die Synthese von 2-Amino-1,3,4-Thiadiazolen ist in der Literatur bekannt, in letzter Zeit aber im Hinblick auf die wichtigen in 5-Stellung substituierten Derivate besonders ausgearbeitet worden. 2-Amino-5-tert. butyl-1,3,4-thiadiazol[298], 2-Amino-5-trifluormethyl-1,3,4-thiadiazol[299]. Der Ringschluß geschieht im ersteren Falle z. B. mit konz. Schwefelsäure bei 55°, im zweiten Falle z. B. mit Polyphosphorsäure. Die Amine werden anschließend mit Methylisocyanat oder Dimethylcarbamidsäurechlorid umgesetzt.

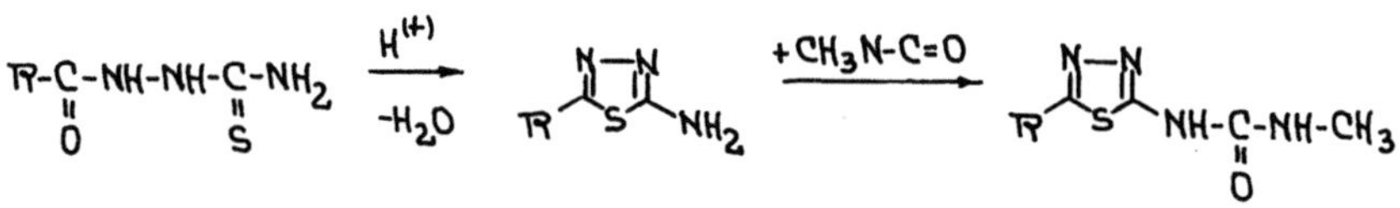

R = $(CH_3)_3C$- oder $CF_3$-

2-Amino-1,3,4-thiadiazolin-5-one bzw. Harnstoffe erfaßt ein Patent der Firma Bayer AG[228], z. B.

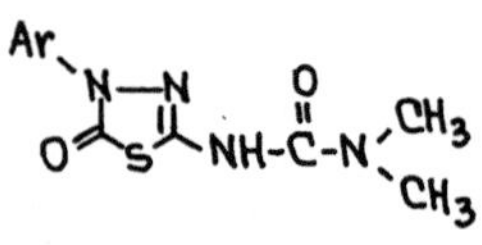

6-Ring-Verbindungen mit Harnstoffgruppierung

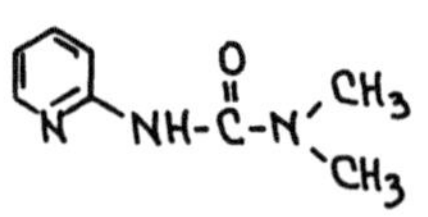 194

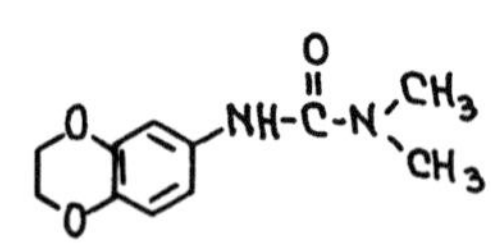 196, 197

Im Pyridinkern halogenierte Pyridylharnstoffe:[195]

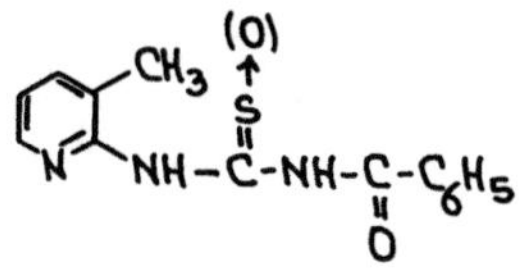

Versuchsprodukt der Commonwealth Sci. Ind. Res. Organ Australien

Vorlaufherbizid[272].

## 5.6. Sulfamide

Die den araliphatischen Harnstoffen nahestehenden Sulfamide[138] zeigen zwar häufig herbizide Eigenschaften, doch ist bis 1969 keine Verbindung bekanntgeworden, welche verwertbare herbizide Wirksamkeit aufgewiesen hätte.

Die herbizide Wirksamkeit von N, N-Dimethylsulfamin wird verbessert durch Anlagerung von Trichloracetaldehyd[305].

## Literatur und Patente

5. Organische Herbizide

5.5.3. Harnstoffe - 5.6. Sulfamide


1. US 2 619 416, 25.11.52, Union Carbide, ref. CA 47, 2424b.
2. King, L. J.: Proc. Northeast. States Weed Control Conf. 1950, p. 302.
3. US 3 334 989, 29.12.66/8.8.67, US Prior. 4.5.64, Stauffer Chemical Co.
4. US 2 733 988, 14.11.54/7.2.56, Du Pont.
5. US 3 347 658, 16.8.66/17.10.67, Du Pont.
6. DAS 1 062 482, 1.2.58/30.7.59, BASF.
7. GB 849 794, 30.1.59/28.9.60, GE Prior. 1.2.58, BASF.
8. DAS 1 062 059, 5.12.57/23.7.59, BASF.
9. DAS 1 027 930, 14.12.56/10.4.58, BASF.
10. = FR 1 195 300, 12.12.57/19.5.59, GE Prior. 14.12.56.
11. DAS 1 076 680, 17.12.58/3.3.60, BASF.
12. Fischer, A.: Z. Pflanzenkrankh. Pflanzenschutz 67, 577 (1960).
13. Scheuerer, G., and Fischer A.: Weed Res. 2, 130 (1962).
14. DAS 1 081 453, 15.1.59/12.5.60, Farbenfabriken Bayer AG.
15. DAS 1 159 432, 26.7.60/19.12.63, Farbenfabriken Bayer AG.
16. DAS 1 188 588, 31.8.63/11.3.65, Farbwerke Hoechst.
17. DAS 1 202 270, 5.3.64/7.10.65, US Prior. 7.3.63, Hercules Powder Co.
18. US 3 350 194, 2.12.64/31.10.67, Hercules Powder Co.
19. DAS 1 221 841, 22.1.65/28.7.66, BASF.
20. FR 1 465 125, 21.1.66/28.11.66, GE Prior. 22.1.65, BASF.
21. Fischer, A.: 6. Internat. Pflanzenschutzkongreß, Wien, Abstracta, p. 446 (1967).
22. US 3 150 179, 23.5.62/22.9.64, Hercules Powder Co., US 3 304 167 (1967).
23. Chem. Eng. News 41, Nr. 15, 109 (1963).
24. NE 65 00 853, 22.1.65, 26.7.65, GE Prior. 29.1.64, BASF.
25. DAS 1 226 569, 20.5.65/13.10.66, BASF.
26. BE 644 867, 6.3.64/7.9.64, US Prior. 7.3.63, Hercules Powder Co.
27. BE 652 325, 26.8.64/4.2.65, Hercules Powder Co.
28. = US 3 161 674, 7.3.63/29.12.64.
29. US 3 174 843, 1.5.62/23.3.65, Hercules Powder Co.
30. Sipos, L.: Z. Pflanzenkrankh. Pflanzenschutz, Sonderheft IV, 275 (1968).
31. US 3 276 855, 4.1.62/4.10.66, Velsicol Chemical Corp.
32. Hill, R.: Proc. Roy. Soc. (London), Ser. B 127, 192 (1939).
33. Warburg, O., Schröder, W., Krippahl, G. u. Klotsch, H.: Angew. Chem. 69, 627 (1957).
34. Hill, R., and Wittinghan, C. P.: Photosynthesis, p. 131. New York: John Wiley & Sons 1955.
35. -, Nature 139, 881 (1937).
36. Calvin, M.: Angew. Chem. 74 (5), 165 (1962).
37. Good, N. E.: Plant Physiol. 36, 788 (1961).
38. Wessels, J. S. C. u. van der Veen, R.: Biochim. Biophys. Acta (Amsterdam) 19, 548 (1956).

39. Cooke, A. R.: Weeds 4, 397 (1956).
40. Duysens, L. N. M., Amesz, J., and Kamp, B. M.: Nature 190, 510 (1961).
41. US 2 655 447, 13. 10. 53, Du Pont, ref. CA 48, 943h.
42. DBP 935 165, 6. 12. 50/18. 5. 55, US Prior. 6. 12. 49 u. 21. 9. 50, Du Pont.
43. GB 692 589, 28. 11. 50/10. 6. 53, US Prior. 6. 12. 49 u. 21. 9. 50, Du Pont.
44. Sharp, S. S., Swingle, M. C., McCall, G. L., Weed, M. B., and Cowart, L. E.: Agr. Chem. 8 (9), 56 (1953).
45. Crafts, A. S.: Substituierte Harnstoffe. The Chemistry and Mode of Action of Herbicides, Chapter 8, New York - London: Interscience Publishers Inc. 1963.
46. US 2 782 112, 4. 1. 54/19. 2. 57, Allied Chemical & Dye Corp.
47. = DBP 951 181, 29. 12. 54/5. 4. 56, US Prior. 4. 1. 54, Allied Chemical & Dye Corp.
48. CA 533 425, 7. 2. 51/20. 11. 56, US Prior. 20. 3. 50, Du Pont.
49. US 2 728 654, 13. 10. 53/27. 12. 55, Du Pont.
50. DAS 1 082 765, 27. 8. 57/2. 6. 60, Du Pont.
51. US 2 655 444, 14. 2. 52/13. 10. 53, Du Pont, ref. CA 48, 943d.
52. US 2 655 445, 14. 2. 52/13. 10. 53, Du Pont, ref. CA 48, 943f.
53. US 2 655 534, 25. 10. 51/13. 10. 53, Du Pont.
54. DBP 968 273, 7. 12. 50/27. 10. 55, US Prior. 6. 12. 49, Du Pont.
55. Bucha, H. C., and Todd, C. W.: Science 114, 493 (1951).
56. McCall, G. L.: Agr. Chem. 7 (5), 40, 127, 129 (1952).
57. Carlson, A. E.: Agr. Chem. 9 (6), 44, 155 (1954).
58. Soyer, I. L.: Chem. and Ind. 81 (2), 220 (1959).
59. DAS 1 206 201, 21. 11. 61/2. 12. 65, Ciba (Statt $N(CH_3)_2$ hier $N(C_2H_5)_2$ oder $N(C_3H_7)_2$).
60. BE 594 228, 19. 8. 60/20. 2. 61, SZ Prior. 21. 8. 59, Ciba S. A.
61. BE 610 557, 21. 11. 61/21. 5. 62, SZ Prior. 22. 11. 60, Ciba S. A.
62. SZ 379 194, 21. 8. 59/30. 6. 64, Ciba AG.
63. DAS 1 110 465, 9. 2. 60/9. 7. 61, SZ Prior. 10. 2. 59 u. 18. 12. 59, Ciba AG.
64. US 3 134 665, 5. 8. 60/26. 5. 64, SZ Prior. 21. 8. 59, Ciba Ltd.
65. DAS 1 278 788, 21. 11. 61/28. 9. 68, SZ Prior. 22. 11. 60, Ciba AG, (NH-C(=O)-NH(Alkyl)).
66. DAS 1 138 391, 20. 2. 61/25. 10. 62, Farbenfabriken Bayer AG.
67. SZ 384 283, 21. 8. 59/15. 11. 64, Ciba AG.
68. NE 67 09 902, 17. 7. 67/23. 1. 68, GE Prior. 22. 7. 66, Farbwerke Hoechst
69. GB 806 989, 22. 11. 56/7. 1. 59, Du Pont.
70. US 3 031 292, 22. 6. 59/24. 4. 62, Du Pont.
71. DAS 1 227 445, 4. 5. 62/27. 10. 66, SZ Prior. 6. 5. 61, Ciba.
72. FR 1 325 926, 4. 5. 62/25. 3. 63.
73. DAS 1 210 793, 4. 5. 62/17. 2. 66, SZ Prior. 6. 5. 61, Ciba.
74. DAS 1 117 561, 31. 5. 60/23. 11. 61, Farbenfabriken Bayer AG.
75. US 2 753 251, 26. 10. 54/3. 7. 56, Du Pont.
76. DAS 1 039 304, 30. 4. 54/18. 9. 58, Du Pont.
77. US 2 775 587, 23. 5. 55/25. 12. 56, Dow Chemical Co.
78. DAS 1 112 728, 23. 12. 59/17. 8. 61, Farbenfabriken Bayer AG.
79. US 3 101 370, 24. 8. 60/20. 8. 63, Du Pont.
80. US 2 829 146, 30. 7. 56/1. 4. 58, Monsanto Chemical Co.
81. US 3 073 861, 13. 8. 59/15. 1. 63, Du Pont.
82. SZ 384 284, 3. 9. 59/15. 11. 64, Ciba AG.
83. = BE 594 665, 2. 9. 60/2. 3. 61, SZ Prior. 3. 9. 59.
84. US 3 125 601, 11. 8. 60/17. 3. 64, Du Pont.

85. US 3 020 144, 22.12.55/6.2.62, Du Pont.
86. DAS 1 023 628, 4.10.56/30.1.58, BASF.
87. DAS 1 017 406, 23.5.56/10.10.57, BASF.
88. IR 577/66, 4.5.65/6.6.66, BASF.
89. NE 66 08 102, 10.6.66/13.12.66, GE Prior. 12.6.65, BASF.
90. FR 1 311 865, 26.9.61/5.11.62, Du Pont.
91. DAS 1 106 548, 4.6.59/10.5.61, BASF.
92. DAS 1 110 943, 24.11.59/13.7.61, BASF.
93. BE 618 054, 24.5.62/17.9.62, SZ Prior. 25.5.61, Ciba.
94. DAS 1 055 286, 22.11.57/16.4.59, BASF.
95. FR 1 332 371, 21.8.62/4.6.63, GE Prior. 4.9.61, C.H. Boehringer Sohn.
96. BE 631 289, 19.4.63/18.11.63, US Prior. 20.4.62 u. 4.9.62, Du Pont.
97. Varner, R.W. u. Mitarbeiter: Proc. 7. Brit. Weed Control Conf. 1964, p. 38.
98. DAS 1 129 761, 8.3.61/11.5.62, BASF.
99. DAS 1 135 703, 10.7.59/30.8.62, BASF.
100. DAS 1 108 977, 10.2.60/15.6.61, BASF.
101. US 2 913 322, 29.12.55/17.11.59, Monsanto Chemical Co.
102. DAS 1 188 861, 22.12.62/11.3.65, BASF.
103. BE 693 233, 26.1.67/26.7.67, US Prior. 2.2.66 u. 5.12.66, U.S. Borax Chemical Corp.
104. = FR 1 509 718, 31.1.67/4.12.67, US Prior. 2.2.66 u. 5.12.66.
105. US 3 393 209, 4.10.65/16.7.68, Dow Chemical Co.
106. DAS 1 215 437, 28.1.63/28.4.66, SZ Prior. 29.1.62, Ciba.
107. = FR 1 344 754, 22.1.63/21.10.63, SZ Prior. 29.1.62, Ciba S.A.
108. BE 688 018, 10.10.66/16.3.67, SZ Prior. 28.10.65, Sandoz S.A.
109. BE 688 019, 10.10.66/16.3.67, SZ Prior. 28.10.65 u. 10.7.66, Sandoz S.A.
110. Berg, W.: Z. Pflanzenkrankh. Pflanzenschutz, Sonderh. IV, 233 (1968).
111. SZ 384 282, 5.8.59/15.11.64, Ciba AG.
112. = DAS 1 142 251, 4.8.60/10.1.63, SZ Prior. 5.8.59, Ciba AG.
113. Aebi, H. et Ebner, L.: Comptes Rendus des Journées d'Etudes sur les Herbicides, Paris, p. 88 (1961).
114. SA 65/5165, -/25.3.66, Prior. 25.9.64, Shell Int. Res.
115. FR 1 501 293, 16.11.66/10.11.67, GE Prior. 16.11.65, Farbenfabriken Bayer AG.
116. BE 670 034, 23.9.65/23.3.66, US Prior. 25.9.64, Shell Int. Res. Maatschappij.
117. DOS 1 518 824, 3.5.65/23.1.69, Farbwerke Hoechst AG.
118. NE 67 04 076, 17.3.67/20.9.67, GE Prior. 19.3.66, Farbenfabriken Bayer AG
119. NE 67 09 618, 11.7.67/17.1.68, GE Prior. 16.7.66, Farbwerke Hoechst
120. NE 65 03 645, 23.3.65/24.9.65, US Prior. 23.3.64 und 16.2.65 Food Machinery and Chemical Corp.
121. Williams, J.L.: Pre-emergence Weed Control in Corn 1965. 22. Annual Research Report North Central Weed Control Conf. 1965, p. 109.
122. Freeman, J.F.: Pre-emergence Weed Control in Corn 1965. 22. Annual Research Report North Central Weed Control Conf. 1965, pp. 103 u. 125.
123. US 2 762 695, 22.12.54/11.9.56, Du Pont.
124. US 3 247 219, 24.9.62/19.4.66, Dow Chemical Co.
125. NE 65 11 107, 25.8.65/28.2.66, US Prior. 26.8.64, Du Pont.
126. FR 1 250 422, 3.7.58/5.12.60, Péchiney Progil.
127. FR 1 392 499, 25.10.63/8.2.65, Péchiney Progil.

128. Poignant, P., Pillon, D., Crisinel, P, Caffiero, R., Richard, R., Gaillard, S. u. Delage, P.: 2. Symposium über neue Herbizide, Paris, 1965, pp. 3 u. 13, Ed. Essor, Paris.
129. DDR 50 768, 28.11.64/5.10.66, Péchiney Progil.
130. FR 1 125 487, 17.3.55/16.7.56, Du Pont.
131. BE 624 818, 14.11.62/14.5.63, Farbenfabriken Bayer AG.
132. DAS 1 028 986, 17.1.56/30.4.58, Farbwerke Hoechst AG.
133. = US 2 960 534, 11.6.57/15.11.60, US 3 079 244 (1963).
134. Mededel. Landbouwhogeschool Opzoekingssta. Staat Gent 27 Nr. 3 (1962).
135. Soyez, J. L.: Comptes Redus des Journées d'Etudes sur les Herbicides, Paris 1961, p. 202.
136. SZ 398 543, 6.5.61/15.9.65, Ciba AG.
137. Green, D. H., Schuler, J., and Ebner, L.: C 6313, A New Ciba Bromo-Substituted Urea-Herbicide. 8. Brit. Weed Control Conf. Proc. 2, 1966, p. 363.
138. FR 1 124 308, 13.5.55/25.6.56, BE Prior. 14.5.54, Union Chimique Belge.
139. FR 1 240 355, 12.11.59/25.7.60, US Prior. 20.11.58, Du Pont.
140. DAS 1 196 639, 29.12.61/15.7.65, US Prior. 25.1.61, Allied Chemical Corp.
141. = FR 1 320 068, 4.1.62/28.1.63, US Prior. 25.1.61.
142. US 3 228 762, 8.3.63/11.1.66, US Prior. 3.10.60, Du Pont.
143. DAS 1 189 980, 13.8.60/1.4.65, Farbwerke Hoechst AG.
144. = BE 607 204, 14.8.61/14.2.62.
145. DAS 1 140 925, 25.2.61/13.12.62, Farbwerke Hoechst AG.
146. = BE 614 417, 26.2.62/27.8.62, GE Prior. 25.2.61.
147. DAS 1 076 117, 17.4.58/25.2.60, Farbwerke Hoechst AG.
148. DAS 1 242 936, 12.3.65/22.6.67, Schering AG.
149. DAS 1 192 454, 3.12.63/6.5.65, BASF.
150. NE 67 09 966, 18.7.67/22.1.68, GE Prior. 19.7.66 u. 17.1.67, BASF.
151. DAS 1 188 361, 18.1.63/4.3.65, BASF.
152. US 3 282 987, 29.6.62/1.11.66, Du Pont.
153. NE 67 16 744, 18.12.67/10.6.68, GE Prior. 9.12.66, 19.5.67 u. 23.5.67, C. H. Boehringer Sohn.
154. BE 596 661, 31.10.60/14.11.60, US Prior. 3.11.59 u. 3.10.60, Du Pont.
155. SU 184 061, 7.6.65/6.9.66, Yu. A. Baskakov.
156. SU 191 532, 21.6.65/27.3.67, Chem. Protection of Plants Res. Inst.
157. SU 184 062, 26.6.65/6.9.66, Yu. A. Baskakov u. Mitarb.
158. Everest-Todd, S.: 8. Brit. Weed Control Conf. Proc. 2, 1966, p. 451.
159. GB 839 797, 14.4.58/29.6.60, Yorkshire Tar Distillers Ltd.
160. GB 858 758, 16.9.57/18.1.61, Yorkshire Tar Distillers Ltd.
161. DAS 1 032 595, 21.12.56/19.6.58, Farbenfabriken Bayer AG.
162. US 3 253 902, 10.12.57/31.5.66, GE Prior. 21.12.56, Farbenfabriken Bayer AG.
163. US 2 780 535, 18.2.54/5.2.57, Du Pont.
164. US 3 092 484, 15.9.60/4.6.63, Du Pont.
165. DAS 1 138 039, 4.6.59/18.10.62, Farbenfabriken Bayer AG.
166. NE 67 13 501, 4.10.67/8.4.68, SZ Prior. 5.10.66 u. 3.2.67, Ciba Ltd.
167. US 2 849 306, 19.3.54/26.8.58, Du Pont.
168. DAS 1 255 654, 17.11.64/7.12.67, Farbenfabriken Bayer AG.
169. = BE 672 446, 17.11.65/16.3.66, GE Prior. 17.11.64 u. 30.7.65, Farbenfabriken Bayer AG.

170. DAS 1 094 737, 29.5.59/15.12.60, Farbenfabriken Bayer AG
171. Kühle, E.: Angew. Chem. 74, 861 (1962).
172. DAS 1 129 161, 19.1.60/10.5.62, Farbenfabriken Bayer AG.
173. DAS 1 170 931, 14.9.62/17.5.64, Farbenfabriken Bayer AG.
174. DAS 1 153 743, 12.8.61/5.9.63, Farbenfabriken Bayer AG.
175. = BE 621 295, 10.8.62/11.2.63, GE Prior. 12.8.61.
176. DAS 1 089 210, 8.6.59/15.9.60, Farbenfabriken Bayer AG.
177. DAS 1 125 908, 29.11.60/22.3.62, BASF.
178. SU 179 552, 15.7.64/Aug.66, N.N. Mel'nikov u. Mitarb.
179. US 3 399 233, 17.12.65/27.8.68, Marathon Oil Co.
180. Jap. P. Anm. 13 278/66, 21.4.64/26.7.66, Nippon Carbide Ind. Co. Ltd.
181. Niederl. P. Anm. 6 706 363, 5.5.67/8.11.67, GE Prior. 7.5.66, BASF.
182. US 3 318 680, 6.7.64/9.5.67, US Prior. 24.10.61, Du Pont.
183. US 3 382 061, 22.4.65/7.5.68, Am. Cyanamid Co.
184. FR 1 501 734, 22.4.66/18.11.67, US Prior. 22.4.65, American Cyanamid Co.
185. US 3 388 158, 9.8.65/11.6.68, Sterling Drug.
186. BE 679 138, 6.4.66/6.10.66, FR Prior. 6.4.65, Produits Chimiques Péchiney.
187. DAS 1 209 801, 11.5.63/27.1.66, Farbenfabriken Bayer AG, (Selektive Wirksamkeit in Rüben).
188. BE 684 292, 18.7.66/18.1.67, GE Prior. 20.7.65 u. 19.1.66, Farbenfabriken Bayer AG.
189. US 2 756 135, 13.7.55/24.7.56, Du Pont.
190. BE 687 019, 16.9.66/16.3.67, GE Prior. 18.9.65, Farbenfabriken Bayer AG.
191. GB 1 085 430, 7.9.66/4.10.67, GE Prior. 18.9.65, Farbenfabriken Bayer AG.
192. Hack, H.: Z. Pflanzenkranh. Pflanzenschutz, Sonderh. IV, 251 (1968).
193. Niederl. P. Anm. 6 605 902, 8.5.66/9.11.66, GE Prior. 8.5.65, Schering AG.
194. US 3 293 257, 14.9.64/20.12.66, U.S. Borax and Chemical Corp.
195. US 3 330 641, 11.7.66/11.7.67, U.S. Borax and Chemical Corp.
196. Niederl. P. Anm. 6 504 635, 12.4.65/25.10.65. SZ Prior. 22.4.64, Sandoz Ltd.
197. = BE 662 197, 7.4.65/2.8.65.
198. Hill, R.: Advan. Enzymol. 12, 1 (1951).
199. Herbicide Handbook of the Weed Society of America, p. 104, Geneva - New York: W.F. Humphrey Press Inc. 1967.
200. N.E. Weed Control Conf. 1964.
201. 7. Brit. Weed Control Conf. 1964, p. 38.
202. Schuler, J.: 7. Brit. Weed Control Conf. 1964, p. 45.
203. Fryer, J.D., and Evans, S.A.: Weed Control Handbook, pp. 90 u. 412. Oxford - Edinburgh: Blackwell Scientific Publications 1968.
204. = 202.
205. Fischer, A.: Med ed Landb. Gent, 29, 719 (1964).
206. Hack, H.: Selekt. Weed Control in Beet Crops, Marli le Roi. 1967, S. 333.
207. US 3 385 693, 22.7.65/28.5.68, Du Pont.
208. Niederl. P. Anm. 6 811 320, 8.8.68/11.2.69, US Prior. 9.8.67, Food Machinery and Chemical Corp.
209. BE 721 091, 19.9.68/19.3.69, GE Prior. 19.9.67, Farbenfabriken Bayer AG.
210. BE 721 034, 18.9.68/18.3.69, GE Prior. 19.9.67, Farbenfabriken Bayer AG.

211. BE 721 035, 18.9.68/18.3.69, GE Prior. 19.9.67, Bayer AG.
212. JA 1 314/69, 3.12.66/21.1.69, Kureha Chem. Ind. Co., Ltd.
213. NE 68 10 303, 19.7.68/23.1.69, SZ Prior. 21.7.67, Ciba Ltd.
214. FR 1 532 014, 21.7.67/29.7.68, Farbwerke Hoechst.
215. Techn. Inf. Fisons Ltd. Div. 1968 = Weed Abstr. 18, 223 (1969).
216. DOS 1 518 470, 15.3.65/28.8.69, US Prior. 24.3.64, Allied Chemical Corp.
217. DOS 1 802 739, 12.10.68/4.6.69, SZ Prior. 17.10.67 u. 15.11.67, Ciba AG
218. NE 68 11 378, 9.8.68/14.2.69, GE Prior. 12.8.67 u. 22.3.68, Farbenfabriken Bayer AG.
219. DOS 1 905 598, 5.2.69/18.9.69, SZ Prior. 13.2.68, Ciba AG.
220. Behrens, and Nalewaja: 25. Annual Research Report, North Central Weed Control Conf. 1968, p. 163.
221. NE 68 12 045, 23.8.68/25.2.69, US Prior. 23.8.67 u. 19.7.68, Stauffer Chemical Co.
222. US 3 457 292, 21.10.66/22.7.69, US Prior. 3.10.60 u. 11.6.63, Du Pont.
223. SZ 472 180, 28.7.66/15.5.69, Sandoz AG.
224. DOS 1 901 501, 14.1.69/28.8.69, SZ Prior. 23.1.68, Ciba AG.
225. DOS 1 910 490, 1.3.69/11.9.69, US Prior. 4.3.68, Chevron Research Co.
226. DOS 1 803 728, 18.10.68/19.6.69, SZ Prior. 26.10.67, Ciba AG.
227. DOS 1 816 696, 23.12.68/21.8.69, SZ Prior. 27.12.67 u. 11.10.68, Agripat S. A.
228. NE 68 17 287, 3.12.68/10.6.69, GE Prior. 6.12.67, Farben-benfabriken Bayer AG.
229. DOS 1 901 672, 14.1.69/27.11.69. US Prior. 1.2.68 u. 10.12.68, Mobil Oil Corp.
230. DOS 1 921 220, 25.4.69/27.11.69, Prior. 26.4.68 u. 19.11.68, Hokko Chemical Ind. Co., Ltd.
231. Hack, H.: Pflanzenschutznachrichten Bayer, 22, 341 (1969).
232. DOS 1 905 598, 5.2.69/18.9.69, SZ Prior. 13.2.68 u. 11.7.68, Ciba AG.
233. DOS 1 912 543, 12.3.69/18.12.69, US Prior. 13.3.68 u. 25.9.68, Air Products and Chemicals Inc.
234. Kubo, H., Sato, R., Hamura, J. u. Ohi, P.: J. Agr. Food Chem. 18(1), 60 (1970).
235. GB 965 313, 7.5.62/29.3.64, Ciba AG
236. DOS 1 518 815, 20.3.65/30.4.69, FMC.
GB 1 106 064
237. US 3 434 822, 16.2.65/25.3.69, FMC.
238. US 3 309 192, 2.12.64/14.3.67, Du Pont.
239. Gerber, H. R. et al.: 10. Brit. Weed Control Conf., Brighton, 11.1970, Proceed. Vol. 1, 118.
240. DOS 1 964 147, 22.12.69/2.7.70, SZ Prior. 23.12.68, Agripat, BE 743 545.
241. FR 1 548 998, SZ Prior. 22.12.66, Geigy,
US 3 555 086, 18.12.67/12.1.71, SZ 473 537.
242. DOS 2 033 908, 8.7.70/13.1.72, US Prior. 8.7.70, Diamond Shamrock.
DOS 2 039 215, 6.8.70/18.2.71, US Prior. 7.8.69, Monsanto.
243. DOS 2 038 928, 5.7.70/25.2.71, NE Prior. 13.8.69 u. 25.2.71, N.V. Philips.
GB 1 301 728, FR 2 057 957, N.V. Philips Duphar.
244. van Buschbach, E. J. et al.: J. Agr. Food Chem. 21, 1055 (1973).

245. DOS 2 164 460, 24.12.71/28.6.73, BASF.
US 3 228 762, 8.3.63/11.1.66, Du Pont.
246. DOS 1 542 874, 22.4.66/17.9.70, Farbwerke Hoechst.
247. Hörlein, G. et al.: Z. Naturf. 28c (11/12), 653 (1973).
248. DOS 1 542 874, 22.4.66/17.9.70, Farbwerke Hoechst.
DOS 1 911 610, 7.3.69/1.10.70, Farbwerke Hoechst.
GB 1 257 415, FR 2 037 825, Farbwerke Hoechst.
249. DOS 1 668 116, 16.3.68/22.7.71 (DDR 77 862), Farbwerke Hoechst.
GB 1 249 397, FR 2 004 063, Farbwerke Hoechst.
250. DOS 1 768 002, 2.3.68/16.3.72, Farbwerke Hoechst.
251. DOS 2 123 185, 11.5.71/30.11.72, Farbwerke Hoechst.
252. DAS 1 300 106, 22.7.66/31.7.69, Farbwerke Hoechst.
DOS 1 542 882, 22.7.66/4.6.70, Farbwerke Hoechst.
GB 1 183 737, FR 1 532 014.
253. DOS 1 542 874, 22.4.66/17.9.70, Farbwerke Hoechst.
254. FR 1 351 900, US Prior. 26.3.62. Du Pont.
255. ZA 072/72, JA 6.1.72/22.8.72.
256. Techn. Inf., Showa Denko.
257. DOS 2 039 041, 6.8.70/17.2.72, Farbwerke Hoechst.
DOS 2 107 774, 18.1.71/16.9.71, SZ Prior. 27.2.70, Ciba-Geigy AG.
DOS 2 137 992, 29.7.71/10.2.72, Pepro
258. DOS 1 542 834, 19.7.66/26.8.71, BASF.
DOS 1 642 217, 17.1.67/13.4.71, BASF.
FR 1 537 863, 18.7.66/22.7.68, BASF.
259. Vasiler, G. et al.: C. V. Acad. bulg. Sci. 22 (9), 1031 (1969). Weed Abstr. 19 (4), Ref. 1747 (1970).
260. Weed Abstr. 21 (3), Ref. 1479 (1972).
261. Gerduan, G.: Arch. Pharm. u. Bericht Dtsch. pharm. Ges. 40 (2), 39 (1970).
262. Hermite, Z. et al.: 5. Conf. Mauv. herb. (Columa) 1969 2. 349.
263. US 3 787 432, 6.12.71/22.1.74, Velsicol.
264. Techn. Inform. d. Velsicol.
Weed Abstr. 23 (2), Ref. 351 (1974).
265. DOS 1 816 568, 23.12.68/5.11.70, Bayer.
266. DOS 1 921 220, 25.4.69/27.11.69, Hokko Chemical.
267. Kubo, H. et al.: Agr. Food Chem. 18 (1),60 (1970).
268. DOS 1 816 567, 23.12.68/2.7.70, Bayer.
269. DOS 1 770 467, 22.5.68/4.10.71, Bayer.
270. US 3 759 940, 13.12.71/18.9.73, Velsicol.
271. Techn. Inf. d. Velsicol, Weed Abstr. 22(11), Ref. 2674 (1973).
272. Brown, B.T. u. Harris, L.: Pest Sci. 4 (2), 215 (1973).
273. US 2 655 445, 14.2.52/13.10.53, Du Pont.
274. DOS 1 668 116, 16.3.68/22.7.71, Hoechst.
DDR 77 862, GB 1 249 397, Hoechst.
275. Techn. Inf. Amer. Hoechst Corp.
276. DOS 1 901 672, 14.1.69/27.11.69, Mobil Oil.
GB 1 195 672, FR 2 001 083.
277. Noch unveröffentlichte Untersuchungen aus der Bayer, Biol. Forschung, Institut für Herbizide 1973.
278. DOS 2 017 842, 21.4.69/5.11.70, Mobil Oil.
279. DOS 1 542 789, 18.9.65/30.7.70, Bayer.
280. DOS 2 050 679, 16.10.70/29.4.71, Ciba-Geigy.
281. DOS 1 670 925, 19.6.67/1.4.71, Bayer.
DOS 1 816 568, 23.12.68/15.11.70, Bayer.
282. Conferenz "Columa" 1973, Bd. I. 14.

283. DOS 2 065 533, 8.7.70/24.1.74, Diamond Shamrock.
DOS 2 136 284, 8.2.71/31.8.72, Diamond Shamrock.
284. Weed Abstr. 22, 37 (1973).
285. DOS 2 325 332, 18.5.73/6.12.73, Eli Lilly.
286. DOS 2 133 867, 7.7.71/25.1.73, Bayer.
287. DOS 2 257 749, 24.11.72/6.6.74, Sankyo.
288. Herbic. Annual Rep. 1974, Nihon Tokushu 3.10.74, S.13.
289. US 3 818 680, 6.7.64/9.5.67, Du Pont.
290. BE 594 227, 21.8.59/19.8.60, Ciba.
291. Lamade, W.: Agr. Chem. 24 (12), 19 (1969).
Farm. Chem. 132(1), 58 (1969).
292. Fischer, A.: 3. Symposium sur les nouv. Herbicides, Versailles 9.12.69, Vol. 1, S.57 u.65.
293. Weed Abstr. 22 (7), Ref. 1231 (1973).
294. DOS 2 200 325, 5.1.72/12.7.73, Showa Denko.
GB 1 332 102, 3.1.72/3.10.73, Showa Denko.
295. Northeastern Weed Sci. Soc. Januar 1972.
296. Techn. Buch: Du Pont de Columbia, Bogota, Columbien.
297. DOS 2 101 938, 15.1.71/22.7.71, FR Prior. 16.1.70, Rhone Poulenc.
298. Tao, E. V.: Synth. Commun. 4 (4), 249 (1974), Eli Lilly Res. Labor.
299. Györfi, Z. et al.: Acta Chim. Acad. Sci. Hung. 82 I., 91 (1974).
300. DOS 1 793 602, 4.5.62/26.7.73, SZ Prior. 6.5.61, Ciba-Geigy AG
301. Briefl. Angaben der Ciba Geigy.
302. DOS 2 420 137, 25.4.74/14.11.74, Du Pont.
303. DOS 1 817 949, 23.12.68/7.11.74, Bayer.
304. DOS 2 320 362, 21.4.73/7.11.74, Bayer.
305. Ref. Chem. Abstr. 81, 17 (1974), 100 558 Original russisch.
306. Van Daalen et al.: Naturwissenschaften 59, 312 (1972).
Cerf, D. C. et al.: J. Agr. Food Chem. 22, 1145 (1974).
307. Techn. Report on Spike° der Elanco USA 1974.
308. Tagung der Weed Science Soc. of America 2.1975.
309. Pyne, W. I., Szabo, St. S. und Holm, R. E.: J. Agr. Food Chem. 22 (6), 1974. Aus den Diamond Shamrock Laboratorien und aus dem Boyce Thompson Institut.
310. DOS 1 953 149, 22.10.69/6.5.70, Ciba-Geigy, SZ Prior. 1.11.68.
= GB 1 290 388, = US 3 725 428.
311. Pflanzenschutz-Nachrichten Bayer 23, 3-24 (1970).
Zeitschr. f. Pflanzenkrankh. u. Pflanzenschutz, Sonderh. 7, 255 (1975).
312. Jupac Congress Helsinki (1974), C. Metzger Abstr. book S. 433.
Weed Abstr. 24, Heft 5, Ref. 1129 (1975)
313. DOS 1 593 520, 5.9.66/13.8.70, Schering.
= US 3 879 441, = GB 1 205 029, = FR 1 541 152.
314. Arndt, F. u. Borochewski: 7. Intern. Plant Prot. Congr. Moscow 1975. Report and Information Sect. 3. Chem. Contr. Part 1, S. 42-49.
315. 40. Deutsche Pflanzenschutztag. 6.-10. Okt. 1975 in Oldenburg. Mitteil. d. Biolog. Bundesanstalt Berlin-Dahlem, Heft 165, S. 170.
316. DOS 2 221 795, 4.5.72/22.11.73, Hoechst AG.
US 2 655 445: dieselbe Verbindung als Totalherbizid patentiert.
317. Mulder, R., Wellinga, K. u. van Daalen, J. J.: Die Naturwissensch. 62, Heft 11, 531 (1975).
318. DOS 2 437 915, 7.8.74/19.2.76, Bayer AG.
Mitteilungen d. Biolog. Bundesanst. f. Land- u. Forstwirtsch. 151, 184 (1973).
319. Science 165, 73 (1969).
Pestic. Biochem. Phys. 2, 312 (1972) u. US 3 567 424.

320. Ries, S.K., Chmiel, H. et al.: Proc. Nat. Acad. Sci. US 58, 526 (1967).
321. Pulver, E.L. u. Ries, S.K.: Weed Sci. 21, 233 (1973).
322. Fedtke, C.: Pestic. Biochem. Physiol. 2, 312 (1972); ibid. 4, 386 (1974).
323. Fedtke, C.: Naturwissensch. 61, 272 (1974).
Fedtke, C.: Ber. Deutsch. Bot. Ges. 87, 155 (1974).
324. DOS 2 530 287, 8.7.74/29.1.76, The Boots, siehe auch US 3 308 131 (1,2,4-Triazol-carbonsäureamide).
DOS 2 529 689, 3.7.75/29.1.76, N.V. Philips (Pyrazolinverb.), siehe auch DOS 2 304 584 (Pyrazolinverb.)
325. Borgna, P.: Il Farmaco Ed. Sc. 31 (1976) 3, 201-208 (Ist. di Farm. e Tossicol, Univ. di Pavia).
326. DOS 2 050 776, 15.10.70/13.5.71, Pepro, Franz. Prior. 27.10.69, = FR 2 063 684, = US 3 779 738.
327. Crop Protection Chemicals Index, 7. Ed., 1974, S. 29, Hrsg.: John A. Silk u. Susan Brown, ICI, Plant Protection Ltd.
328. DOS 2 014 848/49, 26.3.70/8.10.70, Monsanto, = US 3 556 764.
329. DOS 1 918 112, 10.4.69/6.11.69, Ciba-Geigy, = FR 2 006 514/15, = GB 1 231 339.
330. Crop Protection Chemicals Index, 7. Ed., 1974, S. 30, Hrsg.: John A. Silk u. S. Brown, ICI, Plant Protection Ltd.
331. DOS 2 436 789, 31.7.74/19.2.76. BASF.

## 5.7. Carbonsäuren, Nitrile und Aldehyde

Zusammen mit Carbonsäuren werden hier auch die Nitrile und die Aldehyde besprochen, weil (besonders in der aromatischen Reihe) einige Nitrile auch als Aldehydoxime angewandt werden können und eben diese offensichtlich von der Pflanze oder durch Bakterien in Nitrile überführt werden. Nitrile wiederum lassen sich nicht nur formell als Derivate der Carbonsäuren ansehen, sondern oft wirken sie auch wie letztere. Andere Nitrile haben eine durchaus eigene, spezifische Wirksamkeit.

Die aliphatischen und auch fast alle aromatischen und araliphatischen Carbonsäuren entfalten eine stärkere herbizide Wirkung nur dann, wenn in der Nähe ihrer Carboxylgruppe Halogen steht. Ob hier ein Zusammenhang mit der Dissoziationskonstanten besteht, bleibt indessen zu bezweifeln. Andere Substituenten, die auf die COOH-Gruppe ähnlich wirken, bleiben nämlich ohne Effekt. Wahrscheinlich ist das Halogen für eine gewisse Löslichkeitsbeeinflußung und damit für das Eindringvermögen in die Pflanze von Bedeutung. Meist sind die Cl-Verbindungen die herbizid wirksamsten (Ausnahme in der Reihe der aromatischen Oxynitrile). - Die aliphatischen chlorierten Carbonsäuren haben (infolge ihres geringen Preises und ihrer spezifischen Wirkung gegen Gräser) heute noch einen erheblichen Anteil an den gängigen Marktprodukten der herbiziden Carbonsäuren.

### 5.7.1. Aliphatische Carbonsäuren, ihre Ester und Amide

(Ausgenommen Acyl-anilide, siehe gesonderte Besprechung)

a) Monocarbonsäuren

$ClCH_2-COOH(Na)$

Common name: MCA
Handelsname: Monoxone®
(Plant Protection) 1956

$LD_{50}$: 76 (300-400) mg/kg Ratte p.o. akut. Wasserlöslichkeit: Sehr gut löslich. Wirkungsweise: Blattherbizid mit Kontaktwirkung. Anwendungsweise: Post-emergence. Anwendungsgebiet: Selektiv in Porree und Zwiebeln. Anwendung auch als Defoliant.
Patente[1]. Literatur[2].

Zahlreiche Derivate (Ester, vornehmlich Amide) der Chloressigsäure dienen, da sie sehr preiswert sind, in begrenztem Maß als Herbizide gegen Ungräser. Auch Chloracetylverbindungen von Chloranilinen sind in Anwendung (s. bei Acylanilinen).

$ClCH_2-C(=O)-N(C_2H_5)_2$

Chloressigsäurediäthylamid
Common name: CDEA

$LD_{50}$: 500 mg/kg Ratte p.o. akut. Wirkungsweise: Bodenherbizid. Anwendungsweise: Pre-emergence. Anwendungsgebiet: Vornehmlich gegen Gräser in Mais, Möhren, Kohl, Erbsen und Bohnen.
Patente[3]. Literatur[41, 42].

Die oft beachtliche herbizide Wirkungsverstärkung einer C=C-Doppelbindung zeigt sich im Chloressigsäure-diallylamid, das größere Bedeutung erlangt hat.

$ClCH_2-C(=O)-N(CH_2-CH=CH_2)_2$

N,N-Diallylchloracetamid
Common name: CDSS, Alamid, Allidochlor
Handelsname: Randox®
(Monsanto Chemical Co.) 1956

LD50: 750 mg/kg Ratte p.o. akut. Wasserlöslichkeit: 1,97% bei 25°C. Wirkunsweise: Bodenherbizid. Anwendung: Pre-emergence und post-emergence gegen Gräser, in Zwiebeln, Zuckerrohr und Sorghum.
Patente[5,6]. Literatur[7].

Im Randox T® ist Chloressigsäure-diallylamid mit im Kern 3fach chloriertem Benzylchlorid kombiniert. Auch dieses Produkt ist von der Monsanto in den Verkehr gebracht worden.

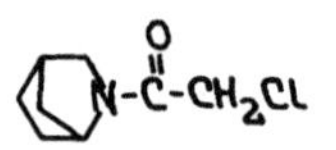

N-Chloracetyl-3-azabicyclo-[3,2,2]-nonan

Anwendungsgebiet: Selektiv in Getreide und Baumwolle.
Patente[4].

In jüngerer Zeit wurden mehrfach N-Methylol- oder Alkylolverbindungen des Chloracetamid und deren Derivate patentiert (s. auch bei Acylaniliden).

$ClCH_2-C(=O)-NH-CH_2OH$ (8)

$ClCH_2-C(=O)-NH-CH_2-O-R$ (9)

$ClCH_2-C(=O)-N(R)(CH_2-CH_2-O)_n Alkyl$, R (H, Alkyl) (10)

Chloracetyldi- und -tetrahydrochinoline und ihre Alkylsubstitutionsprodukte betreffend s.[11].

In Chloracetylamiden läßt sich das Chlor durch andere nucleophile Reste ersetzen (Siehe auch bei Acylaniliden).

Ob die 1968 bekanntgewordenen Sulfonylglykolsäureamide[46] ihre herbizide Wirkung dem aliphatischen Carbonsäurerest verdanken, ist ungewiß, die Ähnlichkeit mit den Chloressigsäure-amiden ist aber doch offensichtlich.
Neuere Patente[50,58].

$R-SO_2OCH_2-C(=O)-NH-R'$

R = (Halogen)-Alkyl, Phenyl usw.
R' = Cycloalkyl, Phenyl usw.

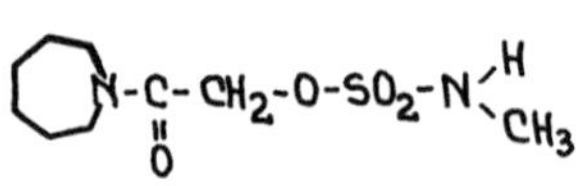

Versuchsprodukt der BASF
87959-X (1975)

LD50: 2040 mg/kg Ratte o.o. akut. Wasserlöslichkeit: 0,3 gr in 100 g Wasser bei 20°C. Selektives Herbizid für Reis, Zuckerrüben und Mais. Anwendung pre-

und post-emergence. Wirksam gegen Gräser und einige Unkräuter. Besonders gut bekämpfbar sind Hirsearten.

Die Verbindung findet vorwiegend in Kombination mit Wirkstoffen Verwendung, welche dikotyle Unkräuter bekämpfen.
Patente[76]. Literatur[75].

N, N-Diallyl-dichloracetamid findet als Schutzsubstanz für EPTC (N, N-Dipropyl-thiolpropylcarbamat (siehe dort) gegen Herbizid-Schäden in Mais Anwendung.
Patente[80].

Angewandt wird das 2, 2-Dichloressigsäure-diallylamid (R 25788)[60,61] mit 0,1% des Gewichtes der Maiskörner als Beize oder bequemer gemeinsam mit EPTC (1:12)[72] als Eradicane®. Die Bekämpfung der Unkräuter wird nicht beeinflußt. Es wird in der Literatur über zahlreiche andere Verbindungen als Antidot für EPTC berichtet[78]. Siehe auch Abschnitt 5.12.6. Auch andere Thiocarbamate werden durch R 25788 verbessert. Die Antidotwirkung ist, wie schon erwähnt, nicht beschränkt auf 2, 2-Dichloressigsäure-diallylamid und das von Gulf schon früher gefundene Naphthalsäureanhydrid[77]. In einem Patent von Stauffer finden sich weitere Dichloressigsäureamide, u.a. auch von Amino-Heterocyclen und selbst Acylanilide[60, 73]. Hoffmann, der Entdecker der Wirkung von Naphthalsäureanhydrid berichtet schon früher über die Antidotwirksamkeit von N, N'-Diallyl-oxamid und N, N'-Dipropargylmalonamid; selbst Propargylamin-Hydrochlorid zeigt schon Schutzwirkung, wobei aber als Herbizid vornehmlich Barban benutzt wurde[77]. Auch Sulfonsäureamide wie N-Methyl-3, 4-dichlorbenzolsulfonsäureamid erwiesen sich als aktiv. Hoffmann weist auch auf einige ältere Arbeiten hin, in denen über zahlreiche Verbindungen als Schutzsubstanzen für Herbizide, vorwiegend in Mais, berichtet wird. Diese früher gefundenen Verbindungen beeinflußen allerdings auch die Wirkung auf die Unkräuter, was eine praktische Anwendung ausschließt. Offensichtlich liegen hier aber noch erfolgversprechende Ansätze für die Verbesserung nicht genügend selektiver Herbizide verborgen.

Wenn über eine allgemeine Wirkungsweise von Antidots für Herbizide noch nichts bekannt ist, so erkannt man (Stauffer) speziell beim 2, 2-Dichloressigsäure-diallylamid und EPTC einige bemerkenswerte Tatsachen[79]. Thiocarbamate werden anscheinend über ihre Oxydationsprodukte Sulfoxide und Sulfone abgebaut. Erstere sind noch stark herbizid wirksam, zeigen aber erhöhte Reaktionsbereitschaft, die Carbamid-Gruppe auf andere Verbindungen zu übertragen, so z. B. Glutathion (GSH), ein Coenzym (CoASH) und S-Transferasen. Das Antidot R 25788 soll nun in Mais den Gehalt dieser Enzyme erhöhen, wodurch ein rascherer Abbau des Herbizids EPTC erfolgt.

$CCl_3-C(=O)-OH(Na)$

Trichloressigsäure
Common name: TCA
Handelsname: Nata®
(Du Pont) (Dow Chemical Co.) 1949
(Hoechst AG)

$LD_{50}$: 3200-5000 mg/kg Ratte p.o. akut. Wasserlöslichkeit: Sehr gut löslich. Wirkungsweise: Bodenherbizid, Wirkung als Blattherbizid mit Kontakt- und systemischer Wirkung. Anwendungsweise: Post-emergence und pre-emergence. Anwendungsgebiet: Gegen einjährige und perennierende Gräser, nicht in stehenden Kulturen. Trichloressigsäure wird in Form ihrer Salze (Na, $NH_4$) sowie Ester bzw. besonders Amide[12] auch heute noch angewendet, speziell gegen Quecken und an-

dere ausdauernde Ungräser. Außerdem dient Trichloressigsäure als Entblätterungs- und Blattaustrockungsmittel. Anwendung in Kombinationen, siehe bei aromatisch-aliphatischen Harnstoffen. Die Wirkung der Trichloressigsäure wird durch ihr Protein-Fällungsvermögen erklärt.
Patente[12]. Literatur[13-15].

Auch eine Kombination von Trichloressigsäure-Ammonium mit Chlorcalcium wurde geschützt[17].

Der Trichloracetyl-Rest tritt, wo immer er auch abspaltbar in eine chemische Verbindung eingeführt wird, durch seine herbizide Wirkung gegen Gräser hervor (s. bei Acylanilinen). Trichlorbutyl-zinntrichloracetat mag als Beispiel für eine praktisch verwendete Verbindung dieser Art dienen. Es ist pre- und post-emergence gegen Mono- und Dikotyledonen wirksam.

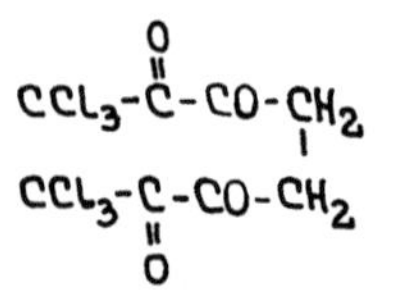

Äthylenglykol-bis(trichloracetat)
Common name: EGT
Handelsname: Glytac®
(Hooker Chem. Co.)

$LD_{50}$: 7000 mg/kg Ratte p.o. akut. In Wasser nahezu unlöslich. Anwendungsgebiet: Gegen Hirsearten und einjährige Gräser, in Baumwolle und Sojabohnen (geringe Bedeutung).

2-(2,4,5-Trichlorphenoxy)-äthyl-trichloracetat. Common name: Hexanate. Versuchsprodukt der Dow Chem. (1970) zur Bodensterilisation[69]. $LD_{50}$: 2090 mg/kg Ratte.

Trichloressigsäure-Derivate wurden noch in mannigfacher Abwandlung als Herbizide patentiert. Trichloracetamidine sind in jüngster Zeit als Herbizide patentiert worden[16]. Ferner seien noch die Thioamide erwähnt[45]. Trichloracetonitril scheint nicht herbizid wirksam zu sein, sondern ist als insektizides Vergasungsmittel Tritox® in Anwendung (s. bei Insektiziden, Bd. I).

Unter den chlorierten aliphatischen Carbonsäuren kommt der $\alpha$-Dichlorpropionsäure die weitaus größte Bedeutung zu. Noch 1975 zu den großen Herbiziden zählend.

$CH_3$-$CCl_2$-COONa

2,2-Dichlorpropionsaures Natrium
Common name: Dalapon
Handelsname: Dowpon®
(Dow Chemical Co.) 1953
Gramewin® (Shell)
Basfapon®

$LD_{50}$: 6590-9330 mg/kg Ratte p.o. akut. $LC_{50}$: 100 mg/L 96 Std. Regenbogen-Forelle. Wasserlöslichkeit: 90 g/100 ml bei 25°C. Wirkungsweise: Blattherbizid mit systemischer Wirkung sowie Bodenherbizid. Anwendungsweise: Post- und pre-emergence. Anwendungsgebiet: Gegen perennierende Gräser. $\alpha$-Dichlorpropionsäure wird durch die Wurzeln und im Gegensatz zur Trichloressigsäure in bedeutenderem Maße auch durch die Blätter aufgenommen (Einfluß der Methylgruppe!). Dalapon ist Bestandteil vieler Totalherbizide, um deren oft nicht ganz ausreichende Gräserwirkung zu verstärken. Die Anwendung findet während der Wachstums-

periode statt. Pre-emergence ist eine selektive Anwendung gegen Gräser sogar in Kartoffeln und Rüben möglich. Das gleiche gilt für Zuckerrohr. Kurze Verweildauer im Boden.
Patente[18]. Literatur[43].

Im Erbon ist die Dichlorpropionsäure mit 2, 4, 5-Trichlorphenoxyäthanol verestert.

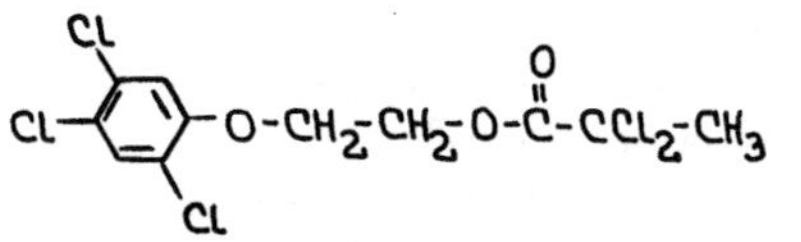

2-(2, 4, 5-Trichlorphenoxy)äthyl-2, 2-dichlorpropionat
Common name: Erbon, Bentanate
Handelsname: Baron®, Herbon®, Novon®
(Dow Chemical Co.) 1955

$LD_{50}$: 1120 mg/kg Ratte p.o. akut. Wasserlöslichkeit: Unlöslich. Anwendungsweise: Post- und pre-emergence. Anwendungsgebiet: Bodenherbizid. Gegen breitblättrige Unkräuter und Gräser als Totalherbizid. Die zu 2, 4, 5-T-abbaubare Komponente bedingt in diesem Fall die herbizide Wirkung auch gegen breitblättrige Pflanzen; auch als Wasserherbizid angewandt.
Patente[19, 68]. Literatur[44].

2, 2, 3-Trichlorpropionsäure ist als Herbizid von geringerer Bedeutung.

$CH_2Cl-CCl_2-COOR$

R = Na, Amin usw.

2, 2, 3-Trichlorpropionsäure (Na-Salz)
Common name: 2, 2, 3-TPA, chloropon

$LD_{50}$: 8300 mg/kg Ratte p.o. akut.
Patente[20, 21]. Literatur[22].

CHFCl-CFCl-COOH soll ebenfalls gegen Gräser wirksam sein[23].

Zu nennen wäre hier auch $CH_2Cl-\overset{O}{\overset{\|}{C}}-CHCl-CH_2-COOH$[24].

Während die Monofluor-essigsäure für Mensch und Tier hoch toxisch ist und sich so jede Anwendung als Herbizid verbietet, zeichnen sich höher fluorierte Propionsäuren durch ausgesprochen niedrige Toxizitäten aus.

$CHF_2-CF_2-COONa$

Versuchsprodukt: TFP®
(N.V. Orgachemia, Niederlande) 1969

$LD_{50}$: 11900 mg/kg Ratte p.o. akut. Wurzelherbizid ohne Kontaktwirkung. Gegen perennierende Gräser wirksam. Selektiv in Rüben, Kohl, Raps, Steinobst, Johannisbeeren und Baumschulen.
Patente[26]. Literatur[59].

Bis 1974 ist nur noch ein einziges Versuchsprodukt einer aliphatischen gesättigten verzweigten Carbonsäure als Herbizid bekannt geworden.

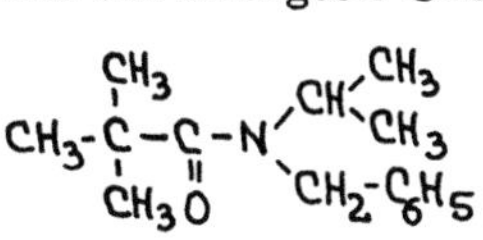

Common name Vorschlag: Butam
Versuchsprodukt S-15544
(Gulf Res.)

Patente[57].

Pelargonsäure-methylester ($C_8H_{17}COOCH_3$) ist als T-61 für die Ausgeizung von Tabak im Versuch durch die Emery Industr. und die Pennsylvania Refining[67].

Der Methylester einer höheren aliphatischen Carbonsäure ruft eine hormonartige Wirkung mit Bildung großer Blüten bei Chrysanthemen hervor; Seitentriebe werden unterdrückt: ($C_9H_{19}COOCH_3$)[25].

Ungesättigte Carbonsäuren

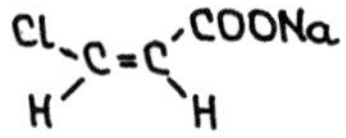

cis-3-Chloracrylsäure (Na-Salz)
Common name: Chloracrylsäure
Handelsname: Prep®
(Union Carbide Chemicals Co.) 1963

$LD_{50}$: 160 mg/kg weibl. Ratte p. o. akut, 320 mg/kg männl. Ratte p. o. akut. Wasserlöslichkeit: 40% des Na-Salzes. Wirkungsweise: Ausgesprochenes Blattherbizid mit Kontaktwirkung. Anwendungsweise: Post-emergence. Anwendungsgebiet: Defoliant und Blattaustrocknungsmittel.

Darstellung: $HC\equiv C\text{-}COOH + HCl \xrightarrow{(in\ H_2O + CuCl_2)} CHCl{=}CH\text{-}COOH$

Patente[28, 29, 31]. Literatur[32].

Schon seit 1951 ist die herbizide Wirkung der Undecylensäure: $CH_2{=}CH(CH_2)_8COOH$ bekannt. Die Herstellung ist billig aus Rizinusöl durch Vakuumdestillation. So kann eine 1% Lösung des Triäthanolaminsalzes als Defoliant benutzt werden. Preemergence wirkt die Säure auch gegen Gräser.
Patente[51]. Literatur[52].

Acetylendicarbonsäure ist als Austrocknungsmittel patentiert worden[33].

Azidoacetamide s.[47]

Amino-alkylencarbonsäuren und Amino-O-alkylencarbonsäuren

Ein bakteriell erzeugtes Phytotoxin aus Rhizobium japonicum erwies sich nicht nur als Wachstumhemmer sondern auch als starkes Herbizid mit Chlorose-Wirkung. Die chemische Natur des Toxins ist aufgeklärt:

$$HOCH_2\text{-}\underset{\displaystyle NH_2}{\underset{|}{CH}}\text{-}CH_2\text{-}O\text{-}CH{=}CH\text{-}\underset{\displaystyle NH_2}{\underset{|}{CH}}\text{-}COOH$$ (Rhizobitoxin)

Patente[71]. Literatur[66].

Eine ähnliche ebenfalls herbizid wirksame Verbindung wurde aus Streptomyces sp. H-11085 isoliert und läßt sich selbst präparativ gewinnen[74].

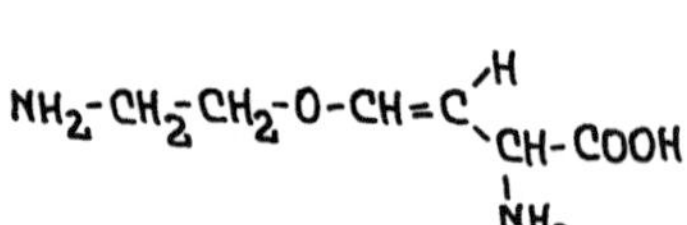

Einfache aliphatische Aminoessigsäuren und auch ihre Acylverbindungen sind nicht nennenswert herbizid, doch steigt der wachstumshemmende Charakter bei N-Acyl-hydroxyamino-O-essigsäuren[27, 48].

Aus derartigen Verbindungen ist auch ein Verkaufsprodukt hervorgegangen.

$C_6H_5-C(=O)-NHOCH_2-COOH$, bzw. Ammoniumsalz

Common name: Benzadox
Handelsname: Topcide®, früher: S-6173
MC-0035 (Murphy Chem., Gulf Corp.)
1965

$LD_{50}$: 5600 mg/kg Ratte p.o. akut. Wasserlöslichkeit: 1,6% bei 20°C. Kontaktherbizid. Selektiv in Zuckerrohr spez. gegen Radmelde (Kochia scoparia). Patente[53]. Literatur[54, 55].

Entsprechende im Phenyl chlorierte Verbindungen sind ebenfalls gute Herbizide[56].

Wissenschaftlich besonders interessant ist die pflanzenwachstumshemmende Wirkung des N-Amino-N-methylalanins[30]:

$NH_2-N(CH_3)-CH_2-CH_2-COOH$

Versuchsprodukt
(International Minerals and Chem. Corp.)

Die Verbindung liefert eine so kräftige Wuchshemmung wie das Maleinsäurehydrazid (s. dort). Andere Hydrazinderivate sind von geringerer Wirkung. Über weitere Hydrazinverbindungen quartärer Natur s. bei quartären Ammoniumverbindungen (S. 324), s. auch im Folgenden: Hydrazide von Dicarbonsäuren.

b) Dicarbonsäuren

Eine nennenswerte herbizide Wirkung niederer gesättigter aliphatischer Dicarbonsäuren ist bis heute nicht bekanntgeworden. Der Sebazinsäuredimethylester soll ein schwaches Vorlaufherbizid sein[34]. Ungesättigte Dicarbonsäureester dagegen, wie z. B. der Maleinsäurediäthylester, weisen schon bemerkenswerte Phytotoxizität auf[35]. Eine Sonderstellung nehmen oft die Halbamide von Dicarbonsäuren ein.

Im Jahr 1965 wurde ein aliphatisches, offenkettiges Hydrazid mit ausgesprochener Wuchshemmung bekannt.

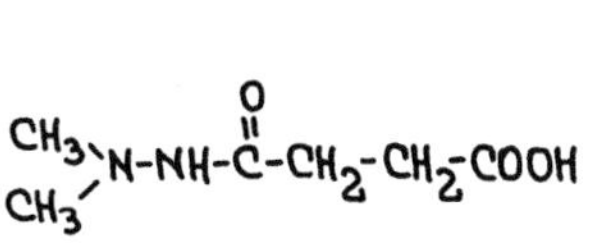


Bernsteinsäure-mono-N-dimethylhydrazid
Common name: Dimas, Dimethazide, Diaminozide, Aminozide
Handelsname: Alar®, B-Nine®
(Naugatuck Chem. Co.)(U.S. Rubber Co.)(Uniroyal USA)

$LD_{50}$: 8400 mg/kg Ratte p.o. akut. Wasserlöslichkeit: 10%. Wirkungsweise: Wachstumsregulator. Anwendungsweise: Post-emergence. Anwendungsgebiet: Wuchshemmstoff für zweikeimblättrige Pflanzen. Im Obstbau vermehrter Ansatz

von Fruchtknospen, geringer Fruchtabfall wurde beobachtet. Siehe Abschnitt Wachstumsregulatoren.
Patente[63]. Literatur[36,64].

Noch weitere tert. Hydrazide sind beschrieben.

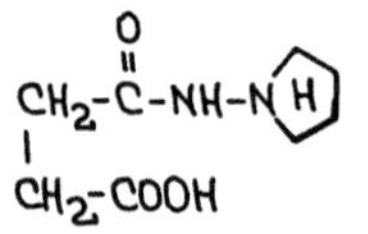

Versuchsprodukt: F 529
(Uniroyal Chem. Co.) 1970

Pflanzenwuchsregulator und Herbizid. Aufnahme durch die Blätter.
Patente[65].

Das entsprechende N'-Dimethyl-maleinsäurehydrazid ist ebenfalls als Hemmstoff bekanntgeworden[37]. Dies ist von besonderem Interesse, weil das cyclische Hydrazid der Maleinsäure als 6-Ring ebenfalls starke Hemmwirkung ausübt, die praktisch verwertet wird (s. bei 6-Ring-Verbindungen mit 2 N).

Über ein Tetrahydrophthalimid des 4-Amino-phenyl-4-chlorbenzyläthers siehe bei Phenoläthern.

## 5.7.2. Cyclo-aliphatische Carbonsäuren

a) Cyclo-aliphatische Monocarbonsäuren

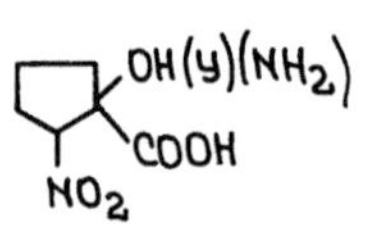

1-Hydroxy-2-nitro-cyclopentan-carbonsäure

Patente[38, 39].

Erst 1976 ist ein Versuchsprodukt aus der cycloaliphatischen Reihe mit einer Carbonsäurestruktur bekannt geworden.

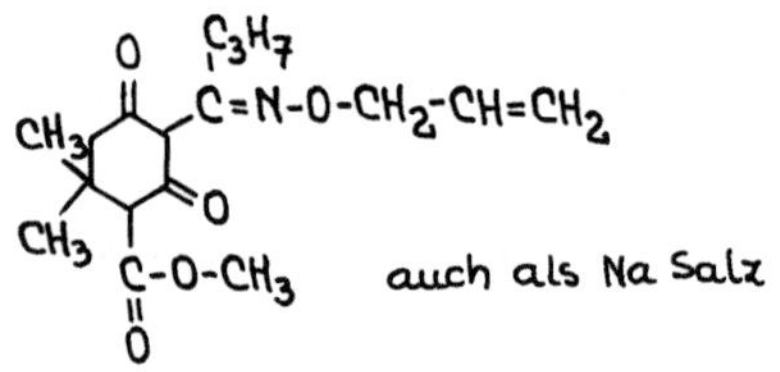

NP-48 (Nippon Suda) 1976
Gegen Gräser wirksam

Selektiv in Sojabohnen, Erdnüssen, Zuckerrüben und Bohnen.
Patente[81].

b) Cyclo-aliphatische Dicarbonsäuren

sind nur in hochchlorierter Form als Herbizide bekanntgeworden[40].

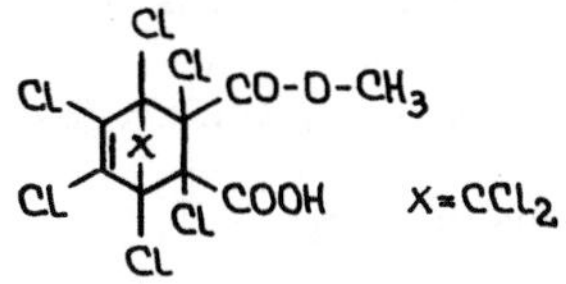

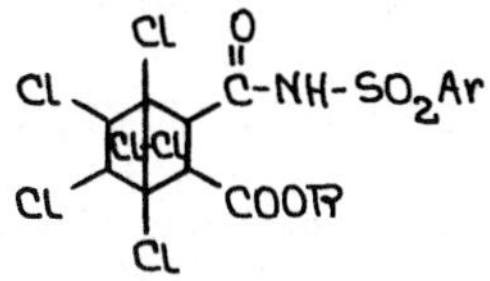

Herbizide und fungizide Wirkung[49]

## Literatur und Patente

5. Organische Herbizide

5.7.1. Carbonsäuren, Nitrile und Aldehyde

5.7.2. Cyclo-aliphatische Carbonsäuren


1. US 2 622 976, 30.6.50/23.12.52, Boyce Thompson Institute for Plant Research.
2. Hitchcock, A.E. u. Mitarbeiter: Proc. Northeast. Weed Control Conf. 1951, p. 105.
3. US 3 261 680, 11.5.65/19.7.66, US Prior. 7.5.62, Monsanto Co.
4. US 3 346 564, 8.5.63/10.10.67, Monsanto Co.
5. US 2 864 683, 13.9.54/16.12.58, Monsanto Co.
6. DAS 1 014 380, 29.10.54/22.8.57, US Prior. 30.10.53 u. 13.9.54, Monsanto Chemical Co.
7. Hamm, P.C., and Speziale, A.J.: J. Agr. Food Chem. 4, 518 (1956).
8. BE 655 805, 16.11.64/17.5.65, US Prior. 15.11.63, Monsanto Co.
9. BE 655 701, 13.11.64/13.5.65, US Prior. 15.11.63, Monsanto Co.
10. US 3 268 324, 11.10.65/23.8.66, US Prior. 30.10.53, 13.9.54, 29.12.55, 19.2.58 u. 8.8.61, Monsanto Co.
11. GB 1 052 308, 25.8.64 u. 6.7.65/21.12.66, Monsanto Chemicals Ltd.
12. JA 15 838/66, 6.8.64/6.9.66, Toa Agricultural Chem. Co., Ltd. u. Toyama Chemical Co., Ltd.
13. Du Pont Research Report, North Central Weed Control Conf. 1947, p. 284.
14. Barrons, K.C., and Watson, A.J.: Dow Chem. Co., Research Report, North Central Weed Control Conf. 1949, p. 43.
15. McCall, G.L., and Zahnley, J.W.: Kansas Agr. Expt. Sta., Circ. 255, 3 (1949).
16. JA 6 822/67, 19.8.64/18.3.67, Toyama Chemical Ind. Co., Ltd. u. Toa Nagaku K.K.
17. US 2 393 086, 28.11.44/15.1.46, Du Pont.
18. US 2 642 354, 10.9.51/16.6.53, Dow Chemical Co.
19. US 2 754 324, 6.4.53/10.7.56, Dow Chemical Co.
20. DAS 1 004 858, 14.9.55/21.3.57, US Prior. 6.10.54, Dow Chemical Co.

21. US 2 807 530, 6.10.54/24.9.57.
22. Kurth, H. u. Streuber, E.: Nachrbl. Dtsch. Pflanzenschutzdienst (Berlin) 19(2), 35 (1965); ref. CA 63, 12246c.
23. JA 22 399/66, 17.6.64/27.12.66, Sankyo Co., Ltd. u. Daikin Kogyo Co., Ltd.
24. US 3 148 049, 4.8.61/8.9.64, Crown-Zellerbach Corp.
25. Chem. Week 131, Nr. 7, 41 (1968).
26. DOS 1 908 338, 19.2.69/18.9.69, JA Prior. 19.2.68, Daikin Kogyo Co., Ltd.
27. DAS 1 231 710, 4.12.62/5.1.67, Merck & Co. Inc.
28. BE 631 355, 22.4.63/16.8.63, US Prior. 27.4.62, Union Carbide Chemicals Co.
29. FR 1 360 887, 17.4.63/6.4.64, US Prior. 18.4.62, Union Carbide Chemicals Co.
30. Huffman, C.W., Godar, E.M., Ohki, K., and Torgeson, D.C.: J. Agr. Food Chem. 16 (6), 1041 (1968).
31. DAS 1 270 876, 18.4.63/20.6.68, Union Carbide Corp.
32. Herrett, R.A., and Kurtz, A.N.: Science 141, 1192 (1963).
33. US 3 295 948, 30.4.64/3.1.67, Pennsalt Chemicals Corp.
34. JA 6 999/67, 3.3.65/22.3.67, Ihara Noyaku K.K.
35. Wegler, R., Lober, F. u. Grewe, R.: Beobachtungen der Farbenfabriken Bayer AG (1950).
36. Tate, D.H. u. v. Schmeling, B.: 6. Intern. Pflanzenschutzkongreß, Wien, Abstracta, S. 467 (1967).
37. Riddell, J.A., Hageman, H.A., Anthony, C.M.J., and Hubbard, W.L.: Science 136, 391 (1962).
38. GB 1 040 546, 12.10.62 u. 18.11.63/1.9.66, I.C.I. (Wuchsstoffwirkung).
39. GB 1 043 508, 21.4.64/21.9.66, I.C.I.
40. US 3 299 094, 2.8.65/17.1.67, US Prior. 12.6.61, Hooker Chem. Corp.
41. Fletcher, W.W.: Pest Technol. 3 (12), 272 (1961).
42. Green, D.H.: PANS (Pest Articles and News Summaries) Section C: Weed Control 11 (2), 147 (1965).
43. Herbicide Handbook of the Weed Society of America, p. 120. Geneva - New York: W.F. Humphrey Press Inc. (1967).
44. Health Aspects of Pestic. 3 (1) 1970; Abstr. 70-0092, CA 71 (13), Ref. 59 898 (1969).
45. US 3 389 985, 18.4.67/25.6.68, US Prior. 22.7.63, Monsanto Co.
46. US 3 399 988, 15.7.66/3.9.68, US Prior. 13.9.63, Stauffer Chem. Co.
47. BE 713 233, 4.4.68/4.10.68, GE Prior. 5.4.67, BASF.
48. DOS 1 542 936, 26.2.62/25.9.69, Merck & Co.
49. US 3 184 501, 3.4.61/18.5.65, Velsicol Chemical Corp.
50. US 3 536 721, 15.7.66/21.4.67, Stauffer Chem. Co.
51. US 2 626 862.
52. Hitchcock, A.E. et al.: Proc. Northeast. Weed Control Conf. 1951, S. 105-131.
53. US 3 396 009, 20.4.66/6.8.68, Gulf Res. and Development.
54. Farm. Chem. 131 (1), 46 (1968).
55. Agr. Chem. 22 (10), 81 (1967).
56. US 3 449 113, 26.5.67/10.6.69, Gulf Oil Corp.
57. DOS 2 104 857, 2.2.71/18.9.71, GB Prior. 6.2.70, Gulf Res. Dev. US 3 690 865, 8.12.70/12.9.72, u. US 3 707 366, 9.11.70/26.12.72, FR 2 078 170, Gulf Res. Dev.
58. DOS 2 219 923, 22.4.72/31.10.73, BASF.
59. 3. Symposium nouv. herb. Versailles 1969, I. 61.

60. DOS 2 218 097, 14.4.72/2.11.72, Stauffer Chem. Co., Prior. 16.4.71.
61. Farm. Chem. 136 (4), 56 (1973) u. Chem. Weed 113 (16), 51 (1973).
62. US 2 634 290, 5.4.51/7.4.53, Hooker.
63. US 3 240 799, 15.2.63/15.3.66, US Rubber
US 3 334 991, 7.8.64 /8.8.67, Uni Royal.
64. Riddell, J. H. et al.: Science New York 136, 391 (1962).
65. GB 954 102, 30.11.61/2.4.64, US Rubber, FR 1 317 422.
66. Owens, L. D.: Weed Science 21, 63 (1973).
67. Colling, W. K. et al.: Tobacco Science 14 (19), 65 (1970).
68. US 2 754 324, 6.4.53/10.7.56, Dow Chem., GB 750 655.
69. Chem. Abstr. 71 (13), Ref. 59898 (1969).
70. DAS 929 484, 18.11.52/8.8.55, Dow Chem.
71. US 2 672 862, 12.12.69/27.6.72, US Secretary of Agric.
72. Techn. Inf. d. Monsanto Agricultural Division 800-N - Lindberg Blod, St. Louis, Missouri 63166
73. DOS 2 421 195, 2.5.74/14.11.74, Stauffer Chem. Co.
74. DOS 2 327 639, 30.5.73/19.12.74, Hoffmann La Roche.
75. 3. Internat. Tagung über selektive Unkrautbekämpfung im Rübenbau, Paris 26.-28.2.1975, S.529.
76. DOS 2 219 923, 22.4.72/31.10.73, BASF, = BE 798 530.
77. Hoffman, O. L.: Weeds 10, 322 (1962).
Hoffman, O. L.: Abstracts of the Meeting of the Weed Science Soc. of America, No. 12 (1969).
78. Pallos, F. M. et al. Stauffer Chem. Co.: J. Agr. Food Chem. 23 (4)(1975).
79. Ming-Muh Lay et al.: Science 189, Nr. 4199 (1975).
80. DOS 2 350 547, 9.10.73/25.4.74, US Prior. 13.10.72 u. 2.5.73, Stauffer,
DOS 2 350 800, 10.10.73, Prior. wie zuvor.
81. DOS 2 439 104 v. 15.8.73/13.3.75. Nippon Soda.

## 5.7.3. Araliphatische Carbonsäuren und Nitrile

### a) Geschichtliche Entwicklung

Der Botaniker Went[1] wies 1928 auf die Bedeutung von Wuchsstoffen, sog. "Auxinen" für das Pflanzenwachstum hin. Dem Chemiker Kögl[2] gelang 1934 die Isolierung des sog. Heteroauxins und seine Identifizierung als ß-Indolylessigsäure. In der Folgezeit wurde an vielen Stellen die Wirkung von heterocyclischen Essigsäuren und auch von Aryl-substituierten Essigsäuren auf das Pflanzenwachstum untersucht[3,4]. In der Literatur und in Patenten finden sich schon wenige Jahre später (1938) Hinweise auf eine Wachstumsbeeinflußung durch Phenyl- und $\alpha$-Naphthyl essigsäure und ihre Nitrile und Amide. Eine herbizide Wirkung aber wird nicht erwähnt[5,6].

Templemann (ICI) stellte 1939 die Wuchsstoffwirkung der $\alpha$-Naphthylessigsäure fest[7,8]. 1941-1945 wurde von einem anderen Arbeitskreis in England die unterschiedliche Wuchsstoffwirkung des natürlichen Wuchsstoffes ß-Indolylessigsäure und der $\alpha$-Naphthylessigsäure gegenüber verschiedenen Pflanzen gefunden[9]. In Deutschland stellten Höfner und Nagao[10] schon 1937 fest, daß Wuchsstoffe auf verschiedene Pflanzen unterschiedlich wirken. In der ICI haben dann Slade, Templeman und Sexton beobachtet, daß höhere Konzentrationen von $\alpha$-Naphthylessigsäure keimenden Ackersenf, nicht aber keimenden Hafer[11] töten. Dies ist wohl die erste bewußte Herausstellung einer selektiven herbiziden Wirkung durch wuchsstoffwirksame Verbindungen. Als auch praktische Bedeutung erlangendes, selektives Herbizid wurde (1941-1945) von dem gleichen Arbeitskreis die 2-Methyl-4-chlorphenoxyessigsäure, die speziell gegen breitblättrige Unkräuter wirkt, gefunden. Auch Nutman, Thornton und Quastel befaßten sich mit derartigen Wuchsstoffherbiziden[9]. Templeman und Sexton fanden wenig später die selektiv herbizide Wirkung ganz andersartig gebauter Verbindungen, z. B. des nicht wuchsstoffaktiven N-Phenylcarbamidsäure-isopropylesters, der speziell wegen seiner Wirkung gegen Gräser Bedeutung erlangte[12]; weitere Literatur s.[13,14].

Ohne Kenntnis der Arbeiten der ICI in England wurde in den USA von E. Kraus (1941) an der Universität Chicago der Gedanke ausgesprochen, Wuchsstoffe zur Vernichtung von Unkräutern zu benutzen[15]. Im Boyce Thompson-Institut (USA) entdeckten P. W. Zimmermann und H. E. Hitchcock 1942 die starken Wuchsstoffeigenschaften der 2,4-Dichlorphenoxyessigsäure, ihrer Salze und Ester[16,17]. Ab 1944 dienten diese Verbindungen auch als Herbizide. 2,4-D kam als Herbizid durch die Amchem in den Handel[194]. (Weitere Literatur über Feldversuche mit 2,4-Dichlorphenoxyessigsäure s.[18] und zur Geschichte der Wuchsstoffherbizide s.[14]). Die Literatur über Zusammenhänge zwischen chemischer Konstitution und Wuchsstoffwirkung ist außerordentlich umfangreich. Hier sei lediglich auf einige zusammenfassende Arbeiten hingewiesen[19-22,102].

Unabhängig von den vorgenannten Arbeiten war in Deutschland eine kleine Arbeitsgruppe (Wegler, Steiner, Binder) damit beschäftigt, die Entdeckungen von Kögl über die Heteroauxinwirkung von ß-Indolylessigsäure auszuweiten. Sie entdeckte die Wuchsstoffeigenschaften des ß-Indolylacetonitrils und einiger heterocyclisch substituierter Essigsäuren[23,156]. Aus diesen Arbeiten resultierten (1944 und 1948) in der IG-Farbenindustrie[24] die Untersuchungen über die keimungshemmende Wirkung des $\alpha$-Menaphthyläthers.

Schon vor 1944 war in der IG-Farbenindustrie eine weitere Klasse keimungshemmender, wuchsstoffaktiver Verbindungen gefunden worden. Unter anderen erwiesen sich chlorierte Benzoesäuren, ihre Abkömmlinge und Derivate, wie Ester, Aldehyde und Nitrile, als wirksam (Patente s. bei chlorierten Benzoesäuren[25].

Auch zahlreiche chlorierte Phenylessigsäureester wurden, als die Keimung von Kartoffeln hemmend, in der IG-Farbenindustrie, Werk Leverkusen, 1942-1948, von dem gleichen Arbeitskreis (R. Wegler, B. Wehnelt u. Mitarb.) gefunden[26]: Zweifelsohne aber wurde in Deutschland die herbizide Bedeutung dieser Keimhemmungsmittel nicht erkannt, sondern das geschah in England und etwas später in den USA.

Die Entdeckung, daß Wuchsstoffe in höheren Konzentrationen nicht nur Wuchshemmstoffe sondern auch Pflanzenvernichtungsmittel sein können, war - zusammen mit der Erkenntnis, daß die Wirkung der 2,4-Dichlorphenoxyessigsäure selektiv gegen breitblättrige Pflanzen ist - der eigentliche Anfang der Herbizidentwicklung und einer eingehenderen Forschung auf diesem Gebiet.

Schon wenige Jahre nach der Entdeckung der Phenoxyessigsäure betrug die Herbizid-Jahresproduktion allein aus dieser Verbindungsklasse in den USA über 10 000 Tonnen. Noch heute stellt die Klasse der wuchsstoffwirksamen Herbizide den größten Anteil an der Herbizid-Produktion.

b) Araliphatische Monocarbonsäuren und Nitrile

Phenylessigsäure-Derivate

1974 wurde Phenylessigsäure und 4-Oxy-phenylessigsäure auch in der Natur in Meeresalgen festgestellt[234].

Schon 1965 wurde 2,3,6-Trichlor-phenylessigsäure als selektives Herbizid in die Praxis eingeführt.

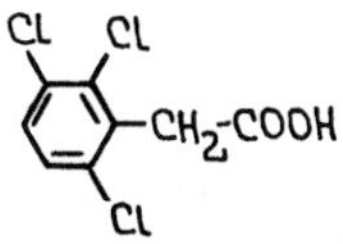


2,3,6-Trichlorphenyl-essigsäure
Common name: Fenac, Chlorfenac
Handelsname: Fenac® (Na-Salz)
Trifene®
(Amchem Products) 1965
(Tenneco Chem.)

$LD_{50}$: 1780 mg/kg Ratte p.o. akut. Wasserlöslichkeit: 200 ppm bei 28°C. Wirkungsweise: Bodenherbizid und auch Blattherbizid mit systemischer Wirkung. Anwendungsweise: Pre- und post-emergence, Anwendungsgebiet: Gegen Gräser, speziell Queckenarten. Anwendung in Zuckerrohr, zur Totalunkrautbekämpfung und als Austrocknungsmittel.

Die Verbindung hat keine größere Bedeutung erlangt, da ihre Herstellung (s. 2,6-Dichlortoluol bei 2,6-Dichlorbenzaldehyd bzw. 2,6-Dichlorbenzonitril) zu teuer ist. Patente[27,28,180]. Literatur[56].

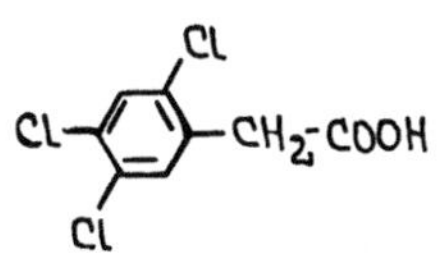


40

Es sind auch andere Ester, z.B. der Glykolester, als Herbizide patentiert worden.

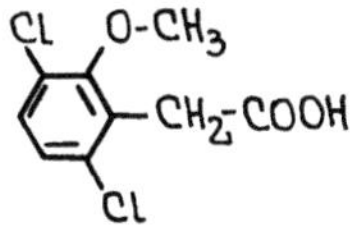


2-Methoxy-3,6-dichlor-phenylessigsäure
Versuchsprodukt, aufgegeben
Common name: Methoxyfenac
(Velsicol Chem. Corp.)

Patente[29-32]. Literatur[33].

Auf Grund vieler untersuchter, chlorierter Phenylessigsäuren darf als Regel gelten, daß für herbizide Wirksamkeit wenigstens eine o-Stellung durch Halogen besetzt sein muß. So sind z.B. die 2,3-Dichlorphenylessigsäure und ihre Ester herbizid wesentlich wirksamer als die 3,4-Dichlorverbindung[34], wie Untersuchungen der Bayer AG gezeigt haben. Die 2,4-Dichlorphenyl-essigsäure ist wiederum schwächer herbizid als die 2,3-Verbindung. Wie die Säuren und ihre Ester sind auch die Nitrile in dieser Reihe gute Herbizide[35,36].

1966 ist ein nur durch Methyl substituiertes Phenylessigsäureamid als Versuchsherbizid veröffentlich worden.[44, 45].

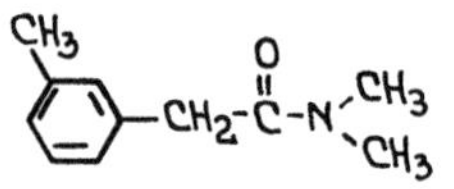

N, N-Dimethyl-2-(m-tolyl)-acetamid
Versuchsprodukt aufgegeben
(Monsanto Chem. Co.)
1966

Patente[44]. Literatur[45].

Substitutionsprodukte der Phenylessigsäure in der Seitenkette

Die oft beobachtete Wirkungsverstärkung einer herbizid wirksamen aliphatischen Carbonsäure durch Einführung eines Chlor-Atoms in $\alpha$-Stellung zur Carboxylgruppe ist auch bei den Arylessigsäuren geprüft worden, ohne aber bessere Herbizide zu ergeben.

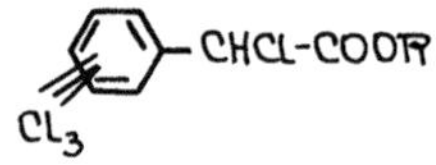 und 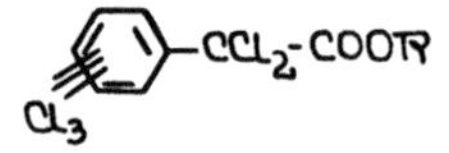 37

(Entsprechende Nitrile[38])

Die "verstärkende" Wirkung einer Nitrogruppe im Kern wurde in Patenten offenbart, scheint aber nicht von Bedeutung zu sein.

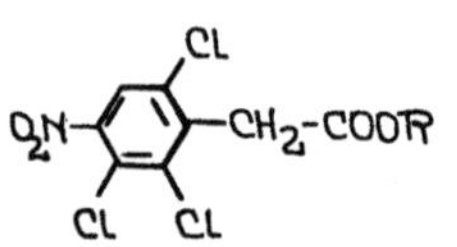 39 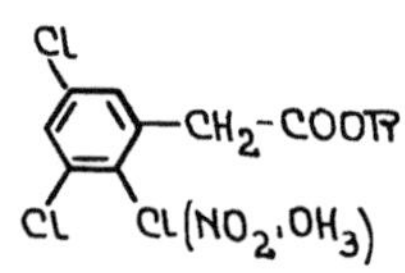 31 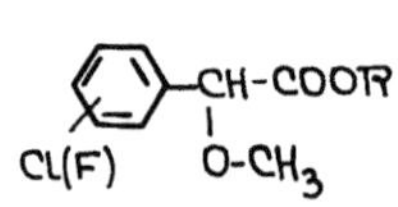 42,43

2, 3, 6-Trichlormandelsäure[41].

2, 6-Dichlor-$\alpha$-hydroxy-phenylessigsäure und besonders der Methyläther sind als Pflanzenwuchsregulatoren bekannt geworden[196].

Die Einführung einer Aminogruppe in den aromatischen Kern verstärkt mitunter bei Carbonsäuren (s. aromatische Carbonsäuren, Pyridincarbonsäuren) die herbizide Wirkung oder läßt sie wenigstens nicht wesentlich absinken. Auch bei mehrfach chlorierten Phenylessigsäuren sind amino-substituierte Derivate als Herbizide bekanntgeworden, z.B. die 2, 4, 6-Trichlor-3-amino-phenylessigsäure[46] oder die 2, 3, 6-Trichlor-5-aminophenylessigsäure[181].

Die Wuchsstoffwirksamkeit zahlreicher Phenylessigsäuren wird mit einer räumlichen Zuordnung der Carboxylgruppe zum Phenylrest erklärt. Bis in die jüngste Zeit setzt sich die Diskussion über Zusammenhänge zwischen chemischer Struktur und Wuchsstoffwirkung fort[47]. Besonders in der Reihe der ß-substituierten Atropasäure wurden interessante Unterschiede in der Wirkung gefunden[3, 47] und mit einer Beeinflußung der Elektronenstruktur durch Alkylsubstituenten erklärt.

So ist Ar-C(=$CH_2$)-COOH weniger wuchsstoffwirksam als Ar-C(=C($CH_3$)$_2$)-COOH.

Ob eine Wuchsstoffwirkung in allen Fällen aber mit einer herbiziden Wirkung, die zudem selektiv sein kann, parallel geht, ist nicht sicher.

Hinzu kommt daß in älteren Publikationen vornehmlich aus Forschungsinstituten und Universitäten nur Hemmwirkungen getestet worden sind, welche sowohl auf einer wuchsregulierenden Eigenschaft wie auf einer schwachen herbiziden Wirkung beruhen können. Eine Entscheidung ist erst möglich, wenn man sehr stark ver schiedene Konzentrationen testet.

Diarylessigsäure-Derivate

Während die Phenylessigsäurederivate nur sehr begrenzt Anwendung als Herbizide gefunden haben, sind verwandte Diphenylessigsäure-Abkömmlinge wichtiger geworden.

$(C_6H_5)_2CH-C(=O)-N(CH_3)_2$

N, N-Dimethyl-2, 2-diphenylacetamid
Common name: Diphenamid
Handelsname: Dymid®, Enide 50 W®
(Eli Lilly Upjohn Co., Elanco, USA)
1960

$LD_{50}$: 1250-3000 mg/kg Ratte p.o. akut; 700 mg/kg Maus p.o. akut. Wasserlöslichkeit: 0,024 g/100 ml bei 25°C. Wirkungsweise: Bodenherbizid. Anwendungsweise: Pre-emergence. Anwendungsgebiet: In Erdbeeren, Pfeffer, Tomaten, Kartoffeln, Süßkartoffeln, Erdnüssen, gegen breitblättrige Unkräuter und Gräser. Langsamer Abbau im Boden durch De-methylierung[277].
Patente[48-51]. Literatur[52-54].

Ähnliche Verbindungen s.[173].

$(C_6H_5)_2CH-CN$

Diphenylacetonitril
Common name: Diphenatril

$LD_{50}$: >3500 mg/kg Maus p.o. akut. Wasserlöslichkeit: 320 ppm bei 25°C. Wirkungsweise: Bodenherbizid. Anwendungsweise: Pre-emergence. Anwendungsgebiet: Gegen Hirsearten in Zierrasen und Ziersträuchern.
Patente[55]. Literatur[176].

Darstellung:

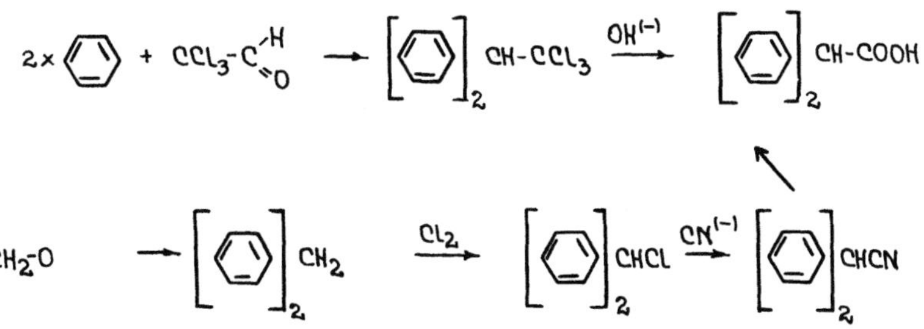

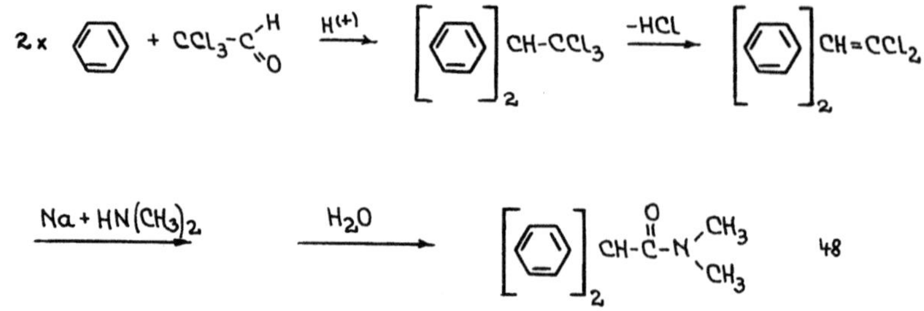

48

3,3-Dichlor-benzilsäure-methylester soll eine ähnliche Wachstumshemmung und Morphogenese aufweisen wie Fluorenolcarbonsäure-ester[201].

Phenylpropionsäuren und höhere Carbonsäure-Derivate

In den höheren Reihen der Aryl-alkylcarbonsäuren wurden zahlreiche Herbizide gefunden. Zum Handelsprodukt wurde bis 1968 nur eine Verbindung:

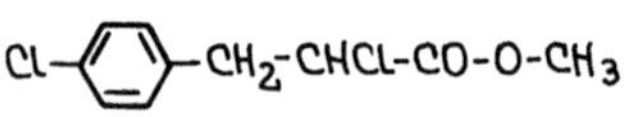

2-Chlor-3-(4-chlorphenyl)propionsäure-methylester
Common name: Chlorfenprop-methyl
Handelsname: Bidisin®
(Bayer AG) 1968

$LD_{50}$: 1190 mg/kg Ratte p.o. akut. $LC_{50}$: 0,8 mg/L 96 Stdn. Harlequin Fisch. Wasserlöslichkeit: 690 mg/L bei 20°C. Wirkungsweise: Blattherbizid mit Kontaktwirkung und geringer systemischer Wirkung. Anwendungsweise: Post-emergence im 2-4-Blattstadium des Flughafers. Anwendungsgebiet: Speziell wirksam gegen Flughafer in Rüben, Gerste, Weizen, Kartoffeln. Größeres Produkt. Patente[56-58]. Literatur[59].

Die Darstellung ist auf verschiedenen Wegen möglich:

$$[\text{Cl-Ar-N=N}]^+\text{Cl}^- + \text{CH}_2\text{=CH-COOR} \longrightarrow \text{Cl-Ar-CH}_2\text{-CH(Cl)-COOR} + \text{N}_2$$

oder

$$\text{Cl-Ar-CH}_2\text{Cl} + \text{CH}_2(\text{COOR})_2 \longrightarrow \text{Cl-Ar-CH}_2\text{-CH(COOR)}_2 \xrightarrow{\text{SO}_2\text{Cl}_2}$$

$$\text{Cl-Ar-CH}_2\text{-CCl(COOR)}_2 \longrightarrow \text{p-Cl-Ar-CH}_2\text{-CHCl-COOR}$$

Die gute selektiv-herbizide Wirkung der ß-(p-Chlorphenyl)-$\alpha$-chlor-propionsäure zeigt, daß nicht, wie oft behauptet, eine Kette von 2 oder 4 Kohlenstoffatomen am Phenylrest erforderlich ist. Auch eine ungeradzahlige Kette von Kohlenstoffatomen kann zu herbizider Wirksamkeit führen.

Auffallend ist die hohe selektive Wirksamkeit des p-Chlorphenyl-$\alpha$-chlorpropionsäure-methylesters gegen Flughafer. Dabei werden zahlreiche Kulturen nicht geschädigt! Hier liegt ein neuer Typ eines selektiven Herbizids vor, das hauptsächlich nur gegen ein bestimmtes Unkraut wirksam ist.

Von den beiden optisch aktiven Formen des Bidisins zeigt nur die l(-) Form herbizide Wirksamkeit[204].
Patente[290].

Die dem Bidisin® entsprechenden Äthyl oder Isopropylthiol-ester sind ebenfalls hochwirksam.

In einem neuen Patent wird eine gute Darstellungsmethode der Carbonsäure aus $Ar-CH_2CH=CCl_2$ mit Ameisensäure beschrieben[250].

In jüngster Zeit ist ein Nitril mit wachstumsregulierenden Eigenschaften bekanntgeworden.

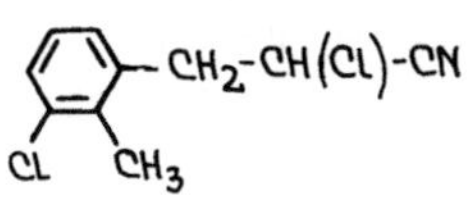


Versuchsprodukt P.R.B.8
(Poudreries Reunies de Belgique S.A.)

$LD_{50}$: 640 mg/kg Ratte p.o. akut.
Patente[187]. Literatur[186].

Das Versuchsprodukt PRB-8 soll nach jüngeren Veröffentlichungen Auxincharakter aufweisen[200] und in niedrigen Dosierungen eine Gewichtsvermehrung junger Rübenpflanzen bewirken[201]. Die Nitrilgruppe scheint für diese Wirkung essentiell zu sein da die entsprechende Carbonsäure bzw. ihr Ester keine stimulierende Wirkung aufweisen[202].

Höhere Glieder der Reihe, z. B. Phenylbuttersäure, sind wieder breit, jedoch nur schwach wirksam. Verzweigte Phenylpropionsäuren sind wenig wirksam. Chlor in der Seitenkette läßt sich unter Wirkungseinbuße durch die Azidgruppe und - noch schwächer wirkend - durch Brom, Jod oder SCN ersetzen. Die Methoxygruppe zeigt nur eine geringe herbizide Potenz.

In der Seitenkette chlorierte Phenylacrylsäureester sind ebenfalls Herbizide: (Cl)-Ar-CH=C(Halogen)-COOR[60] und Ar-CCl=CCl-COOR[61].

Die als Herbizide oft geprüften Zimtsäuren haben bis 1975 noch zu keinem Versuchsprodukt geführt. Auffallend ist, daß der Äthylester der o-Chlor- oder o-Methoxyzimtsäure eine Kontaktwirkung aufweist, während die Diäthylamide über den Boden wirksam sind[182].

3,5-Dichlor-4-hydroxy-zimtsäure[261].

Naphthylessigsäure-Derivate

Eine selektiv-herbizide Wirkung wurde zuerst an der $\alpha$-Naphthylessigsäure gefunden (s. araliphatische Carbonsäuren, geschichtliche Entwicklung).

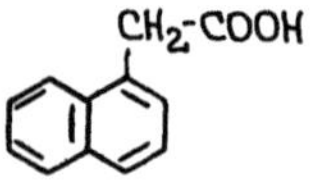

α-Naphthylessigsäure
Common name: α-NAA
Handelsname: Fruitone®
(American Chemical Paint Co.)

$LD_{50}$: 1000 mg/kg Ratte p.o. akut. Wasserlöslichkeit: 420 ppm bei 20°C. Anwendungsgebiet: Wird nur noch in begrenztem Umfang zum Teil im Frühjahr zur Fruchtausdünnung verwendet. Im späten Sommer angewendet, verhindert sie Fruchtabfall. Die unterschiedliche Wirkung dürfte auf den in verschiedenen Jahreszeiten wechselnden Gehalt der Pflanzen an Heteroauxin zurückzuführen sein.

Erste Anwendung fand die α-Naphthylessigsäure in Form der Ester 1946 bis 1949. gegen das vorzeitige Auskeimen von Saat- und Speisekartoffeln. Heute ohne Bedeutung.

Auffallend ist die oft nahe Verwandtschaft nicht steroider entzündungshemmender Substanzen zu Herbiziden der Carbonsäurenreihe. Dies gilt nicht nur für Aryl-Essigsäuren und Indolylessigsäuren sondern auch für Thienyl-Essigsäure-Derivate u. andere Säuren[280].

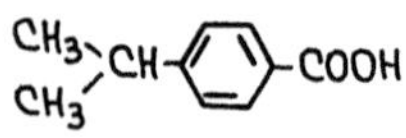

Isobufenal°

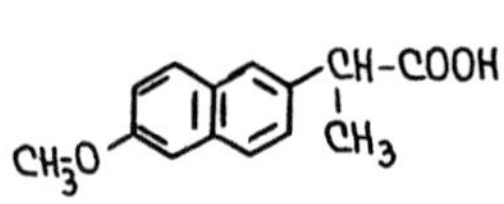

Naproxan

279

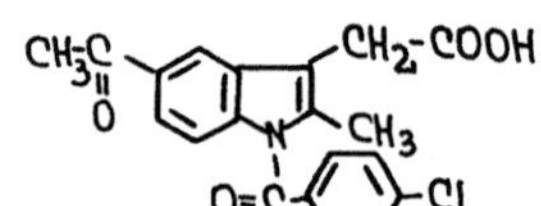

Idometaxin

Amuno°

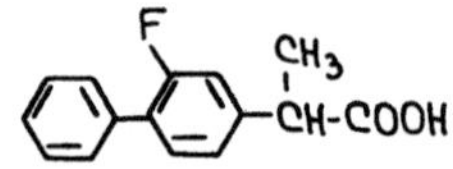

Flurbiprofen 288
Antiseticum
und
Antipyreticum

Parallelen gibt es aber auch mit andersartig wirkenden Arzneimitteln.

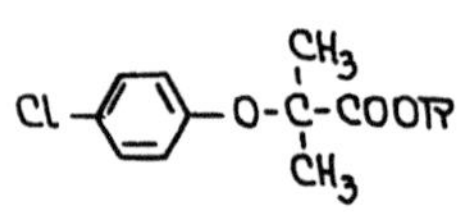

Tregelan°
zur Serum-Lipid-senkung

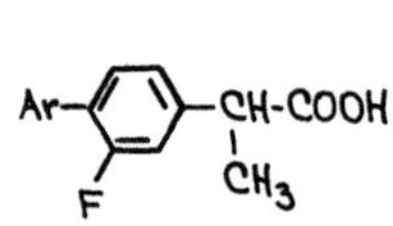

Blutplättchen-
Aggregations-Hemmer 281

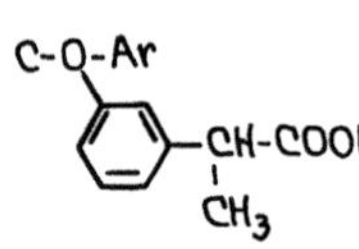

Antirheumaticum

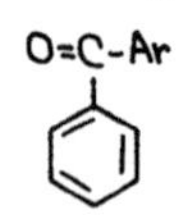

Fluorencarbonsäuren

Formal der Diphenylessigsäure verwandt sind Derivate der Fluorencarbonsäuren. In dieser Gruppe wurden hochwirksame Wuchsstoffe gefunden, die aber nur geringe Herbizidwirkung aufweisen[62-64, 67-76].

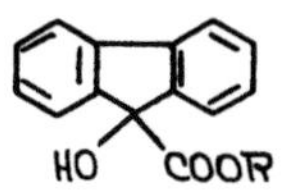

R = H, $C_4H_9$ usw.

9-Hydroxyfluoren-carbonsäure-(9)
bzw. -ester
Common name: Flurenol
Flurenol-butyl für R = $C_4H_9$
Handelsname: Aniten®
(Mischung mit MCPA) (Merck)
1964

$LD_{50}$: 5000 mg/kg Ratte p.o. akut. Wasserlöslichkeit: 3,65 mg/ml bei 20°C. Wirkungsweise: Wuchshemmstoff mit systemischer Wirkung. Anwendungsweise: Post-emergence. Anwendungsgebiet: In Mischung mit MCPA in Getreide. Patente[65,66,188]. Literatur[62-64, 189]. Literatur zur Wirkung[67-76].

2-Chlor-fluorenol

Common name: Chlorflurenol

ist als CF 125® von Merck 1967 zur Bewuchsdämpfung eingeführt worden, früher lief es unter der Bezeichnung HZ 3456.

Der Methylester ist unter dem Namen Chlorflurenol-methyl registriert. $LD_{50}$: 3100 mg/kg Ratte p.o. $LC_{50}$: 13,5 mg/L 96 Stdn. Goldfisch.

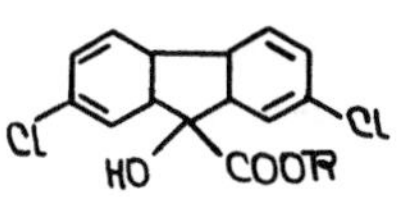

R = H, $CH_3$, $C_4H_9$

2,7-Dichlor-9-hydroxy-fluoren-9-carbonsäure
Vorgeschlagener common name:
Dichlorflurenol
CME 72200 P
AMS-9005

Seit 1970 ein Versuchsprodukt der Fa. Merck. Gegen Längenwachstum von Chrysanthemen. Auch als basisches Amid im Versuch.
Patente[65,66,188,236,244,245,251].

Wuchsstoffe der Fluorenolcarbonsäureester-Reihe sollen die Neubildung von Gewebe in der Pflanze hemmen (s.u.).

Die Fluorencarbonsäuren wurden als eine neue Gruppe von Wuchsstoffen 1963 von Merck (Deutschland) entdeckt. Charakteristischer Unterschied gegenüber 2,4-D usw. ist eine Wuchshemmung über sehr große Konzentrationsbereiche hinweg, ohne daß herbizide Eigenschaften auftreten. Auf einige herbizide Wuchsstoffe der 2,4-D-Reihe sowie auf Maleinsäurehydrazid wirken sie synergistisch, für Gibberellinsäuren offensichtlich antagonistisch. Mit Flurenol kann eine dikotyle Unkrautflora in Getreide klein gehalten werden. 2-Chlorflurenol wirkt auf dikotyle und z.T. auf monokotyle Pflanzen. Wegen ihrer Fähigkeit, die Pflanzenform zu ändern, wird die ganze Klasse "Morphaktine" genannt. Die Photosynthese grüner Pflanzenteile wird nicht gestört, wohl aber die Neubildung von Gewebe. Die praktische Anwendung der Fluorenole ist noch nicht übersehrbar. Breite Versuche zur Beeinflussung des Pflanzenwachstums, nicht nur zur Bewuchsdämpfung, sind im Gange.

Phenoxyessigsäuren

Aus der Klasse der im Phenylkern halogensubstituierten Phenoxyessigsäuren stammen die bekanntesten und wichtigsten Wuchsstoffherbizide.

Die 4-Chlor-phenoxyessigsäure hat als Hydroxamsäurederivat (geringes) Interesse gefunden, neuerdings als basisches Amid.

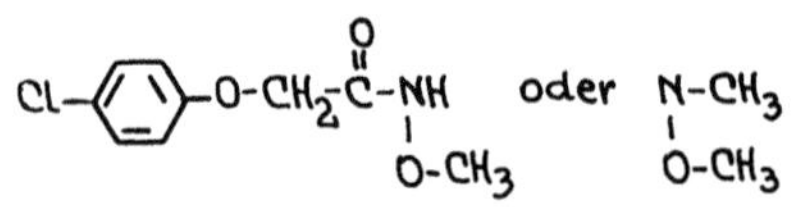

4-Chlor-phenoxyessigsäure-N, O-methylamid
(Velsicol Chemical Corp.)

LD50: 175 mg/kg Ratte p.o. akut. Anwendungsweise: Pre-emergence. Anwendungsgebiet: Gegen breitblättrige Pflanzen und Gräser.
Patente[77, 78].

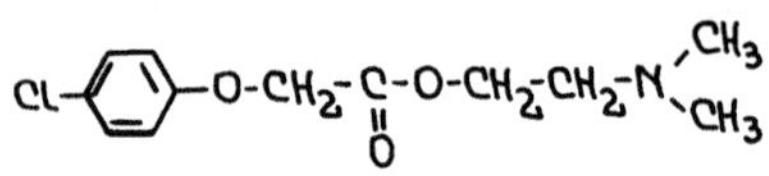

Helfergin®, APN-235, Meclofenoxat®

Literatur[215].

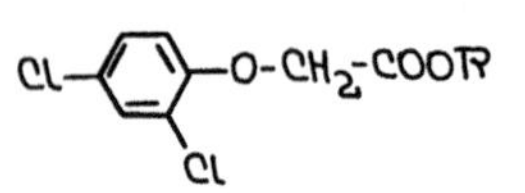

2, 4-Dichlorphenoxyessigsäure
bedeutendstes Wuchsstoffherbizid
Common name: 2, 4-D
Handelsname: Weedone®, Weedar®
(Amchem Products) 1944
Ded Wed®(Thompson, Dow, Diamond und andere)

R = H, Na, $NH_4^+$, Amine, wie z. B. $NH_2CH_2CH_2OH$, $N(CH_2CH_2OH)_3$,

$-HC(CH_3)_2$, $-CH_2CH_2OH$, höhere Alkylreste usw.

Noch 1974 das größte Herbizid in den USA.
LD50: 375 mg/kg Ratte p.o. akut (für das Na-Salz); R = H: 400-500 mg/kg. Wasserlöslichkeit: 0, 06-0, 07 g/100 g bei 20-23°C (Säure). Wirkungsweise: Blattherbizid mit systemischer Wirkung und geringer Wirkung als Bodenherbizid. Anwendungsweise: Post-emergence. Anwendungsgebiet: Selektiv in Getreide, Mais, Reis, Zuckerrohr, Grünland.
Patente[79, 80]. Literatur[16] s. auch[82, 83].

Die Alkalisalze und Salze der niedrigen Amine, speziell des Äthanolamins und des Di- und Triäthanolamins, sind in Wasser gut löslich und werden besonders preiswert als wäßrige Lösungen angewandt. Ester, speziell solche höherer Alkohole, sind selbst in Petroleum löslich und werden z. T. in entsprechender Lösung verwendet. Über den Isooctenylester des 2, 4-D siehe[81]. Gerne benutzt man auch die Glykolester. Sie zeigen nämlich nur eine geringe Flüchtigkeit, und somit wird die Gefahr von Schäden durch flüchtige Ester an Pflanzen auf Nachbargrundstücken vermieden.

2, 4-D ist selektiv hochwirksam gegen zahlreiche breitblättrige Pflanzen. Eine Ursache der Selektivität ist in der großen Benetzungsfläche der breitblättrigen Pflanzen zu sehen, denn das 2, 4-D wird vorwiegend durch die Blätter der Pflanzen aufgenommen und wandert im Leitsystem der Pflanze bis zur Wurzel. Die freie Säure und die Salze des 2, 4-D werden auch von den Wurzeln resorbiert und dann im Transpirationssystem verteilt. Besonders während der Wachstumsperiode sind breitblättrige Pflanzen gegen 2, 4-D empfindlich. Dabei reagieren aber nicht alle breitblättrigen Pflanzen gleich. Die Ursache dafür dürfte nicht nur in der verschieden hohen Aufnahme und im unterschiedlichen Transport der Präparate begründet sein, sondern auch in ihrem verschieden schnellen Abbau durch die Pflanze.

Dichlorphenoxyessigsäure greift in das Auxin-Cytokiningleichgewicht der Pflanze störend ein, verhindert auch eine Nucleinsäure-Synthese. Die tieferen Ursachen der herbiziden Wirkung sind jedoch noch nicht klar.

Von der vorzüglichen Selektivität macht man z. B. Gebrauch bei der Anwendung im Getreide sowie auf Weideflächen. Äußerlich erkennbare Merkmale einer wuchsstoffherbiziden Wirkung sind Verdickung, Verkrümmung und teilweises Aufplatzen der Stengel und außerdem eine Luftwurzelbildung. 2, 4-D bewirkt in den betroffenen Pflanzen eine erhöhte Wasseraufnahme, bzw. Wasserzurückhaltung in den Zellen, ähnlich wie bei der ß-Indolylessigsäure. Während aber die Pflanze in der Lage ist, durch ein pflanzeneigenes Regulationssystem ß-Indolylessigsäure oxidativ abzubauen, versagt diese Regulierung beim 2, 4-D weitestgehend. Die Folge der 2, 4-D-Behandlung ist somit eine Störung des Wasserhaushalts der Pflanze. Es kommt nun zur Zellstreckung und -dehnung, erkennbar an den Verkrümmungen und Verdickungen der Pflanzenstengel[83].

Als Folge der unterschiedlichen Empfindlichkeit selbst unter breitblättrigen Pflanzen nehmen im Laufe der Anwendung über mehrere Jahre widerstandsfähigere Unkräuter, wie Kamille (Matricaria sp. und Anthemis), Labkraut (Galium sp.), Hohlzahn (Galeopsis sp.), z. T. auch Ehrenpreis (Veronica) und Vogelmiere (Stellaria media), stark überhand und erfordern zusätzlich Herbizide mit einem anderen Wirkungsspektrum. Aus diesem Grunde sucht die Forschung immer wieder nach neuen Wirkstoffen gegen widerstandsfähigere Unkräuter.

Chlorierte Phenoxyessigsäure-Derivate dienen auch als Entblätterungsmittel. Auch zur Bekämpfung der Brutstätten der Tsetsefliegen werden diese Verbindungen eingesetzt.

Die meisten Entblätterungsmittel[84] dürften ihre Wirkung über das pflanzeneigene "Hormon" Äthylen[85] entfalten. Eine Erhöhung einer Äthylen-Produktion wirkt sich auf den Blattabwurf aus[86].

Die sehr umfangreiche Literatur über 2, 4-D und verwandte Verbindungen hinsichtlich der wachstumsregulierenden, herbiziden und physikalischen Eigenschaften ist in einigen zusammenfassenden Arbeiten niedergelegt, worauf hier verwiesen sei[118, 137-141].

Über den Abbau von 2, 4-D und ähnlichen Verbindungen gibt es ebenfalls umfangreiche Literatur[275] die immer noch anwächst. Der Abbau ist in verschiedenen Pflanzenarten etwas unterschiedlich. Zum Teil wird die Seitenkette bis zum Phenol abgebaut. Im Kern wird hydroxiliert, meist aber nur bei freier 4-Stellung. Die entstandenen Phenole werden mit Zuckern gepaart aber auch zu Dicarbonsäuren aufgespalten. Besonders bemerkenswert ist eine ältere jetzt erneut bestätigte Beobachtung, daß z. B. in Bohnen Halogen aus der 4-Stellung in die 3-Stellung umwechselt. So kann 4-Hydroxy-2, 3-dichlorphenoxyessigsäure entstehen[271].

Phenoxyessigsäuren werden aus entsprechenden Phenol-alkalisalzen und Chloressigsäure oder den Chloressigsäureestern meist in wäßriger oder alkoholischer Lösung dargestellt. Aus der fast unübersehbaren Zahl an Derivaten von 2, 4-D, den Salzen, Estern und Amiden, seien noch einige Verbindungen mit spezieller herbizider Wirkung angeführt, bei denen auch die Alkohol- oder Aminkomponente eine herbizide Wirkung aufweist (Dichlorphenyl-Rest = R):

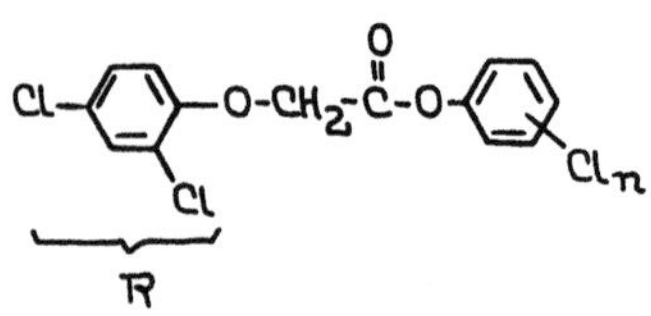
87

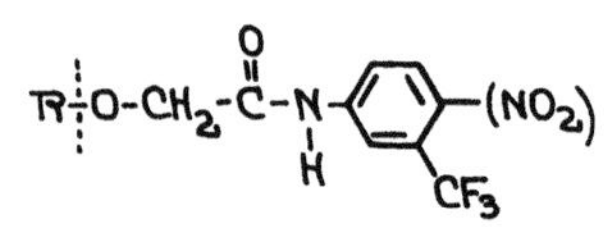
88

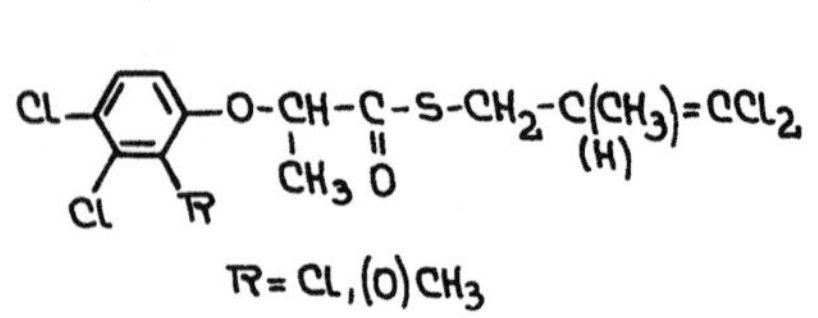

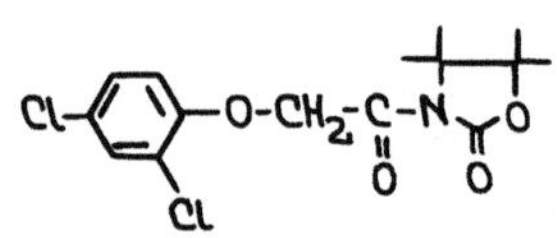
90, 91

Andere 2, 4-D-Ester haben als Alkoholkomponente eine Verbindung, die oxidativ in 2, 4-D oder ähnlichen Substanzen abbaubar ist[190].

Auffallend ist, daß der 2, 4-Dichlorphenoxy-essigsäureester des Acetonoxims und anderer Oxime aliphatischer Ketone auch gegen einige Ungräser wirksam sind.

So werden z. B. Hirsearten bekämpfbar[197, 266].

Als Pflanzenwuchsregulator und Herbizid kam in den Handel:

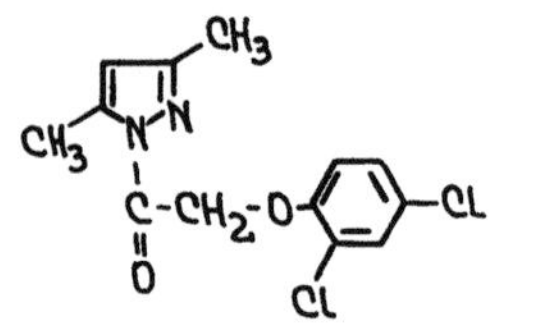

1-(2, 4-Dichlorphenoxyacetyl)-3, 5-dimethyl-pyrazol
Handelsname: Tomacon®, TG-427
(Takeda Chem. Ind.) 1962

Patente[177]. Literatur[178].

Offensichtlich zeigt Tomacon® nicht die Eigenschaften des zugrunde liegenden 2, 4-D. Als Herbizid in Anwendung sind Mischungen von Tomacon mit Dinitroalkylphenolen.

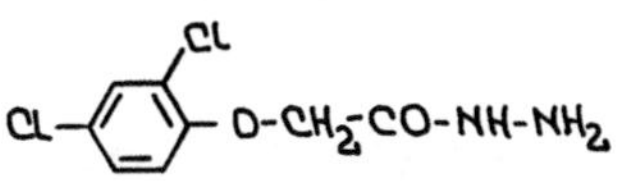

Versuchsprodukt: OK-6621
(Otsuka Chem. Co.) 1975
Gräserherbizid

Literatur[287].

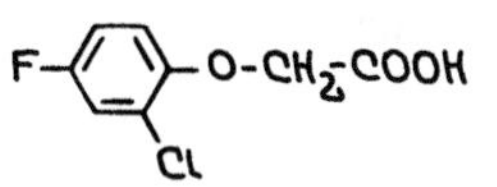

2-Chlor-4-fluor-phenoxyessigsäure bzw. ihr Butylester
Common name: 2-Cl-4-FPA
Versuchsprodukt. Aufgegeben.
(A. R. C. Weed Research Organisation, Oxford)

Patente[92, 93]. Literatur[94].

3, 4-Dichlorphenoxyessigsäure (=3, 4-D) wird nur in geringem Maße benutzt.

Als wichtigstes Ergebnis der Untersuchung vieler Verbindungen aus der Phenoxyessigsäure-Reihe sei betont, daß eine Substitution am Phenylrest durch Cl oder $CH_3$ in 2- oder 4-Stellung für die phytotoxische Wirkung entscheidend ist: 3, 5-Dichlor-phenoxyessigsäure-Derivate z. B. sind nur wenig herbizid aktiv. Die Bromverbindungen sind gut, aber schwächer als die Chlorderivate.

3, 5-Dichlorphenoxyessigsäure ist als Wuchshemmer beschrieben[227].

Die Austauschbarkeit eines Chlors gegen Methyl (in der wesentlichen ortho-Stellung) zeigen das MCP und das CMPP.

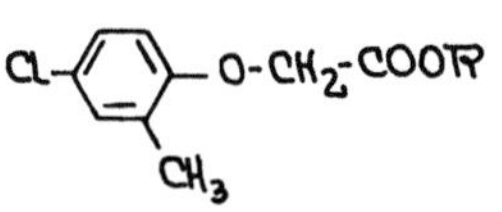

R = H, Na, $NH_4$, $NH_3$-Alkyl, Alkylreste usw.

4-Chlor-2-methylphenoxyessigsäure
Common name: MCPA
Handelsname: Agroxone®, Methoxone® (ICI) 1945
Rhomene®, Rhonox® (Diamond USA)
Chiptox® (Chipman USA)

$LD_{50}$: (R = H: 700 mg/kg Ratte p.o. akut). Wasserlöslichkeit: 825 ppm. Verschiedene Salze sind in Wasser leicht löslich. Wirkungsweise: Blattherbizid mit systemischer Wirkung und geringer Wirkung als Bodenherbizid. Anwendungsweise: Post-emergence. Anwendungsgebiet: Getreide, Lein, Zuckerrohr, Grünland. Anwendung als Salze, Ester und Amine ähnlich wie bei 2, 4-D. MCPA wurde in England 1942 aufgefunden und wird dort auch heute noch besonders umfangreich angewandt. Die Wirkungsweise:ist ähnlich wie 2, 4-D, doch zeigen sich im Unkrautspektrum Unterschiede.
Patente[95, 96]. Literatur[11].

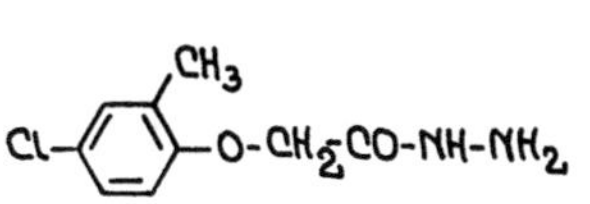

Versuchsprodukt: Mashipa®, MCP-hydrazid, Dainippon Ink. 1975
Reisherbizid gegen Gräser.

Patente[282]. Literatur[283].

Die naheliegende Veresterung von 2-Methyl-4-chlor-phenoxyessigsäure mit Äthanthiol ist in einem Versuchsprodukt verwirklicht.

Commonname-Vorschlag: Phenothiol. Produktname: O-One® und HOK-7501. Das Versuchsprodukt hat aber bis jetzt noch zu keiner praktischen Verwendung geführt.

Der isomere Ester aus 2-Methyl-4-chlor-phenoxythioessigsäure und Äthanol scheint mehr Aussicht zu haben Handelsprodukt zu werden.

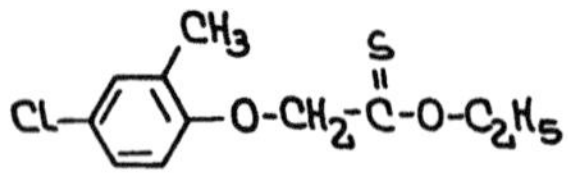

Water O-One®, HOK-7031

Patente[213]. Literatur[214, 247].

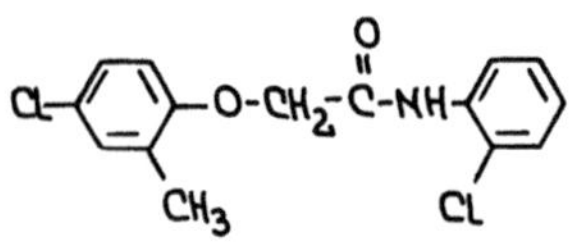

In jüngster Zeit dient diese Verbindung in Japan als selektives Wasser- und Reisherbizid mit geringer Fischgiftigkeit[97].

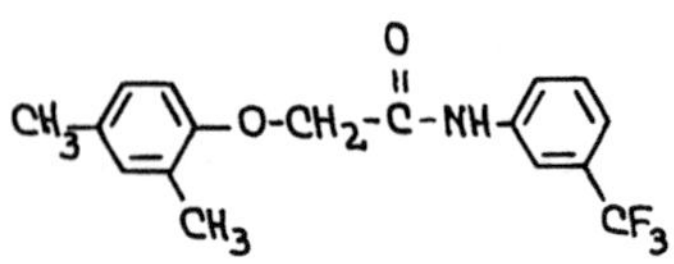

M·C P F A
(Daikin Kogyo Japan)
1975

Patente[278].

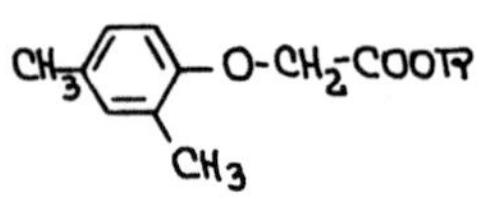

ist ein kräftiges Herbizid.

ist weniger herbizid, aber noch gut wirksam

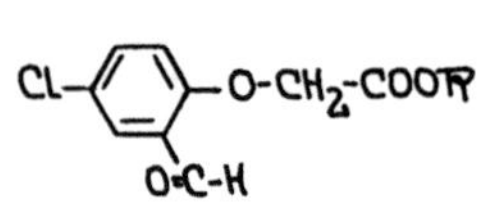

98, 99

Phenthioessigsäure-thioamide und thioester[136].

Daß Derivate der Dichlorphenoxyessigsäure und der 2-Methyl-4-chlorphenoxyessigsäure besonders Amide eine vorwiegende Wirksamkeit gegen Gräser und weniger gegen Unkräuter aufweisen zeigt auch ein Patent aus dem Jahre 1976 [293].

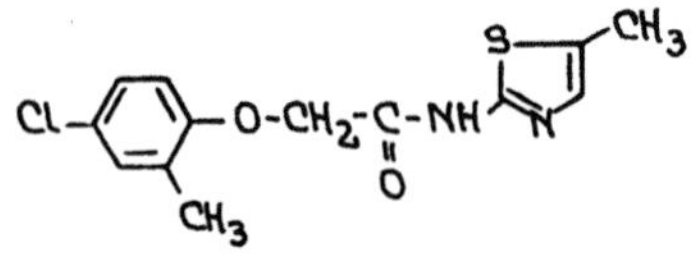

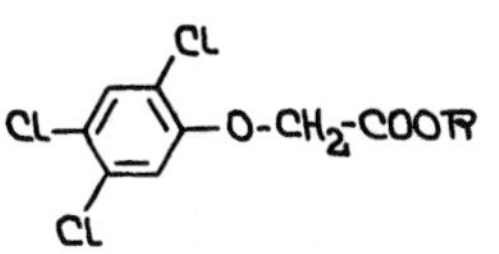

2, 4, 5-Trichlor-phenoxyessigsäure
Common name: 2, 4, 5-Triphenac
Handelsname: Weedar T®,
Weedone Spezial®, Weedone-2, 4, 5-T®
(Amchem Products)

R = H (Na, Alkyl, Amine)

$LD_{50}$: (300-800) mg/kg Ratte p.o. akut; 100 mg/kg Hund p.o. akut. Wasserlöslichkeit::(R = H) 278 ppm bei 25°C. Wirkungsweise: Blattherbizid mit systemischer Wirkung. Anwendungsweise: Post-emergence. Anwendungsgebiet: Die Wirkung von 2, 4, 5-T ist ähnlich wie die von 2, 4-D, doch ist die Verbindung auch wirksam gegen holzige Unkräuter (Sträucher und Bäume).
Darstellungspatent[100]. Literatur[18, 84-86].

Kautschukpflanzen werden durch Anwendung entsprechender Entblätterungsmittel vorbeugend gegen den Befall durch die Blattfleckenkrankheit geschützt[84]. Die 2, 3, 4-Trichlorphenoxyessigsäure selbst wird in jüngerer Zeit für das sog. Ringeln der Weinreben erprobt[101].

Umweltgefährdung durch 2, 4, 5-T?

2, 4, 5-Trichlorphenoxyessigsäure wurde 1969 als schädlich für junge Kücken erkannt, wirkte im Futter der Muttertiere für die Nachkommen sogar tödlich. Bei näherer Untersuchung ergaben sich widersprechende Ergebnisse. Erst später erkannte man, daß die Giftwirkung[316] und die teratogenen Eigenschaften nicht der 2, 4, 5-Trichlorphenoxyessigsäure selbst zukommen, sondern einer Begleitsubstanz, dem Tetrachlor-dibenzo-p-dioxin (TCDBD) das in Mengen von 0, 1-30 ppm in 2, 4, 5-T vorkommt[233, 305, 306]. Hohe Gehalte an giftiger Begleitsubstanz waren in rohem 2, 4, 5-T enthalten, das im Vietnamkrieg zur Entlaubung von Unterholz und Bäumen verwendet wurde.

Über die Gefährdung von Tier und Mensch durch eine Anwendung von 2, 4, 5-T als Herbizid ist besonders in den USA ein jahrelanger heftiger Streit entstanden. Dieser wurde nicht zuletzt durch unsachliche und aufgebauschte Veröffentlichungen der Presse über Dauerschäden nach 2, 4, 5-T-Anwendung in Vietnam aufgeputscht. Ein Gremium internationaler Fachleute und Wissenschaftler hat die meisten dieser Nachrichten widerlegt und als unrichtig zurückgewiesen. Eingehende Untersuchungen in den USA haben zu der Feststellung geführt, daß selbst eine dauernde Anwendung von 2, 4, 5-T mit einem Gehalt von 0, 1 ppm TCDBD für die Umwelt keine feststellbare Gefährdung bedingen kann. Diese Entscheidung wurde im Juni 1974 getroffen. Näheres über die 2, 4, 5-T Saga siehe Farm Chemical Augustheft S. 20 (1974).

Die FAO fordert jetzt für 2, 4, 5-T einen Höchstgehalt an Tetrachlor-p-dibenzdioxin von nur 0, 1 ppm. In den meisten Handelsprodukten liegt er aber heute (1976) deutlich niedriger u. war bei den deutschen Handelsprodukten seit vielen Jahren schon nahe dieser Größenordnung.

Die Diskussion über eine mögliche wenn auch geringe teratogene Wirkung selbst von reinem 2, 4, 5-T (0, 02 ppm "Dioxin") sind noch nicht abgeschlossen. Mehrere Prüfungen haben eine teratogene Wirkung allerdings hoher Dosen von 2, 4, 5-T an Mäusen bestätigt[289, 301, 302, 304]. Doch scheinen die positiven Ergebnisse nur für einen bestimmten Mäuse-stamm zuzutreffen. Ratten zeigten nach Verabreichung von 2, 4, 5-T (0, 08 ppm "Dioxin") keine teratogenen Schäden, selbst nicht bei Dosen von 100 mg/kg. Weibliche Rhesusaffen ergaben nach Fütterung in der kritischen Zeit ihrer Schwangerschaft mit bis zu 10 mg/kg 2, 4, 5-T mit <0, 05 ppm TCDBD keine Abnormitäten der Neugeborenen[303]. Da für eine Teratogenität heute meist ein no effect level anerkannt wird und dieser für 2, 4, 5-T um Größenordungen höher liegt als der selten vorkommende Gehalt an Lebensmitteln an 2, 4, 5-T, kommt das Deutsche Bundesgesundheitsamt zu der Schlußfolgerung, daß die Anwendung von 2, 4, 5-T keine Gefahr für den Menschen spez. für schwangere Frauen darstellt[289]. Trotzdem wurden in den USA unter dem Druck der Öffentlichkeit Einschränkungen in der Anwendung von 2, 4, 5-T ausgesprochen. Mutagenitätsteste mit männlichen Mäusen ergaben auch bei 50-100 mg/kg und zehnmaliger Verabreichung von 2, 4, 5-T mit 1, 1 ppm "Dioxin" keinen Hinweis auf eine Letalmutation bei darauffolgender Paarung mit unbehandelten Weibchen.

Die im 2, 4, 5-T vorkommende hoch toxische Begleitsubstanz wurde als Tetrachlor-dibenz-p-dioxin erkannt und auch synthetisiert[232].

In der Literatur entstanden über diese Verbindung zahlreiche Irrtümer durch die verschiedenartige Bezeichnungsweise. Nach alter "Beilstein" Bezeichnung ist die Verbindung zu benennen als 2, 3, 6, 7-Tetrachlor-dibenz-p-dioxin, nach Chem. Abstracts als 2, 3, 7, 8-Tetrachlor-dibenz-p-dioxin (heute die gebräuchlichste Bezeichnung), teilweise auch als 4, 5, 4', 5'-Tetrachlor-dibenz-p-dioxin. Abgekürzt: TCDD oder TCDBD.

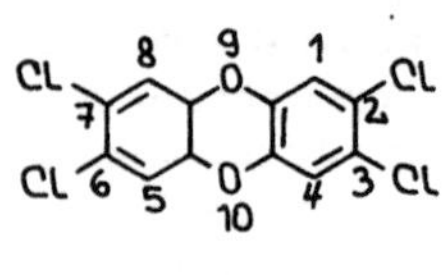

Beilstein und
Chem. Zentralblatt

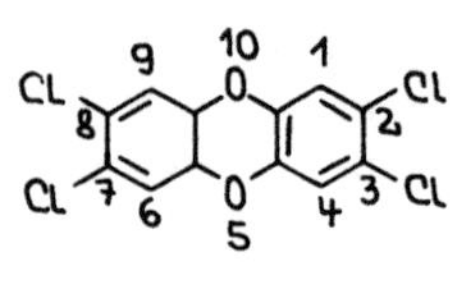

Chem. Abstr.

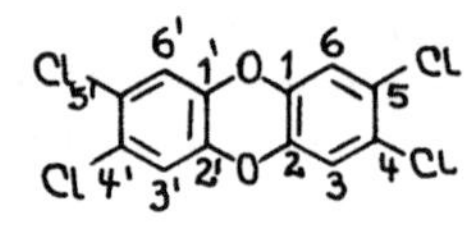

Da noch weitere isomere Tetrachlor-dibenz-p-dioxine existieren, ist immer sorgfältig zu prüfen, welche Nomenklatur herangezogen worden ist. (Meist 2, 3, 7, 8-TCDBD oder TCDD).

2, 3, 7, 8-Tetrachlor-dibenz-p-dioxin ist hoch toxisch.

$LD_{50}$: 0, 0006 mg/kg p.o. akut, männliche Meerschweinchen, aber 0, 022 mg/kg männl. Ratte, 0, 045 mg/kg weibl. Ratte und 0, 115 mg/kg Kaninchen. 0, 1 mg/kg Hunde. Männliche Tiere scheinen empfindlicher zu sein. Die Resultate sind aber uneinheitlich. Sehr starke Fischgiftigkeit[314]. Andere Dibenzdioxime sind weniger giftig. 2, 7-DCDBD ist ganz ungiftig.

Die zuerst festgestellten und feststellbaren Krankheitssymptome bestehen in nachfolgender Chloracne, doch hatte man schon bei dem ersten größeren Unfall auch Spätschäden mit Todesfolge festgestellt[300, 309]. Geschädigt wird in erster Linie die Leber (Ratten) in der die Verbindung auch angereichert und gespeichert wird. Die Verweildauer beträgt 24-31 Tage (z.T. wurden 17 Tge. ± 7 angegeben). Anscheinend werden - wie man bei Versuchen mit Ratten aber auch bei anderen Tieren feststellte, die Enzymaktivitäten speziell die von aromatischen Kohlenwasserstoff-Hydroxylasen sehr stark erhöht[310] aber auch die γ-Amino-lavulinsäure-Synthetase wird erhöht[307, 313].

Möglicherweise führt die Vermehrung der Oxydasen durch Oxidation von aromatischen Kohlenwasserstoffen zu cancerogenen Umwandlungsprodukten[294, 307,311,312]. Die Folgen der Einnahme von subletalen Dosen TCDBD wobei direkt keine Krankheitssymptome feststellbar sind, scheinen doch tiefer greifender Natur zu sein. So wurde eine stark verminderte Abwehrkraft gegen bakterielle Infektionen festgestellt.

Beachtenswert an TCDBD ist die hohe Persistenz im Boden, aber auch die rasche Zerstörung durch UV-Licht. Die Behauptung, daß sich TCDBD im Boden anreichert, wenn Felder jahrelang mit 2, 4, 5-T behandelt werden, wurde widerlegt[295]. Aber auch hier gibt es gegenteilige Feststellungen[297]. Offensichtlich sind Bodenbeschaffenheit, Mikroorganismen u. vor allem Gehalt von 2, 4, 5-T an TCDBD von Einfluß.

Eine Übersicht über die Probleme mit "Dioxin" und "Dioxin" enthaltenden Herbiziden und Fungiziden aus dem Jahre 1974[260] siehe Buch: E.H. Blair (1973)[211] und L. Fischbein.

Die Literatur über Nachweise von Polychlordibenz-p-dioxine und ihre Giftwirkung ist aber weiterhin sehr umfangreich. Letzte zusammenfassende Arbeiten aus dem Jahr 1976[296, 317].

Das Tetrachlor-dibenz-p-dioxin verdankt seine Entstehung einer Nebenreaktion bei der Herstellung von 2, 4, 5-Trichlorphenol aus 1, 2, 4, 5-Tetrachlorbenzol[231-233,235].

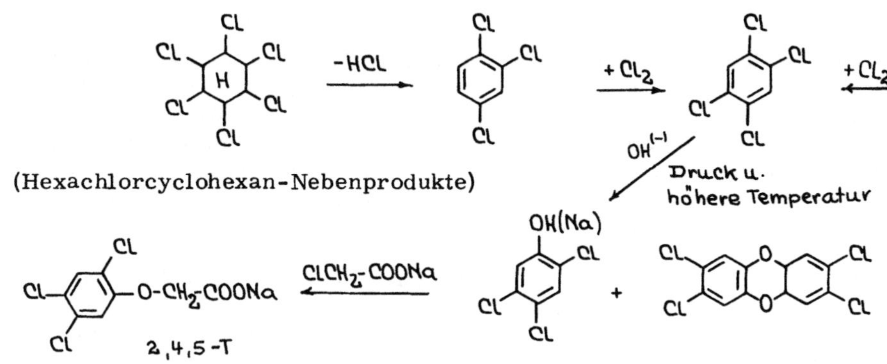


Zu hohe Reaktionstemperatur führt zu vermehrter TCDBD-Bildung. Empfehlenswert ist die Anwendung einer wäßrigen Lösung, ev. unter Zusatz eines organischen Lösungsmittels mit nicht zu hohen Siedepunkt und kontinuierlicher Herstellung. Aus der wäßrigen Reaktionslösung kann TCDBD mittels geeigneten Lösungsmitteln entfernt werden. Auch schon eine Destillation des 2, 4, 5-Trichlorphenols führt zu weitgehender Befreiung von TCDBD. Kleinste Mengen dieser Begleitsubstanz werden aber in Folgeprozesse wie z. B. die Darstellung von 2, 4, 5-T mitgeschleppt. Die wäßrige Salzlösung kann zur Reinigung der Endprodukte mit Lösungsmitteln für TCDBD behandelt werden. Alle TCDBD enthaltenden Abwässer oder Lösungsmittel werden in der Industrie einer sorgfältigen Verbrennung unterzogen.

Auf die Gefahr der Entstehung von TCDBD bei der Herstellung von 2, 4, 5-Trichlorphenol bei zu hoher Reaktionstemperatur wurde erstmals nach einer Explosion in der BASF (1953) ausführlich hingewiesen[300]. Die sehr viel folgenschwerere Explosion in Seveso in Oberitalien (Juli 1976) unterstreicht die Gefahr besonders[318].

Über die Sicherheit der geringsten Beimengungen, die ein nach modernen Verfahren hergestelltes 2, 4, 5-T bietet, liegt ein umfangreiches Tatsachenmaterial und Literatur vor[240]. Die Nachweismethoden für Tetrachlor-dibenzdioxin sind verfeinert und gesichert siehe[237-239]. Außer den schon genannten Veröffentlichungen über die giftige Beimengung[232] gibt es selbst ein Patent und eine Veröffentlichung[274] zur Darstellung der verschiedenen Polychlor-dibenzdioxine[236] sodaß eine toxikologische Weiterforschung erleichtert ist.

Die Darstellung geschieht z. B. aus 2, 4, 5-Trichlorphenol unter Zusatz von 1/2Mol Kaliumcarbonat und Erhitzen auf 240-250° wobei geringe Mengen Kupfer katalytisch wirken. Auch bei der Pyrolyse von 2, 4, 5-T bei hoher Temperatur sollen geringe Mengen Tetrachlor-dibenzdioxin entstehen.

Die Entstehung der Polychlordibenz-dioxine entsprechend dem weiter oben schon angeführten Reaktionsschema verläuft aber komplizierter und mindestens teilweise über eine Smiles-Umlagerung[318] mit Platzwechsel der Substituenten, weshalb oft verschiedene früher nicht erwartete Isomere entstehen[296]. Offensichtlich bilden sich nebenbei auch noch Polychlor-dibenzofuranderivate. Ihre Menge ist noch sehr viel geringer als die der Dioxine. Ihre Giftigkeit ist aber ebenfalls sehr hoch, wenngleich deutlich geringer als die des TCDBD. Die Benzofuranderivate wurden wie TCDBD ebenfalls in höher chlorierten Phenolen, spez. Pentachlorphenol festgestellt[298]. Merkwürdigerweise sollen sie auch in polychlorierten Diphenylen vorkommen.

Die Erkenntnis eines Reaktionsmechanismus mit einer Smiles-Umlagerung bei der "Dioxin"-Entstehung führte in jüngster Zeit zur Ausarbeitung neuer spezifischer Methoden für die Darstellung von reinem 2, 3, 6, 7-TCDBD (2, 3, 7, 8- nach CA-Bezifferung) und der Isomeren. Man geht dabei von chloriertem Brenzcatechin aus u. setzt diese Verbindung mit Nitrochlorbenzolen um, wobei das besonders reaktionsfähige Chlor schon bei Temperaturen in Reaktion tritt die eine Smilesumlagerung ausschließen[296]. Über die weitere Umsetzung siehe[296].

---

Einige Verbindungen, die in der Pflanze oder im Boden oxidativ in Phenoxyessigsäure übergehen können, haben längere Zeit wissenschafliches, z. T. auch praktisches Interesse gefunden, weil sie eine entsprechende spezielle Anwendung gestatten. Dichlorphenoxyäthanolester s. unter Alkoholen.

2,6-Dichlor oder Dialkyl-phenoxyessigsäuren, z. T. in 4-Stellung durch Alkyl oder $CF_3$ substituiert, wurden 1975 als kräftige Wachstumsregulatoren ohne nennenswerte herbizide Wirkung bekannt[285].

Der in jüngster Zeit in verschiedenen Verbindungsklassen mit Erfolg vorgenommene Austausch eines Halogens durch die Azidogruppe führte auch in der Phenoxyessigsäure-reihe zu auxinaktiven Verbindungen. 4-Azido-2-chlor-phenoxyessigsäure erwies sich als wirksam nicht aber die 3-Azido-5-chlor-phenoxyessigsäure[286].

$\alpha$-Phenoxypropionsäuren

Nicht nur chlorierte oder methylierte Phenoxyessigsäuren sind sehr kräftige Herbizide von durchweg Wuchsstoffcharakter, sondern in gleicher Weise auch die entsprechenden $\alpha$-Phenoxypropionsäuren. Dabei ist nur die D(+)-Form aktiv, nicht aber der optische Antipode[19-21, 102].

Die α-Phenoxypropionsäuren zeigen gegenüber den entsprechenden Phenoxyessigsäuren ein verändertes Wirkungsspektrum. Man hat Grund zur Annahme, daß Phenoxyessigsäuren unter anderem durch Decarboxylierung unwirksam werden. Eine Methylierung in der α-Stellung verhindert diese Decarboxylierung in der Pflanze, wobei die Reaktion jeweils pflanzenspezifisch ist[104]; einige Unkräuter, die von den entsprechenden Phenoxyessigsäuren wenig angegriffen werden, erleiden durch die α-Phenoxypropionsäuren Schädigungen (z. B. Galium aparine = Klettenlabkraut)[104-106].

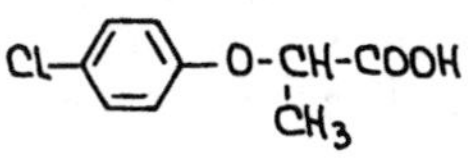

2-(4-Chlorphenoxy)-propionsäure
Common name: 2-(4-CPP)

Anwendung als Alkalisalz oder Ester niederer Alkohole. Wirkungsweise: Blattherbizid mit systemischer Wirkung. Anwendungsweise: Post-emergence. Anwendungsgebiet: Von keiner großen Bedeutung.
Patente[107-109]. Ester[108, 109]. Literatur[103].

Bei zusätzlicher 2-Chlor-Substitution im Benzolring erhält man:

2-(2, 4-Dichlorphenoxy)-propionsäure

Common name: Dichlorprop, 2-(2, 4-DP), 2, 4-DP
Handelsname: Cornox RK®
(Boots Pure Drug Co.) (Diamond) 1961

Anwendung als Alkali- und Aminsalz sowie als Ester.
LD50: 800 mg/kg Ratte p.o. akut. Wasserlöslichkeit: 710 ppm bei 28° C. Wirkungsweise: Blattherbizid mit Wuchsstoffwirkung. Anwendungsweise: Post-emergence. Anwendungsgebiet: Spezielle Wirkung gegen Knöterich, Labkraut und Vogelmiere.

Sonst ähnliche Indikationen wie 2, 4-D.
Patente[107, 110]. Literatur[113, 114].

Bei anderen Produkten steht in 2-Stellung eine Aldehydgruppe[111, 112].

Die 2-(3, 4-Dichlorphenoxy)-propionsäure ist als 3, 4-DP in geringem Maß in Anwendung, aber ohne praktisches Interesse.
Wirkungsweise: Blattherbizid mit Wuchsstoffwirkung. Anwendungsweise: Post-emergence.
Patente (Aminsalze)[115]. Literatur[116, 117].

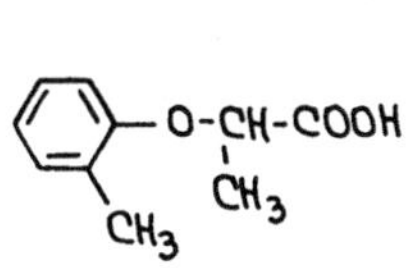

1971 von der Boots Pure Drug als Versuchsherbizid bekannt geworden.
LD50: 2100 mg/kg Ratte

2-(2-Methyl-4-chlorphenoxy)-propionsäure
Common name: CMPP, Mecoprop, MCPP
Handelsname: Isocornox®, Vipex® (Boots Pure Drug Co.) 1956
Vipar® (Vineland USA)

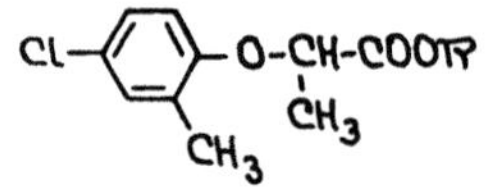


R = H(Na, Alkyl, $NH(CH_2CH_2OH)_2$

$LD_{50}$: 650 mg/kg Maus p.o. akut. 930 mg/kg Ratte p.o. akut. $LC_{50}$: 560 mg/L 96 Std. Harlequin-Fisch. Wasserlöslichkeit: (R = H) 620 ppm bei 20°C. Wirkungsweise: Blattherbizid mit systemischer Wirkung, geringe Wirkung als Bodenherbizid. Anwendungsweise: Post-emergence. Anwendungsgebiet: Speziell wirksam gegen Labkraut und Vogelmiere, selektiv in Getreide.
Patente[107] (s. Dichlorprop). Literatur[11, 118, 119].

2-(4-Chlor-2-methylphenoxy)-propionanilid
Versuchsprodukt
U-22326
(Union Carbide Chemical Co.)

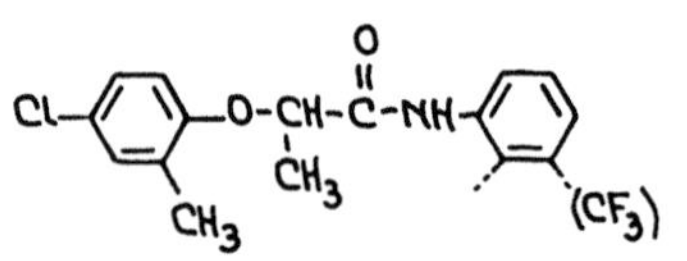


Anwendungsweise: Pre-emergence. Anwendungsgebiet: Bekämpfung von breitblättrigen Unkräutern und einjährigen Gräsern in Sojabohnen. Der Angriff auf Gräser dürfte auf der Acylanilidgruppierung beruhen. Ein Anilid mit $CF_3$ im Anilinrest in m-Stellung gab die Daikin bekannt[276].
Patente[120]. Literatur[121].

2-(2, 4, 5-Trichlorphenoxy)-propionsäure
Common name: Fenoprop
2, 4, 5-TP
Handelsname: Silvex®
(Dow Chemical Co.) 1953

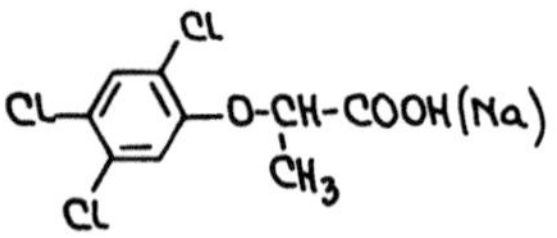


$LD_{50}$: 600 (650-1070) mg/kg Ratte p.o. akut. Der Butylglykolester zeigt eine $LD_{50}$ von 500-1000 mg/kg Ratte p.o. akut. Einige Ester sind starke Fischgifte (<1ppm). Wasserlöslichkeit: 14 mg/100 ml bei 25°C. Wirkungsweise: Blattherbizid mit systemischer Wirkung. Lange Wirkungsdauer. Anwendungsweise: Post-emergence. Anwendungsgebiet: Auch gegen holzige Unkräuter wirksam.
Patente[107, 122]. Literatur[123].

Besonders auffallend ist, daß einige α-Phenoxypropionsäure-phenylhydrazide, ganz im Gegensatz zu den freien Säuren, ihren Salzen und Estern, speziell gegen Gräser herbizid wirksam sein sollen. Hier ist die herbizide Wirkung offensichtlich dem Gesamtmolekül eigen[124].

Die schon mehrmals erwähnte Eigenschaft, daß einige 2, 4-Dichlorphenoxy-essigsäure-derivate wie Acetonoximester oder Hydrazide auch gegen bestimmte Gräser wirksam sind, scheint bei substituierten Phenyläthern der Phenoxy-propionsäure noch mehr in Erscheinung zu treten wie ein Patent der Hoechst AG zeigt[272].

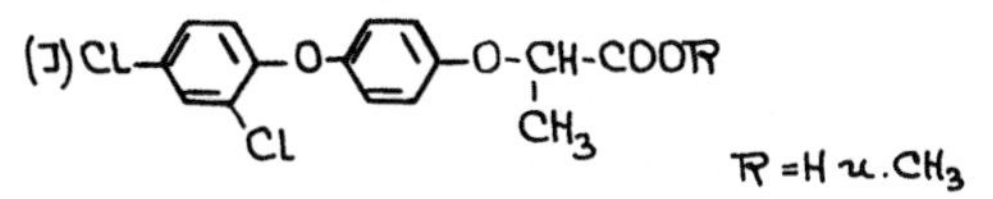

Common name: Diclofop-methyl
HOE-23408 (Hoechst AG) 1975
Illoxan®

LD50: 580 mg/kg männl. Ratte p.o. akut.

Verbindungen dieser Art zeigen gute Gräserwirkung im pre- und post-emergence-Verfahren bei nur geringem Angriff auf breitblättrige Pflanzen. Die Wirkung gegen Gräser, auch Flughafer sowie Windhalm ist aber nicht allgemein wie eine Anwendungsangabe zum selektiven Einsatz in Reis und Weizen zeigt. Toleriert werden diese Verbindungen auch von Bohnen, Rüben, Sojabohnen, Tomaten.

Ein zweites Versuchsherbizid der Hoechst AG entstammt dem gleichen Patent[272].

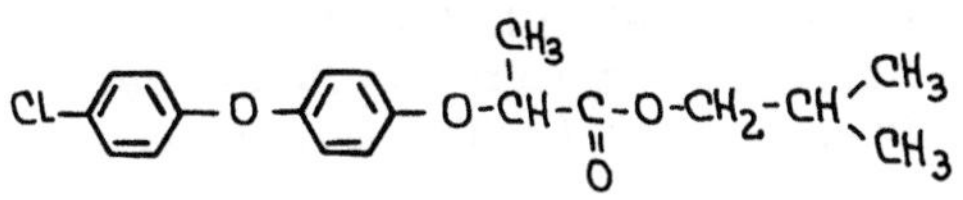

Common name: Clofop-isobuiyl
HOE 22870 (Hoechst AG) 1975

LD50: 1208 bzw. 1345 mg/kg Ratte p.o. akut. Pre- und bes. post-emergence Anwendung gegen Ungräser, auch Ackerfuchsschwanz. Selektiv in Zucker- und Futterrüben, Ackerbohnen, Sojabohnen, Raps, Kohl, Kartoffel und in Getreide. Literatur[284].

Die Gräserwirksamkeit der beiden zuvor erwähnten Verbindungen könnte auf eine Wirksamkeit ähnlich der von Diphenyläthern hinweisen, doch fehlt die für Diphenyläther fast ausnahmslos notwendige Nitro-gruppe in 4-Stellung. Die Tatsache, daß auch ganz andersartige Phenoxyessigsäure-derivate wie die Phenyl-hydrazide Gräserwirkung aufweisen, zwingt ebenfalls nicht zu einer Wirkungsweise über die Diphenyläther-struktur.

Wohl ausgehend von Diphenyläthern hat auch eine andere Forschungsgruppe ähnliche herbizid wirksame Verbindungen aufgefunden u. patentiert[291]. Ein Versuchsprodukt ist in Prüfung.

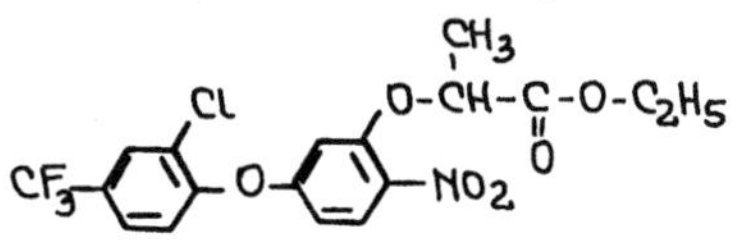

RH-5205
Rohm und Haas (1976)

Pre- und post-emergence wirksam gegen Gräser.

$\gamma$-Phenoxybuttersäuren

Während ß-Phenoxypropionsäure bzw. die entsprechenden 2,4-Dichlor-derivate wenig herbizid wirksam sind, zeigt die $\gamma$-Phenoxybuttersäure wieder kräftige herbizide Potenz. Nach aller Erfahrung sind nur Säuren mit einer geraden Zahl von Kohlenstoffatomen - ab Sauerstoff einschließlich Carboxylgruppe gezählt - gute Herbizide. Diese Wirksamkeit wird mit einer ß-Oxidation in der Pflanze erklärt, wodurch Phenoxyessigsäuren entstehen[125-127]. Damit steht in Übereinstimmung die fehlende Wirkung der γ-Phenoxybuttersäure auf Pflanzen ohne ein Enzymsystem mit ß-Oxidationswirkung[128], z. B. Sellerie, Karotten und Leguminosen.

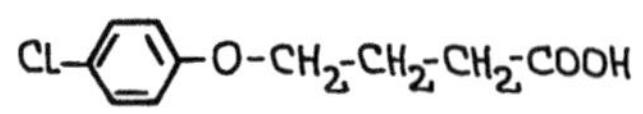

4-(4-Chlorphenoxy)-buttersäure
Common name: 4-(4-CPB)

Anwendung als Alkali- und Aminsalze sowie Ester niederer Alkohole. Wirkungsweise: Blattherbizid mit systemischer Wirkung. Anwendungsweise: Post-emergence. Anwendungsgebiet: Grünland zur Schonung der Leguminosen, Luzerne. Patente[129, 130].

Trägt die Verbindung zusätzlich in 2-Stellung Chlor, so erhält man die

4-(2, 4-Dichlorphenoxy)-buttersäure

(Na, Alkyl usw. Dimethylaminsalz)

Common name: 2, 4-DB oder 4-(2, 4-DB)
Handelsname: Embutox®
(May and Baker Ltd.) 1957
Butyrac® (Amchem Products, Inc.)
Butoxone SB® (Rodia, Chipman)

LD50: 700 mg/kg weibl. Ratte p.o. akut; 1500 mg/kg männl. Ratte p.o. akut. LC50: 4 mg/L 96 Std. Regenbogen-Forelle. Wirkungsweise: Blattherbizid mit systemischer Wirkung. Anwendungsweise: Post-emergence. Anwendungsgebiet: Grünland zur Schonung der Leguminosen, Luzerne. Gegen Spitzklette in Sojabohnen[191]. Abbau durch ß-Oxidation. Darstellung: Aus 2, 4-Dichlorphenolnatrium und γ-Butyrolacton.
Patente[129, 130]. Literatur[128].

Die 3, 4-Dichlorphenoxybuttersäure ist in geringer Anwendung als 4-(3, 4-DB).

Wichtiger ist

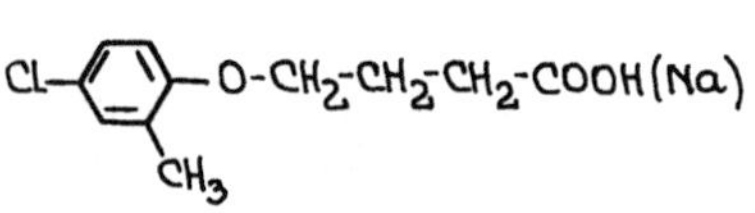

4-(4-Chlor-2-methylphenoxy)-buttersäure
Common name: MCPB
Handelsname: Tropotox®
(May and Baker Ltd.) 1955
Thistrol® (Amchem)
Can-Trol® (Chipman)

LD50: 700 mg/kg Ratte p.o. akut. Wirkungsweise: Blattherbizid mit systemischer Wirkung. Anwendungsweise: Post-emergence. Anwendungsgebiet: Die Wirkung als Herbizid ist ähnlich wie die des MCPA. Letzteres soll durch ß-Oxidation von MCPB in der Pflanze entstehen. Da dieser ß-Oxidationsmechanismus nicht bei allen Pflanzenarten gleichermaßen ausgebildet ist (er fehlt bei Leguminosen, z. B. Erbsen), kann MCPB zur selektiven Unkrautbekämpfung in Klee und Erbsen eingesetzt werden, Getreide mit Klee-Einsaat, Grünland.
Patente[131-133]. Literatur[174, 175].

4-(2, 4, 5-Trichlorphenoxy)-buttersäure

Common name: 4-(2, 4, 5-TB)
2, 4, 5-TB

Wirkungsweise: Kontaktherbizid mit Wuchsstoffwirkung. Anwendungsweise: Post-emergence. Anwendungsgebiet: Gegen Dikotyledonen.
Patente[134]. Literatur[135].

Alle 2,4,5-Trichlorphenoxy-alkancarbonsäuren können Tetrachlor-dibenzdioxin enthalten.

Darstellung der Phenoxy-buttersäuren:

Phenoxyacrylsäuren

Chlorphenoxyacrylsäuren[142-146] sind vielfach als Herbizide bekanntgeworden. Nach japanischen Patente sollen derartige Verbindungen speziell auch gegen schmalblättrige Pflanzen wirksam sein[147,148].

ß-Phenoxyacrylsäure und ihre 2,4-Dichlor-substitutionsprodukte sind kräftige Verzögerer des Wurzelwachstums. Die trans-Isomeren der 2- bzw. 2,4-(Di)-Chlorphenoxyacrylsäure sind 100x wirksamer als die cis-Verbindungen[249]. Außerdem ist bei den trans-Verbindungen eine Selektivität im Reis gegen Hühnerhirse zu verzeichnen[258].

Trans-2,4-Dichlorphenoxy-acrylsäure-äthylester ist ein Versuchsprodukt der Sumitomo Japan (1970) spez. gegen Hühnerhirse im Reis.
Patente[147]. Literatur[212,249,258] siehe auch[147,148].

Naphthoxyessigsäuren

Aus dieser Reihe waren zuerst die ß-Naphthoxyessigsäure-Derivate in praktischer Anwendung[149].

ß-Naphthoxyessigsäure ist ein Handelsprodukt der Schering: Matritox®, Kamillenmittel-Schering®, Schering M-36 (1963). Vielfach in Kombinationen z. B. mit MCPA angewandt. $LD_{50}$: 2800 mg/kg Ratte p.o. akut.
Patente[257]. Literatur[210].

2-(2-Naphthoxypropionsäure)-anilid ist ein Versuchsprodukt der Mitsui Toatsu (1971) und bekämpft breitblättrige Unkräuter. Name: MT-101.

Erst in jüngerer Zeit sind auch die weniger wirksamen, aber vielleicht selektiveren α-Naphthoxyessigsäure-Derivate patentiert worden, speziell die Amide[151,152].

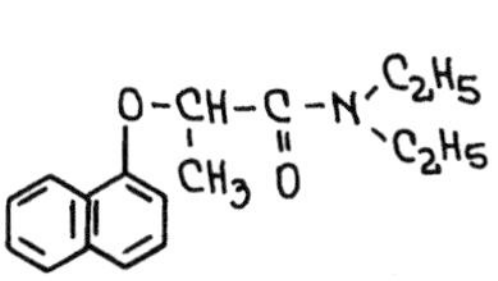


N,N-Diäthyl-2-(α-naphthoxy)-propionamid
Common name: Napropamid
Handelsname: Devrinol®, Ura-15620, R-7465
(Stauffer Chem. Co.) und
(Urania GmbH) 1971

$LD_{50}$: 5000 mg/kg Ratte p.o. akut. Wasserlöslichkeit: 70 ppm bei 20°C. Bodenherbizid. Wirksam gegen einjährige Gräser und Unkräuter bei pre-sowing und pre-emergence Anwendung. Selektiv in Tomaten, Erdnüssen, Tabak, Kartoffeln, Pefferbes. Raps, Kohl, Erbsen, Gurken. Ferner selektiv wirksam im Weinbau bei Bananen und Kaffee, Citrus, Aprikosen, Kirschen. Vielfach in Kombination mit Thiocarbamaten.

Bemerkenswert ist die Wirksamkeit gegen Kamille, Klettenlabkraut und Knöterich. Ferner gegen Flughafer, Wildhirse und Ackerfuchsschwanz.

Zu beachten ist die lange Persistenz, über 7 Monate, u. U. Nachbauprobleme. Napropamid ist in optische Antipoden spaltbar und die D(-)-Form erwies sich als etwa achtmal so wirksam verglichen mit der L(+)-Form[292]. Patente[152, 198, 252, 253]. Literatur[183, 199].

Literatur über die Wuchsstoffwirkung verschiedener $\alpha$-Naphthoxyessigsäuren s.[150]. Auf andere Oxyessigsäuren, bei denen Phenol selbst durch höhere Phenole oder durch Thiophenol ersetzt ist, sei nicht eingegangen, da sie nichts prinzipiell Neuartiges ergeben.

Arylamino-essigsäuren

Folgerichtig reihen sich an die Aryl-oxyessigsäuren die Aryl-aminoessigsäuren an. Sie werden im Nachfolgenden besprochen mit Ausnahme der 2, 6-Dinitro-phenylaminoessigsäuren und der 2, 6-Dialkyl-phenylaminoessigsäure. Letztere finden bei der großen Gruppe der herbizid wirksamen 2, 6-Dinitroaniline, letztere bei den ebenfalls zahlreichen 2, 6-Dialkylaniliden Erwähnung.

Lange Zeit hielt man Phenylamino-essigsäuren als herbizid nicht oder nur wenig wirksam. Die fehlende Wirksamkeit änderte sich mit der Acylierung der Phenylaminoessigsäuren. Rasch wurden hochwirksame Herbizide mit interessanter Selektivität gefunden.

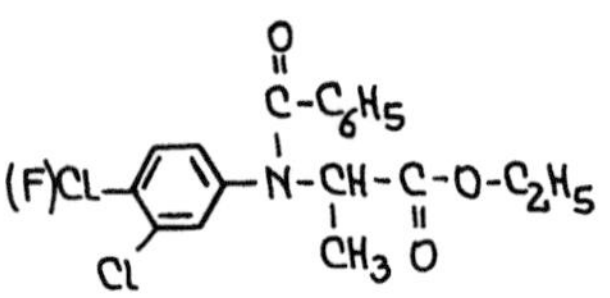

2-(N-Benzoyl-3, 4-dichlorphenylamino)-propionsäure-äthylester
Common name: Benzoylpropethyl
Handelsname: Suffix®, WL-17731 und SD-30035 (USA)
(Shell Chem. USA und Engl.) 1969/70

LD50: 1555 mg/kg Ratte p. o. akut; 716 mg/kg Maus. Wasserlöslichkeit: 10 ppm bei 20°. Post-emergence Anwendung. Aufnahme durch die Blätter und Transport in der Pflanze. Verhindert die Zellstreckung. Selektiv gegen Flughafer in Weizen, Bohnen und Zuckerrüben sowie Raps. Patente[192, 193, 228, 254]. Literatur[195, 208].

2-(-N-Benzoyl-3-chlor-4-fluorphenylamino)-propionsäure-äthylester

Vorgeschlagener Common name: Fluophenprop
Versuchsherbizid: Barnon®, WL-29762 (Shell)

LD50: 3000 mg/kg Ratte p. o. akut. Die Fluorverbindung soll eine umfangreichere Selektivität aufweisen. Flughaferbekämpfung in Weizen und Getreide. Patente[206, 254, 267]. Literatur[207, 238].

Der Methylester führt die Bezeichnung WL-29761, Common name: Flampropmethyl. Der Iso-propylester ist ebenfalls als Versuchsherbizid gegen Flughafer bekanntgeworden.
Vorgeschlagener common name: Flufenprop-isopropyl, Flamprop-isopropyl
Handelsname: Barnon® WL, WL-29762 (Shell) 1973/74
Patente[228]. Literatur[229].

Einen Übergang zu den heterocyclischen Oxyessigsäuren bilden Phenoxyessigsäuren mit anelliertem Heterocyclus. Diese Verbindungen haben nach 1970 einiges Interesse gefunden. Versuchsprodukte der N.V. Philips Duphar. DU 13594 = Dichlorverbindung Herbizid und Wuchsstoffregulator zur Fruchtablösung bei Citrus. DU 17623 = (Chlor-methyl-Verb.).

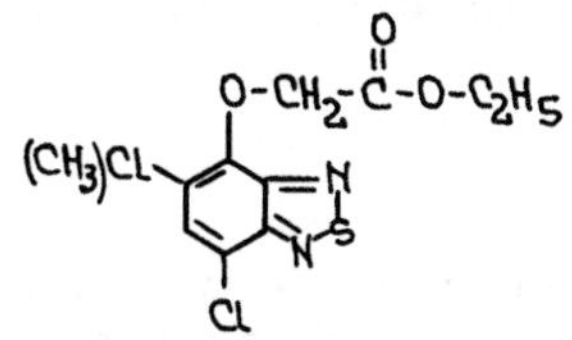

und

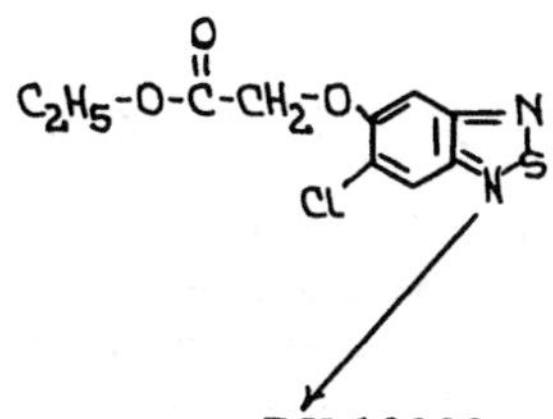

DU 16330

Patente[216]. Literatur[217].

Ähnliche Verbindungen z.B. das 5-Methyl-7-chlor-derivat siehe[217].

Heterocyclische Oxyessigsäuren

Zahlreiche Arbeiten befaßten sich schon sehr früh (1955) mit Konstitution und Wuchsstoffwirkung von heterocyclischen Oxyessigsäuren, z. B. der 2-Pyridoxyessigsäure und den Chlor-Substitutionsprodukten der Pyridin-Verbindungen[153,154]. Aus der Reihe des Pyridazins wurden zahlreiche Äthercarbsonsäuren als Herbizide patentiert (s. bei Maleinsäurehydrazid bzw. 6-Ring-Verbindungen mit 2 N).

Bis in die letzte Zeit werden immer wieder heterocyclische Oxy- oder Thio-essigsäuren als Pflanzenwuchsregulatoren mit herbizider Wirkung untersucht und patentiert[264]. Meist ist aber die herbizide Wirksamkeit verhältnismäßig gering. Benzthiazolyl-oxyessigsäuren[154] (1945).

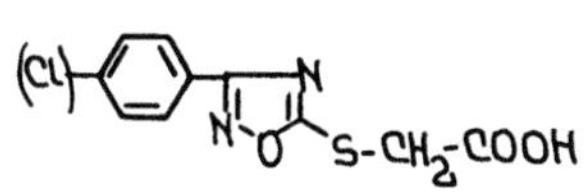

Versuchsprodukt
NC-9565 und NC-9634 (Fisons Pest Contr.)

3,5,6-Trichlor-2-pyridinyl-oxy-essigsäure

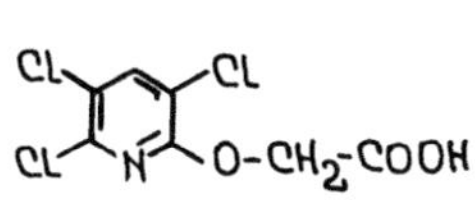

Common name Vorschlag: Trichlopyr
Versuchsprodukt: Dowco®-233
(Dow Chem. Co.) 1974

$LD_{50}$: 715 mg/kg Ratte p.o. akut. Pre- und post-emergence Wirkung gegen Gehölze.
Ältere Patente und Literatur[153, 154].

Heterocyclische Essigsäuren

Auf die Bedeutung der ß-Indolylessigsäure als natürlich vorkommender und erster synthetisch dargestellten Wuchsstoff wurde schon mehrmals hingewiesen[2].
*Kögel 1934

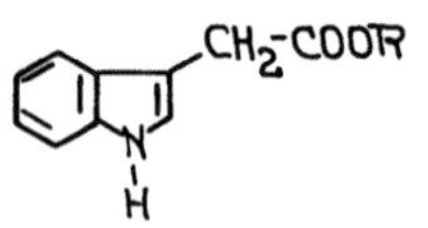

Indolyl-2-essigsäure
Common name: Heteroauxin*, ß-IK, ß-IAA
Handelsname: Belvitan®
(I.G. Farbenindustrie) aufgegeben

Anwendung: Zur Bewurzelung von Stecklingen.

Diese heterocyclische, in der Natur aus Tryptophan entstehende Essigsäure, die am Beginn der Synthese von Wuchsstoffen stand, regte zu zahlreichen neuen Versuchen an, ohne daß allerdings in der Reihe der Indolyl-alkyl-essigsäuren praktisch wichtige Verbindungen gefunden worden wären[160]. - Über 4-Chlorindolyl-(3)-essigsäuremethylester als Wuchsstoff wurde 1968 berichtet[157]. - Literaturzusammenstellung über synergistische Wuchsstoffe[158]. - Literatur über Indolylcarbonsäuren als Wuchsstoffe s.[150].

Die Wuchsstoffwirkung von ß-Indolylacetonitril haben R. Wegler, K. Binder[23] und M. Steiner[156, 159] entdeckt und von letzterem wurde die Wirkung als wohl dem Nitril eigen und nicht auf der Verseifung beruhend geklärt.

Die biologische Wirksamkeit zahlreicher heterocyclischer Essig- und $\alpha$-propionsäuren reicht von wachstumsregulierenden Eigenschaften über herbizide Wirkung mit Wuchsstoffeigenschaften bis zu Herbiziden ohne letztere Eigenschaften. Über Thiazolyl- und Thiazolidinyl-essigsäuren liegt Versuchsmaterial vor[225]. Ebenso über Benzisothiazolyl-essigsäuren[226] und Benzthiazolyl-2- und -3-essigsäure[179, 219, 224]. Schon 1965 wurde eine 2-Oxobenzthiazolin-3-yl-essigsäure als Herbizid bekannt. Die Verbindung weist eine Strukturähnlichkeit mit den schon besprochenen acylierten Ar-amino-essigsäuren auf.

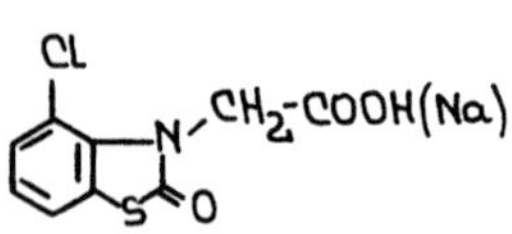

4-Chlor-2-oxobenzthiazolin-3-yl-essigsäure
Common name: Benazolin
Handelsname: Cornox CWK®, Tricornox®, Ben-30®
RD 7693 (Boots Pure Drug Co.) 1965
Legumer Extra® (Fisons Pest Control Ltd.)

$LD_{50}$: 3000 mg/kg Ratte p.o. akut. Wasserlöslichkeit: Alkali- und Diäthanolaminsalze leicht löslich. Wirkungsweise: Blattherbizid mit systemischer Wirkung. An-

wendungsweise: Post-emergence. Anwendungsgebiet: Gegen Stellaria media und Galium aparine (Vogelmiere und Klebkraut).
Patente[161, 162, 230]. Literatur[163].

2-Chlorthiazolyl-4-essigsäure erwies sich als Pflanzenwuchsregulator. Über das Ausmaß der herbiziden Wirkung liegen keine Angaben vor[259].

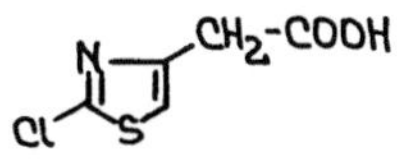


Die Tatsache daß Arylessigsäuren ebenso wie die Aryl-propionsäuren herbizide Wirksamkeit aufweisen, die sich durch entsprechende Substitution verstärken läßt, regt immer wieder zu neuen Untersuchungen über substituierte heterocyclische Essigsäuren an. Eine große Anzahl von Verbindungen der Struktur:

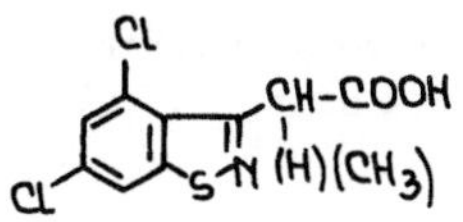


273 und

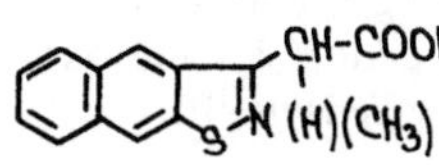


siehe auch 226

ergab herbizide Potenz. Die $\alpha$-Propionsäurederivate waren meist höher wirksam[265].

Aus nahezu jeder heterocyclischen Klasse, vornehmlich 5-Ringverbindungen liegen Beispiele von neuen Versuchsherbiziden vor.

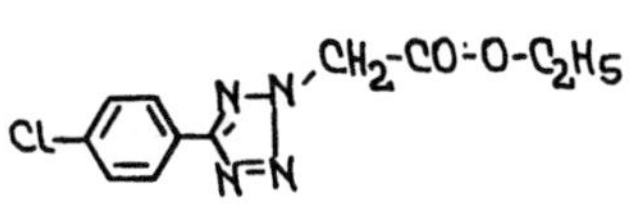


Versuchsprodukt: PP-528
(Plant Protection) 1974

Wuchshemmstoff, Defoliant und Desiccant. Im Weinbau ergab die Anwendung größere Beeren mit erhöhtem Zuckergehalt.
Patente[268]. Literatur[269].

Aus der Vielzahl der heterocyclischen Essigsäuren sei noch ein Versuchsprodukt angeführt.

N-(-1-Carboxy-äthyl)-3, 4, 5-tribrom-pyrazol

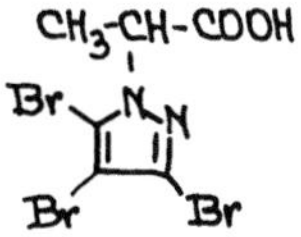


Versuchsprodukt der Upjohn Co.
U 29722

Die Verbindung soll 2,4-D ähnliche Wirkungen aufweisen. Wirkung gegen Dikotylen in Getreide und Zuckerrohr bei post-emergence Anwendung.
Patente[220]. Literatur[218, 221].

Das Dimethylamid der Pyrazolverbindung ist ebenfalls ein Versuchsprodukt der Upjohn. U-27267 (Plant Health Prod.).
$LD_{50}$: 3256 mg/kg Ratte p.o. akut. Wurzelherbizid, selektiv in Rüben, Kartoffeln und Reis. Anwendung pre- und post-emergence. Wirksam gegen Unkräuter und Ungräser.

4-Methoxybenzothiophenyl-3-essigsäure ist als wuchsstoffwirksam an Haferkeimlingen bekanntgeworden[164].

Die Verbindung

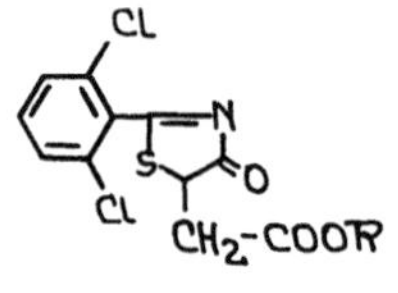

kann als Abwandlungsprodukt der 2,6-Dichlorbenzoesäure betrachtet werden[165]. Essigsäurederivate des 3,6-Dioxo-tetrahydropyridazins sind 1967 als herbizid wirksam erkannt worden[166].

4-Hydroxy-3,6-dioxo-hexahydro-pyridazinyl-4-essigsäure

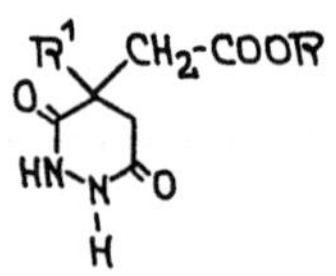

Versuchsprodukt: Pydanon®
(Spiess Sohn) 1970

R' = H, OH

$LD_{50}$: 2100 mg/kg Ratte p.o. akut. Die Verbindung ist mehr Hemmstoff als echtes Herbizid. Gibberellinsäureantagonist (?). Aufnahme über Blätter und Wurzeln. Patente[166, 256]. Literatur[196, 255].

Über Zusammenhänge zwischen chemischer Konstitution und Wuchsstoffwirkung zahlreicher bei Ar- (bzw. Hetero)-$(CH_2)_nCOOH$ s. [155, 156].

Heterocyclisch-aliphatische Dicarbonsäuren

Eines der ältesten und noch immer angewandten Kontaktherbizide mit Defoliantwirkung ist die 3,6-Endo-oxo-hexahydrophthalsäure.

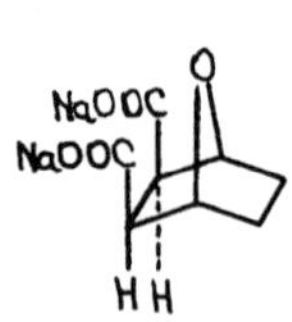

3,6-Endo-oxo-hexahydrophthalsäure
Common name: ASA, BSI, WSA, Endothall
Handelsname: Aquathol®, Des-i-cate®
(Pennsalt Chem. Co.)
1951

$LD_{50}$/ 38 freie Säure (z. Tl. wird 80 angegeben) mg/kg Ratte p.o. akut. Wasserlöslichkeit: Na-Salz: 21%; 10 g/100 ml für freie Säure bei 20°C. Wirkungsweise: Kontaktherbizid, Bodenherbizid. Anwendungsweise: Post- oder pre-emergence

in Baumwolle. Anwendungsgebiet: Pre-emergence in Zuckerrüben. Entblätterungsmittel in Baumwolle. Ferner gegen Wasserunkräuter.
Patente[167, 168, 184, 185].
Salze des Dodecylamins[169]. Auch Halbester in Form ihrer Aminsalze sind als Herbizide patentiert worden[170].
Literatur[171].

Ein Zusatz von $(NH_4)_2SO_4$ zum Endothall ergibt eine Wirkungsverstärkung.
Darstellungsweise[172].

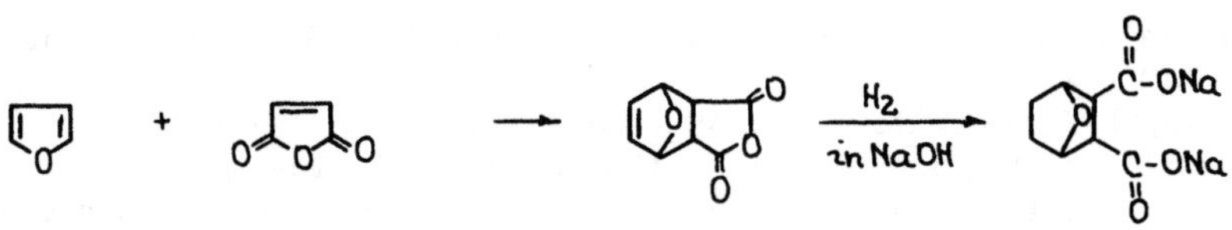


exo-cis-Anhydrid

Verwandte Stoffe sind

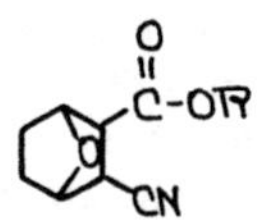


172

# Literatur und Patente

5. Organische Herbizide

5.7.3. Araliphatische Carbonsäuren


1. Went, F. W.: Rec. Trav. Bot. Néerl. 25, 1 (29).
2. Kögl, F.: Ber. dtsch. chem. Ges. 35, A, 16, bzw. Vortrag 1. 12. 34.
3. Veldstra, H.: The Chemistry and Mode of Action of Plant Growth Substances. Proc. of a Symposium held at Wye College (University of London) July 55, p. 117. Edited by R. L. Wain and F. Wightman, London: Butterworth Scientific Publications 56.
4. Zimmerman, P. W., and Wilcoxon, F.: Contrib. Boyce Thompson Inst. 7, 209 (35).
5. DRP 716 342, 23. 12. 39/18. 12. 41, US Prior. 23. 12. 38, American Chemical Paint Co.
6. Mitchell, J. W. u. Stewart, W. S.: Botan. Gaz. 101, 410 (39); ref. CA 34, $1712^6$.
7. Templeman, W. G.: Empire J. Exptl. Agr. 7, 76 (39).
8. -, and Marmoy, J. C.: Ann. Appl. Biol. 27, 453 (40).
9. Nutman, P. S., Thornton, H. G., and Quastel, J. H.: Nature 155, 498 (45).

10. Laibach, F. u. Fischnich, O.: Pflanzenwuchsstoffe und ihre Bedeutung für Gartenbau, Land- und Forstwirtschaft. Stuttgart: Eugen Ulmer-Verlag 50.
11. Slade, R. E., Templeman, W. G., and Sexton, W. A.: Nature 155, 497 (45).
12. Templeman, W. G., and Sexton, W. A.: Nature 156, 630 (45).
13. Polumin, N.: Geschichte der Wuchsstoffherbizide, Plant Science Monographs.
14. Audus, L. J.: Plant Growth Substances, 2. Edition, S. 247. London: Leonhard Hill Ltd. 53.
15. Kraus, J. E. u. Mitchell, J. W.: Wachstumsregulierende Substanzen als Herbizide. Botan. Gaz. 108, Nr. 3, 301 (47).
16. Zimmerman, P. W., and Hitchcock, A. E.: Contrib. Boyce Thompson Inst. 12, 321 (42).
17. Marth, P. C. u. Mitchell, J. W.: Botan. Gaz. 106, 224 (44).
18. Hammer, C. L., and Tukey, H. B.: Science 100, 154 (44).
19. Åberg, B.: The Chemistry and Mode of Action of Plant Growth Substances. Proceedings of a Symposium held at Wye College (University of London) July 55, p. 93. Edited by R. L. Wain and F. Wightman, London: Butterworth Scientific Publications 56.
20. Burström, H., and Hansen, Berit A. M.: The Chemistry and Mode of Action of Plant Growth Substances, Proceedings of a Symposium held at Wye College (University of London) July 55, p. 134.
21. Fawcett, C. H., Taylor, H. F., Wain, R. L., and Wightman, F.: The Chemistry and Mode of Action of Plant Growth Substances, Proceedings of a Symposium held at Wye College (University of London) July 55, p. 187.
22. Linser, H.: Angew. Chem. 78, 895 (66).
23. Diplomarbeit u. Dissertation, Binder, K.(Wegler, R.), TH Stuttgart 38.
24. DBP 810 199, 4. 12. 48/31. 5. 51, Farbenfabriken Bayer AG (Belvitan K).
25. Zusammenfassende Mitteilung erfolgte von einem Mitarbeiter: Offe, H. A.: Angew. Chem. 62, 453 (50).
26. Wegler, R., Lober, F. u. Moenikes, A.: Beobachtungen der Farbenfabriken Bayer AG.
27. US 3 299 120, 12. 4. 65/17. 1. 67, US Prior. 22. 4. 58 u. 6. 4. 61, Hooker Chemical Corp.
28. US 3 325 273, 12. 4. 65/13. 6. 67, US Prior. 22. 4. 58 u. 6. 4. 61, Hooker Chemical Corp.
29. US 3 012 058, 15. 5. 58/5. 12. 61, Pennsalt Chemicals Corp.
30. US 3 118 755, 28. 11. 61/21. 1. 64, US Prior. 15. 10. 58, Velsicol Chemical Corp.
31. BE 589 221, 30. 3. 60/30. 9. 60, US Prior. 4. 8. 58 u. a. mehr, Velsicol Chemical Corp.
32. = OE 224 976, 4. 8. 59/27. 12. 62, verschiedene Prioritäten der einzelnen Patentansprüche vom 4. 8. 58 bis 7. 4. 59, Velsicol Chemical Corp.
33. Harris, C. J.: Weeds 15 (3), 214 (67).
34. BE 669 658, 15. 9. 65/15. 3. 66, GE Prior. 18. 9. 64, Farbenfabriken Bayer AG.
35. DAS 1 223 608, 10. 9. 63/25. 8. 66, Farbenfabriken Bayer AG.
36. BE 652 740, 7. 9. 64/8. 3. 65, GE Prior. 10. 9. 63.
37. US 3 218 146, 10. 9. 62/16. 11. 65, US Prior. 9. 3. 59, Hooker Chemical Corp.
38. NE P. Anm. 65 14 785, 15. 11. 65/2. 6. 66, Fa. Herbert Schwartz.
39. CA 722 724, 19. 5. 60/30. 11. 65, US Prior. 11. 9. 59, Hooker Electrochemicals Corp.
40. DBP 830 430, 30. 10. 48/3. 1. 52, GB Prior. 28. 6. 43, I. C. I. Ltd.
41. US 3 277 160, 12. 6. 61/4. 10. 66, Hooker Chemical Corp.

42. US 3 086 990, 10.7.59/23.4.63, Fundamental Research Inc.
43. US 3 038 002, 19.8.57/5.6.62, Fundamental Research Inc.
44. US 3 301 655, 11.2.63/31.1.67, US Prior. 2.8.60, Monsanto Co.
45. Godt jr., H.C., Hamm, P.C., and Wann, R.E.: J. Agr. Food Chem. 14, Nr. 6, 602 (66).
46. US 3 356 711, 20.2.63/5.12.67, US Prior. 11.9.59, Hooker Chemical Corp.
47. Kawazu, K., Fujita, T., and Mitsui, T.: Agr. Biol. Chem. (Tokyo) 30 (3), 261 (66).
48. DAS 1 263 743, 9.12.64/21.3.68, US Prior. 19.2.63, Upjohn Co.
49. US 2 009 144, 6.9.34/23.7.35, SZ Prior. 13.9.33, Society of Chemical Industry in Basle
50. US 3 120 434, 9.9.60/4.2.64, Eli Lilly & Co.
51. US 3 141 041, 6.6.62/19.7.64, Eli Lilly & Co.
52. Alder, E.F. u. Mitarbeiter: Proc. N. Central Weed Control Conf. 60, p. 55.
53. Pizey, J.S., and Wain, R.L.: J. Sci. Food Agr. 10 (11), 577 (59); ref. CA 54, 6013g.
54. Lemin, A.J., and Swank, G.: Chem. Ind. (London)(61),552.
55. US 3 076 699, 4.10.60/5.2.63, J. M. Scott & Sons Co.
56. Herbicide Handbook of the Weed Society of America, p. 279, Geneva-New York: W.F. Humphrey Press Inc. 67.
57. GB 1 077 194, 25.3.66/26.7.67, GE Prior. 17.4.65, Farbenfabriken Bayer AG.
58. = FR 1 476 247, 15.4.66/27.2.67, GE Prior. 17.4.65.
59. Eue, L.: Z. Pflanzenkrankh. Pflanzenschutz, Sonderh. IV, 211 (68).
60. Untersuchungen der Farbenfabriken Bayer AG, zum Patent angemeldet.
61. US 3 183 075, 3.12.62/11.5.65, American Cyanamid Co.
62. Schneider, G. u. Flemming H.: Z. Pflanzenkrankh. Pflanzenschutz, Sonderh. III, 231 (65).
63. Harada, H.: Naturwiss. 54, 95 (67).
64. Erdmann, D. u. Schneider, G.: Untersuchungen mit einem $^{14}C$-markierten Morphaktin ("Flurenol"), VI. Internat. Pflanzenschutzkongreß, Wien 67, Abstracta, S. 418.
65. FR 1 455 554, 17.11.65/5.9.66, GE Prior, 27.11.64 u. 13.3.65, Merck AG.
66. = NE 65 15 326, 25.11.65/31.5.66, GE Prior. 27.11.64 u. 13.3.65.
67. Schneider, G.: Eine neue Gruppe von synthetischen Pflanzenwachstumsregulatoren. Naturwiss. 51, 416 (64)
68. -, Erdmann, D., Lust., S., Mohr, G., and Niethammer, K.: Nature 208, 1013 (65).
69. -, Zur Wirkung von Morphaktinen und Gibberellinsäure auf die Sproßentwicklung von Blütenpflanzen. Ber. dtsch. bot. Ges. 78 (143)(65, 1. Generalversammlungsheft).
70. E. Merck AG, Darmstadt: Technische Information Morphaktine, 65.
71. Mohr, G., Erdmann, D. u. Schneider, G.: Derivate des Fluorens als neuartige, hochwirksame Pflanzenwachstumsregulatoren. European Weed Research Council (EWRC), 2. Symposium über neue Herbizide, Paris, S. 135 (65) Ed. Essor, Paris.
72. Ziegler, H., Köhler, D. u. Streitz, B.: Ist 2-Chlor-9-fluorenol-9-carbonsäure ein Gibberellinantagonist? Z. Pflanzenphysiol. 54 (1-2), 118 (66); ref. CA 65, 17617b.
73. Krelle, E.: Untersuchungen über die Wirkung des 'Antigibberellins' 2-Chlorfluorenol-9-carbonsäure-methylester. Symposium "Wachstumsregulatoren bei Pflanzen", Rostock 66. Veröff. i. Wiss. Z. d. Universität Rostock, Math.-naturwiss. Reihe, 16, Heft 4/5, 691 (67).

74. Mohr, G., Erdmann, D., u. Schneider, G.: Morphaktine - eine neue Klasse von Pflanzenwachstumsregulatoren. 6. Internat. Pflanzenschutzkongreß, Wien, Abstracta, S. 468 (67).
75. Merck-Blätter - Beiträge zur Schädlingsbekämpfung 17 (67).
76. Schneider, G., Mohr, G. u. Erdmann, D.: Möglichkeiten der Entwicklungssteuerung von Pflanzen mit Morphaktinen. 6. Internat. Pflanzenschutzkongreß, Wien, Abstracta, S. 473 (67).
77. US 3 352 897, 10.4.63/14.6.67, Velsicol Chemical Corp.
78. FR 1 384 011, 19.11.63/23.11.64, US Prior. 20.11.62 u. 10.4.63
79. US 2 390 942, 13.10.41/11.12.45, Emulsol Corp.
80. DBP 915 876, 16.12.48/16.6.54, US Prior. 18.3., 20.3., 1.4., 4.4. u. 17.8.44), American Chemical Paint Co.
81. US 3 005 016, 1.6.59/17.10.61, Sinclair Refining Co.
82. King, L. J., and Kramer jr., J. A.: Contrib. Boyce Thompson Inst. 16, 267 (51).
83. Crafts, A. S.: The Physiology and Biochemistry of Herbicides, p. 75. Ed. by L. J. Audus. London - New York: Academic Press 64.
84. Osborne, D. J.: Nature 219, 564 (68).
85. Burg, S. P.: Ann. Rev. Plant. Physiol. 13, 265 (62).
86. Morgan, P. W., and Hall, W. C.: Physiol. Plantarum 15, 420 (62).
87. US 3 219 430, 5.10.64/23.11.65, Hooker Chemical Corp.
88. FR 1 416 095, 19.11.64/20.9.65, Daikin Kogyo Kabushiki Kaisha.
89. BE 644 064, 19.2.64/19.8.64, GE Prior. 20.2.63, BASF.
90. US 3 221 021, 24.2.64/30.11.65, Dow Chem. Co.
91. US 3 314 985, 13.6.58/18.5.67, Olin Mathieson Chemical Co.
92. DAS 1 115 515, 16.3.59/19.10.61, Amchem Products, Inc.
93. FR 1 222 916, 19.3.59/25.1.60, US Prior. 21.3.58, Amchem. Products, Inc.
94. Parker, C.: 8. Brit. Weed Control Conf., Proc. Vol. 1, 126 u. Vol. 2, 553 (66).
95. DBP 872 206, 30.10.48/19.2.53, GB Prior. 21.4.43, I. C. I.
96. US 2 740 810, 4.5.54/3.4.56, Diamond Alkali Co.
97. Sugimoto, Y.: Production of Agricultural Chemicals in Japan. Jap. Chem. Quart. 2, (2) 38 (66).
98. DAS 1 107 445, 30.9.58/25.5.61, FR Prior. 18.11.57, Rhône Poulenc.
99. = BE 572 992, 14.11.58/14.5.59.
100. US 2 830 083, 29.4.53/8.4.58, Allied Chemical & Dye Corp.
101. Antcliff, A. J.: Vitis 6, (1), 14 (67).
102. Linser, H.: The Chemistry and Mode of Action of Plant Growth Substances, Proceedings of a Symposium held at Wye College (University of London) July 1955, p. 141. Edited by R. L. Wain and F. Wightman, London: Butterworth Scientific Publications 56.
103. Osborne, D. J., and Wain, R. L.: Science 114, 92 (51).
104. Luckwill, L. C., and Lloyd-Jones, C. P.: Ann. Appl. Biol. 48, 613 (60).
105. Edgerton, L. J., and Hoffman, M. B.: Science 134, 341 (61).
106. Leafe, E. L.: Nature 193, 485 (62).
107. GB 822 199, 17.9.57/19.1.59, GB Prior. 18.9.56 u. 26.8.57, Boots Pure Drug Co. Ltd.
108. US 2 744 818, 1.12.54/8.5.56, Pittsburgh Cooke & Chemical Corp.
109. BE 581 037, 24.7.59/14.8.59, GB Prior. 25.7.58 u. 20.11.58, Amchem Products.
110. GB 573 477, 21.4.43/22.11.45, R. T. Foster u. I. C. I.
111. GB 877 830, 7.4.59/20.9.61, FR Prior. 30.4.58, Rhône Poulenc.
112. = FR 1 259 993, 30.4.58/27.3.61.

113. Zimmermann, P. W., and Hitchcock, A. E.: Proc. Am. Soc. Hort. Sci. 45, 353 (44).
114. - -, Boyce, Thompson Inst. Plant. Research, Proc. Paper 2, (3), 13 (44).
115. DAS 1 124 296, 19. 3. 59/22. 2. 62, US Prior. 28. 3. 58, Amchem Products Inc.
116. Fawcett, C. H., Wain, R. L., and Wightman, F.: Ann. Appl. Biol. 43, 342 (55); ref. Chem. Zbl. 60, S. 14075.
117. Seeley, R. C., and Wain, R. L.: Ann. Appl. Biol. 43, 355 (55).
118. Fawcett, C. H., Osborne, D. J., Wain, R. L., and Walker, R. D.: Ann. Appl. Biol. 40, 231 (53)
119. Lush, G. B., and Leafe, E. L.: 3. Brit. Weed Control Conf. 56, p. 625.
120. GB 1 041 982, 30. 9. 63/7. 9. 66, Boots Pure Drug Co.
121. Buchanan, G. A.: Research Report; 20. Ann. Meeting. Southern Weed Conf., 67, p. 57
122. BE 560 868, 17. 9. 57/15. 10. 57, Boots Pure Drug Co. Ltd.
123. Synerholm, M. E., and Zimmerman, P. W.: Contrib. Boyce Thompson Inst. 14, 91 (45); ref. CA 40, $1473^9$.
124. FR 1 452 237, 21. 7. 65/1. 8. 66, Progil.
125. Wain, R. L.: Ann. Appl. Biol. 42, 151 (55).
126. -, The Physiology and Biochemistry of Herbicides, p. 472, Ed. by L. J. Audus. London - New York: Academic Press 64.
127. Experimental Approaches to Pesticides Metabolism, Degradation and Mode of Action. August 67, Nikko, Japan.
128. Synerholm, M. E., and Zimmerman, P. W.: Contrib. Boyce Thompson Inst. 14, 369 (45); ref. CA 41, 4132c.
129. CA 570 065, 26. 6. 55/3. 2. 59, GB Prior. 6. 7. 54, National Research Development Corp.
130. US 3 076 025, 30. 9. 59/29. 1. 63, Union Carbide Corp., US 2 863 754 (58).
131. DAS 1 000 632, 29. 6. 55/10. 1. 57, GB Prior. 6. 7. 54, National Research Development Corp.
132. = GB 758 980, 6. 7. 54/10. 10. 56, US 2 863 753 (58).
133. GB 793 513, 9. 9. 54, 22. 4. 55 u. 9. 9. 55/16. 4. 58, May and Baker Ltd.
134. BE 651 695, 12. 8. 64/12. 2. 65, Chimac.
135. Gaimster, K.: J. Sci. Food Agr. 7, 320 (56); ref. Chem. Zbl. 58, 3074.
136. SZ 424 761, 28. 6. 63/30. 11. 66, Sandoz AG.
137. McNew, G. L., and Hoffmann, O. L.: J. Science 24, 189 (50); ref. CA 44, 9105h.
138. Smith, M. S., Wain, R. L., and Wightman, F.: Ann. Appl. Biol. 39, 295 (52).
139. Wain, R. L., and Wightman, F.: Ann. Appl. Biol. 40, 244 (53).
140. Linder, P. J., Mitchell, J. W., and Wood, J. W.: Science 111, 518 (50).
141. Weintraub, R. H.: J. Agr. Food Chem. I, 250 (53).
142. US 3 279 911, 16. 10. 63/18. 10. 66, US Prior. 15. 11. 61, Monsanto Co.
143. US 3 148 204, 15. 11. 61/8. 9. 64, Monsanto Co.
144. US 3 257 422, 11. 2. 64/21. 6. 66, US Prior. 7. 10. 60, Monsanto Co.
145. US 3 280 170, 6. 8. 63/18. 10. 66, US Prior. 8. 10. 59, Monsanto Co.
146. US 3 312 541, 20. 10. 65/4. 4. 67, US Prior. 30. 12. 60, Monsanto Co.
147. JA 8 952/67, 5. 2. 65/27. 4. 67, Sumitomo Chemical Inc. Co. Ltd.
148. JA 25 434/67, 15. 5. 65/6. 12. 67, Sumitomo Chemical Inc. Co. Ltd.
149. DBP 940 946, 23. 10. 48/1. 3. 56, GB Prior. 7. 4. 41, I. C. I.
150. Linser, H.: The Chemistry and Mode of Action of Plant Growth Substances, Proceedings of a Symposium held at Wye College (University of London) July 1955, pp. 134, 141, 195. Edited by R. L. Wain u. F. Wightman, London: Butterworth Scientific Publications 56.

151. GB 1 066 606, 18.2.65/26.4.67, US Prior.,16.3.64, Stauffer Chemical Co.
152. = DAS 1 290 128, 10.3.65/6.3.69, US Prior., 16.3.64.
153. Maas, J., de Graaff, G. B. R. u. den Hertog, H. J.: Rec. Trav. Chim. 74, 175 (55)
154. US 2 468 075, 7.12.45/26.4.49, American Cyanamid Co.
155. Koepfli, J. B., Thimann, K. V., and Went, F. W.: J. Biol. Chem. 122, 763 (38); ref. CA 32, 2979[5].
156. Steiner, M.: Nachr. Akad. Wissenschaften, Göttingen, Mathem.-phys. Klasse, Biol.-Physiol.-Chem. Abt. 11 (47).
157. Marumo, S., Hattori, H., Abe, H., and Munakata, K.: Nature 219, 959 (68).
158. Soding, H., and Raadts, E.: The Chemistry and Mode of Action of Plant Growth Substances, Proceedings of a Symposium held at Wye College (University of London) July 1955, p. 52. Edited by R. L. Wain u. F. Wightman, London: Butterworth Scientific Publications 56.
159. Steiner, M.: Planta 36, 131 (48).
160. US 3 256 296, 27.12.63/14.6.66, Sinclair Research Inc.
161. GB 862 226, 29.10.58/13.10.59, Boots Pure Drug Co. Ltd.
162. = FR 1 248 459, 26.10.59/7.11.60, GB Prior. 29.10.58.
163. Lush, G. B., Leafe, E. L. u. Mayes, A. J.: 2. Symposium über neue Herbizide, Paris, S. 211 (65), Ed. Essor, Paris.
164. Schuetz, R. D., and Titus, R. L.: J. Heterocyclic Chem. 4 (4), 465 (67).
165. GB 1 022 750, 28.1.65/16.3.66, Shell Internationale Research Maatschappij.
166. NE 66 17 302, 9.12.66/12.6.67, GE Prior. 10.12.65, C.F. Spiess u. Sohn, Norddeutsche Affinerie.
167. US 2 576 080, -/20.11.51, Sharples Chemicals Inc., ref. CA 46, 1702a.
168. US 2 576 081, -/-, Sharples Chemicals Inc., ref. CA 46, 1702d.
169. US 3 321 294, 1.10.65/23.5.67, US Prior. 18.9.62, Pennsalt Chemicals Corp.
170. US 3 318 679, 3.12.65/9.5.67, US Prior. 4.11.63, Pennsalt Chemicals Corp.
171. Linder, P. J.: Proc. Northeast. Weed Control. Conf. 51, p. 7.
172. US 3 269 823, 18.6.65/30.8.66, US Prior. 22.1.63.
173. US 3 449 114, 29.10.63/10.6.69, US Prior. 9.9.60, Eli Lilly and Co.
174. Fryer, J. D., and Evans, S. A.: Weed Control Handbook, p. 374. Oxford-Edinburgh: Blackwell Scientific Publications 68.
175. Thomson, W. T.: Agricultural Chemicals - Book II Herbicides, p. 12. Davis, California: Simmons Publishing Co. 64.
176. - p. 62.
177. FR 1 369 476, 4.7.63/6.7.64, JA Prior. 4.7.62, 10.8.62, 1.12.62 u. 20.2.63, Takeda Chem. Ind. Ltd. (Darstellungspatent).
178. Spencer, E. Y.: Guide to the Chemicals used in Crop Protection, p. 155. Ottawa: Roger Duhamel, F. R. S. C. Queen's Printer and Controller of Stationery, 68.
179. Brookes, R. F., and Leafe, E. L.: Nature 198, 589 (63).
180. US 2 977 212, 2.6.58/28.3.61, US Prior. 3.12.54, Heyden Newport Chemical Corp.
181. US 3 397 055, 5.5.66/13.8.68, US Prior. 11.9.59 u. 20.2.63, Hooker Chemical Co.
182. Pagani, G. et al.: Il. Pharmaco Ed. Sci. 28 (3), 214 (73).
183. Talbert, R. E.: Field Evaluation of Herbicides in Vegetable Crops, 68.
184. US 3 207 593, 24.11.61/21.9.65, Pennsalt Chemicals Corp.
185. US 3 246 015, 19.6.64/12.4.66, US Prior. 24.11.61, Pennsalt Chemicals Corp.

186. 21. Internat. Symposium über Phytopharmazie und Phytriatrie, Gent 6.5.69.
187. BE 701 102, 7.7.67/8.1.68, Poudreries Réunies de Belgique S.A.
188. DAS 1 301 173, 22.9.62/14.8.69, E. Merck AG.
189. Lorenzen, H.: Naturw. Rundschau 22, 23 (69).
190. DAS 1 300 729, 18.11.64/7.8.69, JA Prior. 18.11.63, Kureha Chemical Industry Co. Ltd.
191. Chem. Eng. News 47 (30), 45 (69).
192. GB 1 164 160, 30.12.66/17.11.69, Shell Int.
193. BE 714 007/DOS 1643 527, 28.12.67/20.4.72, Shell.
194. Farm. Techn. 25 (5), 12 (69).
195. Chapmann, T.: Int. Symp. Nouv. herb. Versailles 10.(69),S. 16.
196. Knoevenagel, K. et al.: Naturwiss. 57 (8), 395 (70).
197. DOS 2 262 402, 15.12.72/1.8.74, Schering AG.
198. US 3 489 671, 16.1.69/25.11.69, Stauffer.
GB 1 066 606, 18.2.65/24.4.67, Stauffer.
199. Van den Brink und andere: Proc. EWRC Symp. nouv. herb. Versailles 69, S. 35.
200. Diane, K. et al.: Sci. Wochenschr. 168, 864 (70).
201. Brown, B.T. u. Daltum, L.V.: Ref. CA 79, 23, Ref. 133 605 (73).
202. Interne nichtveröffentlichte Versuche (Bayer).
203. Techn. Inform. Bayer Pflanzenschutz, Leverkusen.
204. Unveröffentlichte Versuche d. Biol. Forschung Bayer.
205. Chamberlain, V.K. u. Wain, R.L.: Ann. Appl. Biol. 68, 307 (71).
206. DOS 2 109 910, 2.3.71/16.9.71, US Prior. 4.3. u. 12.12.70, Shell Int. US 3 761 508, DDR 89 622.
207. 7. Conf. du Desherbage, Versailles 12,(73).
208. Buwlev, D.J. et al.: Span. 15 (1), 26 (72).
209. Zusammenfassung: K. Ziegler, Endeavour 29, 108, S. 112 (70).
210. Johnson, O., Rep, C.W.: Pesticides 72, Chem. Week 110 (25), 63 (72).
211. Blair, E.H.: Chlordioxins-Origin and fate, Symp. Div. Pest. Chem. Washington, Amer. Chem. Soc. (71), 142 pp., Advances in Chemistry Ser. 120 (73).
212. Fuhinami, A. et al.: Agr. Biol. chem. 34 (8), 1157 (70).
213. JA 7094/70, 4.12.67, Hokko Chem. Co.
214. Weed Res. Jap. 9, 41 (69); Weed Abstr. 20 (3), Ref. 1350.
215. Corduan, G.: Arch. Pharm. 40, (2), 39 (70).
216. DOS 2 007 160, 17.2.70/7.1.71, NE Prior. 19.2.69, N.V. Philips.
217. van Daalen, J.J. et al.: Naturwiss. 57 (9) 395 (70).
218. 2. Int. Congr. Pest. Chem. Tel Aviv (71).
219. Vitali, T. et al.: Il. Farmaco Ed. Sci. 88 (1), 8 (73).
220. DOS 2107 715, 18.2.71/26.8.72, US Prior. 19.2.70, The Upjohn, FR 2 078 796 u. GB 1 298 642.
221. Parker, C. and Dean, M.L.: Proc. Brit. Weed Contr. Conf. Brighton 11.(72),S. 744.
222. Vendrig, J.C.: Nature 234, 557 (71).
223. DOS 1 768 815, 3.7.68/12.8.71, PRB Brüssel.
DOS 2 016 809, 8.4.70/29.10.70, PRB Brüssel.
FR 1 573 444, GB 1 223 894 and 2 034 084.
224. DOS 1 950 370, 6.10.69/8.10.70, Montecatini Edison, IT Prior. 7.10.68.
225. Garraway, J.L.: Pest. Sci. 5, 185 (74).
226. Casini, G. et al.: J. Hetero Cycl. Chem. 6, 279 (69).
227. Smith, M.S., and Mohsin, M.: Ann. appl. Biol. 66, 233 (70).
228. DOS 2 109 910,2.3.71/16.9.71, US Prior. 4.3. und 22.10.70, Shell Int.
US 3 761 508, 25.2.71/25.9.73, Shell Int.

229. 7. Conf. du Desherb. Versailles 73, Pesticide Science 6, 283 (76), Weed Abstr. 25 (5), 1976, Ref. 1376.
230. SZ 392 984, GB 862 226, 29.10.59/30.10.65, Boots Pure Drug Co. Ltd.
231. Abstr. 1972 Meeting Weed Soc. of Amc. 14 (72).
Weed Abstr. 23 (5) 101 Ref. 20705 (74).
232. Pohland, A.E. et al.: Darstellung und Charakterisierung von chlorierten Dibenzo p-Dioxinen: J. Agr. Food Chem. 80 (6), 1093 (72).
233. Farm. Chem. 137 (8), 20 (74).
234. Abe, H. et al.: Agr. Biol. Chem. 38 (4), 897 (74).
235. Sandermann, W.: Naturwissensch. 61 (5), 207 (74).
236. DOS 1 542 960, 13.3.65/11.10.73, Merck.
237. Chen, J. Yun et al.: Annal. Chem. 56 (4), 962 (73).
238. Baughman, R.: Adv. Chem. Ser. 1973, 120, 92.
239. Webber, T.: Analyst (London) 1973, 98, 1164, 181.
240. Johnson, J.E.: Proc. Annual Calif. Weed Conf. 1971, 23, 43.
241. DOS 1 930 259, 13.6.69/17.12.70, Bayer.
242. DOS 1 542 940, 1.12.62/16.4.70, Merck.
243. DOS 1 792 745, 1.12.62/19.4.73, Merck.
244. DOS 1 792 250, 23.7.65/17.2.72, Merck.
245. DOS 1 793 533, 22.9.62/17.2.72, Merck.
246. Ziegler, M.: Endeavour 29, Nr. 108, 112 (70).
247. The Chemic Daily, 14.8.(69).
248. DOS 2 252 561, 26.10.72/3.5.73, US Prior. 26.10.71, Hercules.
249. Kirz, A., Fujinami, A. et al.: Res. Dep. Pest. Div. Sumitomo Agr. Biol. Chem. 34 (8) 1157 (70).
250. NE 7 206 128, 6.5.71/8.11.72, Bayer,
= DOS 2 122 309, 6.5.71/23.12.72, Bayer.
251. DOS 1 542 955, 27.11.69/4.6.70, Merck.
252. US 3 480 671, 16.3.64/11.5.67/16.1.69/25.11.69, Stauffer.
253. DOS 2 154 435, 2.10.71/10.5.72, Stauffer,
DOS 2 154 437, 2.11.70/10.5.72, Stauffer.
254. DOS 1 643 527, 28.12.67/20.4.72, GB Prior. 30.12.66, Shell Int. Res.
DOS 2 302 029, 16.1.73/9.8.73, GB Prior. 18.1.72, Shell Int. Res.
255. Weed Abstr. 20 (4) Ref. 1777 (71).
256. US 3 761 486, 26.7.71/5.9.73, Dow Chemical.
257. US 3 210 176, DOS 1 567 162, 5.3.65/16.8.70, Schering.
258. Fujinami, Akira et al.: Agr. Biol. Chem. 38 (7), 1399 (74).
259. Garraway, J.L.: Pest. Sci. 1 (6), 240 (70).
260. Fischbein, Lawr.: The Science of the total Environment 2 (4), 325 (74).
261. Tikoizuma et al.: Nature 226, 5545, Seite 559 (70).
262. DOS 1 567 162, 5.3.65/16.8.70, Schering Deutschland.
263. Koch, H.: Sci. Pharm. 38 (2), 79 (70).
264. DOS 2 050 346, 14.10.70/29.4.71, GB Prior. 18.10.69, Fisons Pest. Conf.
265. FR 2 066 057, 14.10.70/29.4.71, Fisons Pest. Conf.
265. Vitali, T. et al.: Il. Farmaco Ed. Sci. 28 (1), 8 (73).
266. DOS 2 303 336, 20.1.73/25.7.74, Schering.
267. DOS 2349 970, 4.10.73/18.4.74, GB Prior. 6.2.72/9.2.73, Shell Int.
268. DOS 2 310 049, 28.2.73/13.9.73, I.C.I.
= BE 795 675.
269. 12. Brit. Weed Conf., Brighton 11.74, Vol. 1, 123.
270. Techn. Inform. Stauffer Chem. Corp., Agricult. Divis., Westport, Connecticut 06880.
271. Weed Abstr. (74) 23 Ref. 1927 und 1935.

272. DOS 2 223 894, 17.5.72/13.12.73, Farbwerke Hoechst.
273. US 3 657 263, 6.10.69/18.4.72, Montecatini Edison.
274. Buu-Hoi et al.: C. R. Acad. Sci. Ser. D 1971, 273 (7), 708.
275. Degradation of Herbicides, Ed. by P. C. Kearney u. D. D. Kaufman, New York: M. Dekker Inc. 1969.
276. US 3 485 872 = GB 1 009 200, JA Prior. 9.1.63, Daikin Kogyo
US 3 522 033 = GB 1 090 507, JA Prior. 16.6.65, Daikin Kogyo.
277. Technical Report 1968 Elanco.
278. US 3 448 572, 9.1.63/23.12.69, Daikin Kogyo.
US 3 522 033, 9.1.63/28.7.70, Daikin Kogyo.
279. Dortman, R. I.: Arzneim. Forsch. 25, 278 (75), Sonderheft 2a.
280. Clemence, Fr. et al.: Chim. Thér. 9, 390 (74).
281. Chem. Abstr. 80, Ref. 6928 (74), 81, Ref. 33239 (74).
282. FR 1 452 237, 21.7.65/1.8.66, Progil.
283. Shindo, N.: Japan Pesticide Information 22, 8 (75).
284. 40. Deutsche Pflanzensch. Tagung in Oldenburg 6.-10. Okt. 75, Langelüdecke, P. et al.: Heft 165, Mitteil. Biol. Bundesanstalt f. Land- und Forstwissenschaften, Berlin-Dahlem, S. 169 und 175.
285. DOS 2 407 148, 15.2.74/28.8.75, Bayer AG.
286. Leonard, N. J. et al.: Plant Physiol. 55 (6), 1057 (75).
Chem. Abstr. 83, Nr. 9, Ref. 73329 (75), Illinois Univ.
287. Short Review of Herbicides 1975, S. 12, Herausg. Hodogaya Chem. Co. Tokyo.
288. Adams, S. S. et al.: Arzneim. Forsch. 25 (11), 1786 (75).
289. Roll, R.: Bundesgesundheitsblatt 14 (23), 324 (71).
-: Environmental Quality and Safety Vol. II, 117-124 (73), Stuttgart: Georg Thieme (73).
290. DOS 2 426 651, 1.6.74/11.12.75, Bayer.
291. DOS 2 311 638, 9.3.73/27.9.73, Rohm und Haas.
US 3 789 276, 14.3.72, siehe auch US 3 888 932, FR 2 175 997.
292. Chan, J. H. H. et al.: Stauffer Chem. Co. J. Arg. Food Chem. 23 (5), 1008 (75).
Weed Abstr. 25 (5) 76, Ref. 1377.
293. DOS 2 264 982, 10.2.72/12.2.76, Schering.
294. Toxicology and Applied Pharmacology 36, 369; siehe auch: Natur und Wissenschaft der FAZ Nr. 182, 21, 18.8.76.
295. Farm. Chemicals 1976 (2) 110. Untersuchungen durch Wissenschaftler der Dow Chem. USA.
296. Gray, P. A. et al.: J. Org. Chem. 41 (14), 2435 (76).
297. Environm. Sci. Techn. (72), 6 (12) 1017: CA 78, 120 (73), Ref. 25038s.
298. Plimmer, J. R. et al.: J. Agr. Food Chem. 21 (1), 90 (73).
Journ. of the AOAC 55 (1), 86 (72).
299. Thipgen, J. E. et al.: Infect Immun. 12 (6), 1319 (75).
= CA 84, 138 (76), Ref. 100401j.
300. Goldmann, P. J.: Hautarzt 24 (4), 149 (73).
301. Courtney, K. D. et al.: Toxicol. Appl. Pharmacol. 20 (3), 396 (71).
302. Neuberth, D.: Arch. Pharmakol. 272 (3), 243 (72).
303. Coulston, W. H. et al.: Toxicol. Appl. Pharmacol. 25 (3), 442 (73).
304. Neubert, D. Naungw-Schmiedebergs, Arch. Pharmacol. 1972, 272.
305. Moore, J. A.: Toxicol. Appl. Pharmacol. 1971, 20.
306. Sparschu, G. L.: Food Cosmet. Toxicol. 9, 527 (71).
307. Poland, Alan et al.: Mol. Pharmacol. 9 (6), 736 (73).
308. Khera, K. S.: Advanc. Chem. Ser. 120, 70-84 (73).
u. CA 79 (73), Ref. 143296t.

309. Brit. J. Ind. med. 32, 49 (75).
310. Nebert, D.W. et al.: J. Cell Physiol. 85, 393 (75).
311. Berry, D. et al.: Fed Proc. 35 (3), 409 (76).
312. Poland, Alan: Mol. Pharmacol. 10 (2), 349 (74).
313. Woods, J.; Environm. Health Perspect. 221 (73).
314. Norris, Logan A. et al.: Bull. Environ. Contam. Toxicol. 12 (1), 76 (74). = CA 82, 130 (75), Ref. 26753r.
316. Kimmig, J. und J. H. Schulz, Dermatology 115, 540 (1957)
317. Gray, P. et al, Tetrahedron Letters 33, 2873 (1975)
318. Rawls, R.L. u. D.A. O'Sullivan, Chem. Eng. News 54, 35 (1976)

## 5.7.4. Aromatische Carbonsäuren

Ester und Amide aller Art, auch Anilide von herbizid wirksamen Benzoesäuren werden hier bei den Säuren abgehandelt. Anilide finden bei den Acyl-Aniliden nur Erwähnung.

### a) Allgemeiner Überblick

Einige Jahre nach der Entdeckung der Wuchsstoffwirkung der ß-Indolylessigsäure, anderer heterocyclischer Essigsäuren und Phenylessigsäuren entstanden zahlreiche Theorien, welche die spezielle Wuchsstoffwirkung der Gruppierung $Ar-CH_2-COOH$ zu erklären versuchten. Vielleicht haben diese Theorien lange Zeit die Auffindung neuer Herbizide mehr gehemmt als gefördert, einerseits weil sie sich auf ein zu begrenztes Versuchsmaterial begründeten und andererseits wohl auch, weil man vornehmlich die Wuchsstoffwirkung beachtete. Nur so ist verständlich, daß die kräftige herbizide Wirkung chlorierter Benzoesäuren, welche nach den ersten theoretischen Vorstellungen nicht zu erwarten war, nicht bald nach der Entdeckung der Wuchsstoffwirkung von ß-Indolylessigsäure oder Phenylessigsäure gefunden wurde. Erst während des 2. Weltkrieges wurde in der I.G. Farbenindustrie (s. Einleitung: Aromatische und araliphatische Carbonsäuren) von zwei Arbeitsgruppen in den Werken Leverkusen (Wegler, Wehnelt u. Mitarb.) und Hoechst die keimhemmende und herbizide Wirkung von chlorierten Benzoesäuren[1] und in gleicher Weise auch von den Aldehyden und Nitrilen[2] entdeckt. Schon 1937/38 wurde die Wuchsstoffwirkung von Indolylacetonitril beobachtet (Wegler, Steiner) und darauf verwiesen, daß den Nitrilen möglicherweise eine eigene, nicht über die Verseifung zu den Carbonsäuren zustande kommende Wuchsstoffwirkung zugrunde liegt[3,4]. (Die Firma Henkel stellte 1948 acetylierte 5-Chlor-salicylsäure als Herbizid unter Patentschutz[5]). Bentley berichtete 1950 erneut über die wachstumsbeeinflußende Wirkung von 2,3,6-Trichlorbenzoesäure[6].

Die chlorierten aromatischen Carbonsäuren fanden nach dem 2. Weltkrieg in Deutschland in der Praxis kein Interesse. Erst etwa 10 Jahre später wurden sie in den USA als Herbizide bekannt und von dort aus in Deutschland eingeführt. Seit 1955 wird die herbizide Wirkung der 2,3,6-Trichlorbenzoesäure in der Praxis verwertet. Über die Zusammenhänge zwischen Konstitution und Wirkung der Wuchsstoffe bzw. Hemmstoffe, speziell der Benzoesäuren, gibt es eine sehr umfangreiche Literatur[14]. So sei auf die Zusammenstellung von Linser[7] hingewiesen. Dort finden sich weitere ausgezeichnete Zusammenfassungen über das Problem Konstitution und Wuchsstoff-Wirkung[8,9]. Es muß aber darauf hingewiesen werden, daß die Wuchshemmung stets an eine bestimmte Pflanze gebunden ist, also kein Ausdruck der allgemeinen herbiziden Wirkung sein kann. Deshalb ist auch manche, das Wachstum einer Testpflanze hemmende Substanz hoher Aktivität dennoch nicht als Herbizid brauchbar, weil sie eben Unkräuter nicht beeinflußt. Über Zusammenhänge zwischen der 2,6-Substitution der Benzoesäure und ihre Wuchsstoffwirkung s.[10-12]. Eine o-Halogensubstitution soll die Carboxylgruppe aus der Ringebene herausdrehen[13], was als Voraussetzung für eine Wuchsstoffwirkung angesehen wird. Die entspr. Brombenzoesäuren sind jedoch fast inaktiv. Übereinstimmend mit der Theorie besteht aber bezüglich der Aktivität der 2-Chlornaphthoesäure. Es müssen aber noch weitere Faktoren für die Wirkung maßgebend sein, da eine o-Chlorstellung nicht durch eine Isopropylgruppe ersetzbar ist. Auffallend ist, daß bei den chlorierten Benzoesäuren im Gegensatz zu den Phenoxyessigsäuren eine p-Substitution zu einer starken Wirkungsminderung führt[15].

Die Carboxylgruppe am Phenylkern kann, unter Wirkungsabschwächung, z. B. durch $\underset{\underset{O}{\|}}{P}(OH)_2$ ersetzt werden.

b) Aromatische Monocarbonsäuren

Monohalogenbenzoesäuren

Benzoesäuren ohne Halogensubstitution sind herbizid wirksam, wenn in m-Stellung eine Methoxy, Thiomethyl, Methyl oder Dimethylaminogruppe steht. Es scheint aber, daß eine annehmbare herbizide Wirksamkeit nur bei den Amidderivaten zu verzeichnen ist.

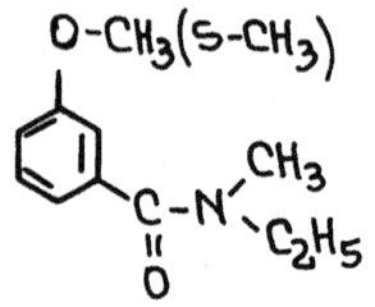


Versuchsprodukt
der Montecatini-Edison

Wirkung über Wurzel, aber auch Blattwirkung.
Literatur[164].
Pre-emergence Wirkung gegen Hühnerhirse und andere Hirsearten.

Montecatini-Edison hat auch das sec-Butylamid der m-Brombenzoesäure als Herbizid patentiert[157].

Benzoesäuren mit 1x Chlor in o- oder p-Stellung sind ebenfalls herbizid aktiv.

Die herbizide Wirkung der 2-Methoxy-3-methyl-6-chlorbenzoesäure zeigt die Austauschbarkeit eines o-ständigen Chlors, hier gegen $OCH_3$.

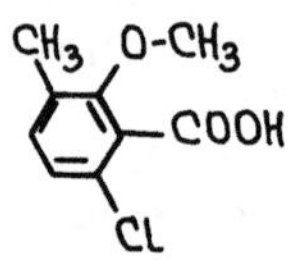


16-19

Versuchsprodukt
(Velsicol Chem. Corp.)

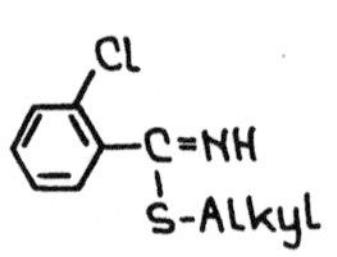


20

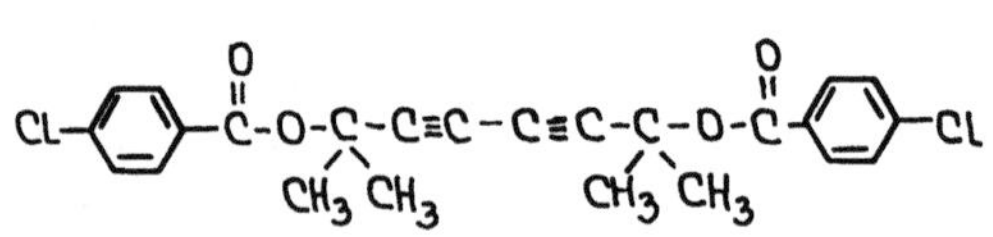


21

p-Isothiocyanato-benzoesäure s.[140].

Dihalogenbenzoesäuren

Die 2,6-Dichlorbenzoesäure zeigt eine starke herbizide Wirkung, und die Zahl der patentierten Substanzen, welche die entspr. Gruppierung enthalten, ist sehr umfangreich. Die Darstellung der 2,6-Dichlorbenzoesäure ist aber nicht ganz einfach. Die freie Säure und ihre Ester werden u. W. nicht benutzt. Patentiert sind auch die Anilide[22]. Praktische Bedeutung haben nur das Thioamid und das Nitril gewonnen.

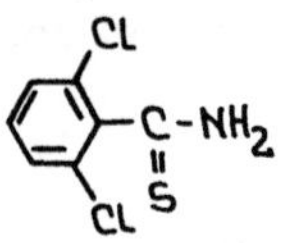


2,6-Dichlorbenzoesäure-thioamid
Common name: Chlorthiamid
Handelsname: Prefix®
(Shell) 1963

$LD_{50}$: Die Werte schwanken zwischen 750 und 1000 mg/kg Ratte p. o. Wasserlöslichkeit: 950 ppm. Wirkungsweise: Blatt- und Wurzelherbizid mit systemischer Wirkung. Anwendungsweise: Post- und pre-emergence. Anwendungsgebiet: Totalherbizid selektiv in Obst- und Weinbau sowie bei tiefer wurzelnden Gehölzen. Patente[23,132]. Literatur[24].

Die Verbindung soll nicht aufgrund ihrer Verseifbarkeit in 2,6-Dichlorbenzoesäure wirksam sein, sondern nach Maßgabe ihrer Umwandlung in das herbizid besonders wirksame Nitril ihre Wirkung entfalten. Damit wird auch die höhere herbizide Wirksamkeit des Thioamids gegenüber dem Sauerstoff-haltigen Amid der 2,6-Dichlorbenzoesäure erklärt. Über 2,6-Dichlorbenzonitril s. S. 303.

Einige weitere Abkömmlinge des 2,6-Dichlor-benzoesäurethioamids sind als Herbizide unter Patentschutz gestellt:

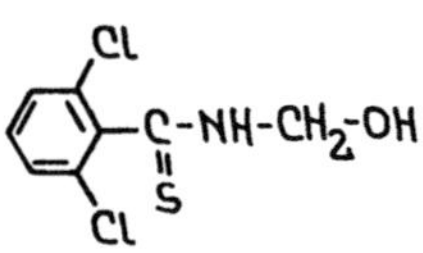


Versuchsprodukt
Handelsname: PH 40-25 (Philips Duphar)

$LD_{50}$: 2000 mg/kg Ratte p. o. akut. Wasserlöslichkeit: 2700 ppm. Wirkungsweise: Bodenherbizid. Anwendungsweise: Pre- und post-emergence. Anwendungsgebiet: Gegen Gräser, breitblättrige Unkräuter. Verhalten und Wirkungsweise wie 2,6-Dichlorbenzonitril, dringt aber wegen der besseren Wasserlöslichkeit tiefer in den Boden ein.
Patente[25,26].

Abwandlungen des 2,6-Dichlorbenzoesäurethioamids

$R\text{-}C(=S)\text{-}NH\text{-}CH_2\text{-}X$ [27]

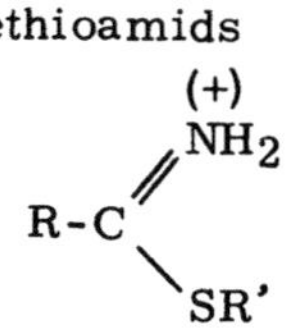


$X^{(-)}$ [20]

R = 2,6-Dichlorphenyl
X = O-Alkyl, $N(Alkyl)_2$

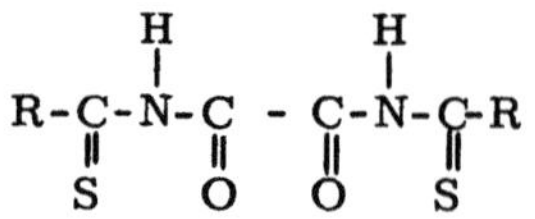 28

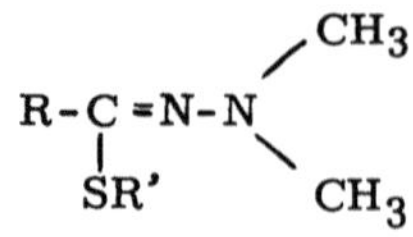 29

R = 2, 6-Dichlorphenyl

Benzhydroxamsäure-Derivate wurden in jüngerer Zeit intensiv bearbeitet. Möglicherweise gehen die Benzhydroxamsäuren in der Pflanze in das Nitril über (s. dort). Die Darstellung geht von z. B. 2, 6-Dichlorbenzaldehydoxim aus:

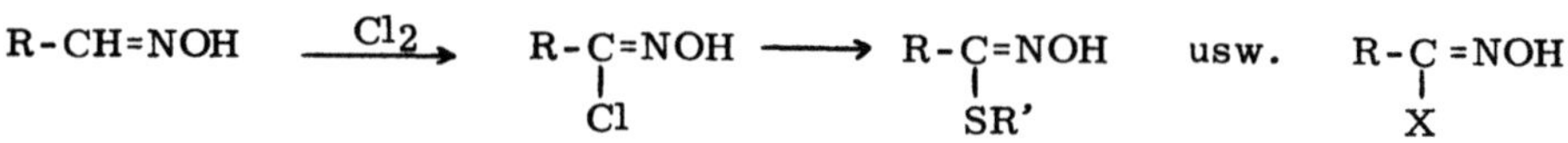 30

X = OH, Cl, $NO_2$, $SO_2R'$, $NH_2$ usw.

Der Konfiguration der 2, 6-Dichlorbenzoesäure begegnet man noch vielfach in heterocyclischen Verbindungen[31, 32]. Als Beispiele seien angeführt:

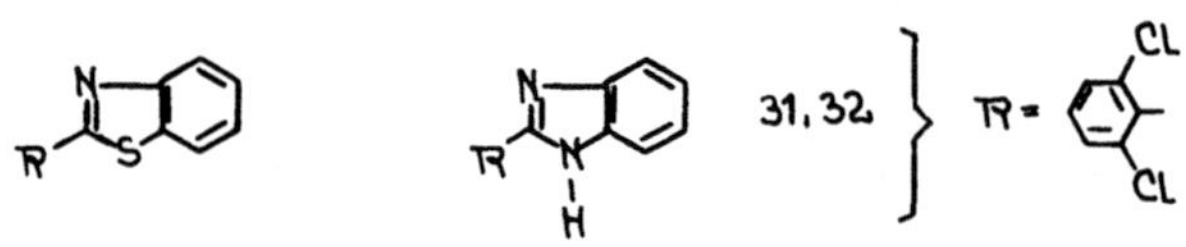


Überraschend ist die später entdeckte Wirksamkeit von 3, 5-Dichlor-benzoesäurederivaten sowie anderen 3, 5-substituierten Benzoesäuren.

3, 5-Dichlor-N-(1, 1-dimethyl-propinyl)-benzamid

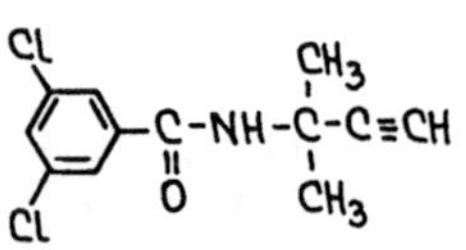

Common name: Propyzamide, Propamide
Handelsname: Pronamide®, Kerb®
Versuchsprodukt: RH-315
(Rohm and Haas)
1965

LD50: 8350 u. 5620 mg/kg Ratte p.o. akut. Wasserlöslichkeit: 15 ppm bei 25°C. Anwendung: Post-emergence, Aufnahme über die Wurzeln. Wirksam gegen Gräser. Selektiv in Luzerne und anderen Leguminosen. Auch pre-emergence Anwendung möglich z. B. in Salat. Verhindert die Chlorophyll-Synthese. Patente[145, 169]. Literatur[141, 144, 146, 147, 176].

Über Beziehungen zwischen chemischer Konstitution und herbizider Wirkung bei ähnlichen Verbindungen[147].

Es scheint, daß die 3, 5-Dichlorbenzoesäure lange Zeit übersehen worden ist oder die schwierigere Darstellung von umfangreichen Untersuchungen abgehalten hat. Auch einfachere Amide der 3, 5-Dichlorbenzoesäure zeigen gute herbizide Wirksamkeit.

N, N-Disec. butyl-3, 5-dichlorbenzamid. Versuchsprodukt der Montecatini Edison.

N-(1, 1-Dimethylpropinyl)-3, 5-dichlorbenzamid[48, 145]. Pre-emergence Anwendung. Spezifische Wirkung gegen Echinocloa crus-galli.
Patente[148, 152]. Literatur[149].

Ähnlich wie man bei den Dichlor-Phenoxyessigsäuren ein Chlor durch eine Methyl-Gruppe ersetzen kann, ist auch bei der 3, 5-Dichlorbenzoesäure ein Austausch von Chlor durch Methyl möglich; hier sind allerdings beide Chloratome austauschbar. Wieder sind Amide herbizid besonders wirksam.

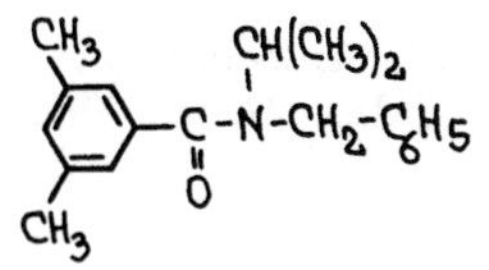


Common name Vorschlag: Benzam und Benziram
Versuchsprodukt: S-18510
(Gulf Oil Corp.)
1974

Selektiv in Baumwolle, Sojabohnen, Getreide und Reis. Anwendung: pre-sowing und pre-emergence.
Patente[166].

Di-sec. Butyl-3, 5-dimethylbenzamid ist ein Versuchsprodukt der Montecatini-Edison mit gleicher Indikation wie das entsprechende 3, 5-Dichlorbenzoesäureamid.
Patente[150]. Literatur[151].

Zahlreiche Benzoesäure-sec. -butylamide sind eingehender untersucht worden besonders hinsichtlich einer Wirkung gegen Echinocloa crus-galli und Setaria glauca[153].

Als besonders wirksam gegen die genannten Unkräuter erwies sich 3, 5-Di-methoxy-benzoesäure-bis-sec. butylamid[177].

Auch die 3, 4-Dichlorbenzoesäure ist in Form des Di-sec. butylamids ein in Reis selektives Herbizid[137, 154]. Dasselbe gilt für 3-Brom-5-nitro-N, N-di-sec. butylbenzamid, einem Versuchsprodukt der Montecatini-Edison (1973). Die Nitrogruppe soll die herbizide Wirkung herabsetzen, aber die Selektivität erhöhen[155].

Derivate der 3, 6-Dichlorbenzoesäure

Schon die vorangehenden Herbizide zeigen die Bedeutung einer Halogensubstitution in 3-Stellung. Dieser Erkenntnis entspringen einige weitere bedeutsame Herbizide. Es scheint aber, als ob die Bedeutung des Ortes der Halogensubstitution mit der Gruppe an der Carboxylfunktion zusammenhängt[33].

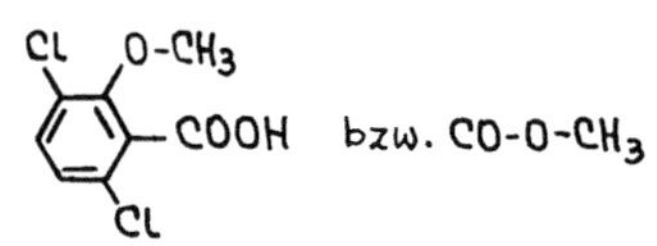


2-Methoxy-3, 6-dichlorbenzoesäure
Common name: Dicamba, Mediben
Handelsname: Banvel-D®, Razuca®
(Velsicol Chemical Corp.)

LD50: 1100-2900 mg/kg Ratte p. o. akut. Ungiftig für Fische. Wasserlöslichkeit: 0, 45 g/100 ml; als Dimethylaminsalz: 75 g/100 ml. Wirkungsweise: Blattherbi-

zid mit systemischer Wirkung. Anwendungsweise: Pre- und post-emergence. Anwendungsgebiet: Gegen Gräser und breitblättrige Unkräuter, speziell gegen Unkräuter, die von 2, 4-D nicht erfaßt werden. Selektiv in Getreide, Flachs, Sorghum (Mohrenhirse).
Patente[34,172]. Literatur[35-38]. Größeres Herbizid.

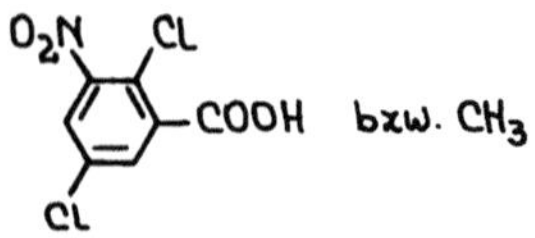

3-Nitro-2, 5-dichlorbenzoesäure(ester)
Handelsname: Dinoben®
(Amchem Products Inc.)

LD50: 3500 mg/kg Ratte p.o. akut. Wirkungsweise: Bodenherbizid. Anwendungsweise: Pre-emergence. Anwendungsgebiet: In Spargel, Möhren, Salat, Mais, Erbsen und Sojabohnen.
Patente[39-41]. Literatur[42,43].

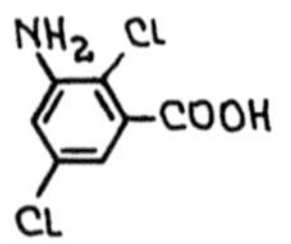

3-Amino-2, 5-dichlorbenzoesäure
Common name: Chloramben
Handelsname: Amiben®, Vegiben®
(Amchem Products Inc.) 1958

LD50: >3500 (3500-5600) mg/kg Ratte p.o. akut. Nicht giftig für Wild und Fische. Wasserlöslichkeit: 700 ppm bei 25°C. Wirkungsweise: Bodenherbizid, Unterdrückung der Wurzelbildung. Anwendungsweise: Pre-emergence. Anwendungsgebiet: Wuchsstoffherbizid gegen Gräser und breitblättrige Pflanzen. Pre-emergence in Tomaten, Spargel, Sojabohnen, Gurken, Möhren, Mais, Süßkartoffeln, Erdnüssen und Pfeffer. Sehr bedeutendes Herbizid
Patente[44-46,168]. Literatur[47].

Weitere 3, 6-Dihalogenbenzoesäurederivate (2, 5-Dihalogenderivate)

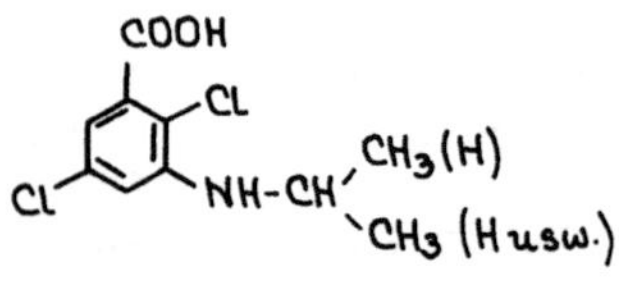

Selektives Herbizid[49]

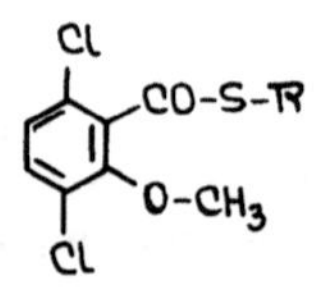

Cl ist z.T. durch $OCH_3$ ersetzbar[51]

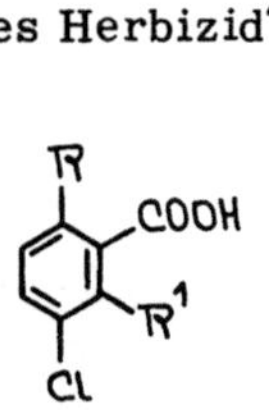

52,139

Wuchsstoffherbizid, speziell wirksam gegen Knöterich.

R u. R' = je 1 x Cl und Alkyl

2, 3-Dichlor-6-methylbenzoesäure und 2-Methyl-3, 6-dichlorbenzoesäure s. [138].

Dibrombenzoesäureamide s.[53].

2-Nitro-5-(2,4-dichlorphenoxy)-benzoesäure siehe bei Phenoläthern.

Trihalogenbenzoesäuren

Auch die Trichlorbenzoesäuren und ihre Ester haben breitere Anwendung gefunden.

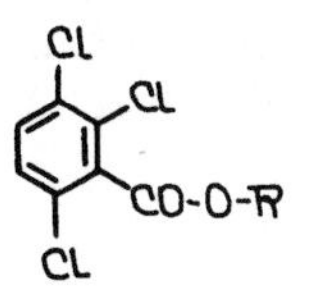


R = H (Na, $NH_4$, Amine)

2,3,6-Trichlorbenzoesäure
Common name: 2,3,6-TBA
Handelsname: Trysben 200 Weed Killer®
(Du Pont) 1954
Benzac 1281®
(Amchem Prod. Inc.)
HC-1281 (Heyden Chem. Co.)

$LD_{50}$: 750 (1500) mg/kg Ratte p.o. akut. Nicht giftig für Fische und Wild. Wasserlöslichkeit: 7700 ppm bei 22°C. Wirkungsweise: Blatt- und Bodenherbizid mit systemischer Wirkung. Anwendungsweise: Pre- und post-emergence. Anwendungsgebiet: Pre-emergence im Mais. Kombination mit MCPA speziell zur Bekämpfung von Kamillearten der Gattungen Matricaria und Anthemis. Außerdem zur Bekämpfung tief wurzelnder, ausdauernder Unkräuter.
Patente. Zuerst patentiert von der IG-Farbenindustrie 1944 [1], später von anderer Seite[143]. Kombinationen geschützt[54-56]. Literatur[6,14,57,58].

2,3,6-TBA zeigt eine mäßige Wuchsstoff-, aber gute herbizide Wirkung und wird im Leitsystem der Pflanze transportiert. Sie wird im Boden nur langsam abgebaut. 2,3,6-Trichlorbenzoesäure soll auf Herbizide der symmetrischen Triazinreihe (s. 6-Ring mit 3 N) synergistisch wirken[59].

Über N-(2,3,6-Trichlorbenzoyl)-5-äthyl-2-methyl-piperidin und 4-(2,3,6-Trichlorbenzoyl)-morpholin vgl.[76].
Nitrierte Trichlorbenzoesäure sind als Herbizide bekanntgeworden, z.B. die 2,3,6-Trichlor-5-nitro-benzoesäure[75].

2,5,6-Trichlorbenzoylchlorid s.[72].

Ähnlich wie 3-Amino-2,5-dichlorbenzoesäure, die ein kräftiges und auch praktisch angewendetes Herbizid darstellt, zeigt auch 3-Amino-2,5,6-trichlorbenzoesäure herbizide Eigenschaften[60].

2-Methoxy-3,6-dichlorbenzoesäure s. Acylaniliden (S.257). 2,4,5-Trichlorbenzoesäure ist ebenfalls ein kräftiges, wenn auch schwächeres Herbizid als 2,3,6-Trichlorbenzoesäure. Mehrfach chlorierte Benzoesäuren und ihre z.T. schwierige Darstellung s.z.B.[61-71].

2,3,5-Di-halogenbenzoesäurederivate

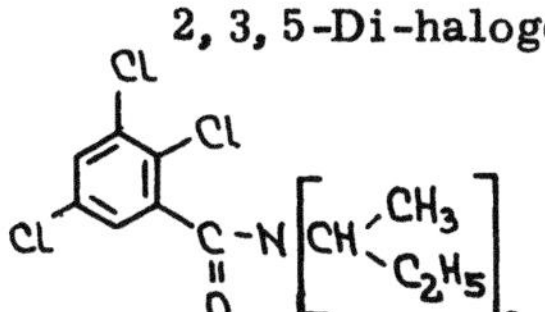


Versuchsherbizid (Montecatini Edison)
Pre- und post-emergence Anwendung.

Patente[157]. Literatur[156].

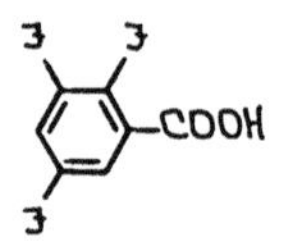

2, 3, 5-Trijodbenzoesäure
Common name: TIBA
Handelsname: Rigime 8®, Floraltone®
(Amchem Products Inc.)

LD50: 700 mg/kg Maus p. o. akut. Wirkungsweise: Blatt- und Bodenherbizid mit systemischer Wirkung. Anwendungsweise: Pre- und post-emergence. Anwendungsgebiet: Pre-emergence in Mais z. Z. als Herbizid ohne praktische Bedeutung. Anwendung als Wuchsstoff.
Patente[78]. Literatur[77].

Nach einer Literaturangabe[77] ist die 2, 3, 5-Trijodbenzoesäure nicht wesentlich herbizid wirksam, sondern nur ein Wachstumshemmer[78]. Die Hemmwirkung beruht auf einem verminderten Transport des Auxins in der Pflanze. In Sojabohnen soll durch Wuchsbeeinflußung eine Ertragssteigerung erreicht werden, und eine solche Verwendung fand einige Zeit großes Interesse. Auch für Erbsen soll ein entsprechender Einsatz bekannt sein[133]. Das Jod in 3- oder 5-Stellung kann ohne wesentliche Wirkungsabnahme durch Brom ersetzt werden[77].

Über einen praktischen Einsatz wurde in jüngster Zeit (1975) nicht mehr berichtet.

Tetrahalogenbenzoesäuren

Die 2, 3, 5, 6-Tetrachlorbenzoesäure soll speziell gegen Knöterich wirksam sein.

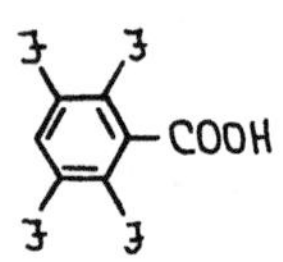

2, 3, 5, 6-Tetrachlorbenzoesäure
Common name: 2, 3, 5, 6-TBA

Wirkungsweise: Herbizid mit systemischer Wirkung. Anwendungsgebiet: Gegen Dikotyledonen.
Patente[79-81]. Literatur[129].

Auch die entsprechende, zusätzlich in 4-Stellung methyl-substituierte Verbindung ist bekannt[82, 83].

N, N-Di-sec. butyl-2, 3, 4, 5-tetrachlorbenzoesäure-amid

Versuchsprodukt der Montecatini-Edison[156]. Die selektive Wirkung ist aber geringer als bei dem 2, 3, 5-Trichlorbenzoesäure-di-sec-butylamid.

In den Polychlorbenzoesäuren kann man, wie schon erwähnt, ein Halogen durch eine Methylgruppe oder eine Methoxy-, Nitro- bzw. Aminogruppe ersetzen, wobei gute Herbizide selektiver Wirksamkeit entstehen[63, 73].

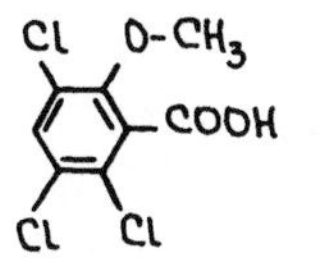

3, 5, 6-Trichlor-2-methoxy-benzoesäure
Common name: Metriben, Tricamba
Handelsname: Banvel T®
(Velsicol Chemical Corp.)

LD50: 970 (300-450) mg/kg Ratte p.o. akut. Wasserlöslichkeit: Na-Salz: 48 g/100 ml!
Anwendungsweise: Post-emergence. Anwendungsgebiet: Getreide.
Patente (Darstellungspatente)[63, 73]. Literatur[74].

Die Zusammenhänge zwischen Ort und Art der Halogensubstitution und Eigenschaften als Wachstumsregulatoren wurden 1969 breit untersucht. Chlor kann in o-Stellung durch Brom, nicht aber durch Jod ausgetauscht werden[77, 135, 136].

Ein sehr umfassendes, älteres Patent beansprucht Benzoesäuren mit Alkylseitenketten, die in der Seitenkette durch Cl substituiert sind[84], z. B.

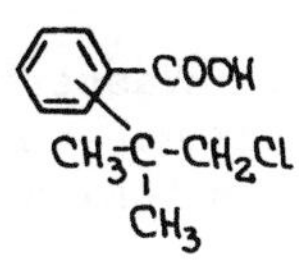

1- oder 2-Naphthoesäure-propylester sind nur schwach herbizid wirksam und mehr Wuchshemmstoffe[158].

Dagegen zeigen die Di-sec-butylamide beider Säuren, in 4-Stellung chloriert, Wirksamkeit gegen Echinocloa crus-galli und Setaria glauca[167]. An gleicher Stelle[167] wird auch über Pyridincarbonsäure-di-sec.-butylamid und die sec.-Butylamide anderer heterocyclischer Carbonsäuren berichtet.

c) Aromatische Dicarbonsäuren und entsprechende Thioverbindungen

Auch unter den chlorierten aromatischen Dicarbonsäuren finden sich Herbizide: Chlorterephthalsäureester[85, 86]. Über Halbamide, speziell Anilide von aromatischen Dicarbonsäuren s. bei Arylaniliden.

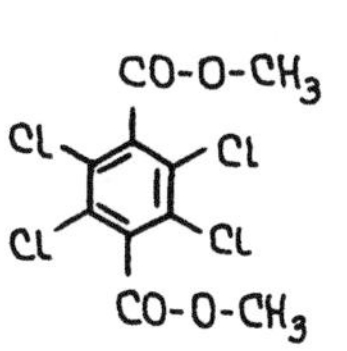

Dimethyl-2, 3, 5, 6-tetrachlor-terephthalat
Common name: DCPA, Chlorthal
Handelsname: Dacthal®
(Diamond Alkali Co.)
1960

LD50: >3000 mg/kg Ratte p.o. akut. Wasserlöslichkeit: 0,5 ppm bei 25°C. Wirkungsweise: Bodenherbizid. Anwendungsweise: Pre-emergence. Anwendungsgebiet: Selektiv in Gemüse, Zierpflanzen, Erdbeeren und auf Rasenflächen. Halbwertzeit im Boden länger als 100 Tage. Größeres Herbizid.
Patente[87-90]. Literatur[91-93].

Ersetzt man eine $—OCH_3$-Gruppierung durch $—SCH_3$, so erhält man den

2,3,5,6-Tetrachlorterephthalsäure-methyl-thiolmethylester

Handelsname: Glenbar®
(Velsicol Chemical Corp.)
1965

LD50: 3300 mg/kg Ratte p.o. akut. Wasserlöslichkeit: 0,36 ppm. Wirkungsweise: Bodenherbizid. Anwendungsweise: Pre-emergence. Anwendungsgebiet: Reis, Erdnüsse, Baumwolle, Erbsen, Bohnen, Kartoffeln. Ohne Bedeutung.
Patente[94-99]; weitere gemischte Ester[95,100,101]. Literatur[130,131].

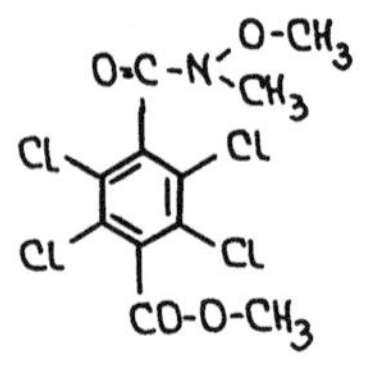

N-Methoxy-N-methyl-2,3,5,6-tetrachlor-4-carbomethoxy-benzamid
OCS 21693
(Velsicol Chemical Corp.)
1967

LD50: 1170-1250 mg/kg Ratte p.o. akut. Wasserlöslichkeit: 5 ppm. Wirkungsweise: Bodenherbizid. Anwendungsweise: Pre-emergence. Anwendungsgebiet: Reis, Erdnüsse, Bohnen, Baumwolle, Kartoffeln, Sojabohnen. Spezifisch gegen Digitaria auf Rasenflächen.
Patente[102-105]. Literatur[106].

Zu den Herbiziden dieser chemischen Gruppe gehört neben

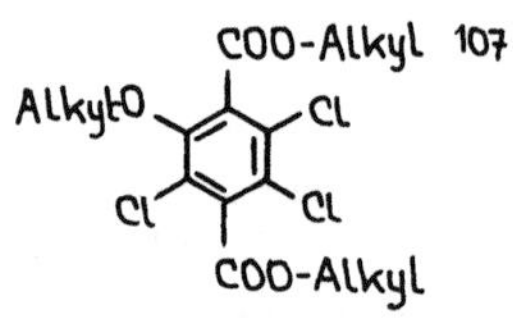

der Trichlor-hemimellitsäure-methylester[108,109]. Über Phthalsäureanilide s. bei Acylaniliden. Tetrahydrophthalimide[180].

Naphthalsäureanhydrid ist kein direktes Herbizid, zeigt aber eine Schutzwirkung speziell gegen N,N-Dipropyl-thiocarbamidsäure-äthylester indem es eine Ertragsminderung bei Mais nach Anwendung des Herbizides aufhebt. Die Verbindung ist ein Verkaufsprodukt der Gulf Res. unter dem Namen: Protect®.
LD50: 12300 mg/kg Ratte p.o. akut. LC50: 6 mg/L 96 Std. Regenbogen-Forelle.
Patente[173,174].

## 5.7.5. Heterocyclische Carbonsäuren

a) Carbonsäuren von heterocyclischen 5-Ringen

Bis heute sind aus diesen Klassen nur wenige Vertreter als Herbizide patentiert worden; immerhin sind nach 1968 einige Produkte in das Versuchsstadium gelangt und ein Produkt wurde Handelspräparat.

Pyrrol-1-carbonsäure-(2,4-dichlorphenylester ist ein Versuchsherbizid NH-6967 der Nihon Noyaku und R. Geigy im Reis.

Pyrrol-dicarbonsäureester:

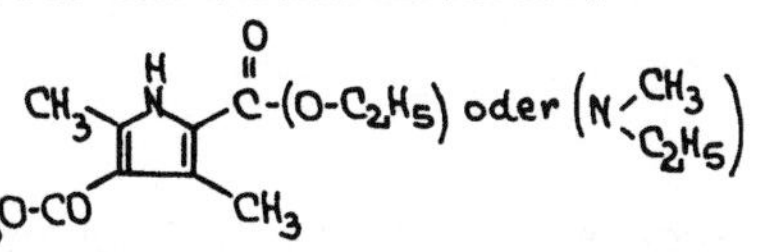

(Upjohn Co.)
1973

Der Äthylester zeigt post-emergence Wirkung, während das Amid pre- und post-angewandt werden kann gegen breitblättrige Unkräuter, aber weniger gegen Ungräser.
Patente[161]. Literatur[162].

Imidazolidin-2-on-1-carbonsäure-iso-butylamid

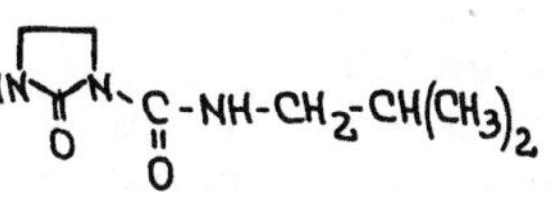

Common name: Isocarbamid
Handelsprod.: Merpelan AZ
(Bayer AG)
1972/73
(Mischung mit Lenacil)

Zusammen mit Lenacil (65:13) als Rübenherbizid pre-emergence Anwendung.
$LD_{50}$: 2500 mg/kg Ratte. Wasserlöslichkeit:des Carbonsäureamids: 5500 ppm/20°C.
Aufnahme durch die Wurzeln der keimenden Unkräuter.
Literatur[179].

Triazolcarbonsäurederivate

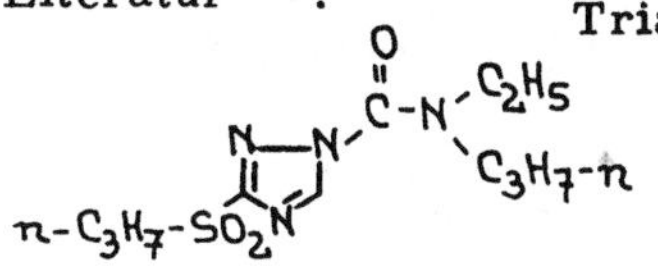

Common name Vorschlag: Epronaz
Versuchsherbizid: BTS-30843
(Boots Pure Drug.)
1973

Pre-emergence Anwendung in Mais, Baumwolle, Sojabohnen und Erdnüssen.
Patente[163]. Literatur[175].

Über eine neue Entwicklung, ausgehend von acylierten Harnstoffen, wonach heterocyclische Carbonsäureamide neuartige Insektizide sind, wurde schon bei den acylierten aromatisch-aliphatischen Harnstoffen hingewiesen.

Furancarbonsäurederivate

sind als Trichlorfuran-2-carbonsäureamide herbizid wirksam[126,127].

N, N-Diäthyl-5-chlor-3-methyl-2-benzofuran-carbonsäureamid

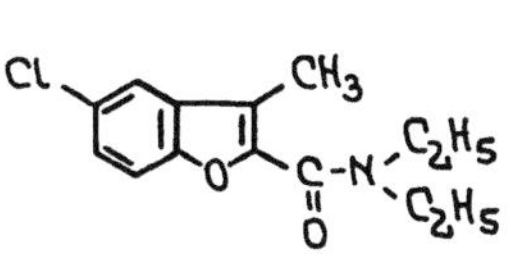

Versuchsprodukt: Wacker-8058

Photosynthesehemmer.
Patente[170]. Literatur[171].

Thiophencarbonsäuren

sind ebenfalls in Form der Chlorsubstitutionsprodukte als 2-Carbonsäureamide Herbizide[128].

b) Pyridincarbonsäuren

Die Bearbeitung dieser Verbindungsklasse wurde angeregt durch die Beobachtung, daß Pyridincarbonsäuren das phytotoxische Prinzip der Tomatenwelke sind. Der Erreger der Tomatenwelke[110], das Fusarium oxysporum produziert unter anderem eine phytotoxische Alkyl-pyridincarbonsäure[111]. Dieselbe Verbindung ist auch in Kulturfiltraten von Gibberella fujikuroi (Reiskrankheit) und in anderen Fusarium-Pilzen gefunden worden. Die Wirksubstanz ist 5-Butyl-pyridin-carbonsäure[110]. Diese Konstitution gaben schon früher japanische Forscher für eine Welkesubstanz aus den Stoffwechselprodukten von Fusarium heterosporum an[112]. Die Synthese der Fusarinsäure (5-Butyl-pyridin-2-carbonsäure)[113,114] und verwandter Verbindungen[134] wurde mitgeteilt.

Vor einiger Zeit wurde unter anderem bekannt, daß auch 3-Butylisonicotin-carbonsäure eine ähnlich herbizide Wirkung aufweist[115], und bereits die Pyridin-3- oder 4-carbonsäuren sollen Wuchsstoffe sein[116]. Aber erst später ist offensichtlich die Gruppe der heterocyclischen Carbonsäuren systematisch und mit Erfolg auf herbizide Wirkung durchforscht worden[167] und dabei wurden hochwirksame Verbindungen entdeckt. Trotz des relativ hohen Preises konnten einzelne Verbindungen mit hoher Wirksamkeit zur Ergänzung bekannter Herbizide relativ rasch in die Praxis eingeführt werden.

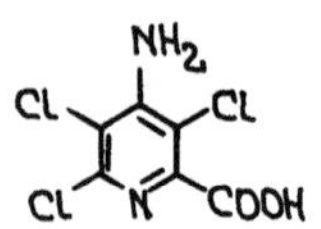


4-Amino-3, 5, 6-trichlorpyridincarbonsäure
Common name: Picloram
Handelsname: Tordon®
(Dow Chemical Co.)
1963

(K-Salz)

LD50: 8200 mg/kg Ratte p. o. akut. 100 mg/kg Schaf. Wasserlöslichkeit: 430 ppm bei 25°C. Wirkungsweise: Blattherbizid mit systemischer Wirkung und Bodenherbizid. Anwendungsgebiet: Hochwirksam gegen Gehölze und tiefer wurzelnde Unkräuter. Lang anhaltende Rückstände im Boden sind zu beachten! Totalherbizid. Patente[117-121]. Ein Patent umfaßt auch das entsprechende Nitril und die $CCl_3$-Gruppe[120].
Literatur[122-125].

Erst 1975 wurde die 3, 6-Dichlor-2-Pyridincarbonsäure als Herbizid bekannt. Die Wirksamkeit ist wohl geringer als beim Tordon, dafür tritt Selektivität in Getreide, Mais und Sorghum auf.

Versuchsprodukt Dowco-290
(Dow Chem. Co.)
1975

LD50: 4300-5000 mg/kg Ratte p.o. akut. Wirksam gegen 2,4-D-resistente Unkräuter. Aufnahme durch Wurzeln und Blätter. Über einen Abbau der Verbindung in Pflanze oder Tier ist nichts bekannt. Kombinationen mit MCPA. Patente[178].

# Literatur und Patente

5. Organische Herbizide

5.7.4. Aromatische Carbonsäuren - 5.7.5. Heterocyclische Carbonsäuren


1. DBP 860 639, 19.5.44/24.4.52, I.G. Farbenindustrie.
2. Offe, H.A.: Angew. Chem. 62, 453 (50)(z.T. Vortrag über Ergebnisse der unter 1. genannten Autoren auf der GDCh-Tagung in Frankfurt).
3. Binder, K. Dissertation (R. Wegler), TH Stuttgart (38).
4. Steiner, M., TH Stuttgart, Nachr. Akad. Wiss. Göttingen, Mathem.-phys. Klasse, Biol.-Physiol.-Chem. Abt. 11 (47)(Berichtet hier aufbauend auf von anderer Seite (3.) zur Verfügung gestellten Verbindungen).
5. DBP 814 806, 2.11.48/2.8.51, Henkel & Cie.
6. Bentley, J.A.: Nature 165, 449 (50).
7. Linser, H.: The Chemistry and Mode of Action of Plant Growth Substances, Proc. of a Symposium held at Wye College (University of London) July 1955, p. 141. Ed. by R.L. Wain u. F. Wightman, London: Butterworth Scientific Publications (56).
8. Veldstra, H.: The Chemistry and Mode of Action of Plant Growth Substances, Proc. of a Symposium held at Wye College (University of London) July 55, p. 117. Ed. by R.L. Wain u. F. Wightman, London: Butterworth Scientific Publications (56).
9. Åberg, B.: The Chemistry and Mode of Action of Plant Growth Substances, Proc. of a Symposium held at Wye College (University of London) July 55, p. 93. Ed by R.L. Wain u. F. Wightman, London: Butterworth Scientific Publications (56).
10. Veldstra, H. u. Booij, H.L.: Biochim. Biophys. Acta 3, 278 (49); ref. CA 44, 6490f.
11. -, Ann. Rev. Plant Physiol. 4, 151 (53).
12. -, Chem. Weekblad 51, 158 (55).
13. -, Rec. Trav. Chim. 71, 15 (52).
14. Miller, H.J.: Weeds 1 (2), 185 (52).
15. Buchholtz, K.P.: Weed Soc. of American Abstracts 2, 23 (58).
16. US 3 130 206, 8.11.61/21.4.64, Velsicol Chemical Corp.
17. = BE 644 542, 28.2.64/28.8.64.
18. = FR 1 394 858, 24.2.64/1.3.65.
19. = NE 64 02 014, 28.2.64/30.8.65.
20. GB 1 039 459, 1.4.65/17.8.66, Shell Internationale Research Maatschappij.
21. US 2 913 485, 19.5.58/17.11.59, Dow Chemical Co.
22. US 3 357 816, 8.12.64/12.12.67, US Prior. 18.8.59, Monsanto Co.
23. FR 1 421 215, 3.1.63/12.4.66, GB Prior. 5.1.62, Shell Research Ltd.
24. Sandfort, H.: Proc. 7. Brit. Weed Control Conf. 1964, p. 208.

25. FR 1 362 906, 10.7.63/27.4.64, Philips Gloeilampenfabrieken.
26. = GB 1 052 888, 9.7.63/30.12.66, NE Prior. 12.7.62.
27. NE 64 10 300, 4.9.64/7.3.66, Philips N.V.
28. GB 1 033 389, 16.12.63/22.6.66, Shell Internationale Research Maatschappij.
29. NE 66 08 261, 15.6.66/19.12.66, GB Prior. 17.6.65 u. 9.5.66, Shell.
30. US 3 234 255, 16.11.61/8.2.66, Shell Oil Corp.
31. GB 1 013 441, 19.10.61/15.12.65, Shell Research Ltd.
32. GB 1 022 750, 28.1.65/16.3.66, Shell Internationale Research Maatschappij.
33. FR 1 466 959, 3.2.66/12.12.66, US Prior. 4.2.65, Upjohn Co.
34. US 3 013 054, 4.8.58/12.12.61, Velsicol Chemical Corp.
35. Linder, P.J., Mitchell, J.W., and Freeman, G.D.: J.Agr. Food Chem. 12, 437 (64).
36. Donaldson, T.W., and Foy, C.L.: Weeds 13, 195 (65).
37. Quimby jr., P.C., and Nalewaja, J.D.: Weeds 14, 229 (66).
38. Morton, H.L., Robison, E.D., and Meyer, R.E.: Weeds 15, 268 (67).
39. GB 830 060, 11.8.58/9.3.60, US Prior. 19.11.57, Amchem Products, Inc.
40. = DAS 1 115 514, 17.10.58/19.10.61.
41. US 3 013 873, 19.11.57/19.12.61, Amchem. Products, Inc.
42. Hart, R.D., and Cooke, A.R.: Proc. Northeast. Weed Control Conf. 18, 71 (64).
43. Glaze, N.C.: Proc. 21. Ann. Meeting Southern Weed Conf. 1968, p. 201.
44. DAS 1 115 516, 13.10.59/19.10.61, US Prior. 15.10.58 u. 17.12.58, Amchem Products, Inc.
45. FR 1 270 377, 14.10.60/17.7.61, US Prior. 16.10.59, Amchem Products.
46. BE 589 220, 30.3.60/30.9.60, US Prior. 4.8., 15.9., 22.9., 23.9., 13.10. u. 19.11.58, Velsicol Chemical Corp., US 3 014 063 (1961), US 3 174 842 (1965).
47. Sterry, J.R.: Comptes Rendus des Journées d'Etudes sur les Herbicides, p. 23, Paris 61.
48. NE 68 00 322, 9.1.68/11.7.68, US Prior. 10.1.67 u. 2.10.67, Rohm & Haas.
49. US 3 257 191, 15.3.63/21.6.66, US Prior. 8.7.59, Hooker Chemical Corp.
50. US 3 282 977, 18.2.63/1.11.66, Velsicol Chemical Corp.
51. US 3 287 404, 20.8.63/22.11.66, Velsicol Chemical Corp.
52. US 3 236 623, 19.6.62/22.2.66, US Prior. 10.2.58, Tenneco Chemicals, Inc.
53. US 3 231 360, 15.6.62/25.1.66, US Prior. 11.9.59, P.E. Newallis.
54. DAS 1 032 971, 12.6.56/26.6.58, Am. Prior. 13.6.55, Heyden Newport Chemical Corp.
55. = FR 1 167 908, 13.6.56/25.8.58.
56. GB 821 533, 13.6.55/Okt. 59, Heyden Newport Chemical Co.
57. Minarik, C.E., Ready, D., Norman, A.G., Thompson, H.E., and Owings jr., J.F.: Botan. Gaz. 113, 135 (51).
58. Zimmerman, P.W., and Hitchcock, A.E.: Contrib. Boyce Thompson Inst. 16, 209 (50/52).
59. DAS 1 267 903, 17.12.59/9.5.68, US Prior. 17.12.58, Du Pont.
60. US 3 391 185, 17.7.59/2.7.68, US Prior. 18.9.56, Du Pont.
61. US 2 726 947, 22.12.50/13.12.55, B.F. Goodrich Co.
62. US 2 847 462, 2.3.56/12.8.58, Heyden Newport Chemical Corp.
63. US 2 890 243, 15.11.56/9.6.59, Du Pont.
64. US 3 210 415, 23.8.63/5.11.65, Diamond Alkali Co. (Darstellungspatent).
65. FR 1 125 728, 3.6.55/6.11.56, US Prior. 4.6.54, Diamond Alkali Co.

66. FR 1 167 303, 27.2.57/24.11.58, US Prior. 28.2.56, Heyden Newport Chemical Corp.
67. FR 1 167 672, 24.12.57/23.11.59, US Prior. 21.10.55, Heyden Newport Chemical Corp.
68. DAS 1 046 394, 12.9.56/11.12.58, US Prior. 13.6.55, Heyden Newport Chemical Corp.
69. DAS 1 073 238, 17.5.57/14.1.60, GB Prior. 18.5., 31.8. u. 3.9.56, Fisons Pest Control Ltd.
70. GB 819 127, 9.4.58/26.8.59, Amchem Products, Inc.
71. GB 1 008 563, 17.10.61/27.10.65, Philips Gloeilampenfabrieken.
72. US 3 261 678, 27.1.64/19.7.66, US Prior. 8.11.56, 11.5.59 u. 1.5.61, Du Pont.
73. BE 668 358, 17.8.65/17.2.66, GE Prior. 20.8.64, Farbenfabriken Bayer AG (Zur Darstellung herbizid wirksamer 3-Amino-2,4,5-trichlorbenzoesäure und ihrer Salze).
74. Callahan, L. M., and Engel, R. E.: Proc. Northeast. Weed Control Conf. 18, 535 (64).
75. US 3 248 208, 29.11.62/26.4.66, US Prior. 10.6.58, Hooker Chemical Corp.
76. US 3 321 295, 4.11.65/23.5.67, US Prior. 18.8.59 u. 12.9.62, Monsanto.
77. Huffman, C.W., Godar, E.M., and Torgeson, D.C.: J. Agr. Food Chem. 15(6), 976 (67).
78. US 3 325 274, 13.8.65/13.6.67, US Prior. 12.12.63, Iowa State University Research Foundation.
79. DBP 1 019 324, 3.6.55/-, US Prior. 4.6.54, Diamond Alkali Co.
80. GB 833 218, 8.2.56/21.4.60, US Prior. 29.4.55, Hooker Electrochemical Co.
81. US 3 014 965, 29.4.55/26.12.61, Hooker Chemical Corp. (beansprucht die Säureamide).
82. DAS 1 079 885, 29.1.59/14.4.60, BASF.
83. FR 1 224 786, 21.5.59/8.2.60, Heyden Newport Chemical Corp.
84. US 2 724 643, 4.12.50/22.11.55, Shell Development Co.
85. US 3 232 737, 15.11.62/1.2.66, Food Machinery and Chem. Corp.
86. = FR 1 387 635, 26.3.64/21.12.64.
87. US 2 923 634, 4.4.58/2.2.60, Diamond Alkali Co.
88. US 3 052 712, 11.9.59/4.9.62, Diamond Alkali Co.
89. = BE 577 333, 3.4.59/30.4.59, US Prior. 4.4.58.
90. BE 676 953, 23.2.66/23.8.66, US Prior. 23.2.65, Velsicol Chemical Corp.
91. Chem. Eng. News 38 (4), 57 (60).
92. -
93. Schuldt, P.H., Limpel, L.E., and Lamont, D.: Proc. 14. Annual Meeting Northeastern Weed Control Conf. 1960, p.42.
94. US 3 309 391, 13.10.64/14.3.67, Velsicol Chemical Corp.
95. US 3 311 652, 13.10.64/28.3.67, Velsicol Chemical Corp.
96. US 3 333 945, 31.8.66/1.8.67, US Prior. 13.10.64, Velsicol Chemical Corp.
97. GB 1 005 049, 6.5.64/22.9.65, US Prior. 17.5.63, Velsicol Chem. Corp.
98. BE 657 829, 31.12.64/30.6.65, Velsicol Chemical Corp.
99. NE 64 05 388, 14.5.64/15.11.65, Velsicol Chemical Corp.
100. US 3 343 938, 31.8.66/26.9.67, US Prior. 13.10.64, Velsicol Chem. Corp.
101. US 3 333 944, 10.6.66/1.8.67, US Prior. 17.5.63, Velsicol Chem. Corp.
102. US 3 278 582, 27.7.62/11.10.66, Velsicol Chemical Corp.
103. FR 1 375 103, 23.7.63/7.9.64, US Prior. 27.7.62, Velsicol Chem. Corp.
104. GB 1 031 074, 25.7.63/25.5.66, US Prior. 23.7.62, Velsicol Chem. Corp.

105. = BE 635 465, 26.7.63/27.1.64.
106. Schulz, K.L., Keating, J.J., Reno, P.J., King, J.O., Carpenter, W.D., and Chrisholm, D.W.: Agr. Chem. 22 (5), 20 (67).
107. US 3 301 892, 16.6.64/31.1.67, Velsicol Chemical Corp.
108. DAS 1 087 590, 17.7.59/25.8.60, Ruhrchemie AG
109. GB 833 594, 15.10.57/27.4.60, US Prior. 15.10.56, Monsanto Chemical Co.
110. Plattner, P.A., Keller, A.W. et Boller, A.: Helv. Chim. Acta 37, 1379 (54).
111. Gäumann, E., Naef-Roth, S., Reussner, P. u. Ammann, A.: Phytopathol. Z. 19, 2 160 (52).
112. Yabuta, T., and Hayasi, T.: J. Imp. Agr. Expt. Sta. (Japan) 3, 365 (in Englisch 396) (40); ref. CA 35, 4803 (41).
113. Hardegger, E. et Nikles, E.: Helv. Chim. Acta 39, 505 (56).
114. Brokke, M.E. et Dewald, C.L.: Helv. Chim. Acta 39, 232 (56).
115. Ferles, M. u. Jankovsky, M.: Collection Czech. Chem. Commun. 31, Nr. 7, 3008 (66); ref. CA 65, 10556f.
116. SU 179 554, 7.5.65/Mai 1966, B.V. Suvorov u. Mitarb.
117. US 3 234 229, 6.3.62/8.2.66, Dow Chemical Co.
118. = BE 628 486, 15.2.63/16.8.63, US Prior. 6.3.62.
119. BE 628 487, 15.2.63/16.8.63, US Prior. 6.3.62 u. 26.10.62, Dow Chemical Co.
120. US 3 285 925, 15.4.64/15.11.66, US Prior. 6.3.62 u. 26.10.62, Dow Chemical Co.
121. BE 667 097, 19.7.65/19.1.66, FR Prior. 20.7.64, Produits Chimiques Industriels et Agricols Procida.
122. Richter, W.: Gesunde Pflanzen 18, 108 (66).
123. Schwartzbeck, R.A., and Wiltse, M.G.: Proc. Northeast. Weed Control Cof. 18, 414 (64).
124. Ferguson, R.H.: Agressive Weeds in Grazing Areas, Biokemia 9, 2 (65).
125. Nölle, H.H.: Z. Pflanzenkrankh. Pflanzenschutz, Sonderh. III, 261 (65).
126. US 3 266 883, 23.11.64/16.8.66, US Prior. 2.6.61, Hooker Chemical Corp.
127. US 3 354 157, 23.11.64/21.11.67, US Prior. 2.6.61, Hooker Chem. Corp.
128. NE 66 03 112, 9.3.66/12.9.66, GB Prior. 10.3. u. 3.12.65, May and Baker Ltd.
129. Faivre-Dupaige, R.: Defense Vegetaux 18 (105), 27 (64).
130. Knake, E.L.: 22. Annual Research Report, North Central Weed Control Conf. 1965, p. 83.
131. Herbicide Handbook of the Weed Society of America, p. 150. Geneva - New York: W.F. Humphrey Press Inc. 67.
132. US 3 374 084, 7.6.67/19.3.68, US Prior. 12.6.63 u. 26.2.65, North American Philips Co., Inc.
133. NE 68 02 190, 15.2.68/16.8.68, GB Prior. 15.2.67, Amchem Products Inc.
134. Jankovsky, M., and Ferles, M.: Chem. Listy 62 (10), 1206 (68).
135. James, G.S., and Wain, R.L.: Ann. Appl. Biol. 63 (2), 205 (69).
136. Huffman, C.W., Godar, E.M., and Torgeson, D.C.: Weed Abstr. 17, 228 (68).
137. DOS 1 807 509, 7.11.68/17.7.69, IT Prior. 9.11.67, Montecatini-Edison.
138. DOS 1 417 413, 21.5.59/4.9.69, Tenneco Chemicals, Inc.
139. US 3 236 625, 18.7.63/22.2.66, US Prior. 22.5.58, Tenneco Chemicals.
140. US 3 449 112, 4.2.66/10.6.69, Upjohn Co.
141. Visite, K.L., Crovetti, A.J. u. Horrom, B.W.: Science 167, 280 (70).

142. GB 1 209 068, 9.1.68/14.10.70, Rohm and Haas,
US 3 534 098, 2.10.67/13.10.70, Rohm and Haas,
US 3 640 699, 3.3.70/8.2.72, Rohm and Haas.
143. US 2 848 470, 26.9.57/19.8.58, Heyden-Newport,
US 3 081 162, 27.11.56/12.3.63, Heyden-Newport,
US 3 128 171.
144. 3. Sympos. nouv. herb. 12, 69 Versailles I. 237.
145. US 3 534 098, 10.10.67/13.10.70, Rohm and Haas,
US 3 723 523, 2.10.67/4.11.71, Rohm and Haas,
GB 1 209 068, FR 1 553 199.
146. Abbott-Lab. + Rohm and Haas: Science 167, 280 (70).
147. Swithenbank, C., Viste, V.L.: J. Agr. Food Chem. 19 (5), 417 (71).
148. DOS 1 807 509, 7.11.68/17.7.69. IT Prior. 9.11.67, Montecatini-Edison.
IT 827 764, 852 484.
149. Pagani, G. et al.: Il.Farmaco Ed. Sci. 26 (11), 965 (71).
150. DOS 1 807 509, 7.11.68/17.7.69, Montecatini-Edison, s. 148.
151. Pagani, G. et al.: Il.Farmaco Ed. Sci. 28, 835 (73).
152. DOS 2 140 438, 12.8.71/22.2.73, BASF.
153. Pagani, G. et al.: Il.Farmaco Ed. Sci. 28, 570 (73).
154. Gialdi, F. et al.: Il.Farmaco Ed. Sci. 26 (8), 726 (71).
155. Pagani, G. et al.: Il.Farmaco Ed. Sci. 28 (9), 741 (73).
156. s. 153. Baruffini, A.: Il.Farmaco Ed. Sci. 28 (5), 384 (73).
157. DOS 1 807 509, 7.10.68/17.7.69. IT Prior. 9.11.67, Montecatini-Edison,
IT 827 764 = BE 723 592.
158. Buta, J.G. et al.: Phyto. Chem. 13 (7), 1033 (74).
159. Burnside, O.C. et al.: Weed Sci. 19 (5), 565 (71).
160. DOS 1 952 910, 21.10.69/25.6.70, Gulf Oil Co.,
GB 1 267 960, 25.10.68/22.3.72, Gulf Oil Co.
161. DOS 2 235 811, 29.7.71/8.2.73, Upjohn.
162. Church, A.R. et al.: J. Agr. Food Chem. 21 (5), 763 (73).
163. DOS 2 132 618, 30.5.71/5.1.72, Boots Pure Drug,
GB Prior. 1.7.70/31.3.71, SZ 540 642.
164. Baruffini, A. et al.: Il. Farmaco Ed. Sci. 26 (10), 891 (71).
165. Pagani, G. et al.: Il. Farmaco Ed. Sci. 26 (9), 821 (71).
166. DOS 2 104 857, 2.2.71/18.11.71, Gulf Oil Co.
US 3 690 865, 8.12.70/12.9.72, Gulf Oil Co.
US 3 707 366, 6.2.70/26.12.72, Gulf Oil Co., FR 2 078 170.
167. Pagani, G. et al.: Il.Farmaco Ed. Sci. 29 (7), 491 (74).
168. US 3 778 248, 13.10.70/11.12.73, Amchem.
169. US 3 723 523, 4.11.71/27.3.73, Rohm and Haas.
170. DOS 2 257 034, 21.11.72/30.5.74, Cons.f. Elektrochemie.
171. 3. Int. Congr. Pest. Chem. VII (1974) Helsinki.
172. US 3 013 054, 4.8.58/12.12.61, Velsicol, BE 58 922.
173. Burnside, O.C. et al.: Weed Sci. 19 (5), 565 (71).
174. DOS 1 952 910, 21.10.69/25.6.70, Gulf Res. and Dev., US 3 131 509 (1964),
US 3 564 768, 25.10.68/23.12.71, Gulf Res. and Dev.
175. Brit. Weed Contr. Conf. Brighton 1974.
176. Techn. Bull. Rohm and Haas 9.1969, Weed Abstr. 19 (2), 125 (70).
177. Baruffini, A., Pagani, G. et al.: Il. Farmaco Ed. Sci. 29, 317 (74).
178. US 3 317 549, 29.9.64/2.5.67, Dow Chem.
DAS 1 228 848, FR 1 394 147.
179. Weed Abstr. 25 (3) 1976 Ref. 858.
180. Weed Abstr. 25 (3) 1976 Ref. 862.

## 5.8. Aromatische Aldehyde

Auf der Suche nach keimhemmenden wuchsstoffaktiven Verbindungen (speziell gegen die Kartoffelkeimung) wurde 1944 (s. die Einleitung bei aromatischen Carbonsäuren) in der I.G. Farbenindustrie, Werk Leverkusen, die Wirkung der chlorierten Benzaldehyde entdeckt[1]. Ob die Aldehydgruppe erst durch die Oxidation zur Carbonsäure wuchsstoffaktiv wird (wie oft angenommen wird), muß bezweifelt werden. Auch die oft entsprechende, durch Verseifung einer Nitrilgruppe erklärte Wirkung der Nitrile ist keinesfalls so einfach zu deuten, ist doch mitunter das Nitril ein viel kräftiger Wuchshemmstoff als die Carbonsäure selbst, und schon sehr früh wurde auf die Möglichkeit einer Eigenwirkung der Nitrilgruppe hingewiesen[2,3].

Der 2,6-Dichlorbenzaldehyd ist ähnlich der entsprechenden Säure zwar ein kräftiges Herbizid[4], aber auch nur schwierig darstellbar. Zahlreiche Patente befassen sich mit seiner Darstellung[5,6] (s. auch 2,6-Dichlorbenzonitril). Herbizide Wirkung entfalten auch viele Kondensationsprodukte des 2,6-Dichlorbenzaldehyds.

Thioacetale:

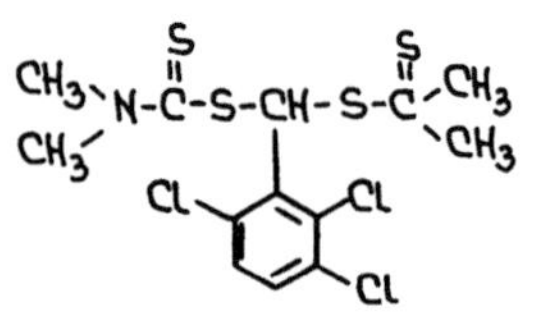

22

2,4,6- und 2,4,5-Trichlorbenzaldehyds sind Wuchsstoffe, dagegen zeigt der 3,4,5-Trichlorbenzaldehyd keine Wuchsstoffwirkung. Dies weist auf die für die Wuchsstoffwirkung wichtige o-Halogensubstitution hin[23]. Schiffsche Basen des 2,3,6-Trichlorbenzaldehyds s.[26].

Auch aromatische, chlorierte Dialdehyde sind als Herbizide patentiert worden[24].

### 5.8.1. Schiffsche Basen und Oxime des 2,6-Dichlorbenzaldehyds

Schiffsche Basen und Azomethine anderer aromatischer Aldehyde.

R-CH=N-R' 7,8

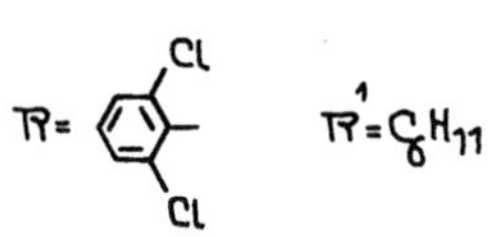

Versuchsherbizid: THC-1626 (Tenneco Chem.) 1969

Der 2,6-Dichlorbenzaldehyd hat besonders Interesse erlangt, weil er in Form einiger Umsetzungsprodukte in das hochwirksame 2,6-Dichlorbenzonitril übergeht (s. Nitrile), z. B. $R-CH=N-N(CH_3)_2$ und entsprechende quartäre Salze[9,10].

Derartige Verbindungen zerfallen leicht in das Nitril und das sekundäre bzw. tertiäre Amin.
Patente[9-14].

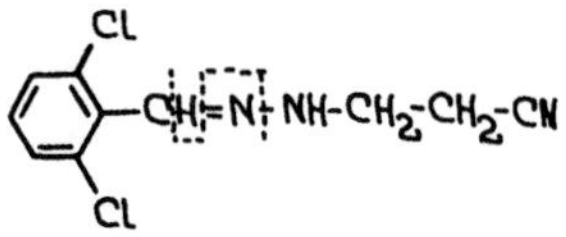

Versuchsprodukt, aufgegeben
P.R.B. 591
Poudreries de Reunies de Belgique S.A.

Patente[27].

O-Acylderivate und Urethane der Oxime[25] sind wie die Oxime selbst leicht in das Nitril überführbar[15] und wohl daher gute Herbizide.

R-CH=N-OR'

R = 2,6-Chlorphenyl (s. oben) R' = H [16,17] R' = Alkyl [18]

$$R\text{-}CH\text{=}N\text{-}O\text{-}\overset{\overset{\displaystyle O}{\|}}{C}\text{-}NH\text{-}R'$$ [19]

R = 2,6-Chlorphenyl

$$R\text{-}CH\text{=}N\text{-}O\text{-}\overset{\overset{\displaystyle O}{\|}}{C}\text{-}R'$$ [17,20,21]

R = 2,6-Chlorphenyl

1976 wurden zahlreiche Azomethine als Wuchsstoffe geprüft u. dabei einige herbizid wirksame Verbindungen aufgefunden, ausgehend von aromatischen Aldehyden, die als solche nur schwach herbizid wirksam sind[29].

z. B.

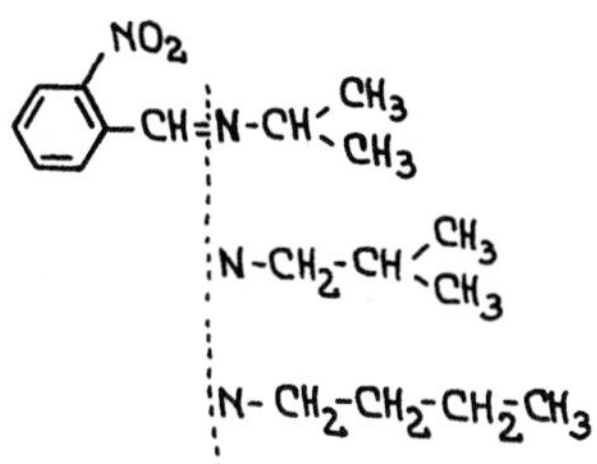

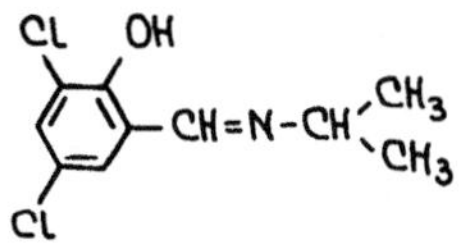

Das Dimethyl-diacetal des Tetrachlorphthaldialdehyd ist als einziges Beispiel eines herbiziden Dialdehyds bekannt geworden.

# Literatur und Patente

5. Organische Herbizide

5. 8. Aromatische Aldehyde


1. Untersuchungen in der IG Farbenindustrie, Werk Leverkusen, 1943-1944, R. Wegler, F. Lober u. B. Wehnelt.
2. Dissertation, K. Binder (R. Wegler), TH Stuttgart, 1938.
3. Steiner, M., TH Stuttgart, Nachr. Akad. Wiss. Göttingen, Mathem.-phys. Klasse, Biol.-Physiol.-Chem. Abt., 11 (1947).
4. DBP 860 639, 195.44/24.4.52, IG Farbenindustrie.
5. DAS 1 202 774, 11.12.63/14.10.65, Shell Internationale Research Maatschappij.
6. BE 590 257, 28.4.60/28.10.60, NE Prior. 28.4.59, Philips Gloeilampenfabrieken.
7. US 3 253 022, 9.10.61/24.5.66, Hooker Chem. Corp.
8. US 3 279 907, 23.6.65/18.10.66, US Prior. 9.10.61, Hooker Chemical Corp.
9. DAS 1 205 765, 30.5.63/25.11.65, Bayer AG.
10. NE 6 503 469, 18.3.65/20.9.65, GB Prior. 18.3.64, Shell.
11. GB 1 019 120, 18.3.64/2.2.66, Shell Internationale Research Maatschappij.
12. FR 1 422 405, 14.12.64/15.11.65, GB Prior. 12.12.63, Shell Internationale Research Maatschappij.
13. US 3 197 504, 16.2.61/27.7.65, Du Pont.
14. BE 673 984, 17.12.65/17.6.66, SZ Prior. 18.12.64, Ciba AG.
15. Mukaiyama, T. and Nohira, H.: J. Org. Chem. 26, 782 (1961).
16. US 3 234 255, 16.11.61/8.2.66, GB Prior. 1,1.60, Shell Oil Co.
17. DAS 1 136 690, 26.4.60/20.9.62, NE Prior. 28.4.59, Philips Gloeilampenfabrieken.
18. BE 590 259, 28.4.60/28.10.60, NE Prior. 28.4.59 u. 30.12.59, Philips Gloeilampenfabrieken.
19. DAS 1 174 757, 22.12.62/30.7.64, Bayer AG.
20. OE 238 165, 30.11.61/25.1.65, GB Prior. 20.10.61, Shell Research Ltd.
21. GB 898 916, 3.11.59/14.6.62, Shell Research Ltd.
22. US 3 266 882, 20.9.65/16.8.66, US Prior. 13.3.62, Tenneco Chemicals, Inc.
23. Linser, H.: The Chemistry and Mode of Action of Plant Growth Substances, Proceedings of a Symposium held at Wye College (University of London) July 1955, p. 141. Ed. by R.L. Wain and F. Wightman, London: Butterworths Scientific Publocations 1956.
24. CA 726 125, 26.6.64/18.1.66, US Prior. 5.8.63, Dominion Rubber Co.
25. DAS 1 300 728, 30.12.60/7.8.69, GB Prior. 1.1.60, Shell Research Ltd.
26. DOS 1 803 696, 17.10.68/10.7.69, US Prior. 18.10.67, Tenneco Chemicals, Inc.
27. BE 709 496, 17.1.68/17.7.68, Poudreries de Reunies de Belgique S.A.
28. BE 750 328, 14.5.69/13.11.70, BASF.
29. Vladimirster, I.F. et al. Fiziol AKC. Veshchesiva 6, 45 (1974) = C.A. 82, 1976, Ref. 124933.

# 5.9. Aromatische Nitrile

Auf die Wuchsstoffwirkung von Nitrilen wurde u. W. erstmals 1937/38 von deutscher Seite[1,2] am Beispiel des ß-Indolyl-acetonitrils hingewiesen. In der IG Farbenindustrie wurden später (1944) vom z. T. gleichen Arbeitskreis zahlreiche aromatische Nitrile hinsichtlich der Verhinderung des Auskeimens von Kartoffeln untersucht und ihre hohe Wuchsstoffhemmwirkung beobachtet[3].

Auf die wichtige 2,6-Dichlor-substitution wurde erstmalig vom Verfasser beim 2,6-Dichlor-benzylcyanid aufmerksam gemacht[28].

Längere Zeit danach befaßten sich andere Arbeitsgruppen, vornehmlich der Firma Philips in Holland, speziell mit dem 2,6-Dichlorbenzonitril. Diese Verbindung ist als Herbizid außerordentlich Wirksam. Bei der Anwendung als Spritzpulver ergeben sich aber Schwierigkeiten, hauptsächlich wegen der Flüchtigkeit der Substanz. In neuerer Zeit ist es gelungen, durch spezielle Zurichtung in Form von Granulaten 2,6-Dichlorbenzonitril praktisch zu verwenden.

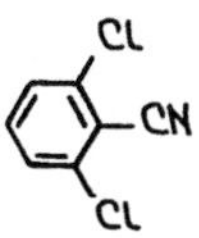


2,6-Dichlorbenzonitril
Common name: 2,6-DBN, Dichlobenil
Handelsname: Casoron®
(Philips Duphar) 1960
(Thompson Hayward USA)

LD50: 3160 (2700-6000) mg/kg Ratte p.o. akut. LC50: 4,2 mg/L 96 Std. Harlequin-Fisch. Wasserlöslichkeit: 20 ppm bei 25°C. Wirkungsweise: Bodenherbizid und Wirkung als Blattherbizid mit systemischer Wirkung. Anwendungsweise: Pre- und post-emergence. Anwendungsgebiet: Totalherbizid, Reis, Obst- und Weinbau. Wasserherbizid. Lange Verweildauer im Boden (2-12 Monate). In zahlreichen Kombinations-Produkten angewandt.
Patente[4-9]. Literatur[3,10,25,26].

Wie beim 2,6-Dichlorbenzaldehyd befassen sich auch hier zahlreiche Verfahren mit der nicht einfachen Darstellung. Schlüsselsubstanz der meisten Verfahren ist das nicht gut zugängliche 2,6-Dichlortoluol (I).

Einige wenige Verfahren sollen Wege zur Darstellung von 2,6-Dichlorbenzonitril (II) sowie des 2,6-Dichlorbenzaldehyd (III) zeigen:

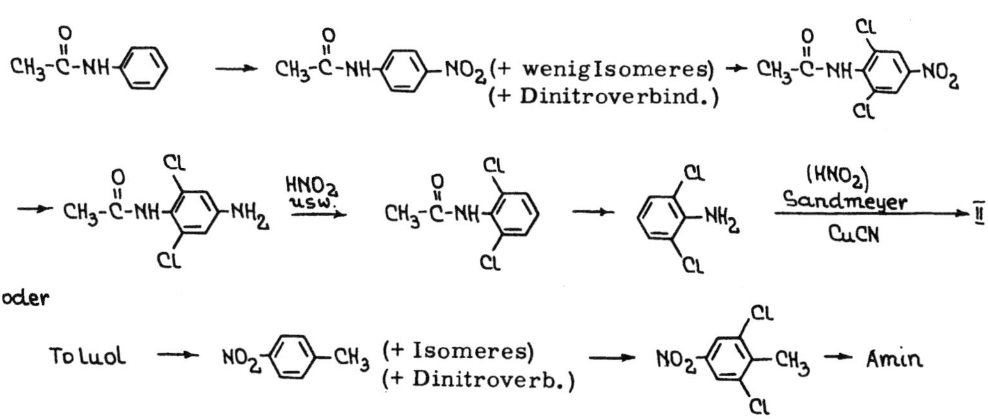

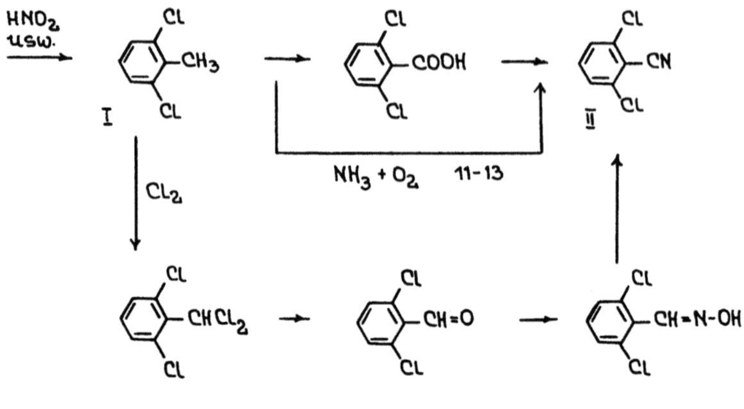


III

Weitere Darstellungsverfahren:

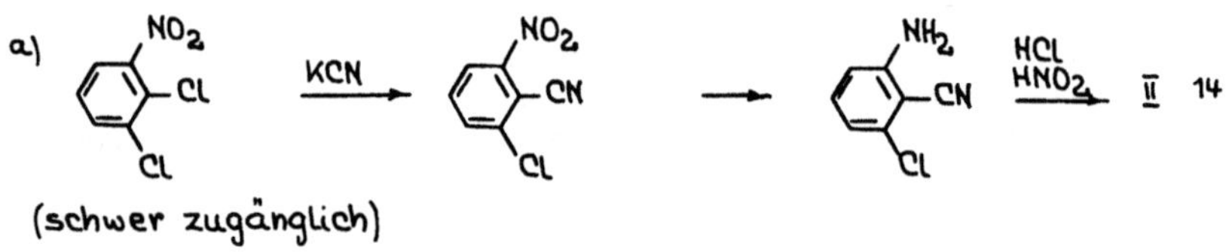


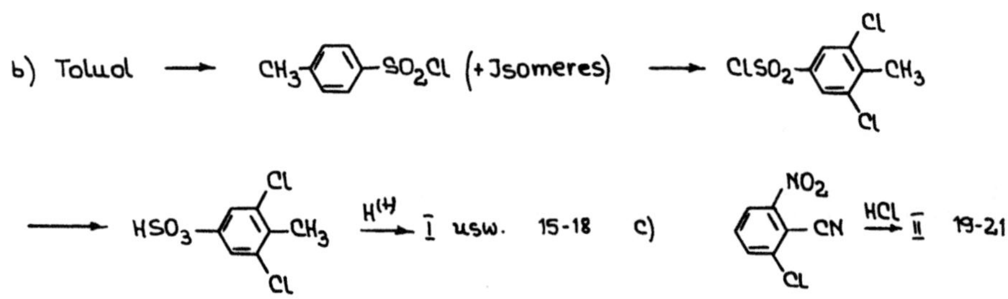


Untersuchungen über Struktur und herbizide Wirksamkeit substituierter Benzonitrile haben ergeben, daß nur dann eine hohe herbizide Wirksamkeit auftritt, wenn anstelle der Nitrilgruppe andere leicht in diese umwandelbare Gruppen vorliegen[22] (s. a. bei Schiffsche Basen u. Aldehydoximen im Vorangehenden).

Eine große Anzahl von Verbindungen, die in 2, 6-Dichlorbenzonitril spaltbar sind, wurde auf ihre herbizide Wirksamkeit untersucht. Meist handelt es sich um 2, 6-Dichlorbenzoesäure-thioamide mit Aldehyden kondensiert. Ausnahmslos erwiesen sie sich als starke Herbizide[27]. Siehe auch bei Oximen und Schiffschen Basen des 2, 6-Dichlorbenzaldehyd.

Die 2,6-Dichlor-Stellung zu einer Nitrilgruppe führt nur im Benzolring zu einer herbiziden Wirkung und ist nicht auf andere Ringsysteme übertragbar. 4,6-Dichlor-5-cyanpyrimidin z. B. ist herbizid fast wirkungslos[23].

Aromatische Oxynitrile mit Halogen im Kern

(s. bei Phenolen unter Oxynitrilen).

Besonders kennzeichnend ist bei den Oxybenzonitrilen (s bei Ioxynil, 4-Hydroxy-3,5-dijodbenzonitril) die o-Halogen-Stellung zur Hydroxyl- und nicht jene zur Nitrilgruppe. - 4-Amino-2,3,5,6-tetrafluor-benzonitril ist 1965 als Herbizid bekanntgeworden[24].

## Literatur und Patente

5. Organische Herbizide

5.9. Aromatische Nitrile


1. Dissertation, K. Binder (R. Wegler), TH Stuttgart 1938.
2. Steiner, M., TH Stuttgart, Nachr. Akad. Wiss. Göttingen, Mathem.-phys. Klasse, Biol.-Physiol.-Chem. Abt., 11 (1947).
3. s. zusammenfassenden Vortrag des Arbeitskreises R. Wegler, F. Lober, B. Wehnelt u. F. Grewe durch H.A. Offe: Angew. Chem. 62, 453 (1950).
4. US 3 027 248, 4.11.58/27.3.62, US Prior. 5.11.57, North American Philips Co.
5. DAS 1 133 176, 5.11.58/12.7.62, NE Prior. 5.11.57 u. 25.7.58, Philips Gloeilampenfabrieken
   = US 3 027 248 (1962.
6. BE 590 255, 28.4.60/28.10.60, NE Prior. 28.4.59, Philips Gloeilampenfabrieken.
7. BE 572 662, 4.11.58/4.5.59, NE Prior. 5.11.57, Philips.
8. BE 587 164, 1.2.60/1.8.60, GB Prior. 3.2.59, 14.7.59, 3.9.59, 5.10.59 u. 24.12.59, Shell Research Ltd.
9. BE 657 128, 15.12.64/15.6.65, Shell Internationale Research Maatschappij.
10. s. Einleitung und H. Koopman u. J. Daams: Nature 186, 89 (1960).
11. DAS 1 206 422, 20.1.64/9.12.65, NE Prior. 22.1.63, Shell Internationale Research Maatschappij.
12. DAS 1 116 209, 26.4.60/2.11.61, Philips Gloeilampenfabrieken.
13. BE 590 166, 26.4.60/26.10.60, NE Prior. 28.4.59, Philips Gloeilampenfabrieken. (Darstellung Polychlorbenzonitril).
14. BE 593 212, 20.7.60/20.1.61, GB Prior. 23.4.59, 24.7.59, 1.1.60 u. 30.5.60, Shell Research Ltd.
15. BE 625 993, 12.12.62/12.6.63, GB Prior. 14.12.61 u. 31.10.62, Shell Internationale Research Maatschappij.
16. DAS 1 169 914, 14.4.61/14.5.64, Shell Internationale Research Maatschappij.
17. FR 1 350 923, 1 .1.63/23.12.63, GB Prior. 18.1.62 u. 20.12.62, Shell Internationale Research Maatschappij.

18. = DAS 1 186 846, 16.1.63/11.2.65.
19. US 3 265 603, 6.9.63/9.8.66, NE Prior. 25.9.62, Shell Oil Co.
20. US 3 287 393, 22.4.63/22.11.66, Aktiebolegat Bofors.
21. GB 1 101 779, 12.12.66/31.1.68, Shell Internationale Research Maatschappij.
22. Koopman, H. and Daams, J.: Weed Res. 5, 319 (1965).
23. Untersuchungen der Bayer AG, 1967, D. Rücker, R. Wegler u. L. Eue.
24. US 3 375 267, 21.1.65/26.3.68, Hooker Chemical Corp.
25. Herbicide Handbook of the Weed Society of America, p. 81. Geneva-New York: W.F. Humphrey Press Inc. 1967.
26. Farm Chen. 131 (4), 124 (1968).
27. Wijma, J. et al. J-Agr. Food Chem. 18 (4), 614 (1970).
28. Diplomarbeit Hild. Carl. Eingereicht bei der Rhein. Westf. Hochschule Aachen 1945. Ausgeführt im Wissensch. Hauptlaboratorium der IG-Farbenindustrie Werk Leverkusen. (R. Wegler)

## 5.10. Aromatische Sulfinsäuren

Die den Carbonsäuren in der Acidität nahestehenden aromatischen Sulfinsäuren zeigen deutlich phytotoxischen Charakter.
$(Cl)_nAr\text{-}SO_2Na$ und $Cl_nAr\text{-}CH_2\text{-}SO_2Na$ sind Herbizide, wobei der letztere Verbindungstyp Wuchsstoffcharakter aufweist[1].

## 5.11. Aromatische Sulfonsäuren

5.11.1. Sulfonsäureamide (Benzolsulfonsäure-anilide siehe bei Acyl-aniliden)

Unter den freien Sulfonsäuren und ihren Salzen sind bis jetzt keine kräftig herbizid wirkenden Vertreter gefunden worden, wohl aber - wenn auch begrenzt - unter den Sulfonsäureamiden[2].

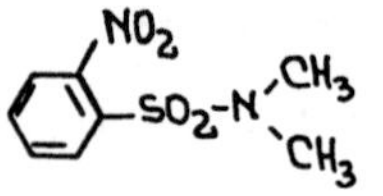


3,7

Versuchsprodukt
(Hodogaya Kagaku Kogyo KK)

Die entsprechende p-Nitroverbindung s.[8]. Vgl. auch[4, 5].
Entsprechende am N nitrierte Verbindungen s.[6].
N-Acylierte Benzolsulfonsäureamide s.[9]. Benzolsulfonylcarbamate s. S. 5.5.2 1

Über 4-Hydroxybenzolsulfonsäurefluoride siehe bei Phenolen.

Die nachfolgende Verbindung bildet die Überleitung zu den Aniliden.

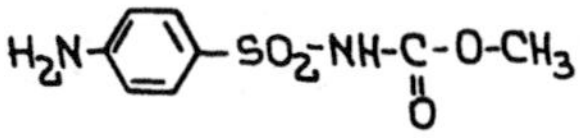

Common name: Asulam
Handelsname: Asulox®
(Chipman Division)

näheres siehe bei Benzolsulfonyl-carbamaten 5.5.2.e.

## Literatur und Patente

5. Organische Herbizide

5.10. Aromatische Sulfinsäuren - 5.11. Aromatische Sulfonsäuren


1. Untersuchungen in der IG Farbenindustrie, Werk Leverkusen, R. Wegler u. Mitarbeiter 1944-45.
2. DRP 823 970, 22.11.48/28.12.50, Henkel Co.,
3. JA 19 316/66, 15.12.64/9.11.66, Hodogaya Kagaku Kogyo KK.
4. US 3 246 974, 16.1.63/19.4.66, Stauffer Chemical Co.,
5. US 3 281 233, 10.9.63/25.10.66, Dow Chem. Co.,
6. US 3 377 379, 16.1.67/9.4.68, US Prior. 10.9.63 u. 21.4.66, Dow Chem. Co.,
7. BE 706 318, 10.11.67/10.5.68, US Prior. 10.11.66, The Upjohn Co.,
8. BE 706 319, 10.11.67/10.5.68, US Prior. 10.11.66, The Upjohn Co.,
9. BE 706 317, 10.11.67/10.5.68, US Prior. 10.11.66, The Upjohn Co.,


## 5.12. Amine

Einige aromatische, araliphatische und heterocyclische Amine weisen herbizide Wirkung auf. Oft wird bei aromatischen Aminen und ebenso bei heterocyclischen Aminen diese Wirkung durch eine Substitution im Ring, z. B. durch Halogene, gesteigert. Die Wirkung steigert sich bei Substitution mittels elektronenabziehender Gruppen, wie $NO_2$, $SO_2R$, $CF_3$ usw. in 2-, 4- oder 6-Stellung. Einige entsprechende aromatische Verbindungen haben in den letzten Jahren rasch größere Bedeutung erlangt. Mehrere heterocyclische Aminoverbindungen zeigen ebenfalls stärkere herbizide Wirkung. Da bei ihnen eine Aminogruppe auch gegen andere Substituenten ausgetauscht werden kann oder doch nur in Kombination mit bestimmten anderen Gruppen Wirksamkeit zeigt, in jedem Fall der heterocyclische Rest unerläßlich ist, werden diese Verbindungen bei den entsprechenden Heterocyclen abgehandelt (s. Aminotriazol, Aminopyrazinone, Aminotriazine). An dieser Stelle werden nur aliphatische, aromatische und araliphatische Amine besprochen.

### 5.12.1. Aliphatische Amine

Unter den aliphatischen Aminen finden sich keine Herbizide. Aliphatische und cycloaliphatische Amine sind zwar mehrfach in Patenten als Herbizide erwähnt worden, doch zeigt keine der Substanzen eine ausreichende Wirkung.

Weitere aliphatische Amine: N-Nitroamine und -diamine s.[1, 2]. - Dinitroäthylendiamin s.[3]. - Analog physiologisch bedenkliche N-Nitrose-Amine s.[4]. - Aliphatische $>N-CH_2-CH_2-Cl$-Derivate (N-Lost-Verbindung) s.[5]. - Analog cyclische N-Lost-Verbindungen siehe[6].

### 5.12.2. Aromatische Amine

Chlorierte Aniline wirken phytotoxisch. Oxäthyliertes 3,4-Dichloranilin zeigt im Vergleich zu dem 3,4-Dichloranilin eine wesentlich höhere Wirkung[7]. Eine Herabsetzung der Basizität des Anilins durch elektronenanziehende Gruppen in o- und p-Stellung führt ebenfalls zu deutlich herbizider Wirkung. Aber auch sekundäre Aniline wie N-tert. Butylanilin besitzen stärkere herbizide Wirkung[8], was auf andere Faktoren hinweist.

Mehrfach nitrierte, aromatische Amine und Diphenylamine sind als Herbizide bekannt[9]. Aus derartig substituierten Anilinen sind auch einige praktisch bedeutsame Herbizide dieser Reihe hervorgegangen.

Durchweg sind die Anilin-Herbizide in 2- und 6-Stellung nitriert, oft aber auch in 4-Stellung einen elektronenabziehenden Rest tragend. Viele, aber nicht alle Handelsprodukte und Versuchsprodukte besitzen einen tert. Stickstoff. Über die Darstellung gibt es zusammenfassende Literatur[82, 83]. Fast ausnahmslos geschieht die Herstellung über 1-Chlor-2,6dinitrobenzol durch Austausch des Chlors mit Aminen. Die Ausgangs-Chlorverbindungen sind leicht erhältlich aus Phenolen, die in 4-Stellung substituiert sind, durch Nitrierung mit nachfolgender Umwandlung des Phenols in das Chlorid mittels Phosphoroxychlorid[82].

Sekundäre 2,6-Dinitroaniline

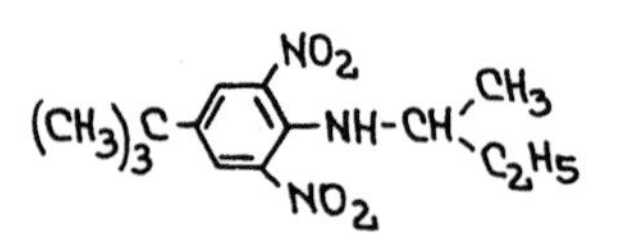


Common name: Dibutalin, Butralin
Handelsprodukt: Amex®, früher Am-820 und 70-25, auch Amchem A-820 (Amchem)
1971

LD50: 2500 und 12600 mg/kg Albino-Ratten. LC50: 3-4 mg/L 96 Std. Regenbogen-Forellen. Wasserlöslichkeit: 1 ppm/24°C. Anwendung: Pre-emergence unter Einarbeitung in den Boden. Wirksam gegen viele Ungräser (Brachiaria, Digitaria und Echinocloa-arten) ferner einige breitblättrige Unkräuter. Selektive Anwendung in Baumwolle, Sojabohnen, verschiedenen Bohnenarten, Erbsen, Wassermelonen, Reis, Sonnenblumen, Luzerne, Kartoffel, sowie Zierpflanzen. Keine Wanderung in der Pflanze. Langsamer Abbau im Boden.
Patente[84]. Literatur[56, 85].

Zwei Versuchsprodukte weisen ebenfalls eine sec. Anilin-Struktur auf. Charakteristisch ist bei sec. Anilinen der größere verzweigte Alkyl-Rest.

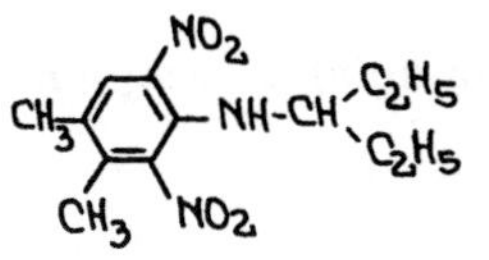

Common name: Penoxyn, Penoxalin
Stomp®, AC-92553 (American Cyanamid) 1973
Prowl®, Herbatox®

LD50: 1250 mg/kg Ratte p.o. akut. Wasserlöslichkeit: 0,3 ppm/20°C. Einarbeitung in den Boden. Pre-emergence und pre-sowing, z. T. auch post-emergence wirksam gegen einjährige Ungräser und Unkräuter. Selektiv in Wintergetreide, Mais, Baumwolle, Sojabohnen, Pflanz-Reis, Erbsen, Bohnen, Erdnüssen, Tomaten, Paprika, Salat, Kohl, Kartoffel, Sonnenblumen.
Patente[62]. Literatur[63,103,106,108,112].

Die entsprechende sec. Butyl-Verbindung hat die Versuchs-Nr. AC-92390 (American Cyanamid) 1973.

LD50: 1400 mg/kg männliche Ratte p.o. akut, 2150 mg weibliche Ratte.
1250 bzw. 1050 für das techn. Produkt.

In den Boden eingearbeitet gegen einjährige Ungräser und breitblättrige Unkräuter.
Selektiv in Sojabohnen, Erdnüssen, Zuckerrüben und Luzerne.
Patente[62]. Literatur[63,103].

Abbau in Tier und Pflanze durch Oxidation der Methylgruppen zu COOH.

Die Herstellung ist besonders einfach.

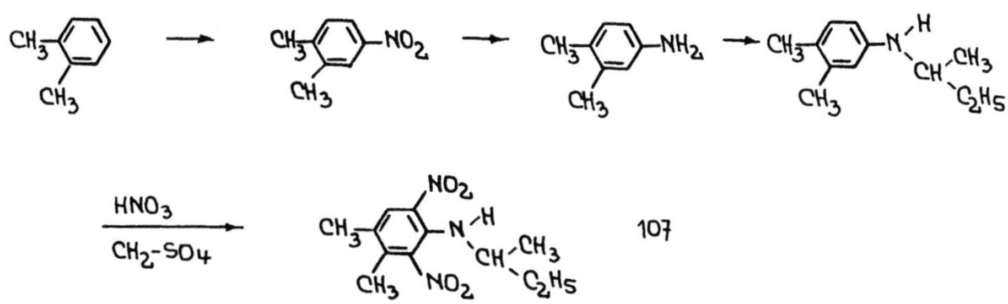

107

Das folgende Versuchsprodukt wird hier und nicht bei den Phenylaminoessigsäuren besprochen weil die herbizide Wirksamkeit offensichtlich auf der 2,6-Dinitroanilin-Struktur beruht. Ein entspr. Hinweis bei den Phenylaminoessigsäuren wahrt den Zusammenhang.

Phenylaminoessigsäuren sind herbizid nur schwach wirksam, deutlich stärkere Wirkung zeigen einige entsprechende Säurealkylamide[11] schwach basischer Amine.

Eine verwertbare herbizide Wirksamkeit tritt durch zwei Nitro-Gruppen in 2- bzw. 6-Stellung ein.

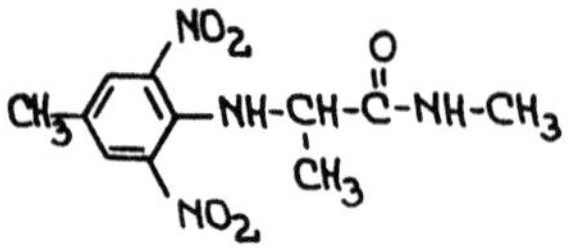

2-(2,6-Dinitro-4-toluidin)-N-propion-methylamid
Versuchsprodukt
SD 15 179
(Shell) 1967

Die Verbindung hemmt nicht die Hill-Reaktion und zeigt auch keine Entkoppler-wirkung auf die Energieübertragung. Die Ursache der herbiziden Wirkung ist noch unklar[12]. Auffallend ist die fast nur auf die d-Form beschränkte Wirksamkeit. Patente[11,16-19,43]. Literatur[12].

Tert.-2,6-Dinitroaniline

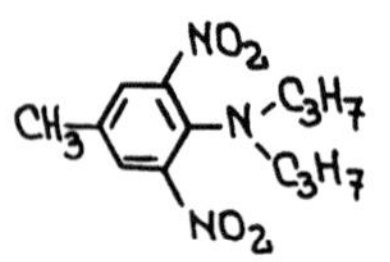

2,6-Dinitro-N,N'-dipropyl-p-toluidin
Common name: Dipropalin
Versuchsprodukt
L 35 455
(Eli Lilly u. Co., Elanco)
1968

LD50: 3600 mg/kg Ratte p.o. akut. Wasserlöslichkeit: 304 ppm bei 27°C. Patente[16-19], s. a. Benefin (s. unten). Literatur[10].

4-Isopropyl-2,6-dinitro-N,N-dipropylanilin

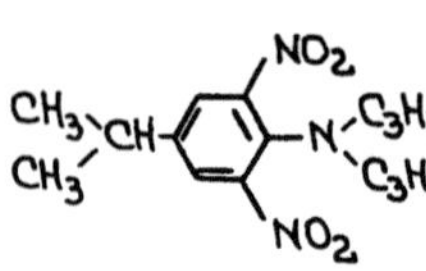

Common name: Isopropanid, Isopropalin
Handelsname: Paarlan®, El-179
(Eli Lilly and Comp.)
1969

LD50: >5000-7500 mg/kg Ratte p.o. akut. Wasserlöslichkeit: 0,5-1 ppm. Anwendung: Pre-planting. Bodenherbizid für Tabak, Tomaten, Pfeffer. Patente[47,51,91]. Literatur[48,52].

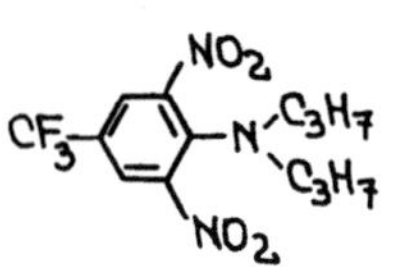

α,α,α-Trifluor-2,6-dinitro-N,N-dipropyl-p-toluidin
Common name: Trifluralin
Handelsname: Treflan®, Elancolan® (in Deutschland)
(Elanco USA, Eli Lilly)
1960

LD50: >10000 mg/kg Ratte p.o. akut. LC50: 0,058 mg/L 96 Std. Harlequin-Fisch. 0,59 mg/L Goldfisch. Wasserlöslichkeit: 1 ppm bei 20°C. Wirkungsweise: Bodenherbizid. Anwendungsweise: Vorsaat einarbeiten, pre-emergence. Anwendungsgebiet: In Baumwolle, Sojabohnen, Zuckerrüben, Erbsen, Tomaten, Winterweizen, Citrus, Zwiebeln, Raps, Zuckerrohr und anderen Kulturen. In Kombination mit Linuron als Trinulan®, Mudekan® (in Deutschland). Pre-emergence-Anwendung im Getreide.

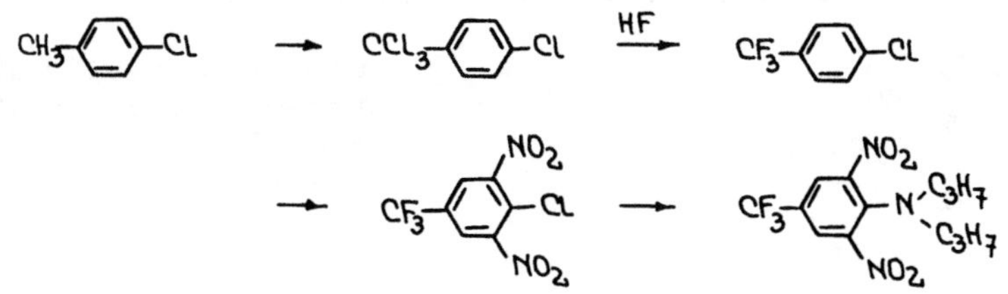


Patente[16-19], s. a. Benefin (s. nachstehend). Literatur[14,15,44,105].

Von anderer Seite wurde auch die N-Diäthylamino-Verbindung patentiert[13].

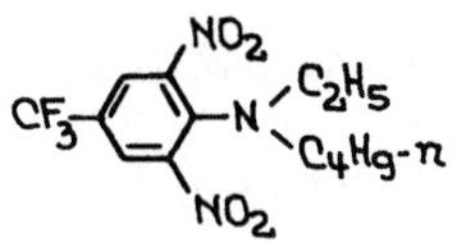

N-Butyl-N-äthyl-α, α, α-trifluor-2,6-dinitro-p-toluidin
Common name: Benfluralin, Benefin
Handelsname: Balan® (Eli Lilly u. Co.) 1965
Quilan® (Eli Lilly u. Co.)
früher Binnell® (Eli Lilly u. Co.)

LD50: >10000 mg/kg Ratte p.o. LC50: 1,1 mg/L 48 Std. Harlequin-Fisch. Wasserlöslichkeit: 70 ppm. Wirkungsweise: Bodenherbizid. Anwendungsweise: Pre-emergence und pre-planting. Anwendungsgebiet: Erdnüsse, Luzerne, Hornklee, Tabak; gegen Gräser und breitblättrige Unkräuter.
Patente[16-19,45]. Literatur[20,21].

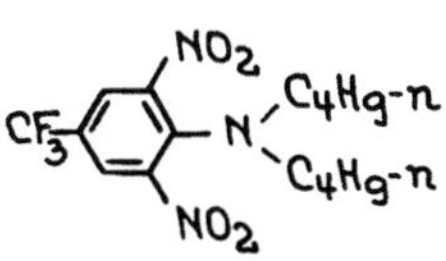

Versuchsprodukt: Beslogine®
(Eli Lilly u. Co.)

LD50: 1500 mg/kg. Anwendung: Pre-planting in Salat.
Patente[16-19]. Literatur[213].

Eines der letzten Versuchsprodukte aus der Reihe der Dinitroaniline enthält erstmalig einen ungesättigten Substituenten am Stickstoff.

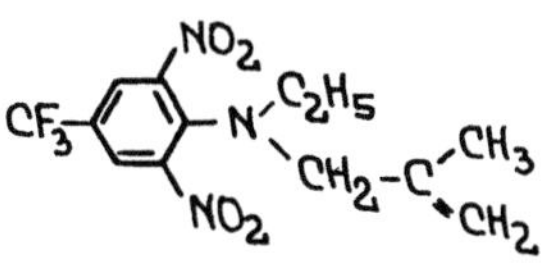

Common name Vorschlag: Ethalfluralin
Somilan®, Sopala(e)n®, EI-161
(Eli Lilly)
1974

Selektiv in Baumwolle gegen Unkräuter und Ungräser. Anwendung vielfach in Kombinationspräparaten z. B., mit 1,2,4-Triazinen.
Patente[94]. Literatur[103].

Einige neue Herbizide weisen als N-Substituenten 2-Chloräthyl auf. Die Basizität der Amino-Verbindung ist sehr gering und damit entfällt eine direkte stärkere alkylierende Wirkung in der Zelle bzw. im Warmblüter.

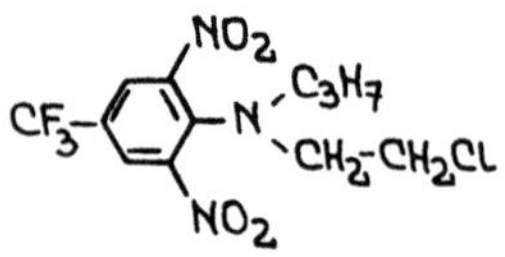


Common name: Fluchloralin
Handelsprodukt: Basalin®, BAS-3920 H, BAS-3921 H
(BASF) 1971

LD50: 1500 mg/kg Ratte p.o. akut. Wasserlöslichkeit: 1 ppm bei 20°C. Fischgiftig. Bodenherbizid. Wirkung über die Wurzeln. Anwendung: Pre-emergence gegen Ungräser und Unkräuter. Selektiv in Baumwolle, Sojabohnen, Erdnüssen und Zuckerrüben. Abbau durch Sonnenlicht. Persistent im Boden.
Patente[64, 87, 92]. Literatur[65, 89].

Eine gleichartige Verbindung mit N-Allyl statt N-n-Propyl ist als BAS-3870 H der BASF erwähnt.
LD50: 4800 mg/kg Ratte p.o. akut. Selektiv in Baumwolle und Sojabohnen.
Patente[64, 87, 92]. Literatur[99].

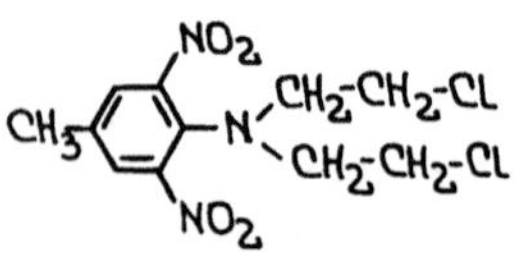


Versuchsherbizid der Ansul Chem.
Name: Torpedo®

LD50: 2200 mg/kg Ratte p.o. akut. Anwendung: Pre-emergence, Einarbeitung in den Boden. Selektiv in Baumwolle und Sojabohnen.
Patente[66]. Literatur[67].

Eine größere Anzahl von Versuchsprodukten mit CF3 in p-Stellung enthält cyclische Substituenten am Stickstoff.

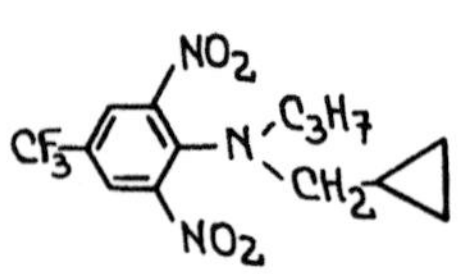


Common name Vorschlag: Cycloprofulan oder Perfluralin
Handelsprodukt: Pregard®, CGA-10832, ER-5461, Tolban® (USA)
(Ciba-Geigy) 1973

LD50: 2200 mg/kg Ratte p.o. akut. LC50: 0,033 mg/L 120 Std. Bluegill-Fisch. Wasserlöslichkeit: 0,1 ppm. Anwendung: Pre-sowing und pre-emergence in Baumwolle und Sojabohnen.
Patente[71, 100]. Literatur[58, 101].

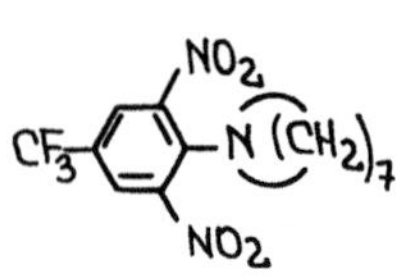


Versuchsprodukt der Industr. Prod. Chim. Milanese
(IPC)

Patente[59]. Literatur[60].

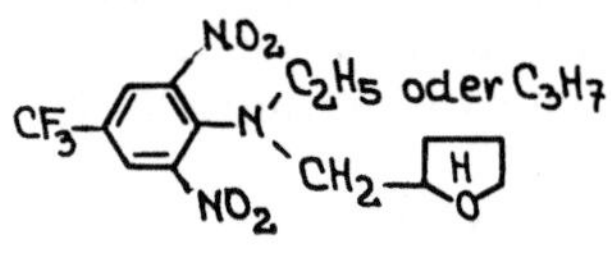

Versuchsprodukt: GS-38946 und 39985
(Ciba-Geigy)
1973

Patente[61]. Literatur[60].

$N^3,N^3$-Diäthyl-2, 4-dinitro-6-trifluormethyl-m-phenylendiamin

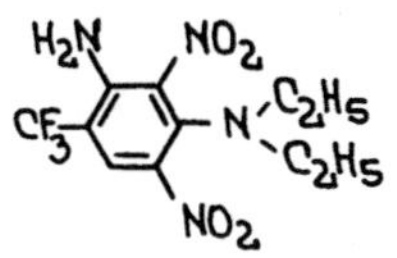

Common name: Dinitramine
Handelsname: Cobex®, UBS-3584
(Borax Cons.)
1971

LD50: 3-15 000 mg/kg Ratte p.o. akut. Wasserlöslichkeit: 1 ppm bei 25°C. Wirkungsweise: Pre-emergence in den Boden eingearbeitet gegen Ungräser und breitblättrige Unkräuter. Selektiv in Baumwolle, Sojabohnen, Sonnenblumen, Erdnüssen und Karotten. Vorteilhafte kürzere Verweilzeit im Boden verglichen mit anderen Dinitroanilinen[215].
Patente[46, 47, 88, 90]. Literatur[57].

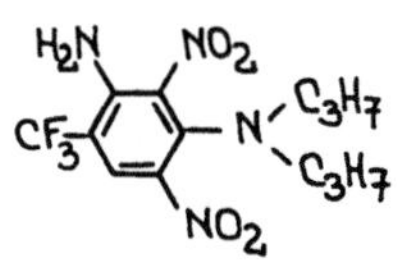

Common name: Dinitramine
USB-3153
(US Borax)
1975

LD50: >15380 mg/kg Ratte p.o. akut. LC50: 3 mg/L 4 Tage Catfish. Wasserlöslichkeit: 1 ppm. Selektiv gegen einjährige Gräser und Unkräuter in Baumwolle. und Sojabohnen. Pre-emergence Anwendung. Verhindert Wurzelwachstum.
Patente[109]. Literatur[214].

Die Shell und andere Firmen haben die CF3-Gruppe in p-Stellung zur Amino-gruppe durch die ebenfalls elektronenabziehende CH3-SO- und CH3SO2-Gruppe, ferner durch NH2-SO2 und $CH_3\underset{\overset{\|}{O}}{C}$ ersetzt.

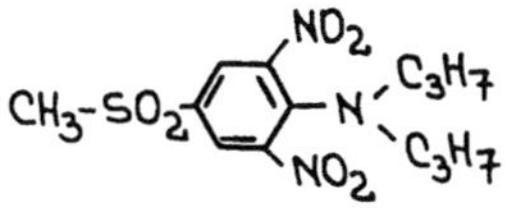

N-Dipropyl-2, 6-dinitro-4-methyl-sulfoanilin
Common name: Nitralin
Handelsname: Planavin®
(Shell) 1966/67

LD50: >2000 mg/kg Ratte p.o. akut. Fischtoxizität: >45 ppm/24 Std. Regenbogen-Forellen. Wasserlöslichkeit: 0,6 ppm bei 25°C. Wirkungsweise: Bodenherbizid.

Anwendungsweise: Pre-emergence. Anwendungsgebiet: Bekämpfung einjähriger Gräser und breitblättriger Unkräuter in Getreide, Baumwolle, Bohnen, Sojabohnen, Erbsen, Erdnüssen, Wassermelonen, Sonnenblumen, Tomaten, Kohl, Zwiebeln, Erdbeeren, Pfeffer und Tabak. Die Verbindung verhindert eine Zellteilung durch Zerstörung der Zellwand.
Patente[16-19, 22], s. a. Benefin (vorstehend), ferner[23]. Literatur[24].

Unter der Versuchs-Nr. SD-30187 hat die Shell Chem. Co. auch die

4-Methylsulfoxid-Verbindung als Herbizid vorgestellt.

Vor dem Pflanzen in den Boden eingearbeitet ergibt sich eine gute Wirkung selektiv in Sojabohnen[101].
Patente[102].

N-Dipropyl-2,6-dinitro-4-sulfonamido-anilin

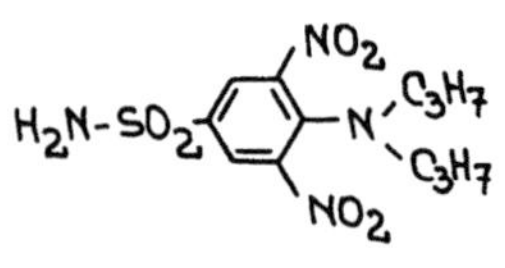


Common name: Oryzalin
Handelsname: Rycelan®, Dirimal®
Surflan®, GH-119
(Eli Lilly)
1969

LD50: >10000 mg/kg Ratte p.o. akut. Fischtoxizität:$LC_{50}$: 2,88 mg /L 96 Std. Regenbogen-Forellen. Wasserlöslichkeit: 85 ppm bei 25°C. Anwendung: Presowing. In den Boden eingearbeitet pre-emergence. Selektiv in Sojabohnen, Raps und einigen Kartoffelsorten, im Wein- und Obstbau.
Patente[49, 53]. Literatur[50, 105].

Die verhältnismäßig junge Gruppe der aromatischen schwach basischen Aniline hat bis in die letzte Zeit zu einer größeren Anzahl von Versuchsherbiziden und auch Handelsprodukten geführt. Über eine endgültige Bewährung kann aber erst in einigen Jahren eine gesicherte Aussage gemacht werden.

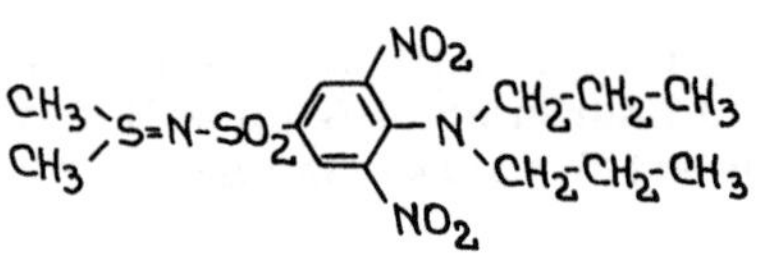


Name: Prosulfalin = Common name Vorschlag
(Eli Lilly Co.)
1975

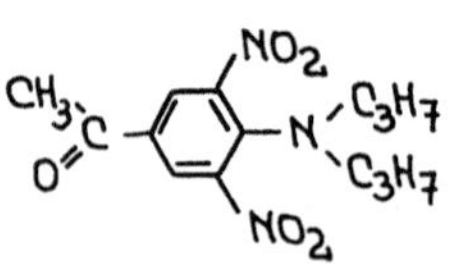


Versuchsprodukt
Buban®
(Buckmann Laborat.)

$LD_{50}$: 725-850, (2000) mg/kg Ratte. $LC_{50}$: 1,65 mg/L Regenbogenforelle. Anwendung: Pre-emergence im Boden eingearbeitet in Zuckerrüben, Gurken, Wassermelonen, Tomaten, Leguminosen und Baumwolle.
Patente[54]. Literatur[55].

Es sind auch Verbindungen mit p-Substituenten, die Elektronendonator-Eigenschaften aufweisen ($-N(CH_3)_2$), bekanntgeworden[42].

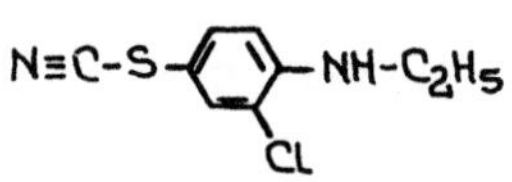

Patente[25]; ähnlich auch[26-28].

Versuchsprodukt
Bayer 53427
(Bayer AG) 1965/66
Aus toxikologischen Gründen nicht eingeführt.
Common name: Rhodananin

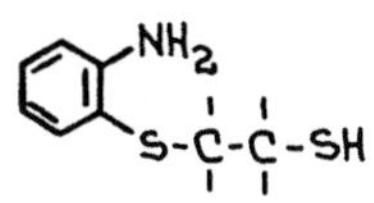

Dieses Produkt wurde 1963 in den USA patentiert[29].

Anilinderivate mit den verschiedensten Substituenten an der Aminogruppe sind in den letzten Jahren noch vielfach als Herbizide patentiert worden, ohne daß jedoch weitere, für die Anwendung wichtige Verbindungen bekanntgeworden sind: **$Ar-NH-C_{12}H_{25}$** [30, 31]. $Ar-N(CH=CH-NO_2)_2$ soll Blüten- und Fruchtbildung stimulieren[32]. - Chlorierte Diphenylamine siehe[33]. - Am N durch den Acrylrest -CH=CH-COOR substutuierte Benzidinderivate siehe[34].

Aus der Naphthalinreihe ist nur 2-Amino-3-chlor-1,4-naphthochinon als Fungizid und selektives Reis-herbizid bekannt geworden[96, 97]. Von anderer Seite ist diese Verbindung auch als Algizid patentiert[98].

Phenylhydrazine zeigen als Phenylhydrazone in einigen Fällen herbizide Wirksamkeit[70].

Versuchsprodukte

Keine Feldversuche bekannt.
Literatur[111].

## 5.12.3. Triazene

Als Untergruppe der aromatischen Amine können die Triazene bzw. Diazo-aminoverbindungen aufgefaßt werden.

Eine große Anzahl von Versuchsherbiziden ohne nähere Angaben sind von italienischer Seite veröffentlicht worden[74-80]. Aber auch von anderer Seite hat man sich mit den Diazo-aminoverbindungen befaßt.

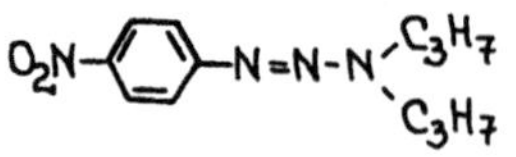

auch o- und m-Nitro= verbindungen wirksam

Wirkung über Wurzel[74]

D-980 (Uniroyal Inc.) 1970

Selektiv bei einigen Topfpflanzen[78]. Patente[68].

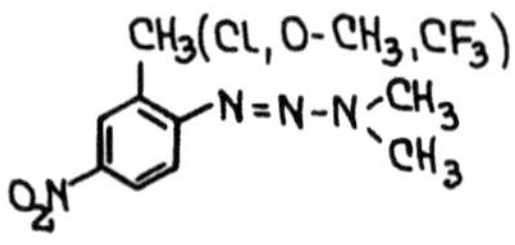

Wurzelherbizid[77].

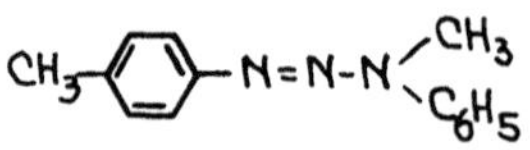

Blattherbizid[76].

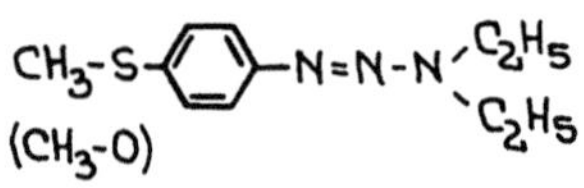

Soll selektiver aber allgemein schwächer wirksam sein[75].

a)

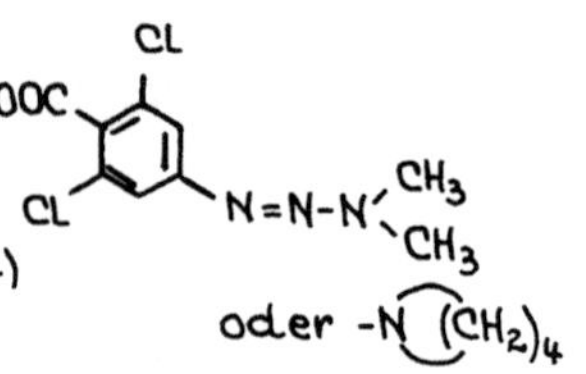

a) Hohe Wirksamkeit über die Wurzel. Die Dimethylverbindung zeigt zusätzlich auch Wirkung über die Blätter. Pre- und post-emergence Anwendung[79].

Toxikologische Daten sind noch nicht bekannt gegeben. Hier wären besonders langfristige Untersuchungen notwendig, sind doch bei ähnlichen Verbindungen, die substituierend wirken, pathologische Schäden beobachtet worden.

m-Nitrophenyl-triazene sind ebenfalls zum Patent angemeldet worden[93].

### 5.12.3.1. Aromatisch-aliphatische Amine

Als araliphatisches Amin ist 2,4-Dichlorphenoxyäthylamin zu nennen[95]. Die herbizide Wirkung beruht wohl auf einem Abbau zu 2,4-Dichlorphenoxyessigsäure.

Aliphatisch-aromatische Amine mit einem Cl-Atom in ß-Stellung sind als ebenfalls Herbizide patentrechtlich geschützt. Ihre phytotoxische Wirkung dürfte indessen speziell der ß-Chloräthylamin-Gruppierung eigen sein:

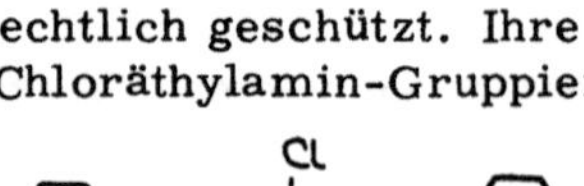
35

Zahlreiche Patente schützen Benzylaniline[36-38].

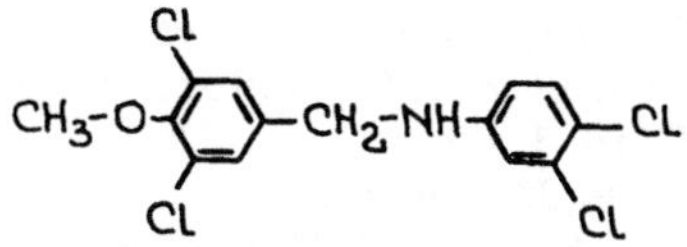

Hinsichtlich N-dialkylierter Benzylamine s.[39,40].

Die häufig für eine herbizide Wirkungssteigerung benutzte Einführung von Substituenten mit Dreifach-Kohlenstoff-Kohlenstoffbindungen, z. B. in ein ß-Phenyläthylamin, ist auch hier angewandt und patentrechtlich beansprucht worden[41].

## Literatur und Patente

5. Organische Herbizide

5.12. Amine - 5.12.3. Aromatisch-aliphatische Amine, Triazene


1. GB 1 005 860, 12.10.62/29.9.65, I.C.I. Ltd.
2. GB 997 826, 5.7.62/7.7.65, I.C.I. Ltd.
3. US 3 356 483, 10.9.63/5.12.67, US Prior. 25.4.62, Dow Chemical Co.
4. US 3 251 875, 31.8.62/17.5.66, US Prior. 3.5.61, Du Pont.
5. US 3 072 472, 9.9.60/8.1.63, Dow Chemical Co.
6. DAS 1 114 058, 22.4.60/21.9.61, BASF.
7. Eigene, unveröffentlichte Versuche in den Farbenfabriken Bayer AG.
8. US 3 351 458, 30.6.64/7.11.67, American Cyanamid Co.
9. FR 1 253 176, 6.4.60/26.12.60, US Prior. 15.4.59, Monsanto Chemical Co.
10. Inoue, Y., Ishizuka, K., and Mitsui, S.: Agr. Biol. Chem. (Tokyo) 31 (4), 422 (67).
11. NE 67 07 890, 6.7.67/11.12.67, GB Prior. 8.6.66 u. 2.5.67, Shell
12. Yates, J.: Proc. Brit. Weed Control Conf., p. 659. Brighton, November (68).
13. SU 186 220, 1.10.65/Juli 67, B.F. Malichenko u. Mitarb.
14. Alder, E.F., Wright, W.L., and Soper, Q.F.: Proc. 17. Ann. Meeting, North Central Weed Control Conf. 1960, p. 23.
15. Engel, R.E.: Proc. Northeast. Weed Control Conf. 17, 490 (63).
16. BE 661 387, 19.3.65/20.9.65, US Prior. 7.10.63, Eli Lilly & Co.
17. FR 1 298 717, 26.8.61/4.6.62, US Prior. 31.8.60, Eli Lilly & Co.
18. US 3 111 403, 31.8.60/19.11.63, Eli Lilly & Co.
19. US 3 257 190, 10.12.62/21.6.66, US Prior. 31.8.60, Eli Lilly & Co.
20. Sallee, W.R.: Calif. Agr. 21 (4), 14 (67).
21. Guse, L.: Proc. Southern Weed Control Conf. 1966, p. 121.
22. US 3 227 734, 13.11.64/4.1.66, Shell Oil Co.
23. US 3 321 292, 8.10.65/23.5.67, US Prior. 13.11.64, Shell Oil Co.
24. Burgis, D.S.: Weeds 15, 180 (67).
25. DAS 1 197 678, 15.3.62/29.7.65, Farbenfabriken Bayer AG.
26. FR 1 294 804, 17.4.61/24.4.62, Rhône Poulenc

27. FR 1 351 772, 14.3.63/30.12.63, GE Prior. 15.3.62, Farbenf. Bayer AG.
28. JA P. Anm. 7 316/65, 1.11.62/13.4.65, Sankyo Co. Ltd.
29. US 3 111 541, 1.2.60/19.1.63, American Cyanamid Co.
30. DAS 1 117 939, 9.10.59/23.11.61, FR Prior. 9.10.58, Péchiney Progil.
31. = FR 1 211 782, 9.10.58/18.3.60.
32. US 3 001 859, 14.5.58/26.9.61, Du Pont.
33. JA 9 874/65, 21.6.61/20.5.65, Tokyo Yukikagaku Kogyo K.K.
34. US 3 161 643, 24.4.61/15.12.64, Monsanto Co.
35. US 3 275 629, 20.3.63/27.9.66, Monsanto Co.
36. US 3 227 757, 10.7.62/4.1.66, Velsicol Chemical Co.
37. US 3 227 758, 10.7.62/4.1.66, Velsicol Chemical Co.
38. US 3 227 759, 10.7.62/4.1.66, Velsicol Chemical Co.
39. US 3 227 760, 10.7.62/4.1.66, Velsicol Chemical Co.
40. US 3 227 756, 10.7.62/4.1.66, Velsicol Chemical Co.
41. US 2 884 455, 29.10.56/28.4.59, Dow Chemical Co.
42. NE 67 13 615, 6.10.67/9.4.69, Eli Lilly u. Co.
43. BE 699 557, 6.6.67/6.12.67, Shell.
44. Fryer, J.D., and Evans, S.A.: Weed Control Handbook, pp. 96 u. 428. Oxford-Edinburgh: Blackwell Scientific Publications 1968.
45. DAS 1 300 727, 21.8.61/7.8.69, Eli Lilly & Co.
46. DOS 2 013 509, 20.3.70/8.10.70, US Borax.
DOS 2 013 510, 20.3.70/8.10.70, US Borax.
US 3 617 252, 10.11.69/2.11.71, US Borax.
47. US 3 257 190, 10.12.62/21.6.66, Eli Lilly.
48. Guse, L.R.: Proc. N.L. Weed Contr. Conf. 1969, S. 19 + 49.
49. US 3 367 949, 22.8.66/6.2.68, Eli Lilly.
50. Gramlich, J.V. et al.: Abstr. WSSA 1969.
51. DAS 1 300 727, 24.8.61/7.8.69, Eli Lilly.
FR 1 298 717
52. North. East. Weed Contr. Conf. I. 1970 New York.
53. DOS 1 643 313, 6.10.67/9.3.72, Eli Lilly,
FR 1 538 947, 4.10.67/6.9.68, Eli Lilly.
54. DOS 2 239 217, 9.8.72/24.1.74, Buckman USA.
55. Pesticides to sell in 1974, Farm. Chem. 137 (1), 36 (74).
56. 2. Int. Congr. of Pest. Chemistry Tel Aviv 2. 1971.
57. Techn. Inform. US Borax Res. Corp.
58. Responses of Crops and Weeds to new Chem., North. east. Weed Science Soc. 1972.
59. DOS 1 643 719, 21.12.67/28.1.71, BASF. IT 878 011.
60. Chem. Industrie 23 (8), 539 (71).
61. DOS 2 108 346, 24.2.71/16.9.72, Esso Res. u. Dev.
62. DOS 2 241 408, 28.8.72/1.3.73, Amer. Cyanamid Co.
63. Techn. Inf. d. Cyanamid Co.
64. DOS 1 643 719, 21.12.67/28.1.73, BASF.
FR 1 596 231, BE 725 877, 21.12.67.
65. 2. Intern. Congr. Pest. Chemistry Tel Aviv 2. 1971.
66. DOS 2 050 872, 17.10.70/27.5.71, Ansul Chemie.
67. Techn. Inf. der Ansul Chemie Co. u. Proc. Western Soc. of Weed Sci. 24, 22 (71).
68. GB 1 130 469, 29.9.67/16.10.68, Uni Royal. FR 1 555 671,
US 3 462 259, 2.11.66/19.8.69, Uni Royal.
69. Mazza, M. et al.: Il. Farm. Ed. Sci. 29, 58, 159, 349, 468, 846 (74).
Mc Guive, J.J. et al.: Proc. Northeastern Weed Contr. Conf. 1. 1969 New York.

70. Moon, M.W. et al.: J. Agr. Food Chem. 20 (6), 1187 (72).
71. GB 1 273 412, 1.8.68/10.5.72, Esso Res. and Eng.
72. DAS 1 768 447, 16.5.68/13.4.72, Agripat, FR 2 008 565, US 3 685 980, 28.2.69/22.7.72, Hoechst.
73. 24. Int. Symp. Crop. Prot. Gent 1972, Weed Res. 12, 407 (72).
74. Mazza, M. et al.: Il. Farmaco Ed. Sci. 28 (11), 846 (73).
75. Mazza, M. et al.: Il. Farmaco Ed. Sci. 29 (1), 58 (74).
76. Mazza, M. et al.: Il. Farmaco Ed. Sci. 29 (6), 482 (74).
77. Mazza, M. et al.: Il. Farmaco Ed. Sci. 29 (2), 129 (74).
78. Mc Guire, D. et al.: Proc. Northeastern Weed Contr. Conf. 1. 1969; Farm. Chem. 132 (1), 68 (69).
79. Mazza, M. et al.: Il. Farmaco Ed. Sci. 29 (5), 349 (74).
80. siehe 74.
81. Pieczarka, S.J., Wright, W.L. et al.: Weed Soc. Am. Abstr. 10 (61), Mann, J.D. et al.: Plant. Physiol. 43, 265 (68).
82. Hall, R.C. et al.: J. Agr. Food Chem. 20 (3) 546(72).
83. Weed Abstr. 22 (1), 21 (73).
84. DOS 2 058 201, 20.11.70/27.5.71, Amchem. US 3 672 866, 12.11.70/27.6.72, Amchem.
85. Weed Abstr. (1972) 21, Ref. 5171 u. Chem. Week 110 (25), 39 (72).
86. DOS 2 050 872, 16.10.70/27.5.71, US Prior. 17.9.69 Ansul.
87. BE 771 931, 2.9.70/29.2.72, BASF.
88. DOS 2 013 510, 20.3.70/8.10.70, US Prior. 1.4.69, US Borax.
89. Techn. Merkblatt über BAS 392 der BASF.
90. DOS 2 013 509, 20.3.70/8.10.72, US Prior. 10.11.69, US Borax.
91. DOS 1 542 755, 18.3.65/23.7.70, Eli Lilly.
92. BE 771 931, 21.9.70/29.2.72, BASF.
93. DOS 1 642 359, 19.10.67/22.4.71, Uni Royal.
94. DOS 2 361 464, 11.12.72/12.6.74, Eli Lilly.
95. Nash, R.J. et al.: Ann. appl. Biol. 61, 481 (68).
96. Hagimoto, H.: Weed Res. 9 (2), 296 (69).
97. JA 19 360/66, 10.3.63, Takeda Chem. Co.
98. NE 69 07 139, 15.5.68; GB 1 263 625, 15.5.69/16.2.72, Hoechst.
99. 2. Int. Congr. Pest. Chemistry Tel Aviv 2.1971.
100. DOS 1 936 613, 18.7.69/5.2.70, US Prior. 1.8.68, Esso Res. and Eng. GB 1 273 412, US 3546 295, 1.8.68/8.12.70.
101. Proc. 25. ann. Meeting South West Sci. Soc. Dallas/Texas I 93 (72).
102. DOS 2 147 610, 23.9.70/8.6.72, Shell Chem. Co.
103. 12. Brit. Weed Conf., Brighton 9.(74) Weed Abstr. 25 (1), 1976, Ref. 330.
104. Techn. Inform. Shell Intern.
105. Techn. Information der Eli Lilly England, Elanco USA, Januar 75.
106. Tagung d. Weed Science Soc. of America 2.1975.
107. DOS 2 429 958, 21.6.74/16.1.75, US Prior. 25.6.73, Amer. Cyanamid Co.
109. Techn. Information der Cyanamid Intern. Corp. Januar 75.
110. US 3 617 252, 10.11.69 u. 2.11.71, US Borax, Pat. aufgegeben. US 3 764 623, 3.9.70/9.10.73, US Borax.
110. DOS 2 344 521, 4.9.73/20.3.75, US Prior. 24.9.71, Eli Lilly Co. US 3 786 048.
111. Karabanow, Yu.V. et al.: Fiziol. Akt. Veshchestva 1974, 6, 64-67. (Inst. Org. Khim., Kiev, USSR, ref. Chem. Abstr. 82, 25 (75) 165 760.
112. 40. Deutsche Pflanzensch. Tagung 6.-10. Okt. in Oldenburg. Mitteil. Biol. Bundesanst. Berlin-Dahlem 165, S. 172.

113. Short Review of Herbicides 1975, S. 42, Hrsg. Hodogaya Chem. Co. Ltd., Tokyo.
114. Stone, I. D. et al. : Abstr. Weed Sci. Soc. Am. 153 (72). Weed Sci. Soc. of America 2. 1971.
115. Weed Abstr. 25 (4) 1976 Ref. 1097.

5.12.4. Carbonsäureamide

a) Acylverbindungen aliphatischer Amine und Hydrazine

Acylverbindungen aliphatischer Amine und Hydrazine, bei denen dem Aminrest eine wesentlich herbizide Wirkung zukommt, sind nicht bekannt. Bei den Chloracylamiden ist die Wirkung dem Chloracyl-Rest (s. Chloressigsäurediäthylamid) eigen (Randox®). Dicycloformamid soll ein Herbizid und Entblätterungsmittel sein[144]

b) Acylverbindungen aromatischer Amine
(Acyl-phenylamino-essigsäuren siehe bei Phenylaminoessigsäuren)

Die herbizide Wirkung der Acylanilide wurde mehrfach und unabhängig voneinander entdeckt. In der Hauptsache geschah dies in Deutschland durch die BASF und die Bayer AG, in den USA durch Rohm und Haas sowie Monsanto Chem. Co. Erst später wurde bei einzelnen Vertretern die gute Selektivität gefunden. Diese Selektivität ist heute die Grundlage der größeren praktischen Anwendung einiger Verbindungen dieser Klasse.

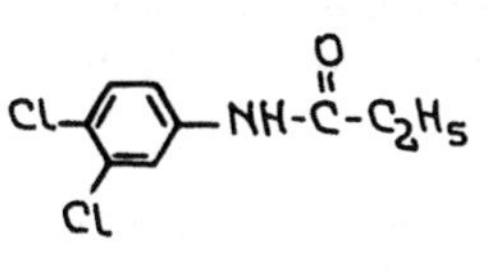


Propionsäure-3,4-dichloranilid
Common name: Propanil, DPA
Handelsname: Surcopur®
(Bayer AG) 1961
Stam F 34® (Rohm u. Haas)
Rogue® (Monsanto Chem. Co.)

$LD_{50}$: 1300-2270 mg/kg Ratte p.o. akut. Wasserlöslichkeit: 150-200 ppm. Wirkungsweise: Blattherbizid geringer systemischer Wirkung. Anwendungsweise: Postemergence. Anwendungsgebiet: Vorwiegend in Reis, selektiv auch in Kartoffeln. Weltweit verbreitetes großes Herbizid.

Die selektive Wirkung von Propanil im Reis beruht auf einer Hemmung der Photosynthese. Die Verbindung dringt aber auch in Reis schwerer ein als in andere Pflanzen und wird im Reis durch ein hier vermehrt vorkommendes Enzym schneller hydrolisiert. Hierbei entsteht Propionsäure und 3,4-Anilin das mit Glukose kondensiert wird. Werden nun zusammen mit Propanil insektizide Phosphorsäureester[1] oder Carbamate[2] angewandt, so tritt durch die Insektizide eine Hemmung des hydrolysierenden Enzyms ein. Zwangsläufig wird damit durch das Propanil die Reispflanze geschädigt, zum anderen entstehen im Licht Abbauprodukte wie:

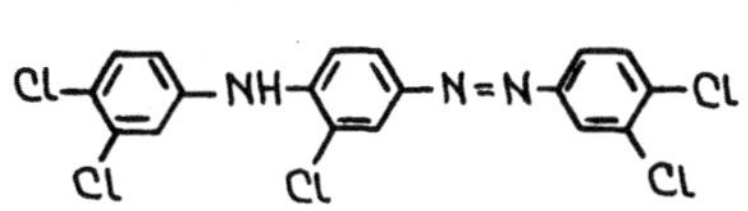


Propanil wird aber nicht nur im Licht abgebaut[180] sondern auch durch Bodenbakterien sowie Peroxidase[151].
Literatur[1,2,148,149,150,180].

Propanil darf nicht zusammen mit den vorgenannten Insektiziden angewandt werden.

Die lange schwebende Patentsituation in den USA zwischen Rohm und Haas[5] sowie Monsanto[4] ist jetzt zu Gunsten von Rohm und Haas entschieden[204] siehe auch 4a. Patente[3,4,5]. Spezielle Darstellungsverfahren[6,7]. Literatur[1,2,8,9,120-125].

| | |
|---|---|
| Thiopropionsäure-3,4-dichloranilid | Versuchsprodukt<br>Bayer 61313<br>1965/66<br>zurückgezogen |

Thiopropionsäure-3,4-dichloranilid hemmt die Hill-Reaktion etwa 60-100mal weniger als die entsprechende Propionsäureverbindung, zeigt sich aber trotzdem als nahezu gleich gutes Herbizid[10].
Patente[3-7,10]. Literatur[11].

Die Gruppe der Acylanilide wurde bis in die jüngste Zeit breit bearbeitet[12-16]. Sowohl eine Veränderung der Substituenten im Phenylkern als auch des Acylrestes bringen einen Wirkungsabfall oder eine spezielle Selektivität. Auch eine Änderung der Stellung des Chlors im Propionsäuredichloranilid vermindert deutlich die Wirkung. Der Austausch eines Chlors in p-Stellung gegen Methyl gibt bei den Propionyl-Verbindungen zwar ein noch wirksames Herbizid, doch ist diese Verbindung bei chronischer Aufnahme ein Methaemoglobinbildner[17].

Das 4-Brom-3-chlor- und das 4-Chlor-3-brom-propionsäureanilid sind gut herbizid wirksam[18]. Auffallend ist, daß der Ersatz des p-ständigen Chlors durch eine Nitrogruppe zu Fungiziden (speziell gegen Reismehltau) führt und die Herbizide Wirkung praktisch wegfällt[19].

Als für gute herbizide Wirkung wesentlich wird eine Molekülausdehnung von 10-13 Å angesehen. Auch Verbindungen anderer Art, wie Carbamidsäureester und aromatisch-aliphatische Harnstoffe, haben etwa diese Molekülgröße. Ähnliches gilt für die Halbanilide von Dicarbonsäuren.

Die Ähnlichkeit der Molekülstruktur von Halbaniliden der Maleinsäure oder anderen 1,2-Dicarbonsäureaniliden mit z. B. Propionsäureanilid, wobei in ersteren lediglich eine Carboxyl- bzw. Estergruppe durch Alkylgruppen ersetzt wird, kann man als Stütze einer ähnlichen Wirkungsbegründung ansehen. Die Einflüße unterschiedlicher Substituenten in verschiedener Stellung des Benzolringes sind mehrfach untersucht worden. Besonders die Trifluormethyl-Gruppe in 3-Stellung ist wesentlich für eine Wirksamkeit. Sehr viele Benzanilide wurden auf ihre herbizide Wirksamkeit gegen verschiedene Unkräuter geprüft, ebenso der Einfluß einer Substitution eines Benzoyl-Restes. Eine Zusammenfassung dieser Arbeiten gaben H. Schwartz und J.B. Skapatson[12]. Über Zusammenhänge zwischen einer inhibierenden Wirkung bei der Hill-Reaktion und der chemischen Konstitution von Aniliden liegen ebenfalls umfangreiche Untersuchungen vor[13]. Dabei zeigte sich u.a., daß auch bei diesen in-vitro-Testen das 3,4-Dichloranilid zu den wirksamsten Verbindungen gehört[12].

Einige Dicarbonsäurehalbanilide, die praktisch nur mäßige herbizide Wirkung aufweisen, hemmen die Hill-Reaktion kräftig. Ähnliche Untersuchungen wurden für die Dicarbonsäurehalbanilidester und Alkylanilide durchgeführt[14]. Nicht alle in-vitro-Teste ergeben Resultate, welche parallel mit der Wirksamkeit gegen Pflanze gehen. Die herbizide Wirksamkeit gegen Pflanzen wird noch durch andere Faktoren, wie Eindringungsvermögen in die Pflanze, Abbau in derselben usw. bestimmt.

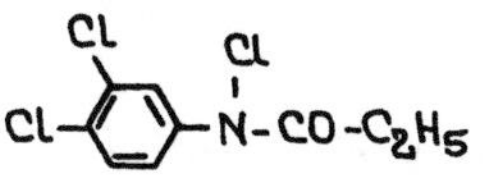 220

Versuchs-Produkt der Dainippon Ink. Japan

Acylanilide hemmen auch das Wachstum von Hefezellen, s.[15].

Über die Acylanilidgruppe als herbizide Wirkungsgruppe wurde in der chemischen Literatur 1966 und 1973 berichtet[16,20,179]. Über Trichloracetyldichloranilid s.[21].

Vor der weiteren Besprechung von Acylaniliden, sei auf eine bei den Dichloressigsäure-amiden schon erwähnte Neuentwicklung auf dem Herbizidgebiet hingewiesen. Einige Herbizide können nach Untersuchungen der Fa. Stauffer in ihrer Selektivität durch Zusätze verbessert werden. Diese Schutzsubstanzen, zu denen nach früheren Untersuchungen der Gulf 1,8-Naphthalsäureanhydrid zu zählen ist[177], scheinen unter den Aniliden weitere Vertreter zu haben. Tribromessigsäure-m-chloranilid sowie Propionsäure-2,4-Dichloranilid werden als Beispiele angeführt[178].

Da nahezu alle Acylverbindungen von substituierten Anilinen, vornehmlich halogen-substituierte, herbizide Eigenschaften aufweisen, ist es nicht verwunderlich, daß trotz der vielen schon vorhandenen Handels- und Versuchsprodukte immer neue Versuchsherbizide bekannt werden.

Als Beispiele sind in der Literatur und in Patenten genannt:
3-Trifluormethyl-$\alpha$-methylvaleriansäure-anilid. Selektiv in Baumwolle.
Patente[152]. Literatur[153].

3-Chlor-4-methyl-crotonsäureanilid. Selektiv in Baumwolle.
Patente[154]. Literatur[153]. Crotonsäureanilide[132].

3,4-Dichlormaleinsäure-methylester-anilid. Ebenfalls selektiv in Baumwolle.
Patente[155]. Literatur[153].

In gleicher Weise ist nach H. Schwartz auch Benzoesäure-3,4-dichlor-anilid für denselben Zweck empfohlen.
Patente[153,156,195].

$\alpha$-Phenylpropionsäure-3,4-dichloranilid[157].

Als praktisch angewandte Herbizide, die aber bis jetzt zum Teil nur geringe Bedeutung erlangten, sind bekanntgeworden:

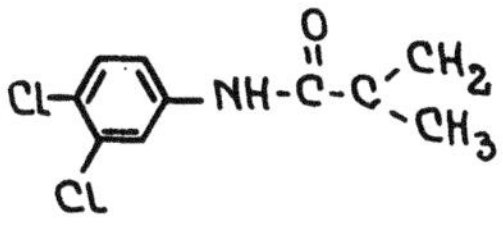

Methacryl-3,4-dichloranilid
Common name: DCMA
Handelsname: Dicryl®
(Niagara Chem. Div. Food Machinery and Chemical Corp.)
1960

LD50: 1800-3100 mg/kg Ratte p.o. akut. Wirkungsweise: Blattherbizid mit Kontaktwirkung und geringer systemischer Wirkung. Photosynthesehemmer. Anwendungsweise: Post-emergence. Anwendungsgebiet: Selektiv in Baumwolle, gegen

Gräser und breitblättrige Unkräuter.
Patente[22, 23]. Literatur[24, 25].

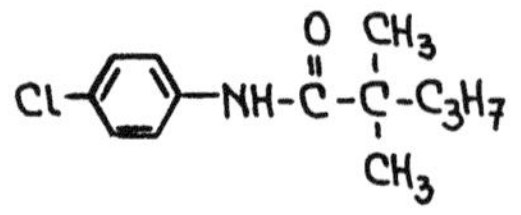

α, α-Dimethylvaleryl-p-chloranilid
N-(4-Chlorphenyl)-2, 2-dimethyl-pentanamid
Common name: Monalide
Handelsname: Potablan®
(Schering)
1963/64

LD50: 4000 mg/kg Ratte p.o. akut. Wasserlöslichkeit: 22, 8 ppm. Wirkungsweise: Blattherbizid mit Kontaktwirkung. Bodenherbizid. Anwendungsweise: Post- und pre-emergence. Anwendungsgebiet: Post-emergence in Möhren und anderen Umbelliferen. Pre-emergence in Buschbohnen und Zwiebeln.
Patente[26-28]. Literatur[29].

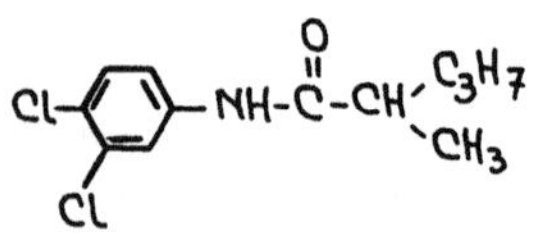

N-(3, 4-Dichlorphenyl)-2-methyl-pentanamid
Common name: NCA
Handelsname: Karsil®
(Niagara Chem. Div. Food Machinery and Chemical Corp.)

LD50: 10000 mg/kg. Wirkungsweise: Blattherbizid mit Kontakt- und systemischer Wirkung. Anwendungsweise: Post-emergence. Anwendungsgebiet: Sellerie, Möhren, Petersilie, Erdbeeren.
Patente[26, 30]. Literatur[31].

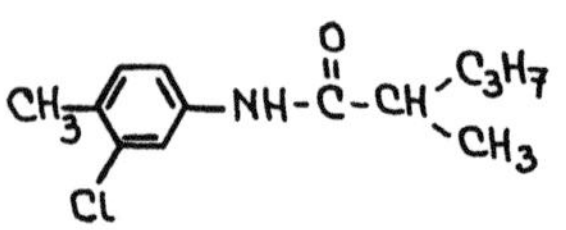

A-Methylvalery-3-chlor-4-methyl-anilid
Common name: CMA, Pentanochlor
Handelsname: Solan®
(Niagara Chem. Div. Food Machinery and Chemical Corp.)
1958
Dakuron®

LD50: 10000 mg/kg Ratte p.o. akut. Wasserlöslichkeit: Unlöslich. Wirkungsweise: Kontaktherbizid mit geringer systemischer Wirkung. Anwendungsweise: Post-emergence. Anwendungsgebiet: Gegen breitblättrige Unkräuter in Tomaten, Möhren, Petersilie und Erdbeeren.
Patente[32, 33]. Literatur[24].

Verwandte Produkte sind:

 34

 35-37

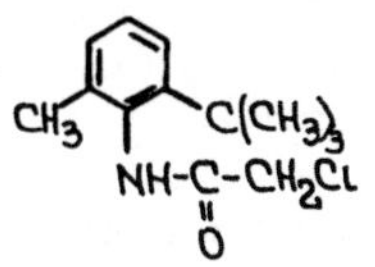

Versuchsprodukt, aufgegeben
CP 31675
(Monsanto Chem. Co.)

$LD_{50}$: 1780 mg/kg Ratte p.o. akut. Wasserlöslichkeit: ca. 300 ppm.
Patente[39-41] (Alkyl = $C_2H_5$ [42, 43]). Literatur[44, 141].

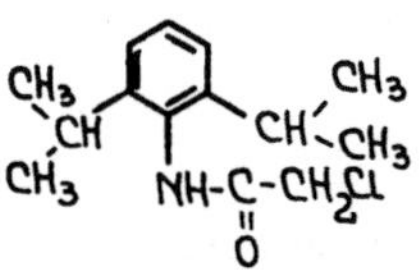

2',6'-Diisopropyl-2-chlor-acetanilid
Versuchsprodukt
(Monsanto Chem. Co.)
1965/66

Patente[39, 45]. Literatur[41].

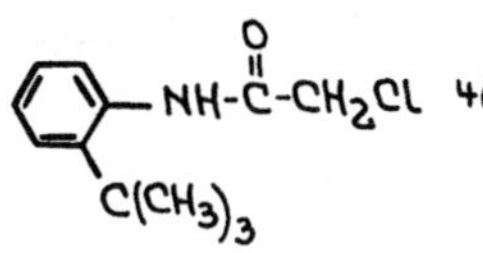

46

oder andere tert. Alkylreste

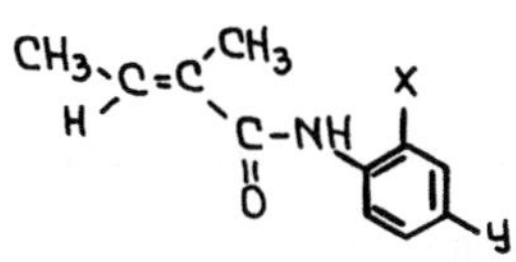

Tigilinsäureanilid[47]
cis-trans-Form
X = $CH_3$, Cl, Y = H, $CH_3$, Cl

2, 3-Dihalogenacryl-chloranilide s. [134].

Zahlreiche Patente betreffen Benzoesäureanilide[48, 49], ohne daß aber Versuchs- oder gar Handelsprodukte bekanntgeworden sind.

Anilide einer Ketocarbonsäure mit Acetylengruppierung s. [50].

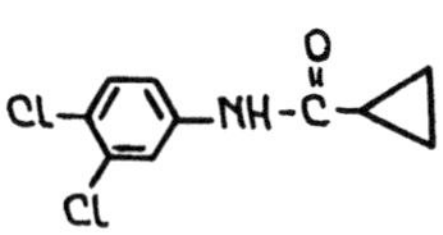

Cyclo-propan-carbonsäure-3,4-dichloranilid
Common name: Cypromid
Handelsname: Clobber® (Spencer Chem. Div., Gulf Oil Corp.)
1965

$LD_{50}$: 218 (218-900) mg/kg Ratte p.o. akut. Wasserlöslichkeit: <100 ppm. Wirkungsweise: Blattherbizid mit Kontaktwirkung. Anwendungsweise: Post-emergence. Anwendungsgebiet: Gegen breitblättrige Unkräuter und Ungräser in Getreide, in Mais, Umbelliferen, Zwiebeln, Baumwolle.
Patente[51-53]. Literatur[54].

H am Stickstoff kann durch $CH_3$ oder $OCH_3$ ersetzt werden[55-61]. Ein Patent betrifft u. a. auch Cyclobutancarbonsäure-anilide[55]. Statt Aniline werden auch

Aminoheterocyclen beansprucht, speziell das 2-Aminothiazol[57]. Die BASF beansprucht Isobuttersäureanilide und das Cyclopropancarbonsäureanilid beliebiger Substitutionen speziell gegen Klebkraut und Veronica-Arten[58]. Andere cyclo-aliphatische Carbonsäureanilide, 4-6-Ring-Verbindungen betreffend, s.62.

Daß nicht nur Acylverbindungen bes. des 3,4-Dichloranilins herbizid wirksam sind, ist aus einem Patent der BASF (1976) ersichtlich[227].

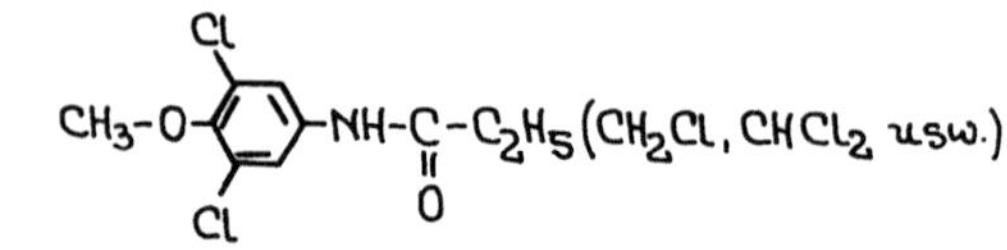


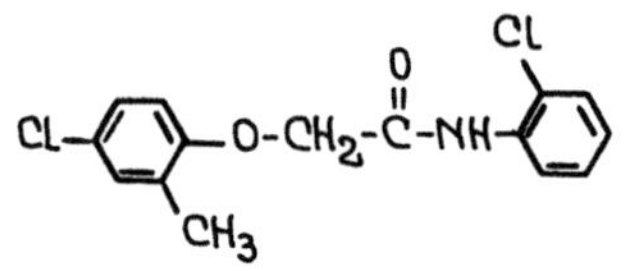


2-Methyl-4-chlor-phenoxyessigsäure-2-chloranilid
Common name: MCPCA
Handelsname: Mapica®
UIshihara Sangyo Kaisha Ltd.)
1966

Wirkungsweise: z. T. auf der Säurekomponente beruhend. Anwendungsgebiet: Selektives Reisherbizid.
Patente[63,64]. Literatur[65].

Ein jüngeres Patent beansprucht 3-Chlor-4-methylmercapto-anilide, speziell die Propionyl-Verbindung[137].

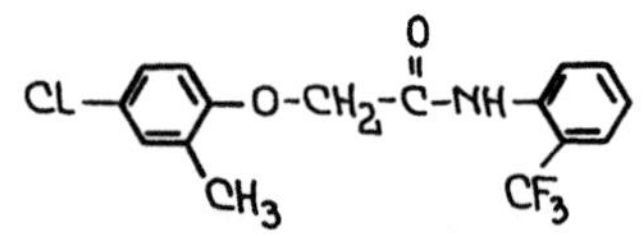


Versuchsprodukt der Daikin Kogyo Co. Japan 1974 [158].

Oxalsäureesterhalbanilide

Obwohl die Oxalsäureesterhalbanilide nach den Untersuchungen der Verfasser nur wenig herbizid wirksam sind, wurden von anderer Seite einige Thio-Derivate als Pre-emergence-Herbizide patentiert[66]:

N-(3-Chlorphenyl)-dithiooxamid,
N-(3-Chlor-4-äthylphenyl)-dithiooxamid

Einige Oxanilsäuren zeigen eine gute Hemmung der Hill-Reaktion, wobei einzelne Vertreter auch an der Pflanze stark phytotoxisch sein sollen[67], z. B.:

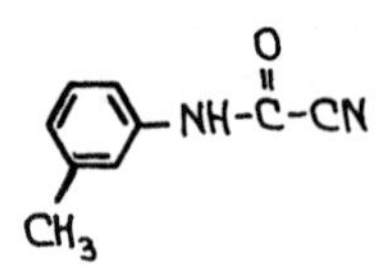


Acylverbindung mit COOH im Säurerest s. 86.

Weitere Beispiele aus dieser Substanzklasse sind:

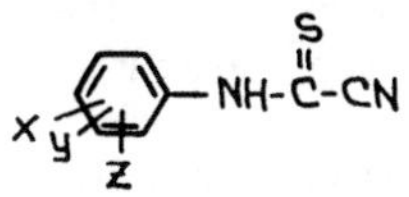
38 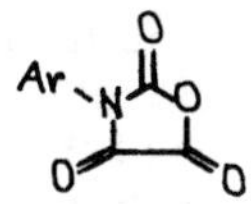
68 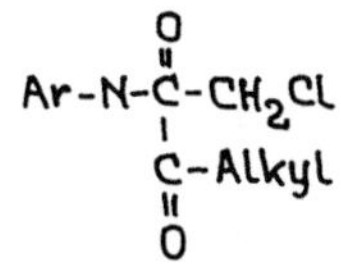
40

Über cyclische Bernsteinsäureimide s. bei 5-Ring-Verbindungen mit 1 N-Atom.

Acylverbindungen der Anthranilsäure[87]

Bekannt wurden die Verbindungen:

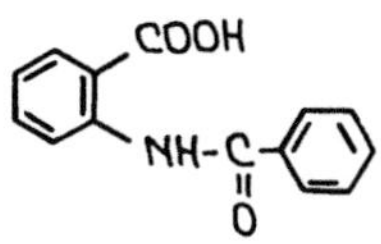
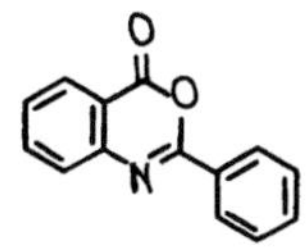

Blattherbizid mit Kontaktwirkung.
Selektiv in Getreidearten[69, 87, 100, 101, 191].

Wichtige Herbizide entstammen der Reihe acylierter sekundärer Aniline, wobei der Chloracetylrest eine dominierende Rolle spielt.

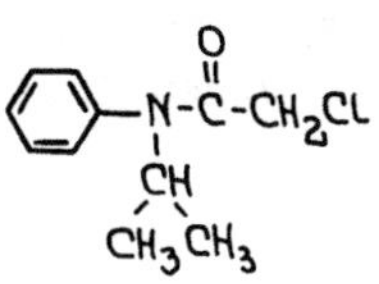

N-Isopropyl-α-chloracetanilid
Common name: Propanochlor, Propachlor
Handelsname: Ramrod®
(Monsanto Chem. Co.)
1965

$LD_{50}$: 710 mg/kg Ratte p.o. akut. 5010 mg/kg Kaninchen. Wasserlöslichkeit: 580 ppm bei 25°C. Wirkungsweise: Bodenherbizid, Kontaktherbizid. Anwendungsweise: Pre-emergence und früh post-emergence. Anwendungsgebiet: Gegen Gräser und breitblättrige Unkräuter im Keimlingsstadium. Pre-emergence in Mais, Kohl, Bohnen, Zwiebeln, Baumwolle, Sojabohnen, Leguminosen und Sorghum. Abbau im Boden zu 94% durch Bakterien[165]. Ramrod ist eines der größten Herbizide.
Patente[70, 71, 126]. (Diese Patente umfaßen auch am Stickstoff alkylierte Aniline mit beliebigen Substituenten im Phenylrest); s. ferner[72] am N eine $CH_2OH$-Gruppe s. [73]. Literatur[74].

Ebenfalls am Stickstoff alkylierte Acyl-, speziell Chloracetyl-Verbindungen von Anilinen umfaßt ein Patent der BASF[79]. Der Alkylrest ist 1-Methylbutin, der Phenylkern ist beliebig substituiert. Statt Alkyl am Stickstoff soll auch Halogen stehen können[138].

Nahe verwandt mit Ramrod® ist:

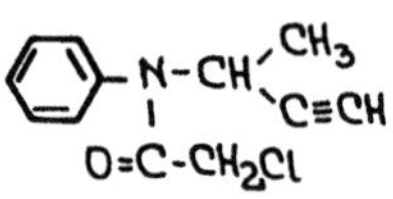


Common name: Chloretin, Prinachlor
Handelsname: Butisan® (BASF)
1968/69
früher: BAS-2900 H und 2903 H
Basamalze® (USA)

LD50: 1117 mg/kg Ratte. Wasserlöslichkeit: 500 ppm bei 20°C. Anwendung: Pre-emergence selektiv in Raps, Kohl und Zwiebeln.
Patente[79, 182]. Literatur[141]. Ohne Bedeutung.

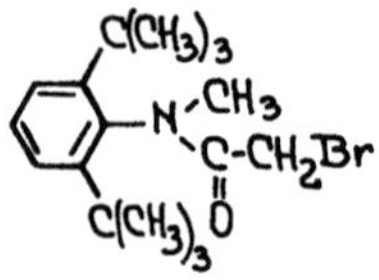


Versuchsprodukt der Monsanto

Pre-emergence Anwendung.
Patente[166]. Literatur[167].

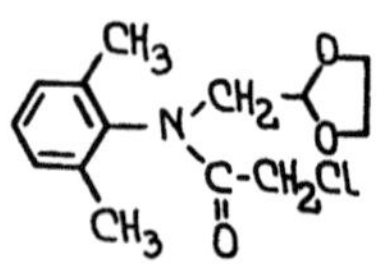


Versuchsherbizid VEL-5052
(Velsicol) 1975

$LD_{50}$: 5282 mg/kg Ratte p. o. akut. Pre-emergence Anwendung in Mais, Baumwolle, Erdnüssen, Sorghum, Sojabohnen und Leguminosen. Wirksam gegen Gräser.
Patente[218]. Literatur[212, 219].

Eine neue Variation entstand bei den Acyl-aniliden durch Ersatz des Chlors durch andere Säurereste wie die folgenden Beispiele zeigen.

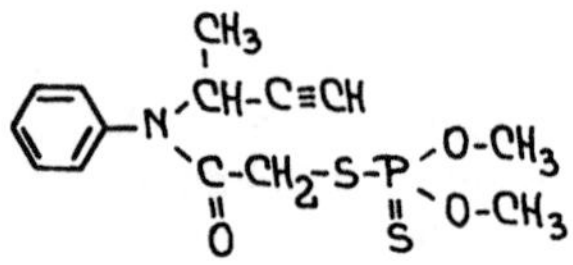


Versuchsprodukt der BASF
BAS H75699 (1971)

Wirksam gegen Gräser.
Patente[161]. Literatur[162].

(BASF)

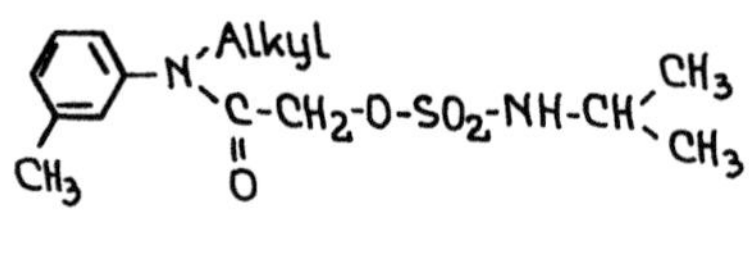


Patente[196].

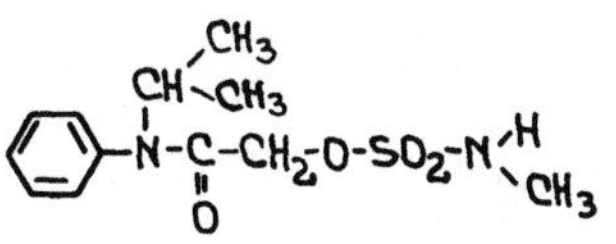

Versuchsprodukt 90016 X
(BASF) 1975

$LD_{50}$: 4170 mg/kg Ratte p.o. akut. Wasserlöslichkeit: 0,1 g in 100 g bei 20°C. Pre- und post-emergence Anwendung in Mais und Zuckerrüben. Wirksam gegen Hirsearten und andere Ungräser. Anwendung in Kombination mit Pyramin. Patente[196]. Literatur[214].

Neuere aussichtsreiche Herbizide enthalten eine Methoxyalkylgruppe am Stickstoff. Charakteristisch ist bei den folgenden Herbiziden auch eine 2,6-Dialkylsubstitution im Phenyl.

2',6'-Dimethyl-N-(isopropoxymethyl)-2-chloracetanilid

Versuchsprodukt
CP 52665
(Monsanto Chem. Co.)

Patente[43]. Literatur[119].

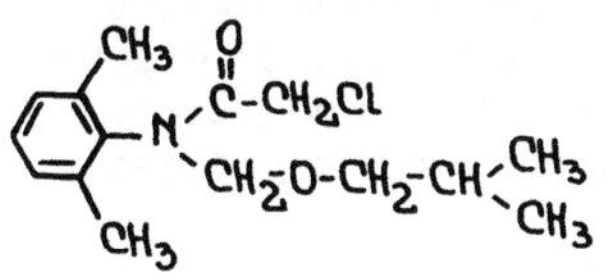

2',6'-Dimethyl-N-(isobutoxymethyl)-2-chloracetanilid
Common name: Metachlor
Versuchsprodukt: Delachlor®
CP 52223 aufgegeben
(Monsanto Chem. Co.)

$LD_{50}$: 1775 mg/kg Ratte.
Patente[42,43]. Literatur[75].

Während die 2,6-Dimethylverbindung anscheinend keinen großen Einsatz erreicht hat, rückte die nachfolgende 2,6-Diäthylverbindung in den USA rasch zu den ganz bedeutenden Herbiziden auf.

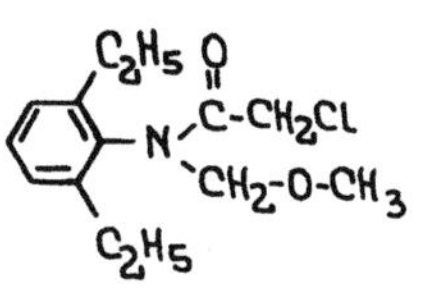

2',6'-Diäthyl-N-(methoxymethyl)-2-chlor-acetanilid
Common name: Alachlor
Handelsname: Lasso®, CP-50144
(Monsanto Chem. Co.)
1966

$LD_{50}$: 1800 mg/kg Ratte p.o. akut. $LC_{50}$: 2,3 mg/L 96 Std. Regenbogen-Forelle. Wasserlöslichkeit: 148 ppm. Wirkungsweise: Bodenherbizid. Anwendungsweise: Pre-emergence. Anwendungsgebiet: Selektiv in Baumwolle, Mais, Sojabohnen, Tomaten und Erdnüssen, gegen Gräser und breitblättrige Unkräuter. Abbau im Boden zu 90% durch Bakterien und zu 10% durch chem. Abbau.
Patente[39,41-43,126-131,133,135,136,139,146,183]. Literatur[75-78,145,165].

Darstellung:

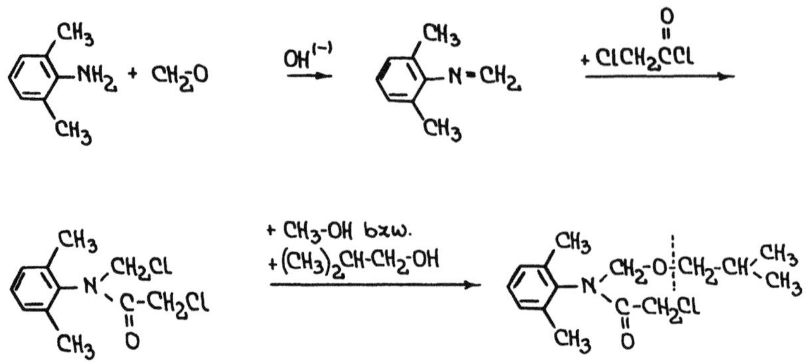

Die dem Lasso® entsprechende Butoxy-Verbindung ist 1970 in den Handel gekommen.
Common name: Butachlor.
Code Nr. CP-53619. Handelsname: Machete® (Monsanto) 1970.
LD50: 3300 mg/kg Ratte p.o. akut.
Pre-emergence Herbizid zur Kontrolle von Gräsern und einigen breitblättrigen Unkräutern, post-emergence in verpflanztem Wasser-Reis. Auffallend ist gegenüber der Methoxy-verbindung die hohe Selektivität. Selektiv in Reis und Gerste aber auch in Weizen, Zuckerrüben und Baumwolle. Verhindert die Biosynthese von Aminosäuren. Rascher Abbau in der Pflanze.
Patente[39, 41-43, 133, 135, 136, 139, 146, 183]. Literatur[147, 165].

Ein Versuchsprodukt der Monsanto ist auch das 2'-tert.-Butyl-6'-methyl-N-(methoxymethyl)-2-chloracetanilid (CP 2507). Anwendung wie zuvor.
Patente[43]. Literatur[119].

2'-Äthyl-6'-methyl-N-äthoxymethyl)-2-chloracetylanilid

ist ebenfalls von der Monsanto:
Common name: Acetochlor. Versuchsprodukt: MON-097 (1971).
Patente[146, 183] siehe auch zuvor bei Machete®.
Selektivität usw. z. Z. nicht bekannt.

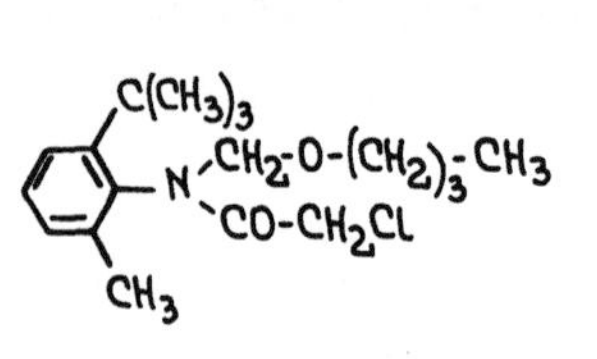

Common name Vorschlag: Terbuchlor
Versuchsprodukte: MON-0358,
CP-46358
Monanto Chem. Co.
1975

Näheres z. Z. nicht bekannt.
Patente[183].

Erstmalig eine Methoxy-äthyl-gruppe als Substituenten am Stickstoff enthält ein Versuchsherbizid der Ciba-Geigy. Damit entfallen alle Spekulationen über die für eine herbizide Wirksamkeit notwendig erscheinende Aufspaltbarkeit einer Aminalgruppe zu Formaldehyd.

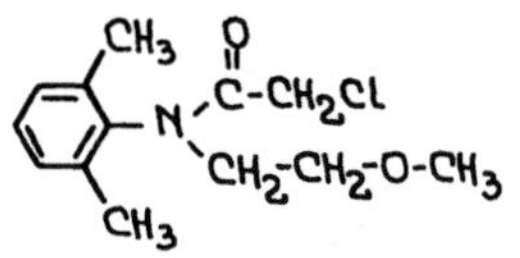

Vorschlag f. Common name: Dimethachlor
Versuchs-Nr.: CGA-17020
(Ciba-Geigy) 1974

Patente[176,184]. Ähnliche Substituenten am Stickstoff aber im Aryl mehrfach substituiert siehe[197]. Statt Methoxy einen heterocyclischen Rest tragend siehe[198].

Die Alkylsubstituenten im Phenyl sind nicht in jedem Falle für eine selektive herbizide Wirksamkeit notwendig. Ohne Methyl ergibt Selektivität in Baumwolle, $CH_3$ in 4-Stellung Selektivität in Baumwolle und Mais[230].

In die Reihe der 2,6-dialkylsubstituierten Derivate gehört:

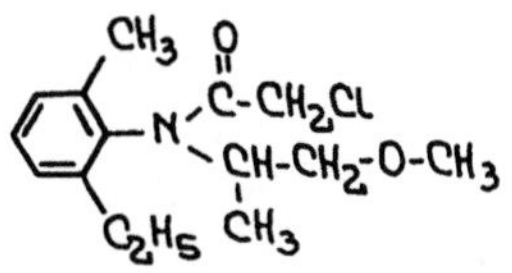

Common name Vorschlag: Metetilachlor, Metolachlor
Handelsprodukt: Dual®
Versuchs Nr.: CGA-24705
(Ciba-Geigy) 1974

$LD_{50}$: 2780 mg/kg Ratte p.o. akut. $LC_{50}$: 2 mg/L 96 Std. Regenbogen-Forelle. Wasserlöslichkeit: 530 ppm 20°C. Pre-emergence Anwendung gegen Ungräser in Mais, Sojabohnen und Erdnüssen. In Kombination mit anderen Herbiziden selektiv in Bohnen, Raps, Zuckerrohr, Zuckerrüben, Sonnenblumen und Kohlarten. Aufnahme durch junge Triebe.
Patente[199]. Literatur[200,202,217].

Ähnliche aber im Phenyl mehrfach substituierte Acylanilide beansprucht ein neues Patent der Ciba-Geigy[211].

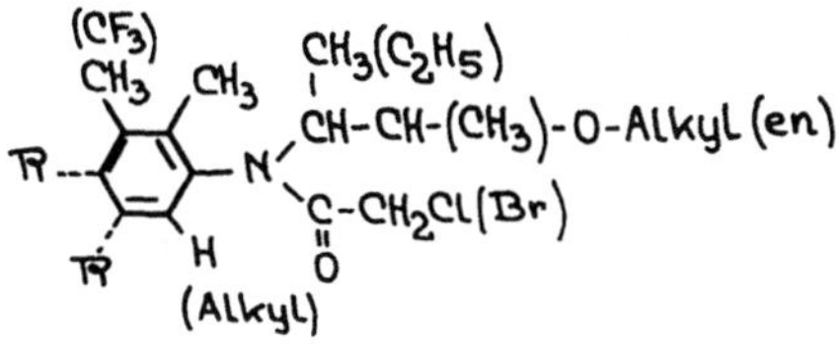

R in 5-Stellung=$CH_3$, $OCH_3$

Die Verbindungen wirken pre aber auch post-emergence gegen Gräser und Unkräuter in zahlreichen wichtigen Kulturen wie Sojabohnen, Baumwolle, Mais, Erdnüssen, Zuckerrüben und Zuckerrohr, Kartoffeln, Tee usw. und zeigen neben selektiver herbizider Wirkung auch wuchsdämpfende Eigenschaften.

In der Grundkonstitution ein 2,6-dialkyliertes Acyl-Anilin, erstmalig mit einer Methylen-Carbonester-gruppierung am Stickstoff:

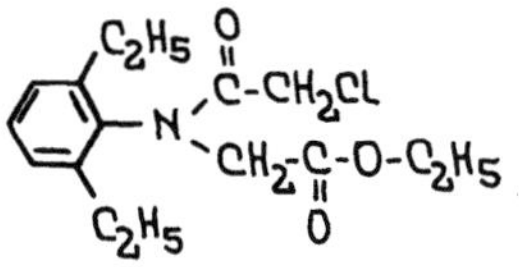

Common name: Diethacine-ethyl
Handelsprodukt: Antor®
(Hercules Inc.)
1974

LD50: 2318 mg/kg Ratte. Vor Aussaat selektiv in Zuckerrüben, wirksam gegen verschiedene Ungräser. Selektiv auch in Mais, Baumwolle, Kartoffeln, Sojabohnen, Erdnüssen, Sonnenblumen.
Patente[191, 222-224]. Literatur[200].

Über Phenyl-amino-essigsäuren ohne 2,6-Dialkyl-substitution siehe bei Aryl-amino-essigsäuren.

Benzoesäureanilide

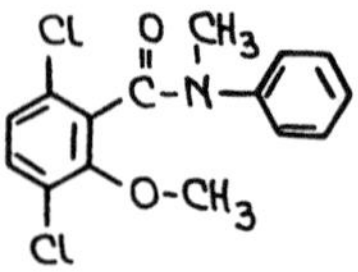

N-Methyl-2-methoxy-3,6-dichlor-benzanilid
Versuchsprodukt, aufgegeben
JA 20696
(Takeda Chem. Co.)
1965

Literatur[80]. Benzoesäureanilide[48, 49].
Phthalsäureester-anilide s.[140].

Acylanilide mit weiteren herbiziden Wirkungsgruppen im Molekül.

Eine Kombination von einem Carbamidsäureester mit einem Acylanilid stellt die folgende Verbindung dar.

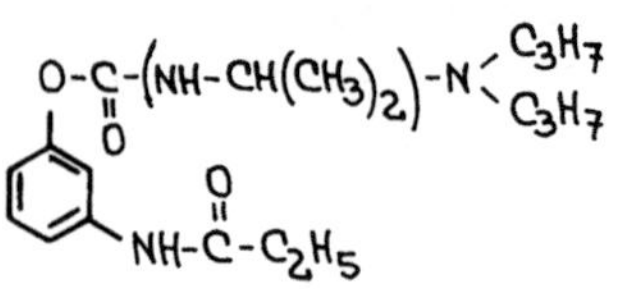

R-11913 (Stauffer) 1970

LD50: >4640 mg/kg Ratte p.o. akut.
Anwendung vorwiegend mit Trifluoralin in Tomatenkulturen, ferner in Luzerne, Zuckerrüben und Kartoffeln.
Patente[163]. Literatur[164, 190].

Die zweifach mit n-Propyl substituierte Verbindung ist ebenfalls ein Versuchsprodukt der Stauffer: R-12084.
Patent[165].

Statt $-\overset{\overset{\displaystyle O}{\|}}{\phantom{x}}$ -OCN(CH3)2 (C=O) kann nach jüngeren Patente auch O-Alkyl oder S-Alkyl stehen[192].

Ein jüngstes Versuchsprodukt besitzt einen größeren Acylrest.

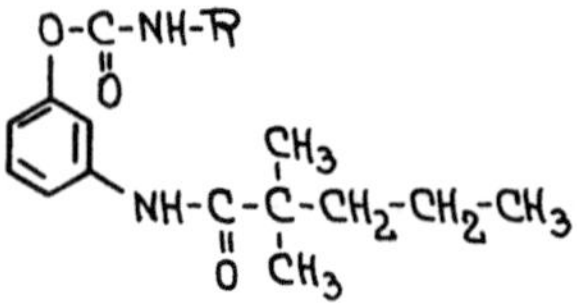

Versuchspr. R=iso-Propyl: R-15302
R=tert. Butyl: R-15431
(Stauffer) 1974

Patente[205]. Literatur[206].

Auch eine Harnstoff-gruppierung wird zusätzlich zur Acylanilidgruppe verwendet. Man beachte die m-Stellung!

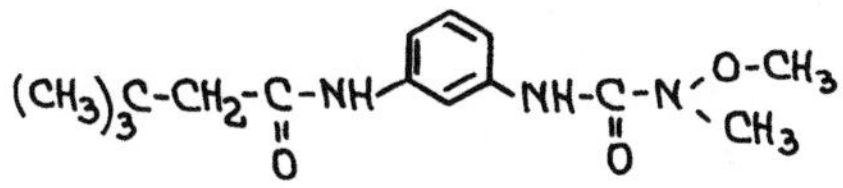

R-24191 Stauffer Chem. Co.
Versuchsherbizid 1975

Patente[225]. Literatur[226].

N-(2,4-Dimethyl-5-trifluormethylsulfonyl-aminophenyl)-acetamid siehe bei Sulfonsäure-aniliden!

Mehrfach wurden Diacylverbindungen von Anilinen patentiert. Die herbizide Wirkung ist oft ausreichend gut, die Verbindungen sind aber im Vergleich zu den ähnlich wirkenden Monoacyl-Verbindungen schwieriger herstellbar.

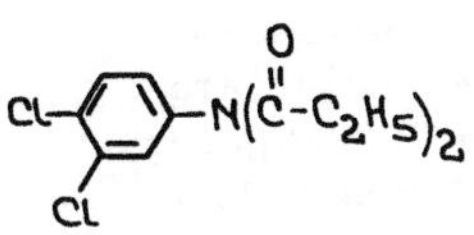

N-Dipropionyl-3,4-dichloranilid
Versuchsprodukt, aufgegeben
(Bayer AG) 1965/66

Patente[81-83].

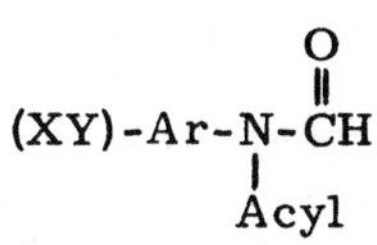 88

Acylverbindungen von Naphthylaminen

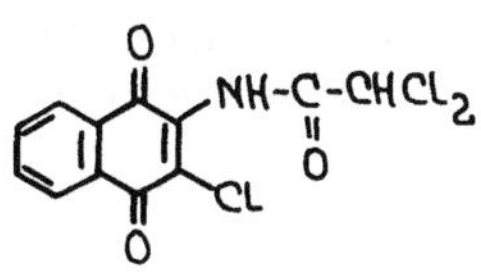

1972 von Hoechst gegen Algen in Reisfeldern geprüft.

Patente[173,181].

Acylverbindungen des ß-Naphthylamins verbieten sich in ihrer Anwendung wegen cancerogener Eigenschaft des Amins. Anders dürften die Verhältnisse bei 2-Aminonphthochinon liegen.

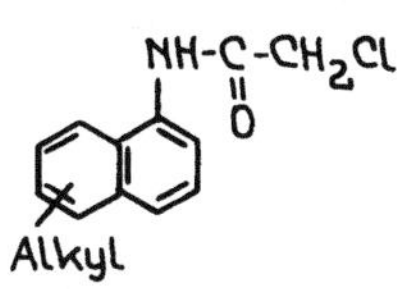 39,44

Monoacylanilide von Dicarbonsäuren, die zur cyclischen Imidbildung befähigt sind

Phthalsäure und Phthalsäureester-anilide[140].

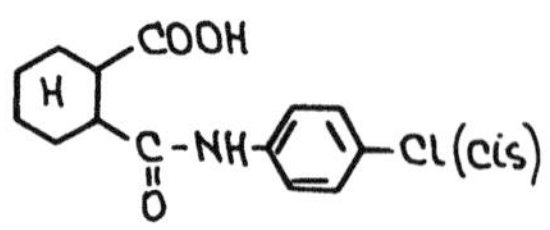


CP-7747
(Monsanto)
1970

In Kombinationspräparaten für Sojabohnen anwendbar.
Patente[86]. Literatur[159].

Cyclische Imide einer ungesättigt substituierten Hexahydrophthalsäure vgl.[97]. - In jüngerer Zeit erschienen zahlreiche Patente über N-Phenylimide der Itakonsäure[98-101].

Die meisten cyclischen N-Phenylimide besitzen nur geringe herbizide Wirkung. F.G. Teubner u. S.H. Wittwer[94] berichteten über eine Förderung der Blütenbildung derartiger Verbindungen bei Tomaten. Als Handelsprodukt ist lediglich eine Verbindung mit Wuchsstoffcharakter als Herbizid bekanntgeworden.

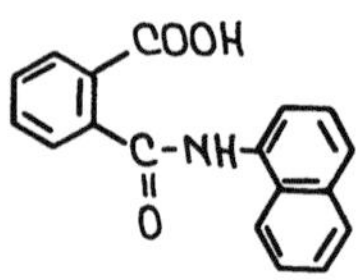


N-1-Naphthylphthalamid-säure
Common name: NPA, Naptalam
Handelsname: Alanap® (Naugatuck Chem. Div., U.S. Rubber Co.)
1950

$LD_{50}$: Freie Säure >8200 mg, Na-Salz: 1770 mg/kg Ratte p.o. akut. Wasserlöslichkeit: 200 ppm freie Säure. Wirkungsweise: Boden- und Blattherbizid mit systemischer Wirkung und etwas Wuchsstoffwirkung. Anwendungsweise: Pre-emergence. Anwendungsgebiet: Unkrautbekämpfung selektiv in Kürbis, Gurken, Baumschulen. Post-emergence zur Fruchtausdünnung im Obstbau.

In den IG-Farbenfabriken wurde schon 1942 der Wuchsstoff- und Hemmcharakter dieser Verbindung entdeckt[95]. Naptalam stört den Geotropismus der Pflanze. Wie mit vielen Wuchsstoffherbiziden kann man mit Naptalam samenlose Früchte züchten.
Patente[96]. Literatur[118].

Anilide von Aminoessigsäuren wurden im Hinblick auf Struktur-Aktivitätsbeziehungen näher untersucht und Verbindungen aufgefunden, welche die Hill-Reaktion hemmen[229].

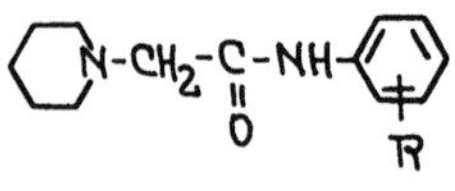


R - o, m, p- $NO_2$, $CH_3$, F, Cl
o, m - $CF_3$
o, p - $OCH_3$ usw.

d) Acylphenylhydroxylanilide

Als eine Abwandlung der Acylanilide können Acylverbindungen des Phenylhydroxylamins aufgefaßt werden.
Patente[91-93].

e) Acylverbindungen des Diphenylamins

Acylverbindungen des Diphenylamins sind schon lange als Herbizide bekannt[102], ohne indessen Anwendung gefunden zu haben.

f) Diacylverbindungen von Phenylendiaminen

Auch Diacylverbindungen von Phenylendiaminen, speziell des m-Phenylendiamins sind als Herbizide bekanntgeworden[142].

g) Acyl- und Diacylanilide von Carbonsäuren mit eingebauten Heteroatomen[84-88] und heterocyclischen Carbonsäuren

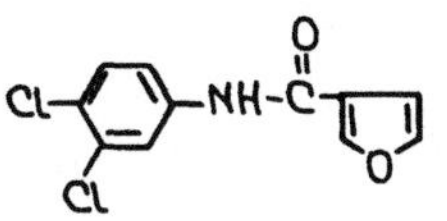

Furyl-carbonsäure-3,4-dichloranilid
Versuchsprodukt
(Schering) 1966 aufgegeben

Patente[89].

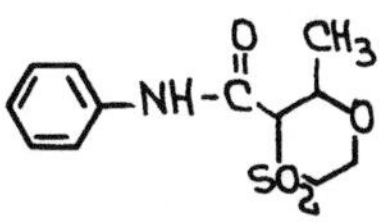

ist als Fungizid[90] bekanntgeworden. Es soll auch systemisch wirksam sein. Auf die häufige Verwandtschaft zwischen Herbiziden und Fungiziden sei hier besonders hingewiesen.

Verbindungen der Struktur 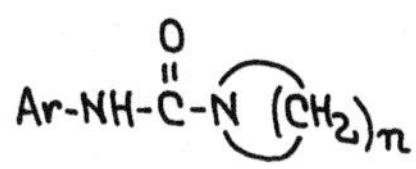 und 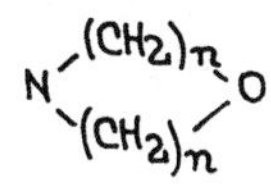

siehe bei aromatisch-aliphatischen Harnstoffen.

## 5.12.5. Aromatisch-aliphatische Amidine

Amidine vorwiegend aromatisch-aliphatischer Natur sind mehrfach als biologisch aktive Verbindungen bekannt geworden (s. bei Akariziden). Auch herbizide Verbindungen wurden in der Patentliteratur erwähnt.

$$X, Y\text{-}Ar\text{-}N{=}\underset{\underset{H(CH_3)}{|}}{C}\text{-}N(CH_3)_2 \qquad 103$$

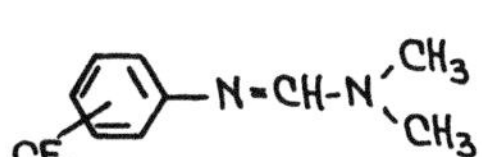

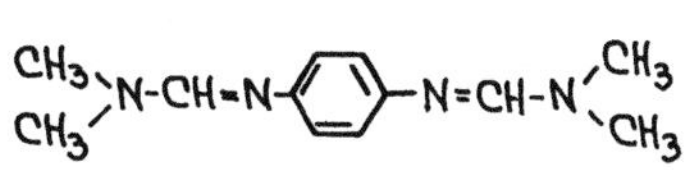

105

Selektiv in Rüben[104].

Azolyl-amidine der Formel

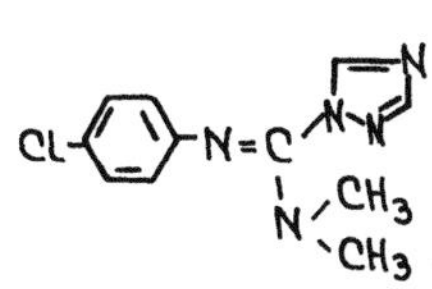

zeigen herbizide Wirksamkeit wie aus den Bayer-Laboratorien durch Patente bekannt geworden ist[203]. Statt des 1,2,4-Imidazols können auch andere 5-Ring-Heterocyclen mit einer substituierbaren NH-Gruppe stehen.

## 5.12.6. Acylverbindungen heterocyclischer Amine

Siehe auch 5-Ring-Verbindungen mit jeweils 1 O, 1 N + 1 O, 1 N + 1 S bzw. 2 N + 1 S usw.

Acylierte Amino-heterocyclen sind schon seit 1958 bekannt. Siehe die folgenden Beispiele. Eine neuere systematischere Bearbeitung erbrachte einige Versuchsherbizide.

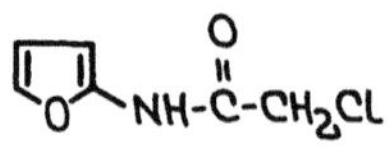
106

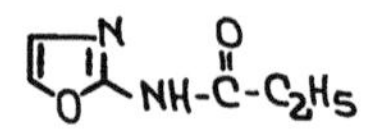
107, 108

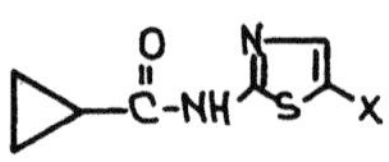
109, 57

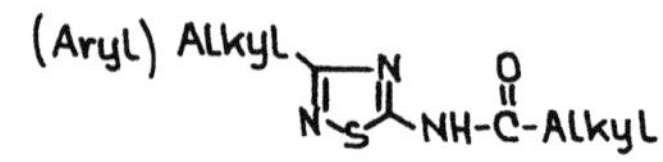
143

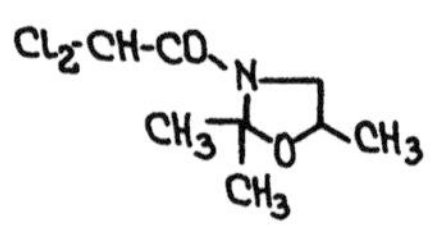

R-29148
Versuchsprodukt
(Stauffer Chem. Co.)
1975

Schutzmittel gegen Herbicidschäden, Phytotoxisantidot. Siehe bei Dichloracetyl-N-diallylamid.
Patente[215]. Literatur[216].

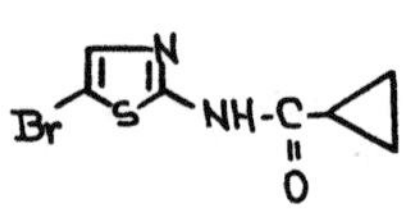

Versuchsprodukt: MB-14255
(May und Baker)
1975

Patente[221]. Literatur[220a].

2-Propionyl-amino-4-methyl-5-chlor-thiazol

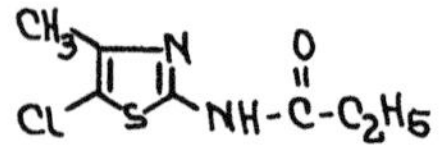

Versuchsprodukt TU-2
(Mitsui Chem.)
1971

$LD_{50}$: 2080 mg/kg Ratte p.o. akut. Selektives Herbizid zur Bekämpfung von Gräsern, auch Flughafer in Weizen.
Patente[174]. Literatur[175].

Ein Patent der Bayer AG[201] umfaßt:

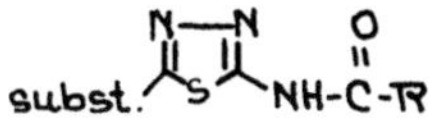

R = Alkyl aber auch $N(CH_3)_2$ sowie $-NHCH_3$

Da bis heute nur die entsprechenden Harnstoffe Interesse gefunden haben, erfolgt die Besprechung bei den heterocyclisch-aliphatischen Harnstoffen.

Erst 1973/74 sind weitere Versuchsprodukte acylierter Aminoheterocyclen bekannt geworden.

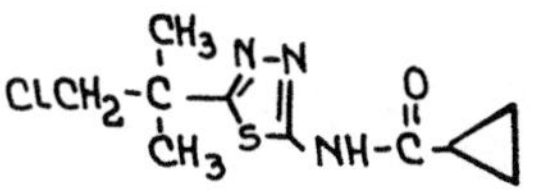

Common name Vorschlag: Cyprazol
Versuchsnummer: S-19073
(Gulf Oil)
1974

Selektiv in Mais und Erdnüssen.
Patente[168].

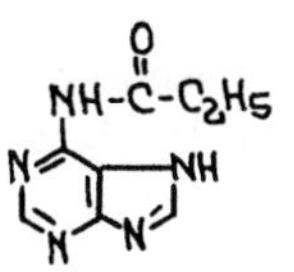

Vorwiegend Cytokininaktivität zeigt nebenstehende Verbindung[169].

Über Acylverbindungen einiger Heterocyclen, die schon als Aminoheterocyclen starke Herbizide sind, wird bei den entsprechenden Grundverbindungen berichtet (s. Pyrazinone, Triazine usw.), da die Wirkung offensichtlich nur nach Maßgabe der Hydrolyse eintritt.

### 5.12.7. Sulfonsäureanilide

Erst mit der leichteren Zugänglichkeit der Trifluormethansulfonsäure bzw. der entsprechenden Säurehalogenide setzte eine neue breitere Untersuchung entsprechender Sulfonsäure-anilide ein. Vornehmlich die M.M.M. befaßte sich damit und so ist es auch nicht verwunderlich, daß die wichtigsten Erkenntnisse, Patente und Versuchsprodukte dieser Fa. entstammen. Die erste größere Publikation erschien von R.D. Trepka und Mitarbeitern 1970[208]. Eine noch eingehendere Arbeit erschien, vom gleichen Arbeitskreis aus der M.M.M. stammend 1974[209]. Es ergab sich, daß fast nur die Anilide der Trifluormethansulfonsäure herbizid wirksam sind. Schon die Difluormethansulfonsäure-anilide sind weniger kräftige Herbizide. Die Wirkung entfaltet sich pre- und post-emergence gegen Gräser bei einer Substitution des Phenyls durch Halogen in 4- und 2,4-Stellung. Ebenfalls hohe Wirksamkeit ergeben $SCH_3$ sowie $SO_2-CH_3$ in 4-Stellung. Eine Substitution in 2-Stellung ist hier nicht erfolgreich. Die Einführung einer zweiten herbiziden Gruppierung $NH\text{-}\underset{\underset{O}{\|}}{C}CH_3$ führt ebenfalls zu guten Herbiziden. Die Säureamidgruppe muß in Übereinstimmung mit allen Beobachtungen auf anderen Gebieten (siehe aromatische Carbamidsäureester) in 3-Stellung stehen. Zusätzlich Halogen oder Methyl in 4-Stellung ergibt dabei eine Wirkungsverstärkung. Post-emergence tritt bei Gräserwirkung zu Gunsten einer Unkraut-wirkung zurück. Die besten Verbindungen zeigen Selektivität in Mais, Sojabohnen und Baumwolle.

2, 4-Difluor-trifluormethansulfonanilid

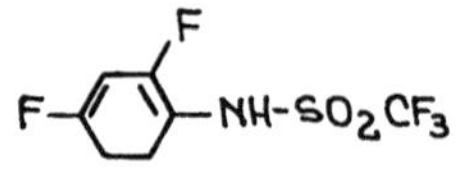

Versuchsherbizid der M. M. M.
MBR 3957
1972/73

Pre- und post-emergence wirksam gegen Gräser und breitblättrige Unkräuter. Selektiv in Mais und Sojabohnen.
Patente[186, 213]. Literatur[187, 212].

Die 2, 4-Dichlor-Verbindung ist in der Literatur ebenfalls als Herbizid erwähnt[186, 187].

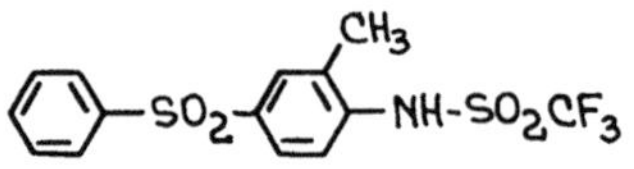

Common name: Perfluidone
Handelsprodukt: Destun®
Versuchs-Nr.: MBR-8251
(M. M. M.)
1972

$LD_{50}$: 633 mg/kg Ratte p. o. akut. $LC_{50}$: 318 mg/L Bluegill-Fisch. Pre-emergence wirksam gegen Gräser und einige Unkräuter. Selektiv in Baumwolle, Mais, Bohnen, Erdnüssen, Gurken, Kohl und Flachs.
Patente[170, 188]. Literatur[171].

Weitere Fluormethansulfonsäure-anilide[172].

Der immer wieder praktizierte Versuch ein Herbizid mit Acylrest in seiner Wirkung zu verbessern durch Einführung einer zweiten herbizid wirksamen Gruppierung rung ist auch bei den Sulfonsäureaniliden unternommen worden[160]. Analog ohne Alkyl-Substituenten im Arylrest[189].

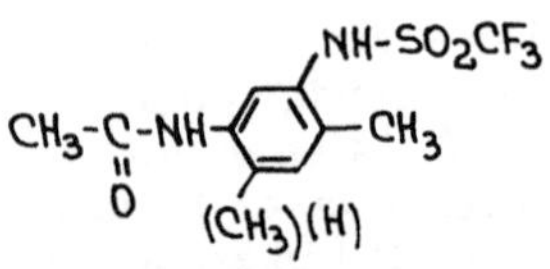

Versuchsherbizid und Wachstumsregulator
MBR 6033 (M. M. M.) 1974-75
Sustar®
MBR 12325 enthält 2 Methylgruppen[228]

$LD_{50}$: 2576 mg/kg Ratte p. o. akut. $LC_{50}$: 4470 mg/L Bluegill-Fisch, 5365 mg/L Catfisch. Wasserlöslichkeit: 130 ppm bei 22°C. Anwendung: Post-emergence.
Patente[160]. Literatur[228].

Benzolsulfonsäure-anilide scheinen allgemein nur geringe herbizide Wirksamkeit aufzuweisen[110-114].

Es ist lediglich ein jüngeres Versuchsherbizid zu verzeichnen.

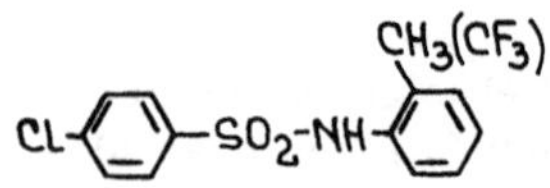

R-3552
(Stauffer)

Pre-emergence Wirkung gegen Gräser bei höheren Aufwandmengen.
Patente[110-117, 193]. Literatur[194].

## Literatur und Patente

5. Organische Herbizide

5.12.4. Carbonsäureamide – 5.12.7. Sulfonsäureanilide


1. Adachi, M., Tonegawa, K., and Ueshima, T.: Pesticide Tech. (Tokyo), 14, 19 (66).
2. - - -, Pesticide Tech. (Tokyo) 15, 11 (66).
3. DAS 1 039 779, 20.4.57/25.9.58, Farbenfabriken Bayer AG.
4. US 3 382 280, 3.2.67/7.5.68, US Prior. 27.5.57 u. 8.5.61, Monsanto Co.
4a. US 3 852 058, 27.5.57/3.12.74, Monsanto Co.
5. GB 903 766, 22.1.59/22.8.62, US Prior. 13.2.58, Rohm and Haas.
6. BE 624 613, 9.11.62/9.5.63, GE Prior. 10.11.61, Farbenfabriken Bayer.
7. BE 619 660, 2.7.62/2.1.63, US Prior. 10.7.61, Rohm and Haas.
8. Smith jr., R. J.: Weeds 13, 236 (65).
9. Taylorson, R. B.: Weeds 13, 306 (65).
10. DAS 1 210 622, 10.9.64/10.2.66, Farbenfabriken Bayer AG.
11. Good, N. E.: Plant Physiol. 36, 788 (61).
12. Schwartz, H. u. Skaptason, J. B.: Chemical Weed Control in Cotton, Schotanus en Jens, Utrecht N. V., Utrecht 1965, s. bes. Kapitel 3, 4 u. 8.
13. Kuprianova, A. S., Aliev, N. A., Mel'nikov, N. N. u. Luznova, M. I.: Chim. v. sel'sk. Choz. (67) (10), 29-31, 749-751.
14. Baruffini, A., Borgna, P., and G. Pagani: Farmaco (Pavia) Ed. Sci. 22 (10), 769 (67).
15. Inoue, Y., Ishizuka, K., and Mitsui, S.: Agr. Biol. Chem. 31, Nr. 4, 422 (67).
16. Barth, A. u. Schwenk, P.: J. Prakt. Chem. 4, 32, 130 (66).
17. Farbenfabriken Bayer AG, Toxikologisches Institut, G. Kimmerle.
18. NE 68 01 152, 25.1.68/27.9.68, GE Prior. 28.1.67 u. 30.3.67, Farbenfabriken Bayer AG.
19. JA 6919/66, 31.1.64/19.4.66, Sankyo Co. u. Daikin Kogyo Co. Ltd.
20. Hopkins, T. R., Neighbors, R. P., and Phillips, L. V.: J. Agr. Food Chem. 15 (3), 501 (67).
21. DAS 1 013 460, 16.6.56/8.8.57, Farbenfabriken Bayer AG.
22. DAS 1 116 469, 5.5.59/2.11.60, US Prior. 6.5.58 u. 31.3.59, Food Machinery and Chemical Corp.
23. = BE 578 356, 2.5.59/3.11.59.
24. Chem. Eng. News 38 (7), 67 (60).
25. Blackburn, R. D., and Weldon, L. W.: Weeds 12, 295 (64).
26. DAS 1 166 547, 10.4.62/26.3.64, Schering AG.
27. FR 1 310 207, 2.1.62/15.10.62, US Prior. 3.1.61, Hercules Powder Co.
28. FR 1 335 676, 25.7.62/15.7.63, US Prior. 25.7.61, Rohm and Haas.
29. Arndt, F.: Z. Pflanzenkrankh. Pflanzenschutz, Sonderh. III, 277 (65).
30. FR 1 363 964, 8.4.63/11.4.64, GE Prior. 10.4.62, Schering AG.
31. Crafts, A. S.: The Chemistry and Mode of Action of Herbicides, p. 37. New York: Interscience Publishers, Inc. 1961.

32. DAS 1 160 236, 11.4.59/27.12.63, US Prior. 14.4.58, Food Machinery and Chemical Corp.
33. = US 3 020 142, 14.4.58/6.2.62
34. JA 27 767/65, 27.8.63/7.12.65, Sankyo Co. Ltd.
35. NE 66 05 488, 25.4.66/31.10.66, US Prior. 29.4.65 u. 17.3.66, Fa. Herbert Schwartz.
36. = BE 680 367, 29.4.66/3.10.66, Fa. Herbert Schwartz.
37. NE 66 05 609, 27.4.66/28.11.66, US Prior. 27.5.65, Fa. Herbert Schwartz.
38. US 3 287 102, 6.4.64/22.1.66, Monsanto Co.
39. US 3 255 247, 18.9.64/7.6.66, US Prior. 28.8.61, Monsanto Co. (nur Naphthalinderivate).
40. = BE 622 131, 5.9.62/31.12.62, US Prior. 28.8.61.
41. = FR 1 337 529, 27.8.62/5.8.63, US Prior. 28.8.61.
42. BE 677 201, 1.3.66/1.9.66, US Prior. 14.10.65, Monsanto Co.
43. = FR 1 481 107, 28.2.66/10.4.67, US Prior. 14.10.65.
44. Riggleman, J.D.: Proc. Northeast, Weed Control Conf. 18, 14 (64).
45. FR 1 427 613, 28.8.62/3.1.66, US Prior. 28.8.61, Monsanto Co.
46. US 3 340 043, 14.6.63/5.9.67, US Prior. 28.8.61, Monsanto Co.
47. US 3 278 597, 8.5.63/11.10.66, Gulf Oil Corp.
48. NE 65 06 607, 25.5.54/29.11.65, US Prior. 28.5.64, Velsicol Chemical Corp.
49. BE 672 361, 16.11.65/16.3.66, US Prior. 30.11.64 u. 24.6.65, Fa. Herbert Schwartz u. J. B. Skaptason.
50. US 3 061 643, 23.3.61/30.10.62, Dow Chemical Co.
51. US 3 211 544, 8.5.63/12.10.65, Gulf Oil Corp.
52. US 3 277 107, 13.11.64/4.10.66, US Prior. 16.3.62, Gulf Oil Corp.
53. US 3 328 156, 19.11.65/27.6.67, US Prior. 28.3.63, Spencer Chemical Co.
54. Hopkins, T.R., Neighbors, R.P. u. Dubrovin, K.P.: 1. Mitteilung: 2. Symposium über neue Herbizide, Paris, S. 187 (65). Ed. Essor, Paris.
55. FR 1 399 615, 23.3.64/12.4.65, US Prior. 26.3.63 u. 8.5.63, Chemical Investors S.A.
56. US 3 277 171, 28.3.63/4.10.66, Gulf Oil Corp.
57. US 3 246 975, 16.3.62/19.4.66, Gulf Oil Corp.
58. DAS 1 005 784, 3.2.56/4.4.57, BASF.
59. DAS 1 196 424, 30.12.61/8.7.65, US Prior. 3.1.61, Hercules Powder Co.
60. BE 620 639, 25.7.62/25.1.63, US Prior. 15.7.61, Rohm and Haas.
61. OE 210 885, 6.2.59/15.8.60, US Prior. 13.2.58, Rohm and Haas.
62. US 3 362 992, 27.5.65/9.1.68, Fa. Herbert Schwartz.
63. GB 972 978, 27.8.63/21.10.64, JA Prior. 29.8.62, Shell Internationale Research Maatschappij.
64. JA 26 088/64, 29.8.62/17.11.64, Ishihara Sankyo Kaisha, Ltd.
65. Sugimoto, Y.: Production of Agricultural Chemicals in Japan. Japan Chem. Quart. 2 (2), 38 (66).
66. US 3 318 675, 3.2.64/9.5.67, Monsanto Chemical Co.
67. Baruffini, A., Borgna, P., and Pagani, G.: Farmaco (Pavia) Ed. Sci. 22 (9), 717 (67).
68. US 3 264 317, 23.9.63/2.8.66, Monsanto Co.
69. DAS 1 191 171, 27.9.62/15.4.65, BASF.
70. US 2 863 752, 13.9.54/9.12.58, Monsanto Chemical Co.
71. DAS 1 014 380, 29.10.54/22.8.57, US Prior. 30.10.53, Monsanto Chemical Co.
72. DAS 1 172 659, 15.6.62/25.6.64, Farbenfabriken Bayer AG.
73. FR 1 419 116, 8.12.64/18.10.65, US Prior. 9.12.63, Monsanto Co.

74. PANS (Pest Articles and News Summaries), Section C, Weed Control 12, 245 (66) Technical Bulletin Ramrod®.
75. Trevett, M. F., and Gardner, W.: Proc. Northeast. Weed Control Conf. 22, 459 (68).
76. Allott, J.: 8. Brit. Weed Control Conf. Proc. Vol. 2, p. 631 (66).
77. Roberts, H. A., and Wilson, B. J.: 8. Brit. Weed Control Conf. Proc. Vol. 2, p. 672 (66).
78. Evans, D. M., Berthet, P. L., and Vincent, P. M.: Proc. 9. Brit. Weed Control Conf. 1968, p. 1033.
79. **NE 66 17 962, 21.12.66/26.6.67, GE Prior. 24.12.65, BASF.**
80. Hagimoto, H., Toyosato, T., and Yamamoto, T.: Weed Res. 7, No. 1, 70 (67).
81. DAS 1 197 679, 11.10.63/29.7.65, Farbenfabriken Bayer AG.
82. US 3 158 650, 25.5.61/24.11.64, Hooker Chem. Corp.
83. US 3 253 901, 23.11.64/31.5.66, US Prior. 25.5.61, Hooker Chem. Corp.
84. US 3 072 473, 7.10.59/8.1.63, US. Rubber Co.
85. BE 628 523, 15.2.63/29.5.63, US Prior. 21.2.62, Fa. Herbert Schwartz.
86. US 2 821 467, 28.12.55/28.1.58, Monsanto Chemical Co.
87. FR 1 270 377, 11.10.60/17.7.61, US Prior. 6.10.59, Amchem Products.
88. **NE 65 02 547, 1.3.65/3.9.65, US Prior. 2.3.64, Monsanto Co.**
89. DAS 1 187 420, 26.6.63/18.2.65, Schering AG.
90. v. Schmeling, B., and Kulka, M.: Science 152, Nr. 3722, 659 (66).
91. US 3 219 428, 17.4.61/23.11.65, Hooker Electrochemical Corp.
92. US 3 253 021, 17.4.61/24.5.66, Hooker Chemical Corp.
93. DAS 1 226 364, 3.3.65/6.10.66, BASF.
94. Teubner, F. G., and Wittwer, S. H.: Science 122, Nr. 3158, 74 (55).
95. Wegler, R., Flory, W. u. Wehnelt, B.: Interne Berichte der I. G. Farbenindustrie, Werk Leverkusen, 1942.
96. GB 671 153, 22.2.50/30.4.52, US Prior. 23.2.49, US. Rubber Co.
US 2 736 646 und 2 736 647 (1956).
97. US 3 123 461, 17.1.61/3.3.64, Heyden Newport Chem. Co.
98. DAS 1 194 634, 17.1.62/10.6.65, US Prior. 1.2.61 u. 12.10.61, US. Rubber Co.
99. BE 612 910, 22.1.62/16.5.62, US Prior. 1.2.61 u. 12.10.61, US Rubber.
100. FR 1 373 264, 26.9.63/17.8.64, GE Prior. 27.9.62, BASF.
101. = BE 648 259, 21.5.64/16.9.64.
102. US 2 744 817, 13.10.54/8.5.56, Dow Chemical Co.
103. US 3 189 648, 11.4.62/15.6.65, US Prior. 23.6.55, 21.2.56 u. 11.6.58, Du Pont.
104. DAS 1 220 195, 10.12.62/30.6.66, Schering AG.
105. US 3 121 084, 17.9.62/11.2.64, US Prior. 27.2.61, Du Pont.
106. CA 736 883, 15.10.58/21.6.66, CA Prior. 6.10.54, Monsanto Chem. Co.
107. DAS 1 211 856, 29.9.62/3.3.66, Farbenfabriken Bayer AG.
108. = BE 637 819, 25.9.63/25.3.64, GE Prior. 29.9.62.
109. **NE 66 15 037, 24.10.66/2.5.67, GB Prior. 1.11.65, May and Baker Ltd.**
110. US 3 246 976, 18.6.62/19.4.66, US Prior. 30.6.61, Stauffer Chemical Co.
111. US 2 964 538, 14.7.58/13.12.60, Dow Chemical Co.
112. DAS 1 107 999, 11.4.59/31.5.61, Schering AG.
113. US 3 046 104, 15.3.60/24.7.62, Schering AG.
114. FR 1 315 371, 14.2.62/10.12.62, US Prior. 14.2.61, Stauffer Chem. Co.
115. US 3 019 259, 2.11.59/30.1.62, Dow Chemical Co.
116. US 3 246 974, 16.1.63/19.4.66, Stauffer Chemical Co.
117. BE 634 962, 15.7.63/4.11.63, US Prior. 16.7.62, Monsanto Chem. Co.

118. Hoffmann, O. L., and Smith, A. E.: Science 109, 588 (49).
119. Gentner, W. A.: Evaluation Chemicals in Logarithmic Trials. Beltsville Weed Field Day, 9. 7. 68.
120. Smith jr, R. J.: Weeds 9 (2), 318 (61).
121. de Sarjas, P.: Comptes Rendus des Journées d'Etudes sur les Herbicides, Paris: E. W. R. C. Columa Conf. p. 82 (61). Ed. Essor, Paris.
122. French, E. W., and Gay, W. B.: World Crops 15 (5), 196 (63).
123. Kampmeier, C.: Agr. Chem. 18 (2), 33 u. 115 (63).
124. Herbicide Handbook of the Weed Society of America, p. 117. Geneva - New York: W. F. Humphrey Press Inc. 1967.
125. Martin, H.: Pesticide Manual. British Crop Protection Council, 1968, p. 354.
126. US 3 268 584, 22. 9. 64/23. 8. 66, US Prior. 28. 8. 61, Monsanto Co.
127. NE 64 09 490, 18. 8. 64/23. 2. 54, US Prior. 22. 8. 63 und 9. 12. 63, Monsanto Co.
128. = BE 651 984, 19. 8. 64/16. 12. 64, US Prior. 22. 8. 63/9. 12. 63.
129. = GB 1 078 071, 20. 8. 64/2. 8. 67, US Prior. 22. 8. 63 u. 9. 12. 63.
130. = GB 1 078 072, 20. 8. 64/2. 8. 67, US Prior. 22. 8. 63.
131. NE P. Anm. 64 14 212, 7. 12. 64/10. 6. 65, US Prior. 9. 12. 63, Monsanto Co.
132. DOS 1 693 060, 13. 8. 65/25. 9. 69, US Prior. 18. 8. 64.
133. NE 66 02 564, 28. 2. 66/17. 4. 67, US Prior. 14. 10. 65, Monsanto.
134. FR 1 555 167, 23. 2. 68/24. 1. 69, US Prior. 23. 2. 67 u. 13. 4. 67, General Aniline.
135. BE 662 614, 16. 4. 65/18. 10. 65, US Prior. 20. 4. 64, Monsanto Co.
136. US 3 345 151, 21. 3. 66/3. 10. 67, US Prior. 28. 8. 61 u. 22. 9. 64, Monsanto.
137. NE 67 12 371, 8. 9. 67/11. 3. 68, GE Prior. 9. 9. 66, 9. 3. 67 und 11. 4. 67, Farbenfabriken Bayer AG.
138. US 3 450 521, 19. 1. 67/17. 6. 69, US Prior. 20. 4. 64, Monsanto Co.
139. US 3 403 994, 7. 11. 67/1. 10. 68, US Prior. 28. 8. 61 u. 15. 10. 64, Monsanto.
140. DOS 1 900 319, 3. 1. 69/31. 7. 69, US Prior. 5. 1. 68, Monsanto Co.
141. 21. Internat. Sympos. über Phytopharmazie u. Phytiatrie, Gent 6. 5. 69.
142. NE 68 11 359, 9. 8. 68/13. 2. 69, US Prior. 11. 8. 67 und 1. 7. 68, Stauffer Chemical Co.
143. NE 68 13 436, 19. 9. 68/21. 3. 69, GE Prior. 19. 9. 67, Farbenfabriken Bayer AG.
144. DDR 60 460, 17. 5. 67/20. 2. 68, VEB Elektrochem. Kombinat Bitterfeld.
145. Husted, R. F. et al.: Proc. N. C. Weed Contr. Conf. 21, 44 (66).
146. US 3 442 945, 22. 5. 67/6. 5. 69, Monsanto Co.
147. Baird, D. D. et al.: Proc. 23. South Weed Contr. Conf. 1970.
148. Still, C. C.: Umschau 1970 (9) 311.
149. Rosen, J. D. et al.: J. Agr. Food Chem. 19 (1) (71).
150. - : J. Agr. Food Chem. 18, 494 (70).
151. Linke, H.: Naturwissensch. 57, 307 (70). Z. f. Naturf. 24b, 994 (69).
152. US 3 407 056, 17. 3. 66/22. 10. 68, H. Schwartz
153. Schotanus et al., in: H. Schwartz Chemical Weed Control in Cotton (Utrecht).
154. DOS 1 693 066, 13. 8. 65/25. 9. 69, US Prior 18. 8. 69, H. Schwartz. FR 1 449 109.
155. US 3 326 659, 24. 11. 64/20. 6. 67, H. Schwartz. FR 1 348 767.
156. DOS 1 567 159, 30. 11. 65/6. 8. 70, H. Schwartz. US 3 340 042, 24. 6. 65/15. 9. 67, H. Schwartz.
157. Burgna, P. et al.: Il. Farm. Ed. Sci. 28 (10), 800 (73).
158. US 3 485 872, JA Prior. 9. 1. 63, US 3 522 033, JA Prior. 16. 6. 65, Daikin.
159. Anderson, R. N.: Ann. Res. North-East Weed Contr. Conf. 25, 100 (68).

160. DOS 2 406 475, 11. 2. 74/29. 8. 74, US Prior. 12. 2. 73,Minesota Mining Manufactoring.
161. DOS 1 952 650, 18. 10. 69/22. 4. 71, BASF.
162. Fischer, A.: Pflanzenschutz Tg. Berlin 1971, S. 28.
163. DOS 1 593 551, 31. 8. 66/16. 7. 70, Stauffer Chemical Co.
FR 1 491 698 = US 3 836 570, Stauffer Chem. Co.
164. Collin, G. H. et al.: Res. Rept. Canad. Weed Comm. 14, 191 (69).
165. Techn. Information d. Monsanto Commerc. Prod. Agricultural Div. 800 - N. Lindbergh Blud. St. Louis, Missouri 63166, USA.
166. US 3 442 945, 22. 5. 67/6. 5. 69, Monsanto.
167. 2. Int. Congress of Pest. Chemistry Tel Aviv 1971.
168. DOS 2 247 330, 27. 9. 72/12. 4. 73, US Prior. 4. 10. 71, Gulf Oil Co.
169. Martin, J. H. et al.: Phyto Chemistry 12 (4), 749 (73).
170. DOS 2 118 190, 8. 4. 71/9. 3. 73, US Prior. 13. 4. 70, Minesota Mining Manuf.
FR 2 097 745.
171. Gentner, W. A.: Weed Science 21 (2), 122 (73).
172. Trepka, R. B.: J. Agr. Food Chem. 18 (6), 1177 (70).
173. DAS 1 768 447, 15. 5. 68/9. 7. 70, Hoechst,
US 3 685 980, 28. 4. 69 / 22. 7. 72, Hoechst,
FR 2 008 565.
174. FR 1 488 625, 3. 8. 66/3. 7. 67, Mitsui,
US 3 515 538, 10. 2. 69/2. 11. 70, Mitsui.
175. Fischer, A.: Buch Herbicide 1971, S. 180, BASF.
176. DOS 2 305 495, 5. 2. 73/23. 8. 73, Ciba-Geigy,
SZ Prior. 7. 2. 72 u. 16. 5. 72.
177. DOS 1 952 910, 21. 10. 69/25. 11. 70, Gulf Res.
GB 1 267 960, 22. 10. 69/22. 3. 72, Gulf Res.
US 3 564 768, 25. 10. 68/23. 2. 71, Gulf Res.
US 3 702 759, 27. 5. 70/19. 11. 72, Gulf Res.
178. US 3 131 509.
179. Burgna, P. et al.: Il. Farm. Ed. Sci. 28 (10), 800 (73).
180. Moilanen, K. W., and Crosby, D. G.: J. Agr. Food Chem. 20 (5), 950 (72).
181. DOS 1812 140, 2. 12. 68/19. 9. 70, Hoechst.
182. DOS 1 542 702, 24. 12. 65/2. 7. 70, BASF.
183. DOS 2 226 593, 31. 5. 72/14. 12. 72, US Prior. 1. 6. 71, Monsanto,
DOS 1 542 956, 7. 12. 64/23. 12. 70, US Prior. 9. 12. 63, Monsanto,
US 3 442 945, 28. 8. 61/21. 5. 69, Monsanto.
184. Weed Abstr. 20 (3), 197, Ref. 1360 (1970).
185. DOS 2 328 340, 2. 6. 73/20. 12. 73, Ciba-Geigy.
186. BE 718 129, 7. 1. 69/16. 10. 69, Minesota Mining Manufactoring.
DDR 71 242.
187. Trepka, R. D. et al.: J. Agr. Food Chem. 22 (6), 1111 (74).
188. DOS 2 364 144, 21. 12. 73/27. 6. 74, US Prior. 22. 12. 72, Minesota Mining M.
US 3 639 474, 12. 6. 69/1. 2. 72, Minesota Mining Manufactoring.
189. DOS 2 412 578, 15. 3. 74/19. 9. 74, US Prior. 16. 3. 73, Minesota Mining M.
190. Weed Abstr. 20 (3), 1361 (70)
191. BE 813 469, 9. 4. 74/9. 10. 74, Ciba-Geigy.
192. US 3 839 446, 18. 11. 70/1. 10. 74, Stauffer Chemical Co.
193. US 3 246 975, 16. 3. 62/19. 4. 66, Gulf Oil,
US 3 246 976, 18. 6. 62/19. 4. 66, Stauffer Chem. Co.
GB 1 016 024, 22. 6. 62/5. 1. 66, Stauffer Chem. Co.
DAS 1 295 269, 22. 6. 62/14. 5. 69, Stauffer Chem. Co.
194. Proc. 22. Southern Weed Soc. 21.1.69 Dallas/Texas, S. 206.
195. DOS 1 567 159, 30. 11. 65/6. 8. 70, US Prior. 30. 11. 64, H. Schwartz.

196. DOS 2 310 757, 3.3.73/12.9.74, BASF,
= BE 811 639, siehe auch DOS 2 201 432, 13.1.72/19.7.73, BASF.
197. DOS 2 405 479, 8.2.73/14.8.74, Ciba-Geigy.
198. DOS 2 405 510, 5.2.74/14.8.74, Velsicol Chem. Co.
199. DOS 2 328 340, 4.6.73/20.12.73, SZ Prior. 6.6.72/30.3.73, Ciby-Geigy.
200. 12. Brit. Weed Contr. Conf., Brighton 11.1974, Weed Abstr. 25 (2) 1976, Ref. 574.
201. DOS 1 816 567, 23.12.68/2.7.70, Farbenfabriken Bayer AG.
202. Briefl. Mitteilung d. Ciba-Geigy 12.1974.
203. DOS 2 321 330, 27.4.73/7.11.74, Farbenfabriken Bayer AG.
204. Search Pestiz. Div. 8 (9), 1971 Nr. 178.
205. DOS 1 568 602, 13.10.66/19.3.70, FMC Corp.
GB 1 156 045, FR 1 501 112, US Prior. 14.10.65, FMC.
206. Competitive File Review 30.11.74, Stauffer Chem. Co.
207. entfällt.
208. Trepka, R.D. et al.: J. Agr. Food Chem. 18, 1176 (70).
209. - : J. Agr. Food Chem. 22 (6), 1111 (74), siehe auch Trepka, R.D. et al.: J. Org. Chem. 39, 1094 (74).
210. Evans, D.A.: Chem. Ind. (1969)(19) 615 u. Weed Abstr. 19 (3), 195 (70).
211. DOS 2 405 183, 4.2.74/8.8.74, Ciba-Geigy.
212. Tagung d. Weed Science Soc. of USA Febr. 1975.
213. US 3 639 474, 12.6.69/1.2.72, Minesota Mining Manufactoring.
214. 3. Intern. Tagung über selektive Unkrautbekämpfung im Rübenbau, Paris 26.-28. Febr. 75, S. 529.
215. DOS 2 350 547, 9.10.73/25.4.74, Stauffer Chem. Co.
DOS 2 350 800, 10.10.73/25.4.74, Stauffer Chem. Co., US Prior. 13.10.72 u. 2.5.73.
216. Ming-Muh Lay et al.: Science 189, 287 (75).
217. 40. Deutsche Pflanzensch. Tagung 6.-10. Okt. 1975 in Oldenburg, Mitteil. d. Biol. Bundesanst. Berlin-Dahlem, I. Albrecht: Heft 165, 174.
218. DOS 2 405 510, 5.2.74/14.8.74, Velsicol Chem. Co.
= US 3 859 308, 12.2.73.
219. Thomson, W.N.: Agric. Chem. Book II, Herbicides, 1975-76, Revision S. 68.
220. Short Review of Herbicides 1975, Hrsg.: Hodogaya Chem. Co. Tokyo, S. 38.
221. DOS 1 542 977, 31.10.66/16.7.70, May u. Baker.
= US 3 468 899, = FR 149 957, = GB 1 120 210, 1.10.65.
222. DOS 2 212 268, 14.3.72/28.8.72, Sumitomo Chem.
JA Prior. 15.3.71, = US 3 780 090, 15.3.72/18.12.73.
223. DOS 2 311 897, 9.3.73/4.10.73, Hercules, US Prior. 10.3.72.
224. DOS 2 405 183, 7.2.73/8.8.74, Ciba-Geigy,
DOS 2 402 983, 25.1.73/1.8.74, Ciby-Geigy $(Alkyl)_2N\underset{O}{\overset{}{C}}CHCl_2$ als herb. Schutzmittel für diese Herbizide
DOS 2 416 213, 3.4.74/16.10.75, Ciba-Geigy,
= BE 813 469.

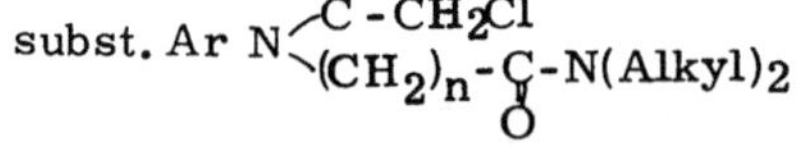

225. US 3 642 891, 26.3.70/15.2.72, Stauffer Chem. Co.
= FR 2 059 235.
226. Res. Progr. Rept. West Soc. Weed Sci. 1974 Meet. 127-130.
227. DOS 2 437 275, 2.8.74/12.2.76, BASF.
228. Weed Abstr. 25 (6), 1976 Ref. 1785.
229. Barth, A. et al.: Environmental Quality and Safety 1975 Suppl. 3, 467.
230. Khikmatov et al. (USSR) CA 84.19.1976, Ref. 131 335.

Die nachfolgenden Verbindungen wurden nochmals hier bei den Herbiziden besprochen. Einmal stellen sie z. T. Übergänge zwischen Wuchsregulatoren und Herbiziden dar, zum anderen sind zahlreiche Vertreter der quartären Ammoniumverbindungen echte Herbizide u. werden nur als solche verwendet. Eingehendere Zusammenhänge zwischen chemischer Konstitution u. Wuchswirkung sowie über Ursachen dieser Wirkung siehe die ausführliche Besprechung Wachstumsregulation Bd. 3 von W. Draber.

# 5.13. Quartäre Ammoniumverbindungen

## 5.13.1. Quartäre aliphatische Ammoniumverbindungen

Seit mehreren Jahren spielen einige aliphatische quartäre Ammoniumsalze auf einem neuen Grenzgebiet der Herbizide, der Wuchsbeeinflussung speziell des Getreides durch Ausbildung kürzerer Halme, in Europa eine bedeutende Rolle. Als wichtigstes Handelsprodukt ist hier das Chlorcholinchlorid (CCC) zu nennen.

Schon 1908 haben O. Schreiner und H.S. Reed[1,2] eine phytotoxische Beeinflussung von Pflanzen durch Cholin beobachtet. Tolbert[3,4] hat 1958 und 1960 den Einfluß quartärer Verbindungen auf das Pflanzenwachstum detailliert untersucht und gefunden, daß einige Verbindungen, vornehmlich das Chlorcholinchlorid, eine kräftige Halmverkürzung und -verdickung ergeben. Damit wurde es möglich, das Getreide stärker zu düngen, ohne ein "Lagern" des Getreides befürchten zu müßen[5-10].

Besonders Weizen neigt, auch durch parasitären Befall, zum Umfallen ("Lagern"). Dieser Übelstand wird durch Chlorcholinchlorid ebenfalls unterdrückt[11]. Die Beobachtung von Tolbert wurde in den USA weiterverfolgt und führte zu der Einführung des Chlorcholinchlorids durch die American Cyanamid Corp. In Deutschland und in Österreich befaßten sich die BASF und besonders die Österreichischen Stickstoffwerke mit denselben Verbindungen, und der BASF gelang es 1967/68, neue, z. T. ähnliche Verbindungen zu finden (s. die im folgenden beschriebenen, neuen Versuchsprodukte CMH, BMH, AMH, und IMH).

Weitere Anwendungsmöglichkeiten für CCC und seine Folgeprodukte sind z. Z. in der Ausprüfung: Vermehrung der Beerenernte, samenlose Früchte der Weintrauben (wenn während der Blüte mit CCC behandelt wurde), Frostresistenz bei Kohl, Tomaten, jungen Birnbäumen[12], um nur einige zu nennen.

Im Zierpflanzenbau hat CCC in den letzten Jahren zunehmend Anwendung gefunden da es den Wuchs vieler Topfpflanzen niedriger hält.

| | |
|---|---|
| $[Cl\cdot CH_2-CH_2-N(CH_3)_3]^{(+)}Cl^{(-)}$ | (2-Chloräthyl)-trimethyl-ammonium-chlorid<br>Common name: CCC, Chlormequat-chlorid, Chlorcholinchlorid<br>Handelsname: Cycocel®<br>(American Cyanamid Co.) 1959<br>(BASF) 1965 |

$LD_{50}$: (670) mg/kg Ratte p.o. akut. Wasserlöslichkeit: Sehr gut. Wirkungsweise:

Systemische Wirkung. Anwendungsweise: Post-emergence. Anwendugnsgebiet: Allgemeine Wuchsbeeinflussung vieler Pflanzen, Halmverdickung und -verkürzung von Getreide, speziell Weizen. Rascher Wirkungsverlust im Boden. Bei Tieren wirkt CCC als Acetylcholin-esterasehemmer. CCC wurde in einigen Untersuchungen auch in Dauerfütterungsversuchen als unbedenklich für Warmblüter angesehen [139]. In späterer Zeit wurden aber von verschiedenen Seiten Bedenken hinsichtlich einer Mutagenität veröffentlicht[140-142] ohne daß aber abschließende Ergebnisse über significante Schäden in dieser Hinsicht bekannt geworden wären. Die alkylierende Wirkung der möglichen biochemischen Zwischenform eines Dreiringes hat natürlich auch zu Versuchen über eine mögliche Cancerogenität angeregt ohne daß bis heute (1975) entsprechende negative Befunde mitgeteilt worden wären, nachdem in der zuvorgenannten Veröffentlichung eine weitere Bearbeitung und Auswertung angeregt worden war[143]. Es muß besonders darauf hingewiesen werden, daß CCC in der Pflanze in das relativ ungiftige Cholin umgewandelt wird.
Patente[5-10,13,14]; Patente, die Mischungen mit CCC, welche besonders ungiftig sein sollen, schützen[15,16]. Literatur (sehr umfangreich)[1-4,11,12,17,23-25,105-106].

1967 sind durch die BASF einige weitere quartäre Ammonium- bzw. Hydrazonium-Verbindungen als Versuchsprodukte mit Wuchshemmwirkung bekannt geworden[11,17]. Es scheint danach, daß ein Halogen in ß-Stellung nicht unter allen Umständen für eine Wirkung erforderlich iat. 3,5-Dichlorbenzoesäureester des Cholins s.[96].

Quartäre aliphatische Hydrazoniumverbindungen

Erstmalig 1955 wurde von Gowing u. Leeper[99] auf die wachstumshemmende Wirkung offenkettiger Hydrazinverbindungen am Beispiel des ß-Hydroxyäthylhydrazins hingewiesen. 1968 wurde durch Huffman u. Mitarb.[100] eine breitere Untersuchung über offenkettige Hydrazine als Wachstumsinhibitoren bekannt. Zwischenzeitlich hat auch die BASF Hydrazinverbindungen quartärer Natur als Wuchshemmstoffe patentiert[18,19] und darüber berichtet[133]. Über Hydrazine u. Hydrazide s. S. 265.

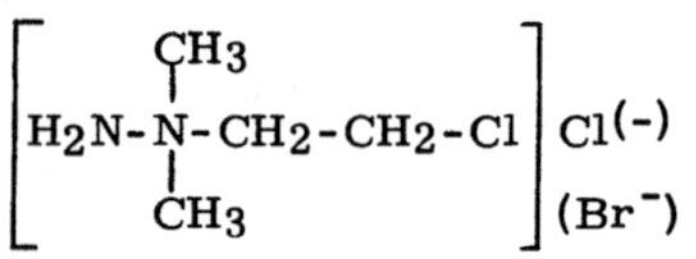

Common name: CMH, bzw. BMH
Versuchsprodukt, aufgegeben
(BASF)
1967

Wirkungsweise: s. nachstehend. Anwendungsgebiet: Pflanzenwuchsregulator, Halmverkürzung.
Patente[18,19,83]. Literatur[11,17,20-22].

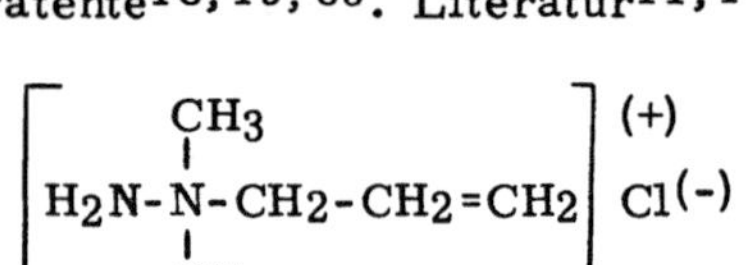

Common name: AMH
Versuchsprodukt, aufgegeben
(BASF)

Patente[18,19]. Literatur[11,17,20-22].

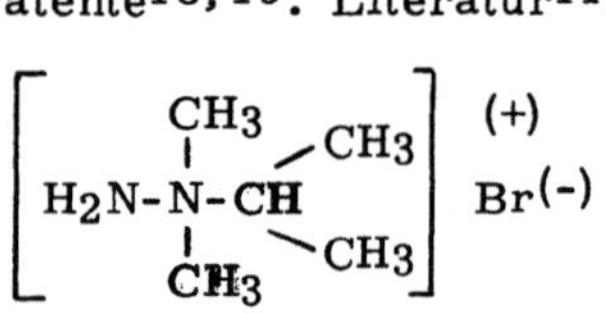

Common name: IMH
Versuchsprodukt, aufgegeben
(BASF)
1967

Patente[18,19]. Literatur[11,17,20-22].

Ein wesentlicher Unterschied in der Wirkungsintensität wurde bei den vier Verbindungen nicht beobachtet. Für CMH, BMH, IMH und AMH ergeben sich gemeinsame Merkmale der Wirkungsweise. Alle sind über den Boden (die Wurzeln) und über die Blätter wirksam und verursachen Halmverkürzungen bis zu 30%. Das Anion ist ohne wesentlichen Einfluß. Einzelne Weizensorten reagieren verschieden stark. Außer Weizen werden auch andere Pflanzenarten in ihrem Längenwachstum beeinflußt[11,17,20-22].

Wirkungsweise der quartären Verbindungen

Eine wesentliche Wirksamkeit weisen besonders Verbindungen mit der Möglichkeit zur Bildung einer alkylierenden Substanz auf. Offensichtlich wird Chlorcholinchlorid zuerst unter Abspaltung von Methylchlorid gespalten und ist dann in der Lage, ein Äthylenimin-Derivat mit stark alkylierenden Eigenschaften zu bilden. Auch die neuen Verbindungen der BASF gehorchen dieser Möglichkeit zur Bildung cyclischer Ammoniumverbindungen.

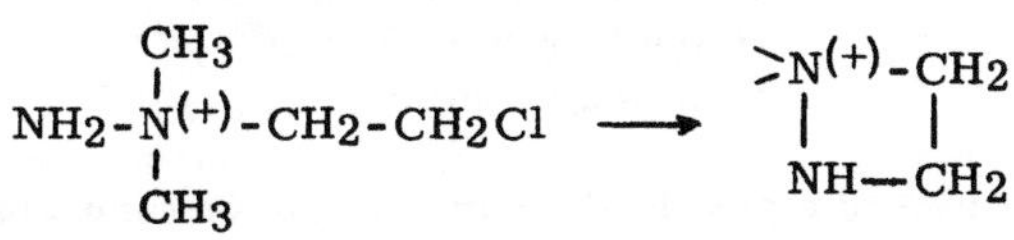


Der Wirkungsmechanismus scheint aber doch nicht ausschließlich mit der Zwischenbildung cyclischer Amine mit Alkylierungswirkung erklärbar, da einige Versuchsprodukte der BASF, z. B. IMH, entsprechende Zwischenformen nicht bilden können.

Einige Beobachtungen, die schon Tolbert gemacht hat unterstützen die Annahme der Wirkung über Cyclisierungsprodukte. In der Formel

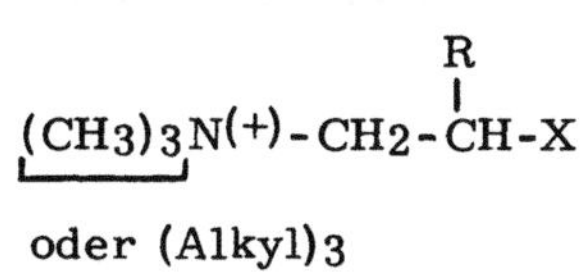


dürfen die Methylgruppen am Stickstoff nicht durch größere Alkylreste ersetzt sein. R darf gleichfalls nur $CH_3$, X muß Cl oder Br sein und kann nicht durch OH oder COOH ersetzt werden. Die Kohlenstoffkette zwischen $N^{(+)}$ und X hat ein starkes Optimum bei zwei Gliedern.

In jüngerer Zeit glaubt man, einen Anhaltspunkt für einen Antagonismus zwischen Gibberellinen und CCC festgestellt zu haben[26,27]. Die Gibberellin-Synthese in der Pflanze soll durch CCC gehemmt werden, und außerdem soll die Bildung von ß-Indolylessigsäure-oxidase angeregt werden[12].

Die wachstumshemmende, auf einem Gibberellin-Antagonismus beruhende Wirkung ist mit Sicherheit nicht auf die wenigen, bis jetzt bekanntgewordenen Verbindungstypen des CCC und die quartären Hydrazonium-Verbindungen beschränkt. Ganz aus der Reihe fällt z. B. das ebenfalls wirksame Bernsteinsäure-mono-N-dimethylhydrazid, s. Absch. 5.7.

Ganz andersartig aufgebaute quartäre Ammoniumverbindungen zeigen ebenfalls Wuchshemmwirkung, z. B.

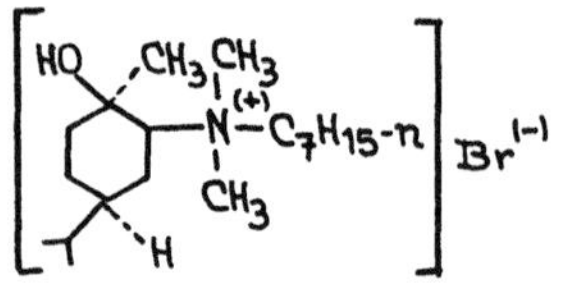

trans-2-(N, N-Dimethyl-N-n. heptyl-ammonio)-1-p-menthanolbromid[81]

Da die systematische Prüfung von Pflanzenwuchsregulatoren jüngeren Datums ist und noch in den Anfängen steckt, dürften in nächster Zeit zahlreiche neue Verbindungen mit Wuchshemmwirkung bekannt werden, ohne daß diese Verbindungen in ein vorhandenes Schema über Konstitution und Wirkung passen oder ihr Wirkungsmechanismus bekannt ist. Die folgenden Verbindungen mögen unter diesem Gesichtspunkt betrachtet werden:

$$\left[C_{12}H_{25}\overset{+}{N}H(CH_3)_2\right] CH_2COO^-$$

Dimethyldodecylamin-acetat
Common name: DMTDA
Handelsname: Penar®
(Pennsalt Chem. Corp.)

$LD_{50}$: 800-1580 mg/kg Ratte p. o. Anwendungsgebiet: Zur Unterdrückung von Seitentrieben bei Tabakpflanzen.
Patente[93]. Literatur[94].

Auch quartäre Benzylamine mit drei Butylresten am Stickstoff zeigen Wuchshemmwirkung[95, 96].

Auf der Suche nach Konstitutionsmerkmalen für eine Wuchshemmung oder eine herbizide Wirkung bei quartären Ammoniumsalzen wurden einfache Cyclohexyl-Derivate untersucht. Es zeigte sich ein Optimum der Hemmung bei R = $C_8$-bis $C_{12}$-Kohlenstoffatomen[112].

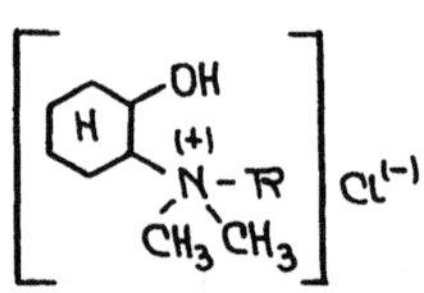

Die herbizide oder blattabwerfende Wirkung war nur schwach auspeprägt. Terpenderivate mit quartären Ammonium- oder Hydrazonium-Gruppen wurden schon früher geprüft[113]. Die Versuche wurden von anderer Seite später fortgesetzt[114]. Die einfache Umsetzung von Aldehyden oder Ketonen mit Girard-Reagens-T führte zu

$$\left[NH_2NH\text{-}\underset{\substack{\| \\ O}}{C}\text{-}CH_2\text{-}N(CH_3)_3\right] Cl^-$$

führte zu einer Vielzahl von quartären Ammoniumsalzen[115], wobei besonders auch in der Terpenreihe Derivate mit guter Hemmwirkung aufgefunden wurden.

In ähnlicher Weise wurde N, N-Dimethylhydrazin mit Carbonylverbindungen umgesetzt und anschließend die Hydrazone zu quartären Hydrazoniumverbindungen alkyliert[117]. Bei der Umsetzung einiger tertiärer Amino aus der Oxy-limonenreihe mit Benzylchloriden wurde ein unerwartet starker Einfluß der Substitution im Arylrest durch Methyl oder Chlor in 2- oder 4-Stellung beobachtet[116].

Als Versuchsprodukt mit anderer Grundkonstitution sei angeführt:

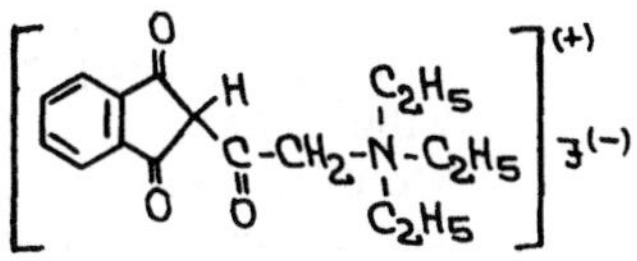

Die Verbindung scheint einen neuartigen Wirkungsmechansimus aufzuweisen, der jedenfalls nicht auf einer Hemmung der Gibberelline beruht.

5.13.2. Quartäre aromatische Stickstoff- sowie Sulfonium-Verbindungen

Auch aus dieser Verbindungsklasse ist ein Wuchshemmstoff bekanntgeworden.

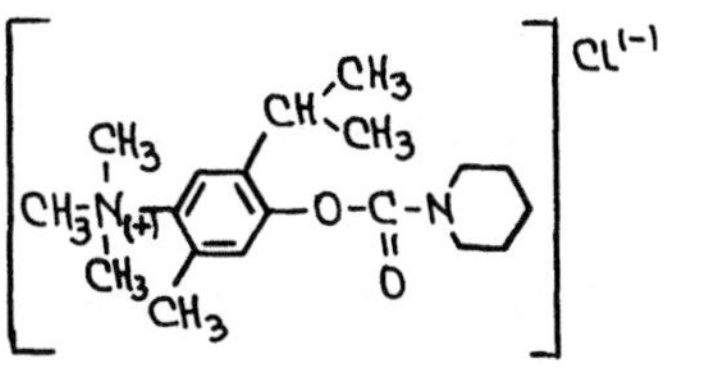

2-Isopropyl-4-dimethylamino-5-methylphenyl-1-piperidin-carboxylat-methylchlorid
Common name: AMO 1618
(Amchem Products Ltd.)

Wirkungsweise: Wuchshemmung wie durch Chlorcholinchlorid. Anwednungsgebiet: Wuchshemmstoff, mehr bei einigen breitblättrigen Pflanzen, weniger bei Weizen.

Die Wirkung von AMO soll sowohl auf der quartären Ammoniumgruppe als auch auf der Carbamatgruppierung beruhen[28].
Literatur[3, 4, 28].

5.13.3. Quartäre heterocyclische Ammoniumverbindungen

Seit längerer Zeit ist bekannt, daß quartäre Ammoniumverbindungen Zellgifte sind und daher als Bakterizide angewandt werden können. Zahlreiche Verbindungen, denen fast allen ein längerer Alkylrest ($C_{12}$-$C_{14}$) gemeinsam ist, werden entsprechend benutzt. Dieselben oder ähnliche Verbindungen zeigen durchweg auch eine gute fungizide Wirksamkeit (s. bei Fungiziden, z. B. Cyprex®). Meist scheitert ihre praktische Anwendung als Blattfungizid aber an phytotoxischen Nebenwirkungen. Es hat in den beiden letzten Jahrzehnten nicht an Versuchen gefehlt, diese pflanzenschädigenden Eigenschaften systematisch zu verstärken, um so zu Herbiziden zu gelangen[29]. Mehrfach sind quartäre Ammoniumsalze als Herbizide patentiert worden[30-32]. Präparate aus der aliphatischen Reihe (s. zuvor) kamen auch, wenigstens als Wuchshemmstoffe, in den Handel.

Im Jahre 1954 erkannten Chemiker und Biologen der ICI, daß einige quartäre $\alpha,\alpha'$- und $\gamma,\gamma'$-Dipyridsalze eine ausgezeichnete kontaktherbizide Wirksamkeit, speziell gegen breitblättrige Pflanzen, besitzen[29, 33, 34, 92]. Beim $\alpha,\alpha'$-Dipyridyl genügt aber nicht eine beliebige Quarternisierung mit einfachen Alkylchloriden. Gute herbizide Wirksamkeit tritt vielmehr nur dann auf, wenn die Alkylierung zu einem neuen 6-Ring führt. Dies ist der Fall bei der Umsetzung von $\alpha,\alpha'$-Dipyridyl mit 1,2-Dibromäthan[35-37].

Diese Verbindung ist als Diquat oder Reglone® von der ICI in den Handel gebracht und hat rasch große Bedeutung erlangt.

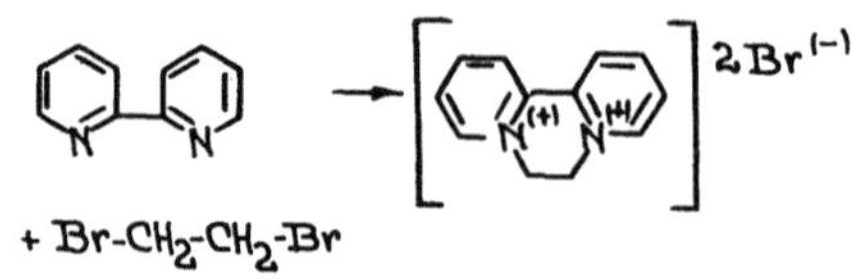

1, 1'-Äthylen-2, 2'-dipyridylium-dibromid
Common name: Diquat, Biquat
Handelsname: Reglone®
(ICI)
1955

$LD_{50}$: 231 mg/kg Ratte p.o. akut. 30 mg/kg Kühe. Wasserlöslichkeit: 70 g/100 ml bei 20°C. Wirkungsweise: Blattherbizid mit Kontakt- und geringer systemischer Wirkung, außerdem Wasserherbizid. Anwendungsweise: Post-emergence-Spritzung wäßriger Lösungen. Anwendungsgebiet: Kartoffelkrautabtötung (Desiccant). Vernichtet pre-sowing Gräser und Unkräuter.
Darstellung[38, 39]. Patente[35-37]. Literatur[29, 33, 34].

Nicht nur Verbindungen des 2, 2'-Dipyridyls sind ausgezeichnete Kontaktherbizide, sondern auch quartäre Salze des 4, 4'-Dipyridyls[39-45].

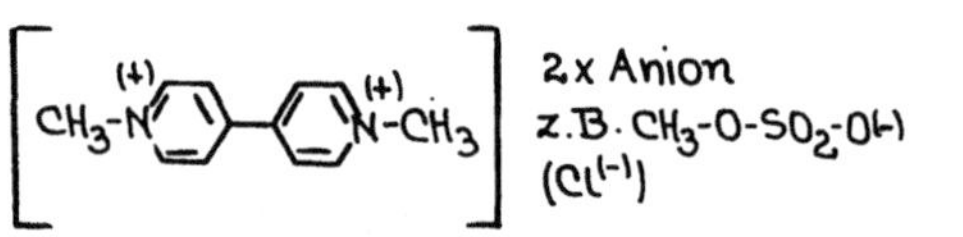

1, 1'-Dimethyl-4, 4'-bipyridinium-di-(methylsulfat)
Common name: Paraquat, Preglone®
Weedol®, Dextron® (Chipman USA)
Handelsname: Gramoxon®
(Plant Protection Ltd.) 1960
(ICI)

$LD_{50}$: 120 mg/kg Ratte p.o. akut. 70 mg/kg Schaf, 25-50 mg/kg Hund. Wasserlöslichkeit: Gut löslich. Wirkungsweise: Wasserherbizid und Blattherbizid mit Kontakt- und systemischer Wirkung, auch gegen Gräser. Anwendungsweise: Post-emergence. Anwendungsgebiet: Ähnlich wie Diquat, aber auch gegen Gräser. Totalherbizid ohne Dauerwirkung. Unkrautbekämpfung in Kaffee, Sisal, Obstbau, Weinbau.
Patente[39-45, 97, 107]. Literatur[46, 47, 108].

Dipyridylverbindungen mit Phosphat-Anionen s. [89].

Über Vergiftungsfälle durch Diquat und Paraquat bei Selbstmordversuchen wird in der medizinischen Literatur mehrfach berichtet[126, 135]. Charakteristisch sind zu Beginn gastro-intestinale Störungen und möglicherweise ein Lungenödem. In der nachfolgenden Phase tritt eine toxische Leber- und Nierenschädigung ein. Bei höheren Dosen an Paraquat kommt es oft erst nach einigen Wochen zu Lungenfibrose mit Tod.

Neben der N, N'-Bismethyl-Verbindung haben noch einige andere quartäre Salze des 4, 4'-Dipyridyls eine, bis jetzt allerdings noch beschränkte, praktische Bedeutung erlangt.

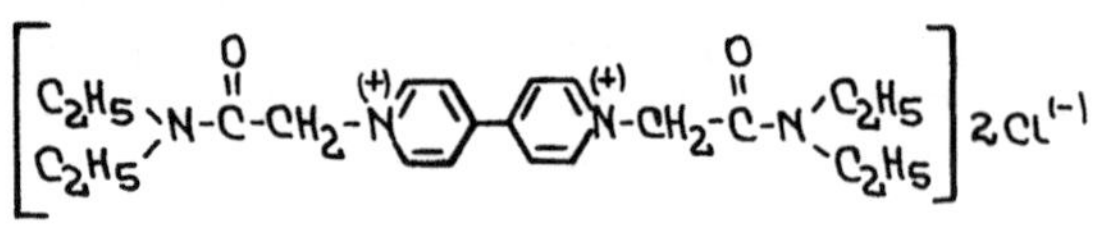

Versuchsprodukt, aufgegeben; PP 831 (Plant Protection Ltd.) (ICI)
Patente[42, 48, 132]. Literatur[84, 85].

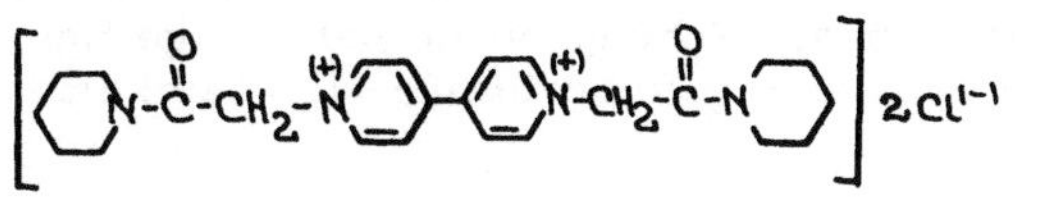

Versuchsprodukt, aufgegeben; PP 407 (Plant Protection Ltd.) (ICI)
Patente[42, 48, 49].

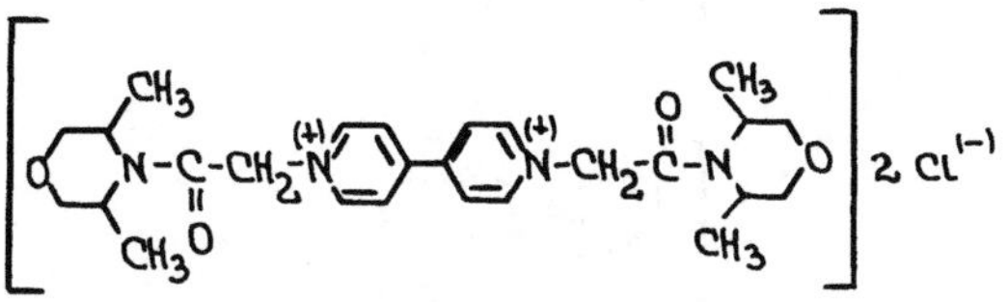

1,1'-Bis-(3,5-dimethylmorpholino-carbamoylmethyl)-4,4'-dipyridylium-dichlorid
Common name: Morfamquat
Handelsname: Morfoxone® (Plant Protection Ltd.) (ICI) 1964

LD50: (400-800) mg/kg Ratte p.o. akut. Wasserlöslichkeit: Sehr gut. Wirkungsweise: Blattherbizid mit Kontaktwirkung. Anwendungsweise: Post-emergence. Anwendungsgebiet: Morfamquat ist ebenfalls ein Kontaktherbizid; es ist besonders wirksam gegen breitblättrige Unkräuter, speziell gegen die Saatwucherblume und wird post-emergence selektiv in Getreide und in Rasen angewandt. Ohne Bedeutung.
Patente[42, 48, 49]. Literatur[86, 87].

Paraquat und Diquat und ähnliche Verbindungen werden bei Kontakt mit dem Boden rasch unwirksam. Als wesentliche Ursache für die schnelle "Entgiftung" im Boden wird eine Adsorption speziell durch saure Böden angenommen[50]. Dabei dürfte ein Austausch des Anions durch höhermolekulare Anionen (z. B. Huminsäure usw.) eintreten, wobei die quartären Salze sehr unlöslich werden. Im Boden tritt außerdem ein bakterieller Abbau ein.

a) Chemische Konstitution und herbizide Wirkung bei heterocyclischen quartären Salzen

Zusammenhänge zwischen chemischer Konstitution und herbizider Wirkung bei heterocyclischen quartären Salzen sind in der Literatur eingehender beschrieben worden[50].

Beim Paraquat sind vielfache Variationen untersucht und bekanntgeworden. Auch höhermolekulare Verbindungen wurden patentiert[44, 51].

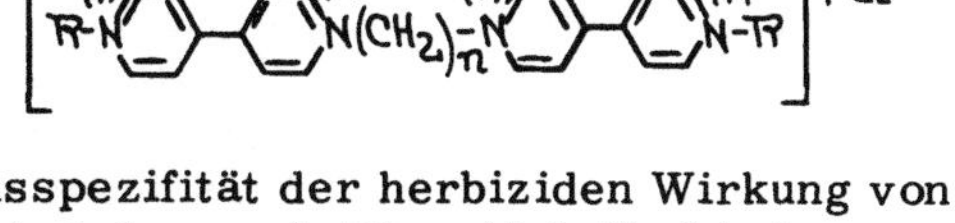

Die Konstitutionsspezifität der herbiziden Wirkung von 4,4'-Dipyridylverbindungen ist geringer als bei der $\alpha,\alpha'$-Dipyridyl-Verbindung.

Die herbizide Wirkung des Diquat ist sehr konstitutionsspezifisch. Das die beiden N-Atome quartärisierende Glied $-CH_2-CH_2-$ darf weder wesentlich verlängert noch kann es ohne Einbuße der hohen Wirksamkeit verkürzt werden. Benutzt man zum Ringschluß z. B. Methylenjodid anstelle von 1, 2-Dibromäthan, so entsteht die zu erwartende Verbindung I nur als Nebenprodukt und infolge Dehydrierung die Verbindung II[52], die aber noch eine gute herbizide Wirksamkeit aufweist.

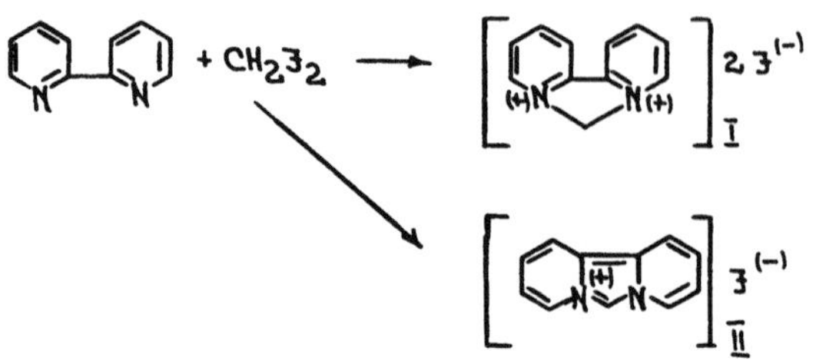

Ein Substituent an der Äthylengruppe vermindert die Wirkung. Einfache, nicht ringgeschloßene quartäre Salze des 2, 2'-Dipyridyls ergeben fast wirkungslose Verbindungen.

Nur die 2, 2'- und 4, 4'-Dipyridylverbindungen weisen die hohe herbizide Wirksamkeit auf. 2, 4-Dipyridylverbindungen sind weniger wirksam. 2, 3- oder 3, 3'-Dipyridylverbindungen haben als quartäre Salze keine nennenswerten herbiziden Eigenschaften.

Eine Substitution im Pyridinring vermindert die herbizide Potenz, erhöht aber mitunter die Selektivität; speziell 5, 5'-methyl-substituierte Derivate sind bekanntgeworden[54-56]. Eine zweifache Methyl-Substitution in 6, 6'-Stellung soll die Wirkung gegen Gräser erhöhen[57, 58]. Über Herbizide mit Methoxyl-Substituenten in 3-Stellung[146].

Anstelle von 2, 2'-Dipyridyl kann auch 2, 2'-Dipyridylsulfid benutzt werden. Auch hier entsteht mit 1, 2-Dibromäthan ein herbizid wirksames diquartäres Salz. Die biologische Wirkung ist aber geringer[59]. Über chemische Konstitution und biologische Aktivität von Bipyridyliumsalzen s.[90].

Warum aus der Vielzahl quartärer Salze gerade speziell die Verbindungen des 2, 2'- und 4, 4'-Dipyridyl besonders starke herbizide Wirksamkeit aufweisen[60], glaubt man theoretisch begründen zu können. Als wesentlich für die herbizide Wirkung wird die Möglichkeit des Auftretens von Diquat und Paraquat in coplanarer Form angesehen. Auffallend ist, daß Di- und Paraquat bei der Reduktion relativ beständige, resonanzstabilisierte radikalische Zwischenstufen[34] bilden können[61, 62]. Letztere werden unter Lichtausschluß durch Sauerstoff wieder in die Ausgangsverbindungen zurückverwandelt. Die radikalischen Zwischenstufen sollen nun in der Lage sein, die für die Photosynthese notwendige Energieübertragung in der Pflanze zu stören. Die Wirkung von Diquat und Paraquat in der Photosynthese und die Phosphorylierung wurden deshalb sehr eingehend untersucht[63-67]. Der Eingriff der beiden Herbizide in den Mechanismus der Photosynthese wird durch die hohe Abhängigkeit der herbiziden Wirkung von der Gegenwart von Licht sehr gestützt[63-67]. Im Dunkeln tritt fast keine Wirkung ein. Sauerstoffausschluß verhindert in gleicher Weise die Entfaltung der herbiziden Wirkung. Die auffallend rasche Wirkung von Di- und Paraquat läßt vermuten, daß die Photosynthese in der Weise gestört wird, daß sich übermäßig viel phytotoxisches Wasserstoffperoxid ansammeln kann. Einige experimetelle Befunde stützen diese Theorie[68]. Diquat erleidet im Sonnenlicht einen Abbau zu einem Amid[69, 91]:

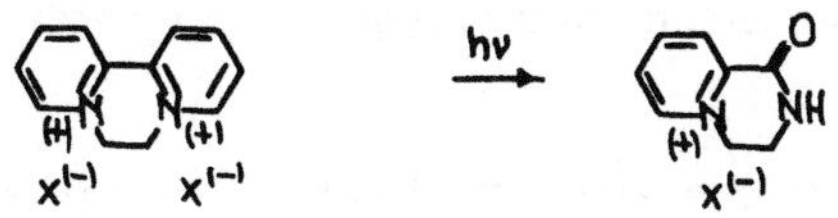

Zusammenfassend wird 1968 über die "Bipyridiniumsalze als Herbizide" berichtet. Hierbei werden alle im vorangehenden Abschnitt angeschnittenen Probleme erwähnt: Synthese, Markierung mit Isotopen, herbizide Eigenschaften, Wirkungsweise, Metabolismus usw.[92].

Eine jüngste Zusammenfassung über den Wirkungsmechanismus der Herbizide Diquat und Paraquat findet sich in Endeavour[109]. Versuche verhältnismäßig stabile Reduktionsradikale aud Di-2-pyridyl-ketonen zu gewinnen, ergaben die Bestätigung einer herbiziden Wirkung, wenn diese Radikale bei ringgeschlossenen Verbindungen auftreten[110].

b) Anwendung von Di- und Paraquat

Die rasche Kontaktwirkung bei raschem Wirkungsabfall im Boden führte für das Diquat und noch mehr für das Paraquat zu einigen speziellen Anwendungsmöglichkeiten. So ist mit ihrer Hilfe eine Totalerneuerung schlechter Viehweiden möglich: Die gesamte Flora wird vernichtet und schon in die absterbende Vegetation kann die Neueinsaat von Gras vorgenommen werden[70].

Auf einigen Gebieten der Landwirtschaft sind Diquat und Paraquat Anlaß zu wesentlichen Reformen der Bodenbearbeitung geworden. Alt eingeführte Praktiken, wie die mechanische Bodenbearbeitung, wurden eingehend untersucht und einer gut begründeten Kritik unterzogen[71]. Der wohl überwiegende Nutzen dieser Praktiken liegt in der Unkrautbekämpfung. Während eine mechanische Bearbeitung des Bodens eine Erosion durch Wasser und Wind zur Folge hat[72], fallen bei der Unkrautbekämpfung mittels Di- bzw. Paraquat diese schädlichen Nebenwirkungen weg. Zwar wurden schon früher für denselben Zweck auch andere Herbizide eingesetzt [73], jedoch mit geringerer Wirkung. Bei Anwendung der Phenoxyessigsäure-Derivate blieben gräserartige Unkräuter erhalten. Andere Herbizide ergaben zu lange Zeit Rückstände im Boden und waren dann nur für solche Folgekulturen brauchbar, die von dem Herbizid geschont werden (Atrazin bei Mais). Großversuche, Getreide im Herbst in nur mit Diquat behandelte Felder einzusäen, sind bisher erfolgreich verlaufen[74, 75].

Die Versuche über "direkt drilling systems" in verschiedenen Nutzkulturen wurden in größerem Maßstab bis in die jüngste Zeit fortgesetzt. Probleme einer Verschiebung der Unkrautflora zu Gunsten mehrjähriger Gräser und Unkräuter, bedingt durch den Verzicht auf mechanische Bodenbearbeitung und Anwendung von Paraquat konnten durch Einsatz spezieller Herbizide, teilweise jüngeren Datums, gelöst werden. Eine zusammenfassende Übersicht über die Feldversuche wurde von der ICI 1975 veröffentlicht[145].

Die Verbindung von rascher Kontaktwirkung mit Blattaustrocknung bildet die Grundlage für eine Anwendung der Substanzen vor maschineller Ernte, z. B. von Kartoffeln.

Die Darstellung des α-Dipyridyls geschieht durch Dehydrierung mittels Nickel[101]. Über eine technisch brauchbare Darstellung von 4,4'-Dipyridyl ist nichts bekannt.

c) Konstitution und Wirkung anderer mono- und bis-quartärer heterocyclischer Ammoniumverbindungen

Viele Abwandlungen des 4,4'-Dipyridyls sind bekanntgeworden. So läßt sich z. B. die 4- bzw. 4,4'-Stellung durch verschiedene Heterocyclen verbinden, wobei eine herbizide Wirkung erhalten bleiben soll[102].

Mehrfach werden dem Diquat entsprechende Verbindungen mit anelliertem Ring, also z. B. von Chinolin statt Pyridin ausgehend, in der Patentliteratur als Herbizide erwähnt[53,82]. Die Wirksamkeit solcher Verbindungen ist aber offensichtlich stets erheblich schwächer.

Wie eng die herbizide Wirkung an die Konstitution des 2,2'- bzw. 4,4'-Dipyridyls geknüpft ist, sollen einige Beispiele von quartären Salzen zeigen, die keine wesentliche herbizide Wirksamkeit aufweisen[76,103,104]. Von anderer Seite wird für diese Verbindungen eine herbizide Wirkung angegeben[78], nach unseren Beobachtungen ist sie allerdings bedeutungslos.

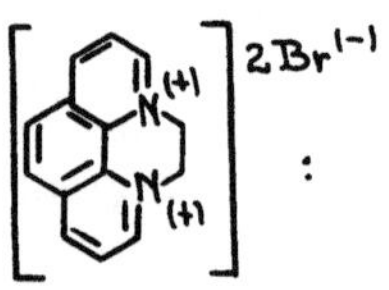


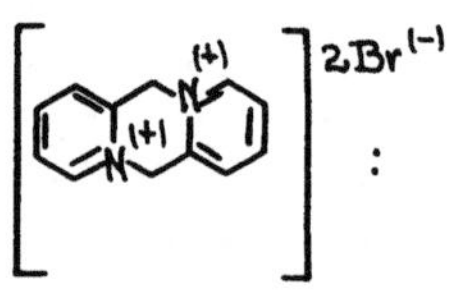


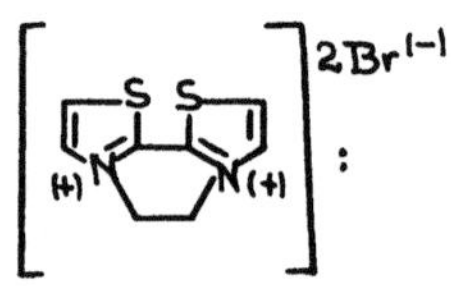


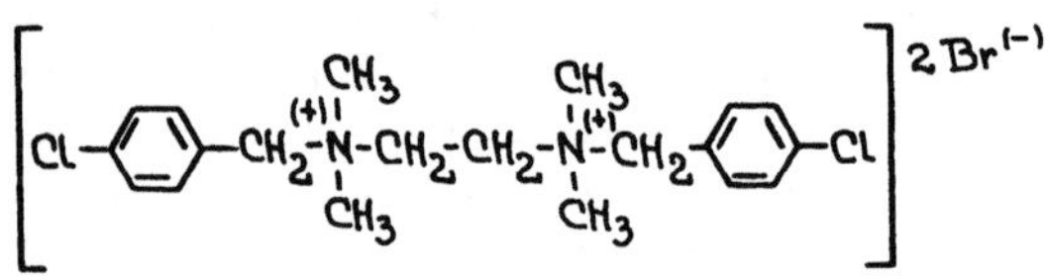


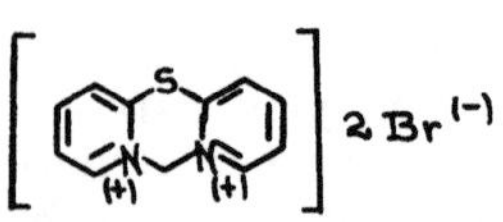


Die nebenstehende Verbindung wurde 1966 als potentielles Herbizid dargestellt[77], da sie bei der Reduktion in Radikale übergeht. Eine herbizide Wirksamkeit wurde bis jetzt aber nicht bekannt.

Über die herbizide Wirkung von

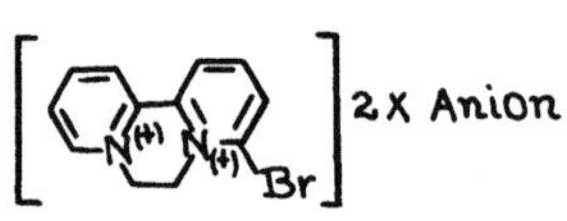


138

I und II keine herbizide Wirksamkeit[125] ebenso nicht III

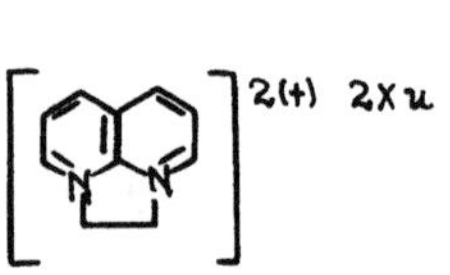


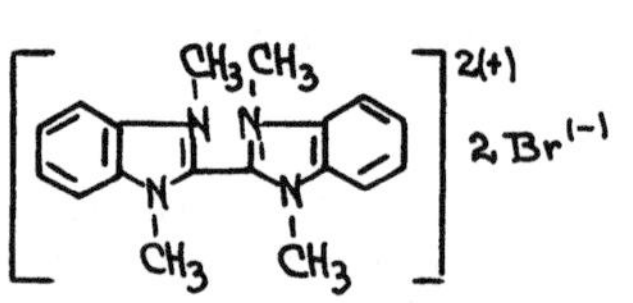


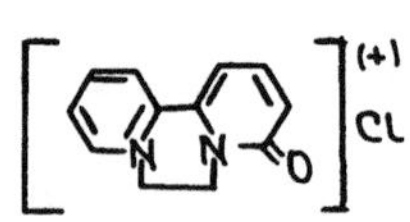


125

Quartäre Di-Benzimidazole zeigen ebenfalls keine herbizide Potenz außer wieder bei Ringschluß über $-CH_2-CH_2-$. Aber auch in diesem Falle ist die Wirksamkeit gering[123].

1971 wurden zahlreiche bi- und tri-cyclische Pyridiniumverbindungen dargestellt und als Herbizide getestet[125].

Theorien über eine Wuchs regulierende und besonders über eine herbizide Wirkung scheinen oft nur für eng begrenzte Verbindungsklassen mit quartären Ammonium-gruppen zu gelten. Anscheinend spielen auch ganz andersartige Faktoren als die Bildung cyclischer Zwischenprodukte eine Rolle. So ist auffallend, daß quartäre Salze von 1,2-, 1,3-, 1,4- oder höheren Di-aminen gute herbizide Wirksamkeit aufweisen. Hohe Oberflächen-aktivität soll hier für eine herbizide Wirkung maßgeblich sein[122].

Auch in der Reihe der Pyridiniumverbindungen scheinen herbizide Verbindungen zu existieren welche nicht in das Schema der Wirkungsweise von Di- und Paraquat passen.

Ein einfaches Mono-N-oxid

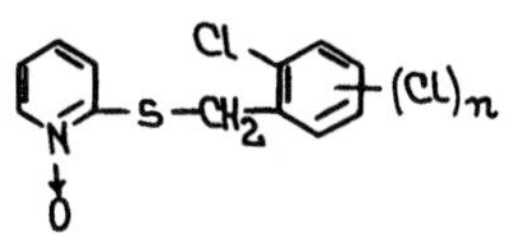

soll herbizid wirksam sein; doch scheint dem mehrfach chlorierten Phenylrest eine wesentlichere Bedeutung zuzukommen, da mindestens 1 X Cl in 2- oder 6-Stellung stehen muß[79].

Das nachfolgende Herbizid müßte in seiner Wirkungsweise aufgeklärt werden um Anhaltspunkte über möglicherweise neue Wirkungs-Mechanismen zu erkennen.

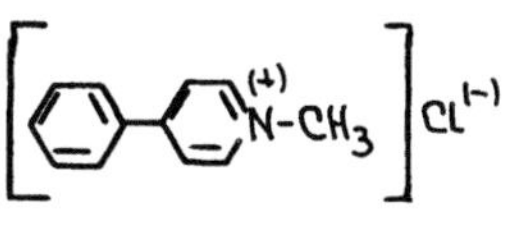

Vorgeschlagener Common name:
Cyperquat
Versuchsherbizid: S-21634
(Gulf Oil Corp.)
1973

$LD_{50}$: 71,4 mg/kg Ratte p.o. akut. Wirksam gegen Cypergrasarten in Reis, Sojabohnen und Erdnüssen, Zwiebeln, Erdbeeren, Reis, Kartoffeln.
Patente[128,130]. Literatur[136,137].

Zahlreiche weitere herbizide quartäre Ammoniumsalze aus der Pyrolidin- oder Piperidin-reihe sind in der Literatur erwähnt[119].

Aus der heterocyclischen Reihe sind noch einige erfolgversprechende Versuchsprodukte mit vorwiegend Wuchs regulierenden Eigenschaften bekannt geworden. Morpholinsalze spielen dabei eine dominierende Rolle. Hierbei kann man wieder die Anlehnung an CCC in der Molekülgröße erkennen.

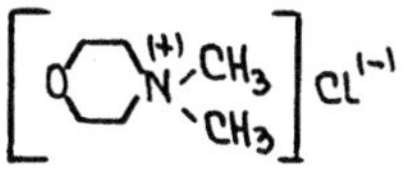

Versuchsprodukt: BAS-0660-W, DMC
(BASF)
1970

Wirkung ähnlich CCC in Weizen, Roggen, Hafer und Gerste. Auch Baumwolle soll auf DMC ansprechen.
Patente[120].

Eine Abwandlung des Moleküls von DMC führt zu einer Wirkungsminderung.

Eine weitere Verbindung die neben Wuchshemmwirkungen auch herbizid wirkt zeigt, daß offensichtlich höhere Alkylreste von Bedeutung sind, siehe auch[122].

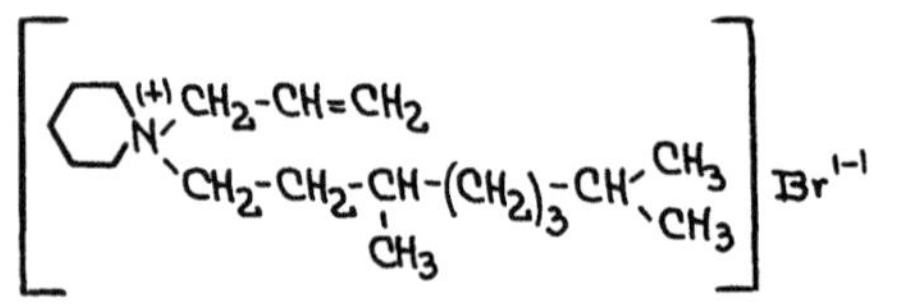

Common name: Pipro- danylium-bromid
Alden® (Hoffmann-La Roche)
06-0761 1976
Hersteller: Sogar AG
Chem. Fabr. Dielsdorf

Literatur[147].

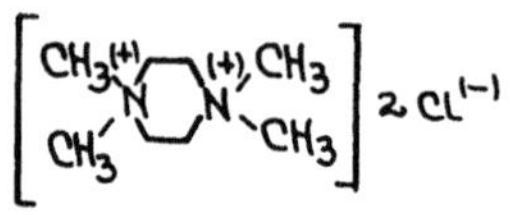

67% der Wirkung von DMC
Wuchshemmwirkung

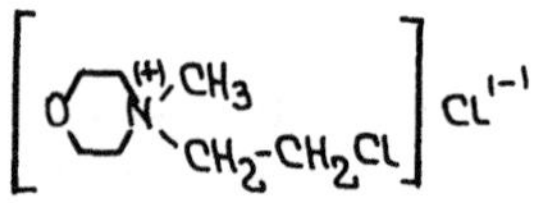

50% der Wirkung von DMC

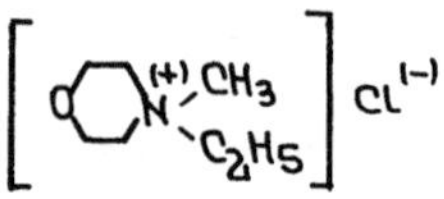

17% der Wirkung von DMC

Cyclische Hydrazoniumverbindungen

Auch diese Verbindungen wurden in den letzten Jahren weiter bearbeitet und dabei cyclische und heterocyclische Hydrazonium-Verbindungen mit guter herbizider Potenz aufgefunden.

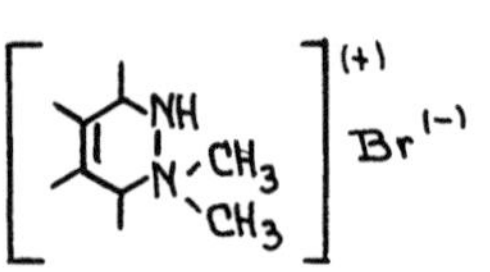

134

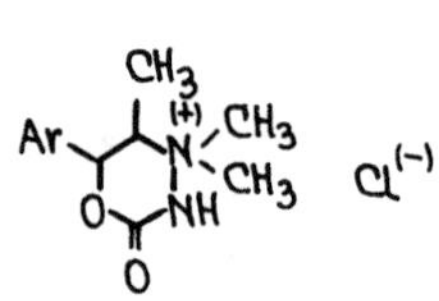

80

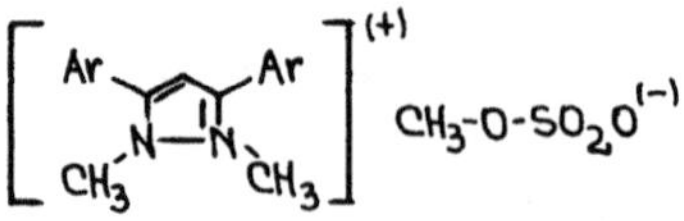

Common name: Difenzoquat
Versuchsherbizid: AC-8477, Avenge®, Finaven®, Metaven®
(Cyanamid)
1974

$LD_{50}$: 580 mg/kg Ratte p.o. akut. In Wasser gut löslich. Die Toxizität für Fische ist auffallend gering. $LC_{50}$: 694 mg/L 96 Std. für Regenbogen-Forellen. Bienentoxizität $LD_{50}$: 36,2 mg Biene. Aufnahme durch die Blätter. Verhindert Zellstreckung und Zellteilung. Bei erhöhter Temperatur tritt die Wirkung innerhalb weniger Tage ein, sonst benötigt sie 2-3 Wochen. Post-emergence-Anwendung. Selektiv gegen Flughafer in Sommer-Getreide wie Weizen und Gerste.
Patente[124,127]. Literatur[136,144].

Es ist naheliegend, daß auch Sulfoniumverbindungen auf ihre wuchsregulierende oder herbizide Eigenschaften untersucht wurden. Doch ist bis 1974 nur sehr wenig über positive Befunde bekannt geworden. Lediglich die BASF hat eine cyclische Sulfonium-verbindung als Wachstumsverzögerer zum Patent angemeldet[129].

Über Phosphoniumverbindungen, die eine bedeutendere Rolle als Herbizide und Blattabwurfmittel spielen, wird im Zusammenhang mit den Phosphorverbindungen usw. berichtet.

## Literatur und Patente

5. Organische Herbizide

5.13. Quartäre Ammonium- und Sulfoniumverbindungen


1. Schreiner, O. u. Reed, H.S.: Botan. Gaz. 45, 73 (1908).
2. J. Agr. Food Chem. 6, 336 (1958).
3. Tolbert, N.E.: J. Biol. Chem. 235, 475 (1960).
4. - Plant Physiol. 35, 380 (1960); ref. CA 45, 16726a.
5. US 3 230 069, 27.8.58/18.1.66, Plant Production Station.
6. FR 1 264 886, 10.8.60/15.5.61, US Prior. 10.8.59 u. 3.8.60, Research Corp. USA.
7. US 3 156 554, 31.1.63/10.11.64, US Prior. 10.8.59 u. 3.8.60, Research Corp. USA.
8. OE 222 145, 15.12.60/15.12.61, Österreichische Stickstoffwerke.
9. BE 673 815, 15.12.65/15.6.66, ICI/L.L. Duffy (Darstellungspatent).
10. = GB 1 082 118, 16.9.64/6.9.67.
11. Jung, J.: 6. Internat. Pflanzenschutzkongreß, Wien, Abstracta, 463 (1967).
12. Shafer, N.E.: 6. Internat. Pflanzenschutzkongreß, Wien, Abstracta, 463 (1967).
13. DAS 1 238 052, 29.11.61/6.4.67, OE Prior. 15.12.60, Lentia GmbH Chem. u. pharm. Erzeugnisse-Industriebedarf.
14. GB 944 807, 9.8.60/18.12.63, US Prior. 10.8.59 u. 3.8.60, Research Corp. USA.
15. DAS 1 199 048, 13.3.64/19.8.65, BASF.
16. DAS 1 215 436, 12.2.65/28.4.66, BASF.
17. König, K.H.: 6. Internat. Pflanzenschutzkongreß, Wien, Abstracta, 471 (1967).
18. NE 16 589/65, 20.12.65/23.6.66, GE Prior. 22.12.64, BASF.
19. FR 1 461 144, 12.12.65/24.10.66, GE Prior. 22.12.64.

20. Jung, J.: Z. Acker-Pflanzenbau 125 (2), 124 (1967).
21. -, u. Sturm, H.: 50 Jahre landwirtschaftliche Forschung in der BASF. Die landwirtschaftliche Versuchsstation Limburgerhof 1914-1964.
22. König, K.H.: Naturwiss. 55 (5), 217 (1968).
23. Mayr, H.H. u. Barbier, S.: Z. Pflanzenernähr., Düng., Bodenkunde 106 [1], 39 (1964).
24. Linser, H. u. Kuehn, H.: Z. Pflanzenernähr., Düng., Bodenkunde 101 [3], 206 (1963); ref. CA 59, 10702 h.
25. Jung, J.: Naturwiss. 54 (14), 356 (1967).
26. Cycocel, Plant Growth Regulant, Selected Bibliography, Cyanamid International Technical Information Bulletin (Publication FHT - D 132), Cyanamid International. Wayne, New Jersey 1966.
27. Wünsche, U.: Naturwiss. 53 (15), 386 (1966).
28. Krewson, C.F., Wood, J.W., Wolfe, W.C., Mitchell, J.W. and Marth, P.C.: J. Agr. Food Chem. 7, 264 (1959).
29. Schlesinger, A.H., and Mowry, D.T.: J. Agr. Food Chem. 7, 33 (59).
30. US 2 734 815, 28.6.51/14.2.56, Monsanto Chemical Co.
31. US 2 994 699, 29.1.59/1.8.61, Rohm u. Haas.
32. US 2 970 048, 11.7.56/31.1.61, Monsanto Chemical Co.
33. Brian, R.C., Homer, R.F., Stubbs, J., and Jones, R.L.: Nature 181, 446 (58).
34. Homer, R.F., Mees, G.C., and Tomlinson, T.E.: J. Sci. Food Agr. 11 (6), 309 (60).
35. DAS 1 087 610, 19.7.56/25.8.60, GB Prior. 20.7.55 u. 1.6.56, I.C.I. Ltd.
36. GB 785 732, 20.7.55/6.11.57, I.C.I. Ltd.
37. US 2 823 987, 9.7.56/18.2.58, GB Prior. 20.7.55, I.C.I. Ltd.
38. GB 926 326, 21.8.59/15.5.63, GB Prior. 1.6.56, I.C.I. Ltd.
39. BE 626 303, 19.12.62/19.6.63, GB Prior. 20.12.61, I.C.I. Ltd. US 2 972 528 (1961).
40. DAS 1 048 070, 4.4.57/31.12.58, GB Prior. 4.4.56, I.C.I. Ltd.
41. GB 991 288, 26.5.61/5.5.65, US Prior. 3.4.57, I.C.I. Ltd.
42. BE 627 246, 17.1.63/17.7.63, GB Prior. 22.1.62, 8.11.62 u. 9.1.63, I.C.I. Ltd.
43. FR 1 356 547, 25.4.63/17.2.64, GB Prior. 25.4.62, I.C.I. Ltd. (Verschiedene Alkylreste am N).
44. FR 1 357 238, 19.4.63/24.2.64, GB Prior. 19.4.62, I.C.I. Ltd. (Verschiedene Alkylreste am N).
45. NE 64 04 064, 15.4.64/19.10.64, GB Prior. 16.4.63 und 13.4.64, I.C.I. Ltd. (Darstellungsverfahren).
46. Darter, J.E.: Outlook Agr. 5 (5), 208 (68).
47. Plant Protection Gramoxone, 4.12.66.
48. FR 1 354 216, 22.1.63/27.1.64, GB Prior. 22.1.62, 8.11.62 u. 9.1.63, I.C.I. Ltd.
49. GB 999 585, 22.1.62/28.7.65, I.C.I. Ltd.
50. Boon, W.R.: Endeavour 26 (97), 27 (67).
51. FR 1 373 276, 1.10.63/17.8.64, GB Prior. 1.10.62, I.C.I. Ltd.
52. Calder, J.C., Spottswood, T.M., and Sasse, W.H.F.: Tetrahedron Letters 46 (2), 95 (63).
53. GB 815 348, 25.2.57/24.6.59, I.C.I. Ltd.
54. GB 857 501, 23.4.58/29.12.60, I.C.I. Ltd.
55. GB 862 847, 4.10.58/15.3.61, I.C.I. Ltd.
56. = DAS 1 125 714, 5.10.59/15.3.62, GB Prior. 4.10.58 u. 28.9.59. (Die DAS beansprucht den Zusatz korrosionsverhindernder Mittel.)
57. DAS 1 213 665, 21.8.62/31.3.66, GB Prior. 25.8.61, I.C.I. Ltd.

58. GB 1 070 504, 31.1.63/1.6.67, I.C.I. Ltd.
59. Summers, L.A.: Nature 214, 381 (67).
60. Boon, W.R.: Outlook Agr. 4, 163 (64).
61. Michaelis, L., and Hill, E.S.: J. Gen. Physiol. 16, 859 (33)(Ähnliche Verbindungen).
62. Michaelis, L., and Hill, E.S.: J. Am. Chem. Soc. 55, 1481 (33).
63. Mees, G.C.: Ann. Appl. Biol. 48, 601 (60).
64. Arnon, D.I., Losada, M., Nozaki, M., and Tagawa, K.: Nature 190, 601 (61).
65. Jagendorf, A.T., and Avron, M.: J. Biol. Chem. 231, 277 (1958).
66. Hill, R., and Walker, D.A.: Plant Physiol. 34, 240 (59).
67. Kok, B., Rurainski H.J. u. Owens, O.v.H.: Biochem. Biophys. Acta (Amsterdam) 109, 347 (65).
68. Davenport, H.E.: Mechanism of Cyclic Phosphorylation by Illuminated Chloroplasts. Proc. Roy. Soc. (London) Ser. B, 157, 332 (63).
69. Slade, P., and Smith, A.E.: Nature 213, 919 (67).
70. Allen, H.P.: Outlook Agr. 5 (4), 149 (67).
71. Russell, E.W.: Proc. Inst. Br. Agr. Engrs. 3, 99 (45).
72. Ellison, W.D.: Empire J. Exptl. Agr. 20, 81 (52).
73. Slade, R.E., Templeman, W.G., and Sexton, W.A.: Nature 155, 497 (45).
74. Hood, A.E.M., Jameson, H.R., and Cotterell, R.: Nature 197, 748 (63).
75. - - -, Nature 210, 1070 (64).
76. Meiser, W., Wegler, R., Eue, L. u. Hack, H. (Untersuchungen der Farbenfabriken Bayer AG).
77. Summers, L.A.: 6H-Dipyrido(2, 1-b:1′, 2′-e)-1,3,5-thiadiazinium Dibromide, p.546. Chem. Commun. 1966, Nr. 15.
78. DDR 55 860, 9.9.66/5.5.67, VEB Elektrochem. Kombinat Bitterfeld.
79. US 3 295 946, 20.1.64/3.1.67, US Prior. 19.3.62, Monsanto Co.
80. US 3 378 556, 23.9.66/16.4.68, Dow Chemical Co.
81. Pieringer, A.P., and Newhall, W.F.: J. Agr. Food Chem. 16 (3), 523 (68).
82. DAS 1 129 016, 20.2.58/3.5.62, I.C.I. Ltd.
83. BE 696 618, 5.4.67/5.10.67, GE Prior. 5.4.66, BASF.
84. MacCrimmon, P.R.: 2. Symposium über neue Herbizide, Paris, p.39 (1965). Ed. Essor, Paris.
85. Leonard, W.F.: Proc. 19. New Zealand Weed and Pest Control Conf. 1966, p.41.
86. Fryer, J.D., and Evans, S.A.: Weed Control Handbook, pp. 74 u. 366. Oxford - Edinburgh: Blackwell Scientific Publications 68.
87. Spencer, E.Y.: Guide to the Chemicals Used in Crop Protection, p. 343. Ottawa: Ed. Roger Duhamel. F.R.S.C. Queen's Printer and Controller of Stationery 68.
88. Brit. Med. J. 1, 1272 (66).
89. Mel'nikov, N.N., Chaskin, B.A. u. Sablina, I.V.: Zh. Obshch. Khim. 38, Nr. 7, 1558 (68).
90. Summers, L.A.: Tetrahedron 24, 2697 (68).
91. Calderbank, A., and Tomlinson, T.E.: Outlook Agr. 5 (6), 252 (68).
92. -, Advances in Pest Control Research, p.127. Edited by R.L. Metcalf, London - New York: Interscience Publishers, Inc. 68.
93. US 3 223 517, 29.6.62/14.12.65, Armour & Co.
94. The Pesticide Roundup, Farm. Chem. (1), 60 (69).
95. Knight, B.E.A., Tailor, H.S., and Wain, R.L.: Ann. Appl. Biol. 63 (2), 211 (69).
96. JA 6 597/66, 17.4.63/13.4.66, Toyo Koatsu Ltd.
97. DOS 1445 951, 14.4.64/13.2.69, GB Prior. 16.4.63, I.C.I. Ltd.

98. NE 68 09 026, 26.6.68/27.12.68, JA Prior. 26.6.67, Toyo Koatsu Industries, Inc.
99. Gowing, D.P., and Leeper, R.W.: Science 122, 1267 (55).
100. Huffman, C.W., Godar, E.M., Ohki, K., and Torgeson, D.C.: J. Agr. Food Chem. 16 (6), 1041 (68).
101. Sasse, W.H.F., Snieckus, V.A., and Boekelheide, V.: Org. Syn. 46, 5 (66).
102. US 3 458 305, 24.8.66/29.7.69, US Prior. 24.8.66, Gulf Research & Development Co.
103. Black, A.L., and Summers, L.A.: Tetrahedron 24, 6453 (68).
104. Summers, L.A.: Tatrahedron 24, 5433 (68).
105. Sinha, A.K. und RKS, Wood:Nature London 202, 824 (69).
106. van Emden, H.F.: Nature London 201, 946 (64).
107. GB 813 531.
108. Brian, R.C. et al.: Nature London 181, 446 (58).
109. Dudge, A.D.: Endeavour 30 (11), 130 (71).
110. Black, A.L. u. Summers, A.: J. Ch. Soc. 1970, 2394.
111. Cowan, N., and Morgan, E.D.: Chem. and Ind. 1970, 29, 959.
112. Newhall, W.F.: J. Agr. Food Chem. 22 (3), 465 (74).
113. -: J. Agr. Food Chem. 19 (2), 294 (71).
114. Haruta, H. et al.: Agr. Biol. Chem. 38 (1), 141 (74).
115. -: Agr. Biol. Chem. 38 (4), 877 (74).
116. siehe 113.
117. Nagao, M. et al.: Agr. Biol. Chem. 35 (10), 1636 (71).
118. Menaria, K.L. et al.: Experimentia 27 (2), 145 (71).
119. Buchenauer, H. et al.: Ztsch. Pflanzenkr. 1973 (9/10) 567.
120. FR 1 550 622, 26.12.67/12.11.68, BASF.
DAS 1 642 215, 4.1.67/7.9.72, BASF.
121. Jung, J.: 7. Intern. Pflanzenschutzkongr., Paris 1970, S.578
122. Supin, G.S. et al.: Z. Obšč. Chim. 39, 12, 2651 (69).
123. Röchling, R.: Ztsch. f. Naturforsch. 25 (9) (70).
124. DOS 2 260 485, 11.12.72/28.6.73, US Prior. 17.12.72. Am. Cyanamid.
BE 792 801, NE 72 17 015, 17.12.71/19.6.73. Am. Cyanamid.
125. Eckhard, J.F. et al.: Chem. Ind. (London) 6, 275 (73).
126. Deutsche Mediz. Wochenzeitschr. 96, 239 (71).
127. DOS 2 355 242, 5.11.73/22.5.74, US Prior. 17.11.72, Amer. Cyanamid.
128. DOS 2 223 716, 16.5.72/7.12.72, US Prior. 17.5.71, Gulf Oil Corp.
US 3 737 299, 17.5.71/5.6.73, Gulf Oil Corp.
129. DOS 2 217 697, 13.4.72/18.10.73, BASF.
130. DOS 2 223 716, 17.5.71/7.12.72, Gulf Res. and Developm.
131. Black, A.L., Summers, L.A.: J. Heterocycl. Chem. 8 (1), 29 (71).
132. DOS 1 542 913, 15.1.63/16.4.70, GB Prior. 22.1., 8.10.62 u. 9.1.63, I.C.I. Ltd.
133. König, K.H.: Naturwissensch. 55, 217 (68).
134. DOS 2 015 416, 1.4.70/21.10.71, BASF.
135. Hofmann, A. und Froberg, H.: Deutsche Med. Wochenzeitschr. 97, 1299 (72).
Grundles, H. et al.: Deutsche Med. Wochenzeitschr. 96, 588 (71).
Grabensee, B. et al.: Deutsche Med. Wochenzeitschr. 96, 498 (71).
136. 12. Brit. Weed Conf., Brighton 11.1974, Techn. Information d. Amer. Cyanamid Intern. Corp., Jan. 1975.
137. Gulf Oil Chem. Techn. Data (1973), Weed Abstr. 23, 2346 (74).
138. Pojer, P.M. u. Summers, L.A.: J. Heterocycl. Chem. 11 (3), 303-305 (74); Dep. Chem., Univ. of Newcastle, New South Wales, Australia.

139. Adolphi, H.: Zeitschr. f. Pflanzenkrankh. 74, 684 (67).
140. Epstein, S. S. et al.: Toxicology and Pharmacol. 23, 288 (72), s. a. S. 306.
141. Fischbein, L. and Flamm W. G.: The Science of the Total Environment. Elsevier Publ. Co. Amsterdam 1. 31, 45 (72).
143. Innes, J. R. et al.: Journ. of the Cancer Instit. 42, 6 (69).
144. Mitteilung aus der Biolog. Bundesanstalt f. Land- und Forstwirtschaft Berlin-Dahlem. 40. Deutsche Pflanzensch. Tagung in Oldenburg 6.-10. 10. 1975, F. Bischof et al. S. 168, L. K. Simon S. 173.
145. Outlook on Agriculture, Vol. 8 spec. number (1975), Plant protection division I. C. I.
146. Pirzada, Nasim H., Pojer, Peter M. u. Summers, Lindsay A.: Z. Naturforsch. Teil B 31 (1), 115-121 (76).
147. Huppi, G. A. et al.: Experimentia 32 (1), 37 (76).

# 5.14. Heterocyclen

## 5.14.1. Heterocyclische 5-Ring-Verbindungen

a) 5-Ring-Verbindungen mit 1 O

Erst in jüngerer Zeit wurde ein Benzofuranderivat als Handelsprodukt eingeführt, doch hat die Verbindung anscheinend keine Bedeutung erlangt. Die herbizide Wirksamkeit könnte nicht zuletzt auf die veresterte Phenolgruppierung zurückzuführen sein.

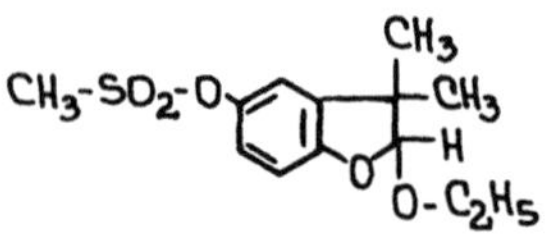


Common name: Ethofumesate
**Handelsname:** Nortran® (Fisans Pest. Contr.)
Tramat® (Schering) 1974
NC-8434

$LD_{50}$: >2000 mg/kg Ratte p.o. akut. 6400 mg (1975). Wirksam gegen Gräser und einige breitblättrige Unkräuter. Anwendung: Pre-emergence und als Bodenherbizid. Selektiv in Zuckerrüben, Reis, Gemüse und Tabak. Starker Wachstumshemmer.
Patente[114, 134]. Literatur[115].

Zahlreiche wichtige Naturprodukte weisen Lactoncharakter auf. Darunter finden sich auch Verbindindungen welche das Wachstum von Pflanzen hemmen und für Saaten toxisch sind. Besonders Lactone des Nor-tricyclens erwiesen sich als kräftige Keimhemmungsinhibitoren[138]. Es ist deshalb nicht verwunderlich, daß eine Vielzahl von synthetischen Lactonen auf ihre herbizide Potenz untersucht worden ist und einige gute Wirksamkeit aufweisen.

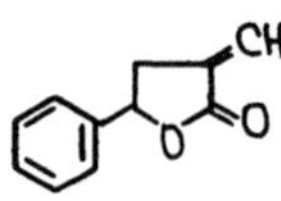


139

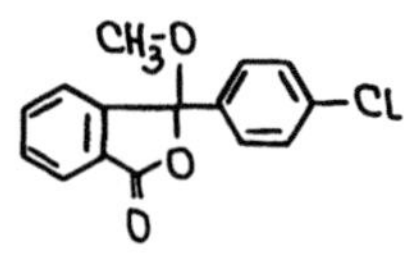


140

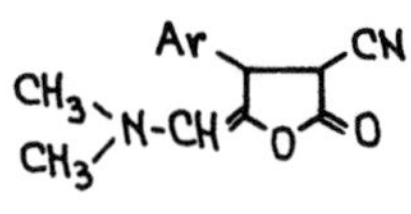


Versuchsprodukt EMD-JT-5914
(E. Merk)
1973

Neben Wuchshemmung herbizide Eigenschaften, selektiv in Reis.
Patente[141]. Literatur[171].

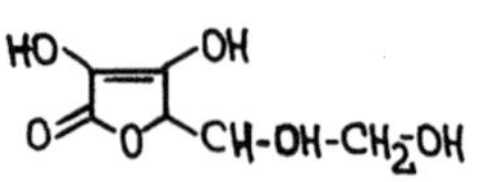


Ascorbinsäure (Vitamin C)

Das heute technisch billig hergestellte Vitamin C ergibt bei höherer Konzentration (0, 2%) auf die Blätter von Citrusbäumen, speziell Apfelsinen, gespritzt, einen spezifischen Fruchtfall (ca. 80%)[96].

b) 5-Ring-Verbindungen mit 1 N

Substituierte Pyrrolidone

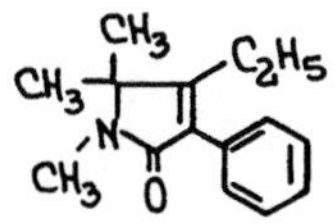

Versuchsprodukt
(Eli Lilly u. Co.) 1965[1]

Die herbizide Wirkung der nachfolgenden N-Phenylpyrrolidone bruht vielleicht auf der Acylanilin-Gruppierung.

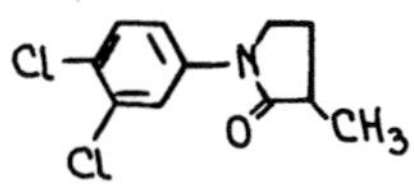

Versuchsprodukt, aufgegeben
BV 201
(Rohm u. Haas Co.)

Patente[2]. Literatur[3].

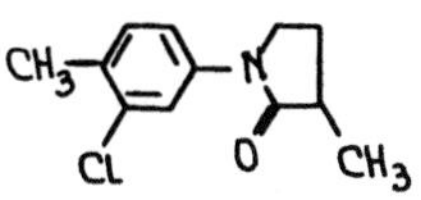

Versuchsprodukt, aufgegeben
BV 207
(Rohm u. Haas Co.)

Patente[2,142]. Literatur[3].

Cyclische Phenylimide, z. B. N-(p-Chlorphenyl)-alkylsuccinimid[4].

c) 5-Ring-Verbindungen mit 1 S

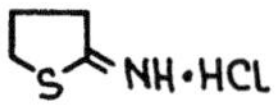

Nur diese Verbindung wurde als herbizid wirksam bekannt[5].

d) 5-Ring-Verbindungen mit 1 N und 1 O

s. auch Acylverbindungen von heterocyclischen Aminen.

Oxazolidine

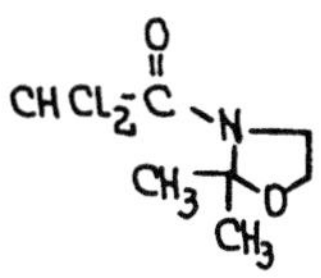

3-Dichloracetyl-2, 2-dimethyl-oxazolidin ist unter der Versuchsnummer R-28725 durch die Stauffer veröffentlicht. Die Verbindung weist wie andere Dichloracetamide gute Schutzwirkung gegen Herbizidschäden auf. (Crop Protectant). Besonders wirksam gegen Schäden durch Alachlor z. B. in Sorghum bei der Saatgutbehandlung.
Patente[116,143]. Literatur[117].

Oxazole

Als cyclisches Carbamat und Amid kann ein Versuchsprodukt der BASF aufgefaßt werden:

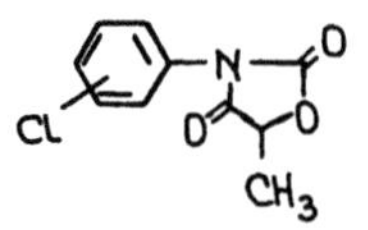

6

aufgegeben
(BASF)
1967

Zu erwähnen ist ferner folgende Verbindung[7]:

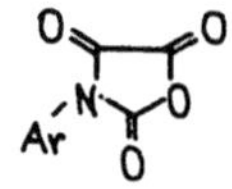

e) 5-Ring-Verbindungen mit 1 N und 1 S

s. auch Acylverbindungen von heterocyclischen Aminen

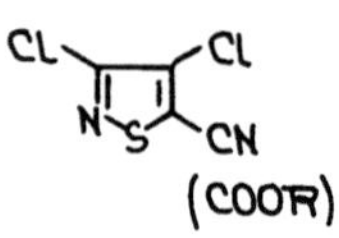

Baumwolldefoliant[8]

Thiazole

Eine Kombination der herbiziden Wirkung der 2,6-Dichlorbenzoesäure, eingebaut in das auch herbizid wirksame Thiazol, ergibt gegen Monokotyledonen wirksame Vorlaufherbizide[9].

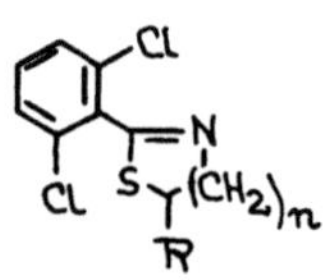

R = H, Alkyl
n = 1 u. 2

Thiazolidone

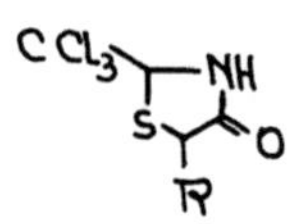

10

Benzthiazole zeigen in verschiedenen Abwandlungen pestizide Eigenschaften[11], unter anderem auch als Herbizide.

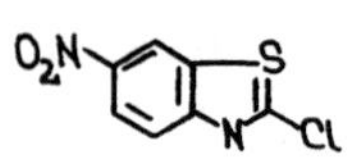

Soll sehr gut herbizid wirksam in Reis[12] sein. Ein Handelsprodukt ist u. W. nicht bekanntgeworden.

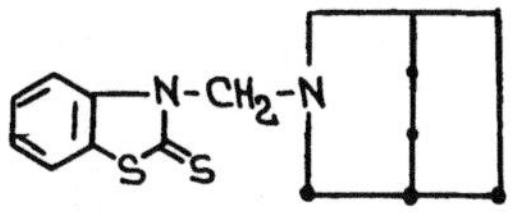

13

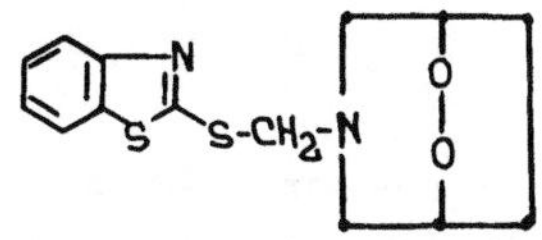

14

Mehrere Thioäther des Mercaptobenzthiazols sind als herbizid wirksam bekanntgeworden, z. B. wirkt die nachfolgende Verbindung.

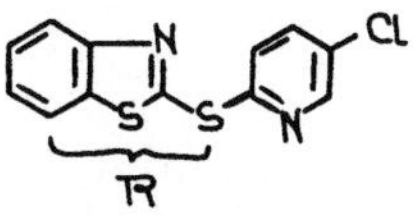

als Baumwollentblätterungsmttel[15].

$R-S-(CH_2)_n-S-Alkyl$[111] Handelsprodukt

$R-S-(CH_2)_3-CH_3$ Defoliant in der USSR

Literatur[181].

Der Aminothiazol-Rest scheint für zahlreiche Herbizide von Bedeutung zu sein. Er begegnet uns in vielen verschiedenartigen Variationen, wobei die folgende auch als Cyclisierungsprodukt eines Isothioharnstoffes aufgefaßt werden kann.

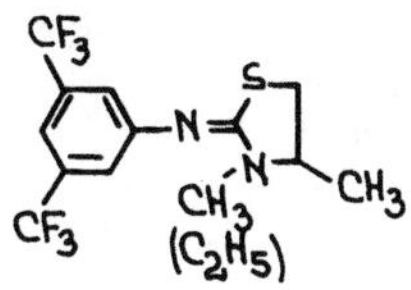

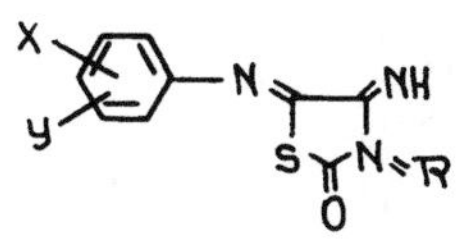

17

Herbizide und Fungizide[16]

Darstellung:

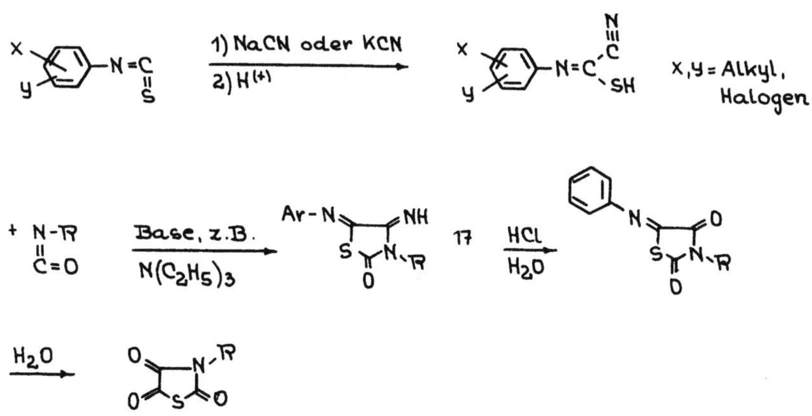


R = Alkyl, Aryl, Cycloalkyl[19]

f) 5-Ring-Verbindungen mit 2 N

Pyrazole

N-Phenyl-5-pyrazolone sind 1961 als Herbizide patentiert worden[104]. Besondere Wirksamkeit haben die 3-Methyl-4-chlor-Derivate. Sie weisen eine ähnliche Molekülstruktur auf, wie sie später in den Pyrazinonen (s. Pyramin®) vorkommt.

Imidazole

Die Imidazolgruppierung wird bis in die jüngste Zeit bei verschiedenen Firmen bearbeitet, was mehrere herbizide Verbindungen ergeben hat, z. B.:

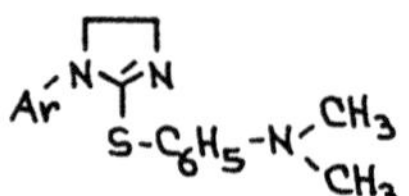

20

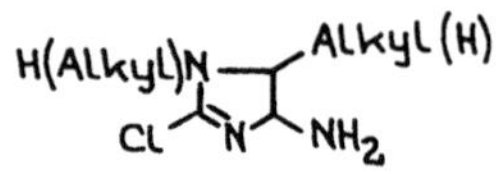

Aminoimidazol 21

Mehrfach bromierte Imidazole sind in der japanischen Patentliteratur als Herbizide erwähnt[22].

Zahlreiche Imidazole, besonders durch eine Hydroxylgruppe substituierte, erwiesen sich als biologisch breit wirksam und zeigen durchweg herbizide Eigenschaften

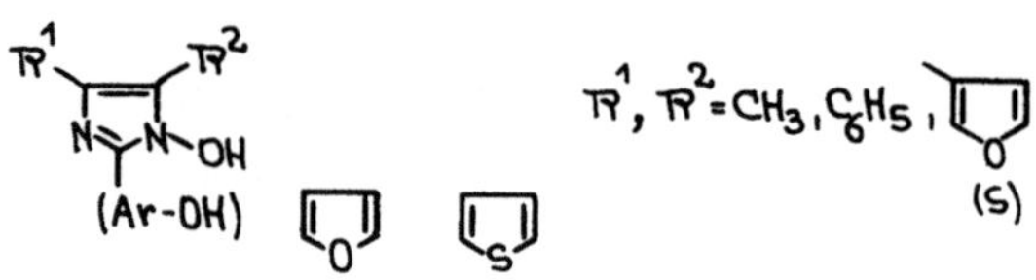

Die pflanzenschädigende Wirkung dürfte, nach dem großen Versuchsmaterial zu schließen durch die phenolische Hydroxylgruppe bedingt sein[170].

Imidazolone

Die Wirkung dieser Gruppe könnte auf der inneren Harnstoffgruppierung beruhen.

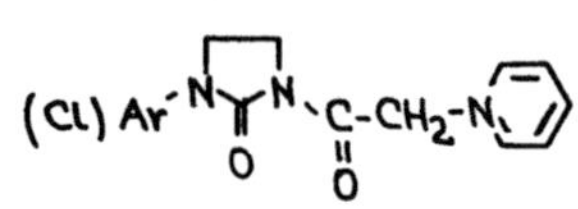

20,23

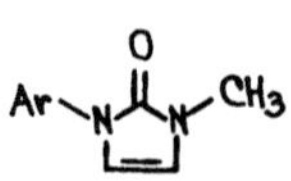

24 dargestellt aus

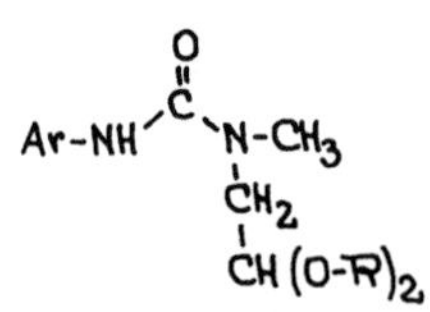

Dioxoimidazoline oder Hydantoine

Hydantoine wurden z. T. schon früher bei Abwandlungsprodukten aromatisch-aliphatischer Harnstoffe angeführt.

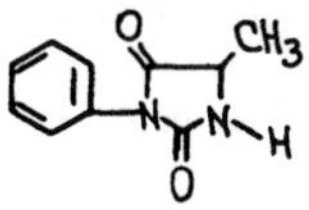 25

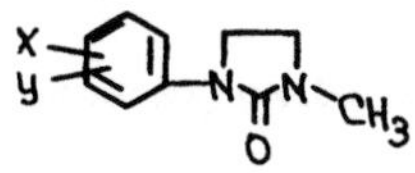 27,28

Alkyl statt Phenyl [26]

aus $Ar{-}NH{-}\underset{\overset{\|}{O}}{C}{-}NH{-}CH_2{-}COOH$

Ähnliche Derivate mit Benzyl statt Phenyl am Stickstoff und in der Methylengruppe alkyl-substituiert sind von anderer Seite beschrieben worden[29].

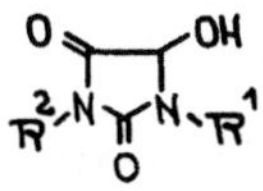

$R^1 = C_6H_5$
$R^2 = CH_3$

5-Hydroxyhydantoine wurden ebenfalls eingehend auf ihre herbizide Wirksamkeit untersucht. 1-Phenyl-3-methyl-5-hydroxyhydantrin erwies sich als herbizid besonders wirksam[184] spez.. gegen Flughafer.

Trioxoimidazoline

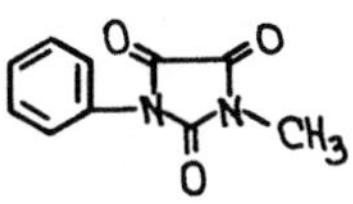

aus $Ar{-}NH{-}\underset{\overset{\|}{O}}{C}{-}NH{-}CH_3 + Cl\underset{\overset{\|}{O}}{C}{-}\underset{\overset{\|}{O}}{C}{-}Cl$

analog [31]:

Im Benzolkern substituiert durch $NO_2$, Cl, $CH_3$, $CF_3$ usw.

Analoge Verbindungen aus 2-Aminobenzthiazol sind ebenfalls herbizid wirksam[32, 33].

Benzimidazole

Benzimidazole zeigen eine breitere herbizide Wirkung[34, 35], z. B. ist das 2-Methyl-5,6-dichlorbenzimidazol als herbizid wirksam bekannt[36]. Zeigt die Benzimidazol-Konfiguration schon als solche eine herbizide Wirkung, so wird ihr Effekt durch die Einführung der Trifluormethylgruppe noch wesentlich verstärkt[37-41].

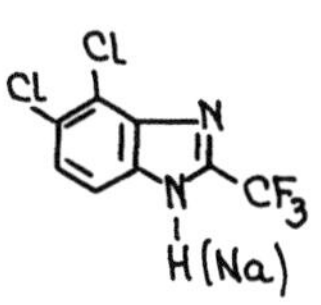

4,5-Dichlor-2-trifluormethyl-benzimidazol
Versuchsprodukt
NC 3363
Common name: Chlorflurazol
(Fisons Pest Control Ltd.) 1966

Patente[42-46, 144]. Literatur[37-40, 97].

Die Trifluormethyl-benzimidazole wurden unabhängig voneinander von der Shell-Grundlagenforschung in Deutschland[48, 49] und der Fisons Pest Control in England [37, 51] als Herbizide entdeckt. Offensichtlich ist die herbizide Wirkung der schwachsauren Verbindungen vom $pK_A$-Wert (4-8) sowie von der Lipophilie abhängig[47].

Die oft wiederkehrende Parallelität zwischen Herbiziden und Fungiziden tritt auch in der Reihe der Chlor-benzimidazole auf: Mit $-N{=}CH-NH-$ statt $-N{=}C(CF_3)-NH-$ tritt fungizide Wirkung ein[52].

Die herbizide Wirkung der 2-Trifluormethyl-benzimidazole beruht auf einer Hemmung der Photosynthese[47,48]. Die Verbindungen sind Hemmstoffe des photosynthetischen Elektronentransportes im Bereich der 2. Lichtreaktion und hemmen die $O_2$-Entwicklung in der Hill-Reaktion[47,48]. Außerdem sind die Trifluormethyl-benzimidazole Entkoppler der oxidativen Phosphorylierung (ähnlich wie die Dinitroalkylphenole) und hemmen die Regulierung der Atmung durch Adenosindiphosphat[49,50].

Über Zusammenhänge zwischen chemischer Konstitution und herbizider Wirksamkeit wurde aus dem Arbeitskreis von K. H. Büchel mehrfach berichtet[149]. Dabei wird auf die Bedeutung von elektronen abziehenden Substituenten in 2-Stellung hingewiesen[150]. Zusammenhänge zwischen herbizider Potenz und Hemmung der Photosynthese werden aufgezeigt, wobei außer Benzimidazole auch Benztriazole, Indazole und Indole untersucht wurden. Derselbe Arbeitskreis beschreibt auch die Synthesen wirksamer Herbizide[153,154]. Die Imidazopyridine wurden besonders eingehend untersucht[165] und Zusammenhänge zwischen chemischer Konstitution, Hemmung der Photosynthese (Hill-Reaktion) und Entkopplung der oxidativen Phosphorylierung aufgezeigt.

Die herbizide Wirkung von 2-substituierten Benzimidazolen wird allgemein als auf einer Hemmung der Photosynthese beruhend angesehen (siehe[47,48,149,150,153,154,165]). Doch wird von Bond und Corbett auf Widersprüche hingewiesen[157]. 6-Chlor-2-trifluormethyl-imidazo-pyridin und die entsprechende 2-tert. Butylverbindung werden verglichen. Die Trifluormethyl-verbindung hemmt die Hill-Reaktion mit Chloroplasten, aber die tert.-Butylverbindung ist viel weniger aktiv. Die oxidative Phosphorylierung wird nur von der Trifluormethyl-verbindung entkoppelt. Versuche mit intakten Pflanzen aber ergeben keinen Unterschied der herbiziden Wirkung zwischen Licht und Dunkel. Die Verfasser lehnen daher Schlußfolgerungen aus Versuchen mit isolierten Chloroplasten ab. Daß an lebenden Pflanzen noch andere Faktoren für den Eintritt einer herbiziden Wirkung maßgeblich sind, wie etwa, Penetration, Abbau usw. ist lange bekannt und könnte die Widersprüche erklären.

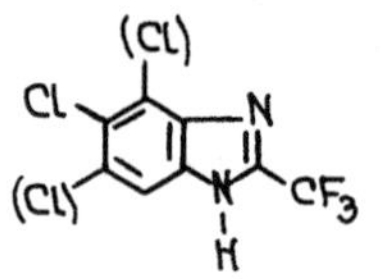


Versuchsprodukt, aufgegeben(?)
Shell)
1966/67

Patente[42-46]. Literatur[37-40].

Ebenso ist auch 5-Jod-2-trifluormethyl-benzimidazol unter der Bezeichnung NC 4762 als Versuchsprodukt bekanntgeworden[101,167,168].

Die Trifluormethyl-Gruppe in 2-Stellung der Benzimidazole scheint zwar ein Wirkungsmaximum zu ergeben, doch zeigt die Patentliteratur auch Beispiele von Herbiziden, bei denen statt der Trifluormethyl-Gruppe in 2-Stellung eine Alkyl-Gruppe steht; dafür befindet sich im Phenyl-Kern in 5- oder 6-Stellung eine Trifluormethyl-Gruppe[92, 93].

2-Methyl-5-trifluormethyl-benzimidazol

Versuchsprodukt
BH 1715
(U.S. Borax and Chemical Corp.)

Anwendungsgebiet: Pre-sowing in Brassica-Arten.
Patente[93, 146]. Literatur[94].

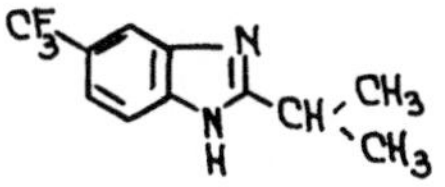

93, 98, 99

2-Isopropyl-5-trifluormethyl-benz-imidazol
Versuchsprodukt BH-914
(U.S. Borax Chemical Corp.)

Eine Verbindung, bei der die 2-Trifluormethylgruppe durch tert. Butyl ersetzt ist, trägt die Versuchsnummer NC 6627 [102].

Die elektronenabziehende Wirkung einer Trifluormethylgruppe in 5-Stellung wird in einem Versuchsprodukt der Eli Lilly durch eine Nitrogruppe in 7-Stellung verstärkt. Das Versuchsprodukt scheint aber bei guter herbizider Wirkung nicht genügend selektiv zu sein[100, 166].

Verschiedene andere Verbindungen sind bei den Firmen Shell und Fisons Pest Control im Feldversuchsstadium (1967). Trifluormethyl-benzimidazole, welche an einem Stickstoff die Gruppierung Alkyl-$SO_2$ tragen[95] oder durch COOR substituiert sind (R = Ar-Alkyl), wurden als Herbizide bekannt[88].

Auch die Hoechst AG haben eine ähnliche Verbindung mit Difluormethylsulfon als elektronenabziehenden Substituenten bekannt gegeben.

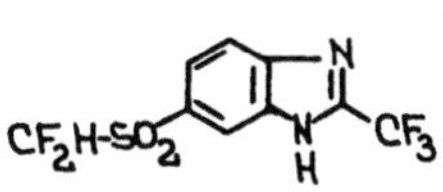

HOE-197070
(Hoechst AG)
1975

$LD_{50}$: 90 mg/kg weibl. Ratte p.o. akut. Post-emergence-Anwendung im Getreide gegen Unkräuter. Verwendung auch in Kombination mit Dichlorprop.
Patente[172]. Literatur[173].

Der Benzolring im Benzimidazol kann durch einen Pyridinring ersetzt sein:

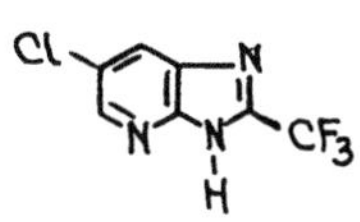

147, 169

6-Chlor-2-trifluormethyl-3H-imidazo-[4, 5-b]-pyridin
NC 4780
Common name: Flurimidin
Fisons NC 4780
(Fisons Pest Control Ltd.)

Patente[53-55, 147, 169]. Literatur[37-40, 118].

Die herbizide Aktivität der Grundverbindung wird hier durch die $CF_3$-Gruppe verstärkt (s. Chlorflurazol[37-40]). $CF_3$, Alkyl-$SO_2$ im Pyridinring[156]. Im Imidazol NH durch NO-Alkyl ersetzt[156]. Auch Imidazopyridine mit einer andersartigen Angliederung des Pyridinringes sind als Herbizide patentiert worden[103]. Imidazole mit anelliertem Pyrazinring[170].

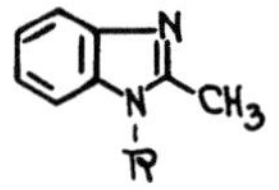

R = $CF_2$-CHClF

Literatur[182].

Versuchsprodukt in d. USSR auch acaricid wirksam mit

R = CF=CClF

Die Du Pont hat über ein Versuchsprodukt aus der Isoindolreihe berichtet.

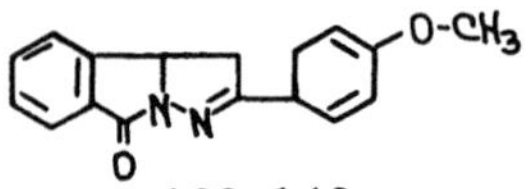

Patente[123,148]. Literatur[124].

DPX-1840
1972

5-Ringe mit 2-Sauerstoff

Über einige 2,6-Dichlorbenzyl-glycerinäther-acetale siehe bei Benzyl-alkoholen bzw. -äthern sowie cyclischen Acetalen von Polyolen.

5-Ringe mit 2-Schwefel (Dithiolthione)

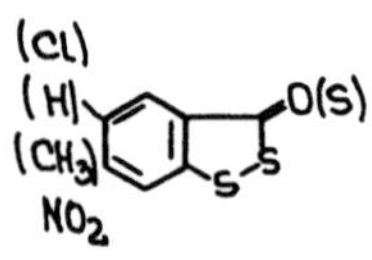

Versuchsprodukt der Montecatini-Edison
1971

Aufnahme durch die Blätter. Speziell gegen Gänsefuß wirksam.
Patente[121]. Literatur[122].

g) 5-Ringverbindungen mit 2 N und 1 O

Oxadiazole

2-(2-Chlor-benzylthio)-5-iso-propyl-1,3,4-oxadiazol

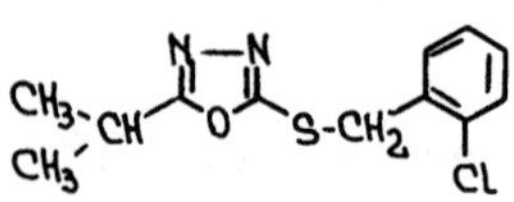

Versuchsprodukt: Benzoxazole (Takeda Chem.)

Selektiv in Reis. Anwendung in Kombinationen z. B. mit Simetryn, wobei ein Synergismus eintreten soll.
Patente[130]. Literatur[131].

Ganz ähnlich ist die folgende Verbindung.

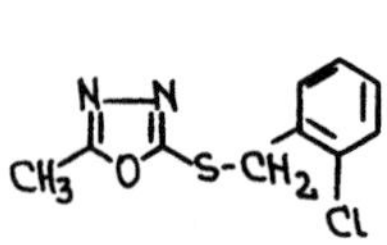

Versuchsprodukt TH-2946
(Takeda Chem. Ind. Ltd.)
1975

Reisherbizid.
Patente[130,178]. Literatur[179].

2,1,3-Benzofurazane siehe bei Benzothiodiazolen

Verschiedene Verbindungen aus der Reihe der Oxadiazolone sind als herbizide Versuchsprodukte bekanntgeworden.

1-Oxa-3,4-diazol-2-one

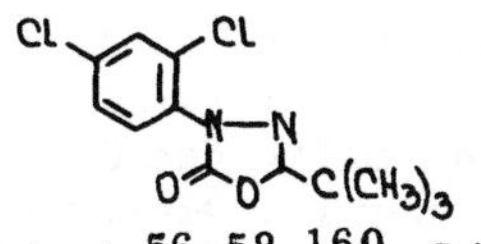

Versuchsprodukt, aufgegeben
(Rhone Poulenc)
1966

Patente[56-58,160]. Literatur[59,60].

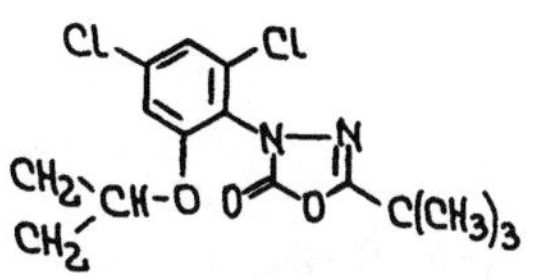

5-tert. Butyl-3-(2,4-dichlor-5-isopropoxyphenyl)-1,3,4-oxadiazolon-(2)
Common name: Oxadiazone
Handelsname: Ronstar®, früher
RP 17623, GR 315
(Rhone Poulenc) 1969

$LD_{50}$: 8000 mg/kg Ratte p.o. akut. $LC_{50}$: >9mg/L 96 Std. verschiedene Fischarten. Wasserlöslichkeit: 0,7 ppm bei 20°C. Anwendungsweise: Pre- und postemergence. Anwendungsgebiet: Selektives Herbizid in Reis, Obst und Weinbau gegen Gäser und zahlreiche dikotyle Unkräuter. Bei höherer Konzentration als Totalherbizid und Bodensterilans.
Patente[56-58,109,161]. Literatur[59,60,110].

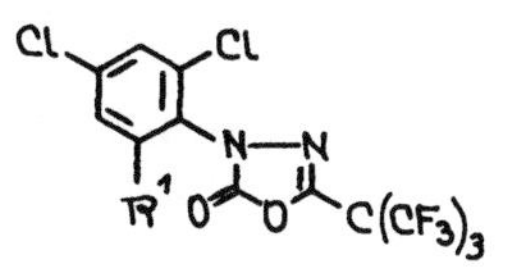

58

1-Oxa-2,4-diazol-3,5-dion

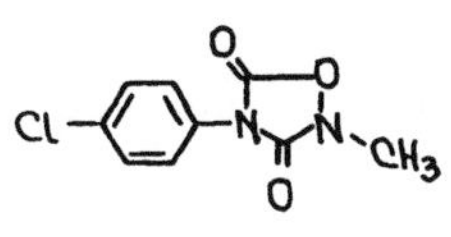

61

Die Substanz verdankt ihre gute herbizide Wirkung wohl einer hydrolytischen Aufspaltung in den als bekannt wirksamen $N^1$-Oxy-$N^2$-arylharnstoff (s. dort).

Ebenso dürfte bei isomeren Oxadiazolidionen[62,63] die herbizide Wirkung auf einer Aufspaltung in N-Oxyharnstoffe beruhen:

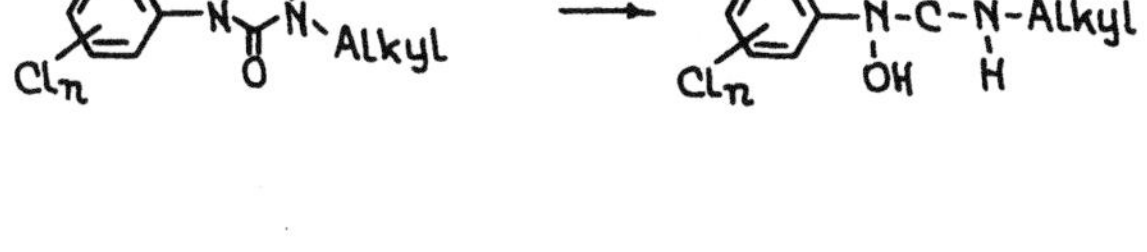

2-(3', 4'-Dichlorphenyl)-4-methyl-1, 2, 4-oxadiazolidin-3, 5-dion

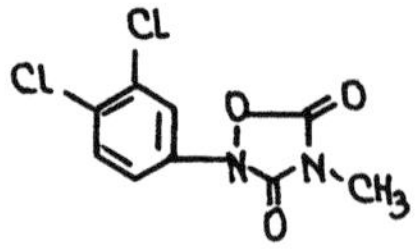

Common name Vorschlag: Methazole oder Chlormethazole
Versuchsnummer: VCS-438 und CME-70050
Handelsname: Paxilon® (Fisons Pest Control) 1971
Probe®, Tunic® (Velsicol)

LD50: 1350 mg/kg Ratte p. o. akut. Wasserlöslichkeit: 1, 5 ppm. Selektives Herbizid gegen Gräser und viele breitblättrige Unkräuter. Anwendung: Pre-emergence in Sojabohnen, Baumwolle, Zwiebeln, Weinbau, Erdnüssen, Kartoffeln, Kaffee, Obst- und Weinbau und post-emergence als Bodenherbizid. Haltwertzeit im Boden: 30 Tage. Kontakt- und Wurzelwirkung.
Patente[107,128]. Literatur[108,129,174,180].

Darstellung:

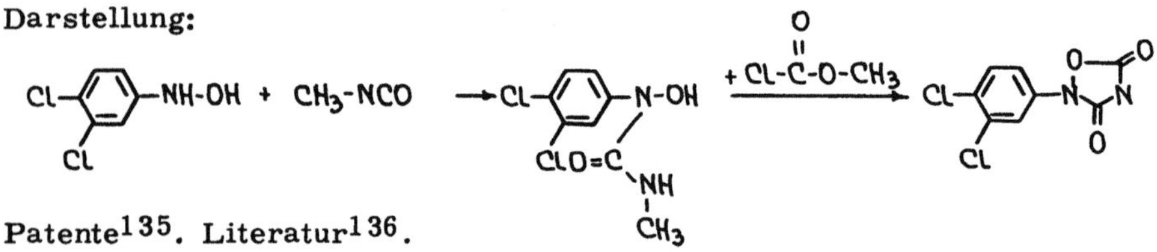

Patente[135]. Literatur[136].

Ein Carbamidsäureester eines Phenols mit substituierendem Heterocyclus, der aber einen verkappten Harnstoff darstellt, ist in einem Versuchsprodukt enthalten.

2-(3-tert. Butylcarbamoyl-oxyphenyl)-4-methyl-1, 2, 4-oxazolidin-3, 5-dion

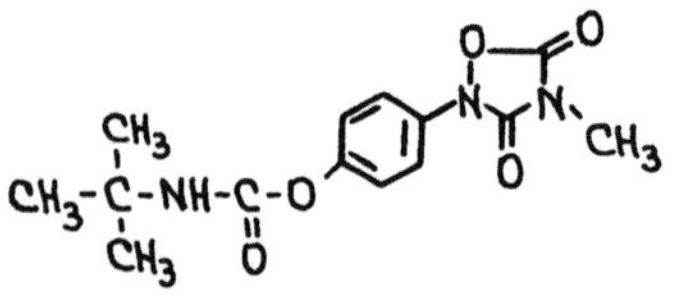

BAS-3820 H, aufgegeben(?)
(BASF)
1970

LD50: >6400 mg/kg Ratte p. o. akut. Wirkung über den Boden und die Blätter. Selektiv in Wintergetreide und Mais.
Patente[112,158]. Literatur[113].

Die entsprechende N-Isopropyl-verbindung trägt die Versuchsnummer BAS-3940 H. Wasserlöslichkeit: 2 ppm bei 20°C. Anwendung wie zuvor.
Patente[126,158,162]. Literatur[127].

h) 5-Ring-Verbindungen mit 2 N und 1 S

Thiadiazole, Isothiadiazole, Thiadiazolone, Isothiadiazolone und Benzothiadiazole

Unter den Thiadiazolen und Isothiadiazolen finden sich einige neue gute Herbizide. Da aber vorwiegend die Harnstoffe, Carbamidsäureester und N-Acylverbindungen herbizid wirksam sind, werden diese Verbindungen bei den entsprechenden Verbindungsklassen abgehandelt (s. bei Harnstoffen heterocyclischer Verbindungen).

Auch aus diesen Harnstoffen durch einfache Kondensationsreaktionen entstehende neue Heterocyclen wurden schon im Zusammenhang mit den heterocyclischen Harnstoffen erwähnt.

Als Beispiel diene: 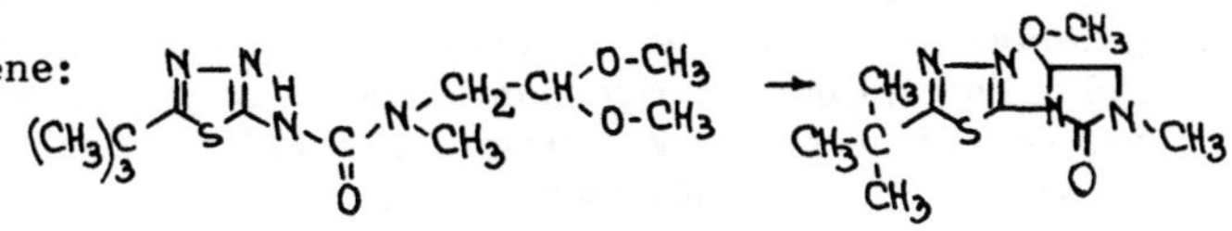

OH statt $OCH_3$: Versuchsherbizid® der Velsicol

Common name Vorschlag: Buthidazole
Ravage®, Velsicol 5026
Gegen Unkräuter in Obstgärten.

Patente[183]. Literatur[186].

1, 2, 4-Thiadiazol-3-one

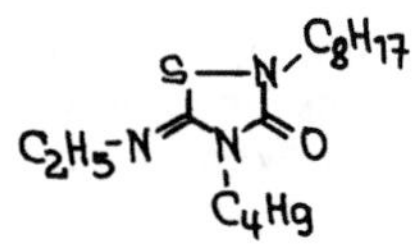

75

Isothiazolidione oder 1-Thia-2, 4-diazol-3, 5-one

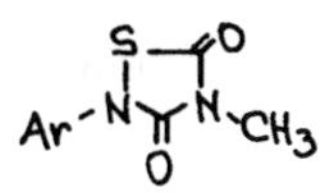

64, 65

Darstellung z. B. aus:

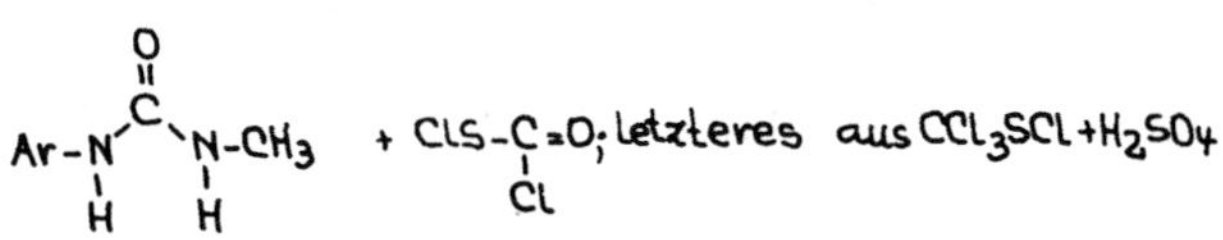


Benzothiadiazole

Aus der Gruppe der Benzo-2, 1, 3-thiadiazole wurden immer wieder Herbizide bekannt, ohne daß sich u. W. bisher ein größeres Handelsprodukt ergeben hätte.

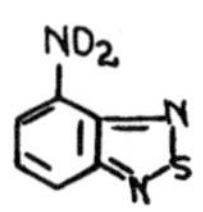

Versuchsprodukt
(Bayer AG)
1956

Die Verbindung wurde aber nicht als ausreichend wirksam befunden. Die BASF hat ähnliche Verbindungen als Herbizide unter Schutzrecht[66]. In Anwendung ist:

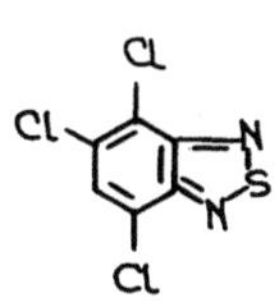

4, 5, 7-Trichlorbenzthiadiazol-2,1, 3
Common name: TCBT
Handelsname: PH-40-21, TH-052-H
(Philips Duphar N. V.)
1962

$LD_{50}$: 1620 mg/kg Ratte p. o. akut. Wasserlöslichkeit: 2 ppm. Wirkungsweise: Bodenherbizid. Anwendungsweise: Pre-emergence und früh post-emergence. Anwendungsgebiet: Mais, Baumwolle, Bohnen, Erdnüsse.
Darstellung: Aus 3, 4, 6-Trichlor-1, 2-phenylendiamin und Thionylchlorid in Pyridin. Ohne Bedeutung.
Patente[67-69]. Literatur[70, 71].

Für eine herbizide Wirksamkeit der 2, 1, 3-Benzothiadiazole ist eine Substitution in 4, 5, 7-Stellung besonders wichtig[72]. Halogene (Cl) ergeben hohe herbizide Wirkung. Wird ein Chlor durch eine Nitrogruppe ersetzt, so vermindert sich die herbizide Wirkung weitgehend, und eine kräftige fungizide Wirksamkeit tritt zutage. Später wurde über andere Gesetzmäßigkeiten berichtet.

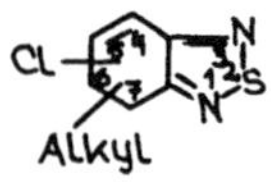


73

Im Benzolring in 4, 7-Stellung CN s. [74].

2, 1, 3-Benzothiadiazol und 2, 1, 3-Benzofurazan-Verbindungen wurden schon 1968, auch in den Shell Laboratorien, als herbizid gut wirksam erkannt[74, 175]. Im Jahre 1975 wurde über eine breitere Untersuchung dieser auch patentierten[177] Heterocyclen berichtet. Vornehmlich Verbindungen mit einer Nitrilgruppe in 4-Stellung und einer zweiten in 5, 6 oder 7-Stellung erwiesen sich als starke Herbizide mit selektiver Wirkung in Mais[74, 176]. Nur wenige andere Substituenten wie die Thioamidgruppe, die möglicherweise in die Cyangruppe übergehen kann, waren gleich gut wirksam. Ein 4-Cyan-7-Methylderivat erwies sich bei ebenfalls guter Wirksamkeit ungenügend selektiv.

5-(3, 4-Dichlor-phenylamino)-3-isopropyl-1, 2, 4-thiadiazol

Makteshim Bec. Shera (Israel)

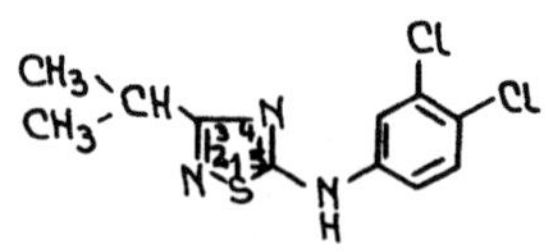


Patente[119]. Literatur[120].

i) 5-Ring-Verbindungen mit 3 N

1, 3, 4-Trizol

In dieser Verbindungsklasse befindet sich ein lange Zeit sehr bedeutendes aber jetzt in seiner Verwendung eingeschränktes Herbizid.

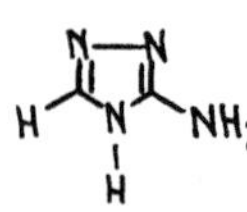


2-Amino-1, 3, 4-triazol oder 3-Amino-1, 2, 4-triazol
Common name: Amitrol, ATA, Aminotriazol
Handelsname: Weedazol® (American Chemical Paint Co., jetzt Amchem Products Ltd.)
1954

$LD_{50}$: 14000 (25000) mg/kg Ratte p. o. akut. Wasserlöslichkeit: 28 g/100 ml bei 25°C. Wirkungsweise: Blattherbizid mit systemischer Wirkung und geringer Wirkung als Bodenherbizid[76]. Hemmt Chlorophyllbildung. Anwendungsweise: Postemergence. Anwendungsgebiet: Wirksam gegen tief wurzelnde Unkräuter (Gräser und breitblättrige Unkräuter) und als synergistisch wirkender Zusatz bei vielen Totalherbiziden (Harnstoffe[77], Triazine).

Darstellung aus Ameisensäure und Aminoguanidin.
Patente[78]. Literatur[79-86, 105].

Aminotriazol ist zwar ein schwaches Wurzel- aber ein rasch wirkendes systemisches Herbizid. Letztere Eigenschaft wird auch bei der Verwendung als Entblätterungsmittel, z. B. für Baumwolle, ausgenützt[79, 80]. Die Verbindung hemmt die Chlorophyll-Synthese der Pflanzen und verhindert das Austreiben ruhender Knospen. Äußere Merkmale sind eine starke Chlorose und ein fast Weißwerden der neu zuwachsenden Pflanzenteile sowie das Absterben der Blätter und ganzer Pflanzenteile. (Auch andere Verbindungen verursachen Chlorose, doch ohne die typische Weißfärbung des nachwachsenden Gewebes[81]).

Oft wird dem Aminotriazol zur Wirkungsverstärkung Ammoniumrhodanid beigegeben, obwohl die letztere Verbindung allein nur mäßig herbizid wirkt[82, 83]. Es wird angenommen, daß das Ammoniumrhodanid den Abbau des Aminotriazols in der Pflanze hemmt[82-84]. Handelsname = Weedazol TL®, (Amchem Products Ltd.), common name = amitrol T (s. auch S. 193).

Über eine mögliche carcinogene Wirkung des 2-Amino-1, 3, 4-triazol, die bei Langzeitversuchen mit hohen Dosen der Verbindung beobachtet worden ist, sind letzte Beurteilungen noch nicht abgeschlossen, da an der Cancerogenität von anderen Prüfern starke Zweifel erhoben worden sind[107]. Der Befund hat aber vorsorglich zu starken Beschränkungen in der Anwendung geführt.

Die in zahlreichen Beispielen bewährte Addition von Trichloracetaldehyd an eine Amino-Gruppe, wurde auch beim Aminotriazol durchgeführt. Versuchsprodukt: HTCE-ATA. Die Verbindung zeigt verbessertes Aufnahmevermögen durch die Blätter und erhöhte Abwärtsbewegung in der Pflanze.
Patente[132]. Literatur[133].

Die in der Literatur, speziell in der Patentliteratur, beschriebenen weiteren Abwandlungen des Aminotriazols[87, 89] haben durchweg eine vergleichsweise geringere Wirkung[90]. Die 5-Stellung darf ohne Wirkungseinbuße nicht substituiert sein[90]. Besonders zahlreich bekannt sind die Ringschluß-Reaktionen, von denen als Beispiel angeführt sei:

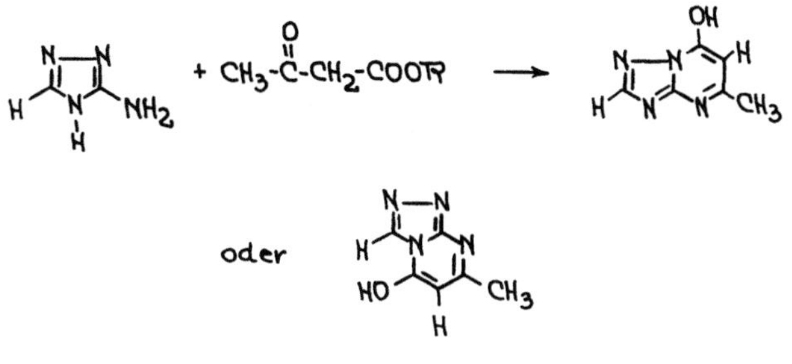


Umsetzungen von Aminotriazol mit sog. Mucochlorsäure[89] (Dichlormaleinaldehydsäure) führen zu:

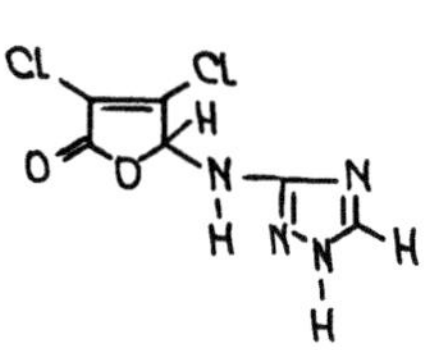

Zu den herbizid wirksamen Verwandten des Aminotriazols gehört z. B.[91]:

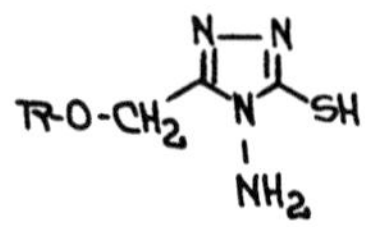


Triazolo-Pyrimidine erwiesen sich bei einzelnen Vertretern als fungizid und herbizid wirksam[164].

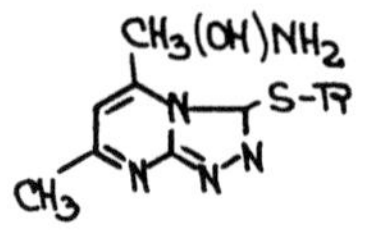


1, 2, 3-Triazoline sind erst seit 1970 auf herbizide Eigenschaften mit Erfolg getestet worden. Die Darstellung der Verbindungen erfolgt durch 1, 3-Cycloaddition von Diazomethan an Aryliden-aniline. Nur Verbindungen mit drei oder vier Halogensubstituenten im Arylrest zeigten post-emergence herbizide Wirksamkeit gegen breitblättrige Unkräuter[163].

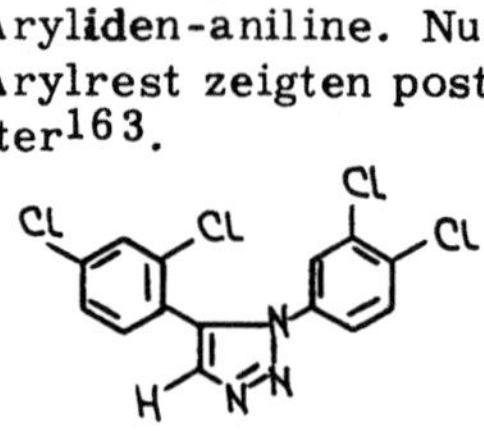


## Literatur und Patente

5. Organische Herbizide

5. 14. Heterocyclen – 5. 14. 1. Heterocyclische 5-Ring-Verbindungen


1. US 3 272 842, 25. 6. 65/13. 9. 66, Eli Lilly & Co.
2. BE 662 762, 20. 4. 65/20. 10. 65, US Prior. 18. 8. 64, Rohm u. Haas.
3. McRae, D. H., et de Sarjas, P.: 2. Symposium über neue Herbizide, Paris, S. 255 (1965). Ed. Essor, Paris.
4. NE 67 10 977, 9. 8. 67/13. 2. 68, GE Prior. 12. 8. 66 u. 21. 6. 67, BASF.
5. US 3 318 910, 5. 12. 63/9. 5. 67, American Cyanamid Co.
6. US 3 280 136, 3. 5. 65/18. 10. 66, General Electric Co.
7. US 3 264 317, 23. 9. 63/2. 8. 66, Monsanto Chemical Co.
8. NE 66 13 128, 16. 9. 66/3. 4. 67, US Prior. 1. 10. 65, Pennsalt Chemicals Corp.
9. DAS 1 262 667, 17. 10. 62/7. 3. 68, Shell Research Ltd.
10. US 3 270 027, 15. 10. 63/30. 8. 66, Sterling Drug. Inc.
11. NE 67 03 832, 14. 3. 67/24. 10. 67, GE Prior. 23. 4. 66, E. Merck.
12. JA 9476/67, 9. 3. 65/15. 5. 67, Toyo Koatsu Kogyo K. K.
13. BE 681 763, 27. 5. 66/31. 10. 66, US Prior. 27. 5. 65 u. 27. 4. 66, W. C. Grace & Co. u. Fa. Herbert Schwartz.

14. US 3 257 193, 13.8.65/21.6.66, US Prior. 19.3.62 u. 3.9.63, Monsanto.
15. Rožkova, N. K. u. Bezumnova, A. N.: Chim. geterocikl. Soed. 1968, Nr. 2, 376.
16. DAS 1 218 210, 18.1.63/2.6.66, SZ Prior. 19.1.62, Ciba.
17. US 3 287 466, 12.10.64/22.11.66, Du Pont.
18. US 3 287 467, 19.7.65/22.11.66, Du Pont.
19. US 3 252 988, 23.9.63/24.5.66, Monsanto Co.
20. US 3 334 112, 7.5.64/1.8.67, American Cyanamid Co.
21. US 3 261 873, 26.9.62/19.7.66, Dow Chemical Co.
22. JA 9473/67, 3.3.65/15.5.67, Toyo Koatsu Ind. Ltd.
23. US 3 334 098, 7.5.64/1.8.67, American Cyanamid Co.
24. US 3 148 211, 16.7.63/8.9.64, US Prior. 13.10.60, Du Pont.
25. FR 1 435 829, 24.11.64/14.3.66, US Prior. 26.11.63, U.S.Borax & Chemical Corp.
26. US 3 134 663, 23.7.57/26.5.64, Geigy Chemical Co.
27. DAS 1 018 261, 20.6.56/24.10.57, BASF.
28. DAS 1 039 302, 21.6.57/18.9.58, Farbenfabriken Bayer AG.
29. GB 1 074 999, 1.11.65/5.7.67, US Prior. 16.12.64, U.S. Borax & Chemical Corp.
30. US 2 895 817, 12.4.56/21.7.59, Du Pont.
31. NE 67 02 435, 17.2.67/23.8.76, GE Prior. 22.2.66, BASF.
32. DAS 1 217 963, 21.2.64/2.6.66, Farbenfabriken Bayer AG.
33. Ulrich, H., and Sayigh, A. A. R.: J. Org. Chem. 30 (2), 781 (65).
34. FR 1 491 233, 21.2.66/3.7.67.
35. NE 67 05 623, 21.4.67/24.10.67, GB Prior. 23.4.66, Fisons Pest Control Ltd.
36. US 3 369 028, 3.8.66/13.2.68, GE Prior. 6.8.65, Shell Oil Co.
37. Burton, D. E., Lambie, A. J., Ludgate, J. C. L., Newbold, G. T., Percival, A., and Saggers D. T.: Nature 208, 1166 (65).
38. Pfeiffer, R. K.: 8. Brit. Weed Control Conf. Proc. Vol. 2, 394 (66).
39. - 2. Symposium über neue Herbizide, Paris, S. 29 (65). Ed. Essor, Paris.
40. GB 1 104 936, 27.5.64/6.5.68, Fisons Pest Control Ltd.
41. NE 67 05 871, 26.4.67/6.11.67, GB Prior. 4.5.66, Fisons Pest Control Ltd.
42. BE 677 941, 16.3.66/16.9.66, GB Prior. 24.3.65 u. 25.5.65, Fisons Pest Control Ltd.
43. = NE 66 03 719, 22.3.66/26.9.66.
44. BE 659 384, 5.2.65/5.8.65, Fisons Pest Control Ltd.
45. = FR 1 426 887, 14.2.64/27.12.65, GB Prior. 16.2.63.
46. DAS 1 219 282, 9.9.63/16.6.66, Shell Internationale Research Maatschappij.
47. Büchel, K. H., Draber, W., Trebst, A. u. Pistorius, E.: Z. Naturforsch. 21b, 243 (66).
48. -, Korte, F., Trebst, A. u. Pistorius, E.: Angew. Chem. 77, 911 (65).
49. - - u. Beechey, R. B.: Angew. Chem. 77, 814 (65).
50. Jones, O. T. G., and Watson, W. A.: Nature 208, 1169 (65).
51. FR 1 469 504, 21.10.65/9.1.67, GB Prior. 22.10.64 u. 5.11.64, Fisons Pest Control Ltd.
52. GB 1 063 472, 23.11.62/30.3.67, Fisons Pest Control Ltd.
53. BE 679 235, 7.4.66/7.10.66, GB Prior, 15.4.65 u. 17.3.66, Fisons Pest Control Ltd.
54. = NE 66 05 131, 15.4.66/17.10.66.
55. FR 1 475 588, 14.4.66/20.2.67, GB Prior, 15.4.65 u. 17.3.66, Fisons Pest Control Ltd.

56. FR 1 394 774, 13.12.63/1.3.65, Rhône Poulenc.
57. = GB 1 063 799, 11.12.64/30.3.67, FR Prior. 13.12.63.
58. BE 675 562, 25.1.66/25.7.66, FR Prior. 29.10.65, Rhône Poulenc.
59. Firmenprospekt der Rhodia Inc. Chipman Div. (Enclosure VB-49/68 v. 26.1.).
60. Deloraine, J., Desaymard, P., Desmoras, J., Dodel, J.B., Guillot, M., Jaquet, P., Metivier, J. u. Planard, A.: 2. Symposium über neue Herbizide, Paris Ss. 85 u. 99 (65). Ed. Essor, Paris, ref. CA 65, 14351d.
61. SA 67/0599, 13.6.67, GE Prior. 22.2.66, BASF (Stets Cl, beliebige Substituenten).
62. NE 67 04 124, 20.3.67/19.9.67, US Prior. 18.3.66, Velsicol Chemical Corp.
63. NE 67 21 780, 19.9.67/20.3.68, US Prior. 19.9.66, Du Pont.
64. GB 1 115 350, 5.5.67/29.5.68, GE Prior. 23.5.66, Farbenfabriken Bayer.
65. NE 68 00 946, 22.1.68/29.7.68, GE Prior. 27.1.67 u. 10.8.67, Farbenfabriken Bayer AG.
66. NE 67 08 950, 27.6.67/2.1.68, GE Prior. 30.6.66, BASF.
67. BE 619 371, 25.6.62/27.12.62, NE Prior. 26.6.61 u. 17.5.62, Philips Gloeilampenfabrieken.
68. = GB 1 017 692, 22.6.62/19.1.66, NE Prior. 26.6.61 u. 17.5.62.
69. US 3 322 780, 3.9.65/30.5.67, Dow Chemical Co.
70. Daams, J. u. Mitarb.: 7. Brit. Weed Control Conf. 1964, p. 1091.
71. Weeds 15 (2), 180 (67).
72. van Daalen, J.J., Daams, J., Koopman, H. et Tempel, A.: Rec. Trav. Chim. 86, 1159 (67).
73. US 3 279 909, 9.12.63/18.10.66, US Prior. 19.6.62, North American Philips Co.
74. NE 67 16 629, 7.12.67/10.6.68, US Prior. 9.12.66, Shell.
75. US 3 282 950, 21.1.65/1.11.66, Olin Mathieson Chemical Corp.
76. Naylor, A.W.: J. Agr. Food Chem. 12 (1), 21 (64).
77. s. z.B. Aminotriazol und Phenylharnstoffe, wie Monuron bzw. Diuron.
78. DBP 972 405, 10.6.53/20.9.56, US Prior. 5.3.52, American Chemical Paint Co.
79. Hall, W.C., Truchelut, G.B. and Lane, H.C.: Texas Agr. Expt. Sta. Bull. 759, 3 (53); ref. CA 47, 12734i.
80. Miller, C.S., and Hall. W.C.: Weeds 5, 218 (57).
81. Ready, D., Minarik, C.E., Bradbury, D., Thompson, H.E., and Owings, J.F.: Plant Physiol. 27, 210 (52).
82. Leuchs, F.: Nachrbl. Deut. Pflanzenschutzdienst (Braunschweig) 13, 172 (61).
83. US 2 992 089, 13.2.59/11.7.61, Amchem Products.
84. Donnalley, W.F., and Ries, S.K.: Science 145, 497 (64).
85. Alverson, R.A.: Annotated Bibliography of Aminotriazole, Farm and Home Division American Cyanamid Co., 1957.
86. Hall, W.C., Johnson, S.P., and Leinweber, C.L.: Texas Agr. Expt. Sta. Bull. 789 (54).
87. FR 1 433 798, 30.4.65/21.2.66, US Prior. 1.5.64, Fairmount Chemical.
88. FR 1 459 782, 26.5.65/17.10.66, GB Prior. 27.5.64, Fisons Pest Control Ltd.
89. DAS 1 187 850, 12.10.63/25.2.65, BASF.
90. Gomaa, E.A.A.: Acta Phytopathol. (Budapest) 3 (2), 175 (68).
91. JA 11 480/66, 3.6.64/25.6.66, Chugai Pharm. Co. Ltd.
92. US 3 317 555, 22.10.65/2.5.67, US Prior. 17.7.63, 22.1.64, 8.5.64 u. 1.2.65, U.S. Borax & Chemical Corp.

93. GB 1 015 937, 3.7.64/5.1.66, US Prior. 17.7.63, 22.1.64, 12.2.64 u. 8.5.64, U.S. Borax & Chemical Corp. = US 3 284 463.
94. Wagner, W.E.: Vero Beach Laboratories, Inc., personal communication: W.A. Gentner: An Evaluation of New Herbicides. Weed Field Day, (9.7.1968), Beltsville.
95. NE 66 10 554, 27.7.66/30.1.67, GB Prior. 29.7.65, Fisons Pest Control Ltd.
96. Cooper, W.C., and Henry, W.H.: Agr. Res. 16 (3), 15 (67).
97. Fryer, J.D., and Evans, S.A.: Weed Control Handbook, pp. 97 u. 432. Oxford-Edinburgh: Blackwell Scientific Publications (68).
98. US 3 284 463, 22.1.64/8.11.66, U.S. Borax & Chemical Corp.
99. FR 1 435 785, 16.7.64/14.3.66, US Prior. 17.7.63, 22.1.64, 12.2.64 u. 8.5.64, U.S. Borax & Chemical Corp.
100. FR 1 509 499, 26.1.67/4.12.67, US Prior. 26.1.66, Eli Lilly and Co.
101. Holly, K., and Wilson, A.K.: Weed Abstr. 18 (1), 935 (69).
102. NE 67 13 923, 13.10.67/16.4.68, GB Prior. 15.10.66, Fisons Pest Control Ltd.
103. US 3 401 030, 9.9.64/10.9.68, Union Carbide Corp.
104. DAS 1 112 855, 3.2.60/17.8.61, Norddeutsche Affinerie.
105. Behrens, R.: Proc. N.C. Weed Contr. Conf. (53), 61.
106. Jukes, T.H. und Schaeffer, C.B.: Science 132, 296 (60).
Astwood, E.B.: J. Am. med. Ass. 172, 1319 (60).
107. US 3 437 664, 18.3.66/8.4.69, Velsicol.
108. Furness, W.: Proc. 7. Congr. Intern. Prot. Plantes Paris 1970, S.314.
109. GB 1 110 500, 27.10.66/18.4.68, Rhône Poulenc.
US 3 385 862, 14.1.66/28.5.68, Rhône Poulenc.
110. Bourgaud, L. et al.: Proc. 3. Symp. New Herbicides 1969, S.201.
111. FR 1 439 642, 8.7.65/12.4.66, GB Prior. 14.7.69, Monsanto.
112. FR 1 560 971, 26.4.68/21.3.69, BASF,
DOS 1 670 312, 1.1.68/6.4.72, BASF,
DOS 1 695 502, 28.4.67/1.4.71, BASF.
113. Fischer, A.: Zeitschr. f. Pflanzenkrankh. Pflanzenschutz, Sonderheft 5, 211 (70).
114. DOS 1 962 139, 24.4.68/4.12.69, Fisons Pest. Contr.,
GB 1 271 659, 24.5.68/26.4.72, Fisons Pest. Contr.
115. 3. Symp. nouv. herb. 12. 1969, Versailles, Vol. 1 S.1-5.
116. DOS 2 218 097, 14.4.72/2.11.72, Stauffer.
117. Spotenski, R.F. et al.: Weed Sci. 21 (6), 531 (73).
118. Bond, C.P. und Corbett, J.R.: Pest.Sci. 1971 (2) 169.
119. DOS 2 154 852, 27.11.70/4.11.72, Makthesin Beer Sheva.
120. Bracha, P. et al.: 2. Intern. Jupac Congr. Pest. Chem. 5, 141 (72).
121. NE 67 09 682, 12.7.67/19.1.68, US 3551 452, Montecatini-Edison.
122. Borgna, P. et al.: Il. Farmaco Ed. Sci. 26 (11), 983 (71).
123. US 3 409 425, 24.1.65/5.11.68, Du Pont.
124. Northeastern Weed Sci. Soc., Resp. Crops and Weed new Chem. 1972.
125. Allan, G.G. et al.: Pest. Sci. 3 (2), 153 (72).
126. DAS 1 670 100, 2.7.66/10.5.72, BASF,
DOS 1 542 836, 30.8.66/3.8.72, BASF,
BE 714 355, 26.4.68/28.10.68, BASF,
BE 700 851, 3.7.67/3.1.68, BASF,
BE 702 877, 21.8.67/21.2.68, BASF.
127. Zeitschrift Pflanzenkr. Sonderh. 5 (70).
128. DOS 1 695 989, 17.3.67/19.5.71, Velsicol Chem.
FR 1 527 897, 16.3.67/29.4.68, Velsicol Chem.

129. Search Pest. Div. 8 (9) Ref. 177 (71), Western Soc. of Weed Sci.
130. JA 70/24 982, 21.8.68/19.8.70, Takeda Chem.
131. Hagimoto, M. et al.: Weed Res. 12 (1), 21 (72).
132. HU 155 239 (huP), 13.5.67/22.10.68.
133. Gomaa, E.A. et al.: Weed Res. 9 (2), 150 (69).
134. FR 2 009 938, 19.5.69/3.4.70, Fisons Pest. Contr. Ltd.
135. DOS 1 695 989, 17.3.67/19.5.71, Velsicol,
GB 1 142 917, 18.3.66/19.5.71, Velsicol,
FR 1 527 897, US 3 437 664, 18.3.66/19.5.71, Velsicol.
136. Search Pest. Div. 8 (9), Ref. 177 (71).
137. Beckmann, S.: Naturwissensch. 50, 47 (63).
138. Grundwell, E. et al.: Pest. Sci. (1970) 1. 126.
139. Ino, Y. et al.: Agr. Biol. Chem. 36, 13, 2505 (72).
140. Berrie, A.: Nature 233, No. 5318 (71).
141. DOS 1 965 134, 27.12.69/15.7.71, Merck,
DOS 2 157 048, 17.11.71/25.5.72, Merck, GB 1 299 908.
142. DOS 1 620 162, 6.8.65/12.3.70, US Prior. 18.3.69, Rohm a. Haas.
143. DOS 2 350 800, 13.10.72/25.4.74, US Prior. 13.10.72, 2.5.73, Stauffer.
144. DOS 1 542 868, 15.2.64/7.1.71, GB Prior. 16.2.63, Fisons Pest. Contr.
145. DOS 1 567 107, 22.4.65/4.6.70, Shell Int. Res., Zusatz zu P. 1 219 282.
146. DOS 1 567 204, 16.7.64/6.5.70, U.S. Borax,
US Prior. 17.3.63, 22.1.64, 12.2. u. 8.5.69.
147. DOS 1 670 689, 14.4.66/29.10.70, Fisons Pest. Contr. Ltd.
GB Prior. 15.4.65.
148. DOS 2 161 180, 9.12.71/6.7.72, US Prior. 10.12.70, Du Pont.
149. Büchel, K.H., Draber, W., Trebst, A. u. Pistorius, E.: Zeitschr. Naturforsch. 21 b, 243 (66).
150. Büchel, K.H.: Zeitschr. f. Naturf. 25 b (9), 945 (70).
151. - : Zeitschr. f. Naturf. 25 b (9), 934 (70).
152. Aten, W.C. und Büchel, K.H.: Zeitschr. f. Naturf. 25 b (9), 962 (70).
153. - : Zeitschr. f. Naturf. 25 b (9), 927 (70).
154. Röchling, H. und Büchel, K.H.: Zeitschr. f. Naturf. 25 b (9), 1103 (70).
Büchel, K.H. : Progress in Photosynth. Res. Tübingen 1969
155. Röchling, H., Frasca, Ed. u. Büchel, K.H.: Zeitschr. f. Naturf. 25 b (9), 954 (70).
156. US 3 818 022, 17.9.71/18.6.74 (NOR statt NH), Eli Lilly.
157. Bond, C.P. und Corbett, J.R.: Pest. Sci. 2, 169 (71).
158. DOS 2 048 169, 1.10.70/6.3.72, BASF.
159. DOS 1 567 107, 22.4.65/14.6.70, Zusatz zu 129282, Shell Int. Res.
160. DOS 1 567 052, 11.12.64/23.7.72, Rhône Poulenc.
161. DOS 2 039 397, 7.8.70/18.2.71, Rhône Poulenc.
162. DOS 2 105 378, 5.2.71/24.8.72, BASF.
163. Kadeba, P.K. et al.: J. Pharm. Sci. 50 (8), 1190 (70)
= Weed Abstr. 20 (4), Ref. 1813 (71).
164. Okahe, T. et al.: Agr. Biol. Chem. 37 (2), 441 (73).
165. Röchling, H. u. Büchel, K.H.: Chem. Ber. 104, 344 (71).
166. FR 1 509 499, 26.1.67/12.1.69, Eli Lilly.
167. BE 659 384, 5.2.65, DOS 1 542 868, 15.2.64/7.1.71, Fisons Pest. Contr.
168. Holly, K. et al.: Weed Abstr. 18 (2), 149 (69).
169. NE 67 13 923, 13.10.67/16.4.68, Fisons Pest. Contr. Ltd.,
= FR 1 540 740.
170. US 3 822 261, 30.10.72/2.7.74, Dow Chem.
171. Sankhbia, N. und Ziegler, H.: Naturwissensch. 60 (3), 157 (73).
CA 79 (1), Ref. 1228 (73).

172. DOS 2 326 624, 25.5.73/12.12.74, Hoechst,
= BE 815 565.
173. Langelüdecke, P. et al.: Ztschr. f. Pflanzenkrankh. u. Pflanzensch. Sonderheft 7, 376 (75). d. Philips Duphar in Stuttgart-Hohenheim.
175. Slott, R. S. et al.: US 3 478 044. Chem. Abstr. 69, Ref. 106711 (68).
176. Schieferstein, R. H. und Pilgram, K.: J. Agr. Food Chem. 23 (3), 392 (75).
177. DOS 1 695 807, 7.12.67/29.4.71, US Prior. 9.12.66, Shell Int.
178. US 3 787 198, 31.3.70/22.1.74. JA Prior. 1.7.69 (Mischg.) Takeda.
179. Hagimoto, H. et al.: J. of the Takeda Res. Laborat. 33, 1, 38-42 (74), Weed Abstr. 24, 7 Ref. 1578 (75).
180. 40. Deutsche Pflanzenschutz-Tagung 6.-10. Oktober 75 in Oldenburg. Mitteil. d. Biol. Bundesanstalt Berlin-Dahlem, A. Sanad et al. 165, 181 (75).
181. CA 77, Ref. 30343w (72).
182. CA 83, Ref. 127421 (75).
183. DOS 2 430 467, 25.6.74/23.1.75, Velsicol, US Prior. 29.6.73 und 12.8.73, US 3 964 895, = BE 813 958.
184. Weed Abstr. 25 (2), (1976) Ref. 575.
185. Weed Abstr. 25 (7), (1976) Ref. 2115.
186. Furness, W.: Proc. 8. Int. Velsicol Symp. 1974.

## 5.14.2. Heterocyclische 6-Ring-Verbindungen

a) 6-Ring-Verbindungen mit 1 N (Pyridinderivate) (Pyridincarbonsäuren s. heterocyclische Carbonsäuren)

Pyridine scheinen besonders phytotoxisch zu sein. Dies dürfte z.T. mit ihrem universellen Lösungsvermögen zusammenhängen. Schon einfache, alkylsubstituierte Pyridine sind phytotoxisch. Besonders wuchsstoffherbizid wirksam sind 2, 3- oder 4-Styryl-pyridine[1].

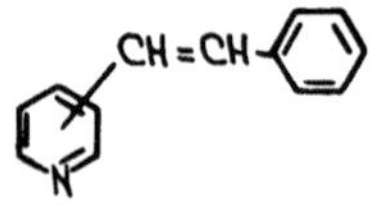


Die Wirkung von Pyridinderivaten wird verstärkt durch die Einführung mehrerer Halogenatome in den Pyridinkern[2]. Halogenphenylpyridine sind als Herbizide bekannt[168].

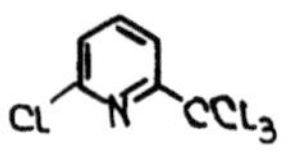


Nitrapyrin ist ein Versuchsherbizid der Dow[255].
1973

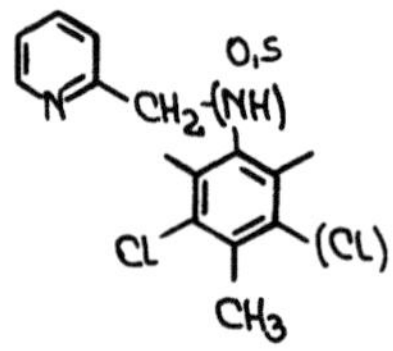


Substituierte Pyridine sind in der Literatur mehrfach als selektive Herbizide für Reiskulturen erwähnt[185]. Dabei kann eine NH-Gruppe auch durch Schwefel oder Sauerstoff ersetzt werden. Letzterer ergibt eine bessere Wirksamkeit. Die verschiedenen Verbindungstypen weisen wechselnde Wirkungsschwerpunkte gegen Ungräser auf.

Pyridine mit Oxygruppen und Thiolverbindungen

Die Einführung einer phenolischen Hydroxylgruppe in das chlorierte Pyridinmolekül gibt eine kräftige Steigerung der herbiziden Wirkung (Vergleich mit Nitrophenol).

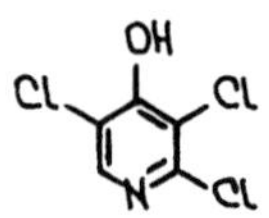


2, 3, 4-Trichlor-4-pyridinol
Common name: Pyriclor
Handelsname: Daxtron®
(Dow Chemical Co.)
1965

$LD_{50}$: 80-130 mg/kg Ratte p.o. akut. Wirkungsweise: Blatt- und Bodenherbizid mit Kontaktwirkung und raschem Wirkungseintritt sowie systemischer Wirkung. Anwendungsweise: Pre- und post-emergence. Anwendungsgebiet: Breites Spektrum gegen Gräser aller Art und breitblättrige Pflanzen. Die Verbindung ist nur noch von mäßiger Bedeutung.

Patente[3]. Literatur[4].

4-Hydroxy-tetrachlor-pyridin ist in der Patentliteratur als Herbizid lediglich in der Form von Kombinationen mit anderen Verbindungen bekannt[3].

Im Tetrachloroxypyridin können ein oder zwei Chlor-Atome durch Fluor ersetzt sein[5].

3, 5-Dichlor-2, 6-difluor-4-hydroxypyridin Versuchsprodukt der ICI, PP 493

$LD_{50}$: 217 mg/kg Ratte p. o. akut.

Entkoppler der oxidativen Phosphorylierung (etwa 1/20 der Wirkung von 2, 4-Dinitrophenol). Anwendung pre-emergence gegen viele Gräser und breitblättrige Unkräuter. Selektiv im Herbst-Raps[198].
Patente[5]. Literatur[169].

Vom Oxy-tetrachlor-pyridin sind Carbamate als Herbizide bekannt[6], ferner auch der Kohlensäureester[7]:

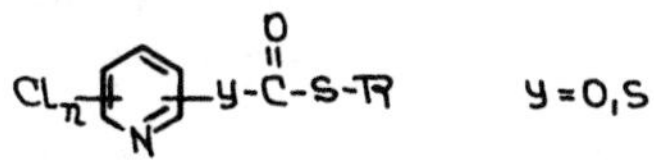

Das Patent umfaßt gemischte Kohlensäureester des 2- bzw. 4-Oxytri- bzw. -tetrachlor-pyridins mit Mercaptanen.

4-Thiol-tetrachlorpyridin 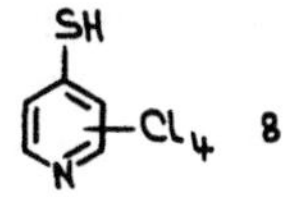 8

6-Ring-Verbindungen mit 1 N und einer Carbonylgruppe (Pyridone)

α-Oxy-pyridine, ein- und mehrfach chloriert, sind tautomer mit α-Pyridonen. Die Pyridon-Form ist aber nur bei N-Alkylierung festgelegt. Derartige Verbindungen sind wie die Chlorpyridinole herbizid wirksam[9].

Erst 1976 wurde ein Versuchsprodukt aus der 4-Pyridonreihe bekannt:

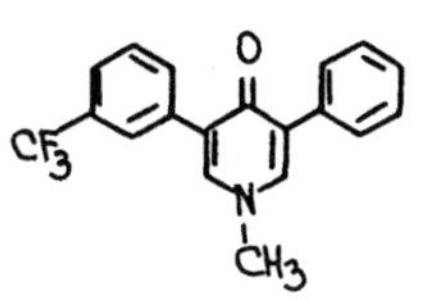

1-Methyl-3-phenyl-5-(2, α, α-trifluor-m-tolyl)-4-pyridon
Common name Vorschlag: Fluridone
Versuchsprodukt der Eli Lilly Co.
EL 171 (?)

Herbizid mit hoher Wirksamkeit gegen Gräser und Unkräuter selektiv in Baumwolle. Patente[261, 263].

Pyridine mit einer Aminogruppe

Die phenolische Hydroxylgruppe in den Pyridinolen kann ohne wesentliche Wirkungseinbuße durch eine Aminogruppe ersetzt werden. (Über Pyridincarbonsäuren, speziell die hochwirksame 4-Amino-3, 5, 6-trichlorpyridin-2-carbonsöure = picloram = Tordon® (Dow Chemical Co.), s. bei heterocyclischen Carbonsäuren).

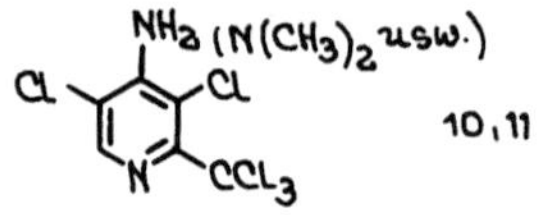

Ob hier die $NH_2$-Gruppe eine bestimmende Rolle spielt, ist fraglich, da die gleichen Verbindungen mit Cl statt $NH_2$ ebenfalls herbizid wirksam sind.

Einige 2-Amino-3-nitro-pyridine und 2-Nitroamino-pyridine usw. zeigen selektiv herbizide Wirkung in Salat, Hafer und Gurken[184].

Naphthyridinderivate

Derartige Verbindungen sind leicht darstellbar durch Kondensation von 2-Amino-pyridin mit ungesättigten Aldehyden oder Ketonen.

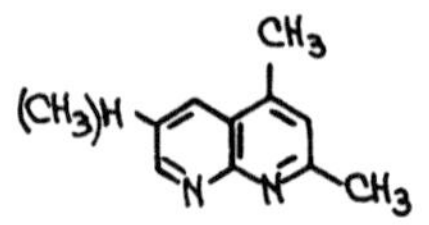

Die Verbindung zeigt gute herbizide Eigenschaften gegen Cyperus microiria, Chenopodium ficifolium usw. Anwendungsmöglichkeit pre- und postemergence[256].

a 1) 6-Ring-Verbindungen mit 1 O

Obwohl die Lactonstruktur auf den verschiedensten Gebieten biologisch wirksam ist, wurde erst in jüngster Zeit ein Versuchs-Herbizid mit einem Lactonring bekannt. Dabei besteht große Ähnlichkeit mit einem cycloaliphatischen Diketon (siehe dort) das ebenfalls von der gleichen Firma als Versuchsherbizid bekannt gegeben worden ist.

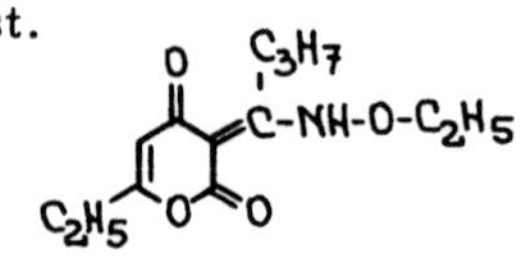

Versuchsherbizid der Nippon Soda
1976
NP-24

Wirksam gegen Gräser (auch Ackerfuchsschwanz und Flughafer) in Sojabohnen, Bohnen, Zuckerrüben usw.
Patente[259].

a 2) 7-Ring-Verbindungen mit 1 N

Nur selten sind in der Literatur und in Patenten 7 Ringe als Herbizide verzeichnet. 1976 wurde ein Versuchsprodukt bekannt: 1-Isoamyl-hexahydro-2-H-azepin-2-on.

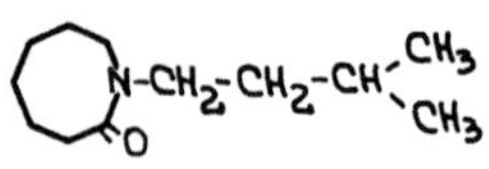

Wirksam gegen keimenden Rettich, Reis u. gegen Bohnen. Am N durch Phenyl substituiert ergibt Wuchsstoffe.
Literatur[264].

b) 6-Ring-Verbindungen mit 1 N und 1 O

Unter den Benzoxazolen ist nur eine Verbindung als Herbizid durch Patente bekanntgeworden[170] und hierbei dürfte die Trichlormethylgruppe bzw. die Aufspaltungsmöglichkeit in Trichloressigsäure wesentlich sein: 2-Trichlormethylbenzoxazol.

1,3-Oxazin-one-2 [13,14]

Erst neuere Untersuchungen haben herbizide Wirkung in dieser Verbindungsklasse ergeben.

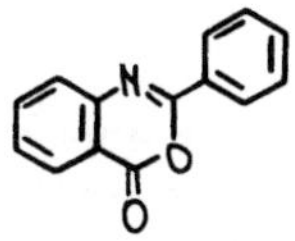

2-Phenyl-3,1-benzoxazinon-4
Common name: Bentranil
BAS 1701 H
(BASF)
1965

LD50: 1600 mg/kg Maus. Wasserlöslichkeit: 6 ppm. Wirkungsweise: Kontaktherbizid. Anwendungsgebiet: Selektiv in Kartoffeln. Post-emergence in Mais, Reis und Getreide. Darstellung aus N-Benzoyl-anthranilsäure mit Phosgen. Patente[15,16,212]. Literatur[17,18,180].

c) 6-Ring-Verbindungen mit 2 N

1,2-Pyridazine und 1,2-Pyridazinone

Von den 1,2-Pyridazinen sind besonders die Mono- und Di-on-Verbindungen als gut wirksam bekanntgeworden. Letztere sind als cyclische Säurehydrazide aufzufassen.

Nachdem schon seit 1949 die Wirkung des cyclischen Maleinsäurehydrazids (Tetrahydro-pyridazin-3,6-dion) bekannt war, gelang es der BASF in den 5-Amino-1,2-pyridazinon-3-Verbindungen weitere hochwirksame selektive Herbizide zu finden. Unter den Verbindungen hat das 5-Amino-4-chlor-2,3-dihydro-3-oxo-2-phenyl-pyridazin große Bedeutung als selektives Herbizid im Rübenbau erlangt (vgl. auch [191]).

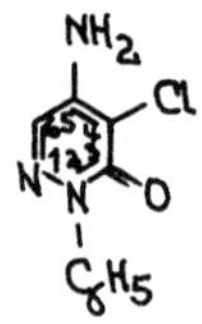

5-Amino-4-chlor-2-phenyl-3-pyridazon
5-Amino-4-chlor-2-phenyl-3(2H)-pyridazinon
(4-Amino-5-chlor-1-phenyl-6-pyridazon)*
Bezifferung nach BASF-Patenten*
Common name: Pyrazon, PCA
Handelsname: Pyramin®
(BASF) 1962

$LD_{50}$: 3300 mg/kg männl. Ratte p.o. akut, 2500 mg/kg weibl. Ratte p.o. akut. $LC_{50}$: ca. 40 mg/L f. verschiedene Fischarten. Wasserlöslichkeit: 400 ppm bei 20°C. Wirkungsweise: Bodenherbizid und Blattherbizid mit systemischer Wirkung. Anwendungsweise: Pre-emergence, früh post-emergence. Anwendungsgebiet: Selektive Unkrautbekämpfung in Rüben und Roten Beten.
Patente[20, 21]. Literatur[22, 23].

Die Darstellung der Pyridazone wird eingehend in der Literatur beschrieben[24]. Die Synthese geht meistens von der Mucochlorsäure (Dichlor-maleinaldehydsäure) aus. Diese Verbindung wird durch oxidative chlorierende Aufspaltung von Furfuraldehyd[25, 26] bzw. aus der Furancarbonsäure[27, 28] sowie aus Butindiol dargestellt [24].

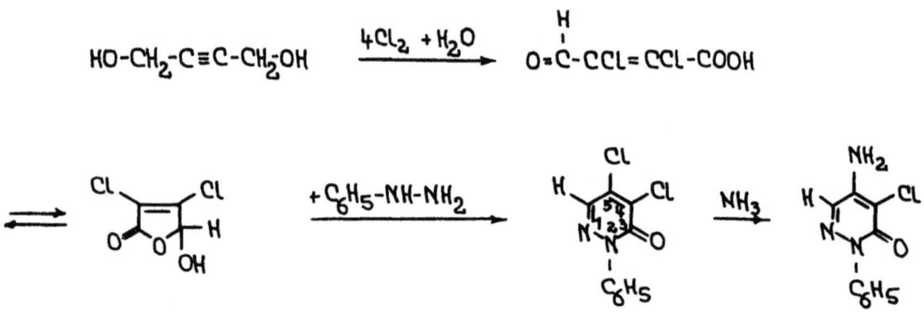

Über Zusammenhänge zwischen chemischer Konstitution und herbizider Wirkung bei den 1,2-Pyridazonen liegen ausfährliche Untersuchungen vor[23, 29-34]. 4,5-Dichlor-pyridazone sind herbizid fast inaktiv. Das in 5-Stellung stehende Halogen laäßt sich gegen nucleophile Reste leichter austauschen als das in 4-Stellung sich befindende.

Schon bei den Dichlorverbindungen zeigt sich, daß der Phenylrest, ebenso der Cyclohexyl-Rest am $N^2$ ein Optimum an herbizider Wirksamkeit ergibt. Wird Cl in 5-Stellung gegen $OCH_3$ ersetzt, zeigen wiederum die N-Phenyl- oder N-Cyclohexyl-Verbindungen maximale Wirkung[35].

Br statt Cl in 4-Stellung erhöht die Wirksamkeit[36]. Das Cl in 4-Stellung darf nicht durch $OCH_3$ ersetzt sein, soll kein Wirkungsverlust eintreten. Die höchste herbizide Wirkung aber gibt ein Ersatz des Cl in 5-Stellung durch $NH_2$. Anstelle eines Cl kann dann bei höchster Wirksamkeit ein Br stehen (die Selektivität der Wirkung

* Die BASF benutzt in ihren Pyridazonen betreffenden Veröffentlichungen eine in umgekehrter Richtung verlaufende Substituenten-Numerierung.

läßt aber nach). Die $NH_2$-Gruppe kann durch hydrolytisch abspaltbare Reste, z. B. Acylgruppen, substituiert sein[37], doch nicht durch Alkylgruppen (Siehe aber später Sandoz-Herbizide). Die Selektivität wird oft durch die schon erwähnte hydrolytisch abspaltbare Substitution an der Aminogruppe[21, 37, 215-228] verbessert. An die Aminogruppe kann z. B. ein Aldehyd angelagert werden (speziell die Chloral-Additionsverbindung wird erwähnt[38-40, 216]). Zahlreiche Untersuchungen befassen sich mit weiteren Substitutionen an der Aminogruppe, z. B.

$-N=CH-NH-CH_3$ 41,

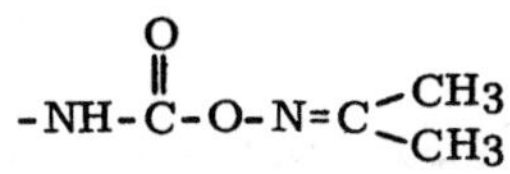
42, 219,

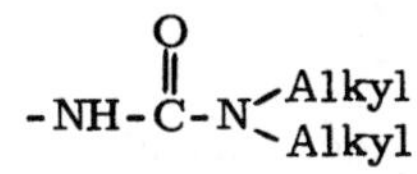
43, 220

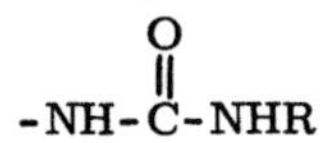
44, 45, 220

Saure Malein-,Bernsteinsäure[221, 224] oder Oxalsäure-halbamide werden mehrfach in Patenten erwähnt[46, 47], ferner werden Urethan-Gruppierungen[48] genannt[219, 226]. Die bei den symmetrischen Triazinen (s. dort) erfolgreiche Substitution von Cl durch $SCH_3$ ist auch bei den 4, 5-Dichlorpyridazonen erprobt worden[49]. Teilweise hat man ein[50, 226] oder auch beide Halogenatome durch $OCH_3$ ersetzt; außerdem kann der Phenylrest Halogene enthalten[51, 227].

Auf Grund dieser Variationsmöglichkeiten werden von der BASF weitere Produkte als Herbizide, z. T. in Kombination mit anderen Verbindungen, eingehender geprüft[34] (über Kombinationen mit speziell gegen Ungräser wirksamen bicyclischen Harnstoffen s. dort). Handelsprodukte scheinen nicht hervorgegangen zu sein.

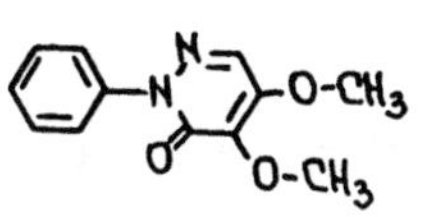

Versuchsprodukt, aufgegeben
BAS 2550 H
(BASF)
1965

Patente[52, 53]. Literatur[34].

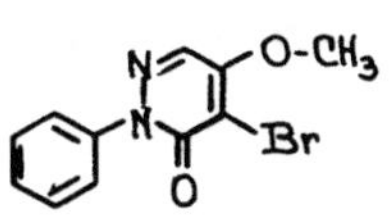

Versuchsprodukt, aufgegeben
(BASF)
1967

Patente[50, 59]. Literatur[17, 29, 31].

Es wurde schon erwähnt, daß 2-Phenyl-4-brom-5-amino-pyridazinon-3- die höchste herbizide Wirkung aufweist. Die hier mitunter nicht ausreichende Selektivität wird verbessert durch Substitution an der Aminogruppe mittels Chloral- oder Oxalsäureester, wobei sich im Boden die freie Amino-Verbindung zurückbildet.

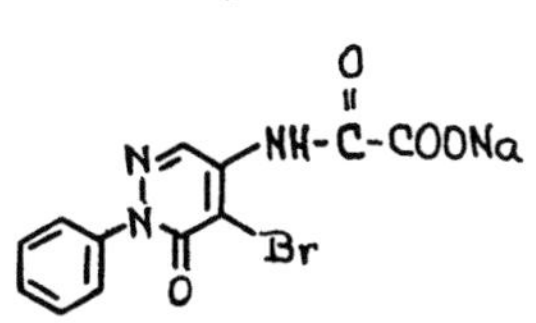

Versuchsprodukt, aufgegeben
BAS 3380 H
(BASF)
1965

Patente[54-57]. Literatur[34].

Die Konstitution eines neuen Herbizides zeigt eine Kombination des 5-Amino-4-brom-2-phenyl-3-pyridazons mit einem Acetanilid.

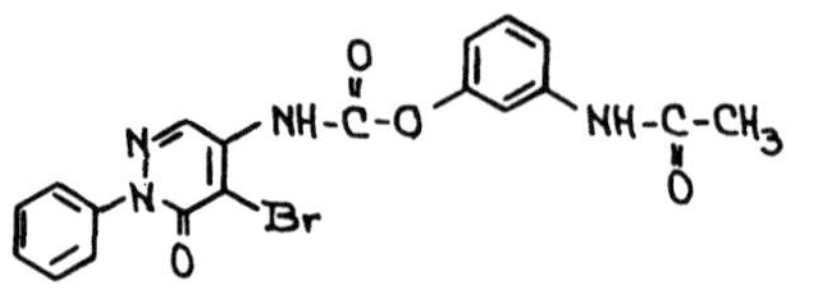

Versuchsprodukt: BAS 3800 H
(BASF)
1969

Die Verbindung wirkt selektiv im Rübenbau, wird aber vorwiegend in Kombination mit Pyrazon, BAS 2572, 3490 H und Dalapon angewandt.
Patente[215].

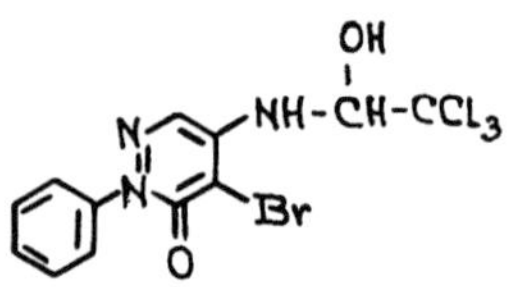

Versuchsprodukt, aufgegeben
BAS 2570 H
(BASF)
1966

Patente[38, 58]. Literatur[34].

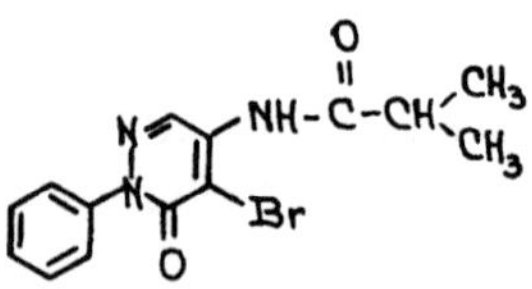

Versuchsprodukt, aufgegeben
BAS 2910 H
(BASF)
1966

Patente[36, 216, 245]. Literatur[34].

Auch außerhalb der BASF wurden später die Pyridazinone erfolgreich bearbeitet wie das folgende neue Herbizid zeigt

4-Chlor-5-methylamino-($\alpha,\alpha,\alpha$-trifluor-m-tolyl)-3-(2H)-pyridazinon

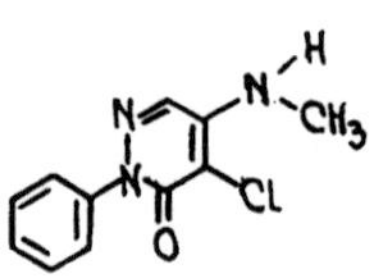

Common name: Monomethylflurazone
und Norflurazone
Handelsname: Zorial®, H 9789,
H 52143, SAN 97895 G
(Sandoz Schweiz)
1971

$LD_{50}$: 8000 mg/kg Ratte p.o. akut. Wasserlöslichkeit: 28 ppm bei 23°C, 40 ppm bei 25°C. Photosynthesehemmer. Wirksam gegen Gräser und viele breitblättrige Unkräuter. Pre-emergence selektiv in Baumwolle. Verhältnismäßig lange im Boden beständig. Halbwertzeit 45-140 Tage.
Patente[183, 190, 229].

Die Sandoz hat auch ein Versuchsprodukt herausgebracht in dem die Aminogruppe tertiär ist.

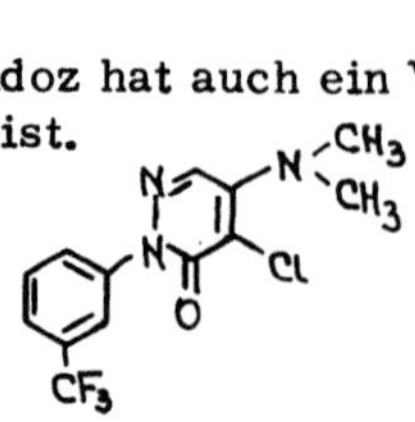

Common name: Metflurazon
Sandoz 6706
1969

LD$_{50}$: 9100 mg/kg Ratte p.o. akut. Pre-emergence gegen Ungräser und Unkräuter. Selektiv in Baumwolle und Möhren, Flachs und Buchweizen.
Patente[253]. Literatur[242,258].

Zu den Pyridazinonen ohne Aminogruppe in 5-Stellung gehört auch ein neues Versuchsprodukt der BASF.

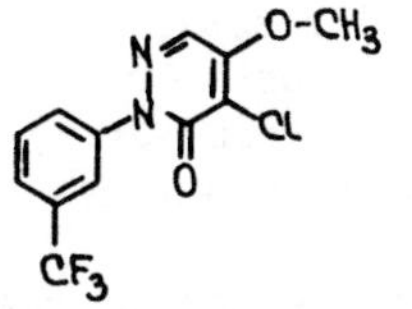


BAS 3660 H
(BASF)
1972

Anwendung in Kombination mit Prometryne pre-emergence in Baumwolle.
Patente[188]. Literatur[189].

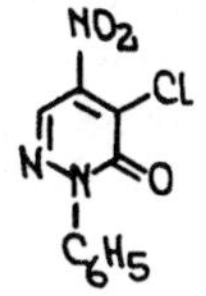


60

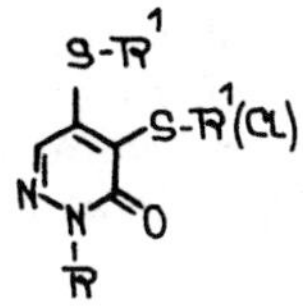


61,165

Außer von der BASF und Sandoz wurden die Pyridazinone noch von mehreren Seiten bearbeitet, ohne daß aber von diesen bis heute sehr wirksame Herbizide gefunden wären[19,62].

1,2-Tetrahydro-pyridazindione-3,6 (Cyclische Säurehydrazide)

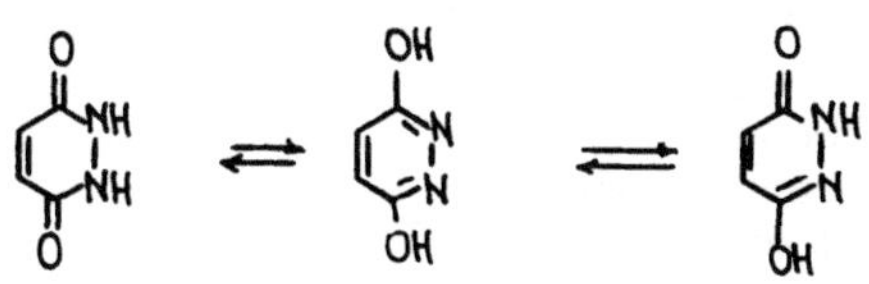


I II III

Maleinsäurehydrazid
1,2,3,6-Tetrahydropyridazin-3,6-dion; 6-Hydroxy-3(2H)-pyridazinon
Common name: MH
Handelsname: MH 30®, MH 40®, Suckerstuff®
(US Rubber Co.) 1948
(Ansul, Uniroyal)

LD$_{50}$: 6900 mg/kg Ratte p.o. akut (2340 mg/kg für Diäthanolaminsalz). LC$_{50}$: 140 mg/L 96 Std. Harlequin-Fisch. Wasserlöslichkeit: 6000 ppm bei 25°C, gute Wasserlöslichkeit (Alkali- und Diäthanolaminsalze). Wirkungsweise: Blattherbizid mit systemischer Wirkung. Anwendungsweise: Post-emergence. Anwendungsgebiet: Niederhaltung von Bewuchs. Hemmstoff.
Patente[63-67]. Literatur[68-70] (siehe auch im folgenden).

Die starke Hemmwirkung dieser Substanz auf das Pflanzenwachstum ist seit 1949 bekannt[69,71]. Aber erst in den letzten Jahren hat MH größere Bedeutung erlangt. Auch in Deutschland hat MH Zugang gefunden; nachdem es schon in England zur Niedrighaltung von Grünstreifen benutzt wurde, wird es für denselben Zweck hier an Autobahnrändern eingesetzt und erspart hohen Arbeitsaufwand. Die Anwendung in Zierrasen ist auf spezielle Gräsersorten beschränkt, da MH leicht schädigend wirkt (Anthocyan-Bildung). Beim Tabak und bei Tomaten dient MH zur Unterdrükkung unerwünschter Seitentriebe nach dem Ausgeizen[72]. Die Wirkung des MH wird mit einer Unterdrückung der Heteroauxin-Bildung erklärt[73]. MH wird im Säftestrom der Pflanze transportiert. Der Einfluß von MH auf die Indolylessigsäure soll auf einer oxidativen Zerstörung der ß-Indolylessigsäure in der Pflanze beruhen[74]. Weitere Literatur über biologische Wirkung[68, 75-79]. Weitere Patente[64, 66, 80-84].

Abwandlungen des Maleinsäurehydrazids bzw. des 1,2-Pyridazindions

Wegen seiner interessanten Hemmwirkung ist Maleinsäurehydrazid sehr mannigfaltig abgewandelt worden, und viele dieser Abwandlungsprodukte zeigen eine herbizide Wirkung, die aber meist schwächer ist als die des MH selbst. Am N oder O acylierte Verbindungen des 2,6-Pyridazindions bzw. des 6-Hydroxy-3(2H)-pyridazinons (MH) stellen die umfassendste Klasse der Abwandlungsprodukte dar.

Umsetzungsprodukte mit N-Dimethylcarbamidsäurechlorid erscheinen interessant [85].

Durch die Möglichkeiten, in der tautomeren Form des MH (II) die beiden Hydroxylgruppen oder nur eine durch Halogen zu ersetzen und die letztere durch nucleophile Substituenten auszutauschen, ist eine weitere große Mannigfaltigkeit an Abwandlungen gegeben. Das 3,6-Dichlorpyridazin kann weiterhin im Kern durch Cl bzw. OH substituiert werden, z.B.

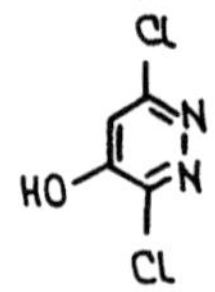

3,6-Dichlor-4-hydroxy-pyridazin[86, 87]

Erst 1966 ist eine Abwandlung des MH bekanntgeworden, welche als selektives Herbizid in größerer praktischer Erprobung ist. Siehe auch Pyridyl-Phenyl-äther.

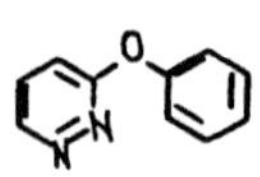

3-Phenoxy-pyridazin
Versuchsprodukt
(Sankyo Co. Ltd.)

$LD_{50}$: 200 mg/kg Maus p.o. akut. Anwendungsgebiet: Gegen Gräser und breitblättrige Unkräuter in Reis. Speziell gegen Echinocloa crus galli und Eleocharis acicularis.
Patente[88, 171, 230]. Literatur[89].

Darstellung:

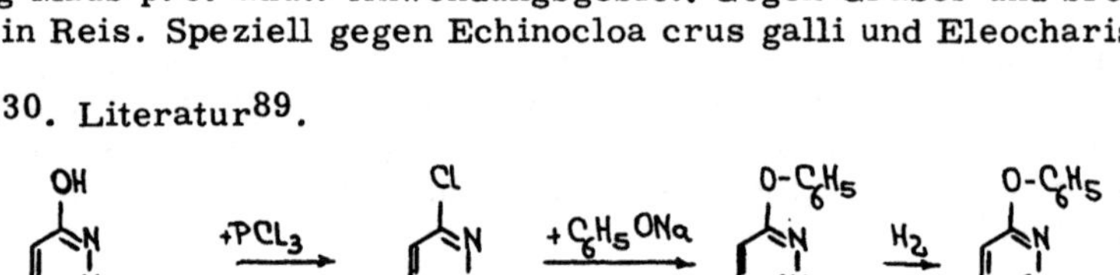

Das 3-(2-Methylphenoxy/pyridazin früher als Versuchsprodukt angeführt, ist jetzt ein Handelsprodukt.

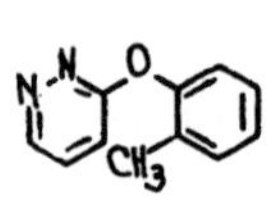

Common name: Credazine
Handelsname: Kusakira®, H-722, SW-6701
(Sankyo Japan)
1970

$LD_{50}$: 3090 mg/kg Ratte p.o. akut, 569 mg/Maus. Wasserlöslichkeit: 2000 ppm bei 20°C. Anwendung: Pre-emergence gegen Gräser und einige breitblättrige Unkräuter in Reis, Tomaten, Erdbeeren.
Patente[182,230]. Literatur[166]. Darstellung[167].

Die Methylgruppe kann durch Äthyl[244], Isopropyl oder n-Butyl ersetzt werden wobei die Selektivität erhalten bleibt, die Gesamtwirkung aber abnimmt[186].
Patente[187].

Auch die o-F-Verbindung ist ein Versuchsprodukt von Sankyo. Selektiv in Reis gegen Hirsearten.
Patente[171,204]. Literatur[205].

Verbindungen mit $CF_3$ im Arylrest sind als Herbizide unter Patentschutz[246].

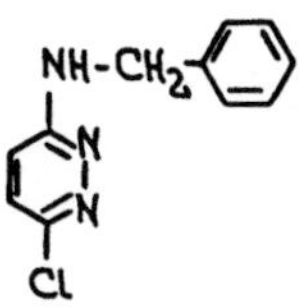

Die nebenstehende Verbindung wurde bekannt als ein Varauflauf-Herbizid[90].

In 3-Stellung durch Chlor oder Anilingruppen substituierte 6-Phenoxypyridazine sind breit untersucht worden, wobei auch der Phenoxy-Rest durch Halogen substituiert wurde. Keine der Verbindungen übertraf aber das 3-Phenoxypyridazin[162-164].

Im Dichlorpyridazin kann ein Chlor durch $OCH_2$-COOR oder S-$CH_2$-COOR usw. substituiert werden[91-97].

Während alle zuvor beschriebenen Derivate des 1,2-Pyridazins Substituenten am Stickstoff oder Sauerstoff trugen, zeigt ein jüngstes Versuchsprodukt Substitution am Kohlenstoff.

6-Chlor-3-phenyl-4-pyridazinol

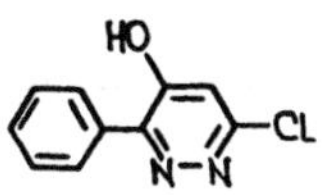

Versuchsprodukt der Österreich. Stickstoffw. 1974

Gut wirksam gegen breitblättrige Unkräuter. Selektiv in Mais und Getreide.

Über zahlreiche Patente mit Substitutionen am Kohlenstoff durch Alkyl, Phenyl, Amino-phenyl usw. siehe in der Patentergänzung 1969-76.

Pyridimine

Die Pyridimingruppe ist eine im letzten Jahrzehnt sehr intensiv bearbeitete und auf phytotoxische Wirkung untersuchte Verbindungsklasse. Pyrimidinbasen sind in der Natur von größter Bedeutung. Im Vitamin $B_1$ findet sich ein Aminopyrimidin. In Nucleinsäuren sind Dioxopyrimidine, sog. Uracile (s. im folgenden), entscheidende Bausteine. Synthetische Derivate finden als wichtige Schlafmittel (z.B. Barbitursäuren) Anwendung. Wichtigste herbizide Verbindungen leiten sich von den Dioxopyrimidinen, den sogenannten Uracilen, ab. Vor etwa zehn Jahren sind aber auch einige Mono-oxy-pyrimidin-Derivate als Versuchsprodukte bekanntgeworden.

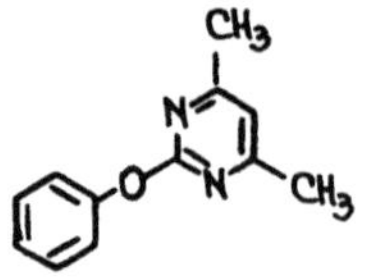

2-Phenoxy-4,6-dimethyl-pyrimidin
Versuchsprodukt aufgegeben
(Sankyo Co. Ltd.)
1966

Patente[98]. Literatur[99].

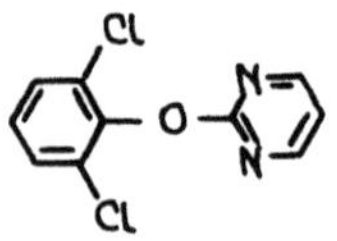

99

Versuchsprodukt aufgegeben
(Sankyo Co. Ltd.)

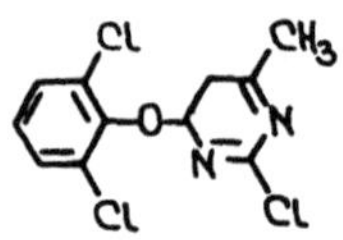

99

Versuchsprodukt aufgegeben
(Sankyo Co. Ltd.)

Daß nicht nur die 2,6-Dichlorphenyl-Gruppe für die phytotoxische Wirkung verantwortlich ist, zeigen weitere Pyrimidin-Derivate.

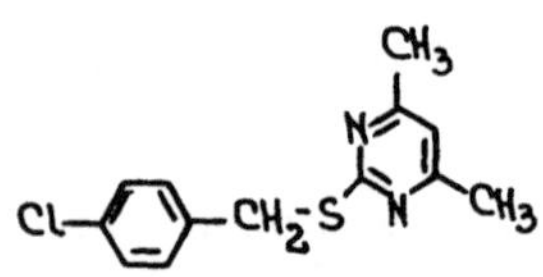

Versuchsprodukt, aufgegeben
R 3408
(Stauffer Chem. Co.)
1966

Patente[100,101]. Literatur[102,103].

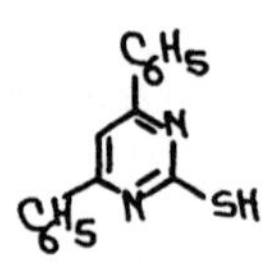

104

Ferner ist die nebenstehende Verbindung zu nennen[104].

Ein mehrfach durch Aminogruppen substituiertes Pyrimidin wurde als Versuchsprodukt der Sandoz veröffentlicht.

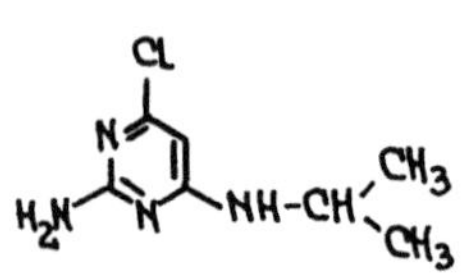

Common name Vorschlag:
Iprymidam
SAN-52123 H
(Sandoz)
1973

Anwendung pre- und post-emergence in Getreide, Erbsen, Kartoffeln.
Näheres zur Zeit nicht bekannt.
Patente[193,243].

Der gleichen Gruppierung ist ein Versuchsprodukt der Wacker-Chemie zuzuordnen.

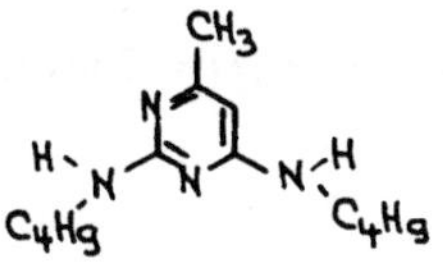

(1974)

Selektiv in Weizen.
Patente[209]. Literatur[210].

Mono-oxo-pyrimidine

Erst einige Jahre nach der Auffindung von Dioxo-pyrimidinen mit anelliertem Ring und den Mono-oxy-pyrimidinen als hochwirksame Herbizide, wurden auch unter den Mono-oxo-pyrimidinen gut wirksame Vertreter bekannt.

6-tert.-Butyl-3-isopropylisoxazol-[3,4-d] Pyrimidin-4(5H)on

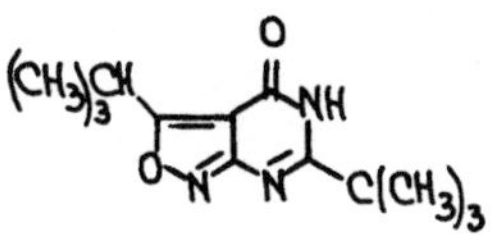

Versuchsprodukt: NIA 23486
(Niagara Chem. Div. und FMC)
1971

$LD_{50}$: 6834 mg/kg Ratte p.o. akut. In Wasser praktisch unlöslich. Selektiv in Sorghum und Mais über den Boden. Starker Inhibitor der Hill-Reaktion.
Patente[196, 233]. Literatur[195].

Eine isomere Isoxazolverbindung weist ähnliche Wirkung auf. 6-tert.-Butyl-3-isopropylisoxazol-[5,4-d] Pyrimidin-4(5H)-on

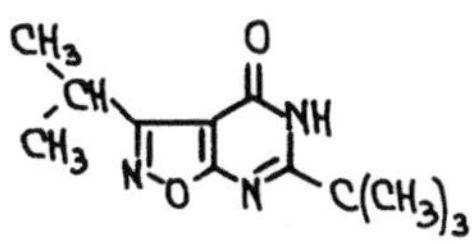

Versuchsprodukt: NIA 21844
(FMC-Corp. und Niagara)
1971

$LD_{50}$: 15400 mg/kg Ratte p.o. akut. Praktisch unlöslich in Wasser. Selektives Bodenherbizid in Mais, Sorghum, Flachs und Zuckerrohr. Inhibitor der Hill-Reaktion.
Patente[181, 194, 232]. Literatur[195].

Die gleiche Grundverbindung mit n-Propyl statt iso-Propyl in 3-Stellung: NIA 21861, FMC Corp. und Niagara Chem. Div.
$LD_{50}$: 6800 mg/kg Ratte p.o. akut. Anwendung pre-emergence über den Boden. Selektiv in Mais, Baumwolle, Flachs und Sorghum.
Patente[181, 184, 232]. Literatur[211a].

6-tert.-Butyl-3-isopropyl-iso-thiazol-[3,4-d]-Pyrimidin-4(5H)on

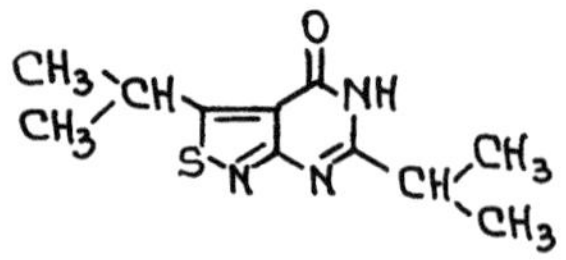

Versuchsprodukt der
FMC Corp. und der Niagara Chem. Div.
1971

Das Wirkungsspektrum ist ähnlich dem der Isoxazolverbindung.
$LD_{50}$: 10200 mg/kg Ratte p. o. akut.
Patente[197]. Literatur[195].

Die isomere Verbindung ist ebenfalls als Versuchsprodukt bekannt geworden.

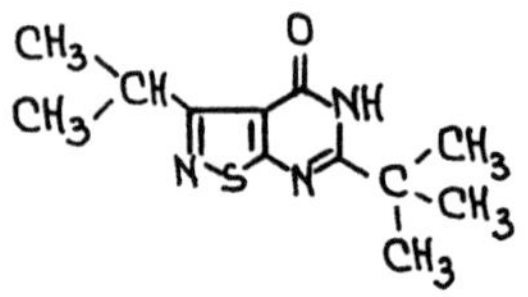

6-tert.-Butyl-3-isopropyl-isothiazolo-[5,4-d]pyrimidin-4(5H)-on
FMC-23475
(FMC Corp.)
1976

Patente[211]. Literatur[260].

Über Struktur-Aktivitäts-Beziehungen von Pyrimidinonen mit anelliertem Hetero-5-Ring liegen neueste Untersuchungen vor[260].

Entsprechend der neu aufgefundenen Bedeutung der Pyrimidine mit anellierten Ringen, gibt es zahlreiche Arbeiten die sich mit der Synthese ähnlicher Heterocyclen befassen. Eine Zusammenstellung findet sich in einer Publikation über Thiadiazolpyrimidine[213].

Den Syntheseweg zu zwei möglichen Isomeren zeigt das Formelschema.

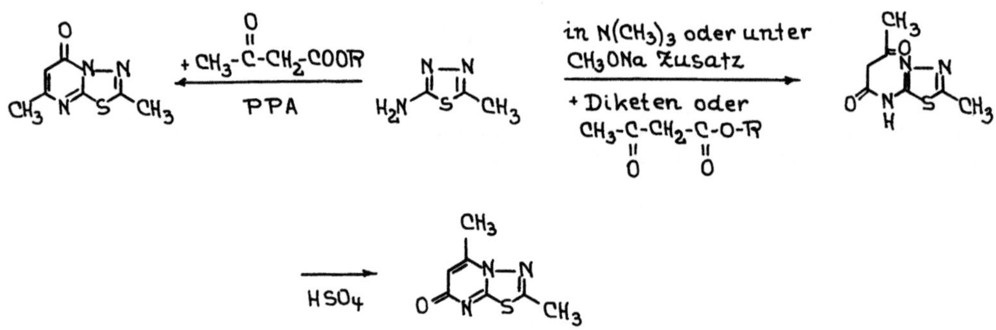


PPA = Polyphosphorsäure

Über 1,3,4-Thiadiazolo[3,2-d]Pyrimidine und sym. Triazolo-[1,5-d]-pyrimidine als Herbizide[262].

Die Variationsmöglichkeiten durch eine Änderung des anellierten 5-Ringes sind sehr groß und zahlreiche Abwandlungen erwiesen sich als Herbizide[250]. Es sei nur ein weiteres Beispiel angeführt:

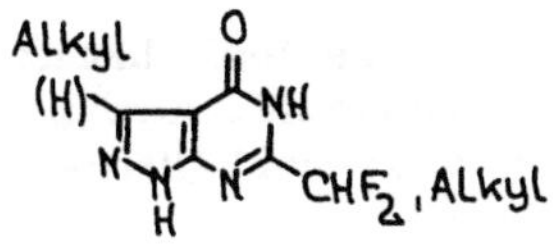


Dioxopyrimidine und Uracile

Russische und tschechische Forscher fanden 1961-1962 die wachstumshemmende Eigenschaft einiger Uracile[105,106]. Zu gleicher Zeit wurden aus den USA Arbeiten über die herbizide Wirkung ähnlicher Verbindungen bekannt[107]. Die Fa. DuPont hat wohl als erste die praktische Bedeutung dieser Verbindungsklasse erkannt und ihre Anwendung patentiert.

Unter den Uracilen sind zahlreiche hochwirksame Totalherbizide, aber auch einige selektive Herbizide.

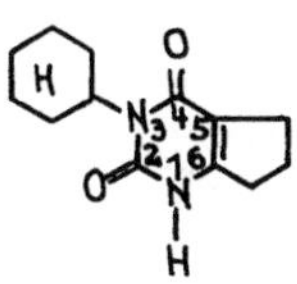

I

3-Cyclohexyl-5,6-trimethylen-uracil
Common name: Lenacil, CTMU
Handelsname: Venzar®
(DuPont)
1964

$LD_{50}$: > 11000 mg/kg (5200 mg/kg) Ratte p.o. akut. Wasserlöslichkeit: 6 ppm bei 20°C. Wirkungsweise: Bodenherbizid und geringe Wirkung als Blattherbizid. Hemmt die Photosynthese. Anwendungsweise: Pre-emergence. Anwendungsgebiet: Totalherbizid und selektiv in Zuckerrüben, Spinat, Erdbeeren, Citrus und Flachs.

Darstellung:

Patente[108-120,234]. Literatur[107,152-156].

Unter dem Namen Merpelan® brachte die Bayer AG 1969 eine Kombination von Venzar® und Gatnon® im Verältnis 1:5 als selektives Rüben-herbizid in den Handel. Anwendung vor der Saat und pre-emergence. (Aufgegeben). In den letzten Jahren wurden noch einige weitere wichtige Herbizide auf Uracil-Basis von der DuPont in den Handel gebracht. Hierbei wird von dem schon mehrmals erwähnten möglichen Ersatz einer Cyclohexyl-, oft auch einer Phenylgruppe durch eine Isopropyl- oder Isobutylgruppe usw. Gebrauch gemacht.

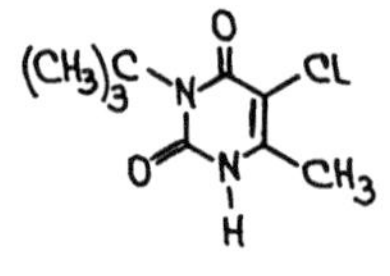

3-tert.-Butyl-5-chlor-6-methyluracil
Common name: Terbacil
Handelsname: Sinbar®
(DuPont)
1966

$LD_{50}$: 5000-7500 mg/kg Ratte p.o. akut. Wasserlöslichkeit: 710 ppm/25°C. Wirkungsweise: Photosynthesehemmer. Bodenherbizid. Anwendungsweise: Pre-emergence. Anwendungsgebiet: Totalherbizid, Obst- und Citrusbau. Patente[109, 115, 235, 249]. Literatur[107, 157-161].

Die 3-Isopropylverbindung ohne Chlor in 5-Stellung ist ebenfalls als Herbizid patentiert[119, 120, 235].

3-Isopropyl-5-brom-6-methyluracil

Common name: Isocil
Handelsname: Hyvar®
(Du Pont)
1962

$LD_{50}$: 3250 (3400) mg/kg Ratte p.i. akut. Wasserlöslichkeit: 2150 ppm. Wirkungsweise: Bodenherbizid mit geringer Blattherbizidwirkung. Photosynthesehemmer[123]. Anwendungsweise: Pre-emergence, früh post-emergence. Anwendungsgebiet: Totalherbizid. Nicht zu Bedeutung gelangt. Patente[108-120, 235]. Literatur[121-123].

3-sec.-Butyl-5-brom-6-methyluracil

Common name: Bromacil
Handelsname: Hyvar X®
(DuPont)
1962

$LD_{50}$: 5200 mg/kg weibl. Ratte p.o. akut. Wasserlöslichkeit: 815 ppm bei 20°C. Wirkungsweise: Bodenherbizid mit Blattherbizidwirkung. Photosynthesehemmer. Anwendungsweise: Pre- und post-emergence. Anwendungsgebiet: Totalherbizid. Patente[108-120, 235]. Literatur[107, 124, 125].

Unter der Bezeichung H 767 ist 5-Brom-3-(1-äthyl-propyl)-6-methyluracil als Versuchsprodukt der DuPont bekanntgeworden[126, 127].

Die entsprechenden Cl-Verbindungen sind ebenfalls starke Herbizide.

Der Abbau dieser Uracile im Boden erfolgt verhältnismäßig langsam, was aber für die Anwendung als Totalherbizide mitunter von Vorteil sein kann.

Aufgrund der zahlreichen (79 Patentbeispiele) hochwirksamen Herbizide lassen sich für die Uracile folgende Zusammenhänge zwischen chemischer Konstitution und herbizider Wirkung ableiten:

Das einfache Uracil ist ebenso wie das 2-Thiouracil nicht herbizid wirksam. Das gleiche gilt für 2,4,6-Trichlorpyrimidin. Die 1-Stellung am Stickstoff darf nicht oder höchstens durch eine hydrolytisch leicht abspaltbare Gruppe subst. werden, wobei die Stellung 3 substituiert sein muß und sich eine maximale Wirksamkeit bei Substitution durch Phenyl, Cyclohexyl, Isopropyl oder andere verzweigte aliphatische Reste ergibt. In 5-Stellung können Cl, Br, J oder auch eine niedere Alkylgruppe stehen. Wesentlich für ein Wirkungsoptimum ist eine Methylgruppe in 6-Stellung. Die Positionen 5 und 6 können über Methylengruppen verbunden sein.

Im folgenden sind einige Patente, welche derartige Verbindungen beanspruchen, angeführt. Die DAS 1 240 698 [118] umfaßt diese Variationen weitesgehend, auch die Substitution der Stellung 3 durch $R_2NO$- und -O-Äther.

Fast stets ist bei Herbiziden, die in die Photosynthese hemmend eingreifen, die Anwesenheit einer NH-Gruppierung notwendig. In den praktisch angewendeten Uracilen ist diese Bedingung immer erfüllt. Zwar gibt es auch Patente, in denen die 1-Stellung substituiert ist, doch handelt es sich jeweils um hydrolytisch abspaltbare Acylreste[128].

Immerhin gibt es auch einige Patente mit Phenyl- und Alkylsubstitutionen beider N-Atome[114,129,130].

Dimere Uracile, z.B. 3-Bicyclouracile[131], durch Bestrahlung erhalten, sollen ebenfalls Herbizide sein[132].

Vielfache Variationsmöglichkeiten bestehen durch Stickstoff-Substitution in 3-Stellung.

Auch heterocyclische Reste können am N- stehen.

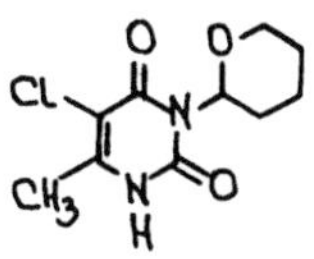


Versuchsprodukt Ru 12709
(Roussel-Uclaf)
1972

$LD_{50}$: 4000 mg/kg Ratte p.o. akut. Wasserlöslichkeit: 1100 ppm bei 25°C. Indikation wie Ru 12068. Anwendung post-emergence in Wintergetreide.
Patente[191]. Literatur[192].

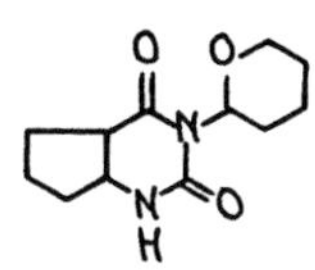


Versuchsprodukt Ru 12068
(Roussel-Uclaf)
1972

$LD_{50}$: 7300 mg/kg Ratte p.o. akut. Wasserlöslichkeit: 900 ppm bei 25°C. Breites Wirkungsspektrum. Erfolg versprechend selektiv in Getreide, Zuckerrohr, Spargel und Kartoffel.
Patente[191,236]. Literatur[192].

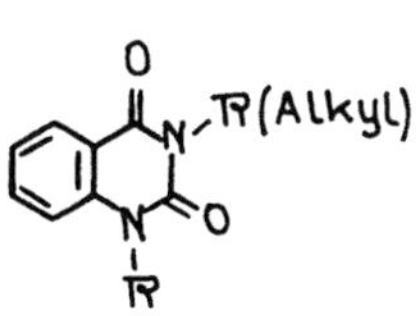


R = H[141]
R = Alkyl[142] s. auch [143,174]

Ein Uracil mit anelliertem Pyridinring hat sich ebenfalls als Herbizid erwiesen[251].

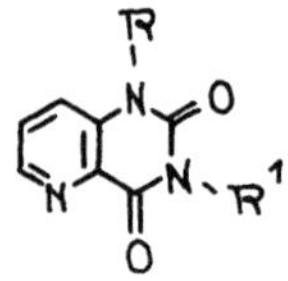

R und R' = Alkyl, Cycloalkyl, Heterocyclische Reste

Uracile, welche am $N^3$ durch einen Aminrest substituiert sind, beschreibt ein sehr umfassendes Patent der DuPont:

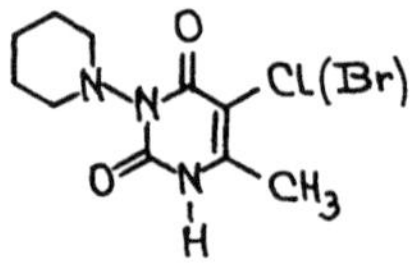

133, 172

Die Bedeutung einer $SCH_3$-Gruppierung bei Uracilen hebt ein japanisches Patent[134] hervor:

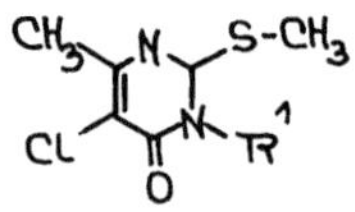

Hydrouracile

Cl in 5-Stellung kann durch $OCH_3$, $SCH_3$, Alkyl, $NO_2$ usw. ersetzt sein

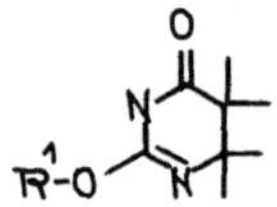

Chinazoline

Chinazoline bzw. 2,4-Dioxy-tetrahydro-chinazoline können in einer Verwandtschaft zu den Uracilen gesehen werden, und auch in dieser Klasse finden sich Herbizide[173].

Die Tetrahydrochinazoline wurden im Hinblick auf herbizide Wirkung besonders von der BASF eingehender untersucht. Dabei ergab sich, daß ein verzweigter Alkylrest in 3-Stellung ähnlich wie bei den Uracilen ein Wirkungsmaximum zeigt. Im Gegensatz zu den Uracilen sind aber auch an beiden Stickstoffatomen substituierte Verbindungen herbizid - wenn auch schwach - wirksam. Dies gilt besonders bei Methylsubstitution. Der Benzolring darf nicht durch Halogen oder Nitrogruppen substituiert sein. Eine Acylierung am $N^1$ kann das Wirkungsbild erheblich verbessern und selbst fast nicht phytotoxische Verbindungen gut wirksam machen. (Acylanilid-Struktur!).

Decahydro-2,4-dioxochinazoline sind weitaus stärker herbizid wirksam als die Tetrahydro-Verbindungen (s. die folgenden Versuchsprodukte). Eine zusätzliche Acylierung am $N^1$ erhöht auch hier die Wirkung (s. unteres Versuchsprodukt). NH kann nicht ohne totale Wirkungseinbuße duch O ersetzt werden. CO in 4-Stellung ergibt durch $SO_2$ ausgetauscht gleichfalls totalen Wirkungsverlust. Dagegen führt die Carbonylgruppe, in 2-Stellung durch $SO_2$ ersetzt, zu wirksamen Verbindungen (s. 6-Ring-Verbindungen mit 2N + 1S)[174].

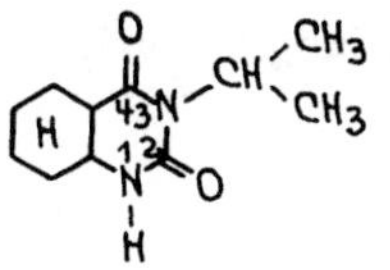

3-Isopropyl-2,4-dioxo-decahydro-chinazolin
Versuchsprodukt, aufgegeben
BAS 2580 H
(BASF)

Patente[138,139,237]. Literatur[140].

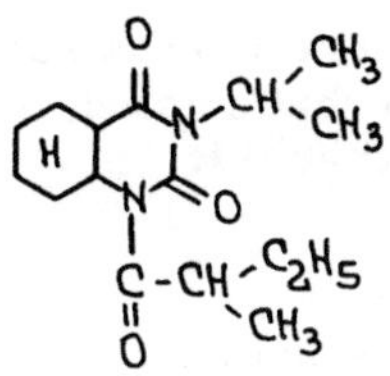

1-Methyläthylacetyl-3-isopropyl-2,4-dioxo-decahydrochinazolin
Versuchsprodukt, aufgegeben
(BASF)

Patente[138,139]. Literatur[17,34].

Ein neueres Versuchsprodukt lehnt sich eng an die vorangehenden an.

1-(α,α-Dimethyl-ß-acetoxy-propionyl)-3-isopropyl-2,4-dioxo-decahydrochinazolin

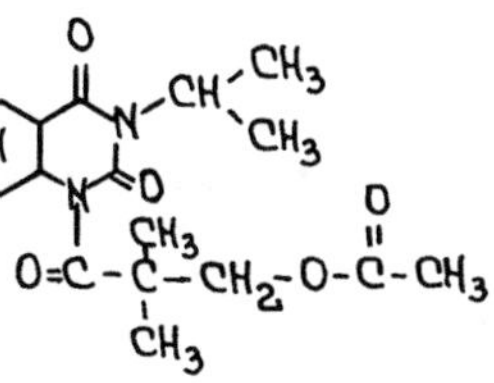

Common name: Decazolin
Versuchsprodukt: BAS 34904 H
(BASF)
1970

Keine weitere Mitteilung bis 1975.

$LD_{50}$: 6400 mg/kg Ratte p.o. akut. Wirkung über den Boden und über die Blätter gegen viele Samenunkräuter und Ungräser. Selektiv in Mais, Rüben, Kartoffeln, Reis und Sorghum.
Patente[201,238]. Literatur[202].

3-Alkylenimino-chinazoline zeigen ebenfalls herbizide Potenz[175].

6-Ring-Verbindungen mit 2 N in 1,4-Stellung und anelliertem Benzolring

6-Ring-Verbindungen mit 2 Stickstoffatomen in 1,4-Stellung haben als Mehrringsysteme (Phenazine) ein begrenztes Interesse im Pflanzenschutz gefunden.

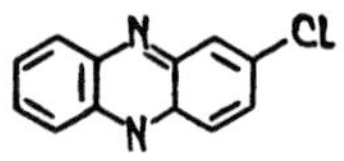

Versuchsprodukt, aufgegeben
(Shell)
1968

Patente[144,145]. Literatur[19].

Ähnliche Verbindungen mit zwei Chloratomen in 1,4-Stellung sind fungizid und akarizid wirksam[146].

1-Methylphenazin[144,176] Versuchsprodukt (Shell) 1969

2-Methylphenazin[144,176] Versuchsprodukt (Shell) 1969

Aus den Shell-Laboratorien wird zusammenfassend über zahlreiche Phenazinderivate berichtet, wobei nur 1 und 2-Methyl-phenazin wirksame Herbizide sind. Andere Verbindungen zeigen stark fungizide und akarizide Eigenschaften[214].

d) 6-Ring-Verbindungen mit 2 O

(Siehe auch bei Benzyläthern cyclischer Acetale von Di- und Tri-olen).

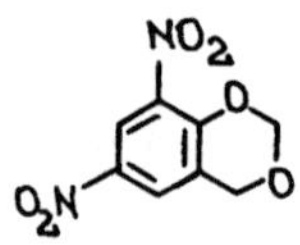

12.

e) 6-Ringverbindungen mit zwei Schwefel

Bis 1975 ist aus der Klasse der Dithiine nur ein Versuchsprodukt bekannt geworden.

2,3-Dihydro-5,6-dimethyl-1,4-dithiin-1,1,4,4-tetraoxid.

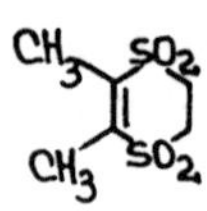

Versuchsprodukt der Uniroyal
UNI-N 252

Pflanzenwuchsregulator, Defoliant und Desiccant. Zur Ernteerleichterung z.B. bei Baumwolle und Kartoffeln.
Literatur[203].

f) 6-Ring-Verbindungen mit 2 N und 1 O sowie mit 2 N und 1 S

Nur wenige Verbindungen aus dieser heterocyclischen Verbindungsklasse sind als Versuchsherbizide bekanntgeworden. Wahrscheinlich verdanken sie ihre Wirkung einer hydrolytischen Aufspaltung in die aromatisch-aliphatischen Oxyharnstoffe oder Sulfamide.

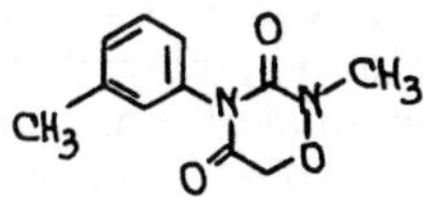

Versuchsprodukt, aufgegeben (BASF)

Patente[147, 148, 239]. Literatur[149].

Das entsprechende Oxadiazin-dion mit Fluor in 4'-Stellung statt $CF_3$ in 3' läuft unter der Versuchsnummer

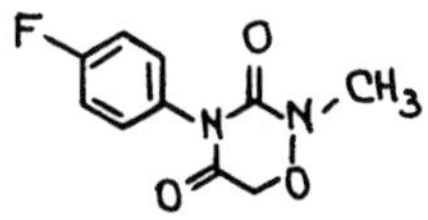

BAS 3730 H der BASF
(1968)
Aufgegeben

Patente[147, 199]. Literatur[149, 200].

Ein Kondensationsprodukt aus einem aromatisch-aliphatischen Harnstoff und Formaldehyd mit nachfolgender innerer Verätherung stellt folgende Verbindung dar:

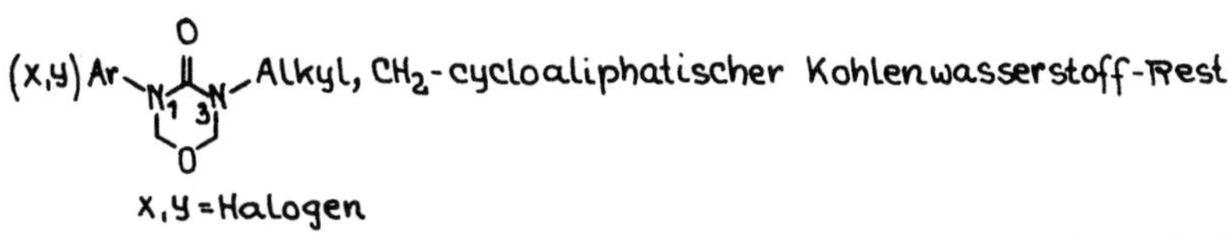

[177]

Aus herbizid wirksamen Harnstoffen mit einem aromatischen oder heterocyclischen Substituenten am N sowie einer Methyl-Substitution am $N^3$ lassen sich sehr leicht derartige Ringkondensationsprodukte darstellen und sie sind sehr mannigfaltig untersucht. Meist ist die Wirksamkeit schwächer als die der Ausgangsharnstoffe. Mitunter verändert sich die Selektivität etwas.

6-Ring-Verbindungen mit 2 N und 1S

entstehen aus Methyl-dithiocarbamidsäure, Formaldehyd und Methylamin, s. unter Dithiocarbamidsäureester aliphatischer Amine.

Die Carbonylgruppe läßt sich in Uracilen durch $SO_2$ ersetzen, wie die folgende Verbindung zeigt.

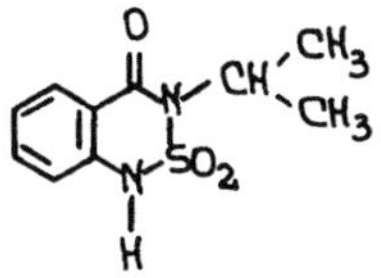

Common name: Bentazon
Handelsname: Basagran®
Thianon®, BAS 3517
(BASF)
1968-1970

$LD_{50}$: 1100 mg/kg Ratte p.o. akut. $LC_{50}$: 635 mg/l 96 Stdn. Regenbogen-Forelle. Wasserlöslichkeit: 50 ppm bei 20°C. Als Salz in Wasser löslich, Kontaktherbizid. Wirkung über die Blätter. Bekämpfung von breitblättrigen Unkräutern, unwirksam gegen Gräser. Selektiv in Getreide, Reis, Mais, Sojabohnen und Zuckerrohr, ferner in Erdnuß, Erbsen, Bohnen, Zwiebeln und Luzerne. Rascher Abbau im Boden. Photosynthese-Hemmer.
Patente[141,142,150,151,240,241,247]. Literatur[149,174,179,206].

In Kombination mit CMPP (mecoprop) als BAS 39601 H auch gegen Unkräuter wie Kamille, Klettenlabkraut usw.

Darstellung:

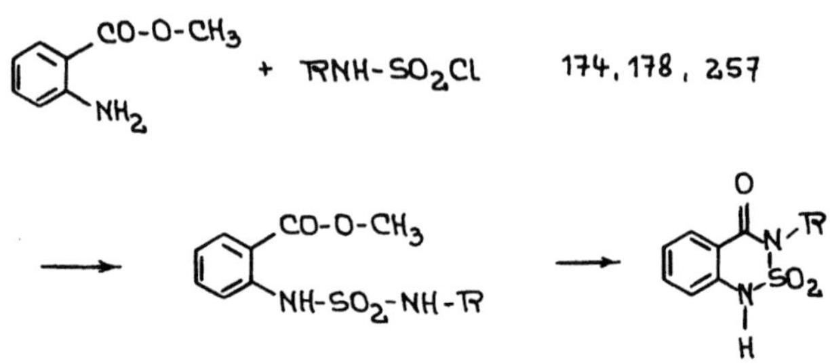


## Literatur und Patente

5. Organische Herbizide

5.14.2. Heterocyclische 6-Ring-Verbindungen – Abschnitte a-d


1. Vaculik, P., Sindelar, L. u. Makovcova, O.: Biol. Plant 8 (3), 220 (66); ref. Weed Abstr. 15 (4), Ref. Nr. 1314 (66).
2. NE 66 11 766, 19.8.66/20.2.67, GB Prior. 19.8.65 u. 22.7.66, I.C.I.
3. US 3 249 419, 21.6.63/3.5.66, Dow Chemical Co.
4. Huraux, M.J., et Lawson, H.M.: 2. Symposium über neue Herbicide, Paris, p. 269 (65). Ed. Essor, Paris.
5. NE 66 11 714, 19.8.66/20.2.67, GB Prior. 19.8.65, ICI
6. US 3 249 619, 24.7.64/3.5.66, Dow Chemical Co.
7. US 3 234 228, 28.10.63/8.2.66, Dow Chemical Co.
8. BE 673 997, 19.8.65/17.6.66, GB Prior. 18.12.64, I.C.I.
9. US 3 355 278, 27.3.64/28.11.67, US Prior. 13.3.61, Hooker Chemical.
10. BE 628 486, 15.2.63/16.8.63, US Prior. 6.3.62, Dow Chemical Co.
11. BE 628 487, 15.2.63/16.8.63, US Prior. 6.3.62 u. 26.10.62, Dow Chemical Co.
12. US 3 341 316, 6.11.64/12.9.67, Olin Mathieson Chemical Corp.
13. FR 1 394 286, 26.2.64/22.2.65, US Prior. 27.2.63 u. 6.2.64, Du Pont.

14. US 3 352 662, 6.2.64/14.11.67, US Prior. 27.2.63, Du Pont.
15. Rožkova, N.K. u. Bezumnova, A.N.: Chim. geterocikl. Soed. 2, 376 (68).
16. US 3 232 736, 27.8.63/1.2.66, GE Prior. 27.9.62, BASF.
17. Fischer, A.: Z. Pflanzenkrankh. Pflanzenschutz, Sonderh. IV, 227 (68).
18. - : Mededel. Landbouwhogeschool Opzoekingssta. Staat Gent 30 (3) (1965).
19. Cross, B., Dunn, C.L., Payne, D.H., and Tipton, J.D.: J. Sci. Food Agr. 20 (1), 8 (69).
20. DAS 1 105 232, 21.11.58, 20.4.61, BASF.
21. DAS 1 107 998, 19.3.60/31.5.61, BASF, US 3 210 353 (1965) BASF.
22. Frank, R.: Weeds 15 (3), 197 (67).
23. Fischer, A.: Weed Res. 2, 177 (62).
24. Dury, K.: Angew. Chem. 77, 282 (65).
25. Simonis, H.: Ber. 32, 2084 (1899).
26. Allen, C.F.H., and Spangler, F.W.: Mucobromsäure, Org. Syn. 27, 60 (47).
27. Hill, H.B.: Am. Chem. J. 3, 33 98 (1881).
28. Jackson, O.R. u. Hill, H.B.: Ber. 11, 1671 (1878).
29. Dury, K. u. Fischer, A.: 100 Jahre BASF - Aus der Forschung, Ludwigshafen/Rh. (65), S. 307.
30. Drescher, N.: 100 Jahre BASF - Aus der Forschung, Ludwigshafen/Rh. (65), S. 317.
31. Fischer, A.: 2. Symposium über neue Herbizide, Paris, S. 171 (65). Ed. Essor, Paris; ref. CA 65, 12 797 f.
32. - : Über die Wirkung neuer bromierter Pyridazonderivate. Internationale Studientagung über selektive Unkrautbekämpfung im Rübenanbau, 10.3.67, Paris, S. 327.
33. - : Deutsche Arbeitsbesprechung über Fragen der Unkrautbiologie und -bekämpfung. 4.3.65, Stuttgart-Hohenheim.
34. - : Neue Herbizide für Getreide, Mais und Baumwolle. 6. Internat. Pflanzenschutzkongreß, Wien, Abstracta, 446 (67).
35. DAS 1 210 241, 9.9.60/3.2.66, BASF.
36. IR 177/66, 26.2.65/28.2.66, BASF.
37. DAS 1 221 842, 26.2.65/28.7.66, BASF.
38. US 3 287 105, 26.1.66/22.11.66, GE Prior. 5.2.65, BASF.
39. NE 66 11 405, 12.8.66/15.2.67, GE Prior. 14.8.65, BASF.
40. NE 67 00 187, 5.1.67/6.7.67, GE Prior. 5.1.66, BASF.
41. DAS 1 224 980, 5.2.65/15.9.66, BASF (Auch Br statt Cl).
42. NE 67 00 251, 6.1.67/10.7.67, GE Prior. 7.1.66, BASF.
43. NE 67 00 252, 6.1.67/10.7.67, GE Prior. 7.1.66, BASF.
44. BE 615 519, 23.3.62/24.9.62, GE Prior. 25.3.61, BASF.
45. DAS 1 224 981, 16.2.65/15.9.66, BASF.
46. GB 949 132, 21.3.62/12.2.64, GE Prior. 25.3.61 u. 17.11.61, BASF.
47. IR 472/66, 7.5.65/9.5.66, BASF.
48. NE 66 11 582, 17.8.66/20.2.67, GE Prior. 17.8.65 u. 25.8.65, BASF.
49. BE 607 934, 7.9.61/7.3.62, BASF.
50. DAS 1 245 207, 22.12.64/20.7.67, BASF.
51. BE 665 583, 17.6.65/17.12.65, GE Prior. 19.6.64, BASF.
52. DAS 1 197 676, 12.2.64/29.7.65, BASF.
53. US 3 326 660, 2.2.65/20.6.67, GE Prior. 12.2.64, BASF.
54. DAS 1 200 061, 21.1.64/2.9.65, BASF.
55. = FR 1 434 994, 21.1.65/7.3.66, GE Prior. 21.1.64.
56. = GB 1 086 614, 20.1.65/11.10.67, GE Prior. 21.1.64.
57. NE 66 17 508, 13.12.66/16.6.67, GE Prior. 15.12.65, BASF.

58. NE 66 01 408, 3.2.66/8.8.66, GE Prior. 5.2.65, BASF.
59. US 3 323 892, 1.12.65/6.8.67, GE Prior. 22.12.64, BASF.
60. BE 655 278, 4.11.64/4.5.65, GE Prior. 8.11.63, BASF.
61. DAS 1 224 557, 29.12.64/8.9.66, BASF.
62. SZ 373 919, 2.2.59/15.12.63, Ciba AG.
63. US 2 575 954, 25.1.50/20.11.51, U.S. Rubber Co.
64. US 2 614 916 u. 2 614 917, 20.7.49/21.10.52, U.S. Rubber Co., ref. CA 47, 1327d.
65. US 2 805 926, 11.4.56/10.9.57, U.S. Rubber Co.
66. DBP 839 039, 8.10.50/20.9.51, US Prior. 25.1.50, U.S. Rubber Co.
67. GB 672 596, 29.9.50/21.5.52, US Prior. 25.1.50, U.S. Rubber Co.
68. Zukel, J.W.: Agr. Chem. 9, Nr.10, 46 u. 113 (54), ref. CA 49, 2008h.
69. Schoene, D.L., and Hoffmann, O.L.: Science 109, 588 (49).
70. U.S. Rubber Co.: Farm Chem. 118 (1), 47 (55).
71. Currier, H.B., and Crafts, A.S.: Science 111, 152 (50).
72. Andrew, W.H., and Andrew, S.R.: Can. J. Biol. 31, 426 (53).
73. Leopold, A.C., and Klein, W.H.: Plant Physiol. 5, 91 (52).
74. Waygood, E.R., Oaks, A. and Maclachlan, J.A.: Can. J. Botany 34, 54 (56); ref. CA 50, 5106a.
75. Currier, H.B., Day, B.E. u. Crafts, A.S.: Botan. Gaz. 112, 272 (51); ref. CA 45, 4393b.
76. White, D.G.: Agr. Chem. 7 (1), 40 u. 111 (52).
77. Zukel, J.W.: Agr. Chem. 8 (3), 45 u. 143 (53); ref. CA 47, 4539g.
78. Tate, H.D.: Farm Chem. 118 (1), 47 u. 50 (55); ref. CA 49, 5752d.
79. Massy, D.J.R.: Mfg. Chemist 26, 197 (55); ref. CA 49, 11 939d.
80. US 2 614 917, 4.1.51/21.10.52, U.S. Rubber Co.
81. GB 693 912, 30.3.50/8.7.53, US Prior. 1.4.49 u. 20.7.49, U.S. Rubber.
82. GB 693 960, 30.3.50/8.7.53, US Prior. 1.4.49 u. 20.7.49, U.S. Rubber.
83. FR 1 073 931, 22.7.52/30.9.54, Etat France.
84. OE 176 563, 10.10.52/10.11.53, Österreichische Stickstoffwerke AG.
85. US 3 244 714, 10.10.62/5.4.66, Plant Products Corp.
86. DAS 1 182 469, 14.11.62/26.11.64, Lentia Gesellschaft mbH.
87. Schönbeck, R. u. Kloimstein, E.: Monatsh. Chem. 99 (1), 15 (68).
88. NE 66 04 248, 31.3.66/28.11.66, JA Prior. 26.5.65, 6.9.65, 16.10.65 u. 19.3.66, Sankyo Co. Ltd.
89. Tamura, S., Jojima, T., Kawakubo, K., Nakamura, K., and Takematsu, T.: Agr. Biol. Chem. (Tokyo) 30 (4), 423 (66).
90. JA 19 519/66, 21.7.64/11.11.66, Sankyo Co. Ltd.
91. OE 204 560, 14.12.57/25.7.59, Österreichische Stickstoffwerke AG.
92. OE 206 444, 10.10.58/15.9.59, Österreichische Stickstoffwerke AG.
93. = DAS 1 107 233, 26.11.58/25.5.61.
94. OE 216 823, 25.8.59/25.8.61, Österreichische Stickstoffwerke AG.
95. OE 204 049, 21.12.57/25.6.59, Österreichische Stickstoffwerke AG.
96. OE 205 036, 21.12.57/25.8.59, Österreichische Stickstoffwerke AG.
97. JA 15 716/66, 22.4.64/5.9.66, Sankyo K.K.
98. JA 9 474/67, 5.3.65/15.5.67, Sankyo Co. Ltd.
99. Jojima, T., and Tamura, S.: Agr. Biol. Chem. (Tokyo) 30 (9), 896 (66).
100. US 3 126 271, 8.1.62/24.3.64, Stauffer Chemical Co.
101. US 3 250 775, 6.2.63/10.5.66, Stauffer Chemical Co.
102. Parker, C.: 8. Brit. Weed Control Conf. Proc. Vol. 1, 126 (66).
103. Trevett, M.F., and Littlefield, R.: Proc. Northeast. Weed Control Conf. 16, 255 (62); ref. CA 56, 915d.
104. SU 179 322, 5.4.65/Aug. 66, B.S. Tanaseichuk u. Mitarb.

105. Ogolevets, Ya. G.: Soobshch. Mosk. Otd. Vses. Botan. Obshchestva 1960, Nr. 1, 73; ref. CA 56, 5150i.
106. Sormova, Z.: CA 56, 13 289g.
107. Bucha, H. C., Cupery, W. E., Harrod, J. E., Loux, H. M., and Ellis, L. M.: Science 137, 537 (62).
108. US 3 005 015, 14. 8. 59/17. 10. 61, Du Pont.
109. US 3 235 357, 17. 8.62/15. 2. 66, US Prior. 14. 8. 59, 7. 3. 60, 11. 8. 60, 26. 1. 61 u. 15. 12. 61, Du Pont.
110. US 3 235 358, 6. 9. 62/15. 2. 66, Du Pont.
111. US 3 235 360, 22. 10. 62/15. 2. 66, US Prior. 7. 3. 60/16. 2. 61, Du Pont.
112. US 3 235 361, 29. 10. 62/15. 2. 66, US Prior. 14. 8. 59, 7. 3. 60, 16. 2. 61 u. 1. 2. 62, Du Pont.
113. US 3 235 362, 26. 6. 63/15. 2. 66, US Prior. 30. 12. 58, 7. 3. 60 u. 31. 10. 61, Du Pont.
114. US 3 235 363, 1. 5. 64/15. 2. 66, US Prior. 10. 8. 60, 16. 2. 61 u. 30. 11. 62, Du Pont, (Statt Cyclohexyl auch Isopropyl).
115. US 3 352 862, 27. 12. 65/14. 11. 67, US Prior. 14. 8. 59, 7. 3. 60, 11. 8. 60, 25. 1. 61, 15. 12. 61 u. 17. 8. 62, Du Pont.
116. US 3 352 863, 27. 12. 65/14. 11. 67, US Prior. 7. 3. 60, 16. 2. 61 u. 6. 9. 62, Du Pont.
117. US 3 360 521, 27. 12. 65/26. 12. 67, US Prior. 7. 3. 60, 16. 2. 61 u. 22. 1o. 62, Du Pont.
118. DAS 1 240 698, 12. 8. 60/18. 5. 67, US Prior. 14. 8. 59, 7. 3. 60 u. 10. 8. 60, Du Pont.
119. GB 966 290, 27. 6. 63/6. 8. 64, US Prior. 27. 8. 62, U. S. Borax & Chemical Corp.
120. = US 3 227 541, 27. 8. 62/4. 1. 66, U. S. Borax & Chemical Corp.
121. Hilton, J. L., Monaco, T. J., Mooreland, D. E., and Gentner, W. A.: Weeds 12, 129 (64).
122. Chem. Ind. 14, 76 (62).
123. Hoffmann, C. E., McGahen, J. W., and Sweetser, P. B.: Nature 202, 577 (64).
124. Varner, R. W., and Bingeman, C. W.: A New Class of Chemicals for Industrial Weed Control. Proc. Southern Weed Conf. 15, 215 (62).
125. Delp, C. J. u. Mitarb.: Proc. 16. Southern Weed Conf. 1963, p. 290.
126. GB 1 035 098, 7. 12. 62/6. 7. 66, GB Prior. 15. 8. 60, Du Pont.
127. Trevett, M. F., Gardner, W. and Murphy, H. J.: Proc. Northeast. Weed Control Conf. 1968, p. 411.
128. US 3 360 520, 27. 12. 65/26. 12. 67, US Prior. 10. 8. 60, 16. 12. 61, 30. 11. 62 u. 1. 5. 64, Du Pont.
129. BE 620 174, 12. 7. 62/5. 11. 62, US Prior. 12. 8. 60 u. 13. 7. 61, Du Pont. (Darstellungspatent).
130. US 3 254 082, 3. 6. 63/31. 5. 66, Du Pont.
131. US 3 360 522, 27. 12. 65/26. 12. 67, US Prior. 14. 8. 59, 7. 3. 60, 16. 2. 61, 1. 2. 62 u. 29. 10. 62, Du Pont.
132. NE 65 09 373, 20. 7. 65/23. 1. 67, Du Pont.
133. FR 1 461 796, 6. 12. 65/2. 11. 66, US Prior. 7. 12. 64, Du Pont.
134. JA 4 261/67, 27. 2. 64/22. 2. 67, Dai-Nippon Printing Ink Chem. Co. Ltd.
135. BE 625 897, 10. 12. 62/2. 4. 63, Verschiedene US Prior. 11. 12. 61 bis 30. 11. 62, Du Pont.
136. US 3 360 523, 30. 3. 67/26. 12. 67, US Prior. 11. 12. 61 u. 17. 6. 64, Du Pont.
137. FR 1 479 259, 6. 12. 65/28. 3. 67, US Prior. 7. 12. 64, Du Pont.
138. FR 1 498 024, 28. 10. 66/4. 9. 67, GE Prior. 30. 10. 65, BASF.
139. = NE 66 15 301, 28. 10. 66/2. 5. 67, GE Prior. 30. 10. 65.

140. Gentner, W. A.: An Evaluation of Several Chemicals for their Herbicidal Properties, 1966 Field Results, Preliminary unpublished report, 23.3.67.
141. DAS 1 210 242, 20.4.64/3.2.66, BASF.
142. DAS 1 227 725, 31.3.65/27.10.66, BASF.
143. US 3 244 503, 14.12.64/5.4.66, Du Pont.
144. GB 1 086 522, 3.9.64/11.10.67, Shell Internationale Research Maatschappij.
145. NE 65 11 395, 1.9.65/1.3.66, GB Prior. 3.9.64 u. 11.8.65, Shell.
146. FR 1 451 606, 1.9.65/25.7.66, GB Prior. 3.9.64 u. 11.8.65, Shell Internationale Research Maatschappij.
147. BE 700 851, 3.7.67/3.1.68, GE Prior. 2.7.66, BASF.
148. NE 67 09 023, 28.6.67/3.1.68, BASF.
149. Fischer, A.: 9. Brit. Weed Control Conf. 1968, Proc. Vol. 2, 1042.
150. BE 702 877, 21.8.67/21.8.68, GE Prior. 30.8.66, BASF.
151. NE 67 11 740, 25.8.67/1.3.68, BASF.
152. Durgeat, L. A.: Comptes Rendus des Journées d'Etudes sur les Herbicides, Paris: E.W.R.C. Columa Conf. p. 300 (1963).
153. Schöll, S.: Z. Pflanzenkrankh. Pflanzenschutz, Sonderh. III, 199 (65).
154. Gautier, J. L.: Comptes Rendus des Journées d'Etudes sur les Herbicides, Paris: 3$^{e}$ Conférence du Columa, Part 1, p. 519 (1965). Ed. Essor, Paris (66).
155. -, Jacquemet, H. et Vachette, C.: Journées Internationales d'Etudes sur le Désherbage Sélectif en Cultures de Betteraves, p. 303. Marly-Le-Roi, 9. - 10. März 67.
156. Martin, H.: Pesticide Manual. British Crop Protection Council, p. 268, (68).
157. - : Pesticide Manual. British Crop Protection Council, p. 408, (68).
158. Fryer, J. D., and Evans, S. A.: Weed Control Handbook, pp. 91 u. 416. Oxford-Edinburgh: Blackwell Scientific Publications 1968.
159. Spencer, E. Y.: Guide to the Chemicals Used in Crop Protection, p. 441. Ottawa: Ed. Roger Duhamel, F. R. S. C. Queen's Printer and Controller of Stationary 1968.
160. Hill, jr., G. D., Bingeman, C. W. u. Weed, M. B.: 2. Symposium über neue Herbizide, Paris, S. 313 (65).
161. World Crops 18 (1), 82 (66).
162. Jojima, T., and Tamura, S.: Agr. Biol. Chem. (Tokyo) 29, 151, 157 (65).
163. Tamura, S., Jojima, T., Kawakubo, K., Nakamura, K., and Takematsu, T.: Agr. Biol. Chem. (Tokyo) 30, 423 (66).
164. Weed Abstr. 17 (4), 316 u. 317 (68).
165. DOS 1 445 475, 2.2.62/7.11.68, BASF.
166. Jojima, T., Yoshimura, N., Takematsu, T., and Tamura, S.: Agr. Biol. Chem. (Tokyo) 33 (1), 96 (69).
167. -, Oyamada, K., and Tamura, S.: Agr. Biol. Chem. (Tokyo) 32 (11), 1376 (68).
168. GB 1 147 438, 6.7.66 u. 20.6.67/2.4.69, Monsanto Chemicals Ltd.
169. I.C.I. Plant Protection: Weed Abstr. 18 (5), 391, Ref. 2421 (69).
170. US 3 423 200, 16.12.65/21.1.69, AU Prior. 18.12.64, Monsanto Chemicals Ltd. (Australia).
171. DOS 1 910 620, 26.2.69/18.9.69, JA Prior. 28.2.68 u. 28.6.68, Sankyo Co.Ltd.
172. US 3 397 050, 13.12.67/13.8.68, US Prior. 15.12.61, 7.12.64 u. 31.10.66, Du Pont.
173. US 3 436 207, 23.2.65/1.4.69, Du Pont.
174. Zeidler, A., Fischer, A. u. Scheuerer, G.: Z. Naturforsch. 24b, 740 (69).

175. GB 1 139 627, 27.10.67/8.1.69, US Prior. 15.11.66, U.S. Borax & Chemical Corp.
176. Cross, B., Dunn, C.L., Payne, D.H., and Tipton, J.D.: J. Sci. Food Agr. 20 (6), 340 (69).
177. NE 67 14 141, 18.10.67/6.11.68, US Prior. 5.5.67, Du Pont.
178. DAS 1 237 582, 28.7.64/30.3.67, BASF.
179. Fischer, A.: Proc. 9. Brit. Weed Contr. Conf. 1968, 1042.
180. DAS 1 191 171, 27.9.62/15.4.65, BASF.
181. SA 7 101 838, Niagara Div.
182. JA 509 596 = GB 1 102 657, Sankyo.
183. US 3 644 355, 4.12.69/22.2.72, Sandoz.
184. Sologub, L.S. et al.: CA 76 (11), Ref. 55 131 (72).
185. Shindo, N. et al.: CA 76 (13), Ref. 69 035 (72).
186. Takematsu, T. et al.: Weed Sci. 20 (4), 327 (72).
187. DOS 1 567 131, 31.3.66/27.5.70, Sankyo,
DOS 1 667 994, 16.3.68/29.7.71, Sankyo,
DOS 1 910 620, 26.2.69/18.9.69, Sankyo.
188. DAS 1 670 315, 10.2.68/31.5.72, BASF,
US 3 697 522, BASF, FR 2 001 700, 10.2.69/10.5.71, BASF.
189. Esteves, A.B.: Relatorio Annual 1971; Weed Abstr. 22 (5), Ref. 784 (72).
190. DOS 1 695 840, 18.3.68/13.5.72, Sandoz. FR 1 575 643.
191. DOS 2 002 586, 21.1.70/27.8.70, Roussel-Uclaf.
DOS 2 114 018, 26.3.70/23.3.71
FR 2 029 250 u. 2 079 535. US 3 658 819, 16.1.70/28.4.72, Roussel-Uclaf.
192. Brit. Weed Contr. Conf. Brighton 1972.
193. DOS 2 006 145, 14.2.69/29.10.72, SZ Prior. 14.2.69, Sandoz,
GB 1 294 198.
194. DOS 2 118 935, 19.4.71/4.11.72, FMC
US 3 679 682, 23.4.70/25.7.72, FR 2 039 430.
195. Johnson, O.: CW Report Pesticides 72 Chem. Week 111 (4), 27 (72).
196. DOS 2 249 163, 1.10.72/19.4.73, FMC.
197. DOS 2 249 099, 8.10.72/19.4.73, FMC.
198. DOS 1 695 250, 19.8.66/19.5.71, I.C.I.
DOS 1 949 422, 30.9.68/9.4.70, I.C.I.
FR 1 500 964.
199. DOS 1 670 100, 2.8.66/13.8.70, BASF,
FR 1 530 030.
200. 3. Symp. nouv. Herb. 12.69, Versailles I, S. 61.
201. DOS 1 545 630, 5.10.65/7.8.69, BASF,
BE 687 386, 16.9.66/28.3.67.
202. Zeidler, H. et al.: Zeitschr. Naturf. 24b,740 (69); Buch: Fischer, A.: Herbicide BASF Landwirtsch. Versuchsstation, 6703 Limburger Hof.
203. Crittendon, C.E. et al.: Abstr. 1974 Meeting of the Plant Growth Reg. Working Group 2.74 Las Vegas, Nevada, S. 2.
204. US 3 652 257, 24.2.69/28.3.72, Sankyo,
FR 2 002 787.
205. Jujima, T. et al.: Chem. Abstr. 79 (3), Ref. 14 311 (73).
206. Eine sehr umfangreiche Literatursammlung findet sich in der BASF Firmenschrift BASAGRAN Nov. 1973 Landwirtschaftl. Versuchsstation, D-6703 Limburger Hof.
207. DOS 2 129 109, 11.6.71/4.1.73, Österr. Stickstoffwerke,
BE 784 692, US 3 790 571.
208. 3. Intern. Congr. Pest. Chem. Helsinki 7.1974.

209. DOS 2 256 289, 16.11.72/6.6.74, Wacker Chemie,
BE 807 384.
210. s. 208.
211. DOS 2 249 162, 6.10.72/19.4.73, FMC Corp.
= US 3 816 421, BE 790 010.
211a. Northeastern Weed Sci. Jan. 1972, S. 38.
212. DAS 1 191 171, 29.9.62/15.4.65, BASF.
213. Takzyuki, Okabe et al.: Agr. Biol. Chem. 37, 1197 (73).
214. Gross, B. et al.: J. Sci. Food Agr. 20 (6), 340 (69).
215. DOS 1 912 770, 13.3.69/10.12.70, BASF.
216. DOS 1 542 691, 14.8.65/23.7.70, BASF,
DOS 1 542 814, 5.1.66/26.3.70, BASF.
217. DOS 1 542 692, 17.8.65/23.8.70, BASF.
218. DOS 1 542 813, 3.1.66/26.3.70, BASF.
219. DOS 1 542 815, 7.1.66/26.3.70, BASF.
220. DOS 1 542 816, 7.1.66/26.3.70, BASF.
221. DOS 1 966 311, 13.3.69/23.3.72, BASF.
222. DOS 1 966 313, 13.3.69/17.2.72, BASF.
223. DOS 2 010 397, 5.3.70/16.9.71, BASF.
224. DOS 2 023 291, 13.5.70/2.12.71, BASF.
225. DOS 2 117 681, 10.4.71/19.10.72, BASF.
226. DOS 1 912 770, 13.3.69/10.12.70, BASF.
227. DOS 1 542 695, 25.3.65/23.8.70, BASF.
228. DOS 1 542 700, 15.12.65/4.6.70, BASF.
229. BE 712 832, 29.3.68/27.9.68, Sandoz,
= SZ 482 684, 2.1.67/30.1.70, Sandoz,
GB 1 206 346, 20.3.68/23.9.70, Sandoz.
230. DOS 1 667 994, 16.3.68/29.7.71, Sankyo,
FR 1 563 247.
231. DOS 1 542 685, 7.5.65/23.7.70, BASF.
232. DOS 2 249 162, 6.10.72/19.4.73, FMC,
BE 765 533.
233. DOS 2 249 163, 6.10.72/19.4.73, FMC.
234. DOS 1 567 006, 6.12.62/30.7.70, Du Pont.
235. DOS 1 924 232, 12.5.69/27.11.69, Du Pont.
236. DOS 2 002 586, 21.1.70/27.8.70, Roussel-Uclaf.
237. DOS 1 745 901, 30.10.65/16.10.69, BASF.
238. DOS 1 642 223, 7.4.67/27.1.72, BASF.
239. DOS 1 670 100, 2.8.66/13.8.70, BASF.
240. DOS 1 542 836, 30.8.66/29.4.72, BASF.
241. DOS 2 165 555, 30.12.71/19.7.73, BASF.
242. Gentner, W.A.: An Evaluation of several Chemicals for their herbicidal Properties, Ref. G 2507 a.
243. DOS 2 110 111, 3.10.71/16.9.72, SZ Prior. 5.3.70, Sandoz.
244. Jojima, T. et al.: Agr. Biol. Chem. 33 (1), 96 (69).
245. DAS 1 224 980, 5.2.65/15.9.66, BASF,
GB 1 228 302, 16.4.68/17.3.71,
FR 1 466 924, BE 675 785.
246. DOS 1 910 620, 26.2.69/18.9.69, JA Prior. 28.2.68, Sankyo.
247. DOS 2 316 292, 31.3.73/17.10.74, BASF.
248. DOS 2 065 629, 11.2.70/24.10.74, Sandoz.
249. US 3 821 223, 14.10.71/28.6.74, Du Pont.
250. US 3 833 582, 21.8.72/3.9.74, Pfizer Inc.

251. US 3 836 351, 26.6.68/17.9.74, Amchem.
252. 12. Brit. Weed Conf., Brighton 11.74.
253. BE 712 832, 29.3.68, 27.9.68, Sandoz.
254. Weed Abstr. 23, Ref. 1965 (74).
255. Weed Abstr. 23 (10), 2343 (74).
256. Hamada, Y. et al.: Yakugaku/Zasshi 94 (10), 1328 (74).
257. Hamprecht, G., Zeidler, A., König, K. H., Mangold, D. in Buch: Synthetic pathways to a new class of herbicides, 3. Intern. Congress of Pesticide Chemistry. Jupac. Helsinki 1974. BASF Ludwigshafen BRD.
258. 40. Deutsche Pflanzensch. Tagung 6.-10. Okto. 1975 in Oldenburg, Mitteil. d. Biol. Bundesanst. Berlin-Dahlem, H. W. Kümmel 165, 178.
259. DOS 2 352 661, 19.10.73/9.5.74, Nippon Sund.
JA Prior. 20.12.72/25.12.72.
= US 3 927 034, = GB 1 407 317, = BE 806 363.
260. Gibbons, L. K. et al.: Journ. Agric. ann. Food Chem. 24 (2), 203 (76).
261. DOS 2 537 753, 25.8.75/11.3.76, Eli Lilly, US Prior. 28.8.74 u. 3.7.75,
262. Weed Abstr. 25 (3), Ref. 863 (76).
263. FR 2 283 130, 26.8.75/30.4.76, Eli Lilly, US Prior. 28.8.74 u, 3.7.75
264. CA 85 (1), Ref. 1086 (76), Org. jap.

g) 6-Ring-Verbindungen mit 3 N

Symmetrische Triazine

Konstitution und Wirkung

Die Schweizer Firma Geigy fand 1955 in den symmetrischen Triazinen eine neue Klasse hochwirksamer Herbizide, die in der folgenden Zeit zu größter praktischer Bedeutung gelangte.

Die Geschichte der Entdeckung der sym. Triazine als Herbizide beschreibt H. Gysin, einer der Erfinder bei der Fa. Geigy[231].

Obwohl der erste in den Handel gekommene Vertreter aus der Reihe der Triazine vorwiegend ein Totalherbizid war, liegt heute die Bedeutung dieser Substanzklasse mehr auf dem Gebiet der selektiven Anwendung. Selektivität wurde z.T. durch Anwendung niedrigerer Konzentrationen, andererseits noch mehr aber durch systematische chemische Abwandlung der Substituenten erreicht. Hauptanwendung selektive Unkrautbekämpfung in Mais.

Vertreter der symmetrischen Triazine haben auch als Fungizide Bedeutung erlangt. Außerdem gibt es den Herbiziden nahe Verwandte mit diuretischer Wirkung sowie mit stimulierenden Eigenschaften, die auf das zentrale und parasympatische Nervensystem wirken[1].

Ausgangsprodukt für die Synthese aller symmetrischen Triazine ist das Cyanurchlorid, das durch Trimerisation von Chlorcyan gewonnen wird. Diese Verbindung war schon vorher für die Herstellung von Farbstoffen von großer Wichtigkeit. Alle drei Chloratome im Cyanurchlorid können nacheinander durch nucleophile Substituenten ausgetauscht werden. Herbizid wirksame Verbindungen entstehen, wenn zwei Halogenatome durch niedere aliphatische, primäre Amine substituiert werden. Das dritte Chloratom muß erhalten bleiben, oder es kann durch einen Mercaptomethyl-, einen Methoxy-Rest oder die Azidogruppe ersetzt sein[2,3]. Über die Zusammenhänge zwischen chemischer Konstitution und herbizider Wirksamkeit ist eine umfassende Arbeit erschienen[4]. Natürlich sind quantitative Aussagen über eine allgemeine herbizide Potenz kaum möglich, da letztere pflanzenspezifisch ist.

Wird im Cyanurchlorid nur ein Cl gegen den Butoxy-Rest ausgetauscht, so entsteht eine Verbindung, die schon kräftig herbizid wirkt[4]. Eine Anwendung konnte diese Verbindung bis heute allerdings nicht finden, da zumindest ein Halogenatom leicht hydrolysiert wird. Der Ersatz eines Halogens durch den Thiobutyl-Rest führt ebenfalls zu herbizid wirksamen Verbindungen, aber mit schwächerer Wirkung.

Wird nur ein Halogenatom im Cyanurchlorid durch z.B. $-NH-C_2H_5$ oder andere niedere aliphatische, primäre Amine ($<C_4$) substituiert, so entstehen ebenfalls am Halogen hydrolyseempfindliche und zudem hautreizende Verbindungen mit herbizider Wirkung. Substitution eines Halogens durch einen p-Chloranilin-Rest gibt gleichfalls ein Herbizid. Dagegen führt ein Austausch durch o-Chloranilin, wie Untersuchungen von anderer Seite (Chemagro[5], USA) zeigen, zu einem Fungizid, welches praktische Bedeutung zur Bekämpfung von Botrytis erlangt hat. (Andere Fungizide aus der Triazin-Reihe s.[6]).

Wichtigste Herbizide der Triazin-Reihe gehören der Klasse der Monochlortriazine an, wobei zwei Chloratome durch niedere primäre Amine substituiert worden sind. Eine Umsetzung des Cyanurchlorids unter Austausch von zwei Halogenatomen mit sekundären Aminen führt zu schwächeren Herbiziden. Die Alkylgruppen der substituierenden primären Amine dürfen höchstens 4-5 Kohlenstoff-Atome aufweisen, ohne daß deutlicher Wirkungsabfall eintritt.

Unter Bedingungen der praktischen Anwendung zeigte es sich, daß bei Verbindungen des Typs

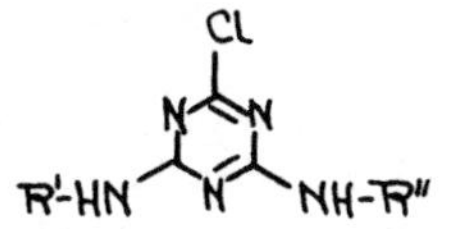

die Wirkung relativ langsam eintritt, jedoch eine starke und lang anhaltende herbizide Wirkungsdauer vorliegt. Wird in diesen Verbindungen Cl gegen eine Methoxygruppe ausgetauscht, so ergibt sich bei noch guter Wirkungsdauer ein rascher Wirkungseintritt. Der Austausch von Cl gegen $SCH_3$ führt ebenfalls zu guten Herbiziden mit schnell einsetzender Wirkung, doch ist nun die Wirkung von geringerer Dauer[7]. Herbizide dieser Variationen sind in praktischer Anwendung und werden im folgenden noch einzeln aufgeführt.

Wird Cl gegen $OCH_3$ oder $SCH_3$ ausgetauscht, so wird besonders die Wasserlöslichkeit verbessert. Dies führt bei der Anwendung zu einer Erhöhung der Blattherbizidwirkung. An den $OCH_3$- oder $SCH_3$-Gruppen setzt im Boden, vermutlich durch Bakterien, auch der Abbau ein, was die kürzere Verweildauer gegenüber den Cl-haltigen Verbindungen verständlich macht.

Der starke Wirkungsabfall bei der Substitution von zwei Halogenatomen durch sekundäre Amine wird auf eine stärkere Basizität dieser Verbindungen zurückgeführt, die infolge saurer Bodenbestandteile eine starke Adsorption bedingen kann. Die blattherbizide Wirkung dürfte dadurch allerdings nicht beeinflußt werden. Tatsächlich zeigen solche Verbindungen bei Kleinversuchen im Gewächshaus gute Wirkung. Herbizide, durch Chloraustausch mit nur einer sekundären und einer primären Aminogruppe entstanden, sind in Anwendung. Am Stickstoff der Amin-Seitenkette acylierte Verbindungen wirken nur sehr langsam als Herbizide und offenbar nach Maßgabe ihrer Hydrolyse zu den basischen Verbindungen[8].

Da eine gewisse Wasserlöslichkeit der Herbizide in der Triazin-Reihe maßgeblich ist, wurden umfassende Arbeiten über Zusammenhänge zwischen physikalischen Konstanten, wie Wasserlöslichkeit, und herbizider Wirkung durchgeführt. U.a. wurde statt der Methoxy-Gruppe die Gruppierung $OCH_2$-COOH eingeführt[9]. Die Vielzahl der Parameter, welche für die Wirksamkeit in der Pflanze von Bedeutung sind, wie Löslichkeit, Eindringungsvermögen, Verteilungskoeffizienten, Abbaufähigkeit, wurde mehrfach untersucht[10,11]. Über den Einfluß einer Acylierung am Stickstoff der Amin-Seitenkette ist gleichfalls in der Literatur berichtet worden[12].

Im Rahmen ähnlicher Untersuchungen wurden auch zwei Chloratome gegen Aminosäure-Reste ausgetauscht. Dabei wurden aber nur mittelmäßig wirksame Herbizide und zum Teil fungizid wirksame Stoffe erhalten[13].

Die symmetrischen Triazine sind außer von der Firma Geigy auch von anderer Seite im Hinblick auf Konstitution und Wirkung untersucht worden[14,15].

Die symmetrischen Triazin-Herbizide sind Photosynthesehemmer. Ihre pflanzenschädigende Wirkung kann im Laboratorium durch die Hemmung der Hill-Reaktion vereinfacht gemessen werden[16,17]. Diese Prüfung gestattet aber nur wenig sichere Aussagen über eine Wirkung unter Feldbedingungen, da zahlreiche Faktoren die herbizide Wirkung beeinflussen. Neben die Photosynthese-Hemmung treten bei höheren Konzentrationen lichtunabhängige Einflüsse auf das Enzymsystem der Pflanzen. Zum Teil wird die Nitrataufnahme durch die Wurzeln erhöht, was sich nach Umwandlung des Nitratstickstoffes in einem höheren Stickstoffgehalt, d.h. Eiweißgehalt der Pflanzen, bemerkbar machen kann[18] (s. auch[19] S. 367).

Zahlreiche Umstände, welche neben der grundlegenden Beeinträchtigung der Hill-Reaktion für die Wirkung eines Triazin-Herbizids bedeutsam sind, werden in der Literatur erwähnt[21]: Aufnahme durch Wurzeln und Blätter[22], Abbau durch Bakte rien sowie durch Hydrolyse[23]. Hier kann nur eine sehr kleine Literaturübersicht genannt werden[18,24-41,238].

Als Nebenwirkung symmetrischer Triazine wurde gelegentlich ein Abfall des Stärkegehaltes der Blätter der behandelten Pflanzen beobachtet[8].

Die Wirkungsweise des in dieser Reihe besonders wichtigen Herbizides, das Simazin (s. später), auf pflanzliche Enzyme und die Hill-Reaktion ist Gegenstand vieler Arbeiten[16,20].

Die Ursache der Selektivität der wichtigsten symmetrischen Triazine ist eingehend untersucht worden[42]. Wenn auch nicht alle Zusammenhänge geklärt sind, wurden doch beachtenswerte Aufschlüsse erhalten. Die Selektivität des Simazin (s. später) in Mais ist z. B. wesentlich durch das geringe Simazin-Aufnahmevermögen dieser Pflanze bedingt, wobei indessen die eigentliche Ursache dieser geringen Aufnahmefähigkeit bislang nicht bekannt ist. Andererseits verfügt Mais - wie auch andere gegenüber Simazin unempfindliche Pflanzen - über eine chemische Verbindung, welche in-vivo und in-vitro Simazin oxidativ abbaut[22]. Ein Glucosid des 2,4-Dihydroxy-7-methoxy-1,4-benzoxazin-3-on konnte isoliert und für diesen Abbau verantwortlich gemacht werden:

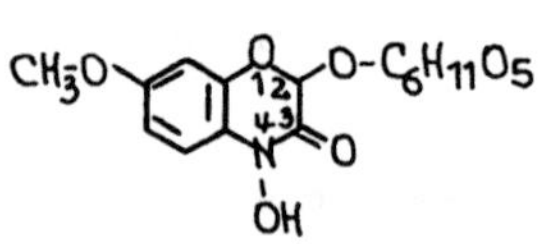


Auch das Spaltungsprodukt ohne Zuckerrest zeigt noch in gleicher Weise eine Abbaufähigkeit für Simazin.

Dieselbe chemische Verbindung "DIMB(O)A" = 2,4-Dihydro-7-methoxy-2H-1,4-benzoxazin-3(4H)-on[200] wurde nach jüngsten Veröffentlichungen in vermehrter Menge in solchen Maissorten nachgewiesen die gegen den Maiszünsler Resistenz aufweisen[201].

Über die Umwandlung symmetrischer Triazine in der Pflanze gibt es viele Informationen[43]; Cl wird in der Pflanze durch OH ersetzt[44].

Der Abbau von sym. Triazinen in der Pflanze geschieht anschließend in auf verschiedene Weise. Desalkylierender Angriff an der Seitenkette, Oxidation der

Alkylgruppen zu Hydroxylverbindungen, Konjugation mit natürlichen Aminosäuren durch eine Gluthathion-s-transferase, wie sie z. B. in Mais und Sorghum vorkommt. In letzter Stufe tritt Ringaufspaltung ein, nachdem desalkylierte Aminogruppen durch Hydroxyl ersetzt worden sind. Bodenorganismen bewirken einen ähnlichen Abbau wie die Pflanzen.

Die selektive Wirkung verschiedener sym. Triazine in Sojabohnen wurde untersucht[45]. Interessant ist eine Mitteilung, wonach Simazin z. B. in Samen und Blättern von Erbsen und Roggen den Eiweißgehalt bis um 80% erhöht. Die Ursache liegt in einer Steigerung der Nitrat-Reduktase-Aktivität. Bei Pflanzen, die ihren Stickstoffbedarf nicht durch Nitrataufnahme, sondern durch Ammoniumsalze dekken, tritt dieser Effekt der Eiweißvermehrung nicht auf[18,19].

Charakteristisch für nahezu alle Herbizide aus der Reihe der sym. Triazine ist ihre geringe Giftigkeit für Warmblüter. Da auch die Fischgiftigkeit sehr gering ist, wird eine Anwendung als Wasserherbizide ermöglicht[235].

Eine interessante Beobachtung über synergistische Wirkungen verschiedener sym. Triazinherbizide für Insektizide wie DDT, Parathion, Carbofuran oder Diazinon wurde 1973 und 1974 durch E.P. Lichtenstein veröffentlich[199,228]. Da auch 2,4-Dichlorphenoxyessigsäure eine, wenngleich wesentlich schwächere, synergistische Wirkung aufweist, scheinen hier Wechselwirkungen zu bestehen, die seither wohl zu wenig beachtet und untersucht worden sind. (Siehe umgekehrt die Erhöhung der Pflanzen-toxizität von Propanil durch Insektizide aus der Phosphorester-reihe). Diese Beobachtungen haben in vielen Forschungsstätten neue umfangreiche Untersuchungen ausgelöst über Wechselwirkungen von Pestiziden mit anderen Chemikalien. Wenngleich die ersten Befunde viel Aufsehen erregt und zum Teil unsachliche Beurteilung durch einige Umweltschützer erfahren haben, ist dieses Arbeitsgebiet in der Toxikologie von Pestiziden doch zu beachten. Es dürften **bei den** geringen Rückstandsmengen an Pestiziden in der Nahrung aber keine Gefahren zu befürchten sein. Möglicherweise sind aber in der gemeinsamen Anwendung von Pestiziden mitunter andere Empfehlungen notwendig. Andererseits können diese Beobachtungen durchaus auch positive Aussichten eröffnen etwa für die Einsparung bestimmter Insektizide.

Nur erwähnt sei, daß auch ein Analepticum aus der Reihe der 1,3,5-Triazine, allerdings mit einer basischen Seitenkette, aufgefunden worden ist[232].

Im folgenden werden die wichtigsten Herbizidversuchs- und Handelsprodukte- aus der Reihe der der 1,3,5-Triazine aufgeführt. Die Triazinherbizide sind fast ausschließlich Produkte der Fa. Geigy. Erst später entwickelten auch andere Firmen einige Herbizide auf dieser Basis.

Symmetrische Triazine mit einem Chlor-Atom

Dieses einfache Triazin ist jüngeren Datums.

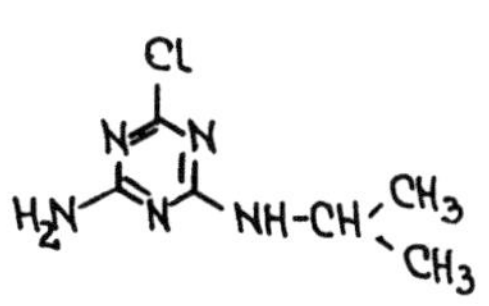


Versuchsprodukt: G 30033
(Geigy)
1970/1971

Patente[46]. Literatur[194].

Die tert.-Butylverbindung hat die Versuchsnummer GS 26379.
Patente[215]. Literatur[194].

GS-18182: 2-Chlor-4-methylamino-6-sek.butylamino-s.triazin ist ebenfalls ein Versuchsprodukt von Geigy:
Patente[213].
Die entsprechende tert. Butylamino-verbindung: GS-18183.

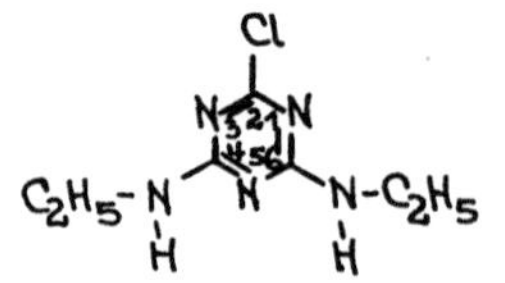

2-Chlor-4,6-bisäthylamino-1,3,5-triazin
Common name: Simazin
Handelsname: Gesatop® (Geigy) 1955
Primatol S®
Printop® (Gross Brit.)
Princep® (USA)

$LD_{50}$: 5000 mg/kg Ratte p.o. akut. Sehr wenig giftig für Fische und Wild. Wasserlöslichkeit: 5 ppm bei 20-22°. Wirkungsweise: Bodenherbizid, mittlere Wirkung als Wasserherbizid. Anwendungsweise: Pre-emergence.

Simazin ist wirksam gegen keimende Unkräuter und gegen bereits aufgelaufene, einjährige Unkräuter im Jugendstadium. Die Wirkung gegen Wurzelunkräuter ist meist nicht ausreichend. Es dient als Totalherbizid auf unkrautfreiem Boden zur Verhinderung von Unkrautauflauf oder in Mischung mit Blattherbiziden post-emergence. Simazin ist wirksam gegen Gräser und breitblättrige Unkräuter. Selektiv wirkt es bei Pre-emergence-Anwendung in Mais, Spargel, Erbsen, Zuckerrohr, Sisal, Hirse und Sorghum. In Getreide verwendet man es zur Ackerfuchsschwanzbekämpfung. In Zuckerrüben dient es nach dem Vereinzeln zur Unterblattspritzung gegen Spätverunkrautung. Außerdem findet Simazin Verwendung in tiefer wurzelnden Dauerkulturen wie Wein, Citrus, Tee, Kaffee, Kakao, Ananas, Hevea und im Beerenobst (einschließlich Erdbeeren).

Eine große Anzahl von Ziergehölzen sind gegen Simazin widerstandsfähig und erlauben so die Benutzung von Simazin zur Bekämpfung vornehmlich einjähriger Unkräuter.

Bodenfeuchtigkeit begünstigt die herbizide Wirkung. Schwere und humusreiche Böden führen infolge Adsorption zu Wirkungsverminderung. Der nur langsame Abbau des Siamzins im Boden durch Mikroorganismen und die geringe Wasserlöslichkeit bedingen die gute Dauerwirkung. Für die Anwendung als Totalherbizid und in Dauerkulturen ist das von Vorteil, doch begrenzt diese Eigenschaft den Zeitraum der Anwendung als selektives Herbizid und die Aussaat nachfolgender Kulturen[2,3].
Immer noch sehr bedeutendes Herbizid.
Patente[46-48]. Literatur[2,3,18,24-41].

2-Chlor-4-äthylamino-6-isopropylamino-1,3,5-triazin

Common name: Atrazin
Handelsname: Gesaprim®
(Geigy) 1958
Atrex®

$LD_{50}$: 3080 (2000) mg/kg Ratte p.o. akut, 1750 mg/kg Maus p.o. akut. Wasserlöslichkeit: 70 ppm bei 27°. Wirkungsweise: Bodenherbizid mit guter Blattherbizidwirkung. Anwendungsweise: Nicht nur pre-, sondern (im Gegensatz zum

Simazin) auch post-emergence im frühen Wachstumsstadium. Anwendungsgebiet: Totalherbizid und selektives Herbizid, besonders im Mais-, Obst- und Weinbau, in Zuckerrohr und Ananas, gegen Gräser und breitblättrige Unkräuter. Atrazin stellt wie Simazin ein sehr bedeutendes Herbizid dar.

Die Einführung der organophilen Isopropylgruppe bedingt eine bessere blattherbizide Wirkung; langanhaltende Wirkung im Boden. Als Nachfolgekulturen sind speziell Mais und Kartoffeln möglich[2, 49].
Patente[46]. Literatur[2, 18, 24-41, 49].

Die Substitution durch einen Alkylcyan-Rest an einer Aminogruppe ist mehrfach Gegenstand von Patenten[53, 54, 182]. Die erste Darstellung derartiger Verbindungen wird einem Ungarn zugeschrieben[187]. Von dieser Seite wurde später auch über verbesserte Darstellungsverfahren berichtet[215]. Auch einige Versuchsprodukte sowie Handelsprodukte sind 1967 und später bekanntgeworden.

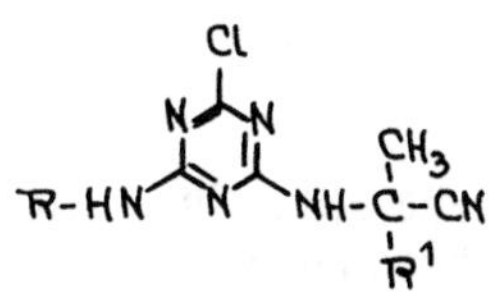

2-Chlor-4-methylamino-6-(amino-2'-propionitril)-1, 3, 5-triazin
Versuchsprodukt: SD 15417
(Shell Chemical Co.)

R = $CH_3$, R = $C_2H_5$, R = $C_2H_5$, R = iso-$C_3H_7$
R' = $CH_3$, R' = $CH_3$, R' = $C_2H_5$

Die Verbindung mit R = $C_2H_5$ und R' = $CH_3$ ist 1971 in den Handel gekommen.
Common name: Cyanazin
Handelsname: Bladex®, DW 3418, WL 19805, in USA SD 15418, Fortrol®

$LD_{50}$: 149-334 mg/kg Ratte p.o. akut
300-380 mg/kg Maus
Wasserlöslichkeit: 171 ppm bei 25°.
Wirksam gegen Ungräser und Unkräuter aller Art. Anwendung: Pre-emergence und post-emergence. Wird im Boden durch Hydrolyse der CN-Gruppe und des Cl rasch abgebaut[55]. Halbwertzeit 12-15 Tage. Totalherbizid und selektiv in Mais, Sojabohnen, Sorghum, Bohnen, Weizen, Baumwolle und Erbsen. 10-12 Wochen nach einer Anwendung im Boden können selbst empfindliche Kulturen neu angebaut werden. Neuerdings werden als tolerante Kulturen auch Kartoffel, Zuckerrohr, Weizen, Gerste und Hafer angegeben.
Patente[53, 54, 182]. Literatur[184, 206, 224].

Ähnliche Verbindungen, nur am Stickstoff alkyliert, sind gleichfalls gute Herbizide[56, 174].

2-Chlor-4, 6-bisisopropylamino-1, 3, 5-triazin

Common name: Propazin
Handelsname: Gesamil® (Geigy) 1960
Milogard® (Ciba-Geigy)

$LD_{50}$: > 5000 mg/kg Ratte p.o. akut. Wasserlöslichkeit: 8,6 ppm bei 20-22°.
Wirkungsweise: Bodenherbizid. Anwendungsweise: Pre-emergence gegen breitblättrige Unkräuter und Gräser. Anwendungsgebiet: Selektiv in Hirese, Möhren, Fenchel, Sellerie, Petersilie, Großes Herbizid.
Patente[46-48]. Literatur[18, 24-41, 49].

2-Chlor-4-äthylamino-6-diäthylamino-1,3,5-triazin

Common name: Trietazin
Handelsname: Gesafloc® (Geigy) 1960
G-1667 (Fisons) 1972
G-27901

$LD_{50}$: 1750-2830 mg/kg Ratte p.o. akut. Wasserlöslichkeit: 20 ppm bei 20°C. Wirkungsweise: Boden- und Blattherbizid. Anwendungsweise: Pre-emergence. Anwendungsgebiet: Selektiv in Chrysanthemen, Kartoffeln und Erdbeeren. Meist in Kombinations-produkten angewandt.
Patente[46-48]. Literatur[2, 3, 49-51].

2-Chlor-4-tert.butyl-amino-6-äthylamino-1,3,5-triazin

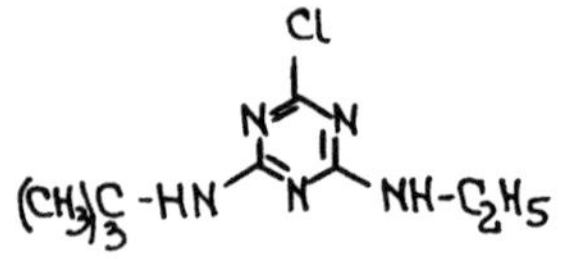


Common name: Terbuthylazine
Handelsname: Gardoprim®, Primatol®
GS-11529, GS-13529 80 W
(Ciba-Geigy)
1966

$LD_{50}$: 2000-2160 mg/kg Ratte p.o. akut. Wasserlöslichkeit: 8,5 ppm. Über die Wurzeln wirksames Totalherbizid. Selektiv in Mais und Sorghum gegen Gräser und Unkräuter. In Kombination mit anderen Herbiziden für Kartoffeln, Getreide, Obst und im Weinbau.
Patente[204, 225]. Literatur[191].

Als neueres Herbizid ist in Anwendung:

2-Chlor-4-(cyclo-propylamino)-6-isopropyl-amino-1,3,5-triazin

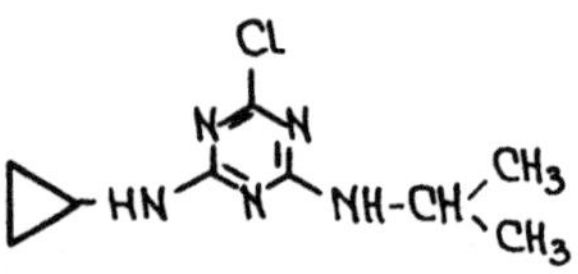


Common name: Cyprazine
Handelsname: Outfox®, S-6115, H-853
(Gulf-Oil Corp. )
1970

$LD_{50}$: ca. 1200 mg/kg Ratte p.o. akut. $LC_{50}$: 6,2 mg/L 96 Stdn. Regenbogen-Forelle. In Wasser praktisch unlöslich. Anwendung: Post-emergence gegen Gräser und breitblättrige Unkräuter. Selektiv in Mais. Aufnahme durch Blätter und Wurzeln. Photosynthese-Hemmer.
Patente[193]. Literatur[185].

Unter dem Namen Prefox® (Gulf) wird eine Kombination von Outfox mit N,N-Diäthyl-äthylthiocarbamat näher untersucht.

Zwei weitere Versuchsherbizide stellen Aldehyd-additionsprodukte von sym. Amino-triazinen dar.

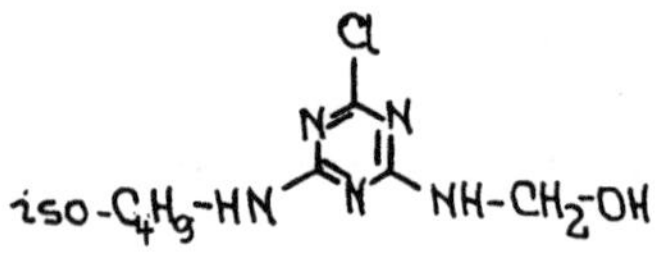


ACD 15 M (Allied Chem.)
1970

Wirksam gegen Hühnerhirse. Selektiv in Baumwolle und Sojabohnen.
Patente[212].

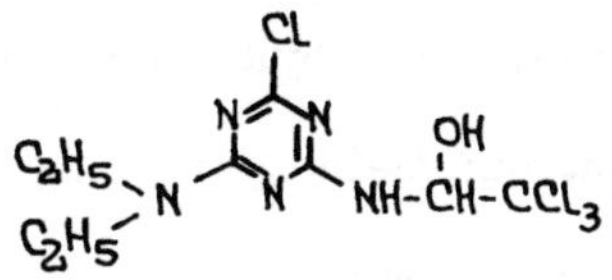

Versuchsprodukt der Toyo High Pressure

Angaben über Selektivität fehlen zur Zeit.
Patente[187]. Literatur[195].

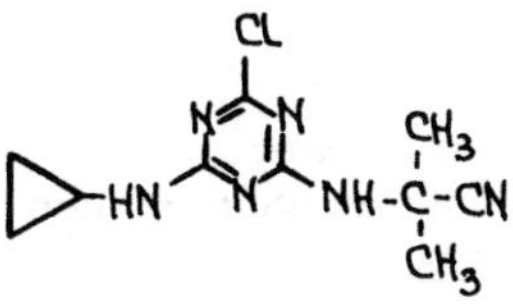

Vorgeschlagener
Common name: Procyazine
Versuchsprodukt: Cycle®, CGA-18762
(Ciba-Geigy)
1974

$LD_{50}$: 340 mg/kg Ratte p.o. akut. Wirksam gegen Gräser und Unkräuter. Selektiv in Mais, Getreide und Leguminosen. Kurze Wirkungsdauer.
Patente[196]. Literatur[226, 229].

Weitere Herbizide mit 1 x Chlor und tert. Aminogruppen:

2-Chlor-4,6-bisdiäthylamino-1,3,5-triazin

Common name: Chlorazin
Versuchsherbizid: G-444, E, G-25804
Zurückgezogen (Geigy)

Patente[46-48]. Literatur[52].

2-Chlor-4-isopropylamino-6-diäthylamino-1,3,5-triazin

Common name: Ipazin
Handelsname: Gesabal®
(Geigy)
ohne Bedeutung

Wirkungsweise: Bodenherbizid. Anwendungsweise: Pre-emergence. Anwendungsgebiet: Sellerie, Erbsen, Möhren.
Patente[46-48]. Literatur[18, 24-41].

Sym. Triazine mit 1 x Chlor, 1 x NH-iso-Propyl und 1 x NH-C(=O)-C(=O)-OS-Alkyl

siehe[219].

Symmetrische Triazine mit $O-CH_3$

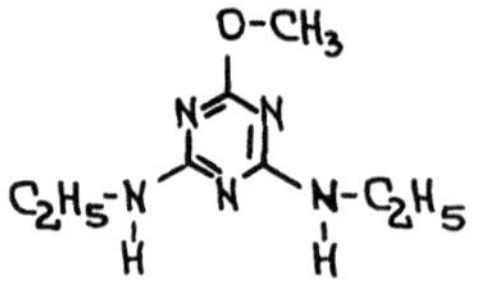

2-Methoxy-4,6-bisäthylamino-1,3,5-triazin
Common name: Methoxysimazin, Simeton
Handelsname: Gesadural®
(Geigy) 1966

Wirkungsweise: Boden- und Blattherbizid. Anwendungsweise: Pre- und post-emergence. Nicht mehr von Bedeutung.
Patente[46, 57, 58] (s. auch bei Atraton und Simazin). Literatur[59].

2-Methoxy-4-methylamino-6-isopropylamino-1,3,5-triazin

Common name: Noraton
Versuchsprodukt zurückgezogen
GS 32292 (Geigy)

Patente[46, 57, 58, 60]. Literatur[59].

2-Methoxy-4-äthylamino-6-isopropylamino-1,3,5-triazin

Common name: Atraton
Handelsname: Gesatamin®
(Geigy) 1959

$LD_{50}$: 1465 mg/kg Ratte p.o. akut (wettable powder). 2400 mg/kg Ratte p.o. akut (Emulsionskonzentrat). Wasserlöslichkeit: 1800 ppm bei 20°. Wirkungsweise: Bodenherbizid, mittlere Wirkung als Blattherbizid. Gute Initialwirkung, geringe Wirkungsdauer. Anwendungsweise: Pre- und post-emergence. Anwendungsgebiet: Lein, Baumwolle, Mais. Herbizid ist nicht mehr von Bedeutung.
Patente[46, 57, 58, 60]. Literatur[59].

2-Methoxy-4-äthylamino-6-tert.-butylamino-1,3,5-triazin

Common name: Terbuthylaton und Terbumeton
Handelsname: Garagard®, GS 14259
Ciba-Geigy

$LD_{50}$: 2160 (483 ?) mg/kg Ratte p.o. akut. Wasserlöslichkeit: 130 ppm. Wirkungsweise: Boden- und Blattherbizid. Anwendungsweise: Pre- und post-emergence. Anwendungsgebiet: Herbizid mit guter Dauerwirkung gegen Setaria spec. und Panicum spec. (Hirsearten), vielversprechend zur Gehölzbekämpfung. Anwendung in Obst und Weinbau.
Patente[46, 57, 58, 60]. (s. Atraton). Literatur[59].

2-Methoxy-4-äthylamino-6-sec.-butylamino-1,3,5-triazin

Common name: Sebumethon
Handelsname: Etazin und Sumitol®
(USA)
GS 14254 (Geigy) 1966

$LD_{50}$: 2500 mg/kg Ratte p.o. akut. Wasserlöslichkeit: 620 ppm/25°. Wirkungsweise: Boden- und Blattherbizid. Herbizid mit guter Initial-, aber geringer Dauerwirkung. Anwendungsweise: Pre- und post-emergence. Anwendungsgebiet: Gute

Wirkung gegen Artemisia, Cynodon dactylon in etablierter Luzerne innerhalb der Vegetationsperiode angewandt. Zahlreiche Kombinationsprodukte.
Patente[46, 57, 58, 60] (s. Atraton). Literatur[59].

| | |
|---|---|
| 2-Methoxy-4,6-bisisopropylamino-1,3,5-triazin | Common name: Prometon, Methoxy-propazin<br>Handelsname: Primatol O® (für nicht selektive Anwendung)<br>Pramitol 25 E®, Pramitol 5 P®<br>Gesafram® (für selektive Anwendung)<br>(Geigy) 1958 |

$LD_{50}$: 2980 mg/kg Ratte p.o. akut. Wasserlöslichkeit: 750 ppm bei 20°. Wirkungsweise: Boden- und Blattherbizid. Anwendungsweise: Pre- und post-emergence. Anwendungsgebiet: Totalherbizid.
Patente[46, 57, 58, 61, 172, 190] (s. auch Atraton). Literatur[62, 63].

| | |
|---|---|
| 2-Methoxy-4-γ-methoxypropylamino-6-isoamylamino-1,3,5-triazin | Versuchsprodukt. Nicht mehr in Prüfung<br>GS 17891 (Geigy) |

Patente[46, 57, 58, 60] (s. auch Atraton). Literatur[64].

| | |
|---|---|
| 2-Methoxy-4-isopropylamino-6-diäthylamino-1,3,5-triazin | Common name: Methoxy-Iapzin, Ipatone (Geigy) |

Wirkungsweise: Blatt- und Bodenherbizid. Anwendungsgebiet: Gegen Mono- und Dikotyledonen. Ohne Bedeutung.
Patente[46, 57, 58, 60] (s. auch Atraton).

An einem seitenständigen Stickstoff acylierte Verbindungen sind 1966/1967 als Versuchsprodukte bekanntgeworden. Möglicherweise ist die Wirkung selektiver, weil einmal die Aufnahme durch die Pflanzen infolge veränderter Löslichkeit anders ist, zum anderen können derartige Verbindungen durch Hydrolyse nur langsam in die wirksameren Amine übergehen.

| | |
|---|---|
| 2-Methoxy-4-(N-acetyläthylamino)-6-isopropylamino-1,3,5-triazin | Versuchsprodukt. Nicht mehr in Prüfung.<br>GS 16040 (Geigy) |

Patente[60]. Literatur[65].

| | |
|---|---|
| 2-Methoxy-4-isopropylamino-6-(N-acetyl-amino)-1,3,5-triazin | Versuchsprodukt. Nicht mehr in Prüfung.<br>A 896 (Geigy) |

Patente[60]. Literatur[65].

Symmetrische Triazine mit einer Phenoxygruppe

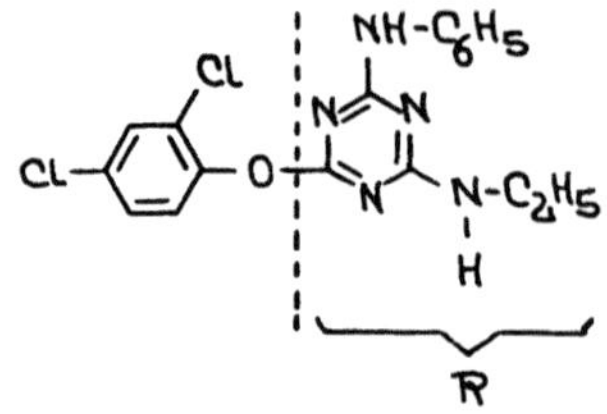


66

2-(2,4-Dichlorphenoxy)-4,6-bis-(äthylamino)-1,3,5-triazin
Versuchsprodukt
(Sankyo Co. Ltd.)

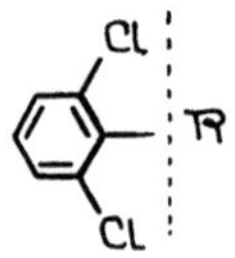


66

2-(2,6-Dichlorphenoxy)-4,6-bis-(äthylamino)-1,3,5-triazin
Versuchsprodukt
(Sankyo Co. Ltd.)

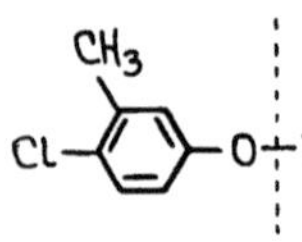


66

2-(3-Methyl-4-chlorphenoxy)-4,6-bis-(äthylamino)-1,3,5-triazin
Versuchsprodukt
(Sankyo Co. Ltd.)

Alle drei Verbindungen zeigen selektive Wirkung in Rettich[67]. Sie werden preemergence angewendet. Keine nennenswerte Bedeutung.

Symmetrische Triazine mit Thioalkyl-Rest

Nur selten sind sym. Triazine mit einer unsubstituierten Amino-gruppe als Herbizide bekanntgeworden.
2-Methylthio-4-amino-6-tert.butylamino s.-triazin soll unter der Bezeichnung GS 2657 von Geigy näher untersucht worden sein.
Patente[214].

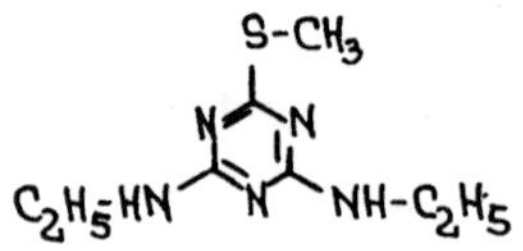


2-Methylthio-4,6-bisäthylamino-1,3,5-triazin
Common name: Simetryn
(Geigy)

$LD_{50}$: Verschiedene Angaben (1830 mg/kg Ratte p.o. akut[166,167], 750 mg/kg Ratte p.o. akut[168], 535 mg/kg Ratte p.o. akut[169]). Wasserlöslichkeit: 450 ppm bei 20-22°. Wirkungsweise: Boden- und Blattherbizid. Anwendungsgebiet: Gegen Mono- undDikotyledonen. Als Mischkomponente von Bedeutung in Reis.
Patente[46,68-71]. Literatur[7,78] (s. auch Desmetryn).

2-Methylthio-4-methylamino-6-n.propylamino-1,3,5-triazin

Versuchsprodukt, zurückgezogen
GS 11 357 (Geigy)
1966

Patente[46,68-71]. Literatur[7,78].

2-Methylthio-4-methylamino-6-isopropylamino-1,3,5-triazin

Common name: Desmetryn, Norametryn (1963)
Handelsname: Semeron®
(Geigy) 1964

$LD_{50}$: 595, 1390 (1630-2375) mg/kg Ratte p.o. akut. $LC_{50}$: 11,5 mg/L 96 Stdn. Harlequin-Fisch. Wasserlöslichkeit: 580 ppm. Wirkungsweise: Boden- und Blattherbizid. Es wird im Boden rasch abgebaut. Anwendungsweise: Pre-emergence. Anwendungsgebiet: Selektiv in Kohl nach dem Verpflanzen.
Patente[46,57,68-72]. Literatur[73-75].

2-Methylthio-4-methylamino-6-sec.butylamino-1,3,5-triazin

Versuchsprodukt; zurückgezogen
GS 17892 (Geigy)

Patente[46,57,68-71,76,77](s. auch bei Simetryn). Literatur[64].

2-Methylthio-4-äthylamino-6-n.propylamino-1,3,5-triazin

Versuchsprodukt, zurückgezogen
GS 11349 (Geigy) 1966

Patente[46,57,68-71,76,77]. Literatur[62,78].

2-Methylthio-4-äthylamino-6-isopropylamino-1,3,5-triazin

Common name: Ametryn(e)
Handelsname: Gesapax®
(Geigy) 1962
Evik® in USA

$LD_{50}$: 1110 bzw. 1405 mg/kg Ratte, 950 mg/kg Maus p.o. akut. Wasserlöslichkeit: 185 ppm. Wirkungsweise: Blattherbizid mit systemischer Wirkung und Bodenherbizid. Anwendungsweise: Pre- und post-emergence. Anwendungsgebiet: Selektiv in Zuckerrohr und Ananas (gegen Mono- und Dikotyledonen), Citrus, Bananen und Kaffee. Auch Wasserherbizid.
Patente[46,57,68-71,76,77]. Literatur[7,64,78,183,238].

2-Methylthio-4-äthylamino-6-sec.butylamino-1,3,5-triazin

Versuchprodukt, zurückgezogen
GS 14253 (Geigy) 1966

Patente[46,57,68-71,76,77]. Literatur[78].

2-Methylthio-4-äthylamino-6-tert.butylamino-1,3,5-triazin

Common name: Terbutryn
Handelsname: Igran 500®, Prebane®
(Geigy) 1965

$LD_{50}$: 2380-4000 mg/kg Ratte p.o. akut. Fischgiftigkeit $LC_{50}$: 5 mg/L 96 Stdn. Harlequin-Fisch. Wasserlöslichkeit: 58 ppm bei 20°. Wirkungsweise: Bodenherbizid. Anwendungsweise: Vorwiegend pre-emergence. Anwendungsgebiet: In Winterweizen selektiv gegen Alopecurus myosuroides (Ackerfuchsschwanz), außerdem gegen Poa annua (einjähringes Rispengras), Lolium perenne (Weidelgras) sowie im Herbst keimende, breitblättrige Unkräuter, mit Ausnahme von Galium aparine (Klebkraut).
Patente[46,57,68-71,76,77]. Literatur[78].

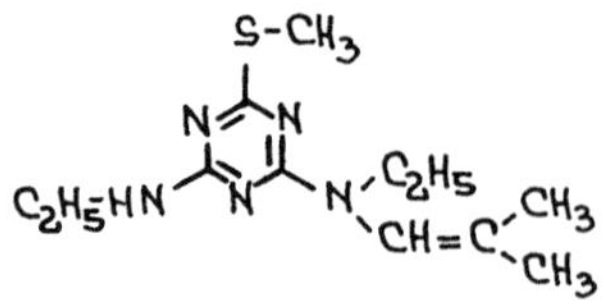

Versuchsprodukt: MON-0385®
(Monsanto Chem.) 1972

Gegen das Ungras Scirpus maritimus im Wasserreis-anbau.
Patente[197].

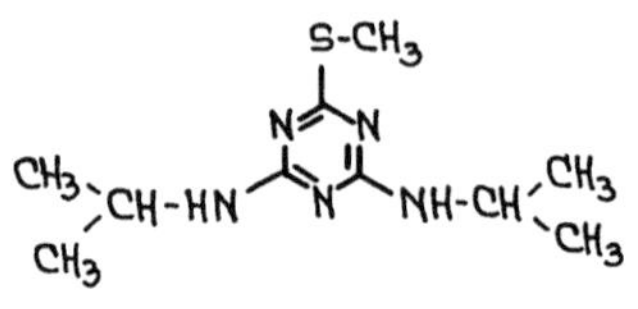

2-Methyl-thio-4, 6-bisisopropyl-amino-1, 3, 5-triazin
Common name: Prometryn
Handelsname: Gesagard®
(Geigy) 1958
Caparol® (USA)

$LD_{50}$: 3750 (2500) mg/kg Ratte p.o. akut. Wasserlöslichkeit: 48 ppm bei 20°C. Wirkungsweise: Blattherbizid mit systemischer Wirkung und Bodenherbizid. Anwendungsweise: Pre- und post-emergence. Anwendungsgebiet: Selektiv besonders in Baumwolle, aber auch in Getreide, Sojabohnen, Kartoffeln, Erbsen und Zwiebeln. Speziell auch zur Ackerfuchsschwanzbekämpfung, Prometryn zeigt wesentlich kürzere Wirkungsdauer als Simazin und Atrazin, wodurch sich kaum Probleme hinsichtlich des Nachbaues ergeben.
Zunehmende herbizide Wirksamkeit: Semeron < Simetrin < Ametrin < Prometryn.
Patente[46, 57, 68-71, 76, 77, 190, 192]. Literatur[4, 21].

Unter dem Namen Primate® ist eine Mischung von Atrazin und Prometryn als selektives Maisherbizid im Handel (spezielle Anwendung bei wechselnder Fruchtfolge[42]).

2-Methylthio-4-isopropylamino-6-isobutylamino-1, 3, 5-triazin

Versuchsprodukt, zurückgezogen
(Geigy) 1966

Patente[46, 57, 68-71, 76, 77]. Literatur[81].

2-Methylthio-4-isopropylamino-6-methoxy-äthylamino-1, 3, 5-triazin

Versuchsprodukt, zurückgezogen
(Geigy) 1965

Patente[46, 57, 68-71, 76, 77, 82].

2-Methylthio-4-isopropylamino 6-(3-methoxypropylamino)-1, 3, 5-triazin

Common name: Methoprotryn
Handelsname: Gesaran®
(Geigy) 1965
früher: G-36393

$LD_{50}$: 5000 mg/kg Ratte p.o. akut. Wasserlöslichkeit: 320 ppm. Wirkungsweise: Bodenherbizid und Blattherbizid. Anwendungsweise: Pre- und post-emergence. Anwendungsgebiet: Speziell in Flachs, ferner in Mais, Sorghum, Winterweizen, Spargel.
Patente[46, 57, 68-71, 77, 82, 83, 186, 205]. Literatur[80, 107, 170].

2-(α, ß-Dimethyl-propylamino)-4-äthylamino-6-methylthio-1, 3, 5-triazin

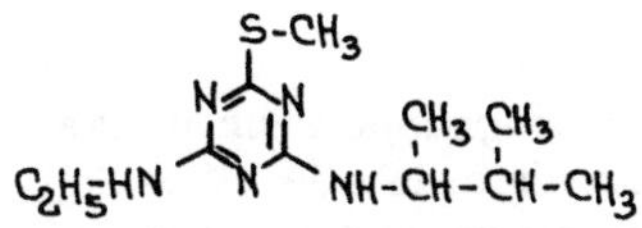

Versuchsprodukt: C-18898
(Ciba-Geigy)
1972

$LD_{50}$: 3000 mg/kg Ratte p.o. akut. Zur Bekämpfung einjähriger Gräser in tropischen Gebieten. Meist in Kombination mit C-19490 unter dem Namen Rilof®. Patente[202]. Literatur[226].

2-Methylthio-4,6-bis-(3-methoxy-propylamino)-1, 3, 5-triazin

Common name: MPMT
Handelsname: Lambast®
(Monsanto Chemical Co.)
1966

$LD_{50}$: 1400 mg/kg Ratte p.o. akut. Wasserlöslichkeit: Unlöslich. Wirkungsweise: Boden- und Blattherbizid. Anwendungsweise: Pre- und post-emergence. Anwendungsgebiet: Post-emergence: Erdnüsse, Sojabohnen. Pre-emergence: Bohnen. 1974/75 ohne Bedeutung.
Patente[46, 57, 68-71, 76, 77, 84-91]. Literatur[92].

2-Methylthio-4-isopropylamino-6-amino-dimethylacetonitril-1, 3, 5-triazin

Versuchsprodukt
(Shell)

Anwendungsweise: Ausreichend beständig ohne lang anhaltende Rückstände im Boden. Anwendungsgebiet: In Mais, Sojabohnen und Flachs.
Patente[53]. Literatur[93].

Verbindungen mit Wasserlöslichkeit verbessernden Gruppen, wie OH und COOH in der Amino-Seitenkette, wurden bes. von der Fa. Geigy untersucht. Zwar ergab sich eine verbesserte Löslichkeit, aber auch eine deutlich geringere herbizide Wirkung.

$SCH_3$ ersetzt

2-Thiomethoxymethyl-4,6-bisalkylamino-1, 3, 5-triazin

Versuchsprodukt, zurückgezogen
(Geigy) 1965

Patente[46, 57, 68-71, 76, 77, 94].

2-Äthylthio-4-äthylamino-6-isopropylamino-1, 3, 5-triazin

Versuchsprodukt, zurückgezogen
GS 16065
(Geigy) 1966

Patente[46, 68-71, 76, 77].

2-Äthylthio-4,6-bis-isopropylamino-1, 3, 5-triazin

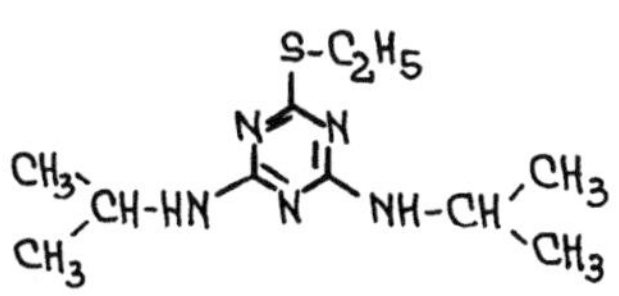

Vorgeschlagener Common name:
Dipropetryn
Handelsname: GS-16068, Cotofor®,
Sancap® (USA)
(Ciba-Geigy)
1971

$LD_{50}$: 3900-4200 mg/kg Ratte p.o. akut. Wasserlöslichkeit: 16 ppm bei 20°. Pre-emergence Anwendung selektiv in Baumwolle, Sojabohnen und Erdnüssen. Patente wie zuvor und[211, 225, 227]. Literatur[226].

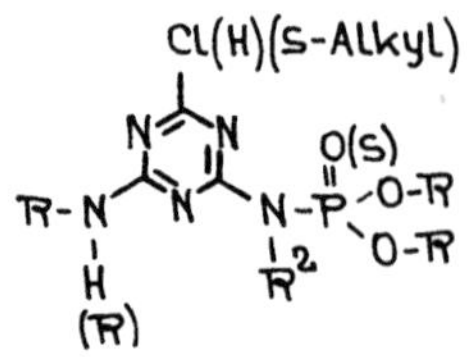

Statt einer Aminogruppe kann in das symmetrische Triazin eine Phosphamidgruppe eingeführt werden 95, 96.

Symmetrische Triazine mit verschiedenen Substituenten (Azido- und Cyangruppe)

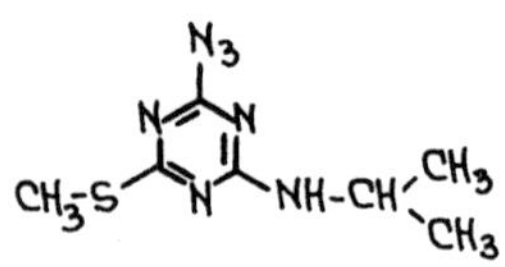

2-Azido-4-methylthio-6-isopropylamino-1, 3, 5-triazin
Common name: Aziprotryn
Handelsname: Mesoranil®
früher C-7019
(Ciba AG)
1967

$LD_{50}$: 3600 mg/kg Ratte p.o. akut. Wasserlöslichkeit: 75 ppm. Wirkungsweise: Bodenherbizid. Wird rasch abgebaut. Anwendung: Pre-emergence in Kohl, Spinat, Bohnen und Erbsen. Pre-sowing einarbeiten bei Zwiebeln.
Patente[97-101]. Literatur[64, 102, 103].

2-Azido-4-methylthio-6-sec.butylamino-1, 3, 5-triazin

Patente[99, 108]. Literatur[64].

Versuchsprodukt
C-8250 (Ciba AG), zurückgezogen

Eine dem Atrazin entsprechende Verbindung mit CN statt Cl wurde unter Feldbedingungen geprüft, erwies sich aber als nicht ausreichend wirksam.

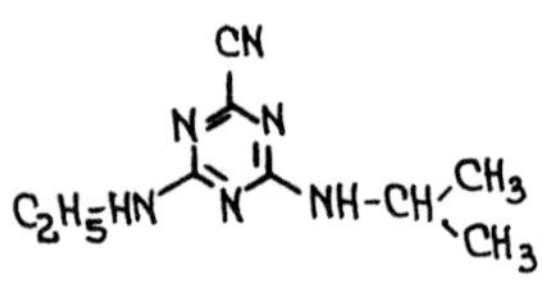

Versuchsprodukt
GS 10293 (Geigy), zurückgezogen

Patente[104-106]. Literatur[107].

Symmetrische Triazine mit NH-OR statt NH-R

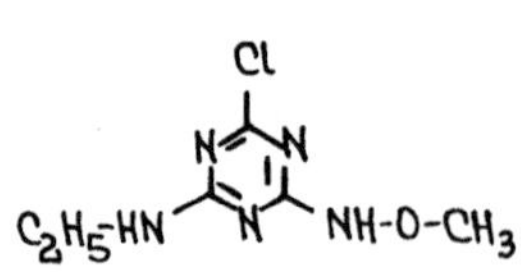

Der schon bei den araliphatischen Harnstoffen bekannte Austausch einer Aminogruppe gegen entsprechende Hydroxylamine ist auch bei den Triazinen (wenigstens in der Patentliteratur) bekanntgeworden[109].

## Symmetrische Triazine, weitere Abwandlungen

Die hohe Bedeutung der Herbizide auf Basis symmetrischer Triazine hat dazu angeregt, alle nur irgend denkbaren Variationen zu erproben. Eine Vielzahl von Patenten kennzeichnet die verschiedenen Abwandlungen. Im folgenden wird eine Übersicht über die wichtigsten Variationen gegeben, wobei einzelne Vertreter als Versuchs- oder Handelsprodukte im vorangehenden schon erwähnt sind. Diese Übersicht umfaßt aber keineswegs alle denkbaren oder auch nur patentierten Abwandlungsmöglichkeiten. Weitere neuere Patente siehe Patentübersicht 1969-1976.

1, 3, 5-Triazine mit 1 x Cl + 2 Aminresten, davon einmal ein niederer Cycloaliphat[175,176].

Wie zuvor, jedoch $OCH_3$ statt Cl[179].

Wie zuvor, jedoch $SCH_3$ statt Cl[177].

Wie zuvor, jedoch eine Azidogruppe statt Cl[178].

Simazin-ähnliche Verbindungen mit F statt Cl[110,111].

1, 3, 5-Triazine mit Br statt Cl[112-114].

1, 3, 5-Triazine mit SCN statt Cl[115-117].

1, 3, 5-Triazine mit einer Oxalkylamino- bzw. Thioalkylamino-Seitenkette ($NH-(CH_2)_n-O(S)$-Alkyl) und einem Chlor[118,120,171].

Wie zuvor, jedoch Br statt Cl[82, 86-89,119].

2-Alkoxy- oder -Thioalkyl-4,6-bisalkoxy-alkylamino-1, 3, 5-triazin[121].

Simazin-Typen, am NH acylierte[122,123].

1, 3, 5-Triazine mit 1 x S-Alkyl, 1 x NH-Alkyl, 1 x NH-$\overset{O}{\overset{\|}{C}}$-Alkyl[124].

Simazin-ähnliche Verbindungen mit einem ungesättigten primären Amin [125].

1, 3, 5-Triazine mit 1 x $S-N(Alkyl)_2$ + 2 x NH-Alkyl[180].

Im Cyanurchlorid alle 3 Chloratome durch primäre Amine substituiert[126,127].

1, 3, 5-Triazine mit 1 x $OCH_3$, 1 x NHR, 1 x Acyl-$\overset{|}{N}$R (s. auch Atraton)[124,128].

1, 3, 5-Triazine mit 2 x Cl, 1 x S-Alkyl (Alkyl > $CH_3$)[129,130].

1, 3, 5-Triazine, H statt Cl, 1 x O-Alkyl, 1 x $NH-SO_2$-Aryl[131].

1, 3, 5-Triazine mit 1 x Phosphamidgruppe[95].

1, 3, 5-Triazine mit 1 x CN statt Cl[132].

1, 3, 5-Triazine mit 1 x $CF_3$ statt Cl[133,134].

1, 3, 5-Triazine mit 1 x $CCl_3$ oder $CHCl_2$ statt Cl[133,134].

1, 3, 5-Triazine mit quartären Aminogruppen[135].

1, 3, 5-Triazine mit 3 x O-Alkyl oder S-Alkyl[136].

1, 3, 5-Triazine mit 1 x Cl, 1 x primärem Amin, 1 x Harnstoffgruppe[137].

1 x Cl, 1 x NH-iso-Propyl, 1 x NH-$\underset{O}{\underset{\|}{C}}$ - $\underset{O}{\underset{\|}{C}}$-O-Alkyl[219].

Simazin-ähnliche Verbindungen mit $\geq N\text{-}NO$[138].

Simazin-ähnliche Verbindungen, Cl ersetzt durch $SCH_2CH{=}CCl_2$[139].

1, 3, 5-Triazine, durch einen Diaminrest verbunden (je 1 x Cl, 1 x NHR)[46].

1, 3, 5-Triazine, 1 x Cl, 1 x RNH, 1 x Amino-Heterocyclus[140, 141].

1, 3, 5-Triazine, 1 x Cl, 1 x RNH, 1 x $\text{Alkyl-}\overset{|}{N}\text{-S-}CCl_3$[142, 143].

1, 3, 5-Triazine, 2 x O-Alkyl und 1 x $-PCl_2$, $-\overset{O}{\overset{\|}{P}}(OC_2H_5)_2$[144].

1, 3, 5-Triazine mit 1 x $N_3$, 1 x $SCH_3$, 1 x $NH\text{-}CH(CH_3)_2$[181].

Fungizide aus der Reihe der symmetrischen Triazine wurden schon erwähnt, doch sind auch Insektizide aus dieser Verbindungsklasse bekannt[145].

## Teilhydrierte 1, 3, 5-Triazine

Wegen ihrer gegenüber den symmetrischen Triazinen noch untergeordneten Bedeutung werden die Dihydrotriazine und Perhydrotriazine erst hier am Ende des Abschnittes behandelt. Man hat sie auch erst nach 1962 bearbeitet, später aber Erfolg versprechende Herbizide aufgefunden.

### N-substituierte Dihydrotriazine

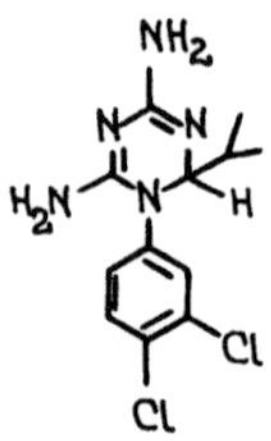

Pre-emergence gegen Flughafer[146].

### C-substituierte Dihydrotriazine

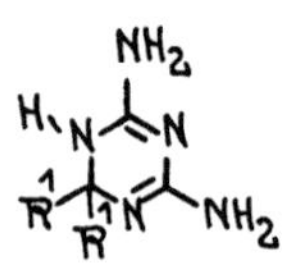

147, 148

### 1, 3, 5-Triazin-2, 4-Dione

Zeigen schon einige Hexahydro-1, 3, 5-triazin-2, 4, 6-trione mitunter herbizide Wirksamkeit[220] so erhöht sich diese Wirkung bei Ersatz einer $-\underset{\underset{O}{\|}}{C}-$Gruppe durch

-C = wie Patente der Fa. Bayer und DuPont zeigen[221, 218, 234].
|
$SCH_3$

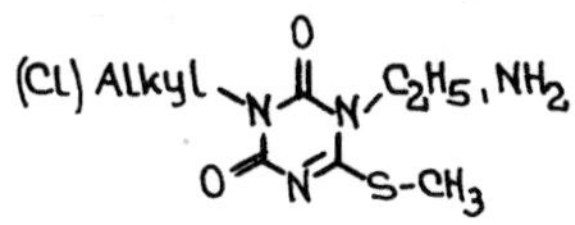

Ein offensichtlich hoch wirksames Herbizid wurde in dieser Verbindungsklasse von DuPont aufgefunden.

1-Methyl-3-cyclohexyl-6-dimethylamino-1, 3, 5-triazine-2, 4-dion.

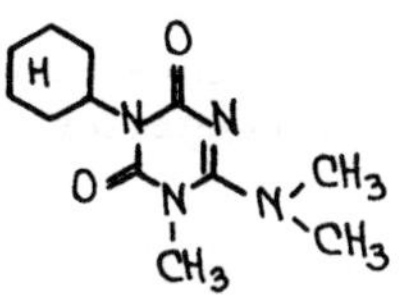

Versuchsprodukt: DPX 3674
Velpar®
(DuPont)
1974

$LD_{50}$: 1690 mg/kg Ratte. Wasserlöslichkeit: 3, 3 g/100 g. Schnelle und breite Wirkung. Totalherbizid. Kurze Wirkungsdauer. Wirkung auf Blätter und Wurzeln. Patente[198, 234]. Literatur[241].

Ein schon bei den sym. Triazinen festgestellte Erhöhung des Stickstoffgehaltes behandelter Pflanzen[18, 19], wird auch bei Behandlung mit 1, 3, 5-Triazine-2, 4-dionen beobachtet[216]. Der Körnerertrag von Getreide soll ebenfalls erhöht werden. Ähnliche Verbindungen mit herbizider Wirkung[217] können in niederen Konzentrationen zur Verbesserung des Getreideertrages führen[218].

Als weiteres Beispiel aus einem DuPont Patent[218] sei angeführt:

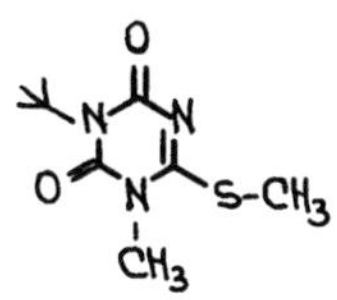

Perhydro-1, 3, 5-triazine

Symmetrische Perhydrotriazine, am N nicht substituiert, zeigen nur schwache herbizide Wirkung. Soweit in Einzelfällen eine Wirkung vorliegt, beruht diese auf der hydrolytischen Freisetzung eines herbiziden Bestandteiles (s. auch am Schluß der Harnstoffe). Die nachstehende Verbindung zeigt die typische Gräserwirkung des Chlorals[149].

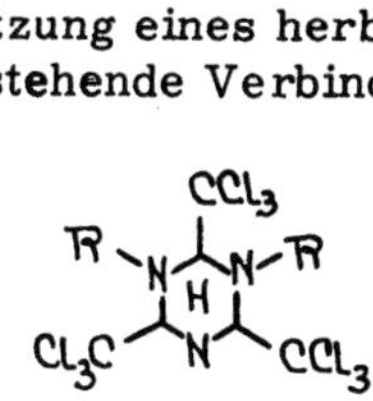

Hexahydro-1, 3, 5-triazin-2-one

Im folgenden Abschnitt werden einige sich von 1, 3, 5-Triazinen ableitende Verbindungen besprochen, denen alle die Struktur

$$\text{Ar-}\underset{|}{\text{N}}\text{-}\overset{\overset{\text{O}}{\|}}{\text{C}}\text{-}\underset{|}{\text{N}}\text{-CH}_3$$

im heterocyclischen Ringsystem eigen ist.

Vielleicht werden derartige Verbindungen in die herbizid wirksamen "Grundharnstoffe"

$$\text{Ar-NH-}\overset{\overset{\text{O}}{\|}}{\text{C}}\text{-NH-CH}_3$$

aufgespalten. Trotzdem zeigen sie, wohl bedingt durch andere Löslichkeit und anderes Eindringungsvermögen, gegenüber den Harnstoffen ein verändertes Wirkungsspektrum.

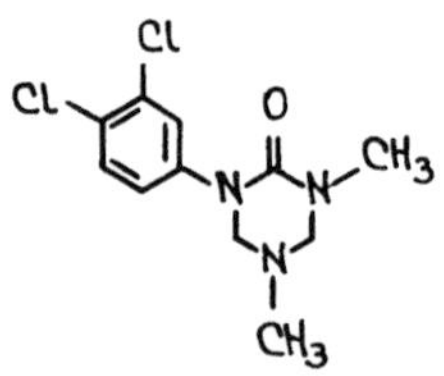


Versuchsprodukt: aufgegeben
Bayer 55962
1965

Darstellung geschieht am einfachsten aus $\text{Ar-NH-}\overset{\overset{\text{O}}{\|}}{\text{C}}\text{-NH-CH}_3 + \text{CH}_2\text{O} + \text{NH}_2\text{-CH}_3$ oder anderen aliphatischen Aminen.
Patente[150-152].

Eine entsprechende Verbindung mit Benzthiazolyl statt Phenyl wurde 1964/65 patentiert[153].

---

1, 2, 4-Triazine bzw. -Triazinone

Die in zahlreichen bedeutenden Herbiziden mit Photosynthesehemmung (s. Harnstoffe, Triazole, Thiadiazole, Benzimidazole, symmetrische Triazine, Pyrimidine, Uracile) auftretende Gruppierung

$$\text{-N=}\underset{|}{\text{C}}\text{-N}\lt \qquad \text{bzw.} \qquad \text{-}\underset{|}{\text{N}}\text{-}\overset{\overset{\text{O(S)}}{\|}}{\text{C}}\text{-}\underset{|}{\text{N}}\text{-}$$

spiegelt sich auch in der letzten und jüngsten Gruppe heterocyclischer Herbizide wieder.

Im Jahre 1966 wurde in der Bayer AG eine neue Gruppe hochwirksamer z. Tl. auch hoch selektiver Herbizide gefunden[208]. Es handelt sich um in der Literatur schon in ihrer Grundstruktur beschriebene 3-Methylthio-4-amino-1,2,4-triazinone-5-one in 6-Stellung durch Alkyl oder Phenyl substituiert[154-157, 233]. Etwas später hat in den USA auch DuPont gleichartige Verbindungen als Herbizide zum Patent angemeldet[173, 209].

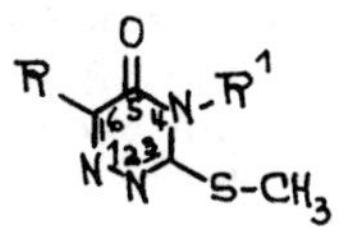

R' = $NH_2$, NH-C(=O)-Alkyl, NH-CH(OH)-$CH_3$, N=CH-CH$(CH_3)_2$

R = $C_6H_5$, CH$(CH_3)_2$, (H), C$(CH_3)_3$

| | |
|---|---|
| R' = $NH_2$, R = $C_6H_5$ | Versuchsprodukt<br>Bayer 79758 zurückgezogen<br>1969, 1970 |
| R' = $NH_2$, R = $C_6H_{11}$ | Versuchsprodukt<br>Bayer 86791, 1970, zurückgezogen |
| R' = $NH_2$, R = CH$(CH_3)_2$ | Versuchsprodukt<br>Bayer 88410<br>(Bayer AG)<br>Totalherbizid |

Anwendungsweise: Post- und pre-emergence. Anwendungsgebiet: Totalherbizide und z.Tl. selektive Herbizide. Die Wirkungsdauer ist begrenzt, da ein guter Abbau im Boden eintritt.

4-Amino-6-tert.butyl-3-methylthio-1,2,4-triazin-5(4H)-on

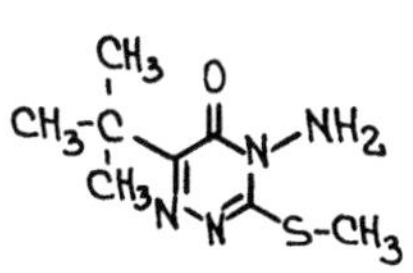

Common name: Metribuzin
Handelsname: Sencor®, Sencoral® in Frankreich
(Bayer- 94337) (Bayer)
(Chemagro in USA)
1972

$LD_{50}$: 2200 bzw. 2345 mg/kg männliche bzw. weibliche Ratte p.o. akut. $LC_{50}$: 10 mg/L 96 Stdn. Harlequin-Fisch und 76 mg/L Regenbogenforelle. Wasserlöslichkeit 1200 ppm bei 20°. Sencor darf zu den bedeutenden Herbiziden der jüngeren Zeit gezählt werden. Sein besonderer Vorteil ist die geringe Aufwandmenge von 0,35-0,5 kg (100% Wirkstoff)/ha und seine gute Abbaubarkeit im Boden-- beides Eigenschaften die im Zuge des Umweltschutzgedankens von Bedeutung sind.

Aufnahme über die Wurzeln und Blätter. Anwendungsweise: Pre-emergence, selektiv in Sojabohnen, Kartoffeln, Spargel, Tomaten, Zuckerrohr, Luzerne usw. Z. T. ist auch eine post-emergence Anwendung möglich. Wirksam gegen Unkräuter und sehr viele Ungräser.

Der Abbau in der Pflanze und im Boden (Halbwertzeit 40-50 Tage) erfolgt durch Abspaltung der Aminogruppe und des Methyls am S. Anschließend folgt Ersatz des Schwefels durch Sauerstoff. Schon 1975 in den USA bedeutendes Herbizid. Patente[159, 160, 188, 189]. Literatur[207, 229, 233, 239].

Durch Kondensation der Aminogruppe mit Aldehyden oder Ketonen kann die Selektivität verändert werden. Als Beispiel sei ein weiteres aussichtsreiches Herbizid angeführt.

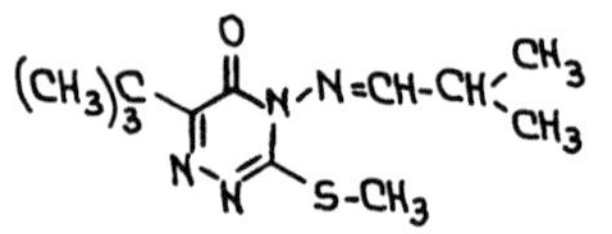


Vorgeschlagener Common name: Isomethiozin
Versuchs-Nr.: Bay-6194 H (1972)
Handelsprod.: Tantizon®
(Bayer) 1976

$LD_{50}$: > 10 000 mg/kg Ratte p.o. akut, > 2500 mg/kg Maus. $LC_{50}$: 10-20 mg/L 96 Stdn. (wP-70) Karpfen und Goldfisch. Wasserlöslichkeit: 12 ppm 20°.

Aufnahme über Wurzel und Blätter. Post-emergence Anwendung. Wird in der Pflanze transportiert, Photosynethese-Hemmer. Selektiv in Getreide bes. Wintergerste. Wirksam gegen Unkräuter vornehmlich aber gegen Ungräser wie Ackerfuchsschwanz, Windhalm, Rispengras. Anwendung auch zusammen mit 2-(2, 4-Dichlorphenoxy)-propionsäure um die Wirkung gegen Klettenlabkraut zu verbessern als Tantizon DP®
Patente[159, 160, 188, 189]. Literatur[237, 240].

Die 1, 2, 4-Triazine der oben beschriebenen Konstitution gehören zu den stärksten Photosynthesehemmern, die bis heute bekannt sind[158]. Sie inhibieren den photosynthetischen Elektronentransport im Bereich der zweiten Lichtreaktion. Patente[159, 160]. Literatur[154-158, 161].

In Verfolgung der Arbeiten konnte gezeigt werden, daß die in 4-Stellung befindliche Aminogruppe auch durch einen kurzen Alkylrest ersetzt werden kann, wodurch die Wirkung aber schwächer wird.

Auf Grund theoretischer Vorstellungen über Zusammenhänge zwischen chemischer Konstitution und herbizider Wirksamkeit fand der Arbeitskreis Draber, Büchel, Eue in den Bayerlaboratorien und Trebst Univers. Bochum die hohe herbizide Wirksamkeit des:

6-Phenyl-4-amino-3-methyl-1, 2, 4-triazin-5(4H)on

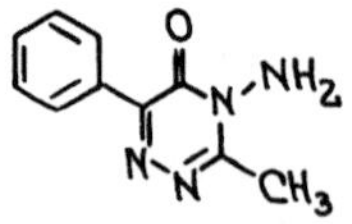


Vorgeschlagener Common name: Metamitron(e)
Versuchs-Nr.: BAY 6676
Handelspr.: Boltix®
(Bayer)
1975

$LD_{50}$: 1447 mg/kg Ratte p.o. akut. Fischtoxizität, 70% wP Produkt. $LC_{50}$: 130 bis 160 mg/L 96 Stdn. Regenbogenforelle. Wasserlöslichkeit: 1860 ppm bei 20°. Anwendung: Vorsaatbehandlung im Boden. Pre-emergence und post-emergence. Breites Wirkungsspektrum gegen Unkräuter und Ungräser bei hervorragender Selektivität in Zuckerrüben. Abbau durch $NH_2$-Verlust.
Patente[208, 210]. Literatur[230, 233].

Die sehr guten Eigenschaften der 1, 2, 4-Triazinone haben zu Kombinationen mit anderen bekannten Herbiziden geführt wie Patentanmeldungen zeigen[222]. Spez. Herbizide mit Gräserwirkung wurden herangezogen.

Von anderer Seite[162] wurden ebenfalls Thio- und Oxotriazine als Herbizide patentiert, ohne daß offenbar die für eine hohe herbizide Wirkung wichtige S-Methylierung und $NH_2$-Substitution am $N^4$ erkannt worden wäre.

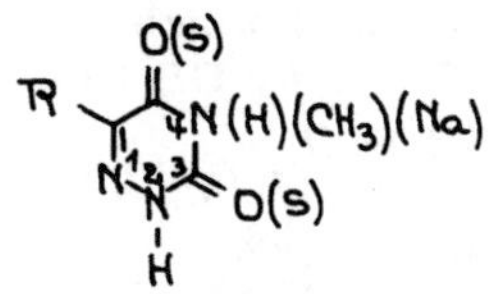


R = H, Br, $CH_3$ oder Phenyl 162

3-Cyan-1, 2, 4-triazine beansprucht ein Patent der American Cyanamid Co.[163]:

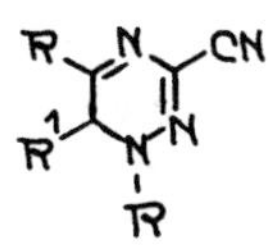


Als Ringschlußprodukt aus 1, 2, 4-Triazinen sei aufgeführt[164]:

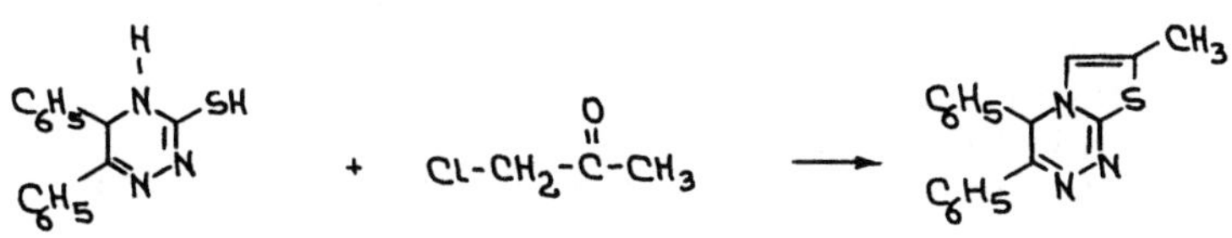


h) 6-Ring-Verbindungen mit 4 N

Die Verbindungsklasse der symmetrischen Tetrazine ist 1962 als herbizid wirksam erkannt worden[165].

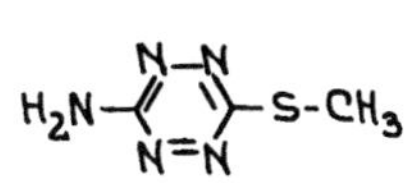

# Literatur und Patente

5. Organische Herbizide

5.14.2. Heterocyclische 6-Ring-Verbindungen - Abschnitte e-h


1. Chiba, S., Saji, Y., Hibino, H., Takeo, Y. u. Yui, T.: Arzneimittel-Forsch. 18 (3), 303 (68).
2. Gast, A., Knüsli, E. u. Gysin, H.: Experientia 11, 107 (55).
3. -, Experientia 12, 146 (56).
4. Gysin, H.: Chem. Ind. (London) 1963, 1393.
5. Wolf, C.N., Schuldt, P.H. u. Baldwin, M.M.: Science 121, 61 (55).
6. DAS 1 217 694, 15.3.62/26.5.66, GB Prior. 17.5.61, Deutsche Gold- und Silber-Scheideanstalt (Degussa).
7. Cox, J.R.: J. Sci. Food Agr. 13 (2), 99 (62).
8. Gast, A.: Experientia 14, 134 (58).
9. Matolcsy, G., Hamran, J. u. Vegh, A.: Magy. Kem. Folyoirat 65, (10), 282 (59), ref. CA 54, 3446i.
10. Koopman, H., Uhlenbroeck, J.H., Haeck, H.H., Daams, J. u. Koopmans, M.J.: Rec. Trav. Chim. 78 (11), 967 (95), ref. CA 54, 16463e.
11. -, u. Daams, J.: Rec. Trav. Chim. 79 (11), 83 (60), ref. CA 55, 1643g.
12. Nestler, H. u. Fürst, H.: Chem. Tech. (Berlin) 12 (9), 546 (60), ref. CA 55, 7428b.
13. -, J. Prakt. Chem. 23 (3-4), 173 (63).
14. Holstun jr., J.T. and McWhorter, C.G.: J. Agr. Food Chem. 11 (5), 441 (63).
15. Sheets, T.J. and Shaw, W.C.: Weeds 11 (1), 15 (63).
16. Exer, B.: Experientia 14, 136 (58).
17. Good, N.E.: World Rev. Pest Control 1 (1), 19 (62).
18. Ebert, E. u. Müller, P.W.: Experientia 24, 1 (68).
19. Chem. Eng. News (8), 23 (67).
20. Roth, W.: Experientia 14, 137 (58).
21. Gysin, H. and Knüsli, E.: Proc. 4. Brit. Weed Control Conf. p. 225, (58).
22. Roth, W. u. Knüsli, E.: Experientia 17, 312 (61).
23. Velniceriu, A., Gavat, L. u. Tiner, L.: Rev. Chim. (Bucharest) 13 (13), 513 (62).
24. Burschel, P.: Weed Res. 1, 131 (61).
25. Dewey, O.R.: Proc. 5. Brit. Weed Control Conf. 1960, p.91.
26. Frissel, M.J.: The adsorption of some organic compounds, especially herbicides, on clay minerals, Nr. 673, p.54. Wageningen/Holland: Verslag. Landbouwk. Onderzoek 1961; ref. CA 55, 17987d.
27. Guillemat, J., Charpentier, M., Tardieux, P. et Pochon, J.: Ann. Inst. Natl. Rech. Agron. Ser. C 11, 261 (60), ref. CA 55, 27753a.
28. Woodford, E.K. and Sagar, G.R.: Herbicides and the soil. Oxford: Blackwell Scientific Publications 1960.
29. Pochon, J., Tardieux, P. et Charpentier, M.: Compt. Rend. 250, 1555 (60), ref. CA 64, 16727b.

30. Gast, A.: Mededel. Landbouwhogeschool Opzoekingssta. Staat Gent 27 (3), 1252 (62), ref. CA 63, 13957a.
31. Freed, V.H. and Montgomery, M.L.: Residue Rev. 3, 1 (63).
32. Harris, C.I. and Warren, G.F.: Weeds 12, 120 (64).
33. Löttge, W.: Einiges über die Einflüsse der Umweltfaktoren auf die Wirkung von Herbiziden auf Triazinbasis. Dtsch. Akad. Landwirtsch.-Wiss. Berlin, Tagungsber. (62) 137 (64), ref. in Landw. Zbl. Abt. Pflanzliche Produktion 9, 1993 (64).
34. Talbert, R.E. and Fletchall, O.H.: Weeds 13, 46 (65).
35. Burschel, P.: Z. Pflanzenkrankh. Pflanzenschutz, Sonderh. II, 116 (64).
36. Becker, H.G., (Diss. Rostock 1964): Untersuchungen über den Abbau herbizider Triazine in Ackerböden und zur Beeinflussung der Folgefrüchte durch verbliebene Herbizidrückstände, ref. in Landw. Zbl. Abt. Pflanzliche Produktion 10, 2050 (65).
37. Hanf, M.: Z. Pflanzenkrankh. Pflanzenschutz, Sonderh. III, 173 (65).
38. Kearney, P.C., Kaufman, D.D. and Sheets, T.J.: J. Agr. Food Chem. 13 369 (65).
39. Knüsli, E.: 7. Brit. Weed Control Conf. 1964, p. 287.
40. van Oorschot, J.L.P.: Weed Res. 5, 84 (65).
41. Moreland, D.E.: Ann. Rev. Plant Physiol. 18, 365 (67), ref. CA 67, 13, 63136c.
42. Ferguson, G.: Farm Chem., Juli 1968, S. 11.
43. Negi, N.S., Funderburk jr., H.H. and Davis, D.E.: Weeds 12, 53 (64).
44. Castelfranco, P., Foy, C.L. and Deutsch, D.B.: Weeds 9, 580 (61).
45. McWhorter, C.G.: Weeds 11 (4), 279 (63).
46. DAS 1 011 904, 16.8.55/11.7.57, SZ Prior. 16.8.54 u. 14.1.55, Geigy AG
47. SZ 329 277, 16.8.54/30.4.58, J.R.Geigy AG, GB 814 947, US 2 891 855.
48. SZ 342 784, 16.8.54/30.11.59, J.R.Geigy AG, SZ 342 782.
49. Knüsli, E.: Phytiat. Phytopharm. 7, 81 (58).
50. McWhorter, C.G. and Holstun jur., J.T.: Weeds 9, 592 (61).
51. Roberts, H.A. and Wilson, B.J., 5. Brit. Weed Control Conf. Proc. 2, S. 409 (60).
52. Koopman, H., Uhlenbroeck, J.H. and Daams, J.: Nature 180, 147 (57).
53. NE 67 09 805, 14.7.67/17.1.68, GE Prior. 16.7.66, Degussa.
54. NE 67 15 520, 15.11.67/24.5.68, GE Prior. 22.11.66, Degussa.
55. Chapman, T., Jordan, D., Payne, D.H., Hughes, W.J. and Schieferstein, R.H.: Proc. 9. Brit. Weed Control Conf. 1968, p. 1018.
56. NE 68 01 153, 25.1.68/29.7.68, GE Prior. 28.1.67, u. 31.7.67, Farbenfabriken Bayer AG
57. SZ 337 019, 14.1.55/15.3.59, J.R.Geigy AG.
58. =FR 1 135 848, 16.8.55/22.12.56, SZ Prior. 16.8.54 u. 14.1.55.
59. Gast, A. and Frankhauser, E.: 8. Brit. Weed Control Conf. Proc. Vol. 2, 485 (66).
60. SZ 381 699, 15.10.59/15.9.64, J.R.Geigy AG.
61. SZ 340 372, 14.1.55/15.8.59, J.R.Geigy AG.
62. Gysin, H. and Knüsli, E.: Advan. Pest Control Res. 3, 289 (66). Ed. R.L. Metcalf, New York-Lindon: Interscience Publishers Inc., ref. CA 54, 11364b.
63. Hilton, J.L. and Jansen, L.L.: Ann. Rev. Plant Physiol. 14, 353 (63), ref. CA 59, 11882g.
64. Gentner, W.A.: An Evaluation of Several Chemical for their Herbicidal Properties, 1966 Field Results. Preliminary unpublished report, 23.3.1967.
65. Dtsch. Akad. Landwirtsch.-Wiss. Berlin, Tagungsbericht (71), 95 (66).

66. JA 5098/66, 25.12.63/22.3.66, Nippon Kagaku Co. Ltd.
67. Jojima, T and Tamura, S.: Agr. Biol. Chem. (Tokyo) 30 (9), 896 (66).
68. DAS 1 179 941, 19.11.62/22.10.64, SZ Prior. 20.11.61, J.R. Geigy AG.
69. = SZ 396 021, 20.11.61/31.7.65, J.R. Geigy AG.
70. DAS 1 186 070, 27.8.63/28.1.65, SZ Prior. 28.8.62, J.R. Geigy AG.
71. DAS 1 219 726, 4.11.59/23.6.66, SZ Prior. 5.11.58, J.R. Geigy AG.
72. SZ 375 731, 28.10.59/15.3.64, J.R. Geigy AG.
73. Amann, M.: Gesunde Pflanzen 16, 70 (64).
74. Baker, C., Holmes, H.M. and Pfeiffer, R.K.: Weed Res. 3, 109 (63).
75. Elliot, J.G. and Cox, T.J.: Proc. 6. Brit. Weed Control Conf. 1962, p. 759.
76. SZ 407 138, 28.8.62/15.2.66, J.R. Geigy AG.
77. US 3 207 756, 14.8.63/21.9.65, SZ Prior. 28.8.62, J.R. Geigy AG.
78. Hocombe, S.D., Holly, K. and Parker, C.: 8. Brit. Weed Control Conf. Proc. Vol. 2, 605 (66).
79. SZ 393 344, 20.11.61/15.6.65, J.R. Geigy AG.
80. Gast, A., Grob, H. u. Fankhauser, E.: 2. Symposium über neue Herbizide, Paris S. 305. 1965. Ed. Essor, Paris.
81. Long, J.D., Hunter, H.A., Matthews, W.A., Stadelbacher, G.J., Stark, F.C. and Eiker, D.A.: 1966 Evaluation of Herbicides. Proc. Pest Control Conf. Florida, Vol. II (68).
82. SZ 379 516, 15.10.59/15.7.64, J.R. Geigy AG.
83. US 3 347 657, 26.7.66/17.10.67, US Prior. 28.5.64/6.12.63, J.R. Geigy AG.
84. US 3 303 015, 27.12.60/7.2.67, US Prior. 19.1.59, Monsanto Co.
85. US 3 235 359, 25.9.62/15.2.66, US Prior. 17.8.60, Du Pont.
86. BE 588 357, 7.3.60/31.3.60, US Prior. 13.3.59, Du Pont.
87. BE 565 827, 18.3.58/15.4.58, US Prior. 18.3.57, Du Pont.
88. BE 566 432, 3.4.58/3.10.58, NE Prior. 5.4.57, Philips Gloeilampenfabrieken.
89. BE 566 433, 3.4.58/3.10.58, NE Prior. 5.4.57, Philips Gloeilampenfabrieken.
90. US 3 261 835, 19.1.59/19.7.66, Monsanto Co. (statt $CH_3$-S kann auch $CH_3$-O stehen).
91. SZ 409 516, 15.10.59/15.3.66, J.R. Geigy AG.
92. Chem. Week 92 [10], 56 (63).
93. Wagner, W.E.: Vero Beach Laboratories, Inc., personal communication: Gentner, W.A.: An Evaluation of New Herbicides, Beltsville Weed Field Day, 9.7.1968.
94. DAS 1 219 281, 4.11.59/16.6.66, SZ Prior. 5.11.58/29.12.58, J.R. Geigy AG.
95. FR 1 365 650, 22.7.63/25.5.64, DB Prior. 1.8.62/11.4.63, Degussa.
96. BE 665 127, 8.6.65/1.10.65, DB Prior. 13.6.64, Degussa.
97. DAS 1 187 241, 9.5.63/18.2.65, Degussa.
98. DAS 1 196 204, 30.1.64/8.7.65, Degussa.
99. NE 64 13 689, 25.11.64/28.5.65, SZ Prior. 26.11.63/4.6.64, Ciba AG.
100. US 2 951 079, 15.8.57/30.8.60, Olin Mathieson Chemical Corp.
101. US 3 014 907, 21.7.59/26.12.61, Olin Mathieson Chemical Corp.
102. Barnsley, G.E. and Gabbot, P.A.: 8. Brit. Weed Control Conf. Proc. Vol. 2, 372 (66).
103. Smith, J.M. and Marks, T.G.: Proc. 9. Brit. Weed Control Conf. 1968, p. 300.
104. SZ 389 633, 2.11.60/31.3.65, J.R. Geigy AG/E. Knüsli (Hauptpatent).
105. US 3 202 499, 1.11.61/24.8.65, SZ Prior. 2.11.60, J.R. Geigy AG.
106. US 3 293 250, 13.1.65/20.12.66, SZ Prior. 2.11.60, J.R. Geigy AG.
107. Faivre-Dupaigre, R. et Rognon, J.: Comptes Rendues des Journees d' Etudes sur les Herbicides, Paris: 3. Conf. du Columa Part. 1, p. 65 (65).

108. BE 656 233, 25.11.64/25.5.65, SZ Prior. 26.11.63/4.6.64, Ciba S.A.
109. DAS 1 217 135, 31.1.62/18.5.66, SZ Prior. 1.2.61, J.R. Geigy AG.
110. DAS 1 118 206, 5.5.60/30.11.61, SZ Prior. 6.5.59, J.R. Geigy AG.
111. BE 590 511, 5.5.60/7.11.60, SZ Prior. 6.5.59, J.R. Geigy AG.
112. SZ 378 588, 27.11.59/15.6.64, J.R. Geigy AG (Hauptpatent).
113. BE 562 162, 6.11.57/6.5.58, SZ Prior. 7.11.56, J.R. Geigy AG.
114. DAS 1 076 696, 21.8.57/3.3.60, Bayer AG.
115. DAS 1 053 856, 12.3.57/26.3.59, Degussa.
116. DAS 1 070 636, 12.3.57/10.12.59, Degussa.
117. GB 938 900, 17.5.61/9.10.63, Degussa.
118. SZ 379 517, 15.10.59/15.7.64, J.R. Geigy AG.
119. BE 584 306, 4.11.59/4.5.60, SZ Prior. 5.11.58, J.R. Geigy AG.
120. SZ 436 837, 7.4.64/31.5.67, Sandoz AG.
121. US 3 267 099, 5.4.65/16.8.66, US Prior. 9.4.62, Du Pont.
122. BE 600 372, 20.2.61/17.8.61, SZ Prior. 19.2.60, J.R. Geigy AG.
123. BE 617 033, 27.4.62/29.10.62, GB Prior. 28.4.61, Degussa.
124. DAS 1 271 452, 4.11.59/27.6.68, J.R. Geigy AG.
125. SZ 384 930, 11.1.61/30.11.64, J.R. Geigy AG.
126. BE 620 431, 19.7.62/21.1.63, SZ Prior. 19.7.61, J.R. Geigy AG.
127. FR 1 330 398, 19.7.62/13.5.63, SZ Prior. 19.7.61, J.R. Geigy AG.
128. BE 584 305, 4.11.59/4.5.60, SZ Prior. 4.11.58, J.R. Geigy AG.
129. DAS 1 125 226, 12.6.57/8.3.62, NE Prior. 15.6.56, Philips Gloeilampenfabrieken.
130. BE 558 354, 13.6.57/13.12.57, NE Prior. 15.6.56.
131. US 3 146 229, 29.10.62/25.8.64, Sterling Drug Inc.
132. BE 609 808, 31.10.61/30.4.62, SZ Prior. 2.11.60, J.R. Geigy AG.
133. DAS 1 107 448, 4.11.59/25.5.61, SZ Prior. 5.11.58, J.R. Geigy AG.
134. BE 593 864, 8.8.60/21.8.60.
135. BE 636 144, 13.8.63/13.2.64, SZ Prior. 15,8.62, Sandoz AG.
136. US 3 155 487, 16.1.62/3.11.64, US Prior. 24.11.59, Stauffer Chemical Co.
137. DAS 1 193 725, 26.2.63/26.5.65, BASF.
138. DAS 1 184 148, 6.2.63/23.12.64, BASF.
139. DAS 1 188 862, 20.2.63/11.3.65, BASF.
140. DAS 1 094 756, 28.11.57/15.12.60, Degussa.
141. = OE 209 346, 25.11.58/25.5.60.
142. DAS 1 138 978, 12.5.60/31.10.62, Degussa.
143. BE 594 081, 12.8.60/13.2.61, DB Prior. 20.8.59/12.5.60, Degussa.
144. US 3 299 061, 15.7.64/17.1.67, Olin Mathieson Corp.
145. US 3 316 263, 2.11.64/25.4.67, US Prior. 13.9.62, Velsicol Chemical Corp.
146. GB 932 493, 25.7.60/31.7.63, Boots Pure Drug Co.
147. US 3 287 365, 24.12.63/22.11.66, American Cyanamid Co.
148. US 3 287 366, 24.12.63/22.11.66, American Cyanamid Co.
149. JA 119/67, 18.9.64/7.1.67, Mitsubishi Kasei Kogyo K.K.
150. DAS 1 249 003, 1.2.62/31.8.67, Bayer AG.
151. GB 966 283, 31.1.63/6.8.64, DB Prior. 1.2.62/24.9.62.
152. US 2 675 382, 29.1.53/13.4.54, Rohm u. Hass.
153. BE 662 235, 8.4.65/8.10.65, DB Prior. 9.4.64/30.5.64, Bayer AG.
154. Dornow, A., Menzel, H. u. Marx, P.: Chem. Ber. 97, 2173 (64).
155. -, u. Marx, P.: Chem. Ber. 97, 2640 (64).
156. -, u. Marx, P.: Chem. Ber. 97, 2647 (64).
157. - -, Chem. Ber. 100, 2585 (67).
158. Draber, W., Dickore u. Büchel, K.H.: Naturwiss. 55 (9), 446 (68).
159. FR 1 519 180 14.4.67/19.2.68, DB Prior. 16.4.66/14.11.66, Bayer AG.
160. BE 697 083, 14.4.67/16.10.67, DB Prior. 16.4.66.

161. Draber, W., Dickore, K., Büchel, K.H., Trebst, A. u. Pistorius, E.: Struktur - Aktivität - Korrelation bei 1,2,4-Triazinonen, einer neuen Gruppe von Photosynthesehemmern. Progress in Photosynthesis Research, 3, 1789 (69). Ed. Tübingen: H. Metzner.
162. NE 66 12 881, 13.9.66/14.3.67, US Prior. 13.9.65, The O.M. Scott u. Sons. Co.
163. BE 602 165, 4,4.61/4.10.61, US Prior. 6.5.60, American Cyanamid Co.
164. SU 175 968, 14.7.62/April 66, V.E. Bogachev u. M.G. Fomenko.
165. US 3 392 167, 15.7.64/9.7.68, US Prior. 3.12.62, American Cyanamid Co.
166. Woodford, E.K. and Evans, S.A.: Weed Control Handbook. Brit. Weed Control Council. Oxford: Blackwell Scientific Publications 1965.
167. Edson, E.F., Sanderson, D.M. and Noakes, D.N.: World Rev. Pest Control, Vol. 5, No. 3, 1966.
168. Frear, D.E.H.: Pesticide Index. College Science Publishers, P.O. Box 798, State College, Pa. 1965.
169. Martin, H.: Guide to the Chemicals Used in Crop Protection. Ed. Roger Duhamel. Ottawa: F.R.S.C. Queen's Printer and Controller of Stationery 1961.
170. Gast, A. u. Grob, I.: Z. Pflanzenkrankh. Pflanzenschutz 72, 625 (65).
171. SZ 373 394, 5.11.58/30.11.63, J.R.Geigy AG.
172. US 2 909 420, 1.8.55/20.10.59, SZ Prior. 14.1.55, J.R.Geigy AG.
173. FR 1 547 854, 27.11.67/29.11.68, US Prior. 28.11.66, DuPont.
174. FR 1 554 985, 26.1.68/24.1.69, GE Prior. 28.1.67 u. 31.7.67, Farbenfabriken Bayer AG.
175. US 3 451 802, 27.6.66/24.6.69, Gulf Research u. Development Co.
176. DOS 1 914 015, 19.3.69/2.10.69, SZ Prior. 20.3.68, J.R.Geigy AG.
177. DOS 1 914 014, 19.3.69/2.10.69, SZ Prior. 20.3.68, Agripat S.A.
178. DOS 1 914 012, 19.3.69/2.10.69, SZ Prior. 20.3.68, Agripat S.A.
179. DOS 1 914 013, 19.3.69/2.10.69, SZ Prior. 20.3.68, Agripat S.A.
180. NE 67 16 385, 1.12.67/3.6.69, Farbenfabrik Wolfen.
181. FR 1 537 312, 12.9.67/2.9.68, SZ Prior. 13.9.66, Ciba S.A.
182. FR 1 132 306, 12.6.67/30.10.68, Degussa.
183. Gysin, H. und Knüsli, E.: Adv. Pest. Contr. Res. 3, 389 (60).
184. Chapman, T. et al.: Proc. 9. Brit. Weed Contr. Conf. 1968, 1018.
185. Burnside, O.C. et al.: Proc. N.C. Weed Contr. Conf. 1969, S. 21.
186. SZ 394 704, Geigy.
GB 927 348, 4.11.59/29.5.63, Geigy.
187. Ubrizsy und Matolesy: Acta Agron. Acad. Sci. Ung. 11, 173 (61).
188. DOS 1 542 873, 16.4.66/2.7.70, Bayer.
DOS 2 165 554, 30.12.71/5.6.73, Bayer.
189. GB 697 083
190. GB 814 948, 17.6.1959, Geigy.
US 2 909 420, 1.8.55/20.20.59, Geigy.
DAS 1 011 904, 16.8.55/11.7.57, Geigy.
191. Gast, A. und Frankhauser: Proc. 8. Brit. Weed Contr. Conf. 1966, 485.
192. SZ 393 344, 20.11.61/30.10.65, Geigy.
U US 3 145 208, 5.7.63/18.8.64, Geigy.
193. US 3 451 802, 27.6.66/24.6.69, Gulf Res.
FR 1 560 251, GB 1 176 884.
194. Gerber, H.R. et al.: 10. Brit. Weed Contr. Conf. Brighton 11.(70), Proc. 1, 118.
195. Decheva, G. et al.: C.r.Acad Sci. Agr. Bulg. 3 (2), 173 (70) = Weed Abstr. 20 (6) Ref. 2784 (71).

196. DOS 2 045 601, 15.9.70/22.4.71, Ciba-Geigy.
SZ 518 293, 16.9.69/31.1.72, SZ 523 014, 6.9.69, 31.6.72,
GB 1 327 060, DDR 91 147, Ciba-Geigy.
197. DOS 2 200 290, 4.1.72/27.7.73, Monsanto.
US 3 714 162, US 3 784 544, BE 777 647.
198. DOS 2 326 358, 23.5.73/6.12.73, DuPont.
US Prior. 24.5.72 und 5.4.73, US 7 307 218, 29.5.72/21.11.73.
199. Lichtenstein, E.P. et al.: Science 181, 4102, 847 (73).
200. Klun, J.A. et al.: J. Econ Entomol. 60, 1529 (67).
201. Chem. Eng. News 52, 32, 15 (74).
202. DOS 1 770 343, 7.5.68/21.10.71, Geigy, SZ 485 410.
203. 11. Brit. Weed Contr. Conf. Brighton 11 (72).
204. DOS 1 542 812, 25.11.66/16.4.70, Geigy.
205. DOS 1 914 014, 19.3.69/2.10.69, Agripat.
SZ 504 156, 28.2.69/30.4.71.
206. Hughes, W.J. et al.: Proc. N.C. Weed Contr. Conf. 1967, 27, Weed Abstr. 18, Ref. 2881; 19 (6) Ref. 2383 (70).
207. Eue, L. und Tietz, H.: Pflanzensch. Nachr. Bayer 23, 208 (70); 25, 175 (72); Weed Abstr. 21, Ref. 1058 (72) und 23, Ref. 1967 (74).
208. DOS 2 138 031, 29.7.71/8.2.73, Bayer.
209. DOS 1 695 596, 27.11.67/22.4.71, US Prior. 28.11.66, DuPont.
210. DOS 2 224 161, 18.5.72/29.11.73, Bayer.
211. DOS 1 542 812, 25.11.66/16.4.70, SZ Prior. 26.11.65, Geigy.
212. US 3 697 249, 10.12.69/10.12.72, Allied Chem.
213. DOS 2 033 633, 7.7.70/14.1.71, SZ Prior. 8.7.69, Geigy.
FR 2 051 599
214. DOS 2 017 918, 15.4.70/19.11.70, SZ Prior. 24.4.69, Geigy.
FR 2 039 425
215. DOS 2 416 930, 8.4.74/24.10.74, HU Prior. 9.4.73, Novenyo Kutato.
216. Schweizer, C.J. und Ries, S.K.: Science 165, 73 (67).
217. DOS 2 245 449, 15.9.72/22.3.72, DuPont.
DOS 2 263 805, 28.12.72/9.5.74, DuPont.
DOS 2 326 312, 23.5.73/6.12.73, DuPont.
218. DOS 2 416 664, 5.4.74/17.10.74, Zus. zu DOS 2 263 805, DuPont.
219. DOS 2 415 203, 29.3.74/10.10.74, US Prior. 2.3.73, Stauffer.
220. DOS 1 927 921, 31.5.69/3.12.70, Bayer.
221. DOS 2 254 200, 6.11.72/16.5.74, Bayer.
222. BE 811 881, 13.3.73/5.9.74, BASF.
DOS 2 311 661, 9.3.73/12.9.74, BASF.
223. US 3 821 220, 4.1.72/28.6.74, Neues Verfahren, Ciba-Geigy.
224. Techn. Inform. Shell Intern., Agricult. Divison.
225. GE 1 011 904, 16.8.55/23.9.65, Geigy.
SZ 329 277, 16.8.54/30.4.58, Geigy.
SZ 342 784, 16.8.54/30.11.59, Geigy.
226. Angaben der Ciba-Geigy, 12.1974.
227. SZ.337 019, 14.1.55/15.3.59, Geigy.
=FR 1 135 848, 16.8.55/22.12.56, Geigy.
228. Liang, T.T. und Lichtenstein, E.P. (Univers. Wisconsin): Science 186, 1128, No. 4169 (74).
229. Tagung der Weed Science Soc. of America, Febr. 1975, Pflanzensch. Nachrichten Bayer 23, 217 und Heft 25. Techn. Information Bayer Leverkusen, Bayer-Pflanzenschutz.

230. 3. Intern. Tagung über selekt. Unkrautbekämpfung im Rübenbau 28. Febr. 28. Febr. 1975, Paris. Schmidt, R., Eue, R. und Draber, W., S. 713, Hack, H., S. 729, Jarczyk, S. 455, Weed Abstr. 25 (5) (76), Ref. 1380, 1881.
231. Gysin, H.: Weed Science 22 (5) 523 (74).
232. Soc. Biol. (Paris) 168, 583, Dez. (74).
Hersteller: Science Union Sureness Frankreich.
233. Draber, W., Dickore, K. und Timmler, H.: 8. Intern. Plant Protect, Congress Moskau 21.-27.8.1975.
234. DOS 2 245 449, 15.9.72 + 22.3.73, DuPont, US Prior. 16.9.71 u. 3.7.72.
235. Johannes, H. und Luedemann, D.: Schriften d. Vereins f. Wasser, Boden und Lufthyg. 37, 201 (72). = Weed Abstr. 24 (4), Ref. 781 (75).
236. Allison, D.A. und Joyce, T.D.: Proceed. 12. Brit. Weed Control Confer. London 279 (74). = Weed Abstr. 24 (8), Ref. 1973 (75).
237. 40. Deutsche Pflanzensch. Tagung 6.-10. Okt. 1975 in Oldenburg, Mitteil. d. Biol. Bundesanst. Berlin-Dahlem. Hack, H. 165, 179 (75).
238. Montgomery, M. et al.: Metbolism. of triazine, J. Agr. Food Chem. 12 11-14 (64).
239. Technische Information über Sencor (Bayer 94337) Bayer Pflanzenschutz, 5090 Leverkusen.
240. Technische Information über Tanticon (Dic. 1577) Bayer Pflanzenschutz, 5090 Leverkusen.
241. Zeitschr. f. Pflanzenkrankheiten und Pflanzenschutz (1975) Sonderheft 7, 407-13. Weed Abstr. 25 (5) Ref. 1379 (76). Weed Abstr. 25 (7) Ref. 2114, (76).

## 5.15. Phosphor enthaltende organische Verbindungen

Zu Beginn ihrer Bearbeitung als Pestizide galten Phosphorsäureester nicht nur als vorwiegend insektizid wirksam, sondern auch als besonders pflanzenverträglich. Im Verlauf der weiteren Bearbeitung wurden aber zahlreiche Verbindungen mit herbizider Wirkung bekannt. Ohne Zweifel ist bei einem Teil dieser Verbindungen die Wirkung auf die erst durch Hydrolyse entstehende herbizide Komponente zurückzuführen. Die Phosphoresterbindung verstärkt nun diese Wirkung, weil sie die Eindringungsmöglichkeit des ganzen Moleküls in die Pflanze erhöht. Bei zahlreichen anderen Phosphorsäureester-Verbindungen aber ist die herbizide Wirkung wohl dem ursprünglichen Gesamtmolekül zuzuschreiben. Die nachfolgende Verbindung beispielsweise zeigt nicht nur die Wirkung der durch Hydrolyse und ß-Oxidation entstehenden 2,4-D-Säure gegen breitblättrige Unkräuter, sondern auch gute Wirkung gegen Gräser.

5.15.1. Phosphite

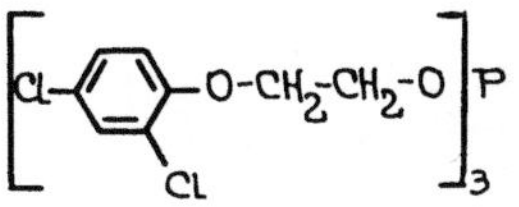

Tris-ß-(2, 4-dichlorphenoxyäthyl)phosphit

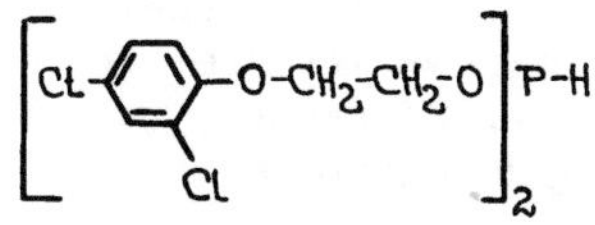

Bis-ß-(2, 4-dichlorphenoxyäthyl)phosphit

Common name: 3 Y 9, 2, 4-DEP
Handelsname: Falone® (U.S. Rubber Co.) 1958
Falodin® (Uniroyal Chem.)

$LD_{50}$: 850 mg/kg Ratte p.o. akut. Wasserlöslichkeit: Unlöslich. Wirkungsweise: Bodenherbizid. Anwendungsweise: Pre-emergence. Anwendungsgebiet: Gegen breitblättrige Unkräuter und Gräser in Spargel, Mais, Erdnüssen, Erdbeeren. Zur Wirkung ist Feuchtigkeit erforderlich. In einigen Patenten ist Cl durch andere Substituenten ersetzt, z.B. durch F[2]. 1974/75 ohne Bedeutung.
Patente[1]. Literatur[3, 4].

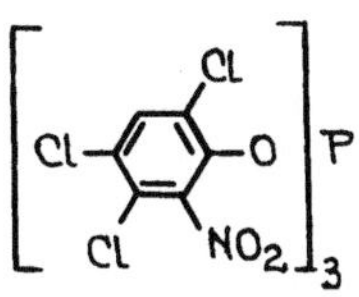

Versuchsprodukt
(Chemagro 6134) 1966
zurückgezogen

Anwendungsgebiet: Defoliant.
Patente[95].

$(C_4H_9S_3)_3P$

Trithiobutylphosphit
Common name: Merphos
Handelsname: Folex®
(Virginia Carolina Chemical Corp.)

$LD_{50}$: 1270 mg/kg Ratte p.o. akut. Wasserlöslichkeit: Nicht wasserlöslich. Wirkungsweise: Blattherbizid mit systemischer Wirkung. Anwendungsweise: Postemergence. Anwendungsgebiet: Defoliant für Baumwolle. Von einiger Bedeutung.
Patente[6, 7].

5.15.2. Phosphorsäureester

$(C_4H_9S_3)_3P{=}O$

Phosphorsäure-trithiobutylester
Handelsname: DEF®
(Chemagro Corp.) (Ethyl Corp.) 1956

$LD_{50}$: 325 mg/kg Ratte p.o. akut. Nicht wasserlöslich. Wirkungsweise: Blattherbizid mit systemischer Wirkung. Anwendungsweise: Post-emergence. Anwendungsgebiet: Defoliant in Baumwolle. Von größerer Bedeutung in den USA.
Patente[7-9, 91].

Eines der ersten Phosphor enthaltenden Herbizide war das Disan®. Eine größere Anwendung ist dieser Verbindung bis jetzt nicht beschieden.

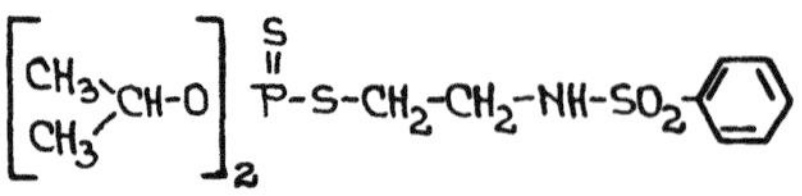

Common name: Bensulide
Handelsname: Disan®, Betasan®, Prefar®, Presan®
(Stauffer Chemical Co.) 1962

$LD_{50}$: 770 mg/kg Ratte p.o. akut. $LC_{50}$: 1-2 mg/L 96 Std. Goldfisch. Wasserlöslichkeit: 25 ppm. Wirkungsweise: Bodenherbizid. Anwendungsweise: Pre- und post-emergence. Anwendungsgebiet: Selektiv in Mais, Melonen, Zierrasen, in Baumwolle, Gurken, Kohl, Pfeffer, Karotten, Zwiebeln, gegen Ungräser. Patente[10]. Literatur[11,96,127].

Ähnliche Verbindungen s. [94].

Aus der Vielzahl der durch Patente bekanntgewordenen Phosphorsäureester oder -amide bzw. ihren Thiono- und Thiolverbindungen lassen sich bis heute keine Gesetzmäßigkeiten für die herbizide Wirksamkeit ableiten. Es wird deshalb im Anschluß an die einzelnen Abschnitte jeweils nur eine kleine Patentauswahl angeführt. Weitere Beispiele siehe Patentübersicht 1969-76.

Nachstehende Formeln zeigen Beispiele weiterer herbizid wirksamer Phosphorsäureester:

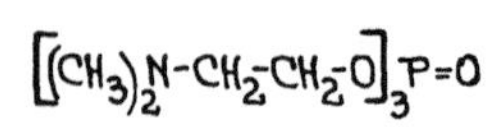 12,13

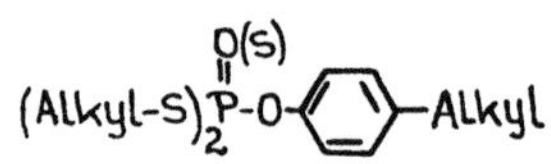 14

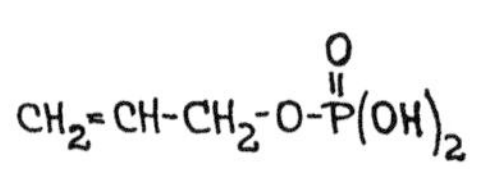 15

O-Allylphosphorsäureester

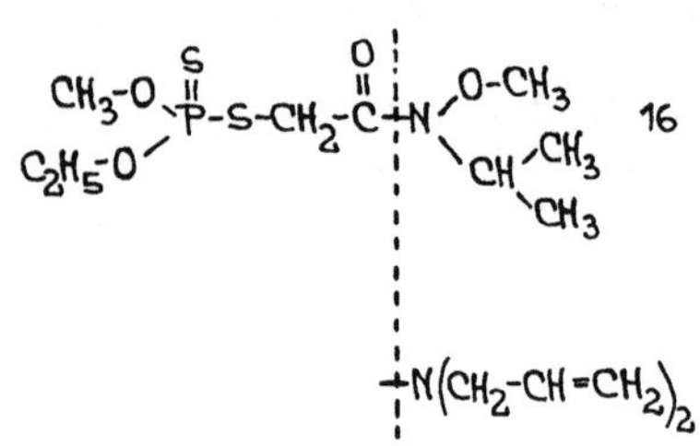 16, 17

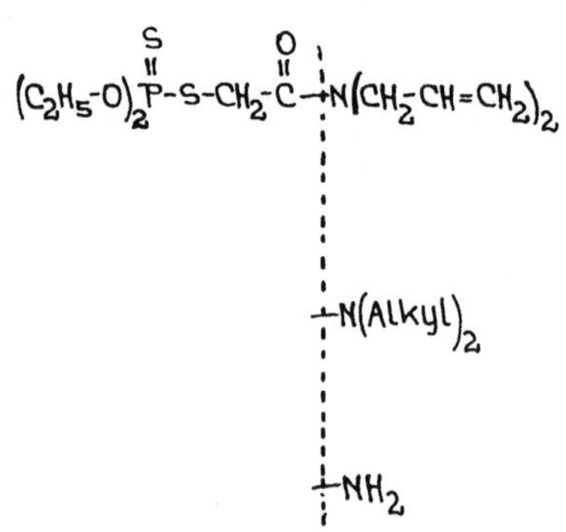 18 - 24

2-Methyl-1-(di-propoxy-thiophosphoryl-mercapto-acetyl)-piperidin

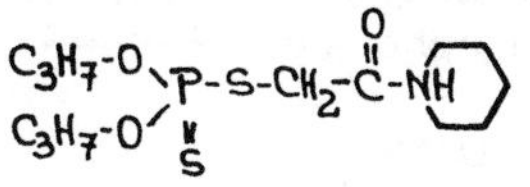

Vorgeschlagener Common name: Piperophos
Handelsprodukt: Rilof®, C-19490 (Ciba-Geigy) 1972
In Kombination mit Dimethametryn: Avirosan®.

$LD_{50}$: 324 mg/kg Ratte p.o. akut. Wasserlöslichkeit: 25 ppm/20°C. Pre- und postemergence Anwendung in Reis, vorwiegend in Kombinationspräparaten da nur gegen einjährige Ungräser wirksam.
Patente[105]. Literatur[106,129].

In der Grundkonstitution ähnlich ist:

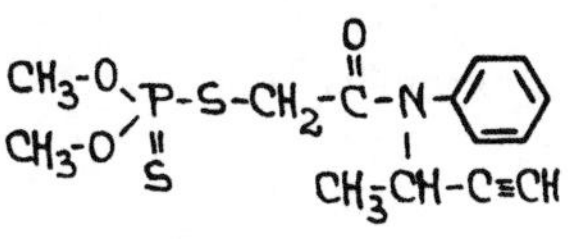

Versuchsprodukt: 75699 (BASF) 1971

Anwendung pre-emergence gegen Ungräser.
Patente[120]. Literatur[121].

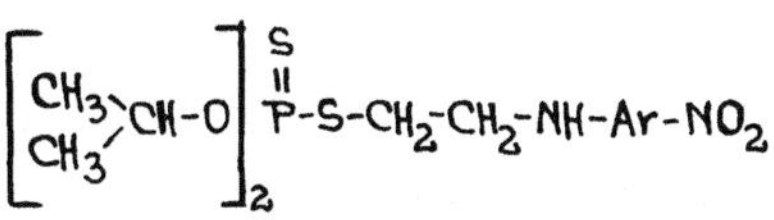 25, 26

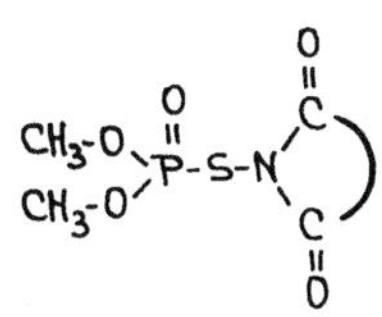 usw. 27

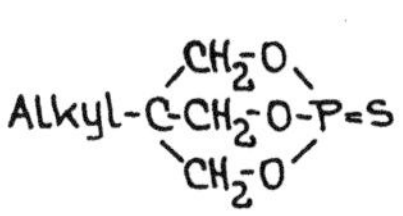 28

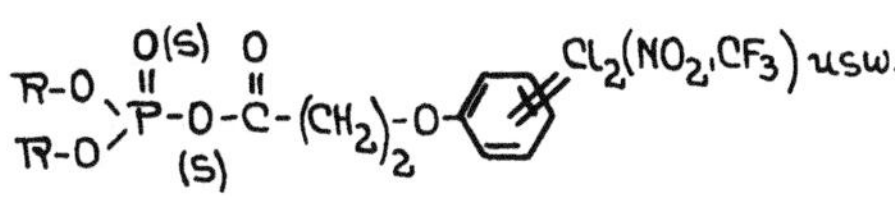 29

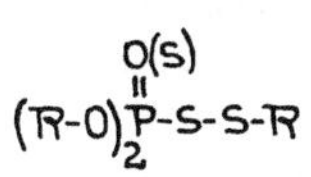 30

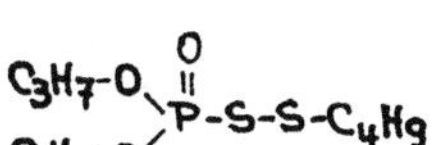

30

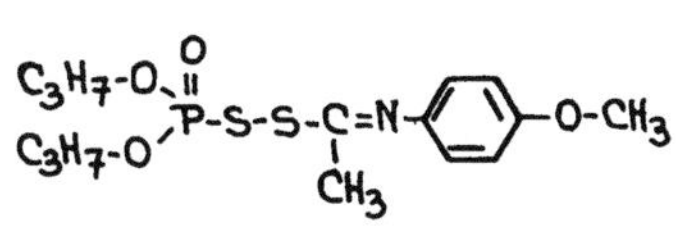 31

Über ein Acylanilid mit einer Phosphorestergruppe im Acyl-Rest siehe bei Acylaniliden.

a) Phosphorsäureesteramide

Einige Phosphor enthaltenden Herbizide entstammen den Phosphorsäureesteramiden.

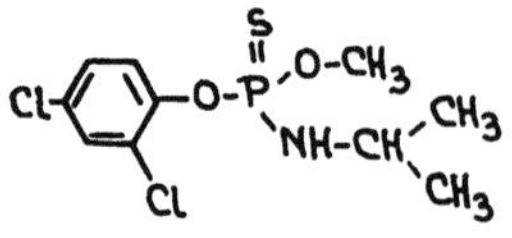

O-(2,4-Dichlorphenyl)-O-methyl-N-isopropylthiophosphorsäurediesteramid
Common name: DMPA
Handelsname: Zytron®
(Dow Chemical Co.)
1958
Nicht mehr von Bedeutung

$LD_{50}$: 270-360 mg/kg Ratte p.o. akut. Wasserlöslichkeit: 5 ppm. Wirkungsweise: Bodenherbizid. Anwendungsweise: Pre-emergence. Anwendungsgebiet: Gegen Digitaria-Arten in Zierrasen. Pre-emergence vornehmlich gegen Gräser in Sojabohnen, Erbsen, Bohnen, Zwiebeln, Möhren.
Patente[32, 33]. Literatur[34, 35].

Die Dow Chemical Co. beschreibt einige weitere Phosphamidester[36, 37].

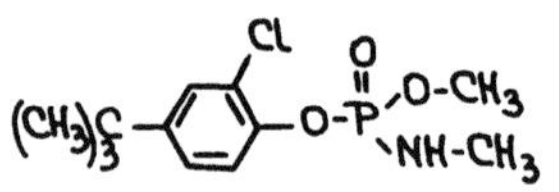

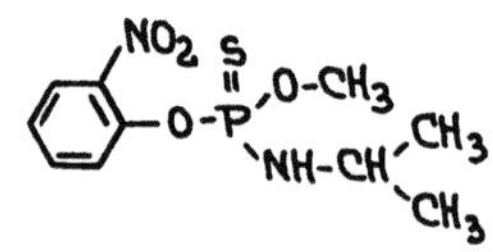

Vielversprechend ist ein neues Herbizid:

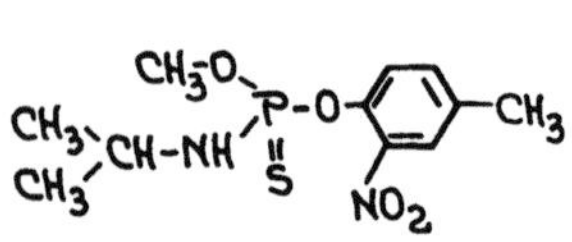

Vorgeschlagener Common name:
Amiprofos-Methyl
Versuchsprodukt: NTN-6867, NTN-2925, Tokunol-M®
(Nitokuno 1973/74)
(Chemagro USA) (Bayer)
1974/75

$LD_{50}$: 609 mg/kg Ratte p.o. akut. Pre-emergence Wirkung gegen Ungräser und einige breitblättrige Unkräuter. Selektiv in Mais, Baumwolle, Erdnüssen, Sojabohnen, Pfeffer und Reis. Ferner im in zahlreichen Gemüsearten wie Bohnen, Erbsen, Möhren, Zwiebeln, Kohl, Salat, Rettich, Melonen, Erdbeeren, und in Golf-Rasenflächen. Kombinationen mit Tribunil und Sencor usw.
Patente[89, 90].

Ganz ähnlich ist:

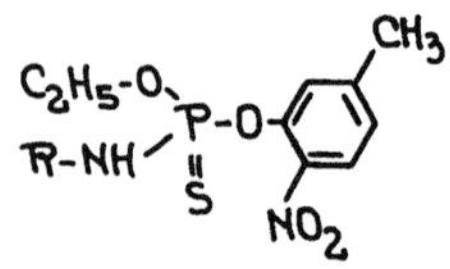

Versuchsprodukt: S-28, Cremart
(Sumitomo-Japan)

$R = CH(CH_3)_2$ oder sec. Butyl.

$LD_{50}$: 630-790 mg/kg Ratte p.o. akut. Wasserlöslichkeit: 5,1 ppm. Selektiv in Möhren, Salat und Wassermelonen.
Patente[108].

Halbwertzeit im Boden 50-67 Tage.
Literatur[138].

Über die Spaltung des P-Esters in optische Antipoden siehe[137].

Auch von anderer Seite wurden ähnliche Phosphamid-säureester bekannt[38].

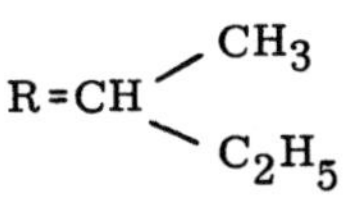

Versuchsherbizid Her-26905
(Hercules) 1975

Pre planting und pre-emergence Anwendung. Selektiv in Flachs und Sonnenblumen.
Literatur[131].

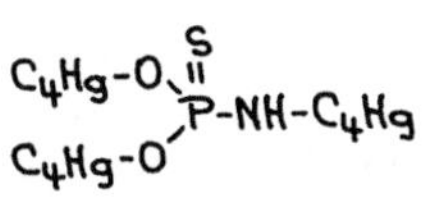

O, O-Dibutyl-N-butyl-thiophosphorsäurediesteramid soll das Wachstum von Weizen völlig verhindern, während Dikotyledonen wie Rettich nicht angegriffen werden.
Bei O, O-Diäthyl-N-isobutyl-thiophosphorsäurediesteramid kehrt sich die Wirkung um[39].

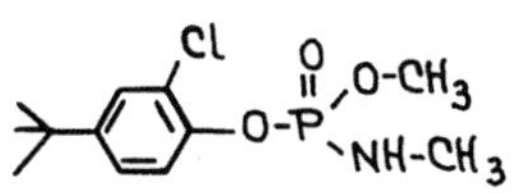

Ähnliche Verbindungen[39], s. auch[40].

$(RO)_2P(=S)$-NH-$C_4H_9$iso[38]

$(RO)_2P(=O)$-N=CH-N$(CH_3)_2$ [41], s.auch [42]

b) Phosphorsäure-di und tri-amide

Auch hier zeigt die Patentliteratur zahlreiche herbizid wirksamke Vertreter.

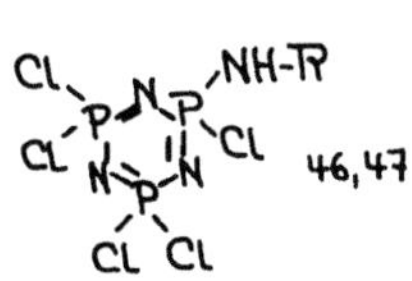

46,47

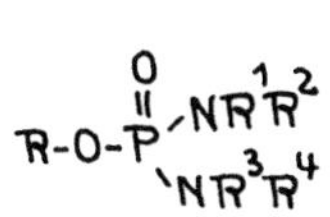

44

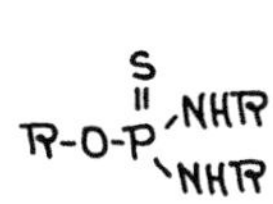

45

R=$C_{1-5}$-Alkyl

Über Zusammenhänge zwischen biologischer Wirkung und chemischer Konstitution bei Nitroaryl-phosphorester-di-amiden wurde 1969 berichtet. Danach sind Phosphoresteramide mit unsubstituierter Amidgruppe herbizid besonders wirksam[119].

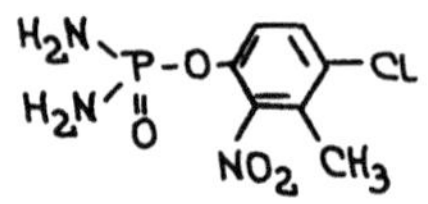

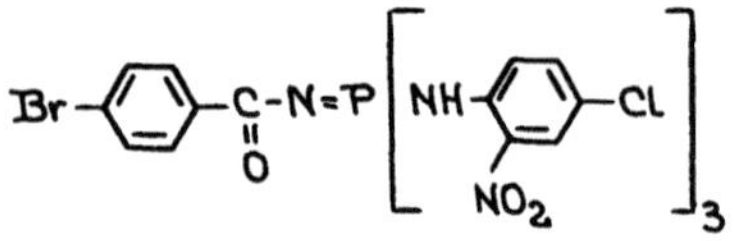

Versuchsprodukt in der USSR

Herbizid und Fungizid

Literatur[134].

## 5.15.3. Phosphonsäureester

Eine in ihrer Wirkung besonders interessante Verbindung wurde 1968 bekannt:

$$\mathrm{Cl-CH_2-CH_2-\overset{\overset{\displaystyle O}{\|}}{\underset{\underset{\displaystyle OH}{|}}{P}}-OH}$$

2-Chloräthanphosphonsäure bzw.
-2-chloräthylester
Common name: Ethephon)
Handelsname: Ethrel®, Florel®
(Amchem Products Ltd.)

$LD_{50}$: 4229 mg/kg Ratte p.o. Wirkungsweise: Wuchsstoff. Anwendungsgebiet: Die Verbindung induziert bei Ananas die Blütenbildung[48]. Die Wirkung wird mit der Freisetzung von Äthylen erklärt. Auf dessen pflanzenhormonale Wirkung wurde schon hingewiesen.
Literatur[48, 92].

Weitere Einsatzgebiete Reifebeschleunigung und Fruchtablösung. bei Kernobst und Oliven.
Ethrel® hat an Bedeutung zugenommen seit man festgestellt hat, daß es den Gummifluß bei angeschnittenen älteren Gummibäumen erhöht.
Patente[111]. Literatur[110].

Näheres im Abschnitt:

Natürliche und synthese Pflanzenwuchsregulatoren von W. Draber.

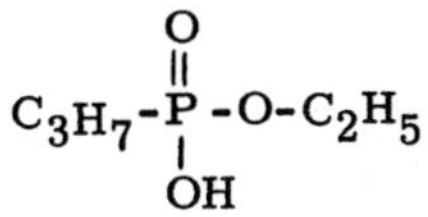

O-Äthyl-propanphosphonsäureester
Versuchsprodukt
Nia 10637
(Food Machinery and Chemical Corp., Niagara Chem. Div.)
Nicht mehr in Prüfung

$LD_{50}$: 2300 mg/kg Ratte p.o. akut.

Die Verbindung ist in gleicher Weise wie Ethrel ein Pflanzenwuchsstoff, bei dem aber die herbiziden Eigenschaften stärker hervortreten. Anwendung zur Hemmung des Wachstums von Obstbäumen und Koniferen, ferner zur Fruchtausdünnung und Blühbeeinflussung.
Patente[118]. Literatur[93].

Erwähnt sei noch[5]:

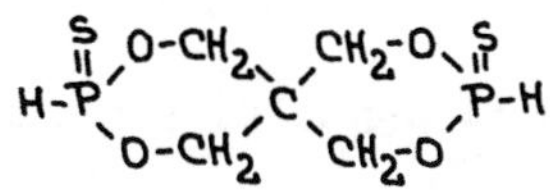

Aus der Reihe der Phosphonsäuren wurden in den letzten Jahren unverhältnismäßig viele neue Produkte bekannt.

n-Propylphosphonsäure $C_3H_7\text{-}\overset{O}{\overset{\|}{P}}(OH)_2$ zeigt Pflanzenwuchs regulierende Eigenschaften und anscheinend herbizide Wirkung.
Versuchsprodukt: NIA-10656 der FMC-Corp. u. Niagara.
$LD_{50}$: 3720 mg/kg Ratte p.o. akut.
Patente[100]. Literatur[101].

Ammonium-äthyl-carbamoyl-phosphonat

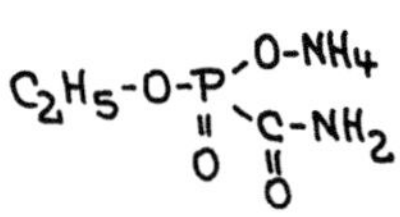

Common name: Krenite
Versuchsprodukt: DPX-1108 und DP-1108
Handelsname: Krenite® (Du Pont) 1974

$LD_{50}$: 11000-24000 mg/kg Ratte p.o. akut.
Wachstumsregulator und Herbizid. Bei Spritzung der Sträucher im Herbst sterben diese erst im nächsten Sommer ab.
Patente[107].

Als wohl die jüngste Entdeckung unter den Phosphonsäuren darf die sehr gute wuchsregulierende Wirkung der Amino-methan-phosphonsäure gewertet werden. Sie soll nach einem Patent von Bayer die des CCC übertreffen[126].

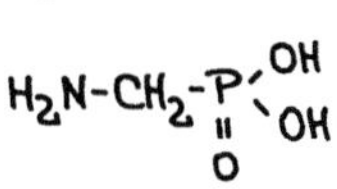

Die Monsanto hat aus dieser Verbindungsklasse ein neues Herbizid vorgestellt.

N-Phosphon-methyl-glycin

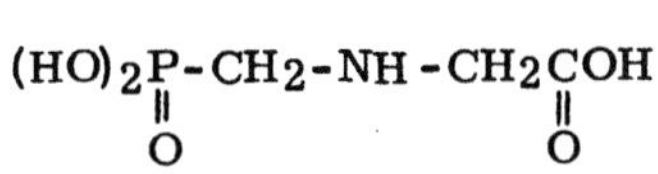

Common name Vorschlag: Glyphosate
Handelsname: MON-0573, Roundup® (Monsanto), Glivozaad® (Shell), MON-0573

Na-Salz: MON-0459. Dimethylaminsalz: MON-0468. Isopropylaminsalz: MON-2139, EL 360. Wasserlöslichkeit: 1,2%.
$LD_{50}$: 4320 mg/kg Ratte p.o. akut.
Post-emergence Anwendung. Wirkung über die grünen Pflanzenteile. Bekämpft auch tieferwurzelnde Unkräuter und Ungräser im Obstbau. Keine Wirkung über den Boden. Pre-emergence in Mais, Weizen, Gerste, Sorghum und Sojabohnen. Totalherbizid auch für Wurzelunkräuter. Wirkungsweise: Eingriff in die Biosynthese aromatischer Aminosäuren. Verhinderung der chlorismate Mutase und prephenate Dehydrase[123]. Abbau im Boden durch Bakterien.
Patente[97,113,116,125]. Literatur[117,124].

Nahe verwandt ist: N,N-Bis-(phosphonmethyl)-glycin

$$[(HO)_2\overset{\overset{O}{\|}}{P}-CH_2]_2NCH_2\underset{\underset{O}{\|}}{C}OH$$

Common name: Glyphosine
Handelsname: Polaris®, CP-41485
(Monsanto) 1972

$LD_{50}$: 4000 mg/kg Ratte. $LC_{50}$: 74-91 mg/L 96 Std. Fische. Herbizide Wirkung?.
Wasserlöslichkeit: 248000 ppm bei 20°.
Patente[97,112].

Beschleunigung der Reife von Zuckerrohr und Unterstützung des Zuckergehaltes im Zuckerrohr: Anwendung durch Besprühen der Blätter. Rasche Absorption tritt ein. Halbwertzeit weniger als 15 Tage. Wirkungsweise: Offensichtliche Verhinderung der Invertase, Stimulation der alpha-Amulase, Hemmung der Chlorophyllsynthese in neuen Austrieben.

Mehr Wuchshemmstoff als Herbizid ist auch:

$$(HO)_2{>}\overset{\overset{O}{\|}}{P}-CH_2N(CH_2-\underset{\underset{O}{\|}}{C}-OH)_2$$

Versuchsprodukt: MON-820
(Monsanto Chem.) 1976

Patente[135]. Literatur[136].

Di-n-butyl-1-n-butylamino-cyclohexyl-phosphonat

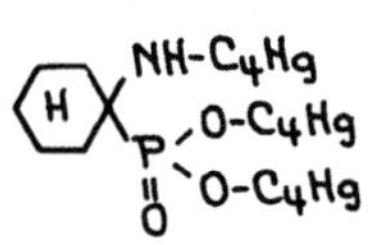


Common name: z.Z. nicht bekannt
Handelsname: Trakephon®
(VEB-Chemiekombinat Bitterfeld DDR)
1973

$LD_{50}$: 6000-90000 mg/kg Ratte p.o. akut (Techn. Produkt). Defoliant, Desiccant. Dient zur Kartoffelkraut-abtötung bei Beginn der Gelbfärbung der Blätter, damit Verhinderung des Braunfäulebelags. Pre-emergence Anwendung in Zwiebeln.
Patente[98,115]. Literatur[99].

Ähnlichkeit mit den schon besprochenen Phosphor-säure-ester-amiden zeigt ein jüngstes Phosphonesteramid als Versuchsherbizid.

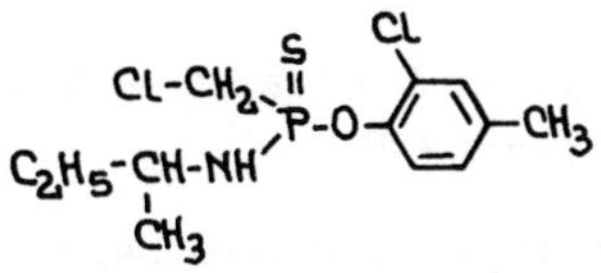

Isophos-3®
(All-Union SCI. Res. Inst. f. Plant. Prot. Chem.)
1975

LD50: 510 mg/kg Maus p.o. akut.
Pre-planting in Reis. Langanhaltendes Herbizid.
Patente[132]. Literatur[133].

### 5.15.4. Phosphinsäureester

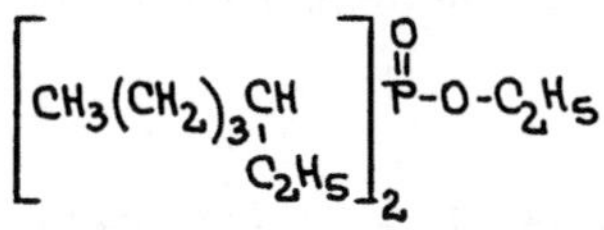

Versuchsprodukt
EBEP
(Virginia Carolina Chemical Corp.)

Patente[55].

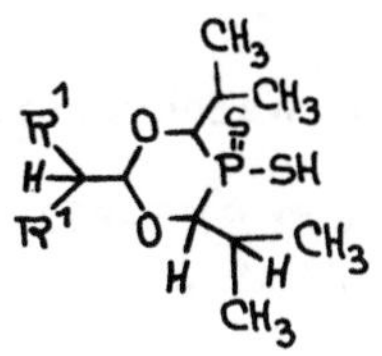

56

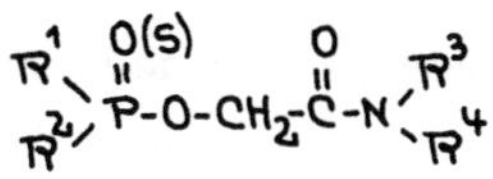

57

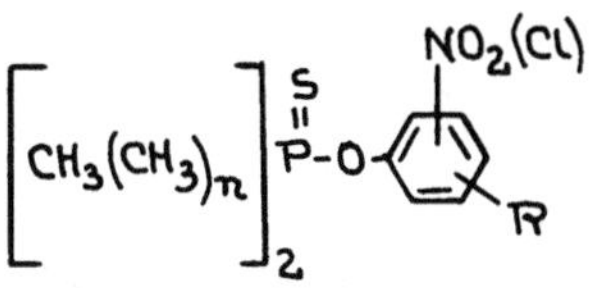

58

R = Alkyl

### 5.15.5. Phosphinamide

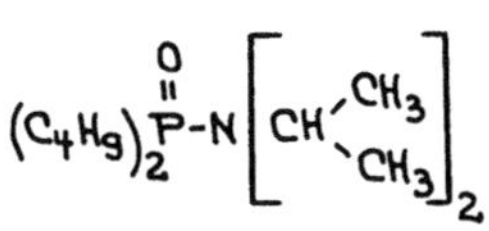

Handelsname: Dipa® (Shell)

Patente[59]. Literatur[60].

### 5.15.6. Phosphinoxide

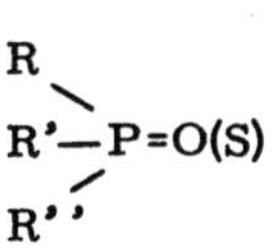

Der Vollständigkeit halber sei auf einem Patentanspruch gemäß nebenstehender Formel hingewiesen[61].

5.15.7. Phosphoniumverbindungen

In Anlehnung an die phytotoxischen Ammoniumverbindungen ist das quartäre Phosfon® als Wuchsstoffherbizid und Wuchshemmstoff bekanntgeworden.

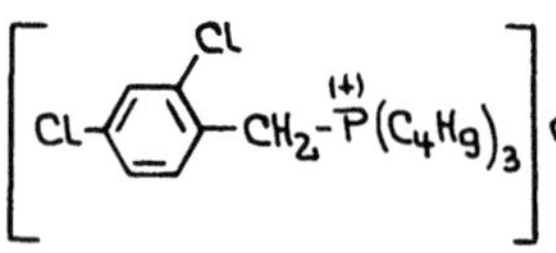

2,4-Dichlorbenzyl-tributyl-phosphoniumchlorid
Common name: Chlorphonium
Handelsname: Phosfon®
(Virginia Carolina Chemical Corp.)

$LD_{50}$: 178 mg/kg Ratte p.o. akut. Wirkungsweise: Blattherbizid mit systemischer Wirkung. Wachstumsverkürzende Wirkung auf Stengel. Anwendungsweise: Postemergence. Anwendungsgebiet: Wuchshemmstoff für Chrysanthemen und Förderung der Blüte.
Patente[62]. Literatur[63,64,86].

$[(C_2H_5)_3\overset{+}{P}-CH_2-CH_2-C_2H_5]Cl^-$

Ein weiteres Beispiel ist das nebenstehende Produkt. Derartige Verbindungen sollen auch als Defoliant wirksam sein[65].

5-Chlor-2-thienyl-tris-n-butyl-phosphonium-chlorid ist ein Wachstumsregulator.

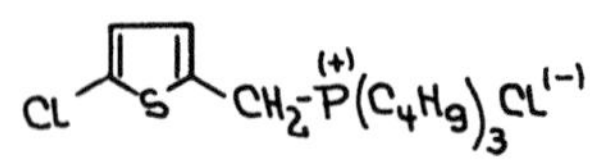

Versuchsprodukt: CHE-8728
(Chemagro USA) 1972

Ertragssteigerung bei Sojabohnen, Erbsen, Baumwolle und Zuckerrohr. Wachstumshemmung bei Chrysanthemen.
Patente[104,114].

## 5.16. Arsen enthaltende organische Verbindungen

Natriumarsenit ist ein starkes Herbizid, das in den USA zur Entblätterung angewandt wird (s. Anorganische Herbizide). In vielen Staaten ist aber Natriumarsenit verboten. Es ist wenig verwunderlich, daß auch Methylarsonsäuresalze phytotoxisch sind. Sie haben gegenüber dem Natriumarsenit die Vorteile größerer Selektivität und geringer Giftigkeit.

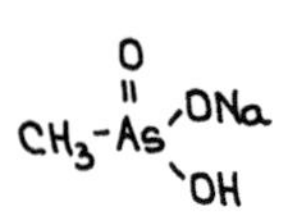

Mononatriumsalz der Methylarsonsäure
Common name: MSMA
Handelsname: Ansar 170®, Ansar 529®
(Ansul Chemical Co.) 1964
$LD_{50}$: 1800 (1000) mg/kg Ratte p.o. akut

Dinatriumsalz
Commonname: DSMA
Handelsname: Ansar 184® (Ansul Chem)
Daconate®, Bueno® (Diamond Shamrock)
1956
$LD_{50}$: ca. 1000 mg/kg Ratt p.o. akut

Monoammoniumsalz
Common name: MAMA
Handelsname: Ansar 157®
LD50: 720 mg/kg Ratte p.o. akut

Triäthanolammoniumsalz + 2,4-D
Handelsname: Ansar 290 D®
LD50: 14000 mg/kg Ratte p.o. akut

MSMA: Wasserlöslichkeit: 100 g in 100 $cm^3$. Wirkungsweise: Blattherbizid mit Kontaktwirkung. Anwendungsweise: Post-emergence. Anwendungsgebiet: Zur Nesterbehandlung von Sorghum halepense in Baumwolle. Immer noch in größerer Anwendung in den USA.
Patente[66-73].

Aminsalze sind besonders wirksame Herbizide[67,69,72]. Ursache ist wohl das bessere Eindringen in die Pflanze.

Die Verwendungszulassung ist in den einzelnen Ländern in den USA verschieden. Teilweise sind die Methylarsonsäure bzw. ihre Salze als Herbizid zugelassen, und außer für Baumwolle auch als selektive Herbizide für Zuckerrohr, Citrusfrüchte, Kaffee, Kautschuk und selbst Weideland in Anwendung. Wirksam gegen viele Ungräser und Unkräuter. Aufnahme durch die Blätter.
Literatur[128].

Methylarsonsäure wird durch an und für sich nicht oder nur schwach herbizid wirksame Verbindungen in ihrer Wirkung synergistisch beeinflußt[74], z.B. durch $Cl\text{-}Ar\text{-}S\text{-}CH_2\text{-}CH_2\text{-}N(C_2H_5)_2$.

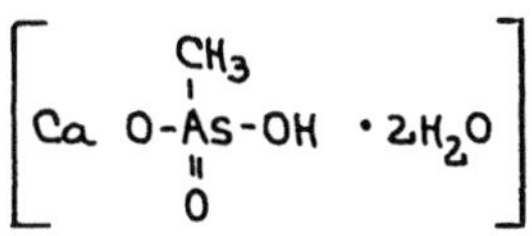

ist eine besonders wirksame Form der Methylarsonsäure. Im Gegensatz zu anderen Arsenverbindungen, speziell dem Methylarsonsäurenatrium, wirkt es post-emergence gegen Digitaria in Rasen[69, 75].
Patente[69, 74]. Literatur[75].

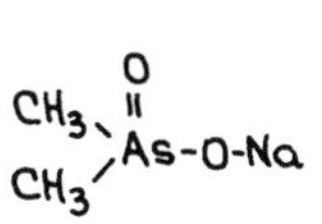

Mononatriumsalz der Dimethylarsinsäure
(Cacodylsäure)
Handelsname: Ansar 160®, (Phytar)
(Ansul Chemical Co.) 1958
LD50: 3200 mg/kg Ratte p.o. akut

Dimethylarsinsäure
Handelsname: Ansar 138®
(Ansul Chemical Co.)
LD50: 1350 mg/kg Maus p.o. akut, 850 mg/kg Ratte

22,6% Ansar 160® + 3,9% Arsan®

Handelsname: Ansar 560®
LD50: 3650 mg/kg Ratte p.o. akut
(Ansul Chemical Co.)

Ansar 160: Wasserlöslichkeit: 2:1 in Wasser von 25° C. Wirkungsweise: Blattherbizid. Anwendungsweise: Post-emergence. Anwendungsgebiet: Totalherbizid, Desiccant.
Patente[71, 76]. Literatur[77-80].

## 5.17. Bor, Zinn oder Silicium enthaltende organische Verbindungen

### 5.17.1. Borverbindungen

Anorganische Borverbindungen sind als Salze bekannte Herbizide, aber auch unter den organischen Borverbindungen gibt es Hinweise auf einen herbiziden Charakter[81].

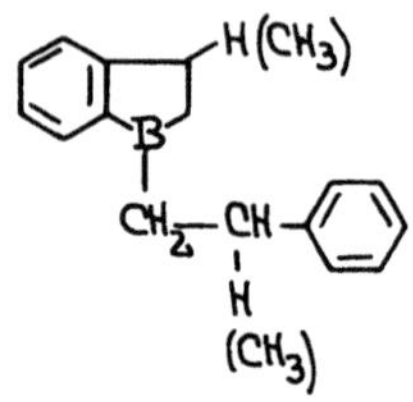

### 5.17.2. Zinnverbindungen

Zinnverbindungen sind vorwiegend fungizid wirksam, doch ist nicht selten auch eine phytotoxische[82-84] Wirkung zu verzeichnen.

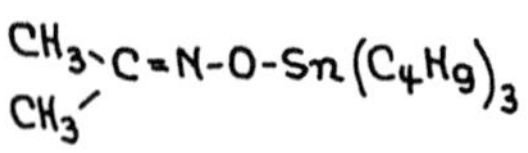 82

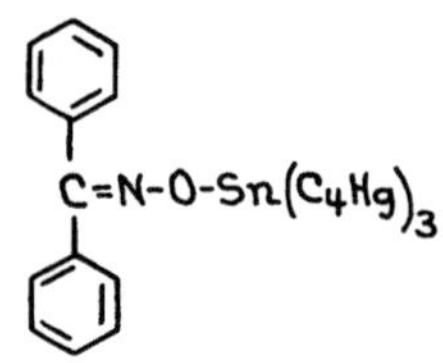 82

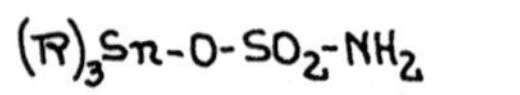 83

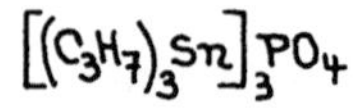 84

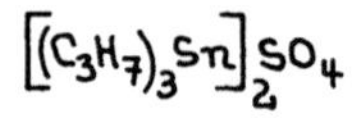 84

### 5.17.3. Siliciumverbindungen

Obwohl einfache Siliciumverbindungen, wohl wegen ihrer Ähnlichkeit mit Kohlenwasserstoffen, keine besonderen herbiziden Eigenschaften aufweisen, wurde schon 1960 für einfache chlorierte Siliciumverbindungen, auch wieder in Parallele zu chlorierten Kohlenwasserstoffen, eine gute herbizide Wirksamkeit entdeckt[85]. Neuere Patente mit ähnlichem Inhalt s.[87, 88].

```
          Y
          |
R-CH -Si -Y
  |       |
  X      CH3
```

Besonders wirksam[85] ist:

```
Cl-CH2-Si(OC2H5)2
       |
      CH3
```

X = Cl, Br, J          Y = Cl, O-Alkyl

## Literatur und Patente

5. Organische Herbizide

5.15. Phosphor enthaltende organische Verbindungen - 5.16. Arsen enthaltende organische Verbindungen - 5.17. Bor, Zinn oder Silicium enthaltende Verbindungen.


1. US 2 828 198, 21.7.55/25.3.58, U.S. Rubber Co.
2. US 3 223 516, 5.10.64/14.12.65, US Prior. 16.7.58, Allied Chem. Corp.
3. Noll, C.J. and Odland, M.L.: Proc. 9. Ann. Meeting. Weed Control Conf. pp. 184 u. 225 (55).
4. Hauser, E.W., Shaw, W.C., Harrison, H.F. and Parham, S.A.: Weeds 10, 139 (62).
5. US 3 210 398, 14.1.63/5.10.65, Olin Mathieson Chemical Co.
6. US 2 955 803, 9.6.58/11.10.60, Virginia Carolina Chemical Corp.
7. US 3 089 807, 30.8.61/14.5.63, US Prior. 27.4.61, Chemagro Corp. u. US 2 841 486 (1958).
8. US 2 943 107, 19.11.59/28.6.60, Chemagro Corp.
9. US 2 965 467, 16.10.56/20.12.60, Pittsburgh Coke u. Chemical Co.
10. US 3 205 253, 28.5.63/7.9.65, US Prior. 1.5.61, Stauffer Chemical Co.
11. Engel, R.E.: Proc. Northeast. Weed Control Conf. 17, 490 (63).
12. GB 1 027 052, 5.6.63/20.4.66, US Prior. 20.6.62, Smith Kline u. French Laboratories.
13. = BE 633 864, 20.6.63/20.12.64.
14. US 3 218 145, 27.6.62/16.11.65, Socony Mobil Oil Co.
15. US 3 013 874, 13.1.59/19.12.61, Shell Oil Co.
16. SA 65/4041, 28.7.65/20.4.66, Velsicol Chemical Corp.
17. FR.1 310 086, 7.11.61/15.10.62, US Prior. 8.11.60, Monsanto Chem. Co.
18. GB 952 391, 6.11.61/18.3.64, US Prior. 8.11.60, 14.11.60 u. 29.5.61, Monsanto Chem. Co.
19. US 3 102 018, 8.11.60/27.8.63, Monsanto Chem. Co.
20. US 3 102 019, 16.8.61/27.8.63, Monsanto Chem. Co.
21. US 3 102 020, 8.11.60/27.8.63, Monsanto Chem. Co.
22. US 3 102 021, 8.11.60/27.8.63, Monsanto Chem. Co.
23. US 3 102 022, 8.11.60/27.8.63, Monsanto Chem. Co.
24. US 3 102 023, 9.11.60/27.8.63, Monsanto Chem. Co.
25. JA 23 199/65, 26.11.63/13.10.65, Nihon Noyaku K.K.
26. US 3 298 819, 16.7.65/17.1.67, US Prior. 28.5.63, Stauffer Chemical Co.
27. US 3 114 761, 17.11.61/17.12.63, Stauffer Chemical Co.
28. US 3 134 662, 26.3.61/26.3.63, Heyden Newport Chemical Corp.
29. BE 673 589, 15.12.65/10.6.66, SZ Prior. 15.12.64, Ciba AG.
30. SU 174 038, 14.3.64/7.1.66, Ya.A. Mandelbaum u. Mitarb.
31. US 3 161 498, 16.8.62/15.12.64, Stauffer Chemical Co.
32. US 2 552 574, 16.8.48/15.5.51, Dow Chemical Co.
33. US 3 074 790, Dow Chemical Co.
34. Roberts, E.C., Markland, F.E. and Pellett, H.M.: Weed 14, 157 (66).
35. Riggleman, J.D. and Matthews, W.A.: Proc. Northeast. Weed Control Conf. 17, 58 (63).
36. US 2 552 576, 30.8.48/15.5.51, Dow Chemical Co.
37. GB 659 682, 23.8.49/24.10.51, US Prior. 30.8.48.

38. SU 176 145, 14.3.64/April 66, Ya.A. Mandelbaum u. Mitarb.
39. DAS 1 226 362, 29.5.59/6.10.66, US Prior. 22.7.58, Dow Chemical Co.
40. Bakumanko, L.A., Lebedeva, N.V., Razvodovskaya, L.V., Grapov, A.F. u. Melnikov, N.N.: Chim. vsel'skom Choz 4 (9), 51 u. 691 (66).
41. US 3 121 084, 17.9.62/11.2.64, US Prior. 27.2.61, Du Pont.
42. SU 166 340, 23.5.63/Febr. 66, G.J. Derkach.
43. US 3 294 522, 21.10.65/27.12.66, US Prior. 6.12.63, Pennsalt Chemicals Corp.
44. GB 885 464, 10.4.58/28.12.61, Monsanto Chem. Co.
45. US 3 309 429, 14.6.65/14.3.67, US Prior. 28.12.61, Dow Chemical Co.
46. BE 637 397, 13.9.63/13.3.64, NE Prior. 4.9.62, Philips Gloeilampenfabrieken.
47. BE 637 399, 13.9.63/13.3.64, NE Prior. 14.9.62, Philips Gloeilamoenfabrieken.
48. Cooke, A.R. and Randall, D.I.: Nature 218, 974 (68).
49. US 3 382 060, 18.11.64/7.5.68, Chemagro Corp.-
50. US 3 378 610, 20.4.65/16.4.68, US Prior. 18.11.64, Chemagro Corp.
51. Gentner, W.A.: An Evaluation of Several Chemicals fpr their Herbicidal Properties, 1966 Field Resülts. Preliminary unpublished report, 23.3.1967.
52. US 3 223 514, 10.5.61/14.12.65, Tenneco Chemicals Inc.
53. US 3 107 164, 27.3.62/15.10.63, Stauffer Chemical Co.
54. SU 173 535, 14.3.64/Dez. 65, N.N. Melnikov u. Mitarb.
55. US 2 927 014, 14.2.57/1.3.60, Virginia Carolina Chemical Corp.
56. US 3 261 857, 8.4.65/19.7.66, US Prior. 6.11.62, American Cyanamid Co.
57. BE 668 003, 6.8.65/7.2.66, US Prior. 11.12.63, 11.8.64, 24.8.64 u. 8.9.64, Velsicol Chemical Corp.
58. US 3 231 359, 30.12.64/25.1.66, US Prior. 18.12.59, Monsanto Co.
59. US 2 714 064, 7.7.52/26.7.55, Shell Development Co.
60. Davidson, L.G.: Proc. Intern. Soc. Sugar-Cane Technologists 11, 319 (62); ref. CA. 60, 4707 d.
61. US 3 158 461, 2.5.60/24.11.64, Hooker Chemical Corp.
62. US 3 103 431, 20.2.61/10.9.63, Virginia Carolina Chemical Corp.
63. Preston jr., W.H. and Link, C.B.: Plant Physiol. 33 Suppl. (58).
64. Wittwer, S.H. and Tolbert, N.E.: Plant Physiol. 35, 871 (60); ref. CA. 55, 5847 i.
65. US 3 268 323, 24.2.61/23.8.66, US Prior. 19.8.58 u. 18.8.59, Mobil Oil Corp.
66. US 2 442 372, 1.2.32/1.6.48, USA represented by the Secretary of War.
67. US 2 678 265, -/5.7.51, Vineland Chemical Co.
68. US 2 695 306, 6.5.32/23.11.54.
69. US 3 030 199, 9.8.60/17.4.62, Vineland Chemical Co.
70. US 3 035 910, 29.2.60/22.5.62, Upjohn Co.
71. US 3 056 670, 24.10.60/2.10.62, Ansul Chemical Co.
72. US 3 056 821, 3.4.58/2.10.62, Vineland Chemical Co.
73. US 3 068 088, 11.7.60/11.12.62, Vineland Chemical Co.
74. US 3 287 101, 8.1.64/22.11.66, Stauffer Chemical Co.
75. Gallagher, J.E. and Otten, R.J.: Proc. Northeast. Weed Control Conf. 16, 498 (62).
76. US 3 173 937, 27.9.62/16.3.65, Ansul Chemical Co., US 3 173 951 (1965).
77. Mowev, R.G. and Cornman, J.F.: Proc. Northeast. Weed Control Conf. 13, 62 (59).
78. Rumburg, C.B., Engel, R.E. and Meggitt, W.F.: Weeds 8 [4], 582 (60).
79. Mc Whorter, C.G.: Weeds 14 [3], 191 (66).

80. Ansul Co.: Farm Technol. 20 (11), 15 (64).
81. US 3 279 908, 4.12.62/18.10.66, US Prior. 22.8.61, U.S. Borax u. Chemical Corp.
82. US 3 282 672, 24.5.65/1.11.66, SZ Prior. 28.4.61, Monsanto Co.
83. JA 18 117/66, 13.6.64/18.10.66, Yoshitomi Seiyaku K.K. u. Takeda Chem. Ind.
84. JA 13 040/66, 26.2.62/22.7.66, Nitto Kasei K.K.
85. Leasure, J.K. and Speier, J.L.: J. Med. Chem. 9, 949 (66).
86. Virginia Carolina Chemical Corp., Richmond Va., "Phosfon" 1.4.59.
87. US 3 390 976, 11,5.66/2.7.68, Dow Chemical Co.
88. US 3 390 977, 11.5.66/2.7.68, Dow Chemical Co.
89. DAS 1 245 952, 8.12.65/3.8.67, Bayer AG.
90. = BE 690 911, 8.12.66/8.6.67.
91. NE 68 02 633, 23.2.68/26.8.68, US Prior. 23.2.67 u. 27.12.67, Amchem Products, Inc.
92. Amchem Products Inc.: Weed Abstr. 18, 60, Referat 402 (69).
93. Techn. Inform. der Food Machinery and Chemical Corp. Niagara Chem. Div., Januar 1969.
94. NE 68 08 024, 7.6.68/10.7.68, US Prior. 9.6.67, Stauffer Chemical Co.
95. US 3 416 911, 9.12.65/17.12.68, Chemagro Corp.
96. Hemphill, D.D.: N.C. Weed Contr. Conf. (62), 104, 111.
97. US 3 455 675, 25.6.68/15.7.69, Monsanto.
GB 1 168 803
98. DDR 94 280, 31.3.71/5.12.72, VEB Bitterfeld.
99. Nachrichtenblatt Pfl. Schutz-Dienst DDR 27 (10) 213 (73).
100. DOS 1 668 075, 15.1.68/22.7.71, US Prior. 16.1.67, FMC.
FR 1 553 201, NE 68 00 465.
101. Johnson, O.: C.W.Rep. Pestic. 1972, Chem. Week 111 (4) 27 (72).
102. SU 216 380, 26.9.66/14.5.69, All Union.
103. Gapor, A.F. et al.: Ref. Weed Abstr. 21 (3), Ref. 1480 (72).
104. DOS 2 111 192, 9.3.71/16.12.71, US Prior. 11.3.70, Chemagro
FR 2 084 516
105. DOS 1 812 497, 4.1.68/14.8.69, Ciba-Geigy.
SZ 496 398, 13.12.67.
106. 11. Brit. Weed Contr. Conf., Brighton 11 (72).
107. DOS 1 923 273, 7.5.69/18.2.69, DuPont, erhöht Zuckergehalt.
US 3 619 166, 24.4.69/9.11.71, DuPont.
US 3 627 507, 24.5.68/14.12.71, DuPont.
108. DOS 2 147 873, 24.9.71/30.3.72, Sumitomo.
JA Prior. 25.9.70, BE 775 366, Bayer
109. Weed Abstr. 21 (2) 171 (72).
110. Chem. Eng. News (1970) 17.
111. GB 1 281 524, 22.10.68/12.7.72, Rubber Res. Inst. of Malaya.
112. DOS 1 642 307, 21.7.67/8.6.72, Monsanto.
113. DOS 2 152 826, 22.10.71/21.9.72, Monsanto.
114. BE 764 114, 11.3.70/13.9.71, Chemagro.
115. DOS 2 022 228, 8.5.70/18.2.70, VEB Bitterfeld.
116. DOS 2 152 826, 22.10.71/21.9.72, Monsanto
DOS 2 211 489, 9.3.72/14.9.72, Monsanto. = US 3 798 758.
DOS 2 314 134, 21.3.73/4.10.73, Monsanto.
117. Weed Abstr. 21 (2), Ref. 1061/62 (72).
118. DOS 1 688 075, 15.1.68/22.7.71, US Prior. 16.1.67, FMC.
GB 1 202 442, 14.1.68/19.8.70, FR 1 553 201, FMC.

119. Drabeck, J. et al.: J. Sci. Food Agr. 20 (3) 152 (69).
120. DOS 1 952 650, 18.10.69/22.4.72, FR 2 066 022, BASF.
121. Fischer, A.: Dtsch. Pflanzenschutz Tag, Berlin 1971, S. 28,
122. Herb. Annual Rep. 1974, S. 16.
123. Jaworski, E.: J. Agr. Food Chem. 20 (6) 1195 (72).
124. Techn. Inf. der Monsanto 1974, 800-N-Lindbergh, Boulevard St. Louis, Missouri 63166, USA.
125. DOS 2 166 573, 22.10.71/3.10.74, Monsanto, US Prior. 10.3. u. 9.10.71.
126. DOS 2 315 886,30.3.73/10.10.64, Bayer.
127. Techn. Inform. Stauffer Chem. Co. Agric. Res.Center P.O. Box 760, Mountain View, California 94040.
128. Techn. Inf. Diamond Shamrock Chem. Co., Agric. Chem. Division 300 - Union Commerce Building, Cleveland, Ohio 44115, USA.
129. Briefl. Mitteilung der Ciba-Geigy 12.(74).
130. DOS 2 328 340, 4.6.73/20.12.73, SZ Prior. 6.6.72 u. 30.3.73, Ciba-Geigy. = BE 800 471, 5.6.73/5.12.73.
131. Weed Science Soc. of America Febr. 1975, Tagung in Washington. Techn. Informat. d. Chemagro Divis. of Baychem.
132. DOS 2 201 071, 11.1.72/26.7.73, All Union Res.
133. Stanov, L.D.: 7. Intern. Congr. of Plant Protect., Moskov 1975, Vol. 2, 141 u. 158 (72).
134. CA 83, 15, Ref. 127385 (75).
135. US 3 850 608, 30.10.72/26.11.74, Monsanto Chem. Co.
136. CA 84 (1976) 9, Ref. 55240.
137. Agric. and Biol. Chemistry 39 (11) 2265 (75). = Weed Abstr. 25 (7) 1976, Ref. 2116.
138. Japan Pesticide Information 23, 20-25 (75) = Weed Abstr. 25 (3) 1976, Ref. 864.

# Patentergänzung 1969 bis September 1976

Zur vollständigen Patenterfassung für eine bestimmte Verbindung oder für entsprechende Verbindungsklassen ist zuerst im Buchtext nachzusehen. Dabei verdienen Versuchs- und Handelsprodukte mit ihren Patent- und Literaturangaben besondere Beachtung. Erst danach ist zur Ergänzung die Patentübersicht 1969 - 1976 zu benutzen.

Die Einteilung der Patentergänzung entspricht in großen Zügen der im Buch verwendeten, mußte aber zur besseren Übersicht weiter unterteilt werden.

Die Patentergänzung 1969 - 1976 enthält auch einige neue Literaturstellen.

## 4 ANORGANISCHE HERBIZIDE

Natriumhydroxid wird zur Bekämpfung von Chenopodium-album und anderen Unkräutern in Zuckerrüben empfohlen.

| | | | |
|---|---|---|---|
| USP | 3 591 360 | 8.8.68/ 6. 7.71 | Vahlsing |
| NLP | 7 005 011 | 9.4.69/23. 3.70 | Vahlsing |
| =DOS | 2 016 660 | 8.4.70/ 5.11.70 | PPG Ind. |
| USP | 3 520 673 | 17.8.67/14. 7.70 | J.C.Campbell |

Alkaliazide als Herbizide. $NH_4$-Persulfat als Defoliant

## 5 ORGANISCHE HERBIZIDE

### 5.1 Kohlenwasserstoffe, Sulfone

a) Äthylen abspaltende Verbindungen

finden sich in vielen Verbindungsklassen und werden dort eingehend angeführt, weshalb hier eine summarische Anführung genügen soll.

| | | |
|---|---|---|
| DOS | 2 231 463 | (Shell) |
| USP | 3 433 621 | (Ethyl Corp.) |
| DOS | 2 356 474 | (Ciba Geigy) |
| GBP | 1 296 715 | (Rubber Ges, Malaya) |
| GBP | 1 293 934 | (Amchem Pont) |

(siehe auch bei Phosphonsäureestern).

b) Aromatisch-aliphatische Verbindungen und aromatische Kohlenwasserstoffe

DOS 2 229 036 14. 6.72/21.12.72 Du Pont

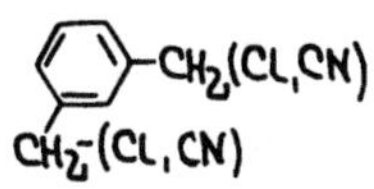


USP 3 497 346 18. 6.68/24. 2.70 Mobil Oil Corp.

Substituierte Benzylhalogenide

DOS 2 152 970 23.10.71/26. 4.73 Bayer

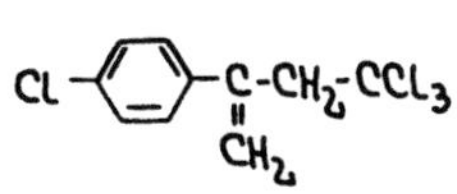


DOS 2 141 999 21. 8.71/ 2. 7.72 Rohm and Haas

1,3-Dinitro-benzol

USP 3 634 485 5. 6.67/11. 1.72 Dow Chemical

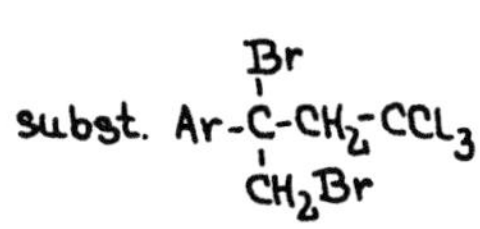

USP 3 509 222 5. 6.67/28. 4.70 Dow Chemical

Inhalb wie zuvor.

USP 3 586 725 20. 6.69/22. 6.72 US Borax

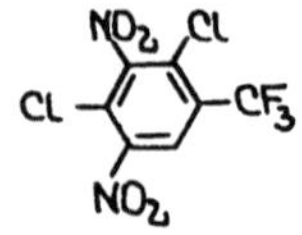


DOS 2 200 479 7. 1.72/20. 7.72 Hooker Chem.

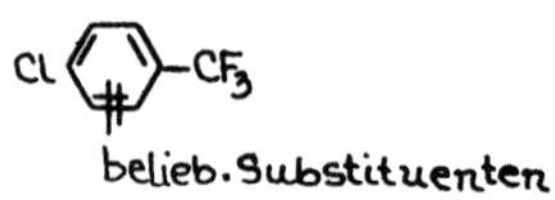


1,4- und 1,6-Dimethylnaphthalin sowie Benzthiazol aus lagernden Kartoffeln als Keimhemmungsmittel isoliert:

Meigh, D. F. et al. Phytochemistry 12, 987 (1973)

USP 3 876 414 12. 5.70/ 8. 4.75 Stauffer Chem. Co.

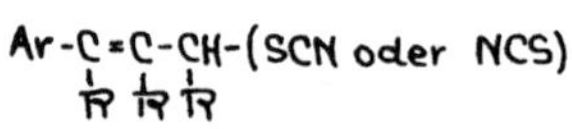


R = Alkyl

DOS 1 542 892 17. 9.65/23. 7.70 Hoffman La Roche

DOS 1 542 893 17. 9.65/23. 7.70 Hoffman La Roche
US Prior. 28.9.64

Indanderivate z.T. eine Ketogruppe enthaltend.

USP 3 509 215 15. 6.67/28. 4.70 Givaudan Co.

Indane z.T. Ketogruppen enthaltend.

DOS 1 518 162 9. 2.62/ 4. 5.72 Velsicol
US Prior. 10.2.61

Chlorierte Indane.

USP 3 499 751 5. 7.66/10. 3.70 Givaudan

Tetrahydronaphthaline.

DOS 2 425 766 28. 5.74/ 2. 1.75 Givaudan
US Prior. 1.6.73

6-Isopropyl, 1,1,4-trimethylindan (Herstellung)

c) Sulfoxide und Sulfone

DOS 1 567 098 6. 8.64/30. 7.70 Shell

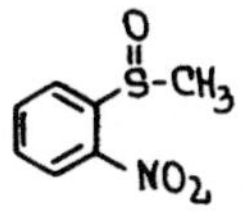

USP 3 418 101 15.12.65/24.12.68 Pennsalt

$Ar-SO_2-CH=CH_2$

DOS 2 129 678 15. 6.71/30.12.71 Shell

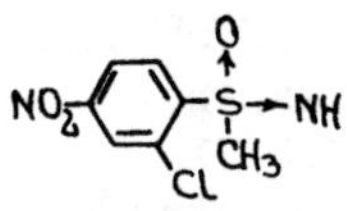

DOS 2 442 684 6. 9.73/13. 3.75 Du Pont

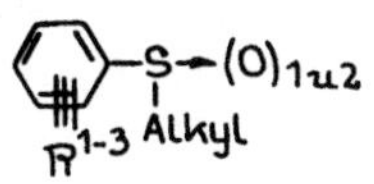

$R^1$-$R^3$ = Alkyl, F, Cl, CN usw.

US B 474 573 3. 5.71/20. 1.76 Monsanto

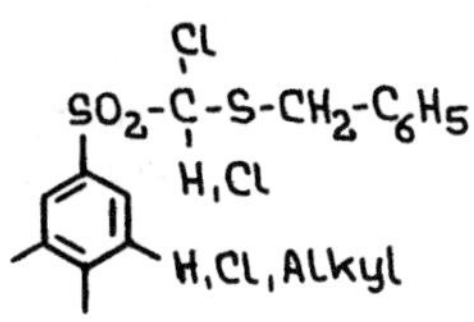

## 5.2 Alkohle, Thiole, Ester, Äther, Acetale auch cyclische Acetale

### 5.2.1 Aliphatische Alkohole

a) Mono-alkohole, Thiole, Ester, Äther und Acetale

Belg. P. 0 740 212 3.10.69/13. 4.70

Äthanol wird in, hohen Mengen angewandt (100-300 kg/ha), als Wuchs-dämpfer empfohlen:

DOS 2 023 915 15. 5.70/19.11.70 ICI

Dicarbonsäureester des Allyl- und Propargyl-Alkohols.

USP 1 929 390 Alkyl-S-$(CH_2)_n$-N(Alkyl/$_2$)

USP 3 641 109 4. 9.68/ 8. 2.72 Emerson

Polythioäther

SUP 234 399 27.11.67/ 8.69 N. Zelinski Org. Chem. Inst.

>N-CH=(S Alkyl)

USP 3 760 002 24. 6.66/18. 9.73 Chemagro

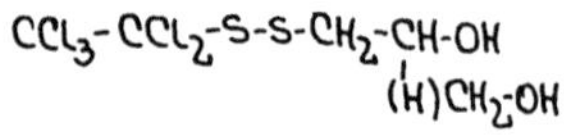

b) Diole und Polyole und ihre Äther sowie cyclische Acetale

DOS 2 225 516 25. 5.72/14.12.72 Shell Int. Res.
GB Prior. 27.5.71

Äther und cyclische Acetale des Glyzerins als Gasherbizide

DOS 2 243 685 21. 9.71/29. 3.73 FMC

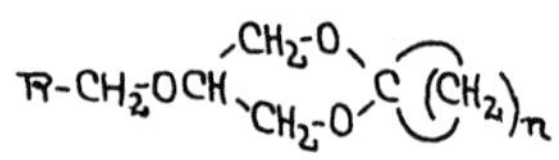

R = Ar, Furyl, Pyridyl usw.

DOS 2 258 013 29.11.71/30. 5.73 Shell

Inhalt wie zuvor, mit einer Iminogruppe im Aldehydteil. Die Vielzahl von Patenten über Äther/Acetale des Glyzerins zeigt, daß hier ein neues Gebiet von Herbiziden mit Wirkung gegen Gräser erschlossen wird. Siehe auch die nachfolgenden Patente.

USP 3 738 997 6. 1.70/ 9. 9.71 Dow Chem.

Cyclische Acetale ungesättigter Diole (1,3-Dioxepine).

DOS 2 326 586 26. 5.72/ 6.12.73 Shell Int.

Cyclische Acetale und Äther des Glyzerins.

DOS 2 247 030 26. 9.72/19. 4.73 FMC
US Prior. 12.10.71

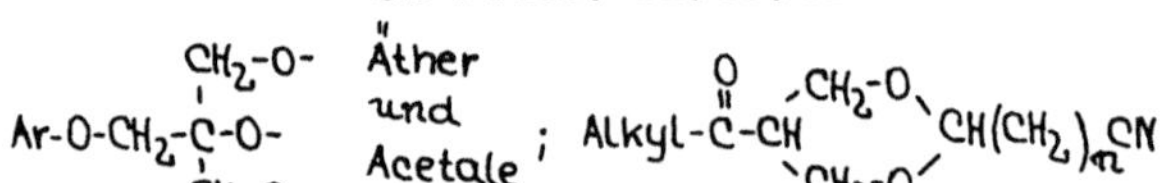


Belg.P. 745 412 4. 2.69/16. 7.70 Dynamid Nobel

DOS 2 428 694 14. 6.74/ 9. 1.75 Shell Inst. Res.
GB Prior. 18.6.73

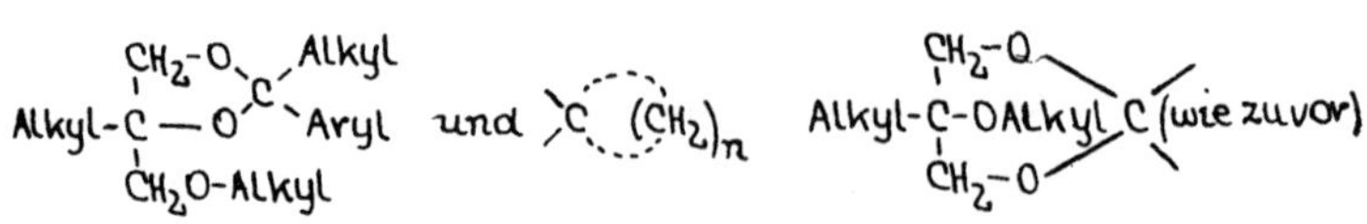

Belg. P. 816 425 18. 6. 73/17. 12. 74 Shell Int. Res.

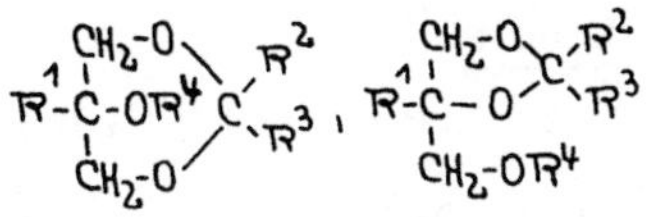

$R^1$ = Alkyl, $R^2$ = Alkyl, Aryl, Benzl, $R^3$ = Cl, Alkyl
$R^2 + R^3$ = Polymethylen, $R^4$ = Benzyl durch Cl subst.

Belg. P. 817 111 3. 7. 73/ 2. 1. 75 Shell Int. Res.
=DOS. 2 431 525 1. 7. 74/30. 1. 75 Shell Int. Res.

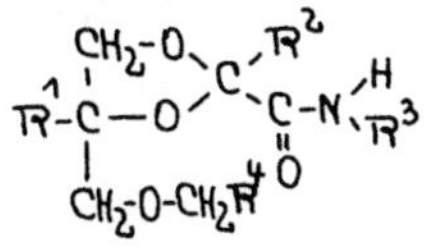

$R^1$u. $R^2$ = Alkyl
$R^3$ = H, Alkyl, Alkenyl, Aryl subst. z. B. durch $CF_3$
$R^4$ = Phenyl (subst.)

DOS 2 506 922 19. 2. 75/ 9. 10. 75 Shell Int. Res.
=Belg. P. 825 604 GB Prior. 21. 2. 74

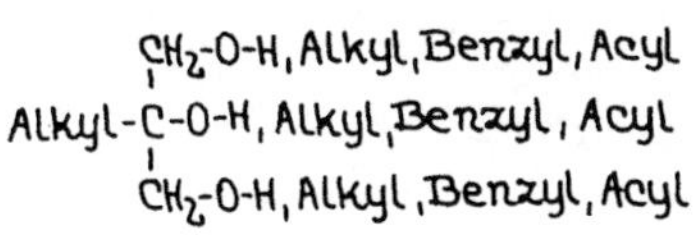

USP 3 919 252 21. 6. 74/11. 11. 75 Shell Oil Co.

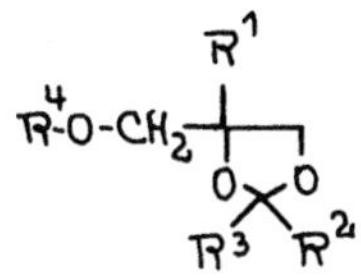

Selektiv gegen Ungräser

R' = Alkyl
R'' = Alkyl, Aryl, Benzyl
R''' = H, Alkyl
R'' + R''' = Polymethylen

$R^4$ = 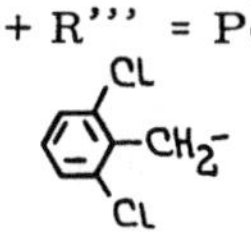

DOS 2 542 212 22. 9. 74/ 8. 4. 76 Shell Int.
GB Prior. 23. 9. 75
=Belg. P. 833 582 23. 9. 74/19. 3. 76 Shell BV

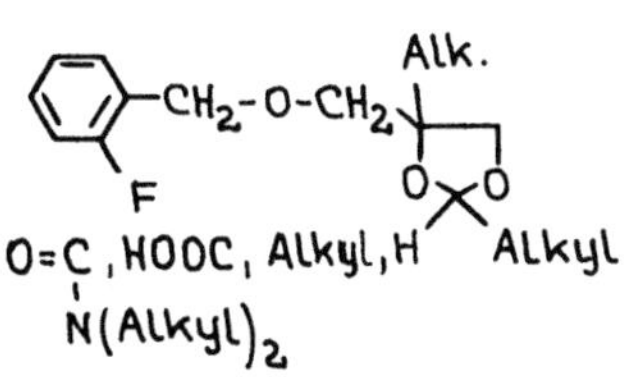

USP 3 966 768 6. 1. 70/29. 6. 76 Dow Chem. Co.

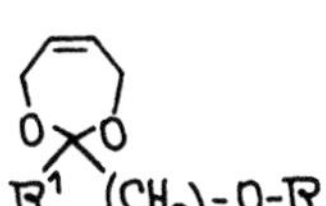

R = Alkyl
R' = H, $C_1$-$C_8$-Alkyl

siehe US 3 652 594

## 5.2.2 Aromatisch-aliphatische Alkohole und ihre Äther

a) Benzylalkohole, Phenyläthylalkohole

USP 3 794 480 25. 1.71/26. .2.74 Eli Lilly Co.

USP 3 875 243 25. 1.71/ 1. 4.75 Eli Lilly Co.

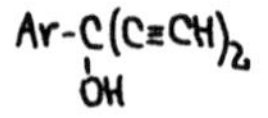

USP 3 794 689 12. 3.70/26. 2.74 Eli Lilly Co.

Inhalt wie zuvor.

Belg. P. 744 040 7. 1.69/ 6. 7.70 Roussel-Uclaf

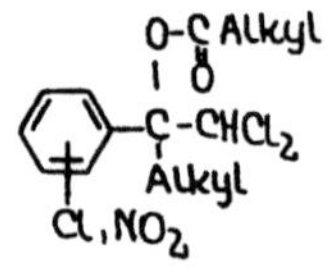

USP 3 490 894 11. 8.65/20. 5.68/20. 1.70 Allied Chem.

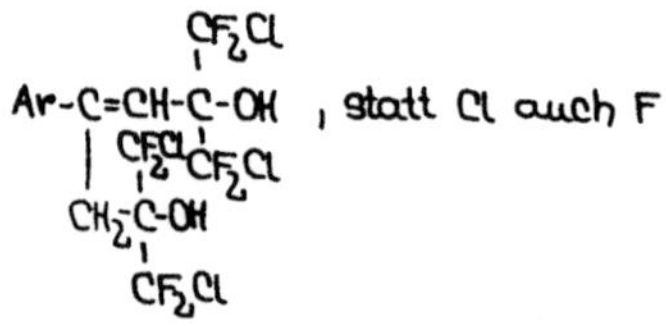

USP 3 879 191 20. 6.72/22. 4.75 PPG Ind.

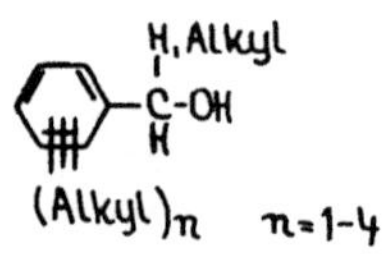

USP 3 879 476 20. 6.72/22. 4.75 PPG Ind.

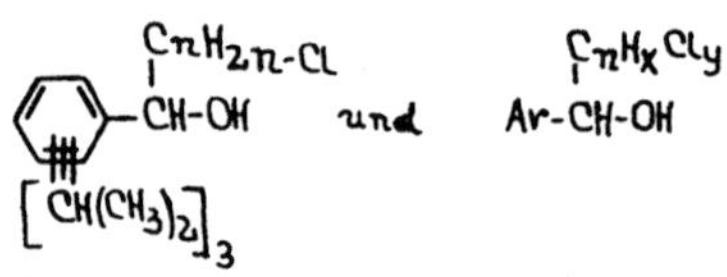

DOS 2 441 741 24. 9.73/13. 3.75 Stauffer

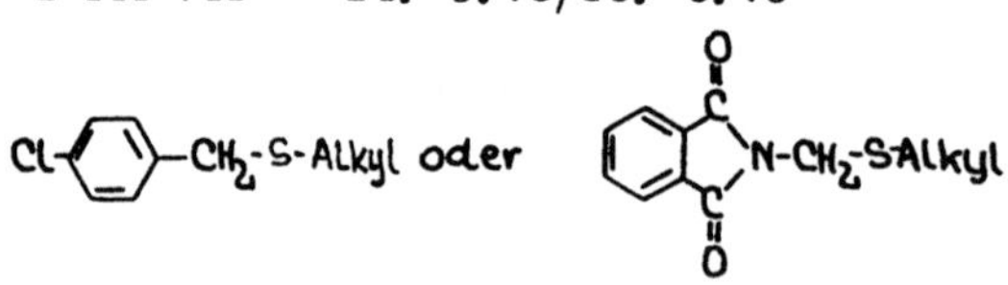

Schutzmittel gegen Herbizidschäden durch Thiocarbamide.

DOS 2 413 438 20. 3. 74/ 2. 10. 75 Eli Lilly Co.

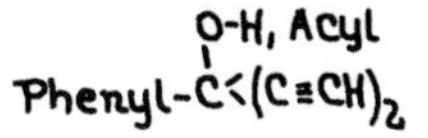


USP 3 900 509 3. 5. 74/19. 8. 75 Dow Chem.

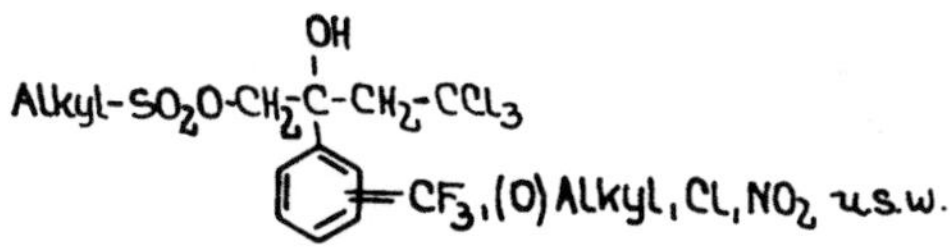


DOS 2 519 073 29. 4. 75/20. 11. 75 Dow Chem.
=Belg. P. 828 587 3. 5. 74/30. 10. 75 Dow Chem.

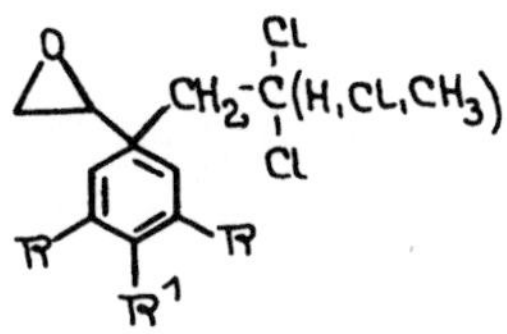


R = H, Cl, $CH_3$, F, $CF_3$, $NO_2$, O-Alkyl
R' = H, Cl, Br, F, $C_1$-$C_3$-Alkyl, O-Alkyl, $NO_2$

Belg. P. 828 596 2. 10. 72/30. 10. 75 Dow Chem.

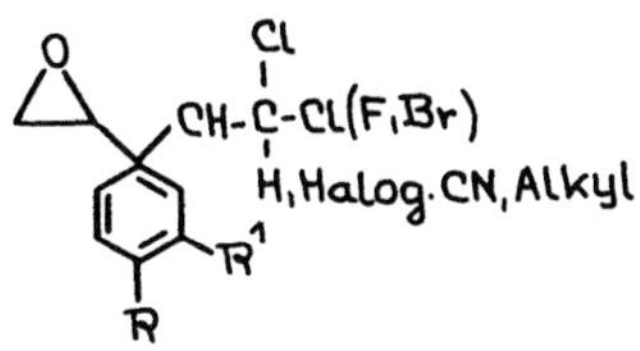


R u. R' = CN, $NO_2$, $C_1$-$C_4$-(O)-Alkyl, CF3, O-$CH_2$-$C_6H_5$

DOS 2 519 085 29. 4. 75/20. 11. 75 Dow Chem. Co.
=Belg. P. 828 674 US Prior. 3. 5. 74

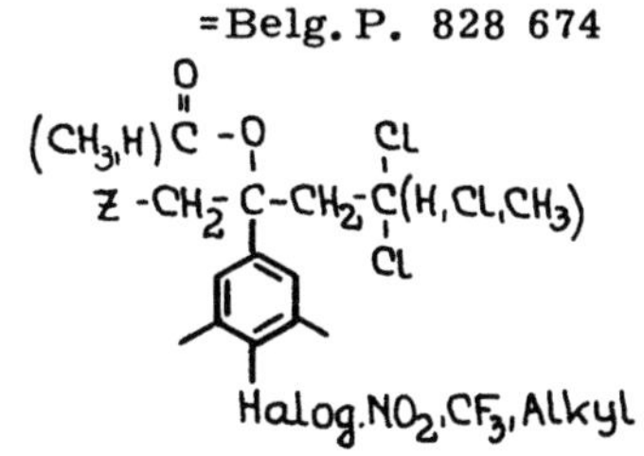


Z = Halogen, Alkyl$SO_2$-O-
Phenyl$SO_2$O usw.
Benzyl-$SO_2$O-

USP 3 911 029 20. 6.72/ 7.10.75 PPG Ind.

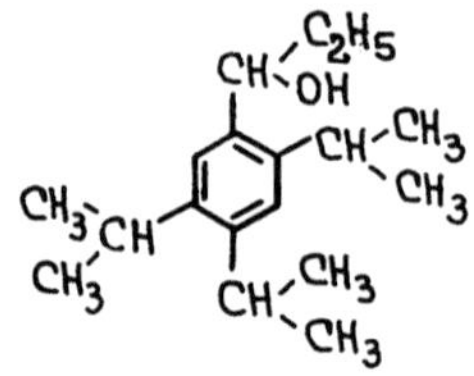

USP 3 954 440 3. 5.74/ 4. 5.76 Dow Chem.

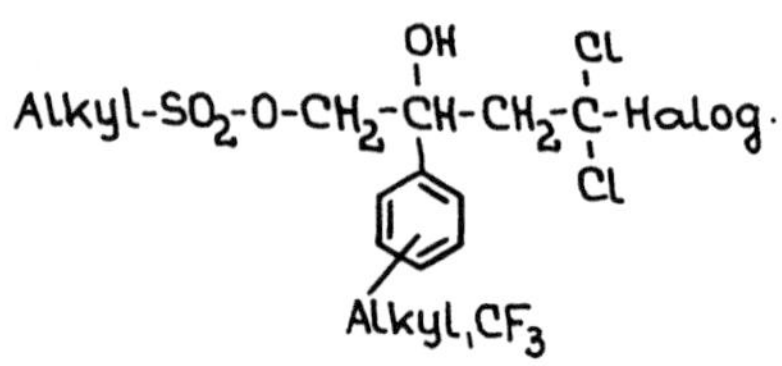

siehe US 3 900 509

b) Phenoxäthanole und Thioderivate

NLP 7 009 587 23. 8.69/25. 2.71 Sumitomo

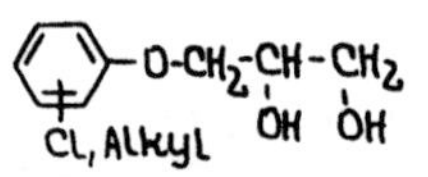

und Ester sowie Äther

USP 3 803 216 1. 2.71/ 9. 4.74 Dow Chem.

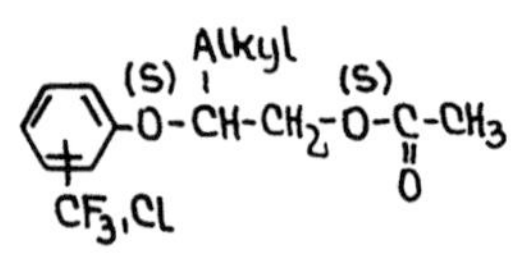

SUP. 254 946 26. 3.68/13. 3.70

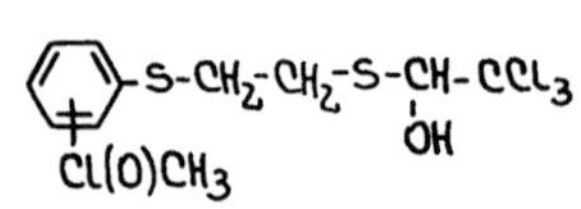

siehe auch

DOS 1 940 708 11. 4.69/15.11.70 VEB Bitterfeld

NLP 6 909 528 27. 6.68/30.12.69 SCM Corp.

## 5.3 Aldehyde und Ketone

### 5.3.1 Aliphatische und cycloaliphatische Vertreter

Die Zahl der herbiziden Aldehyde und Ketone ist gering und weitestgehend auf halognierte Verbindungen beschränkt. Trichloracetaldehyd-Anlagerungsprodukte an verschiedene Säureamide mit guter Wirkung in Cruciferen und Buchweizen: Origl. Russisch, Ref. Weed Abstr. 22 (7) Ref. 1419, (1973).
Cyclische Acetale des Formaldehyds siehe Alkohole, Polyole.

DOS 2 114 877 27. 3.71/10. 5.72 VEB Chem. Komb. Bitterfeld

Chloralhalbacetale von Thiolen.

USP 3 801 645 10. 8.70/ 2. 4.74 Dow Chem.

Chlorierte höhere Aldehyde, Darstellung

DOS 1 940 708 9. 8.69/ 5.11.70 VEB Chem. Komb. Bitterfeld
DDR Prior. 5.4.69

Trichlorpropionaldehyd

DOS 1 770 409 14. 5.68/21.10.71 BASF
=FR.P. 2 008 507

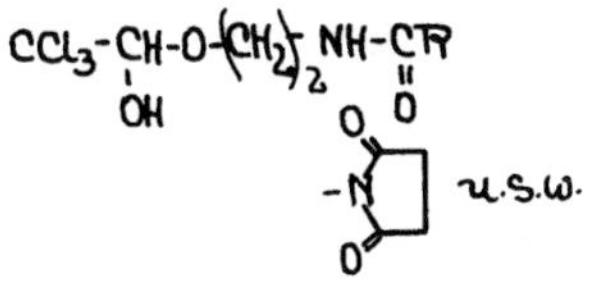

Wirkung gegen Gräser

Jap.P. 7 205 833 8.11.69/18. 2.72 Sankyo

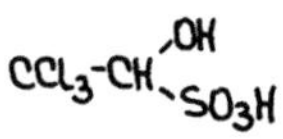

Wirkung gegen Gräser

DDR.P. 76 641 24. 3.69/ 5.10.70 W. Kochmann

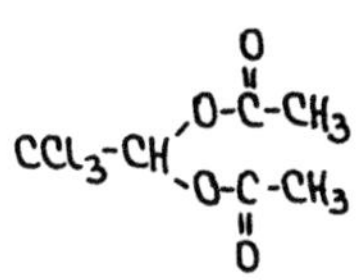

DOS 1 670 617 24.12.66/11. 2.71 Esso Res.
US Prior. 3.1.66

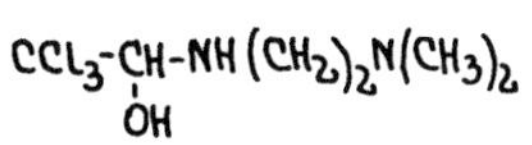

Jap.P. 7 330 379 30. 7.62/19. 9.73 Takeda

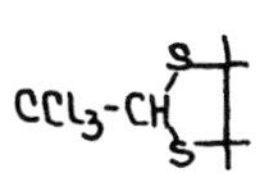

statt $CCl_3$ auch Cl-Ar-

USP 3 427 147 15. 8.66/11. 2.69 Olin Mathiesen

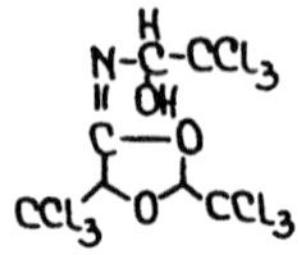

USP 3 882 170 21. 3.73/ 6. 5.75 Dow Chem.

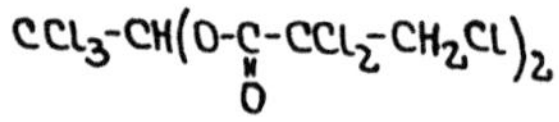

DOS 2 338 010 26. 7.73/14. 2.74 Ciba Geigy

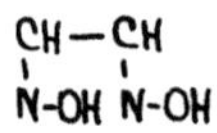

Fruchtverdünnung

DOS 1 642 210 25. 4.67/22. 4.71 Allied Chem.

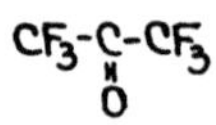 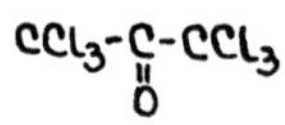

zur Keimverhinderung der Kartoffel

DOS 1 542 658 23. 9.64/ 4. 3.70 Allied Chem.

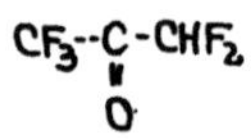

DOS 1 643 315 17.11.67/ 3. 6.71 Esso Res.
US Prior. 19.10.66

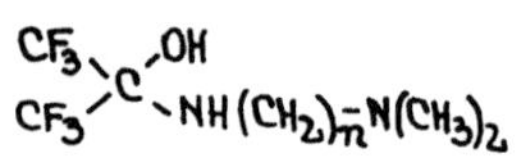

USP 3 504 037 17. 1.66/16.11.67 MMM

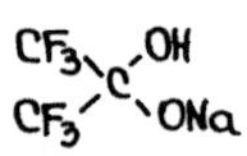

USP 3 464 811 24. 1.68/ 2. 9.69 Esso Res.

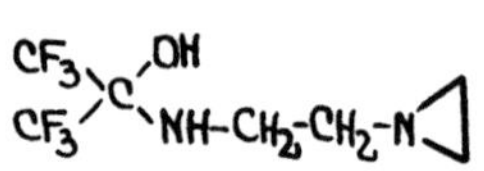

DOS 2 138 728 3. 8.71/17. 2.72 Chemagro

ß-Ketosulfide

DOS 2 016 666 8. 4.70/ 5.11.71 Mobil Oil
=USP 3 707 365 =Belg.P. 749 443
Dicyclohexenone

Belg. P. 818 849 15. 8.73/14. 2.75 Nippon Soda
=DOS 2 439 104 14. 8.74/20. 3.75

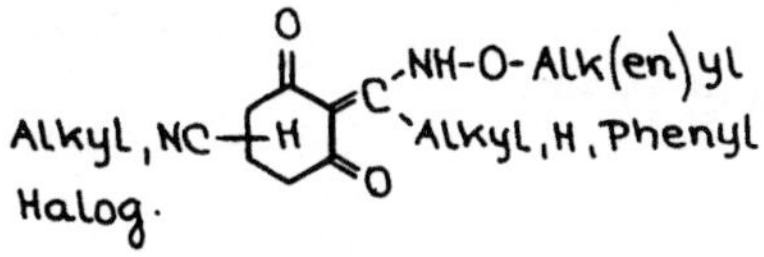

DOS 2 461 027 23.12.74/ 6.11.75 Nippon Soda
Jap. Prior. 24.12.73

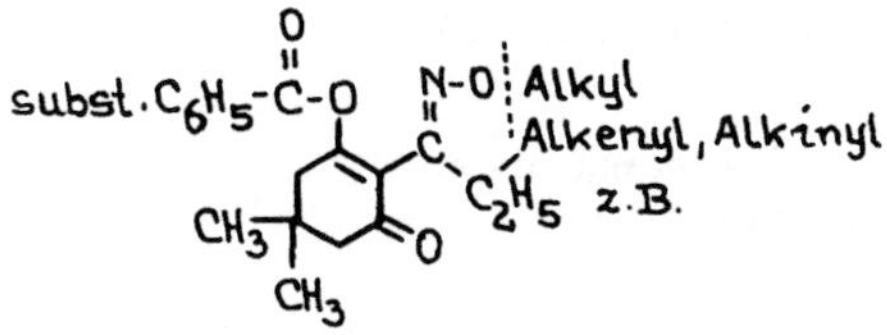

Darstellung und Verwendung als Herbizid

Jap. P. 51 013 750 25. 7.74/ 3. 2.76 Nippon Soda

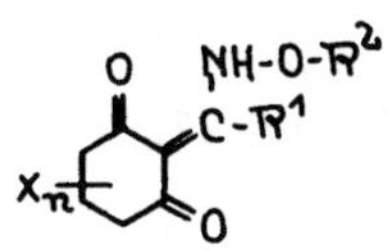

R' = H, $C_6H_5$
R'' = Alky(en, in, lyl
X = H, Alk(en, in)yl,
Phenyl

Jap. P. 51 013 755 25. 7.74/ 3. 2.76 Nippon Soda

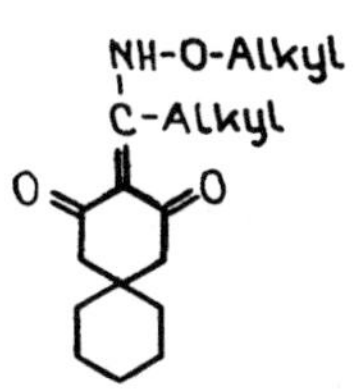

Grass-Herbizide

Jap. P. 51 013 756 25. 7.74/ 3. 2.76 Nippon Soda

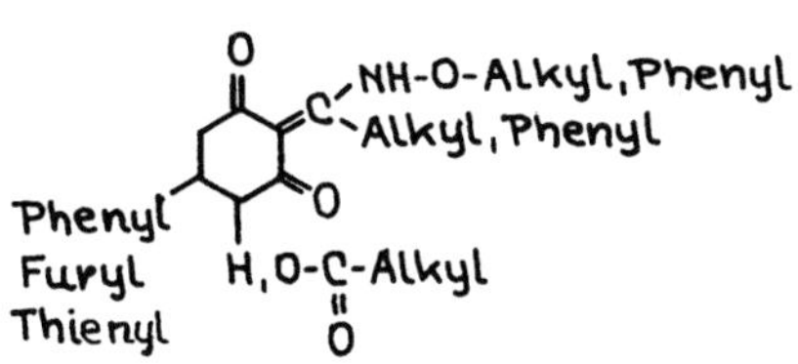

Jap. P. 51 023 269 20. 8.74/24. 2.76 Nippon Soda

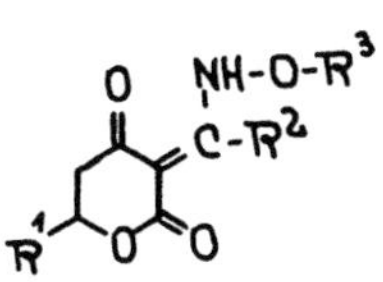

R' u. R'' = Alkyl
R''' = O(S)-Alkyl,
$C_2H_5CN$, ArS-$CH_3$

DOS 2 541 702 18. 9.75/ 1. 4.76 Nippon Soda

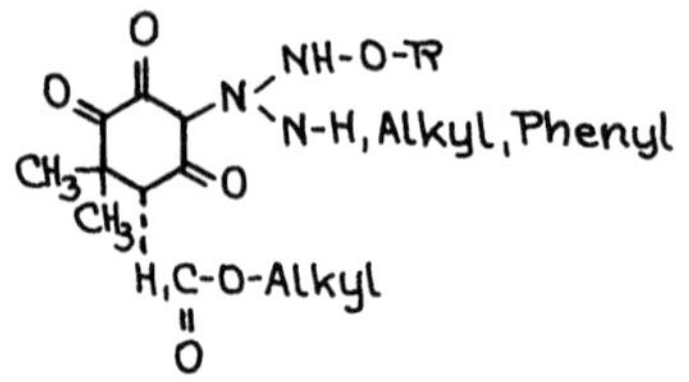


Gemische verschiedener Verbindungen

R = Alk(en, in)yl, Benzyl

Belg.P.- 833 488 20. 9.74/16. 1.75 Nippon Soda

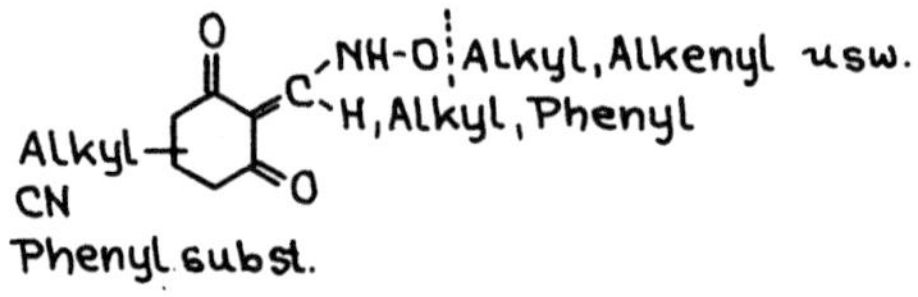


DOS 2 601 447 16. 1.76/29. 7.76 Nippon Soda
Jap. Prior. 22.1.75, 31.3.75

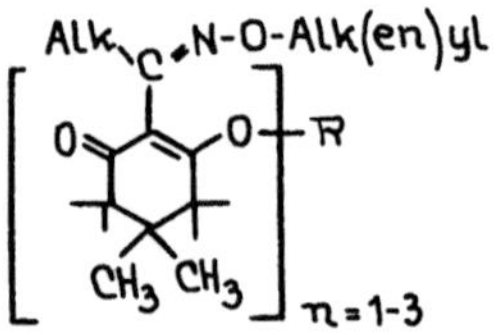


R = aliph. oder aromat. Esterrest einer zwei oder drei-bas. Säure

z.B.

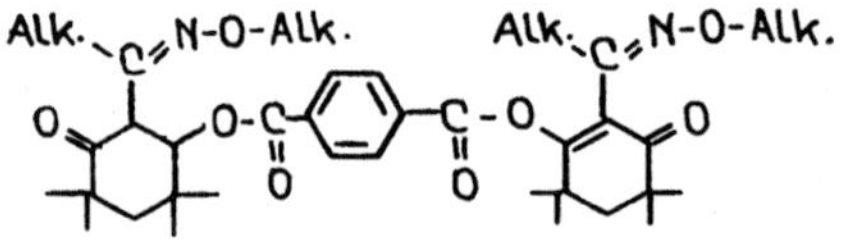


Jap.P. 51 076 239 26.00.75/ 1. 7.76 Nippon Soda

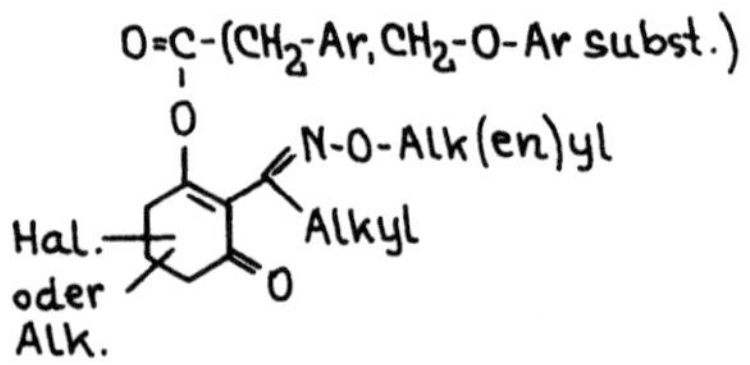

Jap.P. 51 076 242 25.11.74 Ihava Chem.

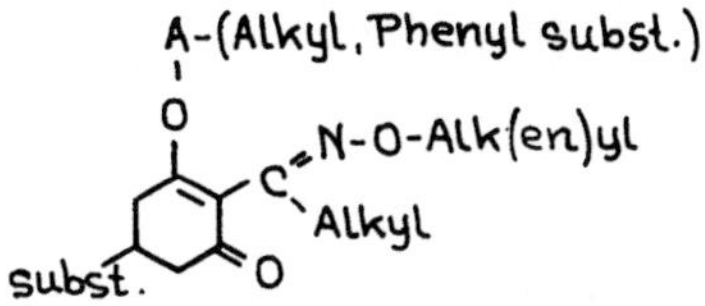


A = C(=O), $SO_2$

Jap.P. 51 080 840 30.00.75/15. 7.76 Nippon Soda

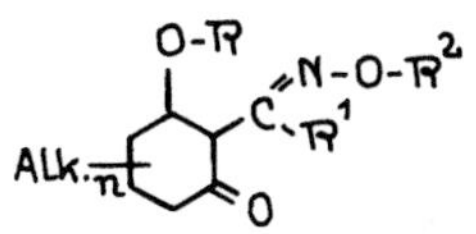


R = $C_6H_5$–C(=O)

R' = Alkyl

R'' = Alkyl

Jap.P. 51 080 841 30.00.75/15. 7.76 Nippon Soda

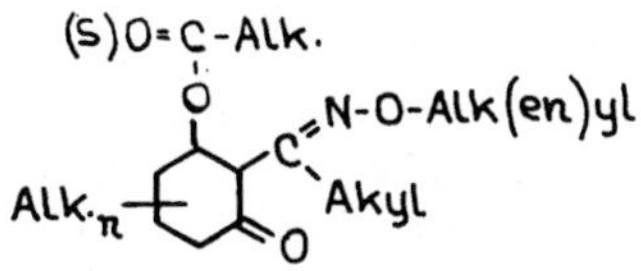


Jap.P. 51 080 844 30.00.75/15. 7.76 Nippon Soda

ähnlich Jap.P. 51 080 840

USP 3 954 875 25.12.73/ 4. 5.76 Rohm u. Haas

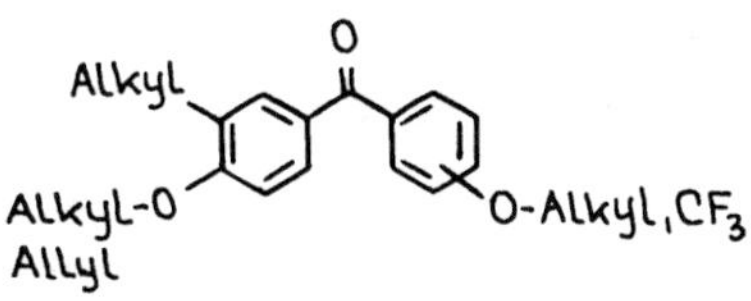


5.3.2 Aromatische Ketone und aromatisch-aliphatische Aldehyde und Ketone (siehe auch bei aromatisch-aliphatischen Kohlenwasserstoffen)

Sieht man von der herbiziden Wirkung des 2,6-Dichlorbenzaldehyds s. dort - ab, so beschränkt sich die herbizide Wirksamkeit auf Chinone vornehmlich Napthochinone oder Chinone mit anellierten Ringsystem.

Jap.P. 7 317 048 26. 5.73/ 7. 3.74 Takeda

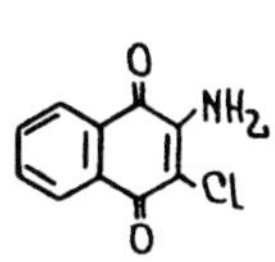


GBP 1 314 881 6. 3.70/26. 4.73 Shell

NLP 6 907 139 9. 5.69/18.11.69 Höchst
Inhalt wie zuvor. Dtsch. Prior. 15.5.68

DOS 2 049 468 8.10.70/29. 4.71 Shell
GB Prior. 10.10.69/21.8.70)

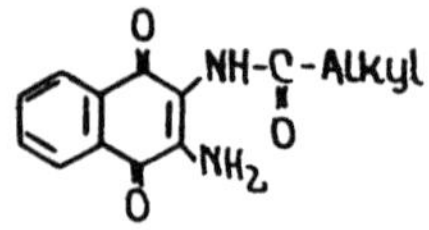

DOS 2 107 053 15. 2.71/26. 8.71 Shell
GB Prior. 17.10.70/23.10.70)

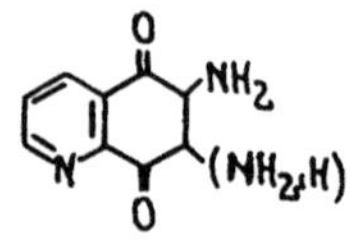

DOS 2 106 844 13. 2.71/ 7. 9.72 Bayer

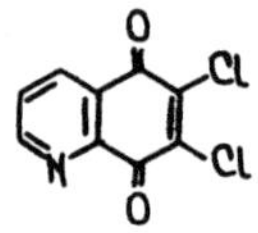

DOS 2 206 114 6. 2.72/24. 8.72 Schinoji Co.
Jap. Prior. 9.2.71 = NLP 7201686 u.
NLP 7204402

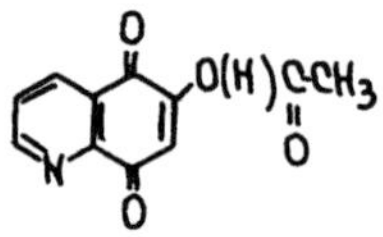

DOS 2 106 845 13. 2.71/31. 8.72 Bayer

wie zuvor mit zwei Heterocyclen in 2 und 3-Stellung

DOS 2 106 846 13. 2.71/ 7. 9.72 Bayer

4x durch Pyrazol subst. Chinon (siehe bei Pyrazolen)

DOS 2 215 722 31. 3.71/19.10.72 Schionoj

Chinone mit anelliertem Heteroring.

DOS 2 210 654 6. 3.72/21. 9.72 GMF USA

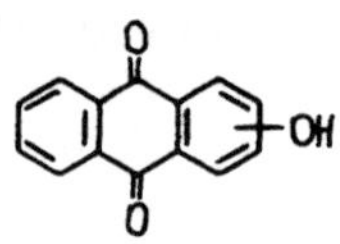

USP 3 784 605 14. 4.69/ 8. 1.74 Union Carbide

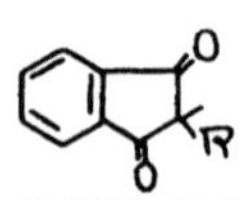

FRP 2 174 152 29. 2.72/10.12.73 Buckman Lab.
(=Belg. P. 783788)

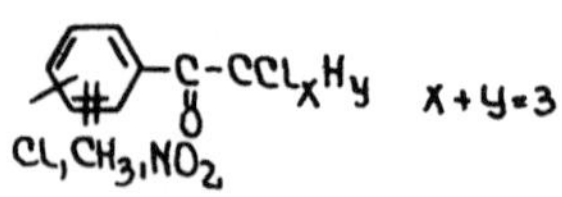

USP 3 803 885 25. 9.69/ 6. 1.72 Sumitomo

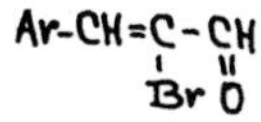


Algizid

Jap.P. 7 200 314 19. 5.69/ 6. 1.72 Sumitomo

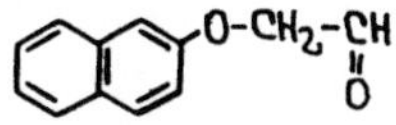


USP 3 737 298 4. 6.71/ 5. 3.73 Du Pont

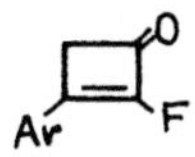


DOS 2 239 217 2. 8.72/29. 1.74 Buckman Labor
US Prior. 13.7.72

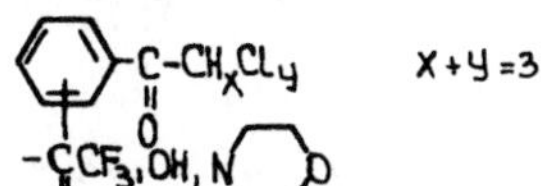


USP 3 799 757 24.11.71/26. 3.74 Monsanto

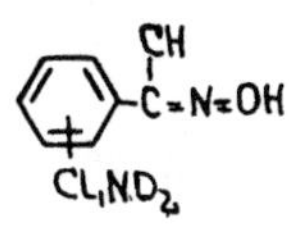


DOS 2 361 084 12. 2.72/20. 6.74 Union Carbide

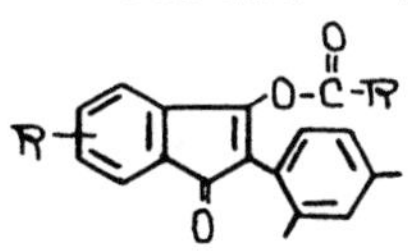


3-Acyloxy-2-arylindenone

USP 3 879 468 14. 4.69/22. 4.75 Union Carbide

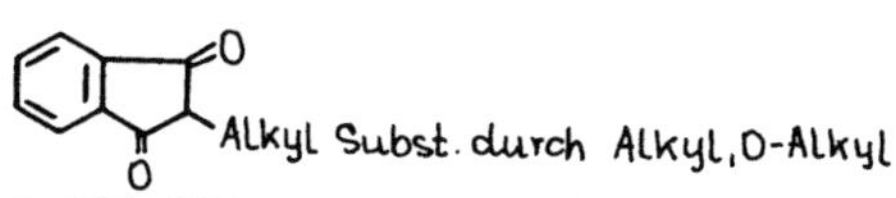


GBP 1 380 438 15. 6.72/15. 1.75 Beecham

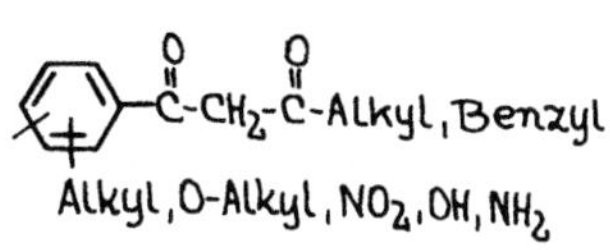

USP 3 954 875 26.12.73/ 4. 5.76 Rohm u. Haas

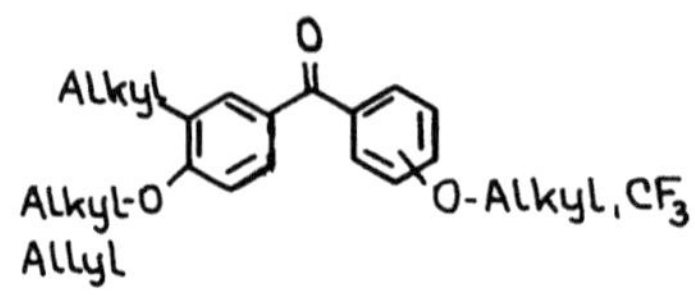

## 5.4 Phenolderivate

### 5.4.1 Phenole, Thiophenole und ihre Ester

USP 1 567 200 14. 6.63/30. 4.70 Uni Royal

Sulfonsäureester von Alkylphenolen

DOS 1 542 659 30. 9.64/18. 6.70 Amchem

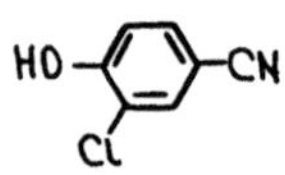

DOS 1 567 150 21. 1.65/27. 8.70 Scherico

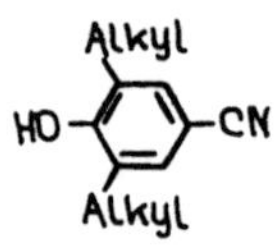

DOS 1 768 932 15. 8.68/ 2.11.71 Bayer

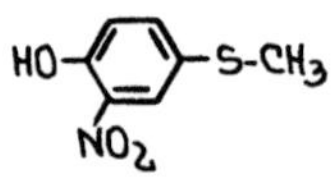

Schwz.P. 490 002 31. 6.67/30. 6.70 Ciba

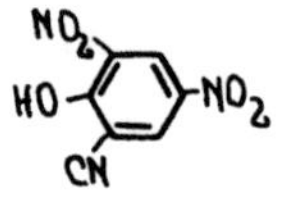

DOS 2 011 945 13. 3.70/23. 9.71 Bayer
= Belg. P. 764 117

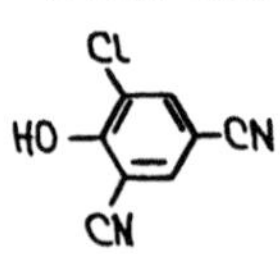

DOS 2 109 842 2. 3.71/14. 9.72 C.H. Boehringer Sohn

$(CH_3)_2N-SO_2-O-Ar$ Subst.

DOS 2 252 102 24. 10. 72/ 3. 5. 73 Gaf.
Phenol-(Capro)-Lactam Komplexe US Prior. 29. 10. 71

Belg. P. 795 943 29. 2. 72/27. 8. 73 Bayer

Phenole mit Elektronen abziehenden Substituenten in 2, 4, 6-Stellung.
Z. B.

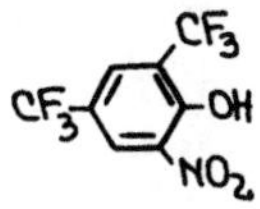

USP 3 802 863 4. 3. 71/ 9. 4. 74 Amer. Cyanamid

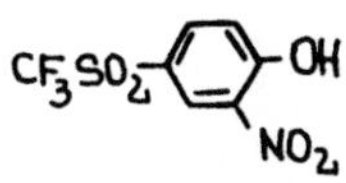

DDRP 99 991 5. 6. 72/ 5. 9. 73 Wolf Fink

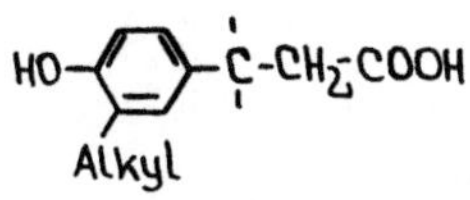

USP 3 781 369 1. 2. 71/25. 12. 73 Dow Chem.

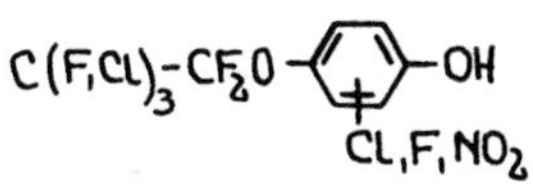

USP 3 850 609 28. 9. 70/26. 11. 74 PPG Inds Inc.

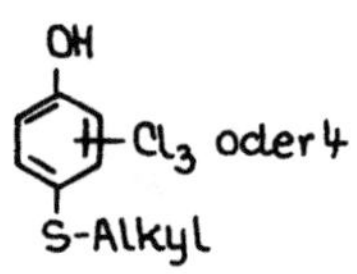

Verwendung unter anderem auch als Herbizide

USP 3 907 853 13. 4. 70/23. 9. 75 Minnesota Mining Co.

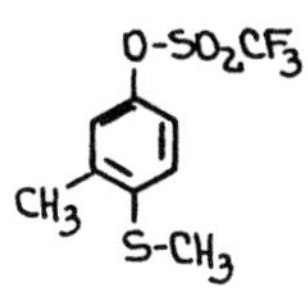

DOS 2 510 476 11. 3. 75/18. 9. 75 Fisons
GB Prior. 14. 3. 74

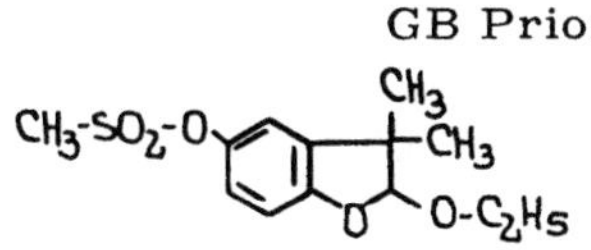

Neues Darstellungsverfahren

Sh. Iwasaki: Tetrah. Letters 37, 3537 (1973)

Phytotoxische Verbindungen aus Piricularia oryzae Cavara

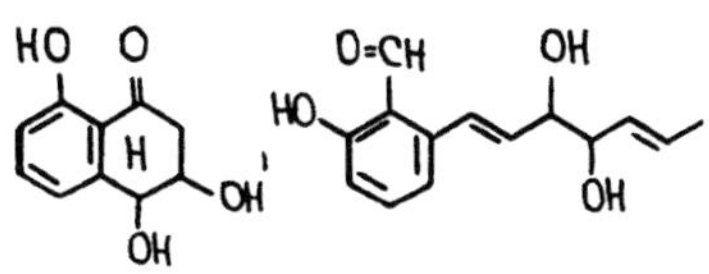

Ansatzpunkte für neue Herbizide.

Belg. P. 829 379 31. 5. 74/24. 11. 75 Fisons

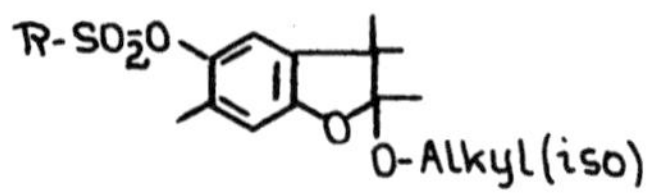


R = Alkyl, Aryl

Gegen Flughafer

USP 3 954 828 1. 3. 73/ 4. 5. 76 Fridinger

siehe USP 3 907 853

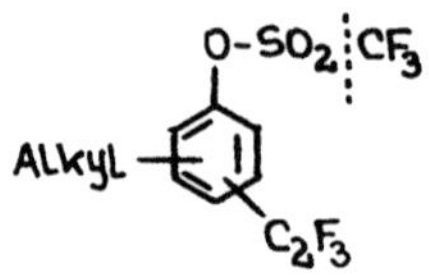


5. 4. 2 Phenoläther und Phenolacetale

a) Phenoläther mit aliph. Äthergruppen

USP 3 666 814 16. 10. 67/30. 5. 72 Gier DW

subst. $ArO(CH_2)_n$ OAr

Belg. P. 742 623 5. 12. 68/ 4. 6. 70 Ciba

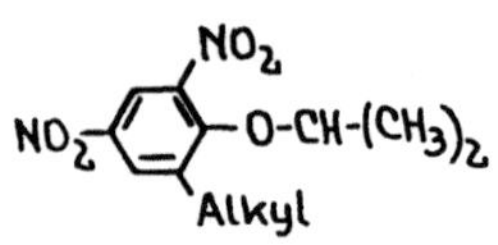


SUP 219 952 22. 3. 67/14. 6. 68 Central As. Oil

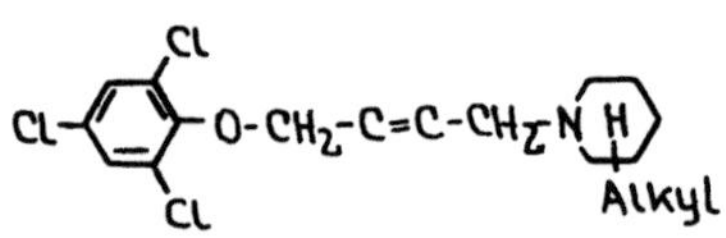


USP 3 719 675 13. 7. 70/ 6. 3. 73 Monsanto

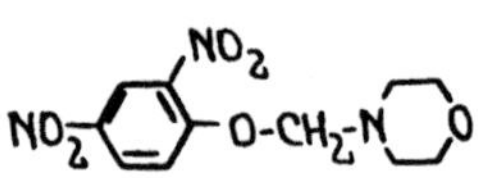


DOS 2 156 920 16. 11. 71/15. 6. 72 Stauffer

US Prior. 16. 11. 70

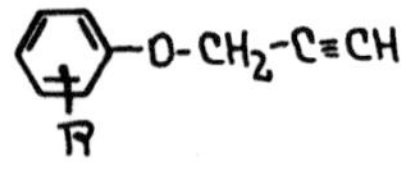


USP 3 718 456 12. 5. 71/27. 2. 73 Stauffer

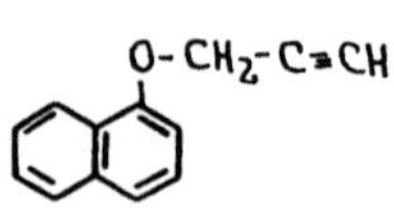

DOS 2 165 431 29.12.71/ 2.11.72 Chagai
Jap. Prior. 29.12.70

Ar-O-Alkyl-Cl

DOS 1 568 231 15. 1.66/ 2. 4.70 Ciba
Schwz. Prior. 22.1.65

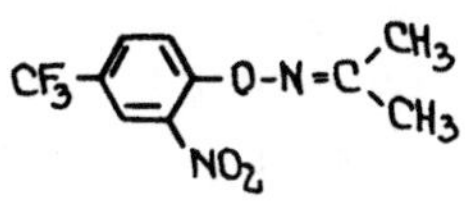

USP 3 906 022 16. 8.71/16. 9.75 Monsanto

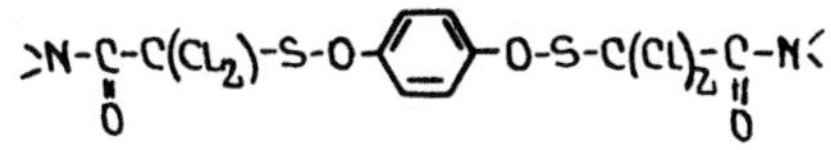

DOS 2 442 684 6. 9.74/13. 3.75 Du Pont
US Prior. 6.9.74

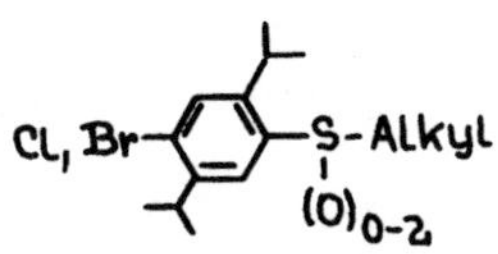

DOS 2 537 891 26. 8.75/18. 3.76 Fisons
GB Prior. 5.9.74

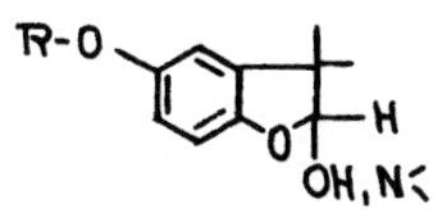

R = H, Alkyl $SO_2$-

DOS 2 537 913 26. 8.75/18. 3.76 Fisons
GB Prior. 5.9.74

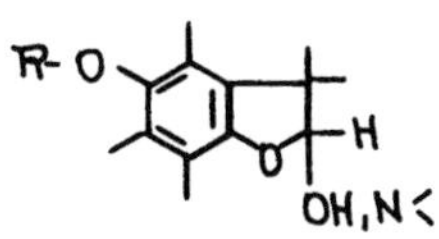

R = H, Alkyl $SO_2$-

NLP 7 004 899 7. 4.69/ 9.10.70 Sumitomo

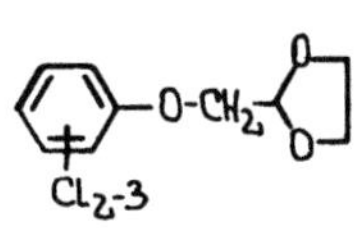

b) Diphenyläther, Phenyl-benzyläther und Phenyl-oximäther

Fr.P. 2 022 963 9.11.68/ 7. 8.70 Nippon Soda

DOS 1 542 972 15. 4.66/17. 9.70 Mitsui
Jap. Prior. 15.4.65

DOS 1 768 619 7. 6.68/30.12.71 Bayer

Neben Cl, $NO_2$ noch COOH Substituenten

DOS 2 130 919 22. 6.71/30.12.71 Nippon Kayaku

DOS 2 200 479 5. 1.72/20. 7.72 Hooker
$SCH_3$ als Substituent US Prior. 7.1.71

USP 3 784 635 25. 9.69/ 8. 1.74 Mobil Oil

Neben Cl, $NO_2$, $CF_3$ noch $RSO_2$, CN und COOH als Substituenten

DOS 2 261 918 18.12.72/28. 6.73 Mobil Oil
US Prior. 23.12.71

Außer $NO_2$ und Cl beliebige Substituenten z.B. $CF_3$, $CH_3$-$SO_2$ usw.

USP 3 576 616 15. 5.69/27. 4.71 Monsanto

Halogenphenyl-Pyridyl-äther

Belg.P. 811 203 20. 2.73/17. 6.74 Ishihara Sangyo

USP 3 821 312 13. 5.71/28. 6.74 Abey

Belg.P. 765 558 13. 4.70/24. 1.71 MMM

$CF_3$-$SO_2$ NH-Substituent

DOS 2 356 812 14.11.73/ 6. 5.74 Mobil Oil
COOH-Substituent

Fr.P. 2 256 142 27.00.74/29. 8.75 Ishihara Ind.

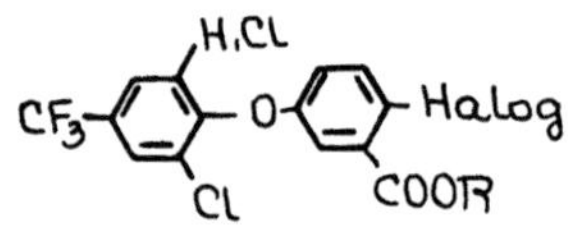


R = H, Kation, Alkyl

DOS 2 252 818 27.10.72/19. 5.74 Nippon Soda
Jap.P. 7143112 Nippon Kayaku

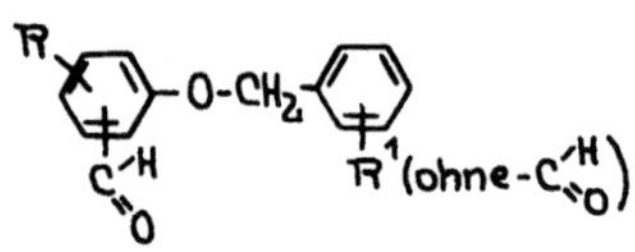


USP 3 812 184 22. 2.73/21. 5.74 Mobil Oil

DOS 2 408 433 21. 2.74/19. 9.74 Mobil Oil
US Prior. 22.2.73, 12.9.73

COOH-Substituenten

Belg.P. 817 028 3. 7.73/30.12.74 Bayer

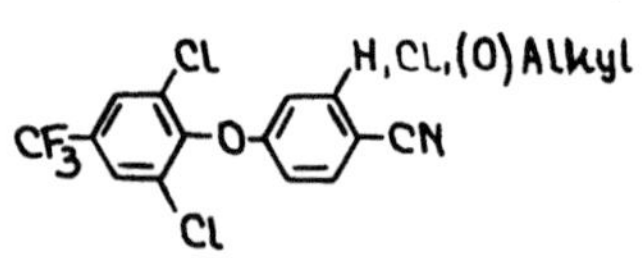


Belg.P. 817 029 3. 7.73/30.12.74 Bayer

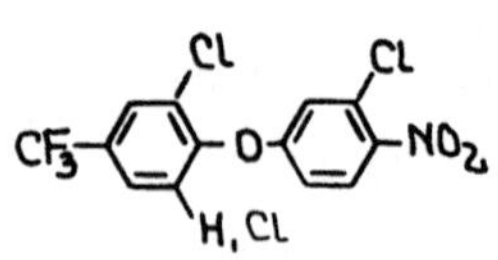

DOS 2 333 848 3. 7.73/16. 1.75 Bayer
= Belg. P. 817030

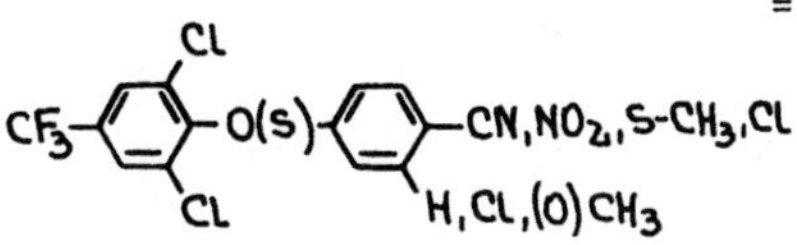

Darstellung und Anwendung als Herbizid

USP 3 873 302 25. 4.69/25. 3.75 Mobil Oil

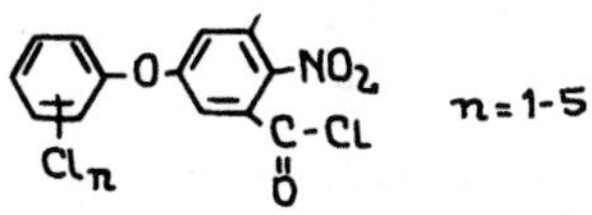

n = 1-5

DOS 2 219 802 22. 4.72/31.10.73 BASF

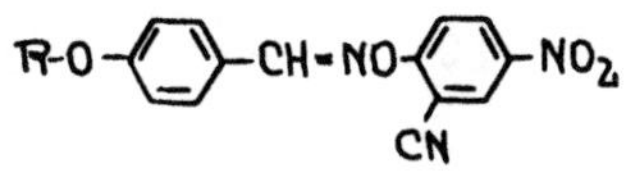

siehe auch DOS. 2 157 708, 2 219 802, USP. 3 503 732,
GBP. 1 318 514

Weitere Phenyl-Oximäther siehe 5.4 2b und aromatische Aldehyde 5.8 d

USP 3 495 970 18. 1.69/17. 2.70 Stauffer

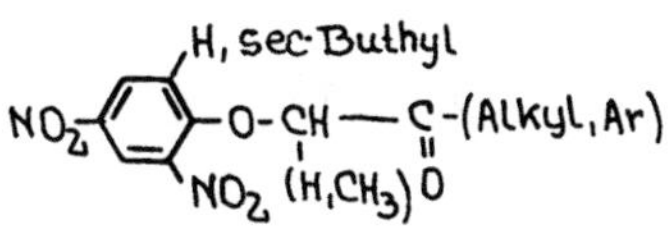

Jap. P. 9 030 530 14. 7.72/19. 3.74 Ishihara Mining

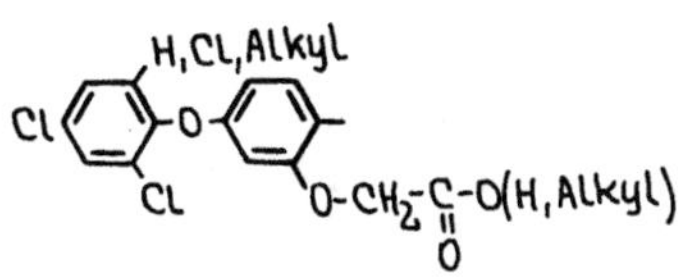

DOS 2 440 868 26. 8.74/13. 3.75 Mitsui Toatsu Chem.

= BelgP. 819 262 28. 8.73/16.12.74

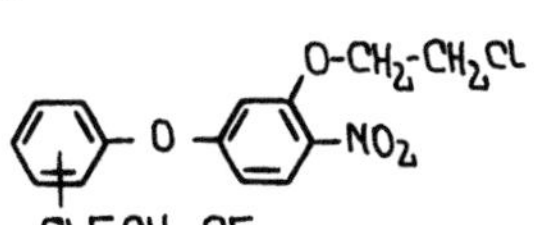

Cl in 2 und 4-Stellung, $CF_3$ in 3-Stellung

DOS 2 501 797 17. 1.75/20.10.75 Fujisawa Pharm.
Jap. Prior. 10.4.74, 10.3.74
siehe auch USP. 3 784 635

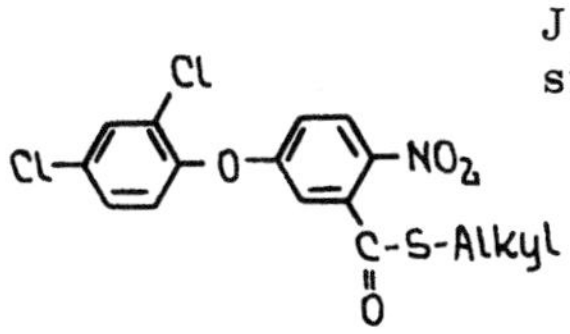

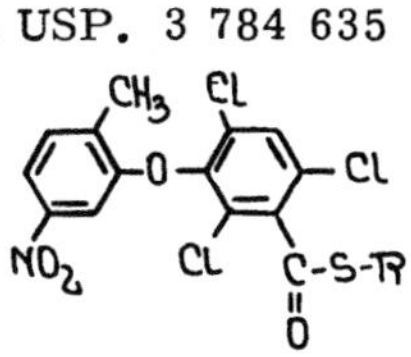

USP 3 907 866 7. 6.74/23.9.75 Mobil Oil

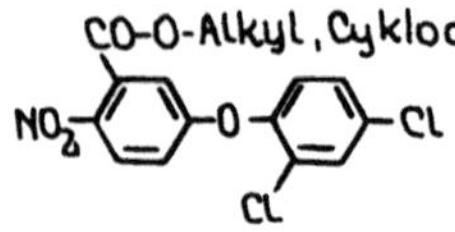


Jap.P. 75 009 784 28.12.68/16. 4.75 Denki Kagaku

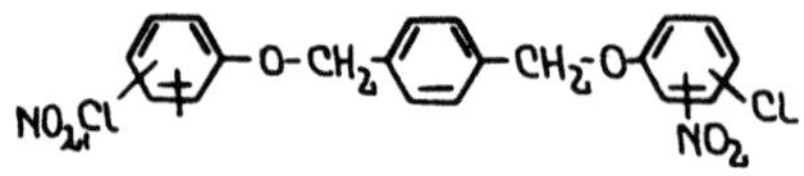


Jap.P. 75 009 785 28.12.68/16. 4.75 Denki Kagaku

Formel wie zuvor aber Methyl-Substituenten.

DOS 2 501 797 10. 4.74/23.10.75 Fujisawa Pharm.

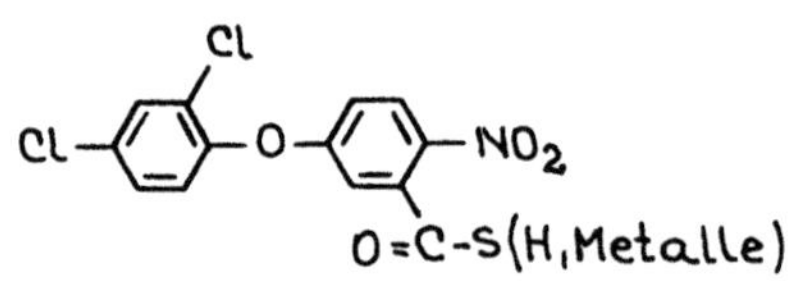


siehe auch USP 3 784 635

Jap.P. 69 228 22.10.73/10. 6.75 Showa Denko

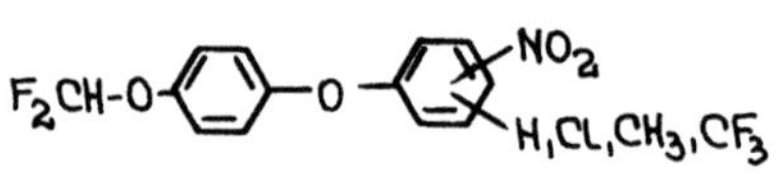


DOS 2 531 643 15. 7.75/29. 1.76 Ishihara Sangyo

Jap. Prior. 17.7.74; 14.10.74

=Belg.P. 831 469 17.7.74/17.11.75 Ishihara Ind.

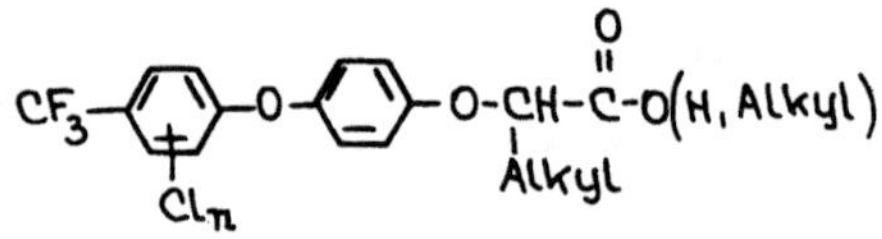


Auch bei Phenoxypropionsäuren registriert

Jap.P. 48 129 28. 8.73/30. 4.75 Ishihara Minning

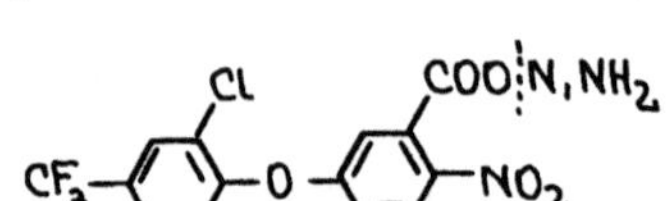


Gegen breitblättrige Unkräuter

USP 3 923 858 4. 9.70/ 2.12.75 Mobil Oil

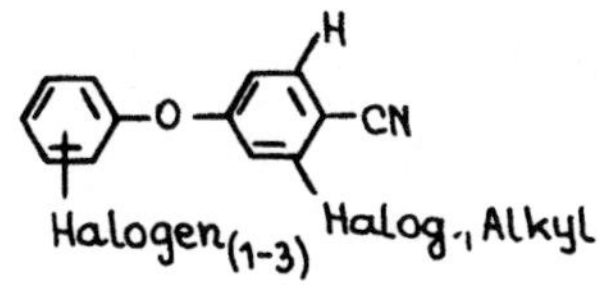


Fr.P. 2 256 142 27.00.74/29. 8.75 Ishihara Ind.
=Jap.P. 71 826 9.11.73/14.6.75

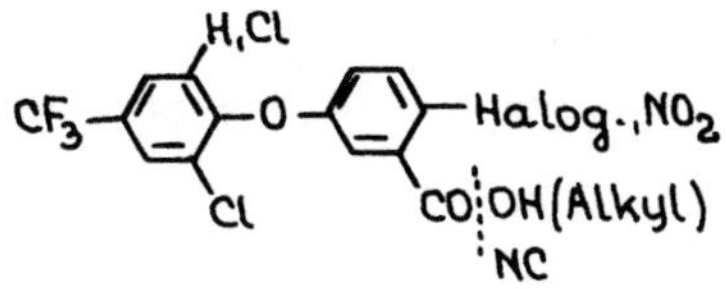


DOS 2 433 060 10. 7.74/21. 1.76 Hoechst AG

Vorprodukt für Herbizide

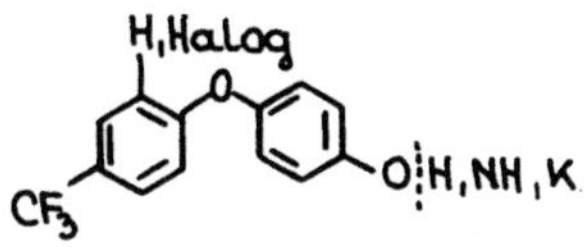


DOS 2 525 399 6. 6.75/18.12.75 Mobil Oil
=USP 3 941 830 25. 4.69/ 2. 3.76

R = $C_4$-$C_{12}$ Alkyl

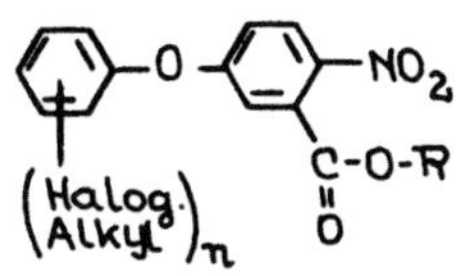


R = niedere Alkyle

Siehe USP 3 652 645
USP 3 784 635

DOS 2 533 172 24. 7.75/ 5. 2.76 Ishihara Sangyo

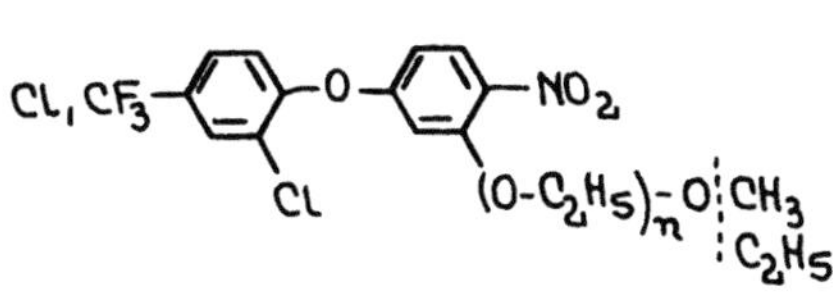


Selektiv in Reis gegen Genus Sagitteria = Pfeilkraut und Hühner-Hirse

USP 3 950 379 14. 3.72/13. 4.76 Rohm and Haas

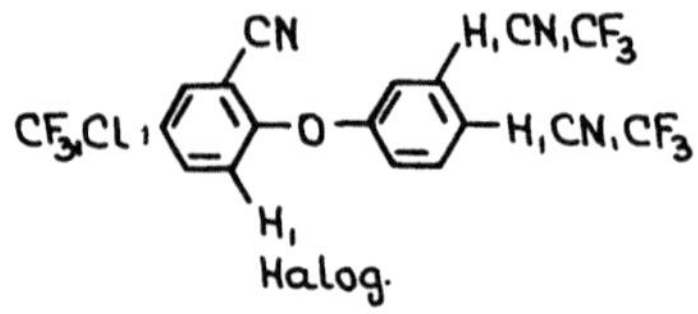


Jap. P. 51 029 226 31. 8.74/12. 3.76 Mitsubishi

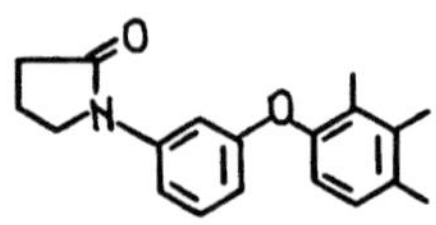


Hal., $NO_2$, O-Alkyl

DOS 2 546 916 22.10.74/29. 4.76 Ciba-Geigy

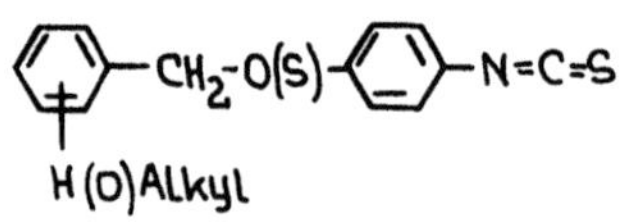


Jap. P. 51 073 124 23.12.74/24. 6.76 Mitsui Toatsu Chem.

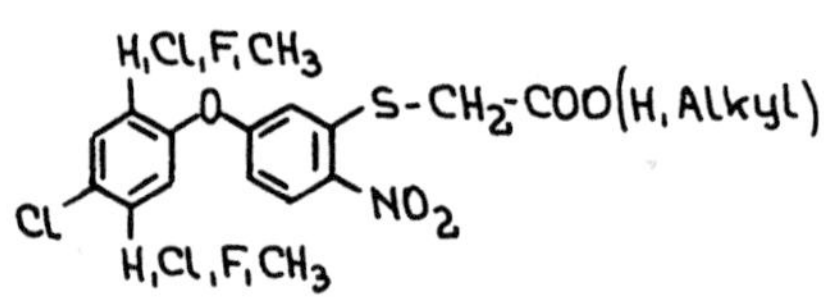


Jap. P. 51 073 125 23.12.74/24. 6.76 Mitsui Toatsu Chem.

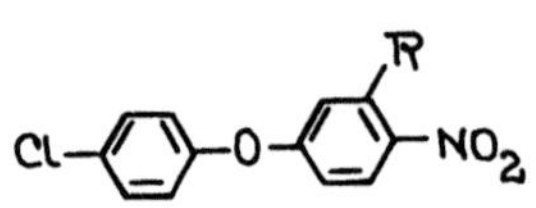


R = Cl oder Br, subst. Alk(en)yl (nicht $CH_2CH_2Cl$)

Jap. P. 51 073 127 23.12.74/24. 6.76 Mitsui Toatsu Chem.

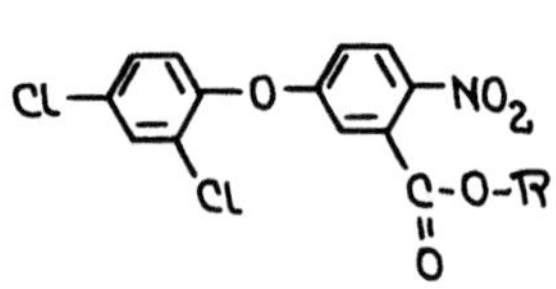


R = Cyclopentyl, Furfuryl

USP 3 971 649 23. 7.75/27. 7.76 Stauffer

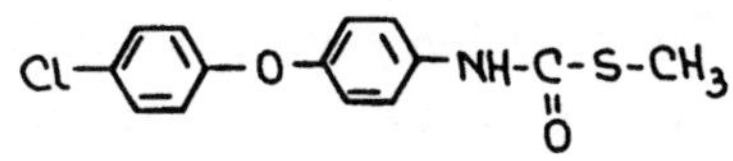

Jap. P. 51 073 128 23.12.74/24. 6.76 Mitsui Toatsu Chem.

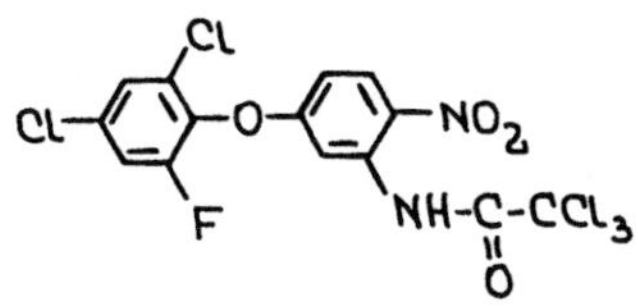

Jap. P. 51 079 721 23.12.74/12. 7.76 Mitsui Toatsu Chem.

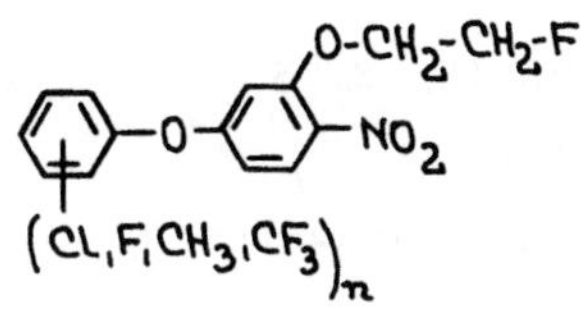

c) Phenyläther mit heterocyclischem Ätherrest

DOS 1 910 620 26. 2.69/18. 9.69 Sankyo

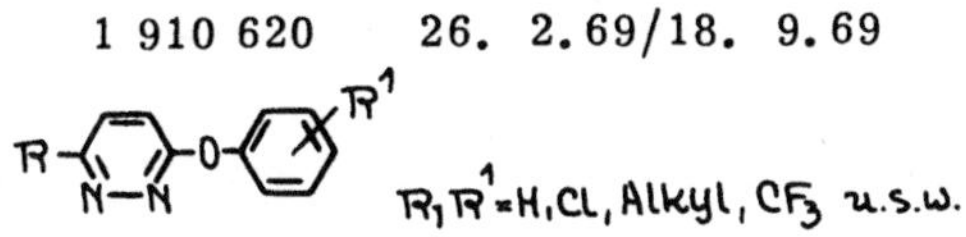

DOS 2 339 993 7. 7.73/21. 2.74 Ciba-Geigy
Schwz. Prior. 10.8.72

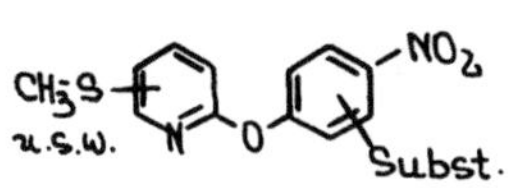

USP 3 673 200 2. 1.70/27. 6.72 Monsanto

Benzisothiazol-1,1-dioxid als Ätherkomponente.

SUP 324 025 7.10.69/18. 2.72 Kamilooz

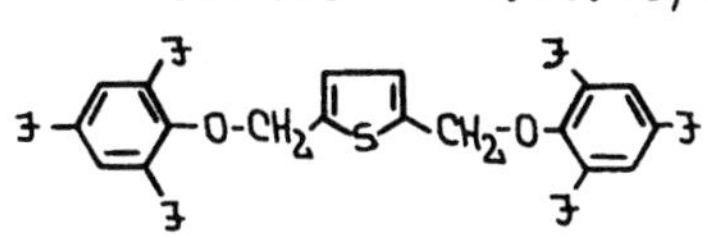

soll hochwirksam in Baumwolle sein

USP 3 897 440 23.11.73/29. 7.75 Eli Lilly

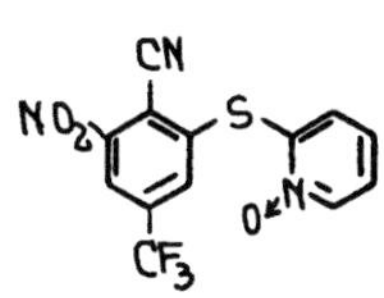

## 5.5 Kohlensäure und Thiokolensäure-Derivate

### 5.5.1 Kohlensäure und Thiokohlensäure-diester

(Kohlensäureester von HO-Heterocyclen siehe bei Heterocyclen)

DOS 1 950 433 7.10.69/15. 4.71 BASF

Ar-S-C-S-Ar
‖
S

Fr.P. 2 188 605 9. 6.72/22. 2.74 Arie

Ar-S-C-S-Heterocycl.
‖
S

DOS 2 240 059 16. 8.72/28. 2.74 Nordd. Affinerie

subst. Ar-O-C-O-Alkyl

O

DOS 2 344 134 1. 9.73/13. 3.75 Bayer

### 5.5.2 Carbamidsäureester und entspr. Thioverbindungen

O-Verbindungen

a) Carbamidsäureester aliphatischer Amine mit Alkoholen und Phenolen usw.

a1) Carbamidsäureester primärer Amine
(z. Tl. auch unter 5.5.2 a2) (Heterocyclische Carbamidsäureester siehe 5.5 2d)

DOS 1 593 344 13.12.66/28. 1.71 Roussel Uclaf

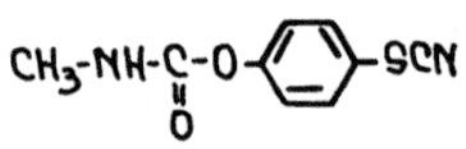

DOS 1 951 880 15.10.69/ 6. 5.71 BASF

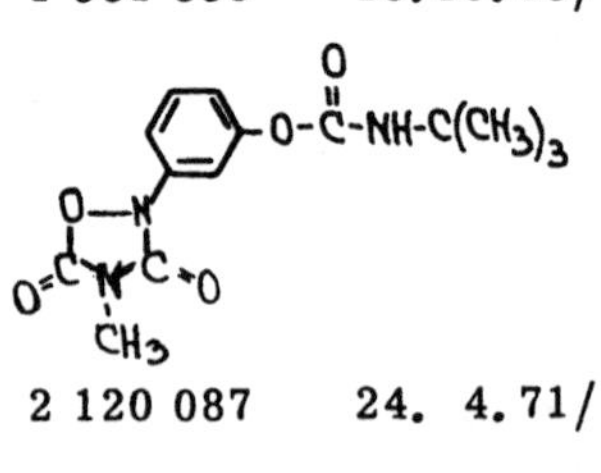

DOS 2 120 087 24. 4.71/ 9.11.72 Bayer

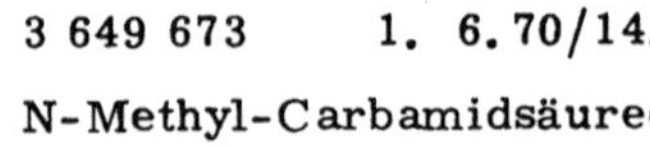

USP 3 649 673 1. 6.70/14. 3.72 Dow Chem.

N-Methyl-Carbamidsäureester von Diolen.

USP 3 787 483 11. 1.71/22. 1.74 Dow Chem.

Vinylcarbamate von Acetylenalkoholen.

USP 3 772 385 24.12.68/13.11.73 Ciba-Geigy

s. a. bei Joxynil

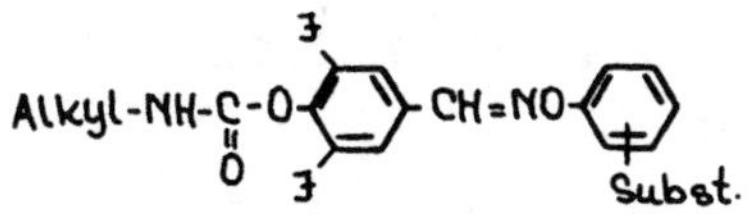


DOS 1 960 360 2.12.69/29.10.70 VEB Chemie Bitterfeld

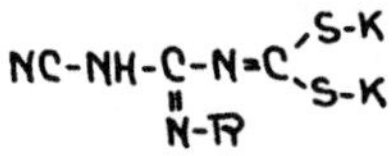


USP 3 654 333 27. 5.68/ 4. 4.72 Stauffer

Fluorsubstituierte ungesättigte Thiocarbamate

$$CF_2{=}CF\ (CH_2)_2\underset{\underset{O\ (S)}{\|}}{S}{-}NHR$$

Belg. P. 747 477 18. 3.69/17. 9.70 BASF
=DOS 1 913 631

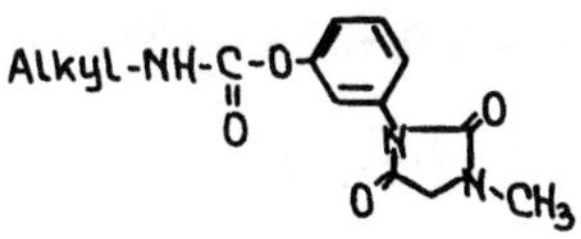


a2) Carbamidsäureester sec. Amine
(z. Tl. bei a1 mitbeansprucht)

Fr. P. 1 585 881 8.12.67/ 6. 2.70 Roussel Uclaf

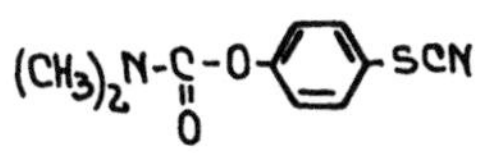


Fr. P. 2 008 507 14. 5.68/23. 1.70 BASF
=DOS 1 770 409 BASF

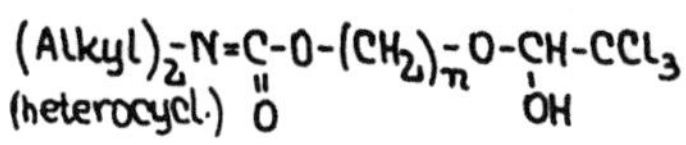


DOS 1 768 322 30. 4.68/28.10.71 BASF

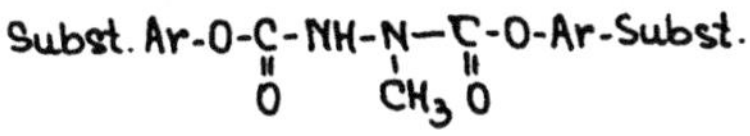


Siehe NLP 6 902 286 BASF

GBP 1 207 788 17. 4.68/ 7.10.70 Shell

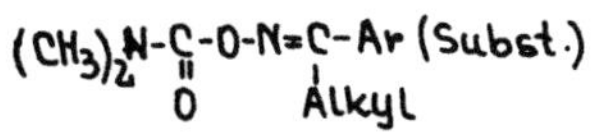


DOS 2 257 527 23.11.72/30. 5.73 Monsanto

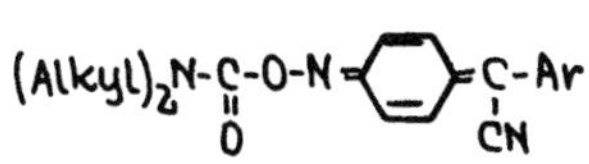

USP 3 483 246 5. 12. 66/ 9. 12. 69 Mobil Oil

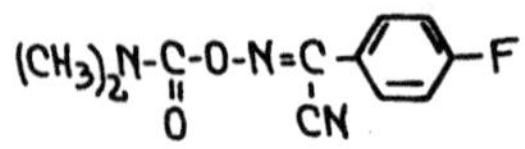

USP 3 495 968 5. 12. 69/17. 2. 70 Mobil Oil

Inhalt ähnlich wie zuvor

USP 3 702 760 19. 6. 68/14. 11. 72 Hercules

USP 3 511 515 19. 4. 68/29. 9. 70 Hercules

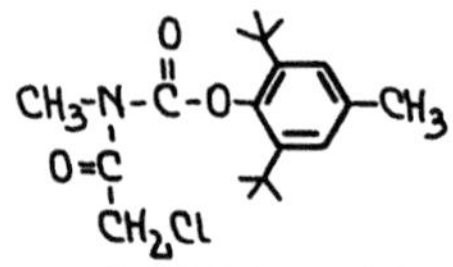

USP 3 525 765 16. 5. 68/25. 8. 70 Stauffer

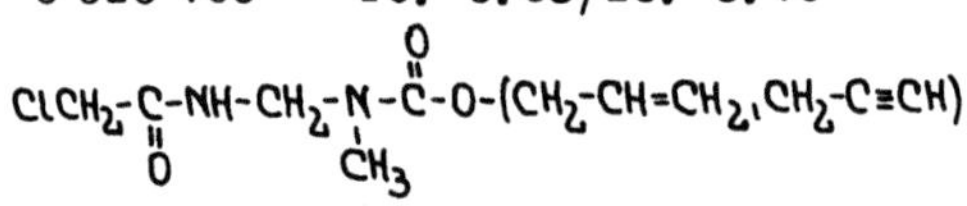

DOS 2 230 440 24. 6. 71/28. 12. 72 Fisons

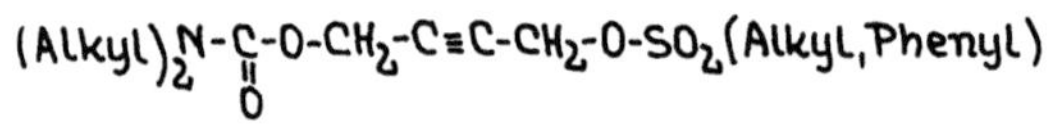

USP 3 461 137 19. 2. 63/23. 5. 67 Hooker

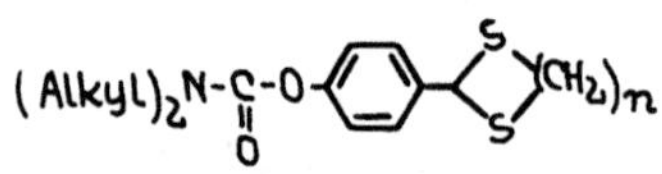

NLP 6 906 286 23. 4. 69/ 3. 11. 69 BASF

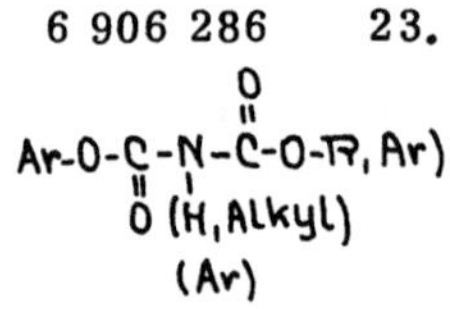

USP 3 884 963 6. 12. 67/20. 5. 75 Exon Res.

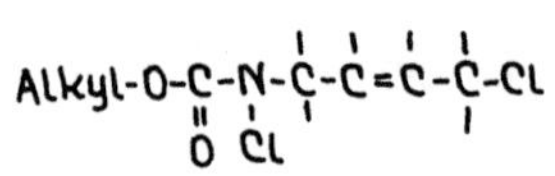

Darstellungs-
verfahren

DOS 2 506 598 17. 2. 75/21. 8. 75 Ciba-Geigy

Schw. Prior. 19. 2. 74, 10. 6. 74, 20. 12. 74

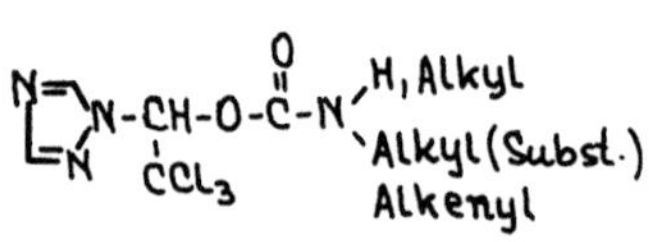

Fungizid und
Herbizid

b) S-Verbindungen

Mono- und Dithiocarbamidsäureester sec. aliphatischer und cycloaliphatischer Amine

(Siehe auch a1 und a2, z. Tl. dort miterfaßt)

Verbindungen der Formel $>N-\underset{\underset{O}{\|}}{C}\ SR$, $>N-\underset{\underset{S}{\|}}{C}-OR$ u. $>N-\underset{\underset{S}{\|}}{C}-SR$

Die weit überwiegende Anzahl der seit 1969 erschienenen Patente bewegt sich auf zwei Gebieten.

1. Ersatz der einfachen sec. Amine durch polycyclische sec. Amine.
2. Anwendung neuer Thiole, wobei fast ausschließlich Thiobenzylalkohole herangezogen werden. Natürlich waren und sind auch im Rahmen der älteren Patente noch Variationen möglich und nachfolgend beschrieben.

DOS 1 468 303 24. 1.64/23.11.72 Monsanto

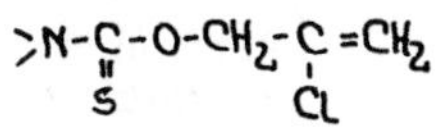

DOS 1 642 350 18. 1.67/22. 4.71 Toa Noyaku

DOS 1 768 296 26. 4.68/28.10.71 BASF

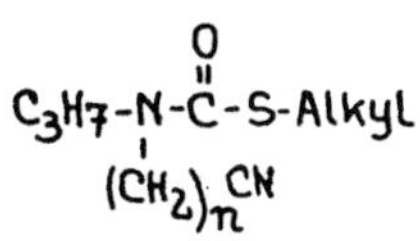

DOS 1 906 050 7. 2.69/20. 7.70 BASF
= Belg. P. 745 468
siehe USP 3573031 27.4.64/30.3.71 Stauffer
ohne $CH_3$-Substituenten

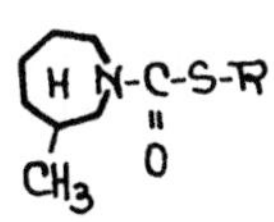

DOS 1 937 553 24. 7.69/11. 2.71 BASF

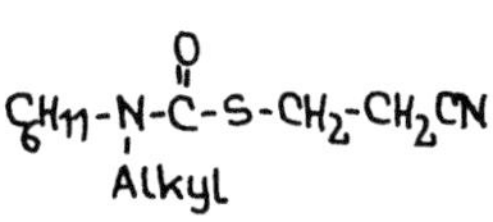

DOS 1 952 910 21.10.69/25. 6.70 Gulf Res. and Dev.
Herbicidschäden-schutz durch 1,8-Naphthalsäure-Anhydrid und 1,8-Napthalsäure-diallylamid s. auch USP 3 131 509

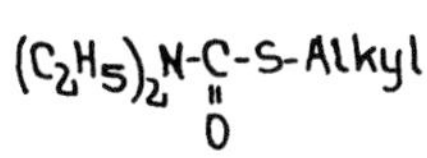

DOS 2 025 818 28. 5.69/ 3.12.70 Shell Int. Res.

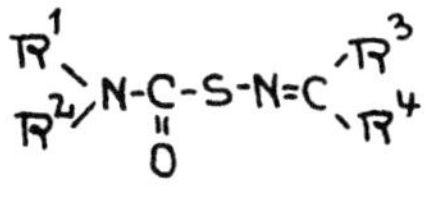

DOS 2 061 051 11.12.70/ 9.12.71 Esso Res.
=USP 3 776 936 19.5.70/4.12.73 Esso Res.

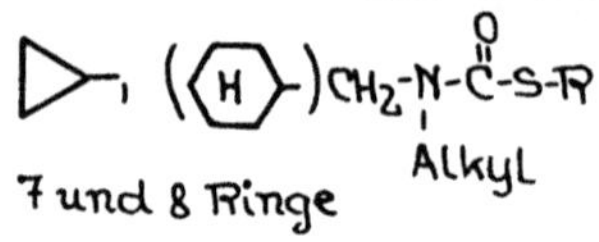


DOS 2 046 597 29.12.69/15. 8.71 Stauffer

DOS 2 117 115 7. 4.71/12.10.72 Gulf Res.

DOS 2 212 766 16. 3.72/23.11.72 Gulf Res.

DOS 2 418 592 18. 4.74/15.11.74 Stauffer

alle vier Patente umfassen neue Verfahren zur Darstellung von R-S-C(=O)-Cl als Vorprodukte

DOS 2 100 211 8. 1.70/15. 7.71 Shell Int.

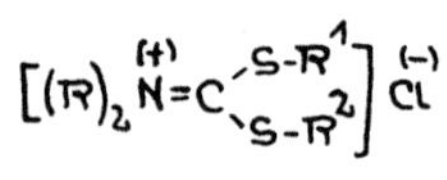

Auch unter Abschn. 5.13.1 aufgeführt

DOS 2 131 135 30. 6.70/ 5. 1.72 Ciba-Geigy

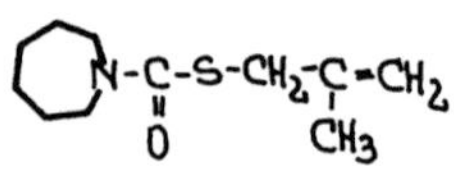

DOS 2 136 494 24. 7.70/ 3. 2.72 Bayer

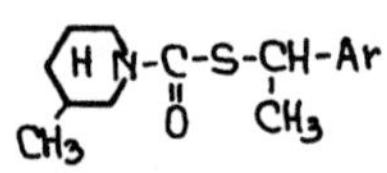

Auch bei Thiobenzylestern angeführt
5-7-gliedriger Heterocyclus

DOS 2 131 928 26. 6.71/29. 6.72 Stauffer
=USP 3 510 290

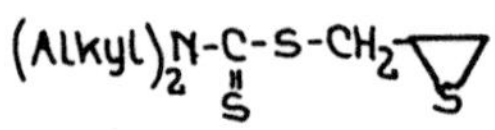

DOS 2 147 260 22. 9.71/10. 5.73 Bayer

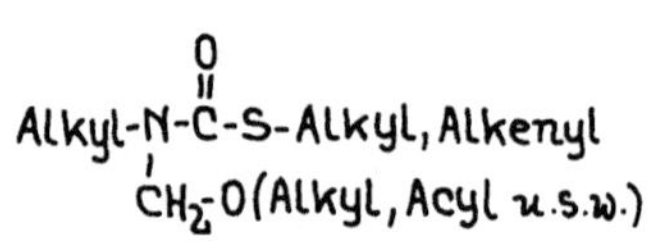


DOS 2 225 718 28. 5.71/30.11.72 Diamond Chamrock

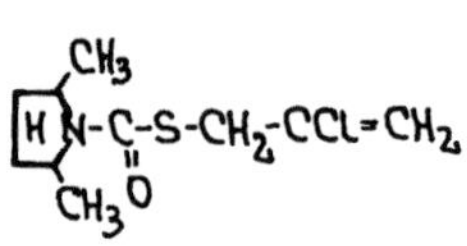

DOS 2 312 045 10. 3.73/12. 9.74 BASF

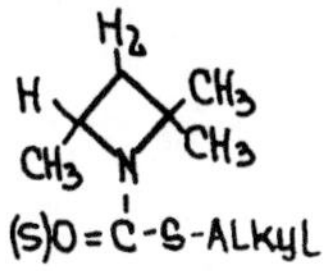

DOS 2 333 397 30. 6.73/23. 1.75 BASF

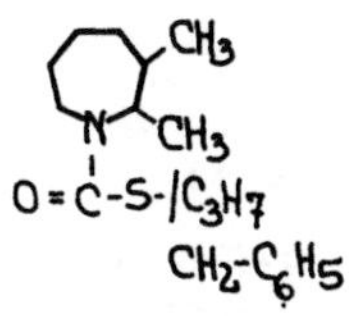

DOS 2 344 134 1. 9.73/13. 3.75 Bayer

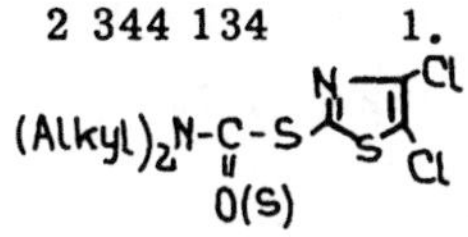

statt $(Alkyl)_2N$- auch O u. S-Alkyl

DOS 2 418 592 18. 4.74/14.11.74 Stauffer

$(R)_2N-C(=O)-S-R$

Neues Darstellungsverfahren

USP 3 628 945 19. 6.69/24. 3.71 Gulf Res.

USP 3 561 949 24. 3.67/ 9. 2.71 Gulf Res.

beide Patente umfassen Di-thiole

DOS 2 513 196 25. 3.75/ 9.10.75 Ihara Chem. Ind.

US Prior. 25.3.74

$(Alkyl)_2-N-C(=O)-S-Alkyl$

Neues Darstellungsverfahren mittels COS

USP 3 687 997 27. 3.69/29. 8.72 K. Kies

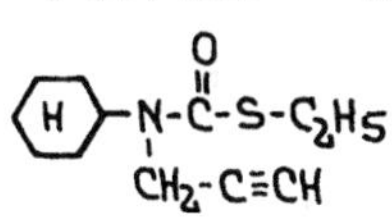

USP 3 723 493 24. 3.67/19. 8.69 Stauffer

Neue Thiolrest $HS-(CH_2)_n-O-(CH_2)_n-SH$
z. Tl. halogeniert

USP 3 728 371 24. 3.67/17. 4.73 Gulf Res.

$(Alkyl)_2N-C(=O)-S-CH_2-CH(Cl)-CH_2SH$

USP 3 810 890 13.11.67/14. 5.74 Dow Chem.

$>N-C(=S)-S-(CH_2)_n-S-S-C(=S)-N<$

Belg. P. 771 800 26. 8. 71/28. 2. 72 Stauffer

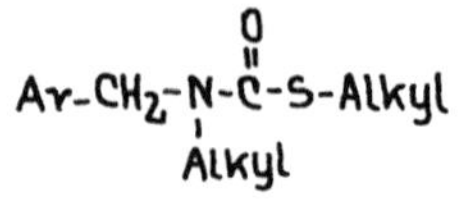

Belg. P. 817 009 30. 6. 73/30. 12. 74 BASF

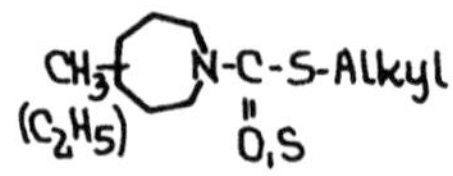

NLP 7 212 687 22. 9. 71/26. 3. 73 Bayer

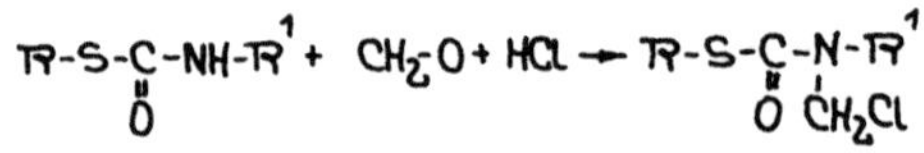

und Austausch des Cl gegen andere nucleophile Reste

USP 3 873 300 7. 7. 71/25. 3. 75 Monsanto

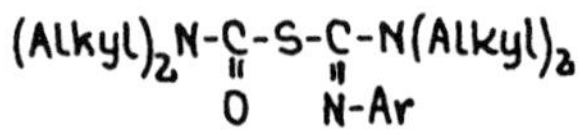

Belg. P. 824 061 2. 1. 74/ 2. 5. 75 Esza Kmagyarors-zagy
=DOS 2 461 876 30. 12. 74/ 3. 7. 75 "

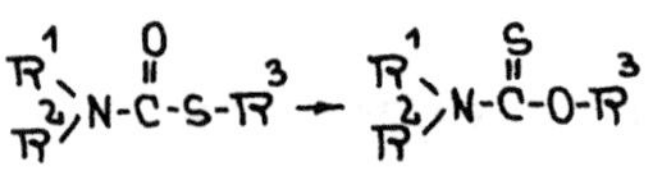

$R^1$ u. $R^3$ = Alkyl, Alkylen u.s.w.

Belg. P. 839 305 28. 5. 74/ 1. 7. 76 Buckman Labs.

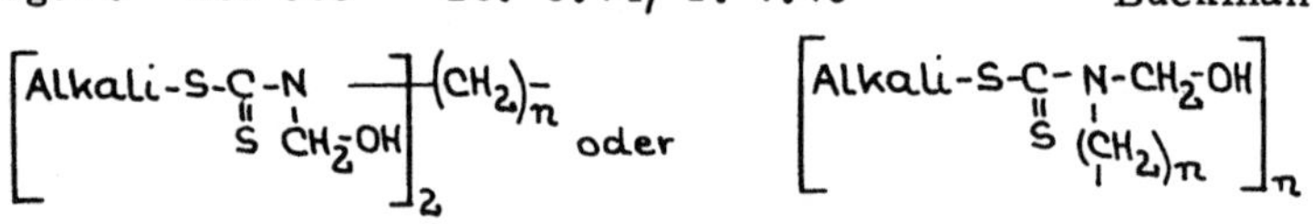

DDRP 118 868 21. 3. 75/20. 3. 76 Hansen

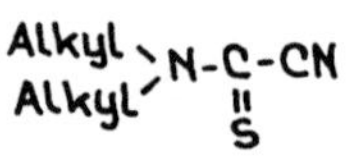

unter anderem auch Herbizide

DOS 2 457 688 6. 12. 74/10. 6. 76 BASF

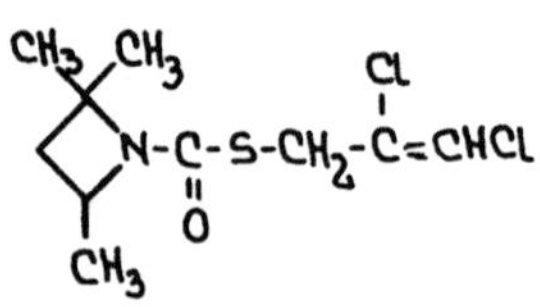

siehe auch DOS 2 312 045 10. 3. 73/12. 9. 74 BASF

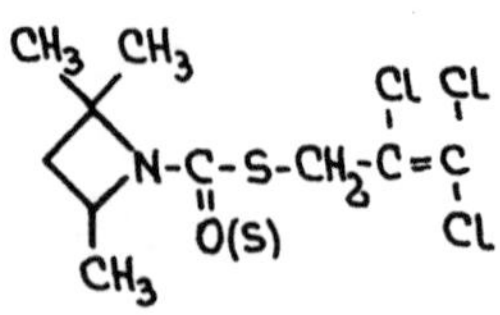

c) <u>Benzyl-thiole und Phenyl-äthyl-thiole als Esterkomponente, z. Tl. auch aliphatische Thiole umfassend</u>

GBP 1 206 058 26. 7.67/23. 9.70 Daikin Kogyo

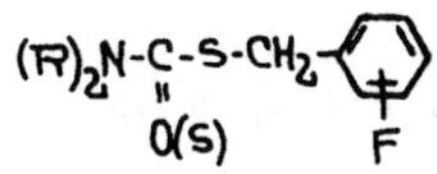

DOS 2 052 331 3.11.69/ 2. 9.71 Ciba-Geigy
=Schwz. P. 555 817 9.10.70/29.11.74

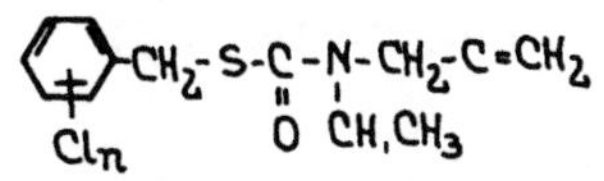

DOS 2 101 481 23. 1.70/29. 7.71 Bayer

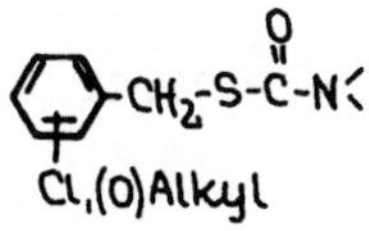

DOS 2 102 293 19. 1.71/ 7.10.71 Bayer

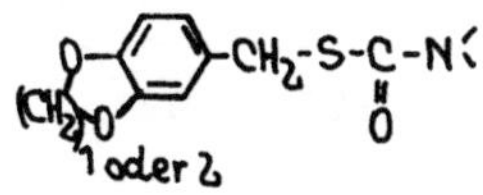

DOS 2 105 933 9. 2.71/28.10.71 Bayer

DOS 2 106 872 17. 2.70/ 2. 9.71 Bayer

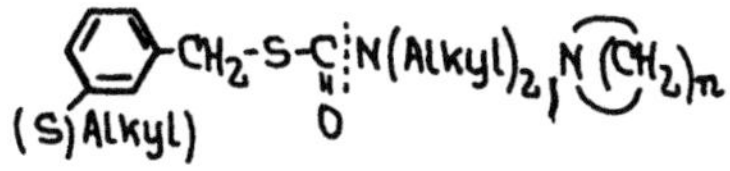

DOS 2 110 228 4. 7.71/30. 9.71 Bayer

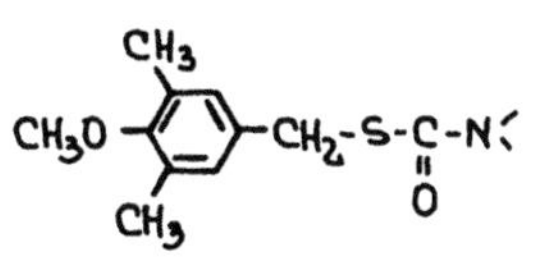

DOS 2 110 229 4. 3.71/14.10.71 Bayer

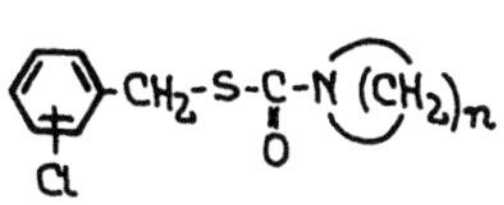

DOS 2 117 881 13. 4.70/28.10.71 Monsanto

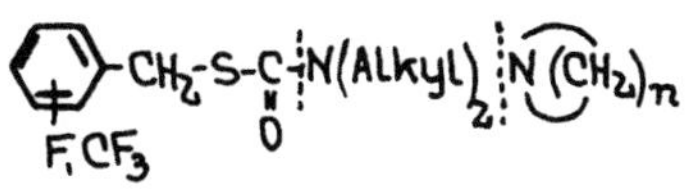

| | | | |
|---|---|---|---|
| DOS | 2 136 494 | 24. 7.70/3. 2.72 | Bayer |

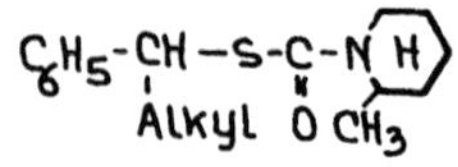

| | | | |
|---|---|---|---|
| DOS | 2 144 700 | 10. 9.70/16. 3.72 | Montecatini Edison |

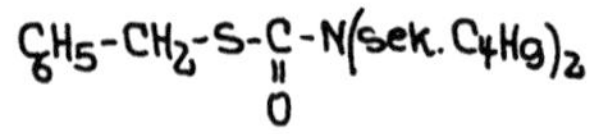

| | | | |
|---|---|---|---|
| DOS | 2 150 956 | 13.10.71/19. 4.73 | Höchst |

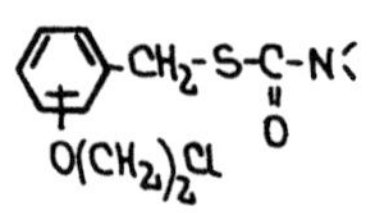

| | | | |
|---|---|---|---|
| Belg. P. | 766 883 | 9. 5.70/ 8.11.71 | Bayer |

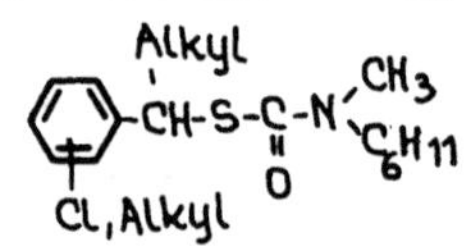

| | | | |
|---|---|---|---|
| DOS | 2 248 800 | 18.10.71/26. 4.73 | Bayer |

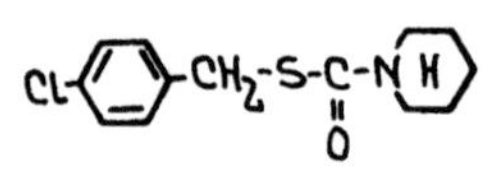

| | | | |
|---|---|---|---|
| USP | 3 499 022 | 1.12.67/ 3. 3.70 | Monsanto |

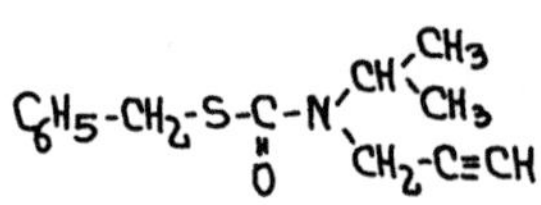

| | | | |
|---|---|---|---|
| USP | 3 755 366 | 23. 2.70/28. 8.73 | Ishihara Sangyo |

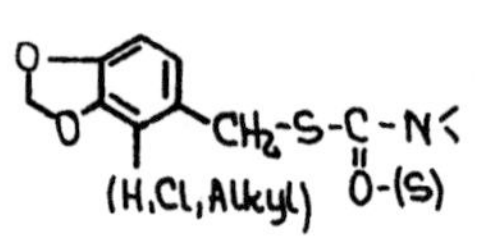

| | | | |
|---|---|---|---|
| Fr. P. | 2 065 060 | 6.10.69/23. 7.71 | Bayer |

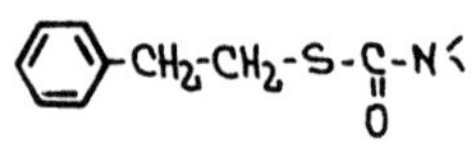

| | | | |
|---|---|---|---|
| DOS | 2 329 043 | 7. 6.73/ 2. 1.75 | BASF |

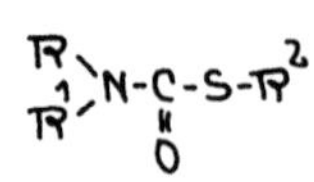

R = Norbornyl, Cyclohexyl, Bicycloaliphat
R' = Allyl, Propargyl, Alkinyl
R'' = Benzyl

DOS 2 334 601 7. 7.73/ 6. 2.75 BASF
=Belg. P. 817 377, siehe Belg. P. 816 074 7. 6. 72/5. 12. 74 BASF

statt $C_6H_{11}$ andere Mono und Bicyclen

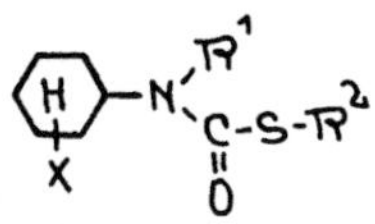

X = $CH_3$,
R' = Al(ken)yl, Alkinyl; R" = Alkyl, Benzyl

USP 3 900 471 11.11.67/19. 8.75 Dow Chem.
siehe 3 810 890

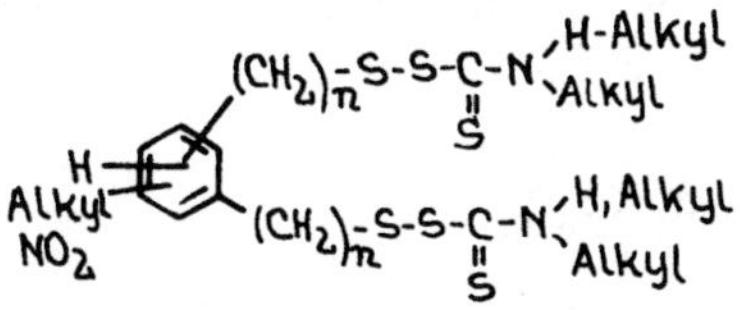

USP 3 912 717 2. 5.73/14.10.75 Dow Chem.

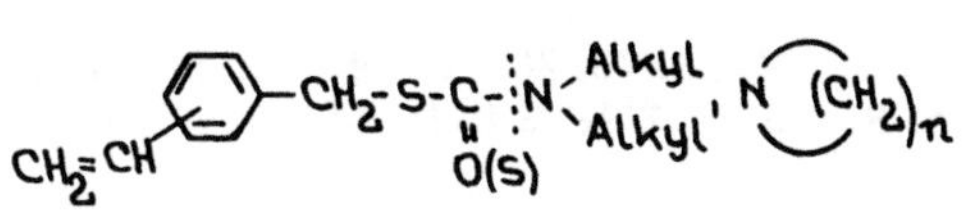

Jap. P. 5 038 684 7. 6.69/11.12.75 Kumiai Chem.

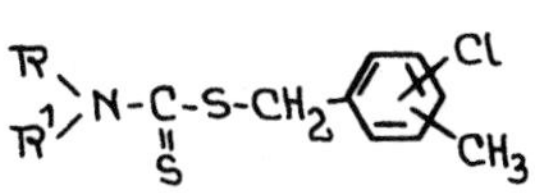

R u. R' = Alk(en)yl

Glieder eines heterocycl. Ringes z. B. Morpholin

DOS 2 518 545 25. 4.75/20.11.75 Stauffer Chem.
=BE 828 702 6. 5.74/ 3.11.75 US Prior. 6.5.74

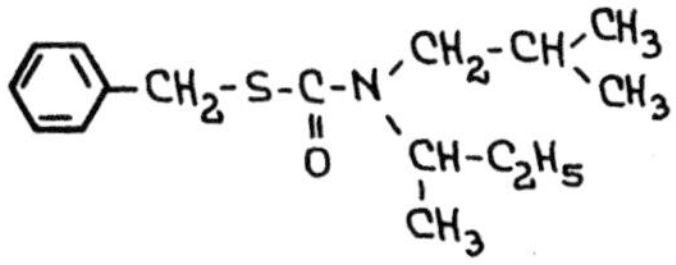

Selektiv in Gerste, Weizen und Reis

d) Heterocyclische Alkohole und Thiole als Esterkomponente

DOS 2 104 582 2. 2.70/19. 8.71 Bayer

DOS 2 140 345 20. 8.70/24. 2.72 Sumitom

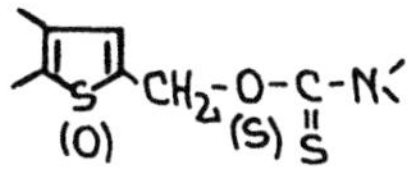

USP 3 579 525 7.10.68/18. 1.71 Stauffer

USP 3 704 236 7.10.68/28.11.72 Stauffer

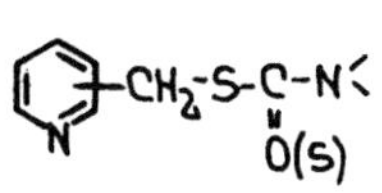

| | | | |
|---|---|---|---|
| Fr. P. | 2 188 606 | 2. 6.72/22. 4.74 | Aries |

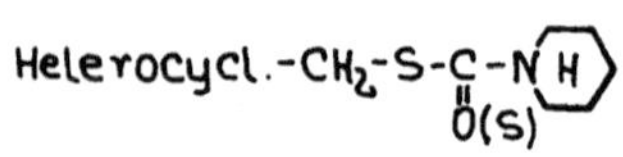

| | | | |
|---|---|---|---|
| Fr. P. | 2 205 514 | 7.11.72/ 5. 7.74 | Aries |

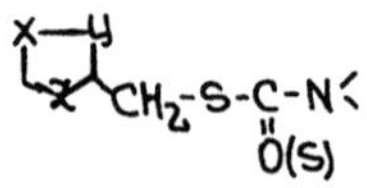

X, Y, Z = O, S, NH

| | | | |
|---|---|---|---|
| DOS | 2 344 134 | 1. 9.73/13. 3.75 | Bayer |

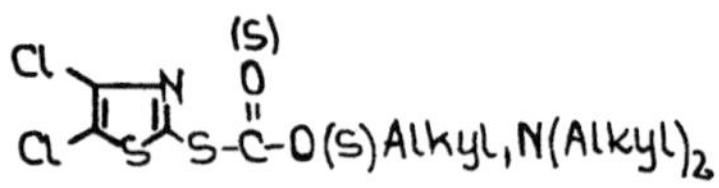

e) <u>Oxidationsprodukte von Thiolcarbamaten</u>

| | | | |
|---|---|---|---|
| DOS | 2 341 119<br>=Belg. P. 803 615, USP 3 816 435 | 14. 8.73/28. 2.74 | Stauffer |

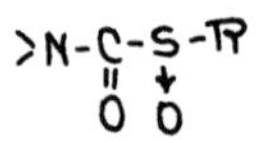

| | | | |
|---|---|---|---|
| Belg. P. | 805 839 | 9.10.72/ 9. 4.74 | Montecatini Edison |

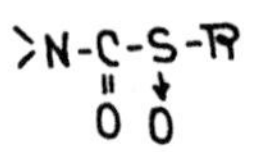

| | | | |
|---|---|---|---|
| DOS | 2 342 555 | 23. 8.73/ 9. 1.75<br>US Prior. 18.6.73 | Stauffer |

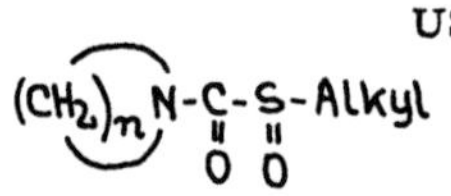

n = 3-6, auch Bicyclen umfassend

| | | | |
|---|---|---|---|
| DOS | 2 342 629 | 23. 8.73/ 9. 1.75<br>US Prior. 18.6.73 | Stauffer |

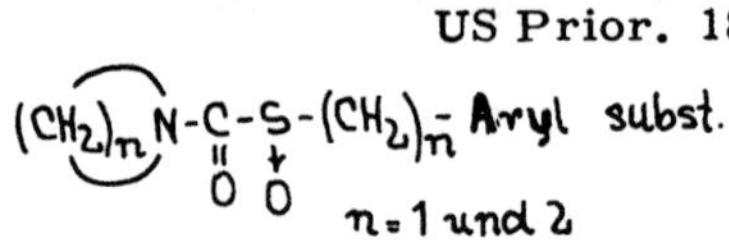

n = 1 und 2

| | | | |
|---|---|---|---|
| USP | 3 879 455 | 14. 8.72/22. 4.75 | Stauffer |

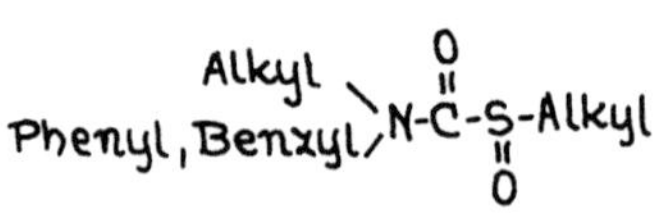

USP 3 910 935 14. 8.72/ 7.10.75 Stauffer Chem.

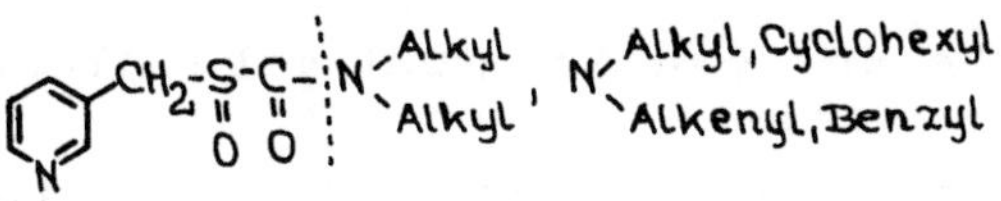


DOS 2 518 544 25. 4.75/13.11.75 Stauffer Chem.
US Prior. 2.5.74

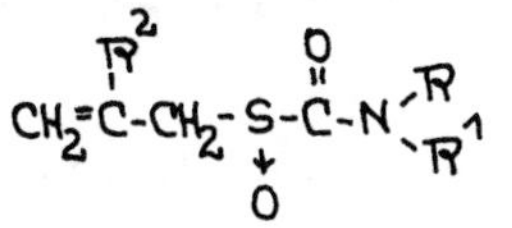

R'' = H oder $CH_3$
R u. R' = Alkyl, Cyclohexyl oder Ring geschlossene Verbindung

In DOS falsche Formel

USP B 349 370 14. 8.72/27. 1.76 Stauffer Chem.

Darstellungsverfahren

Anspruch: Herbizide

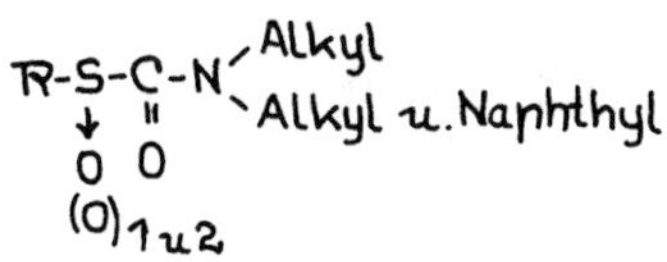


DOS 2 538 857 1. 9.75/11. 3.76 Montedison
IT Prior. 3.9.74

siehe auch DOS 2 525 383

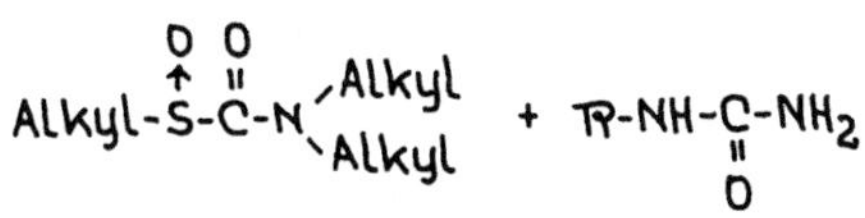


R = Alkyl, H, Phenyl

DOS 2 525 383 6. 6.75/18.12.75
Ital. Prior. 7.6.74

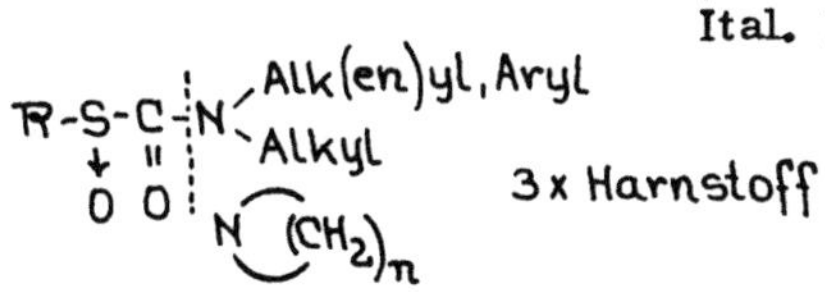


R = Aryl, Alk(en)yl

= Belg. P. 829 971 7. 6.74/ 8.12.75 Montedison Spa.

f) Carbamidsäure-ester primärer aromatischer Amine

f1) Aliphatische und cycloaliphatische Alkohole als Ester Komponente

DOS 1 542 712 24. 5.62/26. 3.70 Ciba
Schwz. Prior 25.5.61 Ciba

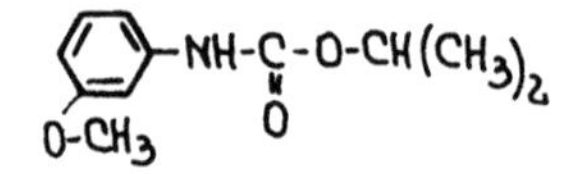


Wirksam gegen Gräser

DOS 1 567 042 30. 1.64/23. 7.70 Du Pont
Can. Prior. 1.2.63

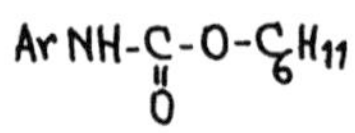


DOS 1 618 671 21. 3.67/23.12.70 Monsanto

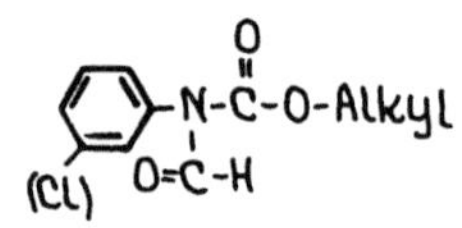


DOS 1 642 221 6. 4.67/22. 4.71 BASF

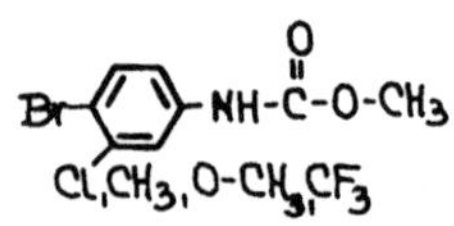


DOS 1 768 281 25. 4.68/21.10.71 BASF

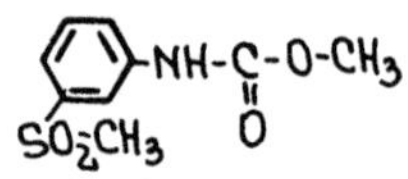


DOS 2 165 642 30.12.71/20. 7.72 Shell

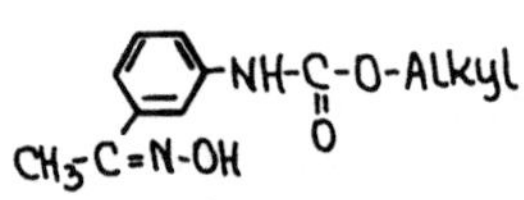


USP 3 829 463 19. 5.71/13. 8.74 Upjohn

USP 3 829 464 19. 5.71/13. 8.74

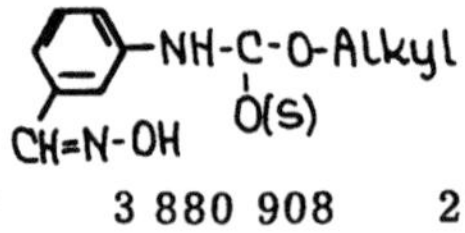


USP 3 880 908 24. 1.72/29. 4.75 Standard Oil

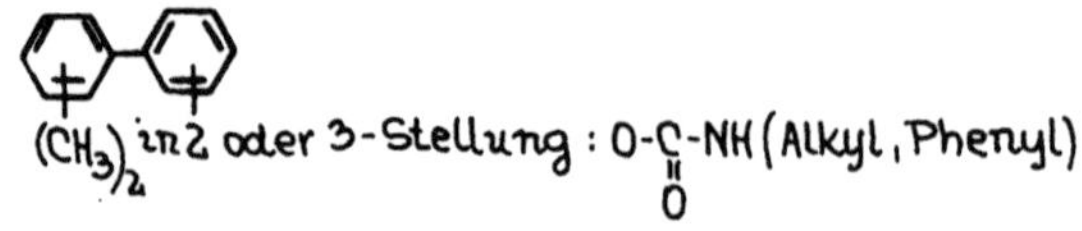

USP 3 882 163 24. 1.72/ 6. 5.75 Standard Oil

wie zuvor in 2 oder 3 Stellung: NH-C-O-Alkyl, Phenyl
‖
O

DOS 2 364 876 28.12.73/ 3. 7.75 BASF
= Belg. P. 823 160 28.12.73/10. 6.75 BASF

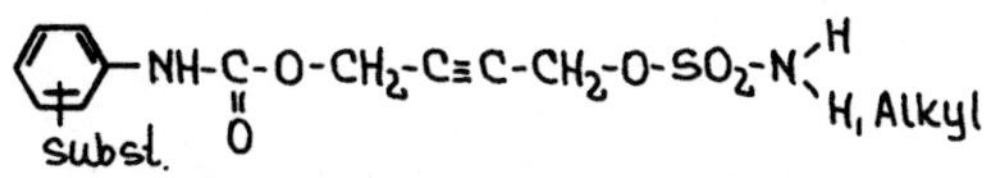


USP 3 781 327 10.12.70/25.12.73 Stauffer

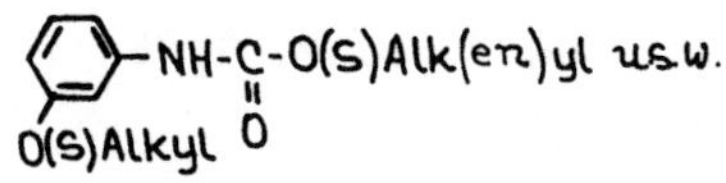


USP 3 529 953 1. 2.68/22. 9.70 Luckenbaugh

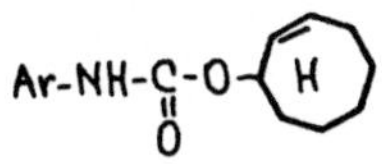


SUP 234 792 17. 7.67/ 8.69 Malichenko

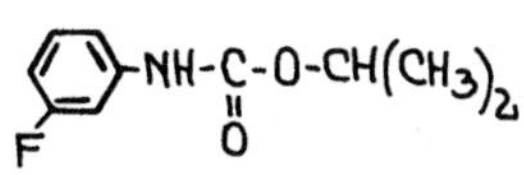


USP 3 759 951 26.10.71/18. 9.73 Stauffer

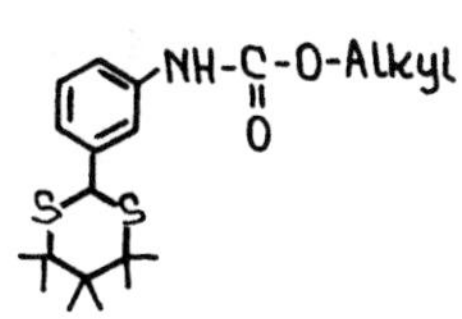


USP 3 849 464 10.12.70/19.11.74 Stauffer

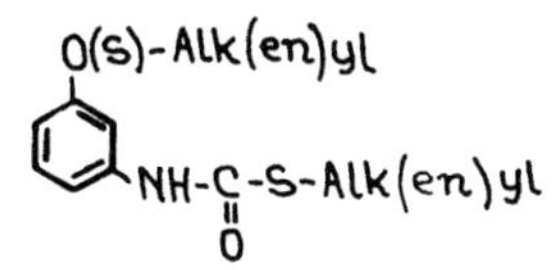


USP 3 880 909 15. 3.71/29. 4.75 Stauffer

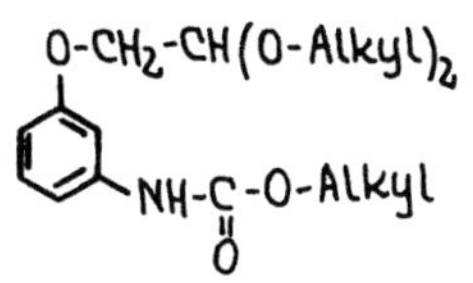

Belg. P. 823 160 28.12.73/10. 6.75 BASF

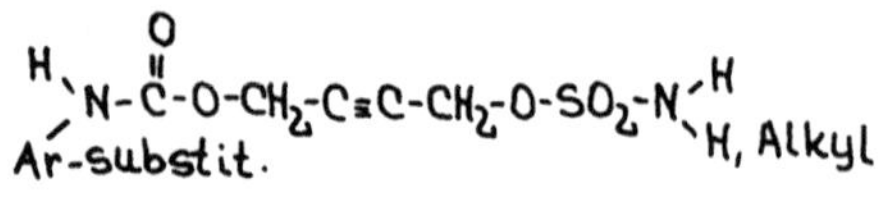

USP 3 931 202 5. 3.72/ 6. 1.76 Rohm and Haas

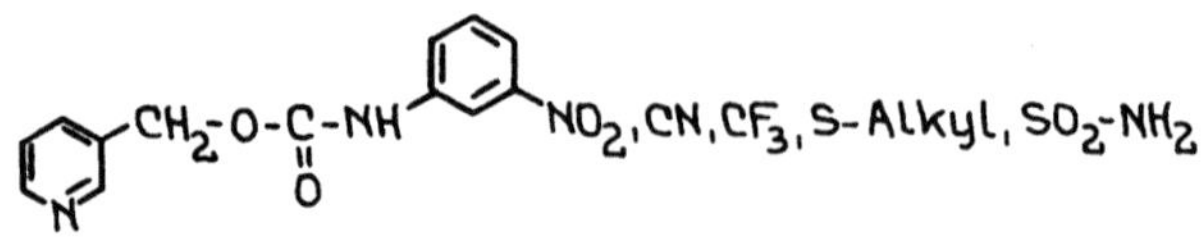

USP 3 933 470 30. 6.72/20. 1.76 Amer. Cyanamid

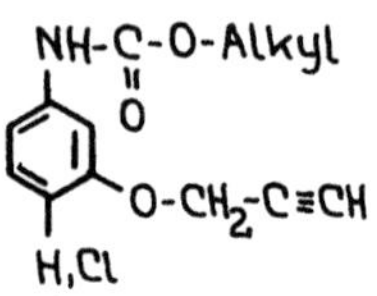

USP 3 971 649 23. 7.75/27. 7.76 Stauffer Chem.

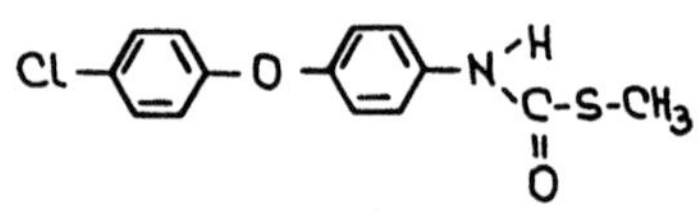

DDRP 119 348 21. 2.75/20. 4.76 Werchan H.G.

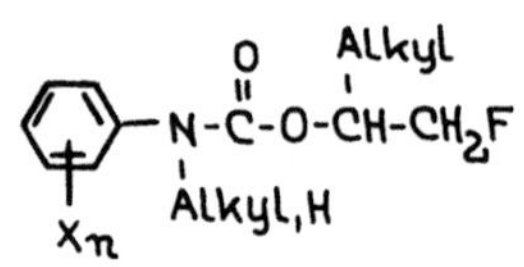

f2) Phenole als Ester Komponente

USP 3 589 889 11. 3.68/29. 6.71 Ethyl Corp.

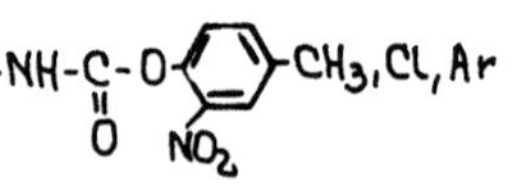

SUP 230 159 8. 7.67/ 5.69 North Caucasus Phyt.

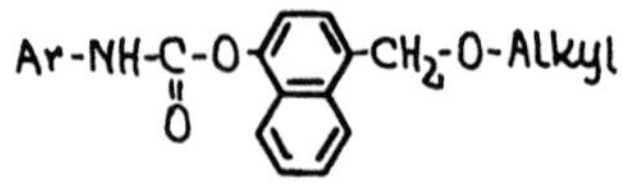

USP 3 880 908 24. 1.72/29. 4.75 Standard Oil

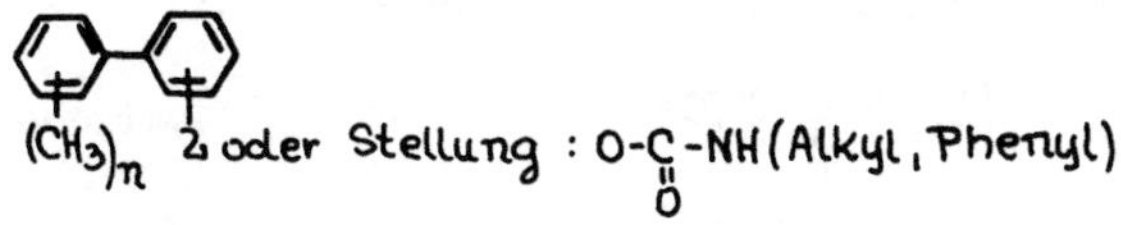


USP 3 882 163 24. 1.72/ 6. 5.75 Standard Oil

wie zuvor aber in 2 oder 3 Stellung NH-C-O-Alkyl, Phenyl
O

USP 3 890 383 2.10.70/17. 6.75 Dow Chem.

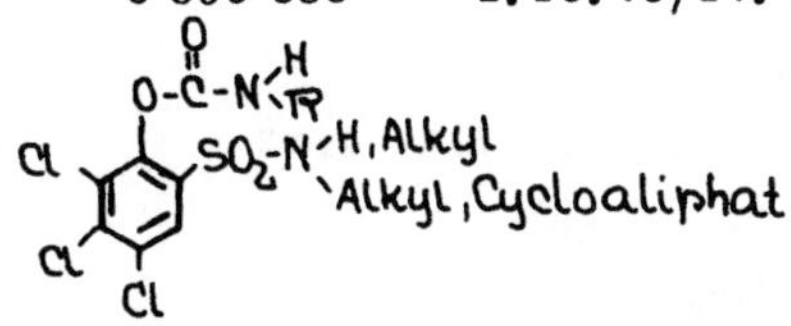


R = Alkyl, Aryl, Cyclohexyl usw.

USP 3 929 865 13.11.74/30.12.75 Foolandt

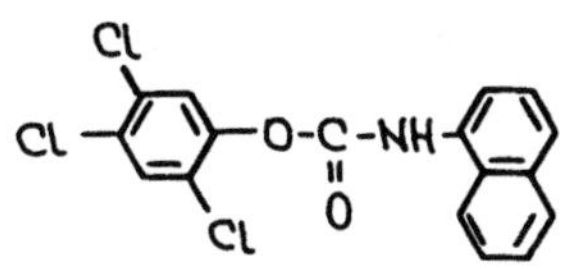


f3) Oxime als Esterkomponente

DOS 1 768 628 8. 6.68/ 2.12.71 BASF
=GBP 1 768 628, = Belg. P. 734 255

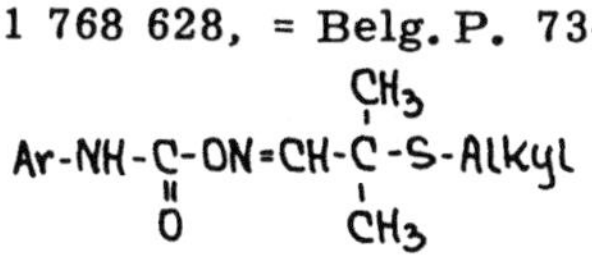


DOS 2 120 087 24. 6.71/ 9.11.72 Bayer

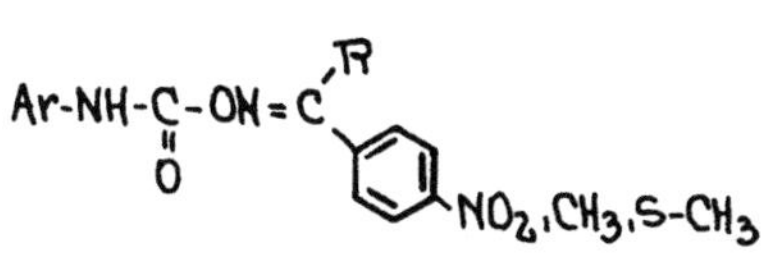

f4) Carbamidsäure-ester sec. aromatischer Amine

| | | | |
|---|---|---|---|
| USP | 3 671 218 | 13. 5.69/20. 6.72 | Monsanto |

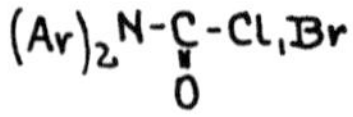

Zwischenprodukte

| | | | |
|---|---|---|---|
| DOS | 2 131 028 | 23. 6.71/11. 1.73 | Bayer |

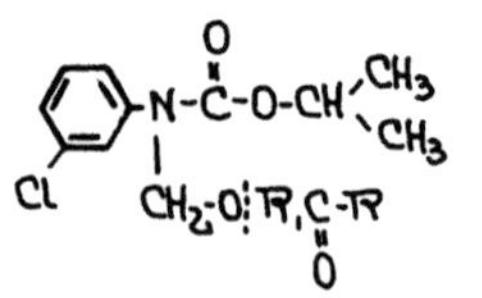

| | | | |
|---|---|---|---|
| DOS | 2 134 173 | 9. 7.71/18. 2.73 | Bayer |

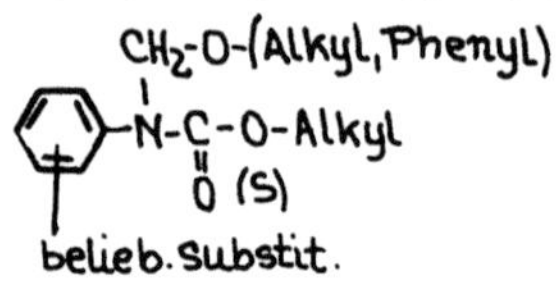

f5) Carbamidsäure-ester des Phenylhydroxylamins

| | | | |
|---|---|---|---|
| DOS | 1 542 817 | 7. 1.66/26. 3.70 | BASF |

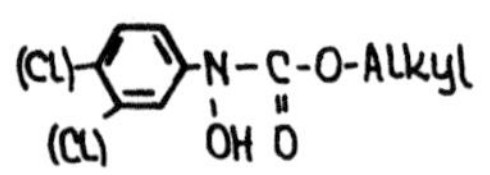

| | | | |
|---|---|---|---|
| DOS | 2 105 230 | 2. 2.71/28. 9.71 | Russ. Erf. |

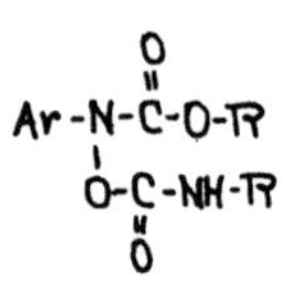

fast identisch mit DOS 1 542 817

g) <u>Carbamidsäureester aromatischer Amine, eine weitere herbizid wirksame Gruppierung enthaltend</u>

Nach den Erfolgen mit Phendipham wurde nahezu bei allen Verbindungsklassen versucht, mehrere herbizid wirksame Gruppierungen in einem Molekül unterzubringen. Wirkliche Erfolge waren bei diesen Bemühungen aber nur bei den Carbamidsäureestern aromatischer Amine zu verzeichnen.

Da im Buch-Text im Anschluß an Phendipham die Patente betr.:

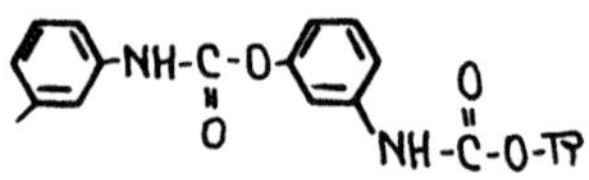

unter No. 127-146 angeführt worden sind, wird hier lediglich eine Ergänzung durch Patente vorgenommen, welche nicht so streng in das vorgen. Schema passen, oder jüngsten Datums sind. Die nachfolgenden Patente sind also gemeinsam mit den im Text angeführten No. 127-146 zu betrachten. (Siehe auch 5. 5. 2a, und besonders 5. 5. 3 d 3.

DOS 1 593 551 31. 8.66/16. 7.70 Stauffer
US Prior. 1.9.65

Totalherbizid

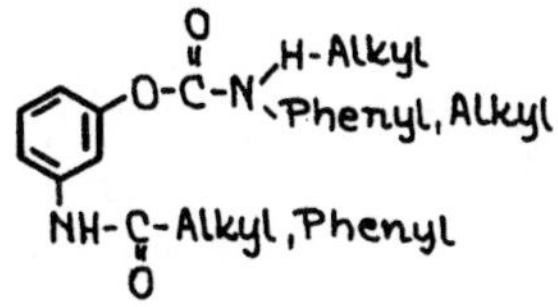


DOS 1 568 602 13.10.66/19. 2.70 FMC
US Prior. 14.10.65

wie zuvor, aber vorwiegend

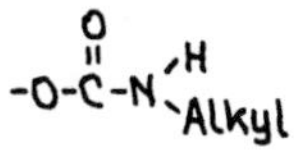


DOS 1 568 621 15.11.66/19. 3.70 Schering Deutschl.

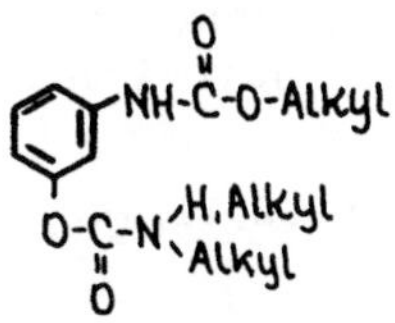


DOS 2 124 037 14. 5.71/ 2.12.71 Monsanto
US Prior. 26.5.70

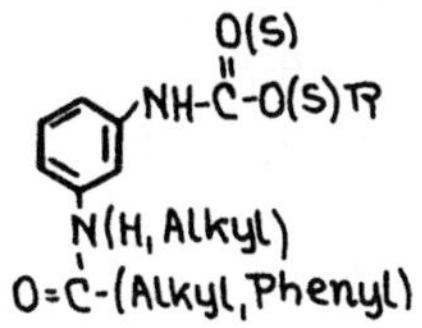


DOS 2 165 233 29.12.71/ 3. 8.72 VEB Fahlberg

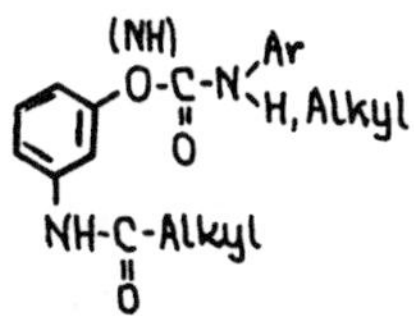


DOS 2 341 079 10. 8.73/20. 2.75 Schering/Berlin

R', R'', R''' = Alk(en)yl

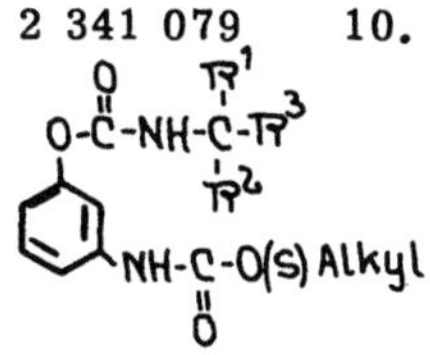


DOS 2 413 933 20. 3.74/25. 9.75 Schering

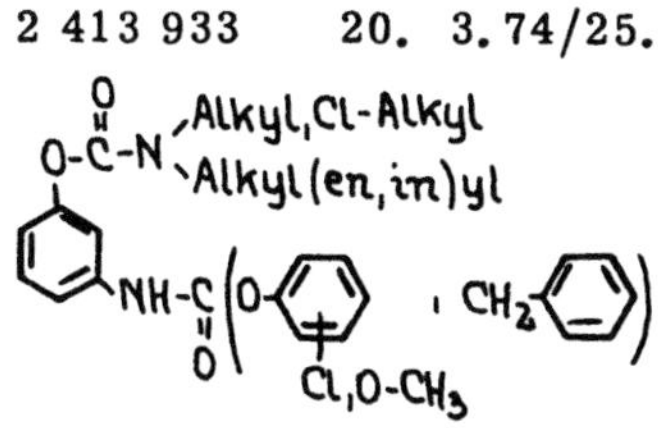

Belg. P. 769 794 10. 7. 70/10. 11. 71 BASF

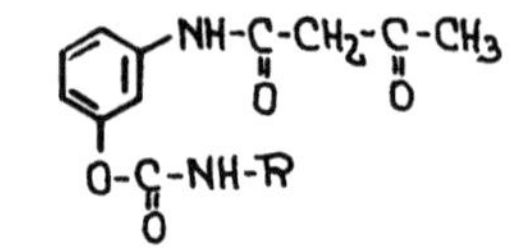

Belg. P. 766 206 23. 4. 70/25. 10. 71

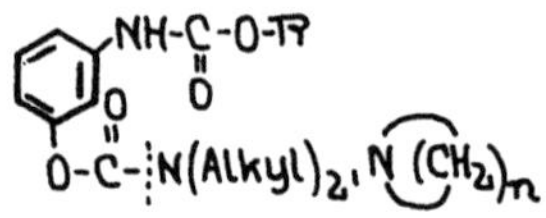

Die vorerwähnten Patente unterscheiden sich von der No. 127-146 oft lediglich durch eine zweite aliphatische (statt aromatische) Carbamidestergruppe oder eine Acyl-Gruppe, statt einem Carbamidrest.

USP 3 847 587 2. 11. 70/12. 11. 74 Stauffer

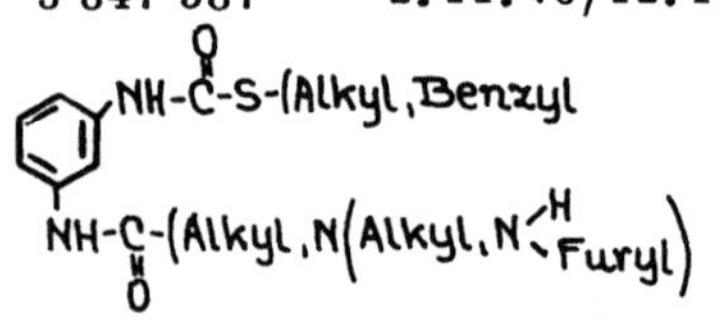

USP 3 872 157 23. 10. 67/18. 3. 75 Stauffer

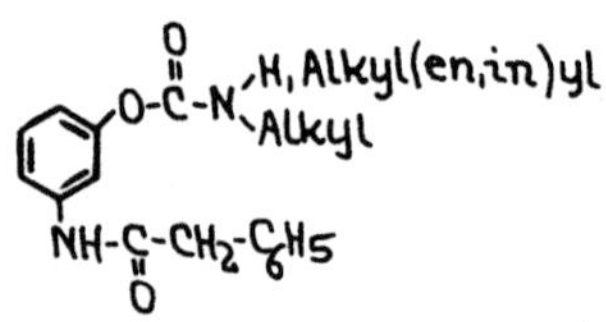

USP 3 876 684 6. 9. 66/ 8. 4. 75 FMC

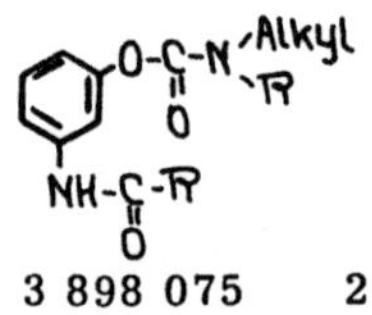

R = Alkyl, Alkenyl, Cycloalkyl Cl-subst. Alkyl

USP 3 898 075 20. 1. 70/ 5. 8. 75 Freund

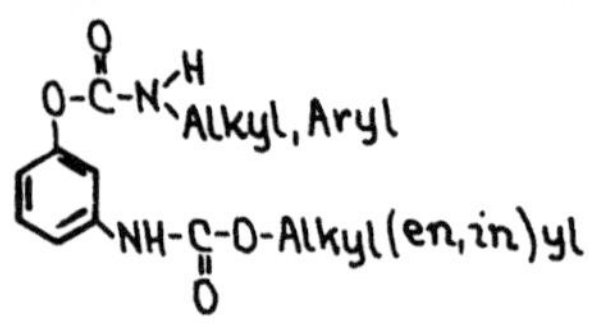

+ organ. Säuren zur Stabilisation

| | | | |
|---|---|---|---|
| USP | 3 914 285 | 24. 5.73/21.10.75 | Amer. Cyanamid |

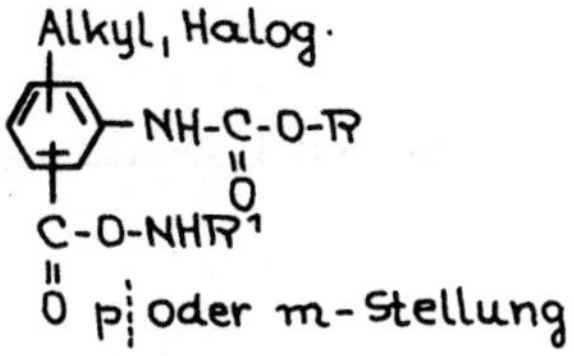


R = Alk(en, in)yl, Cycloalkyl, Phenyl, Benzyl

R' = Alkyl-C≡C-O-CH$_2$

| | | | |
|---|---|---|---|
| SUP | 265 613 | 15. 7.68/15.12.74 | Baskakov |

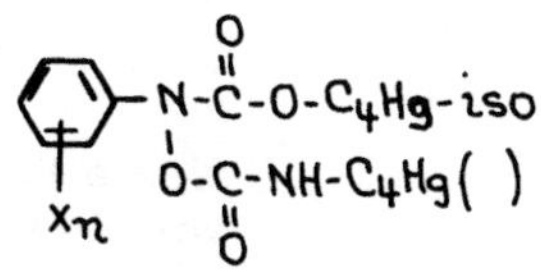


| | | | |
|---|---|---|---|
| Belg. P. | 831 163 | 9. 7.75/ 9. 1.76 | Plant Chem. |

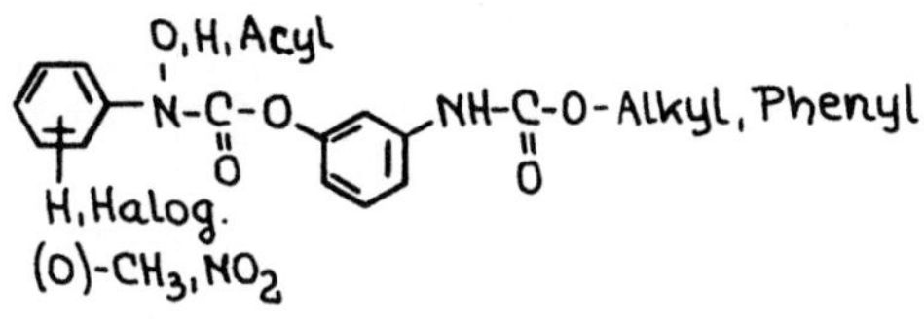


| | | | |
|---|---|---|---|
| DOS | 2 530 521 | 9. 7.75/29. 1.76<br>Ungar. Prior. 12. 7. 74 | Chinoin |

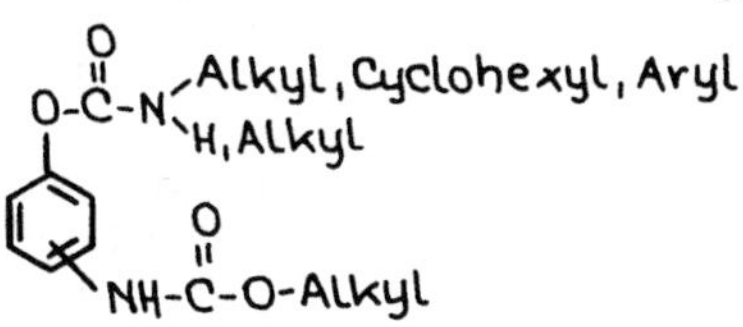


Darstellungsverfahren

| | | | |
|---|---|---|---|
| DOS | 2 548 573 | 30.10.75/13. 5.76 | Aktiebolaget<br>SZ Prior. 11.12.74 |

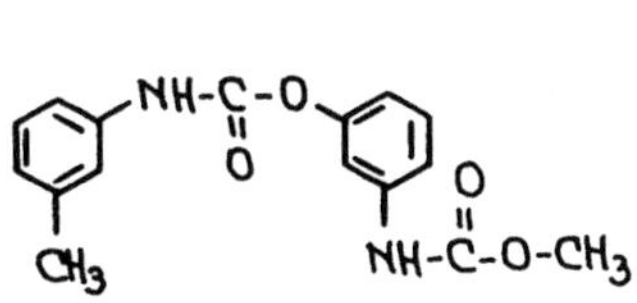


Darstellungsverfahren

| | | | |
|---|---|---|---|
| Belg. P. | 835 416 | 11.11.74/ 1. 3.76 | Bofors |

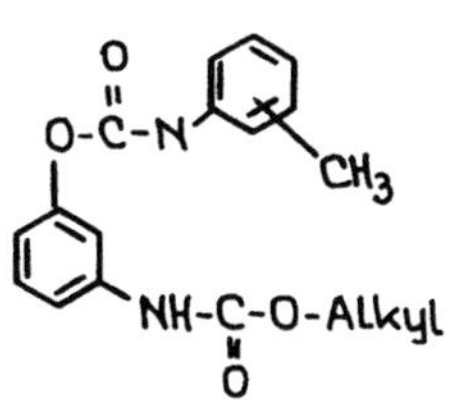


Verbessertes Darstellungsverfahren

(Fendifam)

DOS 2 423 536 15. 5.74/27.11.75 Bayer

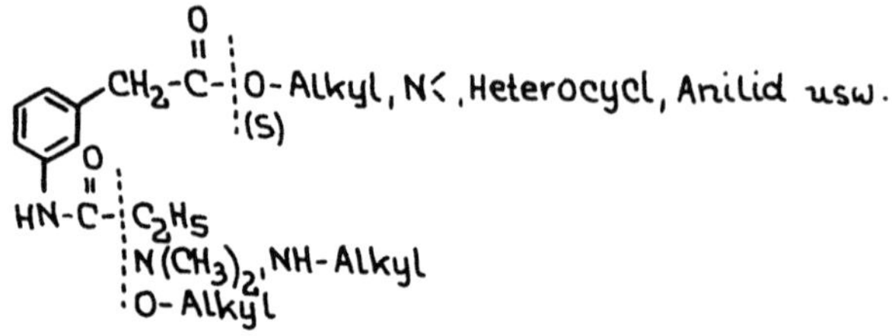


Belg.P. 831 262 12. 7.74/ 3.11.75 Chinoin

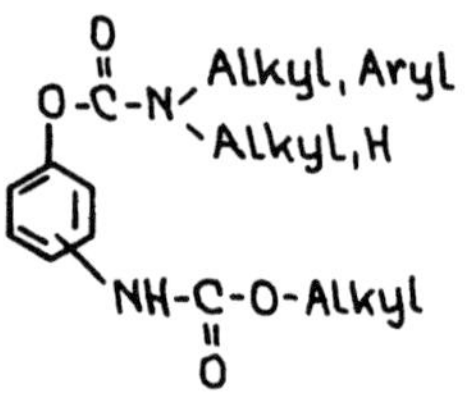


Neues Darstellungsverfahren

h) Bicyclische und heterocyclische Carbamidsäureester, z. Tl. beinhalten Patente aus dieser Gruppe auch einfache cycloaliphatische sec. Amine. Siehe daher auch bei 5. 5. 2b. O und S-Carbamidsäureester.

DOS 1 567 132 13. 4. 66/23. 7. 70 Shell

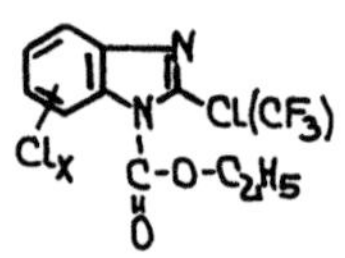


Auch bei heterocyclischen Carbonsäureestern registriert, siehe dort.

Jap.P. 8 023 935 9. 8. 71/28. 3. 73 Sankyo

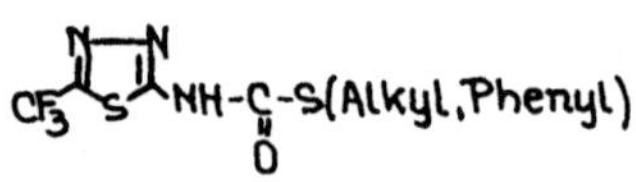


DOS 2 040 366 13. 8. 70/25. 2. 71 Agripat

Azabicyclooctan als Amin-komponente

DOS 1 953 262 23. 10. 69/ 6. 5. 71 BASF

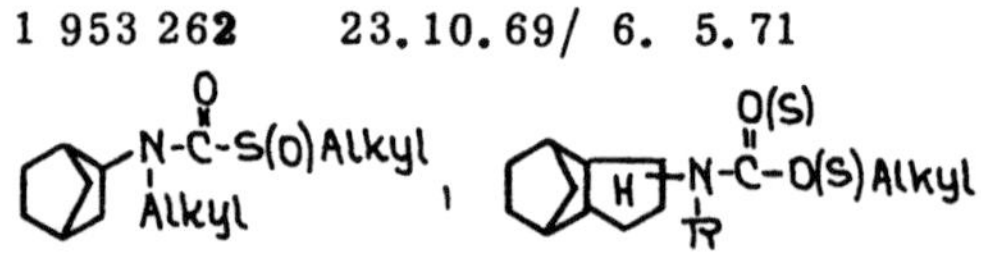

Bicyclische Amine enthalten auch folgende 6 Patente:

DOS 2 035 145 15. 7.70/28. 1.71 Agripat

DOS 2 038 171 31. 7.70/ 4. 3.71 Agripat

Fr.P. 2 057 896 1. 8.69/21. 5.71 Agripat

DOS 2 040 366 14. 8.69/25. 2.71 Agripat

DOS 2 201 584 13. 1.72/27. 2.72 Agripat

Belg.P. 757 873 23.10.69/22. 4.71 BASF

DOS 2 201 500 13. 1.72/17. 8.72 Agripat
Schwz. Prior. 14.1.71

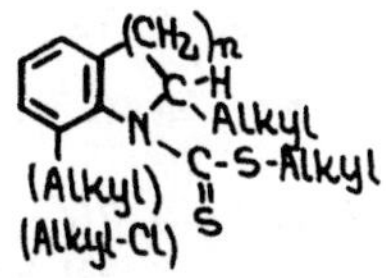


DOS 2 204 738 1. 2.72/17. 8.72 Agripat
Schwz. Prior. 2.2.71

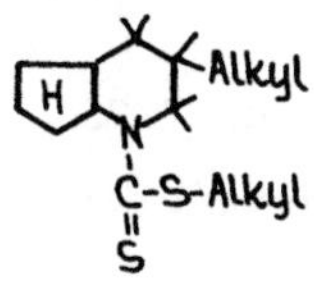


USP 3 772 312 31. 1.72/13.11.73 FMC

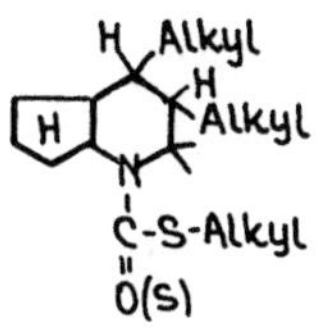


USP 3 830 641 13. 7.71/20. 8.74 FMC

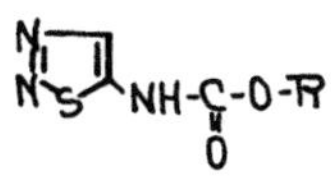


Belg.P. 817 659 18. 7.73/15. 1.75 Scherico

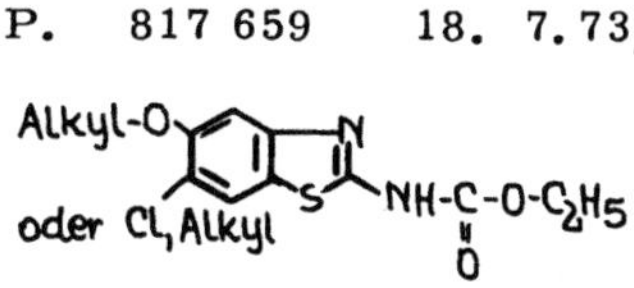


DOS 2 544 367 3.10.75/22. 4.76 Shionogi Japan

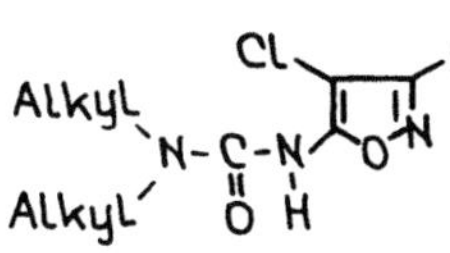


und

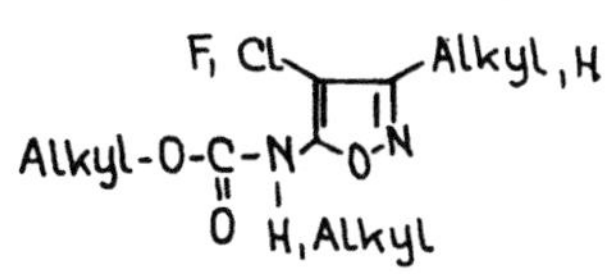

i) Sulfonsäureamido-Carbonsäureester

USP 3 849 110 7. 1.63/19.11.74 Eli Lilly

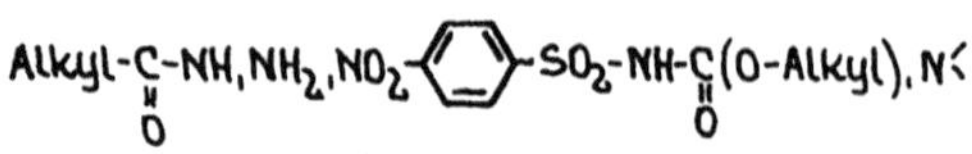

DOS 1 468 220 7. 9.62/15. 1.70 May und Baker

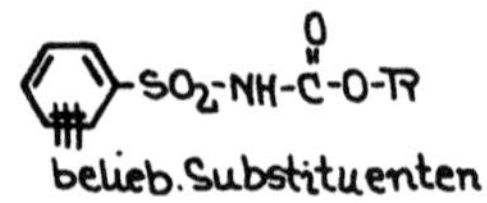

DOS 1 468 310 28. 2.64/ 2. 3.72 May und Baker

wie zuvor als Salze, Na statt NH

DOS 2 013 557 20. 3.70/24. 9.70 May und Baker

GB Prior. 20.3.69
=Belg. P. 747 651
20.3.69/21.9.70 May u. Baker

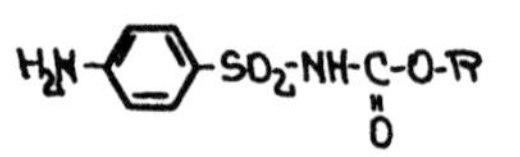

Fr.P. 2 251 264 20.11.73/18. 7.75 May und Baker

Inhalt wie zuvor. Verhindert den Zuckerabbau in Zuckerrohr.

USP 3 512 955 6.11.67/19. 5.70 Monsanto

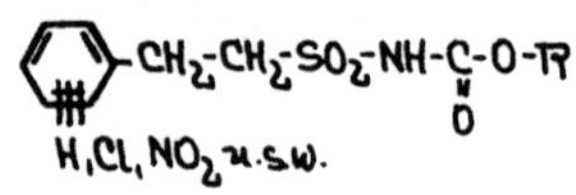

USP 3 799 760 20. 3.63/26. 3.74 Monsanto

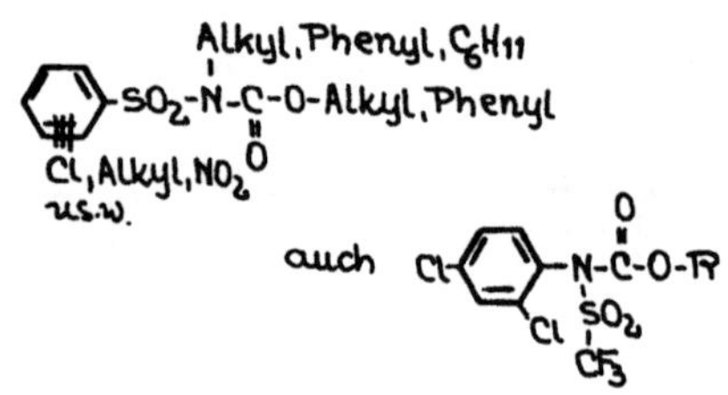

USP 3 933 894 7. 2.63/20. 1.76 Monsanto

siehe auch USP 3 799 760

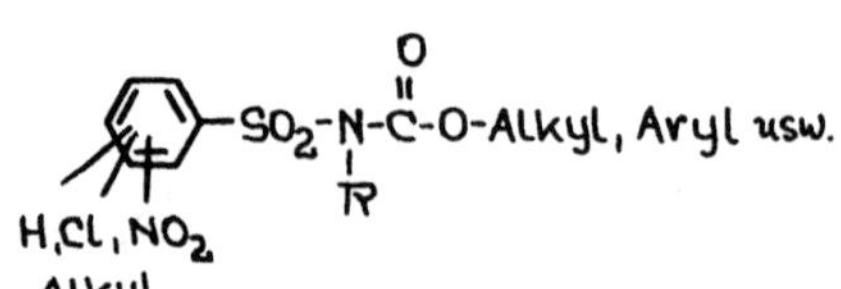

R = H, Alkyl
Alk(en, in)yl, Cycloalkyl, Aryl,
Benzyl sehr breiter Anspruch

5.5.3 Harnstoffe

a) Aliphatische Harnstoffe und Thioharnstoffe

DOS 2 247 310 27. 9.72/ 4. 4.74 Bayer

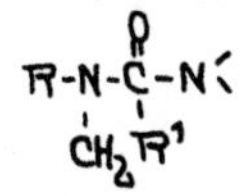

R = Alkyl und Aryl
R' = N< , O-Alkyl usw.

USP 3 745 169 13. 4.67/10. 3.73 MMM

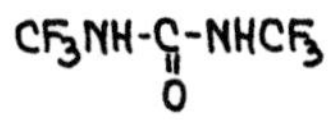

DOS 1 542 738 11. 6.65/17. 9.70 Chem. Investors

siehe auch unter d 4.

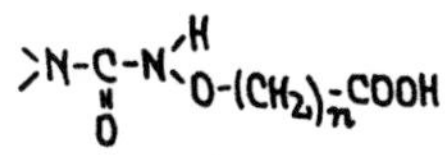

USP 3 644 491 29.11.68/22. 2.72 Du Pont

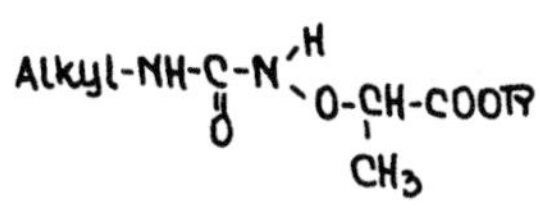

USP 3 928 407 9.11.70/23.12.75 Chevron Res.

R, R' = R'' = H, Alkyl, Aryl

USP 3 941 824 7.12.72/ 2. 3.76 DuPont

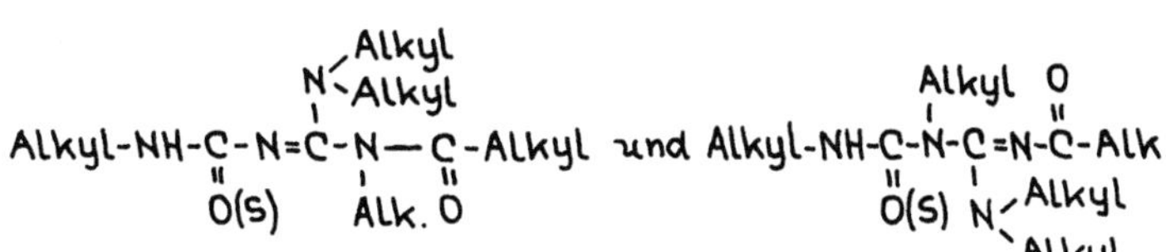

## b) Cyclo-aliphatische Harnstoffe

### b1) Monocyclische Harnstoffe

DOS 1 932 827 28. 6.69/ 7. 1.71 Bayer

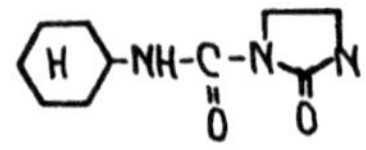

USP 3 701 807 1. 2.66/31.10.72 Monsanto

USP 3 761 241 1. 3.66/25. 4.73 Monsanto

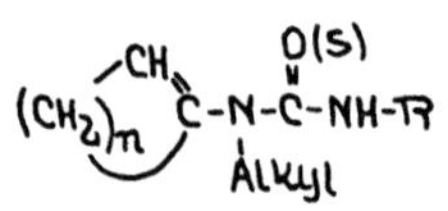

R = (Bicyclo, Naphthyl)

DOS 2 037 616 29. 7.70/ 3. 2.72 Bayer

Inhalt ähnlich wie zuvor

DOS 2 053 333 30.10.70/ 4. 5.72 Bayer

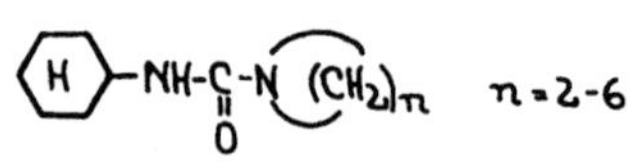

n = 2-6

USP 3 882 160 7.12.72/ 6. 5.75 Du Pont

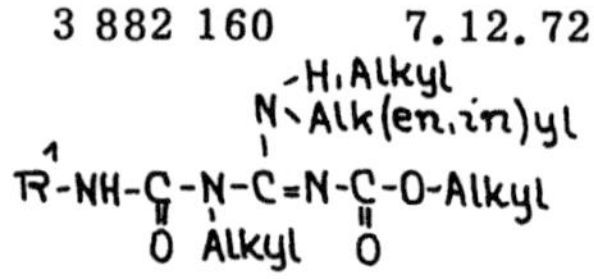

R' = Cycloalkyl subst.

### b2) Bicyclische Ringe enthaltende Harnstoffe

DOS 1 542 779 15. 5.65/23. 7.70 Bayer

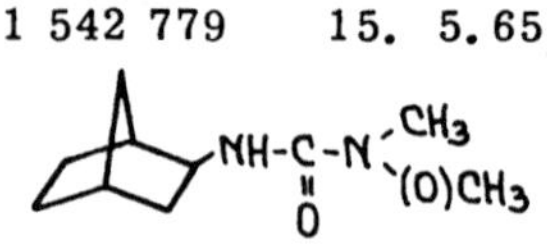

DOS 1 964 147 22.12.69/ 2. 7.70 Agripat

Schwz. Prior. 23.12.68

=Belg. P. 743 545

23.12.68/22.6.70 Agripat

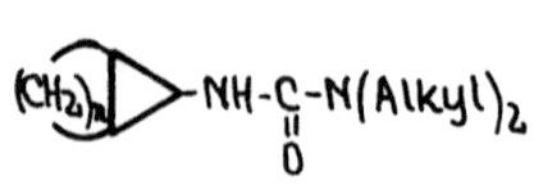

NLP 6 906 913 6. 5. 69/11. 11. 69 BASF

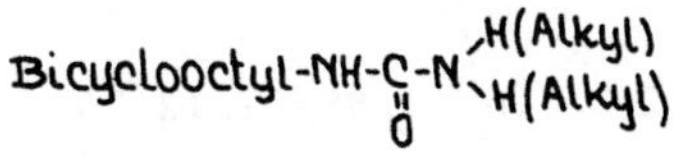


| | | | |
|---|---|---|---|
| Schwz. | 473 537 | 22. 12. 66/31. 7. 69 | Geigy |
| | 473 779 | 22. 12. 66/31. 7. 69 | Geigy |
| | 473 780 | 22. 12. 66/31. 7. 69 | Geigy |

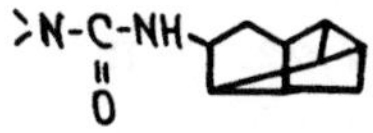


=Belg. P. 720 900

DOS 2 055 291 10. 11. 70/27. 5. 71 Agripat
Schwz. Prior. 11. 11. 69

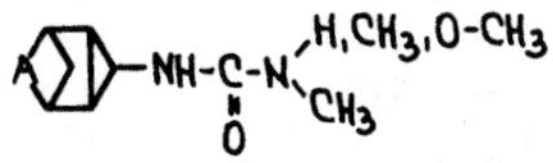


A = $CH_2$-$CH_2$ oder
CH=CH

NLP 6 814 735 15. 10. 68/22. 4. 69 BASF

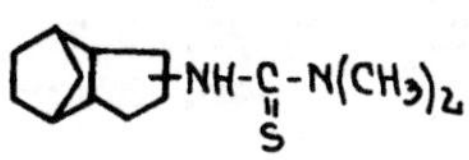


Belg. P. 743 545 23. 12. 68/22. 6. 70 Agripat

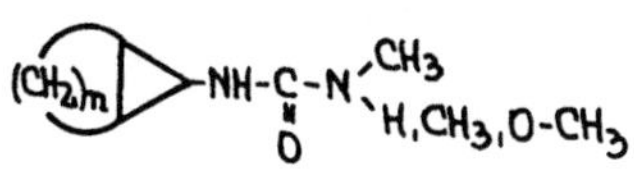

c) Harnstoffe des Benzyl-amins, z. Tl. schon in früheren Patenten enthalten

Schwz. P. 498 812 10. 1.69/31.12.70 Pechiney-Progil

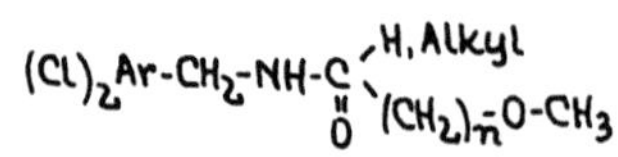

ZAP 7 200 072 6. 1.72/22. 7.72 Showa Denko

Jap. P. 7 242 493 u. Jap. P. 4 028 505
8.4.70/26.7.74 Showa Denko

DOS 2 451 418 29.10.74/ 7. 5.75 Showa Denko

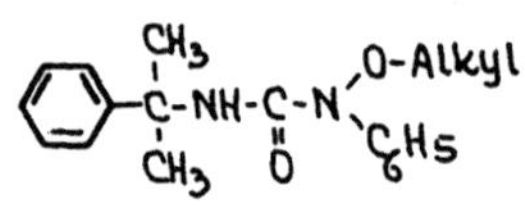

DOS 2 529 549 2. 7.75/22. 1.76 Showa Denko
Jap. Prior. 3.7.74

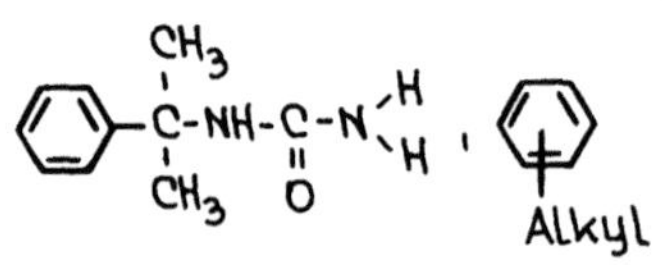

d1) Aromatisch- aliphatische Harnstoffe primärer aromatischer Amine

DOS 1 518 824 3. 5.65/23. 1.69 Hoechst

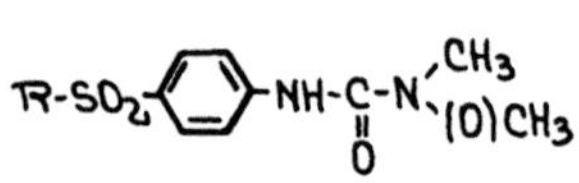

DOS 1 542 687 5. 6.65/23. 7.70 BASF

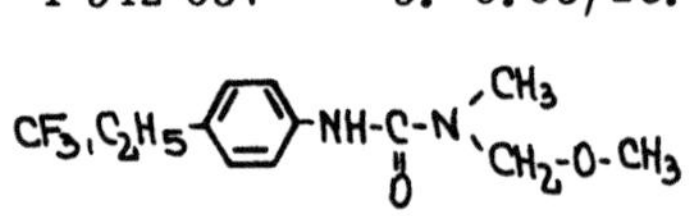 und $C_6H_{11}$ statt Phenyl

DOS 1 542 688 12. 6.65/ 2. 7.70 BASF

Inhalt wie zuvor.

DOS 1 542 778 3. 5.65/23. 7.70 Hoechst

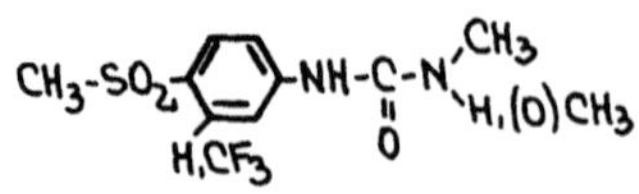

DOS 1 542 874 22. 4.66/17. 9.70 Hoechst

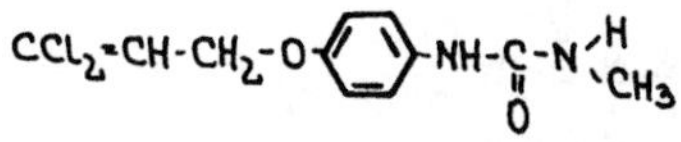

DOS 1 542 881 16. 7.66/14. 6.70 Hoechst

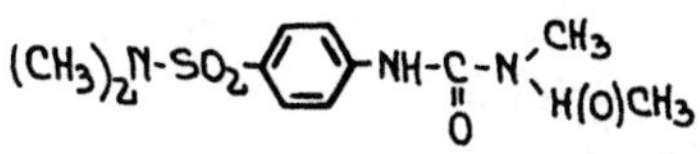

DOS 1 542 882 22. 7.66/ 4. 6.70 Hoechst

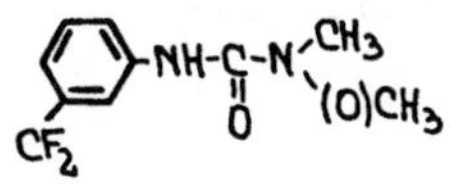

DOS 1 567 010 19. 4.63/16. 4.70 Du Pont
US Prior. 2.4.62

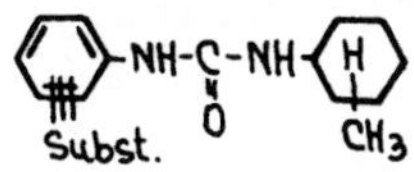

DOS 1 568 203 7.11.66/ 1. 4.71 Boehringer Sohn

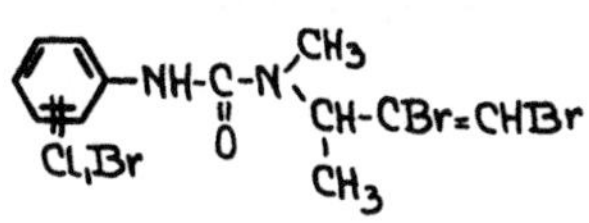

DOS 1 568 641 14.12.66/30. 4.70 Hoechst

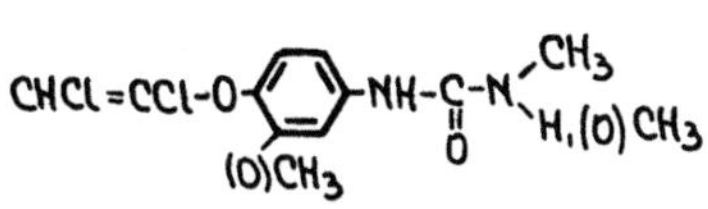

DOS 1 618 445 24. 6.67/28. 8.75 Hoechst

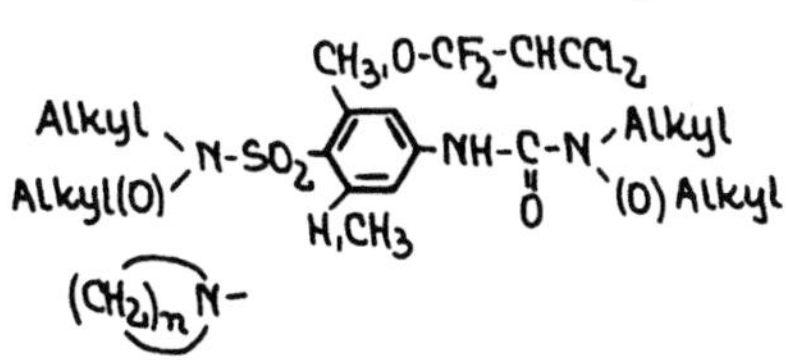

DOS 1 642 250 27.11.67/15. 4.71 Ciba-Geigy

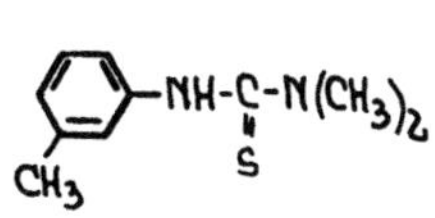

DOS 1 642 265 24. 6.67/29. 7.71 Hoechst

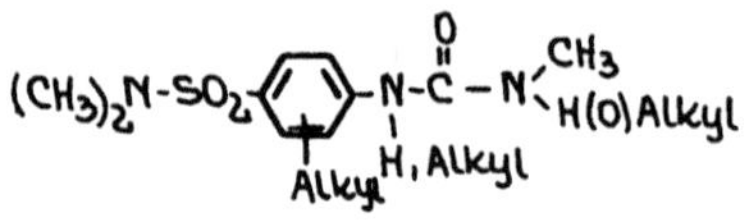

DOS 1 642 316 9. 3.67/ 6. 5.71 Du Pont
US Prior. 10.3.66

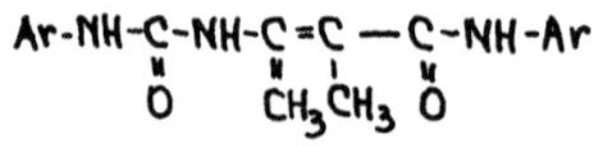

DOS 1 642 318 28.10.60/19. 5.71 Du Pont
US Prior. 20.10.60

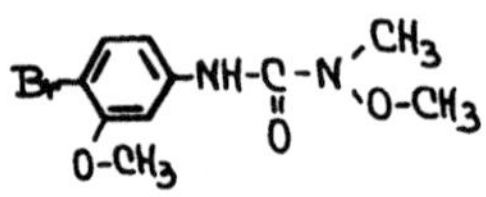

DOS 1 668 003 12. 8.67/ 9.12.71 Bayer

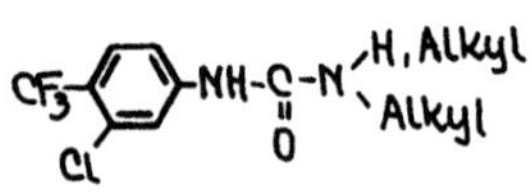

DOS 1 668 004 12. 8.67/28.10.71 Bayer

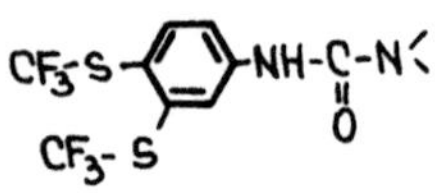

DOS 1 668 110 13. 3.68/14. 3.74 Hoechst

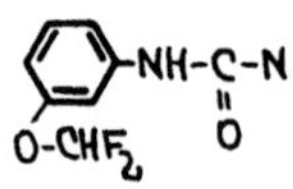

DOS 1 668 116 16. 3.68/22. 7.71 Hoechst

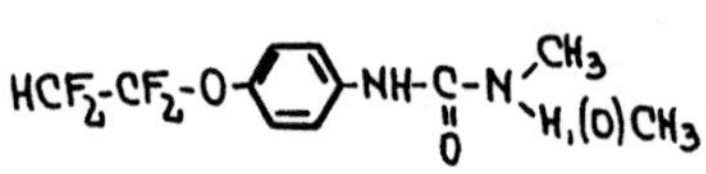

NLP 6 902 916 25. 2.69/23. 9.69 Hoechst

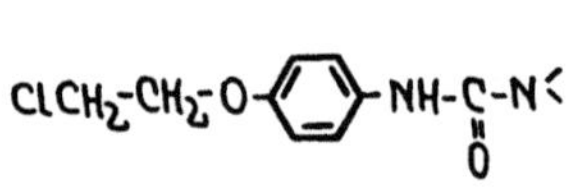

DOS 1 767 715 8. 5.68/ 7.10.71 Ciba-Geigy

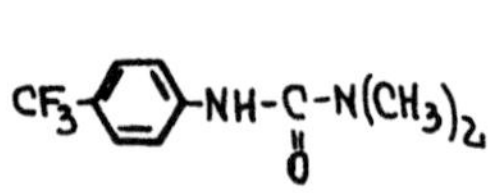

DOS 1 768 002 20. 3.68/16. 3.72 Hoechst

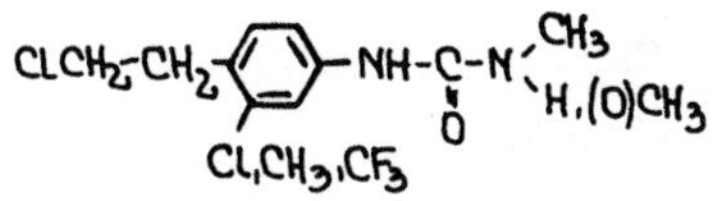

DOS 1 768 634 10. 6.68/18.11.71 Bayer

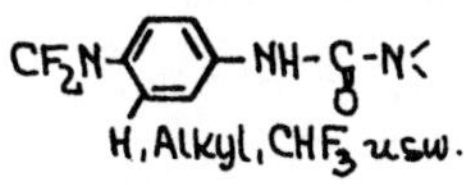

DAS 1 768 775 28. 6.68/ 3. 2.72 Hoechst
= Fr.P. 2 014 406 Hoechst

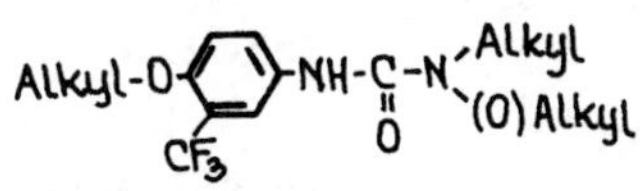

DOS 1 768 918 12. 7.68/ 5. 1.72 Ciba-Geigy
Schwz.Prior. 21.7.67

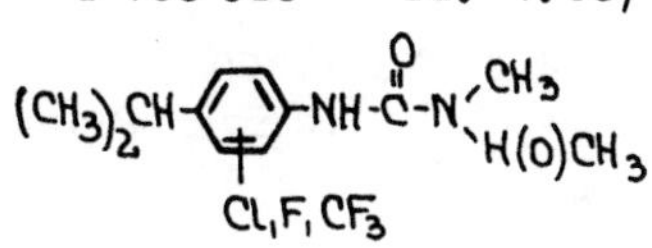

DOS 1 768 997 20. 7.68/ 5. 1.72 Ciba-Geigy
Schwz. Prior. 28.7.67

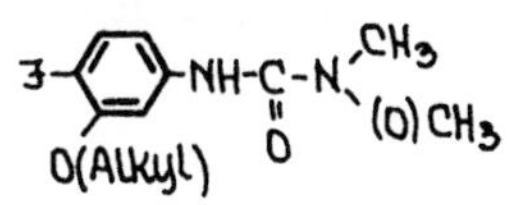

DOS 1 902 457 18. 1.69/13. 8.70 BASF
=GBP. 1 228 408, =Belg.P. 744 530 BASF

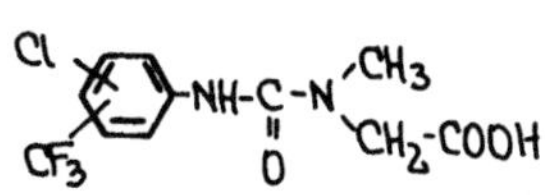

DOS 1 905 599 5. 2.69/13. 8.70 Ciba
Schwz. Prior. 13.2.68 und 11.8.68

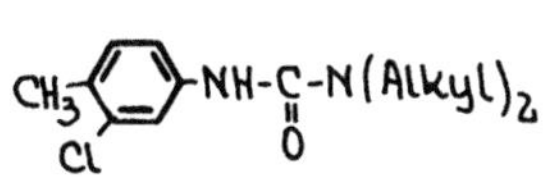

DOS 1 909 521 26. 2.69/10. 9.70 Bayer

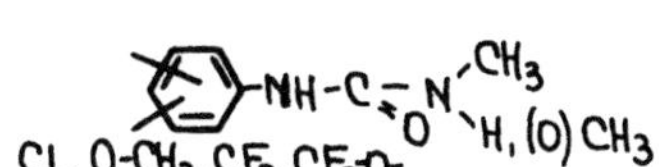

DOS 1 911 610 7. 3.69/ 1.10.70 Hoechst

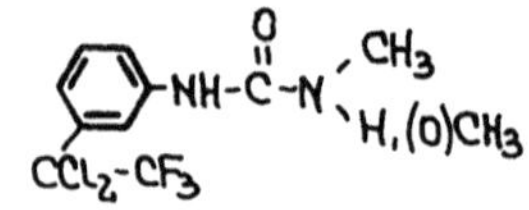

DOS 1 912 544 21. 3.68/ 9.10.69 Ciba

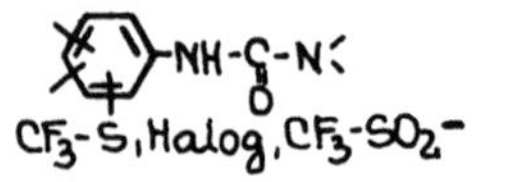

DOS 1 918 112 10. 9.69/ 6.11.69 Ciba
Schwz. Prior. 19.4.68

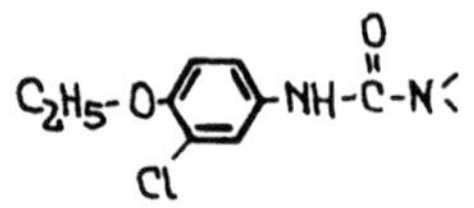

Neue Anwendung

DOS 1 918 113 10. 4.69/13.11.69 Ciba
Schwz. Prior. 19.4.68

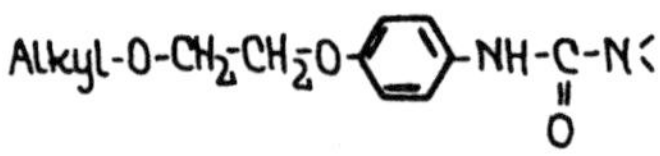

DOS 1 925 112 16. 5.69/15. 1.70 Roussel Uclaf
Fr. Prior. 17.5.68 =NLP. 6 907 520 Roussel Uclaf

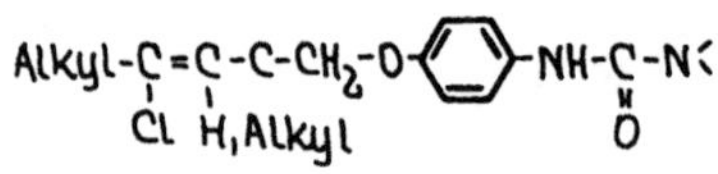

DOS 1 938 578 30. 7.69/11. 2.71 Hoechst

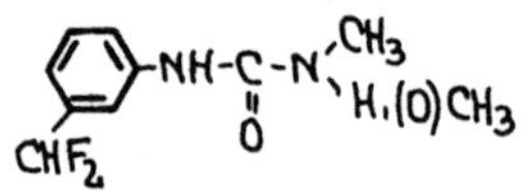

DOS 1 960 644 3.12.69/18. 6.70 Ciba
Schwz. Prior. 10.12.68

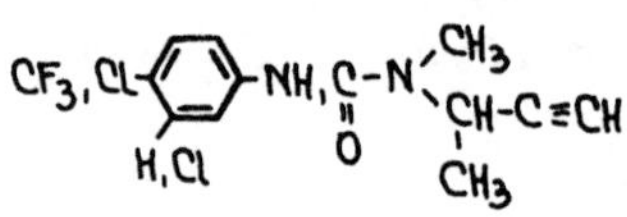

DOS 1 966 298 5. 2.69/ 3. 2.72 Ciba-Geigy
Schwz. Prior. 13.2.68 + 11.8.68
NLP 7 102 615 27.2.70/31.8.71 Ciba

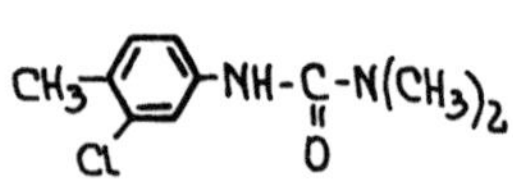

DOS 2 020 918 7. 5.69/19.11.70 Ciba

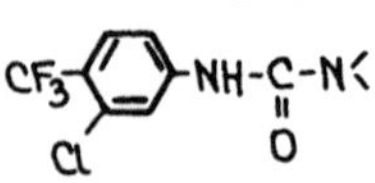

DOS 2 005 326 6. 2.70/12. 8.71 BASF

siehe DOS 1 902 457 BASF

DOS 2 024 249 19. 5.70/ 9.12.71 Hoechst

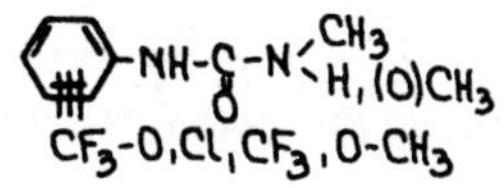

DOS 2 035 907 23.12.69/ 1. 7.71 VEB Fahlberg List

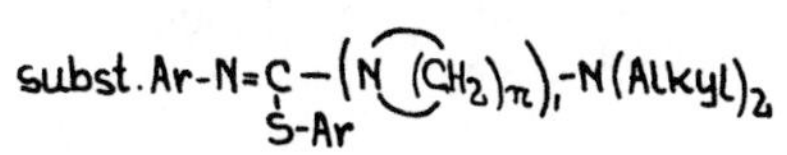

DOS 2 036 968 25. 8.70/18. 3.71 Ciba
Schwz. Prior. 3.7.69 Schwz. P. 473 534

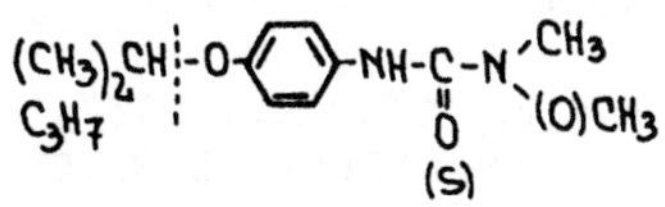

DOS 2 038 075 13. 7.70/25. 2.71 Ciba
Schwz. Prior. 11.8.69

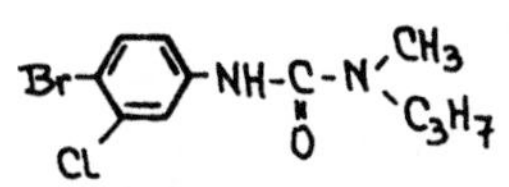

DOS 2 039 041 6. 8.70/17. 2.72 Hoechst

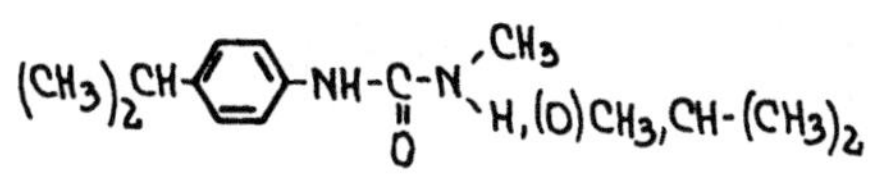

DOS 2 039 042 6. 8.70/17. 2.72 Hoechst

Inhalt wie zuvor

DOS 2 044 735 10. 9.70/ 6. 5.71 Ciba-Geigy
=NLP. 7 102 615, =Belg. P. 756 314 19.4.69/18.3.71 Ciba

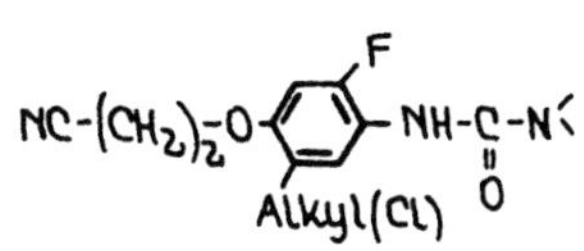

DOS 2 050 776 15.10.70/13. 5.71 Pepro

Inhalt wie zuvor

DOS 2 103 388 16. 1.71/19. 3.71 Ciba
Schwz. Prior. 2.2.70

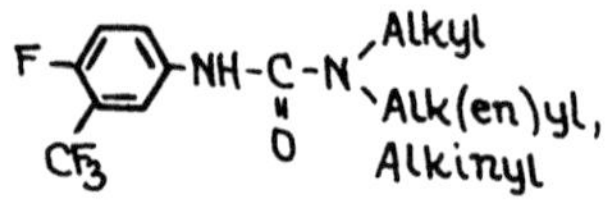

DOS 2 106 875 13. 2.71/16. 9.71 Ciba-Geigy
Schwz. Prior. 23.2.70 Belg. P. 764 863 25.3.70/21.9.71
Ciba

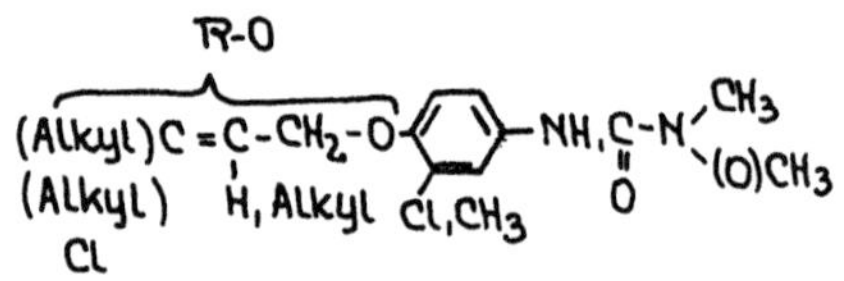

RO in
m-Stellung

DOS 2 106 884 13. 2.71/16. 9.71 Ciba-Geigy
Schwz. Prior. 23.2.70
Inhalt wie zuvor

DOS 2 107 698 18. 2.71/16. 9.71 Ciba-Geigy
Schwz. Prior. 2.2.70, 21.9.70

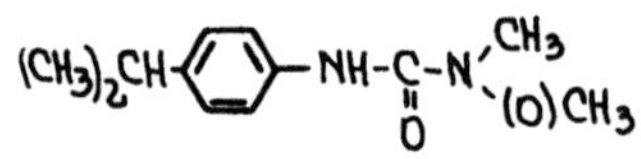

DOS 2 107 699 18. 2.71/16. 9.71 Ciba-Geigy
Schwz. Prior. 27.2.70, 21.9.70

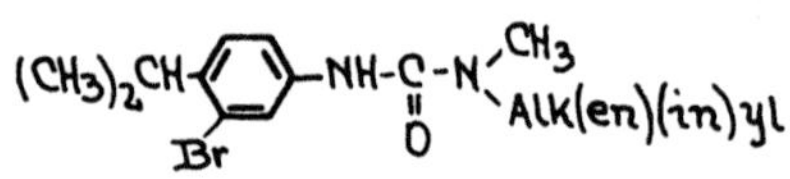

DOS 2 107 774 18. 2.71/16. 9.71 Ciba-Geigy
Schwz. Prior. 27.2.70, 21.9.70

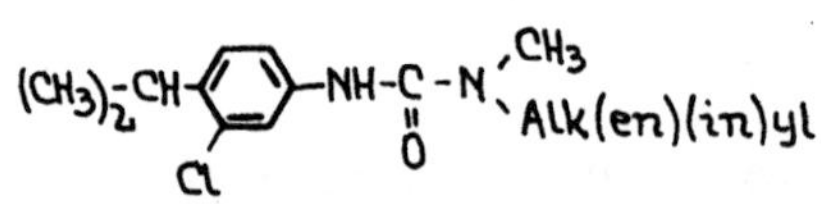

DOS 2 108 009 19. 2.71/23.11.72 Hoechst

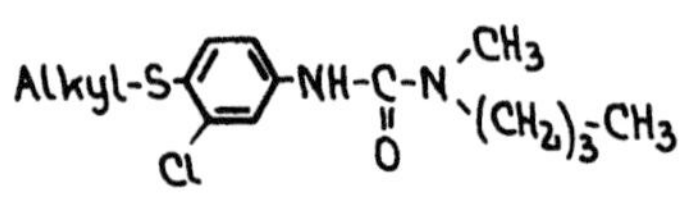

DOS 2 110 217 3. 3.71/30. 9.71 Am. Cyanamid Corp.
US Prior. 4.3.70
=NLP 7 102 832 Am. Cyanamid Corp.

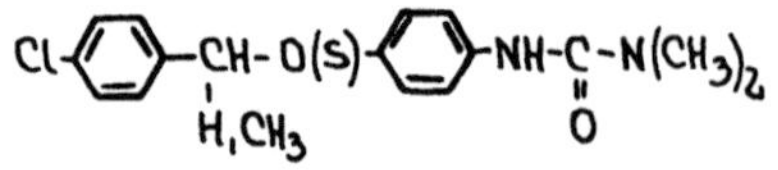

DOS 2 114 774 26. 3.71/14.10.71 Ciba-Geigy
Schwz. P. 545 589 11.3.71/15.2.74
=Belg. P. 763 246 u. 763 247 Ciba-Geigy

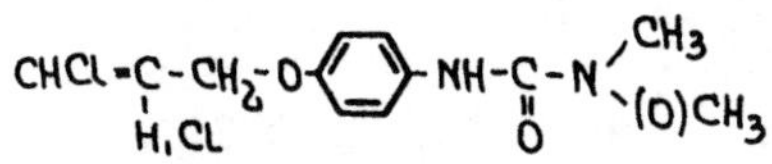

DOS 2 121 457 30. 9.71/11.11.71 Ciba-Geigy
Schwz. Prior. 30.9.70

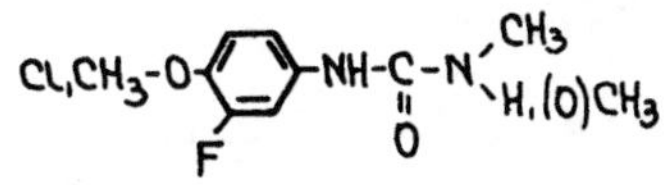

DOS 2 123 185 11. 5.71/30.11.72 Hoechst

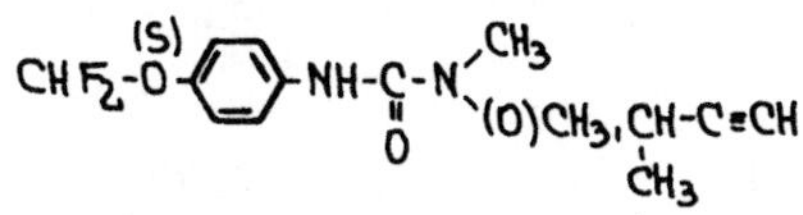

DOS 2 125 353 21. 5.71/ 2.12.71 Ciba-Geigy
Schwz. Prior. 21.5.70

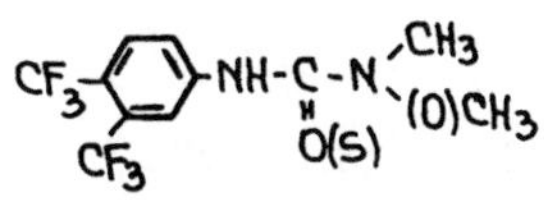

DOS 2 126 930 29. 5.71/11. 1.73 Bayer
=NLP 7 208 001 Bayer

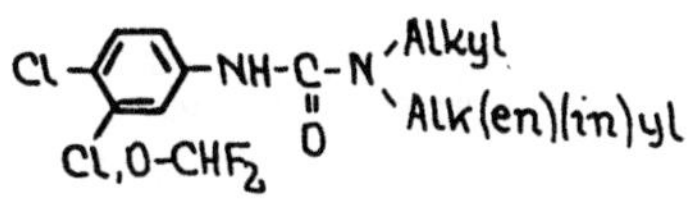

DOS 2 128 189 4.10.71/20.10.72 Pepro

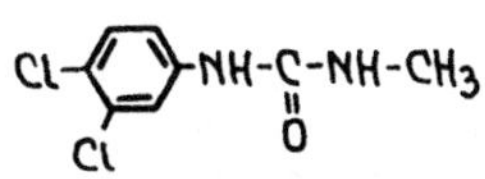

DOS 2 129 200 12. 6.71/28.12.72 Bayer
=Belg. P. 746 566 Bayer

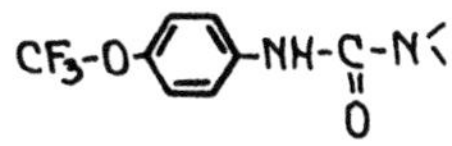

neues Darstellungsverfahren

DOS 2 133 866 7. 7.71/25. 1.73 Bayer

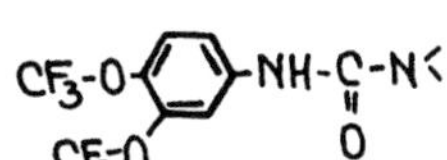

DOS 2 133 867 7. 7.71/25. 1.73 Bayer

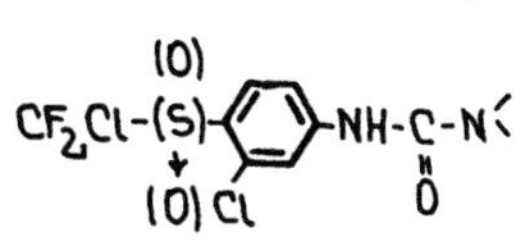

DOS 2 133 871 7. 7.71/25. 1.73 Bayer

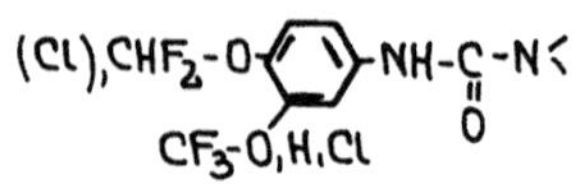

DOS 2 137 358 20. 7.71/ 3. 2.72 Ciba-Geigy
US Prior. 27.7.70

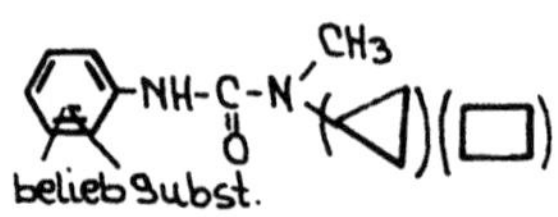

DOS 2 137 992 29. 8.71/10. 2.72 Pepro
Fr. Prior. 6.7.70

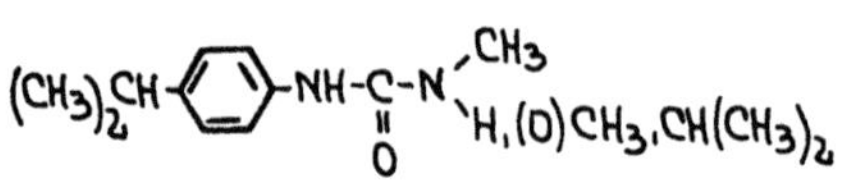

DOS 2 157 288 18.11.71/31. 5.72 Ciba-Geigy

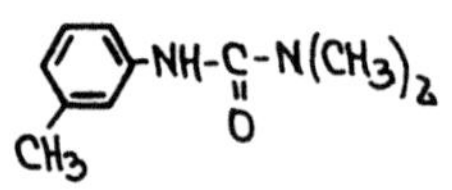

Anwendung zur Fruchtverdünnung

DOS 2 164 460 24.12.71/28. 7.73 BASF

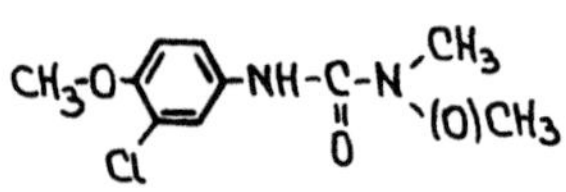

DOS 2 206 680 11. 2.72/24. 8.72 Pepro

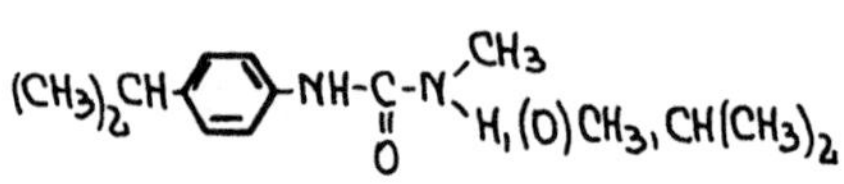

DOS 2 216 147 1. 4.72/12.10.72 Sandoz
Schwz. P. 844 609 28.7.66/13.3.70 Sandoz

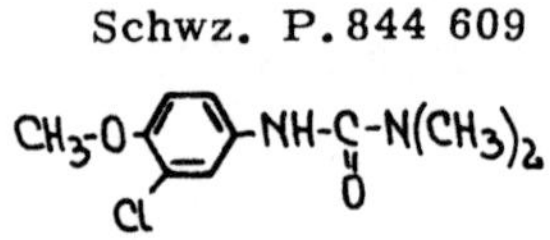

NLP 7 310 364 25. 7.73/28. 1.75 VEB Fahlberg
siehe DOS 2 126 930, 2 128 189 usw.

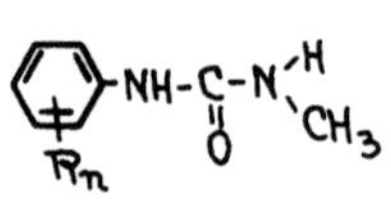

R = Cl, (O)Alkyl
n = 0-5

DOS 2 221 795 4. 5.72/22.11.73 Hoechst

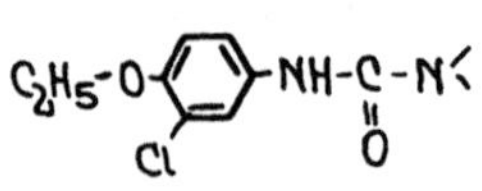

neue selekt. Anwendung

DOS 2 223 839 16. 5.72/ 7.12.72 Diamond Shamrock
=NLP 7 206 600 US Prior. 15.5.71

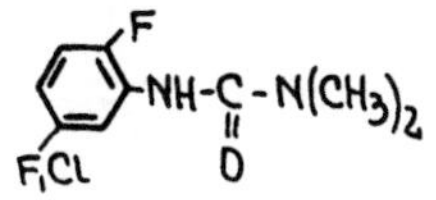

DOS 2 248 388 3.10.72/12. 4.73 Diamon Shamrock
= USP 2 655 447

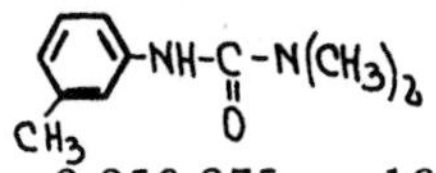

DOS 2 256 275 16.11.72/24. 5.73 Roussel Uclaf
=Fr.P. 2 208 604 Fr.Prior. 17.11.71

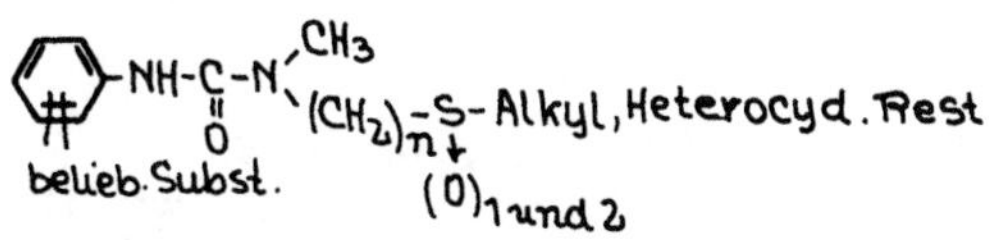

DOS 2 513 787 28. 3.74/ 9.10.75 Roussel Uclaf

Inhalt ähnlich wie zuvor

DOS 2 263 528 23.12.72/12. 7.73 Pepro

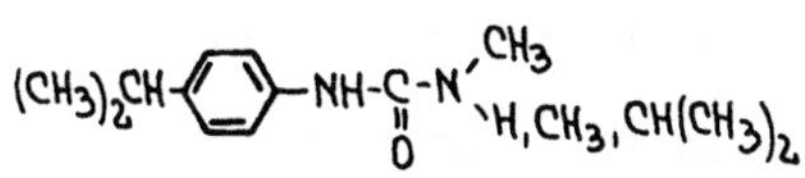

DOS 2 263 528 27.12. 2/12. 8.73 Pepro

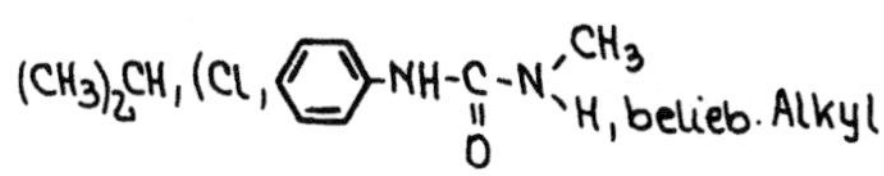

selektiv in Mais

DOS 2 325 686 21. 5.73/13.12.73 Fahlberg List DDR

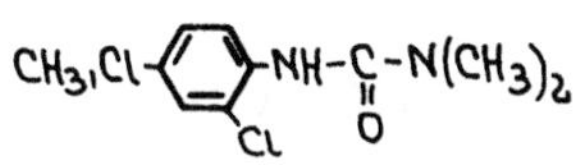

selektiv in Kartoffeln

DOS 2 334 607 7. 7.73/30. 1.75 Bayer

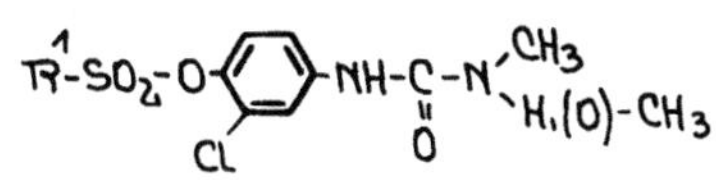

$R^1$ = (Halog)-Alkyl, Aryl, $N(CH_3)_2$

DOS 2 405 833 10.12.73/19. 6.75 Chevron Res.

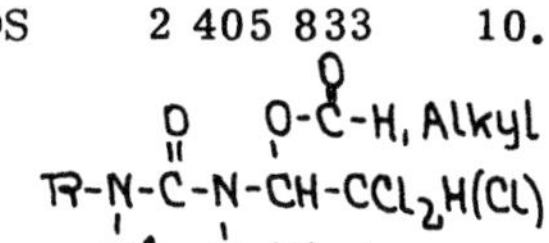

R = Alkyl, Cyclo-aliphat, subst. Phenyl
R' = H, Alkyl

DOS 2 411 320 9. 3.74/18. 9.75 Bayer

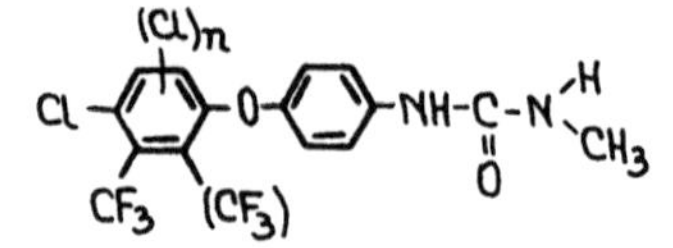

DOS 2 413 258 20. 3.74/ 2.10.75 Bayer
=Belg. P. 826 851

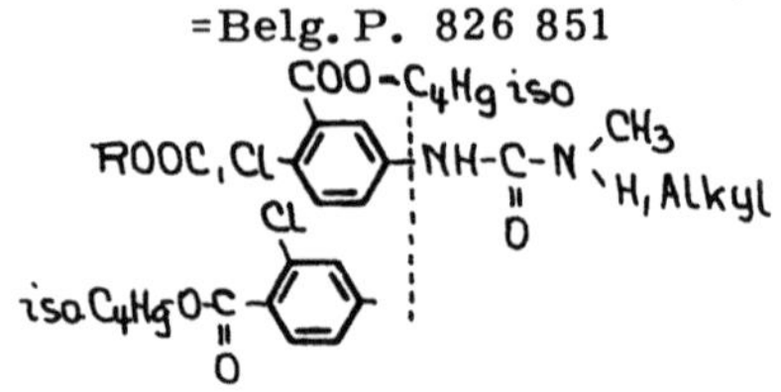

DOS 2 436 108 26. 7.74/13. 2.75 Ciba-Geigy
Schwz. Prior. 30.8.73

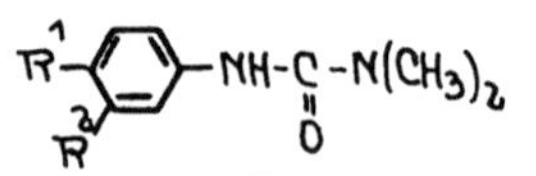

R' = H, Cl; $R^2$ = $C_2H_5$, $CH(CH_3)_2$, $C(CH_3)_3$
Auf die genannten Substituenten beschränkt. Selektiv in Nutzkulturen gegen Gräser und einige Unkräuter.

DOS 2 459 994 18.12.74/30.10.75 Ciba-Geigy
=Belg. P. 823 723 Schwz. Prior. 21.12.73/9.12.74

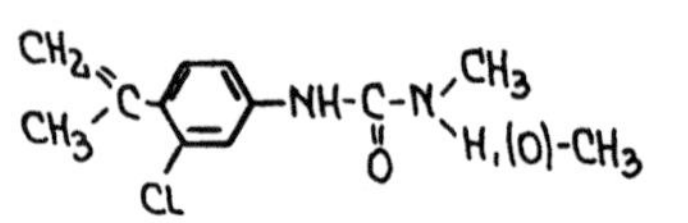

selektiv in Reis und Getreide

DOS 2 501 648 16. 1.75/24. 7.75 Dow Chem.
US Prior. 22.1.74

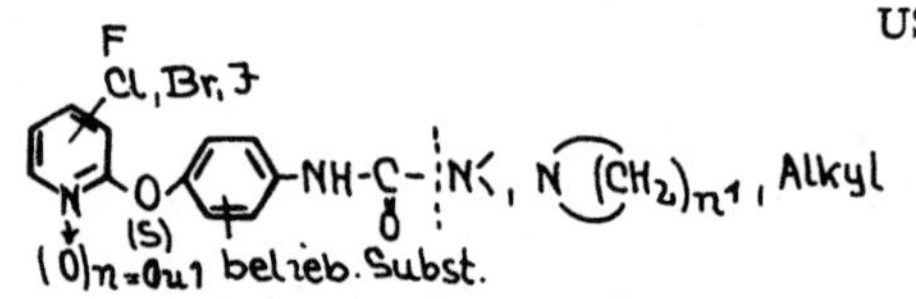

NLP 131 871 5. 8.59/15. 2.71 Ciba
= Schwz. P. 482 399 Ciba

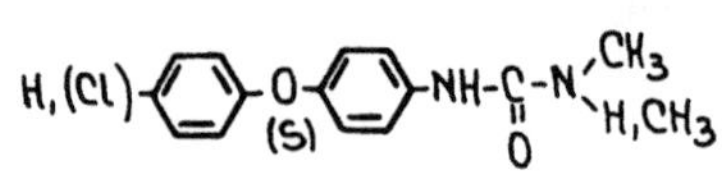

USP 3 484 484 28. 3.67/16.12.69 H. Schwartz

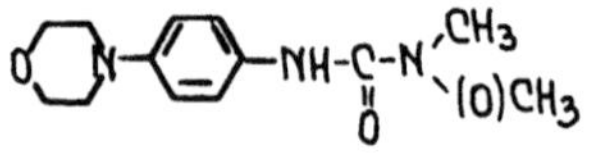

USP 3 518 304 17.10.67/30.11.70 Rohm and Haas

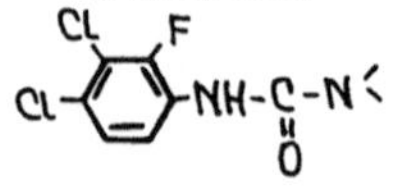

USP 3 558 303 20.10.67/26. 1.72 Du Pont

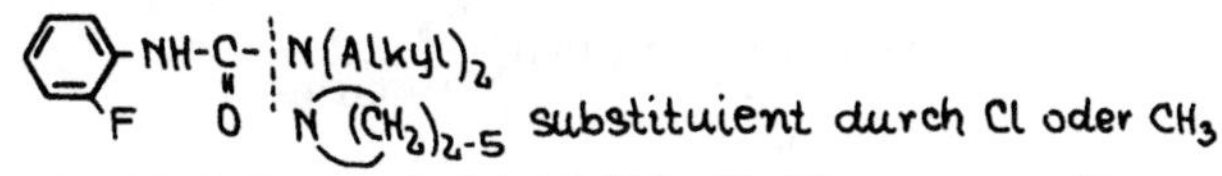


USP 3 707 557 9.11.70/26.12.72 Chevron

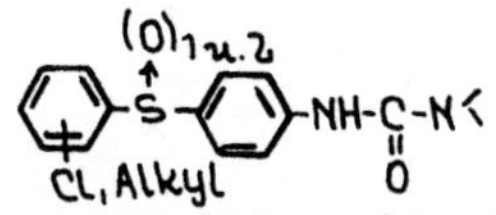

USP 3 778 473 19. 5.71/11.12.73 Upjohn

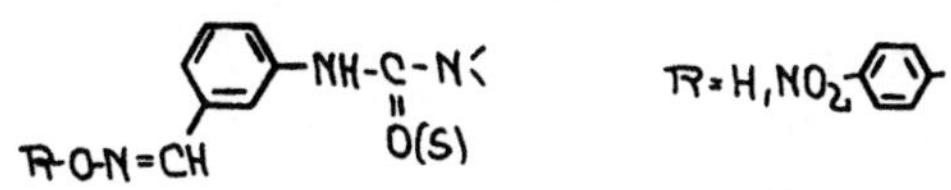

USP 3 757 016 2. 2.66/ 4. 9.73 US Borax

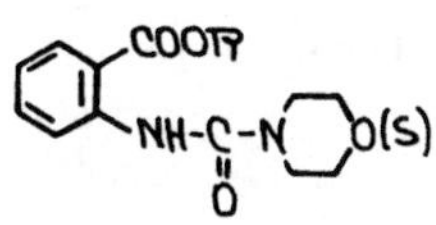

USP 3 806 334 24. 3.69/23. 4.74 Ciba
=Schwz. P. 507 917 12.3.69 Agripat

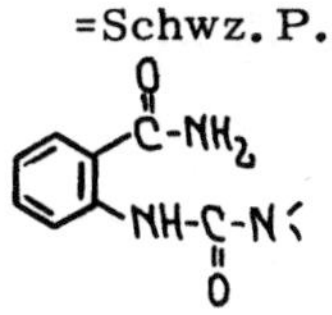

Fr. P. 2 128 186, 2 126 154 Pepro Inhalt ähnlich
2 049 238 4.6.69/26.3.72 Roussel Uclaf wie DOS 2 114 774

Belg. P. 775 492 18.11.70/18. 5.72 Stauffer

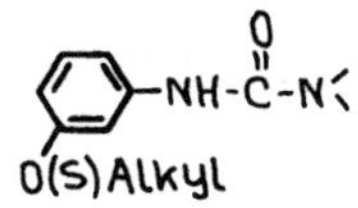

USP 3 826 644 14. 7.70/30. 7.74 Chevron

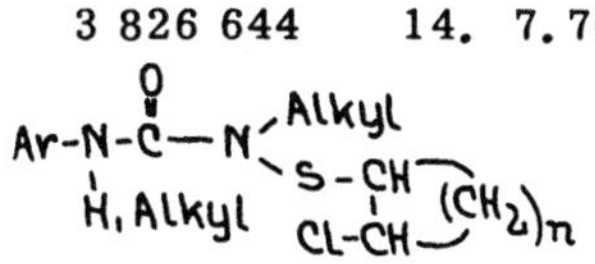

USP 3 829 307 30. 4.71/13. 8.74 Stauffer

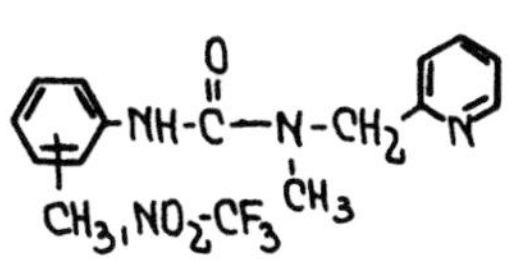

USP 3 864 395 15. 4.69/ 4. 2.75 Ciba-Geigy

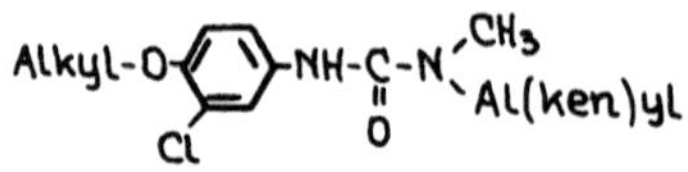


GBP 1 410 493 3. 8.72/15.10.75 Ansul Co.

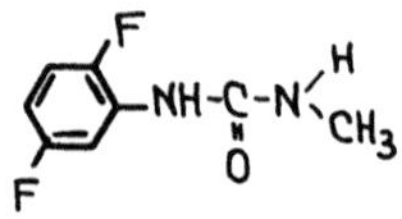


USP 3 895 053 24. 9.73/15. 7.75 Dow Chem.

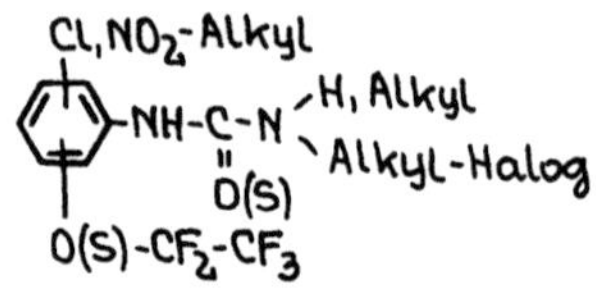


DDRP 111 542 21. 3.74/20. 2.75 Grunert

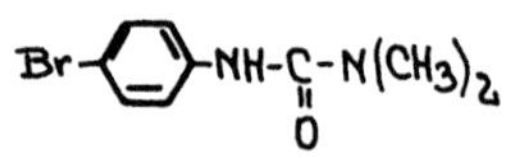


Anwendung in Kartoffeln

SUP 441 904 14. 6.73/15.12.74 Baskakov

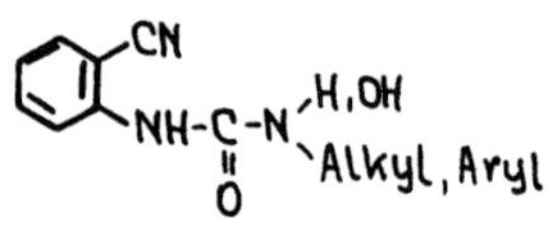


USP 3 903 130 3. 5.74/ 2. 9.75 Stauffer Chem.

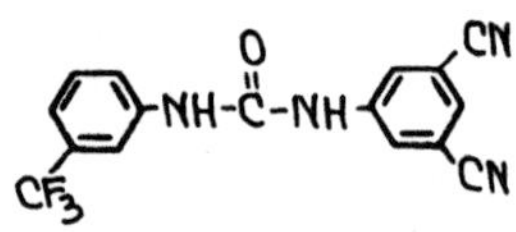


Algizid

DOS 2 436 789 31. 7.74/19. 2.76 BASF

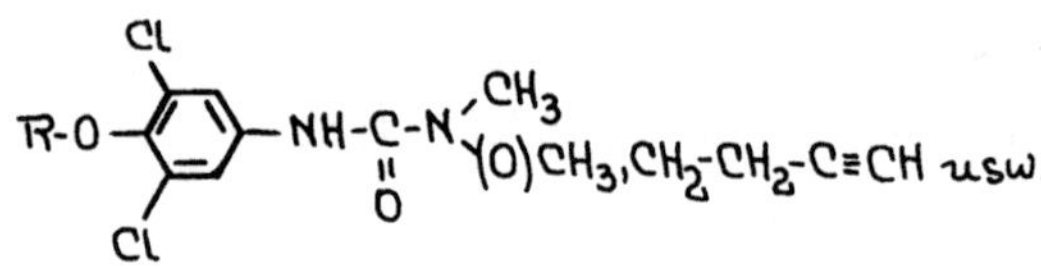


R = $CH_3$, $C_2H_5$

Selektiv in Getreide gegen Ungräser und Unkräuter.

Matricaria spp, Stellaria, Avena fatua, Alopecuris.

DOS 2 445 529 24. 9.74/ 1. 4.76 Bayer AG

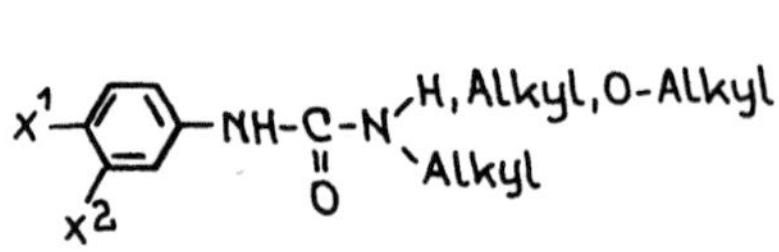


$X^1$ = C(=O)-O-Alkyl, Cl, H

$X^2$ = C(=O)-O-Alkyl, Cl, H

DOS 2 518 542 25. 4.75/13.11.75 Stauffer Chem.

US Prior. 3.5.74

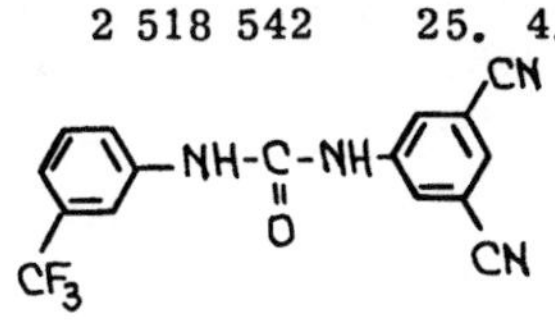

Bakterizid, Fungizid, und Algizid

USP 3 940 392 22. 1.74/24. 2.76 Don

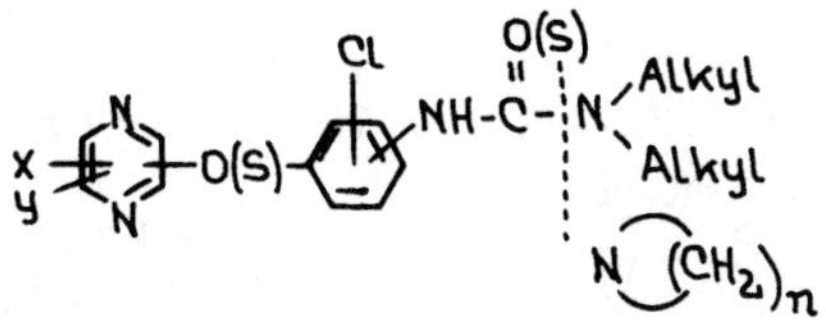

X u. Y = Halog. CN, $NO_2$, N<

O = $CH_3$, $C_2H_5$, $NO_2$, CN, $CF_3$

DOS 2 501 729 17. 1.73/22. 7.76 Celamerk

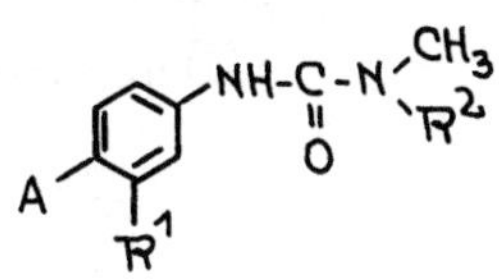

A = $CCl_3$-CHCl-
$CCl_2$ =CCl-
R' = Halog., Alkyl
R'' = (O)$CH_3$

DOS 2 601 051 13. 1.75/15. 7.76 Staufer Chem. Co.

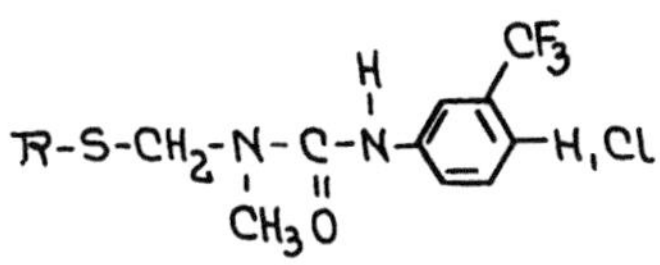

R = Alk(enyl),

$CH_2$-$CH_2$-N(H, $CH_2$-$CH_2$COOH)(H, Alkyl) usw.

d2) Aromatisch-aliphatische Harnstoffe am $N^2$ substituiert (z. Tl. durch vorangehende Patente schon mit erfaßt)

DOS 1 925 196 17. 5.69/26.11.70 BASF

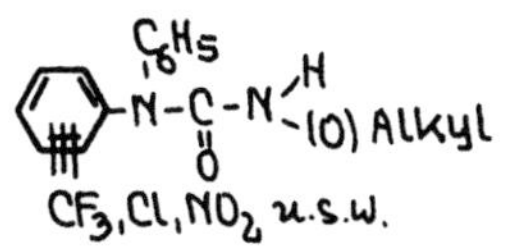

siehe auch DOS 2 037 616 29.7.70/3.2.72 Bayer
Darstellungsverfahren und Belg. P. 751 169 30.5.69/30.11.70 Bayer

| | | | |
|---|---|---|---|
| DOS | 2 101 698 | 15. 1.71/ 7. 9.72 | BASF |
| | s. auch Belg. P. 750 468 | | BASF |

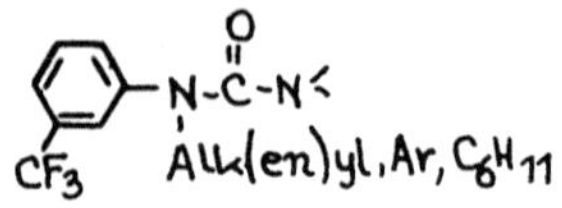

| | | | |
|---|---|---|---|
| DOS | 2 247 310 | 27. 9.72/ 4. 4.74 | Bayer |

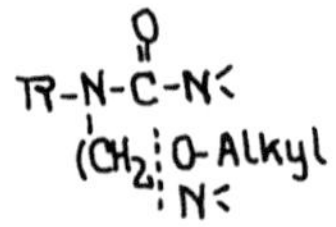

R = Ar oder Alkyl

| | | | |
|---|---|---|---|
| DOS | 2 405 833 | 10.12.73/19. 6.75 | Chevron Res. |

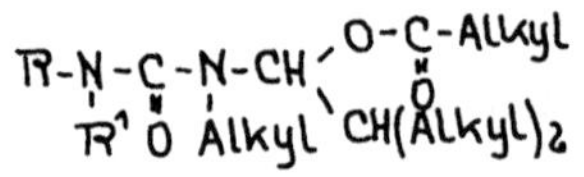

R = Alkyl, Cycloalkyl
R' = H, Alkyl, subst. Aryl

| | | | |
|---|---|---|---|
| DOS | 2 505 301 | 7. 2.74/14. 8.75 | Amer. Cyanamid |

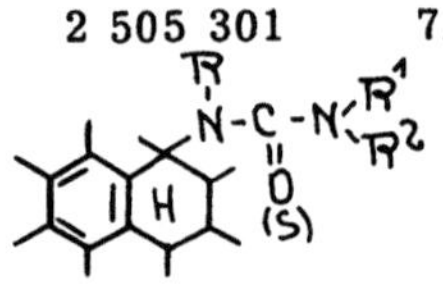

$R, R^1, R^2$ = H, Alkyl
beliebig substituiert

| | | | |
|---|---|---|---|
| Belg. P. | 750 468 | 17. 5.69/16.11.70 | BASF |

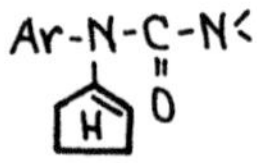

| | | | |
|---|---|---|---|
| USP | 3 860 410 | 18.12.70/14. 1.75 | Stauffer |

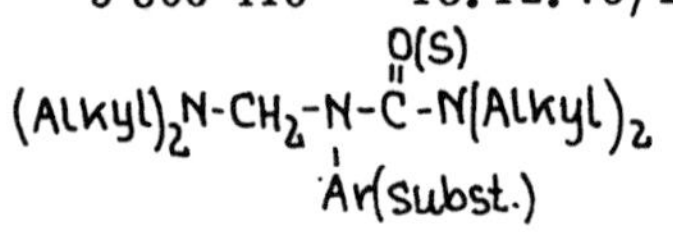

Darstellung: $(R)_2NCH_2N(R)_2$ + ArNCO

| | | | |
|---|---|---|---|
| USP | 3 895 061 | 17. 7.68/15. 7.75 | Velsicol |

$R^1$ { Alk(en)yl / Cycloalkyl / Aryl

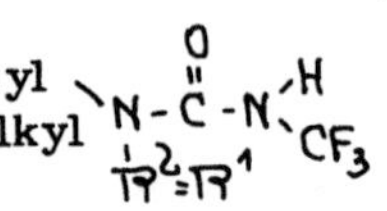

| | | | |
|---|---|---|---|
| USP | 3 897 481 | 8. 5.72/29. 7.75 | Chevron Res. |
| | =DOS 2 407 560 | 16.2.75/4.9.75 | |
| | =Belg. P. 823 723 | | |

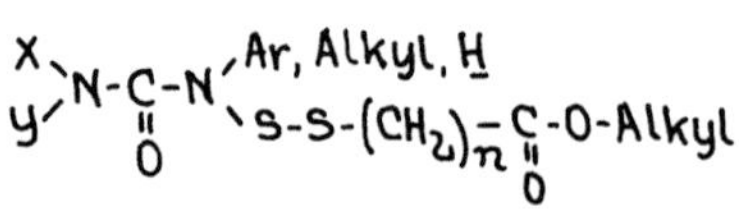

X, Y = belieb. Subst.
1 x Ar

USP 3 903 154 16. 3.71/ 2. 9.75 Chevron Res.

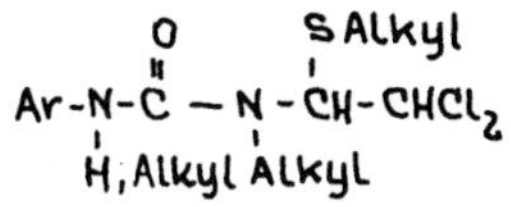

USP 3 917 647 18.12.70/ 4.11.75 Stauffer

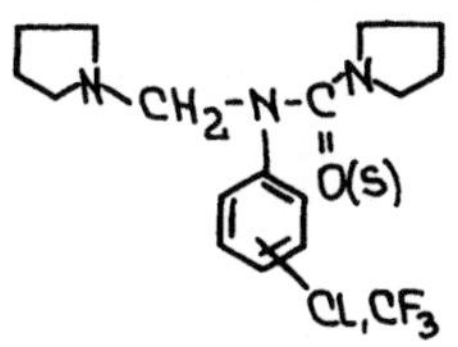

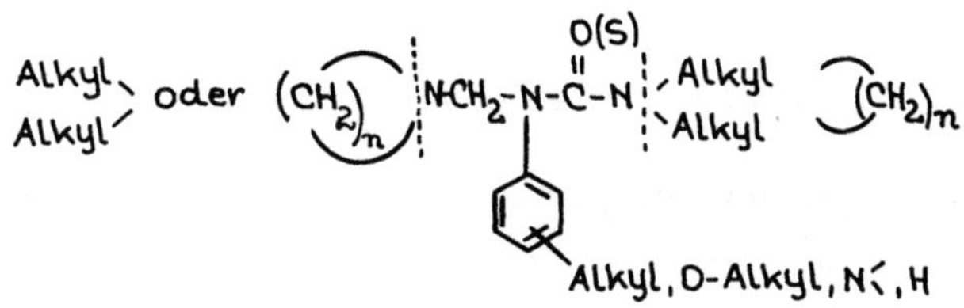

d3) Aromatisch aliphatische Harnstoffe mit einer zusätzlich herbizid wirksamen Gruppierung im Molekül
(Siehe auch bei den Arom. Carbamidsäureestern)

Allgemeine Formel:

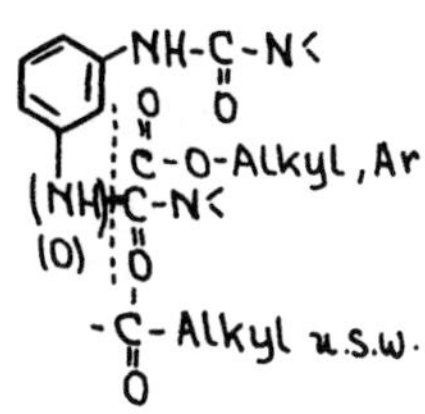

DOS 1 593 520 5. 9.66/13. 8.70 Schering

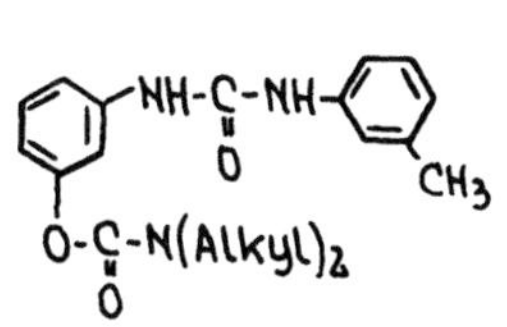

DOS 1 618 169 31. 5.67/10.12.70 BASF

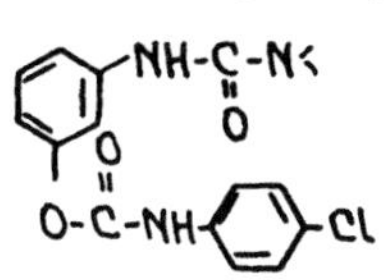

DOS 1 811 373 28.11.68/18. 6.70 BASF

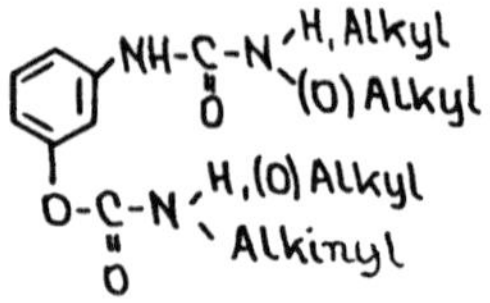

DOS 1 914 270 20. 3.69/18.12.69 Du Pont
US Prior. 12.4.68

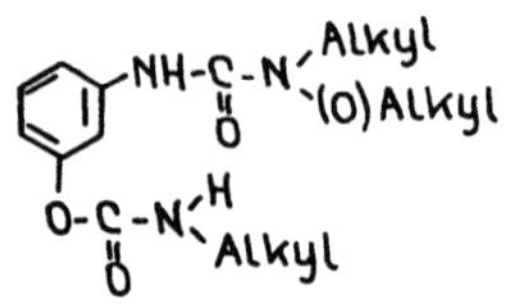

DOS 1 916 051 29. 3.68/16.10.69 Agripat

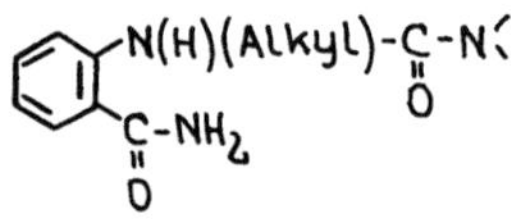

DOS 1 961 720 9.12.69/24. 9.70 FMC Corp.
US Prior. 19.12.68

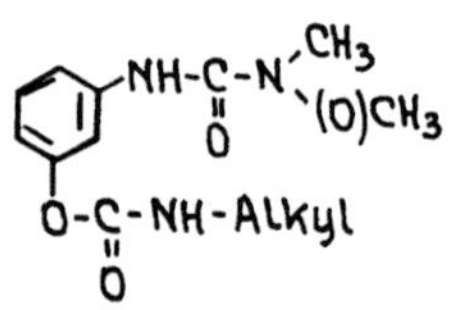

DOS 2 024 941 22. 5.70/ 2.12.71 BASF

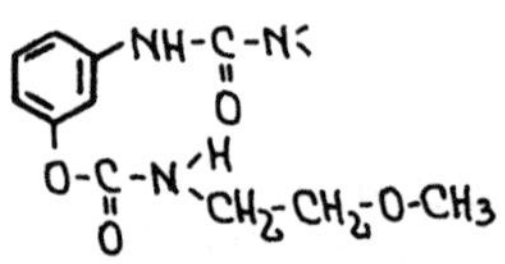

DOS 2 129 773 16. 6.71/21.12.72 BASF
=Belg. P. 784 638

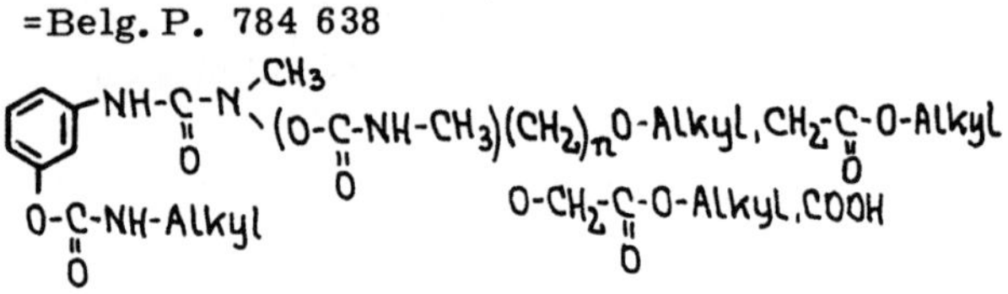

DOS 2 165 233 29.12.71/ 3. 8.72 VEB Fahlberg List

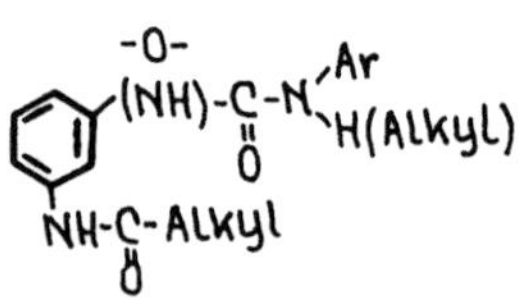

DOS 2 317 367 6. 4.73/24.10.74 Bayer
=USP 2 567 764 Bayer

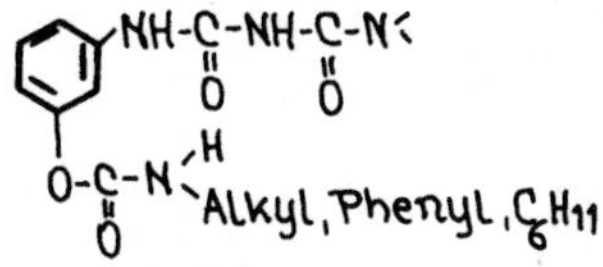

Belg.P. 749 488 26. 4.69/26.10.70 BASF
siehe auch Belg.P. 767 535

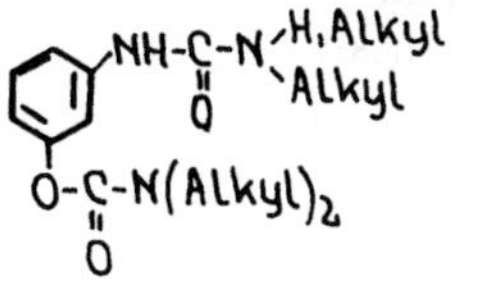

Belg.P. 749 489 26. 4.69/26.10.70 BASF

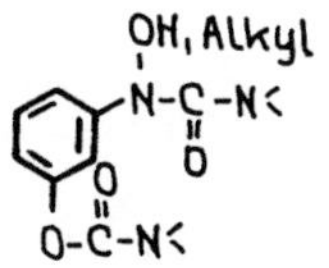

Belg.P. 749 974 6. 5.69/ 5.11.70 Stauffer

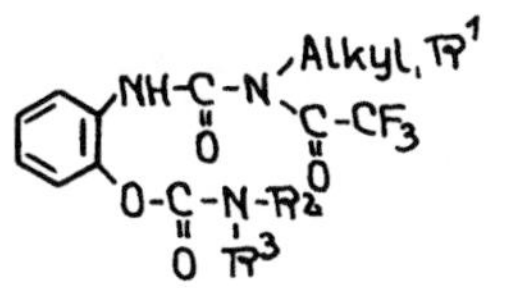

$R^1$-$R^3$ = Alkyl, Phenyl, Cycloaliphat

Belg.P. 767 011 11. 5.70/12.11.71 BASF

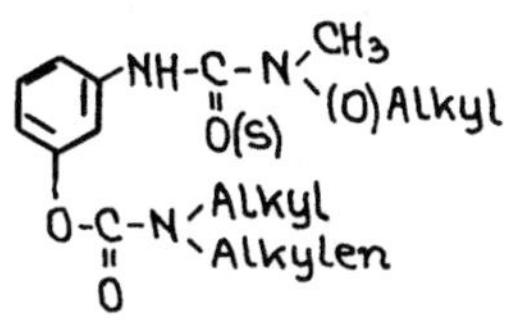

Fr.P. 1 584 840 21. 9.68/ 2. 1.70 Roussel Uclaf

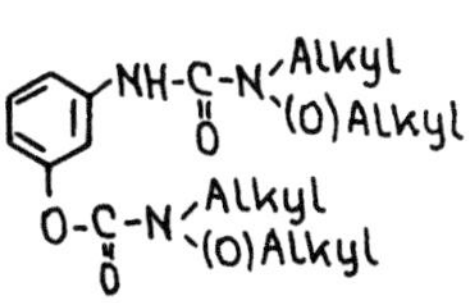

Fr.P. 2 184 242 10. 5.72/25. 1.74 Rhone Poulenc

Ureido-Carbamate Darstellungsverfahren

Fr.P. 2 210 186 13.12.72/ 9. 8.74 Rhone Poulenc

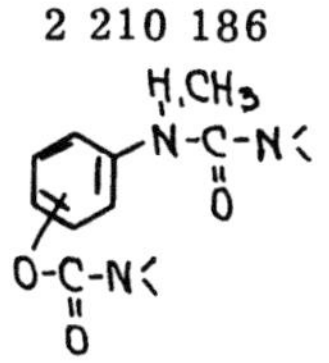

beliebige Substituenten

USP 3 511 875 12. 4.68/12. 5.70 Du Pont

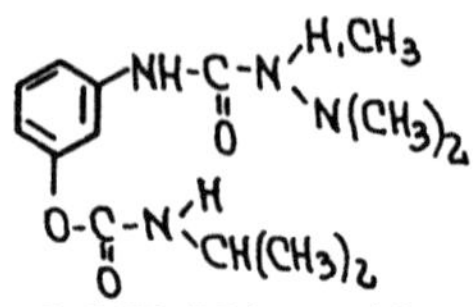

USP 3 567 764 12. 4.68/ 2. 3.71 Du Pont

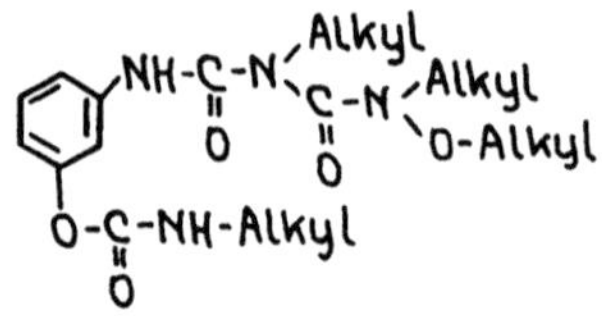

USP 3 767 699 15. 8.72/23.10.73 SMC Corp.

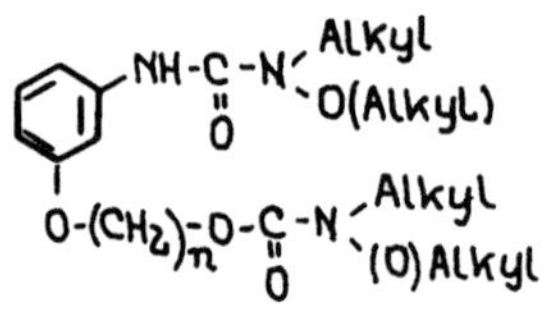

USP 3 806 536 22.12.71/23. 4.74 SMC
=NLP 7 217 614

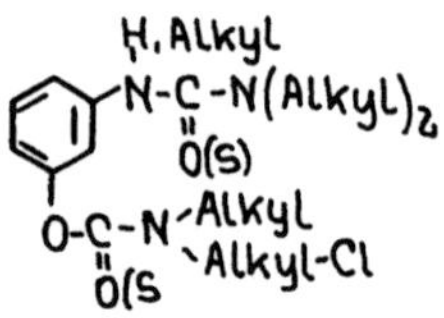

USP 3 812 160 12.10.70/21. 5.74 Stauffer
=Belg.P. 751 757

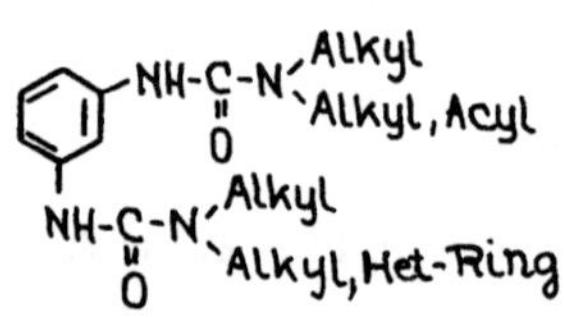

USP 3 823 007 14. 1.69/ 9. 3.74 Monsanto

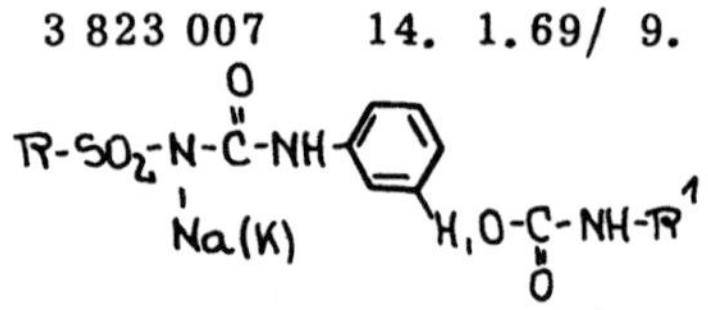

USP 3 823 178 8. 5.72/ 9. 7.74 Szabo

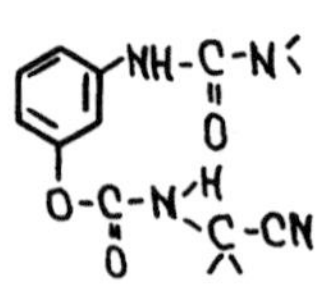

USP 3 823 188 12.10.70/ 9. 8.74 Stauffer

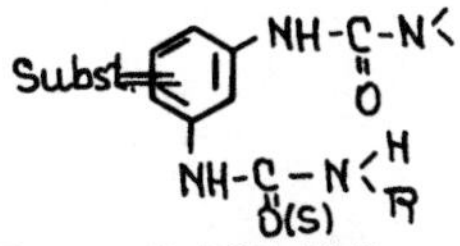

USP 3 867 426 2.10.70/18. 2.75 Monsanto

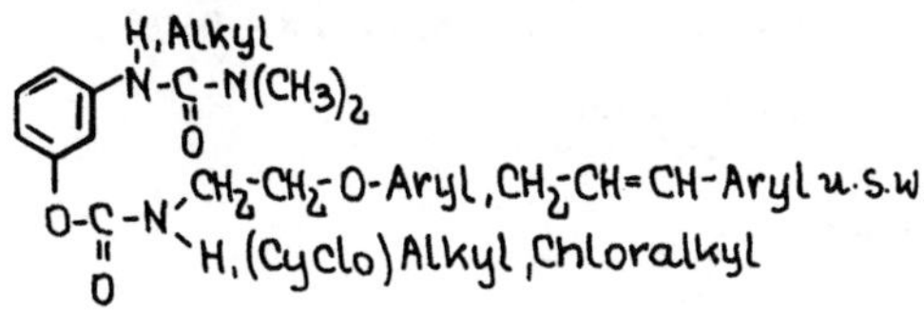

USP 3 867 429 26. 3.73/18. 2.75 Am. Cyanamid

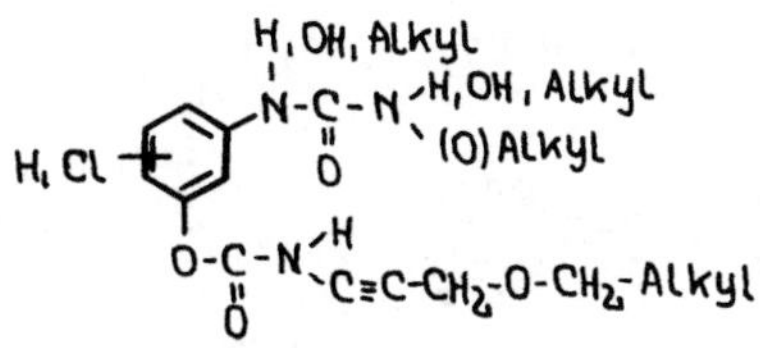

Nicht nur 1, 3-Stellung beansprucht

Fr.P. 2 227 264 25. 4.73/27.12.74 Shell

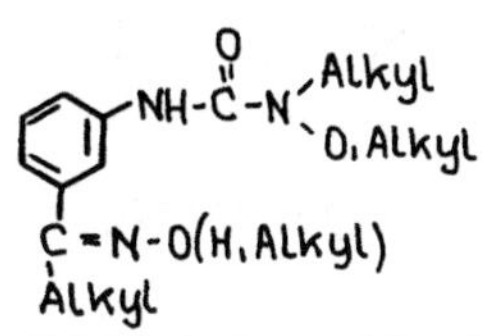

USP 3 880 645 19. 5.71/29. 4.75 Upjohn

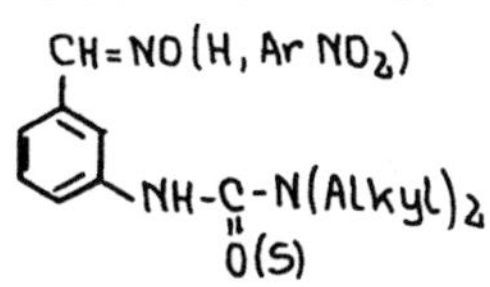

USP 3 885 947 9. 4.73/27. 5.75 Stauffer

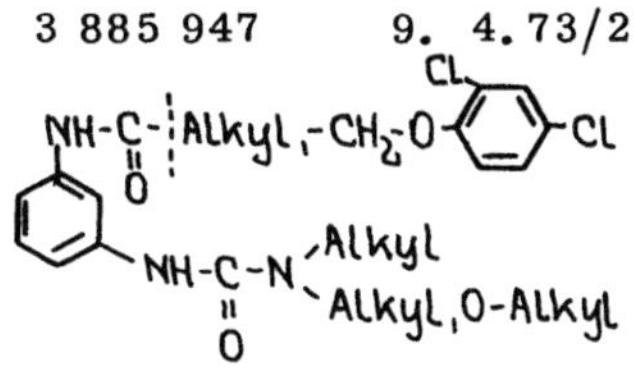

Verwendung als Algizid

USP 3 885 954 22.12.71/27. 5.75 SMC Corp.

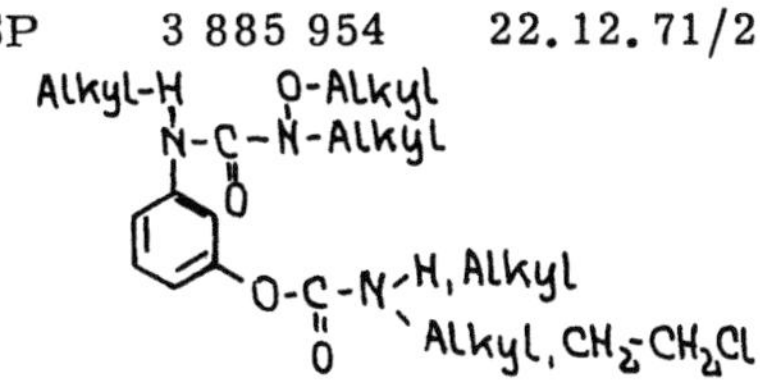

selektives Herbizid

USP 3 903 155 15. 3.71/ 2. 9.75 Stauffer

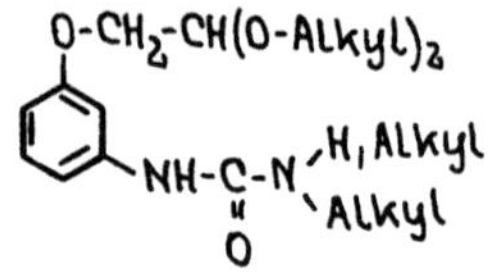

USP 3 907 888 19. 5.71/23. 9.75 Upjohn

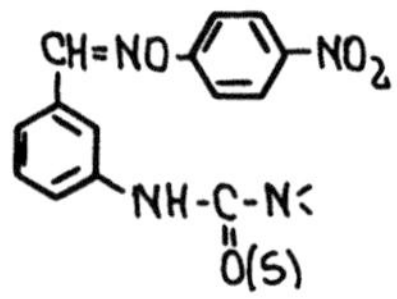

DOS 1 643 026 7. 6.67/22. 1.76 Schering

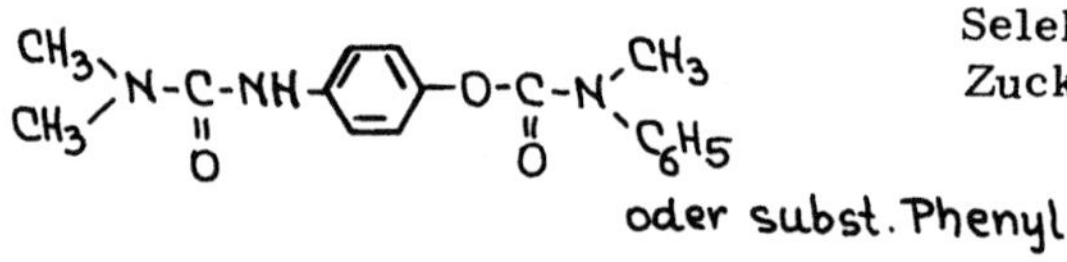

Selektiv in Baumwolle und Zuckerrüben

USP 3 927 070 8. 5.72/16.12.75 Szabu

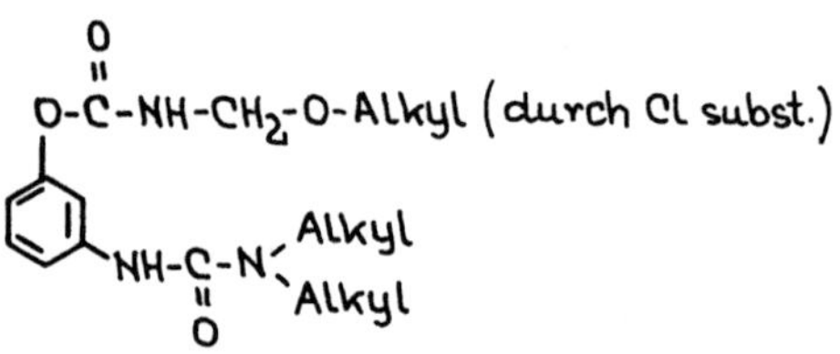

USP 3 954 441 26. 3.73/ 4. 5.76 Am. Cyanamid

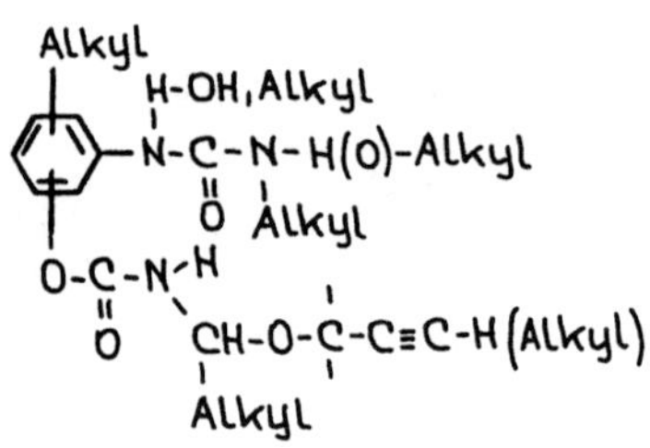

d4) **Aromatisch aliphatische $N^1$- oder $N^2$-Oxy-Harnstoffe und N-Thioharnstoffe**

Soweit nicht in vorangehenden Patenten mit erfaßt.

Die folgenden Patente umfassen ausschließlich N-Oxy-derivate.

DOS 1 542 711 18. 1.62/26. 3.70 Ciba
Schwz.Prior. 19.1.61

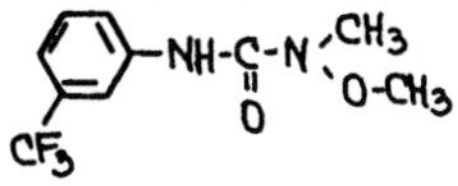

DOS 1 542 738 11. 6.65/17. 9.70 Chemical Investors
US Prior. 12.6.64

Oximäther-Carbonsäuren aliphatischer und

aromatischer Natur, z.B. 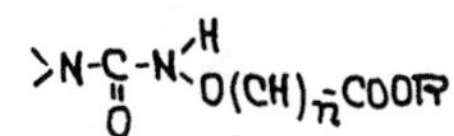

ferner 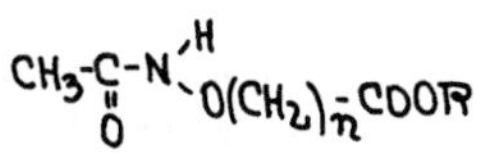 und 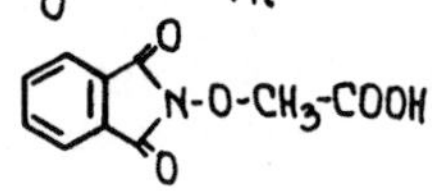

DOS 1 542 839 3.12.66/ 2. 7.70 CH Boehringer, Ingelheim

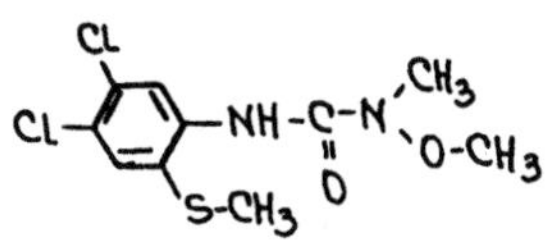

DOS 1 642 217 17. 1.67/13. 4.72 BASF

R = Halog. $NO_2$, $CF_3$, $CH_3SO_2$

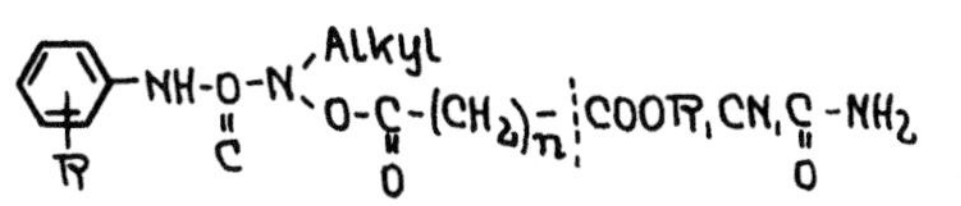

DOS 1 642 246 13.10.67/27. 3.70 Ciba
Schwz.P. 501 359 19.10.66

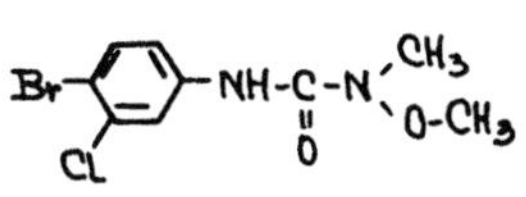

DOS 1 643 682 24.10.67/25. 3.71 BASF

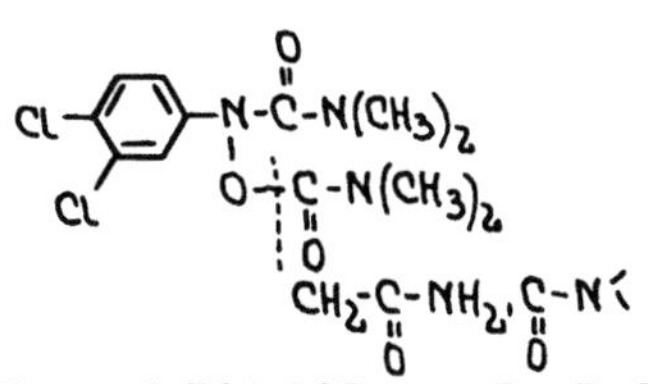

DOS 1 768 835 5. 7.68/ 5. 1.72 Progil
Fr.Prior. 11.7.67/30.5.68

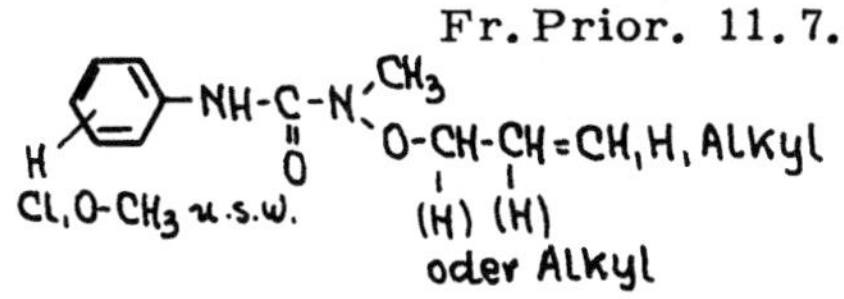

DOS 1 792 045 28.10.60/28.10.72 Du Pont
US Prior. 3.10.60

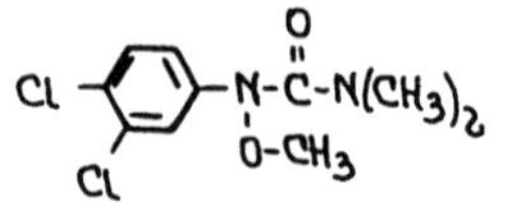


DOS 1 793 602 4. 5.62/21. 8.72 Ciba-Geigy
Schwz. Prior. 6.5.61

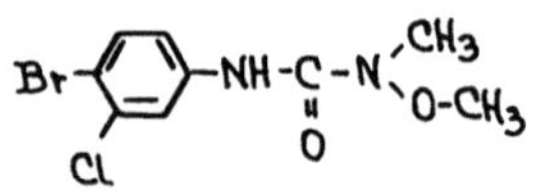


DOS 1 907 193 13. 2.69/ 9. 7.71 Chem. Fabr. Heyden

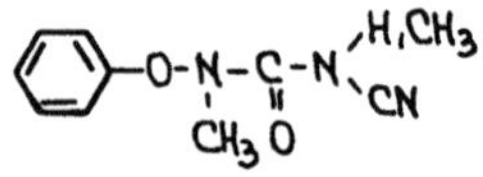


DOS 1 910 490 1. 3.69/11. 9.69 Chevron Res.
=USP 3 697 572 US Prior. 4.3.68

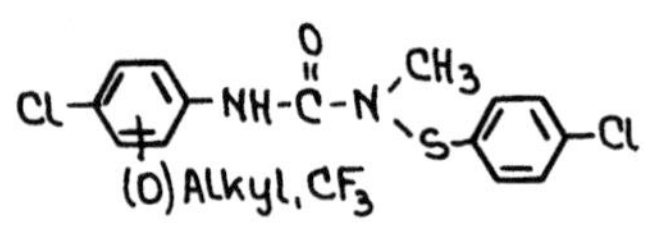


DOS 1 919 975 19. 4.69/ 5.11.70 BASF

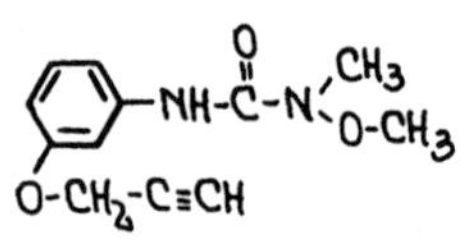


DOS 2 009 117 26. 2.70/ 3. 9.70 Progil
Fr. Prior. 28.2.69

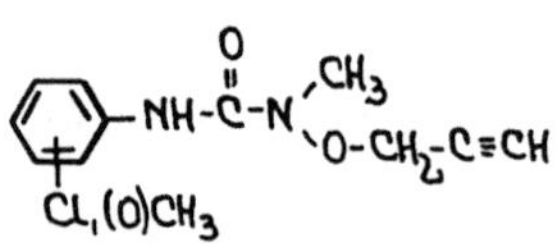


Algizid

DOS 2 027 772 5. 6.70/10.12.70 Agripat
Schwz. Prior. 6.6.69/10.12.70

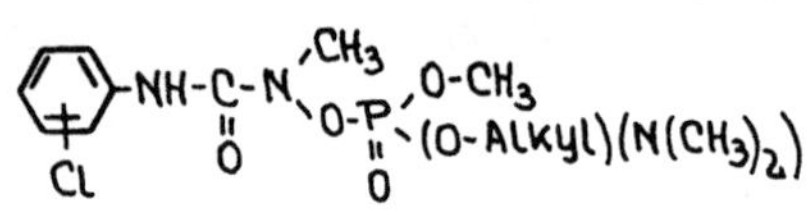


DOS 2 038 928 5. 8.70/25. 2.71 Philips
=Belg. P. 754 725 13.8.69/11.2.71

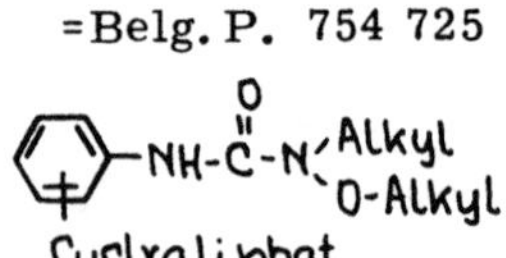

DOS 2 133 866 7. 7.71/25. 1.73 Bayer

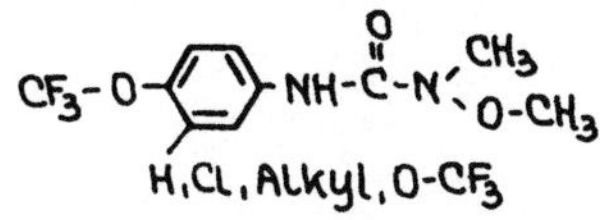

DOS 2 155 392 8.11.71/10. 5.72 Chevron Res.
=Belg. P. 775 061 9.11.70/1.3.72
US Prior. 9.11.70/15.10.71

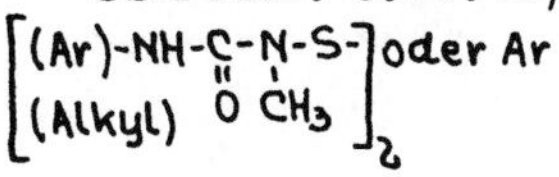

DOS 2 164 460 24.12.70/28. 6.73 BASF

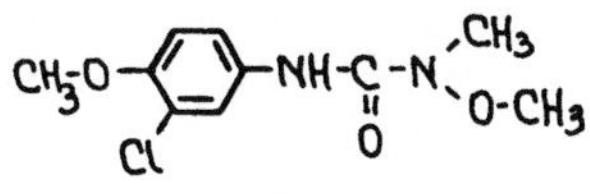

Selektivität in Getreide

DOS 2 407 560 16. 2.74/ 4. 9.75 Chevron Res.

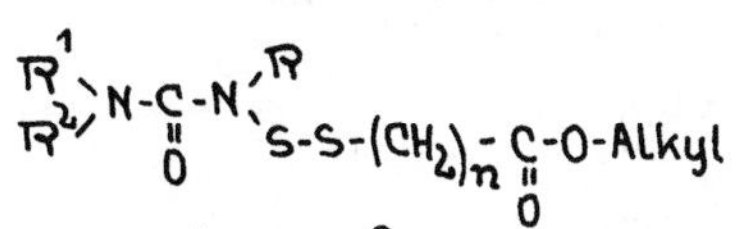

R, $R^1$ und $R^2$ = H, Alkyl, Cycloalkyl, Aryl usw.

DOS 2 440 787 31. 8.73/ 6. 3.75 Deutsche Itt. Ind.

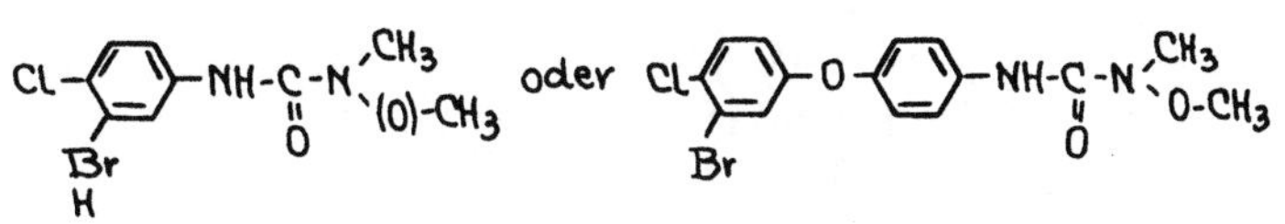

Anwendung gegen bestimmte Gräser

DOS 2 513 784 27. 3.75/ 9.10.75 Rouseel Uclaf
Fr. Prior. 28.3.74

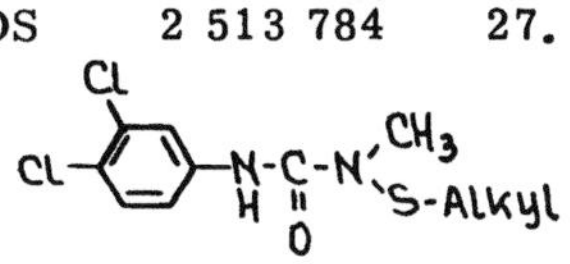

Belg. P. 726 472 3. 1.69/ 3. 7.69 BASF
Dtsch. Prior. 5.1.68

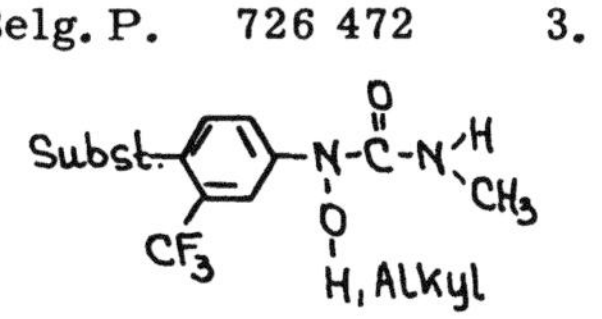

Belg. P. 749 489 26. 4.69/26.10.70 BASF

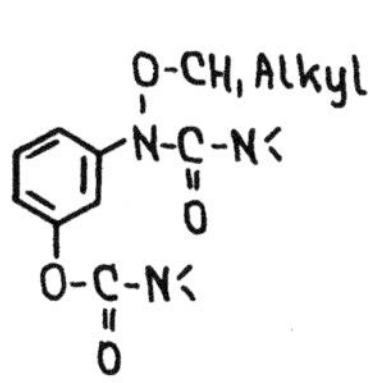

Schwz. P. 528 212    6. 3.70/15. 11. 72    Ciba-Geigy

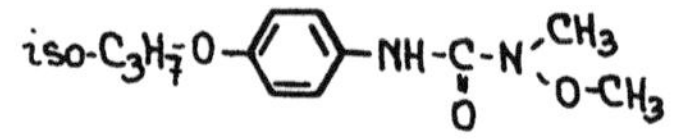

Schwz. P. 532 891    26. 3.69/15. 3.73    Ciba-Geigy

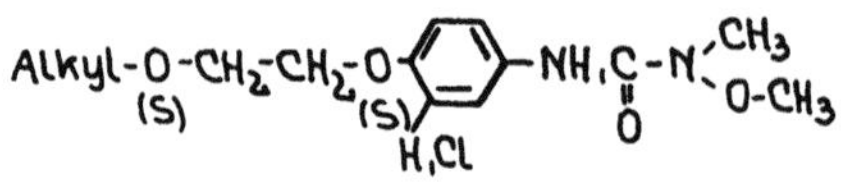

USP    3 637 795    12. 8.68/25. 1.72    Velsicol

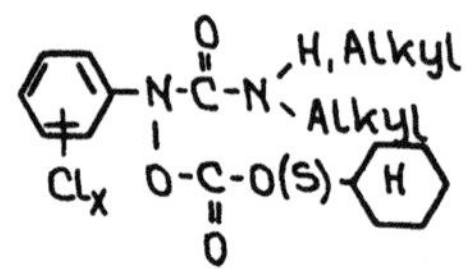

USP    3 697 572    4. 3.68/10. 10. 72    Chevron

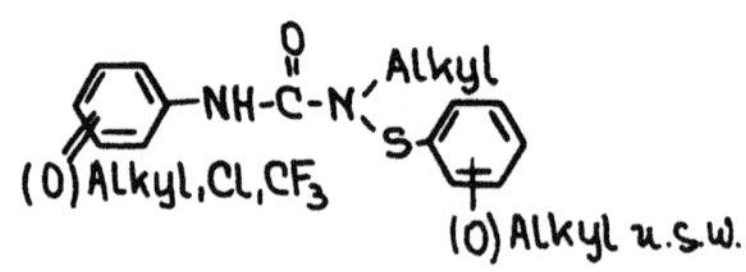

USP    3 742 008    5. 12. 68/26. 6. 73    Velsicol

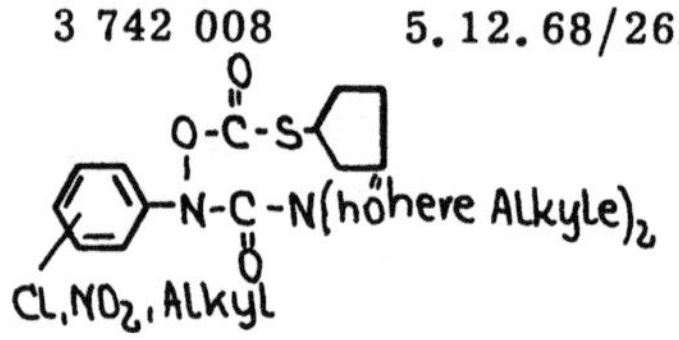

USP    3 853 966    9. 11. 70/10. 12. 74    M. S. Brown

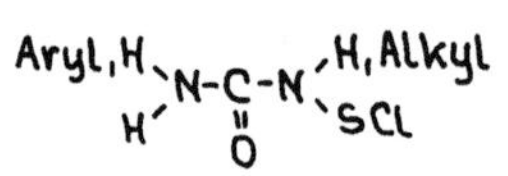

USP    3 860 643    15. 8.68/14. 1.75    Velsicol

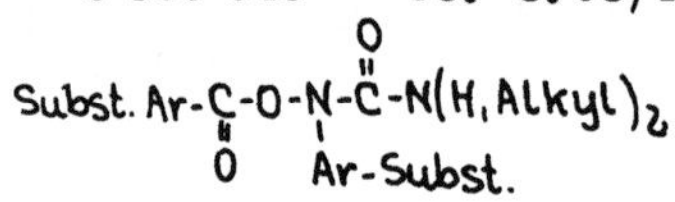

USP    3 860 644    30. 7.70/14. 1.75    Velsicol

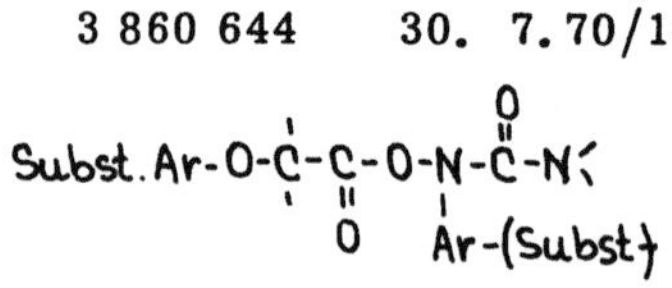

| | | | |
|---|---|---|---|
| Fr.P. | 2 241 248 | 4. 8.72/25. 4.75 | Roussel Uclaf |

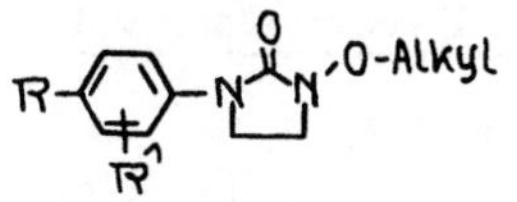

R = Cl, Alkyl, OAlkyl
R' = R."überbrückter Harnstoff„

Weitere Verbindungen mit dem Imidazolidin-2-on Ringsystem siehe bei 5.14.2.g.4 Imidazolidin-2-one.

| | | | |
|---|---|---|---|
| USP | 3 937 627 | 23. 7.73/10. 2.76 | Shell Oil |

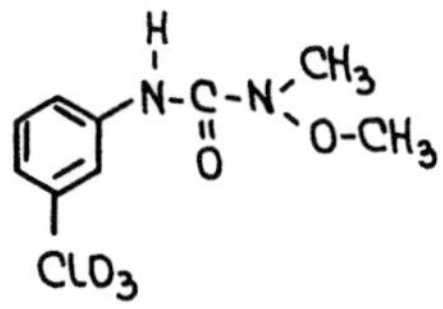

| | | | |
|---|---|---|---|
| Belg.P. | 831 992 | 3. 7.74/ 2. 2.76 | BASF |

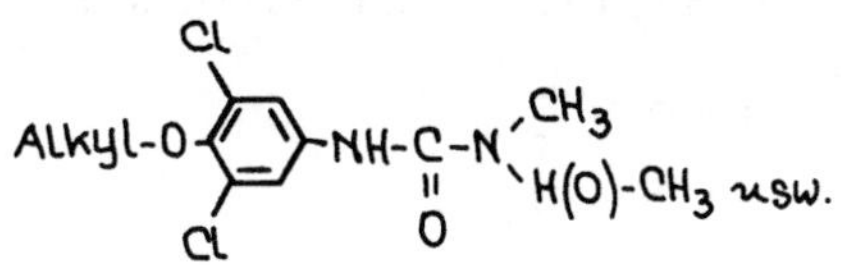

Selektiv in Getreide

| | | | |
|---|---|---|---|
| USP | 3 960 943 | 9.11.70/ 1. 6.76 | Chevron Res. |

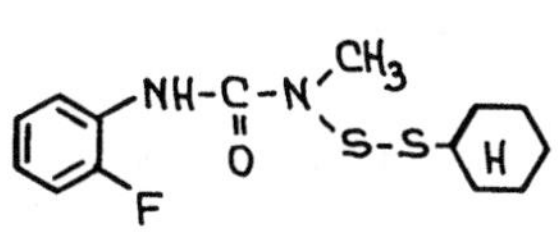

e) N-Acyl, Sulfonyl-Harnstoffe, Acylimide, Biurete, Iso-Harnstoff-äther

Aliphatische und aromatische Harnstoffderivate

DOS 1 542 942 15. 7.63/ 2. 7.70 Monsanto
US Prior. 16.3.62

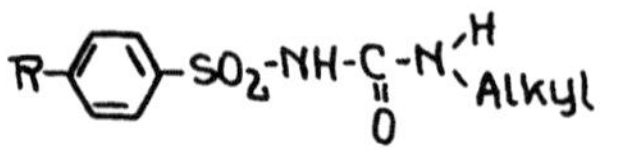


Salze
R = Alkyl, $NO_2$, $NH_2$

DOS 1 567 609 6. 3.63/21. 5.70 Progil
=SUP 234 264 Fr. Prior. 8.3.62

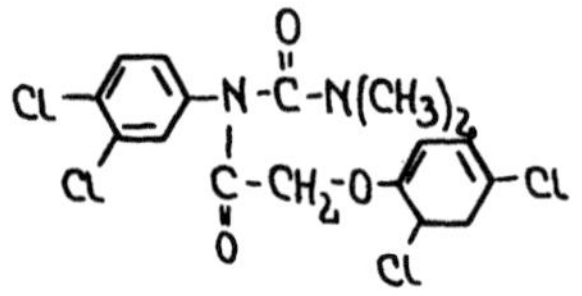


DOS 1 567 022 23.10.63/16. 4.70 Progil s. Schwz. P.
=Schwz. P. 535 012 16.1.70/15.3.73 Ciba

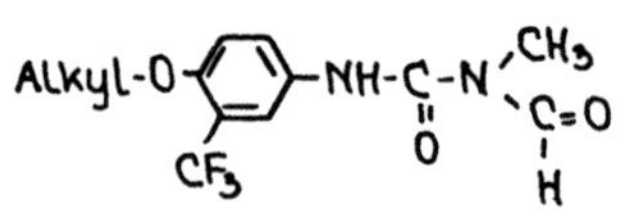


DOS 1 693 160 29. 2.64/23. 7.70 Degussa

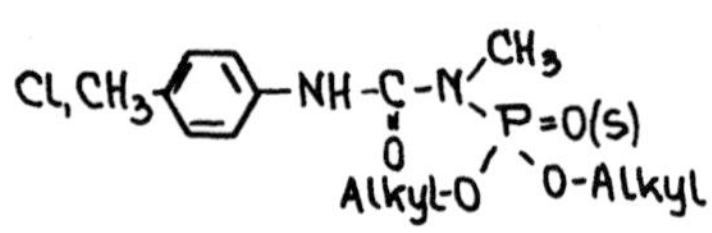


DOS 1 695 603 15. 2.68/22. 4.71 Pepro
Fr. Prior. 16.2.67

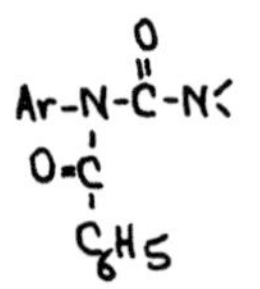


DOS 1 768 228 18. 4.68/ 9.12.71 Bayer

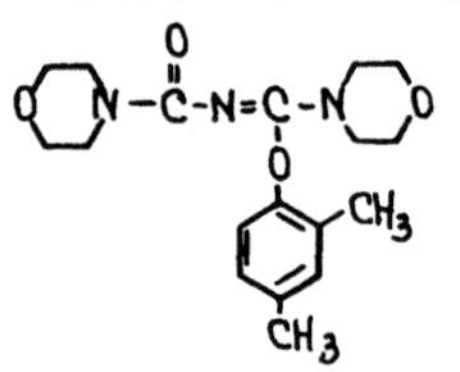

| | | | |
|---|---|---|---|
| DOS | 1 567 022 | 25.10.63/16. 4.70 | Pechiney/Progil |
| DOS | 1 793 412 | 13. 9.68/13. 4.72 | Pechiney/Progil |

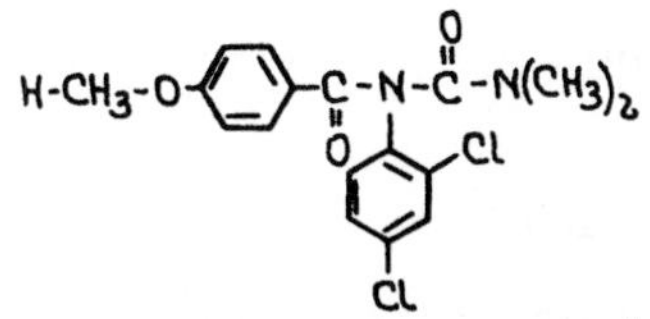

| | | | |
|---|---|---|---|
| DOS | 1 805 277 | 17.10.67/25.10.68 | Du Pont |
| | = USP 3 664 823 | 4.12.69/23.5.72 | Du Pont |
| | USP 3 719 467 | | |
| | siehe auch DOS 1 642 316 | 9.3.67/6.5.71 | Du Pont |

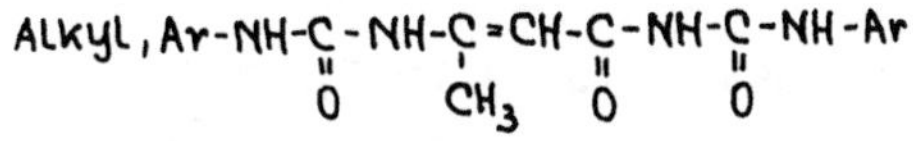

| | | | |
|---|---|---|---|
| DOS | 1 936 943 | 21. 7.69/ 4. 2.71 | VEB Chemiekomb. Bitterfeld |

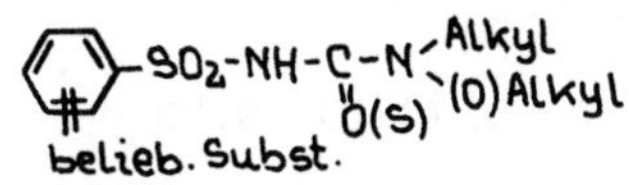

| | | | |
|---|---|---|---|
| DOS | 2 005 162 | 14. 2.69/ 3. 9.70 | Ciba |

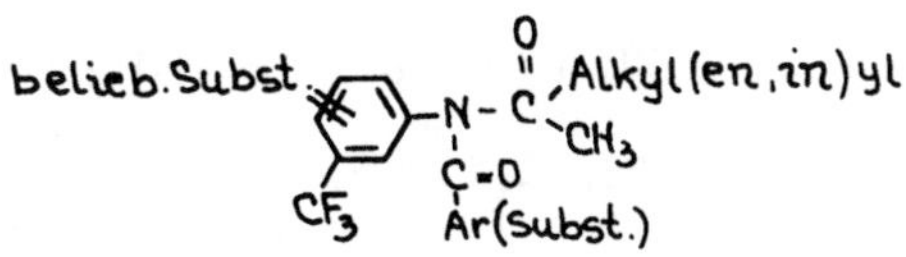

| | | | |
|---|---|---|---|
| DOS | 2 014 848 | 26. 3.70/ 8.10.70 | Monsanto |
| | =USP 3 525 603 | 21.10.68/25.8.70 | Monsanto |
| | =Belg. P. 748 135 | | |

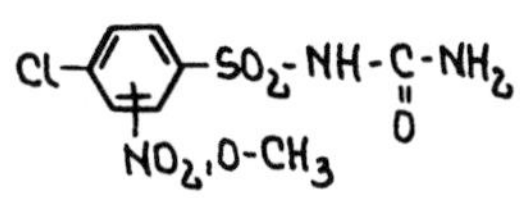

Erhöht Zuckergehalt im Zuckerrohr

| | | | |
|---|---|---|---|
| DOS | 2 114 885 | 27. 3.71/12.10.72 | Boehringer Sohn |

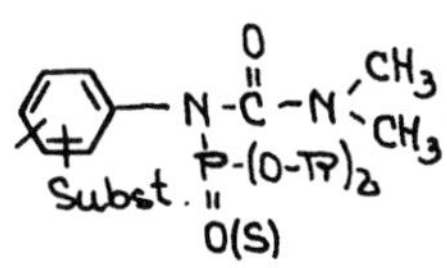

| | | | |
|---|---|---|---|
| DOS | 2 122 058 | 4. 5.71/ 2.12.71 | Esso |
| | =Belg. P. 766 609 | 4.5.70/3.11.71 | Esso |
| | | US Prior. 4.5.70 | |

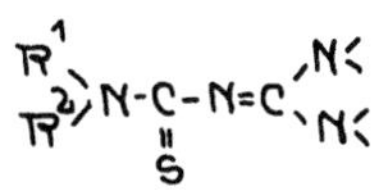

$R^1$ und $R^2$ = Alkyl, Phenyl, Het. Ring

DOS 2 134 018 8. 7.71/18. 1.73 BASF

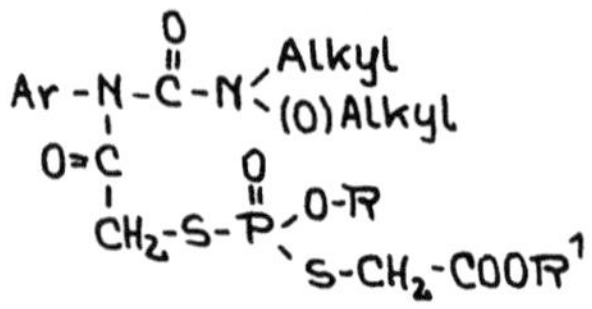

DOS 2 155 174 5.11.70/10. 5.72 Ciba-Geigy

Alkyl, Phenyl, Heterocycl. N-C-N-C-N<

H S H S

DOS 2 245 393 15. 9.72/22. 3.73 Du Pont
US Prior. 16.9.71

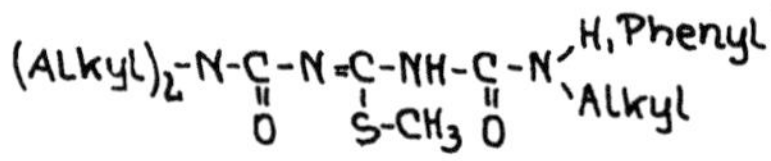

DOS 2 308 943 29. 2.72/13. 9.73 Sandoz

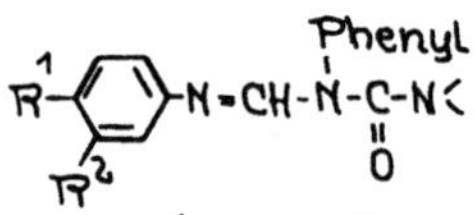

$R^1$ und $R^2$ = Cl, (O)$CH_3$, $CF_3$, $(CH_3)_2NSO_2$ usw.

DOS 2 310 010 28. 2.73/25. 7.74 Du Pont
US Prior. 22.1.73

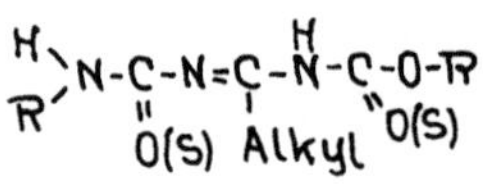

DOS 2 412 340 14. 3.74/17.10.74 Pepro
Fr. Prior. 27.3.73

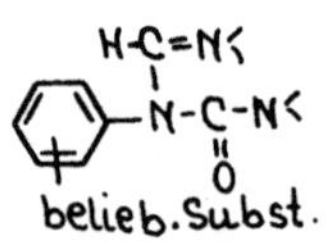

DOS 2 416 667 5. 4.74/17.10.74 Du Pont
siehe DOS 2 310 109 Du Pont

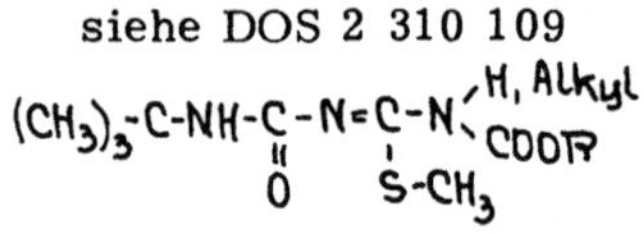

USP 3 493 612 11.12.68/ 3. 2.70 Upjohn

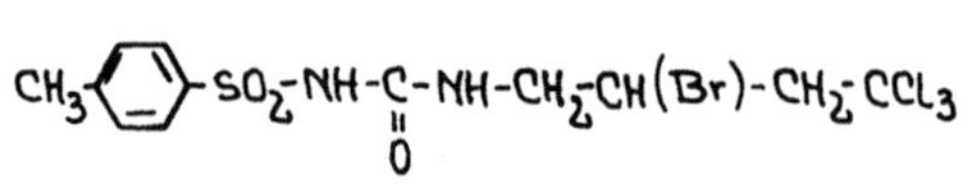

USP 3 519 415 17. 6.68/ 7. 7.70 Monsanto

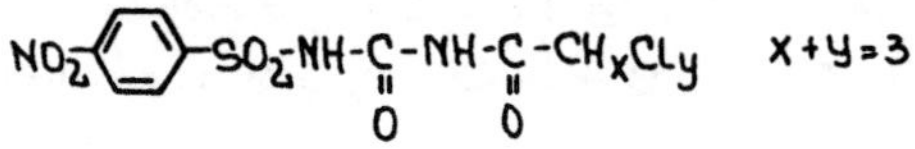

USP 3 547 618 17. 6.68/15.12.70 Monsanto

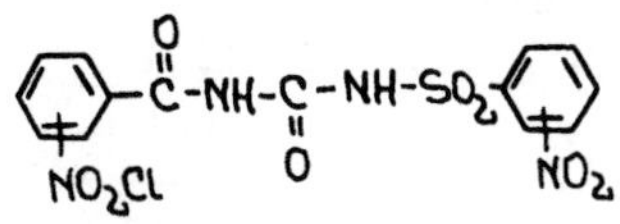

USP 3 564 608 30. 7.65/16. 2.71 Olin Corp.

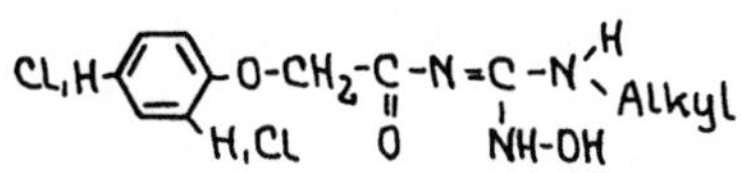

USP 3 567 764 12. 4.68/ 2. 3.71 Du Pont

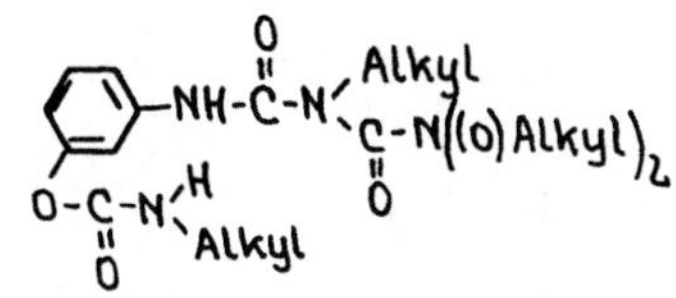

USP 3 736 122 27.10.64/29. 5.73 Tung

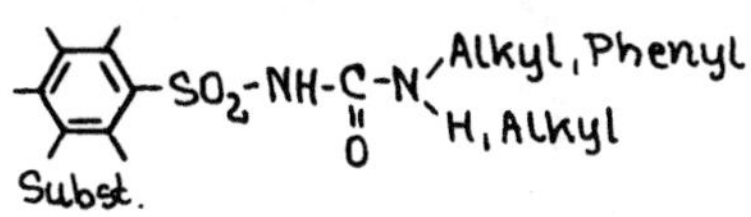

USP 3 860 634 7. 7.71/14. 1.75 Monsanto

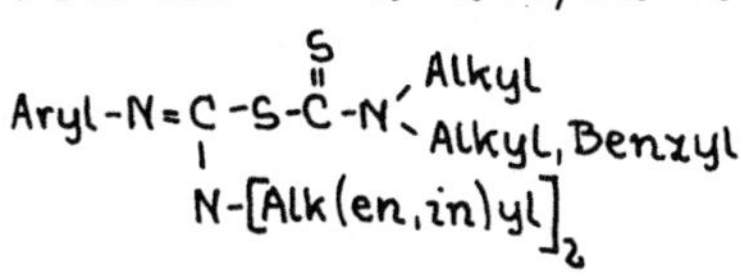

USP 3 794 699 10. 4.72/26. 2.74 Chevron

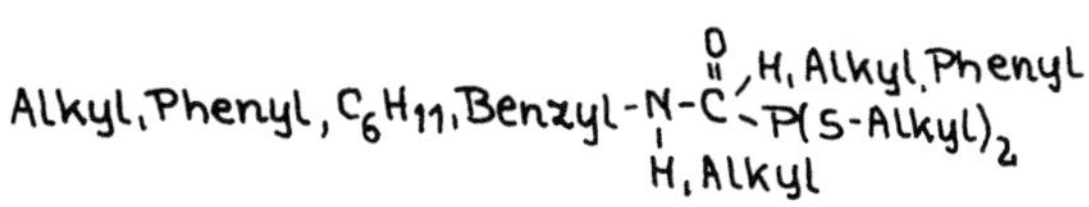

USP 3 823 007 14. 1.69/ 9. 3.74 Monsanto

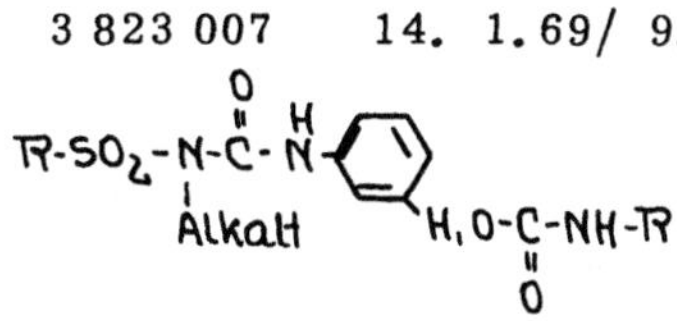

Auch bei Harnstoffen mit zusätzlicher herbizider Gruppe aufgeführt

USP 3 849 110 7. 1.63/19.11.74 Eli Lilly Co.

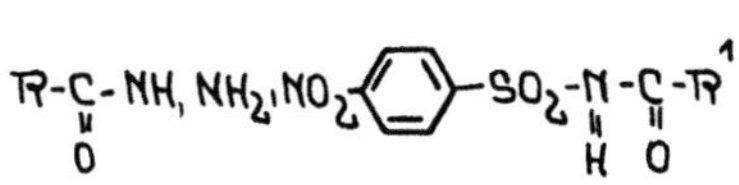

R' = OAlkyl, $NH_2$, N<

USP 3 891 424 9. 11. 70/24. 6. 75 Chevron Res.

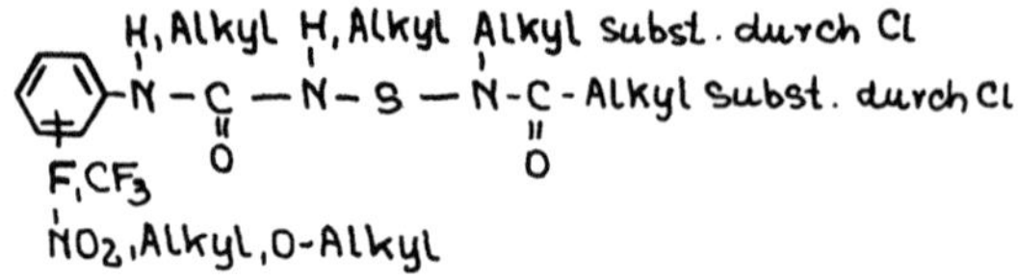


NLP 7 217 301 21. 12. 71/25. 6. 73 BASF

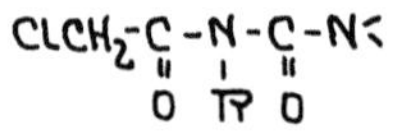


R = Cycloaliphat oder Mehrring

Fr. P. 2 098 891 30. 7. 70/10. 3. 72 La Quinolin

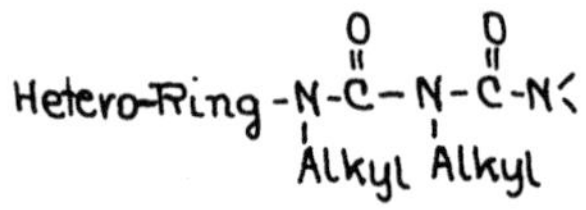


Belg. P. 727 196 21. 1. 69/22. 7. 69 BASF

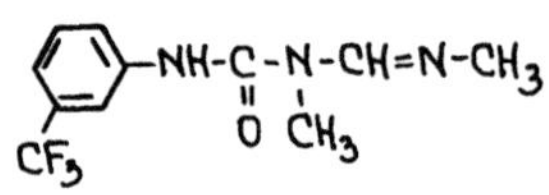


Can. P. 922 917 14. 7. 66/20. 3. 73 Scotts and Sohns

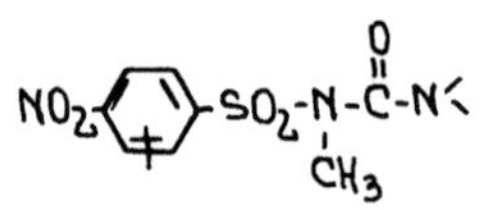


USP 3 903 153 7. 7. 71/ 2. 9. 75 Monsanto

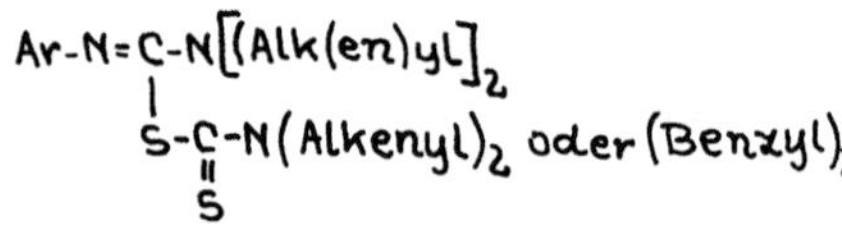


Belg. P. 833 288 19. 9. 74/11. 3. 76 Eli Lilly

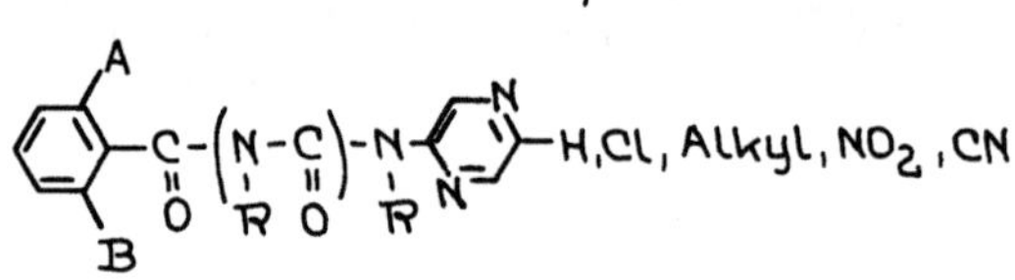


A und B = Hal., $CH_3$, $CF_3$; R = H, Alkanoyl, oder zusammen

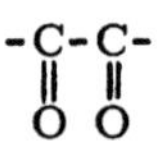 oder 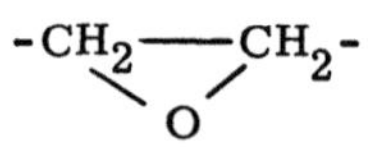

USP 3 925 056 9.11.70/ 9.12.75 Chevron Res.

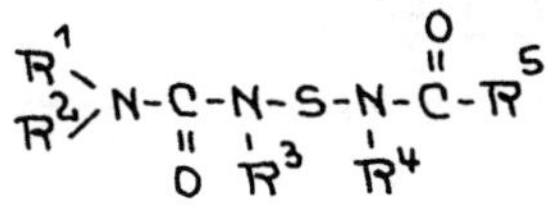

R' u. R'' = H, Alkyl, Phenyl-subst.

R''' u. $R^{1V}$ = H, Alkyl, Phenyl

$R^V$ = N belieb. substituiert

USP 3 946 062 8. 5.72/23. 3.76 Chevron Res.

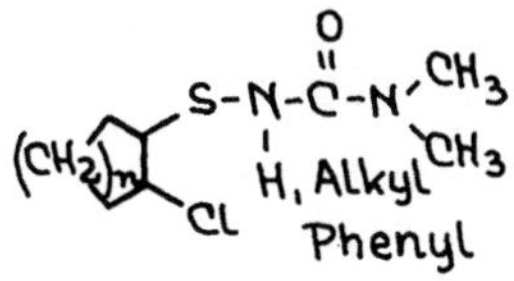


Neues Darstellungsverfahren

USP 3 948 967 3. 1.68/ 6. 4.76 Velsicol Chem.

siehe USP 3 864 377

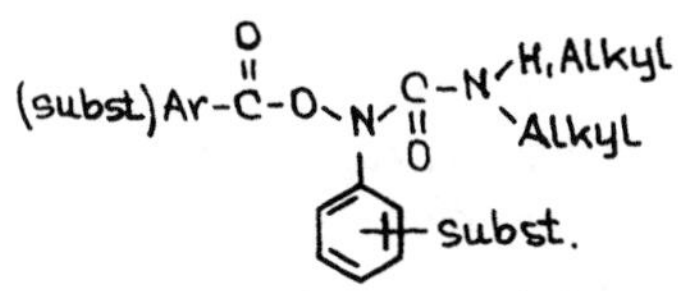


Herbizide bekannt (USP 3 711 530) Gegen Wild-Hafer wirksam.

USP 3 956 384 7. 7.71/11. 5.76 Monsanto

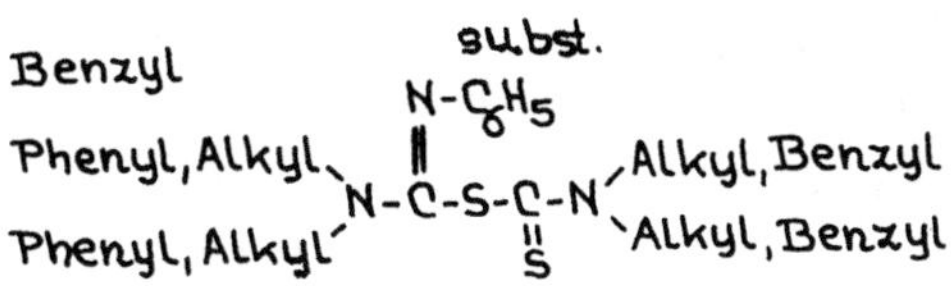


USP 3 957 867 11. 4.73/18. 5.76 Hercules

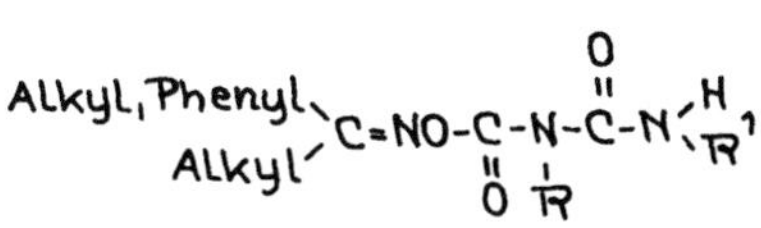


R u. R' = Alkyl, Allyl, Phenyl

DOS 2 558 839 15. 1.75/22. 7.76 Sandoz

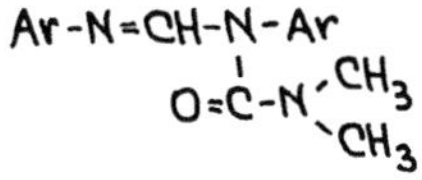

Ar spez. 3- oder 4-Fluor-phenyl, 3- oder 4-iso-Propyl-phenyl

f) Semicarbazide, Carbodihydrazide und die entsprechenden Thioverbindungen

Aliphatische und aromatische Vertreter

DOS 1 542 825 7. 5.66/26. 3.70 BASF

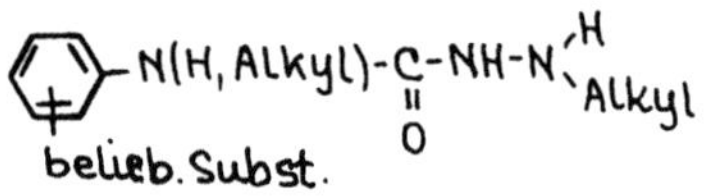


DOS 1 695 954 11.11.67/27. 5.71 US Borax

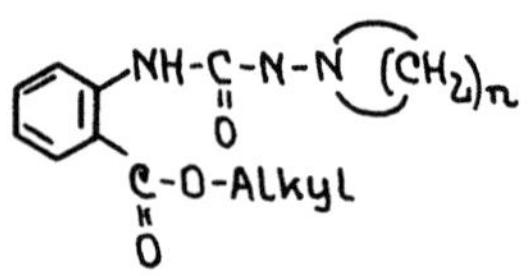


DOS 2 120 723 27. 4.71/18.11.71 Esso Res.

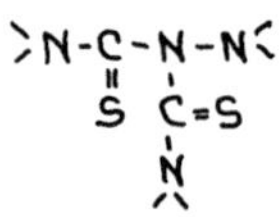


DOS 2 236 339 25. 7.72/ 7. 2.74 Bayer
=Schwz. P. 515 220

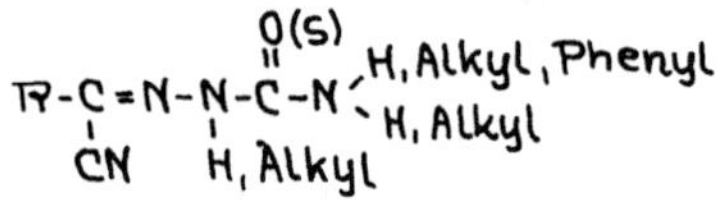


R = Alk(en)yl, Polycyclisch

DOS 2 342 688 23. 8.73/ 7. 3.74 Shell

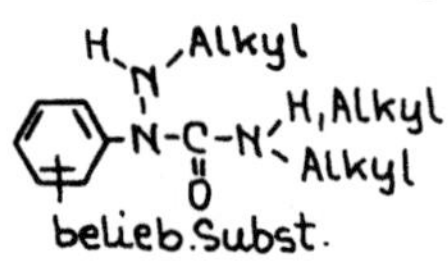


USP 3 712 914 5.11.68/23. 1.73 Stauffer

USP 3 753 680 5.11.68/21. 8.73 Stauffer

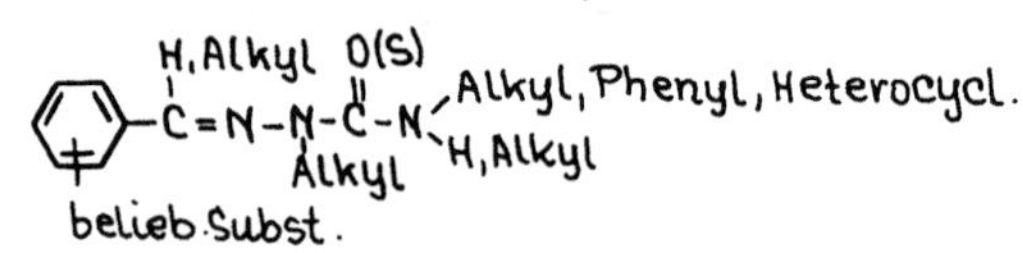


GBP 1 158 858 26. 4.68/23. 7.69 US Borax

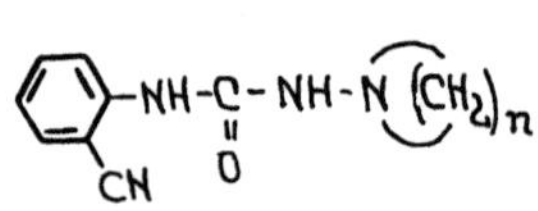

DOS 2 519 393 2. 5.74/13.11.75 Shell Int.

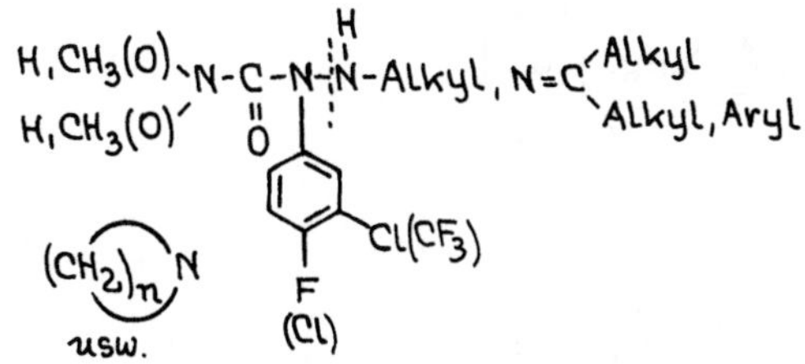

Gegen Gräser und breitblättrige Unkräuter.

Jap.P. 51 038425 28. 9.74/31. 3.76 Mitsubishi Chem.
Jap.P. 51 065757 29.11.74/ 7. 6.76 Mitsubishi Chem.

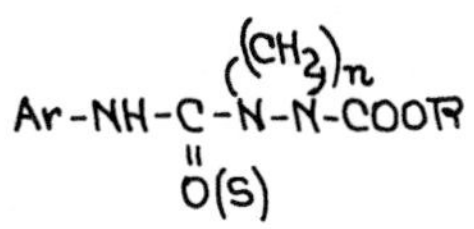

g) Aromatisch-heterocyclische Harnstoffe

z. Teil bei d1 miterfaßt. Grenzfälle bei 5.12.1a

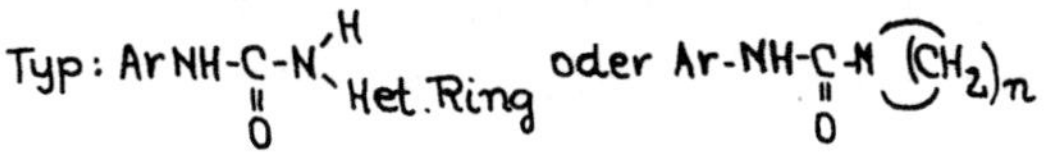

DOS 2 002 205 19. 1.70/30. 6.70 Roussel Uclaf
=Fr.P. 2 090 396 u. 2 070 974 Fr.Prior. 20.1.69

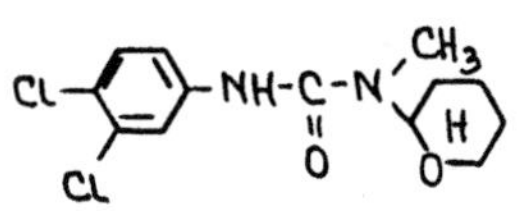

DOS 2 028 168 9. 6.70/16.12.71 BASF
=Belg.P. 768 118

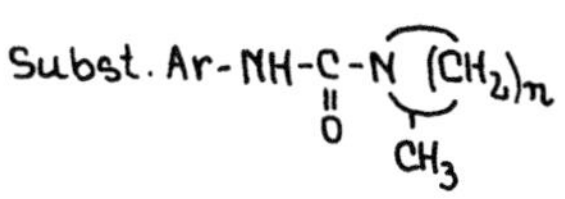

DOS 2 033 282 4.12.70/14. 1.71 NV Philips
NL Prior. 11.7.69

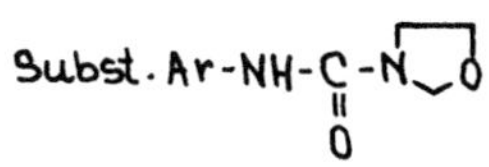

Fr.P. 1 560 344 9.12.66/21. 3.69 CH Boehringer Sohn

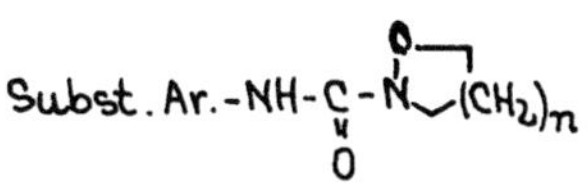

DOS 2 039 215 6. 8.70/18. 2.71 Monsanto
=USP 3 804 853 7.8.69/16.4.74

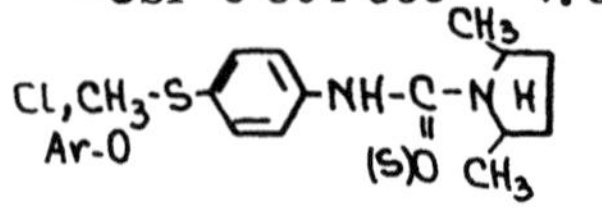

DOS 2 065 533 8. 7.70/24. 1.74 Diamond Sahmrock

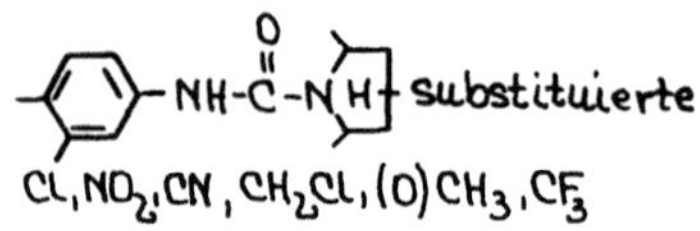

DOS 2 136 284 8. 2.71/31. 7.72 Diamond Shamrock

Inhalt wie zuvor, Ar mehrfach substituiert z.B. $CF_3$ in 3-Stellung

DOS 2 163 380 29.12.70/27. 7.72 Bayer
Jap. Prior. 29.12.70

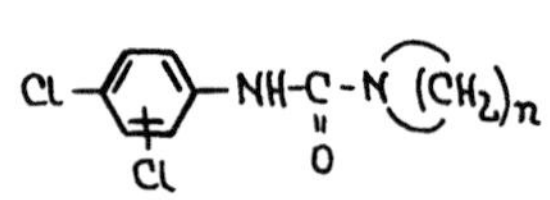

DOS 2 033 908 8. 7.70/13. 1.72 Diamon Shamrock

DOS 2 053 333 30.10.70/ 4. 5.72 Bayer

Fr.P. 2 143 914 30. 6.71/ 9. 2.73 Bayer

Fr.P. 2 143 915 30. 6.71/ 9. 2.73 Bayer

Inhalt ähnlich DOS 2 163 380

DOS 2 324 732 14. 5.73/12.12.74 Schering
=Belg.P. 815 001

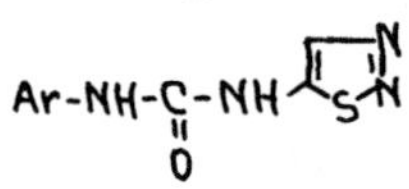

DOS 2 416 139 3. 4.74/23.10.75 Consortium f. elektrochem. Ind.
=NLP 7 503 091

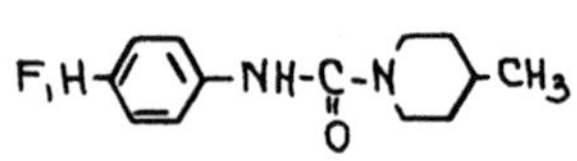

Rübenherbizid

Siehe auch DOS 2 053 333 und 2 163 380 mit ähnlichem Inhalt

DOS 2 326 794 25. 5.73/17. 1.74 Mobil Oil
US Prior. 20.7.72

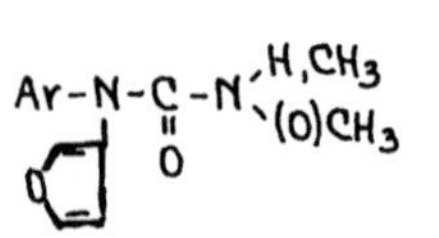

statt O auch S oder NH-5 Ring

Fr.P. 1 560 344 8.12.67/21. 3.69 CH Boehringer Sohn

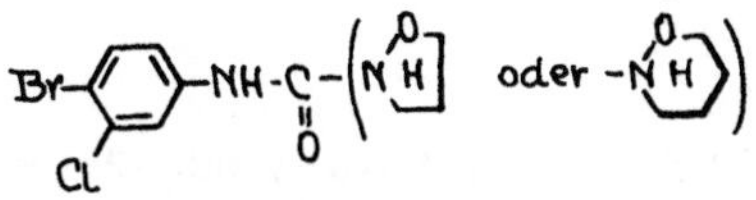

USP 3 541 111 8. 5.68/17.11.70 Du Pont

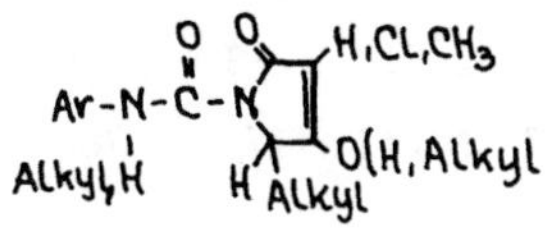

USP RE 27 894 17.11.70/22. 1.74 Du Pont

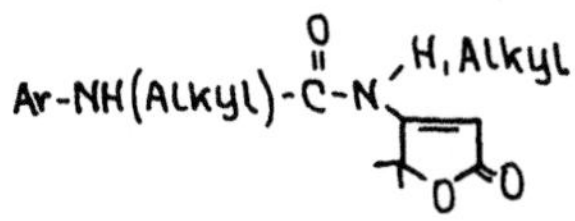

NLP 6 901 752 4. 2.69/12. 8.69 Bayer

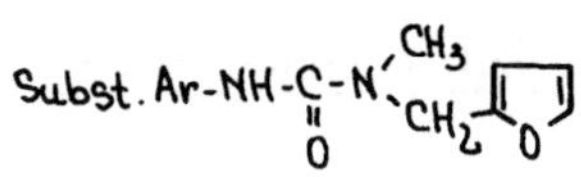

Belg.P. 739 313 25. 9.68/24. 3.70 BASF

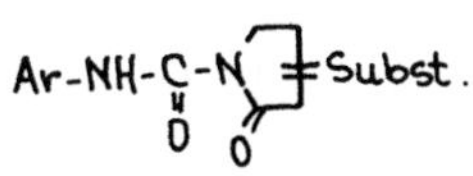

Schwz.P. 552 605 6. 8.71/15. 8.74 Sandoz

Schwz.P. 553 196 6. 8.71/30. 8.74 Sandoz

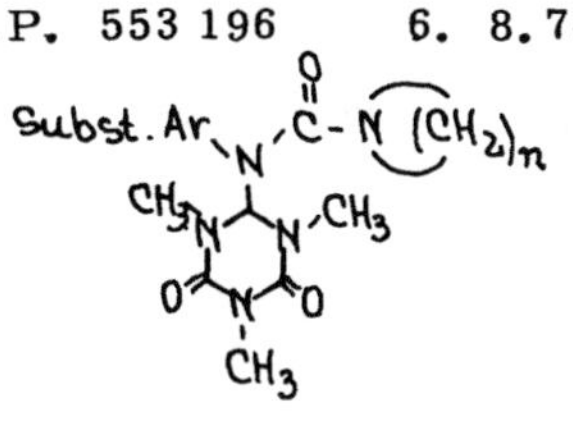

USP 3 829 307 30. 4.71/13. 8.74 Stauffer

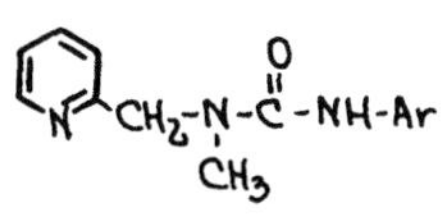

USP 3 917 647 18.12.70/ 4.11.75 Stauffer

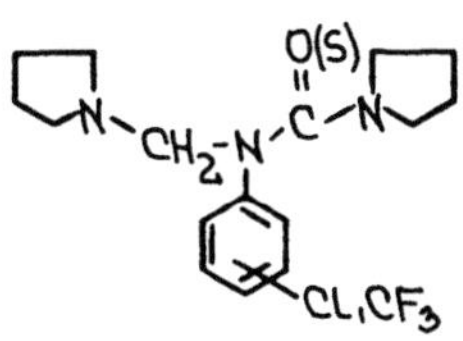

USP 3 931 203 19. 3.73/ 6. 1.76 Rohm und Haas

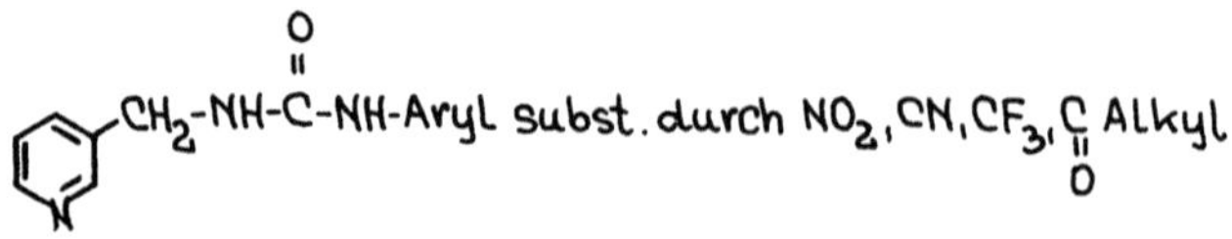


Jap.P. 51 038425 28. 9.74/31. 3.76 Mitsubishi Chem.

siehe auch Jap.P. 51 065757 29.11.74/7.6.76 Mitsubishi Chem.

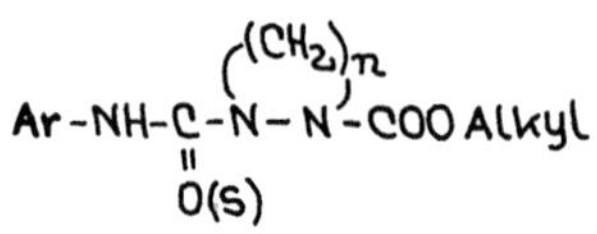


h) Harnstoffe mit heterocycl. Substituenten am Ar

Typ: 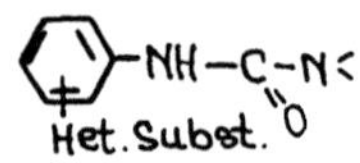


DOS 1 768 244 19. 4.68/14.10.71 Bayer
=NLP 6 906 040 Bayer

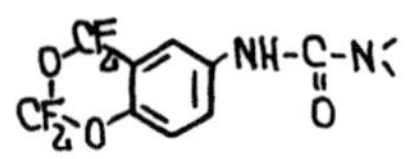

DOS 2 101 938 16. 1.70/27. 7.71 Rhone Poulenc

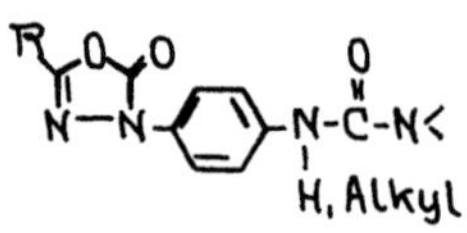


USP 3 759 952 26.10.71/18. 9.73 Stauffer

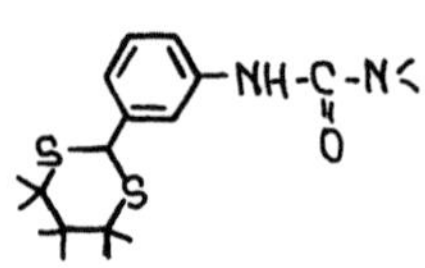

USP B 435 617 22. 1.74/16. 3.76 Dow Chem.

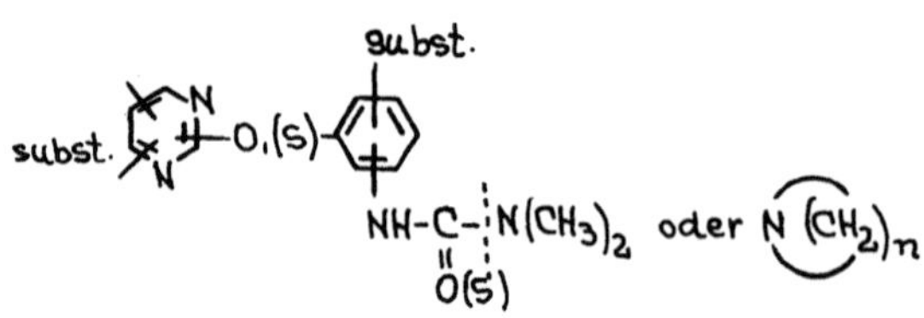

USP 3 947 437 22. 1.74/30. 3.76 Dow Chem.

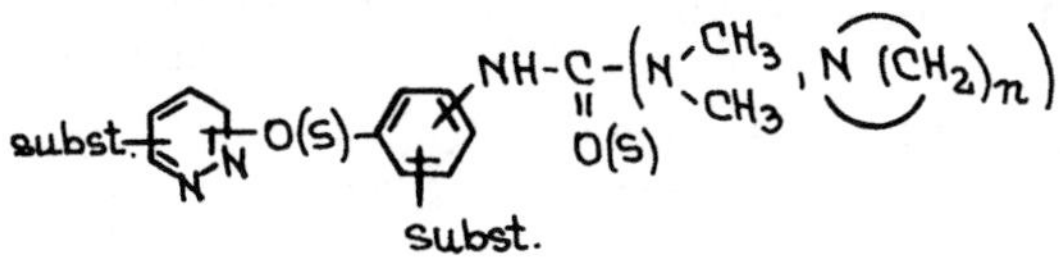

i) <u>Heterocyclisch-aliphatische Harnstoffe</u>

Wohl kaum eine Verbindungsklasse ist nach 1968/69 so intensiv bearbeitet worden wie die heterocyclisch-aliphatischen Harnstoffe. Besonders die 5-Ringverbindungen, hier vornehmlich die Thiazole und nochmehr die 1, 3, 4-Thiadiazole sind als Glieder von Harnstoffen breit untersucht worden. Ihnen entstammen auch die meisten neuen Handelsprodukte und viele Versuchsherbizide. Von letzteren sind auf Grund der schon jetzt vorliegenden guten Ergebnisse in Feldversuchen in den kommenden Jahren mehrere Verkaufsprodukte zu erwarten, teils als Totalherbizide teils als selektive Herbizide. Die starke Beachtung welche die Klasse der 1, 3, 4-Thiazolylharnstoffe fast gleichzeitig oder mit nur geringen Zeitunterschieden durch mehrere Firmen gefunden hat, führte zwangsläufig zu zahlreichen Patentüberschneidungen und selbst Doppelpatenten. Fast unübersehbar ist die Schwierigkeit einer klaren Patentabgrenzung. Gerade dieses Arbeitsgebiet zeigt wie kompliziert heute angewandte industrielle Forschung ist, weil fast dieselben Anregungen und Gedankengänge in mehreren Forschungskreisen gleichzeitig aufkommen. Schwierige und langwierige Absprachen müssen oft entscheiden, ob ein erfolgversprechendes Versuchsherbizid zum Verkaufsprodukt entwickelt werden kann und in welchen Ländern ein Einsatz möglich ist. Eine umfassende Kenntnis der Patentsituation, möglichst schon im frühesten Versuchsstadium eines Herbizides, ist unerlässlich.
Ein Teil der hydrierten heterocyclischen Harnstoffe ist bei den aromatisch-aliphatischen Harnstoffen mit erfaßt worden (siehe dort) indem der aliphatische Teil eines sekundären Amins durch einen (gesättigten) Ring, eine NH-Gruppe enthaltend, ersetzt ist.
Einige Patente enthalten am $N^1$ ausschließlich Substituenten der vorerwähnten Art oder aber Amino-heterocyclen sie wurden schon besprochen unter "Aromatisch-Heterocyclische Harnstoffe".
Andere enthalten im aromatischen Teil einen heterocyclischen Substituenten und wurden ebenfalls schon getrennt behandelt.
Im folgenden Teil erfolgt die Aufzählung der heterocyclisch-aliphatischen Harnstoffe wobei die Unterteilung nach Ringgröße, Art und Anzahl der Heteroatome geschieht.
Hier - und nicht nur bei den 5-Ring-Heterocyclen - werden auch die "überbrückten Harnstoffe" erfaßt.

i1) 5-Ringe 1 x O oder S

Typ: 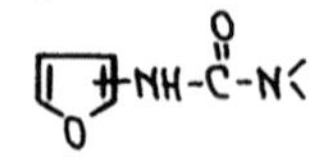 nicht aber 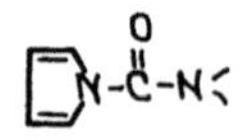 diese bei heterocyclischen Carbonsäuren

DOS 2 516 555 16. 4.75/30.10.75 Du Pont
US Prior. 17.4.74, 11.3.75

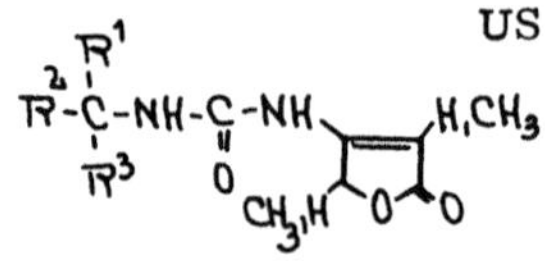

$R^1$-$R^3$ = Alk(en, in)yl

DOS 2 510 936 13. 3.75/ 9.10.75 Chevron Res.
US Prior. 21.3.74

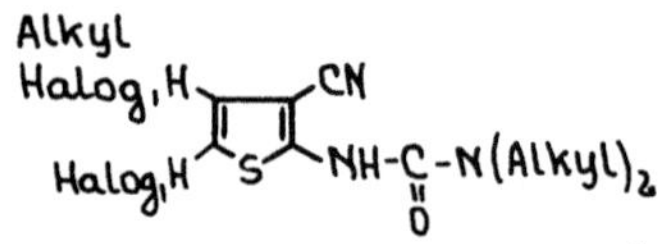

DOS 2 122 636 7. 5.71/ 2.12.71 Esso Res.
US Prior. 7.5.70

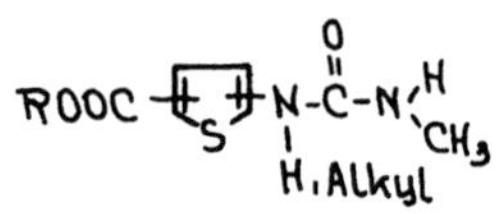

DOS 2 040 579 14. 8.70/25. 2.71 May und Baker
GB Prior. 14.8.69

Inhalt fast identisch
mit DOS 2 122 636

Belg.P. 827 988 17. 4.74/16.10.75 Du Pont

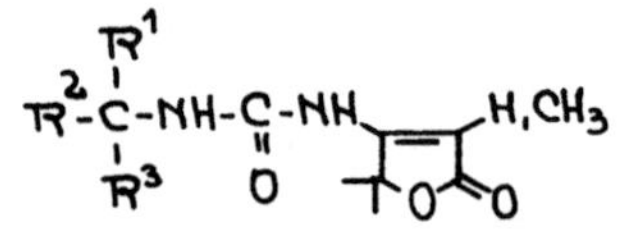

$R^1$, $R^2$, $R^3$ = Alk(en, in)yl

i2) 5-Ringe mit 1 x N

i3) 5-Ringe mit 1 x N + 1 x O, sowie 1 x N + 1 x S

DOS 2 436 179 26. 7.74/ 6. 2.75 Shionogi
=Belg.P. 818 161 Jap. Prior. 27.7.73

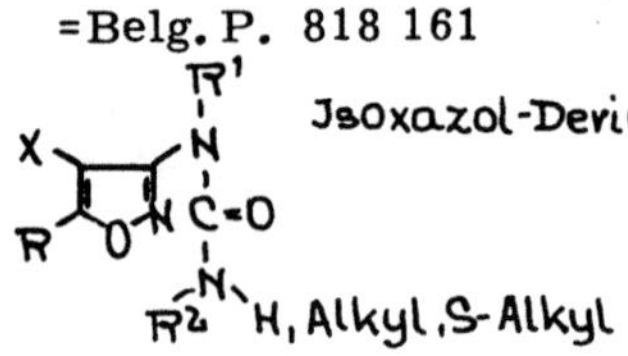

Jsoxazol-Derivate

X = H; R = H, $C(CH_3)_3$ usw.
$R^1$ = H, $CH_3$
$R^2$ = $CH_3$, $CH(CH_3)_2$ usw.

i 3 1 Oxazole

USP 3 547 940 31.10.67/15.12.70 Du Pont

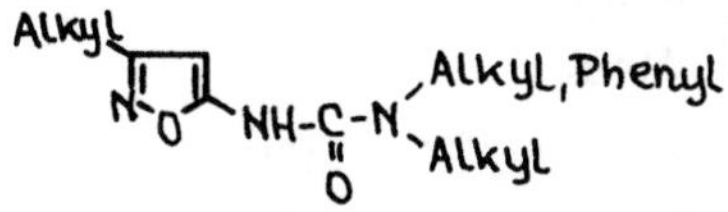

USP 3 743 498 31.10.67/ 3. 7.73 Du Pont

wie zuvor: 3 x substituiert

DOS 2 544 367 3.10.75/22. 4.76 Shionogi Japan
=NEP 7 511 694 4.10.74/ 6. 4.76 Shionogi Japan

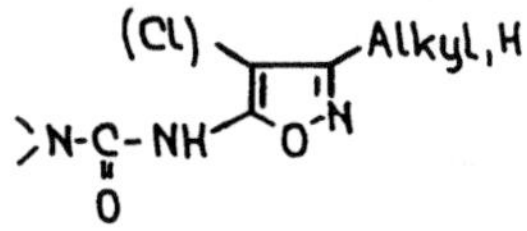

Jap.P. 51 063 170 27.11.74/ 1. 6.76 Shionogi

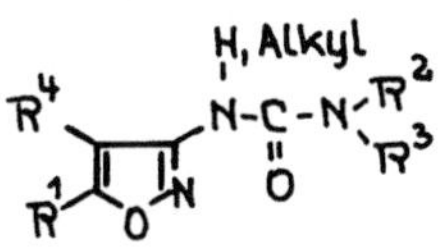

$R^1$= H, Alkyl, Aryl
$R^2$ u. $R^3$ = H, Alk(en)yl
$R^4$ = H, Alkyl, Cycloalkyl usw.

i 3 2 Thiazole

DOS 2 040 580 14. 8.70/22. 4.71 May und Baker
=Belg.P. 754 783

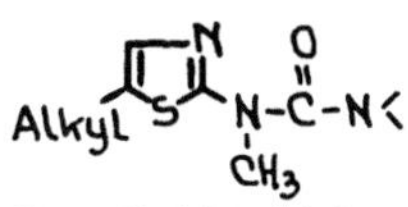

Jap.P. 7 109 214 8. 4.68/ 9. 3.71 Nippon

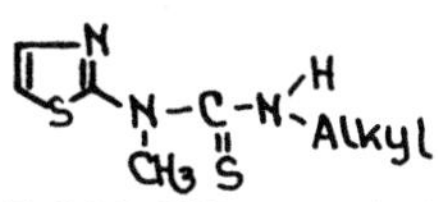

Jap.P. 7 244 622 3.12.69/10.11.72 Sankyo Jap.

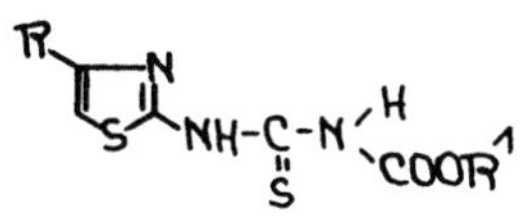

Belg.P. 766 199 25. 4.70/25.10.71 Bayer

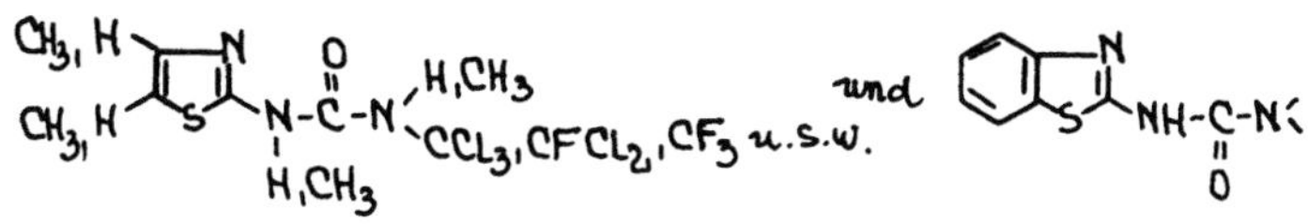

siehe auch DOS 1 567 044 8.4.66/13.8.70 Pechiney Frankr.

Inhalt z.T. identisch

Belg. P. 813 947 21. 4.73/21.10.74 Bayer
=DOS 2 320 362

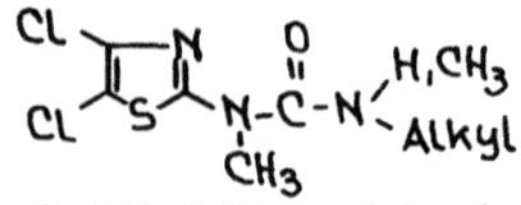

DOS 2 101 640 14. 1.71/22. 7.71 Shell
US Prior. 16.1.70

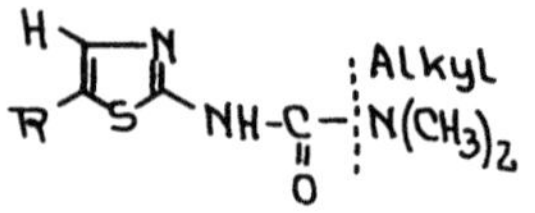

R = (Alkyl)$_2$-N-SO$_2$, Alkyl-S, Alkyl
(O) 1 u. 2

DOS 2 408 234 21. 2.74/ 4. 9.75 Boehringer Sohn

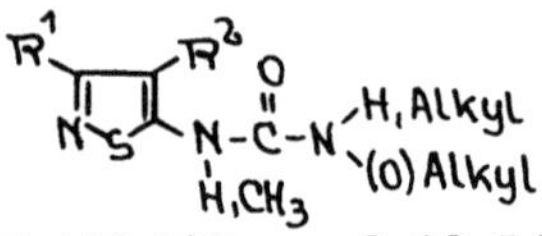

DOS 2 456 822 2.12.74/ 5. 6.75 ICI
GB Prior. 30.11.73

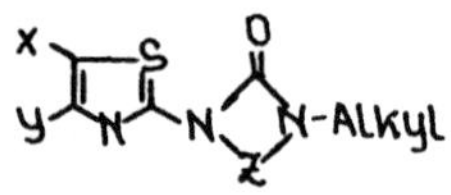

X = Halogen; Y = H, Alkyl

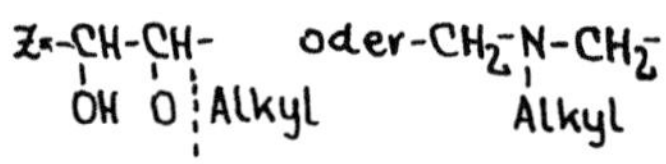

i 3 3 Benzthiazol-Derivate

DOS 2 020 300 25. 9.70/11.11.71 Bayer
siehe auch Belg. P. 766 199

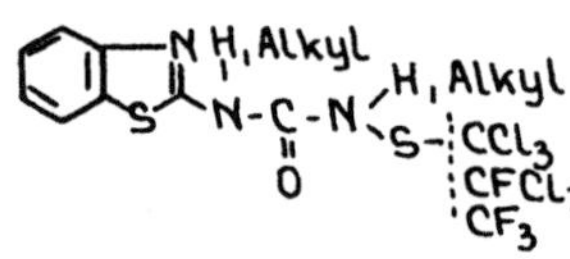

DOS 2 115 096 29. 3.71/ 5.10.72 BASF

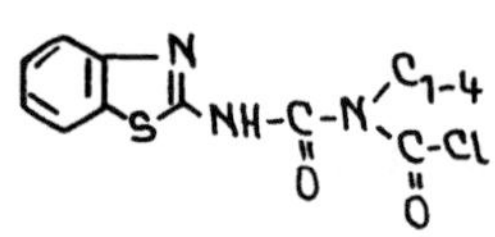

DOS 2 116 956 7. 4.71/21.10.71 Esso Res.
=Belg. P. 765 477 Esso US Prior. 9.4.70

wie zuvor aber in 5-Stellung und z. T. in 4-Stellung subst.

DOS 2 141 468 19. 8.71/16. 8.73 Bayer

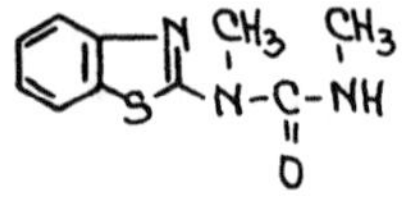

Selektiv in Rüben
siehe Text bei Tribunil© und Gatnon©

DOS 2 150 107 7.10.71/12. 4.73 Nippon Soda Jap.

Benzthiazolylharnstoffe 3 x im Phenyl-Rest subst., 1 x in 5-Stellung

DOS 2 431 801 2. 7.74/23. 1.75 Nippon Soda Jap. Prior. 2.7.73

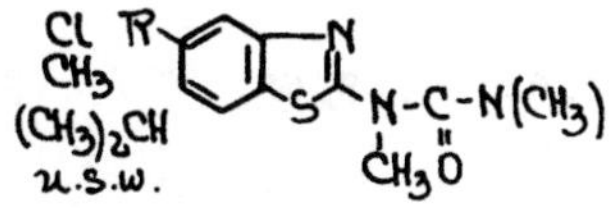


5-Stellung subst.

GBP 1 309 336 28. 9.71/ 7. 3.73 Nippon Soda

NLP 7 401 575 5. 2.73/ 7. 8.74 Nippon Soda

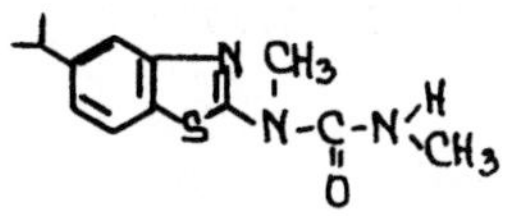

USP 3 671 531 10.12.70/20. 6.72 Monsanto

USP 3 807 985 10.12.70/30. 4.74 Monsanto

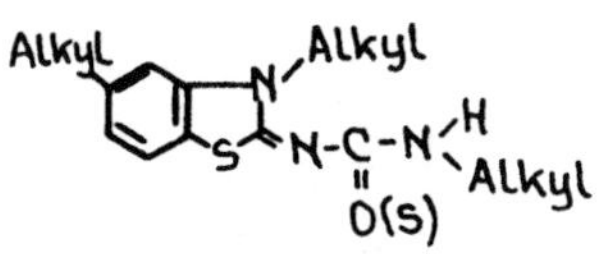


NLP 6 915 996 12. 6.69/15.12.70 Esso Res.

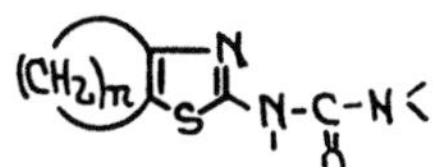

Belg. P. 767 140 25. 5.80/16.11.71 Esso Res.

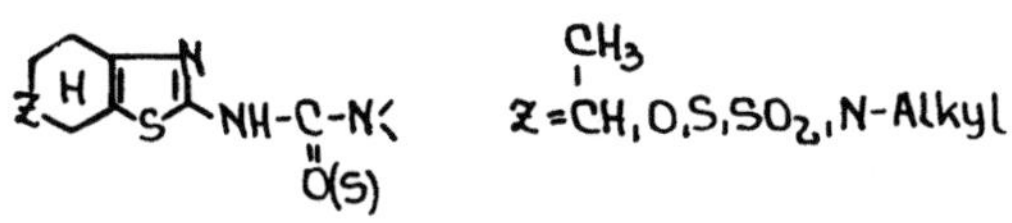


DOS 2 548 898 31.10.75/ 6. 5.76 Nippon Soda Jap. Prior. 31.10.74

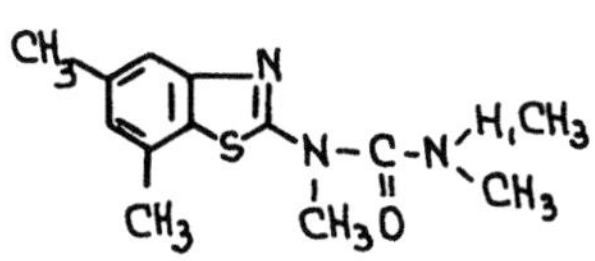

i 3 4 Isothiazol-Harnstoffe

DOS 1 620 448 8. 5.65/23. 4.70 Schering

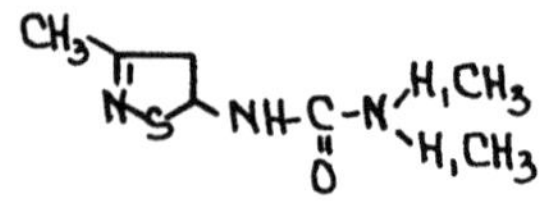

DOS 1 814 336 15.12.67/14. 8.69 FMC

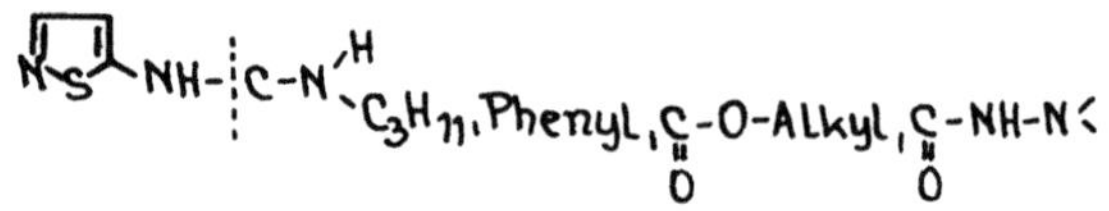

Fr.P. 2 132 691 7. 4.71/24.11.72 May and Baker

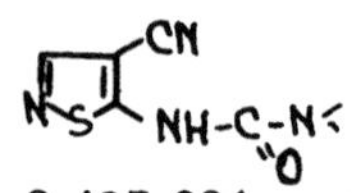

DOS 2 407 634 18. 2.74/28. 8.75 Bayer

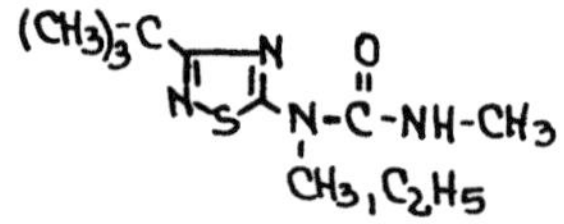

DOS 2 408 234 21. 2.74/ 4. 9.75 Celamerk

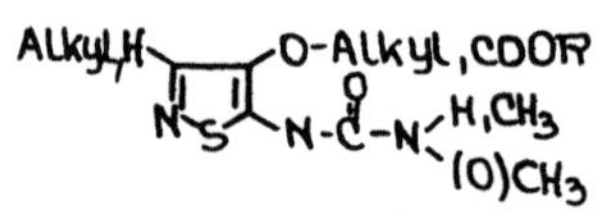

DOS 2 434 922 19. 7.74/30. 1.75 FMC

US Prior. 19.8.73/10.6.74

Isothiazolyl-harnstoffe

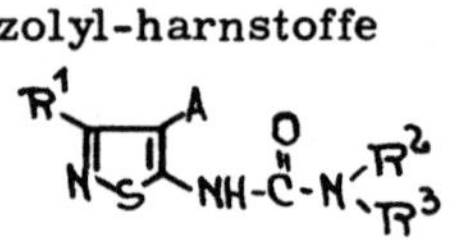

A = CN, C(=O)-N<

R' = verzweigte nied. Alkyl

$R^2$ und $R^3$ = $C_4H_9$, Cyclopentenyl, Isothiazolyl

i4) 5-Ringe mit 2 x N

USP 3 646 059 5. 5.69/29. 2.72 Du Pont

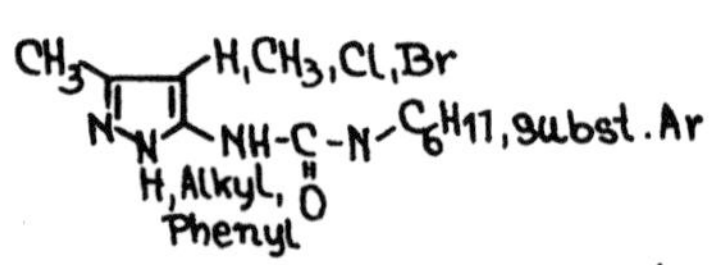

USP 3 754 887 5. 5.69/28. 8.73 Du Pont

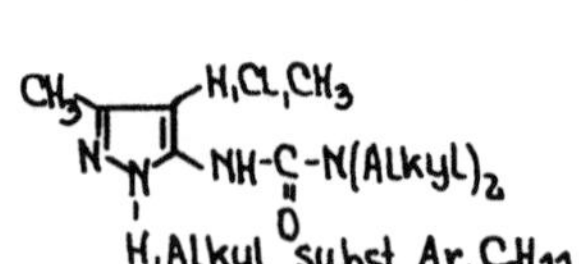

i5) 5-Ringe mit 2 x N + 1 x O oder 1 x S

i 5 1 1, 2, 3-Thiadiazolyl-Harnstoffe

DOS 2 214 632 23. 3.72/ 4.10.73 Schering
=NLP 7 304 073

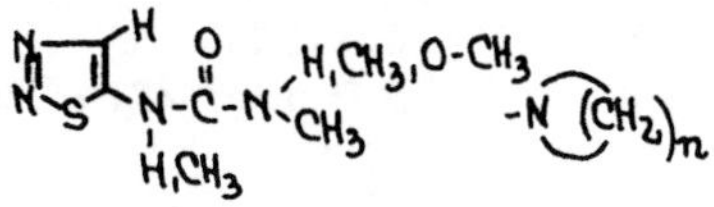

DOS 2 230 905 23. 6.72/28.12.72 FMC Corp.
US Prior. 2.6.71/27.3.72

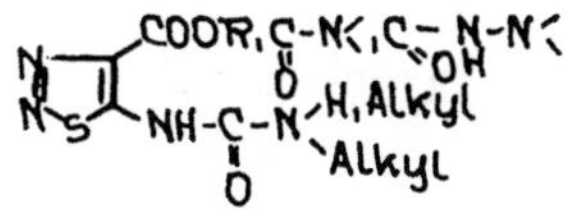

DOS 2 324 732 14. 5.73/12.12.74 Schering
=Belg. P. 815 001

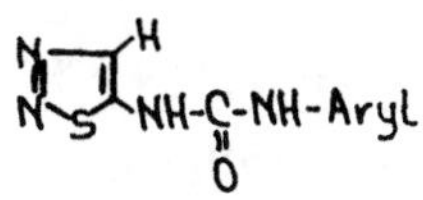

Auch bei aromatisch-heterocyclischen Harnstoffen angeführt

i 5 2 1, 2, 4-Oxa-diazolyl-Harnstoffe

DOS 2 113 099 18. 3.71/30. 9.71 Agripat
Schwz. Prior. 19.2.70

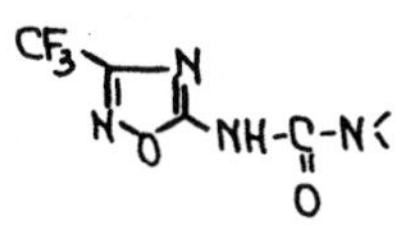

1, 2, 4-Thia-diazol-5-yl-Harnstoffe

DOS 1 670 942 19. 9.67/ 1. 4.71 Bayer

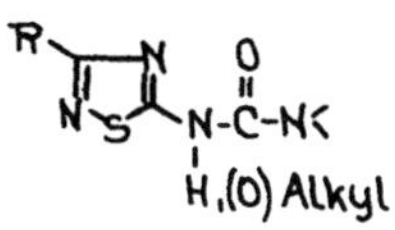

R = Alkyl, $C_6H_{11}$, Aryl, Phenyl

DOS 2 037 474 29. 7.70/29. 4.71 Esso Res.
US Prior. 22.10.69

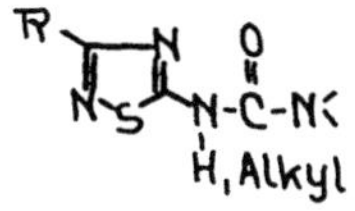

R = > $C_4$ - max $C_9$, subst. -(H)

Belg. P. 764 448 19. 3.70/20. 9.71 Agripat

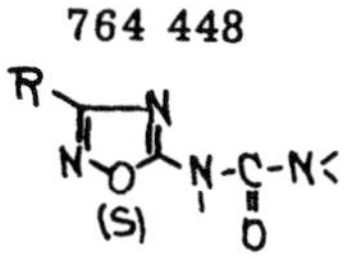

DOS 2 247 266 27. 9.72/ 5. 4.73 Ciba-Geigy
Schwz. Prior. 30.9.71

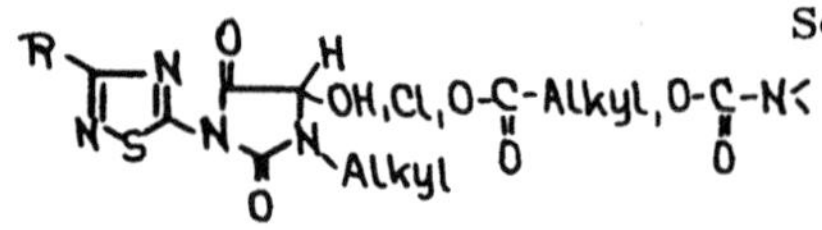

R = $CH_2$ Cl, $CH_3S$, $(CH_3)_2NSO_2$

DOS 2 119 782 23. 4.71/16.12.71 Esso Res.
US Prior. 27.4.70, 9.7.70

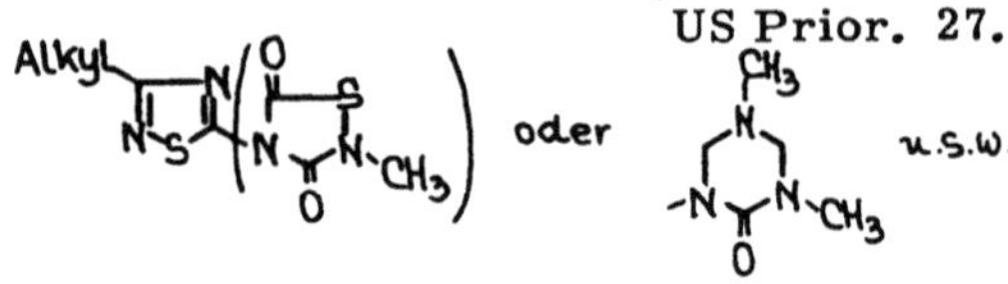


DOS 2 407 634 18. 2.74/27. 8.75 Bayer

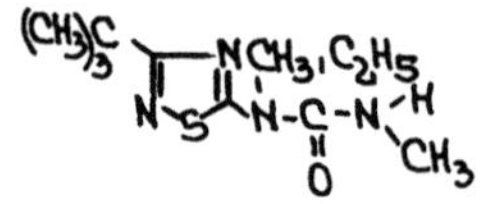

i 5 3 1,3,4-Thiadiazol-5-yl-Harnstoffe und 1,3,4-Thiadiazolin-on-Harnstoffe, nebst überbrückter Harnstoffgruppierung

a) offene Harnstoffe (s.a. 5.14.2 i)

Aufgrund der sich stark überschneidenen Patente ist eine Abgrenzung nicht möglich. Die Anführung erfolgt nach Firmen (alphabetisch und hier nach Patent-Nummern.

(Agripat + Cibay-Geigy P.)

DOS 1 816 096 23.12.68/21. 8.69 Agripat
=Schwz.P. 522 681, Belg.P. 725 984 Schwz. Prior. 27.12.67/11.10.68

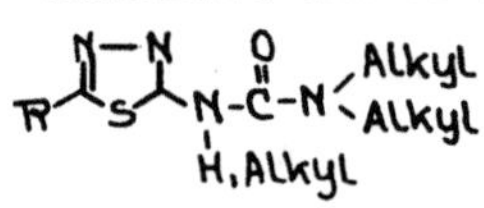

R = Alkyl, $CF_3$

DOS 1 936 241 16. 7.69/12. 2.70 Agripat
=NLP 6 910 940 Agripat
Schwz. Prior. 17.8.68

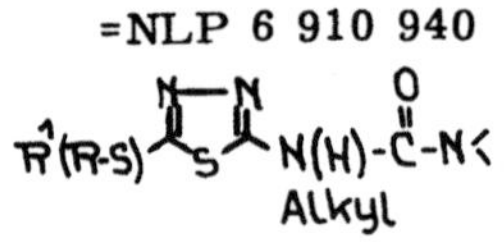

DOS 2 050 679 16.10.70/29. 4.71 Ciba-Geigy

R' = Alkyl-$SO_2$-

DOS 2 119 749 22. 4.71/ 4.11.71 Agripat
=Belg.P. 766 097 Schwz. Prior. 23.4.71

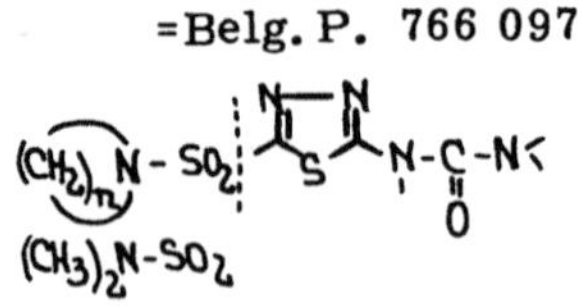

DOS 1 912 543 12. 3.69/18.12.69 Air Prod.

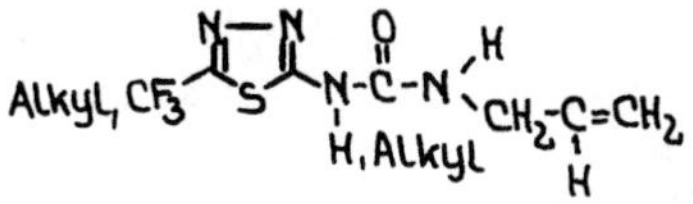

umfaßt auch isomere Verbindungen wie 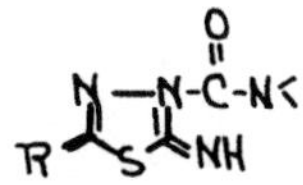

DOS 2 002 764 22. 1.70/30. 7.70 Air Prod.
US Prior. 29.1.69
wie zuvor Thioharnstoffe als Metallsalze

DOS 2 050 979 16.10.70/29. 4.71 Air Prod.
=GBP 1 324 430 22.12.70/25.7.73, =USP 3 856 503 17.10.69/24.12.74
=Jap.P. 730 614, =ZAP 7 305 387 14.8.72/1.10.74

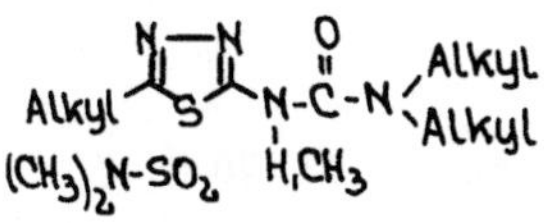

Verwendung im Zuckerrohr

DOS 2 100 057 2. 1.71/ 8. 7.71 Air Prod.
US Prior. 5.1.70

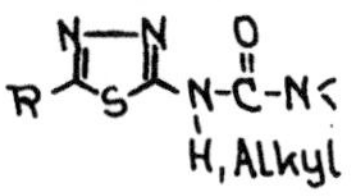

R = beliebige Substituenten

DOS 2 231 664 28. 1.72/18. 1.73 Air Prod.
Thiodiazolylamin Darstellungsverfahren

Schwz.P. 541 572 15. 1.70/31.10.73 Air Prod.

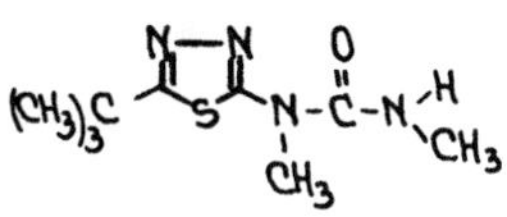

Schwz.P. 554 886 15. 1.70/31.10.74 Air Prod.
Neues Darstellungsverfahren

Schwz.P. 556 862 15. 1.70/10.12.74 Air Prod.

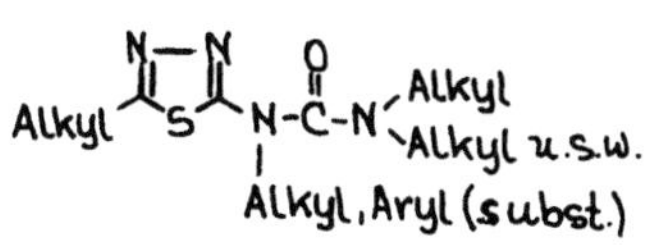

DOS 1 670 925 19. 9.67/ 1. 4.71 Bayer

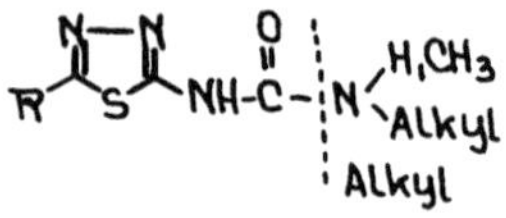

R = H, Alkyl, Alkyl-S-, $C_6H_{11}$

DOS 1 770 467 22. 5.68/ 4.11.71 Bayer
=Belg. P. 743 615 =NLP 6 906 983 7.5.69 Bayer

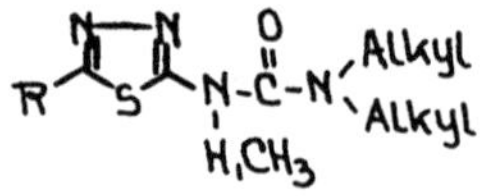

R = Halogen, Alkyl, $CF_3$, Alk(en)(in)yl, Aryl usw.

DOS 1 816 567 23.12.68/ 2. 8.70 Bayer

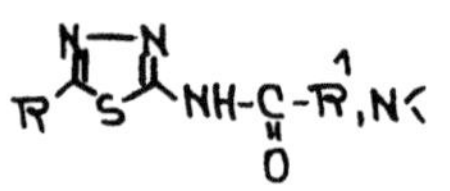

R = Alkyl, Alkyl S ↓ $(O)_{1-2}$, R' = Alkyl

DOS 1 816 568 23.12.68/ 5.11.70 Bayer
Siehe DOS 1 770 467 R = H, Alkyl, Phenyl, $C_6H_{11}$, Alkyl-$SO_2$

DOS 2 013 418 20. 3.70/ 7.10.71 Bayer
Inhalt wie zuvor R = $CF_3$

DOS 2 340 570 10. 8.73/27. 2.75 Bayer

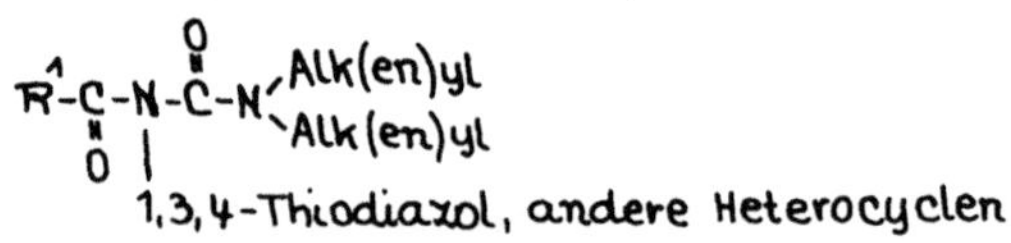


R' = Alkyl, Aryl

Belg. P. 818 605 10. 8.73/10. 2.75 Bayer
=DOS 2 340 570 Dtsch. Prior. 10.8.73

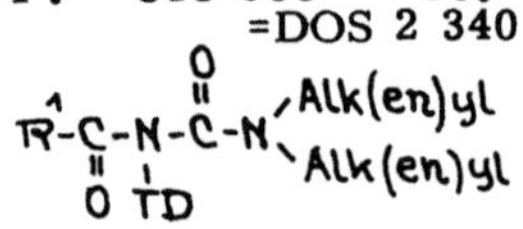

TD = 1,3,4-Thiodiazol-2-yl

DOS 2 325 332 18. 5.73/ 6.12.73 Eli Lilly
=NLP 7 307 093 22.5.72/26.11.73 US Prior. 22.5.71

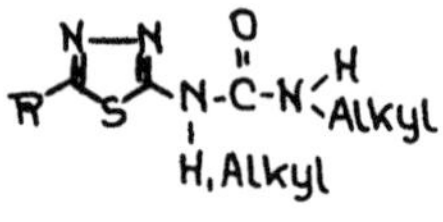

DOS 2 545 142 15.10.74/22. 4.76 Eli Lilly
US Prior. 15.10.74

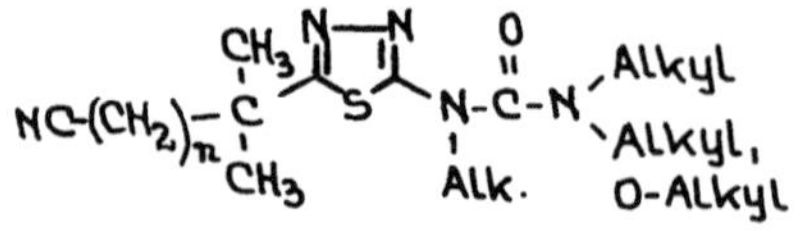

Herbizide und Fungizide

USP 3 972 706 28. 6.73/ 3. 8.76 Eli Lilly

R = halog. Alkyl

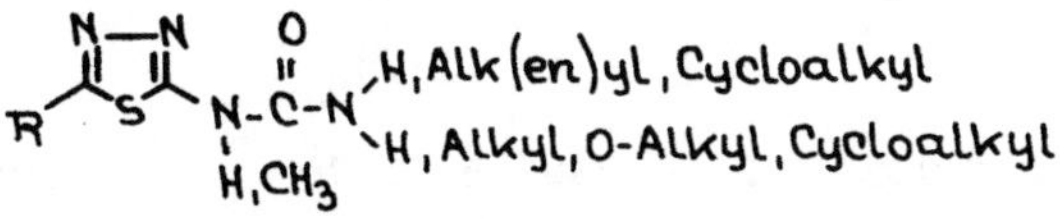


DOS 2 118 520 16. 4.71/28.10.71 Gulf
=Belg. P. 765 930 US Prior. 17.4.70

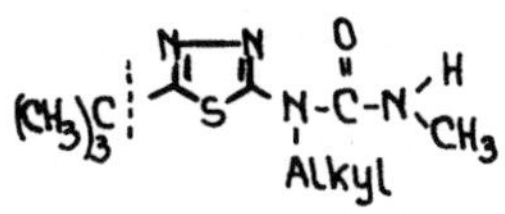


Belg. P. 814 932 14. 5.73/ 2. 9.74 Gulf

wie zuvor $(CH_3)_3C$- und $CH_3$-C-$(CH_2Cl)_2$

DOS 2 209 010 25. 2.72/31. 8.72 Gulf
=Belg. P. 779 943

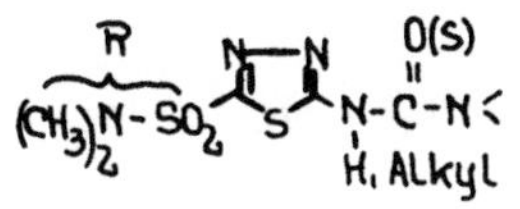


DOS 2 423 469 14. 5.74/12.12.74 Gulf Oil

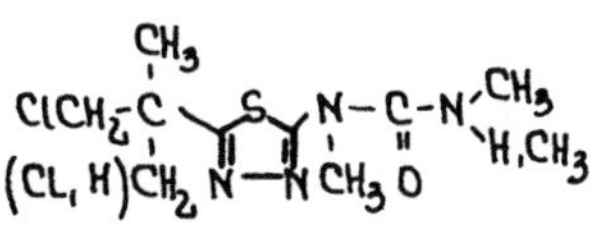


DOS 2 332 000 23. 6.73/16. 1.75 Hoechst

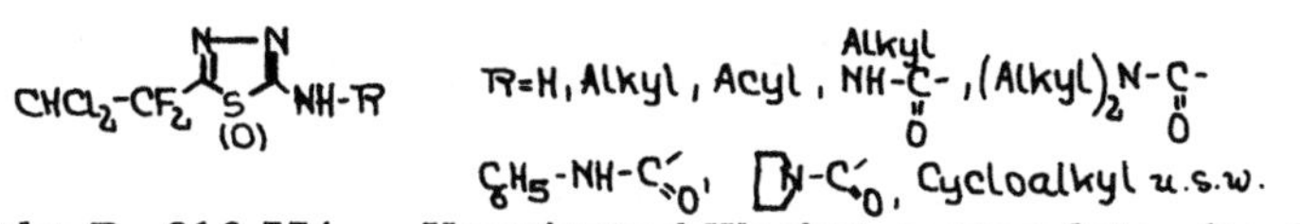


=Belg. P. 816 774 Vorwiegend Wachstumsregulator für Gerste.

DOS 1 921 220 25. 4.69/27.11.69 Hokko Chem.
Jap. Prior. 26.4., 19.11.68
=NLP 6 906 470 25.4.69/28.10.69, =Jap. P. 9810/71

Jap. P. 4 720 164 27. 2.71/21. 9.72 Hokko Chem.

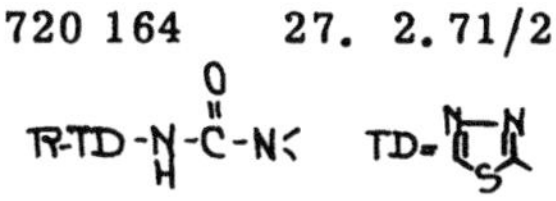


R = Alkyl, Phenyl, Benzyl

DDRP 85 222 14. 7.70/21.10.71 Klepel M. Held

Inhalt wie zuvor.

DOS 1 901 672 14. 1.69/27.11.69 Mobil Oil
US Prior. 1.2.68/10.12.68

R = Alkyl, Alkyl-Cl, Alkyl-S, Ar (S mit $(O)_n$)

DOS 2 017 842 21. 4.69/ 5.11.70 Mobil Oil

R = Alkyl, Alkyl-S, Benzyl, Heterocycl., S-Benzyl, Alkinyl-S-, Alkyl-CN usw.

Jap. P. 4 728 150 und 4 729 364 Inst. Phys. and Chem. Res.
25.3.71/10.10.72 bzw. 6.11.72

Inhalt wie zuvor.

DOS 2 028 778 6. 6.70/23.12.71 Schering Dtschl.

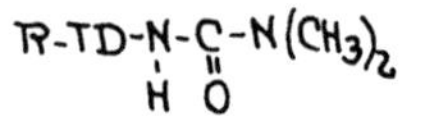

R = $C_6H_{11}$, Alkyl-$S(O)_{1\ u.\ 2}$

DOS 2 044 442 3. 9.70/ 9. 3.72 Schering Dtschl.

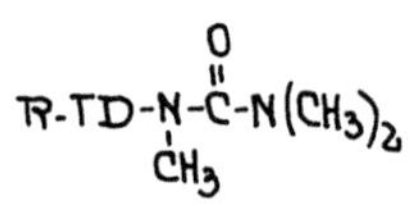

DOS 2 059 328 24.11.70/ 8. 6.72 Schering Dtschl.
=Belg. P. 805 165

Inhalt wie zuvor.

DOS 2 246 461 21. 9.72/11. 4.74 Schering Dtschl.

wie zuvor R = Alkyl-$S(O)_{1\ u.\ 2}$

Belg. P. 820 724 5.10.73/ 4. 4.75 Schering AG

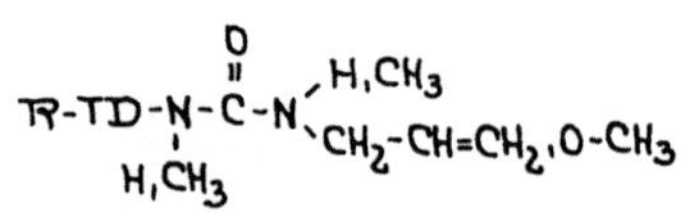

R = Alkyl-$S(O)_n$-

DOS 2 341 816 16. 8.73/27. 2.75 Schering

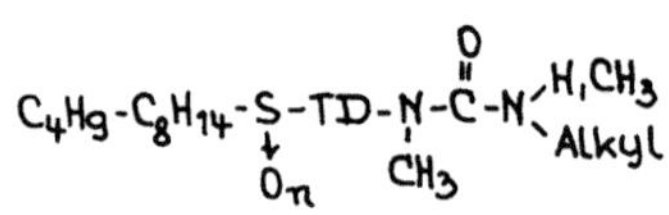

DOS 2 129 418 14. 6.71/23.12.71 Shell Int. Res.
=Belg. P. 767 177 US Prior. 15.6.70

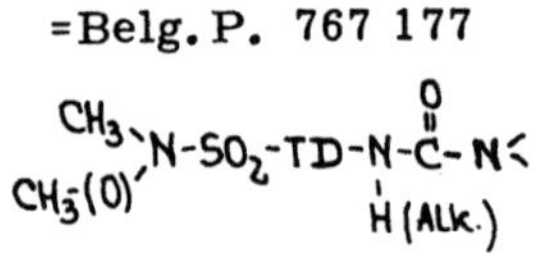

Jap. P. 74 008 259 21. 11. 70/25. 2. 74 Showa Denko

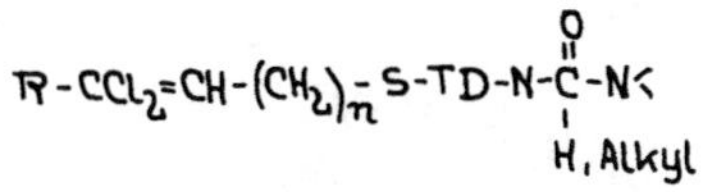

USP 3 759 940 13. 12. 71/18. 9. 73 Velsicol Chem.
=Belg. P. 800 488 Velsicol Chem.

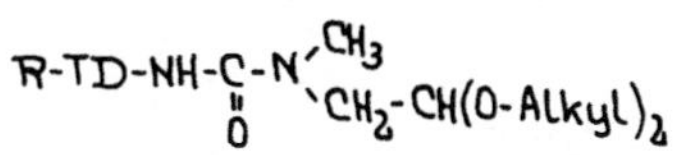

USP 3 787 432 6. 11. 71/21. 1. 74 Velsicol Chem.

R = $(CH_3)_3$-C- sonst wie zuvor

USP 3 827 875 21. 12. 71/ 6. 8. 74 Velsicol Chem.

Inhalt wie USP 3 759 940

DOS 2 330 453 15. 6. 73/ 9. 1. 75 Velsicol Chem.
=USP 3 864 775 16. 12. 71/11. 2. 75 Velsicol Chem.

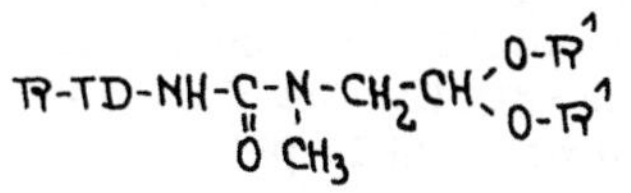

R' = nied. Alkyl

R = $(CH_3)_2CH$, $(CH_3)_3C$, $CF_3$

USP 3 901 902 9. 8. 73/26. 8. 75 Velsicol Chem.

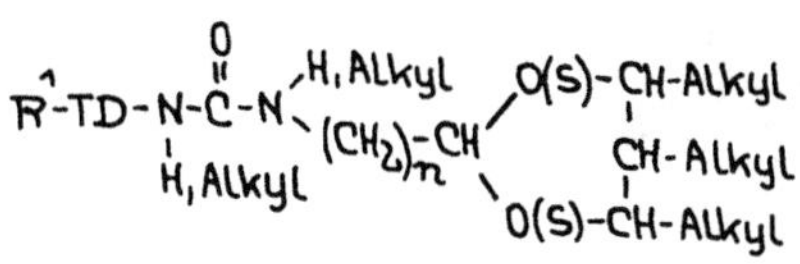

Jap. P. 50 032 176 16. 5. 74/28. 3. 75 Velsicol Chem.

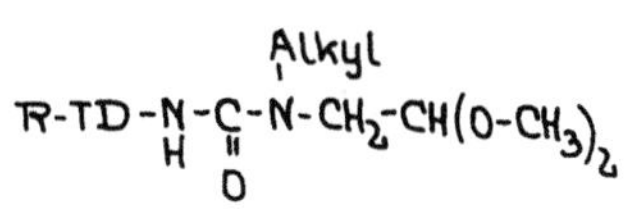

R = Alk(en)yl, Chloralkyl, $CF_3$, S-Alkyl, $SO_2$Alkyl usw.

USP 3 951 640 9. 8. 73/20. 4. 76 Velsicol

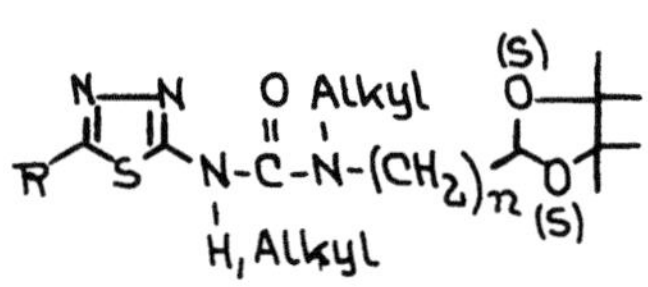

R = Alk(en, in)yl, $CF_3$, O(S)-Alkyl, $SO_2$-Alkyl

USP 3 958 975 18. 2.75/25. 5.76 Velsicol

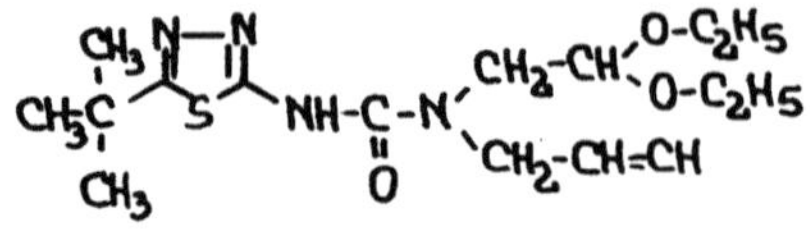

SZP 570 391 15. 1.70/15.12.75 Air Prod.

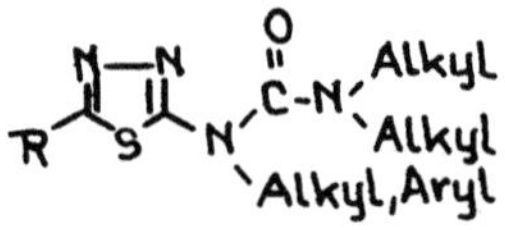

R = Alkyl

b) Harnstoffe mit überbrückter Harnstoffgruppierung

(s.a. 5.14.2.i 1)

Diese Verbindungen werden hier behandelt, weil sie sehr leicht darstellbar sind aus den herbizid wirksamen Harnstoffen und meist auch in der Pflanze durch Zerfall in die Harnstoffe ihre Wirkung entfalten. Allerdings gilt dies nicht in jedem Fall, sondern nur bei Acyl-Zwischengliedern oder Aldehydanlagerungsverbindungen.

DOS 1 910 895 4. 3.69/10. 9.70 Bayer
=USP 3 657 264

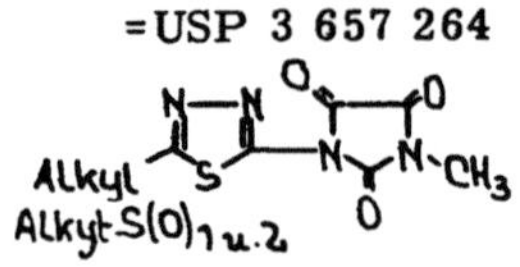

statt C=O auch S

DOS 2 013 406 20. 3.70/ 7.10.71 Bayer
=Belg.P. 764 553 und 764 555

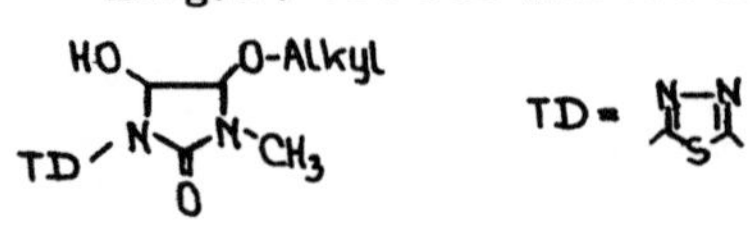

DOS 2 013 407 20. 3.70/ 7.10.71 Bayer
=Belg.P. 764 559 20.3.70/29.9.71 Bayer

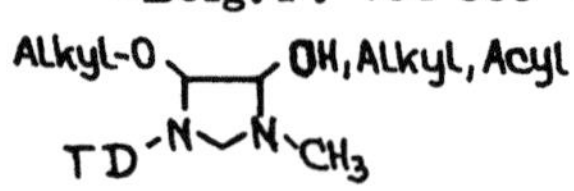

DOS 2 058 346 27.11.70/ 8. 6.72 Bayer
=NLP 7 116 163

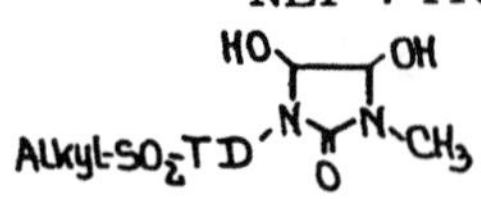

DOS 2 123 450 12. 5.71/23.11.72 Bayer
=NLP 7 206 343

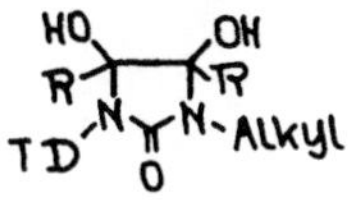

R = H, Alkyl

Belg.P. 746 833 4. 3.69/ 4. 9.70 Bayer

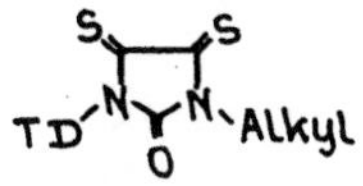

DOS 2 301 703 13. 1.73/18. 7.74 Bayer

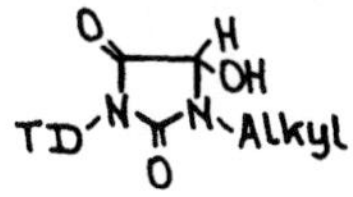

DOS 2 411 288 9. 3.74/18. 9.75 Bayer

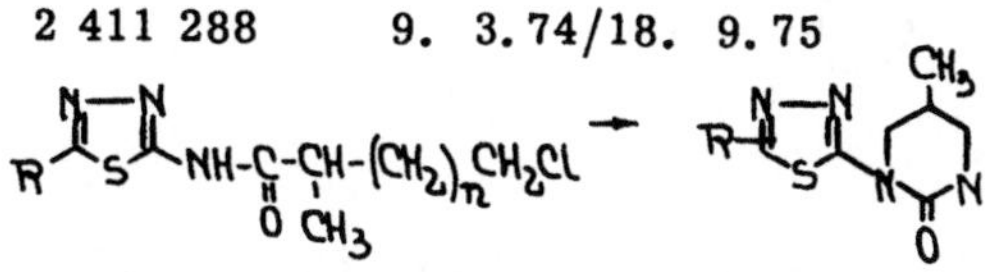

R = halog.-Alkyl, Alkyl, Alkyl$SO_2$, AlkylO-

DOS 2 301 704 13. 1.73/18. 7.74 Bayer

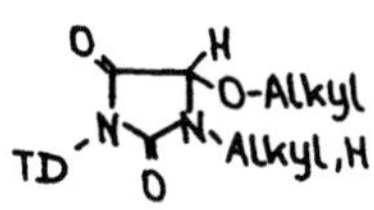

DOS 2 303 079 23. 1.73/ 5. 9.74 Bayer
=NLP 7 400 799

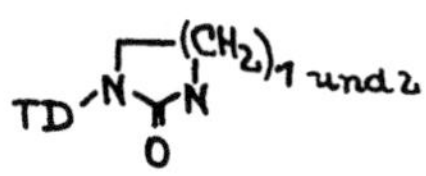

DOS 2 415 056 28. 3.74/16.10.75 Bayer
=Belg.P. 826 410

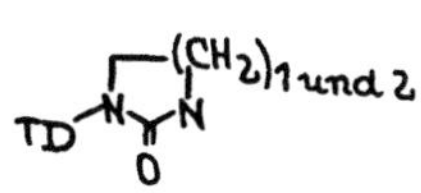

R = Alkyl, S-Alkyl, $SO_2$-Alkyl usw.

Schwz.P. 524 632 29.12.69/15. 8.72 Agripat

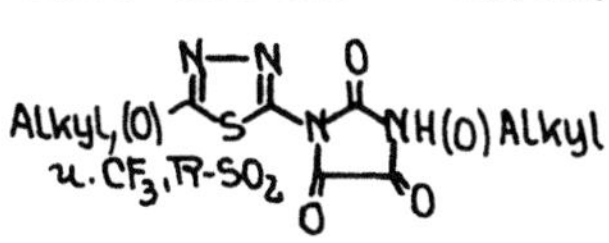

DOS 2 514 228 1. 4.75/16.10.75 Ciba-Geigy
=Belg.P. 827 460 Schwz.Prior. 3.4.74

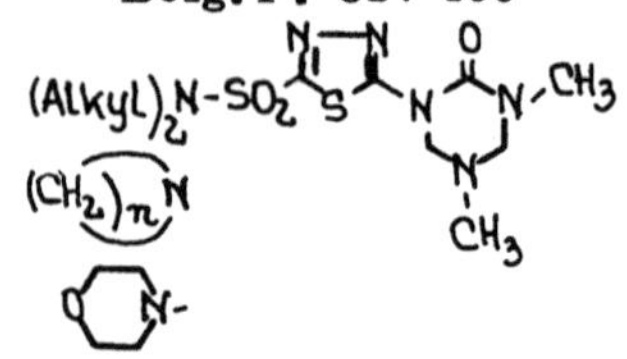


DOS 2 514 228 1. 4.75/16.10.75 Ciba-Geigy
Schwz.Prior. 3.4.74

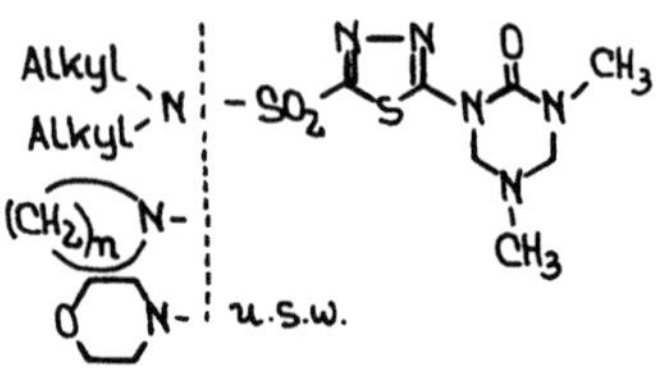


ZAP 7 008 685 29.12.69/27. 9.71 Esso Res.
Siehe auch DOS 2 119 782 23.4.71/16.12.71

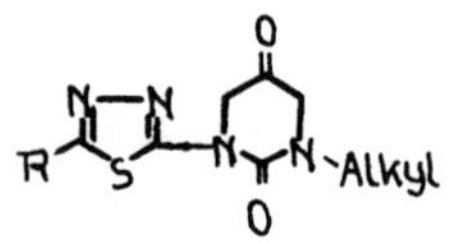


R = $CF_3$, O(S)Alkyl

Andere 5 u. 6-Ring-ambinationen

DOS 2 402 909 22. 1.74/ 7. 8.75 Velsicol Chem.

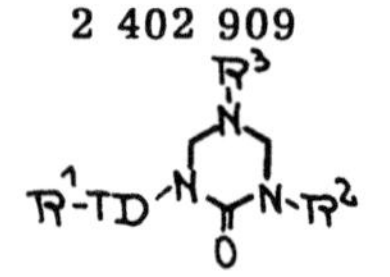


$R^1, R^2$ = nied. Alkyl
$R^3$ = Alk(en)yl, Haloalkyl usw.

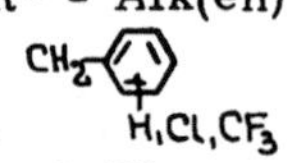


DOS 2 404 986 1. 2.74/ 7. 8.75 Velsicol Chem.

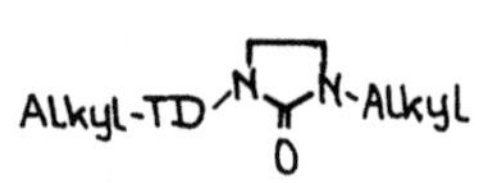


DOS 2 430 467 25. 6.74/23. 1.75 Velsicol Chem.
=USP 3 901 904 13.8.73/26.8.75

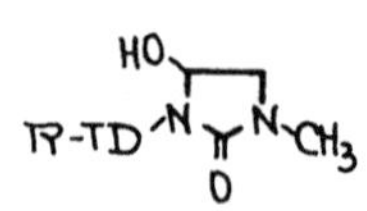


R = Alkyl, Alkenyl, $CF_3$, O(S)Alkyl, $SO_2$-Alkyl

DOS 2 460 528 10. 12. 74/10. 8. 75 Velsicol Chem.
US Prior. 18. 3. 74

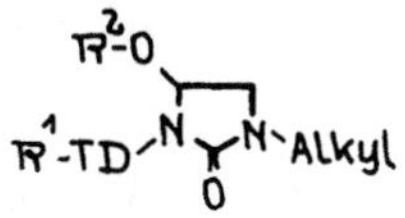

R' = Alk(en)yl, Chloralkyl, $CF_3$, O(S)Alkyl, S-Alkyl → $(O)_1$ u. 2

$R^2$ = Alkyl, C(=O)-N

DOS 2 500 868 10. 1. 75/17. 7. 75 Velsicol Chem.
US Prior. 10. 1. 74

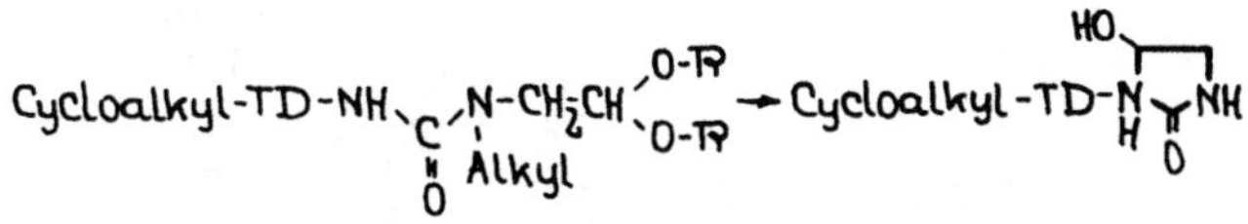

Belg. P. 824 282 10. 1. 74/22. 5. 75 Velsicol Chem.

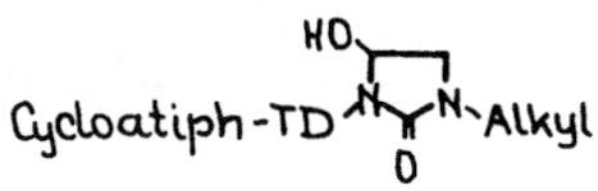

DOS 2 510 513 11. 3. 75/18. 9. 75 Velsicol Chem.
US Prior. 11. 3. 74

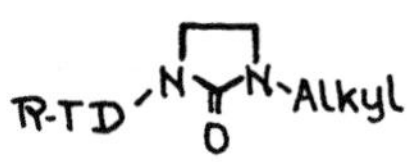

R = Alk(en, in)yl, Cl-Alkyl, $CF_3$, Alkyl $SO_2$, Alkyl S(O) usw.

Belg. P. 826 549 11. 3. 74/30. 6. 75 Velsicol Chem.

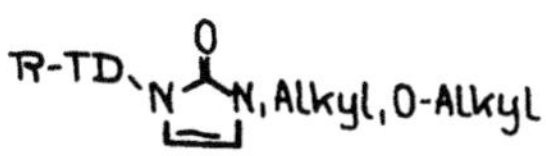

R = Alk(en)yl, $CF_3$, Alkyl$SO_2$ usw.

Belg. P. 813 958 16. 8. 74 Velsicol Chem.
US Prior. 13. 8. 73, 29. 6. 73

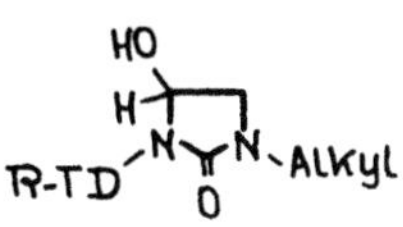

DOS 2 510 573 11. 3. 75/ 2. 10. 75 Velsicol Chem.
US Prior. 28. 3. 75

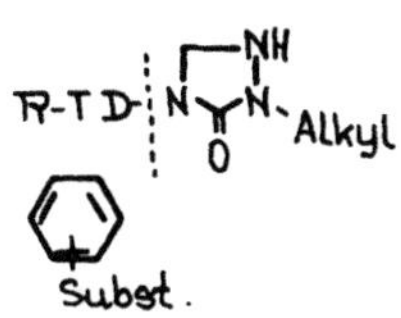

R = Alk(en)yl, Chloralkyl, O-Alkyl, $CF_3$, $S(O)_{1 \text{ u. } 2}$-Alkyl

USP 3 904 640 27. 7. 73/ 9. 9. 75 Velsicol Chem.

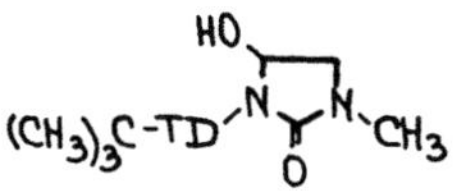

USP 3 920 674 10. 1.74/18.11.75 Velsicol

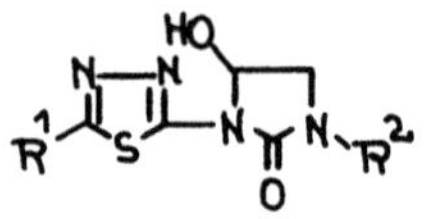

$R^1$ = $C_3$-$C_7$-Alkyl, Cycloalkyl subst. durch Cl, OH
$R^2$ = Alkyl

siehe auch bei 5-Ringe 2 N + 1 S

USP 3 925 402 26.12.73/ 9.12.75 Velsicol

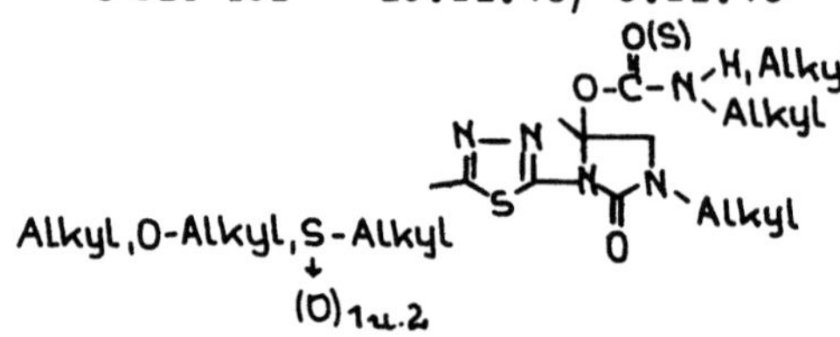


USP 3 925 403 2. 2.72/ 9.12.75 Velsicol

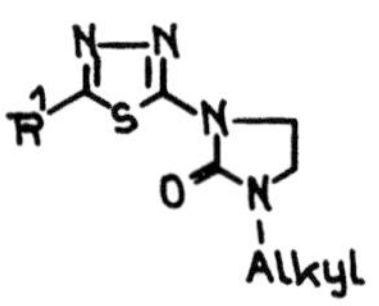


$R^1$ = $CH<^{CH_3}_{CH_3}$, $C(CH_3)_3$, $CF_3$

USP 3 931 209 28. 3.74/ 6. 1.76 Velsicol

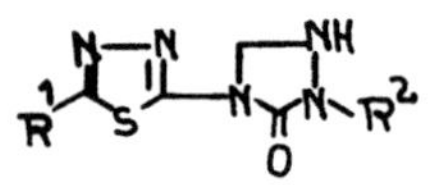

$R^1$ = Alk(en)yl, Alkylchlorid, O(S)-Alkyl $SO_2$-Alkyl, $CF_3$
$R^2$ = $CH_3$, $C_2H_5$

USP 3 932 438 29. 6.73/13. 1.76 Velsicol

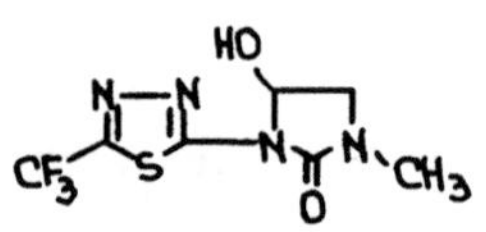

USP 3 932 410 1.11.74/13. 1.76 Velsicol
=Belg. P. 833 316 11. 9.74/31.12.75

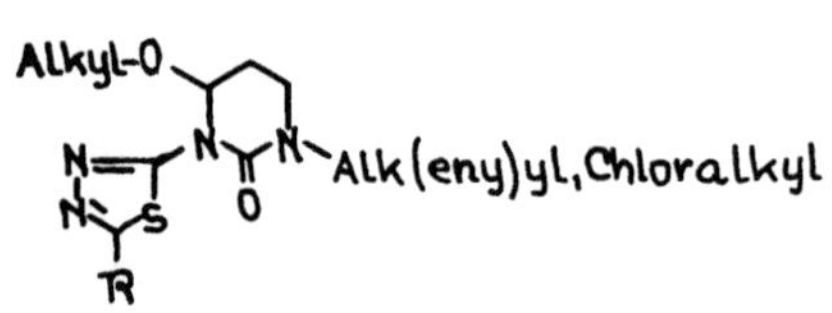


R = Alk(en)yl, Chloralkyl, O(S-Alkyl usw.
||
(O)

siehe auch bei 6-Ringe 2 x N: 5.14.3e

USP 3 944 409 19.12.74/16. 3.76 Velsicol

$R^1$ = Alk(en)yl, $CF_3$ usw.

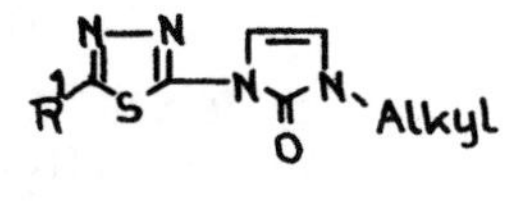

Beeinflussung des Nährwertes der Pflanzen.

DOS 2 534 993 5. 8.75/26. 2.76 Velsicol
US Prior. 5.8.74

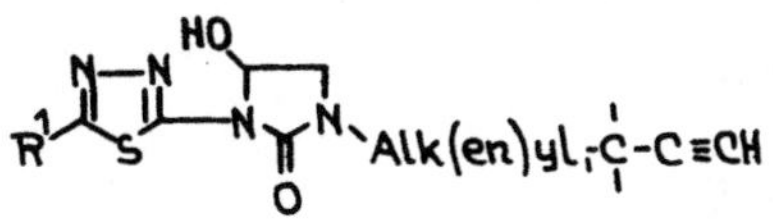

$R^1$ = Alk(en, in)yl,
Alkyl $S(O)_n$ usw.
O-Alkyl, Cyclo-
alkyl

Darstellungsverfahren

DOS 2 540 366 10. 9.75/25. 3.76 Velsicol
US Prior. 11.9.74, 10.7.75, 27.5.70

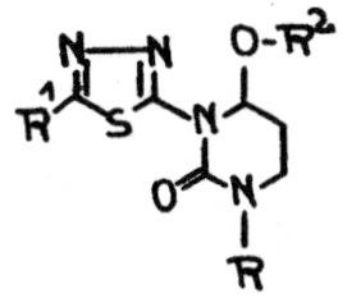

R = Alk(en)yl, -C-C≡ CH

$R^1$ = Alk(en)yl, Hal.Alkyl,
S(O)Alkyl usw.

Belg.P. 835 155 14. 4.75/16. 2.76 Velsicol

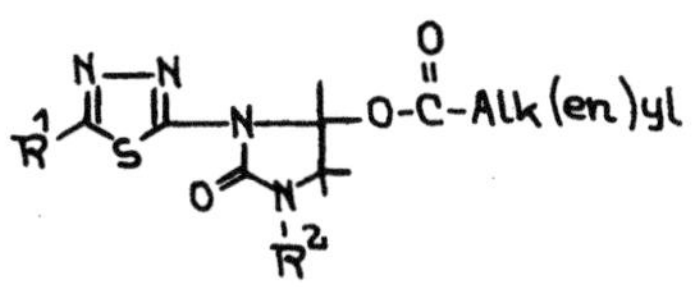

$R^1$ = Alk(en)yl, O-Alkyl
Cycloalkyl,
$S(O)_n$-Alkyl

USP 3 963 473 29. 6.73/15. 6.76 Velsicol
siehe auch USP 3 932 438

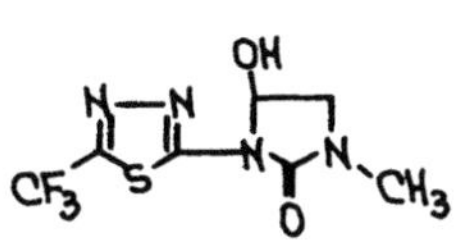

1, 3, 4-Thiadiazol-5-on-2-yl-Harnstoffe und entspr. S-Verbindungen

DOS 1 770 236 19. 4.68/ 7.10.71 Bayer
=NLP 6 906 039 18.4.69 Bayer

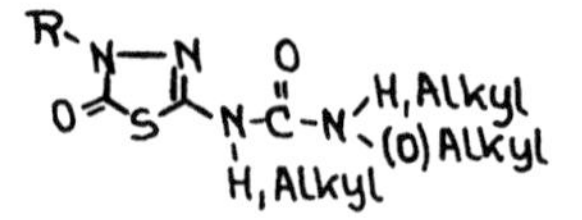


R = H, Alkyl, Ar, $C_6H_{11}$, Alk-O-Alkyl

DOS 1 914 629 22. 3.69/ 1.10.70 Bayer

Inhalt wie zuvor C=O durch C=S ersetzt

DOS 2 003 145 24. 1.70/12. 8.71 Bayer

Inhalt wie zuvor

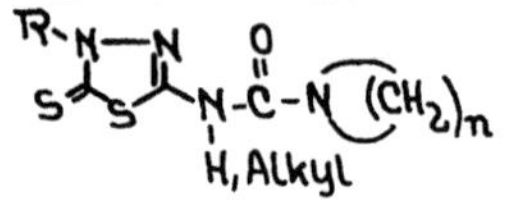


DOS 2 123 266 11. 5.71/ 1. 3.73 Bayer

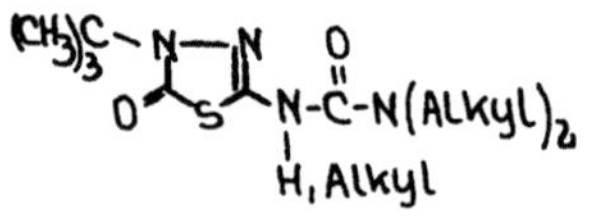


DOS 2 124 260 15. 5.71/30.11.72 Bayer
=NLP 7 206 349 =Belg.P. 747 693 Bayer

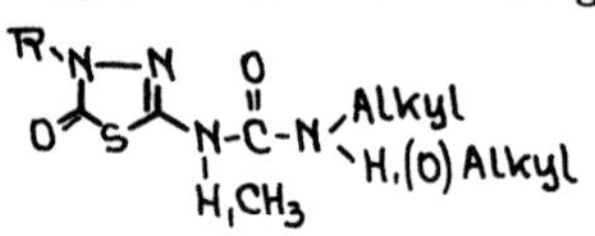


R = (O)-Alkyl, Aryl, S-Ar(yl), SAlkyl

i 5 4 5-Ringe mit 3 x N

1, 2, 4-Triazolylharnstoffe.

Es bestehen fast nur Patente über Carbonsäureamide des 1, 2, 4-Triazols.

Fr.P. 2 240 219 6. 8.73/11. 4.75 Avies

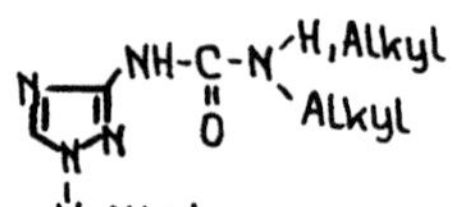

k) **Heterocyclische Harnstoffe von 6-Ring Verbindungen**

k1) 1 x N oder S

DOS 1 567 214 4.11.66/16. 4.70 US Borax
US Prior. 11.7.66

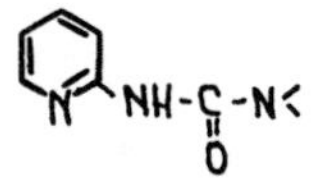

USP 3 829 307 30. 4.71/13. 8.74 Stauffer

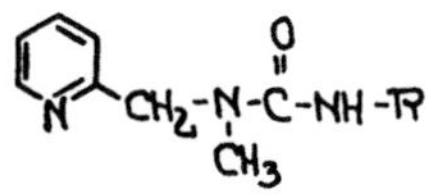

R = Aryl

DOS 2 017 498 11. 4.70/29.11.70 Ciba
Schwz. Prior. 18.4.69

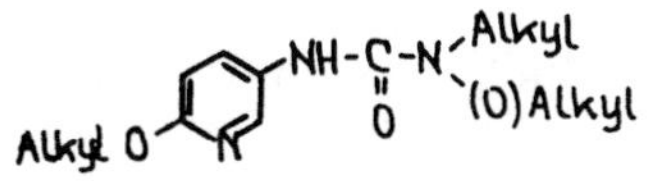

k2) 6-Ringe mit 1 x N + 1 x O oder S; 2 x N

Belg. P. 778 142 19. 1.71/17. 7.72 Sandoz
Schwz. Prior. 1.12.71

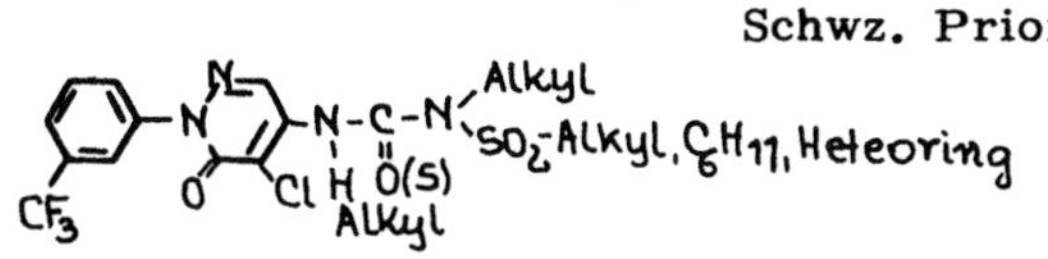

DOS 2 110 111 3. 3.71/16. 9.71 Sandoz
Schwz. Prior. 5.3.70

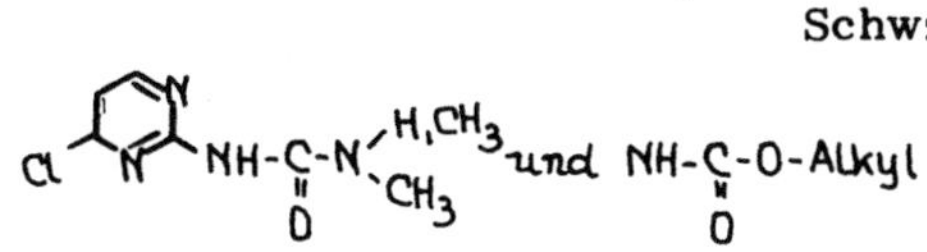

USP 3 862 183 15. 5.73/21. 1.75 Gulf

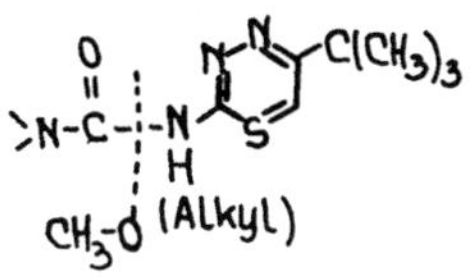

### k3) 6-Ringe 3 x O und 2 x N + 1 x S

Can.P. 908 177 24. 2.70/22. 8.72 Gulf Res.

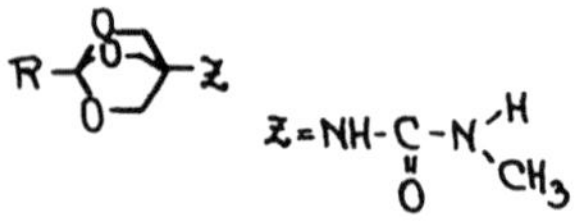

R = H, Alkyl, Phenyl, $CF_3$, $C_6H_{11}$ usw.

USP 3 854 924 4. 1.71/17.12.74 Gulf Res.

1,3,4-Thiadiazine

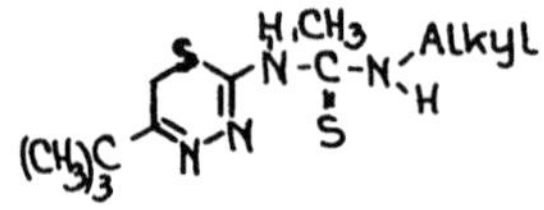

## 5.6 Sulfamide

DOS 1 964 441 2. 1.69/16. 7.70 Sandoz

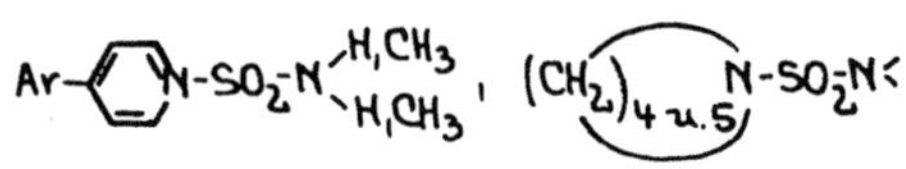

USP 3 741 984 19. 8.71/26. 6.73 Du Pont

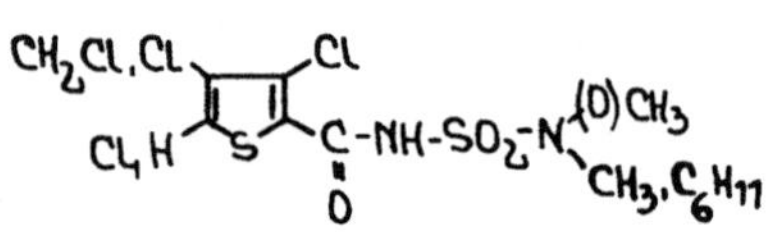

USP 3 804 894 25. 9.70/16. 4.74 Monsanto

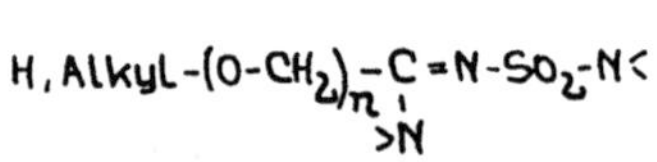

Fr.P. 2 240 217 6. 8.73/11. 4.75 Avies

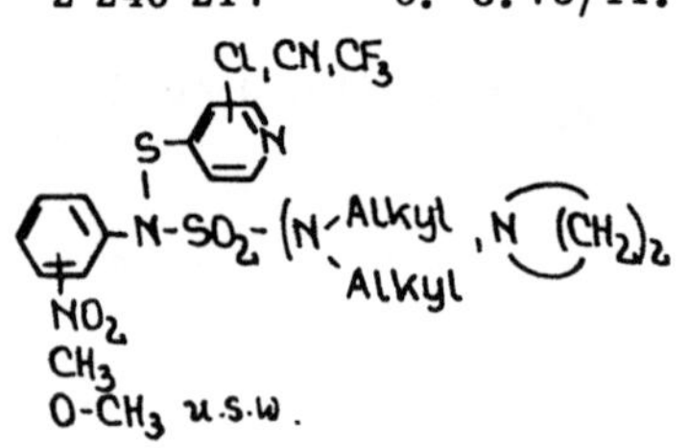

Allgemeine Anwendung.
Herbizide erwähnt.

## 5.7 Carbonsäuren, Nitrile, Aldehyde

### 5.7.1 Aliphatische Carbonsäuren

#### a) Monocarbonsäuren, ihre Ester, Amide und Amidine sowie Nitrile

Amide werden im Folgenden nur besprochen wenn der Aminrest aliphatischer oder cycloaliphatischer Natur ist, da in diesen Fällen die herbizide Wirksamkeit weitestgehend auf den Carbonsäurerest zurückgeführt werden kann. Acylverbindungen aromatischer oder heterocyclischer Amine siehe bei Acyl-Aniliden usw. Hydroxamsäuren und Säurehydrazide werden ebenfalls unter den Carbonsäuren abgehandelt. Das Gleiche gilt für Amidine soweit nicht ein Aminrest aromatischer oder heterocyclischer Natur ist. In diesem Falle siehe bei Acyl-Aniliden sowie bei Acyl-amino-heterocyclen. Aminosäuren werden ebenfalls bei den Carbonsäuren angeführt.

Es wird versucht die Amide nach größer werdenden Acylresten zu ordnen. Eine strenge Zuordnung nach diesem Einteilungsprinzip ist aber nicht möglich da zahlreiche Patente über Säureamide alle Säurereste umfassen. Auch der Aminrest umfaßt gelegentlich aliphatische cycloaliphatische und aromatische Amine.

DOS 2 350 695 12.12.72/18. 4.74 Ciba-Geigy

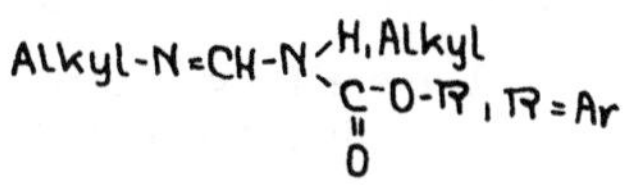


ähnlich Schwz. P. 563 109 17. 3. 72/30. 6. 75 Ciba-Geigy

statt COOR Alkyl oder N (CH$_2$)$_n$

DOS 1 931 386 20. 6.69/23.12.70 BASF

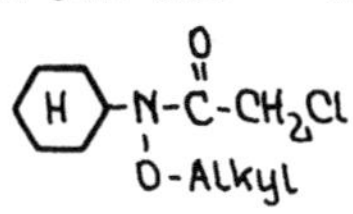


DOS 1 959 050 25.11.69/27. 5.71 Bayer

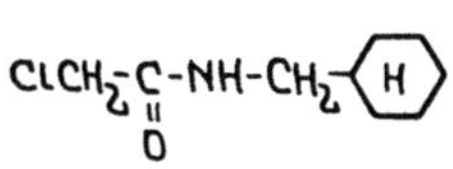


DOS 2 045 380 14. 9.70/22. 4.71 Monsanto
US Prior. 15.9.69

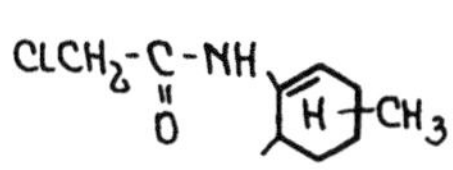

DOS 2 155 494 9. 11. 71/24. 5. 73 Bayer

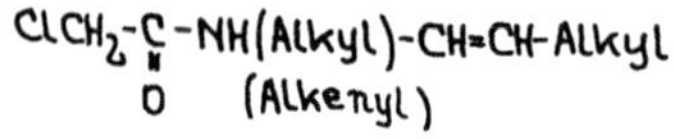

DOS 2 333 477 30. 6. 73/23. 1. 75 BASF
=Belg. P. 817 010

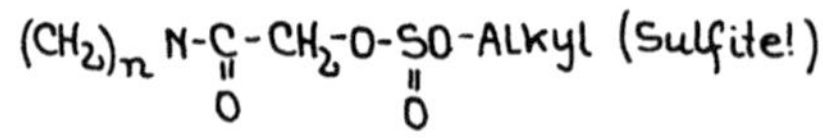

DOS 2 341 810 15. 8. 72/ 8. 2. 74 SMC Corp.
US Prior. 15. 8. 72

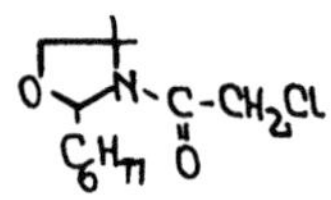

Die nachfolgenden Amide werden als Schutzmittel gegen Herbizidschäden im Getreide und bei Mais, vorwiegend bei Anwendung von Thiolcarbamaten, beansprucht. Von praktischer Bedeutung ist bis heute nur das Dichloressigsäure-diallylamid, (siehe Text).

Belg. P. 824 892 31. 1. 74/28. 7. 75 Stauffer

z. B. 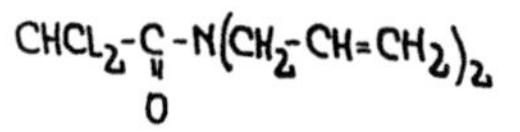 Darstellung, Schutzsubstanz gegen Schäden durch Thiocarbamate

USP 3 726 663 17. 6. 68/10. 4. 73 Monsanto

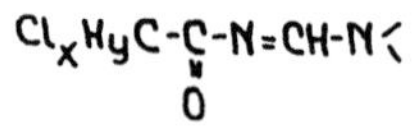 x + y = 3

USP 3 644 524 30. 11. 67/22. 2. 72 Gulf Res.

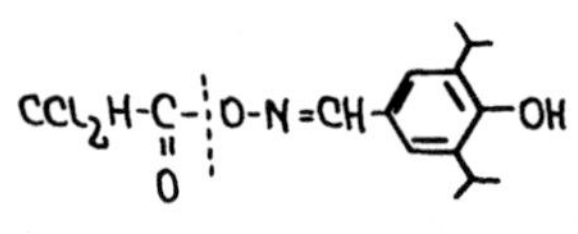 und 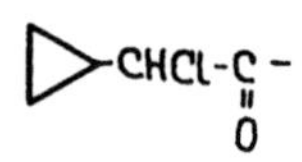

USP 3 646 141 18. 4. 69/29. 2. 72 Gaf Corp.

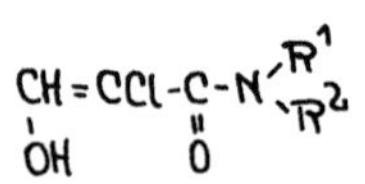 $R^1$ u. $R^2$ = Alkyl, Aryl, Heterocycl.

DOS 1 618 090 3. 2. 67/ 5. 11. 70 CH Boehringer Sohn
Trichloressigsäureester von Polyolen.

DOS 1 922 413 2. 5. 69/ 5. 11. 70 BASF
=Belg. P. 749 650

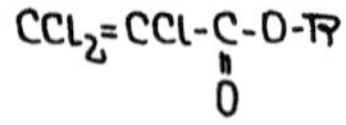 R = (Alkyl, Phenyl)

SUP 218 563 22. 2.67/ 12.68 Phyt.-pathol. Res. Inst. USSR

$CCl_2=CCl-CH_2-COOH$

Jap. P. 6 928 485 u. 6 928 486 26. 5. 66/24. 11. 69 Mitsubishi

2, 2, 3-Trichlor-n-buttersäure-Amide.

Fr. P. 1 598 637 22. 12. 67/14. 8. 70 Nordd. Affinerie

$CH_3-CCl_2-COOH$

USP 3 657 340 31. 1. 69/18. 4. 72 Dow Chem.

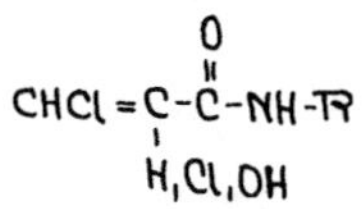

R = (Alkyl, Aryl) Benzyl Cycloalkyl

Fr. P. 1 598 637 22. 12. 67/14. 8. 70 Nordd. Affinerie Spiess Sohn

α, ß-Dichlor-iso-buttersäure(ester)
Gräserherbizid, vorwiegend Hemmwirkung.

DOS 2 135 623 16. 7. 71/25. 1. 73 Bayer

Hemmung des Wachstums

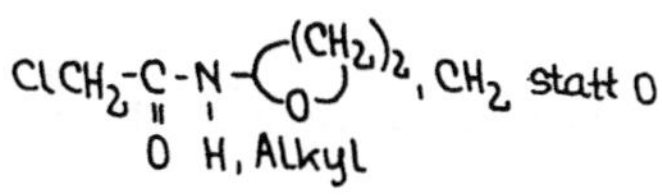

DOS 1 493 992 13. 11. 64/25. 5. 69 Monsanto US Prior. 15. 11. 63

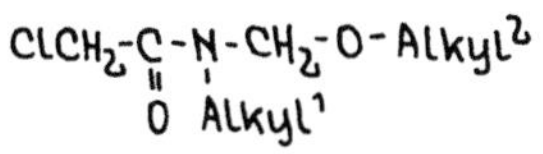

Dieses Patent ist der Vorläufer für wichtige Herbizide bei denen Alkyl$^1$ durch 2, 6-alkylierte Aniline ersetzt ist.

USP 3 536 721 15. 7. 66/27. 10. 70 Stauffer

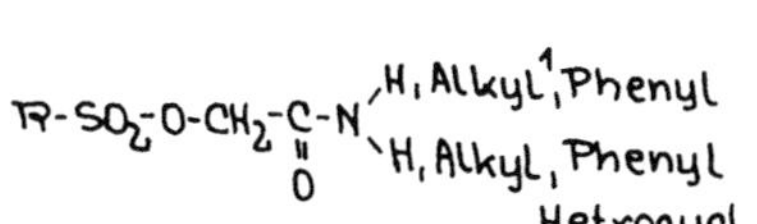

Alkyl, Phenyl, Heterocycl.
R = Alkyl, Phenyl

DOS 2 219 923 22. 4. 72/31. 10. 73 BASF

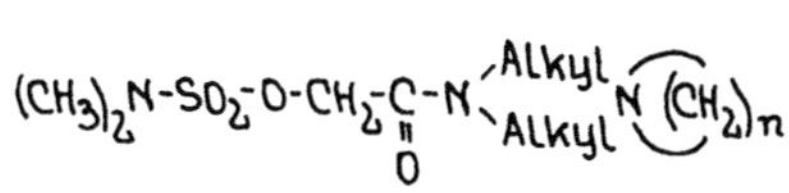

Belg. P.    782 527    24. 5.71/16. 8.72    Tenneco Chem.

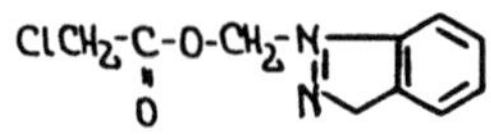

Can. P.    914 206    23.12.68/ 7.11.72    Stauffer

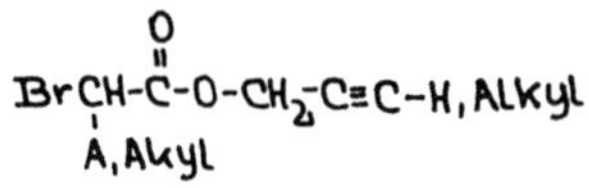

DOS    1 768 316    27. 4.68/28.10.71    Bayer

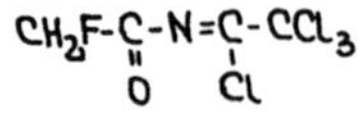

Neues Darstellungsverfahren.

DOS    1 642 220    5. 4.67/22. 4.71    BASF

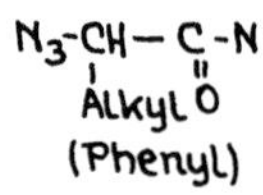

USP    3 878 248    3. 5.71/15. 4.75    Monsanto
siehe auch USP 3 770 824

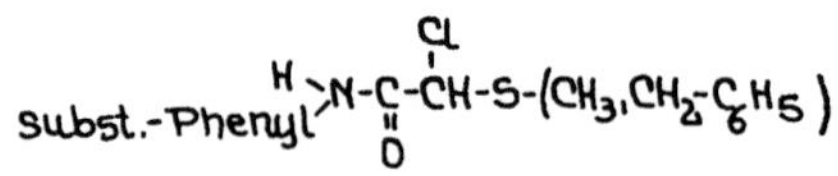

Vorwiegend Zwischenprodukte aber auch Herbizide.

USP    3 469 996    23. 1.67/30. 9.69    Allied Chem.

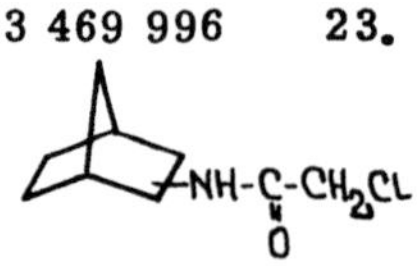

DOS    2 218 097    14. 4.72/ 2.11.72    Stauffer
US Prior. 16.4.71/9.12.71

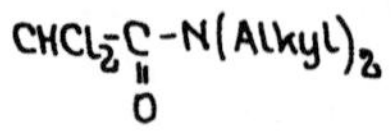

Das Patent umfaßt auch heterocyclische Amide wie z. B.

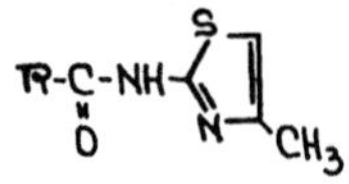

ferner

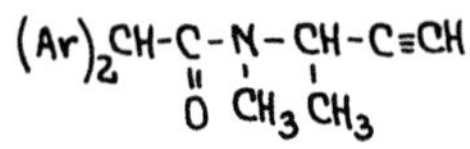

DOS    2 503 190    27. 1.75/14. 8.75    Stauffer
US Prior. 31.1.74

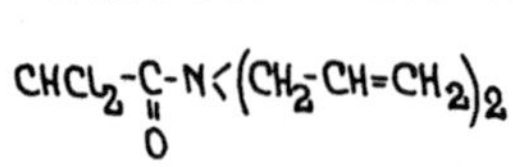

Darstellungsverfahren

Anwendung siehe USP 2 913 327, 3 037 853, 3 175 897, 3 185 720, 3 198 786 und 3 582 314. Herbizid-Schutz-Substanz.

USP 3 867 444 17. 7.72/18. 2.75 Stauffer

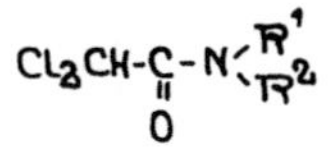

Herbizid-Schutz-Substanzen

$R^1$ u. $R^2$ = Alkenyl($C_3$-$C_6$) Cyclohexenyl

USP 3 893 838 16.11.72/ 8. 7.75 Stauffer

Halog-Alkyl-CO ⋮ - Alkyl-Cl
z. B. $CHCl_2$- O ⋮ - Alk(en, in)yl

Antidot für Carbamate

Can. P. 878 526 4.12.69/ 1. 8.71 Stauffer

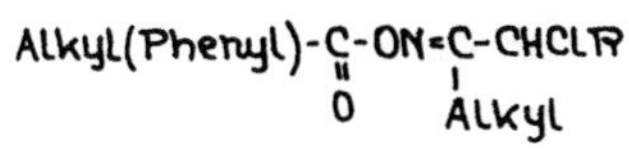

DOS 2 104 857 2. 2.71/18.11.71 Gulf Res.
US Prior. 6.2.70

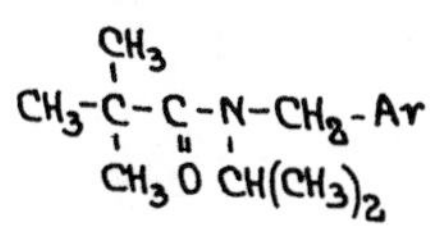

USP 3 472 004 24. 4.67/14.10.69 Air Prod.

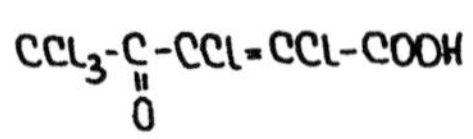

Entblätterungsmittel für Baumwolle

USP 3 498 781 1. 7.68/ 3. 3.70 Hercules

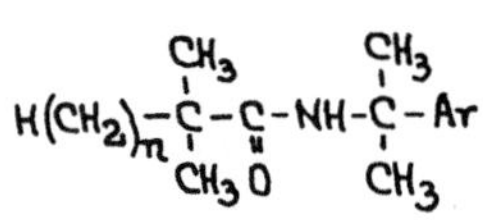

fast identisch mit USP 3 644 521 12.12.69/22.12.72 Hercules

GBP 1 243 987 1.12.67/25. 8.71 Esso

Hochverzweigte aliphatische $C_5$-$C_{15}$ Carbonsäuren.

DOS 1 792 119 24. 7.68/13. 1.72 Unilever
US Prior. 24.7.67

$C_5$-$C_{21}$ Carbonsäuren

Gegen Gräser spez. auch Ackerfuchsschwanz.

USP 3 645 716 3.10.69/29. 2.72 Esso

Neodecansäure

DOS 1 767 829 21. 6.68/15. 2.73 Lentia

$C_5H_{11}$-CH(OH)-$CH_2COOH$ und höhere Carbonsäuren zur Wuchsbeeinflussung

NLP 7 210 607 3. 8.71/ 6. 2.73 Ciba-Geigy

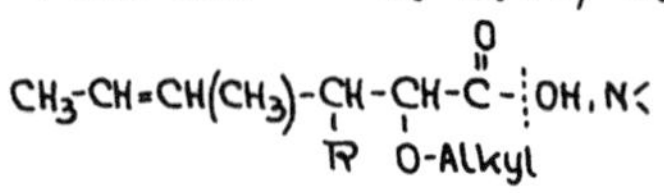

Wuchsbeeinflussung

DOS 2 200 941 10. 1.72/24. 8.72 Lentia
Österr. Prior. 12.2.71
4-Hydroxy- sowie 2,3-Dihydroxy-octancarbonsäure. Erniedrigung des Wasserhaushaltes von Pflanzen. Dürreresistenz.

DOS 2 438 400 10. 8.73/27. 2.75 Sagami Chem.

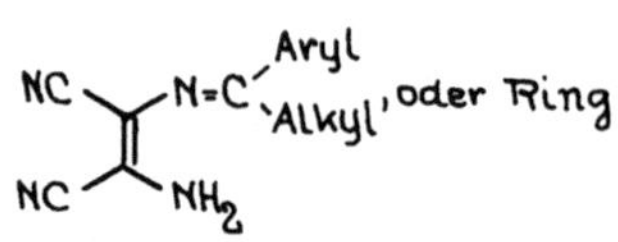

USP 3 850 610 18.10.71/26.11.74 Gaf Corp.

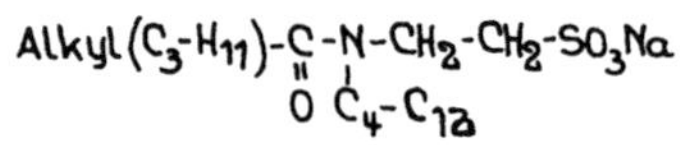

post-emerg. Herbizid

Can.P. 878 526 4.12.69/ 1. 8.71 Stauffer

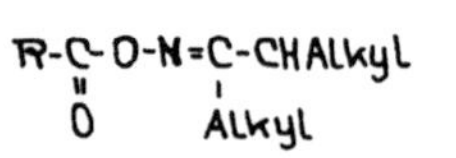

R = Alkyl, Phenyl

DOS 2 431 582 1. 7.74/22. 1.76 BASF
=Belg.P. 830 704 1. 7.74/29.12.75 BASF

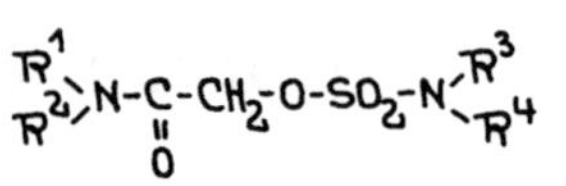

$R^1$ u. $R^2$ = Allyl
$R^3$ = H
$R^4$ = H, Alkyl, Alkylchlorid

Belg.P. 838 518 14. 2.75/12. 8.76 Stauffer

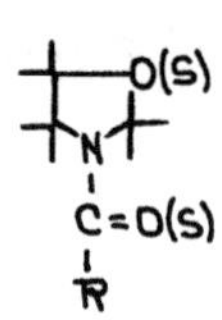

R = Cl-Alkyl, Cl-Alkenyl

Herbizid-Detoxicant

Jap.P. 76 026 484 25.12.70/ 6. 8.76 Sumitomo Chem.

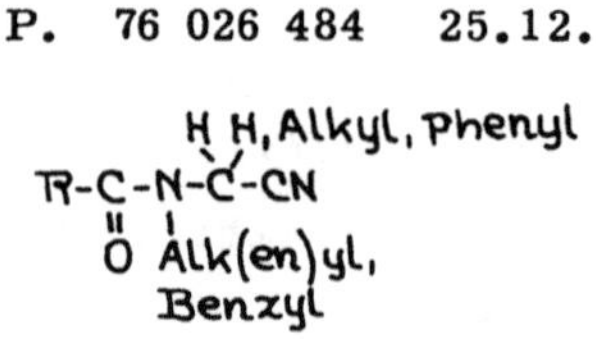

R = Cl, $CH_2$ oder $CCl_3$

DOS 2 517 784 22. 4.74/30.10.75 Roussel Uclaf

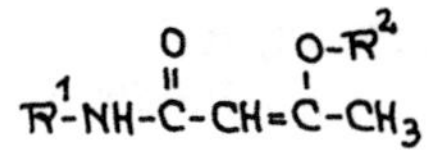

$R^1$ = Adamantyl, Bornyl, Cycloalkyl usw.
$R^2$ = $C_1$-$C_3$-Alkyl

USP 3 923 494 24. 5.73/ 2.12.75 Stauffer

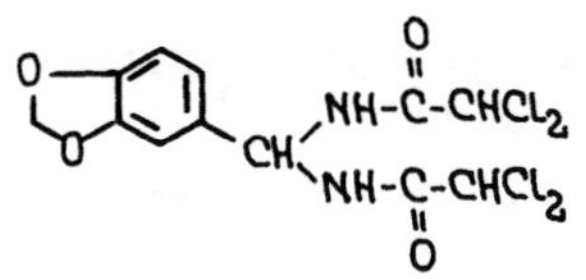

Schutzmittel gegen Herbizid-Schäden durch Thiocarbamate.

USP 3 931 313 17. 7.72/ 6. 1.76 Stauffer

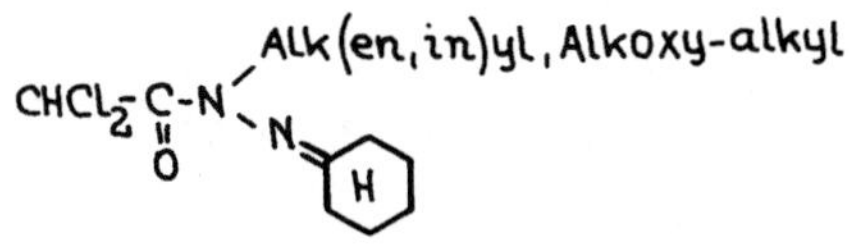

Schutzmittel gegen Herbizid-Schäden durch Thiocarbamate.

Begl.P. 830 361 19. 6.71/18.12.75 Ciba-Geigy

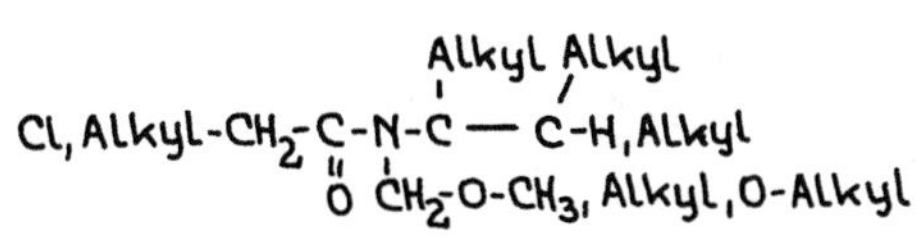

DOS 2 526 868 16. 6.75/ 8. 1.76 Ciba-Geigy
SZ Prior. 19.6.74

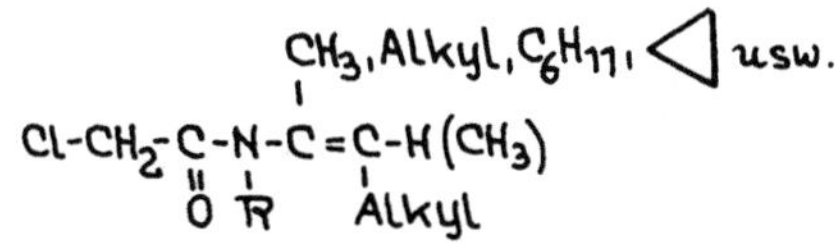

R = $CH_2$-$CH_2$-$OCH_3$, $C_4H_9$, $CH_3$ usw. Gräserwirkung

USP 3 959 330 8.11.71/25. 5.76 Monsanto

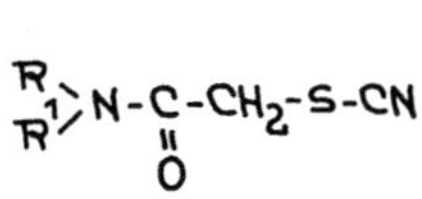

R u. $R^1$ = Alkyl, O-Alkyl, subst. Phenyl

USP 3 972 889 12. 2.68/ 3. 8.76 Chevron Res.
Divison of 3 888 972, 3 771 991, 3 697 571

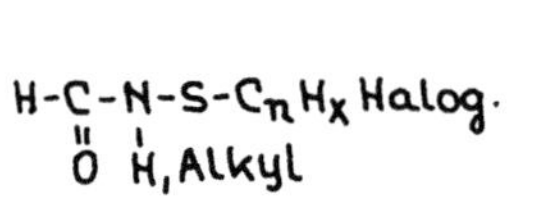

u.a. auch Algizide

b) Aliphatische Amino- und Hydroxylamino-(äther)-Carbonsäuren

DOS 1 542 738 11. 6.65/17. 9.70 Chem. Investors
US Prior. 12.6.69

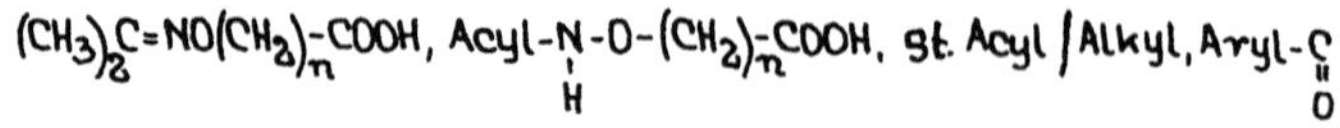

Beliebige Oxime auch aromatisch-aliphatischer Natur,

ferner beanspruchend: 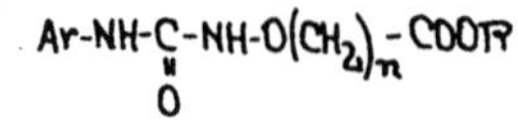

USP 3 644 491 29.11.68/22. 2.72 Du Pont

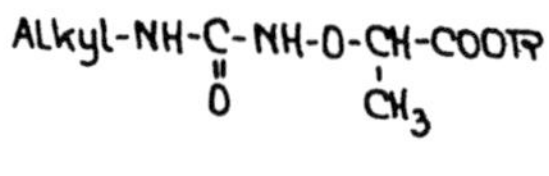

DOS 1 642 314 22.12.67/16. 3.72 Nordd. Affinerie

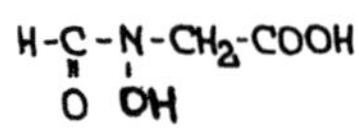

DOS 1 298 093 16.10.62/26. 6.69 Du Pont

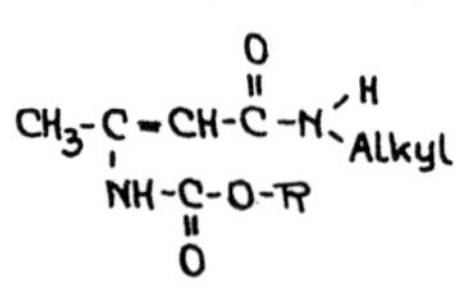

Belg.P. 817 744 19. 7.73/17. 1.75 Bayer

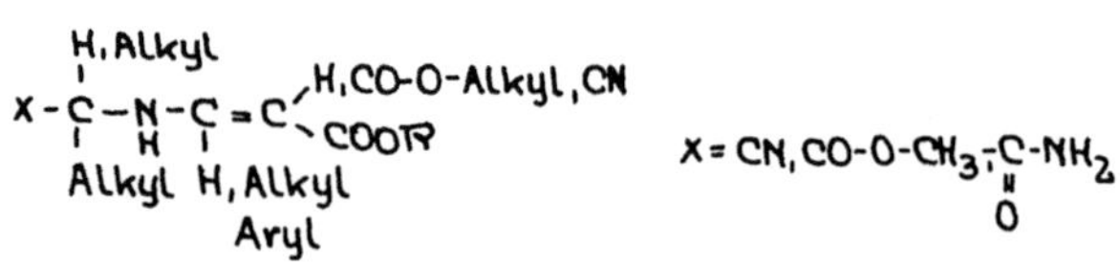

USP 3 504 008 26. 5.67/31. 3.70 Gulf Res.

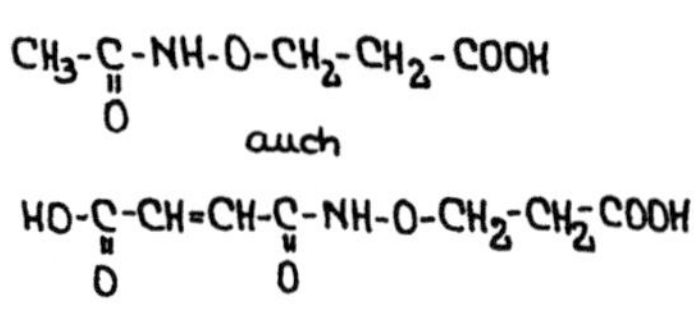

DOS 2 336 723 19. 7.73/20. 2.75 Bayer

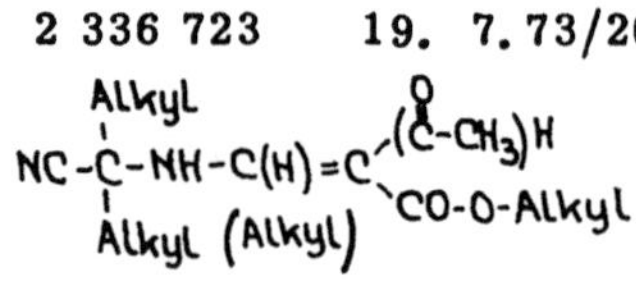

| | | | |
|---|---|---|---|
| DOS | 2 429 784 | 21. 6.74/23. 1.75 | Am. Cyanamid |

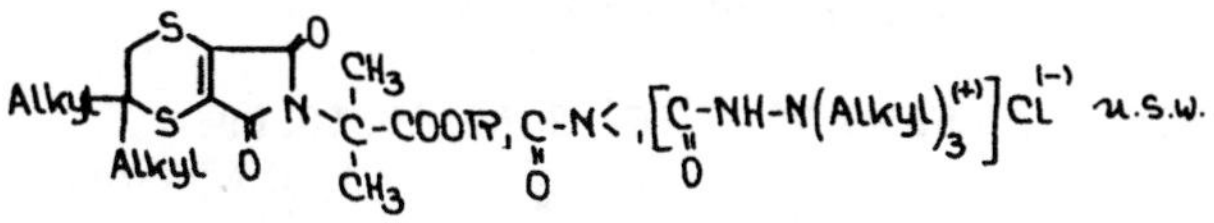

statt S auch O oder $CH_2$

| | | | |
|---|---|---|---|
| DOS | 2 510 831 | 12. 3.75/25. 9.75 | Ag. Nationale<br>Fr. Prior. 13.3.74 |

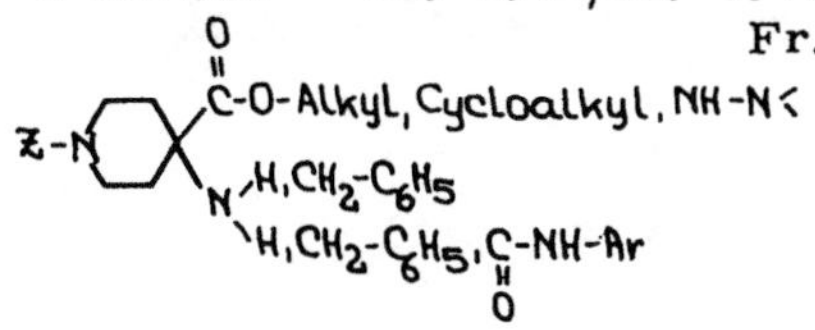

| | | | |
|---|---|---|---|
| USP | 3 914 279 | 25. 2.72/21.10.75 | Du Pont |

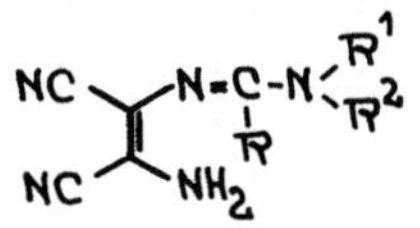

R u. $R^1$ = Alkyl, Cycloalkyl
$R^2$ = H oder Alkyl

c) Aliphatische Di-carbonsäuren auch cyclische Imide

| | | | |
|---|---|---|---|
| USP | 3 758 568 | 1. 9.71/11. 9.73 | Monsanto |

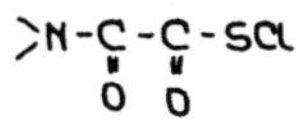

| | | | |
|---|---|---|---|
| USP | 3 809 702 | 17.11.71/ 7. 5.74 | Monsanto |

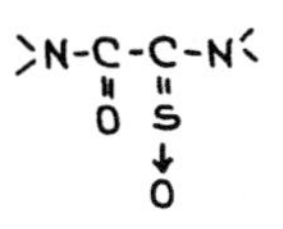

| | | | |
|---|---|---|---|
| USP | 3 813 426 | 4. 2.72/28. 5.74 | Monsanto |

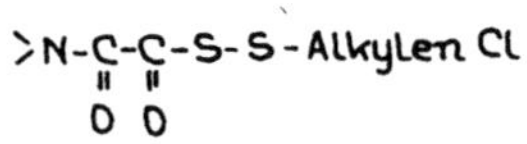

| | | | |
|---|---|---|---|
| USP | 3 505 058 | 12. 3.68/ 7. 4.70 | Amchem Prod. |

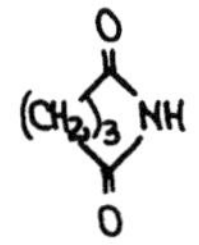

| | | | |
|---|---|---|---|
| DOS | 1 518 411 | 28. 2.61/27. 7.72 | Uniroyal Chem.<br>US Prior. 16.2.61 |

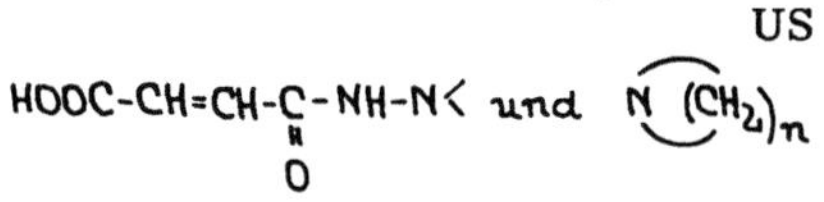

DOS 1 518 393 31. 1.64/27. 4.72 Uniroyal Chem.
US Prior. 15.2.63

wie zuvor als Halbester

DOS 1 693 178 16. 2.63/16.10.69 Schwartz
US Prior. 21.2.62

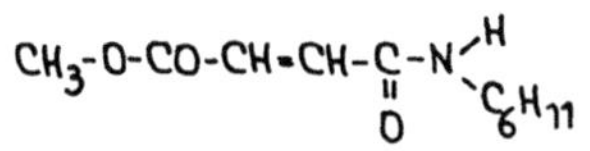


DAS 1 793 168 8. 8.68/ 3. 2.72 Merk

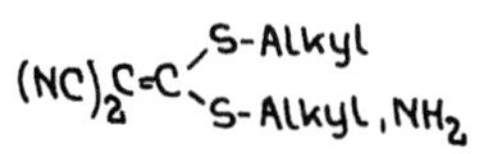


DOS 2 023 915 16. 2.69/19.11.70 ICI

Aliphatische Dicarbonsäureester des $HO-CH_2=CH=CH_2$, $HOCH_2-CCl=CH_2$, $HOCH_2-C\equiv CH$ als Defoliant

DOS 2 451 512 30.10.74/15. 5.75 Stauffer
=Belg. P. 820 766 12.11.73/7.4.75 Stauffer

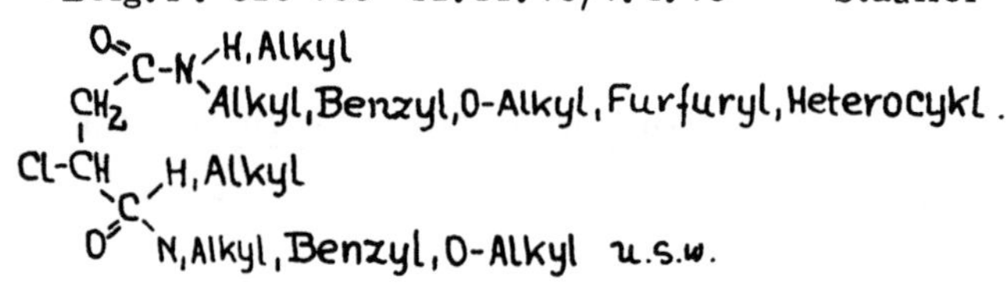


DOS 2 438 400 9. 8.74/27. 2.75 Sagami Chem. Res.
Jap. Prior. 10.8.73

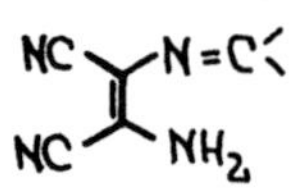


beliebige Reste oder Ringglieder

USP 3 720 679 1. 9.65/13. 3.73 National Distillers

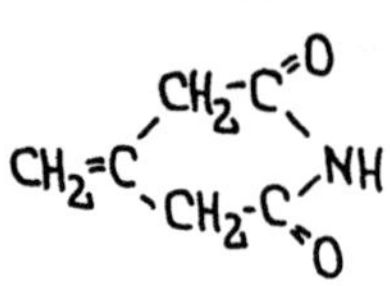


USP 3 816 451 2.11.71/11. 6.74 Abbot Lab.

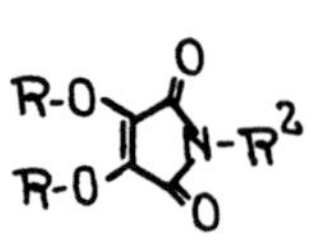


R = Alkyl, Benzyl

R' = Ar, R'' = H, Phenyl

USP 3 882 145 22.12.72/ 6. 5.75 PPG Ind.

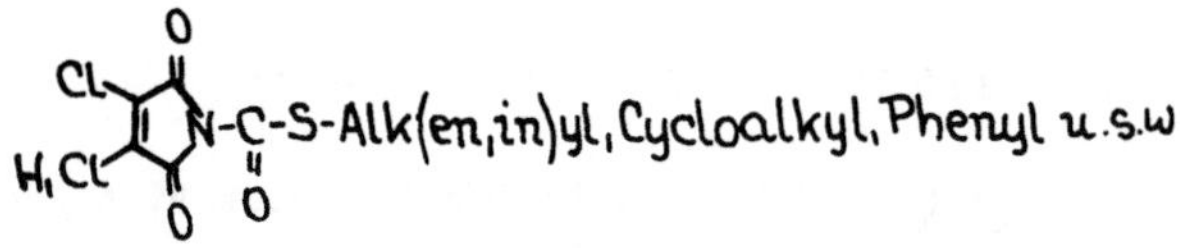

USP 3 960 921 15. 3.74/ 1. 6.76 Philips Petrol.

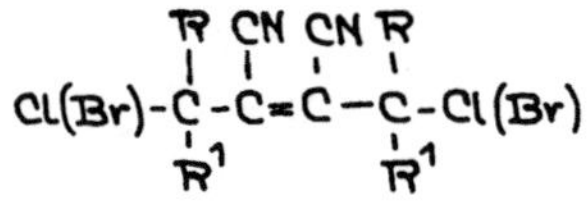

R u. $R^1$ = Alkyl, Cycloalkyl, Aryl mit 6-10 C

USP 3 914 279 25. 2.72/21.10.75 Du Pont

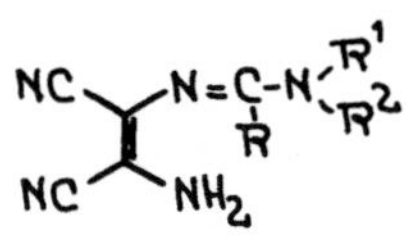

R u. $R^1$ = Alkyl, Cycloalkyl
$R^2$ = H oder Alkyl

USP 3 969 407 1.11.71/13. 7.76 Monsanto

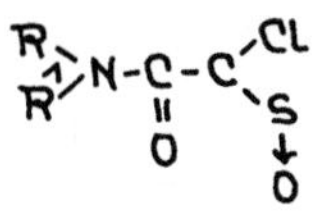

R u. $R^1$ = H, Alkyl, Benzyl usw.

d) <u>Aliphatische Sulfen-, Sulfin- und Sulfonsäuren, ihre Ester und Amide</u>

Oft findet sich $RSO_2O\text{-}CH_2\text{-}C(=O)\text{-}N\langle$ an Stelle von $ClCH_2\text{-}C(=O)\text{-}N\langle$

siehe bei aliphatischen Carbonsäuren 5. 7. 1

USP 3 536 721 15. 7.66/21. 4.67 Stauffer

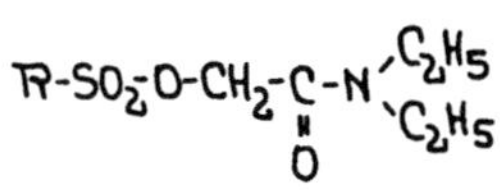

R = Alkyl, Phenyl, Heterocycl.
(bei Carbonsäureamiden angeführt)

DOS 2 219 923 22. 4.72/31.10.73 BASF

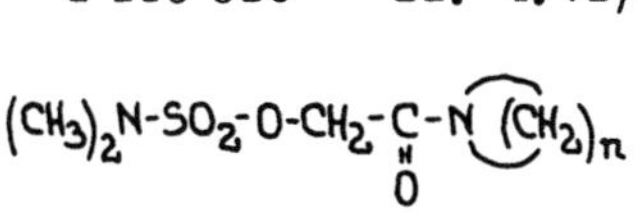

(bei Carbonsäureamiden angeführt)

USP 3 770 824 3. 5.71/ 6.11.73 Monsanto

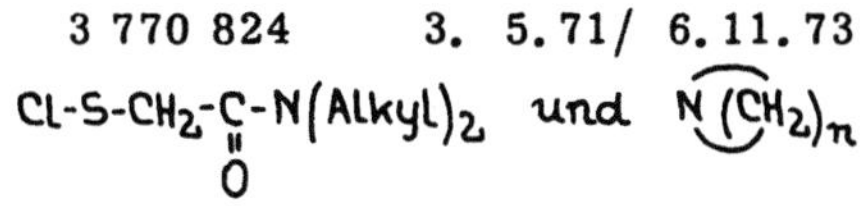

Einige Sulfin- und Sulfonderivate heterogener Natur seien hier angefügt.

DOS 2 110 773 6. 3. 71/28. 9. 72 Bayer

$ClCH_2-CH_2-S(=O)-OH, Cl$ Äthylenabspalter. Mehr/Wuchsstoff als Herbizid.

Jap. P. 7 301 150 R 31. 12. 70/13. 1. 73 Kumiai Chem.

$ClCH_2-CH_2-SO_2-NH-R$ R = Alkyl, Allyl, Benzyl

USP 3 803 224 3. 5. 71/ 9. 4. 74 Monsanto

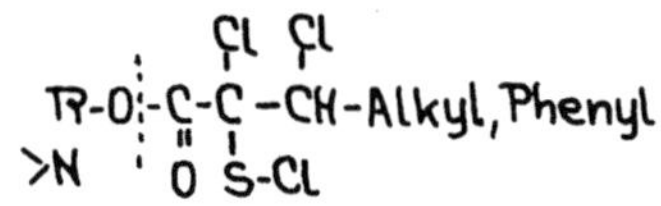


USP 3 798 254 20. 9. 71/19. 3. 74 Monsanto

$R-CCl_2-S-SO_2Ar, CCl_3, Alkyl$, $R = CN, COOR^1$, $-C(=O)-N<$

USP 3 876 678 14. 7. 71/ 8. 4. 75 Shell

$Cl(Br)CH_2-CH_2-S(=O)-O-Alk(en,in)yl$, Fruchtabfall, Wuchsregulator.

DOS 2 440 272 22. 8. 74/ 4. 3. 76 Bayer

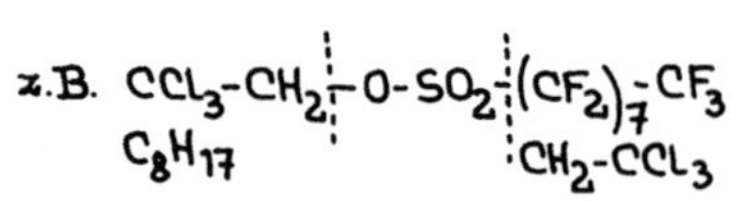


## 5. 7. 2 Cyclo-aliphatische Carbonsäuren

### a) Mono-carbonsäuren und Nitrile

USP 3 584 037 21. 5. 69/ 8. 6. 71 Velsicol

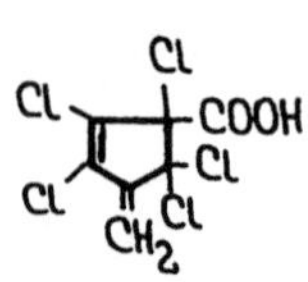

DAS 1 793 229 19. 8.68/ 3. 2.72 Shell
GB Prior. 21.8.67/20.6.68

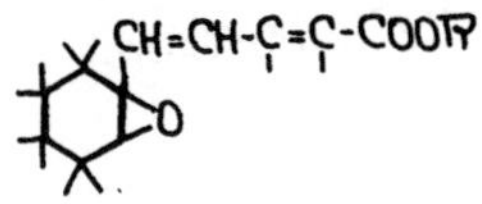

DAS 1 767 965 5. 7.68/21.10.71 Shell
US Prior. 7.6.67

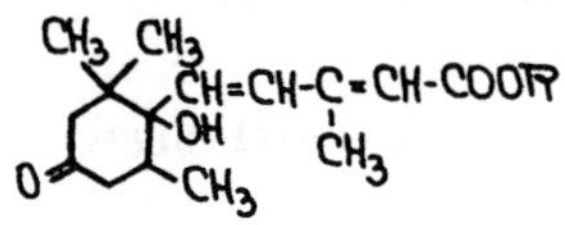

Behandlung von Saatgetreide zur Ertragssteiger.

DOS 2 400 454 5. 1.74/10. 7.75 Bayer

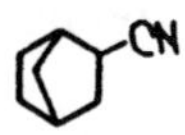

Wuchshemmstoff wirksamer als CCC

DOS 2 517 784 22. 4.75/30.10.75 Roussel-Uclaf
Fr.Prior. 22.4.74

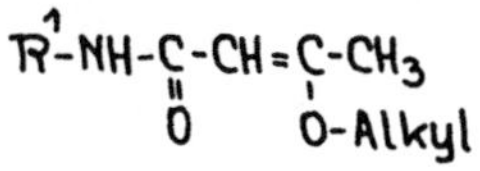

$R^1$ = Adamantyl, Cycloalkyl, Cycloalkenyl

b) <u>Di-carbonsäuren</u>

DOS 2 104 376 30. 1.71/17. 8.72 BASF

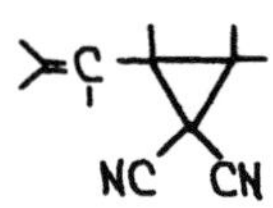

USP 3 504 008 26. 5.67/31. 3.70 Gulf Res.

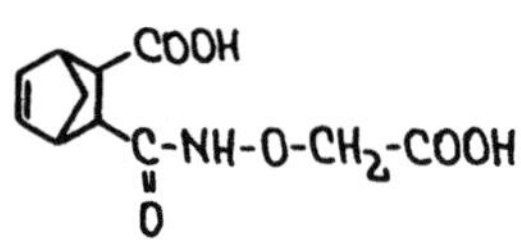

### 5.7.3 Aromatisch-aliphatische Carbonsäuren und Nitrile

a) <u>Ar-aliphatische Mono-carbonsäuren, Ester, Amide und Nitrile</u>

Als Auxin-aktive Verbindungen wurden aus unreifen Samen der Sonnenblume (Helianthus annus) zwei definierte Verbindungen isoliert, die als ß-Indolylessigsäure und als Chlorogen-säureäthylester identifiziert wurden.

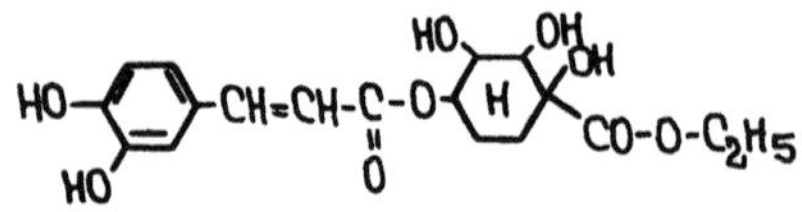


Hiroshi Abe und Shingo Marumo., Agr. Biol. Chem. 36 (1) 42 (1972)

USP 3 517 056 12. 8.65/23. 6.70 Tenneco

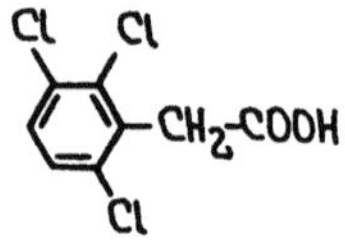


Darstellungsverfahren

DOS 1 593 584 12. 8.66/ 6. 8.70 Tenneco
US Prior. 12.8.65

Wie zuvor

DOS 1 668 243 12. 3.68/29. 7.71 Hoffman La Roche

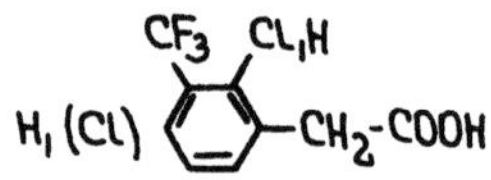


Belg.P. 760 968 29.12.70/29.6.71 ähnlicher Inhalt PRB

DOS 2 229 013 14. 6.72/30. 5.73 Du Pont
US Prior. 24.11.71/6.4.72

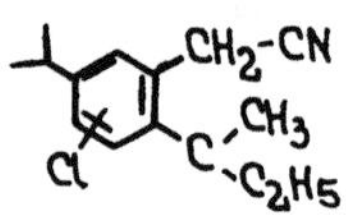


USP 3 574 594 29. 4.68/13. 4.71 Mobil Oil

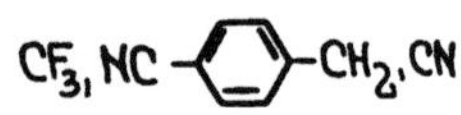


DOS 2 122 309 6. 5.71/23.11.72 Bayer

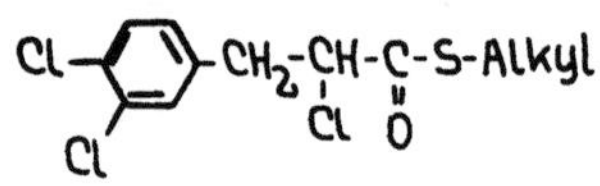


Zimmtsäurederivate als Herbizide:
Pagani, P. et al. Farm. Ed. Sci. 28 (3) 214 (1973)

GBP 1 171 042 24. 7.67/19.10.69 H. Schwartz
=Fr. P. 1 575 064

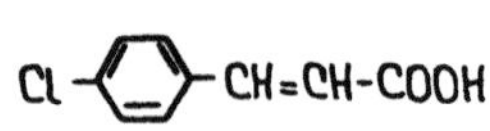

USP 3 538 156 24. 7.67/ 3.11.70 H. Schwartz

Wie zuvor: Amide

DOS 2 109 611 1. 3.70/23. 9.71 ICI
=NLP 7 102 436 GB Prior. 2.3.70

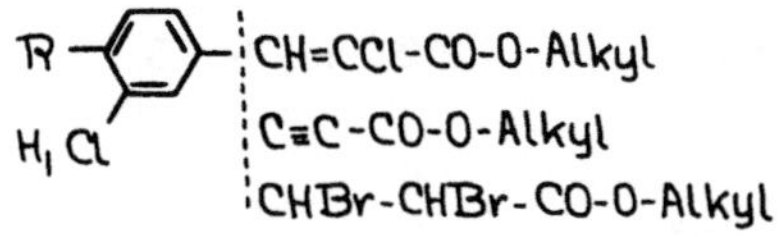

DOS 2 330 913 22. 6.72/10. 1.74 Hoffman La Roche

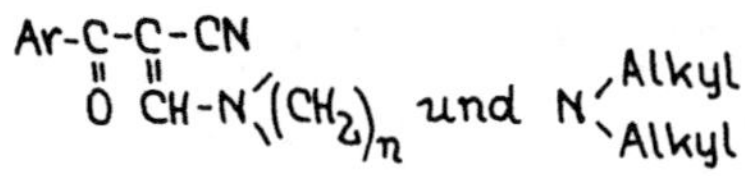

USP 3 478 105 16.10.67/11.11.69 Shell

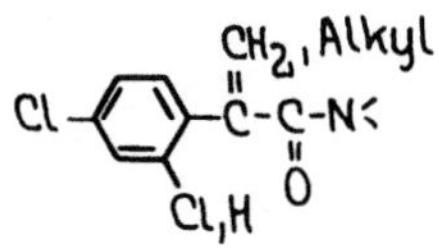

USP 3 770 803 5. 8.68/ 6.11.73 Le Petit

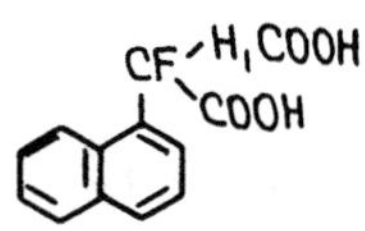

DOS 2 458 142 9.12.74/17. 7.75 Akad. Wissen der DDR

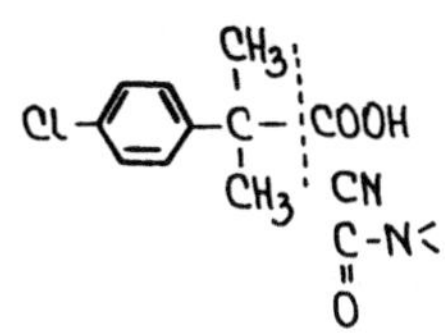

Wuchshemmstoff mit Auxinwirkung.

DOS 2 458 165 9.12.74/17. 7.75 Akad. Wissens der DDR

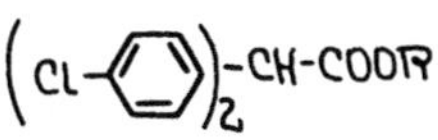

Aus DDT hergestellt. Wuchshemm stoff

USP 3 634 365 27. 8.69/11. 1.72 Dow Chem.

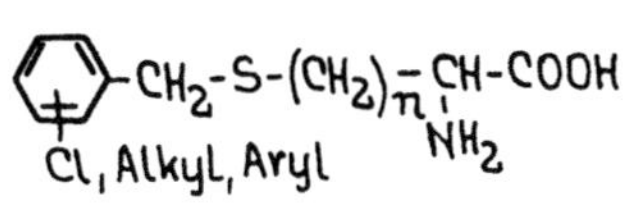

USP 3 816 451 2.11.71/11. 6.74 Abbot Labor

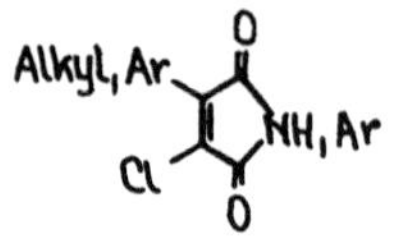


USP 3 904 667 6. 4.72/ 9. 9.75 Du Pont

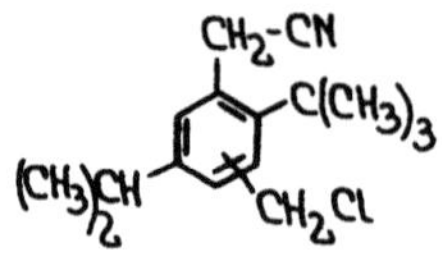


USP 3 904 667 6. 4.72/ 9. 9.75 Du Pont

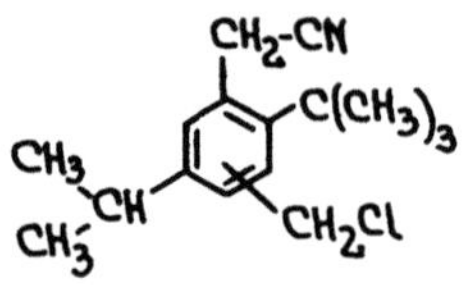


DOS 2 426 651 1. 6.74/11.12.75 Bayer

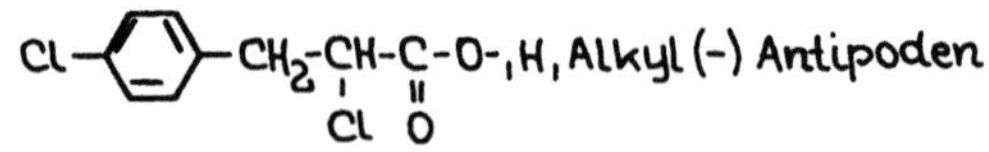


Darstellung u. Verwendung:Flughaferwirkung

b 1) *α*-Phenoxy-essigsäuren, Phenthioessigsäuren und Ester

DOS 2 026 605 5. 6.69/17.12.70 Spolena

Salze quartärer Ammoniumbasen mit 2,4-Dichlorphenoxyessigsäure.

USP 3 467 692 12. 5.65/16. 9.69 Allied Chem.

Pre emergence Wirkung

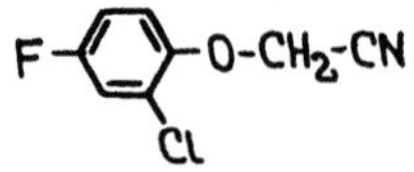


DOS 1 814 568 13.12.68/15. 6.70 CH Boehringer Ingelheim

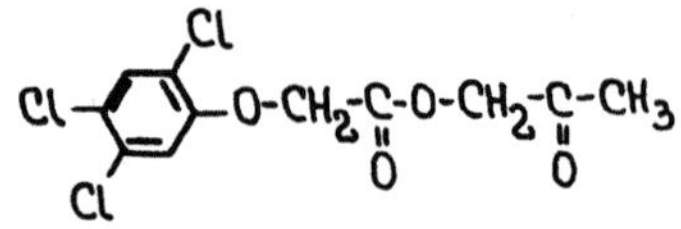

SUP 268 797 4. 4.68/20.11.70 Phyt. pathol. Res. Inst.

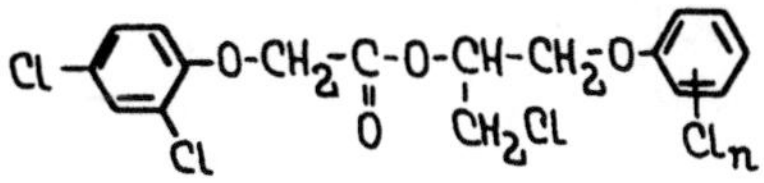

SUP 363 473 5. 4.71/13. 2.73 Memedov

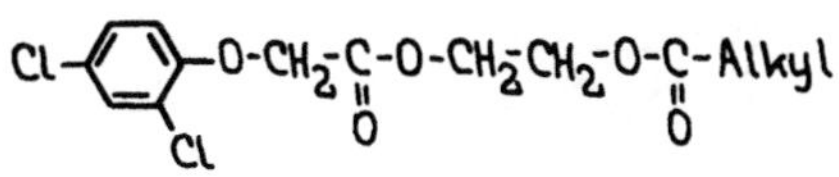

USP 3 598 872 8. 4.68/10. 8.71 Ansult Co.

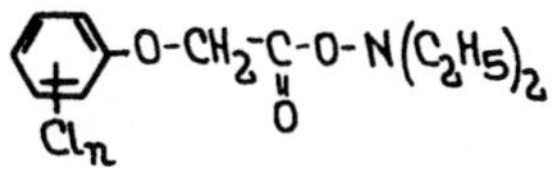

SUP 367 833 10. 5.71/ 5. 6.73 Ufa Sect. Chem. Plant Prod.

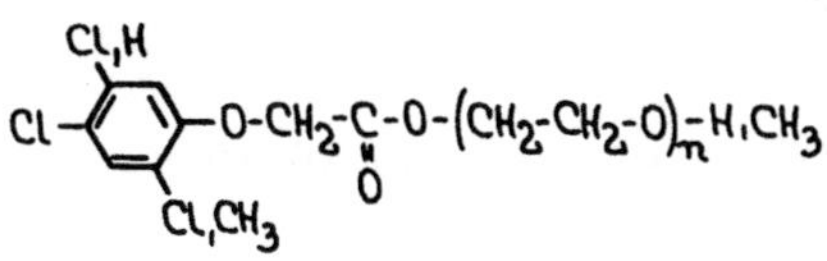

DOS 2 327 189 28. 5.73/12.12.74 Univex Explor.

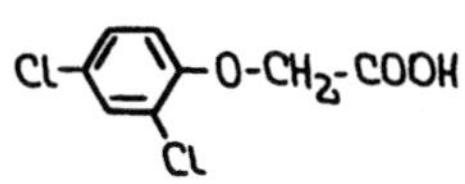

Salze quarterer Amine

siehe oben DOS 2 026 605

USP 3 547 621 29. 5.67/15.12.70 Gulf Res.

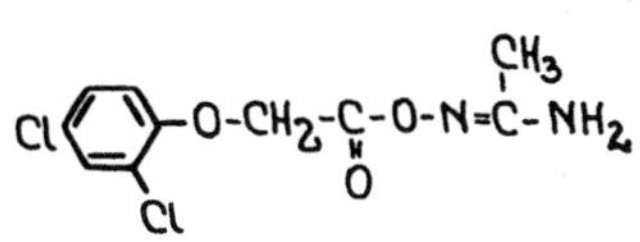

Smith, M.S. et al. Ann. appl. Biol. 66 (2) 233 (1970)

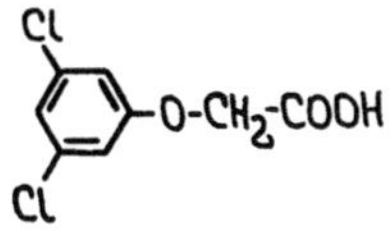

wirkt bei jungen Tomaten als Antiauxin

DOS 1 966 665 23. 7.69/23. 8.73 Hokko Chem.
Jap. Prior. 13.7.69 Jap.

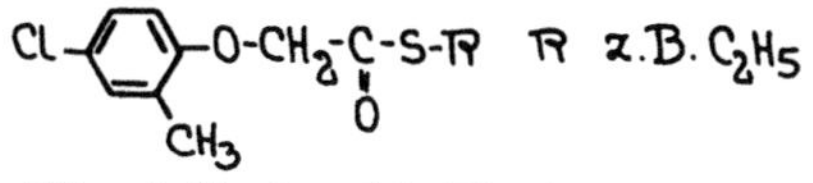

Weed Abstr. 20 (3) (1971) Ref. 1350, Hokko
Hok: 7501

Versuchsprodukt.

DOS 2 041 196 17. 2.70/29. 4.71 N. V. Philips
NL Prior. 19.2.69

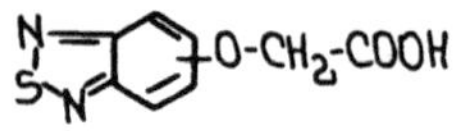

USP 3 721 628 16. 4.68/ 1. 9.70 Ansul Co.

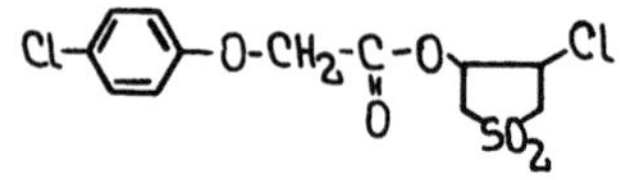

DOS 2 223 894 17. 5.72/13.12.73 Hoechst
=NLP 7 306 625 Hoechst

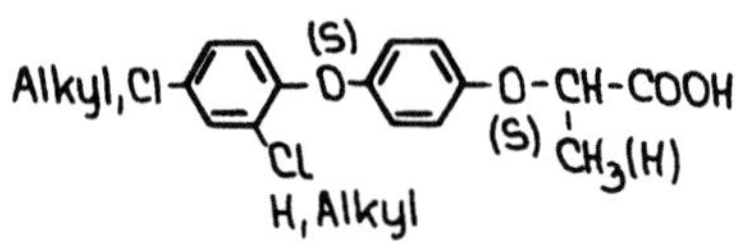

Wirksam gegen Gräser

DOS 2 417 487 10. 9.74/30.10.75 Hoechst

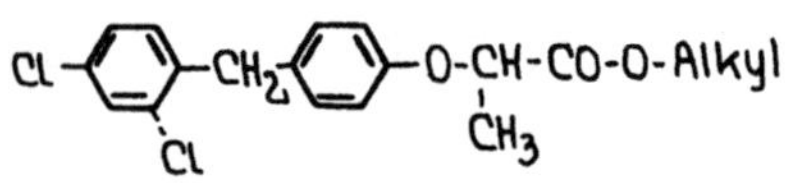

Wirksam gegen Gräser aber selektiv in Reis und Getreide

DOS 2 458 156 9.12.74/17. 7.75 Akad. Wissensch. der DDR

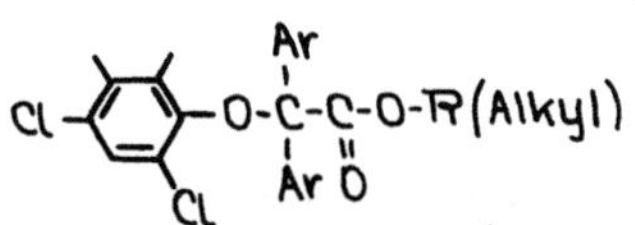

oder

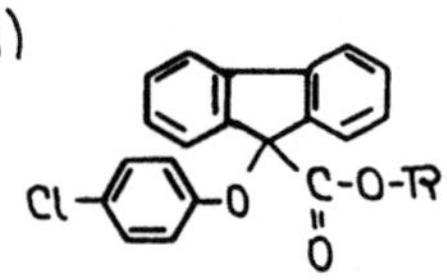

USP 3 709 926 1. 2.71/ 9. 1.73 Dow Chem.

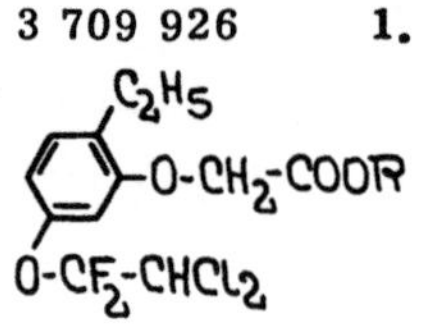

USP 3 829 489 1. 2.71/13. 8.74 Dow Chem.

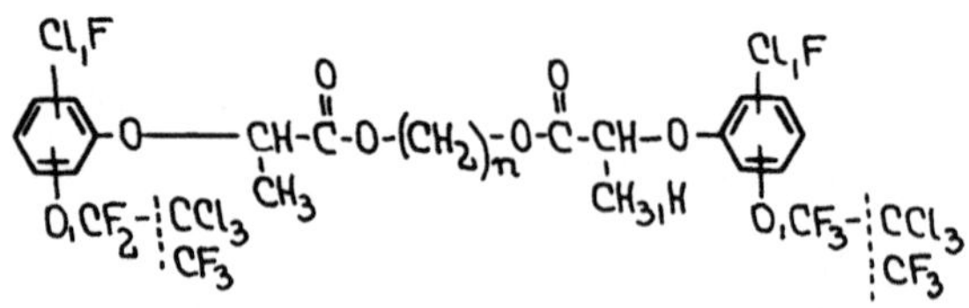

USP 3 862 974 1. 2.71/28. 1.75 Dow Chem.

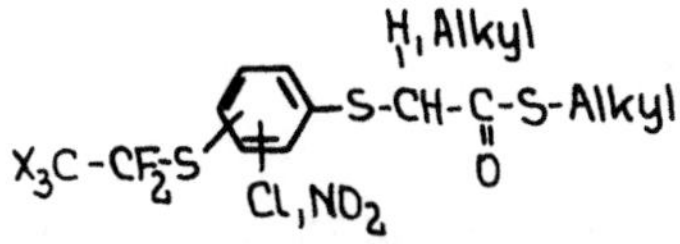


X = H, Halogen

USP 3 907 867 1. 2.71/23. 9.75 Dow Chem.
Teil von USP 3 829 489 und 3 709 926

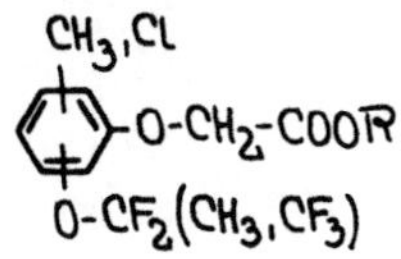


USP 3 975 419 10.12.75/17. 8.76 Stauffer

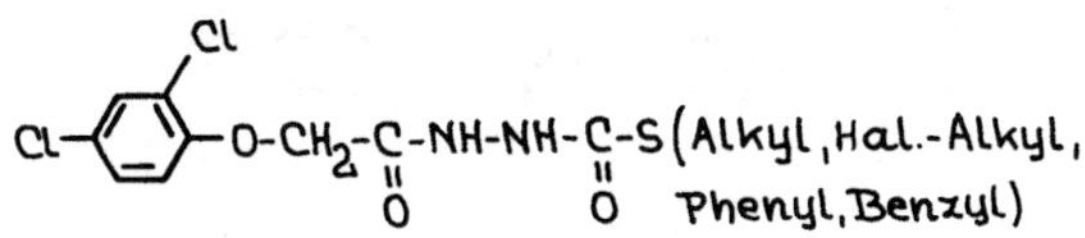


Belg.P. 827 794 10. 4.74/10.10.75 Hoechst

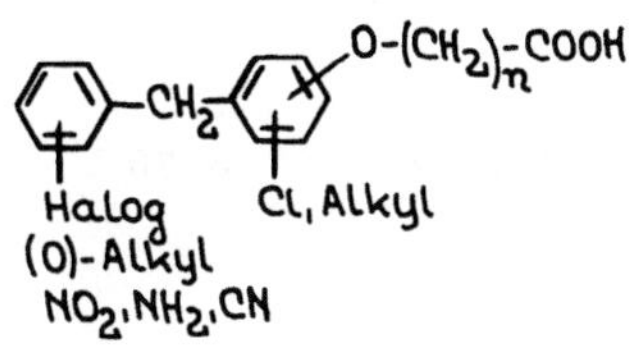


Gegen Gräser

b 2) Amide

USP 3 557 209 18.10.67/19. 1.71 Velsicol Chem.

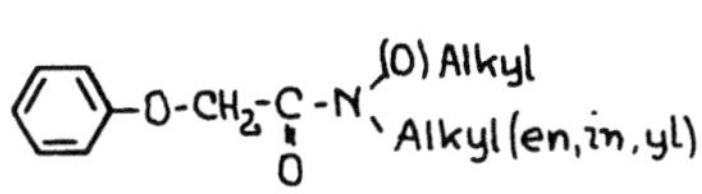


DOS 1 567 218 18.11.63/30. 3.72 Velsicol Chem.
=Belg.P. 784 900 27.4.72/2.10.70 Pepro

Inhalt ähnlich wie zuvor.

USP 3 574 745 27. 8.68/13. 4.71 Allied Chem.

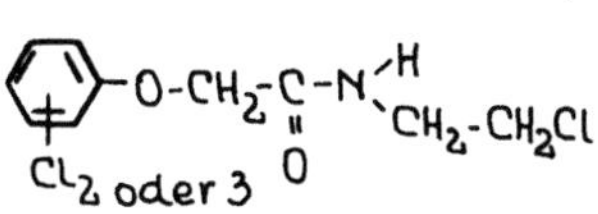

USP 3 647 413 3. 7.69/ 7. 3.72 Allied Chem.

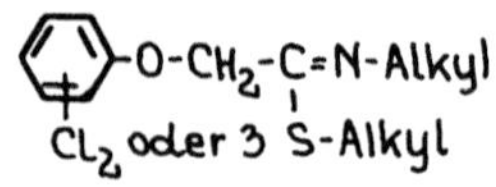

USP 3 715 380 3. 7.69/ 6. 2.73 Allied Chem.

Ähnlicher Inhalt

GBP 1 247 202 10. 9.68/22. 9.71 Chem. Fabr. Heyden
=NLP 6 813 532

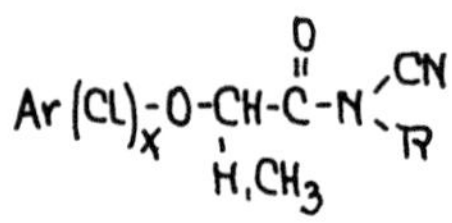

R = Alkyl, Aralkyl, Phenyl

SUP 368 840 12.10.70/18. 4.73 Phyt. pathol. Res. Inst.

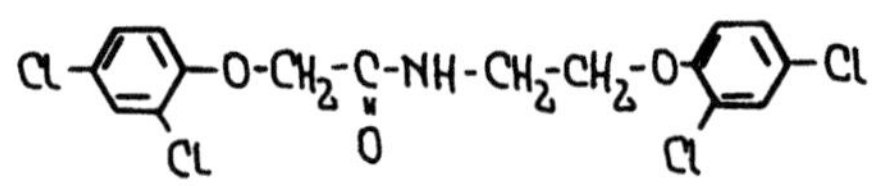

USP 3 459 533 3. 1.66/28.11.57/5.8.69 Monsanto

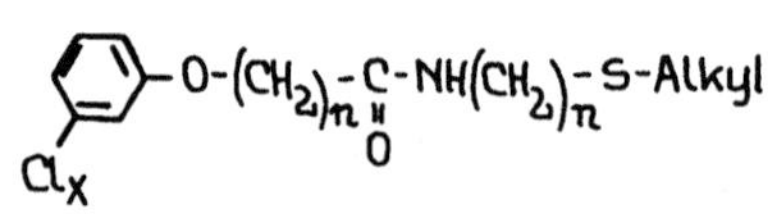

USP 3 518 077 7.11.66/30. 6.70 Velsicol

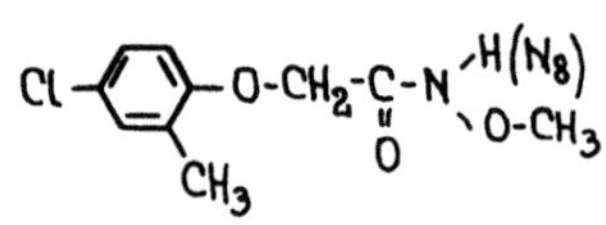

Fr.P. 2 122 338 21. 1.71/ 1. 9.72 Roussel Uclaf

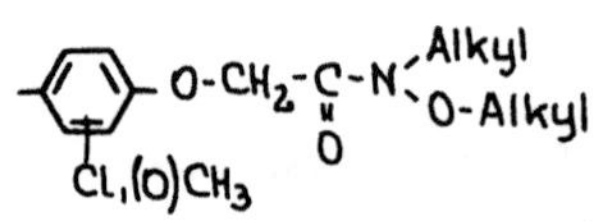

USP 3 877 921 28. 6.71/15. 4.75 Scott O.M. u. Sons

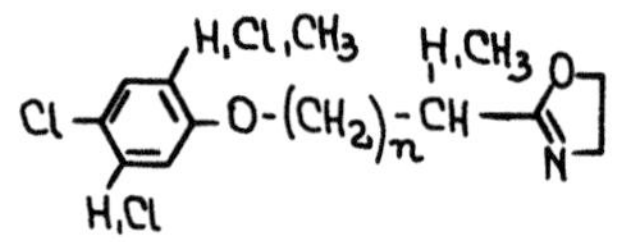

Verkapptes Säure-Amid

USP 3 900 308 29. 9.69/19. 8.75 Pepro Pechiney

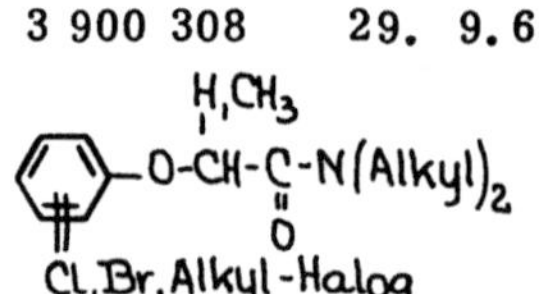

b 3) **Phenoxyessigsäure-Anilide und Amide von heterocyclischen Aminen**

Die Patentliteratur ist arm an Aniliden chlorierten Phenoxyessigsäuren. Auch Amide von Heterocyclen mit Phenoxyessigsäuren finden sich nur sehr wenige und viele Patente sind aus älterer Zeit.

DOS 2 264 983 10. 2.72/16.10.75 Schering

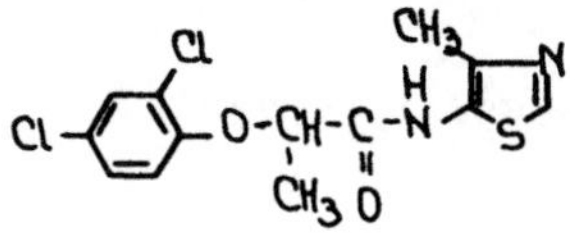


Selektiv in Reis gegen Ungräser Z.B. Hirsearten

DOS 2 264 982 10. 2.72/12. 2.76 Schering

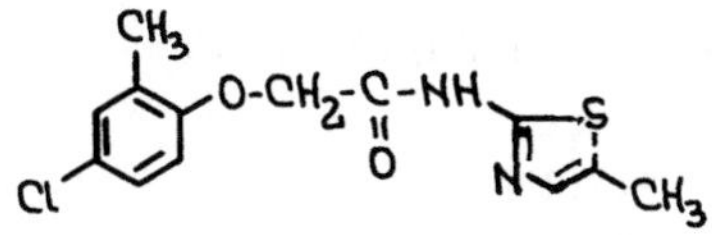


Selektiv gegen Hirsearten in Reis.

b 3 a Anilide, N-Oxy-Anilide

DOS 1 642 303 11. 4.67/ 6. 5.71 Jap. Prior. 11.4.66 Mitsui Toatsu Chem.

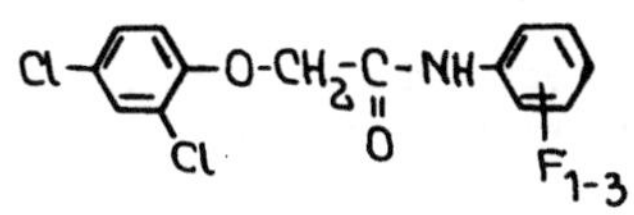


DOS 1 768 511 21. 5.68/28.10.71 BASF

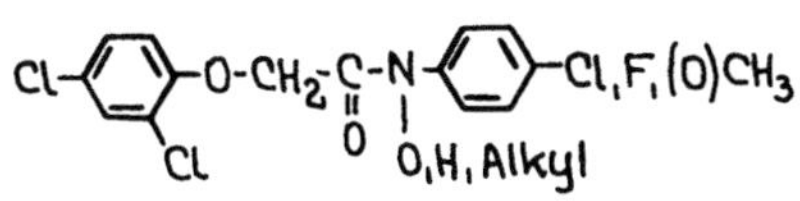


b 3 b Phenoxyessigsäure-Amido-heterocyclen

USP 3 671 538 28. 8.69/20. 6.72 Velsicol Chem.

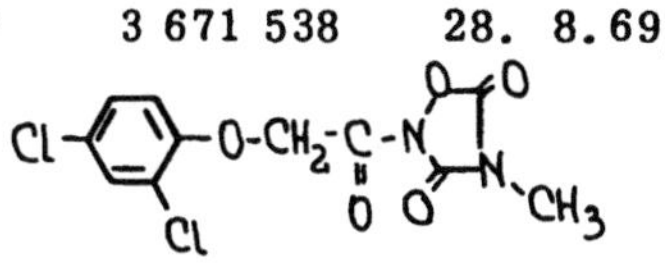

USP 3 752 660 27. 8.68/14. 8.73 Allied Chem.

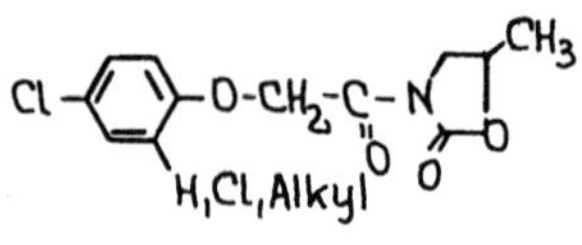


USP 3 622 594 27. 7.68/23.11.73 Allied Chem.

Inhalt wie zuvor.

USP 3 639 115 19. 5.69/ 1. 2.72 Allied Chem.

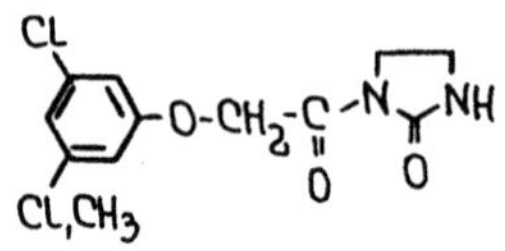


USP 3 716 554 19. 5.69/13. 2.73 Allied Chem.

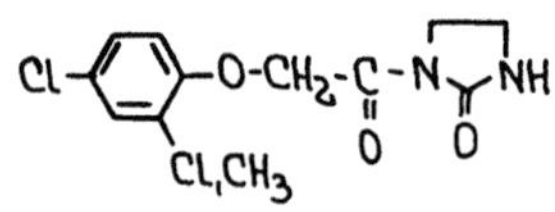


USP 3 617 248 19. 3.69/ 2.11.71 Allied Chem.
USP 3 766 201 19. 3.69/16.10.73 Allied Chem.

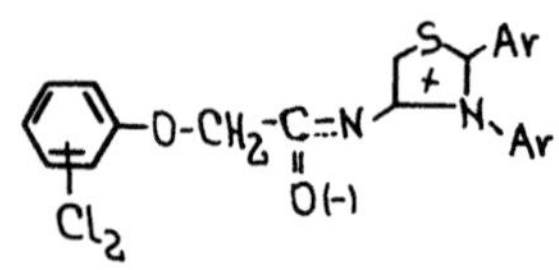


Selektiv in Mais und Weizen

c) $\alpha$-Phenoxy-propionsäurederivate und höhergliedrige Phenoxy-alkancarbonsäuren Ester und Amide

Zum Teil sind Phenoxy-$\alpha$-propionsäuren schon in den vorangehenden Patenten über Phenoxyessigsäuren mit erfaßt.

SUP 363 472 16. 6.70/27. 2.73 Phyt. path. Res. Inst.

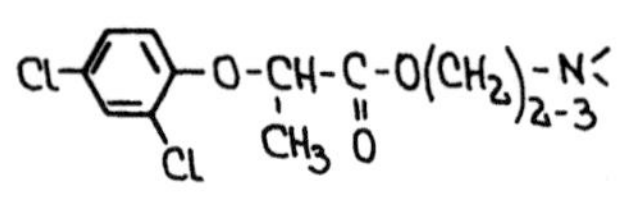


USP 3 699 150 16.10.67/17.10.72 Baychem Corp.

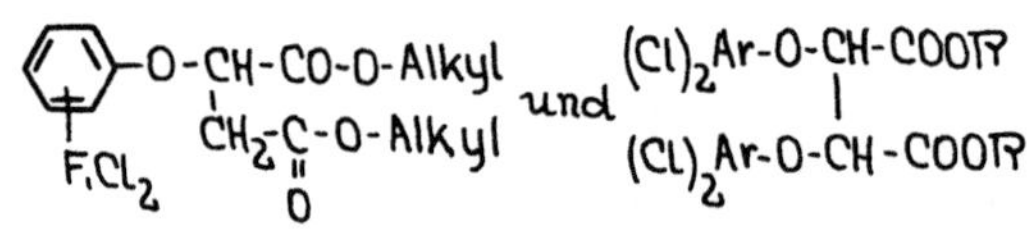

DOS 2 044 804 10. 9.70/22. 4.71 Allied Chem.
US Prior. 24.9.69

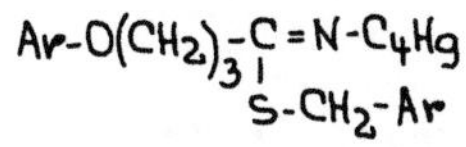

DOS 2 229 062 15. 6.72/11. 1.73 Stauffer
NLP 7 207 971 25. 6.71/28.12.72 Stauffer

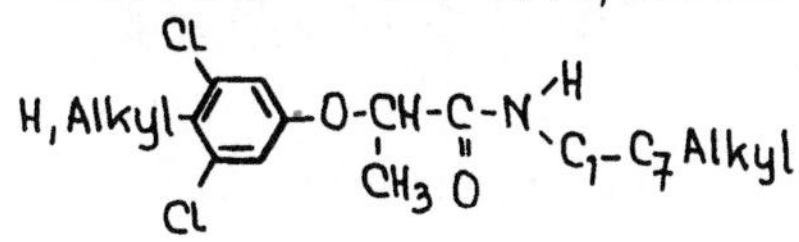

DOS 1 693 154 28. 9.64/23.12.71 Boots Pure Drug
GB Prior. 30.9.63

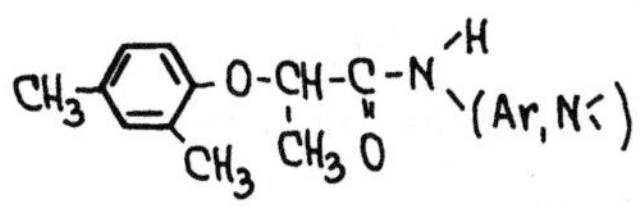

Fr.P. 1 544 768 29. 4.67/ 8.11.68 Nouvel

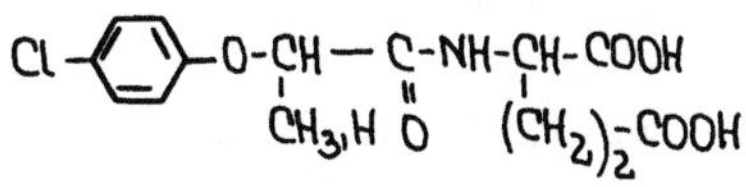

NLP 7 317 222 15.12.72/18. 6.74 Schering

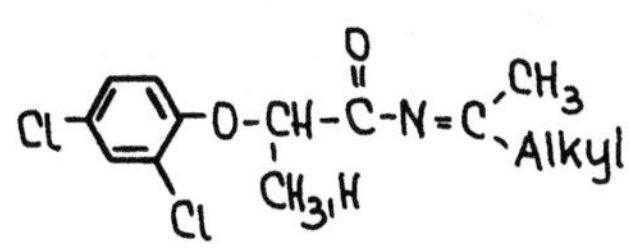

Selektiv gegen Gräser

DOS 1 907 193 13. 2.69/ 9. 6.71 Chem. Fabr. v. Heyden

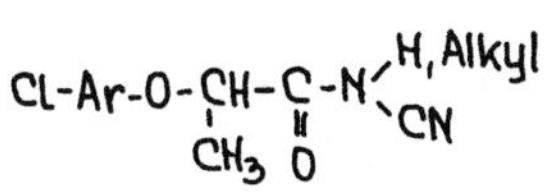

USP 3 635 692 9.10.67/18. 1.72 Olin Chem.

Inhalt wie zuvor

DOS 2 229 211 15. 6.72/28.12.72 Stauffer
US Prior. 25.6.71

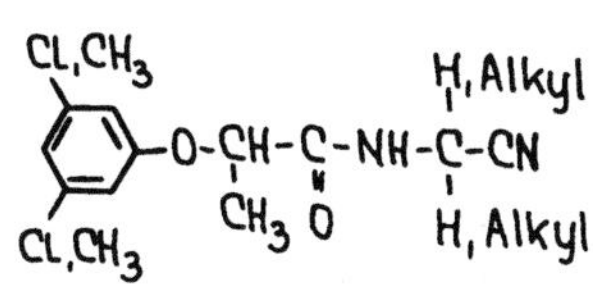

Fr.P. 2 161 683 17.11.71/ 6. 7.73 Abbot Lab.

Inhalt wie zuvor

SUP 369 890 19.10.70/22. 6.73 Phyt. path. Res. Inst.

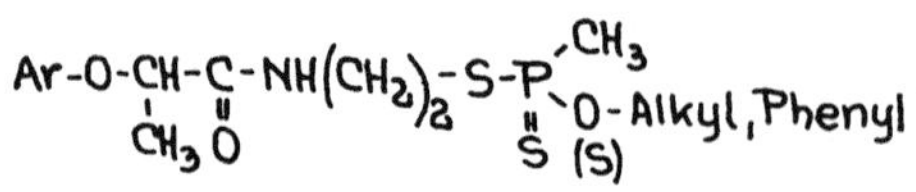

USP 3 702 863 12. 6.64/14.11.72 Gulf Oil Corp.

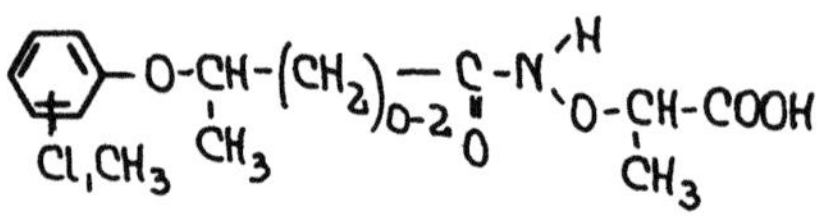

USP 3 543 305 13. 9.68/24.11.70 Gulf Oil Corp.

Inhalt ähnlich wie zuvor

USP 3 660 475 13. 9.68/ 2. 5.72 Gulf Oil Corp.

Inhalt wie zuvor

Jap.P. 7 307 768 16. 1.70/ 8. 3.73 Mitsubishi Chem.

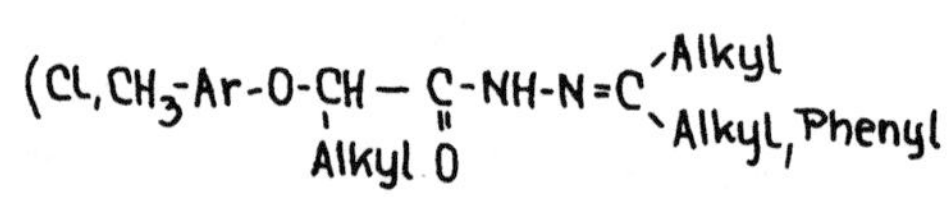

DOS 2 433 067 10. 7.74/29. 1.76 Hoechst
=NEP 75 08016 10. 7.74/13. 1.76 Hoechst

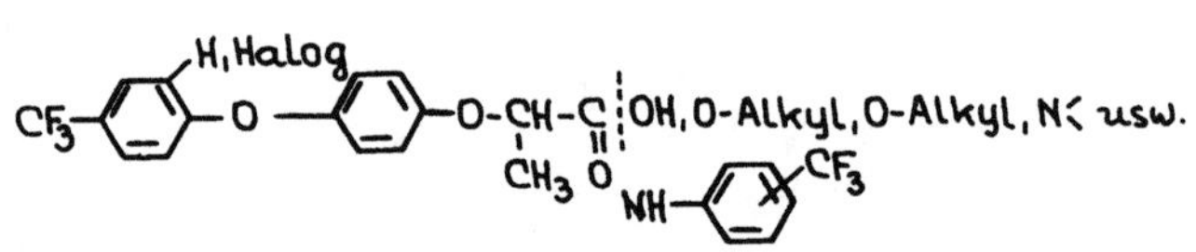

Gegen Gräser, auch Flughafer in breitbl. Kulturen.

DOS 2 531 643 15. 7.75/29. 1.76 Ishihara Sangyo
Jap. Prior. 17.7.74, 14.10.74
=Belg.P. 831 469 17. 7.74/17.11.75 Ishihara Ind.

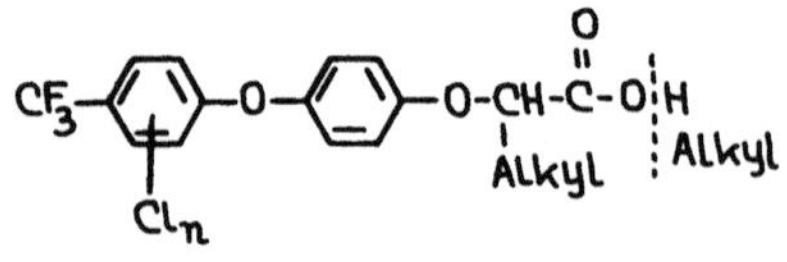

DOS 2 541 237 20. 9.74/ 8. 4.76 Philagro
Fr Prior. 20.9.74

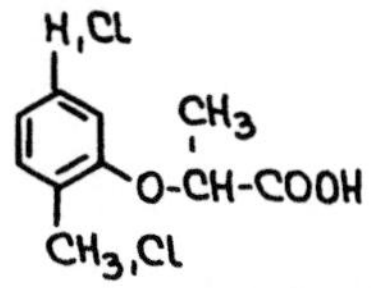

Anwendung gegen Unkräuter in Viehweiden und Weinbergen.
Gemische verschiedener Verbindungen obiger Konstitution.

c 1) Phenoxypropionsäureamide heterocyclischer Verbindungen

DOS 1 670 269 14. 9.67/28. 1.71 CH Boehringer Sohn

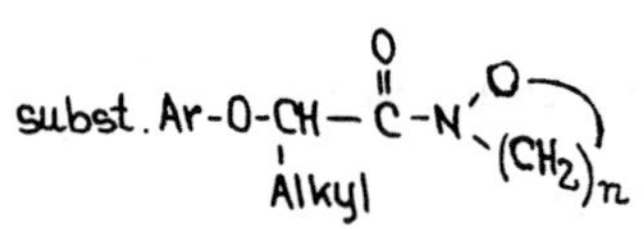

DOS 2 228 830 9. 6.72/20.12.73 Schering

Selektiv in Reis

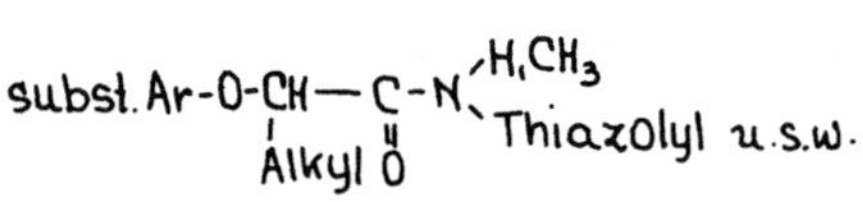

DOS 2 206 822 10. 2.72/16.10.73 Schering

Inhalt ähnlich wie zuvor

DOS 2 151 766 14.10.71/19. 4.73 Schering

Inhalt ähnlich wie zuvor

DOS 1 745 906 4. 7.62/30. 8.73 Takeda

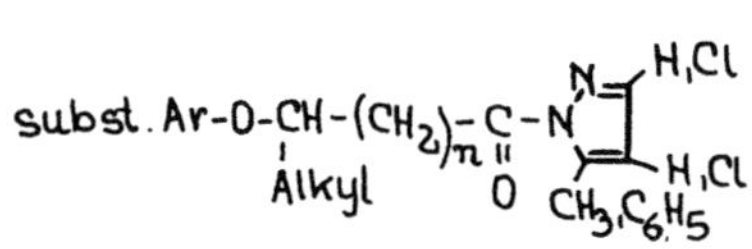

USP 3 953 507 25. 6.71/27. 4.76 Stauffer Chem.

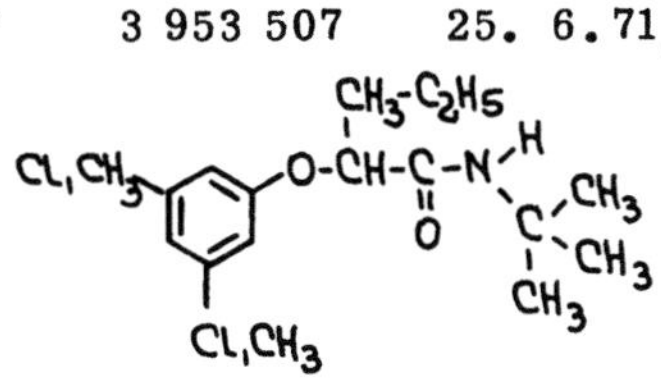

| | | | |
|---|---|---|---|
| DOS | 2 546 251 | 15.10.75/29. 4.76 | Ishihara Sangyo |
| | | | Jap. Prior. 17.10.74, |
| =Belg. P. 834 459 | | | 13.3.75 |

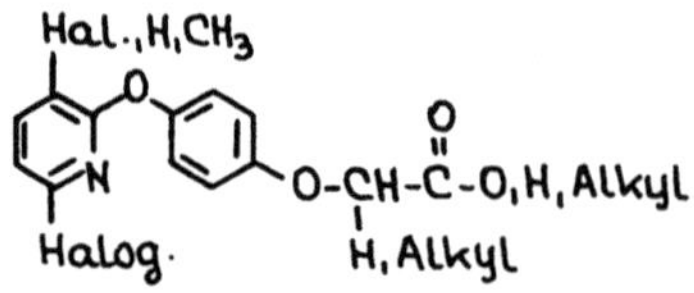


Selektiv gegen Gräser.

d) Naphthoxy-essigsäuren und -propionsäuren

| | | | |
|---|---|---|---|
| USP | 3 480 671 | 16. 3.64/25.11.69 | Stauffer |

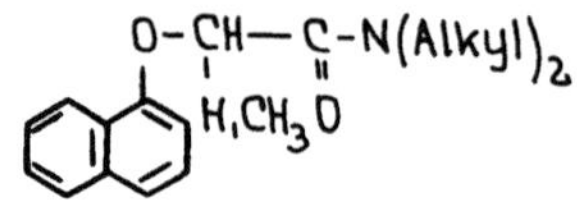


siehe auch Jap. P. 50 019925 Stauffer

| | | | |
|---|---|---|---|
| DOS | 2 154 435 | 2.10.71/10. 5.72 | Stauffer |
| | | | US Prior. 2.11.70 |
| DOS | 2 154 437 | 2.10.71/10. 5.72 | Stauffer |
| | | | US Prior. 2.11.70 |

Inhalt wie zuvor

| | | | |
|---|---|---|---|
| USP | 3 718 455 | 16. 3.64/27. 2.73 | Stauffer |
| | =Belg. P. 774 747 | | |

Inhalt wie zuvor

| | | | |
|---|---|---|---|
| DOS | 1 567 162 | 5. 3.65/16. 8.70 | Schering Brüssel |

ß-Naphthoxy-essigsäureester. Wie die α-Verbindung spezifisch wirksam gegen Kamille.

| | | | |
|---|---|---|---|
| DDRP | 72 638 | 28. 8.68/20. 4.70 | Baco |

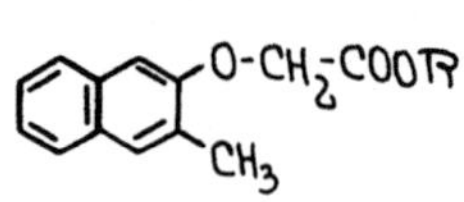


| | | | |
|---|---|---|---|
| USP | 3 480 671 | 10. 1.69/25. 1.69 | Stauffer |

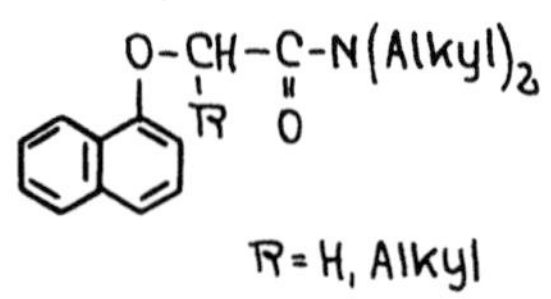


| | | | |
|---|---|---|---|
| USP | 3 926 613 | 30.12.71/16.12.75 | Monsanto |

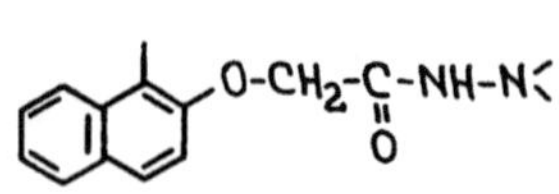


in 1 oder 2-Stellung

e) **Aryl-amino-essigsäuren und propionsäuren**

Siehe auch bei Acyl-aniliden.

DOS 2 311 897 9. 3.73/ 4.10.73 Hercules
US Prior. 10.3.72

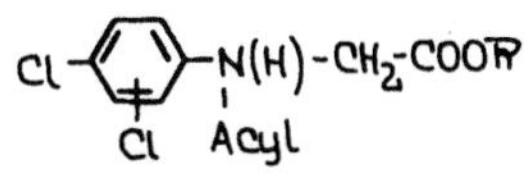

USP 3 766 244 1.11.71/16.10.73 Dow Chem.

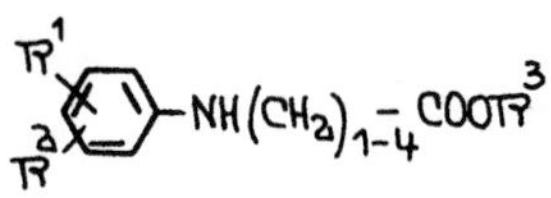

$R^1$ = Cl, Alkyl, $NO_2$; $R^2$ = O(S)-$CF_2$-($CH_3$, $CHCl_2$, $CF_3$, $CHF_2$)

DOS 1 643 527 28.12.67/20. 4.72 Shell Int.
=NLP 7 216 885 Shell Int.
GB Prior. 30.12.66/26.10.67

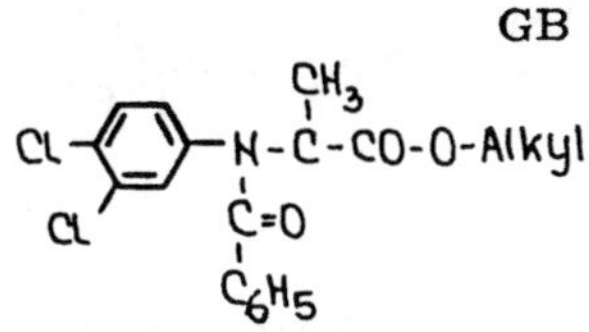

Spezifisch gegen Flughafer wirksam

DOS 2 109 910 4. 3.70/16. 9.71 Shell Int.
Zusatz zu DOS 1 643 527

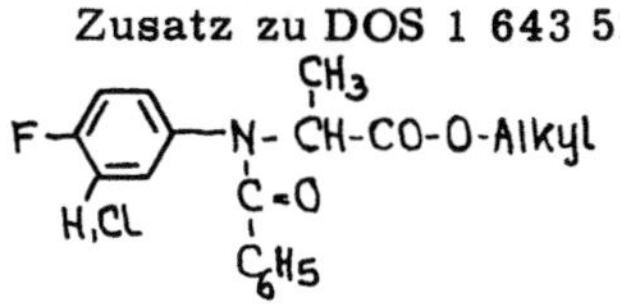

DOS 2 302 029 16. 1.73/ 9. 8.73 Shell Int.
GB Prior. 18.1.72

wie zuvor -S-Alkyl, Aryl, $C_6H_{11}$

DOS 2 212 268 14. 3.72/28. 9.72 Sumitomo
Jap. Prior. 15.3.71

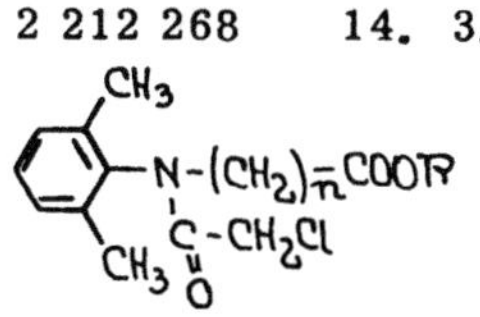

Weitere Derivate:
2,6-Dialkyl-acyl-anilide
siehe bei Acylaniliden

Fr.P. 1 575 558 30.12.66/25. 8.69 Shell Int.

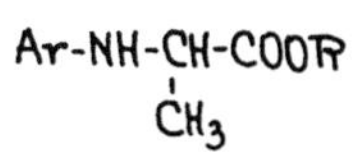

DOS 1 642 231 15. 9.67/15. 4.71 BASF

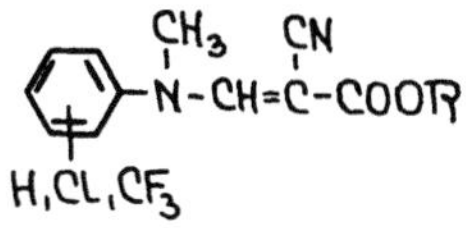

DOS 2 460 691 20.12.74/10. 7.75 Shell Int. Res.
=Belg. P. 823 751 GB Prior. 7.1.74

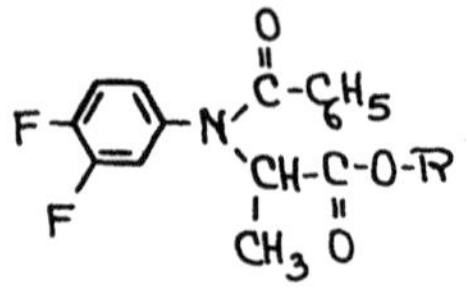

Flughafer-herbizid

DOS 2 527 913 24. 6.74/ 8. 1.76 Shell BV

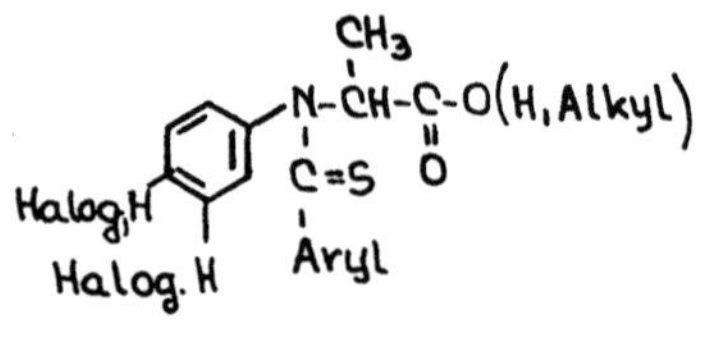

z.T. gegenFlughafer

Belg. P. 836 708 19.12.74/17. 6.76 Shell Int.

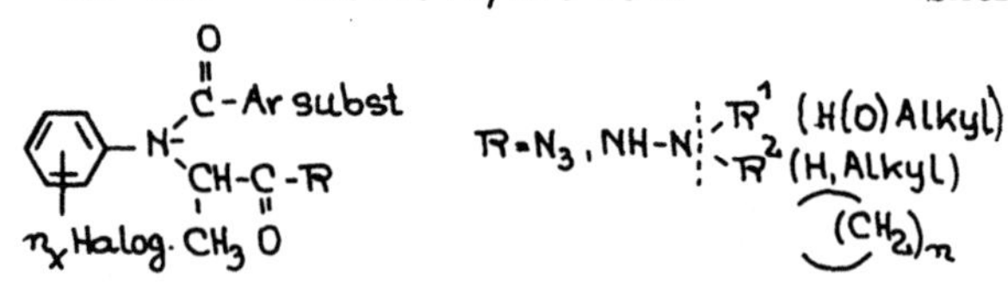

Selektiv gegen Barnyard Gras in Mais und Rüben.

=DOS 2 556 938 17.12.75/ 1. 7.76

f) <u>Heterocyclisch-aliphatische Carbonsäuren und heterocyclische Oxy-Essigsäuren</u>

f 1) Heterocyclische Alkancarbonsäuren

DOS 1 542 989 10.12.65/ 2. 6.70 Nordd. Affinerie

Hier werden alte Wuchs. Herbizide für neue Anwendungen patentiert.

DOS 1 567 124 26. 1.66/30. 7.70 Shell

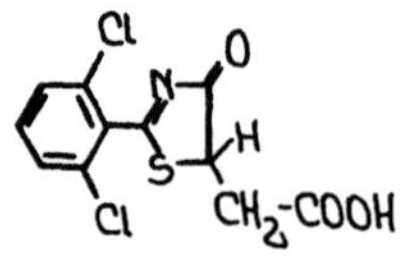

Belg. P. 795 881 23. 2.72/23. 8.73 Upjohn

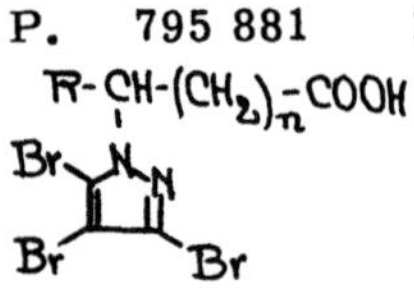

R = H, Alkyl

| | | | |
|---|---|---|---|
| DOS | 1 950 370 | 6.10.69/ 8.10.70 | Montecatini Edison |
| It.P. | 852 483 | 7.10.68/15.11.69 | Montecatini Edison |
| | =Belg.P. 739 930 | | Montecatini Edison |

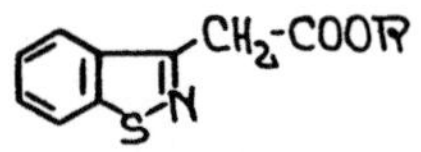


Es sei hier darauf hingewiesen, daß einige Analgetica und andere Arzneimittel eine den Herbiziden oft sehr verwandte Konstitution aufweisen z. B.

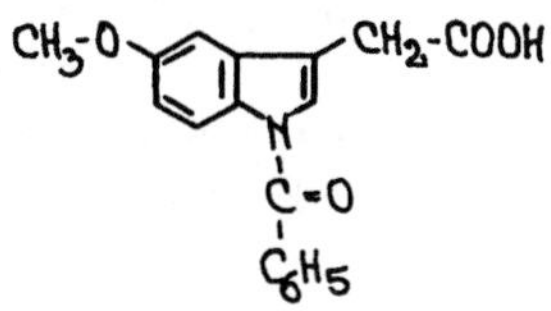


Indomethazin°; ein verbreitetes Antiplogisticum.
Ang. Chem. 84, 512 (1972)

| | | | |
|---|---|---|---|
| DOS | 2 252 191 | 25.10.72/ 9. 5.74 | Gulach |

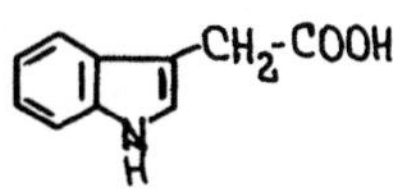


gegen Fruchtabfall

| | | | |
|---|---|---|---|
| DOS | 2 107 715 | 18. 2.71/26. 8.71 | Upjohn |
| | | US Prior. 19.2.70 | |

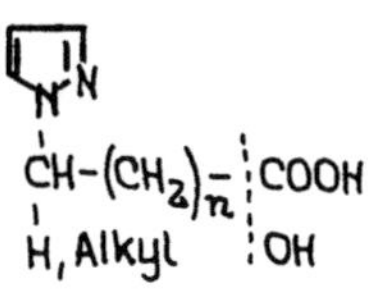


| | | | |
|---|---|---|---|
| USP | 3 849 106 | 4. 3.70/19.11.74 | Upjohn |

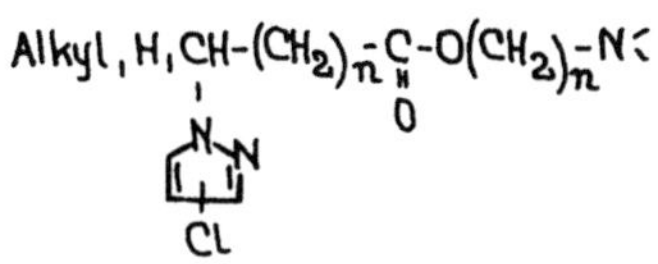


| | | | |
|---|---|---|---|
| DOS | 2 540 363 | 17. 9.74/25. 3.76 | Boots Co. |

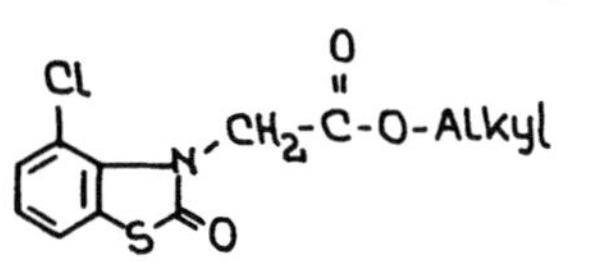


Selektiv in Kohl.

Freie Säure: GB P 862 226

| | | | |
|---|---|---|---|
| DOS | 2 548 231 | 28.10.75/ 6. 5.76 | Ciba-Geigy |
| | | | SZ Prior. 31.10.74 |

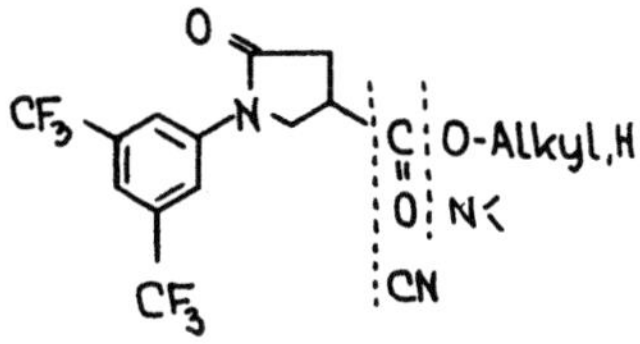


Herbizide und Pflanzenwuchsregulatoren.

DOS 2 550 566 11.11.75/20. 5.76 Upjohn
US Prior. 15.11.74

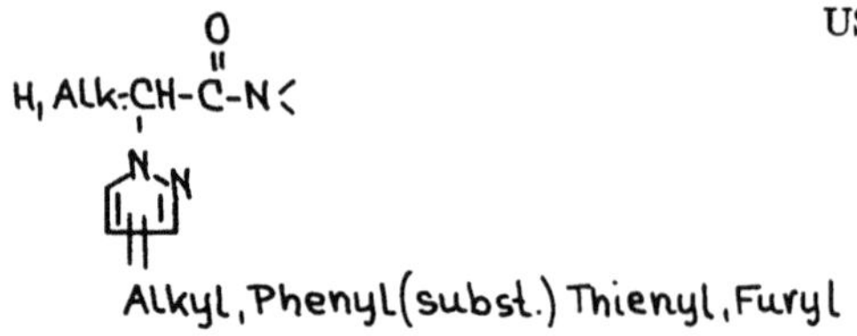

USP 3 957 480 23.12.74/18. 5.76 Upjohn

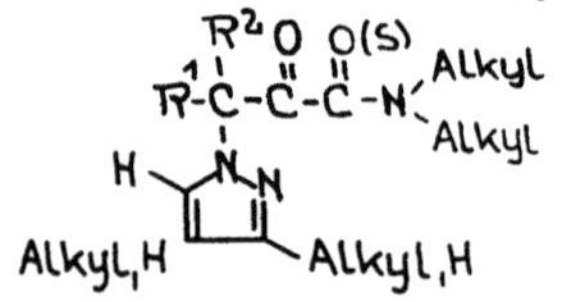

$R^1$ u. $R^2$ = H, Alkyl, Phenyl
Wirksam gegen Gräser und Unkräuter

f 2) Heterocyclische-O-(thio)-Essig und Propion-säuren

DOS 2 050 346 14.10.70/29. 4.71 Fisons Pest Contr.
GB Prior. 18.10.69

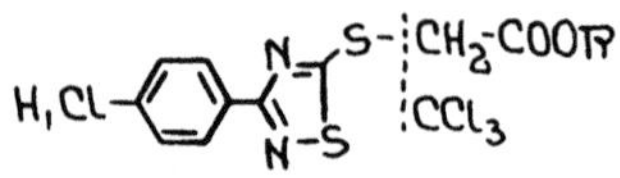

DOS 2 041 196 17. 2.70/29. 4.71 NV Philips
NL Prior. 19.2.69

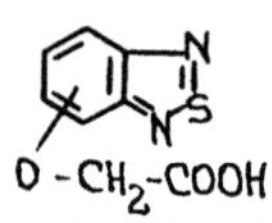

DOS 2 244 237 9. 9.72/15. 3.73 Rhone Poulenc
Fr. Prior. 9.9.71/5.7.72

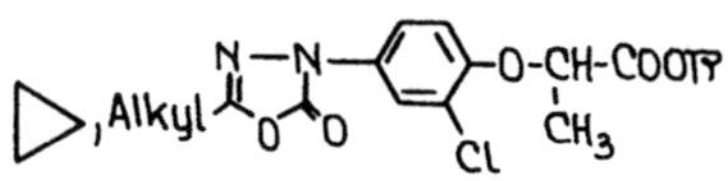

USP 3 761 486 26. 7.71/25. 9.73 Dow Chem.

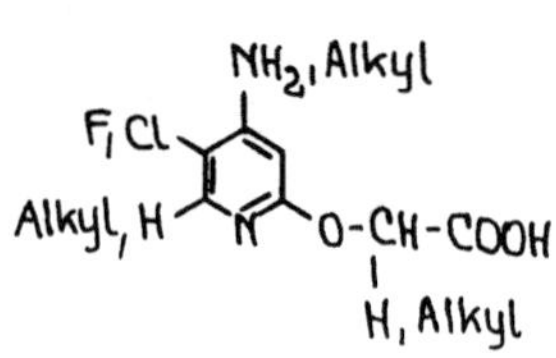

USP 3 969 360 23.12.74/13. 7.76 Dow Chem. Co.

X = H, Halog.

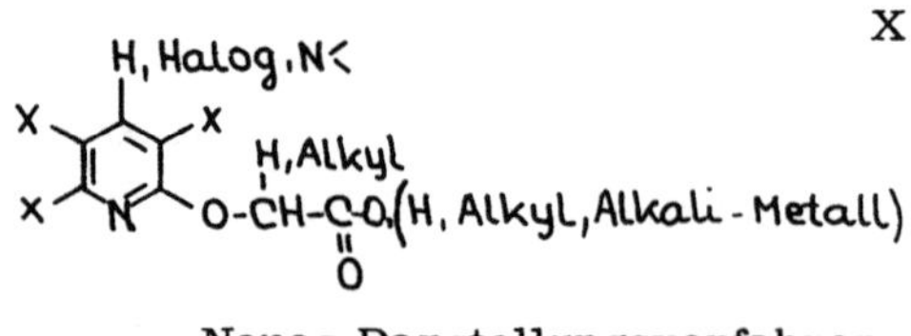

Neues Darstellungsverfahren.

ZA 75 02 141 11. 4.74/29. 1.76 Dow Chem. Co.

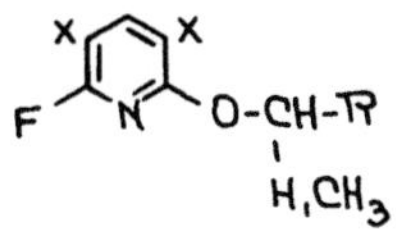

X = Halog
R = CN, COOH, C(=O)-N<
$CH_2$-OC(=O)-Alkyl
$CH_2$-$OCH_2CH_2$-OH usw.

f 3) **Heterocyclisch-aliphatische Dicarbonsäuren**

USP 3 836 542 7. 6.71/17. 9.74 Mobil Oil

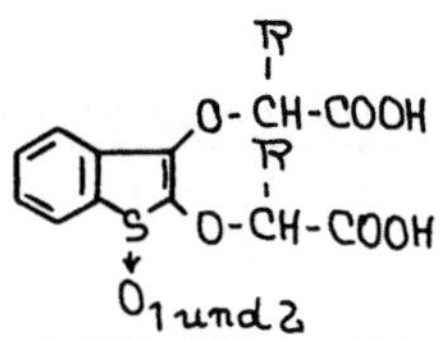

R = H, Alkyl

USP 3 651 074 24.12.69/21. 3.72 Monsanto

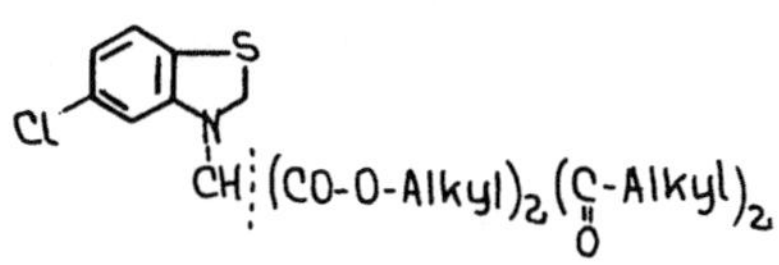

DOS 1 693 202 11. 1.64/23. 7.70 Pennsalt

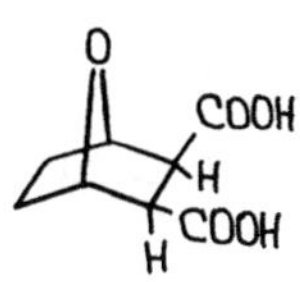

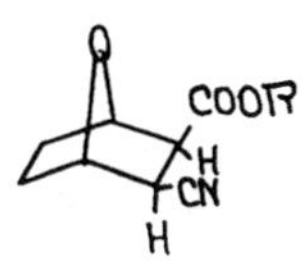

M. Koch: Sci. Pharm. 38 (2) 79 (1970)
DOS 2152818 22.10.71/4.5.72
USP 618588 18. 9.62/9.9.69

DOS 2 335 349 11. 7.73/30. 1.75 Dow Chem.

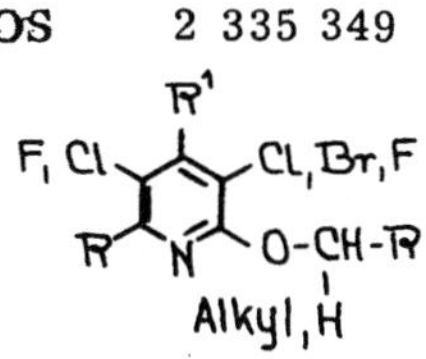

R = CN, C(=O)-N
$R^1$ = H, Alkyl, $NH_2$, NHAlkyl

z.B.

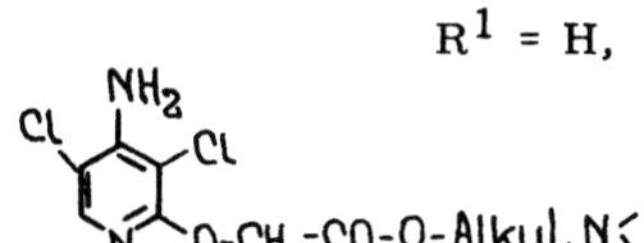

USP 3 862 952 30. 8.73/28. 1.75 Dow Chem.

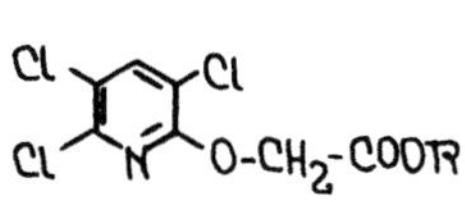

Darstellungsverfahren

USP 3 883 541 22. 2.71/13. 5.75 Dow Chem.

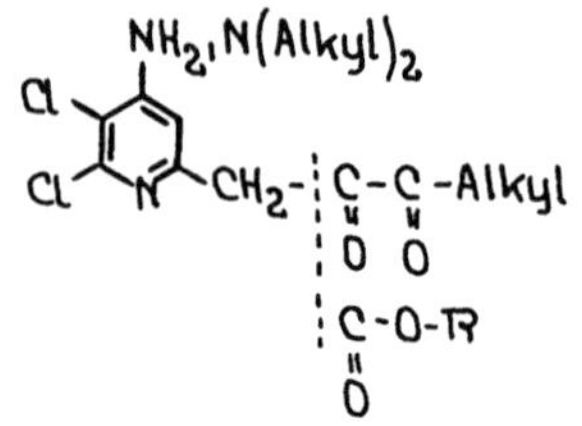


USP 3 894 862 28. 8.72/15. 7.75 Pennwalt

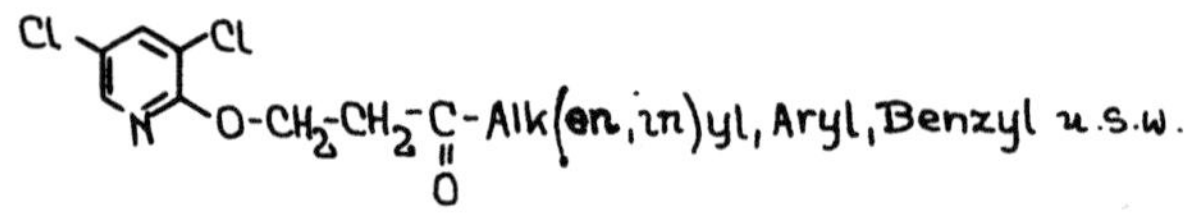


## 5.7.4 Aromatische Carbonsäuren ohne Aldehyde und Nitrile

### a) Monocarbonsäuren

Literatur:

Pagani, G. et al. Farmaco Ed. Sci. 24 (12) 1025 (1969)

Ar- und Aralkylamide z.B. der 3,4-Dichlorbenzoesäure mit phytotoxischer Wirkung.

Swithenbank, C. et al. J. Agr. Food Chem. 19, 417 (1971)

3,5-Dimethylbenzoesäureamide.
Dimethyl-propinyl-benzamide. Herbizide Wirkung und chemische Konstitution.

Pagani, G. et al. Farmaco ed Sci. 26 (11) 965 (1971)

Phytotoxische Wirkung von N,N-di-sec. Butyl-dichlor-benzamiden. Eine Gesetzmäßigkeit der Halogenstellung ist nicht zu erkennen. Siehe auch A. Baruffini et al. Farm. Ed. Sci. 26 (10) 891 (1971)

Pagani, G. et al. Farm. Ed. Sci. 28 (11) 835 (1973)

Die phytotoxische Wirkung von Benzoesäure-di-sec.-Butyl-amiden, welche im Benzolring zweifach mit Halogen- oder Methylgruppen in 3,5-Stellung substituiert sind. 3,5-Dimethylbenzoesäure-sec. Butylamid ist selektiv gegen Hirsearten wirksam.

Viste, K.L. et al. Science (Washington) 167, 3916, 280 (1970)

Aus den Rohm and Haas Laboratorien. Gegen Gräser wirksame neue Benzamide.

Der Propinylrest spielt in den letzten Jahren als Substituent am N eine wichtige Rolle. Siehe die nachfolgenden Patente.
Zu beachten ist auch die 3, 5-Substitution im Phenyl durch Cl oder $CH_3$.

DOS 1 668 636 21. 12. 67/16. 9. 71 Rohm and Haas
siehe auch DOS 2 007 924 20. 2. 70/1. 10. 70 Rohm and Haas
siehe auch USP 3 133 963 19. 5. 64 Mobil Oil
=USP 3 677 739 5. 3. 69/18. 7. 72 Rohm and Haas
=Belg. P. 709 137, =NLP 6 800 322 Rohm and Haas

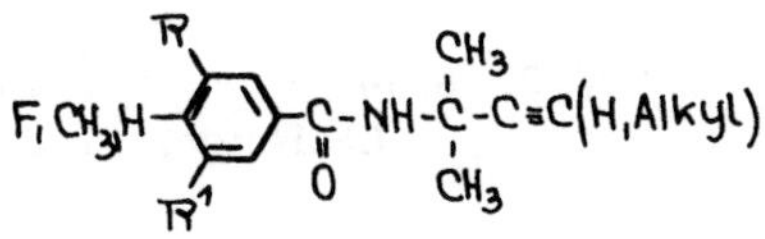


R und R' = $CH_3$ oder Cl

Fr. P. 4. 7. 68/ 7. 8. 70 Roussel Uclaf

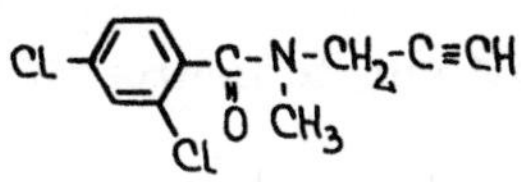


USP 3 681 045 29. 7. 69/ 1. 8. 72 Mobil Oil

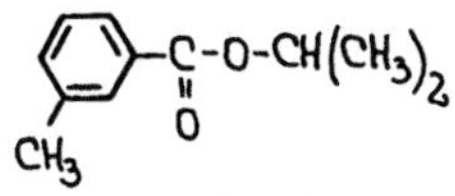


USP 3 530 181 3. 2. 68/22. 9. 70 Shell Oil

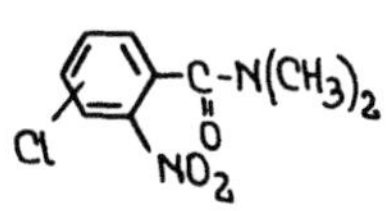


It. P. 852 484 8. 10. 68/15. 11. 69 Montecatini Edison

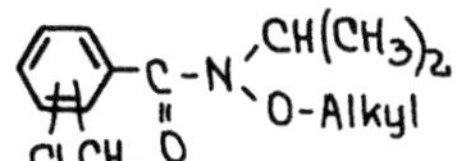


USP 3 742 051 2. 6. 71/26. 6. 73 Rohm and Haas

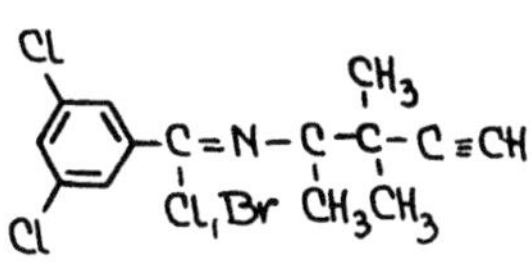


DOS 2 140 438 12. 8. 71/22. 2. 73 BASF

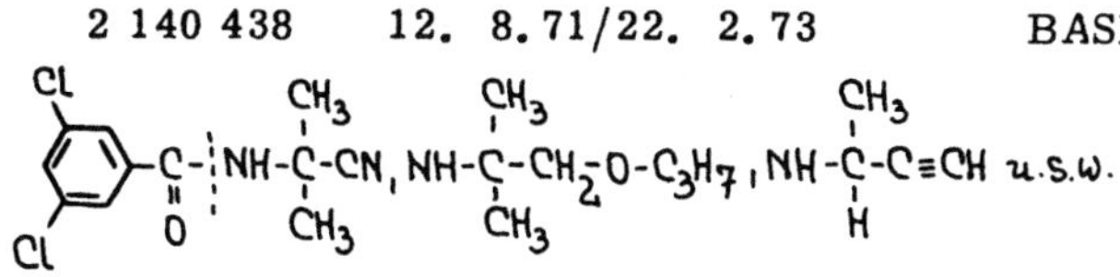

USP 3 561 950 26. 5.71/ 9. 2.71 Gulf Res.

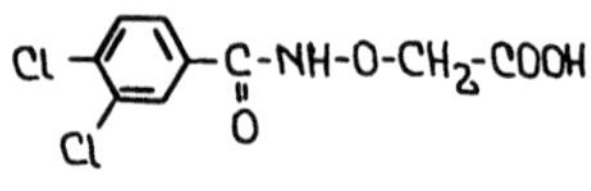

DOS 2 240 059 16. 8.72/28. 2.74 Nordd. Affinerie

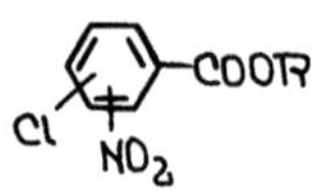

DOS 2 345 788 11. 9.73/ 2. 5.74 Mobil Oil
US Prior. 11.9.72

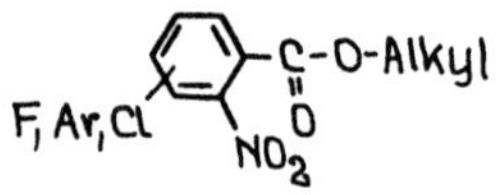

ausschließlich 2,6-substituierte Benzoesäuren

DOS 1 567 130 30. 8.66/25. 7.70 Shell
GB Prior. 1.4.65

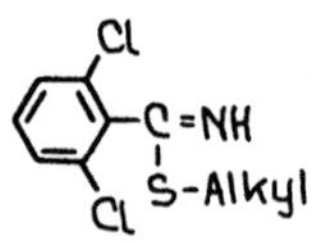

als Salz

DOS 1 567 133 15. 6.66/ 3.10.70 Shell
GB. Prior. 17.6.65, 9.5.66

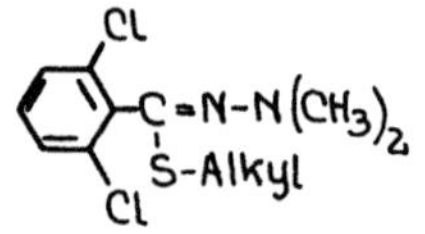

DOS 1 668 865 17. 1.68/12. 7.71 BASF
=NLP 6 900 583 BASF

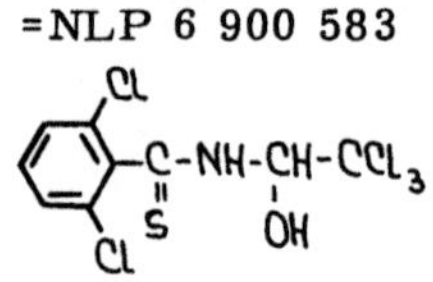

DOS 1 955 503 12. 7.69/14. 1.71 BASF

Wie zuvor aber am OH verestert.

DOS 2 408 334 21. 2.74/ 4. 9.75 Celamerk

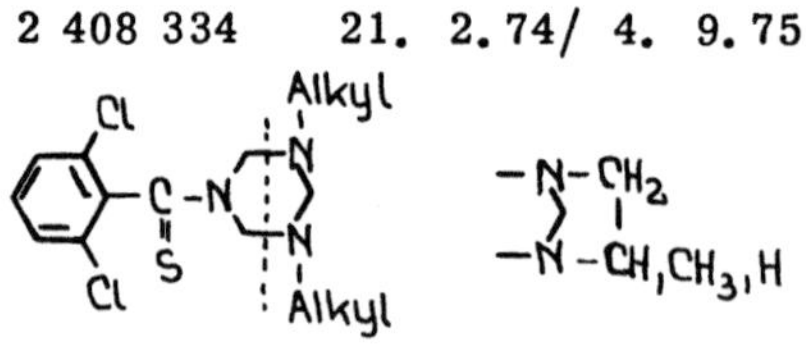

Phenoxy-benzoesäuren (auch bei "Phenoläther" angeführt)

DOS 1 768 619 7. 6.68/30.12.71 Bayer

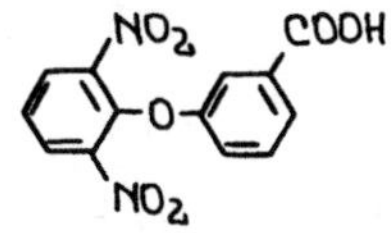

USP 3 784 635 25. 4.69/ 8. 1.74 Mobil Oil

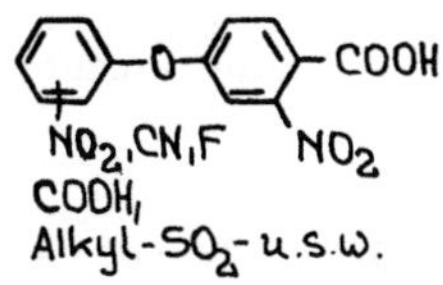

Drei- und mehrfach substituierte Benzoesäuren.

DOS 1 417 412 21. 5.59/ 9.10.69 Tenneco
US Prior. 22.5.58

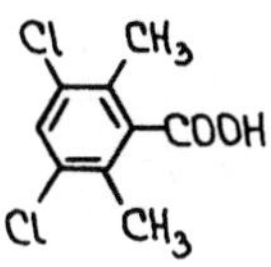

USP 3 505 389 18. 8.66/ 7. 4.70 Hooker Chem.

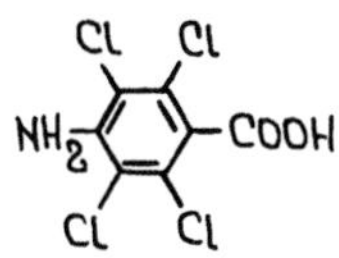

DOS 1 417 413 21. 5.59/ 4. 9.69 Tenneco USA

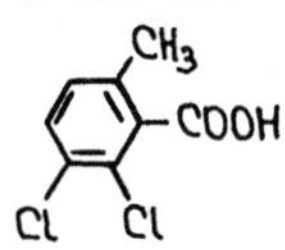

DOS 1 567 215 2.11.62/ 6. 8.70 Velsicol

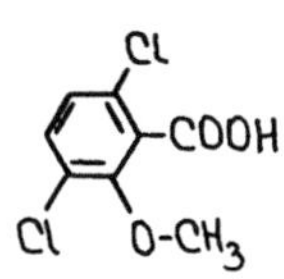

DOS 2 060 063 7.12.70/16. 6.71 Sandoz
US Prior. 10.2.69

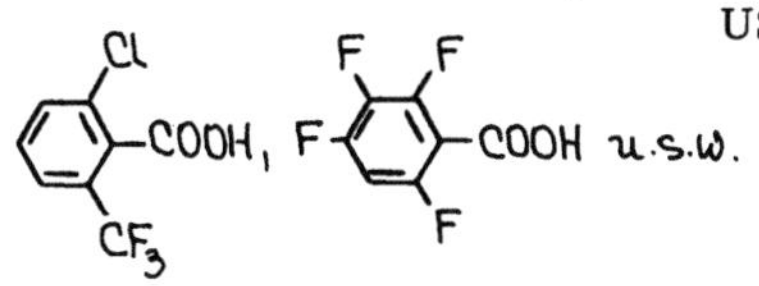

USP 3 547 621 29. 5.67/15.12.70 Gulf Res.

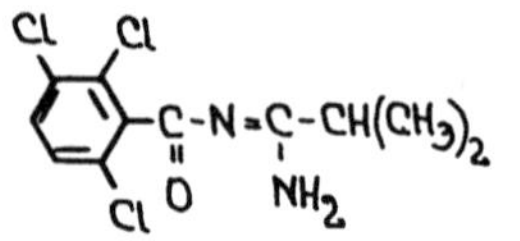

USP 3 592 842 14. 4.69/13. 7.71 Sandoz Wander

USP 3 674 882 21. 1.71/ 4. 7.72 Sandoz Wander

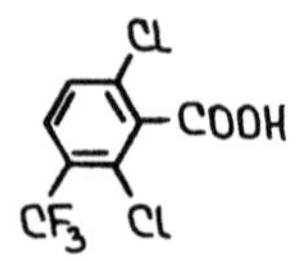

und Isomere

USP 3 600 407 4. 4.69/17. 8.71 Velsicol
=NLP 7 205 441 22.4.71/29.2.72

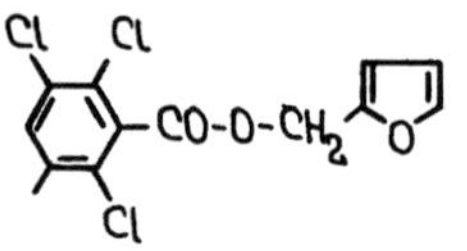

USP 3 723 523 10. 1.67/27. 3.73 Rohm and Haas
siehe auch DOS 2 140 438 BASF

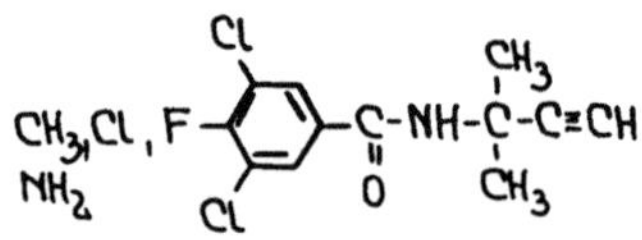

USP 3 778 248 13.10.70/11.12.73 Amchem Prod.

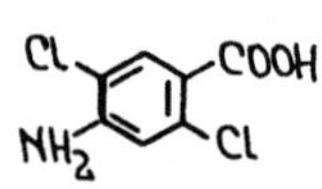

Reizherbizid siehe im Text bei Amiben

NLP 7 007 686 29. 5.69/ 1.12.70 Rohm and Haas

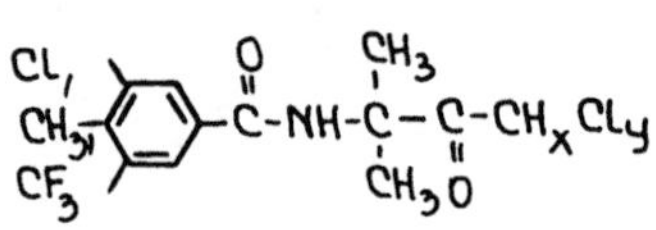

$x+y=3$

DOS 2 331 712 22. 6.73/23. 1.75 Celamerk

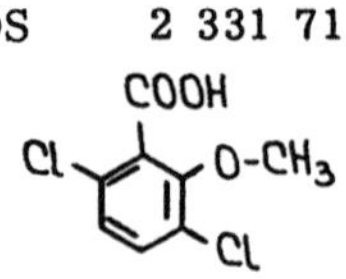

Neues Darstellungsverfahren

Fr. P. 2 216 918 15. 2.73/11.10.74 R. Aries

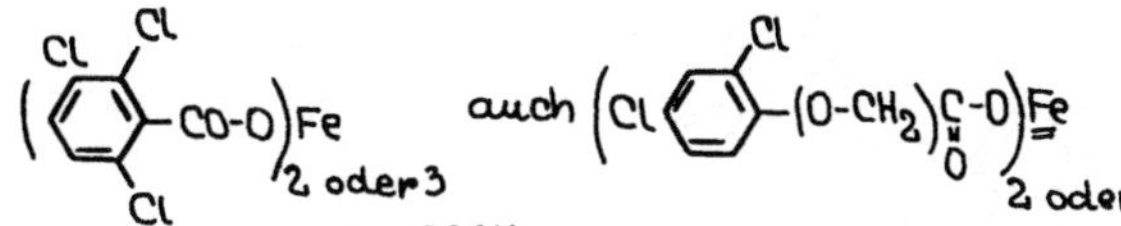

gegen Gräser

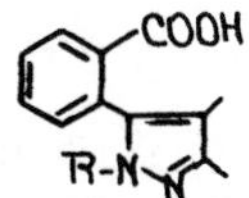

USP 3 870 732 21. 8.73/11. 3.75 Velsicol Chem.

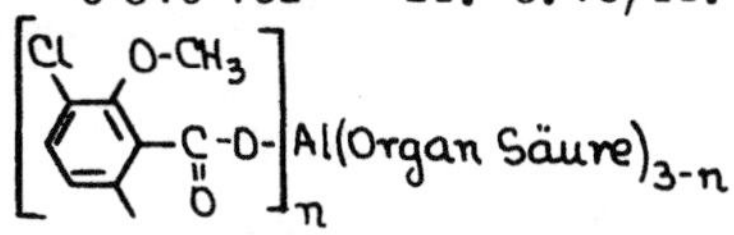

USP 3 877 925 6. 2.70/15. 4.75 Gulf Res.
siehe auch USP 3 707 366

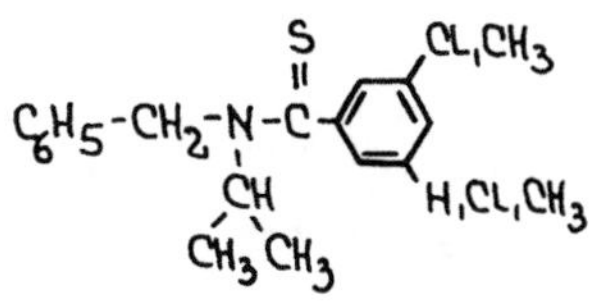

DOS 2 504 383 3. 2.75/ 5. 8.76 Bayer AG

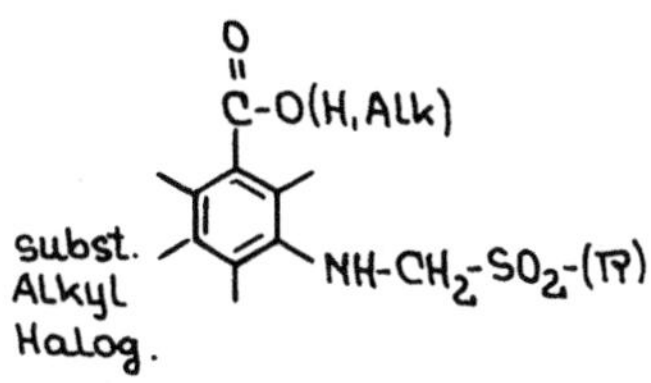

R = Alkyl, Alkyl-Halog., Aryl

USP B 390 031 10.12.69/13. 1.76 Sandoz
siehe auch USP 201 167 u. 187 898

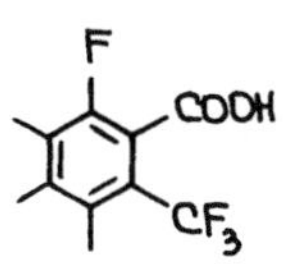

Vorwiegend Pflanzenwurchsregulator.

USP 3 923 849 29.10.73/ 2.12.75 Velsicol

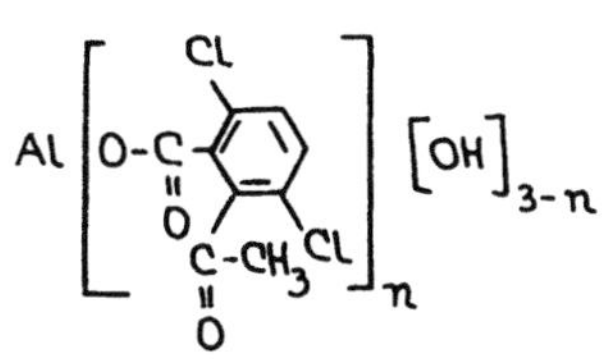

USP 3 931 303 28. 6.73/ 6. 1.76 Gaf Corp.

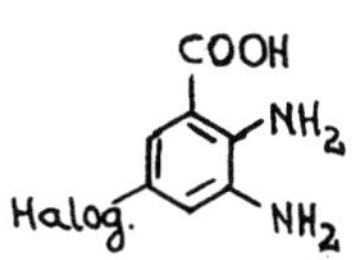

Unter anderem auch Herbizide.

DOS 2 527 113 18. 6.74/ 8. 1.76 Montedison Spa.
=Belg. P. 830 389

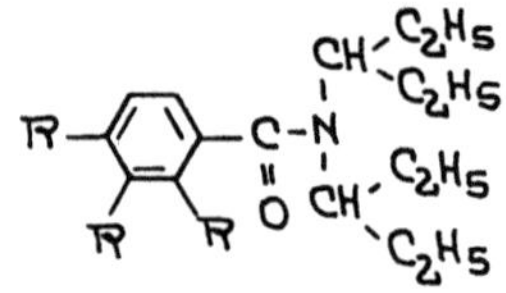

Gräserwirkung

R = H, Cl, Alkyl, OAlkyl, $NH_2$, $NO_2$. 3-Stellung bes. wichtig.
Patente mit ähnlichem Inhalt: Jap. P. 852 484, FRP 1 446 959, USP 3 231 360

USP 3 941 830 25. 4.69/ 2. 3.76 Mobil Oil

siehe auch USP 3 784 635 u. 3 652 645

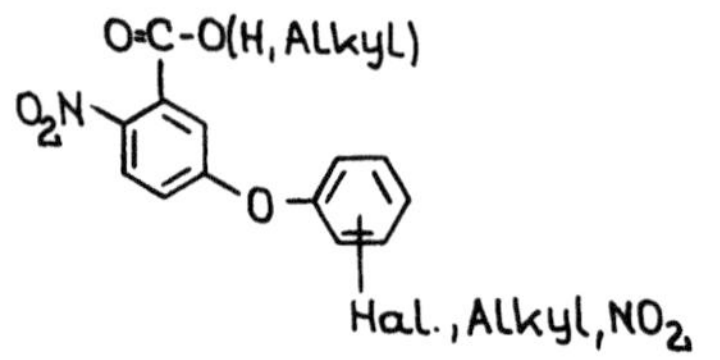

siehe auch unter 5.4.2 b

USP 3 959 370 16. 7.73/25. 5.76 Jefferson Chem.

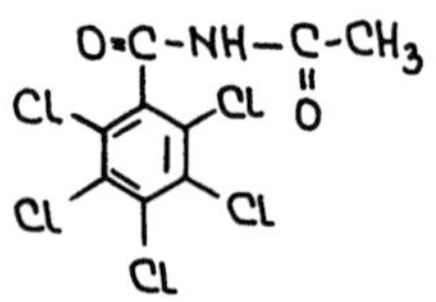

USP 3 961 939 18. 2.75/ 8. 6.76 Velsicol

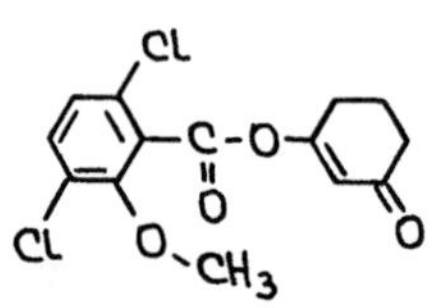

Jap. P. 51 070 815 12.12.74/18. 6.76 Mitsubishi Petroch.

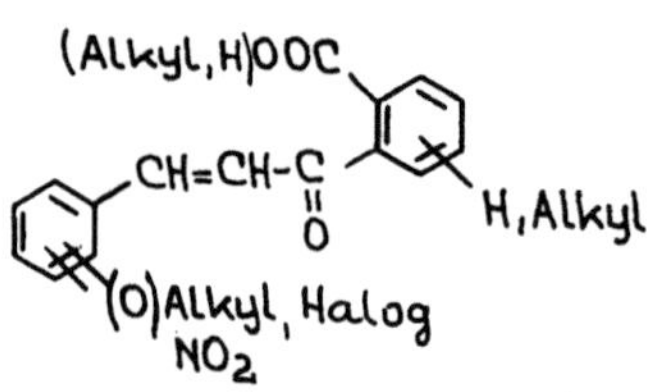

Gräserherbizid

Belg. P. 838 477 13. 2.75/12. 8.76 Hoffmann La Roche

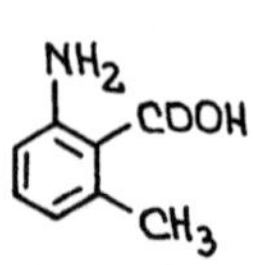

b) Naphthoesäuren

DOS 2 028 555 — 10. 6.70/17.12.70, It. Prior. 10.6.69 — Montecatini Edison

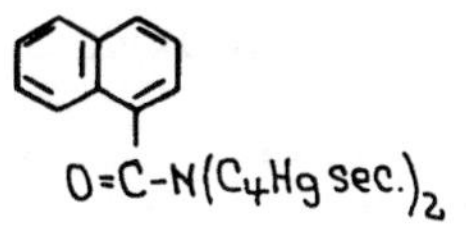


c) Aromatische Di- und Poly-carbonsäuren

Siehe auch bei Dicarbonsäureaniliden.

USP 3 544 303 — 3. 4.68/ 1.12.70 — Stanford

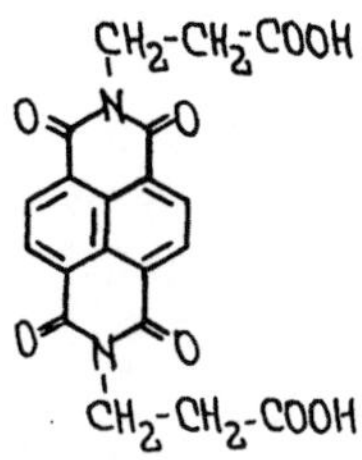


Fr.P. 2 225 430 — 10. 4.73/13.12.74 — R. Aries

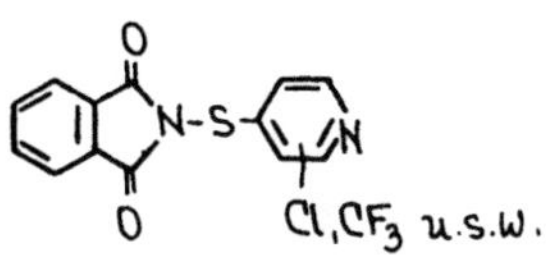


statt Phthals- auch Malein- oder Bernsteinsäure

5.7.5 Heterocyclische Mono- und Di-carbonsäuren

Der Abschnitt weist einige Überschneidungen auf mit heterocyclischen Carbamidsäureestern und Amiden siehe 5.5.2f.

a) 5-Ringe, 1 x O, 1 x S

USP 3 549 659 — 29. 7.66/22.12.70 — Toyo Koatsu

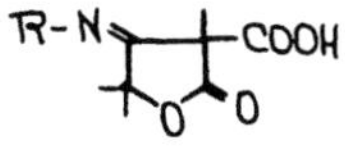


R = H, Alkyl, Ar(yl)

DOS 2 257 034 — 21.11.70/30. 5.74 — Cons. f. Elektrochem.

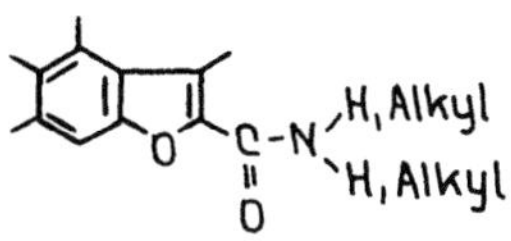

USP 3 536 473 15. 6.67/27.10.70 Pennwalt

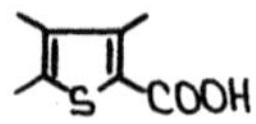

Substituenten: Cl, $NO_2$, CN, O(S)Alkyl, COOR usw.

DOS 2 444 453 1.10.73/10. 4.75 Cent. Euro Rech.

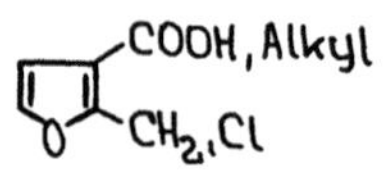

USP 3 892 775 30. 7.73/ 1. 7.75 Chevron Res.

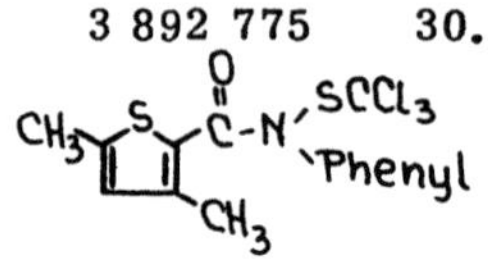

b) <u>5-Ringe mit 1 x N</u>

DOS 2 103 911 28. 1.71/28.10.71 Upjohn Corp.
US Prior. 30.1.70, 28.11.70

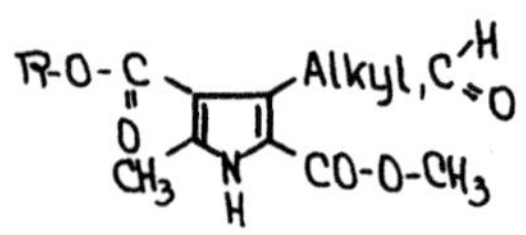

DOS 2 235 811 21. 7.72/ 8. 2.73 Upjohn Corp.
US Prior. 29.7.71

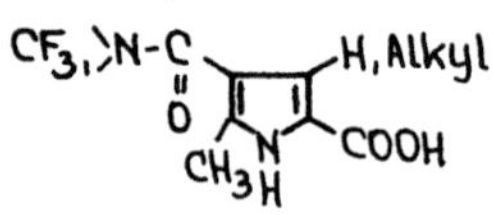

USP 3 918 954 11. 4.73/11.11.75 Sterling Drug

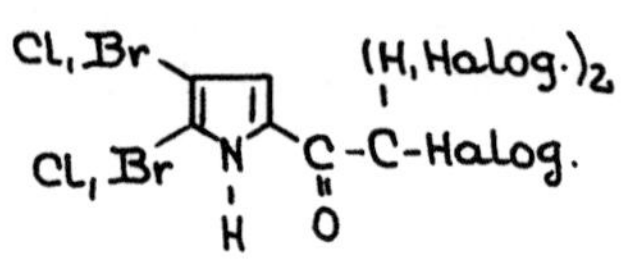

c) 5-Ringe mit 1 x N + 1 x O bzw. 1 x S

DOS 2 257 749 24. 11. 72/ 6. 6. 74 Sankyo Co.

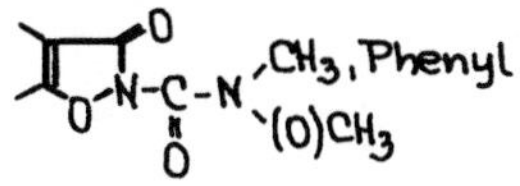


DOS 2 350 907 10. 10. 73/ 2. 5. 74 Nippon Soda
=NLP 7 313 962 Nippon Soda

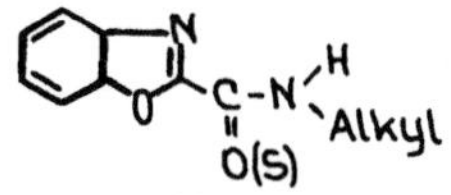


USP 3 709 992 7. 7. 66/ 9. 1. 73 US Rubber

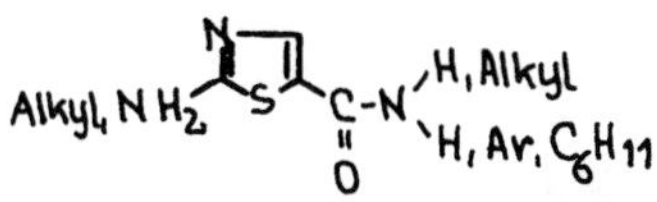


USP 3 699 115 25. 11. 69/17. 10. 72 Monsanto

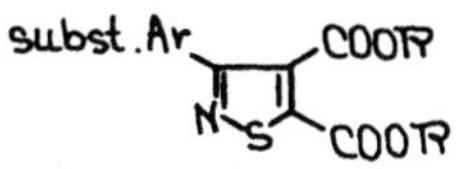


DOS 2 257 749 24. 11. 72/ 6. 6. 74 Sankyo Jap.

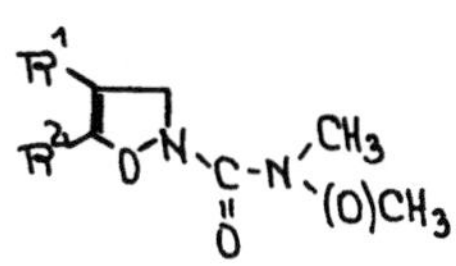


$R^1, R^2$ = Alkyl, Phenyl

Jap. P. 49 062 696 19. 10. 72/18. 6. 74 Sankyo Co.

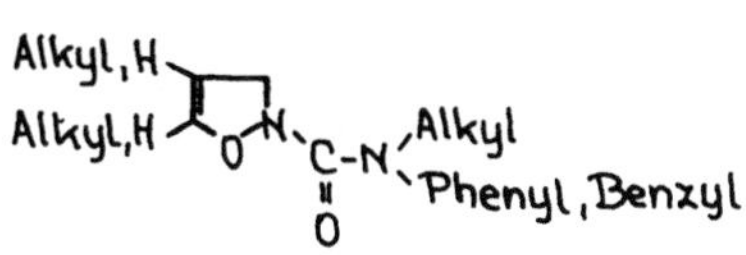


d) 5-Ringe mit 2 x N, 2 x N + 1 x S; 2 x N + 1 x O; 3 x N

GBP 1 260 750 4. 2. 69/19. 1. 72 Nissan Chem.

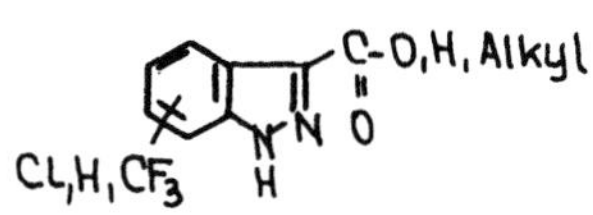

USP 3 674 802 5. 1.70/ 4. 7.72 Monsanto

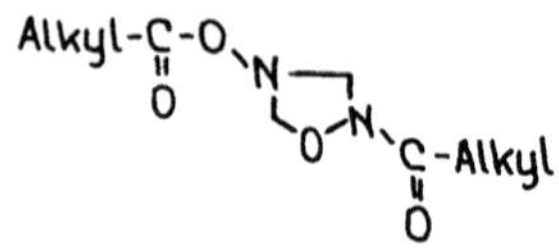

USP 3 740 400 1. 2.71/19. 6.73 American Cyanamid

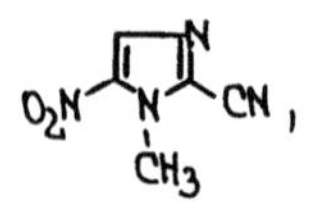 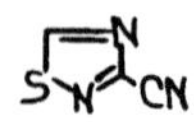

DOS 1 795 117 13. 8.68/30.12.71 Bayer
=NLP 7 009 294 Bayer

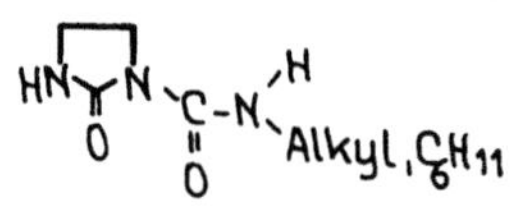

DOS 1 567 132 13. 4.66/23. 7.70 Shell

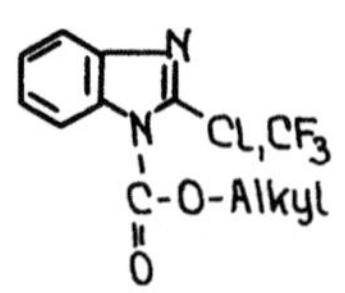

DOS 1 932 827 28. 6.69/ 7. 1.71 Bayer

Inhalt wie zuvor $-N(H)C_6H_{11}$

Belg. P. 801 482 23. 7.72/15.10.73 Nehezo

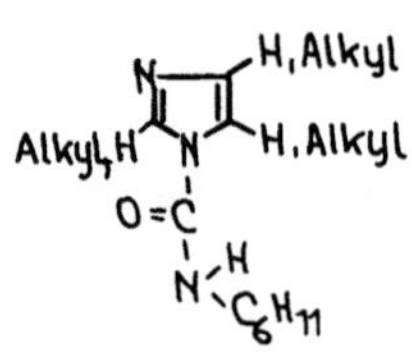

DOS 2 247 267 27. 9.72/ 5. 4.73 Ciba-Geigy
Schwz. Prior. 30.9.71

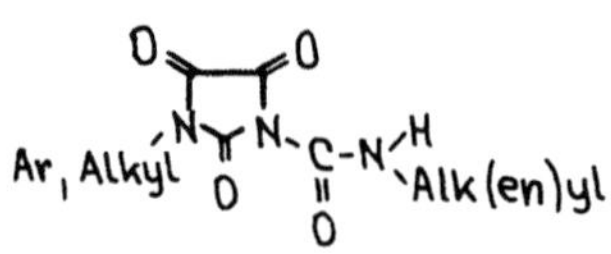

DOS 2 219 702 21. 4.72/16.11.72 Du Pont
US Prior. 22.4.71/29.2.72
siehe auch USP 3 407 206 und 3 409 425

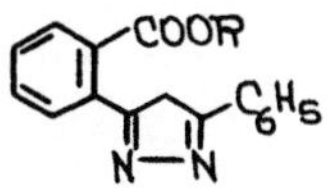

DOS 2 253 863 3.11.72/ 9. 5.74 BASF

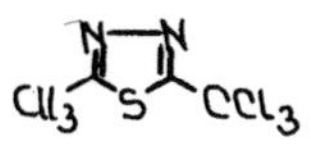

statt $CCl_3$ 1 x COOH

DOS 2 264 159 31.12.71/12.12.73 Boots Pure Drug

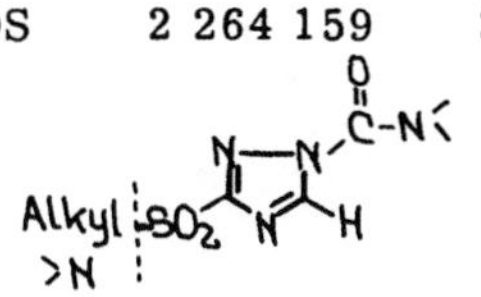

siehe auch DOS 2 132 618; Inhalt wie zuvor: Alkyl-S-
↓
$O_1$ u. 2

Jap. P. 40 008 851 31. 7.70/28. 2.74 Mitsubishi Gas

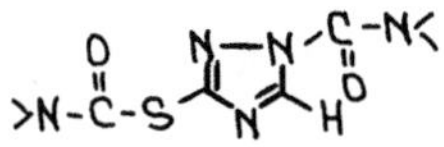

USP 3 859 296 1. 7.71/ 7. 1.75 Monsanto

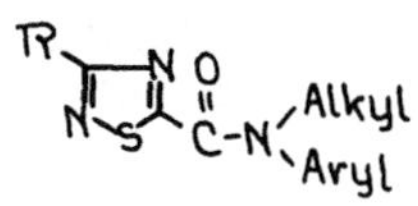

R = Alkyl, Heterocyclus
p-Chlor-phenyl

CAP 986 123 9. 8.71/23. 3.76 Uniroyal

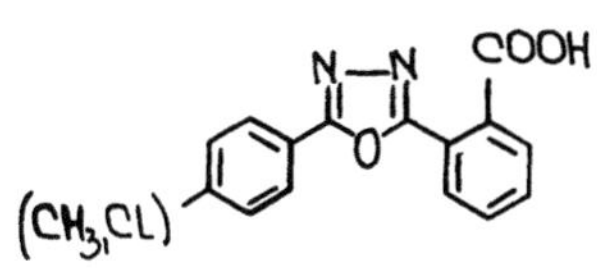

An dieser Stelle sei darauf hingewiesen, daß einige Acyl-Harnstoffe (siehe bei aromatisch-aliphatischen Harnstoffen im Buchtext) auch insektizid wirksam sind. Diese Beobachtung wurde auf heterocyclische Carbonsäureamide ausgedehnt. Ein weiteres Beispiel zeigt die folgende DOS.

DOS 2 520 387 8. 7.74/29. 1.76 Boots

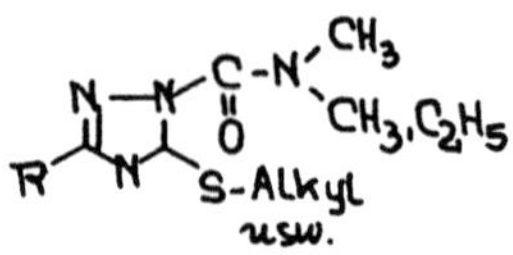

R = Isoalkyl

Insektizid

NEP 75 07 233 19. 6.74/23.12.75 Mitsubishi Chem.

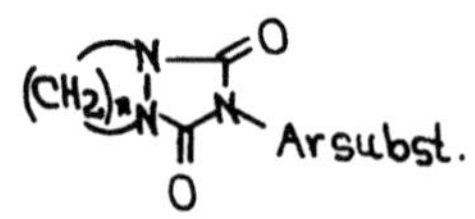

e) <u>6-Ring-Carbonsäuren 1 x N</u>

Belg. P. 788 756 2. 8.71/13. 3.73 Dow Chem.

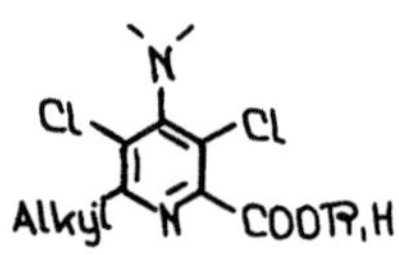

USP 3 539 568 5. 9.67/10.11.70 Sherwin Williams
=GBP 1 362 572 22.9.71/17.8.74 Sherwin Williams

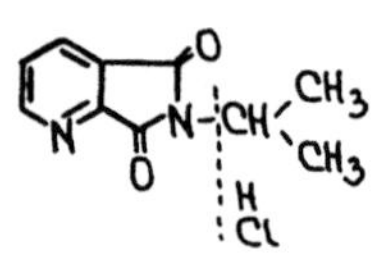

Dicarbonsäureimid, auch bei Benzimidazolonen angeführt siehe Heterocyclen 5 Ringe 2 N

USP 3 535 747 26. 4.68/25. 8.70 Sherwin Williams

Etwas weiter gefaßt als USP 3 539 568

USP 3 761 240 16. 1.68/25. 9.73 Rohm and Haas

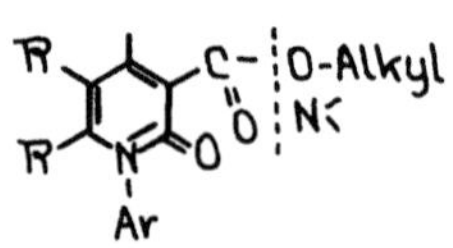

R = Cl, $NH_2$, (O)Alkyl

SUP 411 818 29. 3.72/20. 9.74 N-Caucasus Phytopatolog

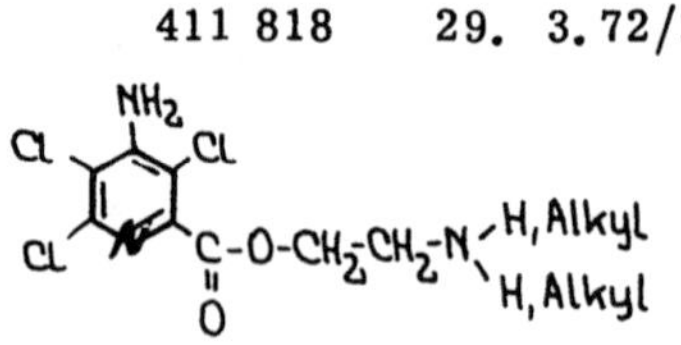

Weniger giftige Derivate. Selektiv in Getreide.

DOS 2 524 878, 2 524 879, 2 524 880, 2 524 881

4. 6.75/18.12.75 Dow Chem.
GB Prior. 5.6.74

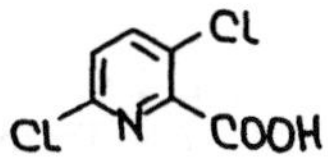


+ verschiedene Herbizide

SUP 445 662 22.12.72/17. 6.75 Ovchinnikov

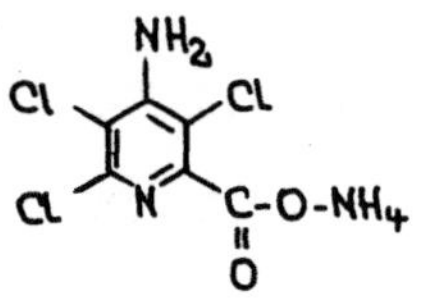


f) <u>6-Ringe mit 1 x O + 1 x S; 2 x S; 2 x N</u>

DOS 1 768 542 24. 5.68/28.10.72 BASF

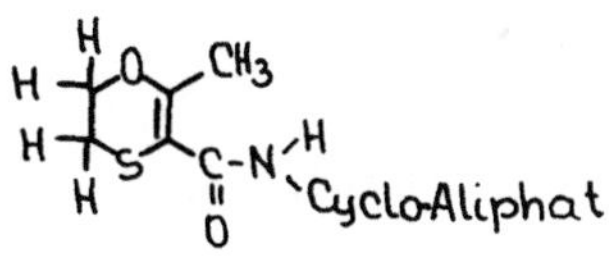


DOS 2 224 834 20. 5.72/29.11.73 Bayer

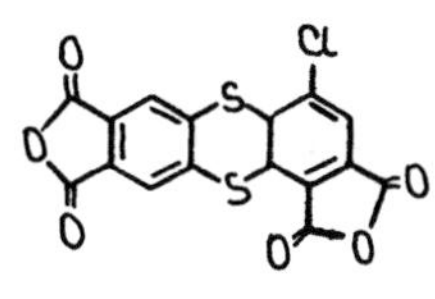

und isomere Carbonsäuren

DOS 1 692 055 2. 2.68/24. 2.72 Queens Univ.
Canada

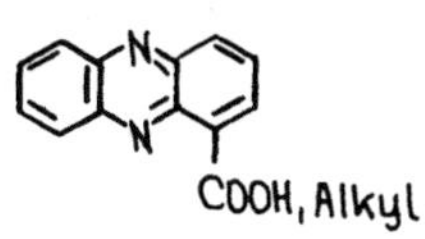


DOS 2 526 358 12. 6.75/ 8. 1.76 Mitsubishi
Chem.

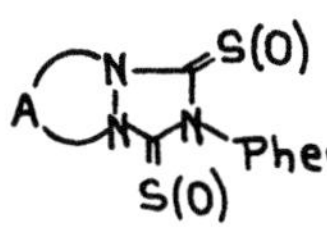


Phenyl subst. durch Cl, Alkyl, O-Alkyl, $NO_2$, $CF_3$ usw.

A = Alkylen, Alkenylen (verzweigt) z.B. 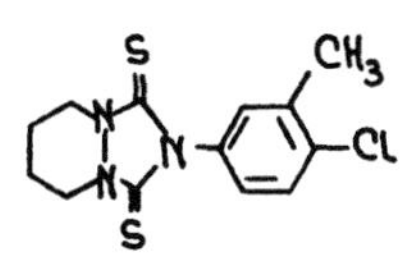

## 5.8 Aromatische Aldehyde, Iminoverbindungen, Oxime und Hydrazone

### 5.8.1 Monoaldehyde

DOS 1 567 104 16. 3.65/16. 4.70 Shell
GB Prior. 18.3.64

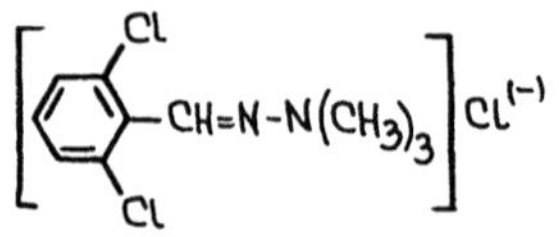

Auch bei quartären Ammoniumverbindungen angeführt.

DOS 2 157 708 15.11.71/25. 5.72 Minnesota Mining
=NLP 7 115 252 Minnesota Mining
=US Prior. 16.11.70

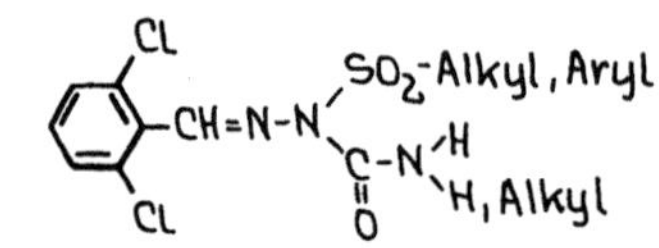

DOS 2 219 802 22. 4.72/31.10.73 BASF

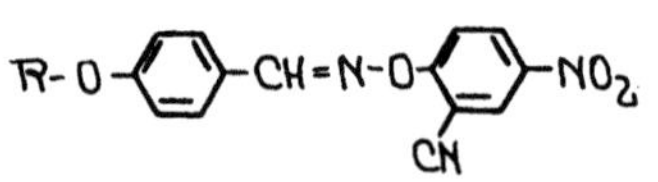

R = Alkyl, subst. Aryl, Acyl

USP 3 503 732 30.11.67/31. 3.70 Gulf Res.

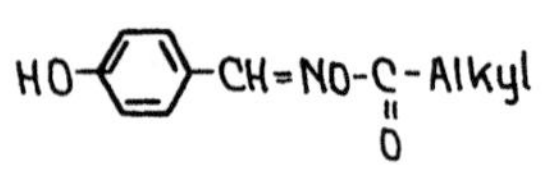

GBP 1 318 514 21. 8.69/31. 5.73 ICI

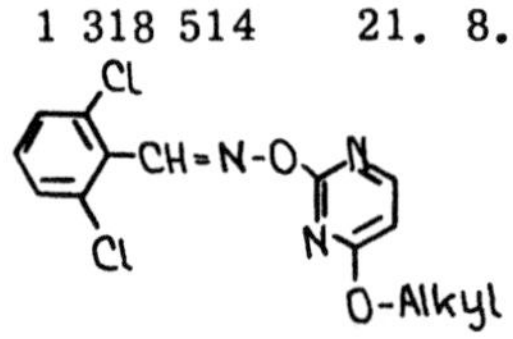

Phytotoxzität von Hydrazonen aromatischer Aldehyde.
Untersucht und zum Teil auf übliche Weise dargestellt wurden 180 Hydrazone der allgemeinen Formel (post emergence) Wirkung gegenüber Amaranthus retroflexus L. - (Mazza, M., Montanari, L. und Pavanetto, F.: Farm., Ed. Sci. 31 (1976) 5, 334.

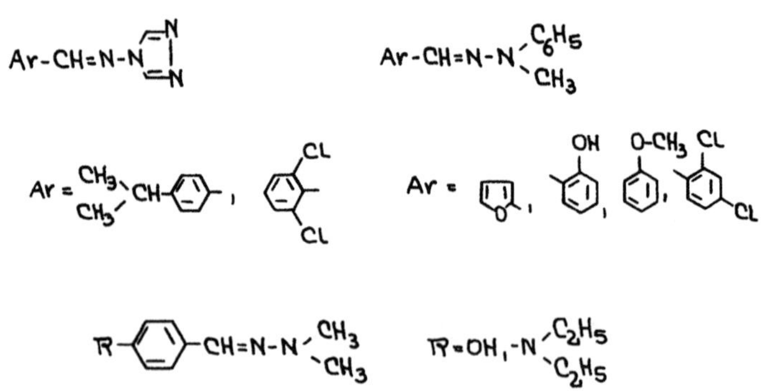

5.8.2 Dialdehyd-Derivate

Belg.P. 750 328 14. 5.69/13.11.70 BASF

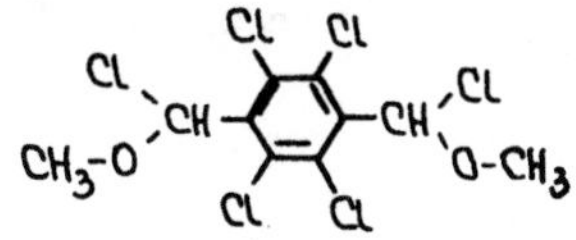

Jap.P. 7 303 374 28. 4.70/30. 1.73 Ube Inds

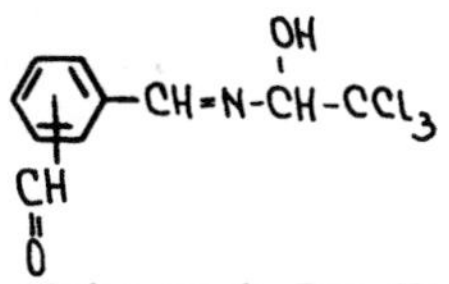

statt CH(=O) auch Alkyl, $NO_2$

siehe auch Jap.P. 7 303 374/R Sankyo

Die meisen der im Vorangehenden angeführten Derivate dürften ihre Wirksamkeit einer Spaltung in das herbizid wirksame 2,6-Dichlorlbenzonitril verdanken. Der 2,6-Dichlorbenzaldehyd selbst ist nur ein schwaches Herbizid. Einige Oximäther wirken wohl als Phenoläther. Siehe dort.

5.9 Aromatische Nitrile

DOS 2 214 058 23. 2.72/27. 9.73 Bayer

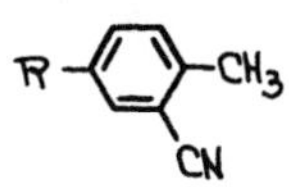

Darstellungsverfahren

R = $CH_3$, $CCl_3$

DOS 2 214 061 23. 3.72/27. 9.73 Bayer

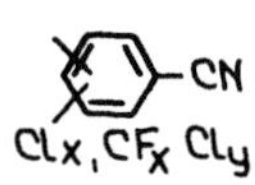

DOS 2 229 014 21.12.73/14. 6.72 Du Pont
US Prior. 15.6.71/6.4.72

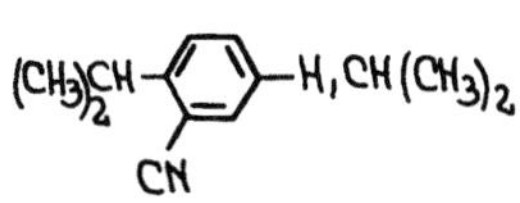

USP 3 816 504 25. 9.70/11. 6.74 Dow Chem.

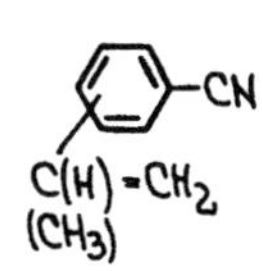

DOS 2 506 275 19. 2.74/21. 8.75 Dow Chem.

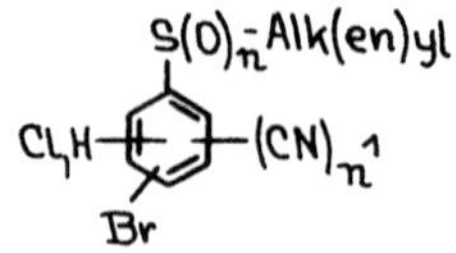

n u. $n_1$ = 1 und 2

USP B 573 991 15. 6.71/30. 3.76 Du Pont

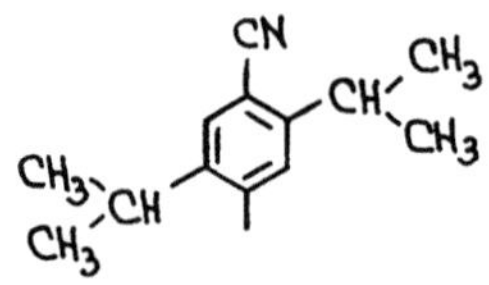

Gräser-Herbizid.

## 5.10 Aromatische Sulfonsäuren, Amide, (ohne Anilide und heterocyclische Amide)

USP 3 576 617 21. 1.65/27. 4.71 Di Beka

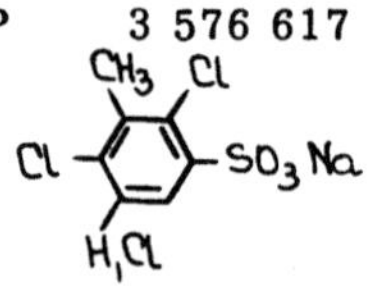

DOS 1 642 362 8.11.67/22. 4.71 Upjohn
US Prior. 10.11.66

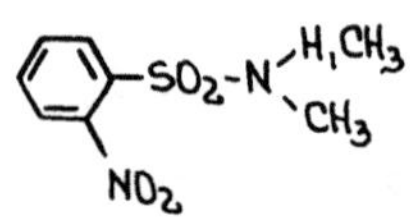

USP 3 498 780 7. 1.63/ 3. 3.70 Eli Lilly

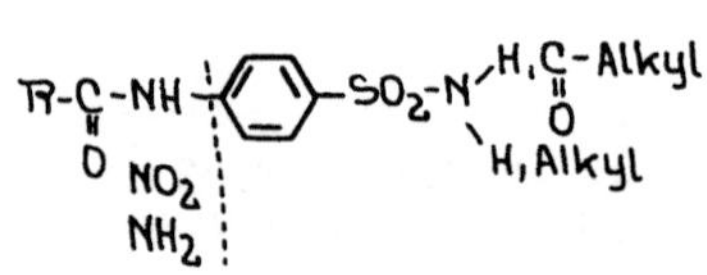

USP 3 637 366 4. 9.69/25. 1.72 Scott and Sons

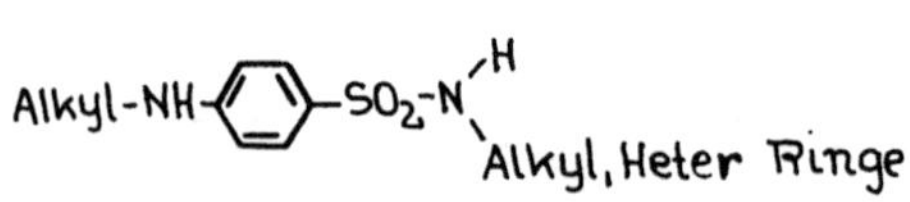

Fr.P. 2 179 985 12. 4.72/28.12.73 Du Pont

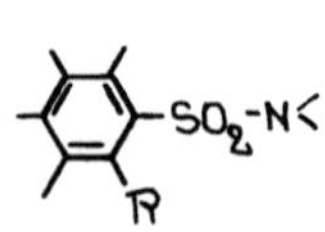

R = Cl, Alkyl, CN, $CF_3$, $CH_2CN$ usw.

USP 3 518 075 28. 1.63/30. 6.70 Stauffer

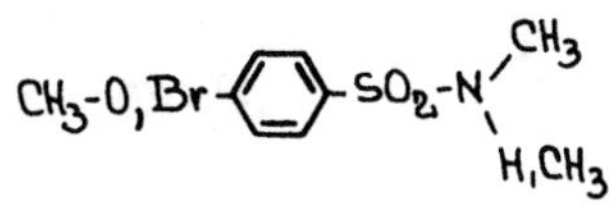

USP 3 714 247 11.12.70/30. 1.73 Monsanto

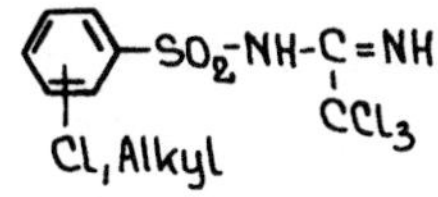

USP B 378 621 29. 1.69/28. 1.75 MMM

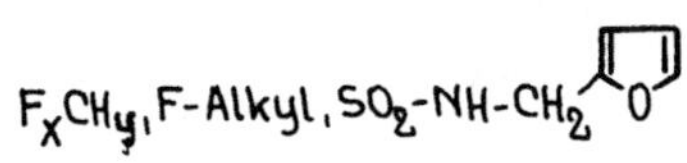

## 5.11 Amine

### 5.11.1 Aliphatische Amine und Hydroxylamine

DOS 1 542 926 20.12.66/16. 4.66 ICI

Aminoxide als Netzmittel z.B. für Paraquat

USP 3 526 496 5. 4.67/ 1. 9.70 Union Oil

$NH_2OH$ als Defoliant für Baumwolle

USP 3 776 714 27. 6.68/ 4.12.73 SMC Corp.
=GBP 1 346 740

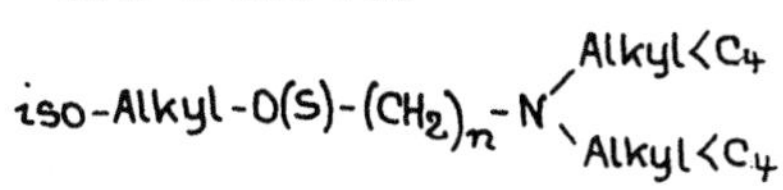

USP 3 871 863 2. 2.70/18. 3.75 SCM Corp.

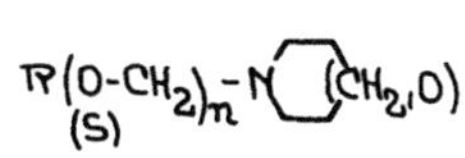

R = z.B. 3,7-Dimethyloctyl

DOS 2 443 890 13. 9.74/ 3. 4.75 Kocide Chem.

$N(CH_2CH_2OH)_3$-Cu-Komplex als Algizid

DOS 2 506 431 15. 2.75/18. 9.75 Meyers, M. D.

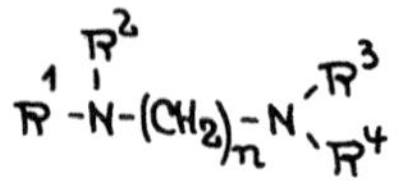

Algizide

$R^1$-$R^4$ = Alkyl, H

Komplexe mit Kupfer.

DOS 2 451 633 30.10.74/ 6. 5.76 Bayer

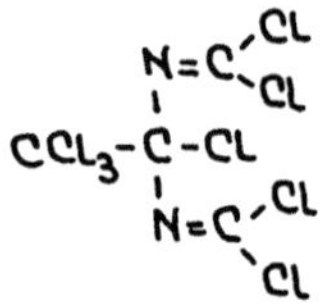

5.11.2 Aromatische Amine

a) Aromatische Amine ohne $NO_2$ Substituenten in 2- oder 6-Stellung

DOS 1 643 384 27.12.67/ 9. 7.73 Bayer

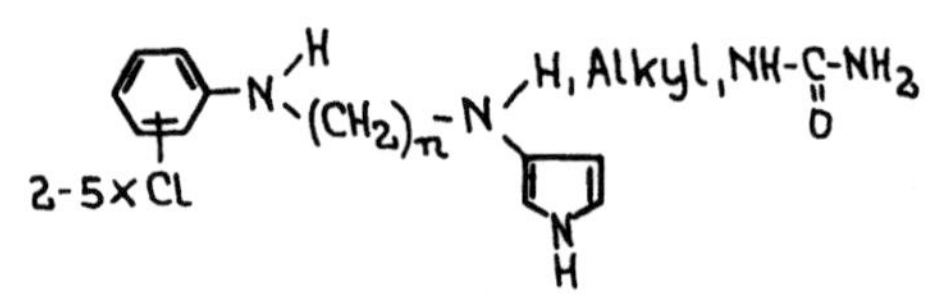

DOS 1 927 690 30. 5.69/22. 1.70 Squibb
US Prior. 3.6.68

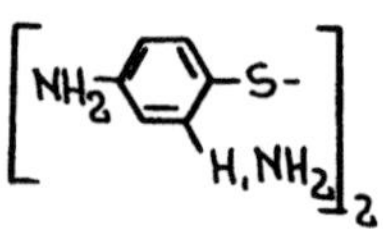

DOS 2 058 225 26.11.70/20. 7.72 US Borax

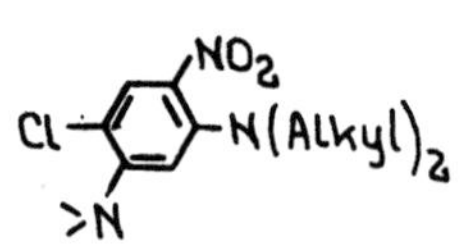

DOS 2 221 109 28. 4.72/16.11.72 Shell Int.
GB Prior. 30.4.71

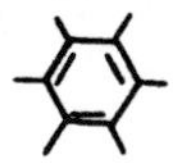

DOS 2 213 082 17. 3.72/28. 9.72 ICI
=Belg.P. 780 549 ICI

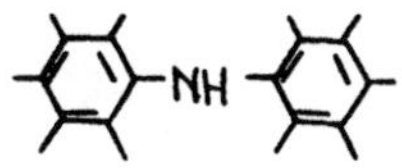


Belieb. substituiert, siehe auch DOS 2 213 058 Naphthalin statt Ar

DOS 2 436 710 30. 7.74/19. 6.75 Velsicol
US Prior. 30.7.73

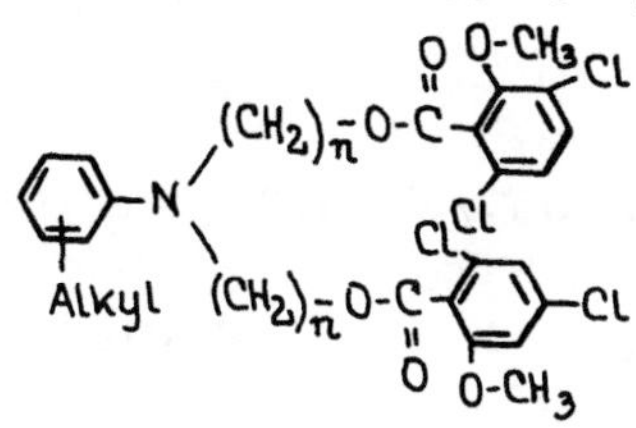


USP 3 504 033 8. 9.67/31. 3.70 Am. Cyanamid

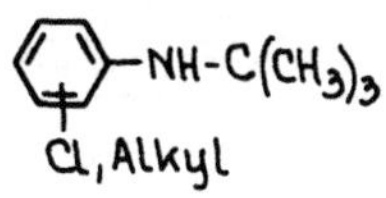


Darstellung

USP 3 507 904 1. 4.66/21. 4.70 H. Schwartz

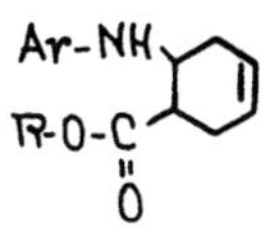


USP 3 594 405 17. 5.68/20. 7.71 Du Pont

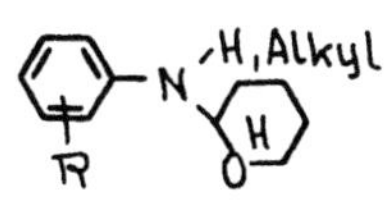


R = Halogen, Alkyl, $CF_3$, $NO_2$
Heterocycl.

USP 3 895 932 9.12.69/22. 7.75 Millmaster

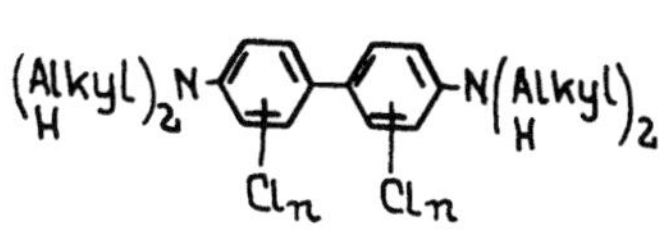

USP 3 844 762 11. 5.71/29.10.74 Cyanamid

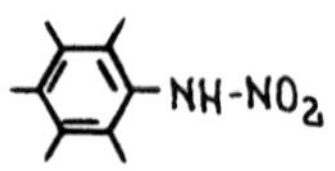

R = Cl, Alkyl, $NO_2$, COOH, OAlkyl

SUP 1 292 682 8. 8.69/21. 5.71 Phyt. path. Res. Inst.

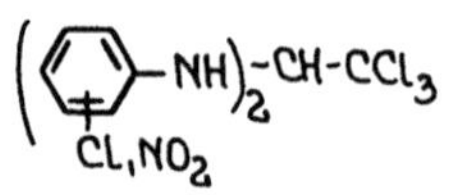

Jap.P. 7 303 372 11. 6.70/30. 1.73 Kureha Chem.

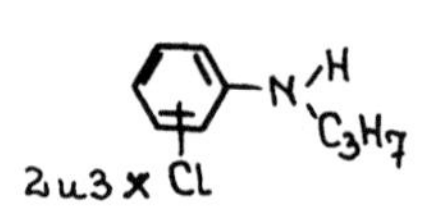

Jap.P. 74 00 424 18. 4.72/ 5. 1.74 Nippon Soda

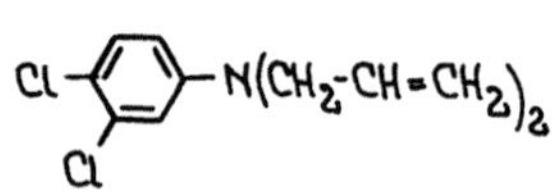

Selektiv in Reis

b) Aromatische Amine mit 2 x $NO_2$-Substituenten in 2- und 6- evtl. 4-Stellung oder anderen Elektronen abziehenden Substituenten

Die Patente sind nach Firmennamen (alphabetisch) geordnet, da zahlreiche Überschneidungen bestehen.
Um den Zusammenhang zu wahren, sind nochmals Patente angeführt, welche im Text Versuchs- oder Handelsprodukten zugeordnet sind.

DOS 2 058 201 20.11.70/27. 5.71 Amchem
US Prior. 20.11.69

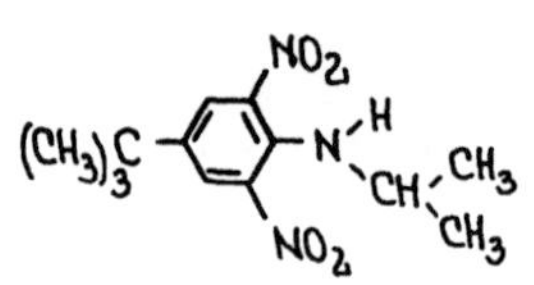

USP 3 672 866: NH-$C_6H_{11}$ Amchem

siehe ältere Patente: USP 3 119 736, 3 327 190, 3 332 769, 3 449 117 und DOS 1 300 727

USP 3 880 643 18. 1.71/29. 4.75 Amchem

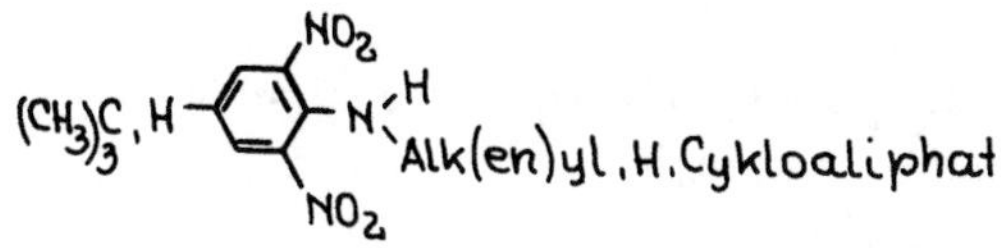

DOS 2 050 872 16.10.72/27. 5.71 Ansul
US Prior. 17.9.69

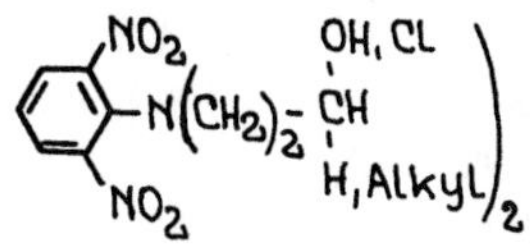

USP 3 795 690 17.11.69/ 5. 3.74 Ansul

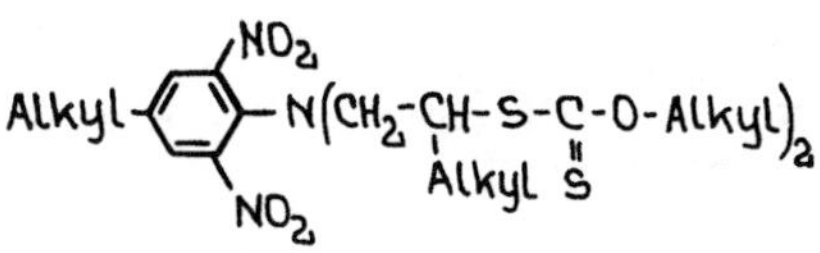

ZAP 7 007 513 8.11.69/23. 6.71 Apici Spanien

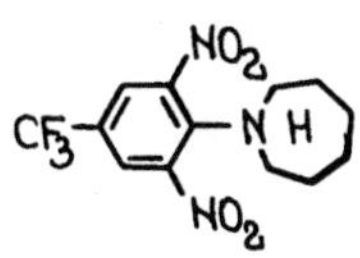

Belg. P. 771 931 2. 9.70/29. 2.72 BASF

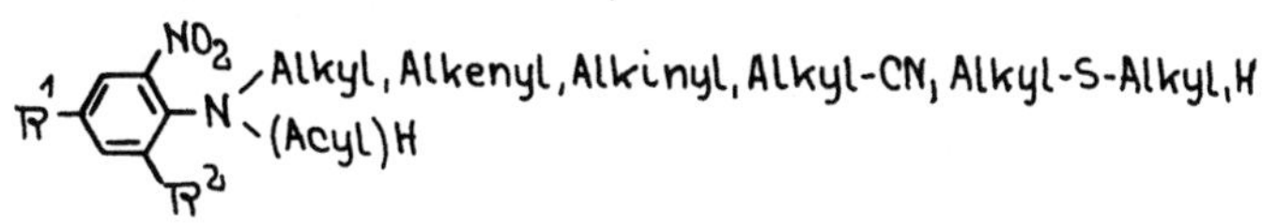

$R^1$ u. $R^2$ = 1 x $NO_2$, $CH_3$, $CF_3$, $CH_3SO_2$ usw.

DOS 1 643 719 21.12.67/ 8. 1.71 BASF

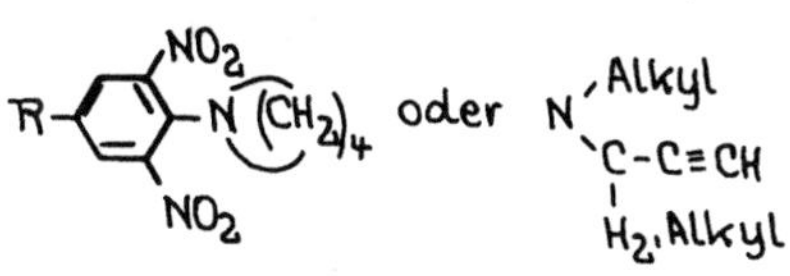

R = $CH_3$, $NO_2$, $CF_3$, $CH_3SO_2$

DOS 2 007 051 17. 2.70/26. 8.71 Bayer

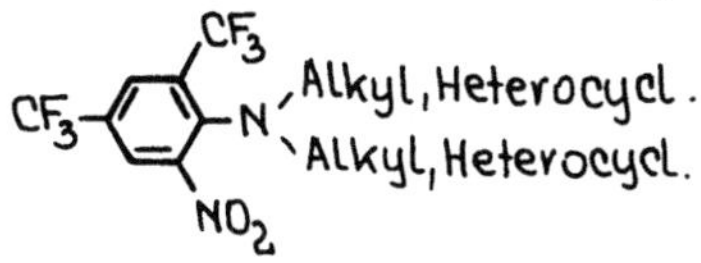

siehe auch DOS 1 203 536 und 1 369 628

DOS 2 009 497 28. 2.70/ 8. 9.71 Bayer

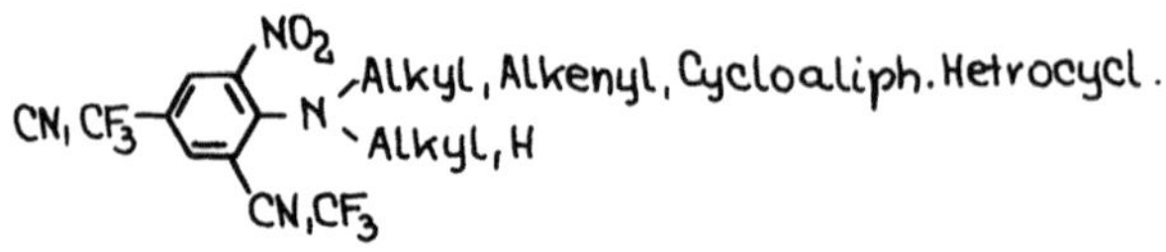

Belg. P. 818 072 15. 2.74/21. 1.75 Bayer

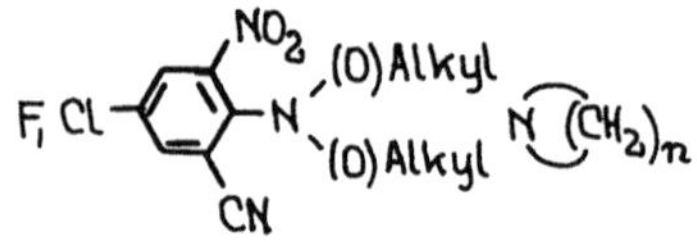

DOS 2 338 183 27. 7.73/20. 2.75 Bayer

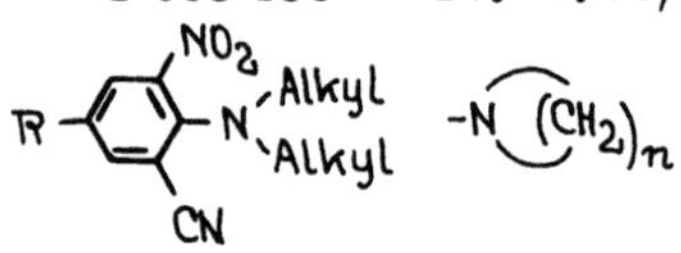

R = Alkyl, Cl, $CF_3$, $NO_2$

DOS 2 013 509 20. 3.70/ 8.10.70 US Borax
US Prior. 1.11.69

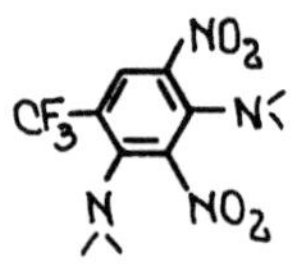

DOS 2 013 510 20. 3.70/ 8.10.70 US Borax
US Prior. 1.4.69, 10.11.69

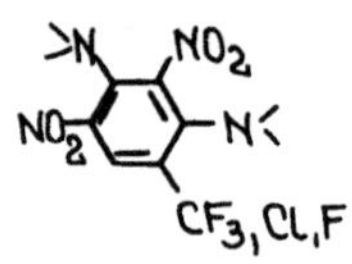

DOS 2 055 399 11.11.70/27. 5.71 US Borax
US Prior. 19.11.69

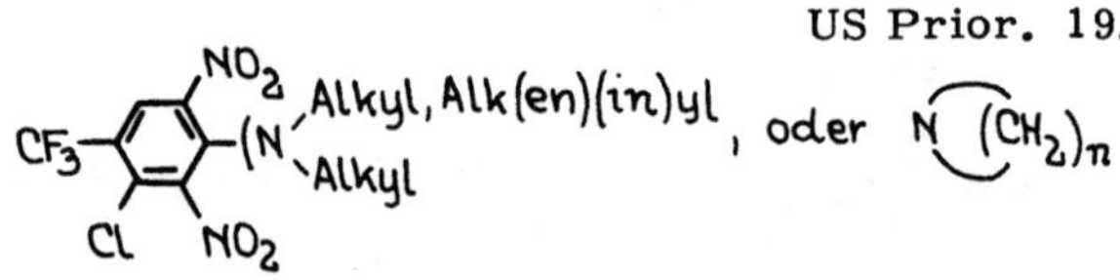

DOS 2 058 224 26.11.70/20. 7.72 US Borax

siehe auch DOS 2 058 225 US Borax (5.11.2 a)

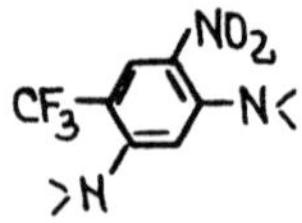

DOS 2 058 227 26.11.70/20. 7.72 US Borax

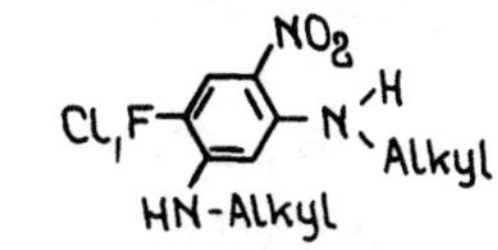

DOS 2 135 140 14. 7.71/10. 2.72 US Borax
US Prior. 5.8.70

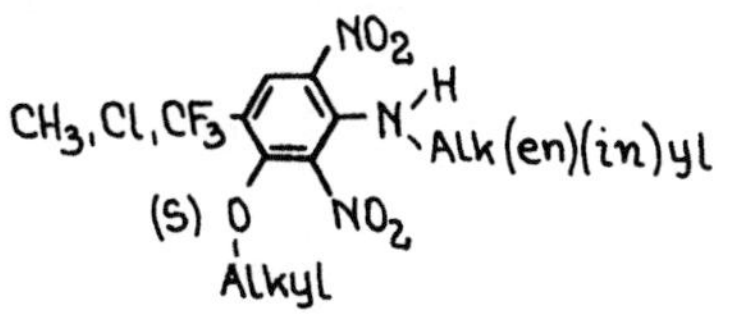

DOS 2 136 616 2.11.70/ 4. 5.72 US Borax

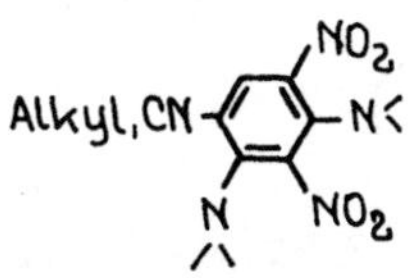

DOS 2 136 617 5. 8.70/10. 2.72 US Borax

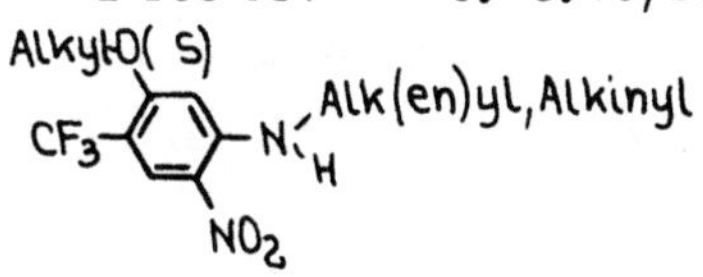

Schwz.P. 490 002 31. 7.63/ 15. 5.70 Ciba

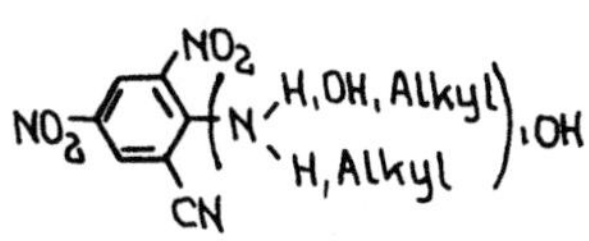

DOS 2 447 085 5.10.73/10. 4.75 Ciba-Geigy

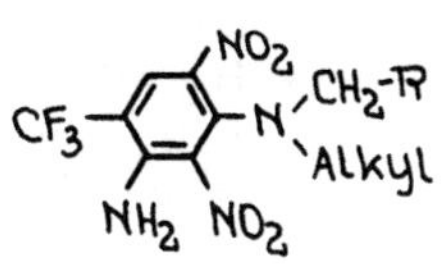

R = Cycloalkyl spez. Cyclopropyl ferner 2-Furyl usw.

DOS 2 232 263 30. 6.71/19. 3.72 Am. Cyanamid
US Prior. 30.6.71/19.4.72

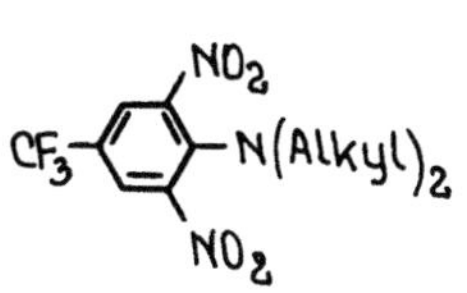

DOS 2 241 408 23. 8.72/ 1. 3.73 Am. Cyanamid
US Prior. 25.8.71
= Belg.P. 787 939

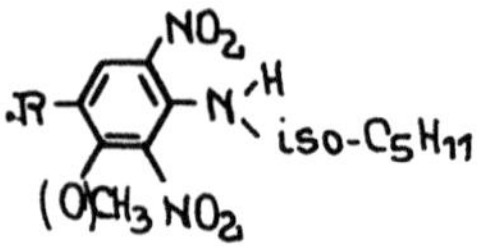

R = $CH_3$, Cl, $CF_3$, CN
$(CH_3)_2NSO_2$ usw.

DOS 2 304 871 4. 2.72/ 9. 8.73 Chinoin Ungarn

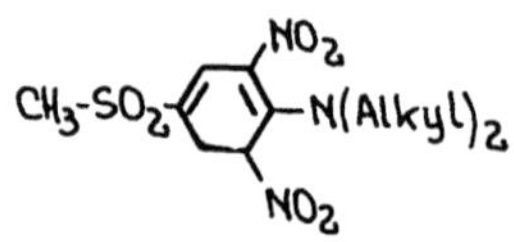

DDRP 113 900 16. 8.72/ 5. 7.75 Chinoin
Darstellungsverfahren

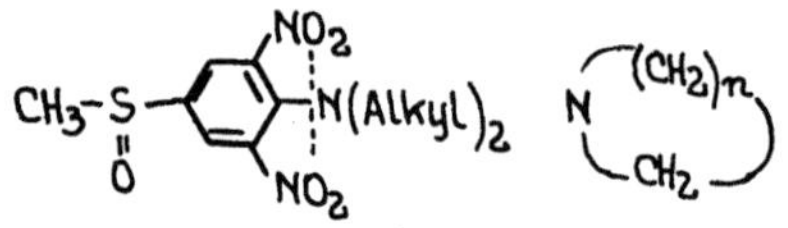

DOS 1 542 755 18. 3.65/23. 7.70 Eli Lilly

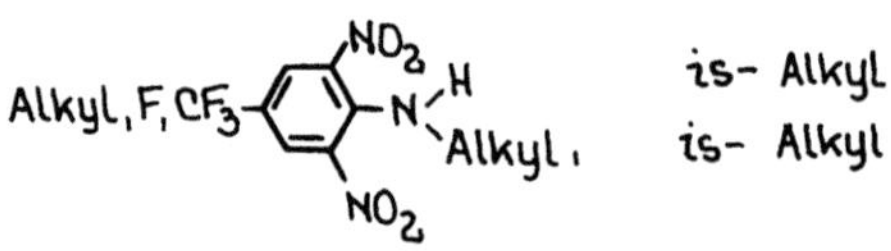

USP 3 466 329 3. 3.67/ 9.11.69 Eli Lilly

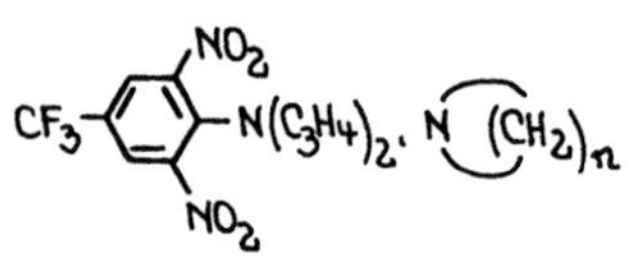

USP 3 752 661 18. 9.68/14. 8.73 Eli Lilly
Belg.P. 771 683 24. 8.71/31.12.71 Eli Lilly

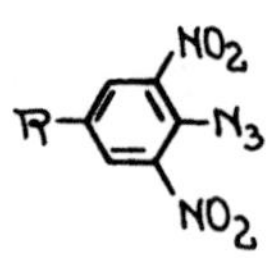

R = H, Alkyl, OAlkyl, Cl, $NO_2$, CN, SCN, Alkyl-C(=O)-NH usw.

USP 3 772 277 28. 6.71/13.11.73 Eli Lilly
=Belg.P. 805 195 Eli Lilly

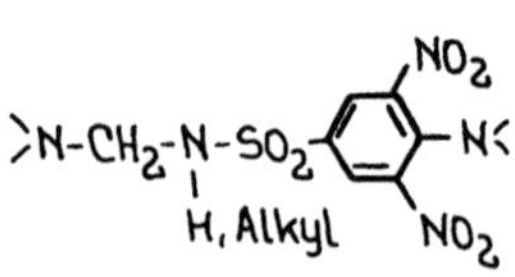

USP 3 786 048 24. 9.71/15. 1.74 Eli Lilly
=Belg. P. 804 263

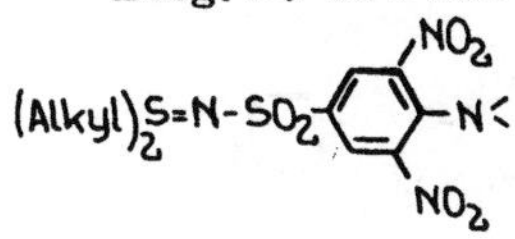

DOS 2 154 634 3.11.71/10. 5.72 Eli Lilly
US Prior. 3.10.70

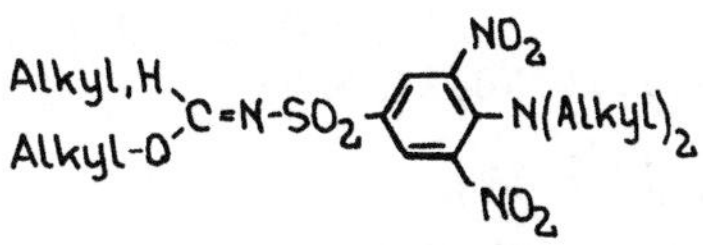

USP 3 840 569 13.11.72/ 8.10.74 Eli Lilly

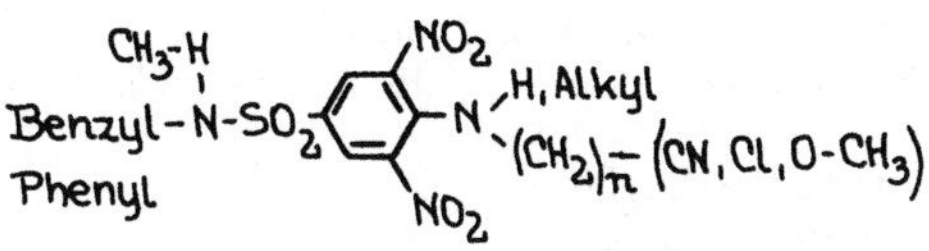

DOS 2 348 022 24. 9.73/ 3. 4.75 Eli Lilly

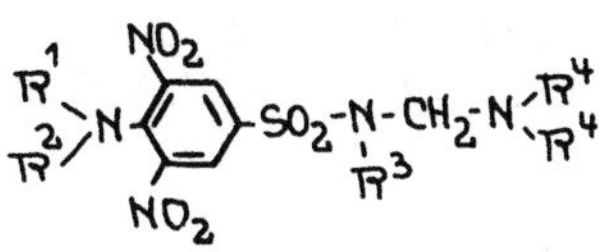

$R^1$ u. $R^2$ = H, Alkyl, Alkenyl usw.
Glieder eines Ringes $(CH_2)_n$ n<8
$R^3$ = H, Alkyl
$R^4$ wie $R^1$ und $R^2$

DOS 2 511 897 19. 3.75/25. 9.75 Eli Lilly
GB Prior. 23.3.74

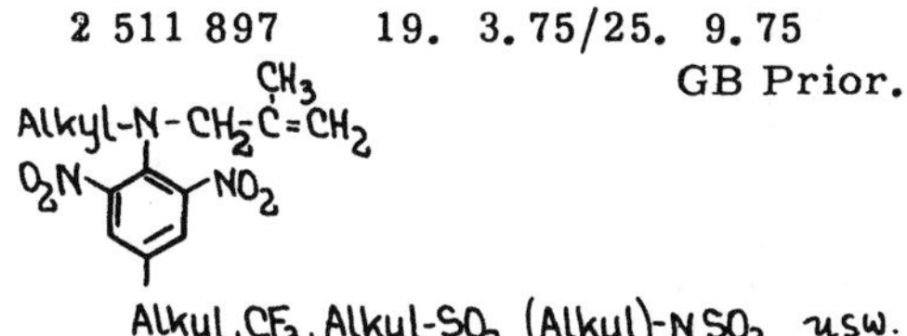

USP 3 880 644 28. 6.71/29. 4.75 Eli Lilly

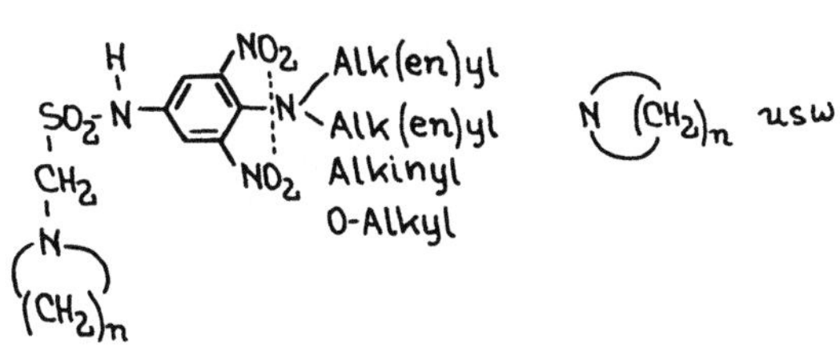

USP 3 909 235 24. 9.71/30. 9.75 Eli Lilly

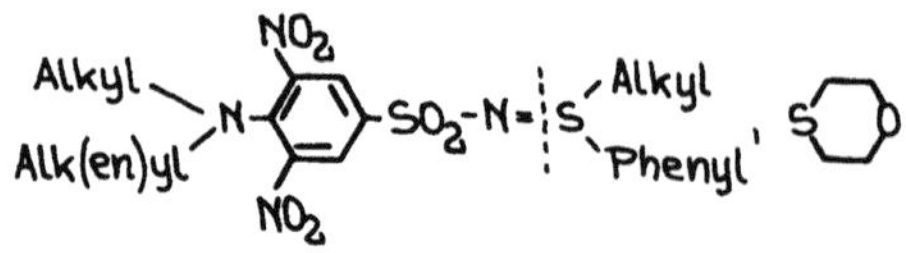

DOS 1 936 613 18. 7.69/ 5. 2.60 Esso Res.
US Prior. 1.8.68
=USP 3 672 864 11.6.70/27.6.72 Esso Res.

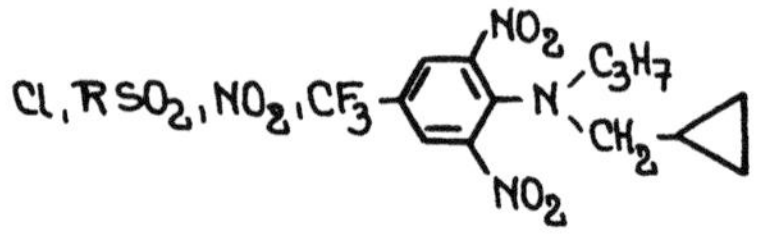

DOS 2 108 346 22. 2.71/16. 9.71 Esso
=Belg. P. 763 349 US Prior. 20.2.70

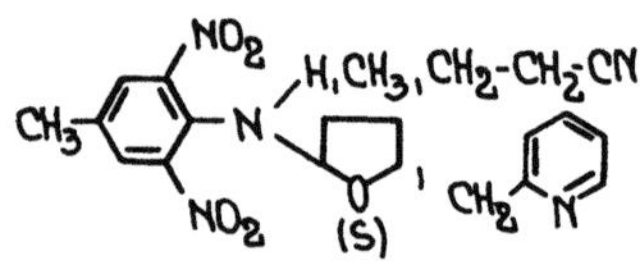

DOS 2 136 827 28. 8.71/ 8. 2.73 Hoechst
siehe auch DOS 1 643 719, Belg. P. 808 075 Hoechst

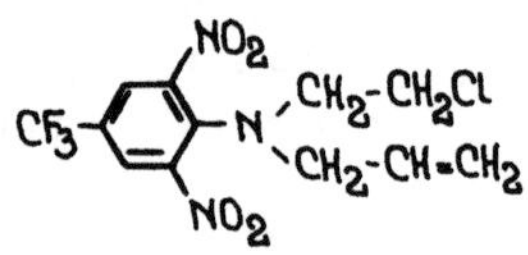

DOS 2 258 631 30.11.72/ 4. 8.74 Hoechst
=Belg. P. 808 075

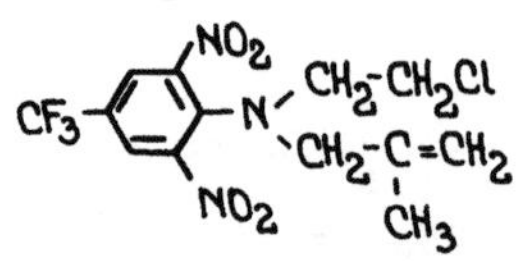

USP 3 895 934 27. 2.70/22. 7.75 Hooker Chem.

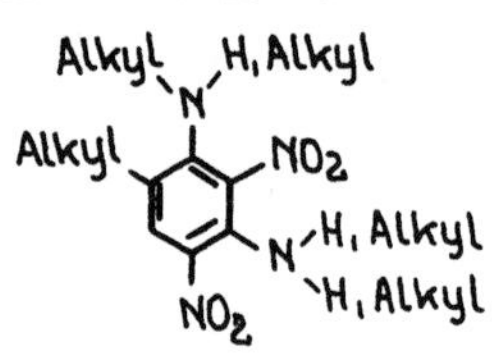

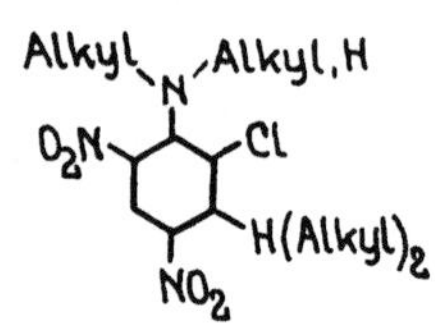

Fr. P. 2 051 301 28. 6.69/ 2. 4.71 JPJ Spa

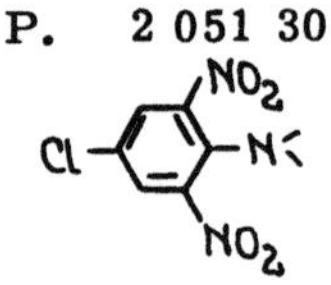

Darstellungsverfahren

USP 3 867 452 30.12.70/18. 2.75 Merril Wilcox

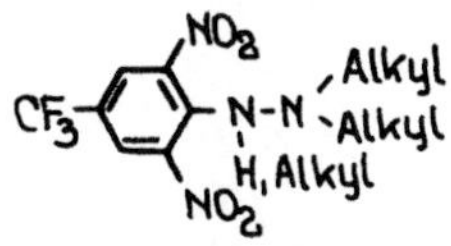


DOS 2 438 879 13. 8.74/27. 2.75 Mobil Oil Corp.
US Prior. 15.8.73

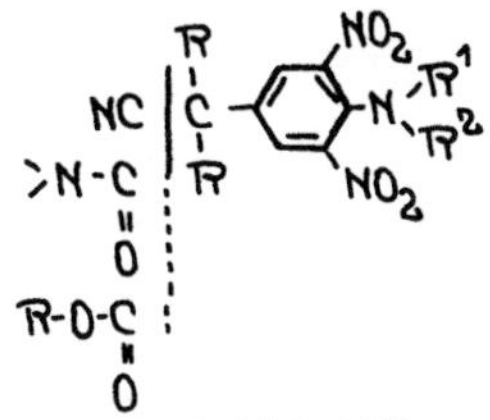


$R^1$ und $R^2$ = Alk(en, in)yl,
Heterocycl. Reste. $R^1$ u. $R^2$
Glieder eines Ringes usw.
R = H, Alkyl; Vorauflauf Herbizid

GBP 1 329 012 19. 8.70/ 5. 9.73 Monsanto

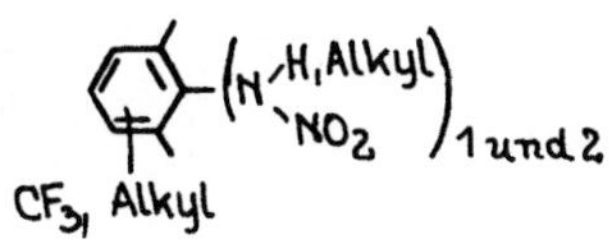


USP 3 726 662 14. 1.70/10. 3.73 Monsanto

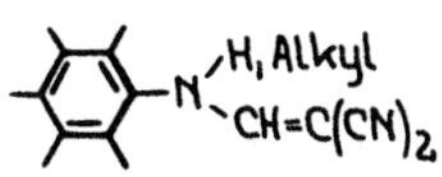


beliebige Substituenten z. B. $NO_2$

DOS 2 438 879 15. 8.73/29. 2.75 Mobil Oil

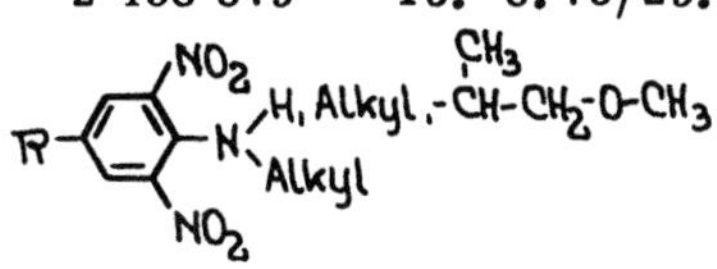


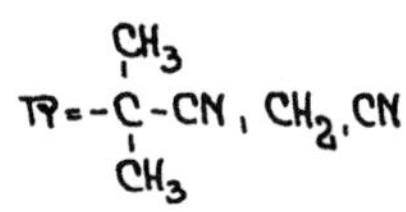


DAS 1 642 337 6. 6.67/29. 8.70 Shell Int.
GB Prior. 8.6.66

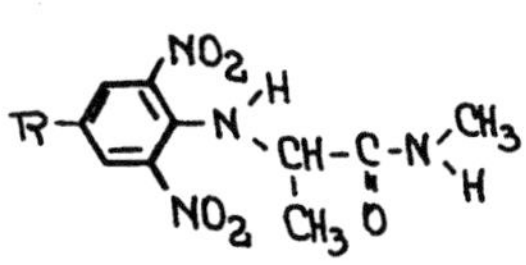


R = H, $CH_3$, Cl, $CF_3$

DOS 2 008 601 24. 2.70/12.11.70 Shell Int.
=NLP 7 002 555

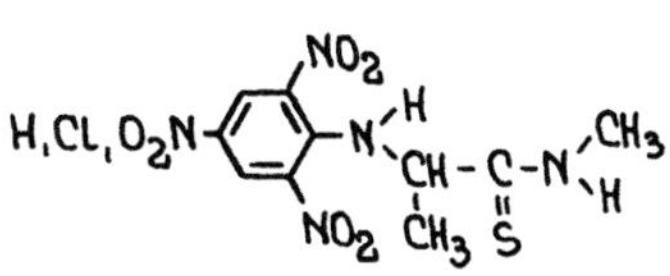

DOS 2 147 610 23. 9.71/ 8. 6.72 Shell Int.
US Prior. 21.10.70

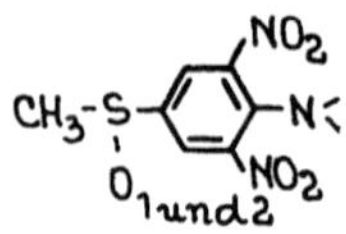

DOS 2 227 744 7. 6.71/ 4. 1.73 Shell Int.
US Prior. 7.6.71, 25.8.71

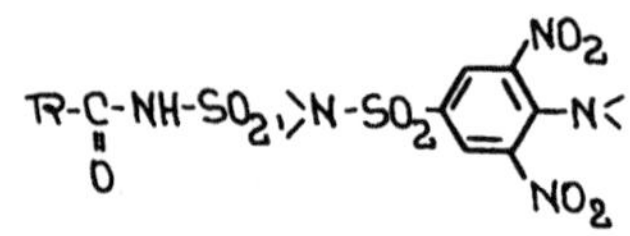

USP 3 692 805 25. 1.71/19. 9.72 Shell Oil

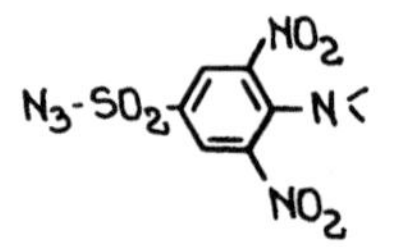

Belg. P. 762 232 16. 3.70/ 1. 8.71 Sherwin Williams
=NLP 7 017 339

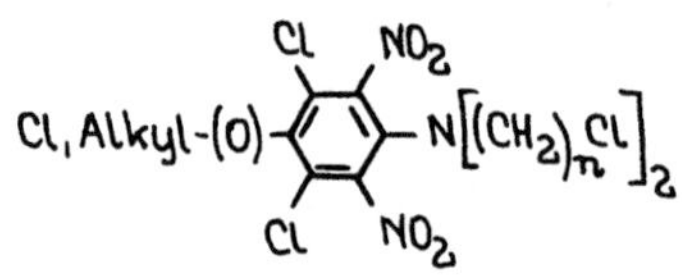

USP 3 920 742 25. 8.71/18.11.75 Am. Cyanamid

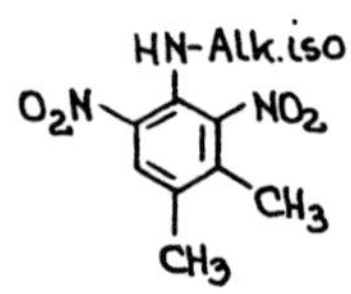

USP 3 927 127 24.10.72/16.12.75 Amchem

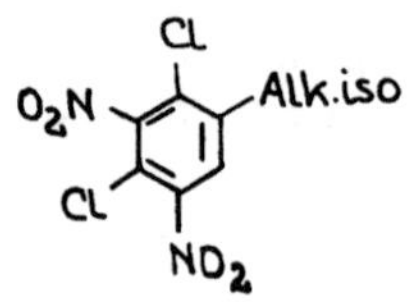

Vorprodukt für Herbizide (N< statt Cl)

Jap. P. 50 071 825 9.11.73/14. 6.75 Ishihara Minning

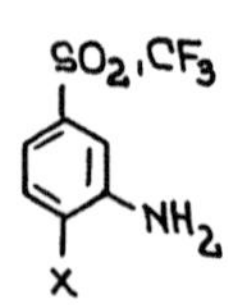

Gegen Unkräuter

X = Cl, $CH_3S(O)_1$ u. 2

USP 3 948 957 23. 6.75/ 6. 4.75 Eli Lilly

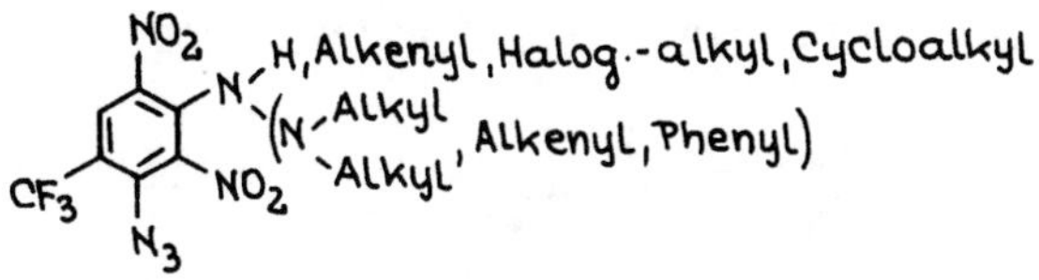


DOS 2 448 061 9.10.74/15. 4.76 Bayer

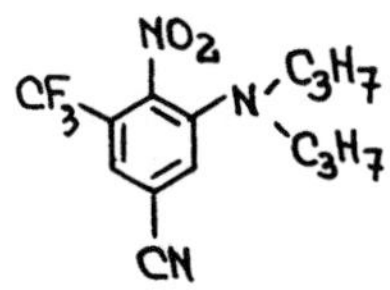


Darstellungsverfahren

DOS 2 545 143 8.10.75/29. 4.76 Eli Lilly
US Prior. 15.10.74, 12.3.75

=Belg.P. 834 466 15.10.74/14. 4.76 Eli Lilly

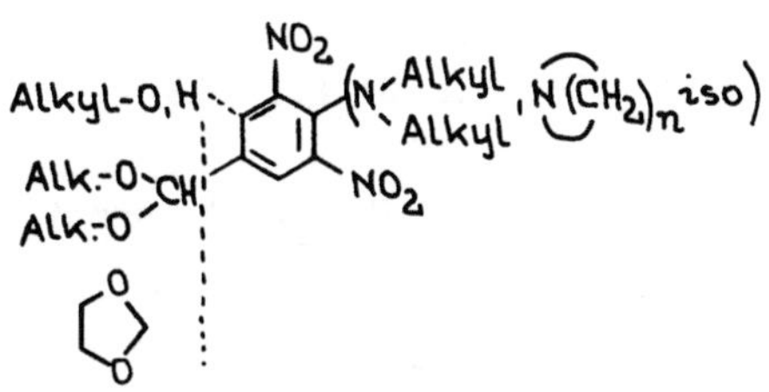


USP 3 966 816 19.11.69/29. 6.76 US Borax u. Chem. Co.

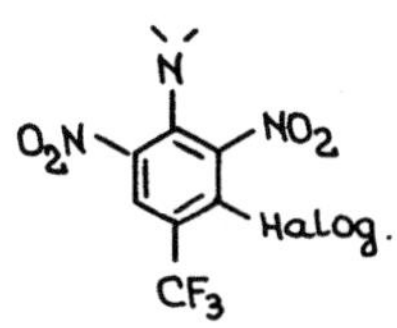


Vorprodukte für Austausch von Halog gegen N

Siehe USP 3 617 252

USP 3 971 650 29. 6.73/27. 7.76 Chevron Res.

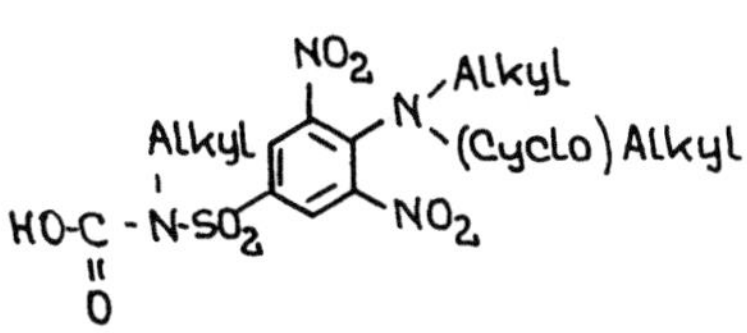

## 5.11.3 Aromatisch-aliphatische Amine

Fr.P. 1 561 479 17. 2.67/28. 3.69 Geigy

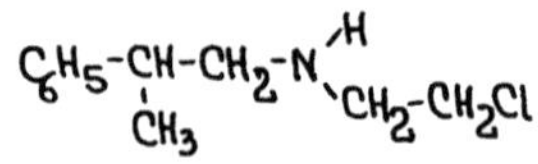

Jap.P. 8 023 929 9. 8.71/23. 3.73 Chugai Pharm.

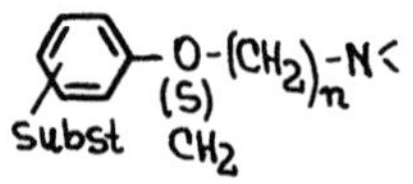

USP 3 677 735 20. 8.69/18. 7.72 Velsicol Chem.

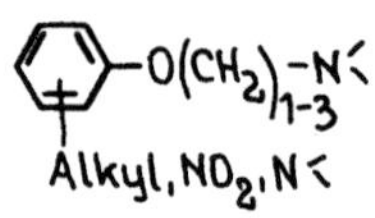

USP 3 545 956 15. 1.65/ 8.12.72 Smith Kline and French

$$\text{subst. } Ar(CH_2)_n\text{-}\underset{\displaystyle NH_2}{\underset{|}{CH}}\text{-}(CH_2)_n\text{-}Ar \text{ subst.}$$

USP 3 871 861 2. 4.71/18. 3.75 Millmaster Onyx Corp.
siehe auch USP 3 821 407

Algizid

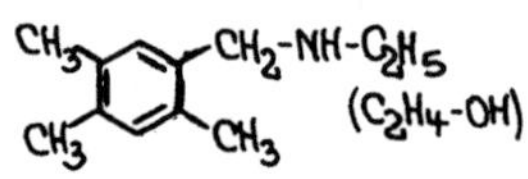

USP 3 871 862 2. 4.71/18. 3.75 Millmaster Ony u. Corp.
siehe auch USP 3 821 407, 3 838 197

Algizid, Fungizid usw.

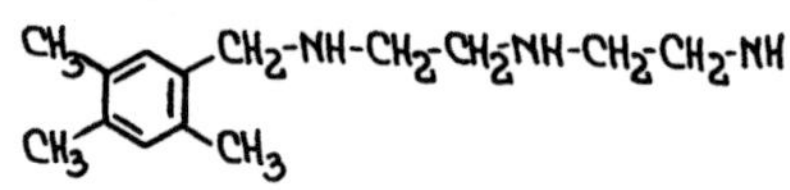

DOS 2 510 831 13. 3.74/25. 9.75 Agence Nat.

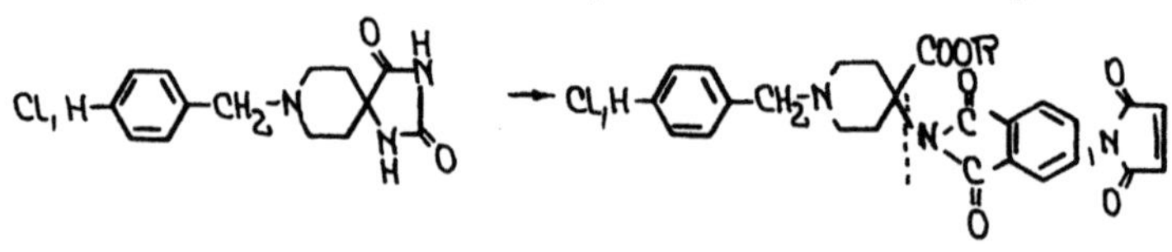

## 5.12 Carbonsäureamide aromatischer und heterocyclischer Amine

Amide, Hydroxylamide und Hydrazide aliphatischer Carbonsäuren sind bei den entsprechenden Carbonsäuren behandelt. Das Gleiche gilt für Amide, Hydrazide usw. aromatischer, aromatisch-aliphatischer sowie heterocyclischer Carbonsäuren. In all diesen Fällen sind die Carbonsäuren wesentliche Träger der herbiziden Wirksamkeit. Eine Ausnahme bilden lediglich Acyl-anilide und Acyl-Verbindungen heterocyclischer Amine. Hier trägt der Amin-teil wesentlich zur herbiziden Wirkung bei. Grenzfälle wie die der chlorierten Phenoxyessigsäureanilide werden, da hier die Säure den Herbizidcharakter bestimmt, wieder bei den Säuren behandelt. Die Zahl dieser Anilide ist aber klein. Chloracetylanilide werden, so weit noch neue Patente erschienen sind, bei den Aniliden angeführt. Arylaminoessigsäuren wurden im Anschluß an die Phenoxyessigsäuren angeführt. Die Acylverbindungen sind dort mit erfaßt.

### 1 a) Acylderivate von primären Anilinen mit aliph., cycloaliph. und araliphat. Carbonsäuren

DOS 1 542 725 24. 3.64/18.12.69 Chem. Investors
US Prior. 28.2.63

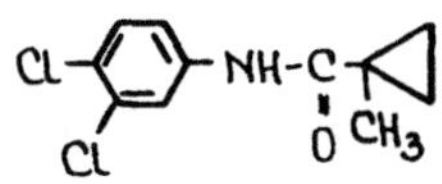

DOS 1 668 179 16. 2.68/16. 9.71 Gaf Corp.

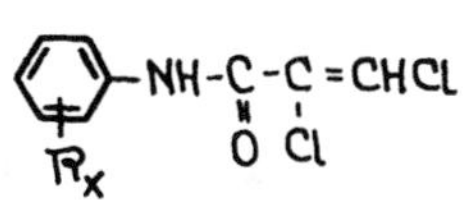

R = Alkyl, CN, COO-Alkyl, Alkyl$SO_2$- usw.

DOS 1 812 140 2.12.68/19. 9.70 Hoechst
=NLP 6 907 139
Algizid

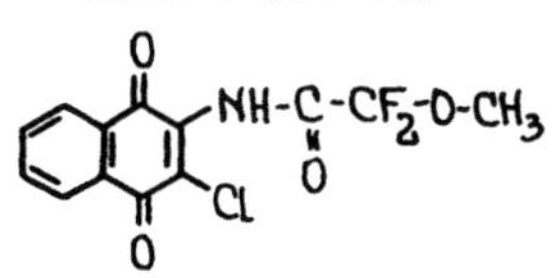

DOS 1 921 840 29. 4.69/20.11.69 Ciba
Schwz. Prior. 29.4.69, 20.11.69

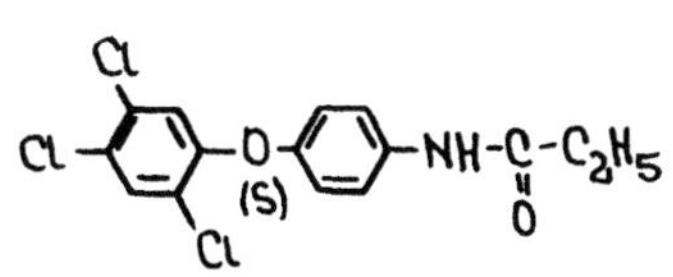

DOS 1 921 841 29. 4.69/20.11.69 Ciba
Schwz. Prior. 29.4.69, 20.11.69

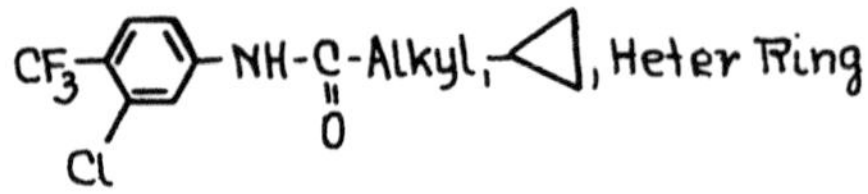

DOS 2 042 300 26. 8.70/23. 3.72 Hoechst

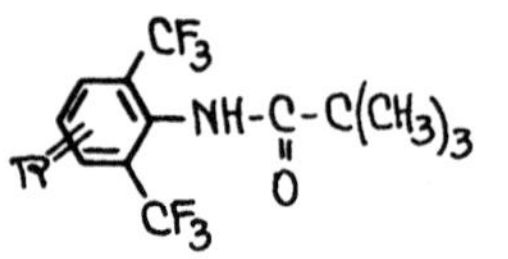

R = $CF_3$, $CCl_3$, CN, $NO_2$

DAS 2 138 306 30. 7.71/10. 2.72 Ciba-Geigy
Schwz. Prior. 31.7.70

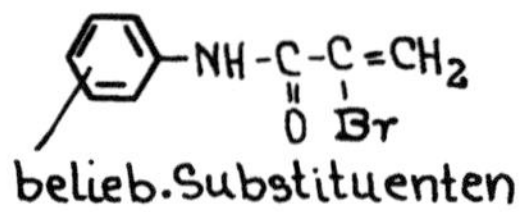

DOS 2 249 547 10.10.72/18. 4.74 Bayer

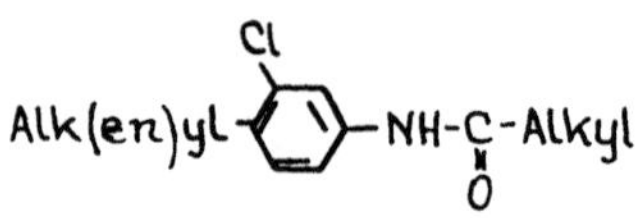

DOS 2 306 274 8. 2.73/16. 8.73 Ciba-Geigy
Schwz. Prior. 11.2.72

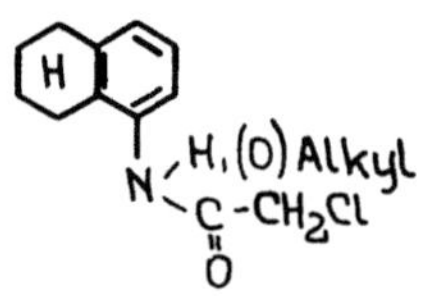

DOS 2 327 570 30. 5.73/19.12.74 Eszakm. Ungarn

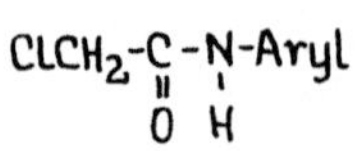

Neues Verfahren

Jap. P. 7 305 573 15. 4.64/17. 2.73 Yushitomi

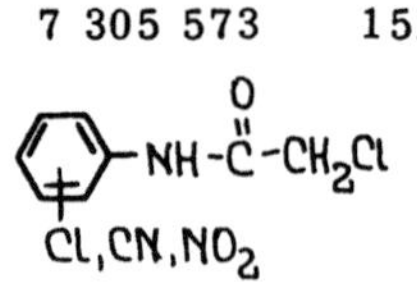

USP 3 480 424 4. 2.66/25.11.69 Upjohn

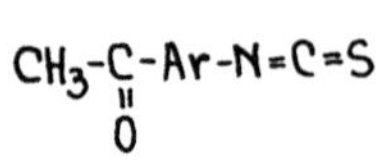

USP 3 536 721 Stauffer siehe unter 5.12.2

Schwz. P. 542 575 17. 7.70/30.11.73 Lonza

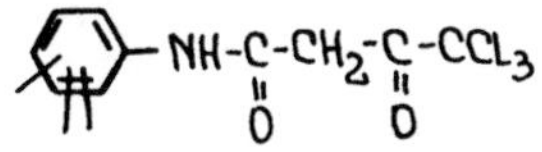

beliebig mehrfach substituiert

GBP 1 344 735 20. 3.71/23. 1.74 Esso Res.

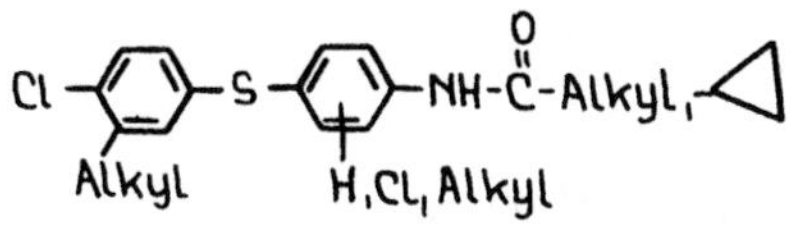

siehe auch DOS 2 120 708 Esso

USP 3 782 918 29. 3.72/ 1. 1.74 Am. Cyanamid

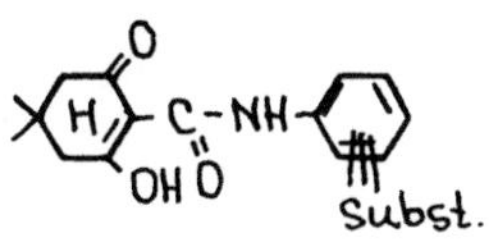

USP 3 835 128 15. 6.71/10. 9.74 Ma Khteshima

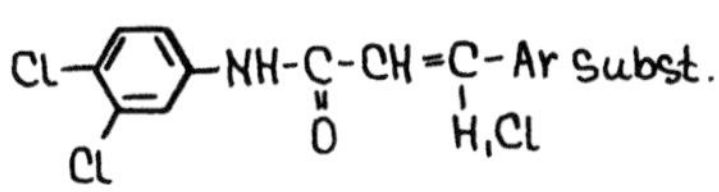

USP 3 871 865 18.11.70/18. 3.75 Teach EG

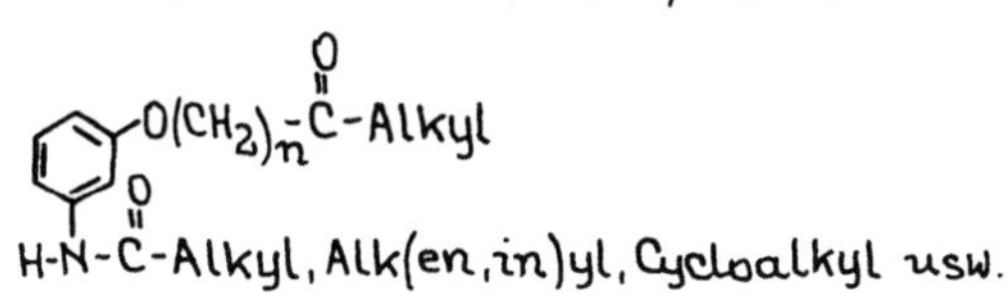

USP 3 885 948 4. 1.73/27. 5.75 Stauffer

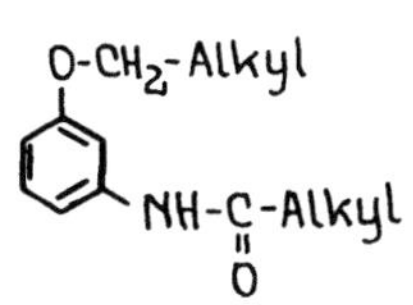

Algizid

USP 3 886 194 21. 5.69/27. 5.75 Velsicol Chem.

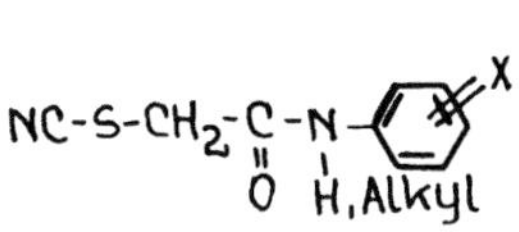

X = Alk(en, in)yl, Cl, $NO_2$ usw.

USP 3 890 134 15. 3.71/17. 6.75 Stauffer

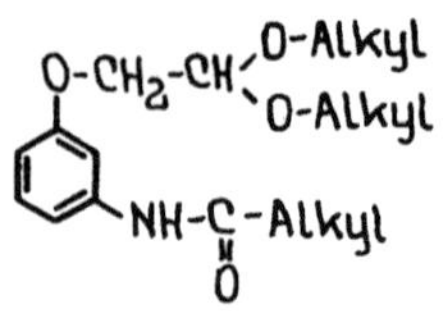

USP 3 907 937 9. 8.74/23. 9.75 Monsanto

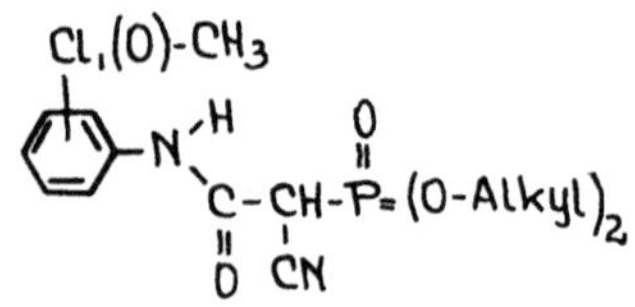

USP 3 909 231 9. 3.73/30. 9.75 Stauffer

siehe 3 860 627

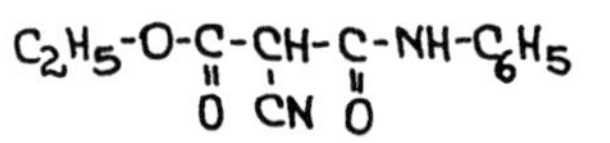

Algizid

Darstellung und Untersuchung der phytotoxischen Wirkung von (±)-Hydratropsäureaniliden.- (Borgna, P., Vicarini, L. und Gandini, C.; Farm., Ed. Sci. 31 (1976) 4, 284-290; Ist. di Chim. Farm. e Toss., Univ. Pavia; ital., Zus. engl.)

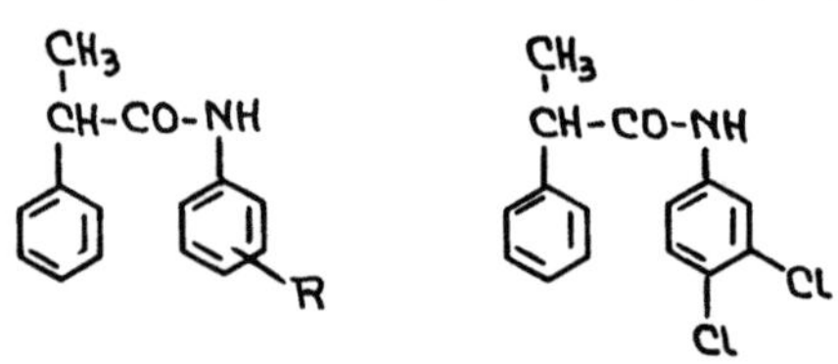

Beste Wirkung

USP 3 930 837 31.12.71/ 6. 1.76 ICI Australia

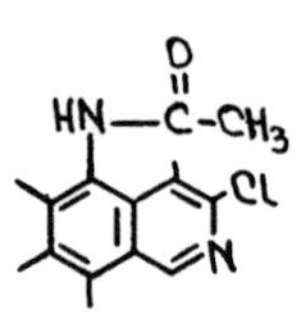

DOS 2 437 275 2. 8.74/12. 2.76 BASF

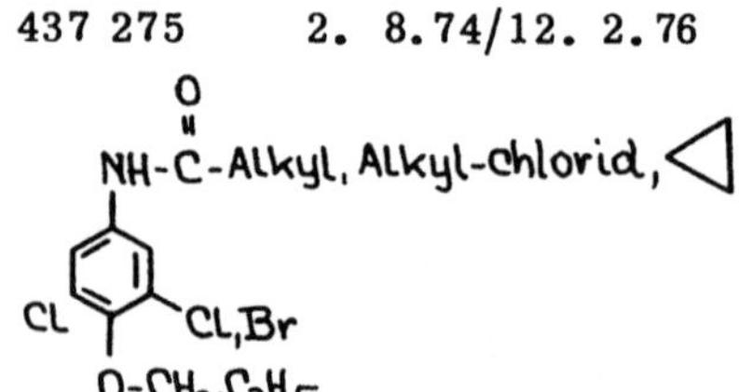

DOS 2 437 275 2. 8.74/12. 2.76 BASF

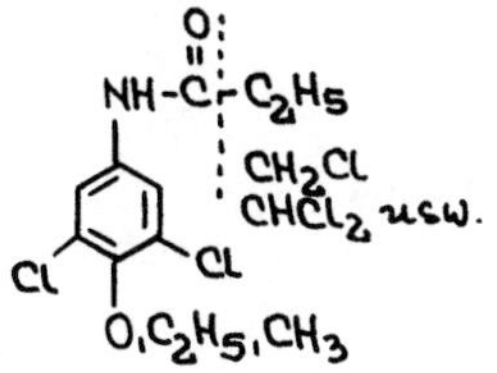

DOS 2 544 313 3.10.75/15. 4.76 Roussel-Uclaf
FR Prior. 3.10.74

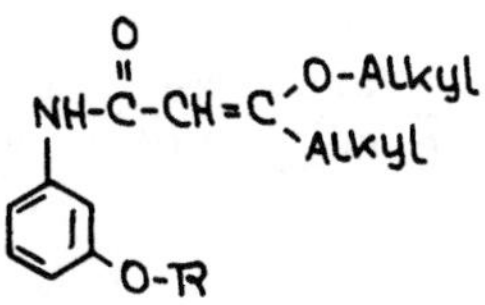

R = -C(=O)-NH Alkyl

-C(=O)-N(Alkyl)(O)Alkyl

DOS 2 544 396 3.10.75/15. 4.76 Roussel-Uclaf
FR Prior. 3.10.74

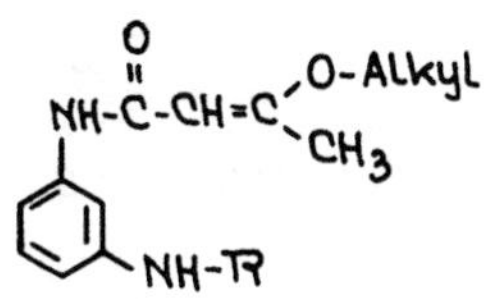

R = -C(=O)-Alkyl, -C(=O)-O-Alkyl, -C(=O)-N<

USP 3 960 948 14. 2.74/ 1. 6.76 Lankro Chem.

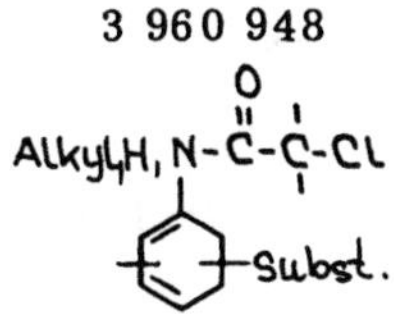

Vereinfachte Darstellung.

Jap. P. 51 026224 12. 7.74/ 4. 3.76 Monsanto

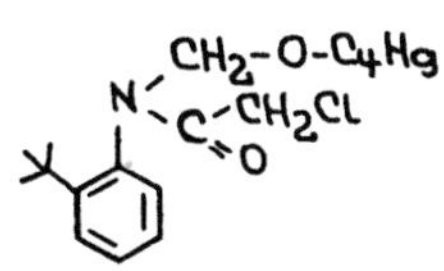

Jap. P. 75 1029 225 31. 8.74/12. 3.76 Mitsubishi

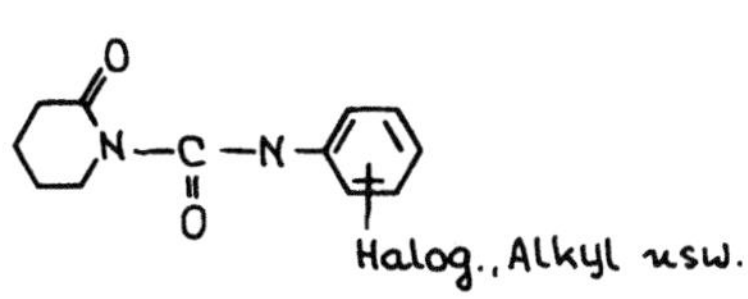

USP B 536 322 3. 9.74/28. 3.76 Du Pont

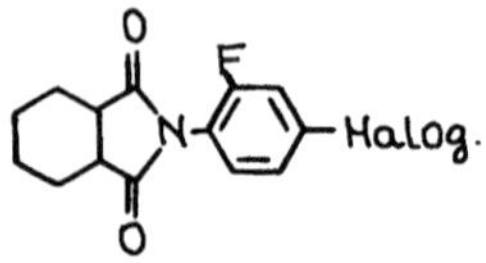


b) Anilide heterocyclischer Carbonsäuren sind relativ selten und oft im Rahmen anderer Acyl-anilide mit erfaßt. (Primäre und sec. Anilide)

DOS 2 242 471 3. 9.71/ 8. 3.73 Uniroyal

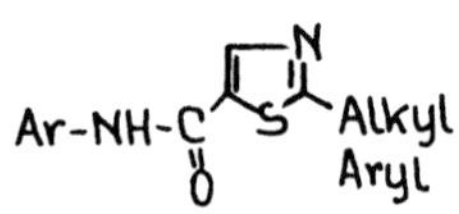


DOS 2 331 481 20. 6.73/16. 1.75 Ung. Firma

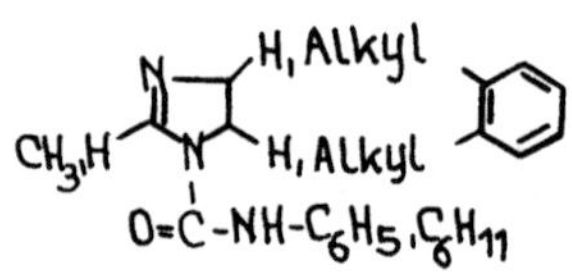


DOS 2 422 721 10. 5.74/ 5.12.74 Stauffer

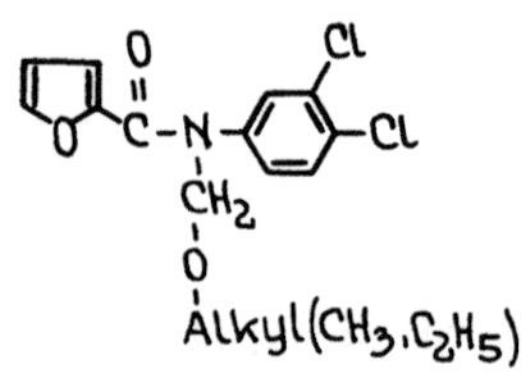


Statt Furyl auch Alkyl, Cyclopropyl, Benzyl

USP 3 948 633 30. 7.73/ 6. 4.76 Chevron Res.

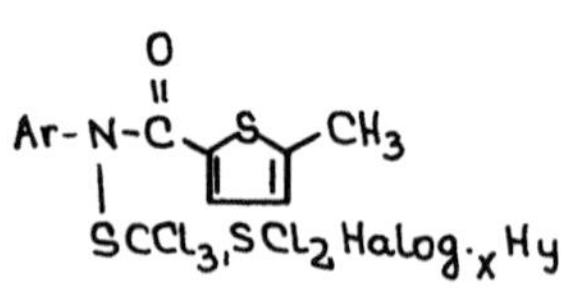

c) Offene Anilide von Dicarbonsäuren und cyclische Anilide von Dicarbonsäuren

DOS 1 542 835 12. 8. 66/ 4. 6. 70 BASF

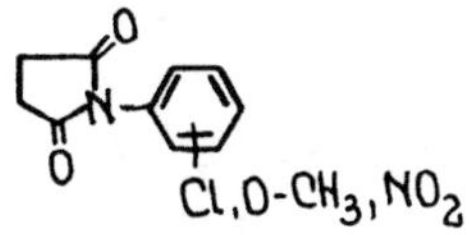


USP 3 816 451 2. 11. 71/11. 6. 74 Abbott Lab.

R = Alkyl, Aryl, Benzyl

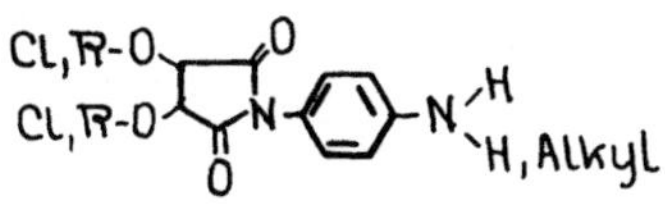


DOS 1 670 239 21. 1. 67/28. 1. 71 BASF

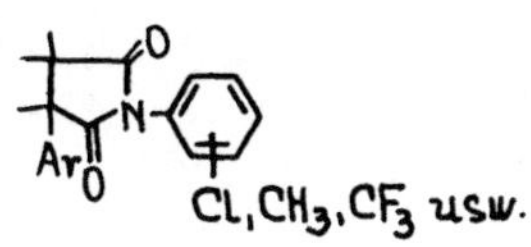


Schwz. P. 501 362 4. 12. 68/26. 2. 71 Ciba-Geigy

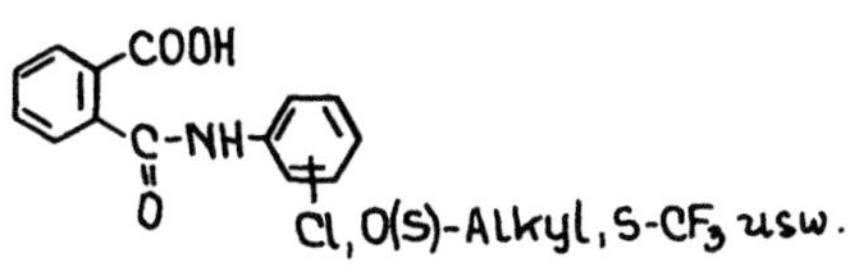


Jap. P. 9 000 430 17. 4. 72/ 5. 1. 74 Mitsubishi

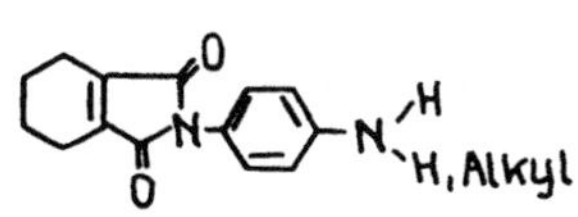


NLP 7 409 983 19. 3. 69/25. 9. 74 Sumitomo

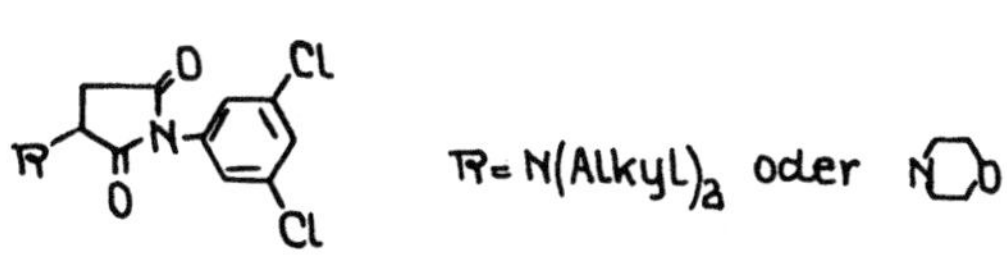


GBP 1 390 550 4. 10. 72/16. 4. 75 Beecham

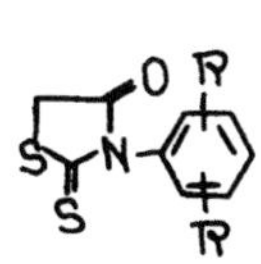

R, R' = H, Cl, OAlkyl, Alkyl, $NO_2$, $CF_3$ usw.

Post emerg. Herb.

DOS 2 510 350 13. 3.74/18. 9.75 Stauffer
US Prior. 13.3.74

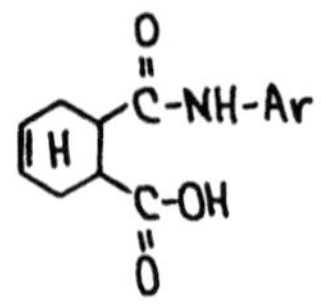


Antidot gegen Herbizidschäden

NLP 7 409 985 19. 3.69/25. 9.74 Sumitomo

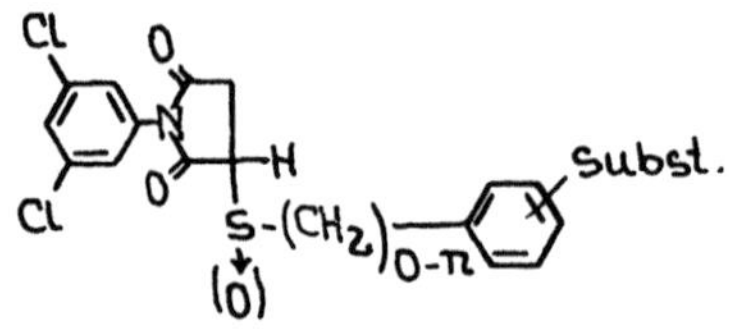


USP 3 958 976 3. 2.75/25. 5.76 Du Pont
= Jap.P. 51 051 521

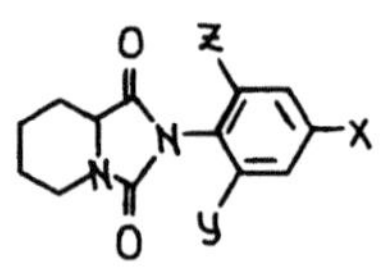


Z = H, F
Y = H, F
X = Halog.

DOS 2 604 989 10. 2.75/19. 8.76 Mitsubishi

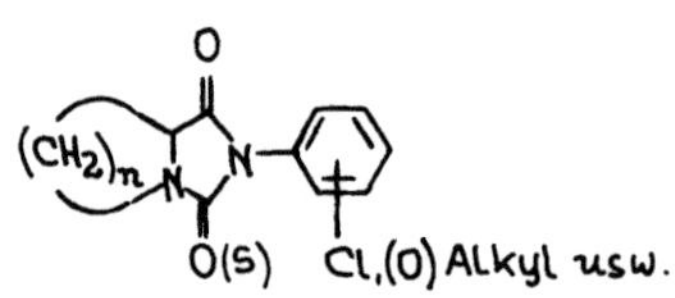


NEP 75 07233 19. 6.74/23.12.75 Mitsubishi

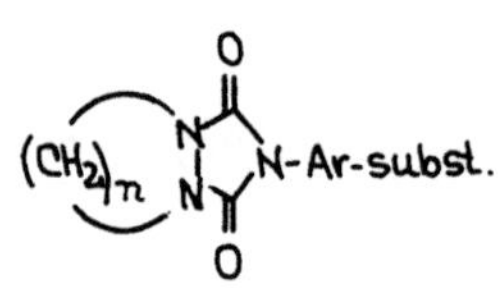


Jap.P. 75 1082728 20.12.74/20. 7.76 Ube Ind.

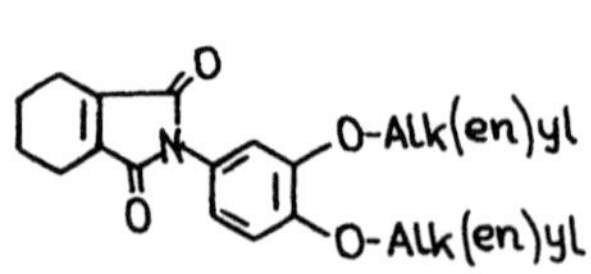

d) Acylverbindungen von Phenylendiaminen

GBP 1 294 653 9. 8.68/ 1.11.72 Fisons

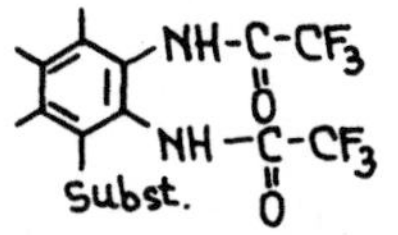


Belg. P. 750 477 16. 3.70/16.11.70 Stauffer
=DAS 1 793 156 9.8.68/3.2.72 Stauffer

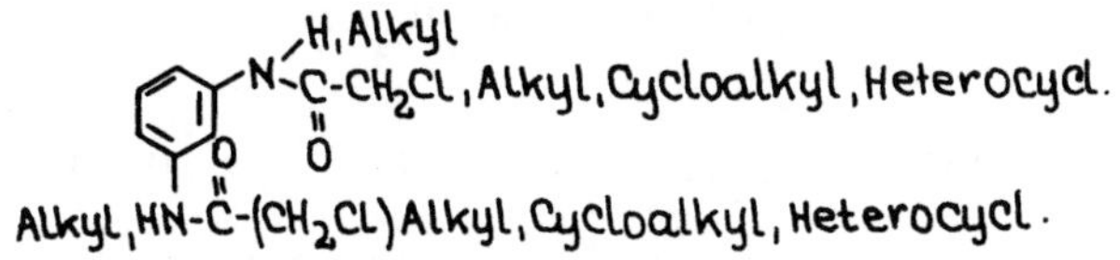


USP 3 907 892 3. 3.69/23. 9.75 Eli Lilly

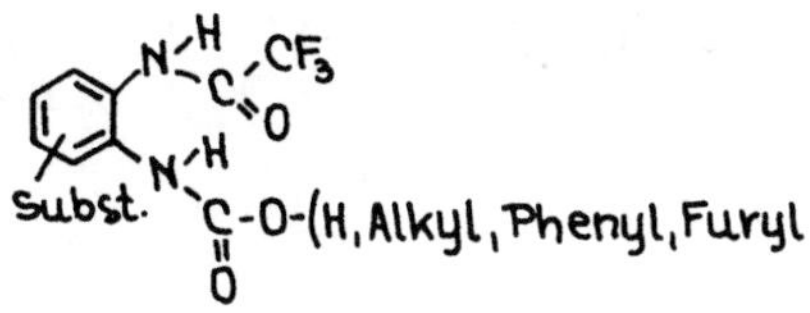


e) Acylverbindungen des Phenyl-hydroxylamins und -hydrazins

z. T. bei anderen Patent mit erfaßt

Belg. P. 772 681 17. 9.70/16. 3.71 Roussel Uclaf
=DOS 2 146 191 15.9.71/23.3.72 Roussel Uclaf

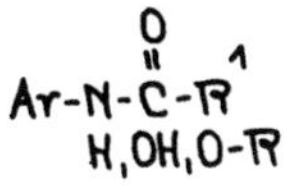


5.12.2 Acylverbindungen von secund. Anilinen, soweit nicht durch vorangehende Patente mit beansprucht

(Phenyl-acyl-aminoessigsäuren siehe auch nach den Aryl-oxy-essigsäuren)

DOS 1 542 702 24.12.65/ 2. 7.70 BASF

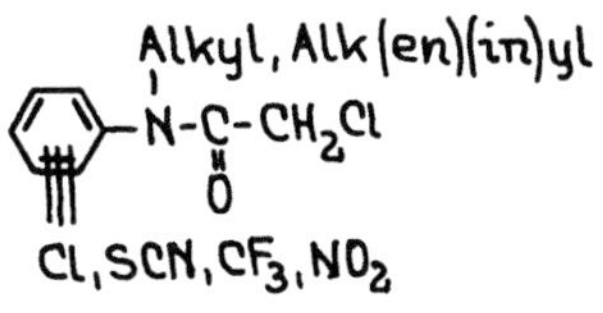

| | | | |
|---|---|---|---|
| DOS | 1 643 527 | 28.12.67/20. 4.72 | Shell Int. |

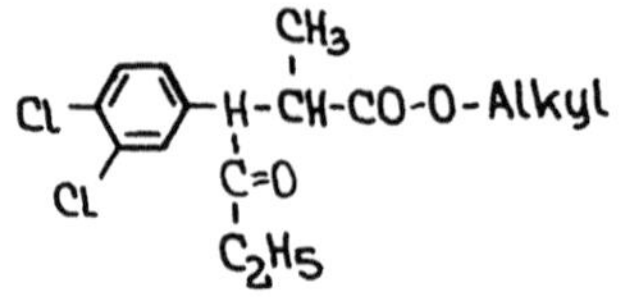

Gegen Flughafer

| | | | |
|---|---|---|---|
| DOS | 2 109 910 | 4. 3.70/16. 9.71 | Shell Int. |

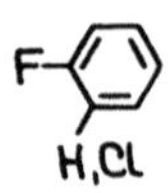

Gegen Flughafer
sonst wie zuvor

| | | | |
|---|---|---|---|
| DOS | 1 768 433 | 14. 5.68/ 7.10.71 | BASF |

wie zuvor statt $\underset{\overset{\|}{O}}{C}-CH_2$ Cl jetzt $\underset{\overset{\|}{O}}{C}CH_2SCN$

| | | | |
|---|---|---|---|
| DOS | 1 793 110 | 2. 8.68/16.12.71 | BASF |
| | =Belg. P. 736 779 | | BASF |

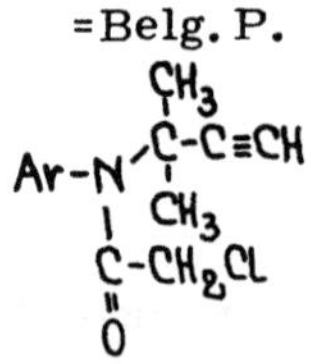

| | | | |
|---|---|---|---|
| DOS | 1 903 198 | 23. 1.69/ 6. 8.70 | BASF |
| | =Belg. P. 744 891 | | BASF |

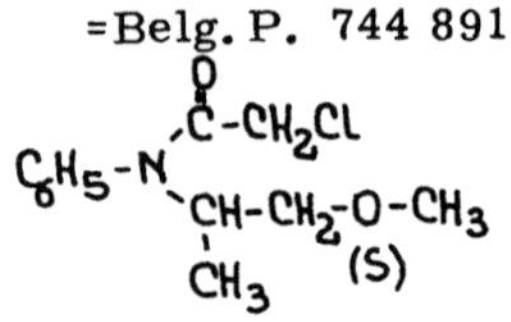

| | | | |
|---|---|---|---|
| Belg. P. | 820 546 | 15.10.73/ 1. 4.75 | BASF |

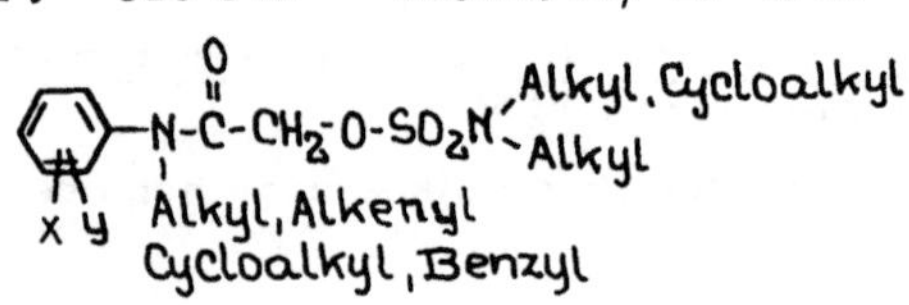

X u Y = H, Cl, $CH_3$, O-$CH_3$ u.s.w.

| | | | |
|---|---|---|---|
| DOS | 1 954 547 | 30.10.69/ 6. 5.71 | BASF |

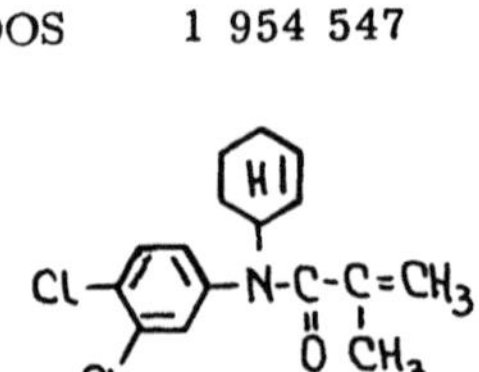

DOS 2 160 380 9.12.71/14. 6.73 BASF

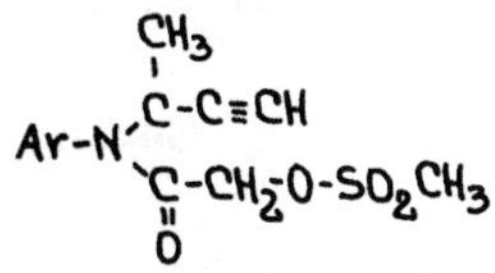

DOS 2 160 708 27. 4. / 9. 6.72 Esso Res.

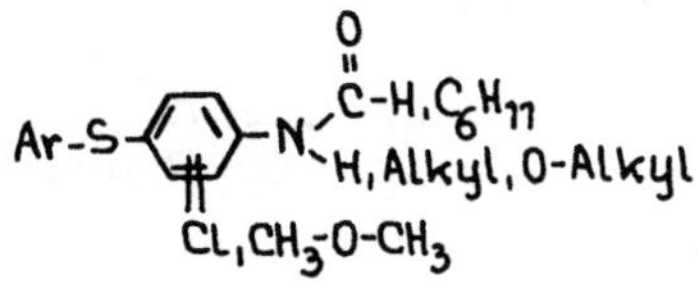

DOS 2 201 432 13. 1.72/19. 7.73 BASF

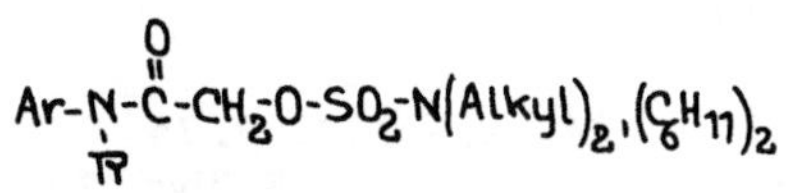

R = Al(ken, in)yl, $C_6H_{11}$, Benzyl

DOS 2 212 268 14. 3.72/28. 9.72 Sumitomo
Jap. Prior. 15. 3. 71

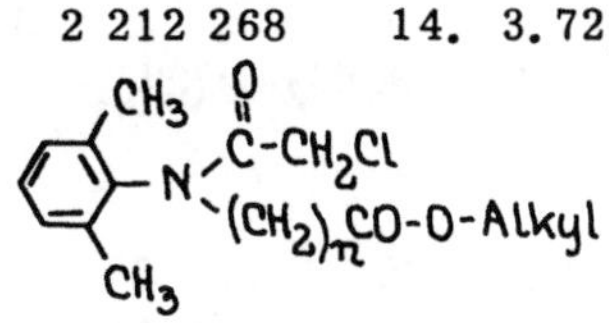

DOS 2 362 743 17.11.73/11. 7.74 Diamond-Shamrock
US Prior. 18.12.72/6.11.73

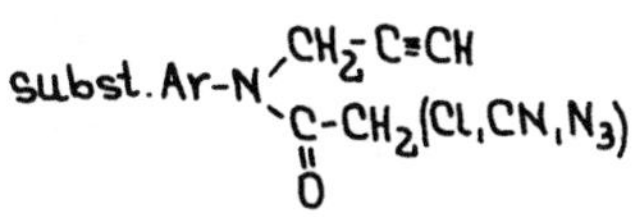

siehe älteres DOS 1 542 702

DOS 2 334 715 7. 7.73/30. 1.75 BASF
=Belg. P. 817 307

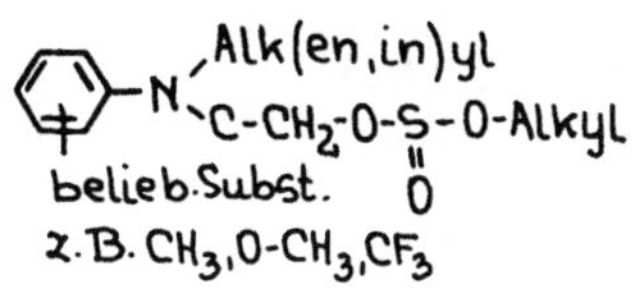

Mehrfach angewandt: Ersatz von $-C(=O)-CH_2Cl$ durch $C(=O)-CH_2-O-S(O)_m-O-Alkyl$ u.s.w.

DOS 2 422 721 10. 5.74/ 5.12.74 Stauffer

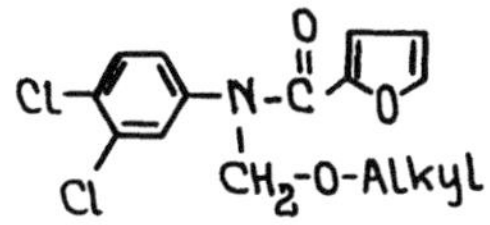

statt Furyl auch Alkyl, Cyclopropyl, Benzyl

DOS 2 460 691 20.12.74/10. 7.75 Shell Int.
=Belg. P. 823 751 GB Prior. 7.1.74

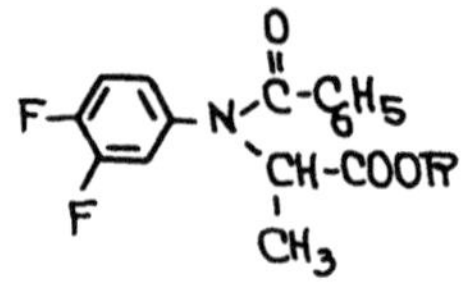

Gegen Flughafer

DOS 2 504 319 3. 2.75/ 7. 8.75 Shell Int.
GB Prior. 5.2.74

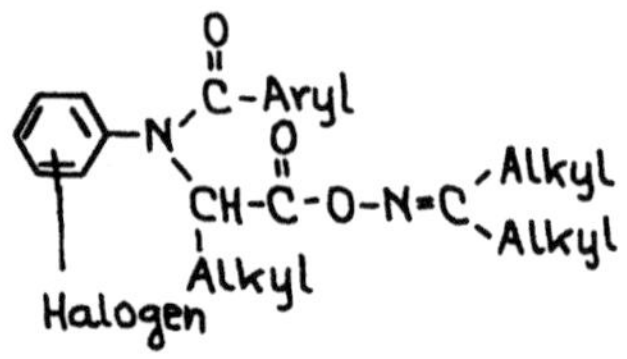

DOS 2 507 929 24. 2.75/28. 8.75 Ciba-Geigy
Schwz. Prior. 25.2.74

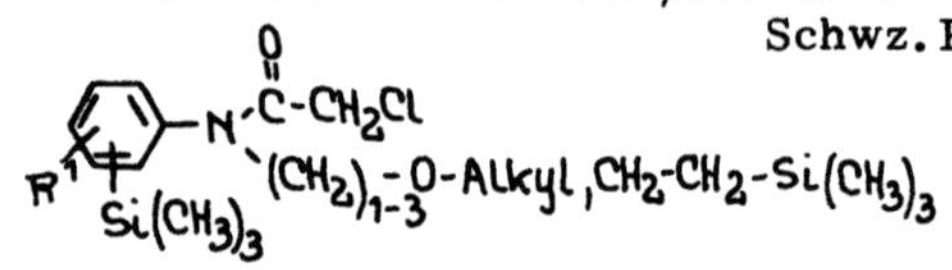

R' = Cl, (O)-Alkyl, $Si(CH_3)_3$

DOS 2 512 940 24. 3.75/ 9.10.75 Shell Int.
=Belg. P. 827 046 GB Prior. 2.3.74

siehe GBP 1 164 160: Gegen Flughafer in Weizen

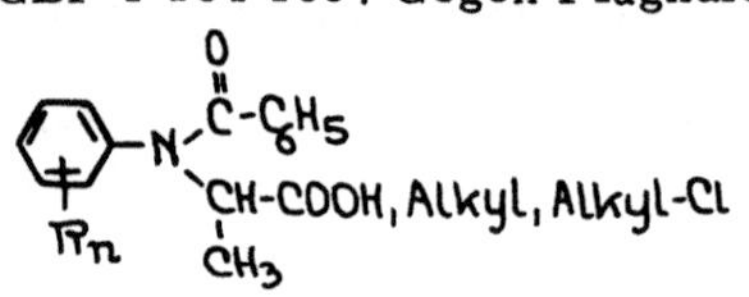

Gegen Flughafer in Getreide

R = Halogen, n = 1-3

DOS 2 515 091 7. 4.75/23.10.75 Ciba-Geigy
Schwz. Prior. 9.4.74, 14.3.75

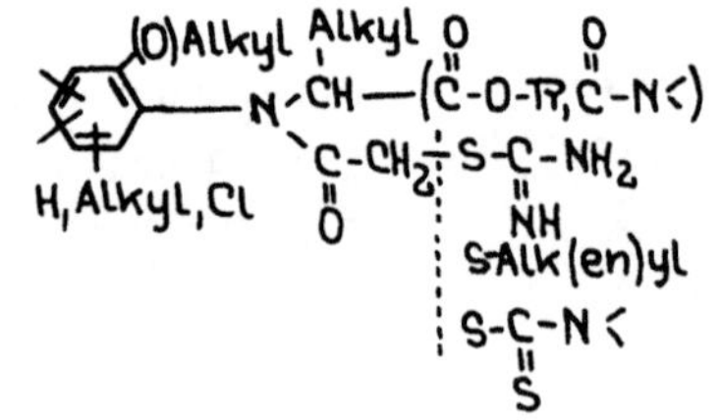

Fungizid und z. T. Wuchshemmung

DOS 2 515 113 7. 4.75/23.10.75 Ciba-Geigy
Schwz. Prior. 9.4.74, 7.3.75

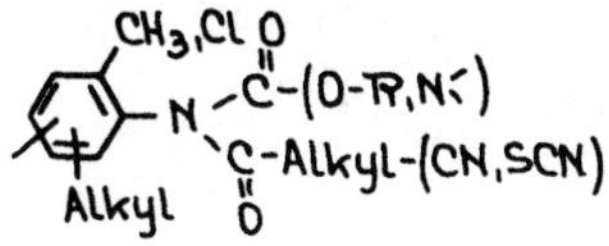


Fungizid und z. T. Wuchshemmung

DOS 2 515 481 9. 4.75/30.10.75 Shell Int.
GB Prior. 11.4.74

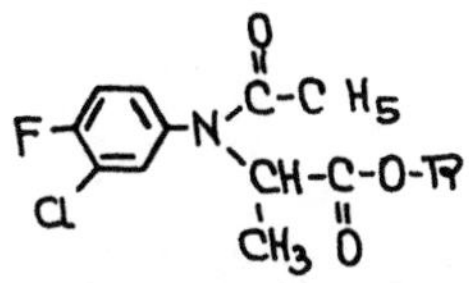


R = Alkyl, Estergemisch

USP 3 536 721 15. 7.66/27.10.70 Stauffer

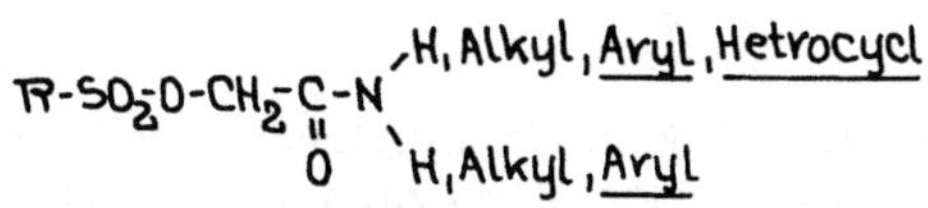


R = Alkyl, Aryl

USP 3 674 459 30. 6.69/ 4. 7.72 Monsanto

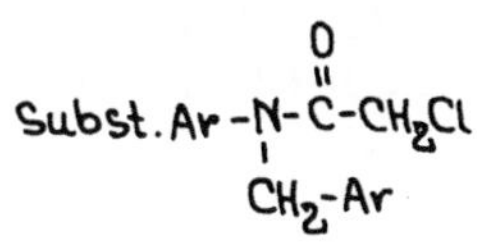


SUP 338 207 (S) Z

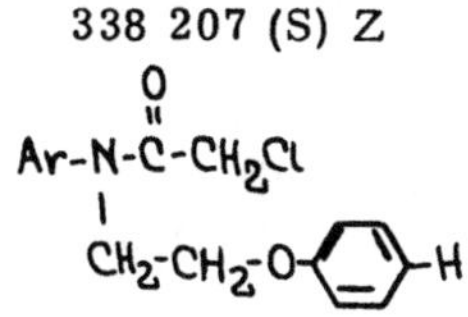


USP 3 886 194 21. 5.69/27. 5.75 Velsicol Chem.

X = Alk(en, in)yl, Cl, $NO_2$ usw.

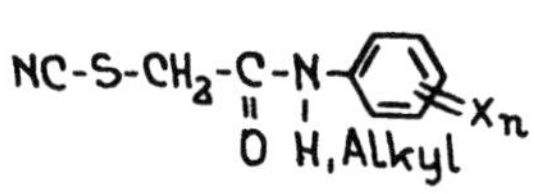


USP 3 819 661 1.11.71/25. 6.74 Mobil Oil

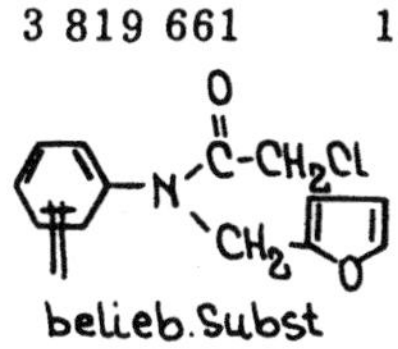

DOS 2 160 380 6.12.71/14. 6.73 BASF

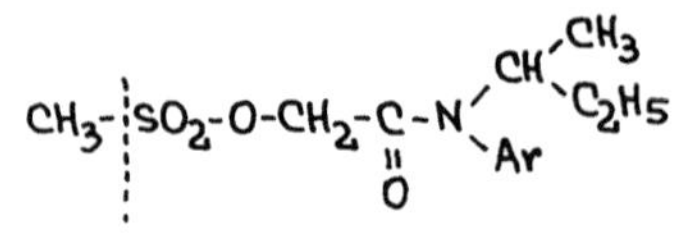

Hal-Alk., Benzyl, Cycloalkyl

a) <u>Eine Sonderstellung nehmen Acylverbindungen von 2, 6-Dialkylanilinen ein.</u> (Zum Teil in den vorangehenden Patenten mit erfaßt).

Meist ist der Acylrest $\overset{\displaystyle C}{\underset{O}{\|}}$-$CH_2$ Cl und der Substituent am Stickstoff ein Methylen- oder Äthylen-Oxyalkylrest. Die Verbindungsgruppe ist fast ausschließlich von der Monsanto und Ciba-Geigy bearbeitet, scheint aber jetzt weitgehend in ihren Variationsmöglichkeiten beendet.

USP 3 637 847 3. 9.69/25. 1.72 Monsanto
=Schwz. P. 455 392 21. 9. 64/15. 7. 68 Monsanto

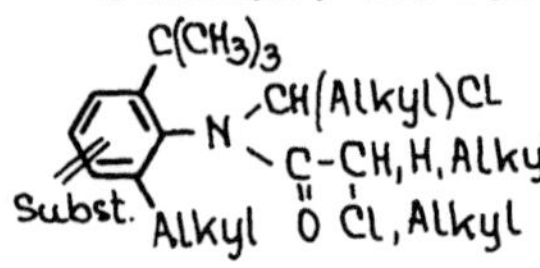

DOS 1 542 956 7. 12. 64/23. 12. 70 Monsanto
US Prior. 9. 12. 63

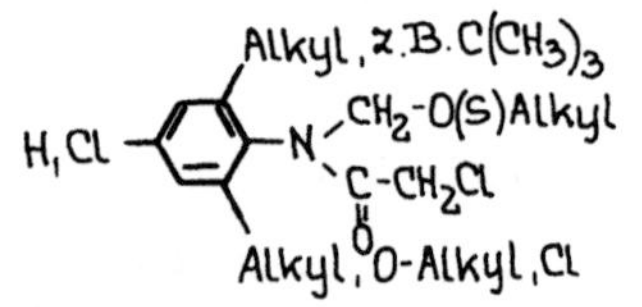

=USP 3 442 945 28. 8. 61/6. 5. 69 Monsanto
NLP 7 207 261

DOS 2 226 593 31. 5. 72/14. 12. 72 Monsanto
US Prior. 1. 6. 71

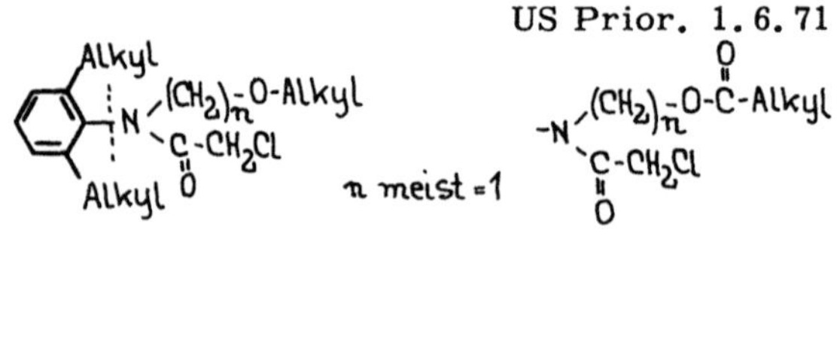

USP 3 832 383 1. 6.71/27. 8.74 Monsanto

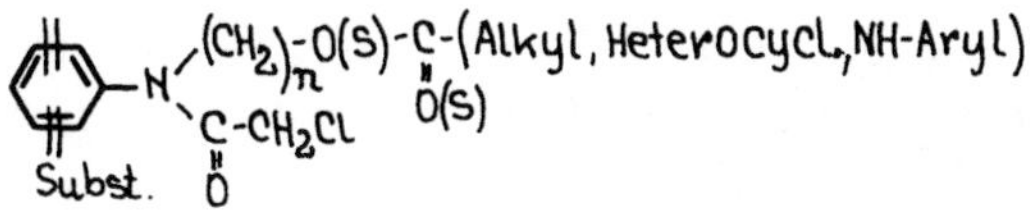

DOS 2 242 420 29. 8.72/ 8. 3.73 Ciba-Geigy
Schwz. Prior. 1.9.71 Ciba-Geigy

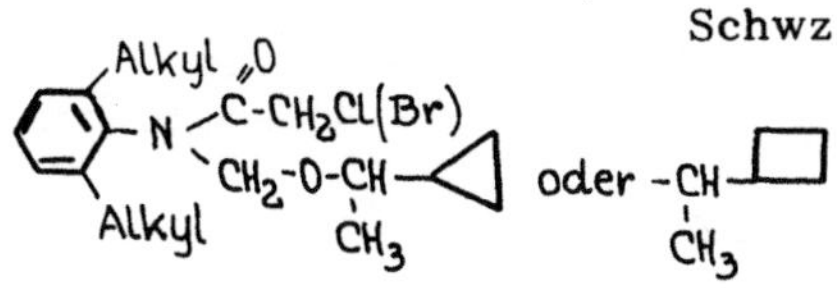

DOS 2 305 495 5. 2.73/23. 8.73 Ciba-Geigy
=NLP 7 307 584 Schwz. Prior. 16.5.72 "

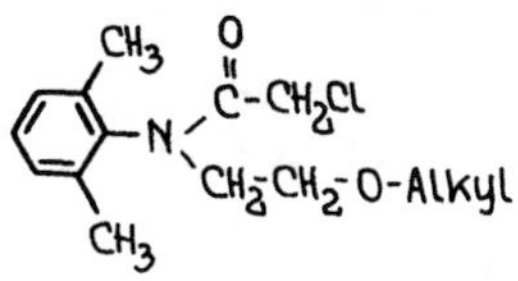

DOS 2 328 340 2. 6.73/20.12.73 Ciba-Geigy

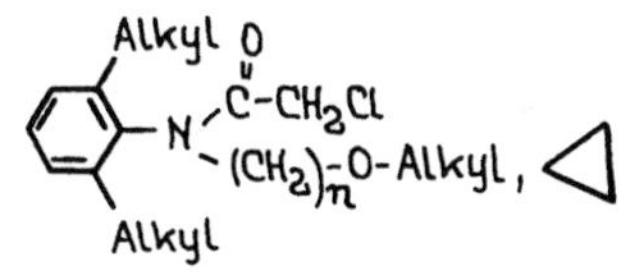

DOS 2 402 983 25. 1.73/ 1. 8.74 Ciba-Geigy

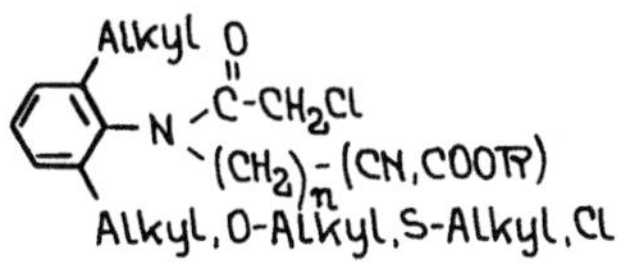

(Alk(en, in)yl)$_2$=N-C(=O)-CH-Cl$_2$
als Schutzmittel

DOS 2 328 340 2. 6.73/20.12.73 Ciba-Geigy

DOS 2 405 183 7. 2.73/ 8. 8.74 Ciba-Geigy

DOS 2 405 479 8. 2.73/14. 8.74 Ciba-Geigy

verschiedene Substituenten im Aryl

DOS 2 405 183 4. 2.74/ 8. 8.74 Ciba-Geigy

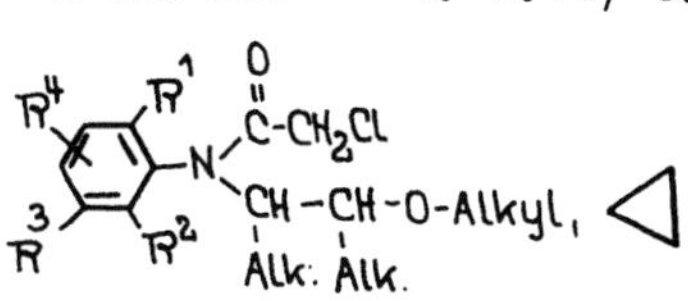

$R^1$ u. $R^2$ = H, nied. Alkyl; $R^3$ = Cl, CN, $SCH_3$, $OCH_3$, $CF_3$ sehr fassendes Patent

Wirksam gegen Gräser (Hiresearten) und Unkräuter pre emergence z.T. post-emergence in sehr vielen Kulturen, z.B. Sojabohnen, Mais, Kartoffel, Tee, Kaffee, Zuckerrüben, Tomaten usw.

DOS 2 416 213 3. 4.74/16.10.75 Ciba-Geigy
=Belg.P. 813 469

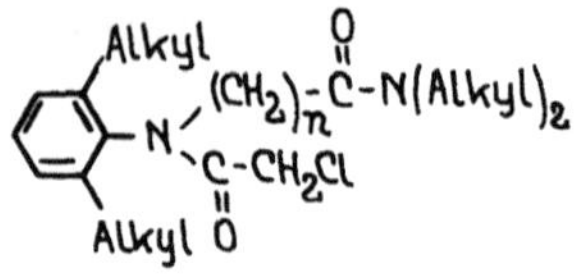


DOS 2 513 732 27. 3.75/16.10.75 Ciba-Geigy
Schwz. Prior. 2.4.74

z.B.

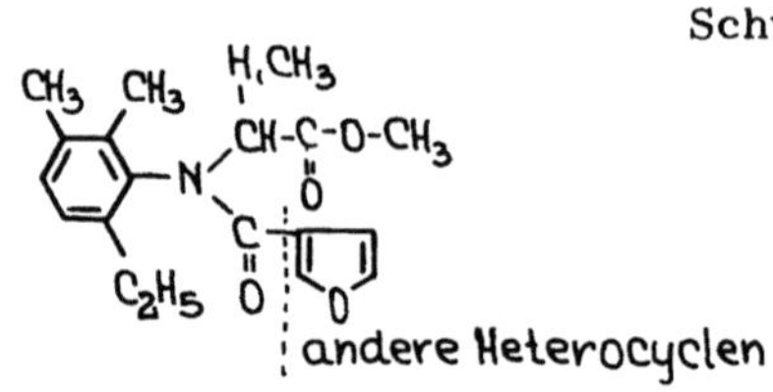


DOS 2 515 091 7. 4.75/23.10.75 Ciba-Geigy
Schwz. Prior. 9.4.75 u. 14.3.75

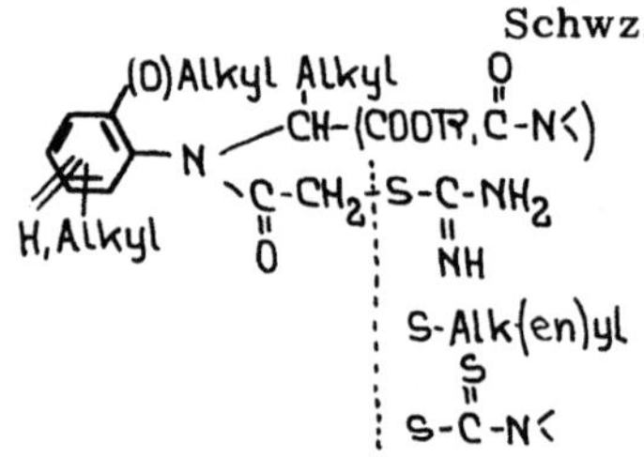


DOS 2 515 113 7. 4.75/28.10.75 Ciba-Geigy
Schwz. Prior. 4.4.74 u. 7.3.75

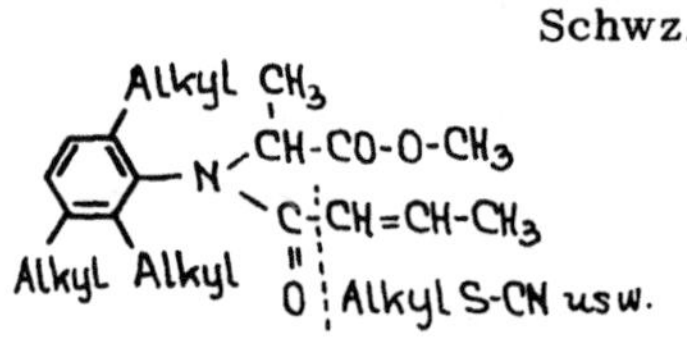


Belg.P. 810 080 12. 2.73/16. 5.74 Velsicol Corp.

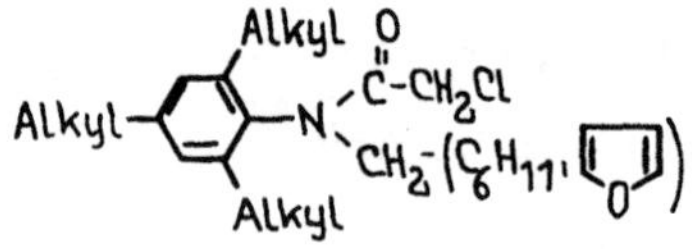


USP 3 901 917 4.11.74/26. 8.75 Velsicol Corp.

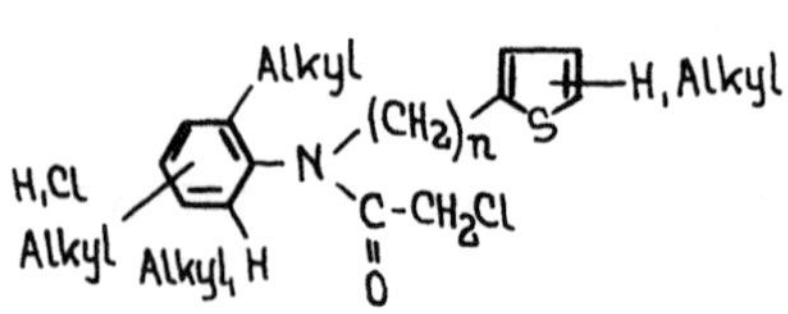

USP 3 903 162 20. 6.74/ 2. 9.75 Monsanto

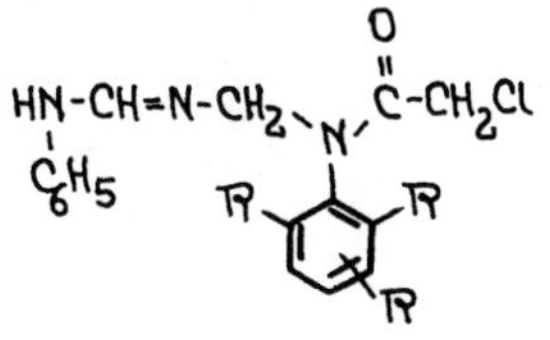

R = H, Alkyl, O-Alkyl, $CF_3$

Belg. P. 827 836 11. 4.74/13.10.75 BASF

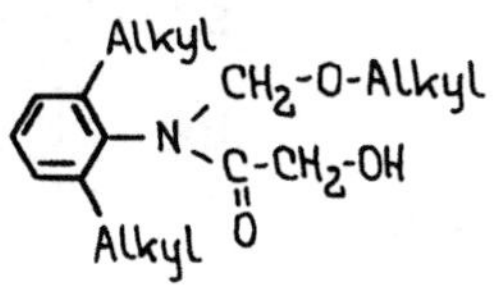

vornehmlich Zwischenprodukte f. Herbizide

DOS 2 458 972 13.12.74/16. 6.76 BASF

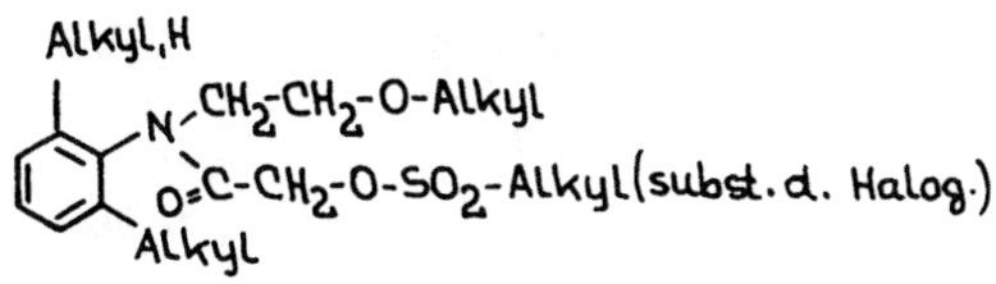

USP 3 944 607 17.10.74/16. 3.76 Chevron
=DOS 2 545 964 14.10.75/29. 4.76 Chevron

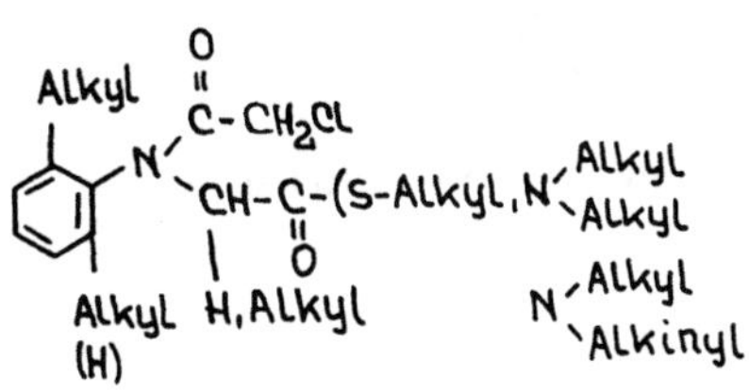

Herbizide und Fungizide

USP 3 946 044 1. 8.74/23. 3.76 Velsicol Chem.

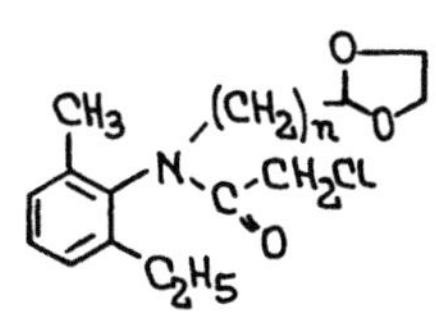

USP 3 946 045 13.11.74/23. 3.76 Velsicol Chem.

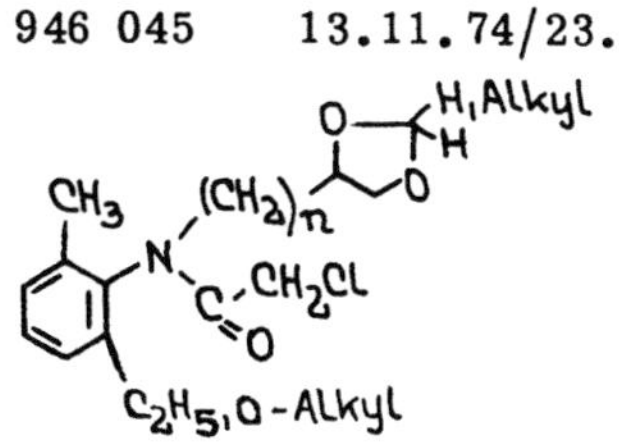

Gräser-Herbizid

| | | | |
|---|---|---|---|
| USP | 3 965 139 | 18.12.72/22. 6.76 | Diamond Shamrock |

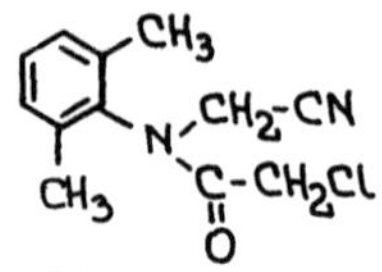

Gegen Gräser

| | | | |
|---|---|---|---|
| USP | 3 966 811 | 19.12.74/29. 6.76 | Velsicol |

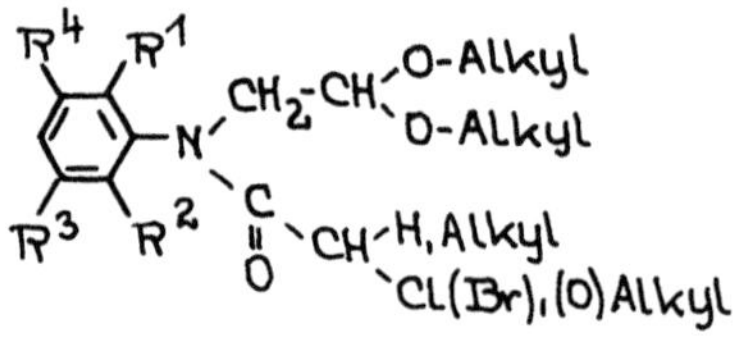

$R^1$ = Alkyl
$R^2$, $R^3$ = H, Halog, CN,(O, S) Alkyl, $CF_3$
$R^4$ = $CF_3$, H, (O)Alkyl

| | | | |
|---|---|---|---|
| DOS | 2 556 938 | 17.12.75/ 1. 7.76 | Shell Int. |

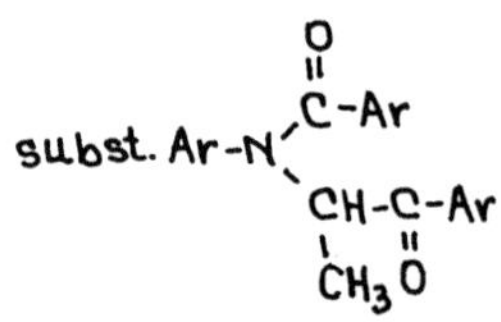

R = $N_3$, N< , $N(CH_2)_n$

| | | | |
|---|---|---|---|
| USP | 3 976 471 | 13. 7.75/24. 8.76 | Velsicol |

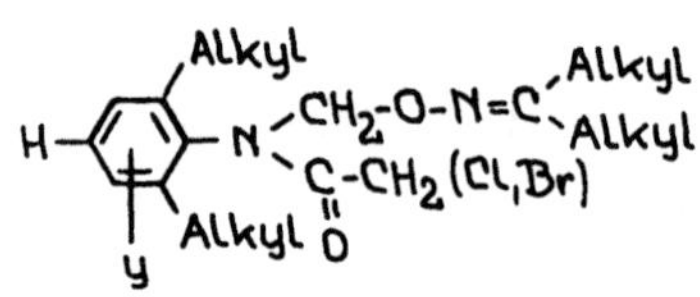

Y = H, Alkyl, (O, S)-Alkyl usw.

5.12.3 Acylanilide mit einer zusätzlich herbizidwirksamen Gruppierung

wie z.B. Carbamidsäureester, Harnstoff, Carbonester usw.
Siehe auch bei aromatischen Carbamidsäureestern sowie aromatisch-aliphatischen Harnstoffen mit einer zusätzlichen wirksamen Gruppierung.

a) Zusätzlich wirksame Gruppierung am Aryl (meist in 3-Stellung)

DOS 1 568 602 13.10.66/19. 3.70 FMC Corp.
US Prior. 14.10.65

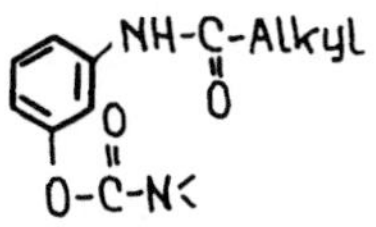


DOS 1 793 226 17. 8.68/30.12.71 Stauffer
=Belg.P. 750 477 Stauffer
US Prior. 23.8.67/19.7.68

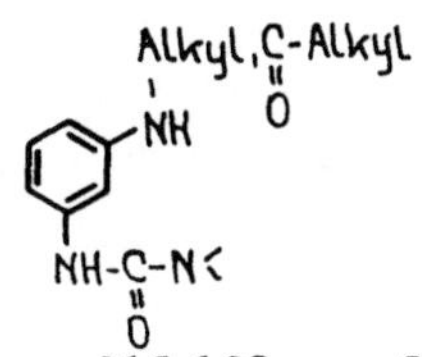


Can.P. 915 192 8. 2.71/21.11.72 Gulf Res.

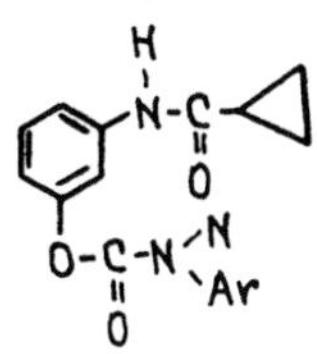


DOS 2 412 578 16. 3.73/19. 9.74 MMM

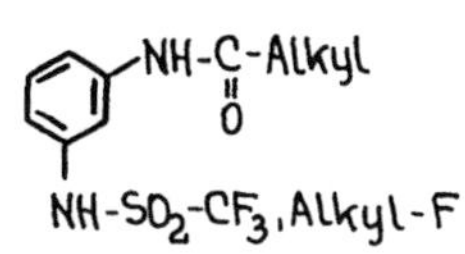


USP 3 636 078 3.11.69/18. 1.72 Dow Chem.

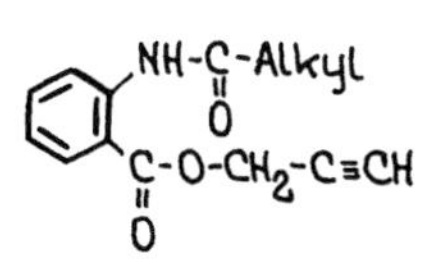


USP 3 865 867 19. 6.67/11. 2.75 Monsanto

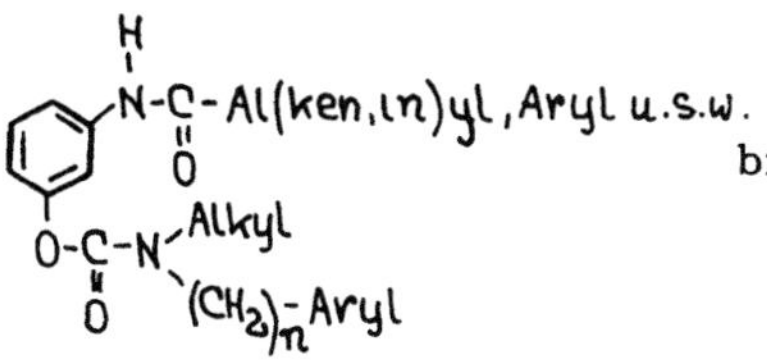


breiter Anspruch

| | | | |
|---|---|---|---|
| DOS | 2 423 536 | 15. 5.74/27.11.75 | Bayer |

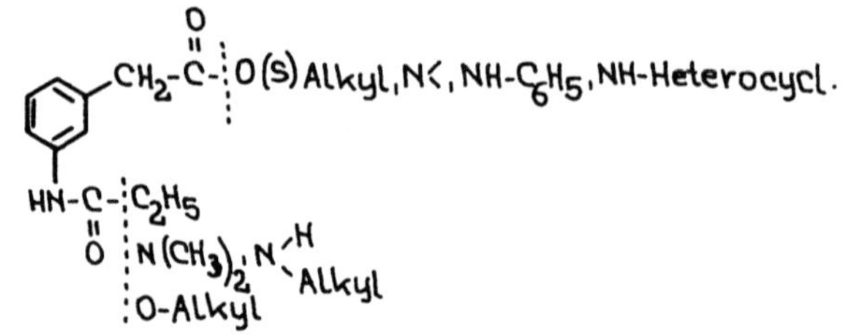


| | | | |
|---|---|---|---|
| USP | 3 937 729 | 11. 8.67/10. 2.76 | Stauffer |

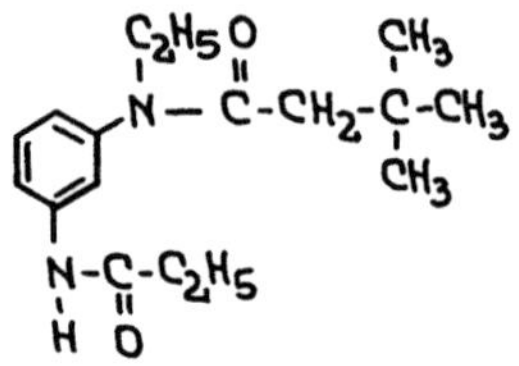


| | | | |
|---|---|---|---|
| DOS | 2 544 313 | 3.10.74/15. 4.76 | Roussel Uclaf |

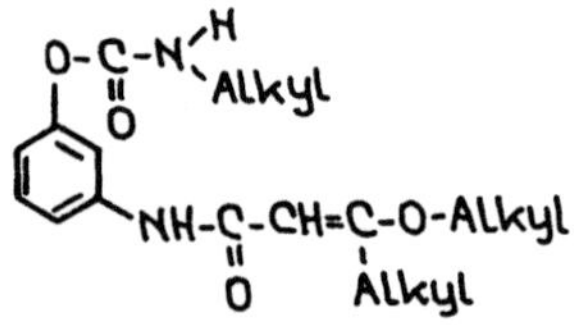


| | | | |
|---|---|---|---|
| DOS | 2 544 396 | 3.10.74/15. 4.76 | Roussel Uclaf |

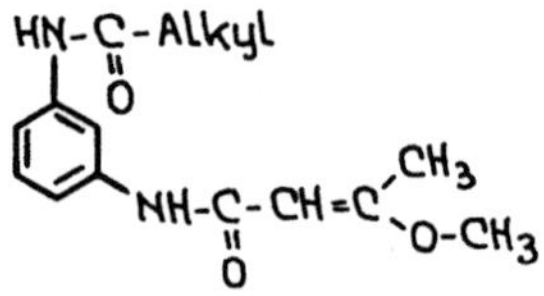


| | | | |
|---|---|---|---|
| USP | 3 958 977 | 16.12.74/25. 5.76 | Minnesota Mining Corp. |

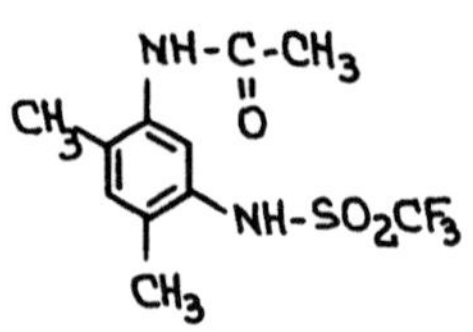


In Mischung mit anderen Herbiziden.

b) <u>Zusätzlich herbizide Gruppierung im N-Acylsubstituenten</u>

USP 3 624 151 16.10.67/30.11.71 Stauffer

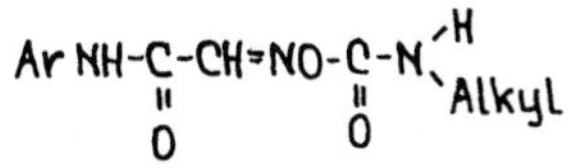

NLP 6 905 147 2. 4.69/ 7.10.69 Bayer

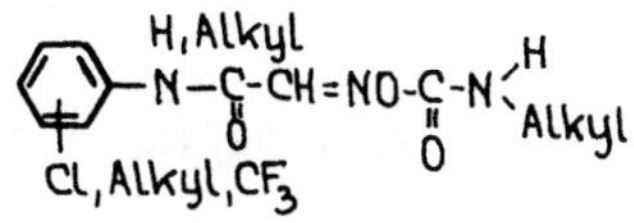

USP 3 694 503 1. 3.71/26. 9.72 Galai

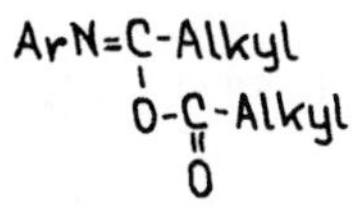

siehe auch USP 3 832 383 bei Acylaniliden

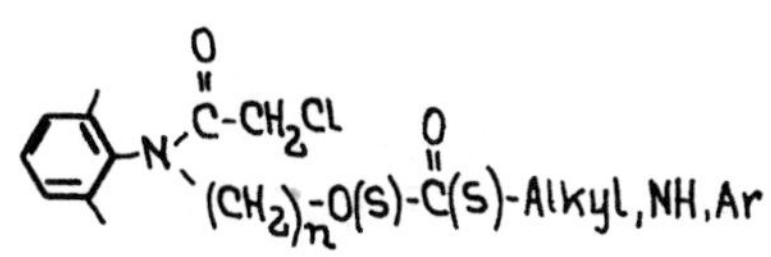

5.12.4 Acylverbindungen von Amino-heterocyclen

a) 5-Ringe 1 O oder 1 S

USP 3 495 967 7. 2.68/17. 2.70 Mobil Oil

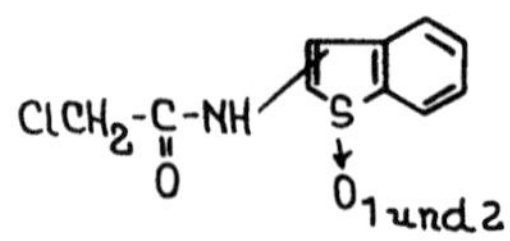


USP 3 636 050 7. 2.68/18. 1.72 Mobil Oil

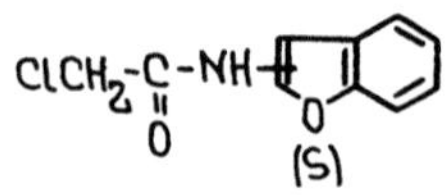


USP 3 705 910 20. 5.70/12.12.72 Esso Res.

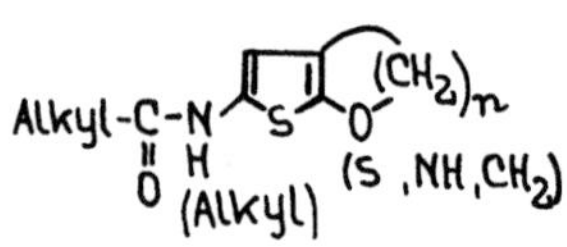


USP 3 741 989 27.10.70/26. 6.73 Abbot Labs

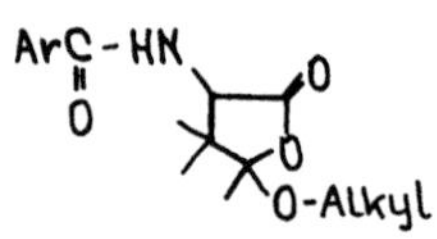


b) 5-Ringe mit 1 N

DOS 1 567 103 14.12.64/16. 4.70 Shell Int.
GB Prior. 16.12.63

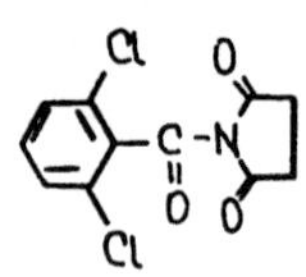


siehe auch bei Dichlorbenzoesäure

c) 5-Ringe 1 N + 1 O bzw. S

DOS 1 542 977 31.10.66/16. 7.70 May und Baker
GB Prior. 1.11.65

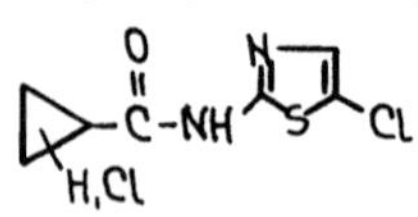

DOS 1 642 352 7. 6.67/24. 2.72 Mitsui

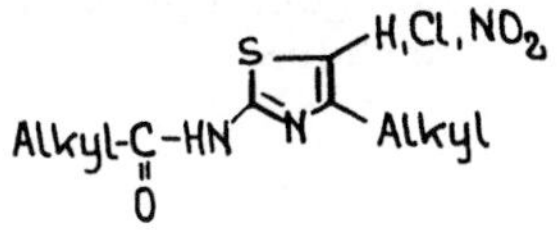

DOS 1 953 357 23.10.69/ 6. 5.71 Bayer

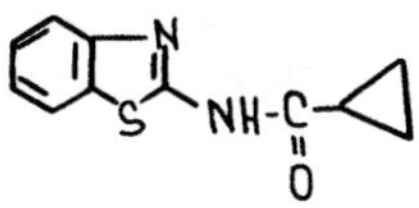

Weed Abstr. 21 (2) 171 (1972)

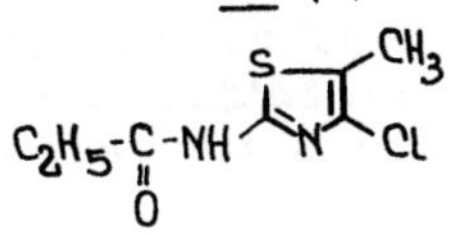

Jap. P. 7 327 467 21. 6.65/22. 8.73 Sankyo

Formel wie zuvor Ref.

Belg. P. 770 859 4. 3.70/16.12.71 Sipxam

Inhalt wie DOS 1 642 352 Mitsui siehe oben

Jap. P. 7 035 080 11. 8.65/10.11.70 Mitsui

Inhalt wie zuvor

DOS 2 101 640 19. 1.71/22. 7.71 Shell

US Prior. 16.1.70/20.4.70

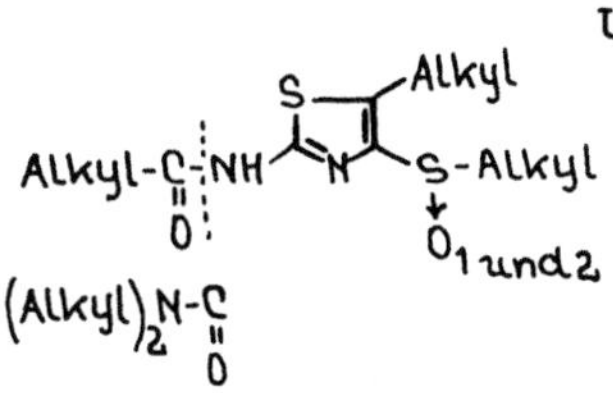

Auch bei heterocycl.-aliphatischen Harnstoffen angeführt

DOS 2 218 097 14. 4.72/ 2.11.72 Stauffer

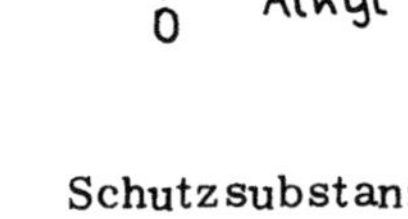

auch

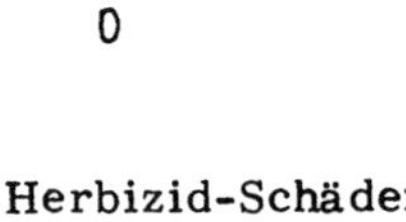

Schutzsubstanz gegen Herbizid-Schäden

DOS 2 350 547 13.10.72/25. 4.74 Stauffer

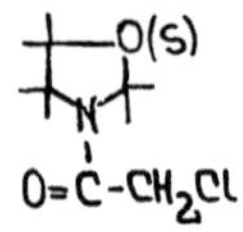


Antagonist gegen Herbizid-Schäden

DOS 2 350 800 13.10.72/25. 4.74 Stauffer

wie zuvor

DOS 2 341 810 15. 8.73/28. 2.74 SMC Corp.
US Prior. 15.3.72

Inhalt ähnlich DOS 2 350 800

DOS 2 421 195 4. 5.73/14.11.74 Stauffer

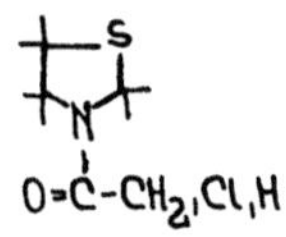


Schutzsubstanz gegen Herbizid-Schäden durch Thiocarbamate oder Acylanilide

ZAP 6 908 643 24.12.68/14. 6.71 ICI

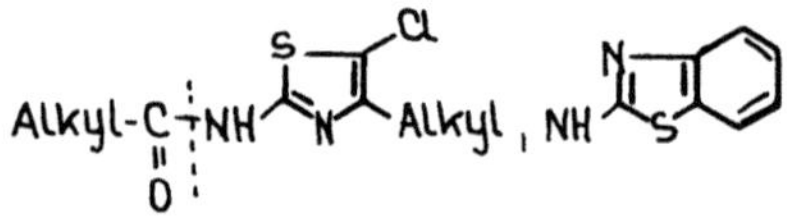


d) 5-Ringe 2 x N

USP 3 729 480 25.10.66/29. 4.73 Tenneco

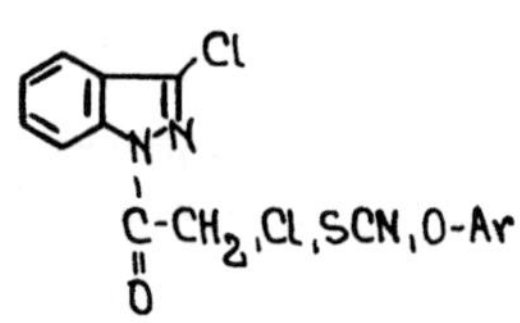


e) 5-Ringe 1 x N + 2 x S, 2 x N + 1 x O oder S

DOS 1 670 926 19. 9.67/ 1. 4.71 Bayer

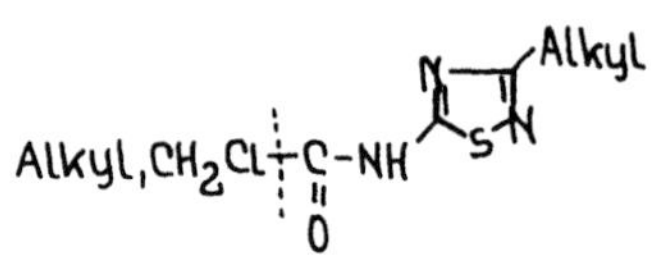

DOS 1 670 952 19. 9.67/ 1. 4.71 Bayer

DOS 1 816 567 23.12.68/ 2. 7.70 Bayer

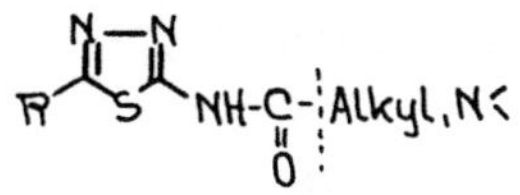

R = Alk(en, in)yl, Alkyl S-

auch bei heterocycl. -aliphat. Harnstoffen angeführt

DOS 2 228 364 10. 6.72/20.12.73 Bergwerk-Ges.

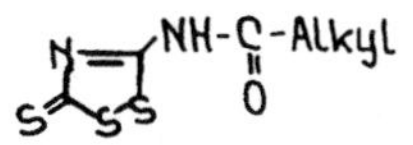

DOS 2 247 330 4.10.72/12. 3.73 Gulf Res.
=Belg.P. 789 659 4.10.71/1.2.73
US Prior. 4.10.71

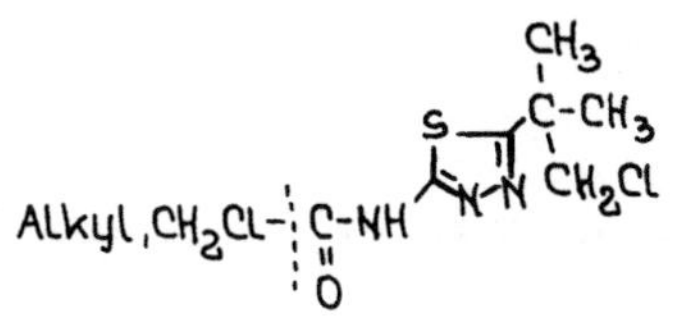

f) 5 Ringe mit 3 x N

DOS 2 132 618 1. 7.71/ 5. 1.72 Boots Pure Drug
GB Prior. 1.7.70/21.3.71

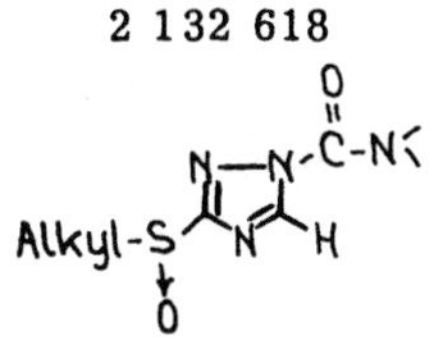

Auch bei heterocycl. Carbonsäuren angeführt

DOS 2 264 159 31.12.71/12. 7.73 Boots Pure Drug

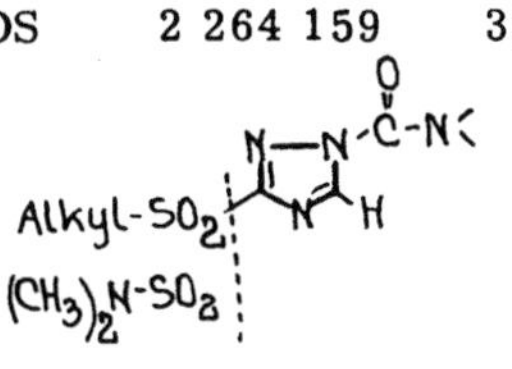

Auch bei heterocycl. Carbonsäuren angeführt

Jap.P. 4 008 851 31. 7.70/28. 2.74 Mitsubishi Gas

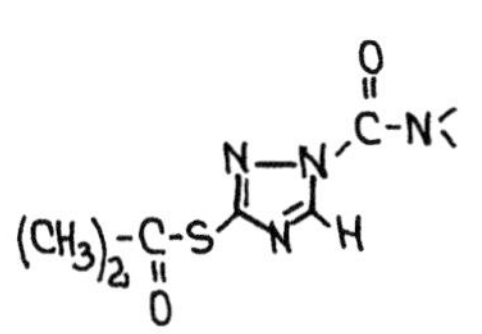

g) <u>Acylverbindungen von 6-Ringen mit 1 x N</u>

Amidinderivate: J. prakt. Chemie 314 (1972) 627.

USP 3 493 555 23. 3.66/ 3. 2.70 Nepera Chem.

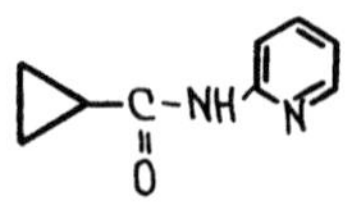

DOS 1 905 606 5. 2.69/20. 8.70 BASF

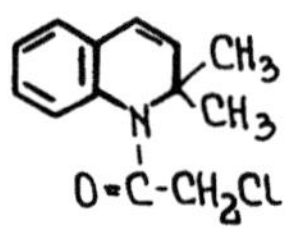

ebenso Tetrahydrochinolin-acylverbindungen

USP 3 968 116 20. 3.70/ 6. 7.76 Eli Lilly

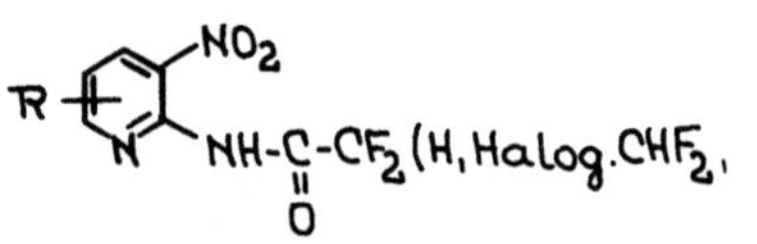

R = $NH_2$, Halog, $NO_2$, CN, Alkyl usw.

## 5.12.5 Aromatisch und heterocyclisch-aliphatische Amidine und Hydrazidine

J. prakt. Chemie 314 (1972) 627

DOS 1 542 850 7. 3.63/ 4. 6.70 Ciba

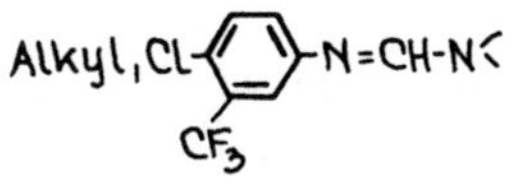

USP 3 642 893 24. 6.68/15. 2.71 Monsanto

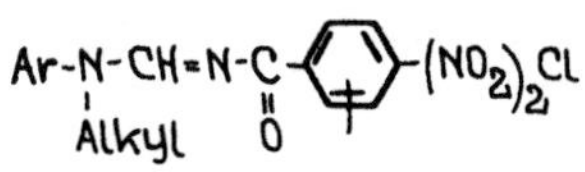

DOS 2 040 628 17. 8.70/24. 2.72 VEB Fahlberg List
=FRP 2 098 352

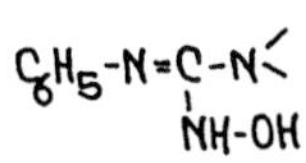

DOS 2 113 978 23. 3.72/12.10.72 Hoechst
=NLP 7 203 600

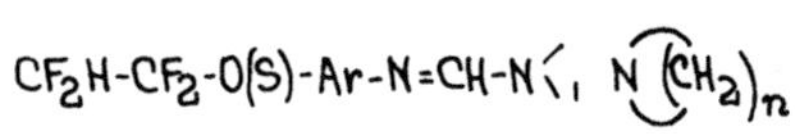

DOS 2 122 058 4. 5.71/ 2.12.71 Esso
=Belg. P. 766 609 4. 5.70/3.11.71 Esso

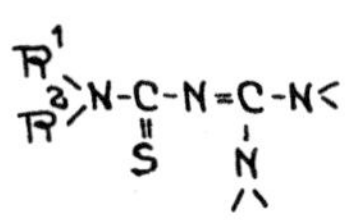

$R^1$, $R^2$ je = Alkyl, Phenyl, Het. Ring
Am N belieb. Substituenten

DOS 2 202 034 22. 1.71/27. 7.72 Ciba-Geigy

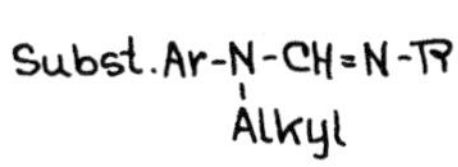

DOS 2 350 696 12.10.72/18. 4.74 Ciba-Geigy

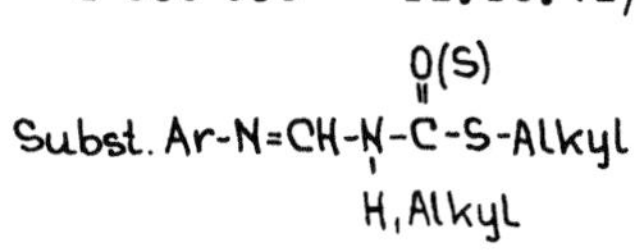

NLP 7 403 542 27. 3.73/ 1.10.74 Pepro
Fr. Prior. 27.3.73

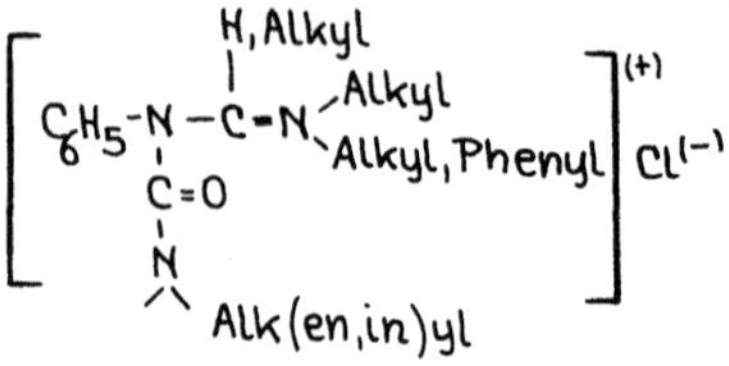

DOS 2 321 330 27. 4.73/ 7.11.74 Bayer

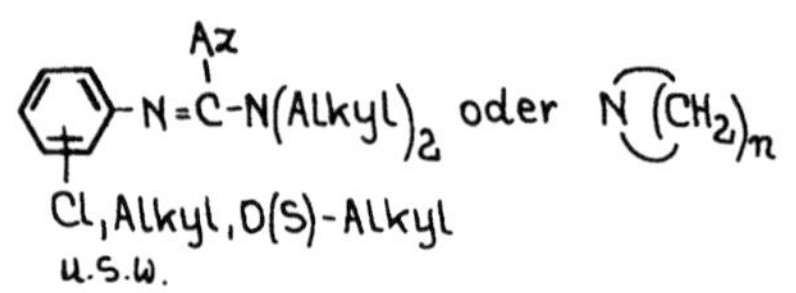

Az = 1-Imidazol, 1-Pyrazol, 1,2,4-Triazol

USP 3 784 555 5.11.70/ 8. 1.74 Air Prod.

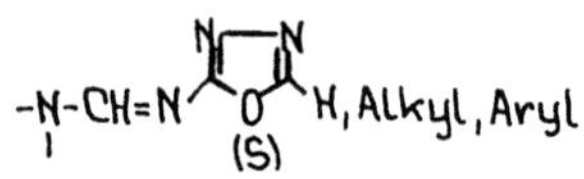

USP 3 874 874 5.11.70/ 1. 4.75 Air Prod.

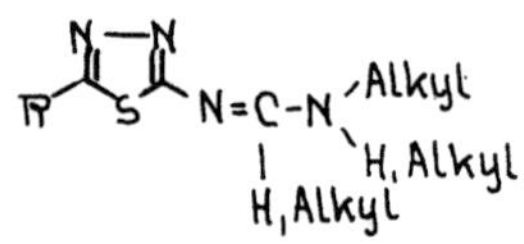

R = $CH_3$, $C(CH_3)_3$, $CF_3$, $CHF_2$, $CF_2Cl$ usw.

DOS 2 558 839 15. 1.75/22. 7.76 Sandoz

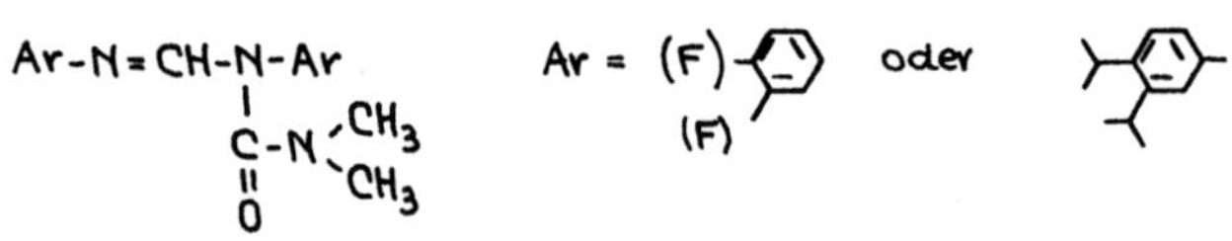

DOS 2 600 987 16. 1.75/22. 7.76 Ciba-Geigy

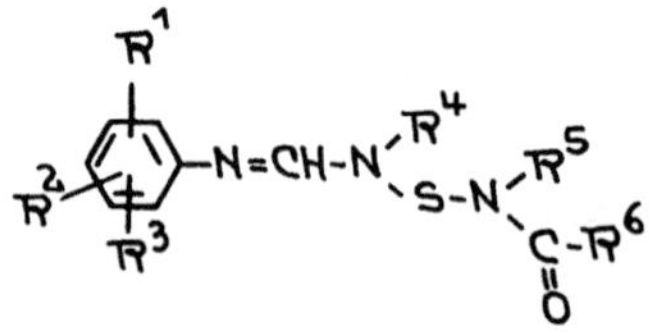

$R^1$-$R^3$ = H, Halog, Alkyl, O(S)Alkyl, $CF_3$, CN, $NO_2$
$R^4$ = Alkyl
$R^5$ = Halog subst. Alkyl, Cycloalkyl
$R^6$ = H, O-Alkyl, Halog. subst. Alkyl

## 5.12.6 Sulfonsäure-anilide und -Benzylamide, Sulfonsäureamide von Heterocyclen

### a) Aliphatische Sulfonsäure-anilide, Sulfensäureanilide u. aliph. Sulfonsäure-amido-heterocyclen

Weed Abstr. 20 (3) Ref. 1364 und R. D. Trepka J. Agr. Food Chem. 18, 1176 (1970)

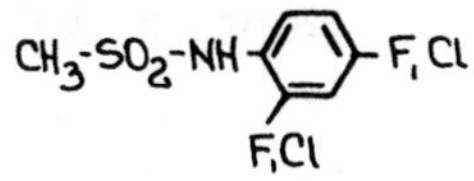


Belg. P. 749 749 30. 4.69/21.10.70 Ciba

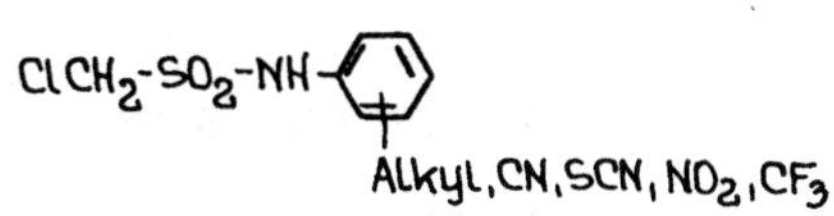


USP 3 637 789 30. 6.69/25. 1.72 MMM

R = Cl, CN, Alkyl, Hetero-5-Ring

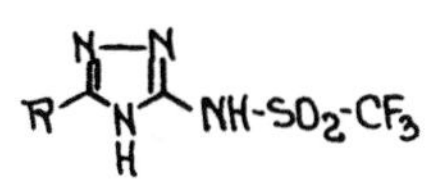


USP 3 629 332 29. 1.69/21.12.71 MMM

(CF$_3$,CF$_2$H)SO$_2$NH-(CH$_2$)$_n$-Ar    Ar subst.

USP 3 639 474 12. 6.69/ 1. 2.72 MMM

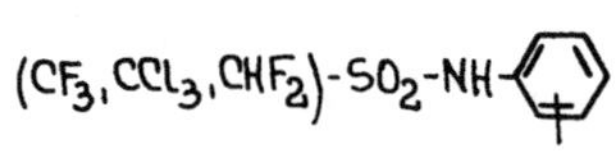


belieb. subst.

DOS 2 018 969 21. 3.70/ 5.11.70 Ciba
Schwz. Prior. 30. 4. 69

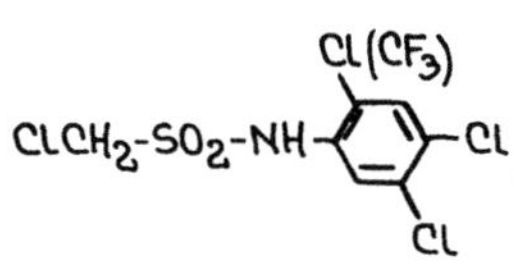


DOS 2 126 488 27. 5.71/ 9.12.77 Spolana
Tschech. Prior. 2. 5. 70

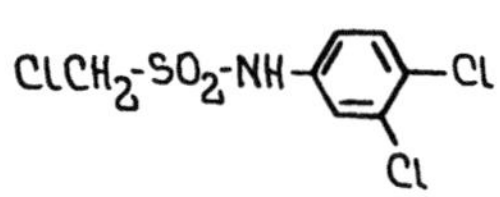

DOS 2 364 144 21.12.73/27. 6.74 MMM
US Prior. 22.12.72

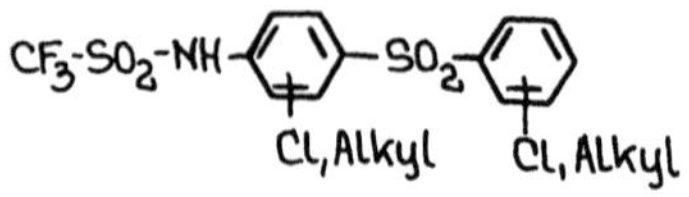

DDRP 71 015 6. 2.68/20. 1.70 W. Kuchmann

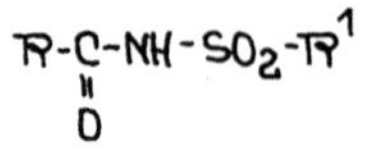

R und $R^1$ belieb. Reste

DDRP 71 016 6. 2.68/21. 1.70 W. Kuchmann

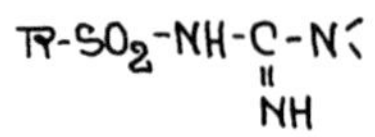

R = Aryl, Benzyl, Alkyl

USP 3 686 192 4. 1.71/22. 8.72 MMM

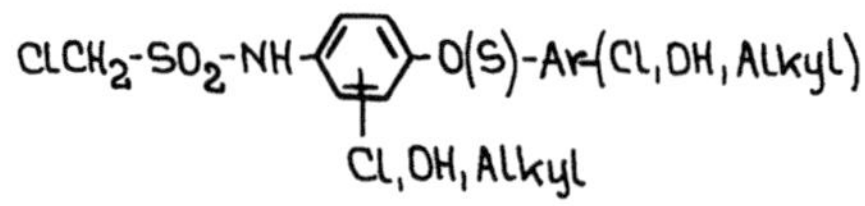

USP 3 840 527 16. 8.71/ 8.10.74 Riker Lab.

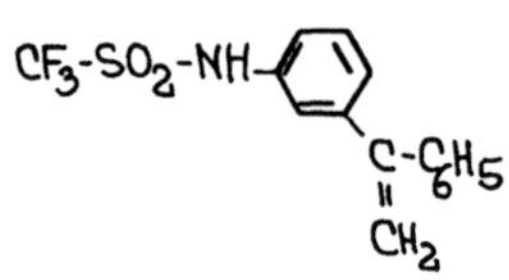

USP 3 865 844 29. 1.69/11. 2.75 Minesota Mining

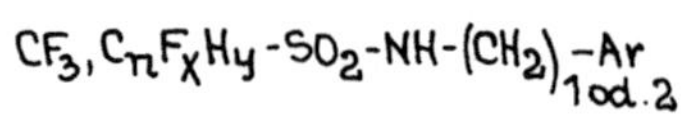

Ar = Thienyl, Furyl, Benz-imidazolyl, Pyridyl

USP 3 895 062 13. 4.70/15. 7.75 MMM

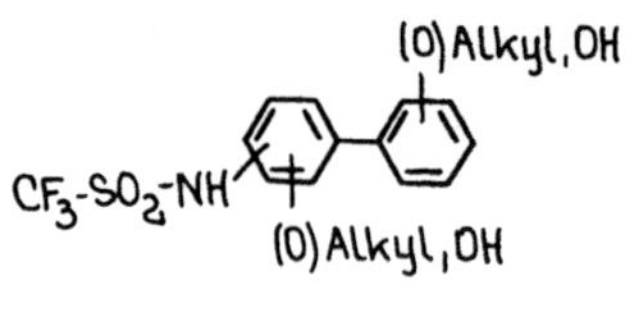

Jap.P. 75 010 928 29. 7.70/25. 4.75 Sumitomo

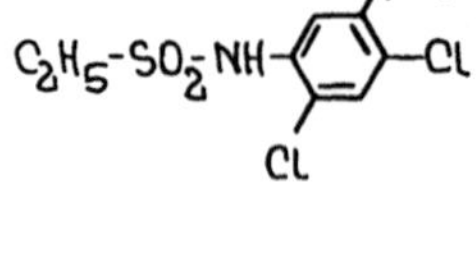

Jap.P. 75 010 929 29. 7.70/25. 4.75 Sumitomo

wie zuvor aber $C_2H_5$ statt Cl

USP 3 920 690 21.10.66/18.11.75 Minnesota Mining

$C_xF_y$-$SO_2$-NH-Heterocycl. subst.

Siehe Hauptpatente: USP 3 801 588, 3 637 729

USP 3 923 810 21.10.66/ 2.12.75 Minnesota Mining

$CF_3$-$CF_3$-$CF_3$ usw. $SO_2$NH-Heterocycl.

Siehe Hauptpatente: USP 3 801 588, 3 637 729

USP 3 923 811 21.10.66/ 2.12.75 Minnesota Mining

Wie zuvor. Heterocycl. = Chinolin

USP 3 948 987 19. 4.74/ 6. 4.76 Minnesota Mining

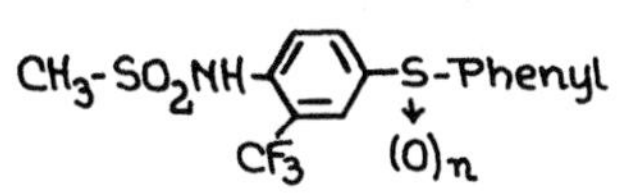


Belg.P. 835 564 14.11.74/13. 5.76 Minnesota Mining

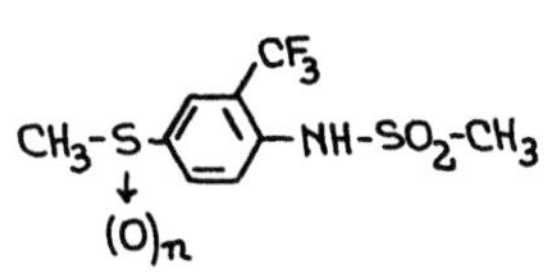


USP 3 958 977 16.12.74/25. 5.76 Minnesota Mining

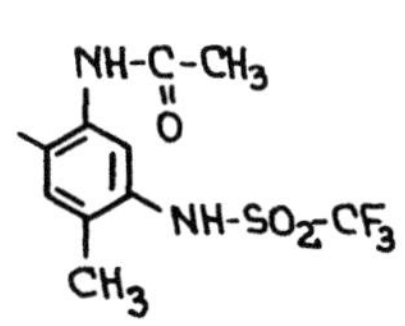


DOS 2 551 027 13.11.75/26. 6.76 M. M. M.
US Prior. 14.11.74

Siehe auch USP 3 639 474

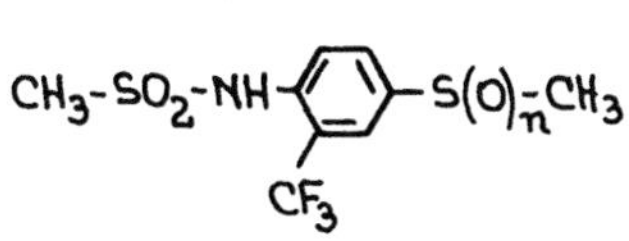


Spez. Gegen wilde Mohrenhirse u. Cyperngras-Arten

n = 0-2

b) <u>Benzolsulfonsäure-amide, -Anilide und Heterocyclen</u>

siehe auch zuvor. Z.B. DDR 71 016

USP 3 498 780 7. 1.63/ 3. 3.70 Eli Lilly

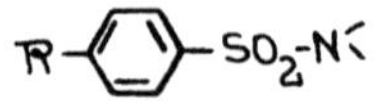

R = $NH_2$, $NO_2$, Alkyl $\underset{\underset{O}{\|}}{C}$-NH

DOS 1 668 104 1. 3.68/13. 5.71 Bayer

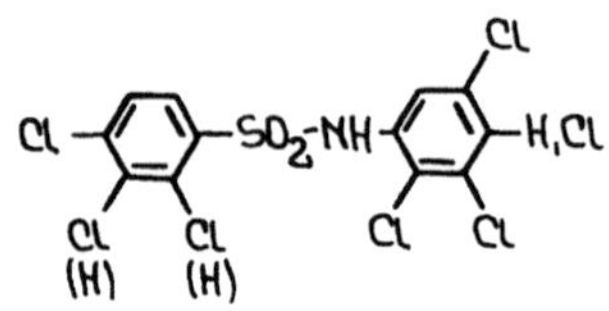

Wasser-herbizid

DOS 2 154 634 3.11.71/10. 5.72 Eli Lilly

US Prior. 3.10.70

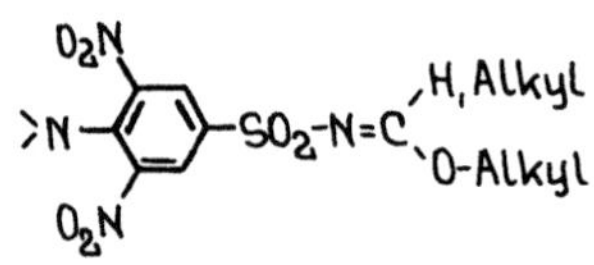

Auch bei Dinitroanilinen angeführt

USP 3 462 420 20. 9.65/19. 8.69 Monsanto

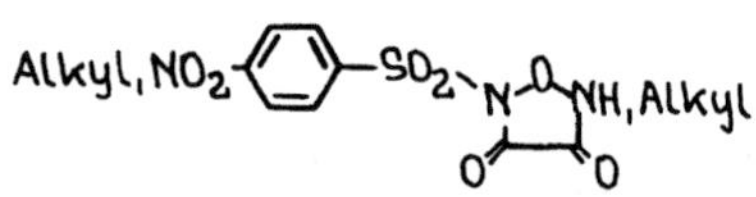

DDRP 71 017 20. 2.68/20. 1.70 Kochmann

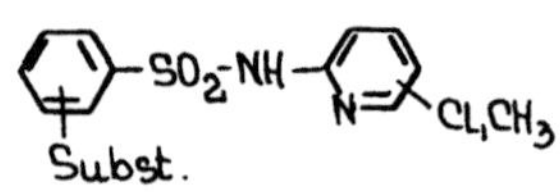

Jap.P. 50 048130 28. 8.73/30. 4.75 Kumiai Chem.

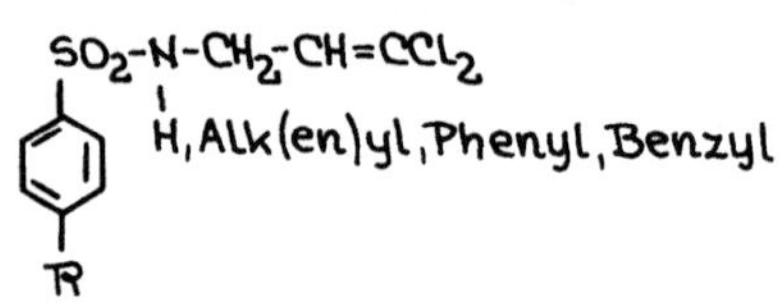

R = H, Cl, $CH_3$

Jap.P. 51 015621 30. 7.74/ 7. 2.76 Ube Ind.

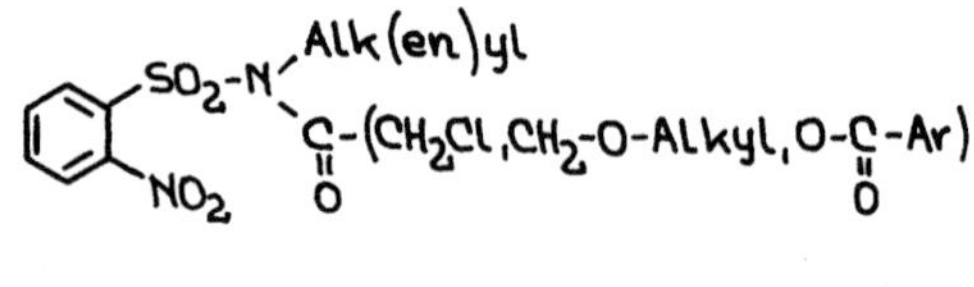

USP 3 942 973 28. 6.71/ 9. 3.76 Scott u. Sons

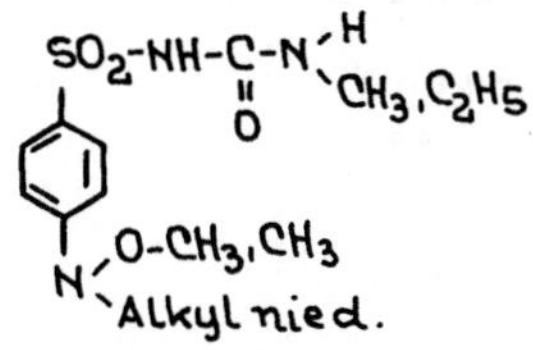


Selektiv gegen einige Gräser.

c) Benzolsulfensäure-anilide

USP 3 887 571 21.12.70/ 3. 6.75 Universal Oil Prod.

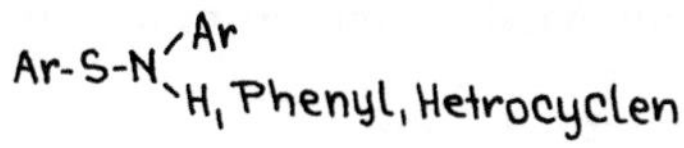


Unter anderem auch Herbizide

## 5.13 Quartäre Ammonium und Hydrazonium-Verbindungen ferner Sulfonium-Verbindungen

### 5.13.1 Aliphatische Vertreter

Ein Teil der in den Patenten angeführten Verbindungen hat vorwiegend Wuchsstoffcharakter, andere sind kräftige Herbizide. Da die Wirkungen in den Patenten nicht streng auseinander zu halten sind, andererseits schon in Bd. 2 "Chemie der Pflanzenschutz und Schädlingsbekämpfungsmittel" einige wichtige Wuchshemmmittel vom Charakter der quartären Ammoniumsalze im Zusammenhang mit bedeutenden Herbiziden auf Basis quartärer Ammoniumverbindungen abgehandelt worden sind, wird auch jetzt die gesamte Gruppe der Ammonium- und Hydrazoniumsalze erfaßt. Lediglich bei Angaben von Wuchsstoffcharakter ohne Hemmwirkung oder auch bei hoher Konzentration gänzlich fehlender herbizider Wirksamkeit wird meist auf eine Anführung verzichtet.

a) Quartäre Ammoniumverbindungen

Kl. Menaria et al. Experientia 27 ( 2) 145 1971

Wuchshemmstoffe

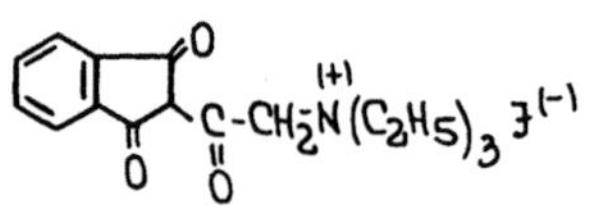

Eine besondere Bedeutung kommt dem Keto-Indandionrest nicht zu.

DOS 1 542 830 7. 6.66/ 4. 6.70 BASF

siehe auch DOS 1 542 840

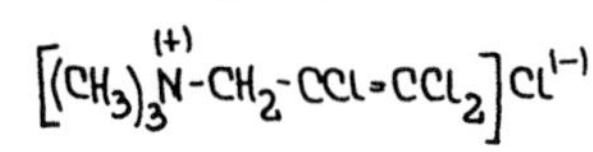

DOS 1 925 073 30. 5.68/ 4.12.69 ICI

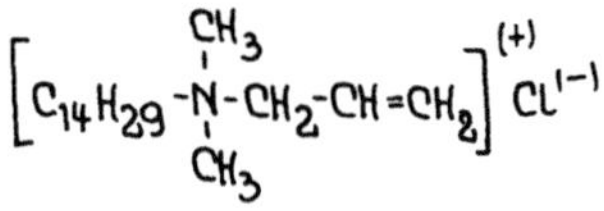

Herbizid

DOS 2 100 211 8. 1.70/15. 7.71 Shell Int.

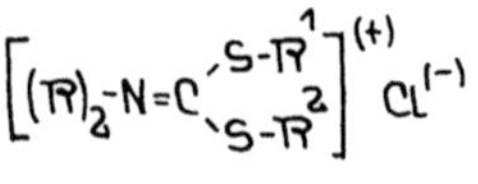

DOS 2 043 056 31. 8.70/16. 4.72 Greet Lakes Chem.
=Belg. P. 755 952

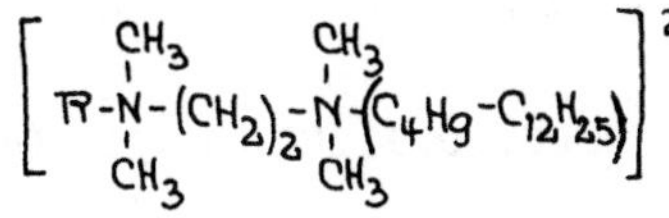

R = $C_4H_9$ bis $C_{12}H_{25}$

DOS 2 113 996 23. 3.71/28. 9.72 Bayer

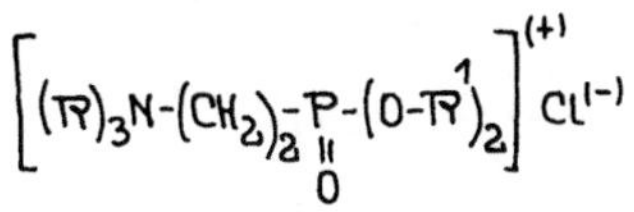

DOS 2 114 460 25. 3.71/21.10.71 Stauffer
=NLP 7 104 026 Stauffer
US Prior. 21.4.70

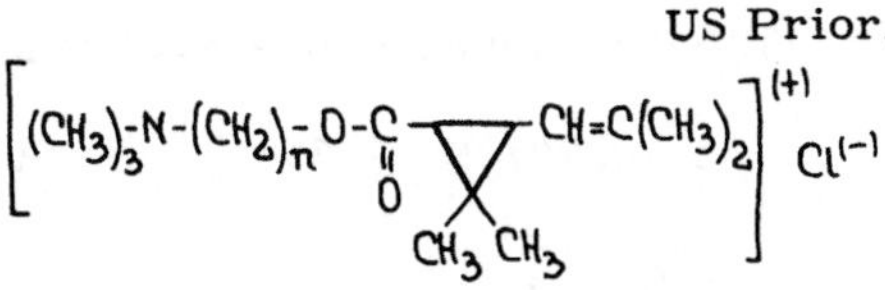

DOS 2 114 512 25. 3.71/30. 9.71 Fuji Sawa
=Belg. P. 764 656 Jap. Prior. 25. 3. 70

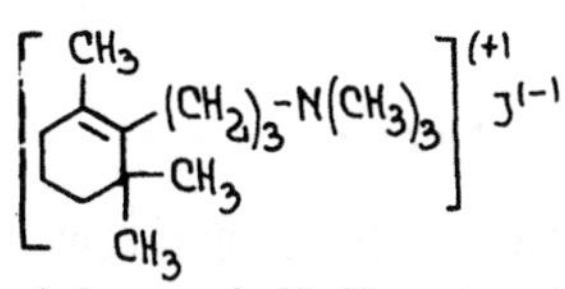

siehe auch H. Haratu et al. Agr. Biol. Chem. 36 (5) 881 (1972)

DOS 2 153 660 28.10.71/ 3. 5.73 BASF
=Belg. P. 741 905 BASF

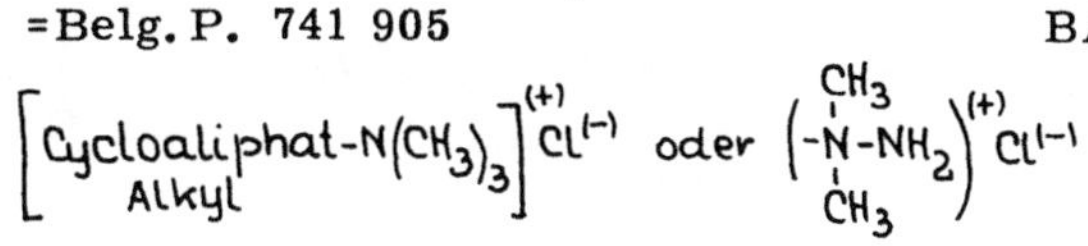

DOS 2 229 580 16. 6.72/17. 5.73 Dow Chem.
US Prior. 12.11.71/14.2.72

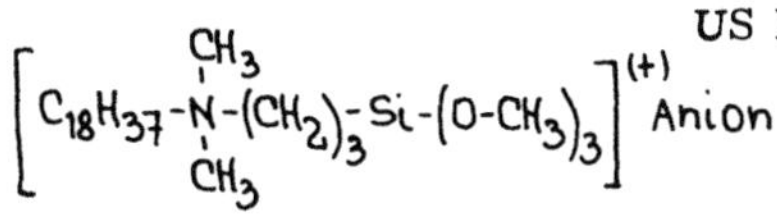

USP 3 482 961 5. 4.67/ 9.12.69 Hawaian Sugar Planters

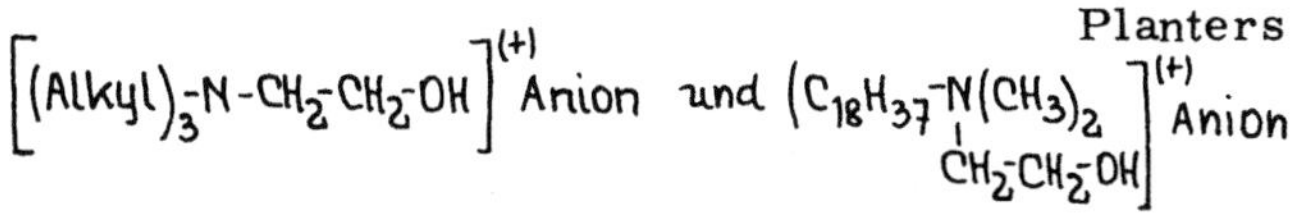

Soll den Zuckergehalt vermehren.

USP 3 491 146 29. 5.65/20. 1.70 Monsanto

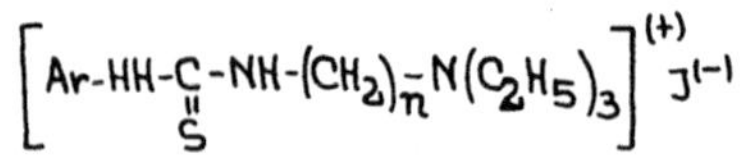

USP 3 539 632 22. 7.68/10.11.70 Dow Chem.

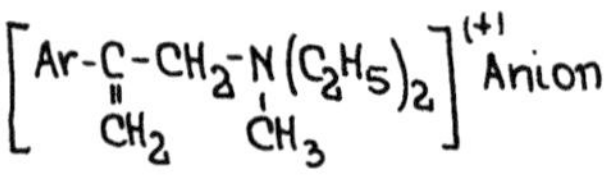

USP 3 557 214 31. 3.66/19. 1.71 BASF

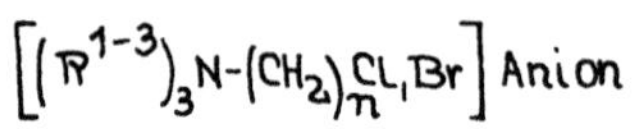

$R^{1-3}$ = Aliphat, Chloraliphat
Araliphat, Ar-N<$(CH_3)_2$

Patent umfaßt auch Hydrazonium-verbindungen

USP 3 897 496 2.10.70/29. 7.75 Sterling Drug

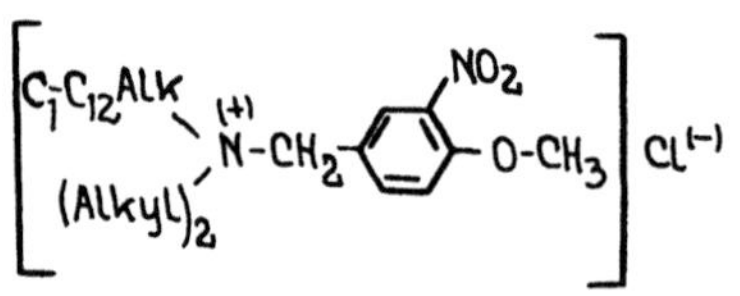

unter and. auch Algizid

b) <u>Aliphatische Hydrazoniumverbindungen</u>

B. Aponowicz et al. Przem. Chem. 50 (5) 278 (1971)

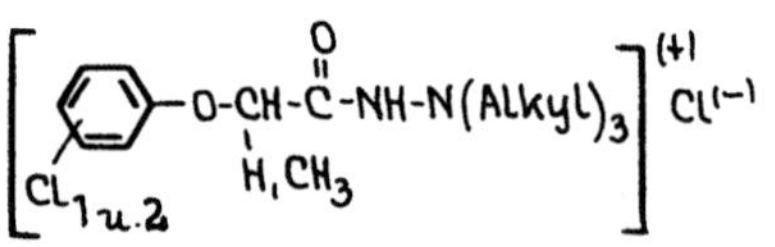

Fr.P. 2 136 392 15. 4.71/22.12.72 Mitsubishi Gas Chem.

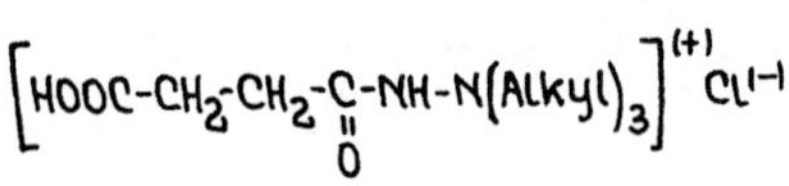

DOS 1 542 680 22.12.64/16. 4.70 BASF

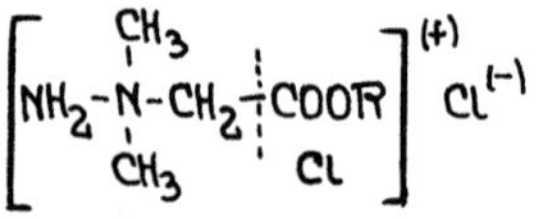

DOS 1 567 104 16. 3.65/10. 4.70 Shell Int.
GB. Prior. 18.3.64

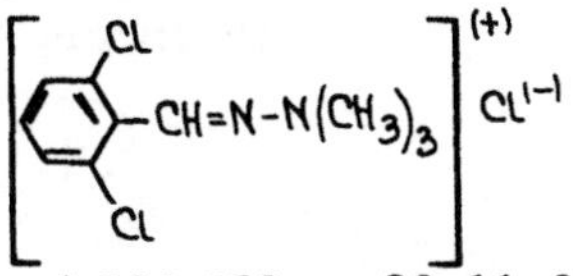

DOS 1 809 950 20.11.68/11. 6.70 BASF

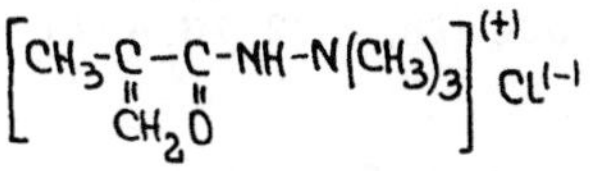

Belg.P. 768 206 11. 6.70/25. 7.70 Fujisawa

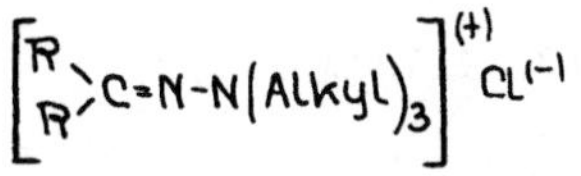

R = Alkyl, Cycloaliphat

USP 3 769 341 30.12.71/30.10.73 Monsanto

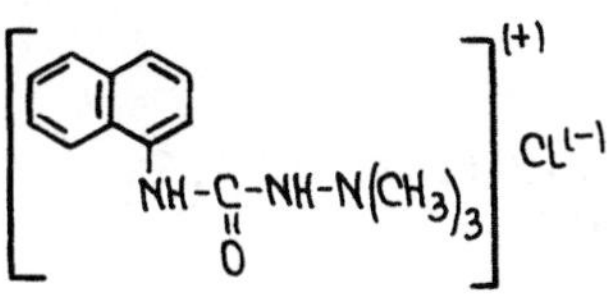

c) Aliphatische Sulfoniumverbindungen

DDRP 85 773 20. 4.70/12.11.71 M.D. Peschel

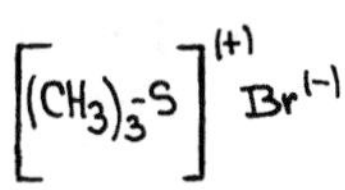

DOS 2 326 111 23. 5.73/12.12.74 Bayer

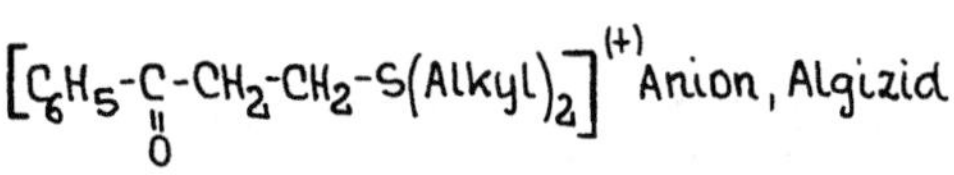


5.13.2 Heterocyclische Ammonium und Sulfonium-Verbindungen

a) 5-und 6-Ringe mit 1 x O, 1 x S oder 1 x N, 2 x N

DOS 1 907 116 13. 2.69/ 3. 9.70 Bayer

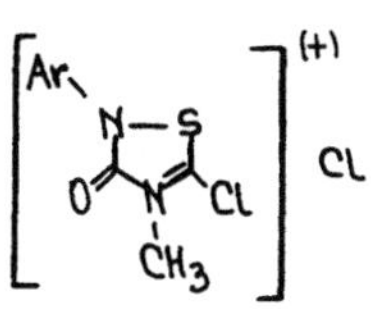

DOS 2 207 143 16. 2.72/21.12.72 Baychem
=NLP 7 202 114 Chemagro Baychem
US Prior. 17.2.71

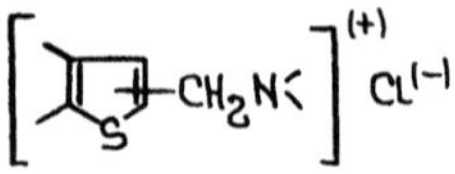

DOS 2 207 575 18. 2.72/23. 8.73 BASF
=Belg.P. 795 534 18.2.72/16.8.73 BASF

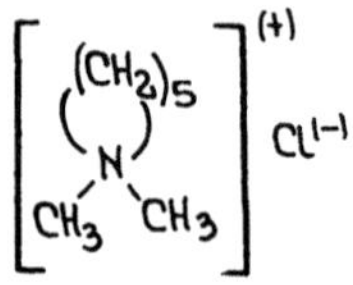

statt $(CH_2)_5$ auch $(CH_2)_2$-NH-$(CH_2)_2$

DOS 2 217 697 13. 4.72/18.10.73 BASF

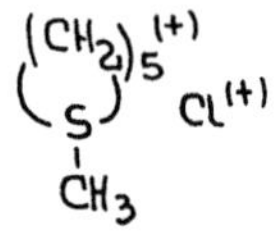

statt $(CH_2)_5$ auch $(CH_2)_2$-S(→O)-$(CH_2)_2$

DOS 2 230 179 21. 6.72/17. 1.74 Bayer
=NLP 7 308 516

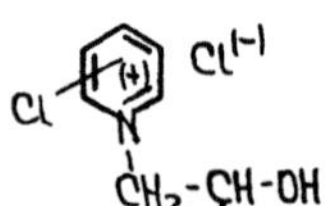

H, Alkyl, Aryl oder 5 Ring-heterocyclen

DOS 2 361 504 26. 6.73/22. 5.74 Allied Chem.
US Prior. 29.6.72, 29.12.72

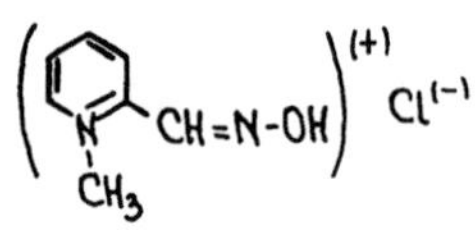

DOS 2 223 761 17. 5.71/ 7.12.72 Gulf Res.
=Belg.P. 783 580

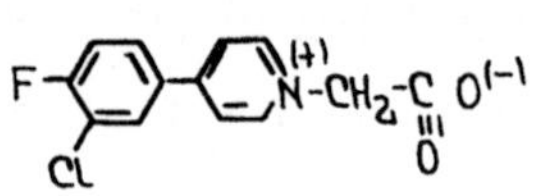

starkes Herbizid

USP 3 682 617 7. 5.70/ 8. 8.72 Gulf Res.

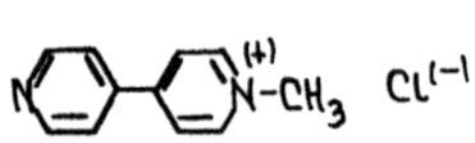

starkes Herbizid

USP 3 776 916 21.11.69/ 4.10.73 Monsanto

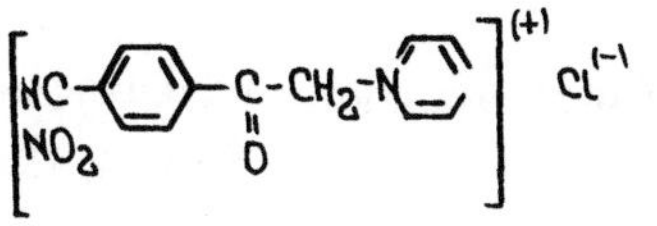

statt Pyridin auch andere Heterocyclen mit 2 N

z.B. 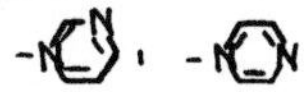

ähnlich USP 2 836 352 21.11.69/17.9.74 Monsanto

Diquat und Paraquat betreffende Patente und Darstellung.

DOS 1 695 032 19. 8.67/ 8. 4.71 Gulf Res.
US Prior. 24.8.66

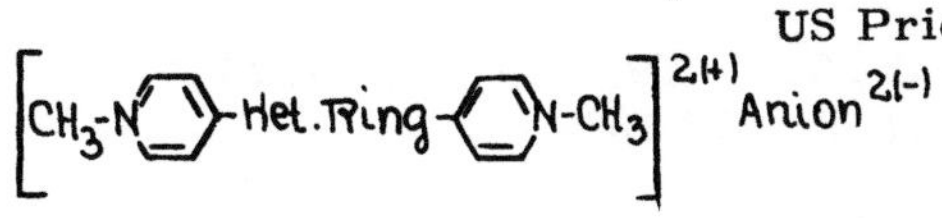

DOS 1 767 991 10. 7.68/18.11.71 + Komplexbildner ICI

DOS 2 033 750 8. 8.70/28. 1.71 Chevron

neues Darstellungsfahren siehe auch
Tetrahedron Letters 22, 2313 (1967)

DOS 2 110 516 5. 3.71/18.11.71 ICI
GB Prior. 5.7.70

DOS 2 116 250 2. 4.71/ 4.11.71 ICI
GB Prior. 3.4.70

DOS 2 207 706 18. 2.72/28. 9.72 Darst. ICI

DOS 2 235 959 22. 7.71/ 1. 2.73 ICI
Tixotrope Misch.

b) 1 x N + 1 x O; 2 x S; 2 x N; 2 x N + S; 3 x N

DOS 2 247 501 28. 9.72/ 5. 4.73 Inst. Przemysch
Poln. Prior. 2.10.71

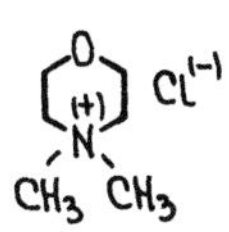

siehe auch DOS 2 207 575 und 2 217 697 BASF

DOS 2 134 449 10. 7.71/15. 2.73 Bayer

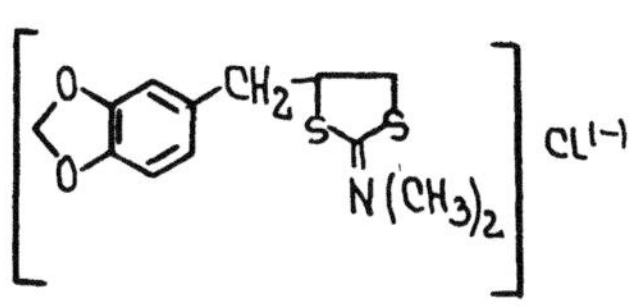

DOS 2 331 184 19. 6.73/16. 1.75 Bayer
=Belg. P. 816 435

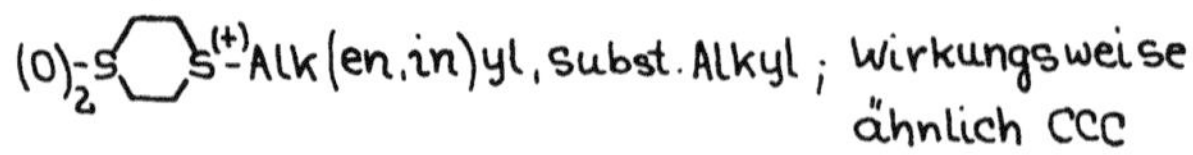


DOS 2 331 185 19. 6.73/16. 1.75 Bayer
=Belg. P. 816 436

DOS 2 331 186 19. 6.73/16. 1.75 Bayer
=Belg. P. 816 437

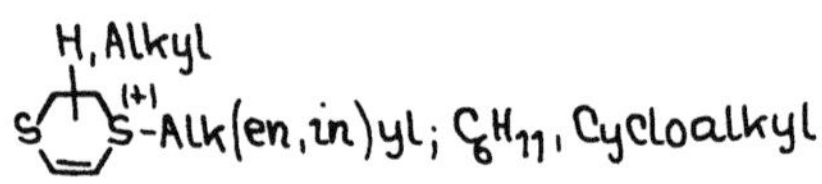


DOS 2 431 862 3. 7.74/21. 1.76 Bayer

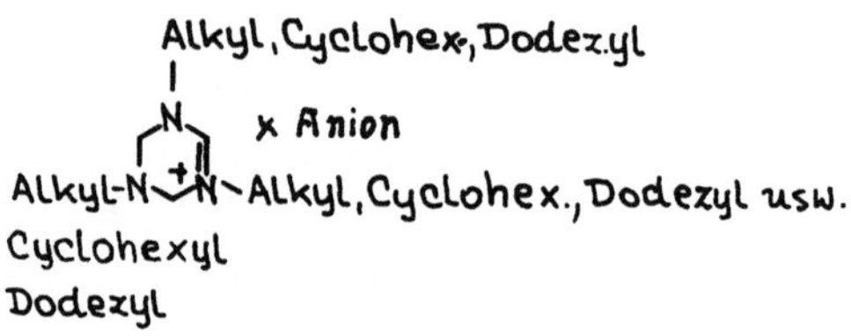


c) <u>Heterocycl. Hydrazonium-Verbindungen</u>

DOS 2 015 416 1. 4.70/21.10.71 BASF
=Belg. P. 764 707 BASF

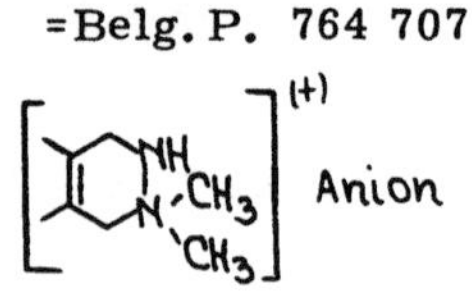


siehe K. H. König, Naturwissenschaften <u>55</u>, 217 (1) 68

DOS 2 239 400 10. 8.72/22. 2.73

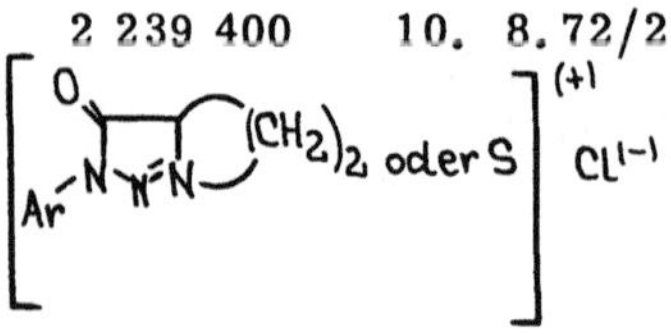


Triazoliniumverbindungen

DOS 2 425 979 30. 5.74/ 9. 1.75 Amer. Cyanamid
US Prior. 18.6.73

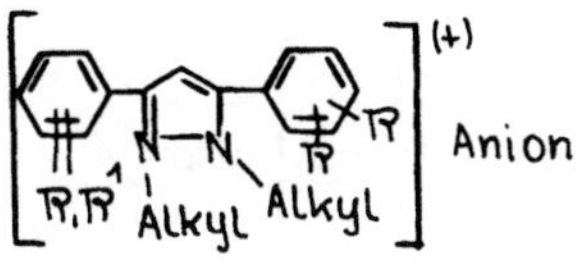


R u. R' = belieb. Substituenten

DOS 2 441 498 21. 9.73/27. 3.75 Amer. Cyanamid

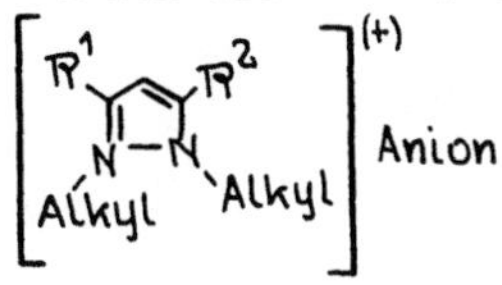


R' u. R'' = Cycloalkyl,Benzyl

USP 3 882 142 17.12.72/ 6. 5.75 Amer. Cyanamid

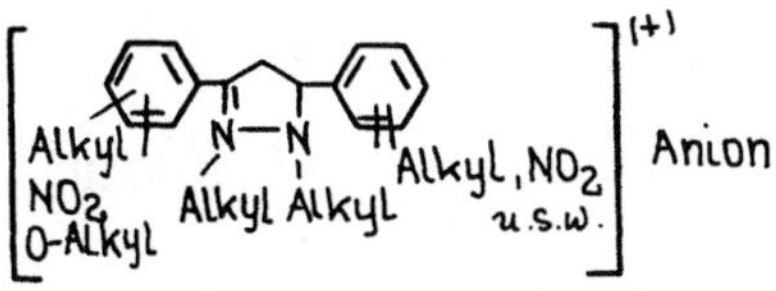


Gegen Flughafer

USP 3 910 949 9.12.74/ 7.10.75 Amer. Cyanamid

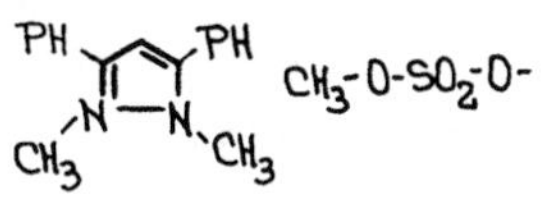


Darstellung

DOS 2 404 795 1. 2.74/14. 8.75 BASF
=Belg. P. 825 071 1.2.74/31.7.75 BASF

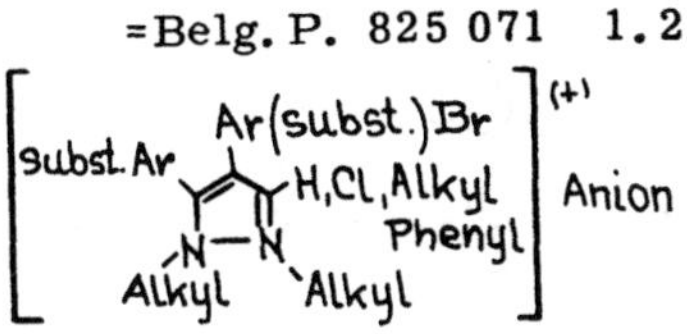


USP 3 894 036 11. 8.71/ 8. 7.75 Pfizer

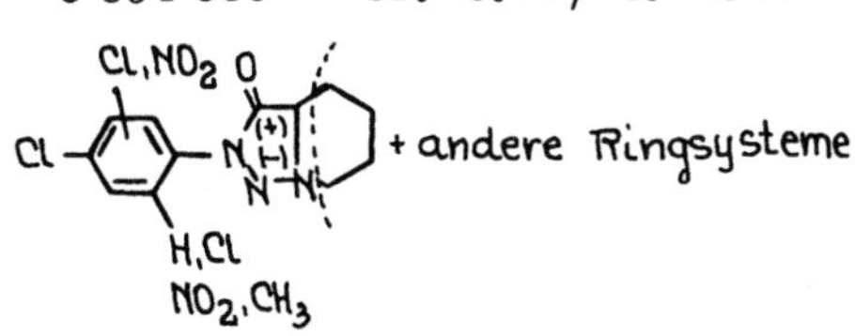


DOS 2 522 471 28. 5.74/11.12.75 Am. Cyanamid
=USP 3 922 161 17.12.71/25.11.75 Am. Cyanamid

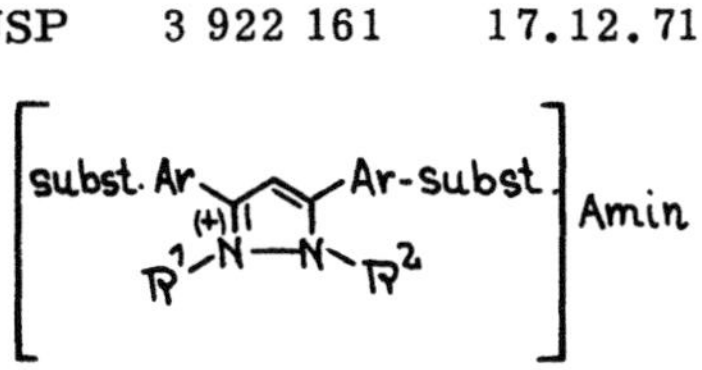


Gegen Flughafer in Getreide.

$R^1$ u. $R^2$ = Alkyl

USP 3 925 408 1. 7.74/ 9.12.75 Am. Cyanamid

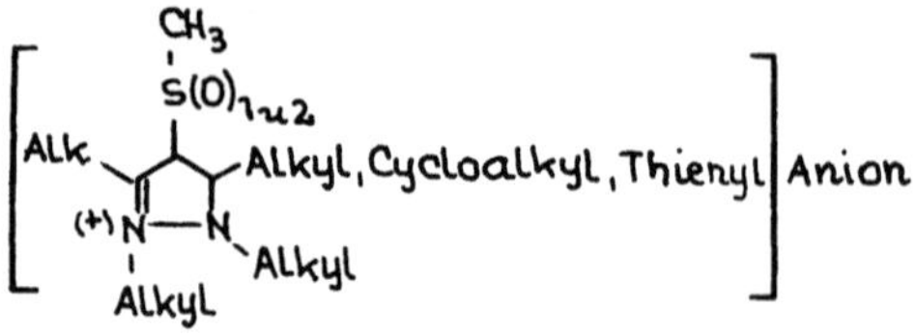


USP 3 930 011 3. 2.75/30.12.75 Am. Cyanamid

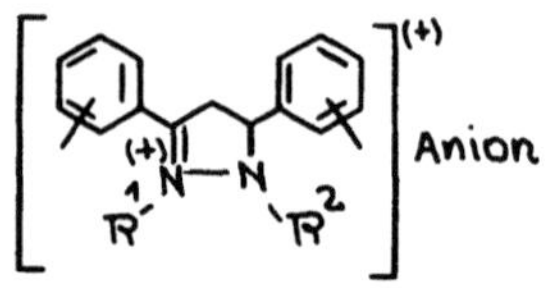


$R^1$ u. $R^2$ = Alkyl, Allyl, Alkinyl, Phenyl, Benzyl

Fungizid!

NEP 75 07819 1. 7.74/ 5. 1.76 Am. Cyanamid

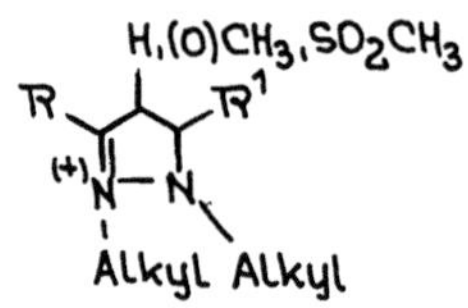


R u. $R^1$ = Cycloalkyl, Thienyl, $Ar(CH_2)_n$

Fungizide u. Herbizide.

USP 3 933 843 11. 8.71/20. 1.76 Pfizer Inc.

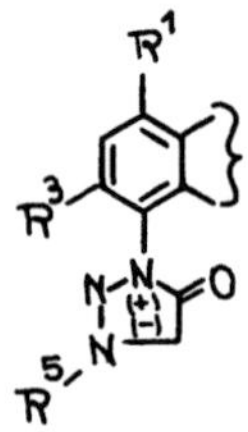

$R^1$ = Halog; $R^3$ u. $R^4$ = H, Halog.
$R^5$ = 2-5 C-Alkyl oder Cycloalkyl

z.B. auch

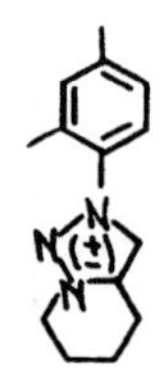

oder

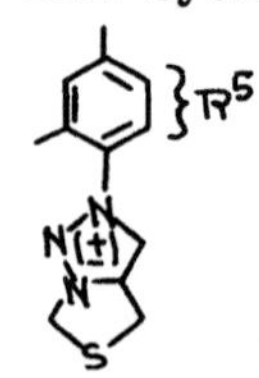

Belg. P. 831 272 12. 7.74/12. 1.76 Am. Cyanamid

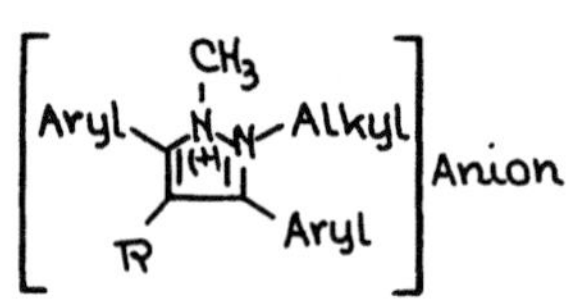


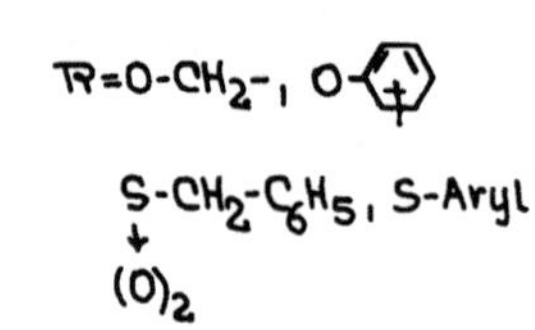


DOS 2 528 604 26. 6.75/22. 1.76 Am. Cyanamid

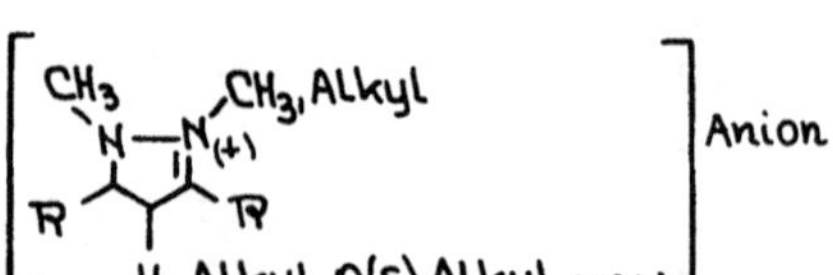


Fungizid u. Herbizid.

R = $C_3$-$C_7$ Cycloalkyl,

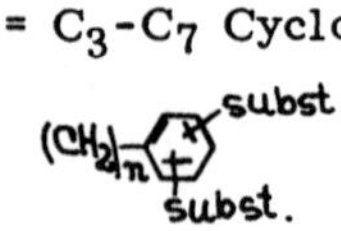

USP 3 963 742 12. 7.74/15. 6.76 Am. Cyanamid

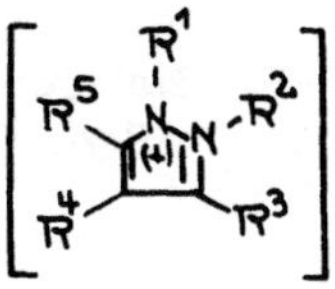 Anion

$R^1$ = 1-5 C-Alkyl, Allyl, Benzyl
$R^2$ = 1-5 C-Alkyl
$R^3$ = subst. Phenyl, Naphthyl
$R^4$ = O(S)Alkyl, $SO_2$Alkyl, O-Alkenyl usw.
$R^5$ = subst. Phenyl

## 5.14 Heterocyclische Verbindungen

### 5.14.1 3- und 4-Ring-Verbindungen

DOS 1 618 430 1. 6.67/ 1. 4.71 Bayer

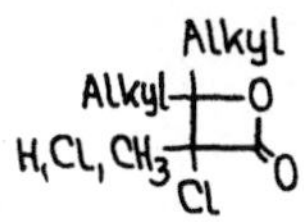

DOS 2 027 345 4. 6.70/16.12.71 BASF

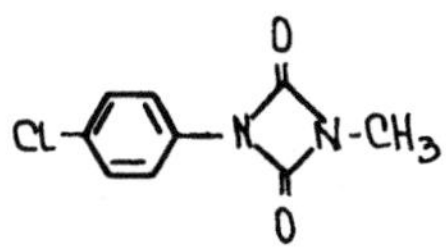

USP 3 846 448 21.12.70/ 5.11.74 Rohm and Haas

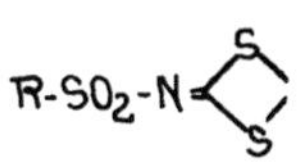 R = Alkyl, Benzyl, Aryl 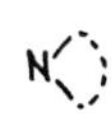

Belg. P. 828 587 3. 5.74/30.10.75 Dow Chem.

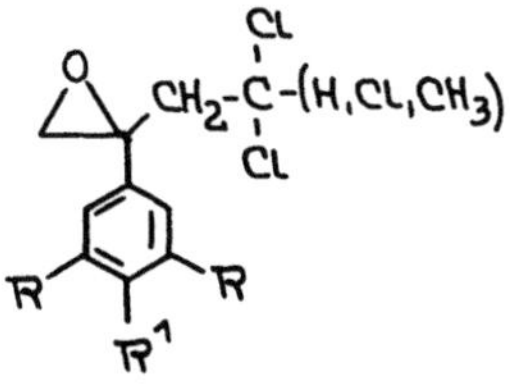

Gegen Setaria viridig in Mais, Baumwolle, Soja, Sorghum

R = H, Cl, $CH_3$, F, $CF_3$, $NO_2$, OAlkyl usw.
$R^1$ = H, Cl, Br, F, $C_1$-$C_3$-Alkyl, OAlkyl, $NO_2$, $CF_3$

Belg. P. 828 596 2.10.72/30.10.75 Dow Chem.

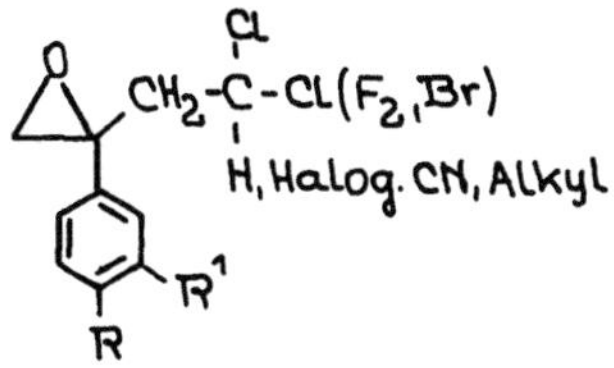

R u. $R^1$ = CN, $NO_2$, $C_1$-$C_4$(O)Alkyl, $CF_3$, O-$CH_2$-$C_6H_5$

DOS 2 519 073 29. 4.75/20.11.75 Dow Chem. Co.
US Prior. 3.5.74

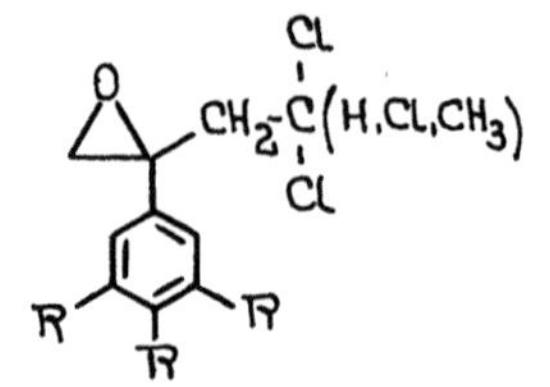

R = Halogen, $CF_3NO_2$
Alkyl, O-Alkyl

pre-emergence Wirkung

siehe auch Belg. P. 828 587 3.5.74/30.10.75 Dow Chem. Co.
Belg. P.. 828 596 2.10.72/30.10.75 Dow Chem. Co.
inhaltlich weitgehend mit DOS 2 519 073 identisch.

5.14.2 5-Ring-Verbindungen

a) 5-Ringe mit 1 x O

DOS 1 926 139 12. 5.68/ 4.12.69 Fisons

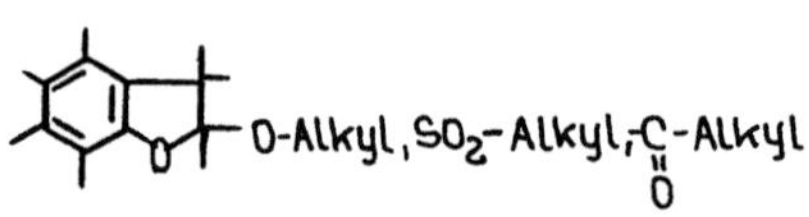

DOS 2 157 048 17.11.71/25. 5.72 Chemagro
=Belg. P. 775 552 US Prior. 20.11.70

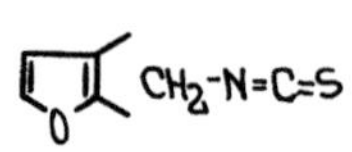

DOS 2 204 520 1. 2.72/ 2. 8.73 Merk

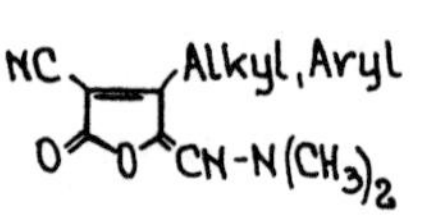

DOS 2 324 592 16. 5.73/ 5.12.74 BASF
=Belg. P. 815 044 ähnlich Belg. P. 823 879 18.1.74/27.6.7

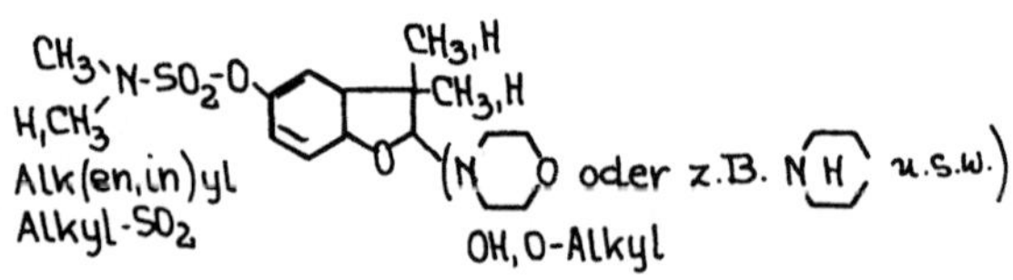

DOS 2 402 370 18. 1.74/31. 7.75 BASF

ähnlich wie zuvor

DOS 2 510 476 11. 3.75/18. 9.75 Fisons

GB Prior. 14.3.74

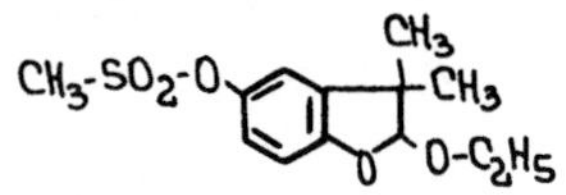


Neues Darst.-Verfahren

USP 3 875 187 27. 1.69/ 1. 4.75 Dow Chem.

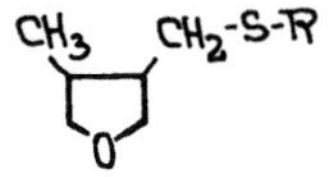


R = H, Alkyl, Ally, Phenyl, auch $(CH_2)_n$-CO Alkyl (mit =O an C)

Allgemein als Pflanzenschutzmittel

Belg. P. 813 617 17. 4.73/11.10.74 Fisons
=DOS 2 418 293

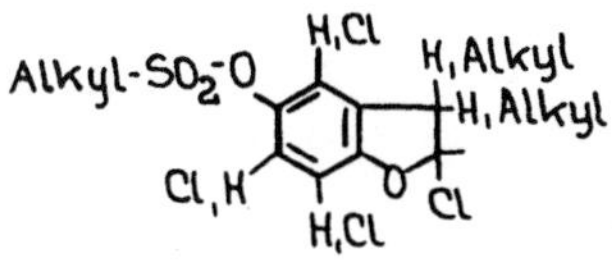


DOS 2 517 179 18. 4.75/20.11.75 A.W.Johnson et al.

GB Prior. 18.4.74

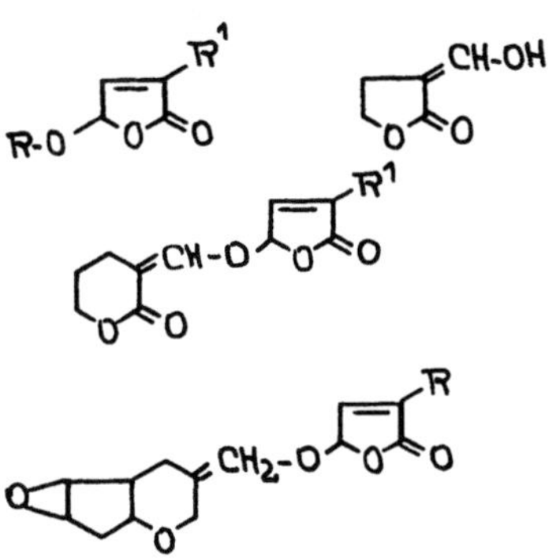


R = H, $C_1$-$C_8$-Alkyl
$R^1$ = H, nied. Alkyl

Unkrautkontrolle von parasitären Unkräutern in Sorghum. Fördert die Keimung der Unkräuter auch bei Abwesenheit von keimendem Sorghum, wodurch die Unkräuter absterben.
Siehe auch Cook et al. J. Amer. Chem. Soc. 94, 6198 (1972).

Belg.P. 829 379 31. 5.74/24.11.75 Fisons

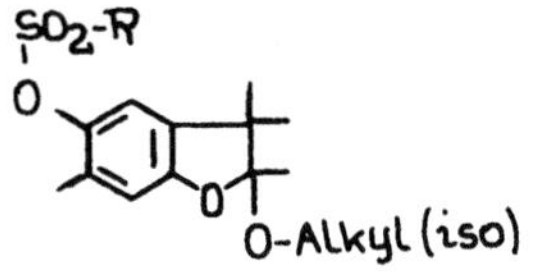


R = Alkyl, Aryl

Gegen Flughafer.

DOS 2 523 742 28. 5.75/18.12.75 Fisons

GB Prior. 31.5.74

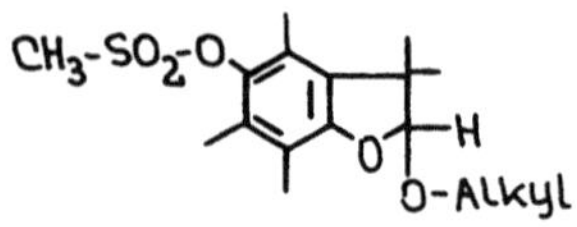

Siehe ähnliche Verbindungen in GBP 1 271 659

DOS 2 537 891 26. 8.75/18. 3.76 Fisons

GB Prior. 5.9.74

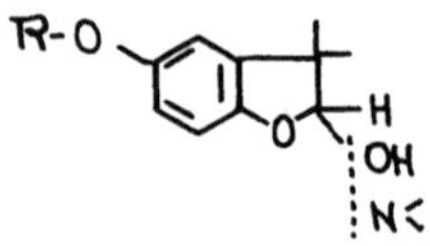

R = H, Alkyl$-SO_2$

DOS 2 537 913 26. 8.75/18. 3.76 Fisons

GB Prior. 5.9.74

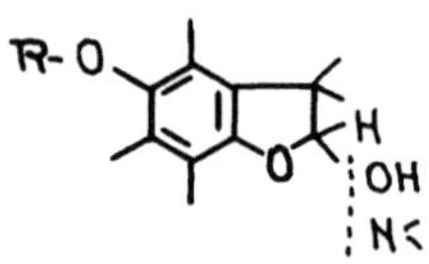

R = H, Alkyl-$SO_2$

Jap.P. 51 070814 12.12.74/18. 6.76 Mitsubishi Petroch.

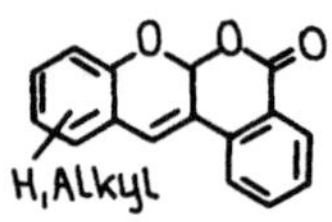

Selektiv in Reis

b) <u>5-Ring-Verbindungen mit 1 x N</u>

Verbindungen wie siehe bei Dicarbonsäuren

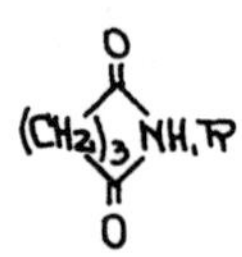

O. Yamada et al. Agr. Biol. Chem. <u>36</u> (11) 2013 (1972)

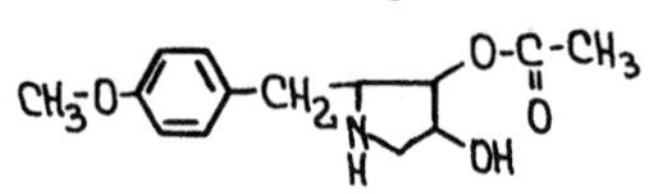

Antibiotikum, Stoffwechselprodukt von Streptomyces Species No. 638. Hemmt Wurzelwachstum bei Reis, Hirse und Luzerne selektiv.

ZAP 7 207 642 4.11.71/25. 5.73 Sterling Drug

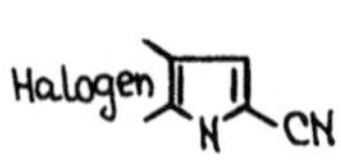

Belg. P. 750 467 17. 5.69/16.11.70 BASF

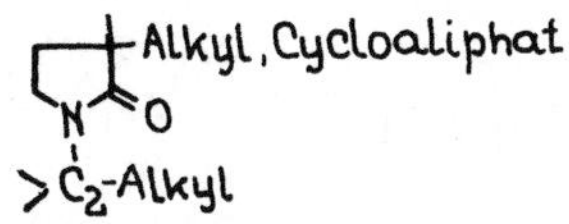


DOS 1 620 162 6. 8.65/12. 3.70 Rohm and Haas
US Prior. 18.3.65

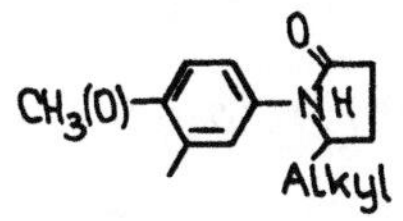


USP 3 671 214 2. 1.70/20. 6.72 Monsanto

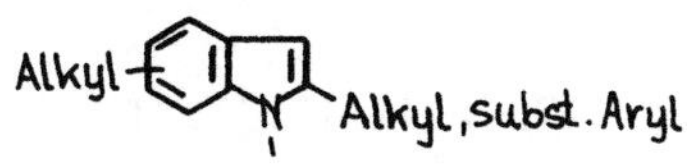


DOS 2 137 266 26. 7.71/ 8. 2.73 Bayer

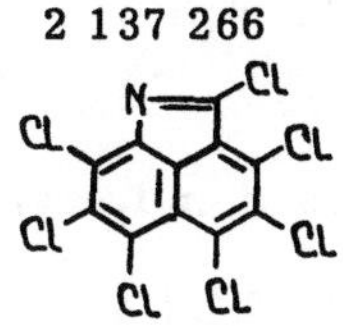


USP 3 796 561 3. 9.70/12. 3.74 Chevron Res.

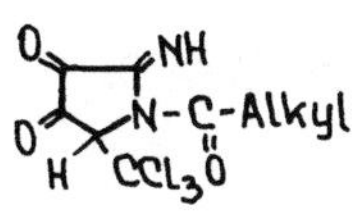


DOS 2 431 560 1. 7.74/16. 1.75 ICI
=Belg. P. 816 726

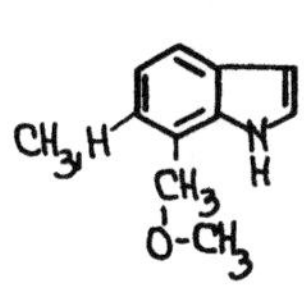


Wuchsstoff und Herbizid.
Erhöht Zuckergehalt in
Zuckerrohr

DOS 2 553 619 28.11.75/12. 8.76 ICI
GB Prior. 28. und
29.11.74

Siehe auch USP 3 671 214

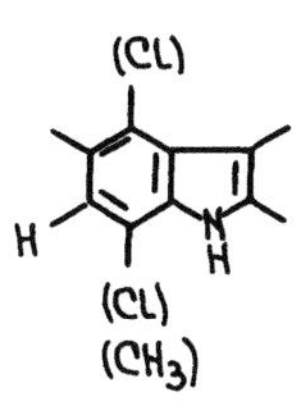

c) <u>5-Ring-Verbindungen mit 1 x S</u>

DOS 2 503 216 29. 1.74/31. 7.75 Nippon Kayaku
Jap. Prior. 29.1.74

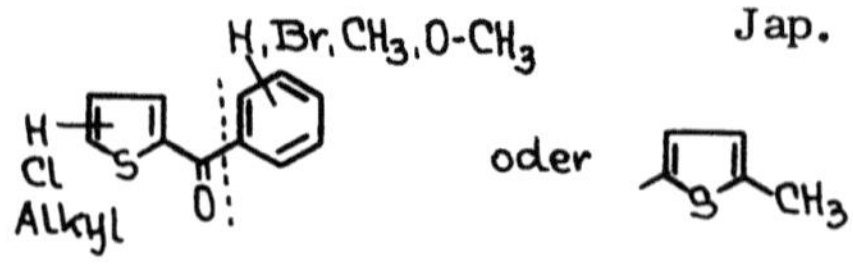


DOS 2 501 788 17. 1.75/31. 7.75 Amer. Cyanamid

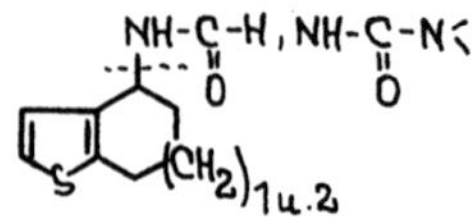


Tierfutter und Herbizid

Belg. P. 767 244 17. 5.71/17.11.71 Esso Res.

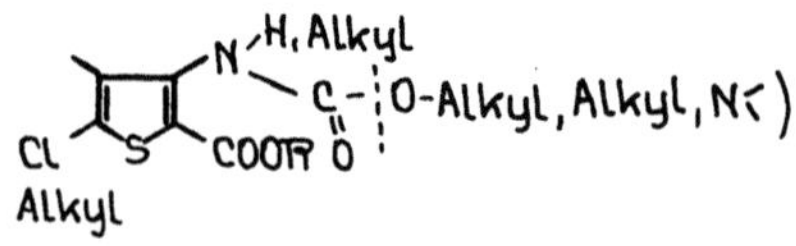


Viele Verbindungsklassen umfassendes Patent

USP 3 563 725 30.10.67/16. 2.71 Uniroyal

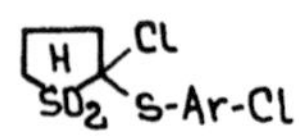


USP 3 792 060 30.10.67/12. 2.74

Inhalt wie zuvor

d) <u>5-Ring-Verbindungen 1 x N + 1 x O z.Tl. 1 x N + 1 x S</u>

d1) 1 x N + 1 x O

USP 3 685 981 7.11.69/22. 8.72 Gulf Res.

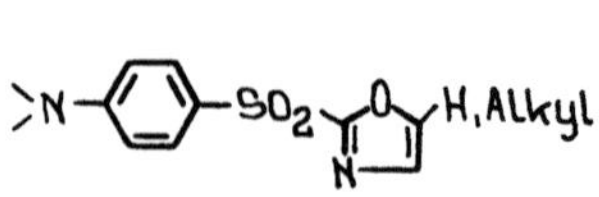


USP 3 690 862 3. 7.69/12. 9.72 Du Pont

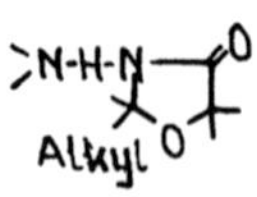

USP 3 709 897 29. 5.69/ 9. 1.73 Rohm and Haas

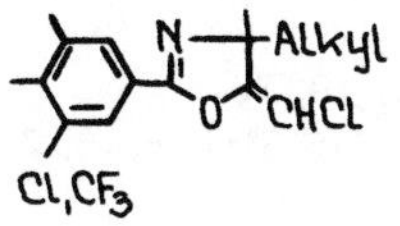


USP 3 745 168 3.12.71/10. 7.73 Rohm and Haas

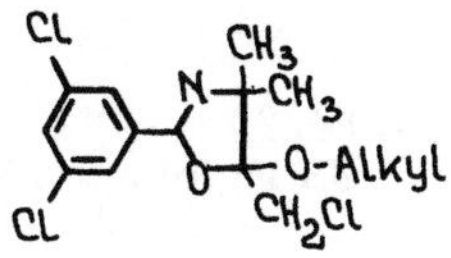


USP 3 819 356 23. 1.70/25. 6.74 Abbot Lab.

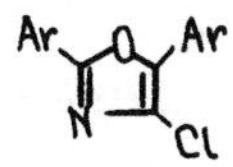


DOS 2 350 800 13.10.72/25. 4.74 Stauffer

US Prior. 13.10.72, 20.5.73

Schutzsubstanzen für Herbizide
siehe auch DOS 2 350 547

R = Alkyl, $CH_2Cl$, $CHCl_2$

DOS 2 231 909 29. 6.72/18. 1.73 Shell Int.

GB Prior. 1.7.71

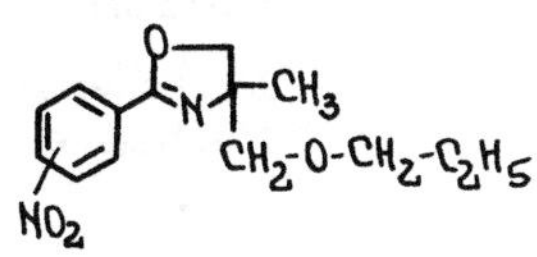


USP 3 877 921 28. 6.71/15. 9.75 Scott OM und Sons

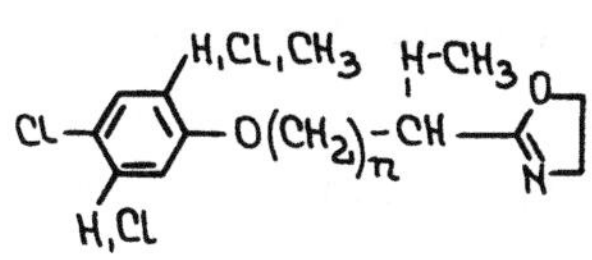


DOS 2 558 083 20.12.74/24. 6.76 SMC Corp.

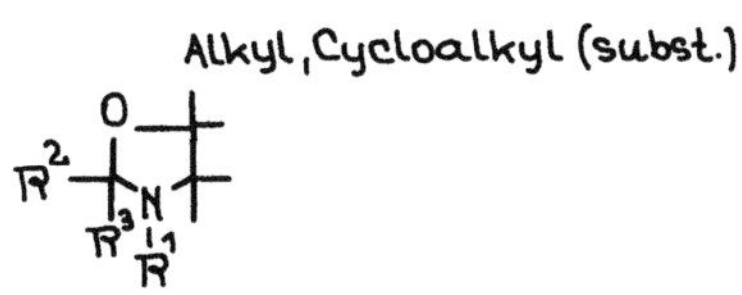


Gegen Gräser.

$R^1$ = $ClCH_2$-C(=O) usw.

$R^2$ u. $R^3$ = $CH_3$

z.B.

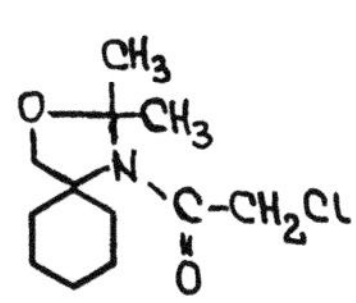

d2) 1 x N + 1 x S Thiazole usw.

DOS 2 005 550 6. 2.70/24. 9.70 Pennsalt Corp.
US Prior. 6.2.69

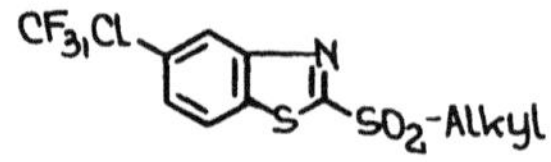

DOS 2 123 312 11. 5.71/ 9.12.71 Esso Res.
US Prior. 25.5.70

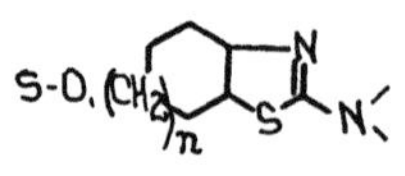

mit Heterocyclen substituiert

DOS 2 130 980 22. 6.71/ 5. 1.72 Agripat
Schwz. Prior. 23.6.70

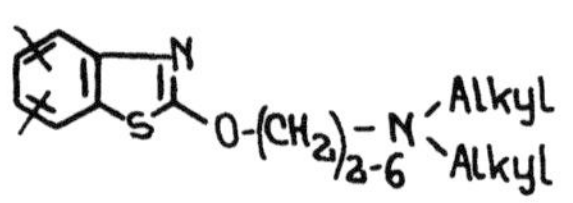

und quartär. Ammoniumsalze. Erhöht den Zuckergehalt im Zuckerrohr. In hoher Konzentration herbizid.

DOS 2 130 981 22. 6.71/ 5. 1.72 Agripat
=Belg. P. 768 837 Schwz. Prior. 23.6.70

Inhalt ähnlich wie zuvor.

DOS 2 331 795 22. 6.73/16. 1.75 Bayer

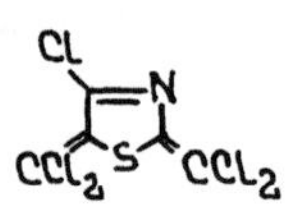

Thiazoline

Zwischenprodukte, auch Herbizide

DOS 2 344 134 1. 9.73/13. 3.75 Bayer

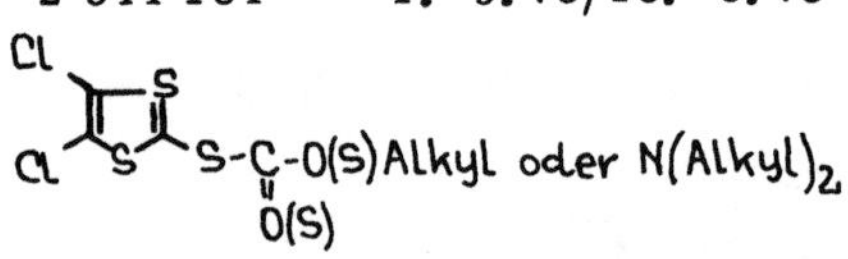

DOS 2 421 195 4. 5.73/14.11.74 Stauffer

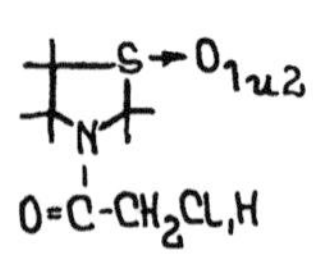

auch bei Acyl-Heterocyclen angeführt

## Isothiazole

DOS 1 695 433 19. 6.67/15. 4.71 Merk

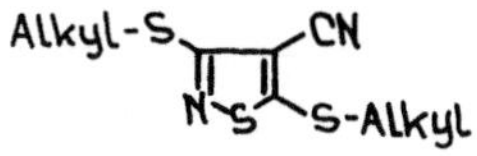


Östr. P. 279 962 3. 3.67/15. 7.69 Merk

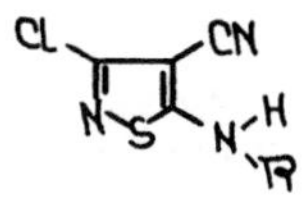

DOS 1 915 387 26. 3.69/ 1.10.70 BASF

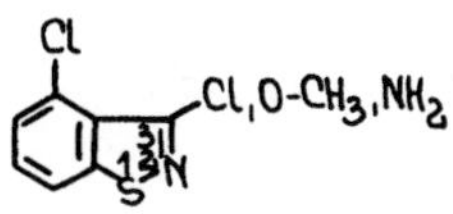


DOS 2 029 387 15. 6.70/ 7. 1.72 Montecatini Edison

Inhalt wie zuvor

Belg. P. 747 911 26. 3.69/25. 9. BASF

wie zuvor Substituenten: H, CN, $NO_2$ SCN in 3-Stellung

DOS 2 050 904 16.10.70/20. 4.72 Merk

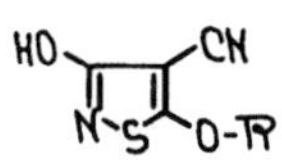

e) 2 x O (siehe auch unter cyclische Acetale bei Diolen und Triolen)

USP 3 427 147 18. 8.66/11. 2.69 Olin Mathieson

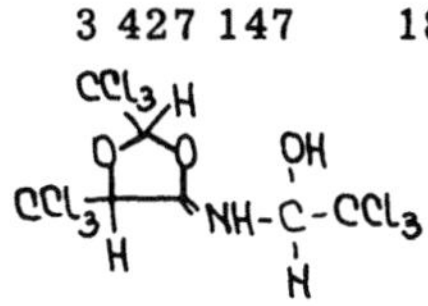

USP 3 555 045 22. 3.68/12. 1.71 Standard Oil

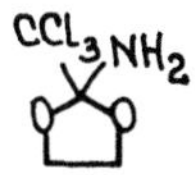

Im Text siehe auch bei Acetalen.

f) **5-Ringe 1 x N + 2 x S**

USP 3 808 222 12.10.70/30. 4.74 Gulf Res.

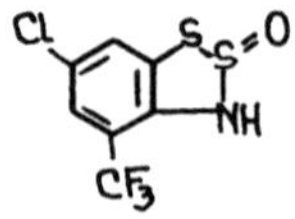

g) **5-Ringverbindungen mit 2 N**

Pyrazole, Indazole, Pyrazolone, Imidazole, Benzimidazole, Imidazolone, Imidazoldione, Imidazolidinone, Imidazolidin-dione.

g 1) **Pyrazole, Pyrazolone und hydrierte Verbindungen**

DOS 2 106 845 15. 2.71/31. 8.72 Bayer

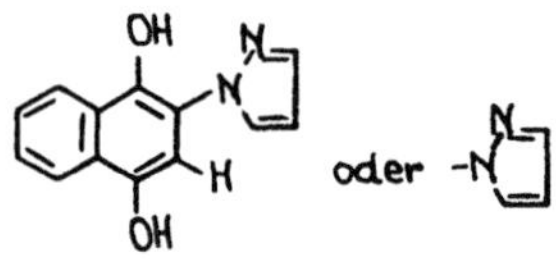

DOS 2 106 846 13. 2.71/ 7. 9.72 Bayer

Herbizid und Fungizid

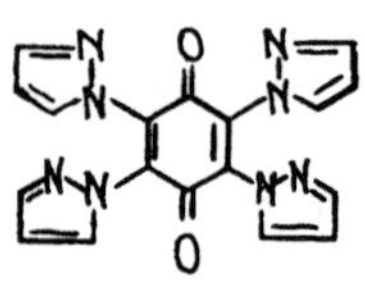

DOS 2 107 715 19. 2.70/26. 8.71 Upjohn
US Prior. 19.2.70

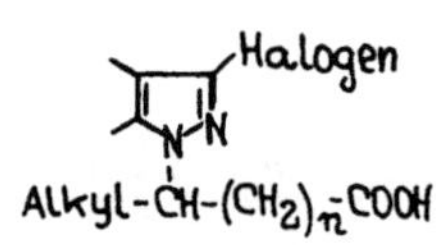

DOS 2 261 431 15.12.72/27. 6.74 Nordd. Affinerie

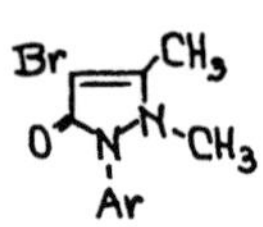

siehe auch DBP 1 112 855

DOS 2 220 250 25. 4.72/ 7.12.72 Tenneco Chem.
=USP 3 729 480 25.10.66/24.4.73 Tenneco Chem.

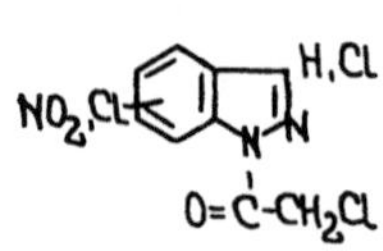

Auch bei Acyl-heterocyclen angeführt

USP 3 729 482 25.10.66/24. 4.73 Tenneco Chem.

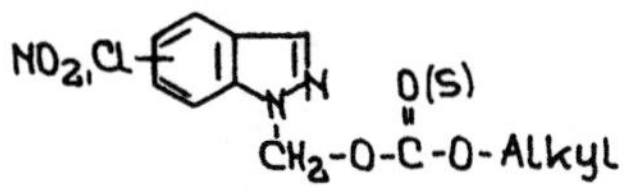


DOS 2 161 180 9.12.71/ 6. 7.72 Du Pont
=NLP 7 116 927 Du Pont
US Prior. 10.12.70

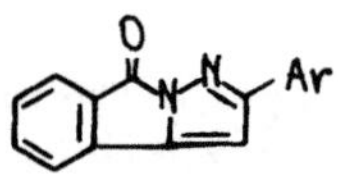


DOS 2 409 753 1. 3.74/11. 9.75 BASF

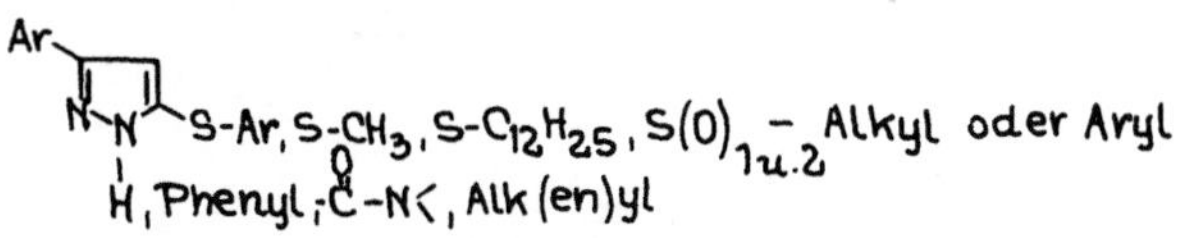


Belg. P. 816 530 18. 6.73/18.12.74 Am. Cyanamid

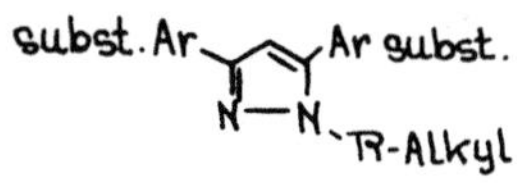


DOS 2 513 750 27. 3.75/ 9.10.75 Sankyo
Jap. Prior. 28.3.74

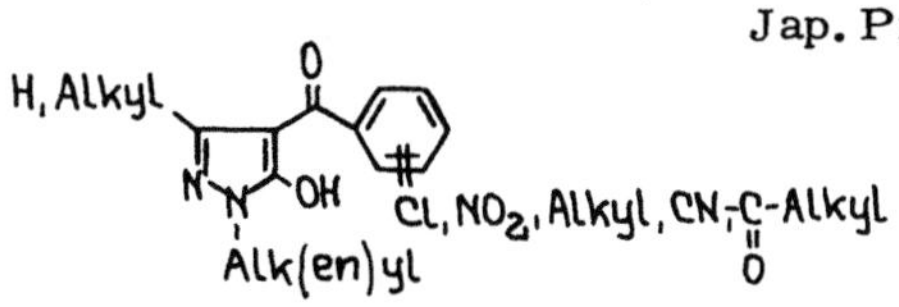


DOS 2 513 801 27. 3.75/ 2.10.75 Produits Chim. Ugine Kuhlmann
Fr. Prior. 29.3.74

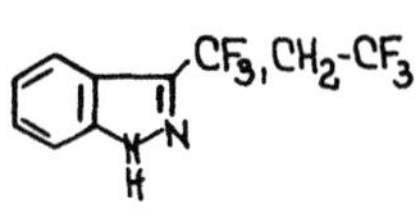


USP 3 883 550 20. 5.74/13. 5.75 Du Pont

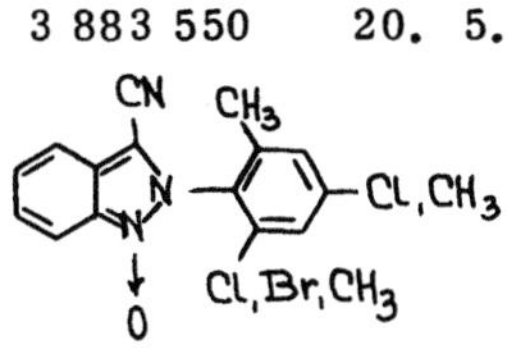

| | | | |
|---|---|---|---|
| USP | 3 884 934 | 4. 3.70/20. 5.75 | Upjohn Co. |

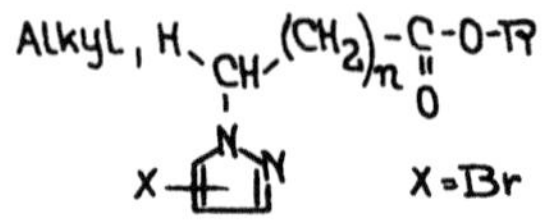


| | | | |
|---|---|---|---|
| DOS | 2 551 983 | 19.11.75/26. 5.76 | Am. Cyanamid |
| =USP | 3 948 936 | 28.11.74/ 6. 4.76 | Am. Cyanamid |

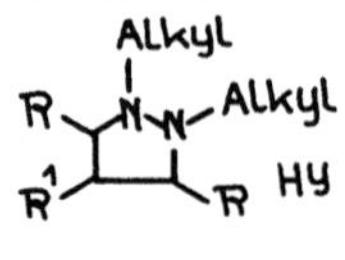


R = $C_3$-$C_7$-Cycloalkyl, Benzyl, Alkyl($C_2$-$C_{12}$), Phenyl
$R^1$ = H, $CH_3$, OAlkyl, Benzyl
HY = Säure

| | | | |
|---|---|---|---|
| USP | 3 952 010 | 12. 2.75/20. 4.76 | Am. Cyanamid |

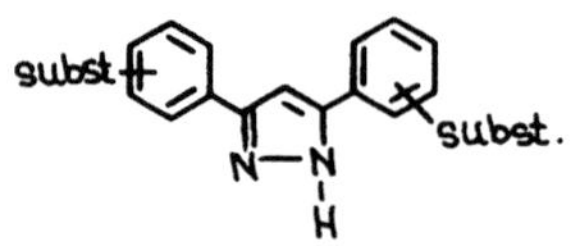


g 2) Imidazole

| | | | |
|---|---|---|---|
| DOS | 1 567 084 | 1. 7.63/15.10.70 | Shell |
| | =NLP 6 407 401 | | Shell |

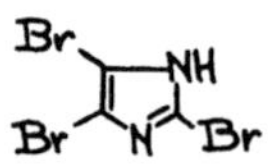


| | | | |
|---|---|---|---|
| USP | 3 501 286 | 29. 6.64/17. 3.70 | Shell |

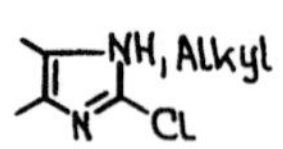


mindestens 1 x Halogen sonst Alkyl oder CN

siehe auch:

| | | | |
|---|---|---|---|
| USP | 3 499 001 | 21. 7.67/ 3. 3.70 | Am. Cyanamid |
| USP | 3 574 593 | 21. 7.67/13. 4.71 | Am. Cyanamid |

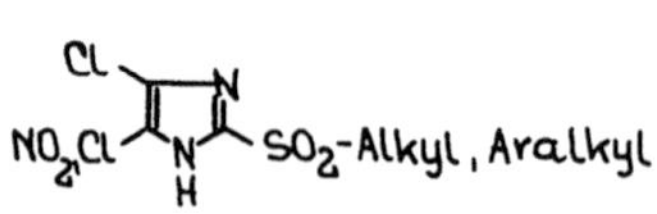


| | | | |
|---|---|---|---|
| DOS | 1 567 125 | 8. 2.66/23. 4.70 | Shell Int. |

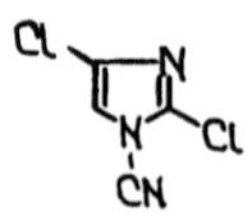

DOS 1 770 269 25. 4.68/27. 4.72 Agripat
Schwz. Prior. 26.4.67

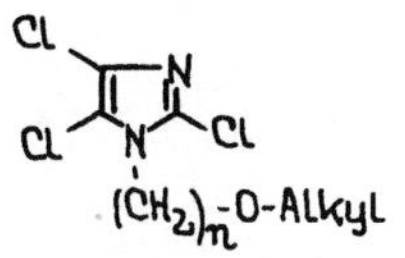

Belg. P. 750 797 22. 5.69/23.11.70 Bayer

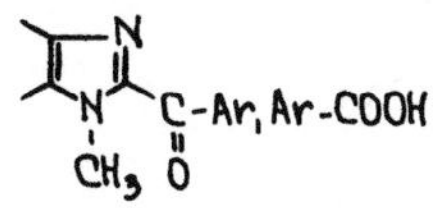

DOS 2 129 203 11. 6.71/ 4. 1.73 Bayer

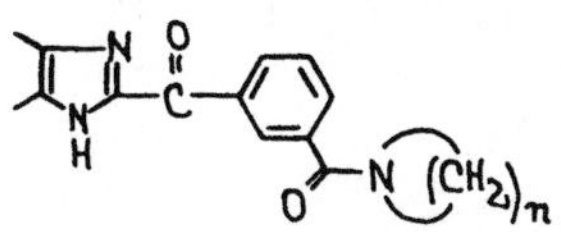

DOS 2 145 456 10. 9.71/15. 3.73 Bayer

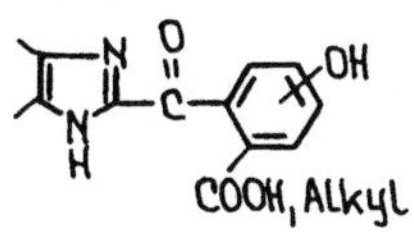

DOS 2 005 325 6. 2.70/28.10.71 BASF

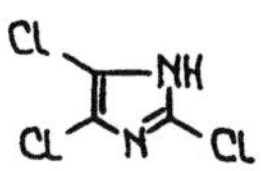

USP 3 904 395 5. 2.73/ 9. 9.75 Monsanto

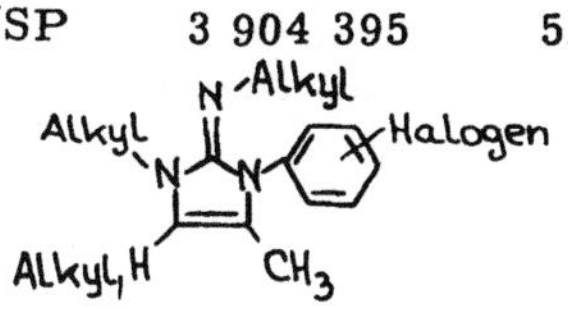

vorwiegend Wuchsregulator
für Dicotyledone

DAS 1 567 125 8. 2.66/ 4. 3.76 Shell BV

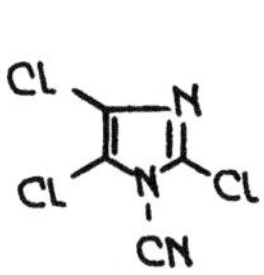

DOS 2 441 820 31. 8.74/11. 3.76 Bayer

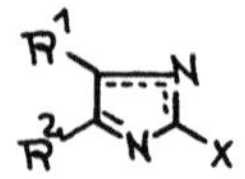

X = Cl, Alkyl
$R^1$ u. $R^2$ = Cl, Alkyl, Phenyl

Zwischenprodukte für Herbizide

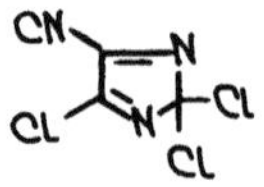

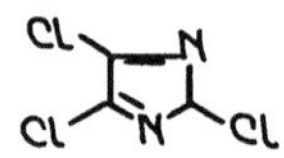

Als Herbizide bekannt

Siehe Belg. P. 762 408 und 693 680

DOS 2 443 421 11. 9.74/ 1. 4.76 Monsanto

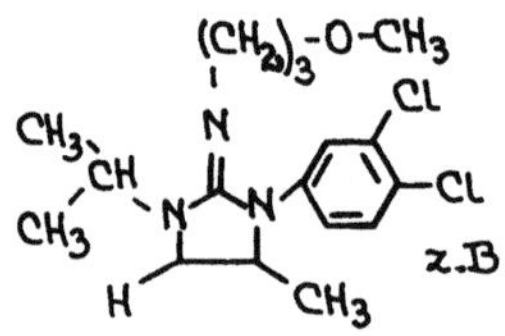

z.B.

g 3) Benzimidazole (nach DOS-Nummern geordnet)

DOS 1 542 868 15. 2.64/ 7. 1.71 Fisons Pest. Contr.
=USP 3 795 680 16.2.63/5.3.74
GB Prior. 16.2.63

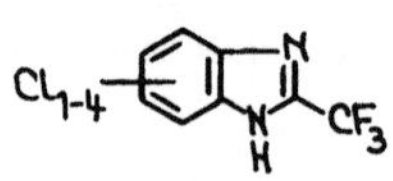

DOS 1 545 816 25. 5.65/27.11.69 Fisons Pest. Contr.

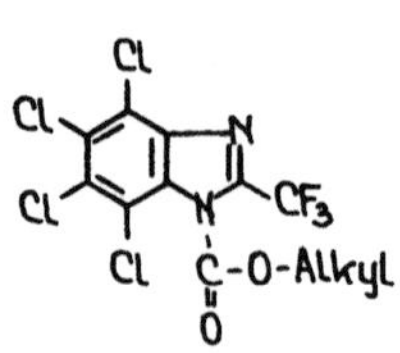

DOS 1 567 107 22. 4.65/ 4. 6.70 Shell Int.

Zusatz P. zu 1 219 282

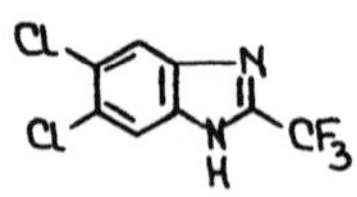

DOS 1 567 111 6. 8.65/16. 4.70 Shell Int.

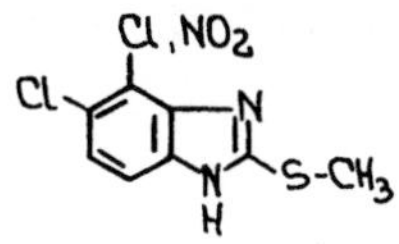

DOS 1 567 119 23. 2.65/23. 7.70 Shell

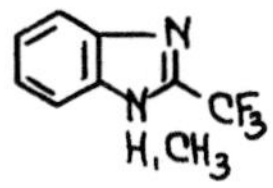

DOS 1 567 121 24.11.65/30. 7.70 Shell

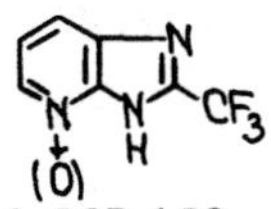 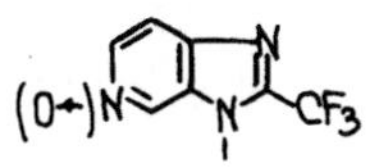

DOS 1 567 132 13. 4.66/23. 7.70 Shell

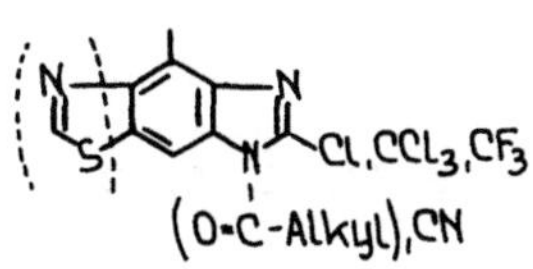

Ar beliebig substituiert

GBP 1 294 562 20. 1.70/ 1.11.72 Shell

wie zuvor nur 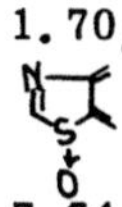

DOS 1 567 204 16. 7.64/ 6. 5.70 US Borax
US Prior. 17.7.63/22.1.64; 11.2.64/8.5.64

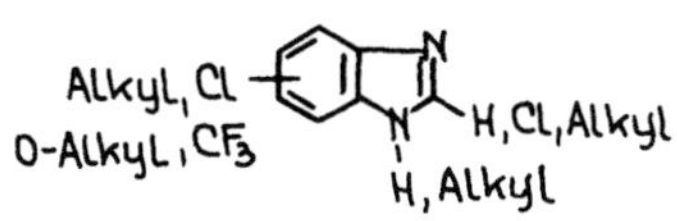

DOS 1 642 334 20. 4.67/22. 4.71 Shell
US Prior. 22.4.66

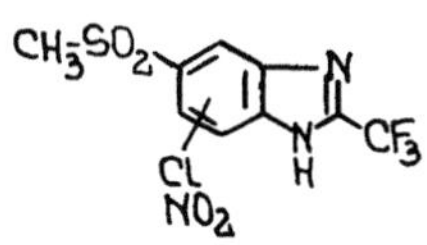

DOS 1 670 623 25. 1.67/ 8. 4.71 Eli Lilly
US Prior. 26.1.66

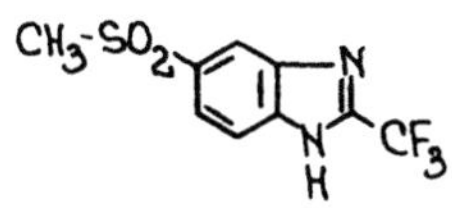

| | | | |
|---|---|---|---|
| DOS | 1 670 689 | 14. 4.66/29.10.70<br>GB. Prior. 15.4.65/11.3.70; 29.10.70 | Fisons Pest Contr. |

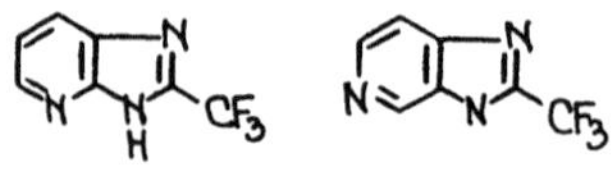

| | | | |
|---|---|---|---|
| DOS | 1 670 716 | 8. 7.66/ 3.12.70<br>GB Prior. 13.8.65 | Fisons Pest. Contr. |

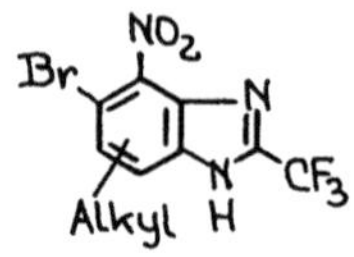

| | | | |
|---|---|---|---|
| DOS | 1 670 717 | 11. 7.66/ 3.12.70<br>GB Prior. 13.8.65 usw. | Fisons Pest. Contr. |

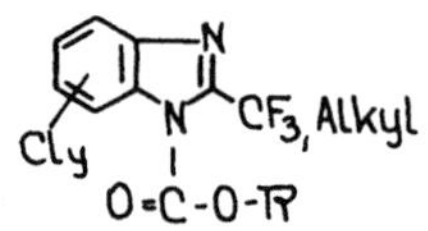

| | | | |
|---|---|---|---|
| DOS | 1 770 465 | 21. 5.68/14.10.72<br>GB Prior. 23.5.67 | Fisons Pest. Contr. |

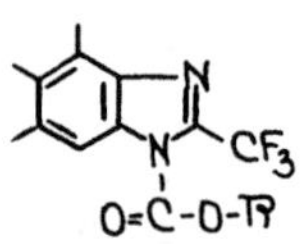

| | | | |
|---|---|---|---|
| DOS | 2 405 070 | 20. 2.73/22. 8.74 | US Borax |

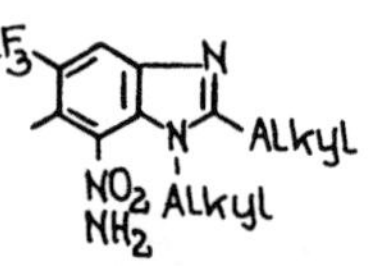

| | | | |
|---|---|---|---|
| ZAP | 7 205 726 | 21. 8.72/27. 3.73 | Ciba-Geigy |

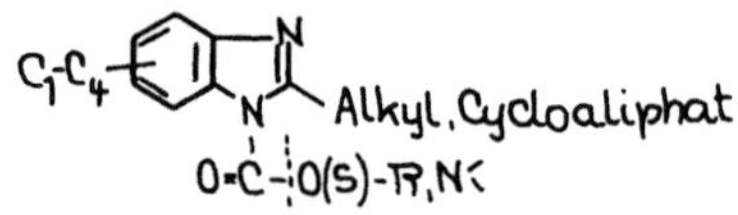

| | | | |
|---|---|---|---|
| DOS | 2 326 624 | 25. 5.73/12.12.74<br>=Belg. P. 815 565 | Hoechst |

R = H, $CF_2H$, $CCl_2H$

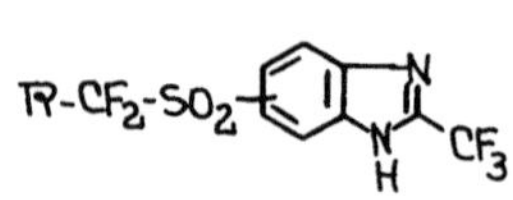

USP 3 822 261 30.10.72/ 2. 7.74 Dow Chem.

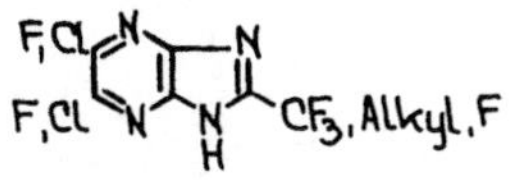


USP 3 890 343 28. 1.72/17. 6.75 Eli Lilly

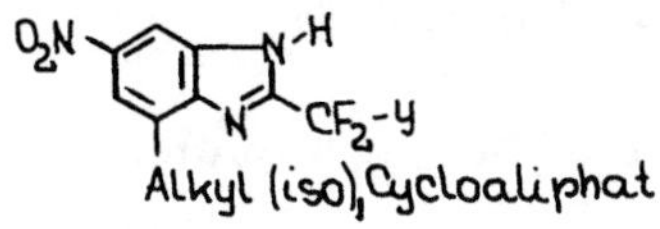


Y = H, Cl, F, $CF_2H$, $CF_3$ usw.

USP 3 897 449 29. 1.69/29. 7.75 Minnesota Mining

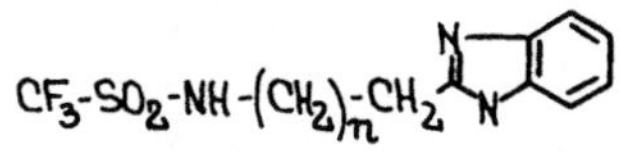


USP 3 901 910 20. 2.73/26. 8.75 US Borax

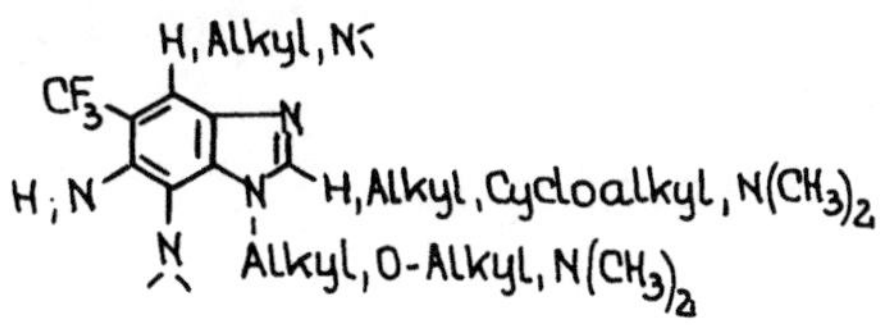


USP 3 920 680 10. 3.72/18.11.75 Golyshin et al.

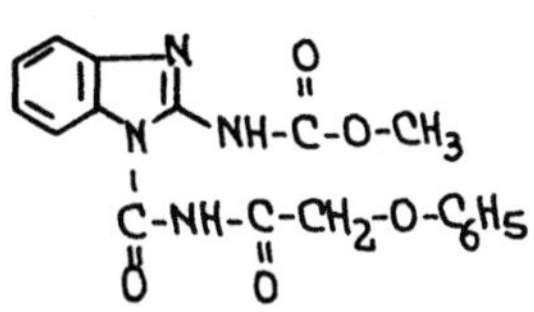


Fungizide und Herbizide

USP 3 939 166 6. 3.72/17. 2.76 Eli Lilly

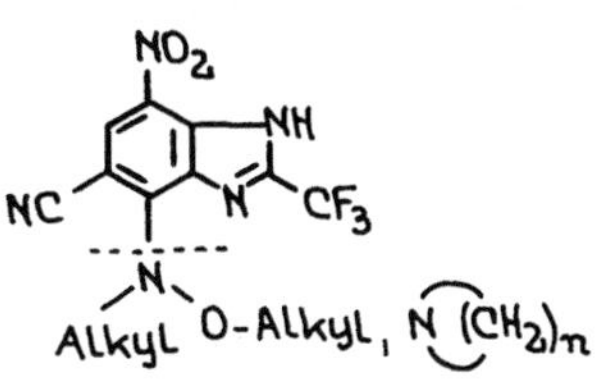


Insekticid und Herbizid

Belg.P. 829 630 29. 5.75/ 1.12.75 Eli Lilly

z.B.

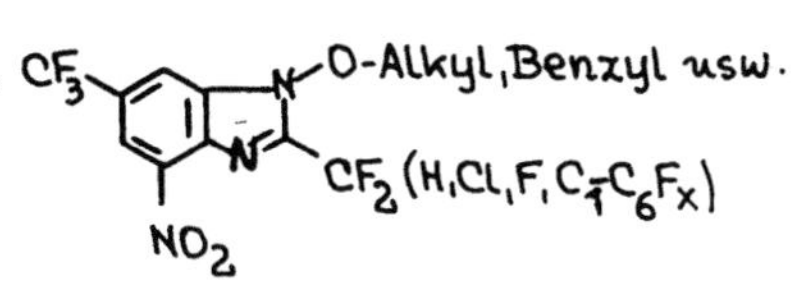


Insektizide und Herbizide.

USP 3 954 438 22. 2.73/ 4. 5.76 US Borax

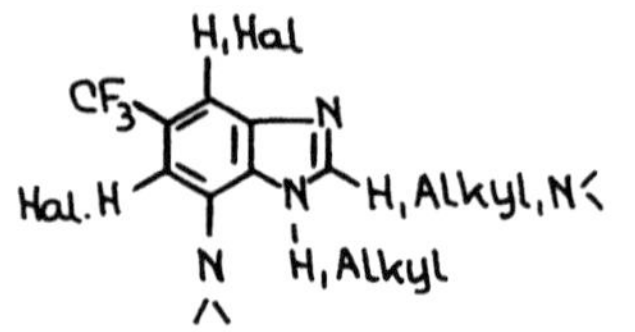


USP 3 961 937 21.12.70/ 8. 6.76 Eli Lilly

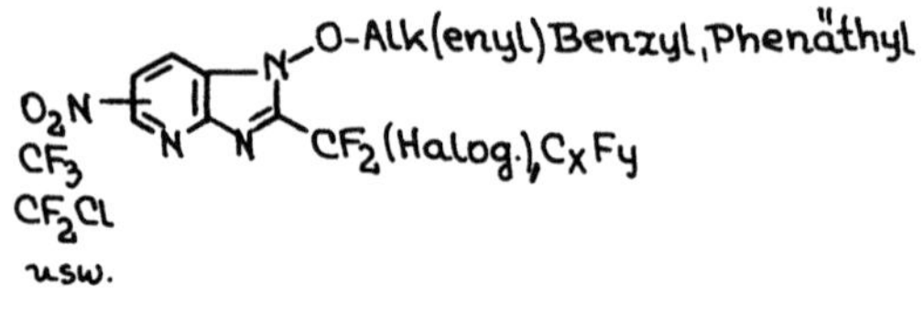


USP 3 963 734 20. 3.70/15. 6.76 Eli Lilly

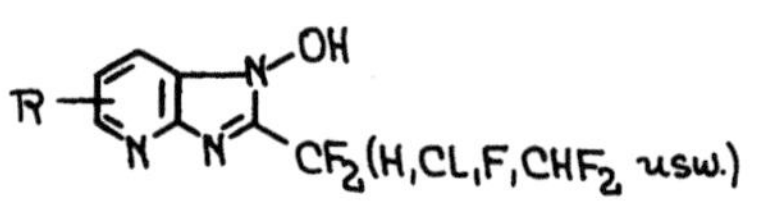


R = Alkyl, $SO_2$-Alkyl

g 4) Imidazolindin-2-one

Zahlreiche Verbindungen bes. des 1, 3, 4-Thiadiazols mit einem Imidazolidinonring als Substituenten sind im Zusammenhang mit den "heterocyclisch-aliphatischen Harnstoffen" angeführt, da sie einmal aus diesen dargestellt, zum andern in der Pflanze oft zu diesen abgebaut werden und eine ihnen entsprechende Wirksamkeit aufweisen. Siehe bei "heterocyclisch-aliphatischen Harnstoffen" dort: überbrückte Harnstoffe.

DOS 1 795 117 13. 8.68/30.12.71 Bayer

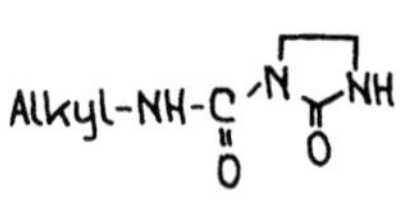


USP 3 746 704 19. 5.71/17. 7.73 Shell

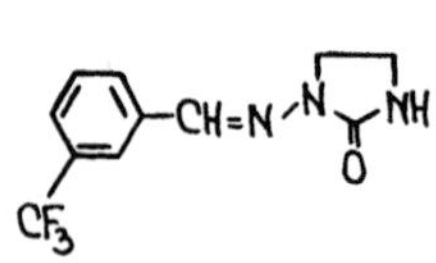

DOS 2 230 076 20. 6.72/28.12.72 Ciba-Geigy
Schwz. Prior. 23.6.72

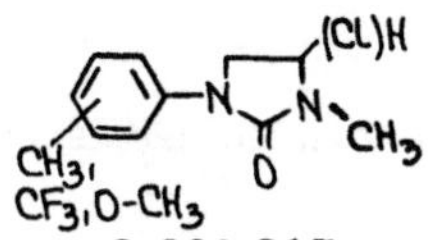

DOS 2 339 217 2. 8.73/14. 2.74 Roussel-Uclaf

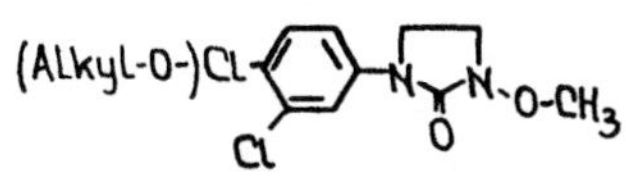

Fr.P. 2 241 248 4. 8.72/25. 4.75 Roussel-Uclaf

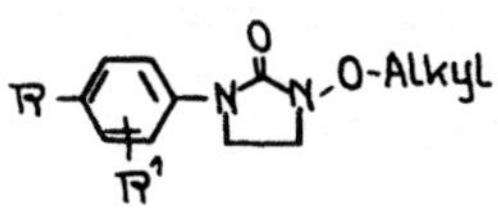

R = Cl, (O)-Alkyl
R' = R

USP 3 892 724 26. 1.73/ 1. 7.75 Shell Oil

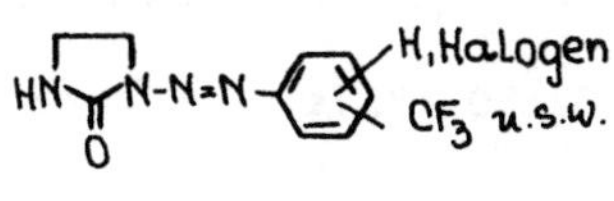

## g 5) Imidazolidin-4,5-dione

DOS 2 018 433 17. 4.70/28.10.71 Rohm and Haas

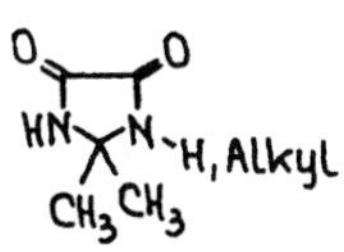

## g 6) Imidazolidin-2,4-dione (Hydantoine)

DOS 1 567 207 20.11.64/16. 4.70 Borax Chem.
US Prior. 26.11.63

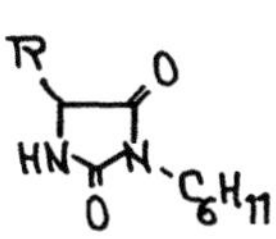

DOS 1 913 631 18. 3.69/24. 9.70 BASF
=Belg.P. 747 477 BASF

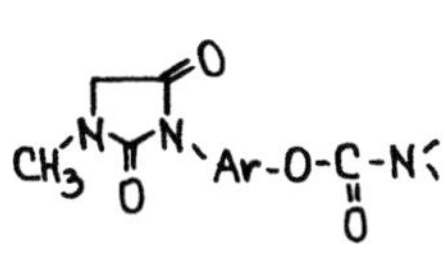

siehe auch DDRP 1 018 261 statt $-O-\underset{\underset{O}{\|}}{C}-N$ dort Cl

DOS 2 053 211 29. 10. 70/19. 9. 71 SU Prior. 3. 11. 69 — Inst. Chimitscheskich

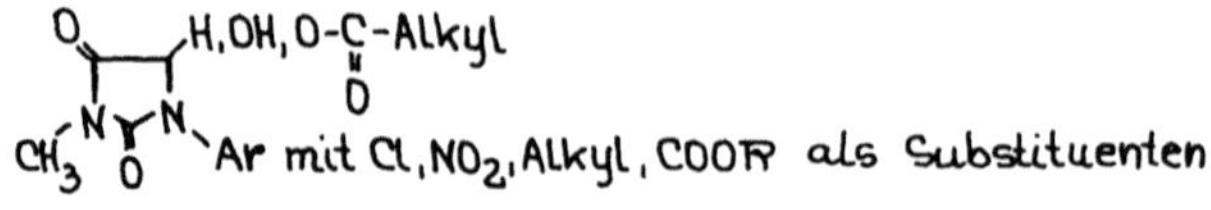


DOS 2 102 605 21. 1. 70/29. 7. 71 — Sumitomo Chem.

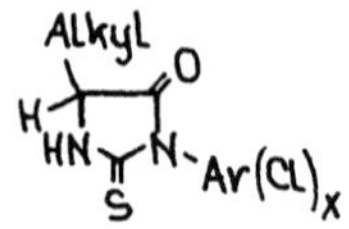


DOS 2 212 558 15. 3. 72/ 5. 10. 72 Schwz. Prior. 16. 3. 71 — Ciba-Geigy

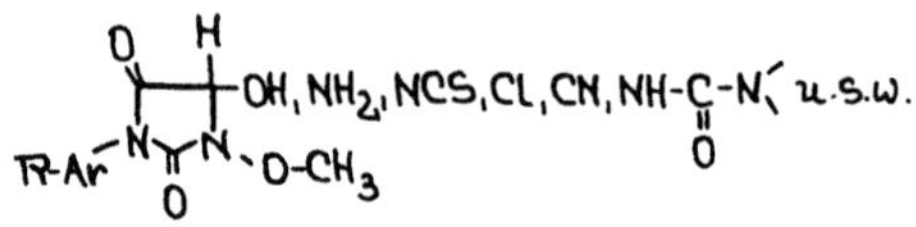


R = Cl, CN, (O)Alkyl, Alkyl-$SO_2$, $CF_3$ usw.

USP 3 820 805 23. 2. 73/20. 8. 74 — Shell Oil

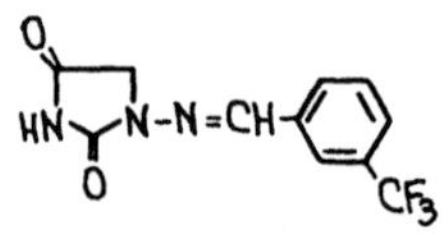

Belg. P. 827 120 26. 3. 74/25. 9. 75 — Bayer

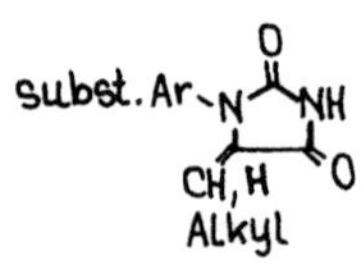


USP 3 925 553 29. 3. 72/ 9. 12. 75 — Chevron Res.

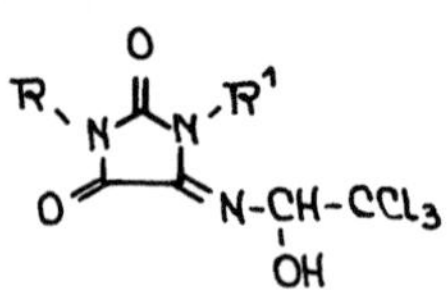

R u. $R^1$ = Alk(en)yl, Aryl

DOS 2 604 989 10. 2. 75/19. 8. 76 — Mitsubishi

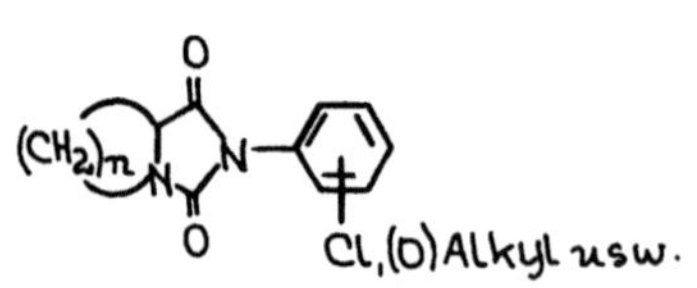

g 7) Imidazolidin-trione

DOS 1 936 157 16. 7.69/24. 9.70 Chevron
=NLP 6 910 884 15.7.69 Chevron
=NLP 7 012 440 22.8.69 Chevron

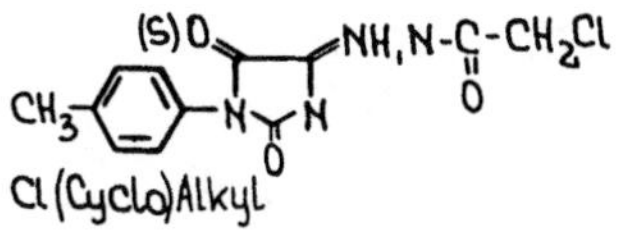


DOS 2 041 151 19. 7.70/ 4. 3.71 Chevron
US Prior. 21.8.69

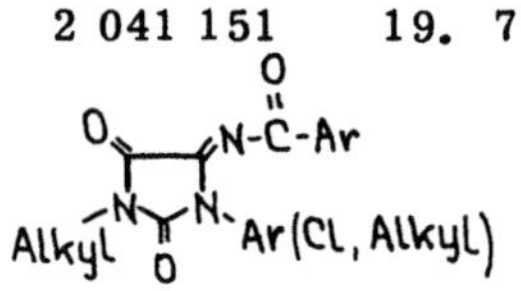


USP 3 843 677 8. 5.72/22.10.74 Chevron

wie zuvor:

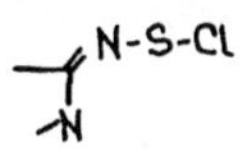


DOS 2 107 146 15. 2.71/24. 2.72 CH Boehringer Ingelh.

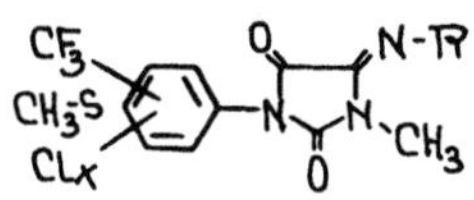


DOS 2 214 448 29. 3.72/12.10.72 Ciba-Geigy
Schwz. Prior. 26.3.71, 6.8.71

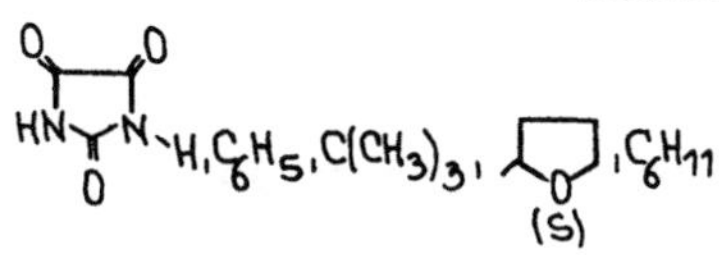


siehe auch NLP 7 204 027 26.3.71/28.9.72

dort N-C-OAlkyl statt NH
O(S)

USP 3 418 334 25.10.63/24.12.68 Monsanto

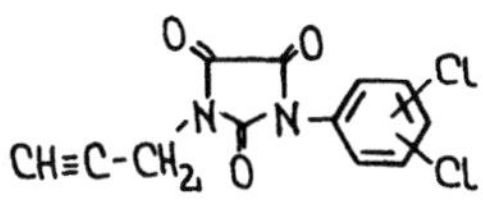


USP 3 461 133 20. 9.65/12. 8.69 Monsanto

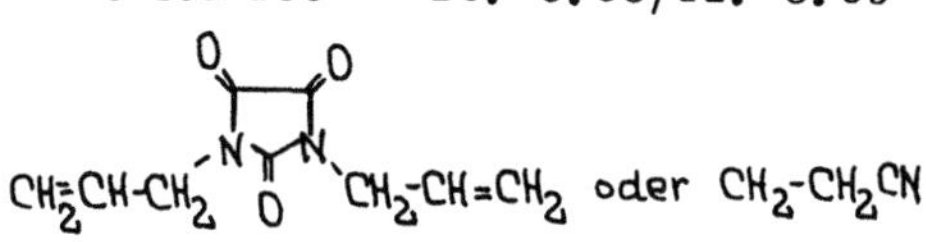

USP 3 462 420 8.12.66/19. 8.69 Monsanto

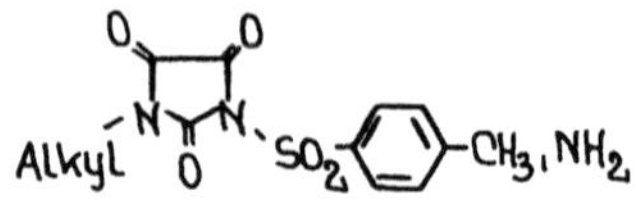


USP 3 766 202 17. 7.68/16.10.73 Chevron Res. Co.
und USP 3 854 925 22. 8.61/17.12.74

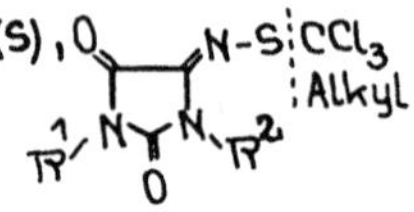


$R^1$ u. $R^2$ = Alkyl, subst. Aryl Cycloaliphat

h) <u>2 N + 1 O</u>

h 1) 1, 3, 4-Oxadiazole

USP 3 718 452 24.10.69/27. 2.73 Gulf Res.

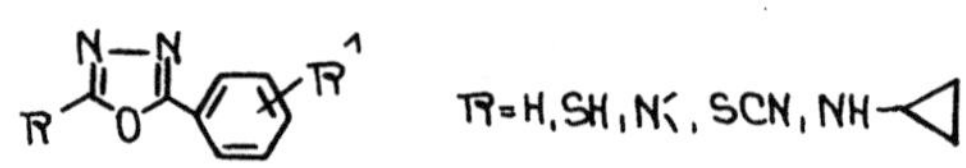


USP 3 808 223 24.10.69/30. 4.74 Gulf Res.

Inhalt etwa wie zuvor.

Jap.P. 7 234 702 29.12.70/ 1. 9.72 Hodogaya Chem.

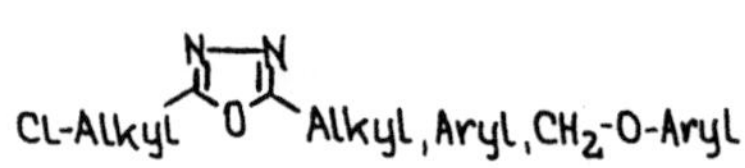


Can.P. 966 490 9. 8.71/22. 4.75 Uniroyal

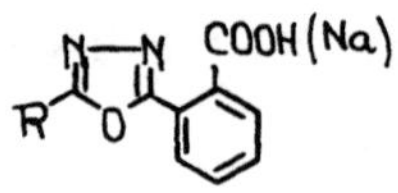


R = subst. Aryl, Heterocyclen

Can.P. 986 123 9. 8.71/23. 3.76 Uniroyal

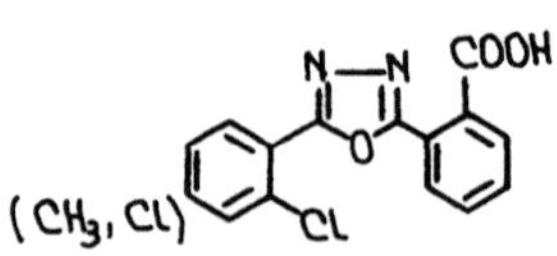


Auch andere Heterocyclen am Phenyl als Substituenten.

h 2) 1,3,4-Oxadiazol-2-one

DOS 1 567 052 11.12.66/23. 7.70 Rhone Poulenc
Fr.Prior. 13.12.63

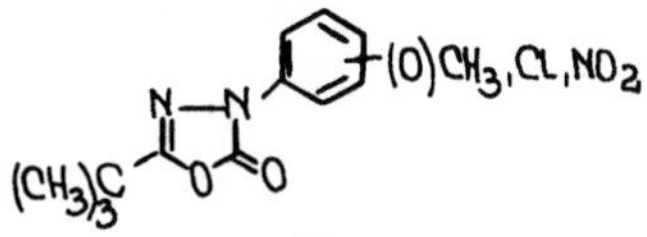

DOS 2 039 397 7. 8.70/18. 2.71 Rhone Poulenc
Fr.Prior. 7.8.69/6.4.70
=NLP 7 011 290 7.8.69/9.2.71

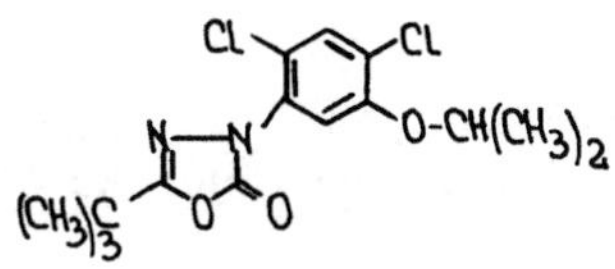

DOS 2 226 772 2. 6.72/14.12.72 Rhone Poulenc
Fr.Prior. 2.6.71

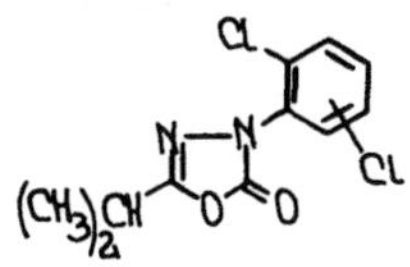

DOS 2 227 012 2. 6.72/14.12.72 Rhone Poulenc
Fr.Prior. 2.6.71
=Belg.P. 784 286 2.6.71/1.12.72 Rhone Poulenc
=NLP 7 207 065 Rhone Poulenc

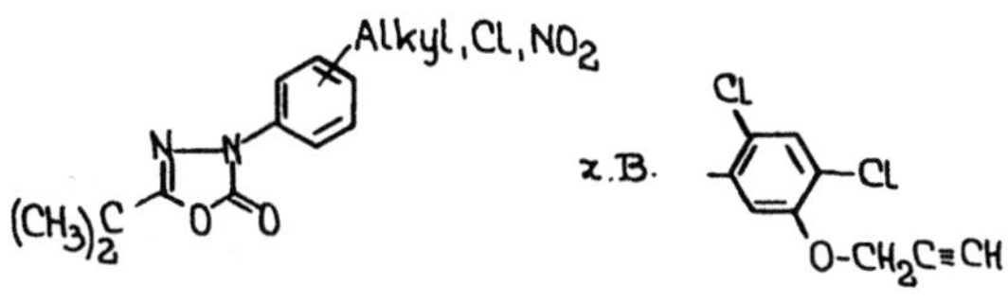

DOS 2 244 237 9. 9.72/15. 3.73 Rhone Poulenc
Fr.Prior. 9.9.71/5.7.72

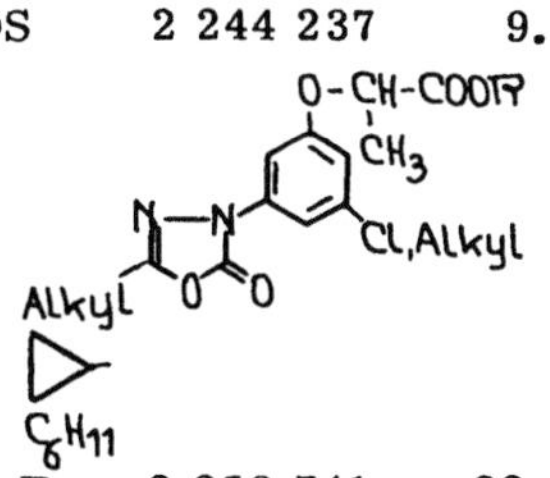

Fr.P. 2 253 741 22. 3.73/ 8. 8.75 Rhone Poulenc

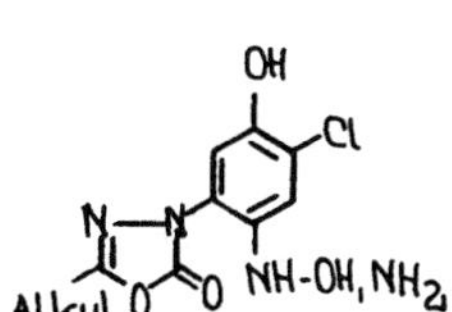

siehe Fr.P. 1 394 774

## h 3) 1,2,4-Oxadiazolidine

USP 3 674 802 5. 1.70/ 4. 7.72 Monsanto

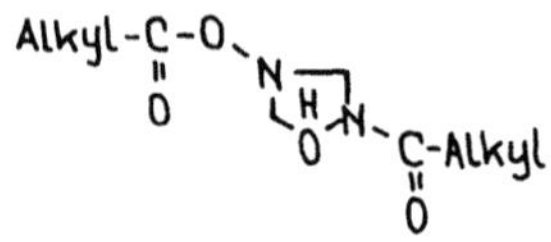


USP 3 667 930 9.10.67/ 6. 6.72 Olin Mathiesen

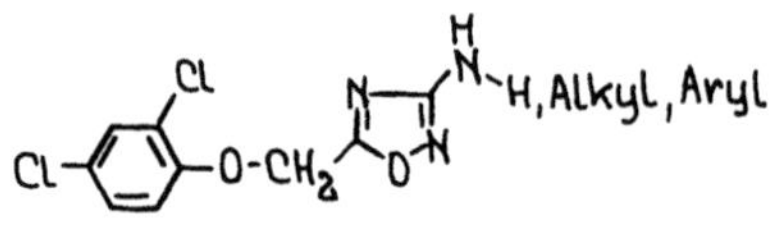


DOS 2 461 882 30.12.74/ 3. 7.75 Chinoin Ung.
Ungar. Prior. 29.12.73

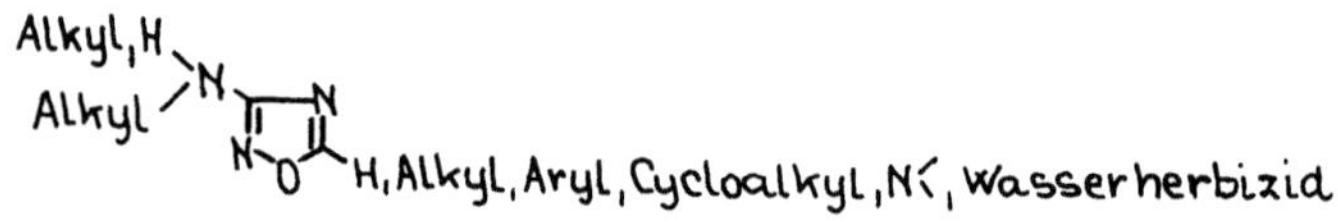


## h 4) 1,2,4-Oxazolidin-mono- und dion(e)

DOS 1 695 501 7. 6.67/15. 4.71 Agripat
US Prior. 18.3.66

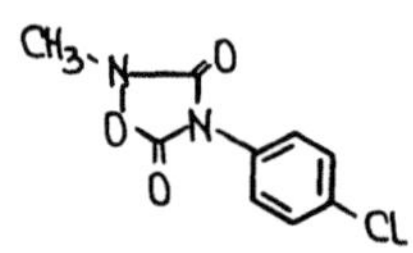


DOS 1 695 592 19. 9.69/22. 4.71 Du Pont
US Prior. 19.9.66

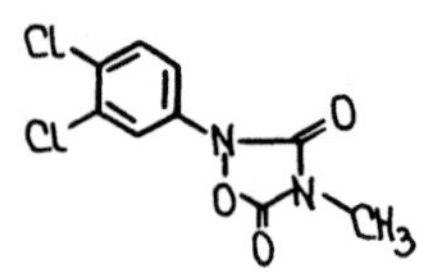


DOS 1 695 989 17. 3.67/19. 5.71 Velsicol
US Prior. 18.3.66

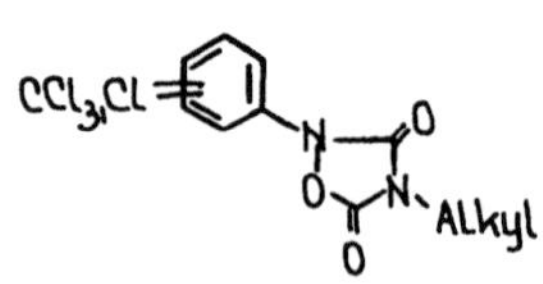


DOS 1 792 702 19. 9.67/ 4.11.71 Du Pont
US Prior. 19.9.66

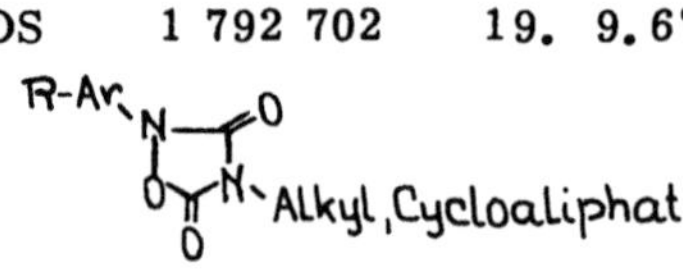


R = Cl, $NO_2$, OAlkyl, $CF_3$

DOS 2 048 169 1.10.70/ 6. 3.72 BASF

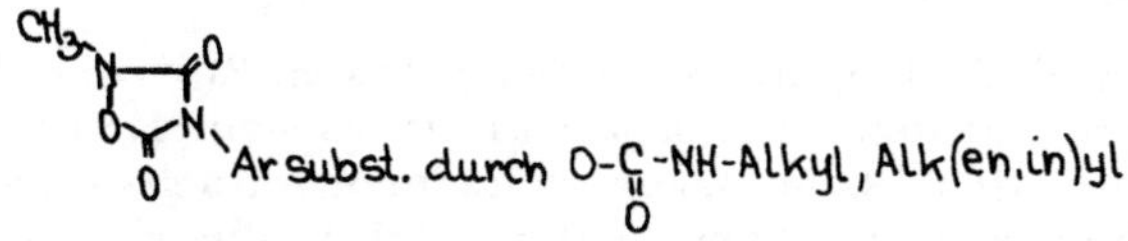


DOS 2 105 378 5. 2.71/24. 8.72 BASF
=Belg.P. 773 342

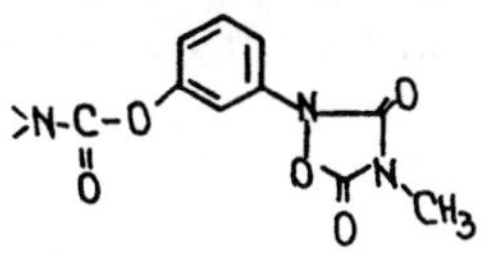

NLP 7 014 971 18.10.69/20. 4.71 Fisons Pest Contr.

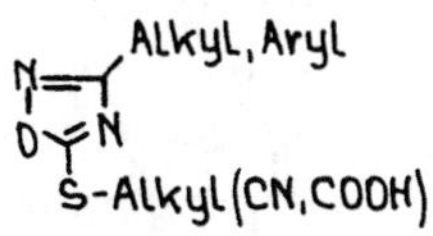


USP 3 872 298 23. 2.68/18. 3.75 Velsicol

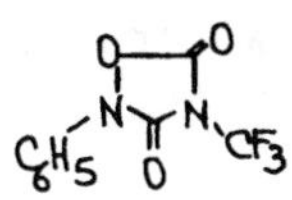

USP 3 944 410 23. 2.68/16. 3.76 Velsicol

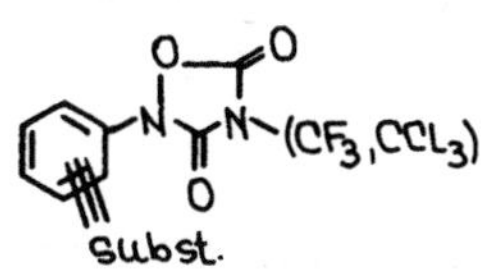


h 5) 1, 2, 5-Oxadiazole

DOS 1 792 153 20. 7.68/18.11.70 FMC
=FR.P. 1 576 140 5.8.68/25.7.69 FMC

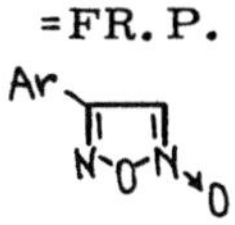

DOS 1 695 807 7.12.67/29. 4.71 Shell
US Prior. 9.12.66

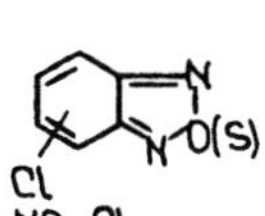

siehe auch USP 3 501 285

i) 2 N + 1 S

Die Bedeutung dieser in der jüngsten Zeit von vielen Firmen intensiv untersuchten Heterocyclen liegt vornehmlich in ihren Harnstoffderivaten. Siehe daher bei heterocyclisch-aliphatischen Harnstoffen. Viele Patente überschneiden sich in ihrer Zugehörigkeit zu verschiedenen Herbizidgruppen z. B. Acyl-amide, Harnstoffe, Carbamidsäureester, Carbonsäuren, weshalb in mehreren Verbindungsgruppen nachzusehen ist. Patente für Versuchs- und Handelsprodukte werden im Text und nur z. Tl. im Patent-Anhang angeführt.

i 1) 1, 3, 4-Thiadiazolidin(e) und one (s.a. 5. 5. 3. i 5. 3)

T. Okabe et al Agr. Biol. Chem. 37 (5) 1197 (1973)

Synthesen:

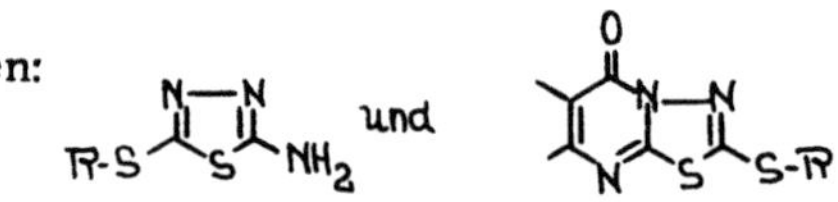


DOS 2 253 863 3. 11. 72/ 9. 5. 74 BASF

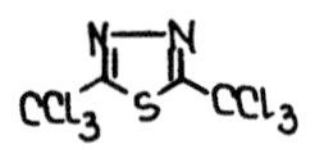


statt $CCl_3$ auch $\underset{\underset{O}{\|}}{C}$-OR, $\underset{\underset{O}{\|}}{C}$-N<, CN

USP 3 743 650 24. 10. 69/ 3. 7. 73 Gulf Res.

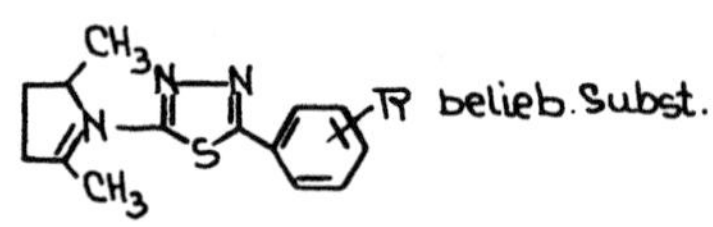


Can. P. 909 236 24. 10. 69/ 5. 9. 72 Gulf Res.

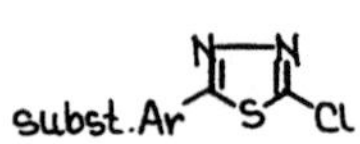


DOS 1 670 792 27. 1. 67/25. 3. 71 Bayer

DOS 1 670 956 6. 12. 67/18. 2. 71 Bayer

DOS 1 953 811 28. 10. 69/27. 5. 71 Bayer

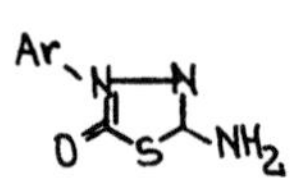


neue Synthesen

DOS 1 910 895 4. 3.69/10. 9.70 Bayer

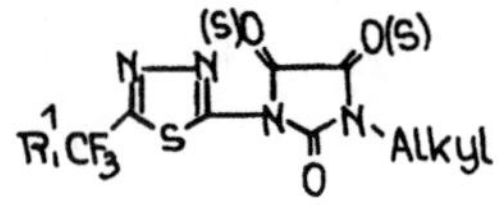

statt C=O auch S

=USP 3 657 264 2. 3.70/18. 4.72 Bayer

R' = Alkyl, Alkyl-S $\underset{(O)_{1-2}}{\downarrow}$ , Alkenyl usw.

Ähnliche Patente unter heterocyclisch-aliphatischen Harnstoffen. (Überbrückte Derivate)

DOS 2 411 288 9. 3.74/18. 9.75 Bayer

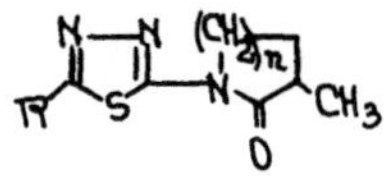

Belg. P. 819 861 21. 9.73/13. 3.75 Eli Lilly

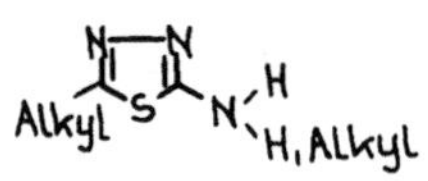

Darstellungsverfahren

USP 3 743 650 24.10.69/ 3. 8.73 Gulf Res

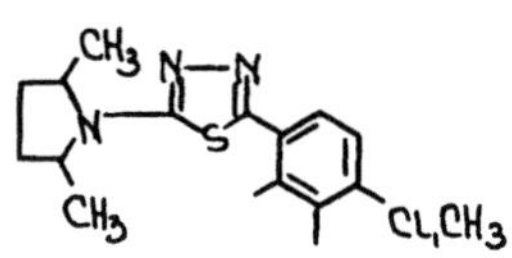

USP 3 920 674 10. 1.74/18.11.75 Velsicol

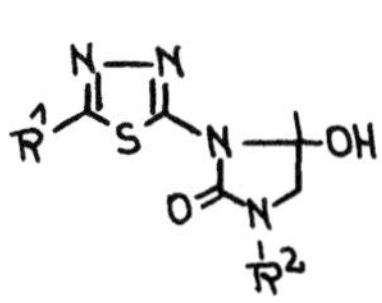

$R^1$ = $C_3$-$C_7$-Alkyl, Cycloalkyl subst. durch Cl oder OH
$R^2$ = Alkyl

USP 3 925 402 26.12.73/ 9.12.75 Velsicol

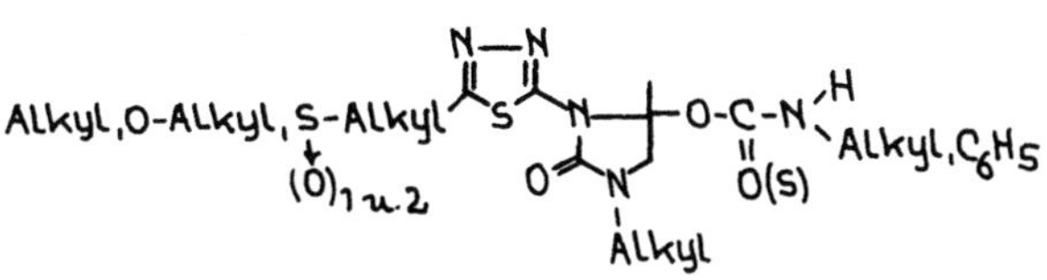

USP 3 925 403 2. 2.72/ 9.12.75 Velsicol

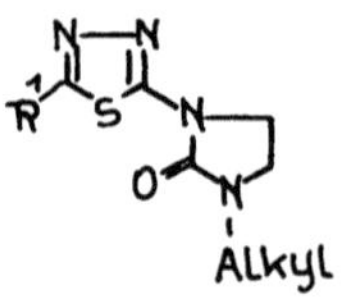

$R^1$ = $CH(CH_3)_2$, $C(CH_3)_3$, $CF_3$

Siehe auch in 5.5.3-i.5.3 (Het. Harnstoffe)

USP 3 931 209 28. 3.74/ 6. 1.76 Velsicol

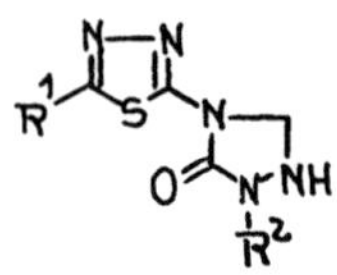

$R^1$ = Alk(en)yl, Alkylchlorid, O(S)-Alkyl, $SO_2$-Alkyl, $CF_3$
$R^2$ = $CH_3$, $C_2H_5$

USP 3 932 438 29. 6.73/13. 1.76 Velsicol

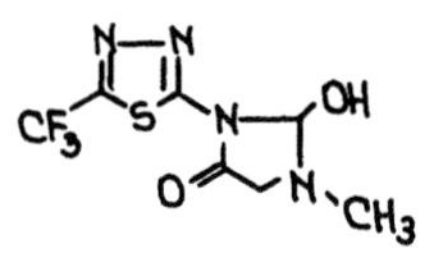

USP 3 932 410 1.11.74/13. 1.76 Velsicol
=Belg.P. 833 316

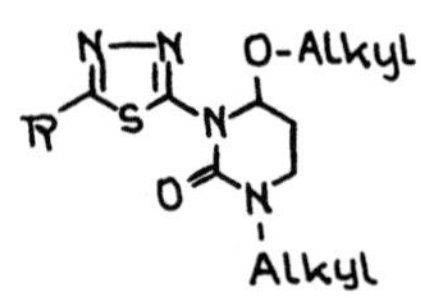

R = Alk(enyl) $CF_3$, O(S-) Alkyl usw. (S=O)

Siehe auch bei 5.5.3 u. 53 bei het. Harnstoff

Belg.P. 835 155 14. 4.75/16. 2.76 Velsicol

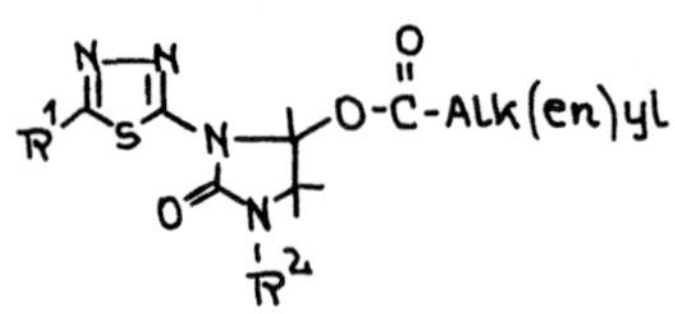

$R^1$ = Alk(en)yl, O-Alkyl Cyclo-alkyl, S-Alkyl, $SO_2$-Alkyl
$R^2$ = Alkyl

DOS 2 534 993 5. 8.75/26. 2.76 Velsicol

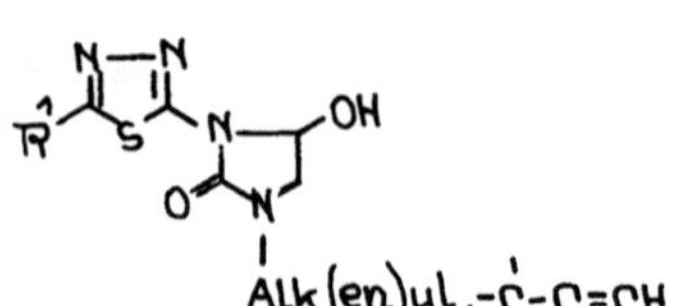

$R^1$ = Alk(en, in)yl, Alkyl-$S(O)_1$ u. 2 usw.

DOS 2 540 366 10. 9.75/25. 3.76 Velsicol

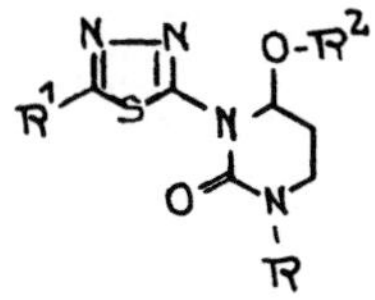


R = Alk(en)yl, -C-C≡CH

R¹ = Alk(en)yl, Halog-alkyl, S(O)1-2-Alkyl

R² = Alkyl, C(=O)-Alkyl

USP 3 963 473 29. 6.73/15. 6.76 Velsicol

siehe auch USP 3 932 438

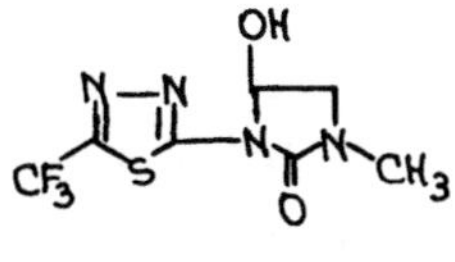


## 1, 2, 3-Thiadiazole

Belg. P. 822 529 30.11.73/22. 5.75 ICI

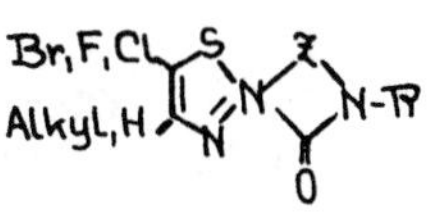


R = Alkyl

Z = $CH_2$-N(Alkyl)-$CH_2$ , CH(O-Alkyl)—CH(O-Alkyl)

i 2) 1, 2, 4-Thiadiazole

Zbirovsky et al. Coll. Czech. Chem. 36 12, 4087 (1971)

1, 2, 4-Thiadiazole als Untersuchungen über Herbizide

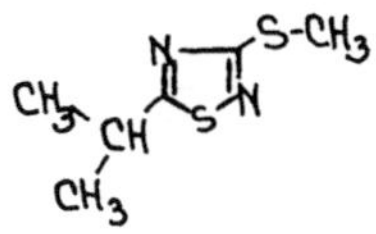


wirksamste Verbindung

DOS 1 620 101 12. 7.66/20. 8.70 Olin Corp.

US Prior. 28.7.65

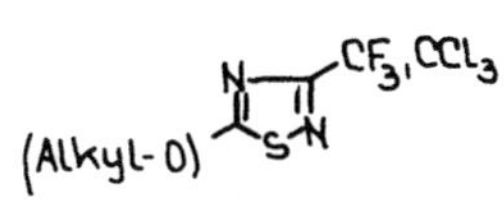


(Alkyl, Aryl, Heterocycl.)

siehe USP 3 573 317 12.8.68/30.3.71 Olin Corp.

USP 3 770 749 1. 7.71/ 6.11.73 Monsanto

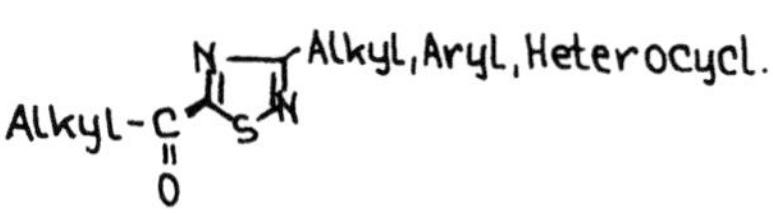

Can. P. 850 661 13. 9. 66/ 1. 9. 70 Scott and Sohns

Can. P. 924 311 28. 2. 69/11. 4. 73 Scott and Sohns

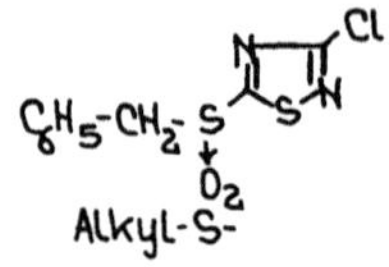

DOS 2 050 346 14. 10. 70/29. 4. 71 Fisons Pest. Contr.

GB Prior. 18. 10. 69

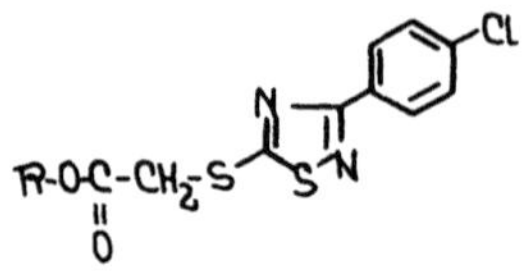

DOS 2 154 852 4. 11. 71/15. 6. 72 Makhtesim Beer-Sheva

Israel. Prior. 27. 11. 70

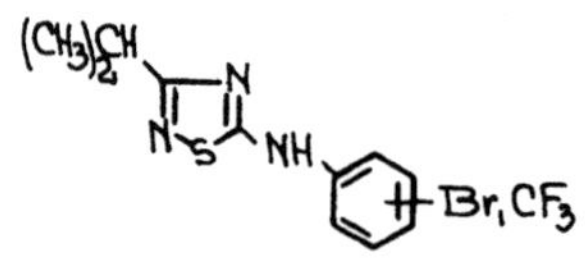

DOS 2 519 315 30. 4. 75/13. 11. 75 Olin Corp.

US Prior. 1. 5. 74, 31. 3. 75

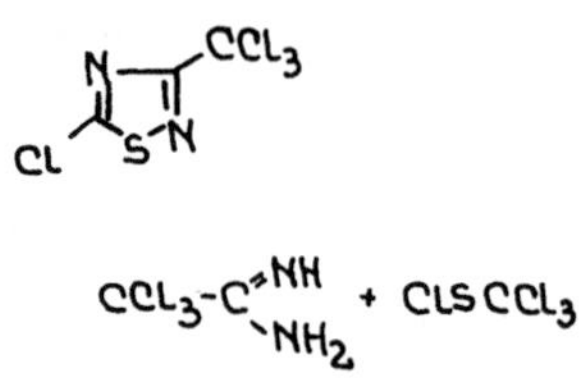

Neues verbessertes Verfahren

Fungizide u. z. T. Herbizide

Siehe auch USP 3 260 588 u. 3 260 725

DOS 2 600 655 10. 1. 75/15. 7. 76 Commonwealth Sci.

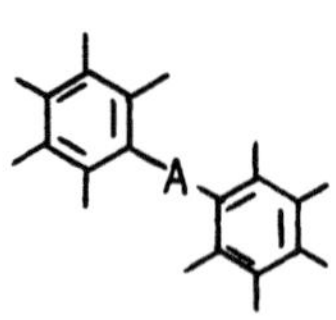

belieb. substituiert
A = 5-Ring mit 1-3 Heteroatomen
2-Doppelbindungen enthaltend
A : z. B. = 1, 2, 4-Triazol

i 3) 1,2,4-Thiadiazolidone

DOS 1 907 116 13. 2.69/ 3. 9.70 Bayer
=Fr.P. 1 556 919 25.3.67/30.12.68 Bayer

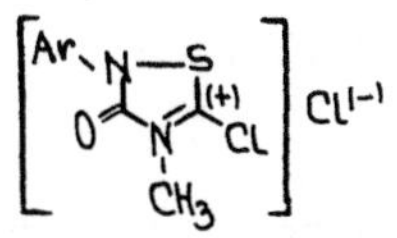


auch bei quartären heterocycl. Aminen angeführt

Belg.P. 750 725 21. 5.69/23.11.70 Bayer

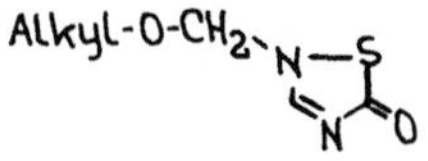


DOS 1 963 608 19. 2.69/24. 6.71 BASF

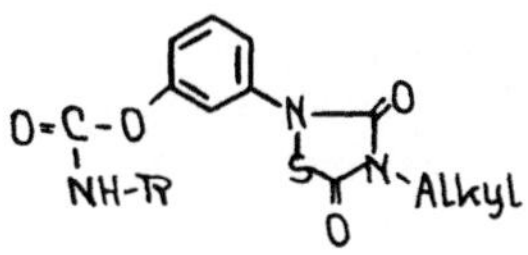


DOS 2 109 755 2. 3.71/ 7. 9.72 BASF

Inhalt etwa wie zuvor

DOS 2 119 782 23. 4.71/16.12.71 Esso Res.
US Prior. 27.4.70/9.7.70

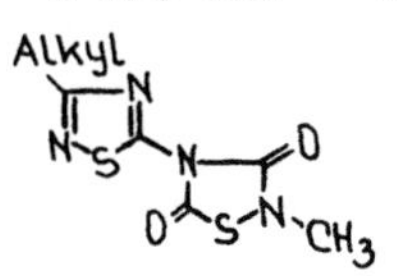


auch bei heterocyclisch-aliphatischen Harnstoffen angeführt

USP 3 900 485 10. 2.67/19. 8.75 Velsicol

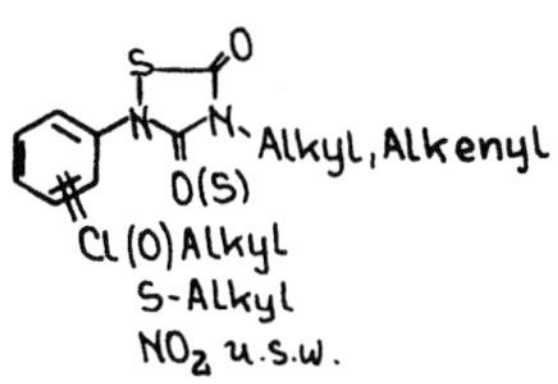

i 4) 2, 1, 3-Benzo-thiadiazole

USP 3 472 645 7. 7.66/14.10.69 US Philips

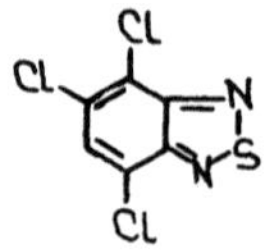

USP 3 501 285 10. 6.68/17. 3.70 Shell Oil

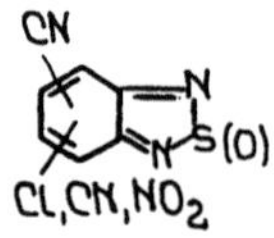

DOS 1 542 829 30. 6.66/ 4. 6.70 BASF

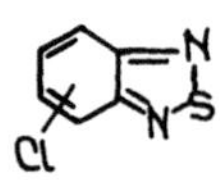

Über herbizide Benz-2,1,3-thiadiazole (1,2,5) siehe auch J. van Daalen et al. Naturwissenschaften 57, 395 (1970) ferner Weed Abstr. 18 (1969), Ref. 1388; 20 (3) (1971) Ref. 1339.

k) 1 N + 2 S und 3 x N

DOS 2 228 364 10. 6.72/20.12.73 Bergwerks-gesellsch.

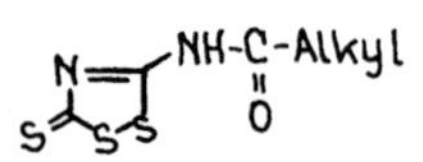

USP 3 490 893 19.11.68/20. 1.70 Gulf Res.
= Can.P. 895 889 Gulf Res.

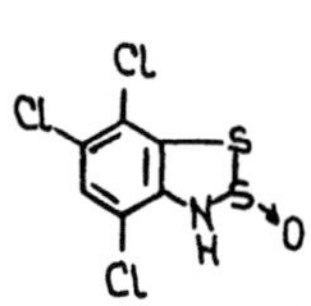

3 x N

DOS 1 695 991 24. 4.67/26. 7.71 VEB Leuna

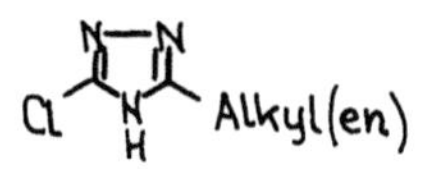

Darstellung und Austausch des Cl gegen NHR

DOS 2 132 618 30. 6.71/ 5. 1.72 Boots Pure Drug
GB Prior. 1. 3. 70/21. 3. 71

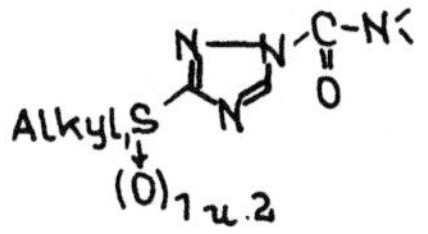

USP 3 489 761 6. 3.71/13. 1.70 Du Pont

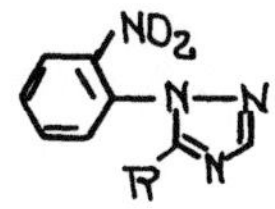

R = Cl, Alkyl, Aryl, Benzyl

USP 3 637 789 30. 6.69/25. 1.72 MMM

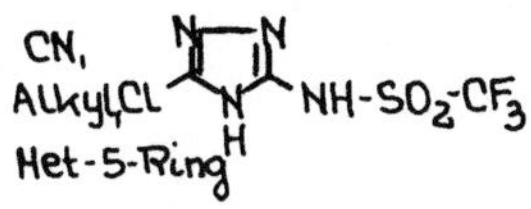

DOS 1 964 995 24.12.69/ 1. 7.71 Bayer

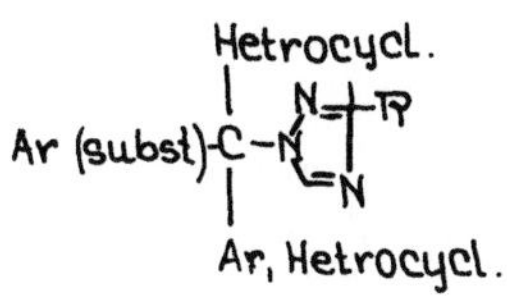

Belg. P. 803 421 9. 8.72/11. 2.74 Roussel Uclaf

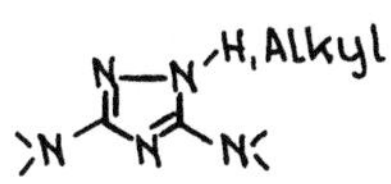

USP 3 884 910 30.11.72/20. 5.75 Shell Oil

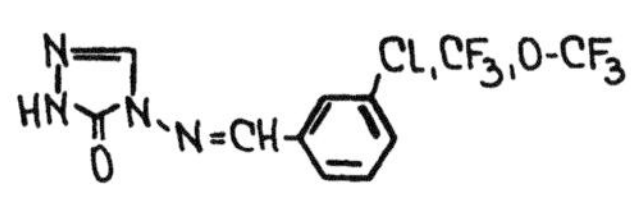

USP 3 890 342 28. 3.74/17. 6.75 Velsicol Chem.

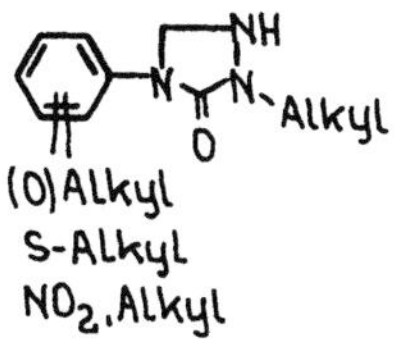

DOS 2 506 598 17. 2.75/21. 8.75 Ciba-Geigy
Schwz. Prior. 19.2.74, 10.6.74, 20.12.74

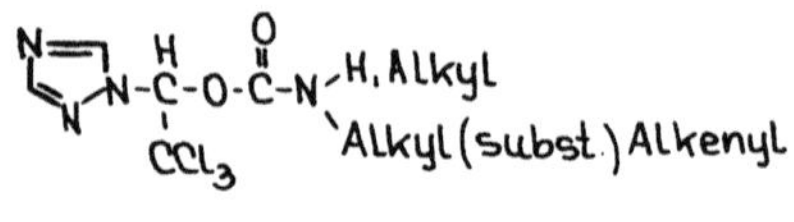


USP 3 922 162 28. 3.74/25.11.75 Velsicol

R = (O)Alkyl, S-Alkyl
Cl, F, $CF_3$, $NO_2$

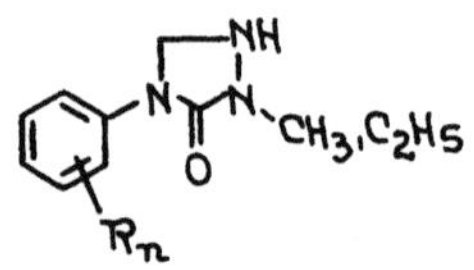


USP 3 925 054 19.12.74/ 9.12.75 Velsicol

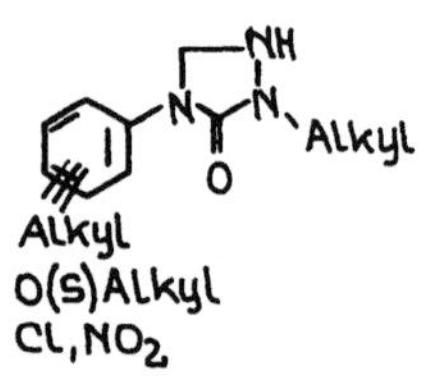


FRP 2 268 018 19. 4.74/19.12.75 Soc. Italiana Resine

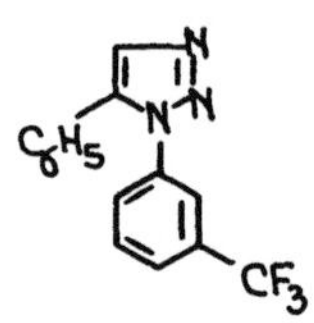


Pre emerg. Herbizid.

FRP 2 275 456 21. 6.74/22. 2.76 Aries

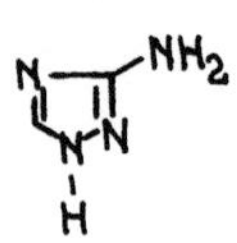

5.14.3 Heterocyclische 6-Ringverbindungen

6-Ringverbindungen mit 1. Heteroatom.

Erstmalig treten hier neben den wichtigeren Pyridinderivaten auch andere Heterocyclen auf.

a) 6-Ringverbindungen mit 1 x O

Von japanischer Seite wurden einige α- und γ-Pyronderivate bekannt.

DOS 2 317 987 10. 4.73/31.10.73 Nippon Soda
US Prior. 11.4.72/18. u. 19.7.72

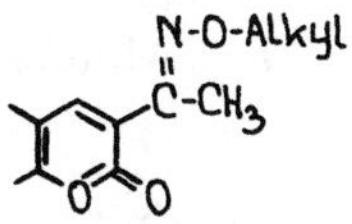


DOS 2 352 661 19. 9.73/ 9. 5.74 Nippon Soda
Jap. Prior. 20.10.72/25.12.72
=Belg. P. 806 363

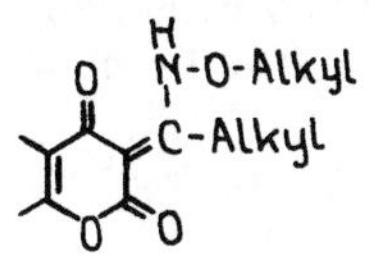


DOS 2 356 892 14.11.73/ 6. 6.74 Nippon Soda
Jap. Prior. 29.11.72

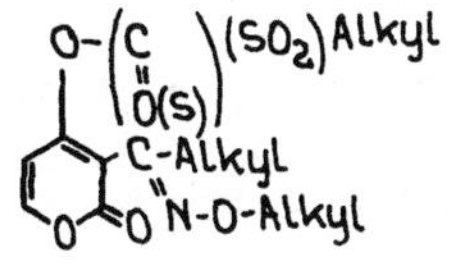


DOS 2 457 599 5.12.74/12. 6.75 Nippon Soda
Jap. Prior. 5.12.73

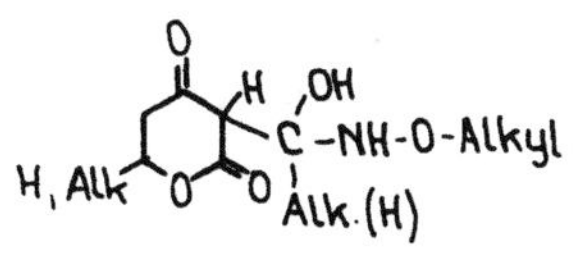


DOS 2 500 518 8. 1.75/24. 7.75 Nippon Soda
Jap. Prior. 10.1.74

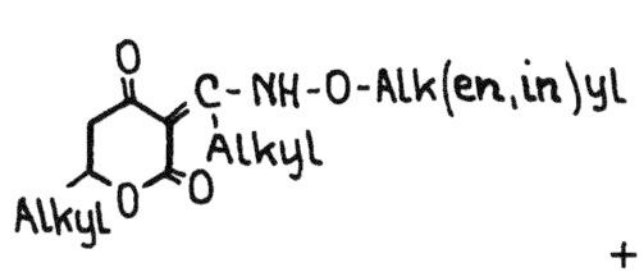


+ CV andere Herbizide

USP 3 810 922 18.12.72/14. 5.74 Dow Chem.

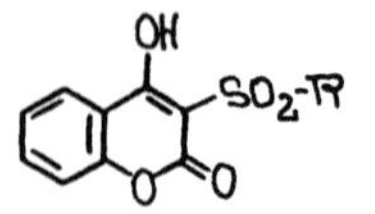

mehr wuchshemmend als herbizidwirksam

Jap. P. 51 063175 26.11.74/ 1. 6.76 Nippon Soda

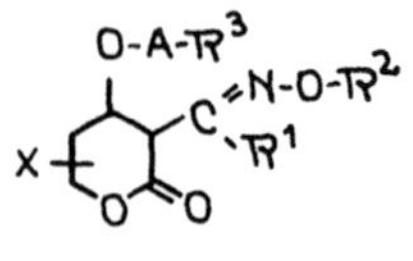

$R^1$ = Alkyl, Phenyl (subst.)
$R^2$ = Alk(en, in)yl, Phenyl (subst.)
$R^3$ = Alk(en, in)yl, Phenyl (subst.)
A = C(=O) oder $SO_2$
X = Alk(en)yl, Phenyl, Halog. usw.

b) 6-Ringverbindungen mit 1 x N, Pyridine, Pyridin-N-Oxide

Größere Bedeutung haben Sechsringe mit 1 x Stickstoff. Die Vielzahl patentierter Pyridinverbindungen macht eine Unterteilung nach Substituenten notwendig um eine Übersicht zu erleichtern. Überschneidungen der Unterabteilungen sind mitunter unvermeidlich. Pyridincarbonsäuren siehe heterocyclische Carbonsäuren.

b1) Pyridine mit beliebigen Substituenten ohne OH und $NH_2$. (Siehe auch 3 b1-3)

DOS 1 695 251 19. 8.66/25. 3.71 ICI
GB Prior. 19.8.65/22.7.66
Fluor und Chlorpyridine z. T. auch mit OH und $NH_2$

DOS 2 112 832 17. 3.71/ 5.10.72 Cons. f. Elektrochemie
4-Nitro-pyridine und ihre N-Oxide, ferner Chinolinderivate.

DOS 2 128 540 8. 6.71/16.12.71 ICI
=GBP 1 340 421 GB Prior. 8.6.70

Halogenierte meist F enthaltende Pyridine. Neues Darstellungsverfahren.

DOS 2 213 958 22. 3.72/28.11.72 Eli Lilly
US Prior. 22.3.71

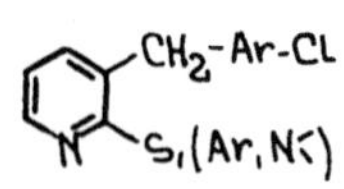

DOS 2 314 664 27. 3.72/ 4.10.73 Ciba-Geigy

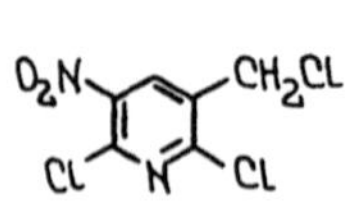

Vorwiegend Wuchsstoff

DOS 2 332 429 26. 6.73/10. 1.74 Allied Chem.

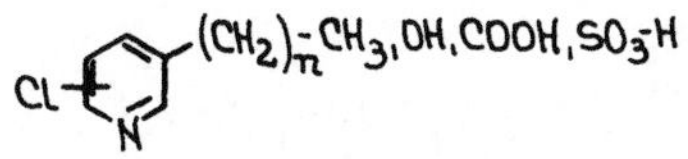


Festigung von Nutzpflanzen nach Düngung.
Erhöhung des Proteingehaltes von Sojabohnen.

DOS 2 409 379 27. 2.74/ 4. 9.75 Olin Corp.

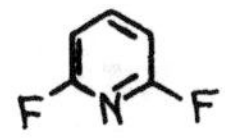


Darstellung und Verwendung als Herbizid.

USP 3 538 100 15. 3.68/14. 7.65 Olin Corp.

Darstellung hochchlorierter Pyridine.

USP 3 629 281 3. 7.69/21.12.72 Dow Chem.

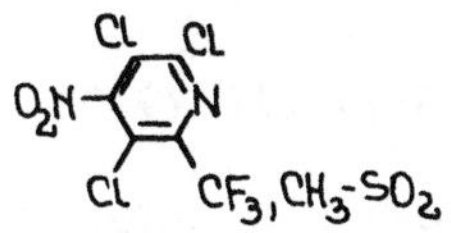


USP 3 641 033 3. 2.69/ 8. 2.72 Dow Chem.

Pyridin-4-SO-$CH_2$-$CH_2$-$SO_2CH_2$-$CH_2$-SO-4-Pyridin

USP 3 651 066 4.11.69/21. 3.72 Dow Chem.

Pyridine mit $NO_2$, CN, $CF_3$, $RSO_2$-

USP 3 706 751 3. 7.69/19.12.72 Dow Chem.

Pyridine mit $NO_2$ (vorwiegend in 4-Stellung) und weiteren Substituenten.

USP 3 686 193 28. 1.71/22. 8.72 H. Johnston

Halogenierte Pyridine mit CN und $CCl=CCl_2$ als Substituenten.

USP 3 744 988 20.12.68/10. 7.73 Eli Lilly

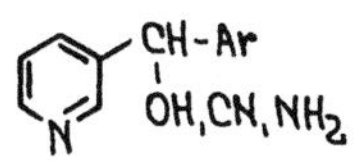


USP 3 798 228 13. 4.70/19. 3.74 Olin Corp.

Pyridin mit F, $CH_3$, OH-Darstellung

USP 3 814 774 16. 2.71/ 4. 6.74 Pennwalt Corp.

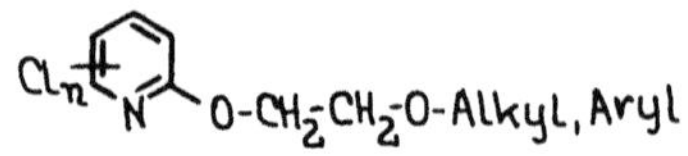

DOS 2 428 305 12. 6.74/ 9. 1.75 ICI
GB Prior. 13.6.73, 19.2.74

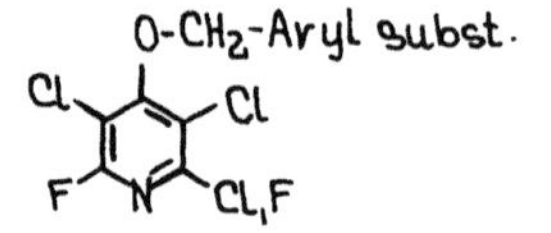

GBP 1 302 287 21. 7.70/ 4. 1.73 ICI
Cl, CN enthaltende Pyridine

Belg.P. 773 971 14.10.70/14. 4.72 Lonza
Pyridin N-Oxide mit Cl, $NO_2$ und Alkyl

Bis 1975 ist aus diesen Patenten kein Produkt hervorgegangen.

Belg.P. 829 207 22. 5.74/17.11.75 ICI

Darstellung von 2,2' oder 4,4'-Dipyridyl.

b 2) Pyridine mit einer OH-Gruppe, Ester und Äther Gruppe (Siehe auch 3 b 1 u. 3)

Auch aus dieser Untergruppe scheint sich zur Zeit kein neues Herbizid zu entwickeln. Da das Daxtron°, ein eingeführtes Totalherbizid, in seiner Bedeutung zurückgegangen ist, hat man offensichtlich versucht statt Halogen die $CF_3$-Gruppe einzuführen.

DOS 1 695 250 19. 8.66/19. 5.71 ICI
GB Prior. 19.8.66
=GBP 1 306 596 21.7.70/14.2.73 ICI
=Belg.P.787 805 25.8.71/21.2.73 ICI

4-Hydroxy-pyridin mit F, Cl oder J

DOS 1 949 422 30. 9.68/ 9. 4.70 ICI
Inhalt ähnlich wie zuvor.

DOS 2 103 728 27. 1.71/10. 8.72 Boehringer Sohn
Inhalt wie zuvor, aber 1 x $CH_3$ in 2-Stellung.

DOS 2 241 665 24. 8.72/15. 3.73 ICI
GB Prior. 25.8.71, 15.3.72
Inhalt ähnlich den oben angeführten ICI Patenten

USP 3 682 938 18.12.70/ 8. 3.72 Dow Chem.

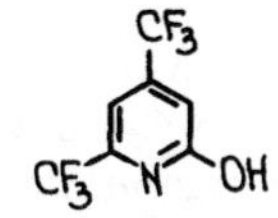

USP 3 748 334 18.12.70/24. 7.73 Dow Chem.

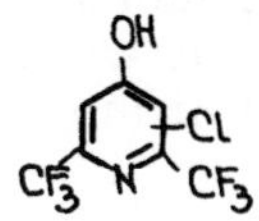

GBP 1 241 869 25. 2.69/ 4. 8.71 ICI
=Belg.P. 769 016

Am OH verestert, sonst wie zuvor

DOS 2 425 239 24. 5.74/12.12.74 ICI
=Belg.P. 815 296, =NLP 7 406 891 ICI
GB Prior. 24.5.73, 27.12.73, 16.1. und 29.1.74

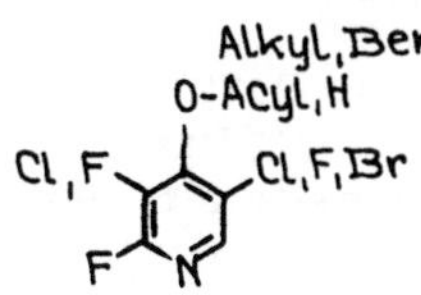

Gräser herbizid

Belg.P. 816 139 13. 6.73/10.12.74 ICI

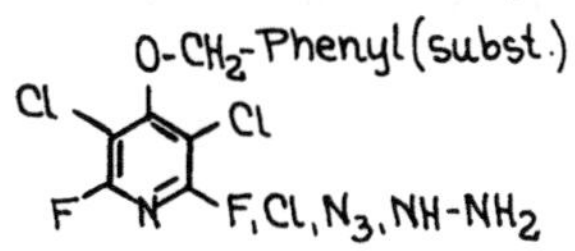

Siehe im vorangehenden Abschnitt 3 b 1

USP 3 814 774 und DOS 2 428 305

USP 3 956 338 17. 1.75/11. 5.76 Dow Chem.

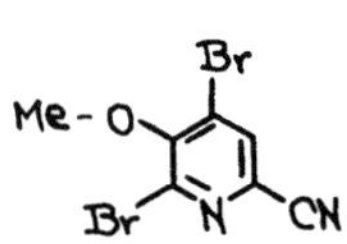

Me = Li, Na, K Mn usw.

USP 3 960 540 17. 3.75/ 1. 6.76 Uniroyal

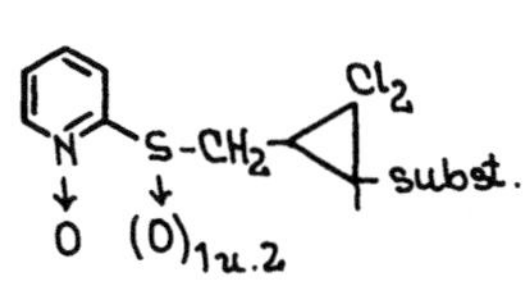

b 3) Pyridine mit einer Amino-Gruppe

Pyridine mit einer Aminogruppe zeigen nur bei zusätzlicher Substitution des Pyridinrings durch eine Carboxylgruppe hohe Wirksamkeit. Das hieraus hervorgegangene Tordon[o] wird aber bei den heterocyclischen Carbonsäuren abgehandelt und damit auch die entsprechenden Patente an der gleichen Stelle.
Es fehlt nicht an Versuchen aus halogenierten Amino-Pyridinen ein Herbizid zu entwickeln, wie die zahlreichen Patente zeigen. Aber auch hier zeichnet sich bis jetzt nicht einmal ein Versuchsprodukt ab.

DOS 2 125 905 25. 5.71/ 9.12.71 Dow Chem.
US Prior. 25.5.70

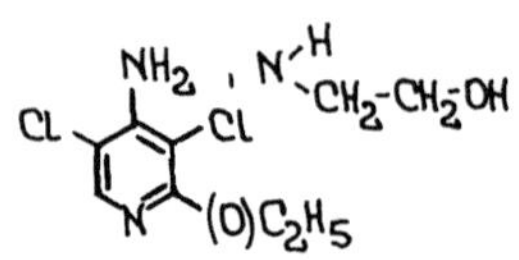


DOS 2 213 057 17. 3.72/28. 9.72 ICI
GB Prior. 19.3.71

wie zuvor aber am N substituiert durch Alkyl oder Aryl.

DOS 2 213 958 22. 3.72/28. 9.72 Eli Lilly

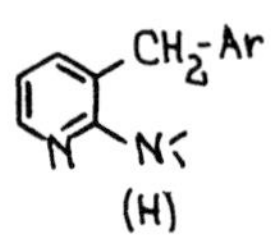


DOS 2 365 302 25. 9.73/16. 5.74 Pfizer
US Prior. 27.9.72

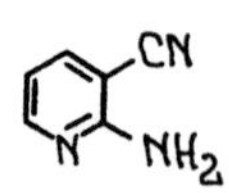


Belg.P. 767 539 25. 5.70/24.11.71 Dow Chem.

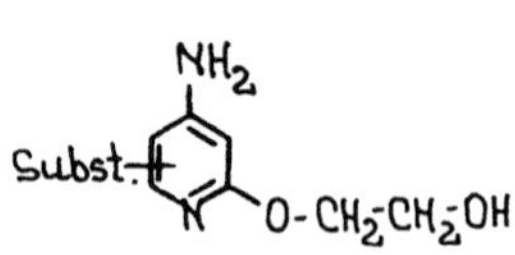


USP 3 495 969 2. 3.67/17. 2.70 Mobil Oil

Pyridin mit $NH_2$, CN, OH, Cl, OAlkyl, SAlkyl, 1 und 2 x $NO_2$

USP 3 787 420 17. 3.69/22. 1.74 Dow Chem.

Pyridin mit $NH_2$ und $CF_3$, Cl. Statt $NH_2$ auch OH oder SH

USP 3 806 333 2. 4.69/23. 4.74 Monsanto

Pyridin mit subst. Aminogruppe, $NO_2$, $CH_3$, $CF_3$, OAlkyl

DOS 2 324 736 16. 5.73/12.12.74 Dow Chem.

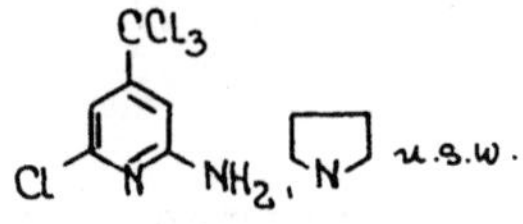


Begl. P. 803 406 10. 8.72/11. 2.74 Ciba

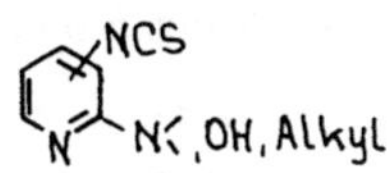


GBP 1 293 909 18.12.69/25.10.72 ICI

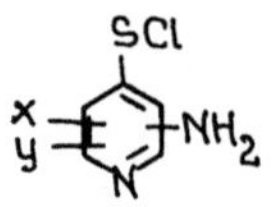


XY beliebige Substituenten

GBP 1 219 633 29. 1.68/20. 1.71 Monsanto

GBP 1 224 082 5. 4.68/ 3. 3.71 Monsanto

GBP 1 232 768 29. 1.68/19. 5.71 Monsanto

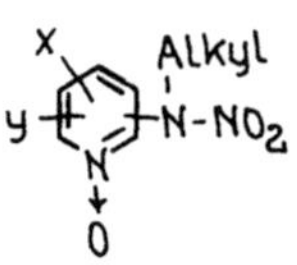


X und Y = $CF_3$, CN, $NO_2$, COOR

GBP 1 230 050 5. 4.68/28. 4.71 Monsanto

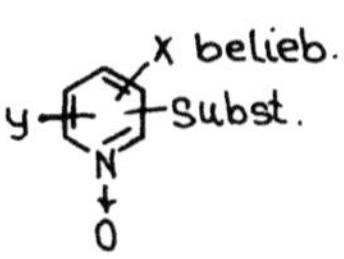


USP 3 883 541 22. 2.71/13. 5.75 Dow Chem.

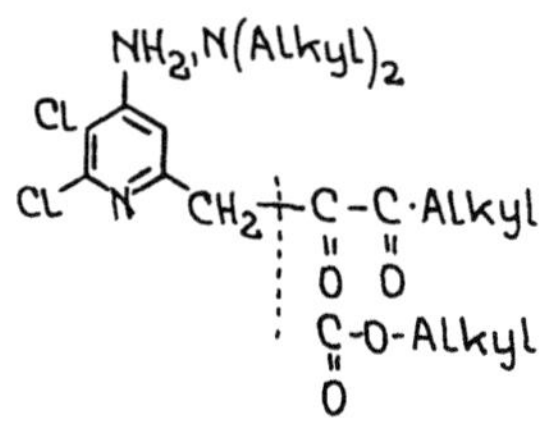

USP 3 948 910 28.12.73/ 6. 4.76 Dow Chem.

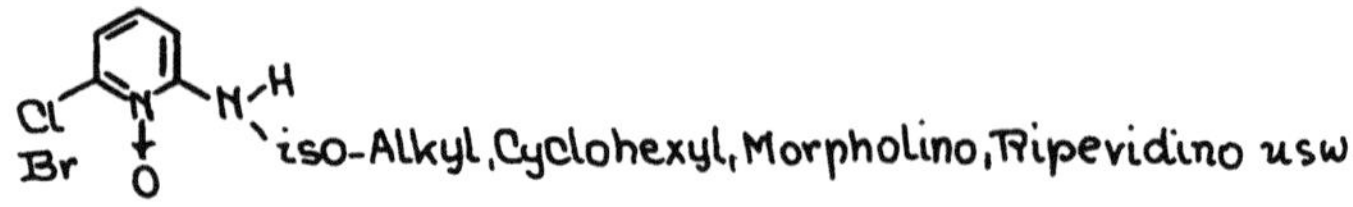


b 4) Pyridine mit anellierten Ringen

Die herbizid hochwirksamen Pyridino-imidazole wurden schon bei den heterocyclischen Fünfringen mit 2 x N besprochen und die Patente dort aufgeführt, da die Wirkung durch den Imidazolring bedingt ist.

DOS 2 136 037 19. 8.71/27. 1.72 Shell
GB Prior. 20.7.70

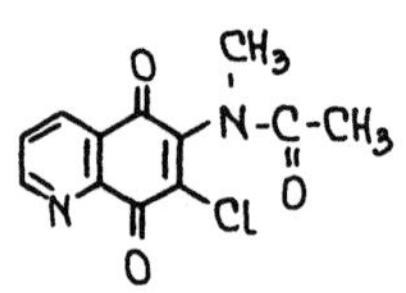


DOS 2 322 143 4. 5.72/13.12.73 ICI

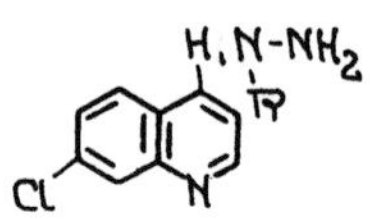


USP 3 700 674 30. 4.69/24.10.72 Am. Cyanamid

USP 3 837 836 30. 4.69/24. 9.74 Am. Cyanamid

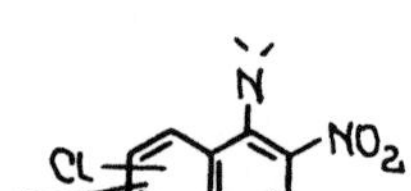


USP 3 901 681 20. 3.70/26. 8.75 Eli Lilly

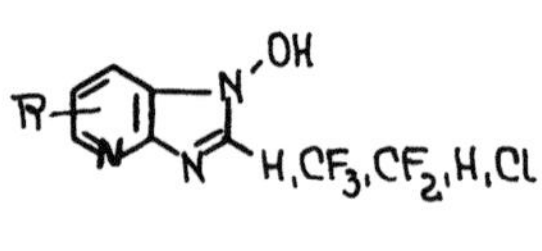


R = $NO_2$, Cl, $CF_3$, Alkyl $SO_2$ usw.

USP 3 963 734 20. 3.70/15. 6.76 Eli Lilly

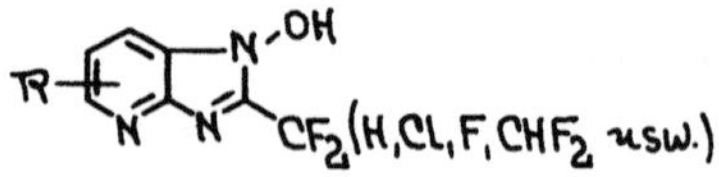


R = Alkyl, $SO_2$-Alkyl

GBP 1 419 788 2. 8.72/13.12.75 Pfizer

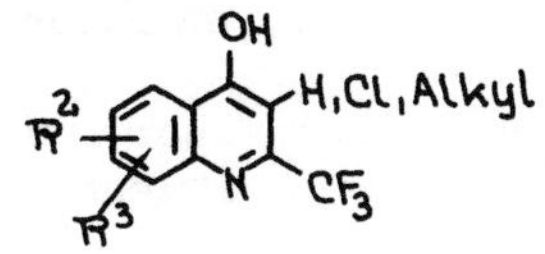


$R^2$ u. $R^3$ = $NO_2$,CN, $CF_3$, Alkyl, Alkyl-C(=O), C(=O)-N<

GBP 1 419 789 2. 8.72/31.12.75 Pfizer
siehe Hauptpatent 1 419 788

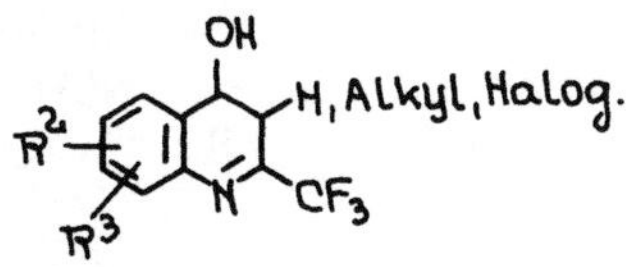


$R^2$ u. $R^3$ siehe Pat. zuvor

b 5) 6-Ringe mit 1 x N, teilweise oder vollständig hydriert

DOS 1 905 606 5. 2.69/20. 8.70 BASF

Auch bei Acyl-Aminoheterocyclen angeführt

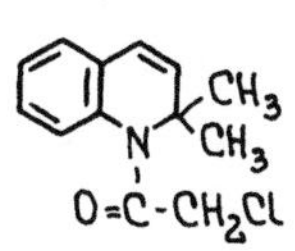


DOS 2 201 500 13. 1.72/17. 8.72 Agripat

DOS 2 204 738 1. 2.72/17. 8.72 Agripat

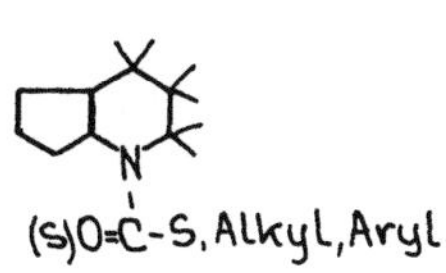


DOS 2 510 831 13. 3.74/25. 9.75 Agence Nat.

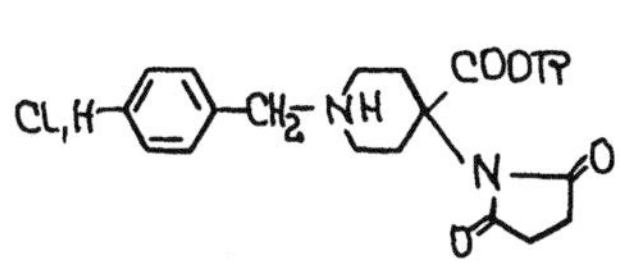


FRP 2 283 130 28. 8.74/30. 4.76 Eli Lilly

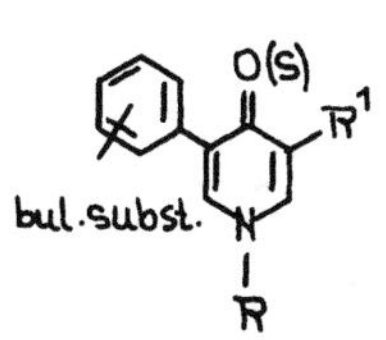


R = Alkyl, subst. Alkyl, Alkenyl, N< usw.
$R^1$ = H, CN, C(=O)R, Alkyl, Alk(en, in)yl usw.

DOS 2 537 753 25. 8.75/11. 3.76 Eli Lilly
US Prior. 28.8.74, 3.7.75

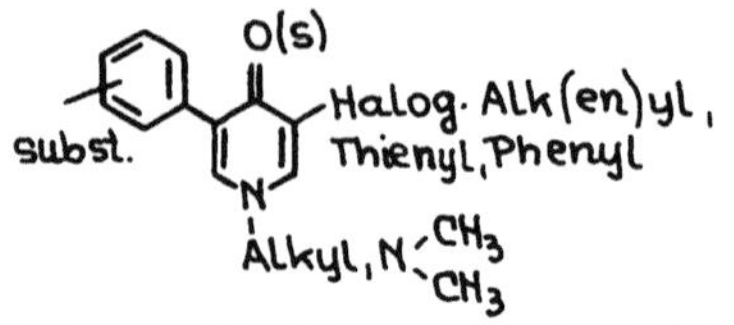


Sehr umfassendes Patent.

Belg. P. 832 702 27. 8.75/16.12.75 Eggt-Gyosg.

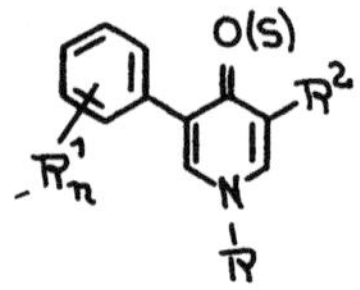


R = Alk(en)yl
Alkinyl, O-Alkyl,
$N(Alkyl)_2$
$R^1$ = Alkyl, Halog.,
O-Alkyl, $S(O)_{1-2}$-
Alkyl usw.

c) <u>6-Ring-Verbindungen mit 2 x O, 2 x S, 1 x O und 1 x S, 1 x N + O bzw. S und 2 x N</u>

c 1) 2 x O; 2 x S

DOS 2 414 590 2. 3.73/19.10.74 Hoffmann La Roche
US Prior. 3.8.72/2.4.73

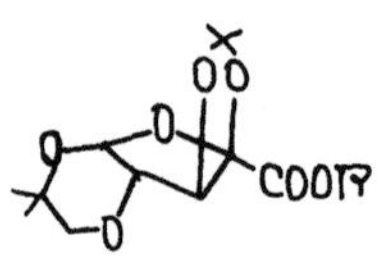


DOS 2 243 685 21. 9.71/29. 3.73 FMC

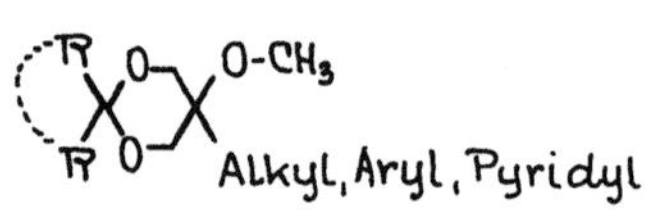


Siehe auch bei Acetalen von Triolen dort entspr. Patente.

USP 3 658 844 2. 7.70/25. 4.72 Am. Cyanamid

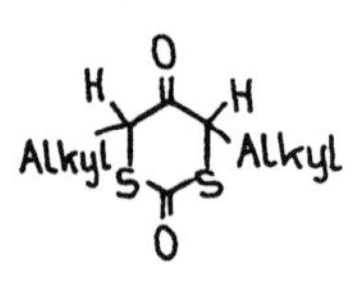


DOS 2 352 661 19.10.73/ 9. 5.74 Nippon Soda
DOS 2 524 577 3. 6.75/11.12.75 Nippon Soda
Jap. Prior. 4.6.74

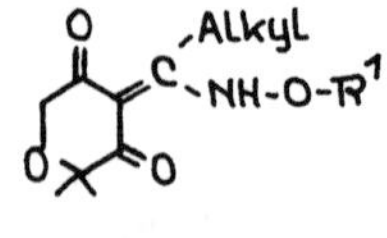


R = $C_2H_5$, $CH_2=CH-CH_2$-,
$CH\equiv C-CH_2$-

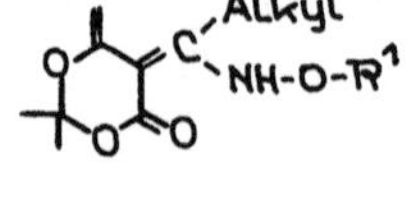


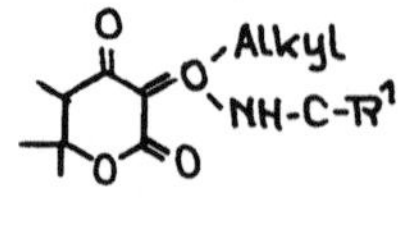


Substituenten am Heteroring sind H, $CH_3$

c 2) 1 x O + 1 x S

DOS 1 768 542 24. 5.68/23. 5.69 BASF
=Belg. P. 733 541

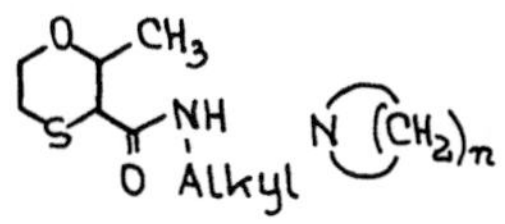


DOS 2 513 202 25. 3.75/23.10.75 Uniroyal
US Prior. 9.4.74

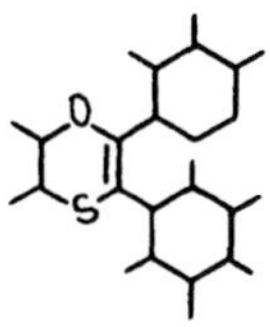


Subst. durch $CH_3$, Cl, F, $OCH_3$
Vorwiegend Wachstumsregulatoren.

c 3) 1 x N + 1 x O, 1 x N + 1 x S

DOS 1 567 016 25. 6.64/16. 4.70 Du Pont
US Prior. 27.2.63/6.2.64, 16.4.70

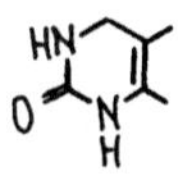


DOS 2 241 012 21. 7.72/15. 3.73 Chinvin
Ung. Prior. 30.8.71

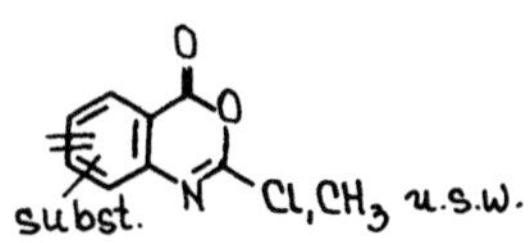


USP 3 845 044 24.10.72/29.10.74 Dow Chem.

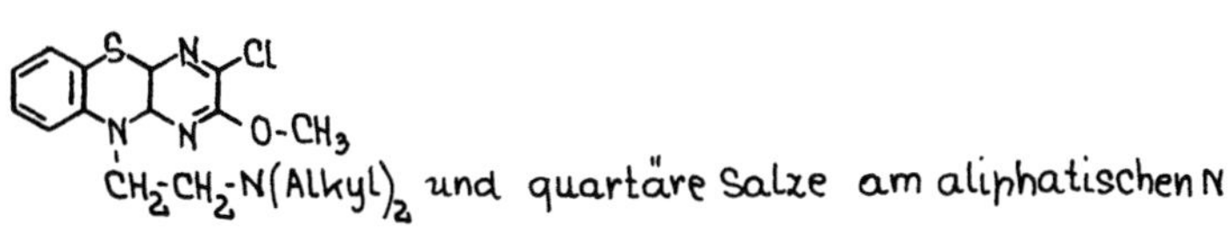


USP 3 854 926 4. 6.73/17.12.74 Dow Chem.

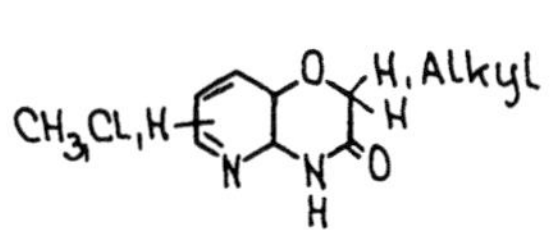

Belg. P. 751 354 — 4. 6.69/ 2.12.70 — Philips

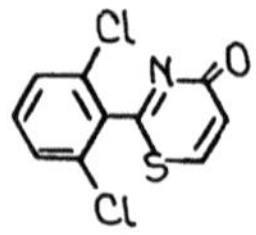


NLP 7 101 437 — 5. 2.70/ 9. 8.71 — Bayer

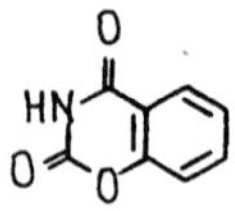


Can. P. 947 297 — 18.12.69/14. 5.74 — Gulf Res.

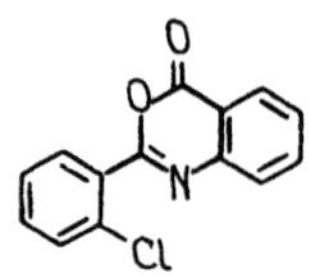


USP 3 873 535 — 4. 2.74/25. 3.75 — Monsanto

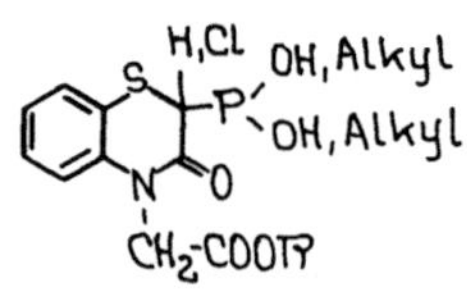


USP 3 917 592 — 27. 9.74/ 4.11.75 — Chevron Res.

Algizid

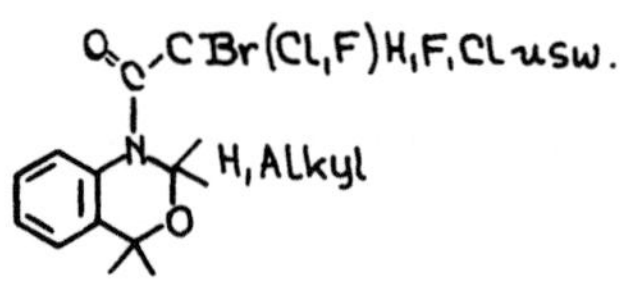


DOS 2 542 289 — 23. 9.75/ 8. 4.76 — Chevron Res.

US Prior. 27.9.74

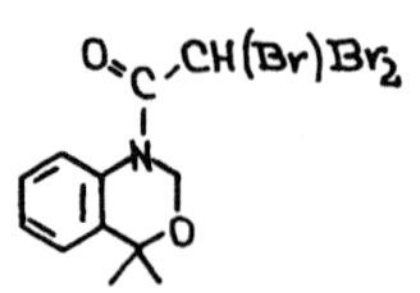


auch $-C(=O)-CH_2Cl$

USP 3 947 416 — 20.11.69/30. 3.76 — Sherwin Williams

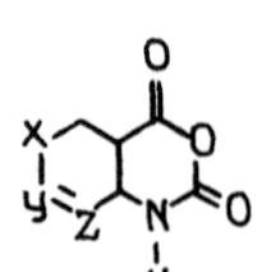


Y = N, X u. Z = CH
oder X = N, Y u. Z = CH

Dieses angeführte sehr heterogene Patentmaterial ganz verschiedener Firmen läßt keine Richtung nach einer Erfolg versprechenden Verbindung erkennen. Die herbizide Wirksamkeit der einzelnen Verbindungen dürfte meist nur auf zufälliger Auffindung an für andere Zwecke dargestellten Verbindungen beruhen.

## d) 6-Ringverbindungen mit 2 x N

Da aus dieser Verbindungsklasse schon einige zum Teil recht bedeutende Herbizide bekannt sind, andererseits auch einige Versuchsherbizide veröffentlicht worden sind, ist es verständlich, daß umfangreiche und recht systematische Untersuchungen stattgefunden haben, besonders durch die Firmen, welche die wichtigsten Verbindungen gefunden haben. Auch hier ist eine Unterteilung zweckmäßig.

### d 1) 1,2-Pyridazine

In diese Verbindungsklasse gehört das bedeutende Rübenherbizid Pyramin° der BASF. Ein Teil der hier im folgenden aufgeführten Patente umfaßt schon besprochene Versuchs- oder Handelsprodukte. Dabei war bei der Abfassung des Bd. 2 oft nur die Anführung eines Patentes aus Belgien oder Frankreich möglich, viele Patente waren noch nicht ausgelegt.
Die Patentergänzung überschneidet sich also teilweise im Inhalt, mit diesen Patenten. Eine doppelte Anführung ist aber zur Übersicht und Einführung in größere Patentgruppen notwendig.

Pyridazine ohne Substituenten am Stickstoff, vorwiegend O oder S-Äther.

DOS 1 667 994 16. 3.68/29. 7.71 Sankyo
Jap. Prior. 17.3., 6.11.67, 27. u. 28.2.68
=FRP 1 563 247

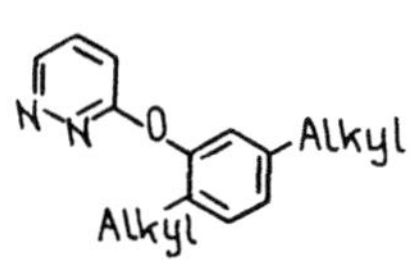


DOS 1 770 828 9. 7.68/ 2. 3.72 Lentia BRD

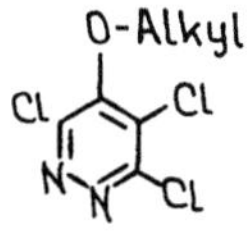


DOS 1 910 620 28. 2.68/18. 9.69 Sankyo
Jap. Prior. 28.2.68 u. 28.6.68

Inhalt ähnlich DOS 1 667 994 aber Cl in Pyridazin und $CF_3$ Phenylrest. Siehe auch DOS 1 567 131

DOS 2 046 646 22. 9.70/27. 3.72 Lentia

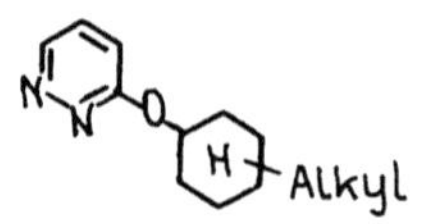

DOS 2 059 345 27.11.70/ 3. 6.71 Sankyo
Jap. Prior. 27.11.69

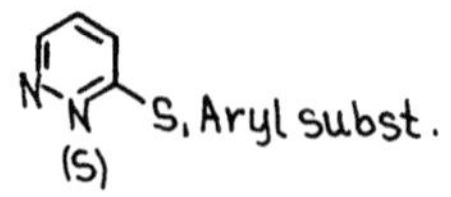

Allen bis hierher angeführten 1,2-Pyridazin-Patenten ist gemeinsam, daß sie Äther vorwiegend des 3-Oxypyridazins sind, wobei die Ätherkomponente meist ein Phenolrest ist. Dies läßt auf eine Wirkung ähnlich wie der in zahlreichen Versuchs- und Handelsprodukten bekannten Phenoläther schließen. Siehe in Bd. 2 bei "herbizide Phenoläther" und ihrer Patentergänzung 1969-1974.

Über weitere meist länger bekannte 1,2-Pyridazin-phenyläther siehe DOS 1 567 131 und DOS 1 099 544 (1,2-Pyridazin-oxyessigsäure).
Bei den in den folgenden Patenten beschriebenen Verbindungen mag die Wirkung zum Teil auf einer veresterten Hydroxylgruppe beruhen, doch sind zahlreiche Verbindungen bekannt, welche keine veresterte Hydroxylgruppe aufweisen.

DOS 2 129 109 11. 6.71/ 4. 1.73 Lentia

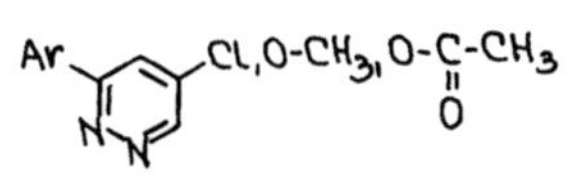

DOS 2 229 744 19. 6.72/10. 1.74 Lentia

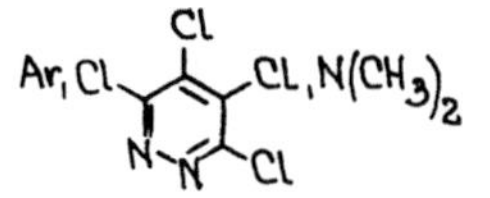

DOS 2 229 758 19. 6.72/17. 1.74 Lentia

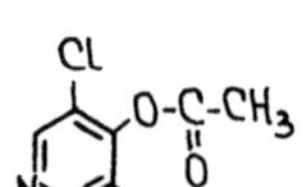

DOS 2 256 172 16.11.72/30. 5.74 Lentia

Wie zuvor mit $\text{O-}\underset{\underset{\text{O}}{\|}}{\text{C}}$ Alkyl in 4-Stellung

Belg. P. 784 692 15. 6.71/ 6. 4.72 Du Pont

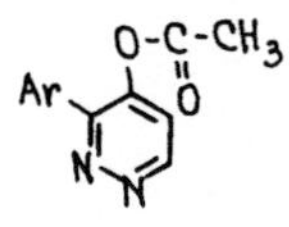

Belg. P. 816 574 20. 6.73/19.12.74 Chem. Lin.

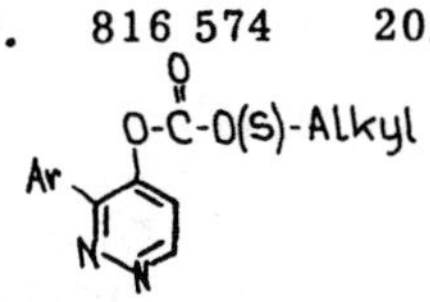

USP 3 466 283 17. 5.68/ 9. 9.69 Dow Chem.

Trichlor 1,2-Pyridazin

GBP 1 351 032 4. 8.71/20. 4.74 ICI

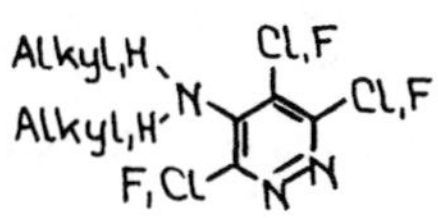

NLP 7 306 681 19. 6.72/21.12.73 Östr. Stickstoffw.

Inhalt fast wie zuvor (OH gegen N austauschbar)

NLP 7 307 955 19. 6.72/21.12.73 Östr. Stickstoffw.

Inhalt wie Belg. P. 784 692 nur Pyridazinring chloriert.

GBP 1 351 032 4. 8.71/24. 4.74 ICI

1,2-Pyridazin mit F

Jap. P. 7 243 819 28. 2.69/ 6.11.72 Mitsubishi Gas

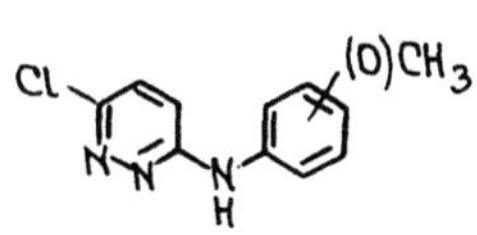

Fr. P. 2 196 646 18. 8.72/19. 4.74 Aries

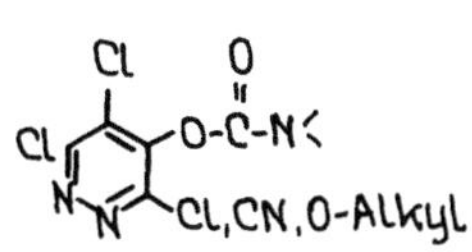

DOS 2 331 398 20. 6.73/23. 1.75 Lentia

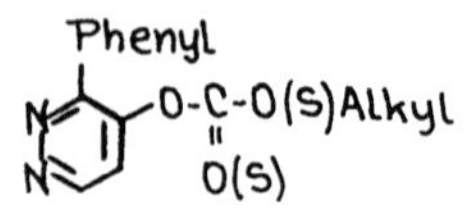


DOS 2 443 256 10. 9.74/18. 3.76 Lentia

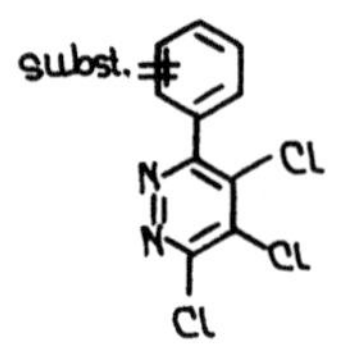


Darstellungsverfahren Vorprodukte für Herbizide

Belg.P. 836 691 17.12.74/16. 6.76 Chemie Linz AG

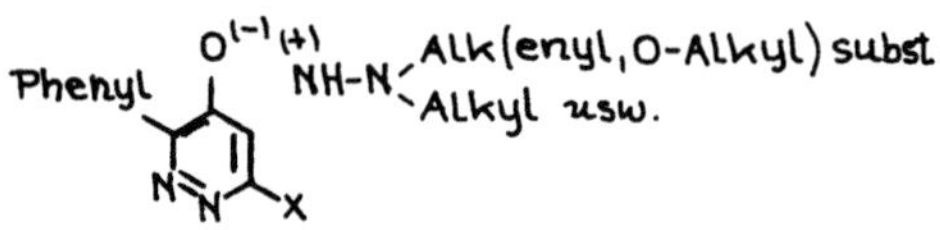


X = Cl oder Br

Gegen Unkräuter im Getreide.

DOS 2 557 956 22.12.75/ 1. 7.76 May u. Baker

GB Prior. 23.12.74 u. 5.9.75

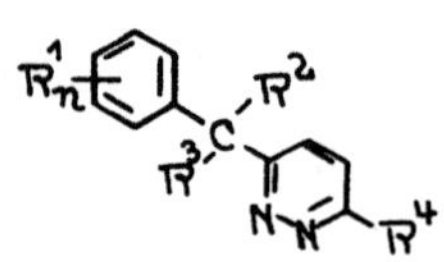


$R^1$ = Halog, (O, S)-Alkyl, $SO_2$-Alkyl, $CF_3$, $NO_2$
$R^2$ = H, Alkyl
$R^3$ = H, Halog, Alkyl, OH
$R^2 + R^3$ = O, N-OAlk.
$R^4$ = H, Alkyl

d 2) 1,2-Pyridazinone mit Substituenten am N

(Siehe Pyramin Bd. II, S. 349)

DOS 1 542 683 20. 5.65/ 2. 7.70 BASF
=Belg.P. 728 164

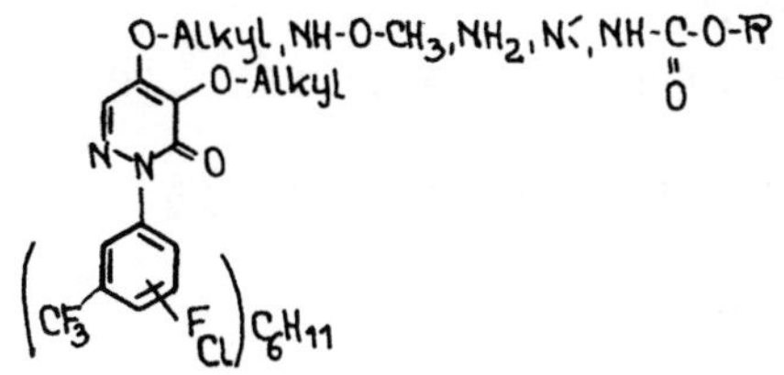

DOS 1 542 685 7. 5.65/23. 7.70 BASF

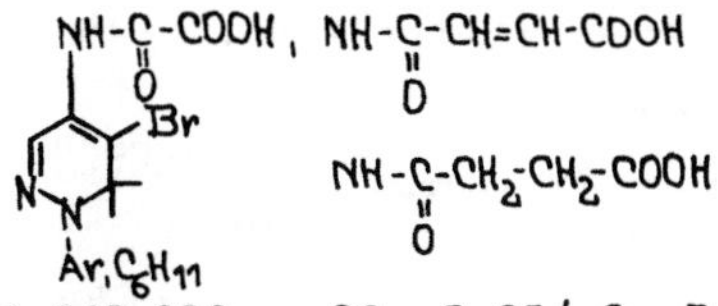

DOS 1 542 686 20. 5.65/ 2. 7.70 BASF

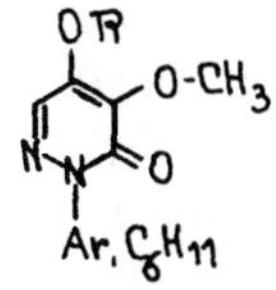

R = H, Alkyl, Aryl

DOS 1 542 691 14. 8.65/23. 7.70 BASF

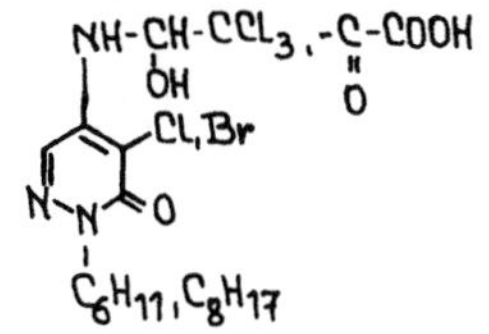

DOS 1 542 692 17. 8.65/23. 7.70 BASF

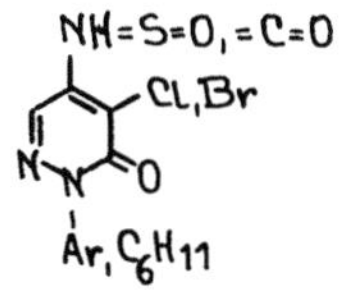

DOS 1 542 693 19. 8.65/23. 7.70 BASF

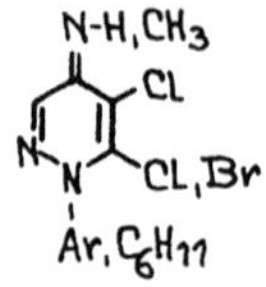

DOS 1 542 695 25. 8.65/23. 7.70 BASF

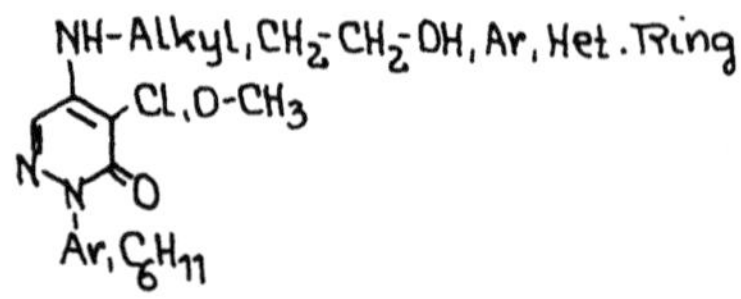

DOS 1 542 697 13. 5.65/23. .70 BASF

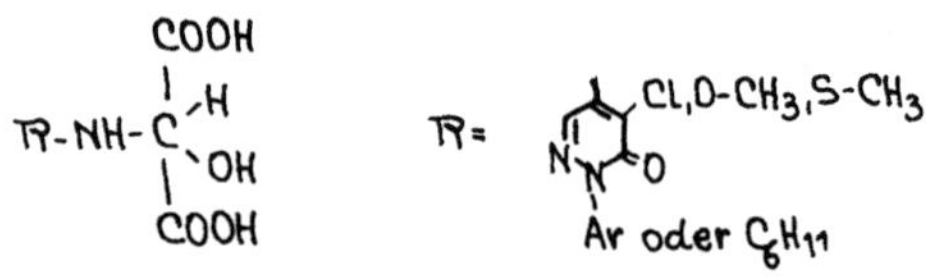

DOS 1 542 700 15.12.75/ 4. 6.70 BASF

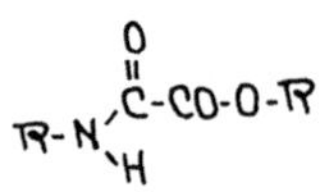

(siehe DOS 1 542 685)

DOS 1 542 813 3. 1.66/26. 2.70 BASF

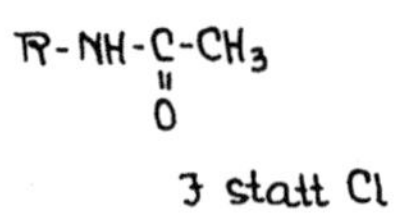


DOS 1 542 814 5. 1.66/26. 3.70 BASF

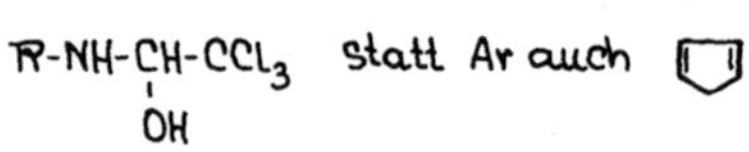


DOS 1 542 815 7. 1.66/26. 3.70 BASF

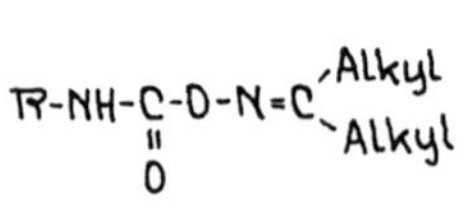

DOS 1 542 816 7. 1.66/26. 3.70 BASF

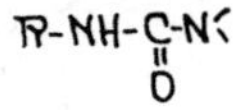

DOS 1 670 148 14. 9.66/29.10.70 BASF

Darst. Verfahren für DOS 1 542 814

DOS 1 670 170 30.11.66/29.10.70 BASF

Darst. Verfahren DOS 1 542 813

DOS 1 912 770 13. 3.69/10. 2.70 BASF

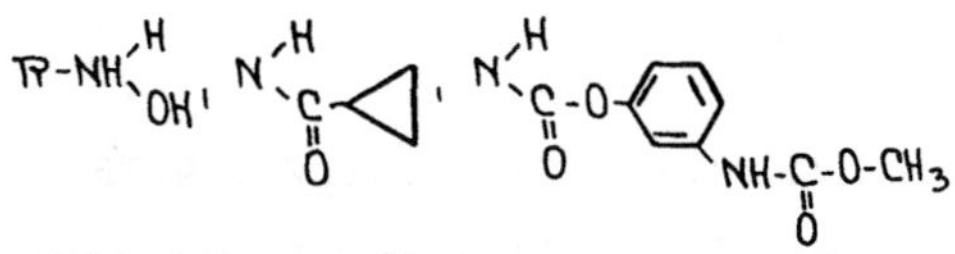

statt Ar auch Benzyl

DOS 1 966 311 13. 3.69/23. 3.72 BASF
=Belg. P. 763 785 5.3.70/6.9.71

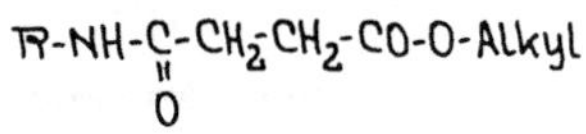

DOS 1 966 313 13. 3.69/17. 2.72 BASF

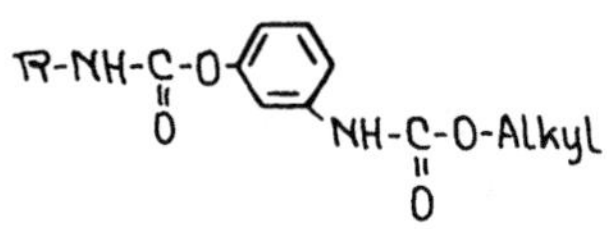

DOS 2 010 397 5. 3.70/16. 9.71 BASF

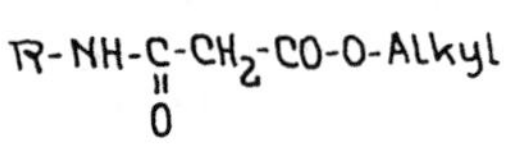

DOS 2 023 291 13. 5.70/ 2.12.71 BASF

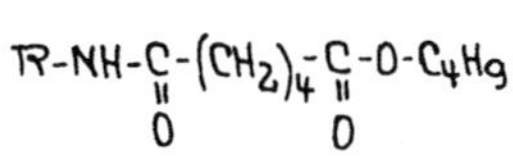

DOS 2 117 681 10. 4.71/19.10.72 BASF

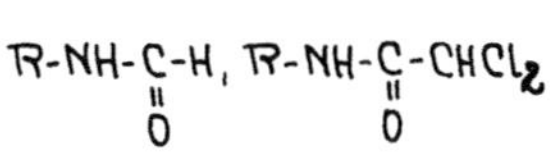

DOS 2 118 872 19. 4.71/26.10.72 BASF

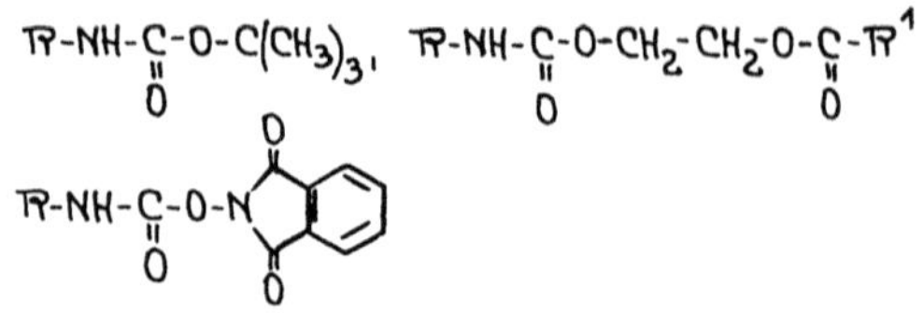

DOS 2 411 900 13. 3.74/25. 9.75 BASF

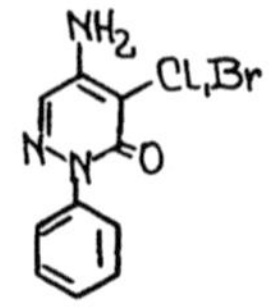

Neues Anwendungsverfahren

DOS 2 412 270 14. 3.74/25. 9.75 BASF

Siehe 2 411 900 BASF/Neues Anwendungsverfahren

Belg. P. 826 400 13. 3.74/ 8. 9.75 BASF

Belg. P. 826 538 14. 3.74/11. 9.75 BASF

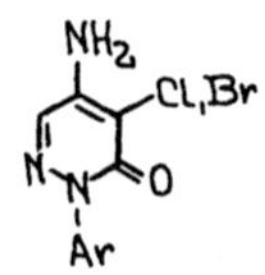

Neue Anwendungsformen

Die große Anzahl der BASF-Patente über Amino-1,2-pyridazinone ist ein Musterbeispiel einer raschen und nahezu vollständigen patentmäßigen Abdeckung einer wichtigen Erfindung sowohl durch Anwendungspatente als auch durch Patente für immer wieder neue Herstellungsverfahren oder Verbesserungen. Alle nur erdenklichen Variationen der berbizid wirksamen Grundverbindung sind erfaßt worden. Es gibt daher auch nur ganz wenige "fremde" Patente welche zudem oft nur ausgefallene Variationen des Amino-1,2-Pyridazinons aufweisen.

DOS 2 162 046 14.12.71/10. 8.72 Agripat
Schwz. Prior. 15.12.7

$R-N=P(O,S,R^1)_3$

DOS 2 249 470 9.10.72/19. 4.73 Ciba-Geigy

$R-NH-P(=O)-(O-R^1)_2$

Belg. P. 712 832 29. 3. 68/27. 9. 68 Sandoz
=Schwz. P. 482 684 2. 1. 67/30. 1. 70

R-NH-Alkyl

Ar in 3-Stellung durch $CF_3$ substituiert (siehe Norflurazon°)

Belg. P. 760 499 19. 12. 69/17. 6. 72 Sandoz

RNHO-Alkyl sonst wie zuvor

NLP 6 804 045 21. 3. 68/23. 9. 69 Sandoz

NLP 6 906 835 5. 5. 69/10. 11. 69 Sandoz

DOS 1 695 165 16. 11. 66/10. 9. 70 Hodogaya

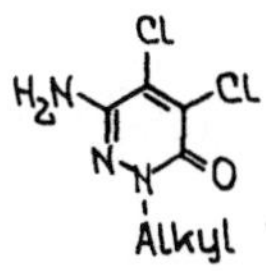


DOS 1 695 840 18. 3.68/ 5. 7.76 Sandoz

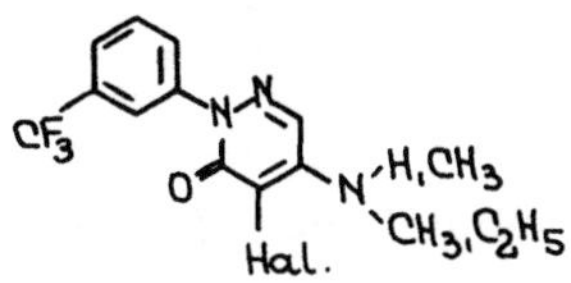


Pre emergence Herbizid

USP 3 967 952 3. 7.75/ 6. 7.76 Eli Lilly

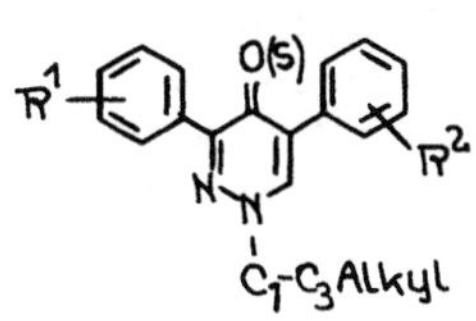


$R^1$ u. $R^2$ = H, $CF_3$, F, Cl, Br, $CH_3$

Die zahlreichen Versuchsprodukte welche durch einfache Substitution an der Aminogruppe des Pyramins bekannt geworden sind, haben bis heute noch zu keinem Handelsprodukt geführt. Lediglich eine spezielle Substitution im Arylrest hat zu einem neuen Handelsprodukt der Sandoz geführt (Norflurazon°).

d 3) 1, 2 - Pyridazindione

DOS 1 542 989 10. 12. 65/25. 6. 70 Nordd. Affinerie

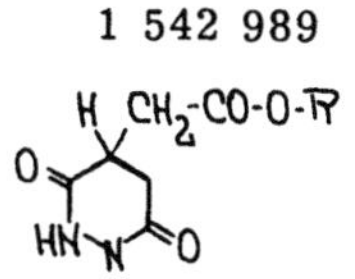


vorwiegend Wuchsregulator

DOS 2 132 466 30. 6. 71/ 1. 3. 73 Spiess Nordd. Affinerie

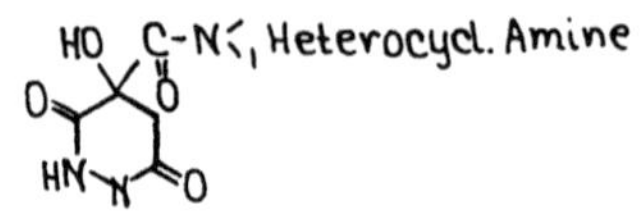


DOS 2 203 049 22. 1. 72/ 2. 8. 73 Bayer

ohne Konstitutionsangabe

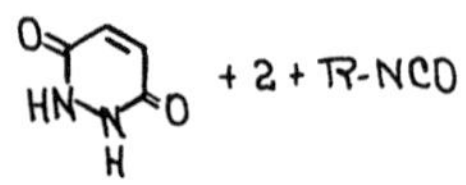


USP 3 749 718 7. 5. 71/31. 7. 73 Am. Cyanamid

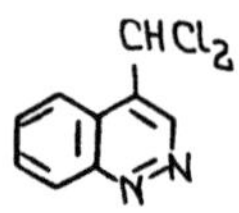


e) <u>6-Ringe mit 2 x N in 1, 3-Stellung</u>

Pyrimidine, Pyrimidinone und Pyrimidindione (Uracile) und Chinazoline.
Da aus der Klasse der Uracile mehrere bedeutende Herbizide hervorgegangen sind und hier anellierte Ringe eine wichtige Rolle spielen, ist die große Zahl von neuen Patenten - wieder sich z. T. mit älteren schon erwähnten überschneidend - nicht verwunderlich. Im Gegensatz zu den 1, 2-Pyridazinonen hat sich hier eine sehr viel größere Zahl von forschungsaktiven Firmen am weiteren Ausbau der Uracile beteiligt.

e 1) Pyrimidine

DOS 2 038 923 5. 8. 70/18. 2. 71 Sandoz
Schwz. Prior. 7. 2. 69/8. 1. 70

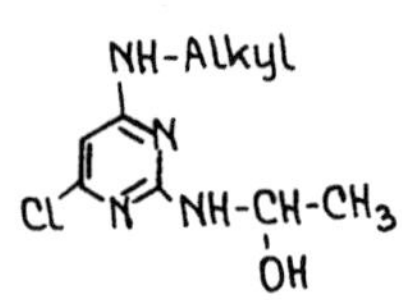


DOS 2 006 145 11. 2. 70/29. 10. 70 Sandoz
Schwz. Prior. 14. 2. 69
=Belg. P. 745 903 Sandoz

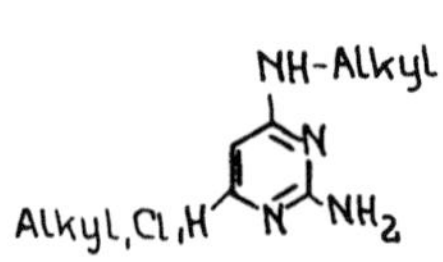

DOS 2 065 629 11. 2.70/24.10.74 Sandoz
Schwz. Prior. 14.2.69

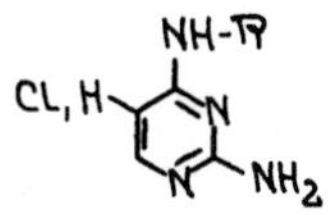


R = Alk(en)yl, Cycloalkyl

DOS 2 110 111 3. 3.71/16. 9.71 Sandoz
Schwz. Prior. 3.70

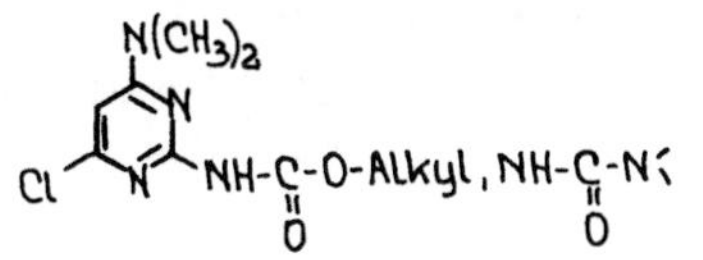


DOS 2 213 082 17. 3.72/ 5.10.72 ICI

oder andere Heterocyclen

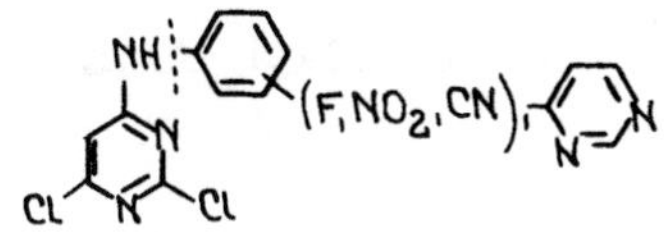


DOS 2 222 729 9. 5.72/16.11.72 Ciba-Geigy
Schwz. Prior. 12.5.71

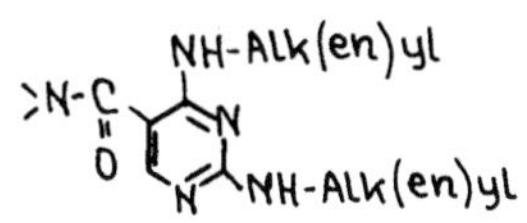


DOS 2 223 644 15. 5.72/30.10.72 Ciba-Geigy
Schwz. Prior. 10.5.71

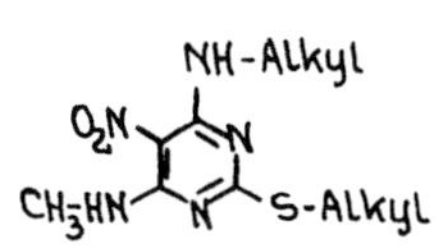


DOS 2 249 027 8.10.71/19. 4.73 The Gates Rubber

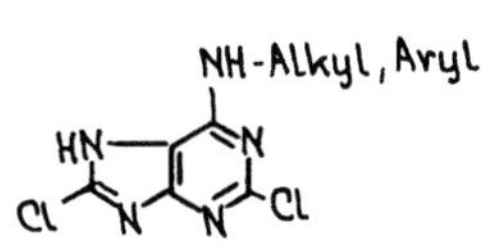


DOS 2 256 289 16.11.72/ 6. 6.74 Wacker Chem.
=Belg. P. 807 384

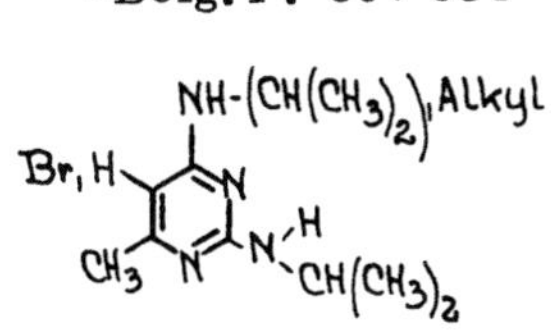

DOS 2 263 052 22.12.72/ 4. 7.74 Wacker Chem.

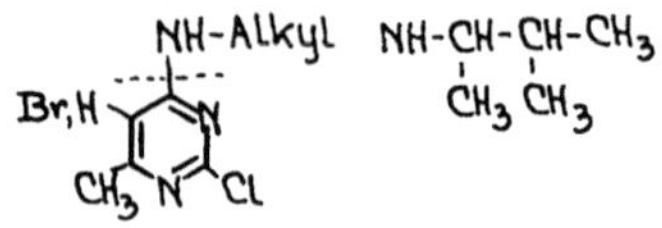


DOS 2 356 644 13.11.73/22. 5.74 Ciba-Geigy
= NLP 7 206 602 17.5.71/21.11.72 Ciba-Geigy

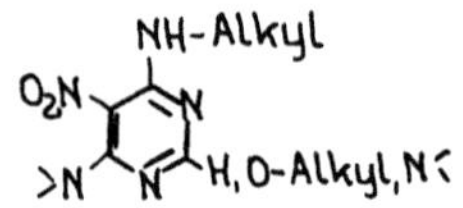


hier $SCH_3$ statt OAlkyl

NLP 7 309 456 27. 4.67/25. 9.73 Eli Lilly

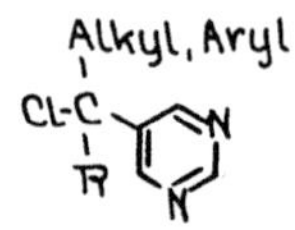


R = Alkyl, Aryl, Furyl usw.

USP 3 557 112 27. 2.69/19. 1.71 Monsanto

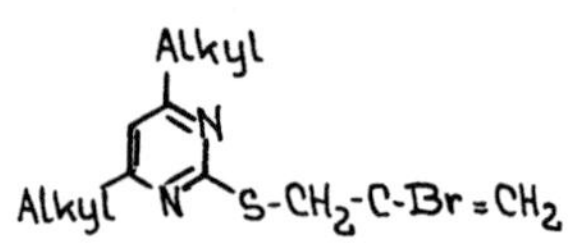


DOS 2 326 112 23. 5.73/12.12.74 Bayer

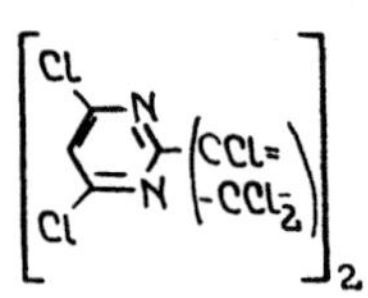


DOS 2 403 165 23. 1.74/31. 7.75 Wacker Chemie

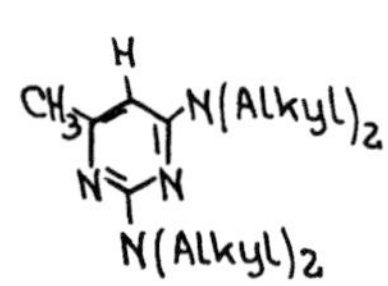


Totalherbizid

DOS 2 428 372 12. 6.74/ 2. 1.75 Eli Lilly

Fluor-alkoxyphenyl substituierte Stickstoffheterocyclen.

z.B.

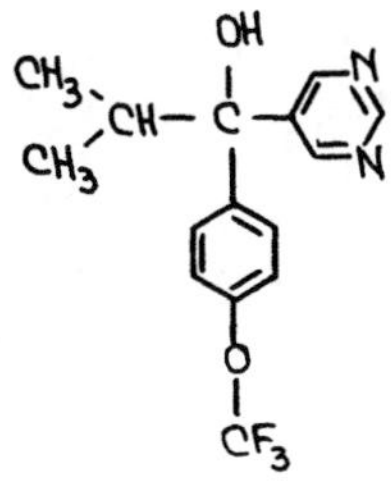


DOS 2 533 710 28. 7.75/19. 2.76 ICI
=Belg.P. 831 938 5. 8.74/30. 1.76

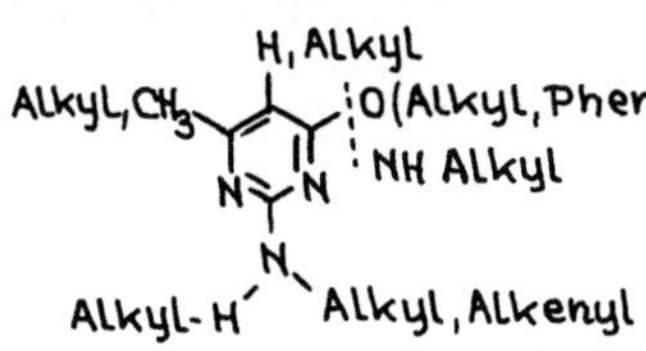


statt 2 x Alkyl auch

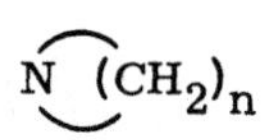


Ältere Patente der Sankyo betreffen fast ausschließlich 2-Phenoxypyrimidine (siehe Band II) und hieraus sind auch einige Versuchsherbizide hervorgegangen über deren Erfolg aber bis heute noch nichts bekannt geworden ist.
Die neuen im Vorangehenden aufgeführten Schutzrechte betreffen derartige Konstitutionen nicht mehr, sondern befassen sich mit Pyrimidinen die in 2- oder 4-Stellung eine Aminogruppe tragen. Die Einführung von Amino-substituenten hat in verschiedenen Verbindungsklassen zu einer herbiziden Wirkungssteigerung beigetragen, siehe z.B. bei den 1,2-Pyridazonen. Die Angliederung eines zweiten heterocyclischen Ringes ist im Vorangehenden nur mit einem Beispiel belegt. Besonderer Erfolg ist dieser Maßnahme bei den Pyrimidinen und den Uracilen zu Teil geworden, wie einige Versuchsprodukte der FMC (siehe Text) zeigen.

## e 2) Pyrimidinone (1 x C = O)

DOS 2 026 819 2. 6.70/24. 2.72 Bayer
=Belg. P. 767 992 2.6.70/2.12.71 Bayer

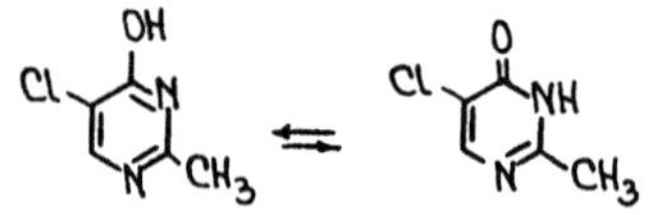

DOS 2 118 935 19. 4.71/ 4.11.72 FMC
US Prior. 23.4.70

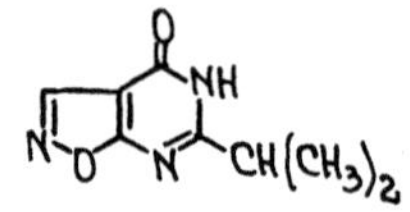

DOS 2 134 263 9. 8.71/ 3. 2.72 Pfizer
=FRP 2 157 874 US Prior. 13.7.70

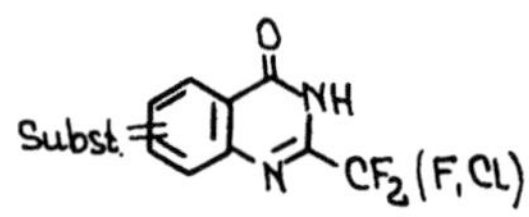

DOS 2 249 099 6.10.72/19. 4.73 FMC Corp.
US Prior. 15.10.71

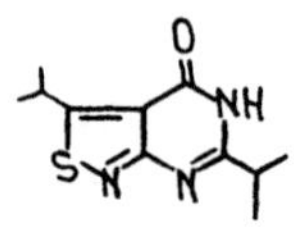

DOS 2 249 162 6.10.72/19. 4.73 FMC Corp.
US Prior. 15.10.71
=Belg.P. 765 533 23.4.71/30.8.71 FMC Corp.

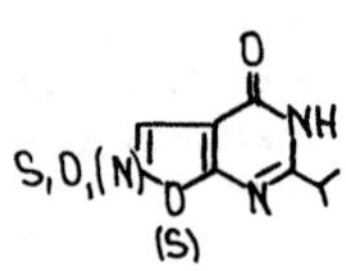

DOS 2 249 163 6.10.72/19. 4.73 FMC Corp.

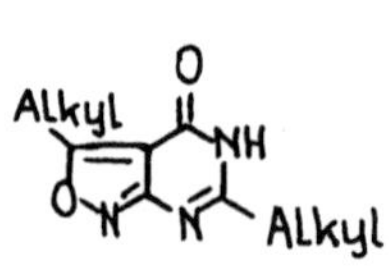

DOS 2 250 282 13.10.72/27. 9.73 Pfizer USA

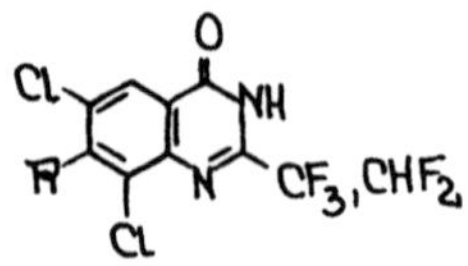

R = Cl, $NO_2$, $CF_3$, O-$CH_3$

USP 3 830 812 10. 7.72/28. 8.74 Pfizer

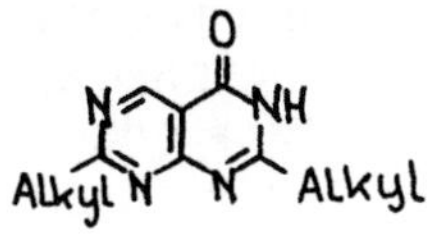


DOS 2 348 111 25. 9.73/16. 5.74 Pfizer
US Prior. 27.9.72

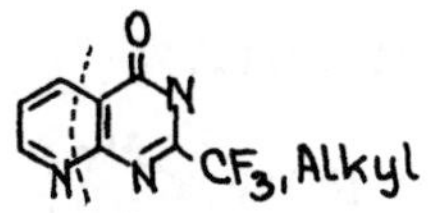


sowie andere anellierte 6-Ringe mit 1 x N

DOS 2 411 276 6. 3.74/18. 9.75 Pfizer

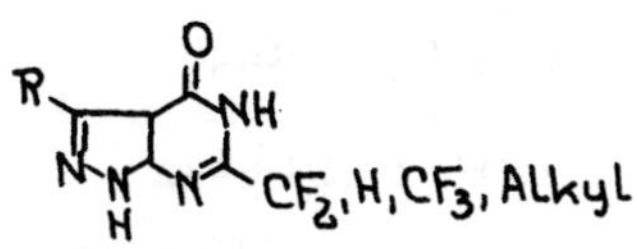


R = Alkyl

USP 3 812 121 18. 8.71/21. 5.74 Monsanto

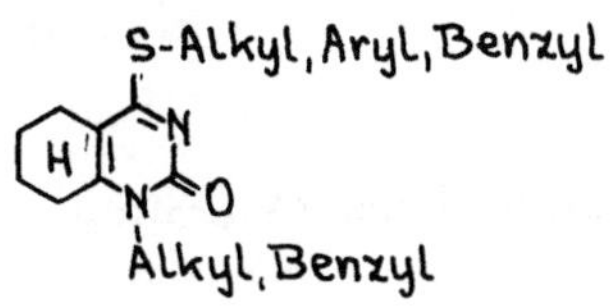


USP 3 823 135 26.12.72/ 9. 7.74 Shell Oil

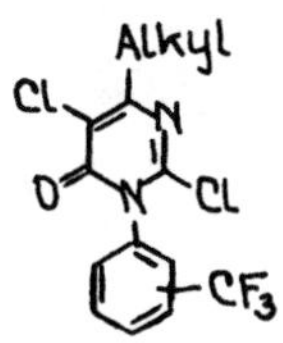


USP 3 838 128 22.11.72/24. 9.74 Am. Cyanamid

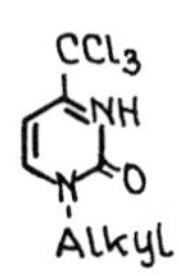


USP 3 890 132 21. 8.72/17. 6.75 Pfizer Inc.

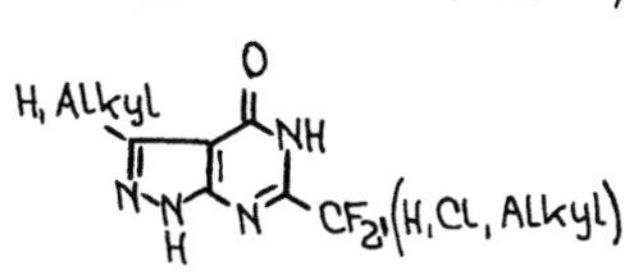

USP 3 912 492 18. 8.71/14.10.75 Monsanto

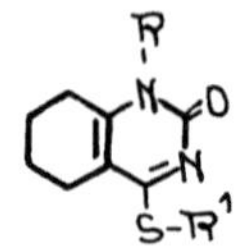

R = 1-6 Alkyl, Cyclohexyl, Phenyl, Benzyl
R' = Alk(en, in)yl < $C_{12}$, Benzyl

siehe USP 3 812 121

DOS 2 520 381 10. 5.74/20.11.75 Ciba-Geigy

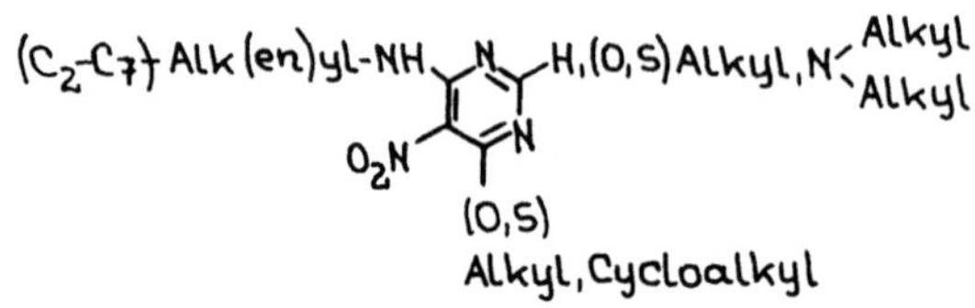


>N in 4-Stellung siehe DOS 2 223 644.

USP 3 932 410 1.11.74/13. 1.76 Velsicol
=Belg-P. 833 316

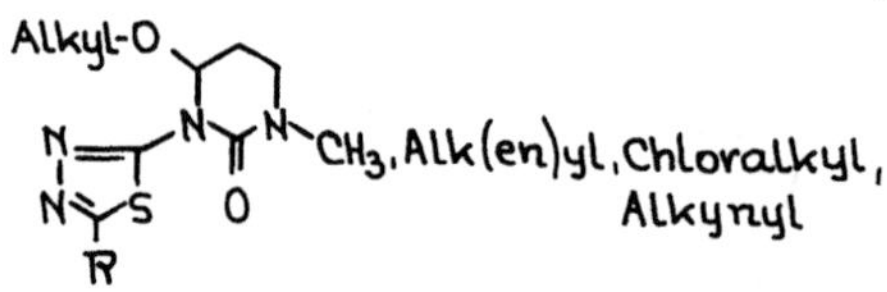


R = Alk(en)yl, Chloralkyl, $CF_3$, O(S)Alkyl usw.
||
(O)

DOS 2 540 366 10. 9.75/25. 3.76 Velsicol

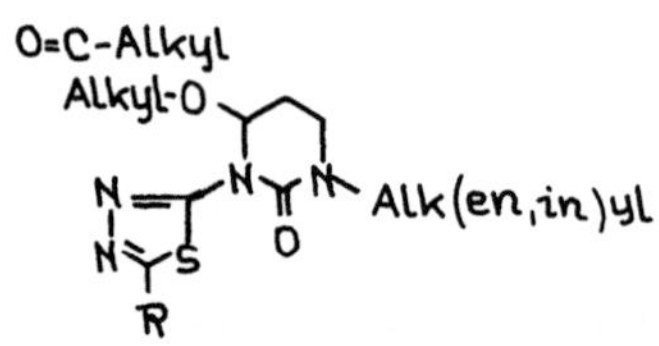


R = Alkenyl
Hal-Alkyl,
$S(O)_n$-Alkyl usw.

DDRP 116 615 22. 5.74/ 5.12.75 Chinoin Gyogyszer

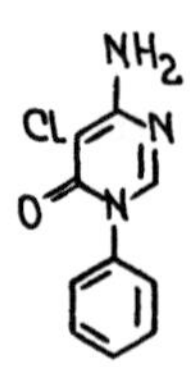


Darstellung

e 3) Dioxopyrimidine (Uracile) und Dihydrouracile

Angeregt durch die wichtigen Herbizide der Du Pont aus der Klasse der Uracile wurde einmal von der Erfinderfirma selbst ein weiterer Ausbau und eine patentmäßgie Absicherung angestrebt zum anderen von verschiedenen Firmen versucht, hier mit speziellen Variationen Fuß zu fassen. Einige Versuchsprodukte zeigen, daß dies zum Teil gelungen ist. (Siehe Text).

DOS 1 542 824 24. 3.66/26. 3.70 BASF

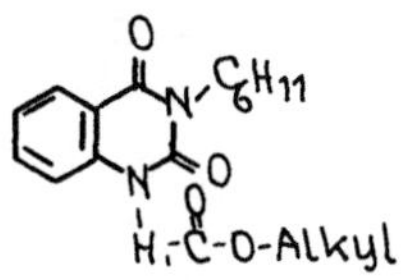

DOS 1 545 630 5.10.65/ 7. 8.69 BASF

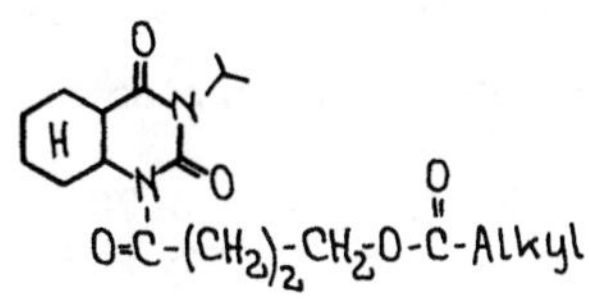

DOS 1 567 006 10.12.62/30. 8.70 Du Pont

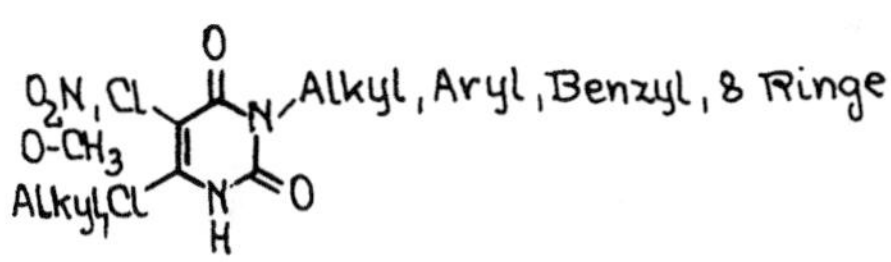


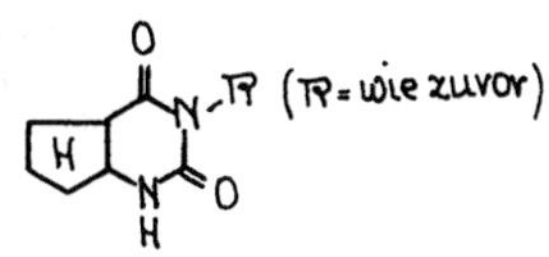


DOS 1 567 029 25. 6.65/25. 6.70 Du Pont

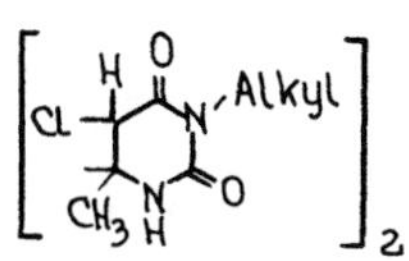

DOS 1 567 036 10.12.62/20. 7.70 Du Pont
US Prior. 11.12.61

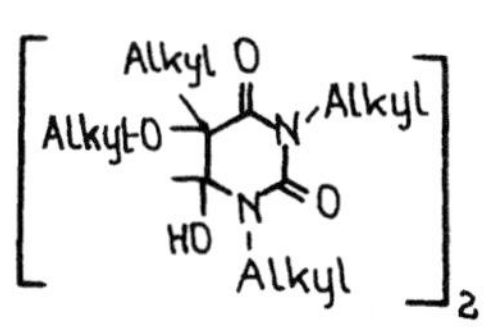

DOS 1 567 037 7.12.65/29.10.70 Du Pont
US Prior. 7.12.64

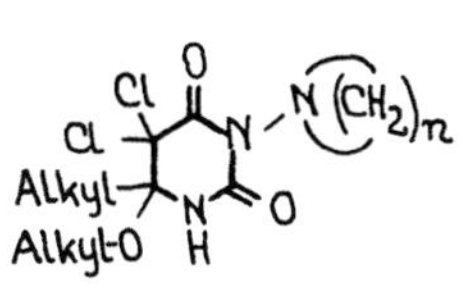

USP 3 471 282 12. 7.68/ 7.10.69 Du Pont

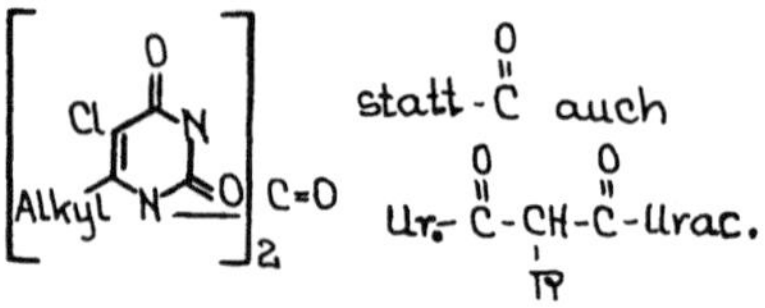


DOS 1 567 038 7.12.65/25. 6.70 Du Pont
US Prior. 7.12.69

USP 3 466 280 20. 5.68/ 9. 9.69 Du Pont

USP 3 466 285 12. 4.68/ 9. 9.69 Du Pont

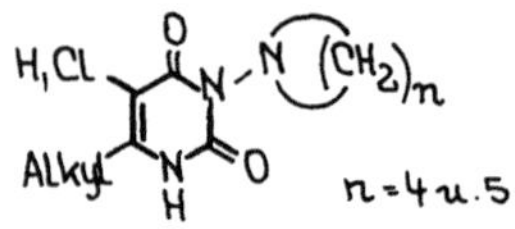


DOS 1 620 119 10.12.69/12. 3.70 Du Pont
US Prior. 15.12.61/6.9.62, 22.10.62

Uracile + Phenole = wasserstabile Komplexverbindungen

DOS 1 620 169 3. 4.67/12. 3.70 Du Pont
US Prior. 4.4.66/13.3.67

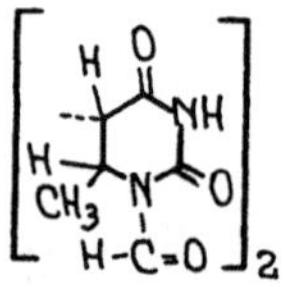

DOS 1 642 223 7. 4.67/27. 1.72 BASF

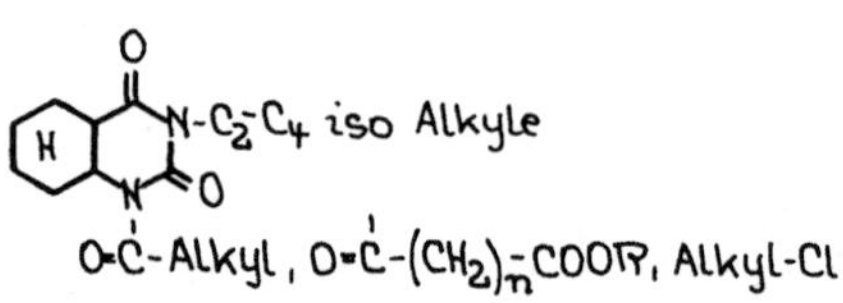


DOS 1 670 298 27.12.67/28. 1.71 BASF
=NLP 6 818 750, =Belg.P. 726 128 BASF

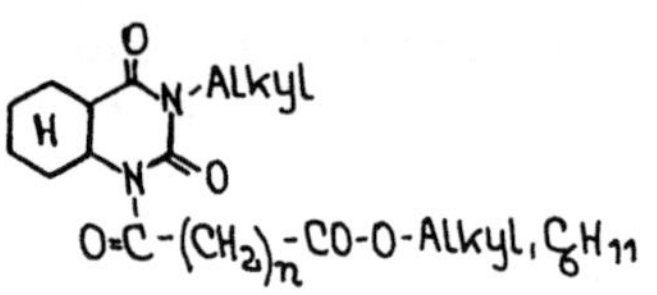


DOS 1 667 992 8. 2.68/29. 8.7 Du Pont

Li-Salze von Uracilen als wasserfreie alkohollösl. Wirkstoffe

Belg.P. 767 534 22. 5.70/24.11.71 BASF

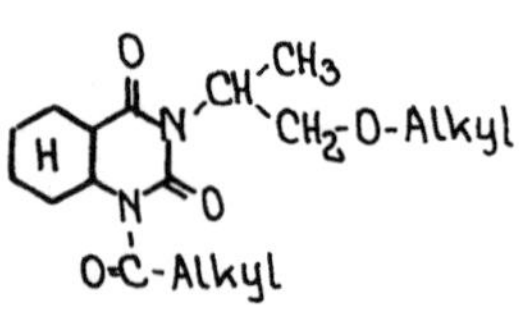

DOS 1 745 901 30.10.65/16.10.69 BASF

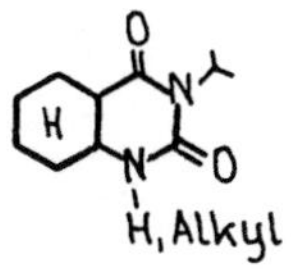


DOS 1 803 167 16.10.67/22. 5.69 Du Pont
= USP 3 480 631, =USP 3 497 515 Du Pont

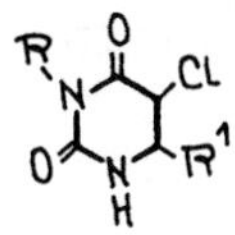

siehe DOS 1 567 006

DOS 1 924 232 12. 5.69/27.11.69 Du Pont
US Prior. 13.5.68/27.11.69

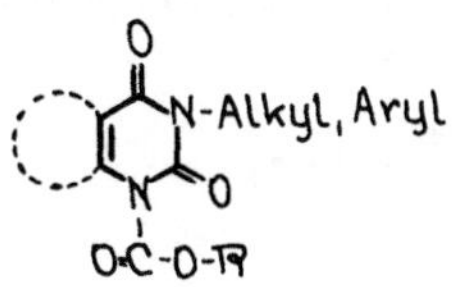


statt des anellierten Ringes
auch H, Cl, Alkyl

DOS 1 932 160 23. 3.69/22. 1.70 Amchem
=USP 3 836 351 26.3.68 Amchem

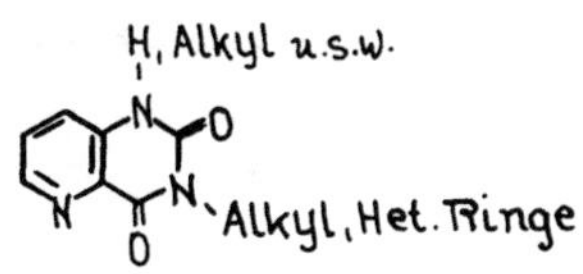


DOS 2 002 586 21. 1.70/27. 8.70 Roussel Uclaf
Fr. Prior. 21.1.69

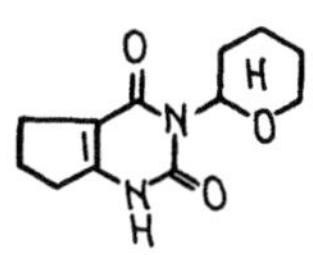

DOS 2 024 942 22. 5.70/ 2.12.71 BASF

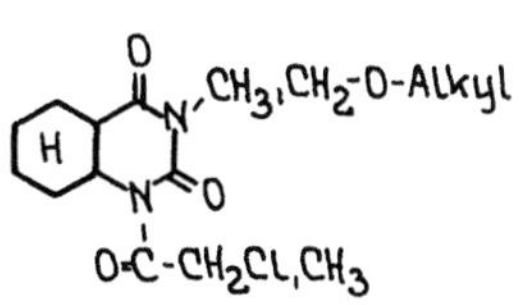

DOS 2 041 996 25. 8.70/16. 3.72 BASF
= Belg. P. 771 695

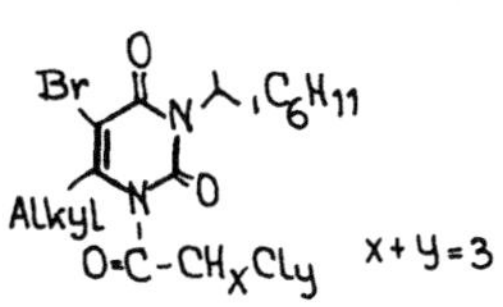

DOS 2 114 018 23. 3.71/18.11.71 Roussel Uclaf
=Belg.P. 764 676 Roussel Uclaf

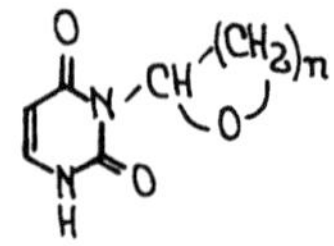

DOS 2 126 148 26. 5.71/ 7.12.72 Bayer

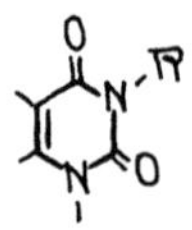

neues Darstellungsverfahren

DOS 2 132 763 1. 7.71/18. 1.73 Bayer

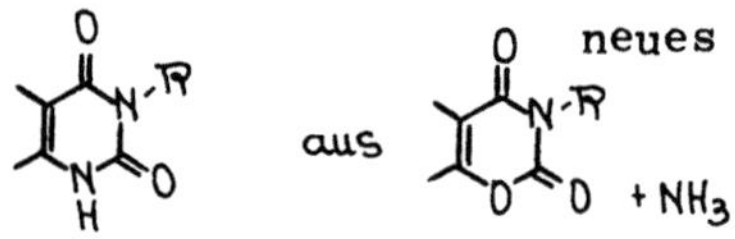


neues Darstellungsverfahren

DOS 2 207 549 18. 2.72/23. 8.73 Bayer
=Belg.P. 795 549 18.2.72/16.3.73 Bayer

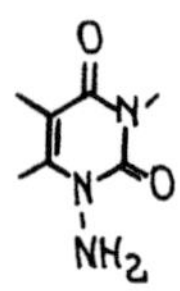

neues Darstellungsverfahren

DOS 2 301 971 16. 1.73/25. 7.74 Bayer

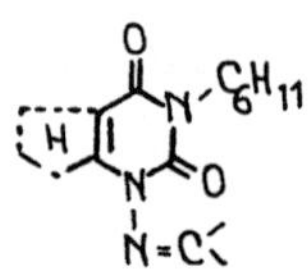

neues Darstellungsverfahren

DOS 2 314 073 21. 3.73/ 4.10.73 Am. Cyanamid
US Prior. 24.3.72

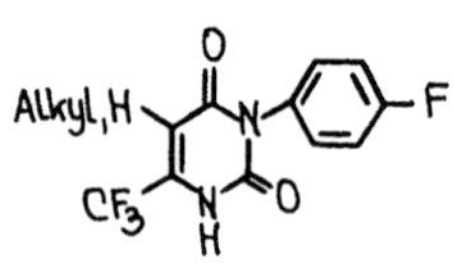


USP 3 170 377 16. 5.68/12.11.69 US Borax
USP 3 464 989 7. 6.67/21. 9.69 US Borax
USP 3 516 817 7. 6.67/23. 6.70 US Borax

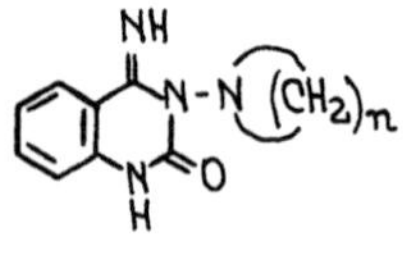

Fr. P. 92 741 23. 6.67/ 2.12.70 Seppic

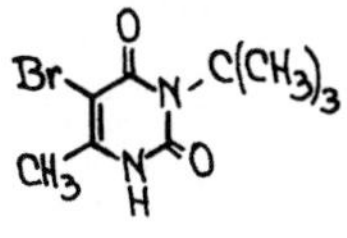

Belg. P. 751 329 2. 6.70/ 2.12.70 Am. Cyanamid

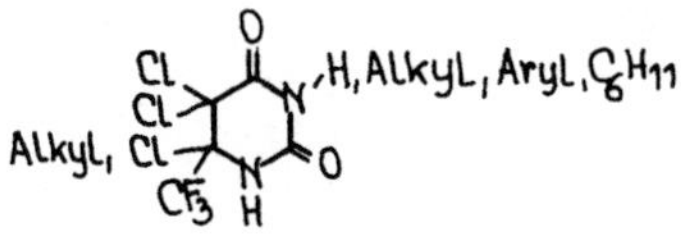

USP 3 732 224 26. 6.68/ 8. 5.73 Sherwin Williams

USP 3 847 589 26. 9.69/12.11.74 Sherwin Williams

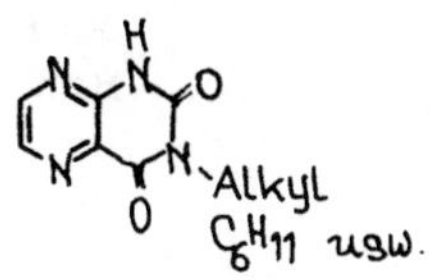

Inhalt wie zuvor

USP 3 864 116 23. 2.73/ 4. 2.75 Du Pont

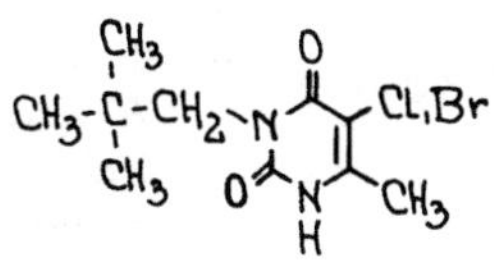

Selektiv in trop. Kulturen

Belg. P. 820 869 13.10.73/ 9. 4.75 BASF

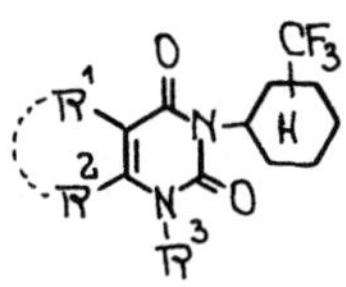

$R^1$ = Halogen
$R^2$ = Alkyl
$R^1$ u. $R^2$ = Ringgeschlossener Cycloaliphat

USP 3 907 795 24. 5.74/23. 9.75 Du Pont

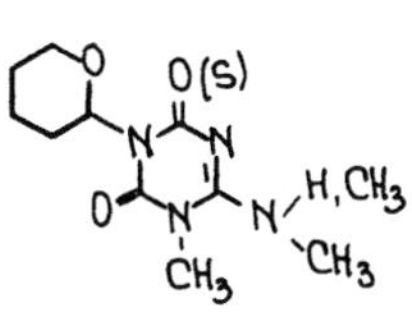

USP 3 907 796 24. 5.74/23. 9.75 Du Pont

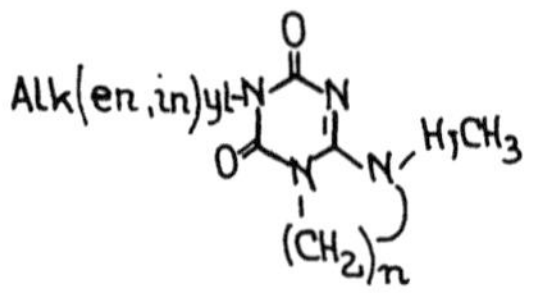


USP 3 909 236 9. 2.67/30. 9.75 Du Pont

Li-Salze von Uracilen

(Dioxypyrimidine, Uracile)

DOS 2 441 155 28. 8.74/18. 3.76 Bayer

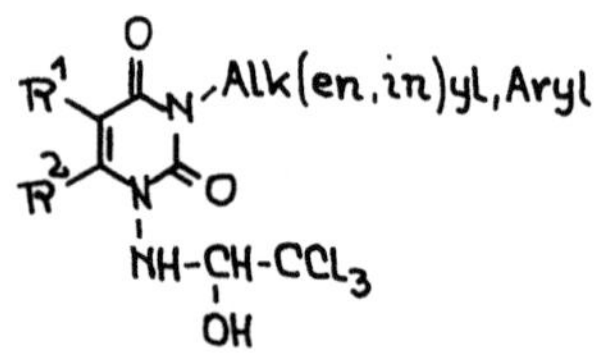


$R^1$ u. $R^2$ = Alkenyl oder $(CH_2)_n$ Brückenglieder

DOS 2 441 156 28. 8.74/18. 3.76 Bayer

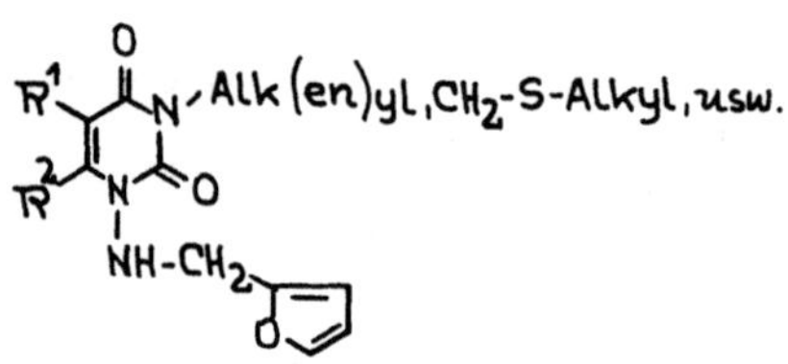


$R^1$ u. $R^2$ = H, Halog, Alkyl, durch $CH_2$ verbundene Brücke

DOS 2 524 578 4. 6.74/11.12.75 Nippon Soda

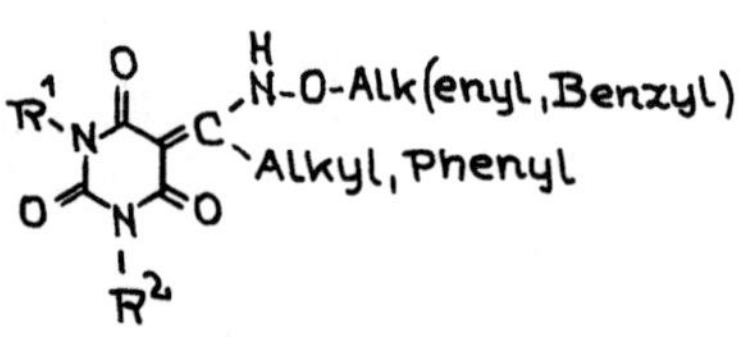


$R^1$ = H, Alkyl, Phenyl
$R^2$ = H, (O)-Alkyl

f) **1,4-Pyrazine**

In der älteren Patentliteratur sind fast keine 1,4-Pyrazine zu verzeichnen, wohl aber einige Phenazine. Erst nach 1969 wurden einige Anmeldungen über herbizide 1,4-Pyrazine bekannt und diese entstammen ausschließlich amerikanischen Firmen.

USP 2 249 027 6.10.72/11. 4.73 The Gates Rubber

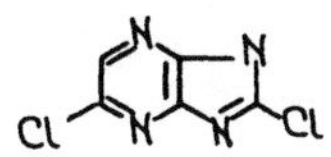


USP 3 452 016 5.10.67/24. 6.69 Dow Chem.

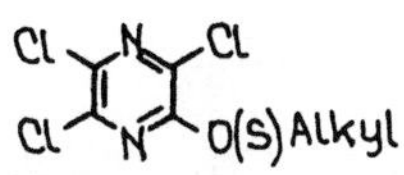


USP 3 539 332 23.12.68/10.11.70 Dow Chem.

Inhalt wie zuvor.

USP 3 582 315 22. 3.68/ 1. 6.71 Eli Lilly

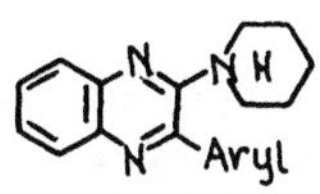


USP 3 723 431 28. 1.71/27. 3.73 Dow Chem.

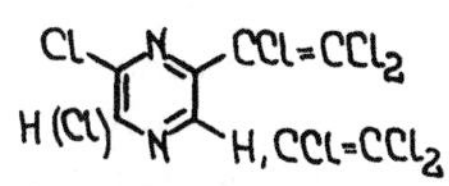


USP 3 732 224 26. 6.68/ 8. 5.73 Sherwin Williams

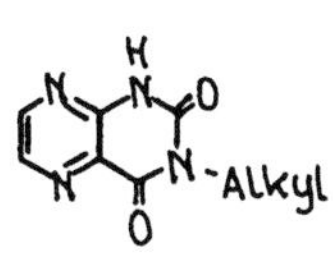


GBP 1 168 094 14. 2.67/22.10.69 Shell Int. Res.

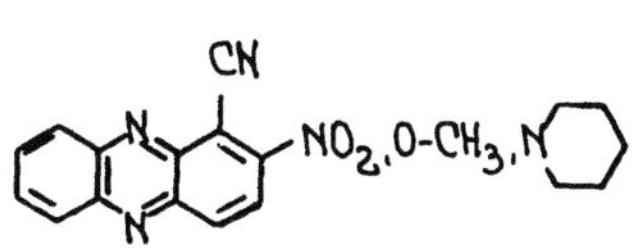

USP 3 822 261 30.10.72/ 2. 7.74 Dow Chem.

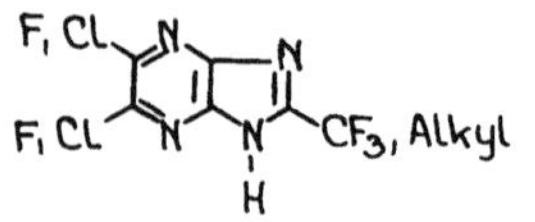


g) 6-Ringverbindungen mit 2 x O oder 2 x S

Heterocyclen mit 2 x O sind mehrfach unter den cyclischen Acetalen aufgetreten und unter den Polyolen abgehandelt. 6-Ringverbindungen mit 2 x S - hier ist nur ein Versuchsprodukt bekannt geworden. Siehe Text.

Fr.P. 2 228 429 7. 5.73/10. 1.75 Uniroyal

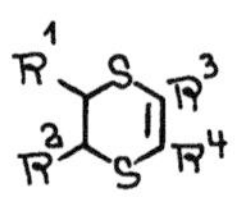

$R^1$-$R^4$ = $CH_3$, Alkyl, Ringe mit $CH_2$
Herbizide, Desiccants, Algizide

## 5.14.4 6-Ringverbindungen mit 3 x N

a) Symmetrische Triazine

Die von Geigy als Herbizide aufgefundenen und seit 1955 intensiv bearbeiteten 1, 3, 5-Triazine sind in der jüngeren Zeit auch noch von anderen Firmen untersucht worden, wobei sich aber nur ein begrenzter Erfolg zeigte. Infolge der Möglichkeit an drei Stellen Veränderungen vorzunehmen, ergeben sich fast unbegrenzte Variationen, die aber eingeschränkt werden von der bis heute nicht durchbrochenen Regel daß zwei Substituenten Aminoreste sein müssen.
Die dritte Substitutionsmöglichkeit scheint, um wirksame Herbizide zu erzielen, ebenfalls begrenzt und kann außer Halogenen, niederen O-Alkyl- oder S-Alkylgruppen noch $N_3$ und wenige andere nucleophil austauschbare Substituenten umfassen.
Ältere Patente siehe bei Versuchs und Handelsprodukten.
Nach DOS geordnet:

DOS 1 542 812 25.11.66/16. 4.70 Geigy
Schwz. Prior. 26.11.65

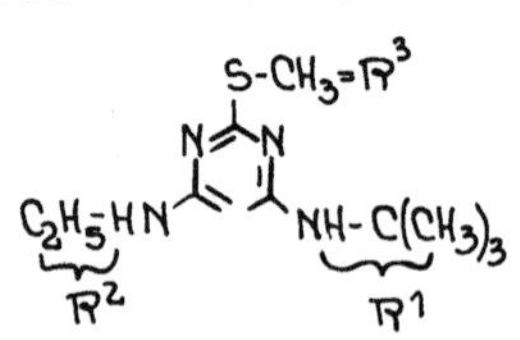


DOS 1 545 734 17. 4.64/ 6. 5.70 Degussa

$R^1$ = N<; $R^2$ = O-Alkyl; $R^3$ = $N_3$

DOS 1 567 216 24. 1.63/16. 4.70 Velsicol
US Prior. 26.1.62

$R^1$ = N-Alkyl oder N<, $R^2$ = N<(H, Alkyl)(O-Alkyl), $R^3$ = Cl, S-$CH_3$

DOS 1 642 235 19. 1.67/21. 5.70 Ciba
Schwz. Prior. 28.1.66

$R^1$ = NH$(CH_2)_3$O-$CH_3$, $R^2$ = N<(H)(CH($CH_3$)-$(CH_2)_{0\,u.\,1}$-$CH_2$-CH($CH_3$)-$CH_3$), $R^3$ = Cl, O-$CH_3$

DOS 1 642 366 20.11.67/22. 4.71 VEB Wulfen

$R^1$ = NH-$C_3H_7$, $R^2$ = NH-$C_3H_7$ iso, $R^3$ = S-N$(CH_3)_2$

DOS 1 670 289 28.12.67/ 2. 3.72 BASF

$R^1$ = NH-Alkyl, $R^2$ = NH-CH($CH_3$)-$CH_2$-O(S)-$CH_3$, $R^3$ = Cl, O(S) $CH_3$, CN

DOS 1 670 291 6.12.67/ 2. 3.72 BASF

$R^1$ = NH-CH($CH_3$)-C≡CH, $R^2$ = NH-Alkyl, Alkoxy-alkyl, $R^3$ = Cl, O(S), $CH_3$, Alkyl

DOS 1 670 528 16. 7.66/30. 4.70 Degussa

$R^1$ = NH-Alkyl, $R^2$ = NH-C($CH_3$)($CH_3$($C_2H_5$))-CN $R^3$ = Cl, O(S)-Alkyl

DOS 1 670 529 19. 7.66/ 2. 3.72 Degussa

$R^1$ = NH-$NH_2$, $R^2$ = N⟨ ⟩NH (Piperazino), $R^3$ = $CCl_3$

DOS 1 670 563 2.11.66/24. 2.72 Degussa

$R^1$ = NH-Alkyl, $R^2$ = N⟨ ⟩N-Alkyl

$R^3$ = α-Hydroxy-äthyl-α-methyl

DOS 1 670 594 7. 3.68/ 6. 8.70 Degussa
=NLP 6 902 912 Degussa

$R^1$=NH-Alkyl, $R^2$=NH-$CH_2$-CH($CH_3$)-CN, $R^3$=Cl, O(S)-Alkyl, $N_3$

DOS 1 670 686 7. 4.66/ 3.12.70 Bayer

$R^1$=NH-Alkyl, $R^2$=O-N=C(Alkyl)(Alkyl), $R^3$=Cl

DOS 1 670 794 28. 1.67/25. 3.71 Bayer

$R^1$=NH-Alkyl, $R^2$=N($CH_3$)-CH($CH_3$)-CN, $R^3$=Cl

DOS 1 745 902 11. 4.63/ 3.12.70 Degussa

$R^1$=NH-Alkyl, $R^2$=N($C_2H_5$)-C(=O)-$NH_2$, -C(=O)-NH-$CH_3$, P(=O)($NH_2$)$_2$, $R^3$=$N_3$

DOS 1 745 904 17. 4.64/16. 4.70 Degussa

$R^1$=NH-Alkyl, N(Alkyl)$_2$, $R^2$=CN, O(S)$CH_3$, Cl, $R^3$=$N_3$

DOS 1 770 255 25. 4.68 nicht ausgelegt BASF
=NLP 6 906 288

$R^1$=NH-$C_2H_5$, $R^2$=N($CH_3$)-CH=N-$CH_3$, $R^3$=Cl, CN, $N_3$, -O(S)$CH_3$

DOS 1 770 343 7. 5.68/21.10.71 Ciba-Geigy
=USP 3 799 925 26.3.74 Ciba-Geigy
Schwz. Prior. 12.5.67

$R^1$=NH-Alkyl

$R^2$=NH-CH($CH_3$)-CH($CH_3$)$_2$, $R^3$=Cl, O(S)$CH_3$

DOS 1 770 387 11. 5.68/10. 2.72 Minist. Ind. Chi
Rumän. Prior. 12.5.67
Schwz. Pat. 486 843 12.5.67/30.4.70

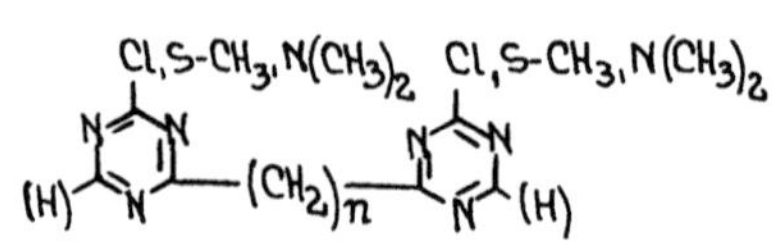


statt H auch Alkyl, $SCH_3$, N(H)(Alkyl)

DOS 1 770 576 6. 6.68/ 4.11.71 Bayer

$R^1 = Cl$, $R^2 = Cl$, $R^3 = N(CH_3)(CH_2Cl)$, $N(CCl_3)(CHCl_2)$ u.s.w.

DOS 1 903 466 14. 1.69/ 3. 9.70 BASF
=Belg. P. 744 893

$R^1 = NH\text{-}Alkyl$, $R^2 = NH\text{-}C(CH_3)(C_2H_5)_2$, $R^3 = Cl, O(S)CH_3, N_3$

DOS 1 911 527 7. 3.69/26.11.70 BASF

$R^1 = NH\text{-}(CH_2)_n\text{-}O(S)\text{-}Alkyl$, $R^2 = R^1$, $R^3 = Cl, Br, CN, O(S)\text{-}CH_3$

oder $NH\text{-}CH(Alkyl)\text{-}O(S)\text{-}Alkyl$

DOS 1 914 012 19. 3.69/ 2.10.69 Agripat
Schwz. Prior. 30.3.68
=NLP 6 904 238 Agripat
=Schwz. P. 504 160 28.2.69/30.4.71 Agripat

$R^1 = NH\text{-}\triangleleft$, $R^2 = NH\text{-}Alkyl$ iso, $R^3 = N_3$

$NH(CH_2)_2\text{-}O\text{-}CH_3$

$NH(CH_2)_nCN$

DOS 1 914 013 19. 3.69/ 2.10.69 Agripat
Schwz. Prior. 20.3.68

$R^1 = NH\text{-}\triangleleft$

$R^2 = NH\text{-}(Alkyl, \triangleleft, CH_2\text{-}CH(CH_3)\text{-}O\text{-}CH_3, CH_2\text{-}CH_2\text{-}CN$, $R^3 = O\text{-}CH_3$

DOS 1 914 014 19. 3.69/ 2.10.69 Agripat
Schwz. Prior. 20.3.68
=Schwz. P. 504 156 28.2.69/30.4.71 Agripat
=NLP 6 904 240 Agripat

$R^1 = N\text{-}\triangleleft\text{-}CH_3$, $R^2 = NH\text{-}CH(CH_3)_2$

$NH\text{-}CH_2\text{-}CH_2\text{-}O\text{-}CH_3$, $NH\text{-}CH_2\text{-}CH_2\text{-}CN$, $R^3 = S\text{-}CH_3$

DOS 1 914 015 19. 3.69/ 2.10.69 Geigy
Schwz. Prior. 20.3.68
=NLP 6 904 249 19.3.69/23.9.69

$R^1 = NH\text{-}\triangleleft$, $R^2 = NH\text{-}C(CH_3)_3$, $R^3 = Cl$

| | | | |
|---|---|---|---|
| DOS | 1 920 517 | 23. 4.69/ 5.11.70 | BASF |
| | =Belg. P. 749 309 | 23.4.69/22.10.70 | BASF |

$R^1 = \underset{H}{N}-CH_2-CH_2-OH$, $R^2 = N-C(CH_3)_3$, $\underset{H}{N}-CH_2-CH_2-O-\underset{O}{\overset{\|}{C}}-CH{=}CH-COOH$

$R^3 = Cl, CN, N_3, O(S)CH_3$

| | | | |
|---|---|---|---|
| DOS | 1 954 175 | 26.11.68/28. 8.70 | Degussa |
| | =Fr.P. 2 024 238 , =NLP 6 917 172 | | Deugssa |

$R^1 = \underset{H}{N}$-Alk(en)yl , $R^2 = \underset{H}{N}-C(H, Alkyl)(Alkyl, Cycloaliphat)-C{\equiv}C(H)$Alkyl, Aryl , $R^3 = Cl, N_3, O(S)CH_3$

| | | | |
|---|---|---|---|
| DOS | 2 012 541 | 17. 3.70/ 1.10.70 | Sert. Soc. d' Etudes |

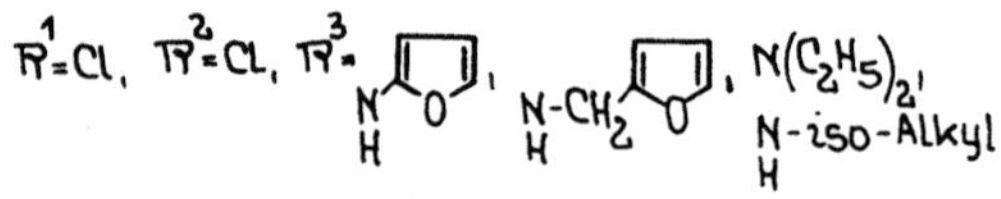

| | | | |
|---|---|---|---|
| DOS | 2 017 918 | 15. 4.70/19.11.70 | Ciba |
| | | Schwz. Prior. | 24.4.69 |
| | =NLP 7 005 980 | 24.4.69/27.10.70 | Ciba |
| | =NLP 7 005 936 | 24.4.69/27.10.70 | Ciba |

$R^1 = NH_2$, $R^2 = \underset{H}{N}-C(CH_3)_3$, $R^3 = Cl, O(S)CH_3$

| | | | |
|---|---|---|---|
| DOS | 2 041 939 | 22. 8.70/11. 3.71 | Gulf Res. |
| | | US Prior. | 27.8.69 |

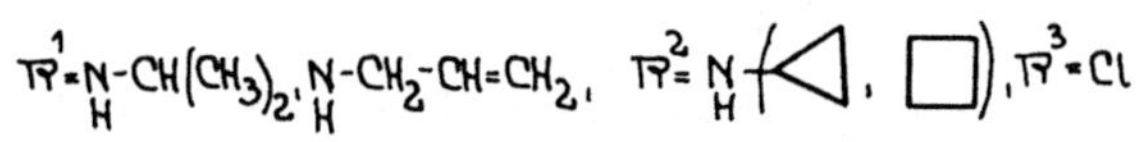

Synergistische Kombinationen mit Thiocarbamaten

| | | | |
|---|---|---|---|
| siehe auch DOS | 2 104 232 | 6. 2.70/16.9.71 | Gulf Res. |
| | 2 104 233 | 29. 1.71/10.3.72 | Gulf Res. |

| | | | |
|---|---|---|---|
| DOS | 2 045 601 | 15. 9.70/22. 4.71 | Agripat |
| | | Schwz. Prior. | 16.9.69 |

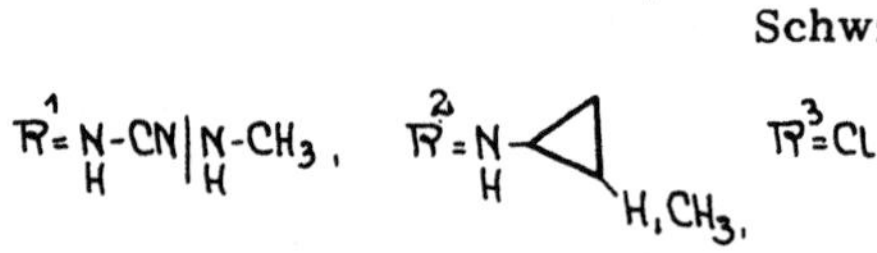

| | | | |
|---|---|---|---|
| DOS | 2 057 841 | 24.11.70/20. 7.71 | Russ. Instit. Inst. Ficopatholog. |

$R^1 = \underset{H}{N}$-Alkyl, $R^2 = \underset{OH}{N}-(H, CH_3)$, $R^3 = O(S)$-Alkyl

DOS 2 064 309 29. 12. 70/13. 7. 72 Südd. Kalkstickstoffw.

$R^1 = \underset{H}{N}-(CH_2)_3-O-CH_3$, $R^2 = R^1$

$R^3 = S-CH_3$

neues Darstellungsverfahren

DOS 2 104 232 6. 2. 70/16. 9. 71 Gulf Res.

DOS 2 104 233 29. 1. 71/16. 3. 72 Gulf Res.

$R^1 = NH-Alkyl$, $R^2 = \underset{H}{N}-(Alkyl, \triangleleft, \square)$, $R^3 = Cl, O(S)-CH_3$

Kombination mit Thiocarbmaten, spezielle Formulierung.

DOS 2 110 111 5. 3. 70/16. 9. 71 Sandoz

$R^1 = N-Alkyl$ (H, Alkyl), $R^2 = \underset{H}{N}-\underset{O}{\overset{}{C}}-O(Alkyl, subst. Aryl)$, $\underset{H}{N}-\underset{O}{C}-N<$, $R^3 = Cl$

DOS 2 115 318 2. 4. 70/ 9. 12. 71 Esso Res.

$R^1 = \underset{H}{N}, H, Alkyl$, $\underset{H}{N}-((CH_2))_{3-7}$, $N(CH_2)y$ (Ring), y = Hetero  (S)

$R^3 = Cl, Br, N_3, O(S)-Alkyl$

DOS 2 126 640 28. 5. 71/13. 4. 72 Agripat
Schwz. Prior. 29. 5. 70, 1. 12. 70

$R^1 = \underset{H}{N}-Alkyl$, Cycloaliphat

$R^2 = \underset{H}{N}-C(CN)(\triangleleft)$ (Alkyl, $\triangleleft$). $R^3 = Cl, O(S)-CH_3$

DOS 2 140 443 12. 8. 71/16. 3. 72 Degussa
=NLP 7 111 761

$R^1 = N-Alkyl$ (H-Alkyl), $R^2 = \underset{H}{N}-\underset{O}{C}-C_2H_5$, $\underset{H}{N}-\underset{O}{C}-CH_2-CH_2-O(S)-Alkyl)$

$R^3 = Cl, CCl_3, S-Ar, S-CH_2-C_6H_5$

DOS 2 141 394 18. 7. 71/24. 2. 72 Agripat
Schwz. Prior. 19. 8. 70, 22. 3. 71 und 23. 7. 71
=Belg. P. 771 461

$R^1 = \underset{H}{N}-Alkyl$, $R^2 = \underset{H}{N}-CH_2-O-Alkyl$

$R^3 = Cl, N_3, O(S)-CH_3$

| | | | |
|---|---|---|---|
| DOS | 2 141 633 | 20. 8.70/24. 2.72 | Agripat |
| | =USP 3 817 741 | 16.8.71/18.6.74 | Ciba-Geigy |

$R^1$ = $\underset{H}{N}$-Alkyl, Alkyl-CN, $R^2$ = $\underset{H}{N}$-$CH_2$-CH(O-Alkyl)$_2$

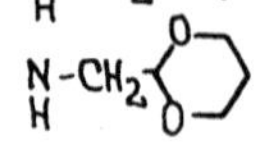

$R^3$ = S-($CH_3$, $C_2H_5$)

| | | | |
|---|---|---|---|
| DOS | 2 161 515 | 11.12.70/29. 6.72 | Ciba-Geigy |

$R^1$ = $\underset{H}{N}$-CH$(CH_3)_2$, $R^2$ = $\underset{H}{N}$$(CH_2)_3$-O-$CH_3$, $R^3$ = Cl

spec. Anwendung gegen Hirse

| | | | |
|---|---|---|---|
| DOS | 2 161 516 | 10.12.70/22. 6.72 | Roussel Uclaf |
| | =Belg.P. 776 463 | 10.12.70/9.6.72 | Roussel Uclaf |
| | =Fr.P. 1 552 086 | 10.11.67/3.1.69 | Roussel Uclaf |

$R^1$ = $\underset{H}{N}$-Alkyl, $R^2$ = $\underset{H}{N}$-$(CH_2)_n$-O-$(CH_2)_n$-$CH_3$, $R^3$ = S-Alkyl, Cl

| | | | |
|---|---|---|---|
| DOS | 2 200 290 | 4. 1.72/27. 7.72 | Monsanto |
| | | US Prior. 4.1.71/24.3.71 | |
| | =NLP 7 118 207 | | |

$R^1$ = $\underset{H}{N}$-Alkyl, $R^2$ = $\underset{Alkyl}{N}$-CH=C(Alkyl)$_2$, $R^3$ = Cl, O(S)-$CH_3$

| | | | |
|---|---|---|---|
| DOS | 2 208 329 | 22. 2.72/ 7. 9.72 | Agripat |

$R^1$ = $\underset{H}{N}$-Alkyl, Cycloaliphat, $R^2$ = $\underset{H}{N}$-Si-C$(CH_3)_3$

$R^3$ = Cl, O(S)-Alkyl, CN, $N_3$

| | | | |
|---|---|---|---|
| DOS | 2 213 041 | 17. 3.72/28. 9.72 | Sandoz |

$R^1$ = Cl, $R^2$ = Cl, $R^3$ = O-N=CH- 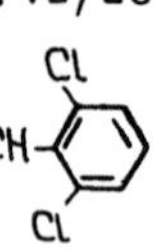

| | | | |
|---|---|---|---|
| DOS | 2 225 773 | 26. 6.72/14.12.72 | Roussel Uclaf |
| | | Fr. Prior. 27.5.71/20.4.72 | |

$R^1$ = $\underset{H}{N}$-Alkyl, $R^2$ = 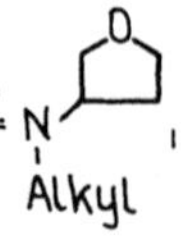, 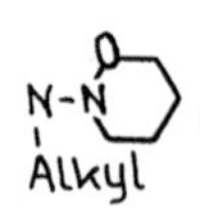, $R^3$ = Cl, O(S)-$CH_3$

DOS 2 238 042 2. 8.72/15. 2.73 Ciba-Geigy
Schwz. Prior. 5.8.71

$R^1 = \underset{H}{N}-\underset{CN}{CH}-Alkyl,\ O(S)-CH_3,\ CN,\quad R^2 = \underset{H}{N}-Alkyl,\ \underset{H}{N}-(CH_2)_n-O-Alkyl$

$R^3 = Cl, N_3, S-CH_3$

DOS 2 258 243 28.11.72/ 7. 6.73 Ciba-Geigy
Schwz. Prior. 1.12.71

$R^1 = \underset{H}{N}-Alkyl$, Cycloaliphat, $R^2 = \underset{H}{N}-\underset{N, Alkyl}{CH}-\triangleleft$

$R^3 = Cl, O(S)-CH_3$

DOS 2 262 188 19.12.72/ 5. 7.73 Ciba-Geigy
Schwz. Prior. 22.12.71

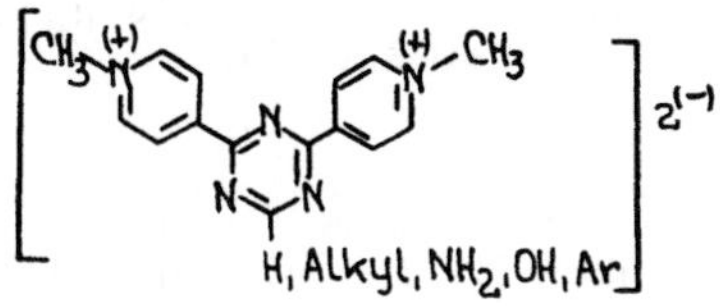


DOS 2 311 237 7. 3.73/12. 9.74 Degussa

$R^1 = NH-Alkyl,\ N(Alkyl)_2,\ R^2 = \underset{H}{N}-Ar\,(5 \times subst)\quad R^3 = Cl$

DOS 2 323 021 18. 5.73/13.12.73 Ung. Institut
Ung. Prior. 8.5.72
=NLP 7 306 416 8.5.72/12.11.73

$R^1 = \underset{H}{N}-Alkyl,\ R^2 = \underset{H}{N}-C(CH_3)_2-CH_2-\underset{O}{\overset{\Vert}{C}}-CH_3,\quad R^3 = Cl, S-CH_3$

DOS 2 415 203 2. 4.73/10.10.74 Stauffer

$R^1 = \underset{H}{N}-Alkyl,\quad R^2 = N(Alkyl)-\underset{O}{\overset{\Vert}{C}}-\underset{O}{\overset{\Vert}{C}}-O-Alkyl',\quad R^3 = Cl, S-CH_3$

DOS 2 416 930 8. 4.74/24.10.74 Növenyvedelmi
Ung. Prior. 9.4.71 Kutato Intezet

$R^1 = NH-Alkyl$ oder $N(Alkyl)_2$ Darstellungsverfahren

$R^2 = NH-C(Alkyl)_2-CN,\quad R^3 = Cl$

| | | | |
|---|---|---|---|
| DOS | 2 423 829 | 16. 5.74/12.12.74 | National Patent Developm. USA |

$R^1 = N(Cl)-C_2H_5$, $R^2 = R^1$, $R^3 = Cl$ Herbizide und Fungizide

| | | | |
|---|---|---|---|
| DOS | 2 437 830 | 8. 8.73/27. 2.75 | Shell |

$R^1 = NH\text{-Alkyl}$, $R^2 = NH-C(CH_3)_2-CN$, $R^3 = S-CH_3$ Algizid

| | | | |
|---|---|---|---|
| DOS | 2 461 584 | 27.12.74/10. 7.75 US Prior. 2.1.74 | Chevron Res. |

$R^1 = N(\text{Alkyl})(\text{H, Alkyl})$, $R^2 = N(\text{Alkyl})(\text{S(O)-Alkyl, }CF_3)$, $R^3 = \text{Halog, O(S)-}CH_3$

Patente und Anmeldungen für die zur Zeit keine entsprechende DOS vorliegt.

| | | | |
|---|---|---|---|
| Rum.P. | 219 324 | 13.10.66/30. 5.68 | Rumän. Agric. Inst. |

$R^1 = NH-C_2H_5$, $R^2 = R^1$, $R^3 = S-C(NH_2)=NH \times HCl$

| | | | |
|---|---|---|---|
| USP | 3 437 729 | 27. 9.67/ 8. 4.69 | Monsanto |

$R^1 = R^2 = R^3 = -ArN=NAr$ siehe auch USP 3 361 735

| | | | |
|---|---|---|---|
| USP | 3 502 459 | 25. 2.66/30. 1.68 u. 24.3.70 | Monsanto |

$R^1 = R^2 = R^3 = O-CH_2-C \equiv CH$

| | | | |
|---|---|---|---|
| USP | 3 451 802 | 27. 6.66/12. 8.68 | Gulf Res. |
| USP | 3 503 971 | 12. 8.68/31. 3.70 | Gulf Res. |
| | | UP 6 806 705 | Gulf Res. |

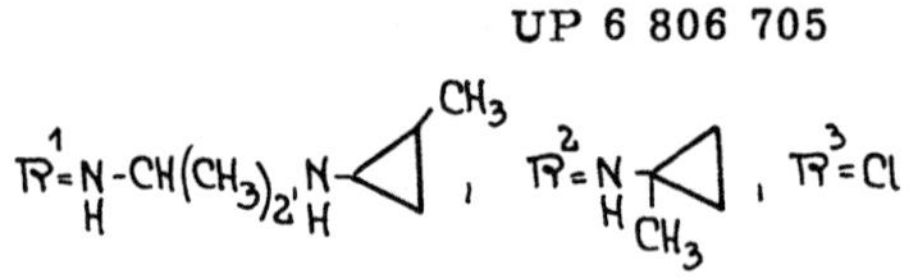

| | | | |
|---|---|---|---|
| USP | 3 538 093 | 13. 3.68/ 3.11.70 | Allied Chem. |

$R^1 = NH\text{-Alkyl}$, $R^2 = NH-C(CF_3)_2-OH$ oder $NH-C(CF_2-CH_3)_2-OH$, $R^3 = Cl$

USP 3 697 249 10.12.69/10.10.72 Allied Chem.

$R^1$ = N(H, Alkyl)-Alkyl, $R^2$ = N(H)-$(CH_2$-$O)_n$H, $R^3$ = Cl

USP 3 743 643 12. 5.71/ 3. 7.73 Chevron Res.

$R^1$ = N(H, Alkyl)-Alkyl, $R^2$ = N(Alkyl)-S-(subst. Ar, $C_6H_{11}$) $R^3$ = halog.

USP 3 816 419 27.10.72/11. 6.74 Am. Cyanamid

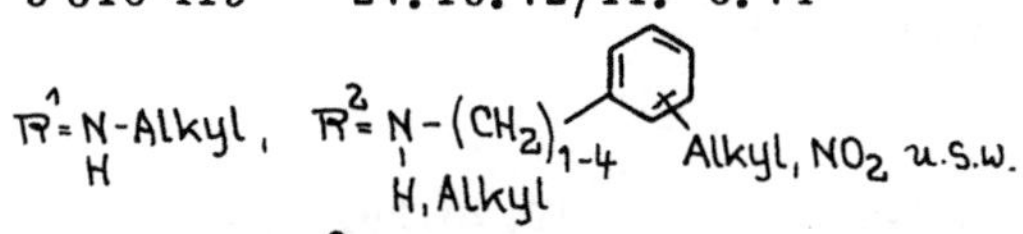

$R^3$ = Alkyl-halog.

Fr.P. 2 152 344 6. 9.71/27. 4.73 Moquart

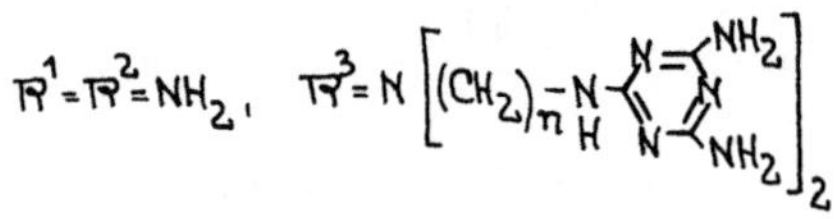

USP 3 817 742 12. 5.71/18. 6.74 Chevron

$R^1$ = N(H)-Alkyl, $R^2$ = N(Alkyl)-S-$(CH_2)_n$-Ar, $R^3$ = Halog.

USP 3 819 626 11. 9.72/25. 6.74 Chevron

$R^1$ = N(H)-Alkyl, $R^2$ = N(H, Alkyl, Allyl)-$CH_2$-CH(Alkyl)-O-C(=O)-N<, $R^3$ = Halog. O(S)-$CH_3$

SUP 693 105 19. 8.71/26. 8.74 Melnikov

$R^1$ = N(H, Alkyl)(Alkyl), $R^2$ = N(H, Alkyl)$(CH_2)_n$-O-C(=O)-N<, $R^3$ = Cl, O-$CH_3$

Fr.P. 2 224 467 9. 4.73/ 6.12.74 Novenyrelmi

Neues Darstellungsverfahren

$R^1$ = N(H, Alkyl)(Alkyl), $R^2$ = N(H)-C(Alkyl)-C(Alkyl)-CN

$R^3$ = Cl

USP 3 864 342 8. 5.72/ 4. 2.75 Chevron Res.
=DOS 2 461 584 27.12.74/10.7.75

$R^1$=NH-Alkyl, $R^2$=N(Alkyl)(S(O)Alkyl), $R^3$=Cl, O(S)$CH_3$

Fr.P. 2 240 220 6. 8.73/11. 4.75 Avies

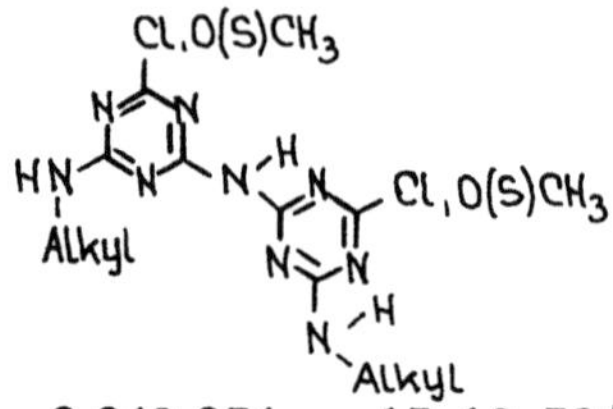


Fr.P. 2 248 274 17.10.73/20. 6.75 Avies

$R^1$=Cl, O-$CH_3$

$R^2$=NH-Alkyl

$R^3$=

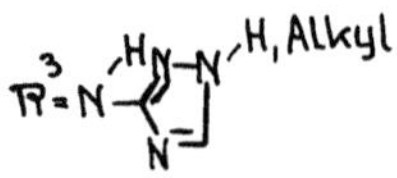


Fr.P. 2 240 221 6. 8.73/11. 4.75 Avies

$R^1$=NH-Alkyl, $R^2$=NH-Alkyl, $R^3$=C(=S)-$NH_2$

Fr.P. 2 243 936 17. 9.73/16. 5.75 Avies

$R^1$=N(Alkyl)-H-Alkyl, $R^2$=NH-C(=O)-N(H, Alkyl)(Alkyl), $R^3$=Cl, O(S)-Alkyl

USP 3 887 356 24. 3.71/ 3. 6.75 Monsanto

$R^1$=NH-Alkyl, $R^2$=N(Alkyl)(Cyclopenten, Cycloheptenyl u.s.w.)

$R^3$=Cl, O(S)-$CH_3$

USP 3 909 237 8. 6.72/30. 9.75 Du Pont

$R^1$=NH-Alkyl, $R^2$=N(Alkyl)(S-S(O)Alkyl)

$R^3$=Cl, O(S)-$CH_3$

Belg. P. 830 545 24. 6.74/23.12.75 Deutsche Gold u. Silber

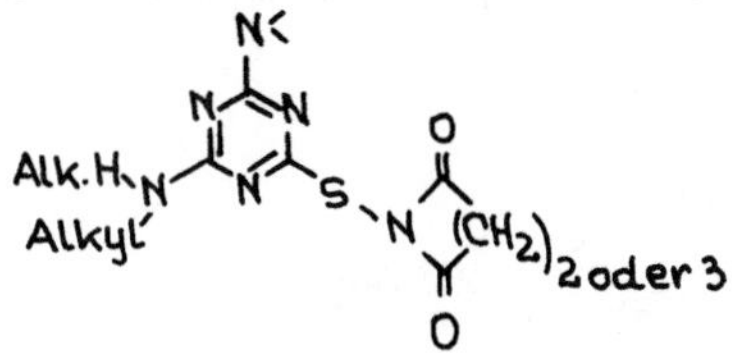

Unter anderem auch Herbizide

SUP 460 039 27.12.71/ 2. 7.75 Melnikov

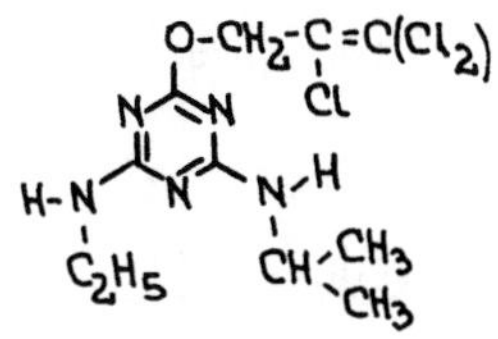

Belg. P. 829 430 24. 5.74/24.11.75 Celamerk

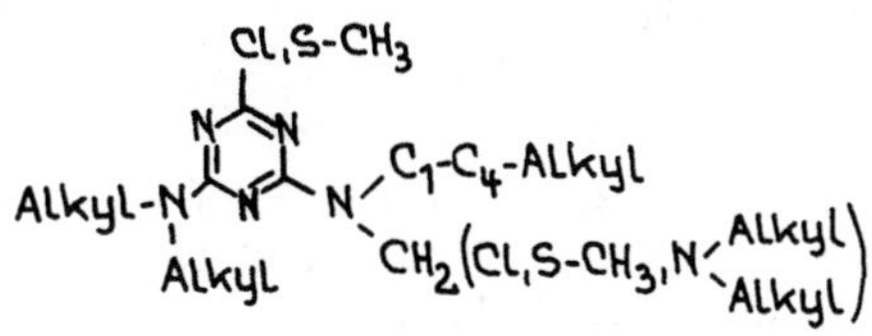

USP 3 932 167 27.10.72/13. 1.76 Am. Cyanamid

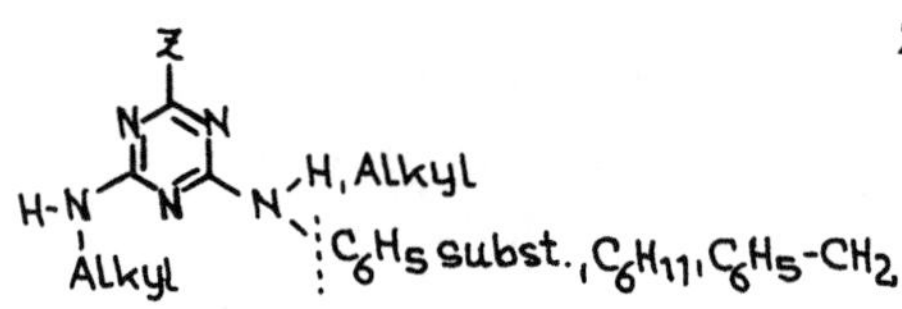

Z = Halog-Alkyl
Halog-Alkenyl

DOS 2 425 287 24. 5.74/11.12.75 Celamerk

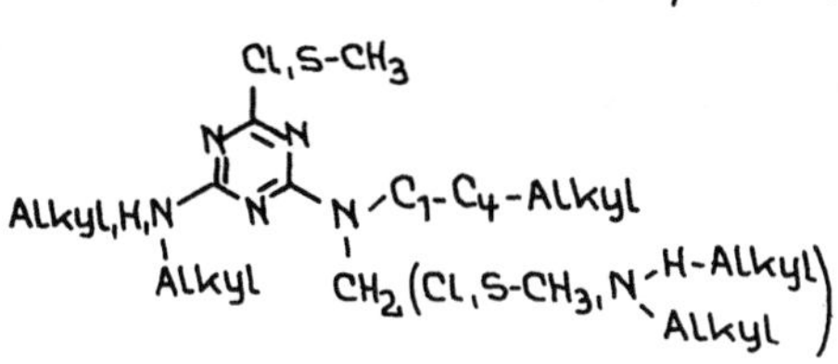

DOS 2 426 809 8. 6.74/ 8. 1.76 Chevron Res.

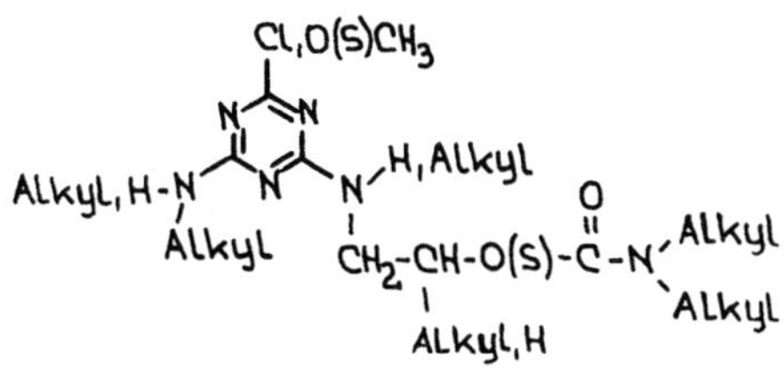

USP 3 938 985 11. 9.72/17. 2.76 Chevron Res.

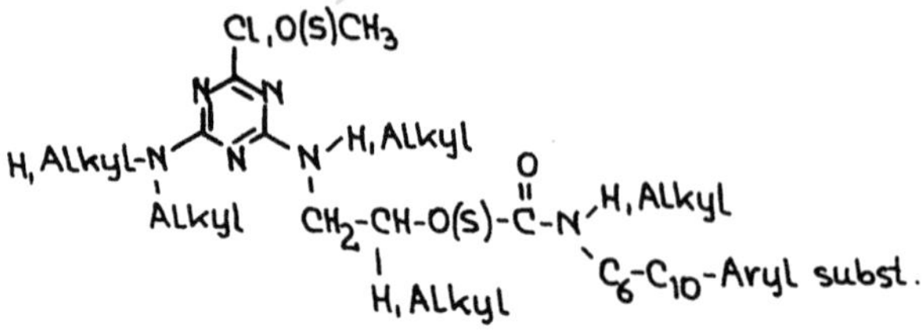


DOS 2 443 706 12. 9.74/25. 3.76 Bitzer

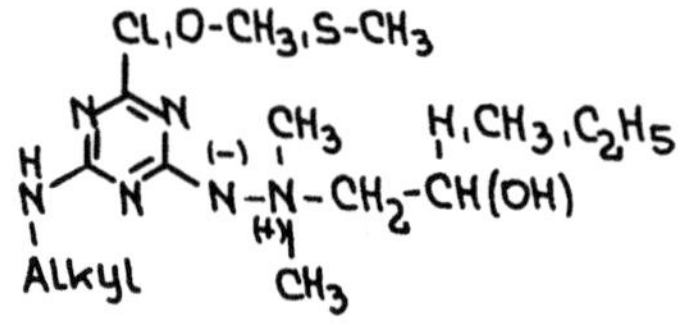


DOS 2 532 767 22. 7.75/12. 2.76 Ciba-Geigy

siehe auch SZP 955 511, FRP 1 322 484

=NEP 75 08800 25.7.74/25.1.76

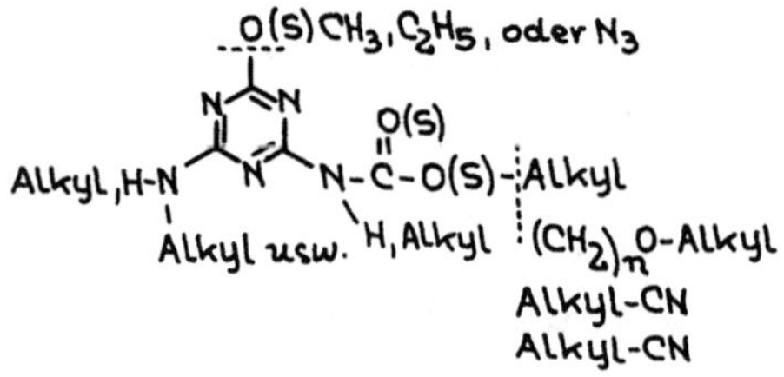


SUP 447 995 30. 8.73/24. 7.75 Melnicov

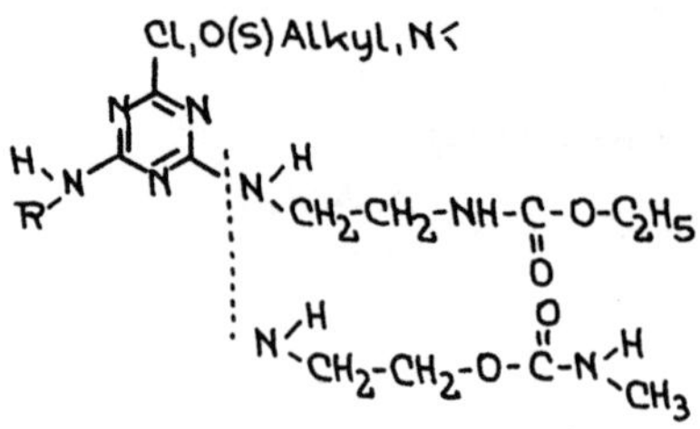


Belg.P. 838 470 12. 2.75/11. 8.76 Deutsche Gold u. Silber Anst.

Belg.P. 838 471 12. 2.75/11. 8.76 "

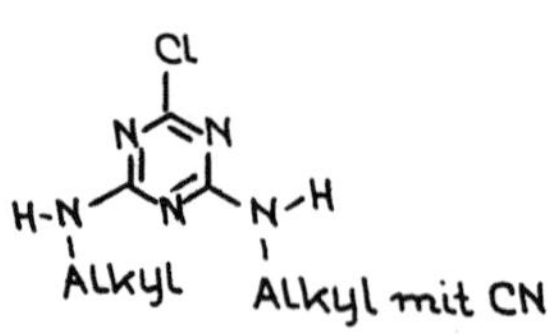


Verfahrensverbesserung

b) **Teil und vollständig hydrierte 1, 3, 5-Triazine sowie 1, 3, 5-Triazinone**

DOS 1 927 921 31. 5.69/31. 5.79 Bayer
=Belg. P. 751 174 31.5.69/30.11.70 Bayer

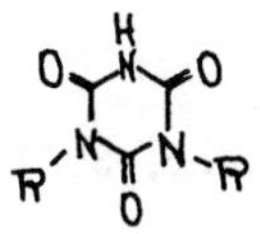

DOS 1 962 797 15.12.69/30. 7.70 Rohm and Haas
=USP 3 585 197 22.4.70/15.6.71 Rohm and Haas

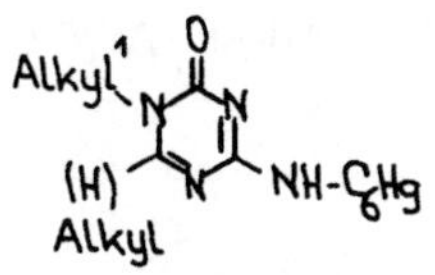


DOS 2 119 782 29. 4.71/16.12.71 Esso Res.
=NLP 7 105 690 27.4.70/29.10.71 Esso Res.

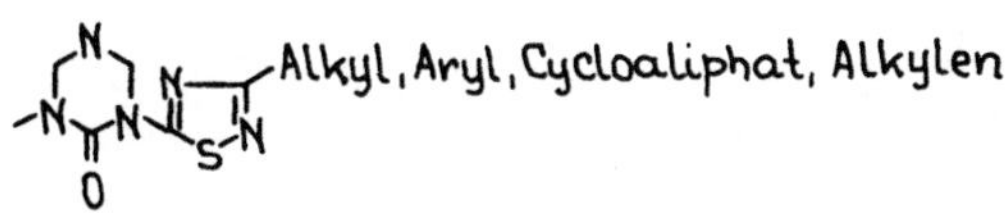


DOS 2 144 505 6. 9.71/15. 3.73 CH Boehringer Sohn

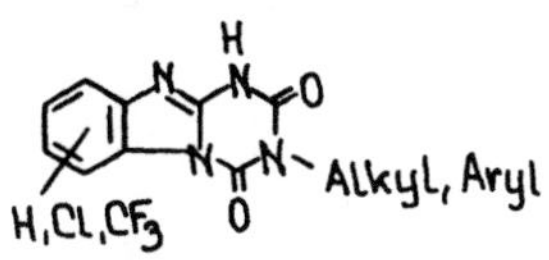


DOS 2 162 492 16.12.71/13. 7.72 Sandoz
=Belg. P. 776 990 Schwz. Prior. 22.12.70, 5.8.72, 28.8.72

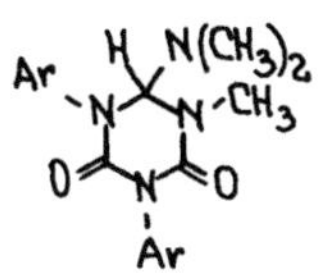


DOS 2 221 787 4. 5.72/22.11.73 Hoechst
=NLP 7 305 944 4.5.72/6.11.73

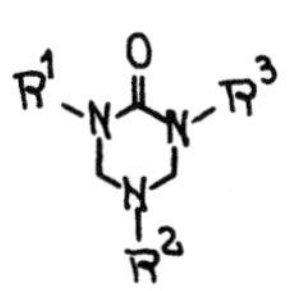


Leicht aus den entsprechenden Harnstoffen durch Kondensation mit Formaldehyd und $R^2NH_2$ darstellbare Verbindungen.

DOS 2 245 449 15.11.72/22. 3.73 Du Pont
=Belg.P. 788 872 Du Pont
US Prior. 16.9.71/3.7.72

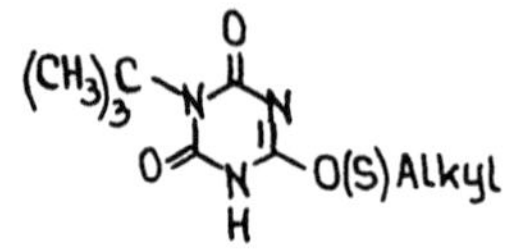


DOS 2 263 805 28.12.72/ 9. 5.74 Du Pont
US Piror. 30.10.72
Inhalt wie zuvor.

DOS 2 254 200 6.11.72/16. 5.74 Bayer

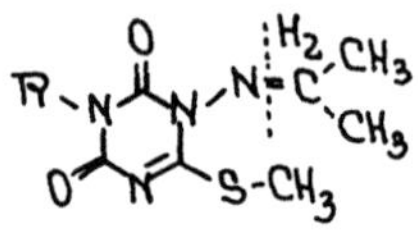


R = Alkyl, Aryl usw.

DOS 2 326 312 23. 5.73/ 9.12.73 Du Pont
US Prior. 24.5.72/22.1.73, 5.4.73

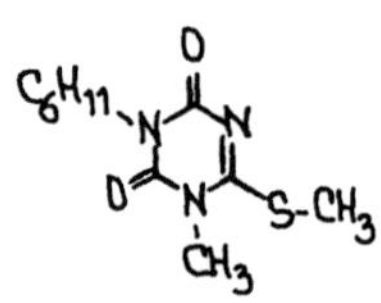


DOS 2 326 358 23. 5.73/ 6.12.73 Du Pont
=NLP 7 307 218 24.5.72/27.11.73 Du Pont

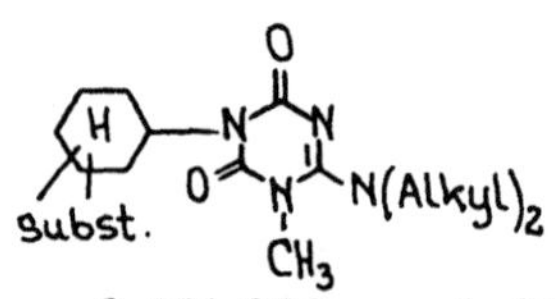


DOS 2 451 899 1.11.73/ 7. 5.75 ICI

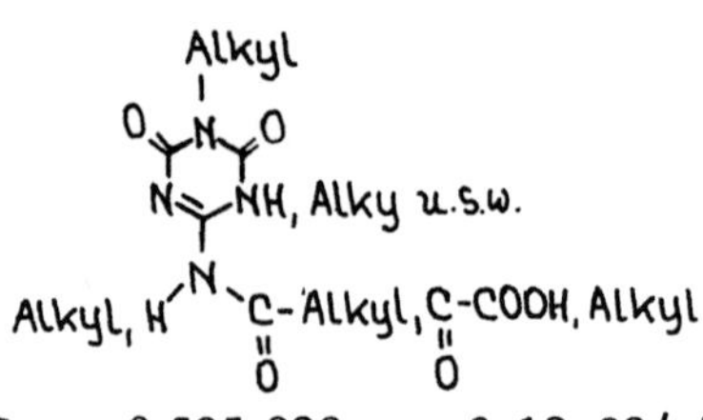


USP 3 505 323 6.12.63/ 7. 4.70 Du Pont

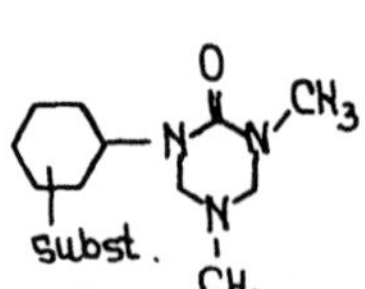


neues Darstellungsverfahren

USP 3 505 057 22. 3.62/ 7. 4.70 Monsanto

USP 3 505 324 5. 6.68/ 7. 4.70 Monsanto

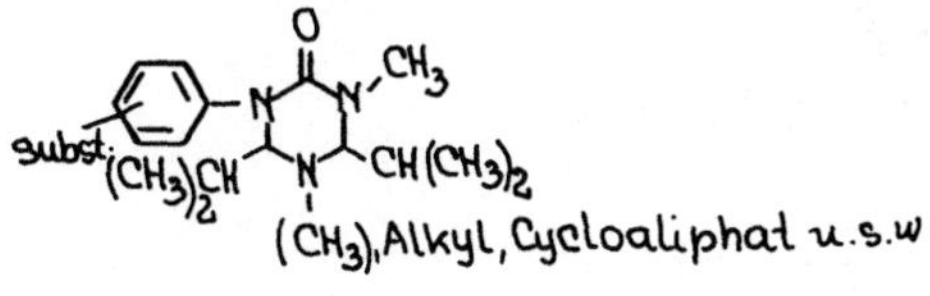


USP 3 698 886 4. 6.68/17.10.72 Monsanto

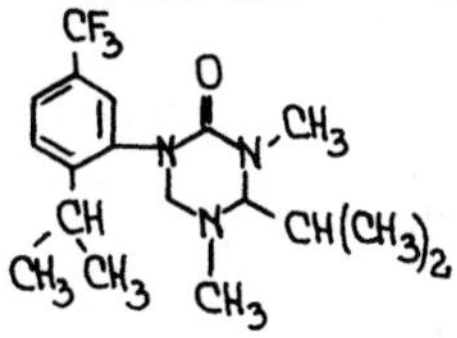

USP 3 902 887 24. 5.72/ 2. 9.75 Du Pont

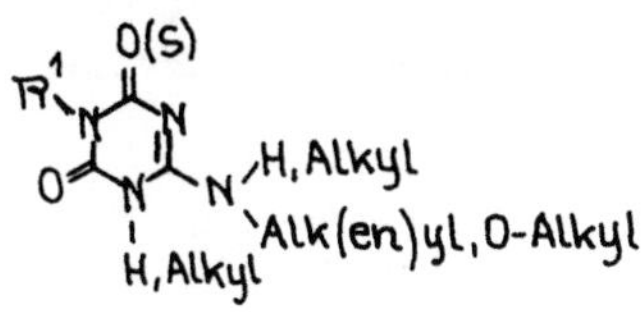


R' = Alk(en)yl, Cycloalkyl

USP 3 907 795 24. 5.74/23. 9.75 Du Pont

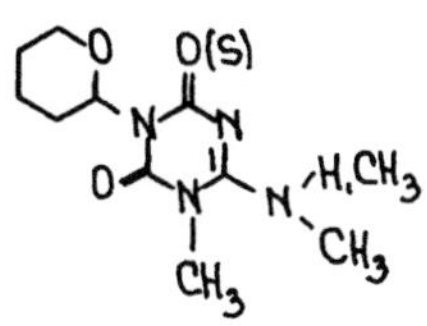

USP 3 907 796 24. 5.74/23. 9.75 Du Pont

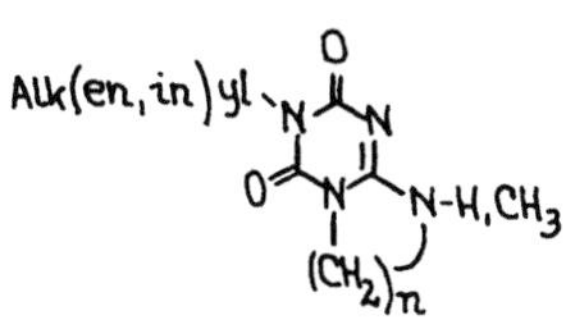


USP 3 914 224 12.11.73/21.10.75 Du Pont

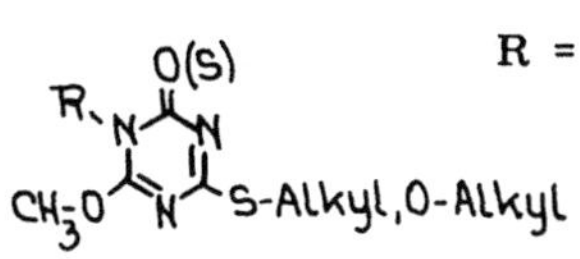


R = Alkyl, iso-Alkyl, Cycloalkyl, Benzyl
Alk(en, in)yl, Phenyl

ZAP 7 008 685 29.12.69/27. 9.71 Agripat
siehe auch DOS 2 119 782

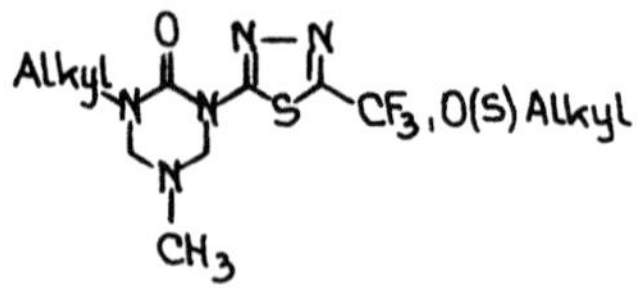


Schwz. P. 508 646 24. 4.69/30. 7.71 Agripat

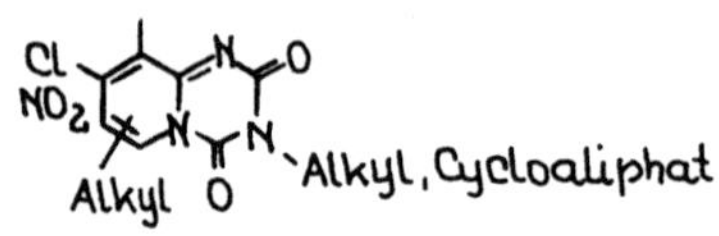


NLP 7 314 896 30.10.72/ 2. 5.74 Du Pont

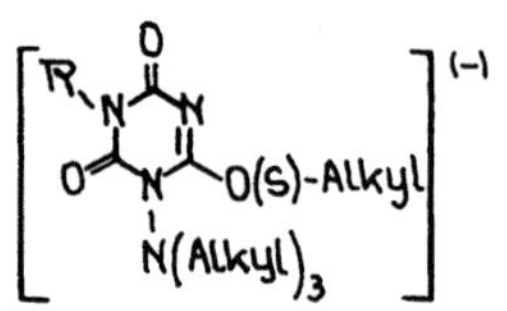


DOS 2 528 162 24. 6.75/15. 1.76 DuPont
US Prior. 24.6.74

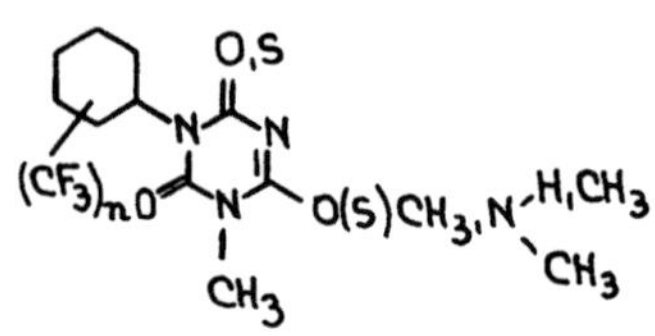


USP 3 951 971 16. 9.71/20. 4.76 Fuchs

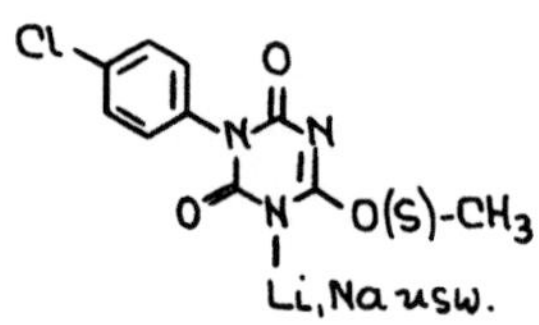


Belg. P. 838 305 5. 2.75/ 5. 8.75 ICI

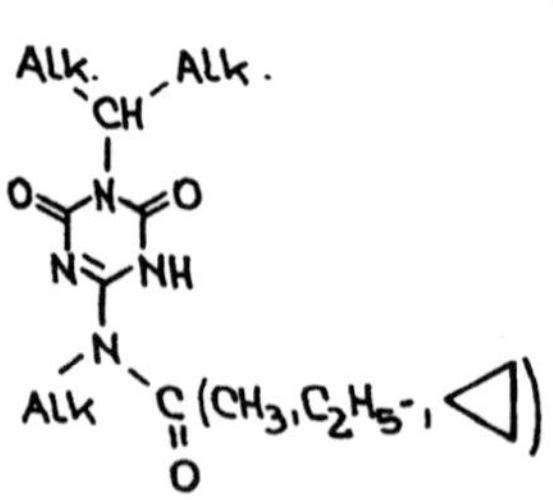

## 5.14.5 1,2,4-Triazin-5-one und dione (Azauracile) und Dihydroverbindungen

DOS 1 542 873 16. 4.66/ 2. 7.70 Bayer

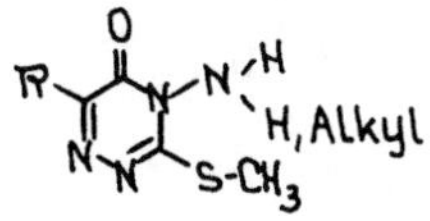


R = Alkyl, subst. Aryl, Cycloaliphat
Grundpaptent für eine neue Herbizidklasse z.B. Sencor[O]

DOS 1 567 139 13. 9.66/30. 7.70 Scott Sohns USA
US Prior. 13.9.65

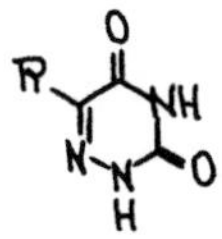

DOS 1 670 912 18. 8.67/18. 3.71 Bayer

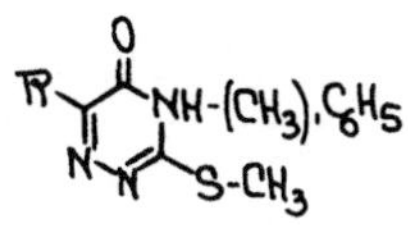


R = Alkyl, Aryl

DOS 1 695 596 27.11.67/22. 4.71 Du Pont
US Prior. 28.11.66
siehe DOS 1 542 873 Bayer

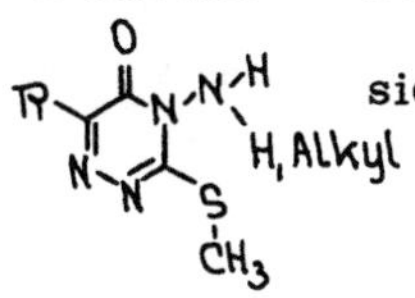


DOS 1 768 574 30. 5.68/12. 8.71 Bayer

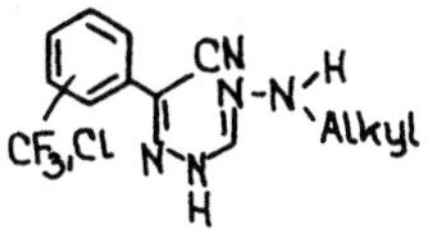


Zwischenprodukt f. 1,2,4-Triazin-5-on

DOS 1 770 750 29. 5.68/13. 1.72 Bayer
=NLP 6 909 826 Bayer

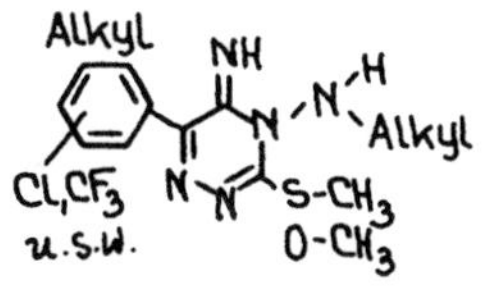


Ringschlußverbindung aus im vorangehenden DOS beschriebenen Vorprodukten.

DOS 1 795 784 16. 4.66/19. 6.75 Bayer

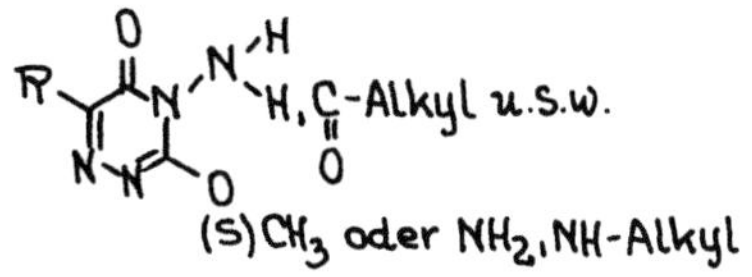


R = Alkyl, Phenyl, Benzyl

Basispatent

DOS 1 795 785 14.11.66/28. 8.75 Bayer

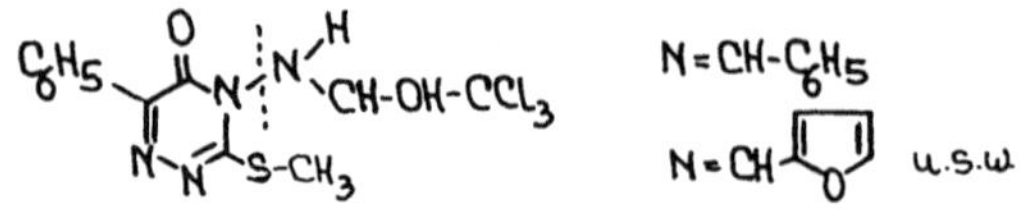

DOS 1 965 739 31.12.69/ 8. 7.71 Bayer

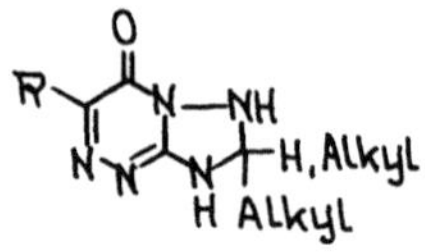

DOS 2 417 511 10. 4.74/30.10.75 Bayer

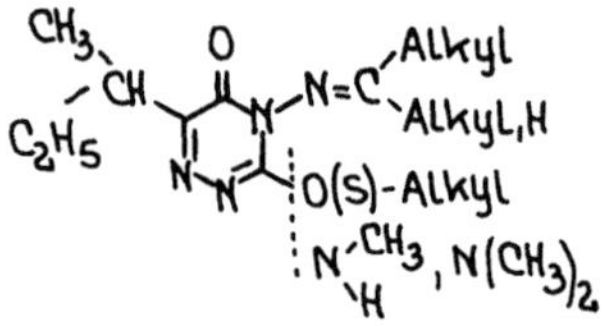

DOS 2 003 144 24. 1.70/29. 7.71 Bayer

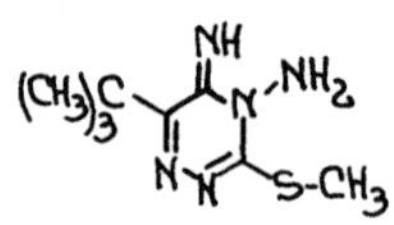

Neues Darstellungsverfahren

DOS 2 028 552 10. 6.70/23.12.70 NV Philips
NL Prior. 18.6.69

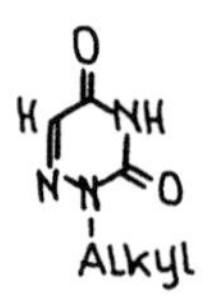

DOS 2 107 757 18. 2.71/ 7. 9.72 Bayer

Neues Synthese für 4 Amino-1, 2, 4-triazin-5-on-6

DOS 2 138 031 29. 7.71/ 8. 2.73 Bayer

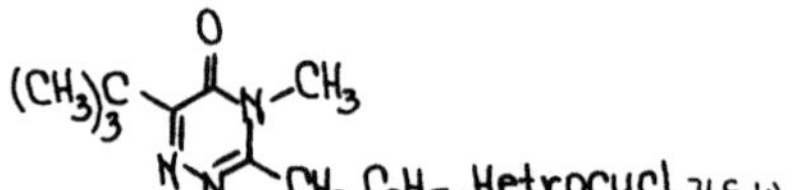

DOS 2 165 554 30.12.71/ 5. 7.73 Bayer

Neue Synthese für 4-Amino-1, 2, 4-triazin-5-on-3-thiol

DOS 2 224 161 18. 5.72/29.11.73 Bayer

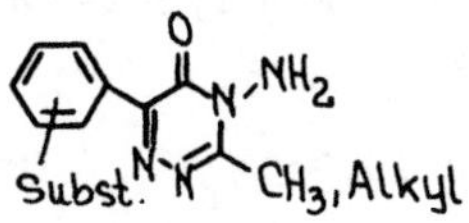

DOS 2 238 206 3. 8.72/14. 2.74 Bayer
=Belg.P. 803 213 3.8.72/4.2.74

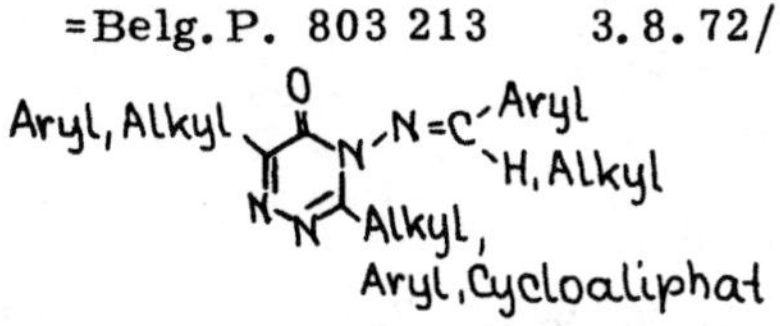

Schwz.P. 480 795 1. 3.67/31.12.69 Sandoz

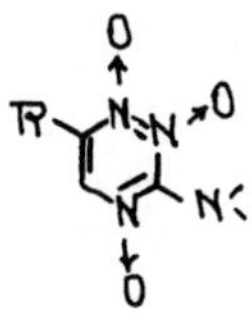

R = H, Alkyl, Aryl, Cycloalkyl

USP 3 510 483 8. 8.67/ 5. 5.70 Dow Chem.

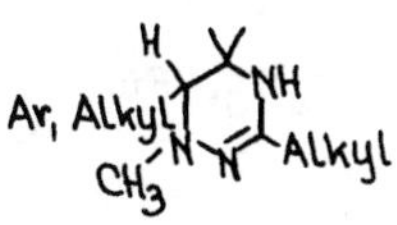

Begl.P. 819 943 18. 9.73/17. 3.75 Bayer

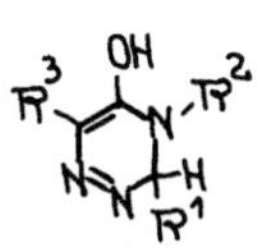

$R^1$ = Alkyl, Cycloalkyl
$R^2$ = $CH_3$, $NH_2$, NH(Alkyl, 2-Furyl)
$R^3$ = Alkyl, Aryl

DOS 2 346 936 18. 9.73/ 3. 4.75 Bayer

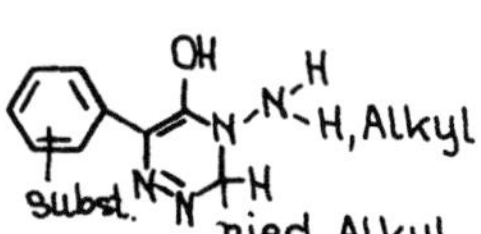

Neues Darstellungsverfahren

DOS 2 364 474 24.12.73/26. 6.75 Bayer

Darstellungsverfahren

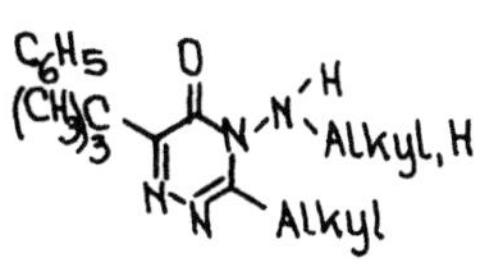

I

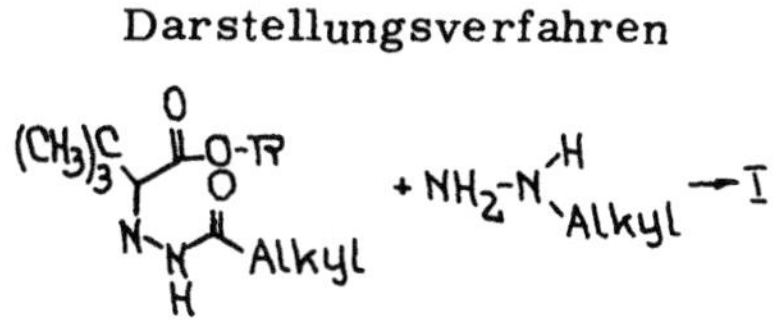

DOS 2 407 144 15. 2.74/ 4. 9.75 Bayer

Synergismus: 1,2,4-Triazinone + 1,3,4-Thiadiazol-2-yl-Harnstoffe.

DOS 2 417 511 10. 4.74/30.10.75 Bayer
=Belg. P. 827 732

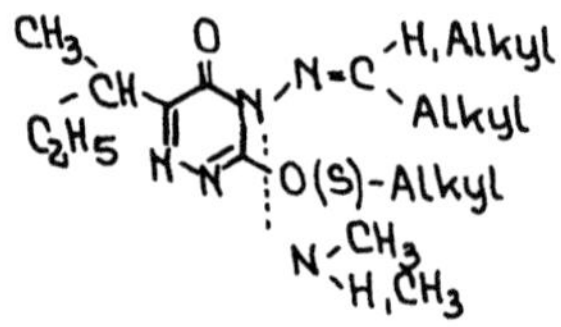

DDRP 83 869 4. 9.70/12. 7.71 Kastner u. a.

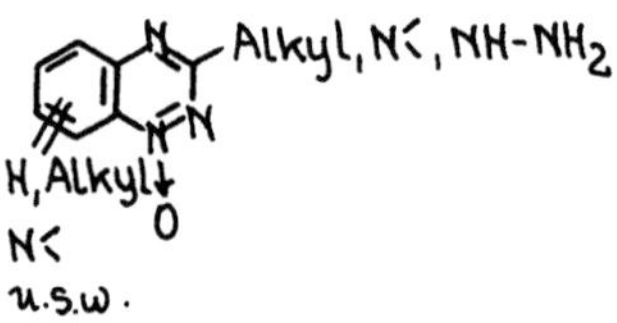

USP 3 879 186 22. 6.73/22. 4.75 Scott u. Sons

USP 3 879 386 22. 6.73/22. 4.75 Scott u. Sons

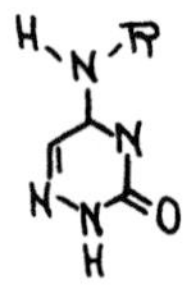

R = $CH_3$, $C_2H_5$, Furfuryl, Phenyl, N usw.

USP 3 890 317 13. 6.74/17. 6.75 Du Pont

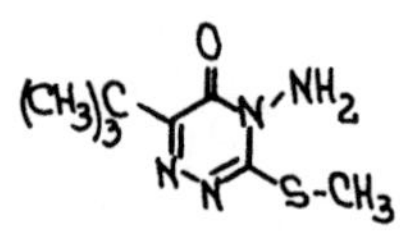

Spezielles Darstellungsverfahren

USP 3 905 973 19.11.73/16. 9.75 Du Pont

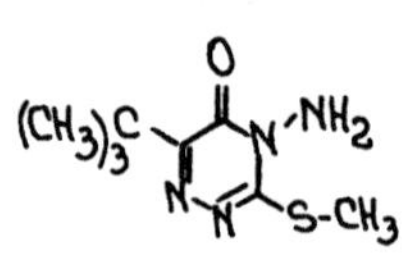

Methylierungsmittel $CH_3Cl$

DOS 2 460 889 21.12.74/24. 6.76 Bayer

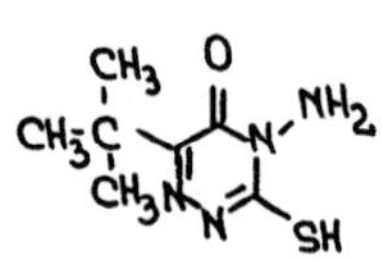

"Eintopfverfahren"

DOS 2 460 909 21.12.74/24. 6.76 Bayer

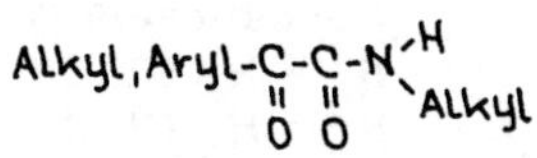


Darstellungsverfahren

von Bedeutung zur Darstellung von

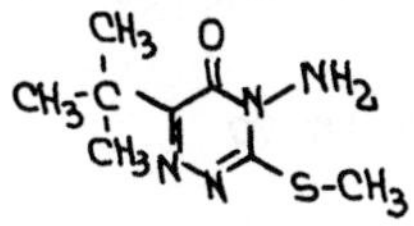


DOS 2 526 455 13. 6.75/22. 1.76 DuPont
US Prior. 3.7.74

Metribuzin + Alachlor

USP B 514 259 6. 8.73/23. 3.76 DuPont

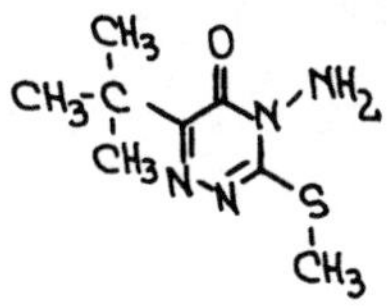


Neues Darstellungsverfahren aus $(CH_3)_3$-$CCl_2$-COOH +

$NH_2$-NH-C-NH-$NH_2$
‖
S

5.14.6 6-Ring-verbindungen mit drei oder mehr Heteroatomen

a) 1 x N + 2 x O

USP 3 529 952 17. 9.68/22. 9.70 Du Pont

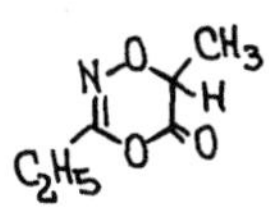


b) 6-Ringverbindungen mit 2 x N + 1 x O oder 1 x S

sind im Text als ältere Versuchsherbizide angeführt, in einem Falle auch als Handelsprodukt. In der neueren Patentliteratur ist wenig Richtungsweisendes aufgetreten.

b 1) 2 x N + 1 x O

DOS 1 670 100 2. 8.66/13. 8.70 BASF

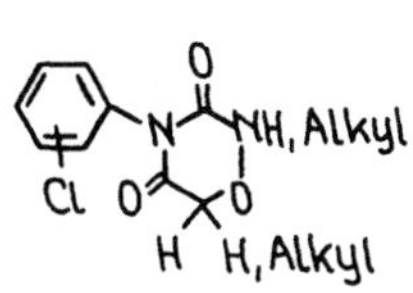

DOS 2 459 413 16.12.74/ 3. 7.75 Ciba-Geigy
=Belg. P. 823 513 19.12.73/18.6.75 Ciba-Geigy

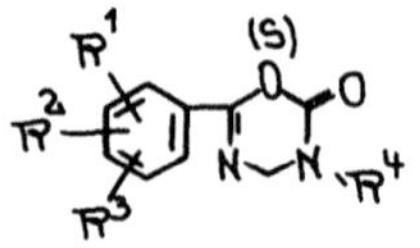


Coccidiosemittel u. Herbizide
$R^1$ = H, Cl, $NO_2$, CN, Alkyl usw.
$R^2$ = H, Cl, $NO_2$, (O)Alkyl usw.
$R^3$ = $R^2$
$R^4$ = H, (O)Alkyl
$R^1$ auch N usw.

USP 3 536 474 23. 6.67/27.10.70 Ellis

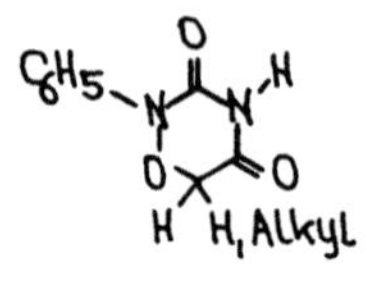


FRP 1 577 518 21. 5.68/30. 6.69 Du Pont

Formel wie zuvor statt Ar auch Alkyl. Erhöhung des Zuckergehaltes von Zuckerrohr.

FRP 2 097 085 30. 7.70/ 3. 3.72 Pepro

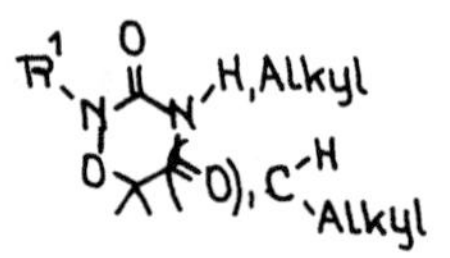


FRP 2 283 133 28. 8.74/30. 4.76 Rhone Progil

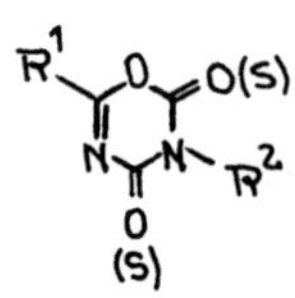


$R^1$ = Alkyl, S-Alkyl, Aryl (subst.)

b 2) 2 x N + 1 x S

DOS 1 767 309 25. 4.68/ 2. 9.71 Henkel

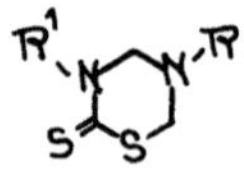


DOS 1 542 836 30. 8.66/29. 4.71 BASF

DOS 2 165 555 30.12.71/19. 7.73 BASF

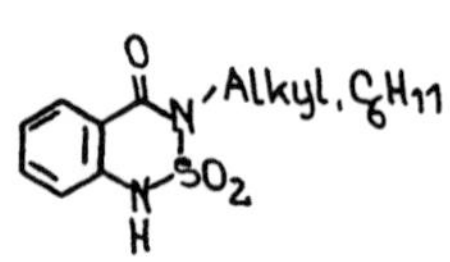


Basagran®

DOS 2 444 383 17. 9.73/20. 3.75 Dow Chem.

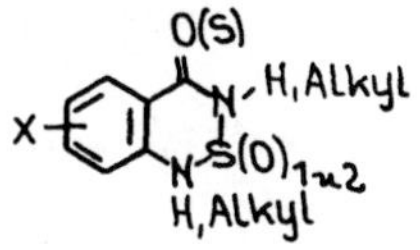


X = Halogen, O(S)-$CCl_3$, $CF_3$, $NO_2$ usw.

DOS 2 355 113 3.11.73/27. 3.75 BASF
=Belg. P. 820 479 29.9.73/27.3.75 BASF
DOS 2 349 114 29. 9.73/10. 4.75 BASF

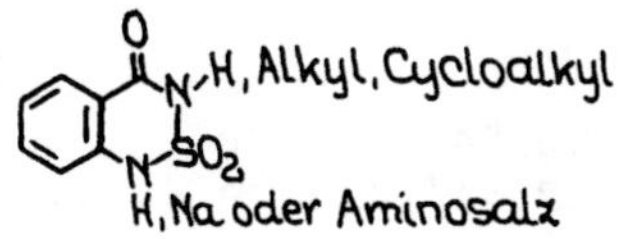


Neues Darstellungsverfahren

Anwendung gegen Monokotyle

DOS 2 357 063 15.11.73/22. 5.75 BASF

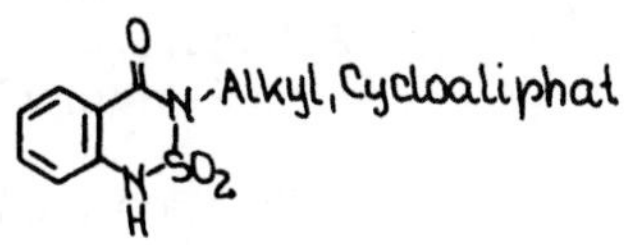


Darstellungsverfahren

USP 3 741 964 1. 6.71/26. 6.73 Monsanto

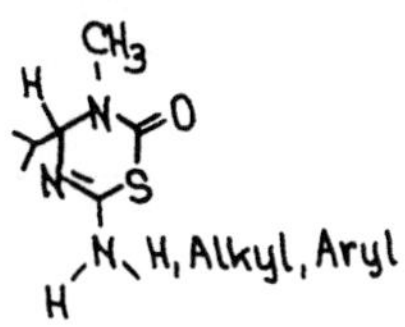


USP 3 779 736 4. 1.71/18.12.73 Gulf Res.

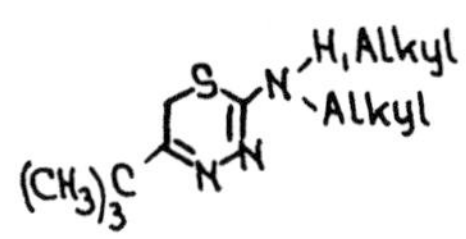


DOS 2 430 353 25. 6.74/15. 1.76 BASF
=Belg. P. 830 505

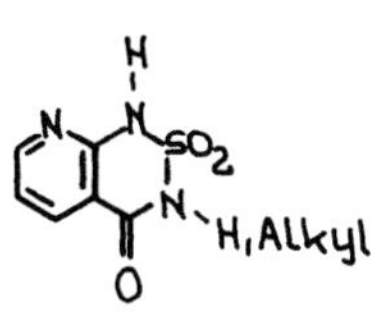

DOS 2 444 822 19. 9.74/ 8. 4.76 BASF
=Belg.P. 833 456

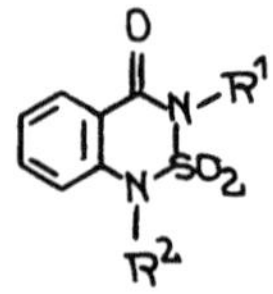

$R^1$ = $CH(CH_3)_2$

$R^2$ = Acyl, Alkyl-$SO_2$-, $(CH_3)_2N$-$SO_2$-, $C_6H_5C$=N-Alkyl,

-C(=O)-$N(CH_3)_2$

-P(=S)$(OAlkyl)_2$

DOS 2 458 343 10.12.74/16. 6.76 BASF
=Belg.P. 836 076 10.12.74/28. 5.76 BASF

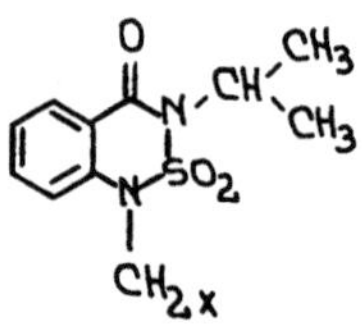

X = Halog, O-C(=O)-Alk., O Alkyl,

S Alkyl,

N(Alk(en, in)yl, OAlkyl)(Alk(en, in)yl, OAlkyl)

O-P(=O)$-(OR)_2$ usw.

USP 3 920 641 5.11.73/18.11.75 Dow Chem.

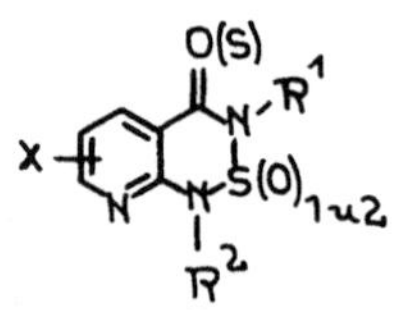

I

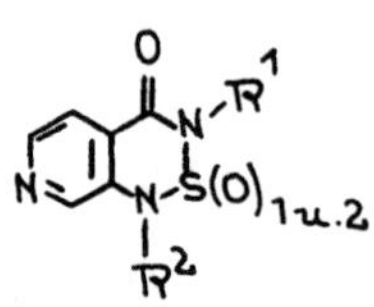

II

X = Alkyl, Alkyl $SO_2$ usw.
$CCl_3$, $CF_3$,
$N(Alkyl)_2$

$R^1$ u. $R^2$ = H, Alk(en, in)yl, Aryl, Benzyl

Besonders erwähnt: Salze von I und II

c) 3 x N + 1 x S

USP 3 817 993 24. 5.71/18. 6.74 Chevron

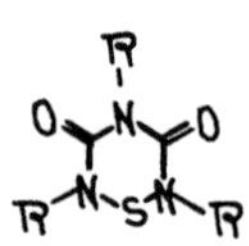

| | | | |
|---|---|---|---|
| DOS | 2 508 832 | 28. 2.75/ 4. 9.75 | ICI<br>GB Prior. 1. 3. 74 |

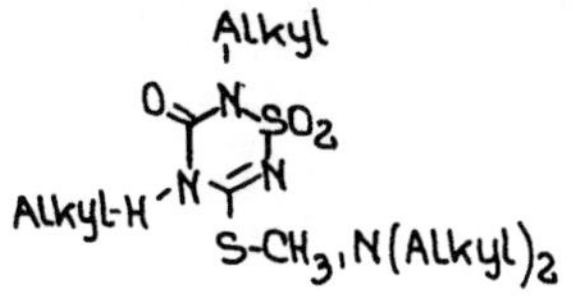

Herbizid und Fungizid

d) 4 x N

| | | | |
|---|---|---|---|
| USP | 3 860 588 | 23. 7.73/14. 1.75 | Shell Oil |

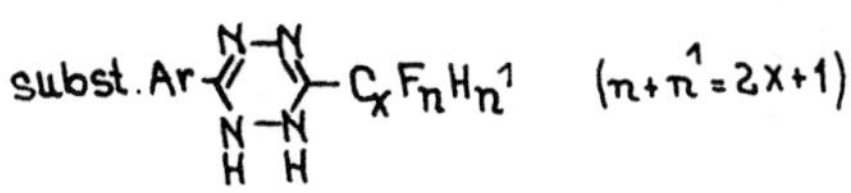

| | | | |
|---|---|---|---|
| USP | 3 860 589 | 23. 7.73/14. 1.75 | Shell Oil |

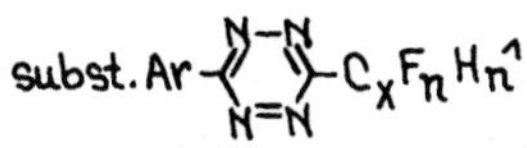

5.14.7 Höhergliedrige Heteroringe (> 6-Glieder)

| | | | |
|---|---|---|---|
| DOS | 1 917 534 | 5. 4.69/ 8.10.70 | BASF |

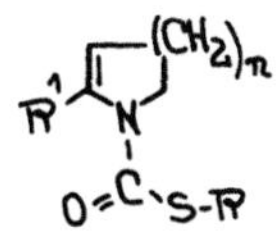

R' = H, Cl, (O)Alkyl

siehe auch bei Carbamidsäurethioestern

| | | | |
|---|---|---|---|
| DOS | 1 542 862 | 1. 8.66/23. 7.70 | Dow Chem. |

| | | | |
|---|---|---|---|
| USP | 3 652 594 | 6. 1.70/28. 3.72 | Dow Chem. |

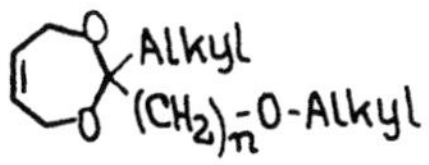

DOS 2 330 087 13. 6.73/ 3. 1.74 Ciba-Geigy
Schwz. Prior. 16.6.72
=NLP 7 308 381 16.6.72/18.12.73 Ciba-Geigy

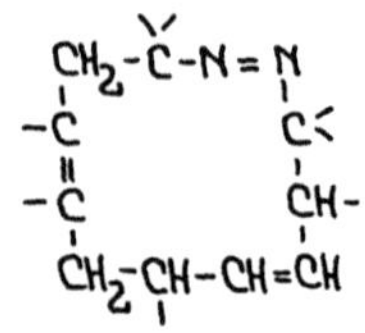

USP 3 694 434 18.11.71/26. 9.72 Monsanto

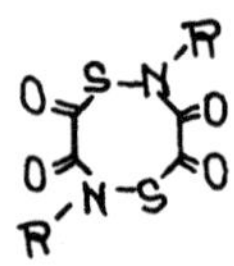

DOS 2 330 087 13. 6.73/ 3. 1.74 Ciba-Geigy
Schwz. Prior. 16.6.72

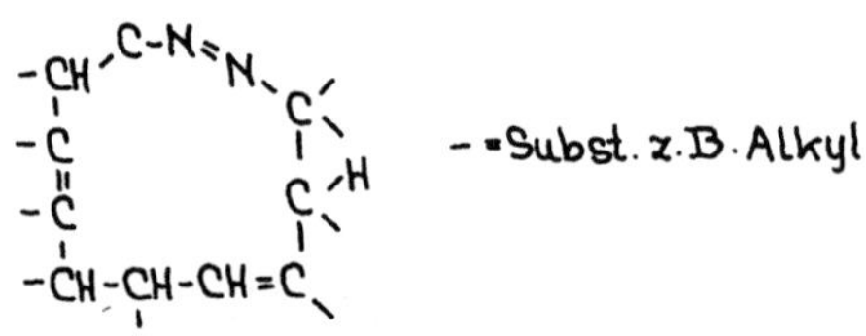


USP 3 853 853 14. 3.73/10.12.74 Chevron Res.

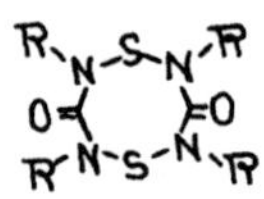

R = H, Alkyl, Aryl, $C_6H_{11}$

USP 3 899 318 14. 3.73/12. 8.75 Chevron Res.

Wie zuvor.

## 5.15 Phosphor enthaltende Verbindungen

### 5.15.1 Phosphite

USP 3 832 424 20. 1.72/27. 8.74 Chevron

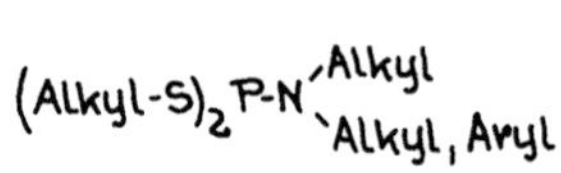

USP 3 886 238 20. 1.72/27. 5.75 Chevron Res.

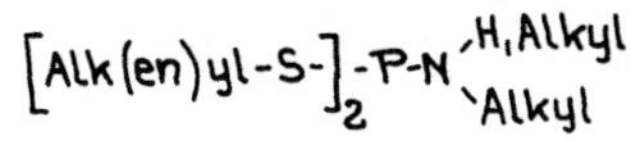

USP 3 959 271 2. 5.74/25. 5.76 Chevron Res.

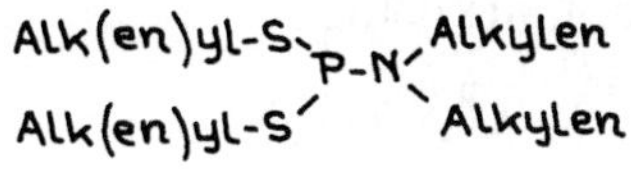

## 5.15.2 Phosphorsäureester und Thioester

DOS 1 952 650 18.10.69/22. 4.71 BASF

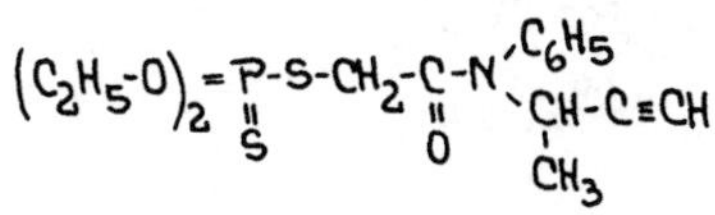

DOS 2 022 207 9. 5.69/13. 4.72 Bayer

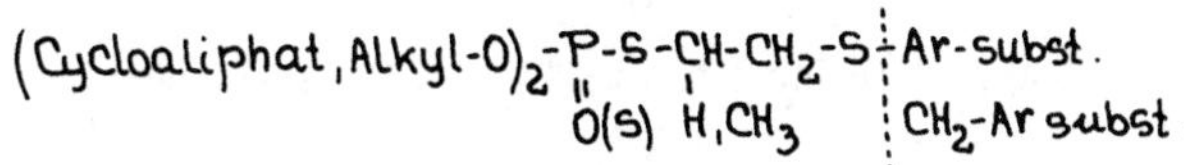

DOS 2 022 524 14. 5.69/26.11.70 Bayer

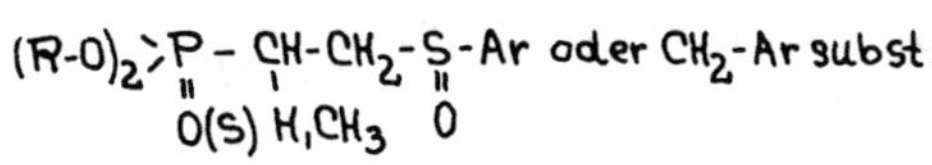

DOS 2 100 388 7. 1.71/22. 7.71 Ciba-Geigy
Schwz. Prior. 16.1.70

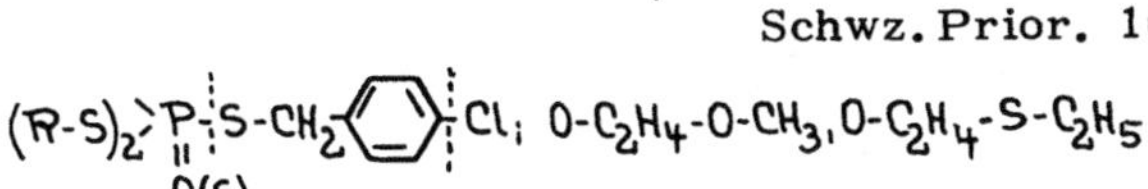

DOS 2 162 344 21.12.70/13. 7.72 Stauffer

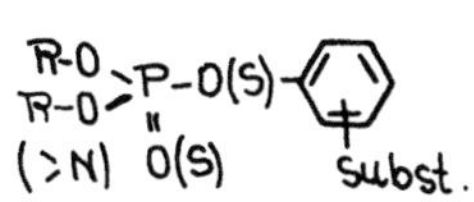

DOS 2 132 598 30. 6.71/ 5. 1.72 Ciba-Geigy

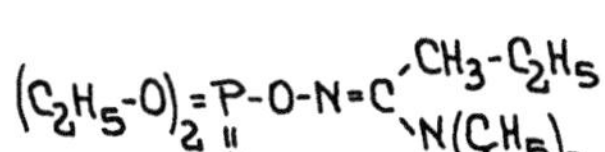

DOS 2 300 299 4. 1.73/11. 7.74 Bayer

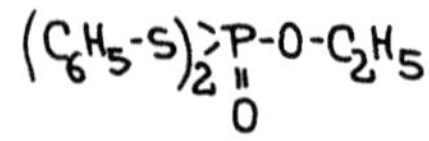

DOS 2 302 198 20. 1.72/26. 7.73 Ciba-Geigy

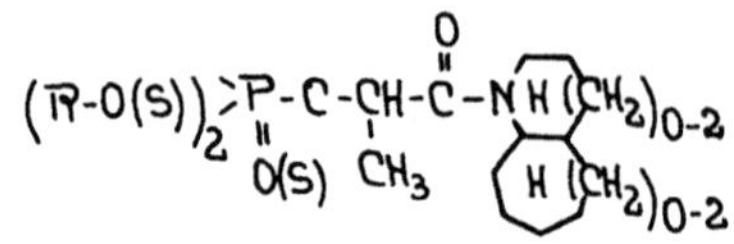

DOS 2 339 462 3. 8.73/28. 2.74 Sumitomo
Jap. Prior. 5.8.72, 12.10.72, 30.11.72
=NLP 7 310 773 Sumitomo

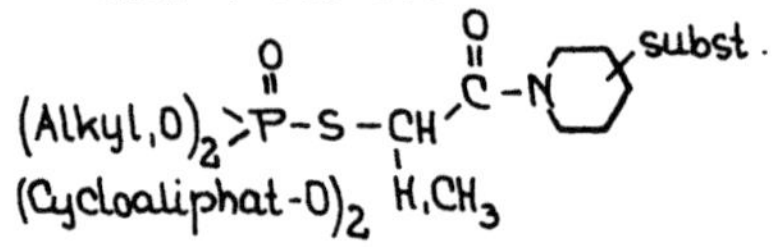

DDRP 101 281 2. 8.71/ 5.11.73 Moll

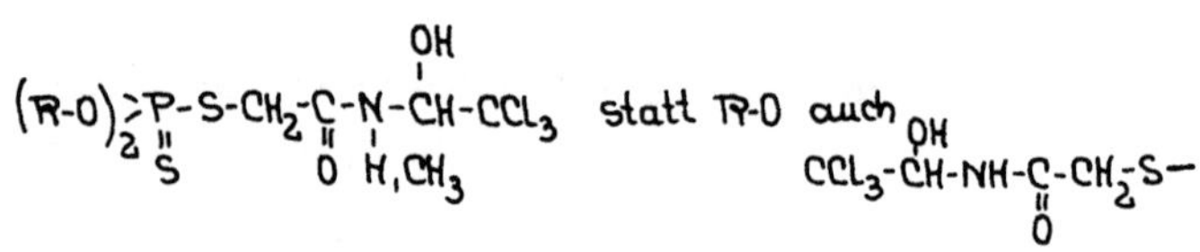

Schwz.P. 485 414 20. 9.66/31. 3.70 Ciba-Geigy

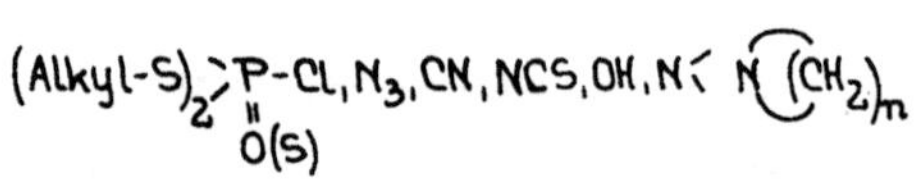

USP 3 666 435 28.12.64/30. 5.72 Stauffer

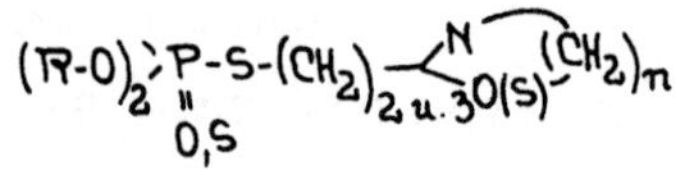

USP 3 692 882 9. 3.70/16. 9.72 Stauffer

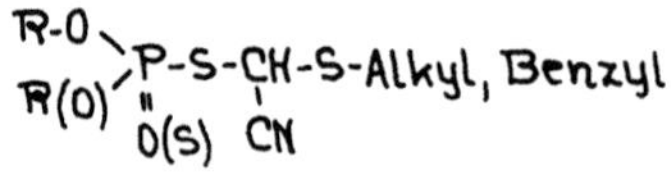

USP 3 759 688 27. 9.71/18. 9.73 Mobil Oil

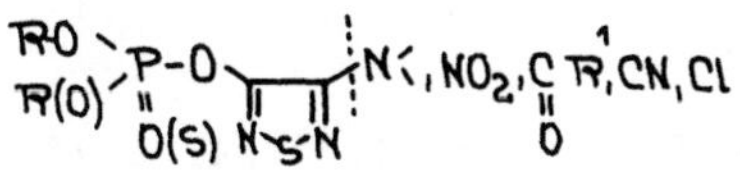

NLP 7 200 743 19. 1.71/21. 7.72 Agripat

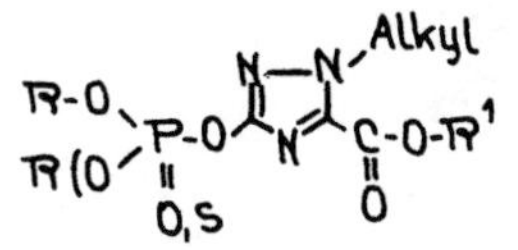

SUP 374 324 5. 3.71/ 5.11.73 Phytoph. Res. Inst.

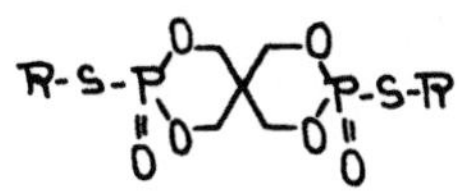

DOS 2 542 193 22. 9.75/15. 4.76 Sumitomo
=NEP 75 11191 24. 9.74/26. 3.76 Sumitomo

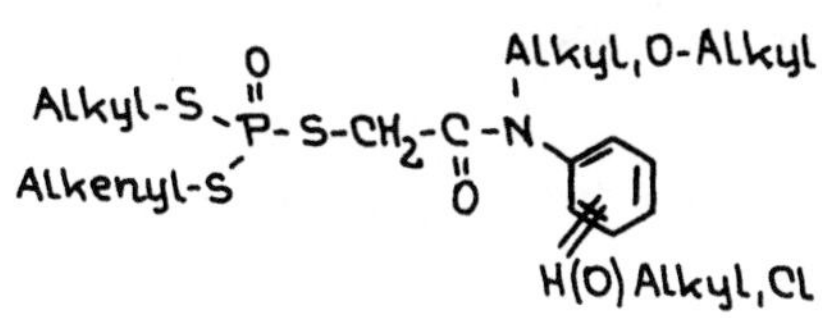

Jap.P. 76 020569 26. 4.73/25. 6.76 Sumitomo

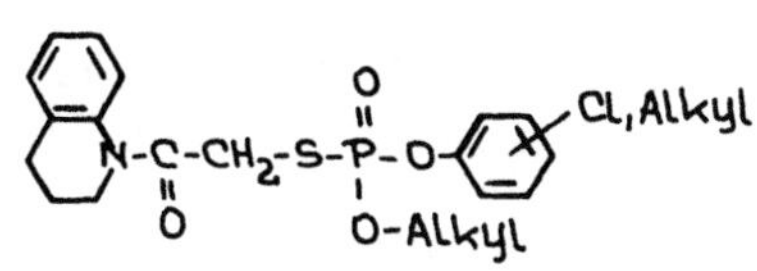

## 5.15.3 Phosphorsäureester-amide

### a) Monoamide

DOS 2 001 773 16. 1.70/24. 9.70 Bayer
Jap. Prior. 27.2.67
=Belg.P. 745 634 Bayer

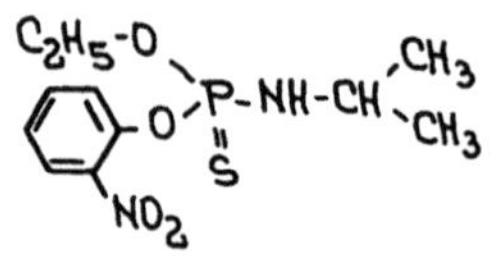

DOS 2 114 885 27. 3.71/12.10.72 Boehringer Sohn

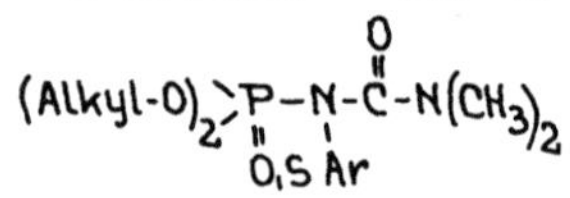

DOS 2 147 873 25. 9.70/30. 3.72 Sumitomo
=Belg.P. 775 366 Bayer

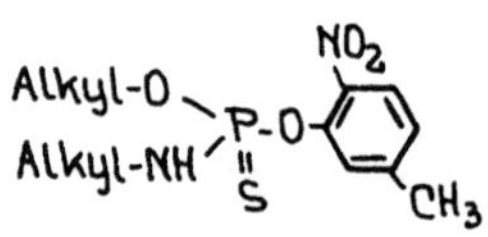

DOS 2 166 729 25. 9.70/24. 7.75 Sumitomo

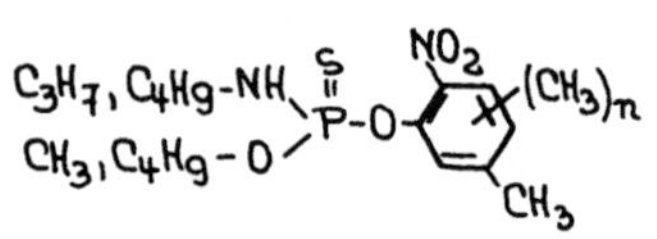

DOS 2 362 333 15.12.70/20. 6.74 Sumitomo
Jap. Prior. 15.12.72

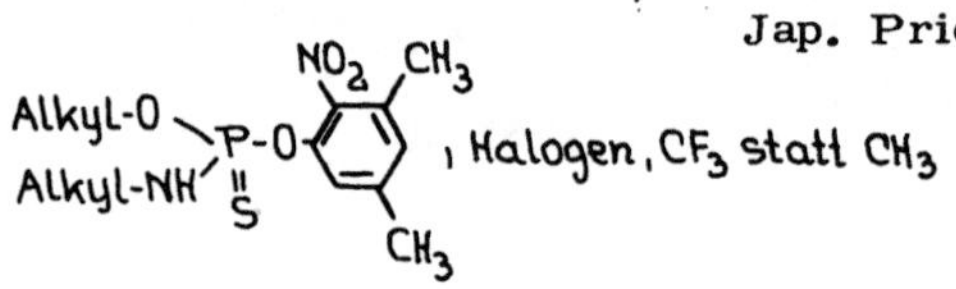


DOS 2 335 716 13. 7.72/24. 1.74 Ciba-Geigy

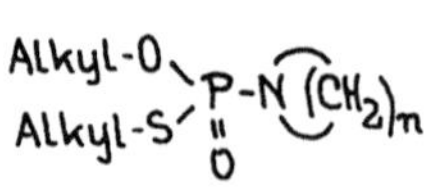

DOS 2 451 911 5.11.73/ 7. 5.75 Ciba-Geigy
Allgem. auch Herbizide

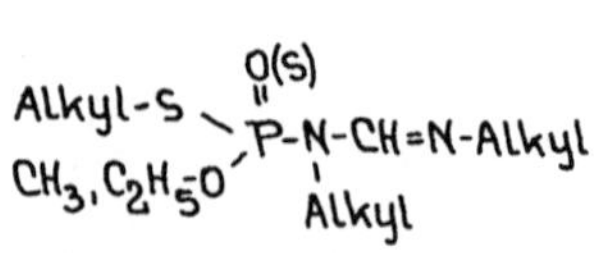

Schwz.P. 509 354 6. 2.69/13. 8.71 Ciba-Geigy

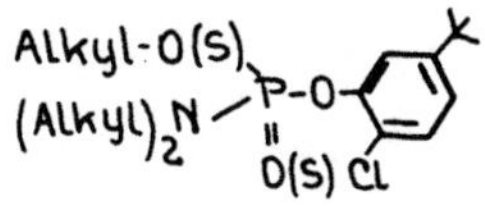

USP 3 511 633 4. 8.67/12. 5.70 Ethyl Corp. u. Chemagro

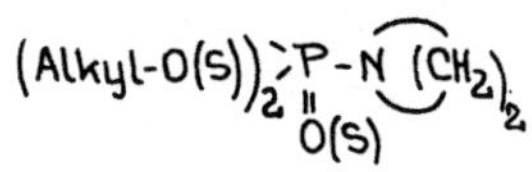

USP 3 551 632 4. 3.67/12. 5.70 Ethyl Corp. u. Chemagro

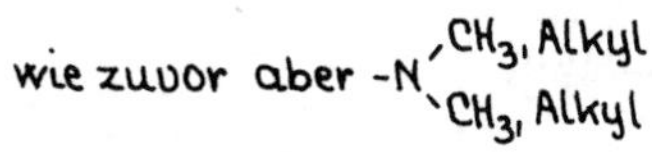


FRP 2 113 126 22.10.70/23. 2.72 Bayer

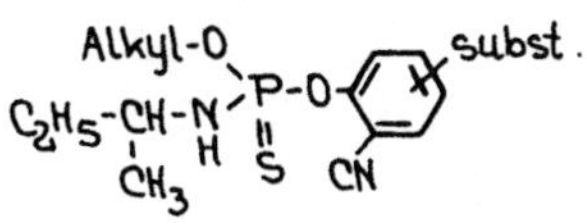

Belg.P. 767 816 28. 5.70/29.11.71 Chemagro

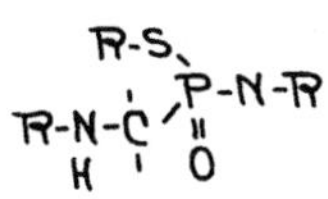

R = Alkyl, Cycloaliphat, Hetero-Ring

SUP 306 659 26.10.68/28. 6.72 Phytop. Res. Inst.

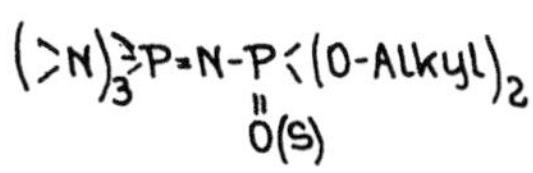

b) Di- und Tri-amide

USP 3 658 506 16. 2.70/25. 4.72 Ethyl Corp.

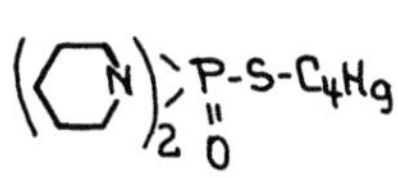

USP 3 433 623 20.10.65/18. 3.69 Rohm and Haas

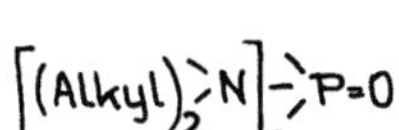

DDRP 92 448 9. 8.71/12. 9.72 Kessler

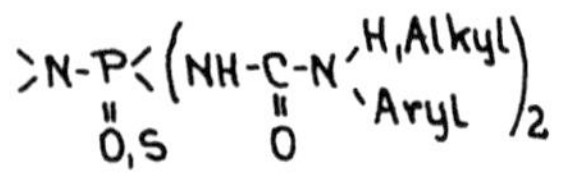

Jap.P. 374036-228 30. 7.70/28. 9.74 Nihon Tokushu

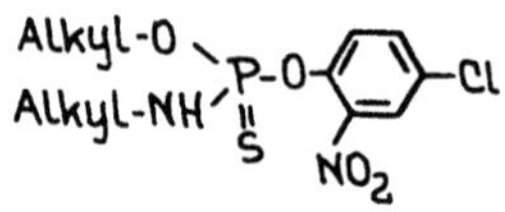

Jap.P. 374036-712 0.71/ 2.10.74 Tokushu Nogaku

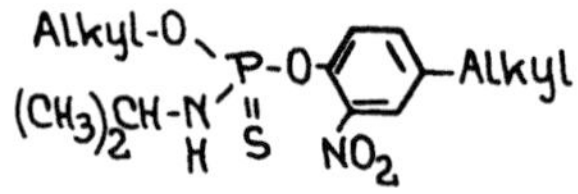

5.15.4 Phosphonsäure-ester und Amide

Hier treten schon bestehende Versuchs- und Handelsprodukte mit Patentabwandlungen oder neuen Darstellungsverfahren besonders in Erscheinung. (Phosphonester wurden zum Teil auch bei Phosphorestern durch breite Patente erfaßt.)

a) Ester und z.T. Amide

DOS 1 667 968 16. 3.72/20. 2.68 Amchem Prod.

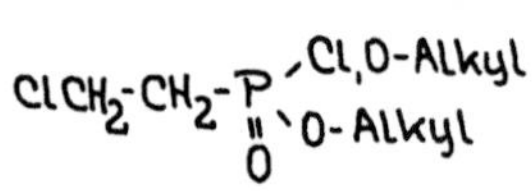

DOS 1 668 075 15. 1.68/22. 7.71 FMC
US Prior. 16.1.67

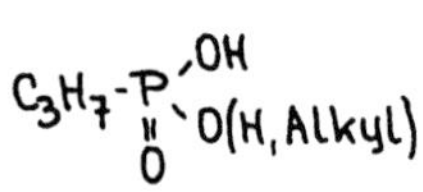

DOS 1 668 181 16. 2.68/ 5. 8.71 Gaf Corp.
US Prior. 23.2.67

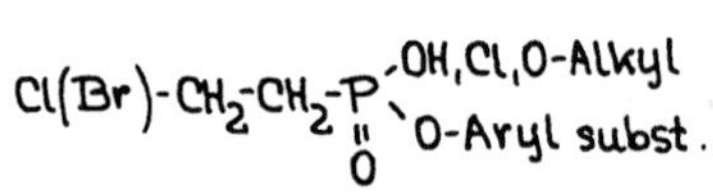

DOS 1 668 188 15. 3.68/29. 3.71 Gaf Corp.
US Prior. 22.3.67

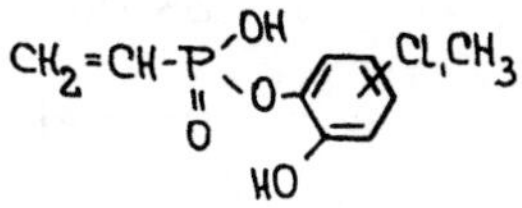

DOS 1 906 675 11. 2.69/ 2.10.69 Gaf Corp.

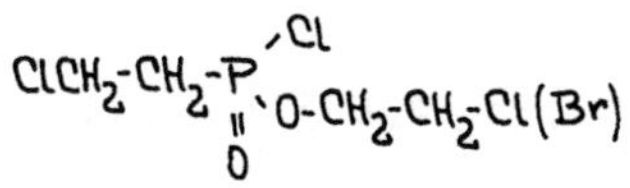

DOS 1 949 461 1.10.69/22. 7.71 Bayer

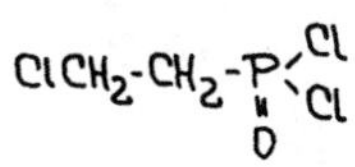

DOS 1 950 099 4.10.69/15. 4.71 Bayer
=Belg.P. 756 981 Bayer

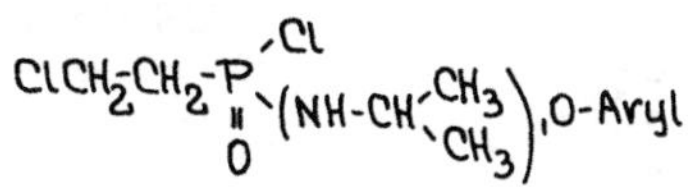

DOS 1 950 100 4.10.69/15. 4.70 Bayer
=Belg.P. 763 794 Bayer

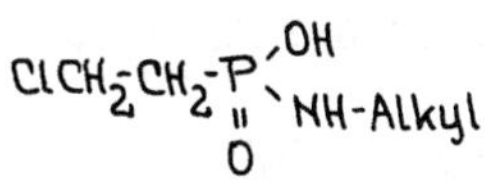

DOS 2 010 119 4. 3.70/23. 9.71 Bayer

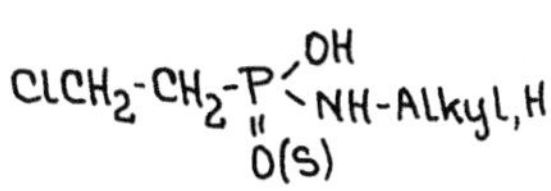

DOS 2 050 247 13.10.70/ 6. 5.71 Gaf Corp.
US Prior. 27.10.69

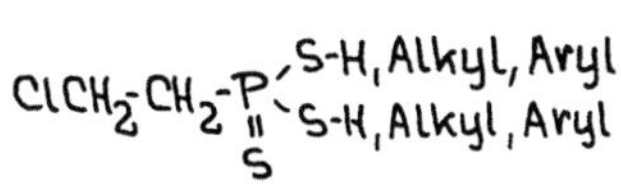

DOS 2 053 967 3. 11. 70/27. 5. 71 Gaf Corp.
US Prior. 10. 11. 69

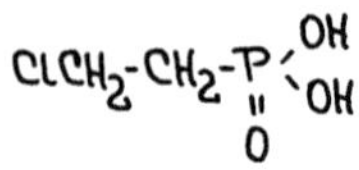

Darstellungsverfahren

DOS 2 054 138 10. 11. 69/27. 5. 71 Gaf Corp.

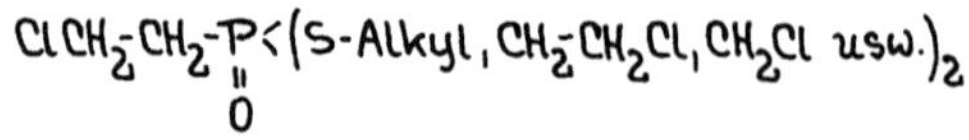

DOS 2 062 120 23. 12. 69/ 1. 7. 71 Gaf Corp.

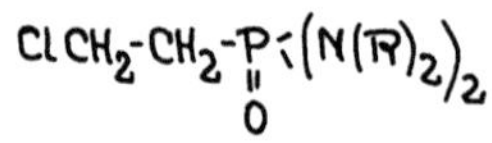

R = Cycloaliphat od. Heterocyclus

DOS 2 106 168 10. 2. 71/19. 8. 71 ICI
GB Prior. 10. 2. 70, 16. 6. 70

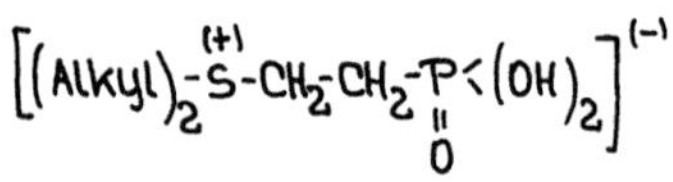

DOS 2 212 604 26. 3. 71/12. 10. 72 Gaf Corp.
US Prior. 26. 3. 71

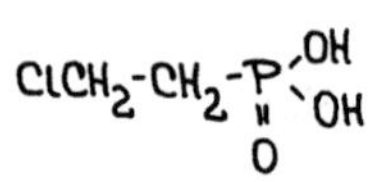

Neues Verfahren

DOS 2 223 239 12. 5. 72/22. 11. 73 BASF

Wie zuvor

USP 3 679 780 2. 12. 69/25. 7. 72 Gaf Corp.

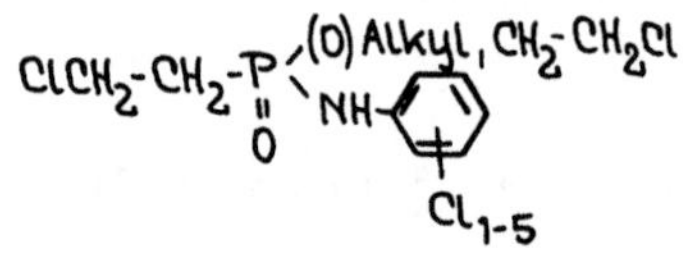

Belg. P. 710 073 30. 1. 68/30. 7. 68 Chemagro

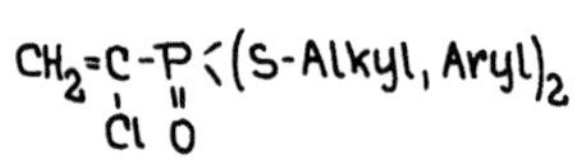

Belg. P. 776 735 15. 12. 70/15. 6. 72 Hoechst

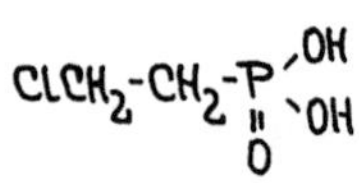

Neues Verfahren

DOS 2 331 187 19. 6. 73/ 9. 1. 75 Bayer

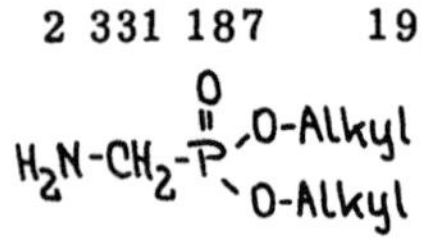

Wirkung wie CCC

DOS 2 408 863 23. 2.74/11. 9.75 BASF
=Belg. P. 825 831

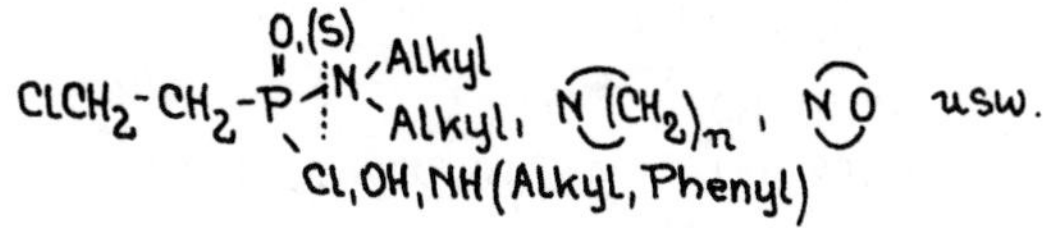


DOS 2 355 351 6. 11. 73/30. 5. 74 ICI
GB Prior. 8. 10. 72
Wie zuvor

DOS 2 003 144 24. 1.70/29. 7.71 Bayer

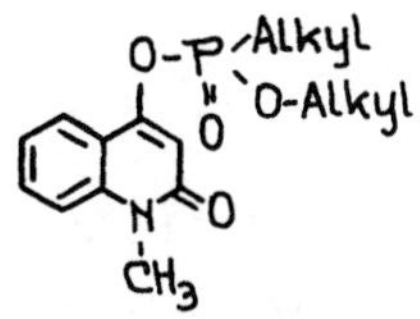


DOS 2 022 228 6. 5.70/18. 2.70 VEB Bitterfeld
=FRP 2 141 650

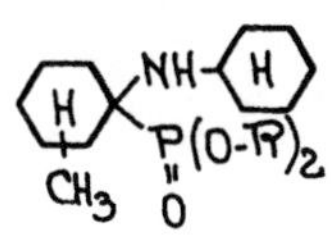


DOS 2 162 300 15. 2.71/28. 9.72 Scottish Agr. Ind.
GB Prior. 15. 12. 70

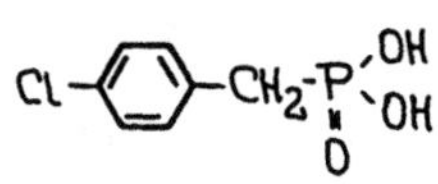


DOS 2 318 254 17. 5.72/ 6.12.73 Merk USA

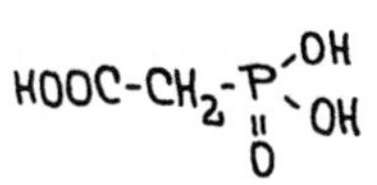


DOS 2 320 371 21. 4.72/ 7.11.74 Celamerk

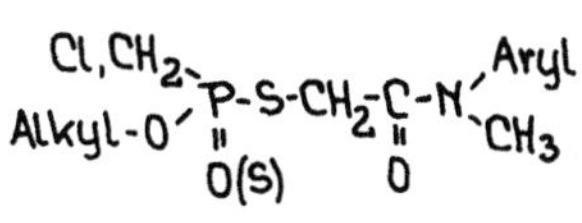


DOS 2 040 367 14. 8.69/25. 2.71 Du Pont

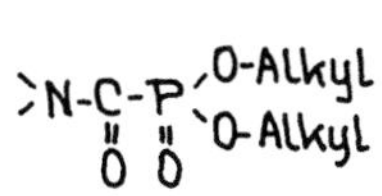

DDRP 94 280 31. 3.71/ 5.12.72 G E Lottge

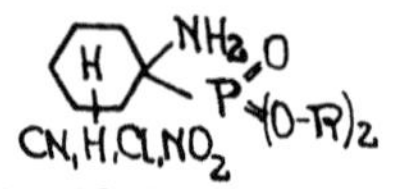

USP 3 562 361 17.10.67/ 9. 2.70 Chemagro

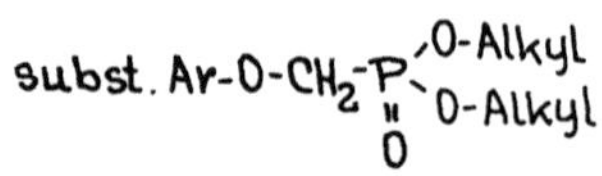

USP 3 617 247 12. 9.67/ 2.11.72 Chiles Ind.

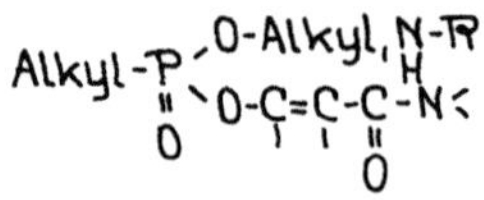

USP 3 775 057 24. 2.69/27.11.73 Petrolite Corp.

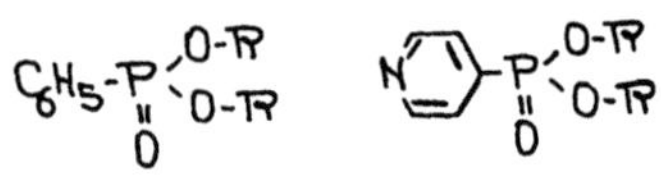

Jap.P. 7 127 278 27. 2.67/ 7. 8.71 Nissan Chem.

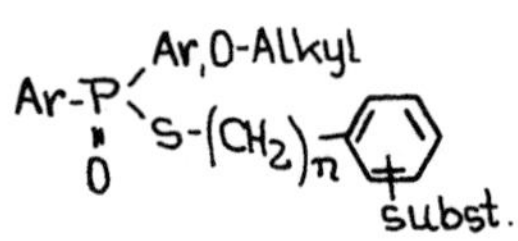

DOS 2 424 135 17. 5.74/12.12.74 The Procter and Gamble

US Prior. 21.5.73

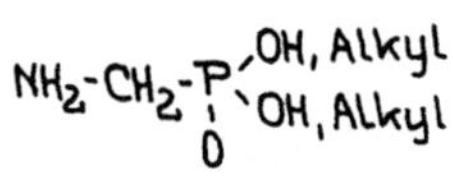

Hemmung von Gräser und Getreidewachstum ähnlich wie mit CCC. Siehe auch USP 3 455 675, 3 627 507

Fr.P. 1 569 694 23. 2.68/ 6. 6.69 General Aniline

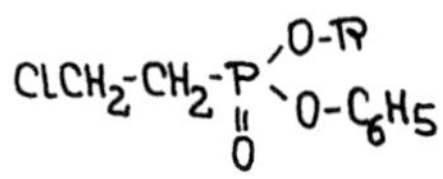

USP 3 529 041 23.11.66/15. 9.70 Chemagro

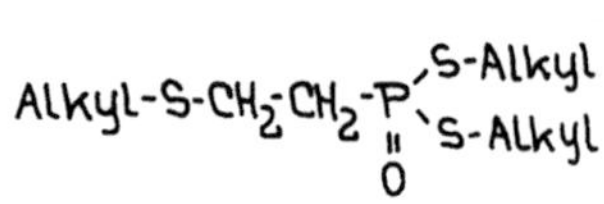

SUP 366 844 3. 4.69/ 2. 4.73 Chem. Soc.

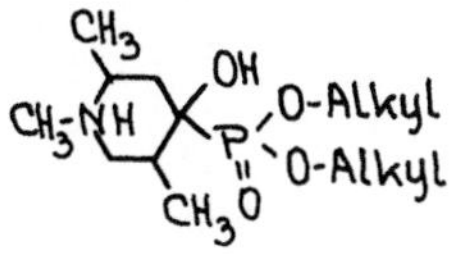

NLP 7 117 179 15.11.70/19. 3.72 Scottish Agric. Ind.

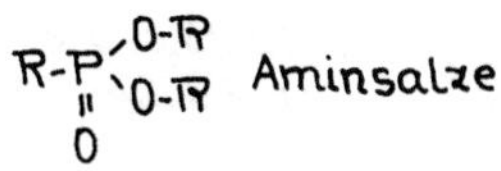


SUP 369 890 19.10.70/22. 6.73 Phyt. phat. Res. Ind.

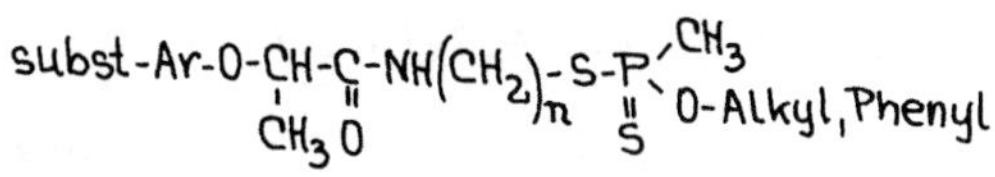

USP 3 567 422 11. 9.67/ 2. 3.71 Stauffer

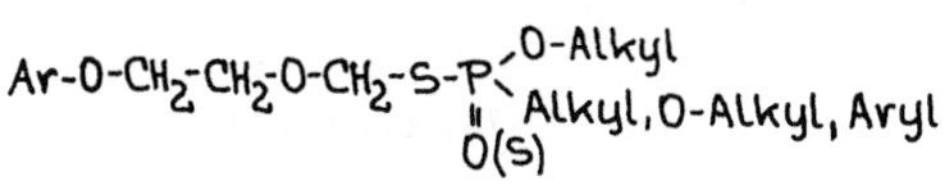

DOS 1 923 273 7. 5.69/18.12.69 Du Pont

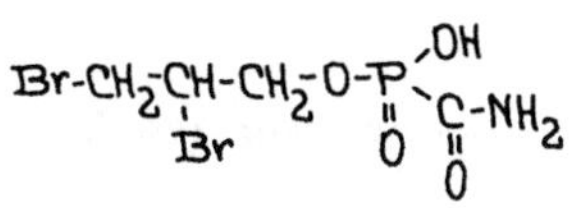

DOS 2 113 996 23. 3.71/28. 9.72 Bayer

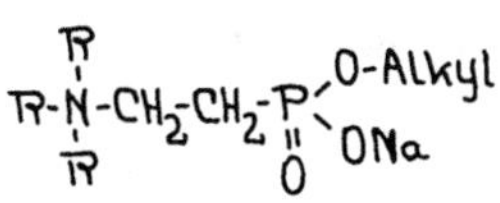

DOS 2 435 407 23. 7.74/13. 2.75 Du Pont
US Piror. 23.7.73/30.5.74

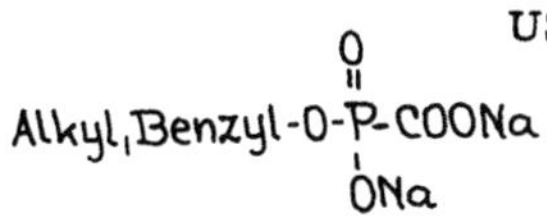

Wuchshemmstoff für Unterholz

USP 3 865 905 19. 2.74/11. 2.75 Stauffer

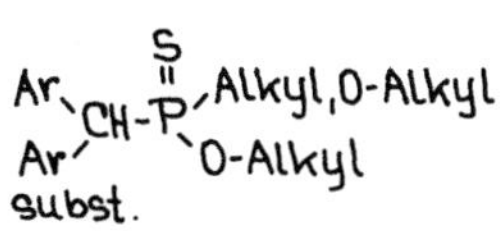

Insektizide und Herbizide

USP 3 906 062 9. 8.74/15. 9.75 Monsanto

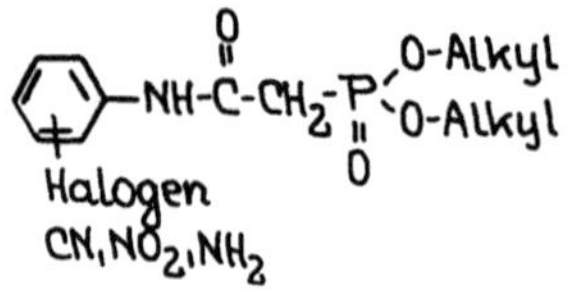


USP 3 909 233 4. 3.74/30. 9.75 Monsanto

Erhöhung des Zuckergehaltes in Zuckerrohr

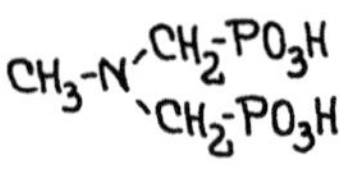

DOS 2 420 627 27. 4.74/ 6.11.75 Bayer

Vorwiegend Wuchsregulator

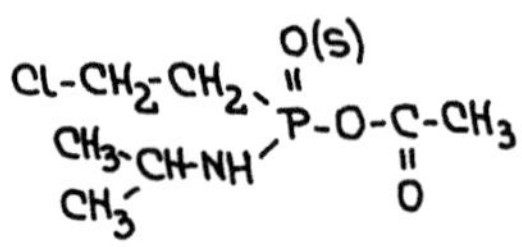

DOS 2 422 807 10. 5.74/27.12.75 BASF

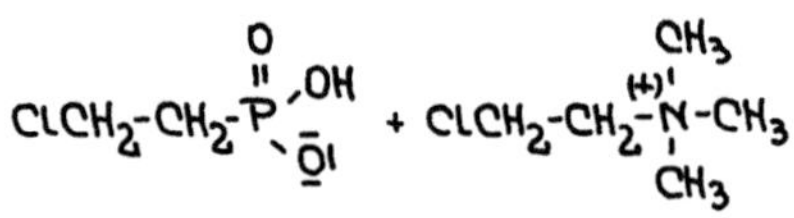

Wuchhemmstoff wie CCl oder andere weitere Ammoniumverbindungen, z.B. $(CH_3)_2$ 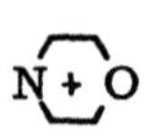

DDRP 115 314 13.12.74/29. 9.75 E. Gunther

Gegen Unkräuter

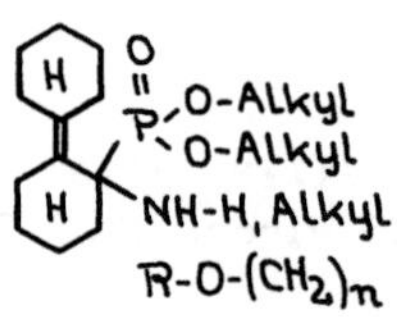


USP 3 938 983 10.11.69/17. 2.76 Gaf Corp.

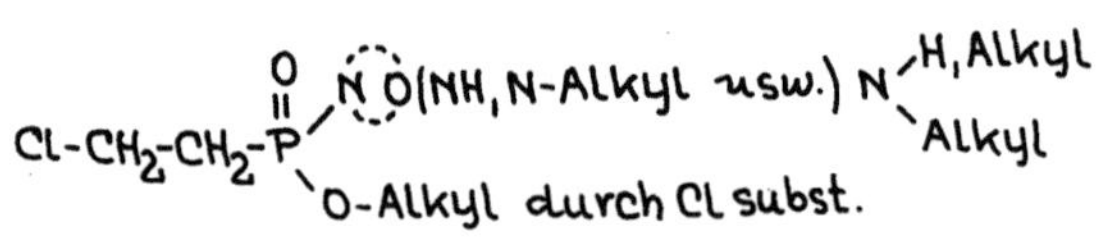

b) <u>Verbindungen:</u> 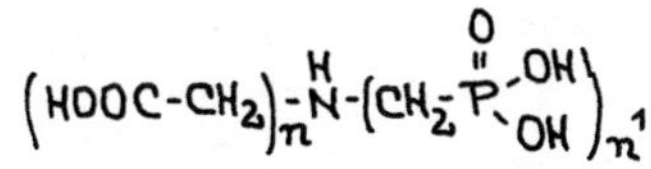 $n + n^1 = 3$

DOS 1 642 307 21. 7.67/ 8. 6.72 Monsanto
US Prior. 22.7.66

=USP 3 556 762

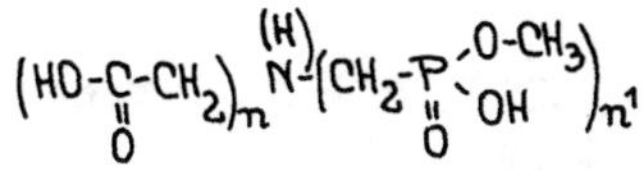 $n + n^1 = 3$

DOS 2 152 826 22.10.71/21. 9.72 Monsanto
US Prior. 10.3.71/9.8.71

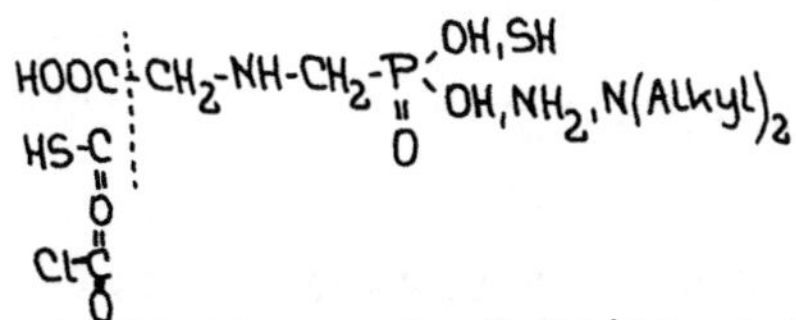

DOS 2 211 489 9. 3.72/14. 9.72 Monsanto

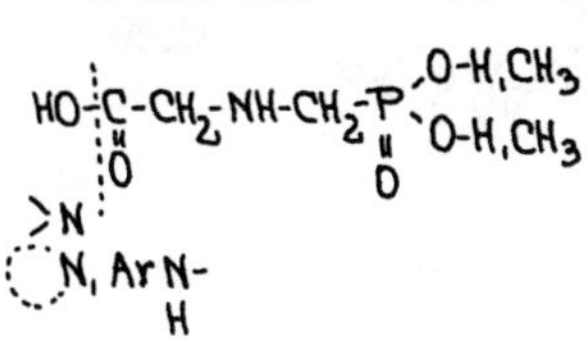

DOS 2 314 134 21. 3.73/ 4.10.73 Monsanto
US Prior. 10.3.71/3.2.72
Neue Darstellung

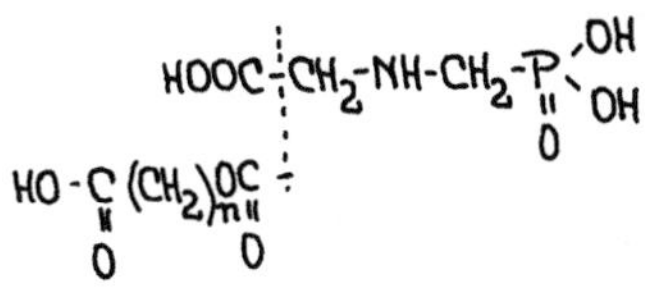

USP 3 868 407 21.11.73/25.2.7

NLP 7 307 449 31. 5.72/ 4.12.73 Monsanto

Wie zuvor.

DOS 2 327 680 30. 5.73/13.12.73 Monsanto
US Prior. 31.5.72/19.2.73

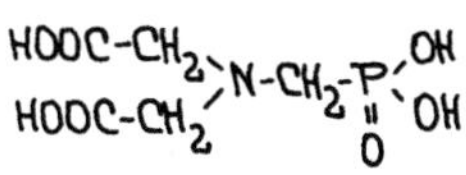

Darstellung

DOS 2 361 382 11.12.72/16. 4.74 Monsanto

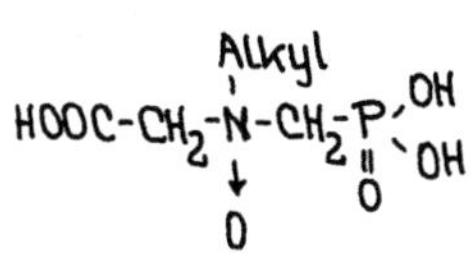

USP 3 859 183 7. 11. 73/ 7. 1. 75 Monsanto

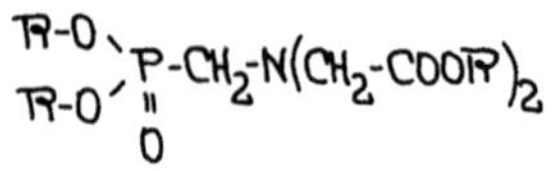

R = Alkyl
Preemergence Herbizide

Belg. P. 802 352 21. 7. 72/14. 1. 74 ICI

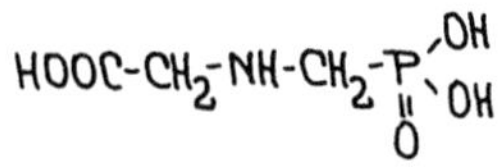

Neues Verfahren

DOS 2 452 701 6. 11. 74/15. 5. 75 Monsanto

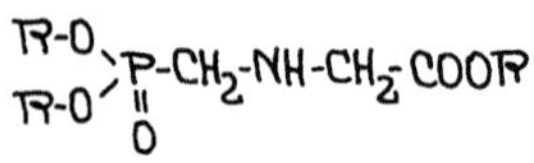

Neues Darstellungsverfahren

DOS 2 452 460 5. 11. 74/22. 5. 75 Monsanto

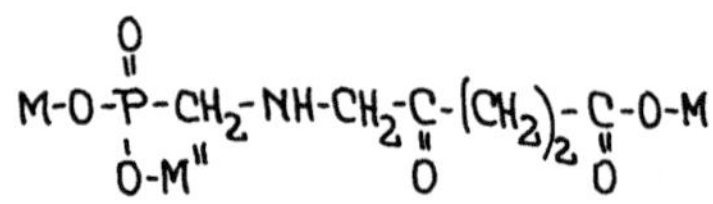

M, M' u. M'' = H, Alkalimetall
$NH_4$ usw.

USP 3 888 915 4. 9. 73/10. 6. 75 Monsanto

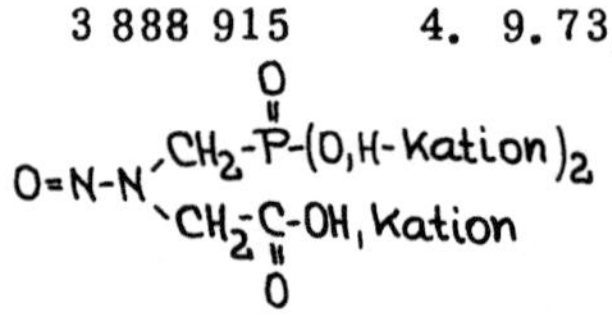

USP 3 910 969 28. 6. 74/ 7. 10. 75 Monsanto

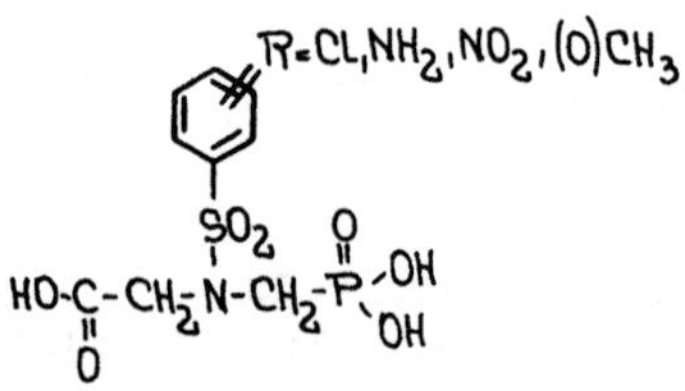

DOS 2 519 388 30. 4. 75/13. 11. 75 Monsanto
US Prior. 1. 5. 74

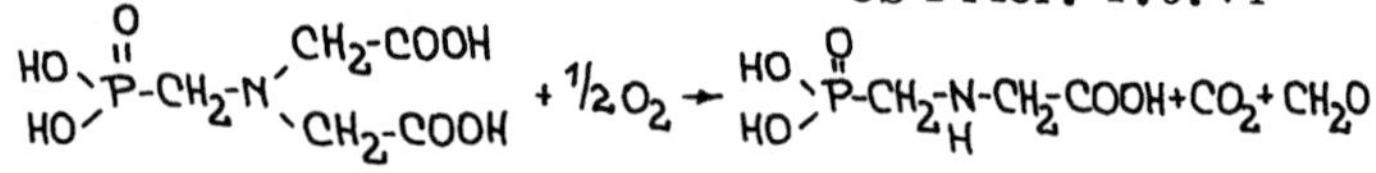

USP 3 920 733 6. 8. 73/18. 11. 75 Monsanto

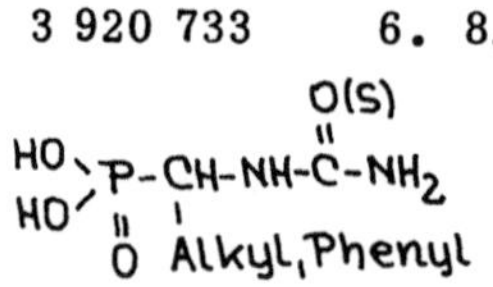

USP 3 927 080 3. 9.74/16.12.75 Monsanto

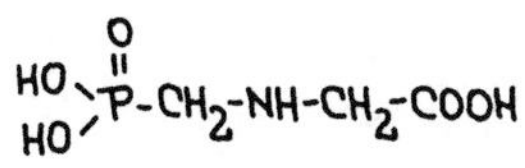

Neues Darstellungsverfahren

Jap.P. 75 084532 30.11.73/ 8. 7.75 ICI

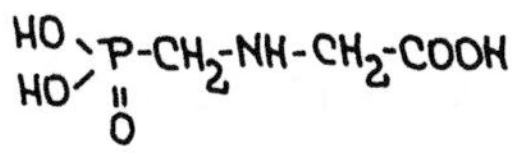

Elektrolyse von

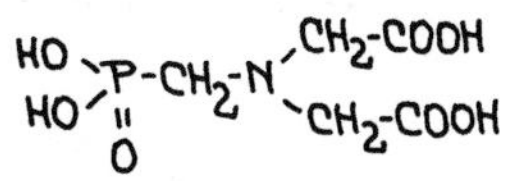

Belg.P. 830 276 17. 6.74/16.12.75 Monsanto

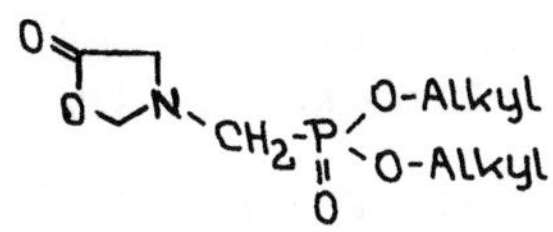

USP 3 933 946 19.11.74/20. 1.76 Monsanto

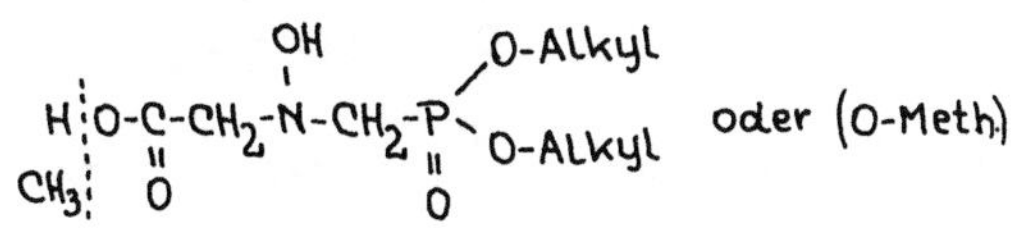


Jap.P. 50 101536 18. 1.74/12. 8.75 Kumiai Chem.

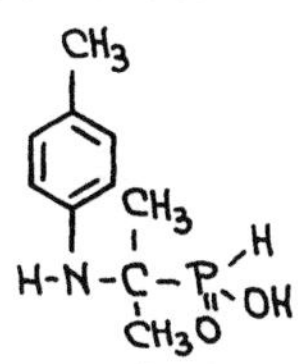

DOS 2 526 834 16. 6.75/ 2. 1.76 Monsanto
US Prior. 17.6.74

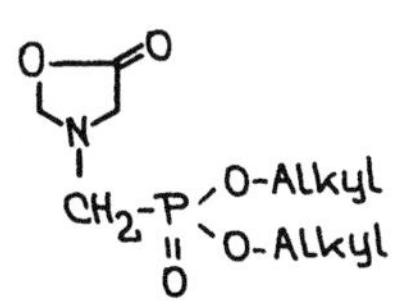

DOS 2 528 633 26. 6.75/ 5. 2.76 Büdepesti Vegyimürek
HU Prior. 26.6.74

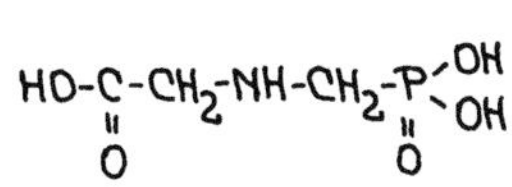

Neues Darstellungsverfahren

DOS 2 528 867 27. 6.75/15. 1.76 Monsanto
US Prior. 28.6.74

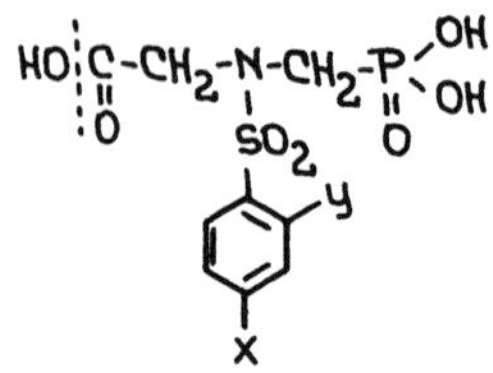

X u. Y = Halog, $NH_2$, $NO_2$, $CH_3$, $OCH_3$ usw.

DOS 2 534 791 4. 8.75/ 1. 7.76 Monsanto
US Prior. 5.8.74

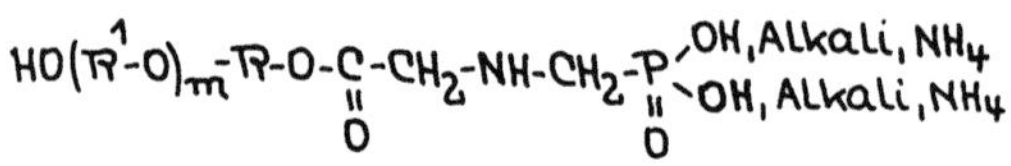

R = Alkyl, Alkoxy subst. Alkylen
$R^1$ = Alkylen, Alkoxy subst. Alkylen

DOS 2 536 149 13. 8.75/26. 2.76 Monsanto
US Prior. 14.8.74

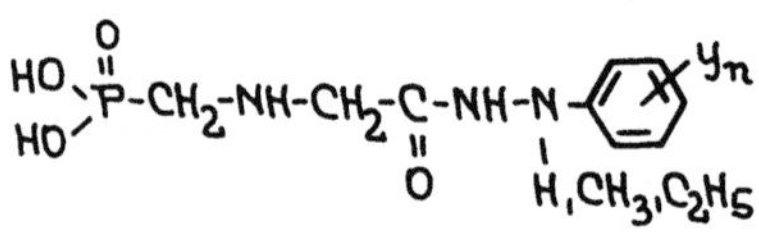

X = $CH_3$, $NO_2$, Cl, Br
n = 0 u. 2

Belg.P. 832 081 5. 8.74/ 4. 2.76 Monsanto

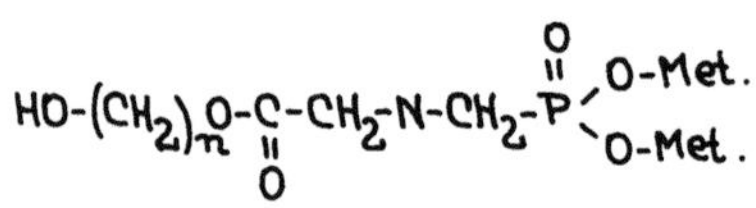

Belg.P. 832 336 14. 8.74/12. 2.76 Monsanto

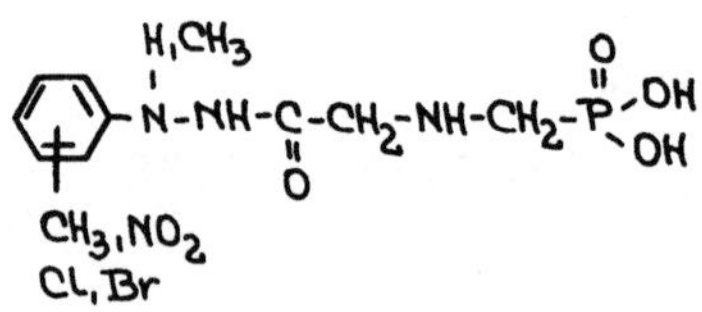

USP 3 955 958 9. 8.74/11. 5.76 Monsanto

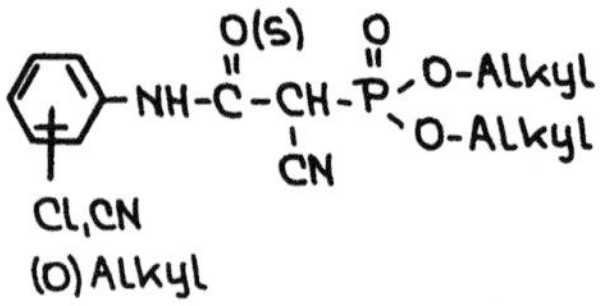

DOS 2 547 264 22.10.75/ 6. 5.76 Sandoz

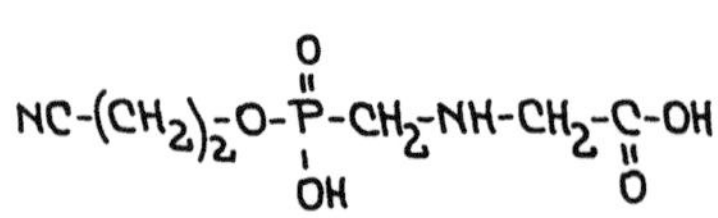

DOS 2 555 572 11.12.74/16. 6.76 Monsanto

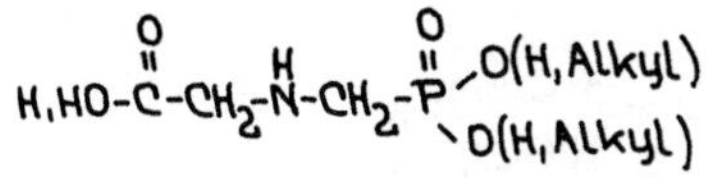

Neues Darstellungsverfahren

DOS 2 555 573 11.12.74/16. 6.76 Monsanto

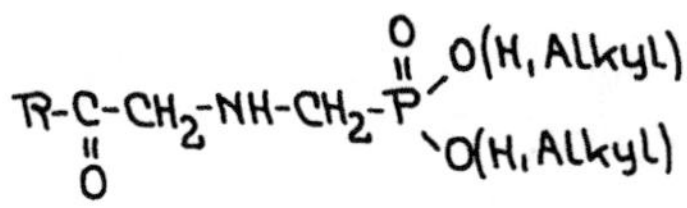

R = H, OAlkyl

USP 3 970 695 23. 5.75/20. 7.76 Monsanto

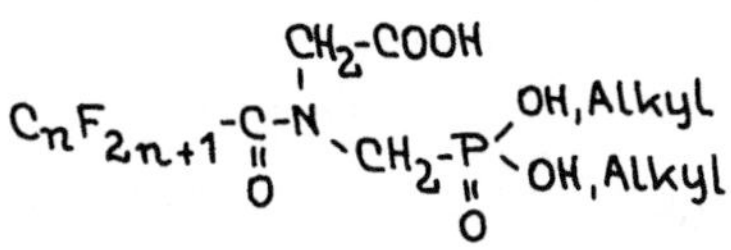

USP 3 971 648 21.11.73/27. 7.76 Monsanto

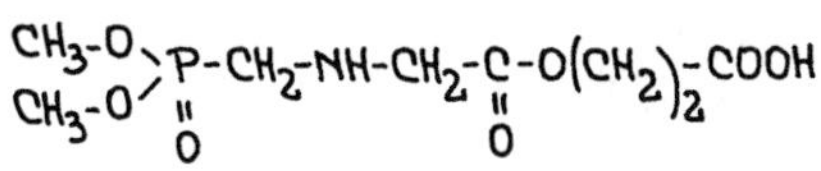

DOS 2 557 139 18.12.75/ 1. 7.76 Monsanto
US Prior. 19.12.74

siehe auch USP 3 619 166, 3 712 936, 3 556 762

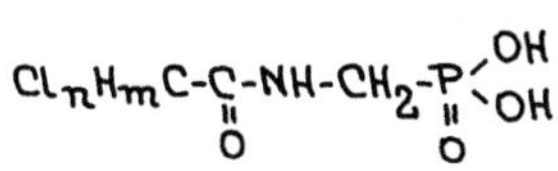

n + m = 3

Erhöht die Zuckerausbeute in Zuckerrohr.

c) Phosphonester-amide z. T. unter a mitbeansprucht

Siehe auch im Vorangehenden die
DOS 1 950 099, 1 950 100, 2 010 119, 2 062 120, USP 3 679 780, 3 775 057 die ebenfalls Phosphonester-amide miterfassen.

DOS 1 947 192 18. 9.69/25. 3.71 BASF
=Belg. P. 756 351

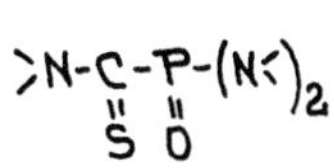

DOS 2 125 997 26. 5.71/ 9.12.71 Chemagro

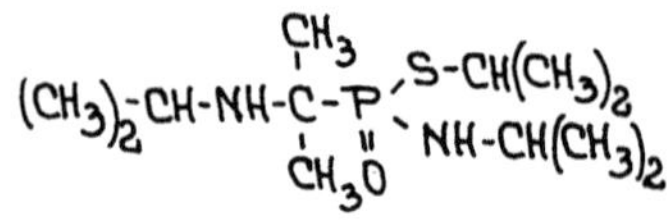

DOS 2 147 873 24. 9.71/30. 3.72 Sumitomo Jap.
Jap. Prior. 25.9.70, 12.70

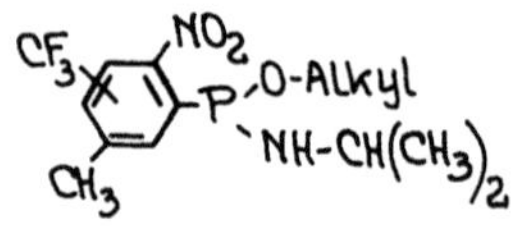

DOS 2 156 447 13.11.71/29. 6.72 Bayer

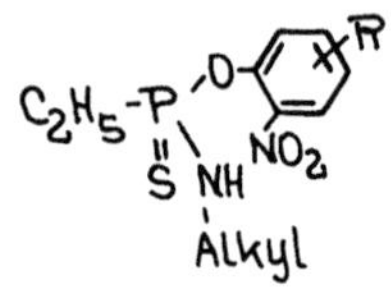

DOS 2 166 729 24. 9.71/24. 7.75 Sumitomo Chem.
Jap. Prior. 25.12.70

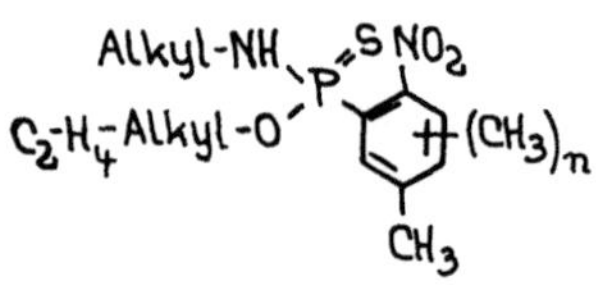

DOS 2 260 705 12.12.72/12. 7.73 Bayer
Jap. Prior. 27.12.71
=Belg. P. 793 342 Bayer

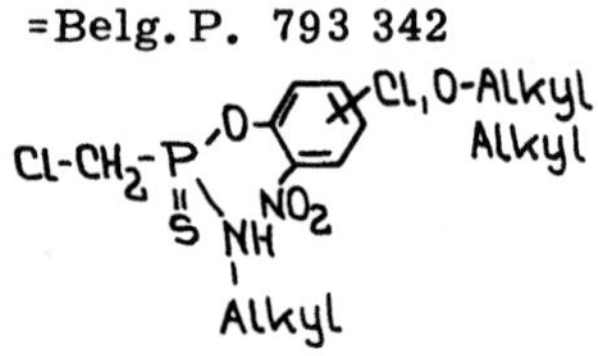

USP 3 466 369 1. 2.66/ 9. 9.69 Dow Chem.

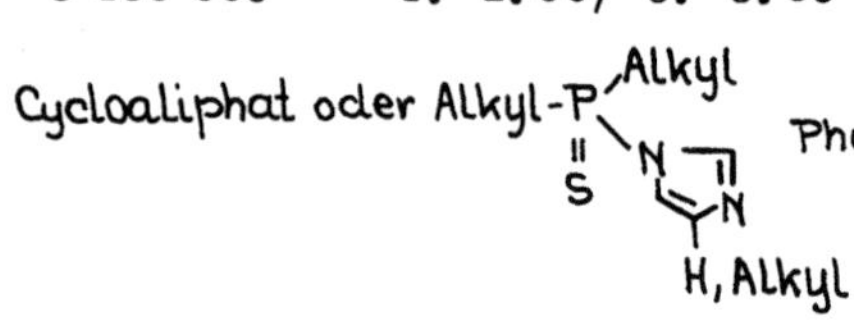

Phosphinsäure-amid

USP 3 511 635 4. 8.67/12. 5.70 Ethyl Corp.

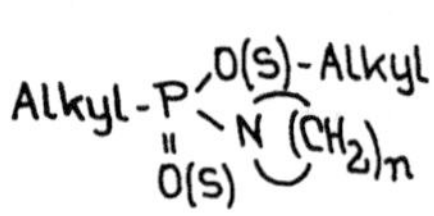

USP 3 904 654 6. 8.73/ 9. 9.75 Monsanto

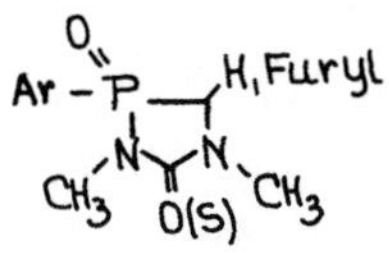

USP 3 511 634 4. 8.67/12. 5.70 Ethyl Corp.

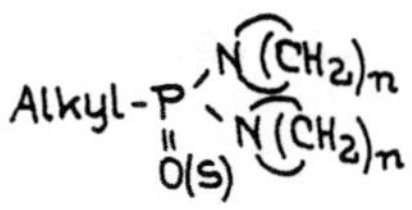

USP 3 511 635 4. 8.67/12. 5.70 Ethyl Corp.

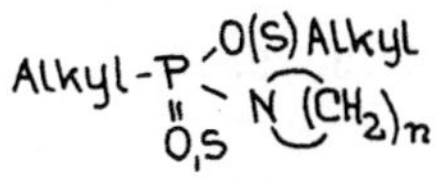

Jap.P. 7 343 862 27. 3.70/21.12.73 Nissan Chem.

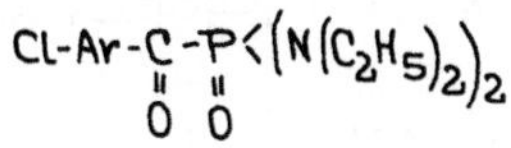

DOS 2 420 627 27. 4.74/ 6.11.75 Bayer

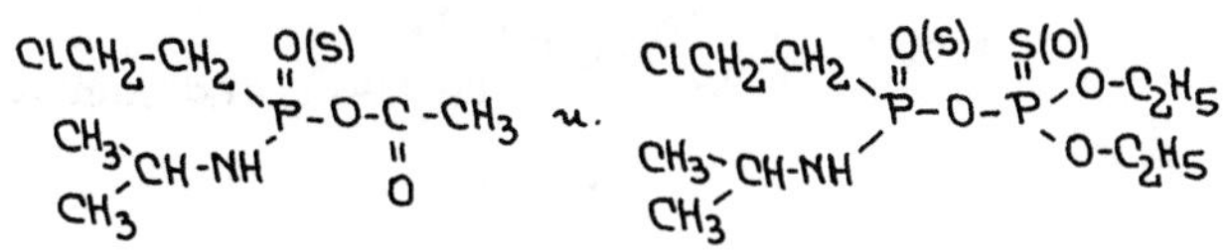

Wachstumsregulatoren

USP 3 965 127 6. 8.73/22. 6.76 Monsanto

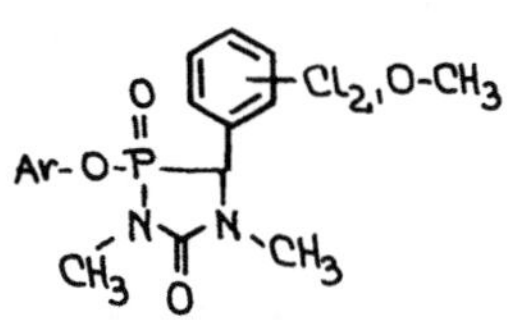

5.15.5 Phosphoniumverbindungen

DOS 2 111 192 9. 3.71/16.12.71 Chemagro
US Prior. 11.3.70

Siehe auch USP 3 268 323

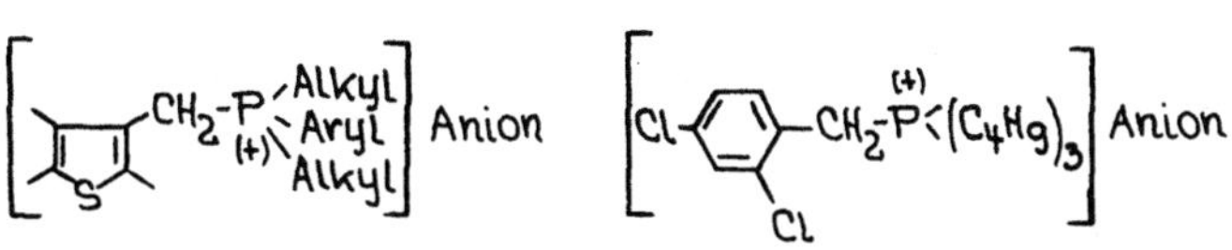

USP 3 468 946 20.10.65/23. 9.69 Rohm and Haas

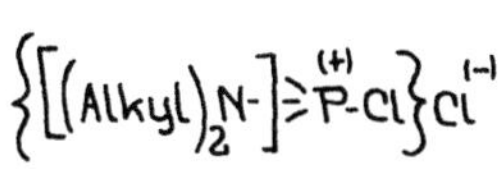

USP 3 679 780 2.12.69/25. 7.72 Gaf

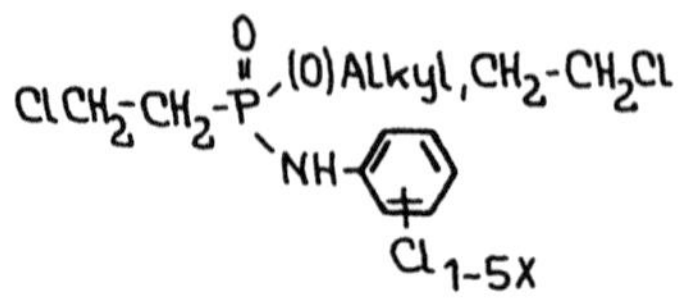

USP 3 755 510 21.12.70/28. .873 Chevron Res.

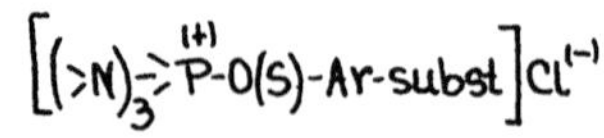

Belg. P. 764 114 11. 3.70/13. 9.71 Chemagro

statt Alkyl auch Aryl

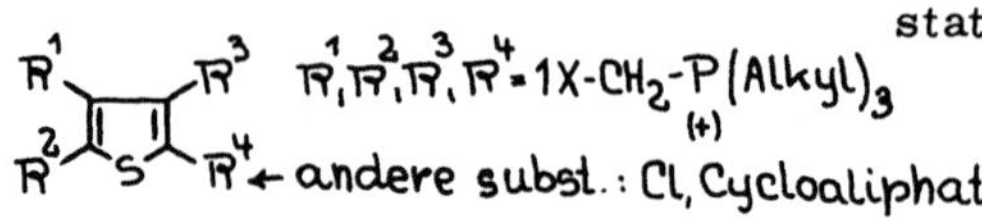

DOS 2 401 881 16. 1.74/17. 7.75 Bayer

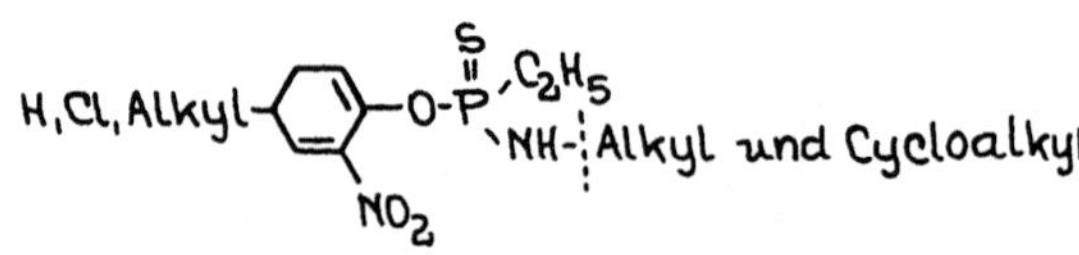

DOS 2 428 672 14. 6.74/ 2. 1.76 Bayer

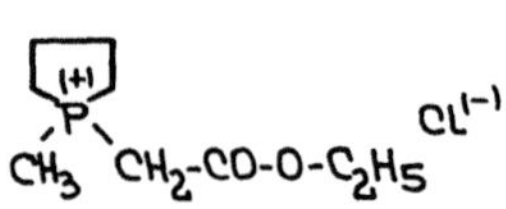

Vorwiegend Hemmstoff für Pflanzenwuchs z.B. Gräser

5.16 Arsenverbindungen

USP 3 497 342 19. 5.66/24. 2.70 Gaf Corp.

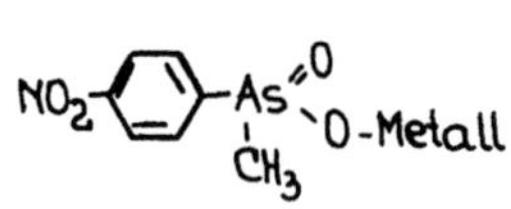

5.17 Borverbindungen, Zinn- und Siliciumverbindungen

5.17.1 B-Verbindungen

USP 3 497 537 19. 9.67/24. 2.70 US Borax

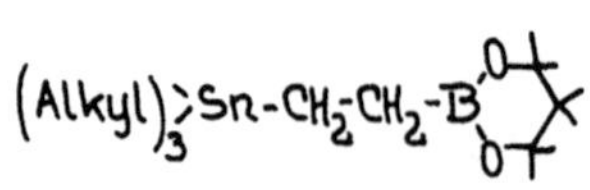

Fr. P. 2 133 217 13. 4.71/24.11.72 Franc. Prod. Ind.

Alkyl-B(O-Alkyl, Benzyl, Aryl)(O-Alkyl, Benzyl, Aryl)

5.17.2 Sn-Verbindungen

DOS 1 643 135 14.11.66/ 9. 6.71 US Borax
US Prior. 15.11.65/11.8.66

$(\text{Alkyl, Aryl, Benzyl})_3\text{Sn-O-C(=O)-Alkyl}$

DOS 2 114 094 25. 3.70/14.10.71 Procter and Gamble

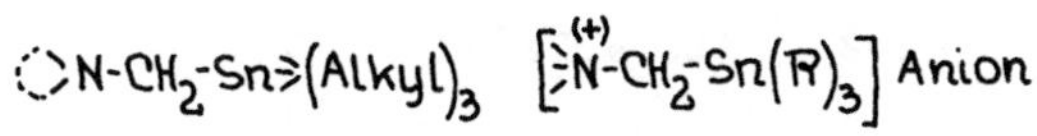


DOS 2 114 367 25. 3.71/14.10.71 Procter and Gamble

$CH_3\text{-S-}CH_2\text{-Sn}(C_4H_9)_3$

DOS 2 156 489 13.11.71/17. 5.73 Consort. f. Elektrochemie

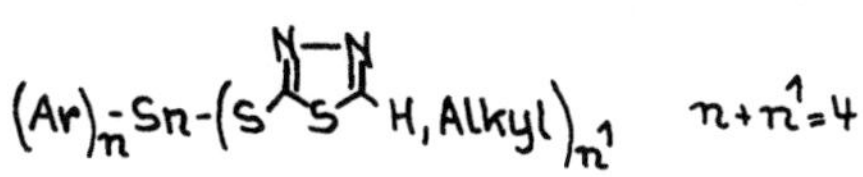


DOS 2 410 131 8. 3.73/12. 9.74 Procter and Gamble

$\text{Alkyl-S(=O)-}CH_2\text{-Sn(Alkyl)}_3$

USP 3 552 945 15.11.67/ 5. 5.71 Ethyl Corp.

$(\text{Alkyl})_3\text{Sn-}N_3$

USP 3 641 037 20. 9.68/ 8. 2.72 Dow Chem.

$(\text{Ar})_3\text{Sn}$-Furyl, 2 oder 3 Pyridyl

USP 3 764 292 19. 2.69/ 9.10.73 Tenneco Chem.

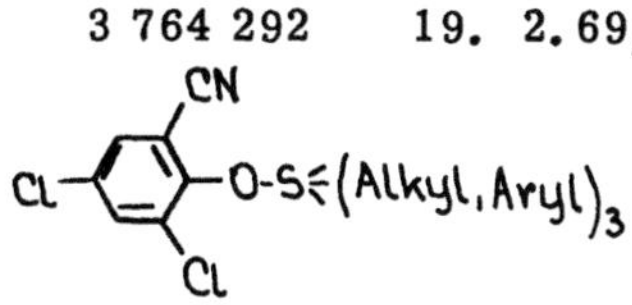

USP 3 834 890 21.11.66/10. 9.74 Monsanto

$(Alkyl, Aryl, C_6H_{11})_{4} \equiv SnX$ Pyridium Komplexe

USP 3 897 560 10. 2.70/29. 7.75 Procter and Gamble

$Ar-SO_2-CH_2-Sn \equiv (Alkyl, Aryl)_3$ A = Alkyl, Aryl, $N(Alkyl)_2$
unter anderem auch Herbizid

DOS 2 419 208 18. 4.74/ 6.11.75 Schering Berl.

$(n-C_4H_9)_3Sn-F(SCN, Cl$ $(Alkyl)_3Sn-O-Sn(Alkyl)_3$

Selektiv in Reis und Getreide.

DOS 2 419 208 18. 4.74/ 6.11.75 Schering Berl.

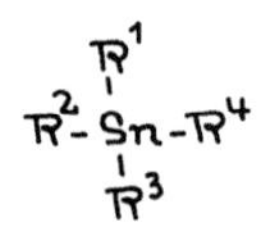

$R^1$-$R^3$ = Alkyl
$R^4$ = Acyl-Rest oder O(S)-Sn$R^1R^2R^3$

DOS 2 554 790 5.12.75/ 1. 7.76 Uniroyal
DOS 2 558 163 23.12.75/ 8. 7.76 Uniroyal
für beide Patente US Prior. 26.12.74

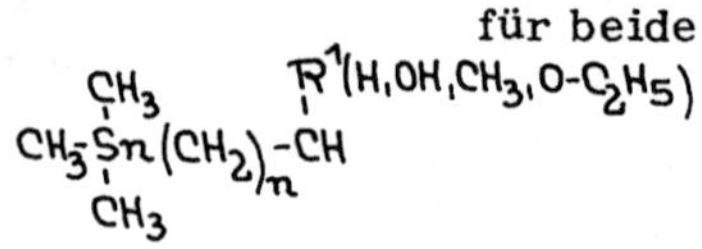

Insekticid und Herbicid

X = $SO_2R$, OR, SR, $\underset{O}{\overset{\|}{C}}R$, $NH-\underset{O}{\overset{\|}{C}}-NH_2$, 2 oder 4 Pyridyl, 1-Imidazolyl usw.

Beispiel: 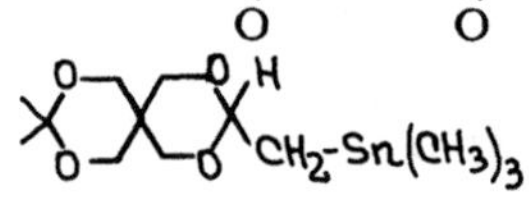

## 5.17.3 Si-Verbindungen

DOS 2 149 680 5.10.71/13. 4.72 Agripat

$ClCH_2-CH_2-Si(=O)-(O-CH_2-CH_2Cl)$ oder O-Alkyl, O-Aryl u.s.w.

DOS 2 221 348 2. 5.72/14.12.72 Nature Rubber
GB Prior. 3.5.71

$ClCH_2-CH_2-Si\equiv(Alkyl)_3$

DOS 2 221 349 2. 5.72/21.12.72 Nature Rubber
GB Prior. 3.5.71

$>S, Br, Cl-CH_2-CH_2-Si\equiv(O-CH_2-CH_2Cl, O-Alkyl, OH)_3$

DOS 2 239 412 10. 8.72/ 1. 3.73 Ciba-Geigy
=Schwz.P. 528 209 20.9.71/15.11.72 Ciba-Geigy
=NLP 7 211 030

$Br, ClCH_2-CH_2-Si(CH_3)<(O-Alkyl)_2$

DOS 2 242 773 3. 9.71/ 3. 9.72 Ciba-Geigy

$ClCH_2-CH_2-Si\ Cl_3$ (Vorprodukt)

USP 3 529 004 23. 2.68/15. 9.70 Monsanto

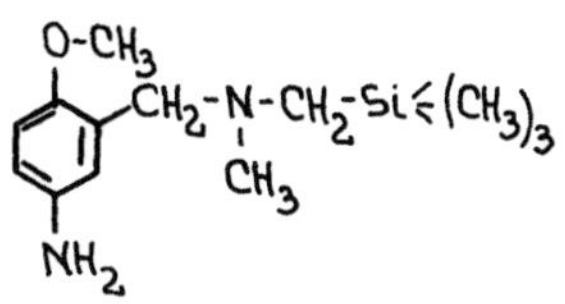


DOS 2 356 474 12.11.73/16. 5.74 Ciba-Geigy
Schwz. Prior. 15.11.72

$ClCH_2-CH_2-Si(CH_3)(S-N<)-C_6H_5$, S-Alkyl, N<

Dient zur Reifebeschleunigung, Förderung des Latex-Harzflusses und als Abszissionsmittel. Äthylenabspalter wie alle Verbindungen

mit $Cl-CH_2-CH_2P(=O)<$ oder $ClCH_2-CH_2Si\equiv R_3$

# Namenregister

# Sachregister

# Stoffregister

# Bulletin of Environmental Contamination and Toxicology

The *Bulletin of Environmental Contamination and Toxicology* provides rapid publications of significant advances and discoveries in the fields of air, soil, and food contamination and pollution as well as methodology and other disciplines concerned with the introduction, presence, and effects of toxicants in the total environment. In the interest of rapid publication, the manuscripts are reproduced directly by a photomechanical process.

# Archives of Environmental Contamination and Toxicology

The *Archives of Environmental Contamination and Toxicology* is a unified repository of important full-length articles in English describing original experimental or theoretical research work pertaining to the scientific aspects of contaminants in the environment. It provides a place for the archival publication of detailed, definitive reports of significant advances and discoveries in the fields of air-, water-, and soil-contamination and pollution, and in disciplines concerned with the introduction, presence, and effects of deleterious substances in the total environment, and with waste.

The purpose of the *Archives* is not only to record and to disseminate recent data pertinent to environmental contaminants but, also, to stimulate further work in this research area.
The scope of the *Archives* is international and interdisciplinary.

GPSR Compliance

*The European Union's (EU) General Product Safety Regulation (GPSR) is a set of rules that requires consumer products to be safe and our obligations to ensure this.*

*If you have any concerns about our products, you can contact us on ProductSafety@springernature.com*

In case Publisher is established outside the EU, the EU authorized representative is:

Springer Nature Customer Service Center GmbH
Europaplatz 3
69115 Heidelberg, Germany

**Batch number: 10683448**

Printed by Printforce, the Netherlands